Werkstoffe und ihre Anwendungen

Werkstoffe und ihre Anwendungen

Wolfgang Weißbach · Michael Dahms ·
Christoph Jaroschek

Werkstoffe und ihre Anwendungen

Metalle, Kunststoffe und mehr

20., überarbeitete Auflage

Wolfgang Weißbach
Braunschweig, Deutschland

Michael Dahms
Hochschule Flensburg
Flensburg, Deutschland

Christoph Jaroschek
FH Bielefeld
Bielefeld, Deutschland

ISBN 978-3-658-19891-6 ISBN 978-3-658-19892-3 (eBook)
https://doi.org/10.1007/978-3-658-19892-3

Die Deutsche Nationalbibliothek verzeichnet diese Publikation in der Deutschen Nationalbibliografie; detaillierte bibliografische Daten sind im Internet über http://dnb.d-nb.de abrufbar.

Springer Vieweg
Das Buch erschien bis zur 15. Auflage unter dem Titel Werkstoffkunde und Werkstoffprüfung, bis zur 19. Auflage unter dem Titel Werkstoffkunde.
© Springer Fachmedien Wiesbaden GmbH, ein Teil von Springer Nature 1967, 1970, 1972, 1974, 1975, 1976, 1979, 1981, 1988, 1992, 1994, 1998, 2000, 2002, 2004, 2007, 2010, 2012, 2015, 2018

Verantwortlich im Verlag: Thomas Zipsner

Gedruckt auf säurefreiem und chlorfrei gebleichtem Papier

Springer Vieweg ist ein Imprint der eingetragenen Gesellschaft Springer Fachmedien Wiesbaden GmbH und ist ein Teil von Springer Nature.
Die Anschrift der Gesellschaft ist: Abraham-Lincoln-Str. 46, 65189 Wiesbaden, Germany

Vorwort

Am Lebenslauf eines technischen Erzeugnisses von der Entwicklung über seine Fertigung mit Qualitätssicherung, der späteren Nutzung mit Wartung und evtl. Regeneration bis hin zum Recycling, wird die zentrale Stellung des Werkstoffes deutlich. In all diesen Phasen müssen Beteiligte ihre Maßnahmen auf die Eigenart der verwendeten Werkstoffe abstimmen.

Ein einführendes Lehrbuch über Werkstoffe sollte eine Übersicht schaffen, über:

- den theoretischen Hintergrund, denn das Verhalten der Werkstoffe lässt sich beeinflussen und verändern, z. B. durch die Anwendung von Temperaturen.
- die Eigenschaften, denn in Konstruktion, Fertigung und Instandhaltung sind für die Auswahl von Werkstoffen und für die Dimensionierung Kennwerte zur Berechnung notwendig, z. B. Steifigkeit, Härtbarkeit, Korrosionsbeständigkeit etc.
- Werkstoffarten, weil es unterschiedlichste Anforderungen an ein zu entwickelndes Bauteil bzw. System gibt, z. B. Dichte/Gewicht, Festigkeit, etc.
- die Werkstoffanwendungen, denn erst die Anwendung macht am Ende einen Festkörper zum Werkstoff.

Das vorliegende Lehrbuch vertritt diese Richtung, die im ersten Abschnitt als Einführung und Motivation dargelegt wird. Es wird das Prinzip „Eigenschaften sind eine Funktion der Struktur" erläutert und Überlegungen zur optimalen Werkstoffwahl vorgestellt. Bereits hier werden die beiden wichtigen Werkstoffgruppen der Metalle und der Kunststoffe mit ihrem sehr unterschiedlichen Aufbau gegenübergestellt.

Das Buch ist mit seiner Stoffauswahl und sprachlichen Gestaltung für Studienanfänger der Fach- und Fachhochschulen angelegt und für alle Fachrichtungen, bei denen Werkstoffeigenschaften und Werkstoffverhalten bei technologischen Prozessen eine wichtige Rolle spielen.

In der 20. Auflage wurden – teilweise auf Anregungen aus dem Leserkreis – Umstellungen vorgenommen, Fehler berichtigt und Normen aktualisiert. Insbesondere wurden alle Verweise noch einmal auf ihre Richtigkeit überprüft. Wesentliche Änderungen sind:

- Das Kap. 13 „Überlegungen zur Materialauswahl" wurde neu geschrieben.
- Ein Abschnitt zur Dauergebrauchstemperatur wurde aufgenommen.

Die Autoren danken Frau Imke Zander und Herrn Thomas Zipsner vom Lektorat Maschinenbau für die fruchtbare Zusammenarbeit.

Autoren und Verlag danken Firmen und Instituten für Unterlagen und den Benutzern für konstruktive Anmerkungen und Vorschläge. Wir sind auch weiterhin bestrebt, diese zu realisieren.

Flensburg, Bielefeld im Frühjahr 2018   Michael Dahms
                                                                      Christoph Jaroschek

Vorwort der 19. Auflage

„Der Weißbach" ist seit seiner 1. Auflage ein erfolgreiches Lehrbuch für die Werkstoffkunde. Es zeichnet sich aus durch seinen Anwendungsbezug und die vielen Beispiele. Ein ganz besonderer Dank gilt an dieser Stelle Herrn Wolfgang Weißbach, der über Jahrzehnte hinweg mit viel Engagement das Buch inhaltlich aber auch layouttechnisch immer weiter entwickelt hat, jetzt aber aus persönlichen Gründen leider nicht mehr für eine Überarbeitung des Buches zur Verfügung steht. Nur weil das Lehrbuch auch permanent normenaktuell gehalten wurde, konnte es erfolgreich in so viele Auflage geführt werden.

Mit der nun vorliegenden Auflage übernehmen Michael Dahms und Christoph Jaroschek die notwendigen Aktualisierungen und Ergänzungen. Das bisherige zweispaltige Layout wird aufgelöst, weil Bücher heute auch über elektronische Systeme gelesen werden.

Sämtliche Kapitel sind grundlegend überarbeitet und aktualisiert worden. Wesentliche Veränderungen sind:

- Die Kap. 9 Kunststoffe und Kap. 14 Werkstoffprüfung wurden vollständig überarbeitet und erweitert
- Kapitel Tribologische Beanspruchung wurde gestrichen

Die Erweiterungen betreffen besonders die Bereiche der Kunststoffe. Hier ist besonders das Kap. 14 zu beachten, denn es stellt das Bindeglied zwischen den sehr unterschiedlichen Werkstoffgruppen der Metalle und der Kunststoffe dar.

Ein besonderer Dank gilt Frau Anke Wolfram, die Unschätzbares bei der Realisierung des neuen Umbruches und bei der Verweis-Verfolgung geleistet hat. Weiterhin gilt auch unser Dank Herrn Thomas Zipsner, der als Lektor des Verlags ebenfalls in Fragen des Layouts viel Arbeit hatte.

Eine Bitte richtet sich nun an Sie als Leser: sollten Sie Inhalte nicht verständlich finden oder insgesamt vermissen, scheuen Sie sich bitte nicht, Ihre Anmerkungen an den Verlag zu senden. Wir hoffen, dass bereits die 19. Auflage den Erfolg des „Weißbach" fortsetzt und wir werden alles daran setzen, die nachfolgenden Auflagen in weiterhin verständlicher Form zu gestalten.

Bielefeld, Flensburg, im Juli 2015   Christoph Jaroschek
Michael Dahms

Inhaltsverzeichnis

1.1 Gegenstand und Bedeutung der Werkstoffkunde

Der Abschnitt zeigt dem Einsteiger in die Werkstoffkunde die Bedeutung und Verflechtung mit anderen Fachgebieten, weist auf Entwicklungsrichtungen hin und stellt die grundsätzliche Herangehensweise an den vielfältigen Stoff dar.

1.1.1 Das Fachgebiet Werkstoffe

Werkstoffe sind jener Teil der Materie, die der Mensch zur Herstellung von Gütern aller Art benutzt, um seine Bedürfnisse zu befriedigen. Dazu gehören auch die Maschinen zu ihrer Herstellung. Zu den Werkstoffen zählen alle Stoffe für Bauteile in Maschinen, Geräten und Anlagen, ebenso das Material für die Werkzeuge zu ihrer Fertigung.

Das Buch beschränkt sich auf Werkstoffe, die in der Maschinentechnik, im Fahrzeugbau und in der Feingerätetechnik verwendet werden. Andere Bereiche sind z. B. Luftfahrtwerkstoffe, Werkstoffe der E-Technik und Elektronik, Baustoffe für Hoch- und Tiefbau, Werkstoffe für Textilien und Bekleidung, Dentalwerkstoffe.

Werkstoffkunde ist der Name für ein Lehrfach, das die Erkenntnisse der Werkstoffwissenschaft benutzt, um Stoffeigenschaften und Vorgänge in Stoffen bei der Verarbeitung zu erklären. Mit Hilfe von Modellvorstellungen versucht sie, das Unsichtbare zu veranschaulichen.

Werkstofftechnik ist der moderne Name für dieses Fachgebiet. Sie versteht ihre Aufgabe im Umsetzen der wissenschaftlichen Erkenntnisse in technische Anwendungen, z. B. bei der Erzeugung von Produkten, die sich auf den Märkten behaupten können. Ihre Ziele sind:

© Springer Fachmedien Wiesbaden GmbH, ein Teil von Springer Nature 2018   1
W. Weißbach, M. Dahms, C. Jaroschek, *Werkstoffe und ihre Anwendungen*,
https://doi.org/10.1007/978-3-658-19892-3_1

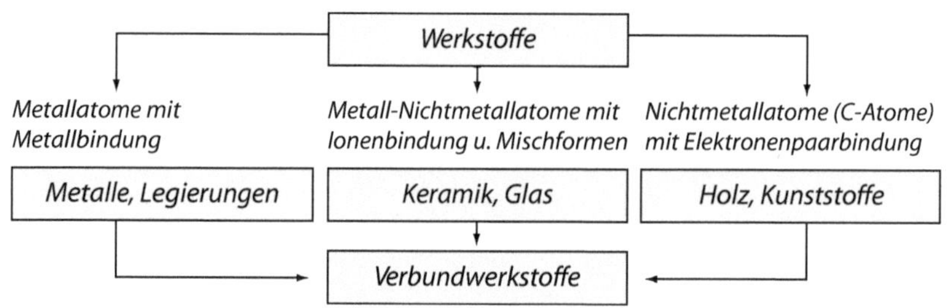

Abb. 1.1 Einteilung der Werkstoffe nach Bindungsart

- Eigenschaften vorhandener Werkstoffe verbessern,
- Eigenschaften mittels Kennzahlen für die Berechnung in der Konstruktion bereitzustellen,
- neue Werkstoffe entwickeln,
- zugehörige Fertigungsverfahren optimieren.

Werkstofftechnik ist dabei auf die Methoden der Werkstoffprüfung angewiesen, mit denen sich Strukturen erkennen und Eigenschaften ermitteln lassen. Das ist auch für die Qualitätssicherung wichtig. Ein Lehrbuch für Einsteiger in dieses Fach muss werkstoffkundliche Erklärungen mit anwendungsbezogenen Darstellungen und Beispielen zur Werkstoffanwendung verknüpfen.

Die wichtigsten Prüfverfahren sind im Kap. 13 erläutert, z. B. Härteprüfungen, Zugversuch und Kerbschlagbiegeversuch.

Werkstoffwissenschaft ist ein Fachgebiet der Ingenieurwissenschaften. Es besteht fächerübergreifend aus Inhalten von Chemie, Physik, Kristallographie, Maschinenbau und Biowissenschaften.

Jede Wissenschaft muss als Erstes ihre Gegenstände ordnen, hier also die Vielzahl der Werkstoffe in Gruppen einteilen. Das kann nach verschiedenen Gesichtspunkten erfolgen, z. B. eine Grobgliederung nach Art der kleinsten Teilchen und ihrer Bindungsart (Abb. 1.1).

Eine häufig benutzte Zweiteilung ist die nach der Verwendungsart:

Strukturwerkstoffe geben dem Bauteil die geometrische Form und Steifigkeit gegenüber den angreifenden Kräften, z. B.: Stahl, Aluminium- und Titanlegierungen für große Bauteile, Strukturkeramik für z. B. Abgasturbinenläufer, Kunststoffe für kleinere Teile.

Funktionswerkstoffe übernehmen, meist örtlich begrenzt, spezielle Aufgaben aufgrund ihrer besonderen chemisch-physikalischen Eigenschaften, z. B.: Metalle zum Oberflächenschutz, Lagerwerkstoffe, Funktionskeramik für elektronische Bauelemente u. a.

1.2 Stellung und Bedeutung der Werkstoffkunde in der Technik

In der Entwicklung sind Ingenieure und Techniker an irgendeiner Stelle des folgenden Aufgabenkomplexes tätig (Abb. 1.2):

► Bauteile müssen so **entworfen**, wirtschaftlich **hergestellt** und in **Funktion erhalten** werden, dass sie eine hohe, dabei sinnvolle **Lebensdauer** erreichen. Als Lebensdauer ist bei belasteten Bauteilen die Zeit anzusehen, in der das Bauteil seine Aufgabe (Funktion) voll erfüllt (d. h. funktioniert). Beispiele hierfür sind:

- Standmenge, Standzeit von Werkzeugen,
- Laufleistung von Reifen, Motoren,
- Lastspiele von Federn.

Bereits bei der Werkstoffwahl muss der Fertigungsweg vorgedacht werden. Durch das Fertigungsverfahren können sich die Eigenschaften des Materials verändern, besonders wenn hohe Temperaturen entstehen oder notwendig sind. Bei allen Fertigungsstufen sind vorbeugende Maßnahmen zu treffen, um Ausschussteile zu vermeiden. Ziel ist die Null-Fehler-Produktion.

Die Verflechtung der Werkstofftechnik mit Konstruktion und Fertigung sowie ihr Einfluss auf die Kosten eines Bauteils sind dem Studienanfänger meist nicht klar.

Im Lebenslauf der Bauteile ist in allen Phasen der Einfluss des Werkstoffes auf die zu fällenden Entscheidungen erkennbar.

Konstruktion Der Entwurf von Gestalt und Abmessungen des Bauteiles erfordert Berechnungen entsprechend der Festigkeitslehre, hierfür sind Kennwerte zu den Materialeigenschaften notwendig. Das Fertigungsverfahren bestimmt ebenfalls die Werkstoffart mit Rückwirkung auf die Gestalt.

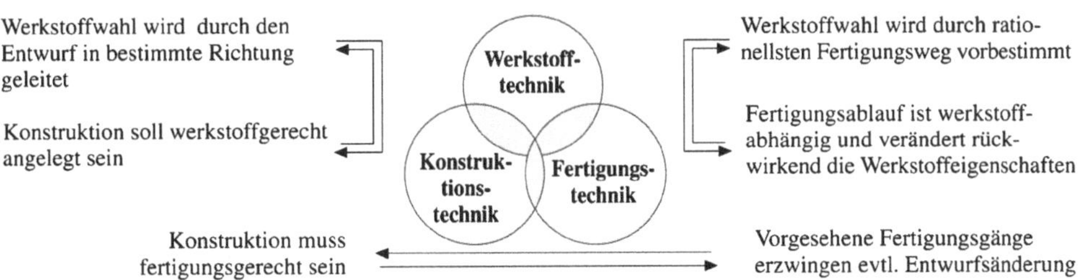

Abb. 1.2 Wechselwirkungen zwischen Werkstoff, Konstruktion und Fertigungsablauf

Beispiel: Blechkonstruktion für Fahrradrahmen

Ein Fahrradrahmen aus Aluminium ist leichter als ein Stahlrahmen, wegen des geringeren E-Moduls muss der verwendete Rohrquerschnitt einen größeren Durchmesser haben. Ein Bauteil soll insgesamt dünnwandig sein, hier bietet sich eine Blechkonstruktion aus gestanzten und gebogenen Blechen an. Möglicherweise sollen mehrere Einzelteile miteinander verschweißt werden, nicht alle Materialien eignen sich hierfür.

Fertigung Die Festlegung der Arbeitsgänge, ihre Durchführung und die Kontrollen zur Qualitätssicherung bezeichnet man als Fertigung. Die Arbeitsgänge müssen die Eigenschaften des Werkstoffes berücksichtigen. Keiner ist für alle Fertigungsverfahren geeignet. Für hohe Stückzahlen sind nur wenige Fertigungsverfahren einsetzbar, sie beeinflussen rückwirkend die Werkstoffwahl.

Beispiel: Gießverfahren für ein Bohrmaschinengehäuse

Ein Gehäuse für eine Bohrmaschine muss in hohen Stückzahlen hergestellt werden. Hier bietet sich ein Gießverfahren an. Für größte Stückzahlen sind Verfahren mit aufwändigen Werkzeugen geeignet, die endformnahe oder endformgetreue Teile in kurzer Zeit liefern.

Qualitätssicherung Das große Ziel einer Null-Fehler-Produktion erfordert vorbeugende Maßnahmen, um unzulässige Änderungen von Bauteil und Werkstoffeigenschaften oder auch Prozessunterbrechungen zu vermeiden. Die FMEA muss dazu alle Verfahrensbedingungen (Prozessparameter) überprüfen.

Beispiel: Qualitätssicherung mit der Ausfallmöglichkeits- und Einfluss-Analyse

FMEA (Failure Mode and Effects Analysis) ist die Ausfallmöglichkeits- und Einfluss-Analyse. Sie dient zum Aufdecken von Schwachstellen in allen Phasen der Produktion (System-, Konstruktions- und Prozess-FMEA). Mitarbeiter aus Entwicklungs- und Produktionsabteilungen bewerten miteinander die Einflüsse einzelner Arbeitsschritte.

Betriebsunterhaltung Das Bauteil übernimmt seine Funktion in einer Maschine im Zusammenspiel mit anderen unter Betriebsbedingungen (Wärme, Staub, feuchte Luft) und muss zur Funktionserhaltung gewartet werden. Zur Wartung werden Schmiermittel und Korrosionsschutzmaßnahmen eingesetzt, die auf den Werkstoff abgestimmt sein müssen.

Schadensfall Die Lebensdauer des Bauteiles wird durch Verschleiß oder Korrosion vermindert, evtl. beendet. Überlastung führt zum Gewaltbruch, Ermüdung zum Dauerbruch. Die Schadensanalyse versucht die Ursachen zu ermitteln, um zu klären, ob:

- Überbeanspruchung oder
- Werkstoffversagen

vorliegt. Durch Änderungen der Konstruktion, des Werkstoffes oder mittels einer anderen Oberflächenbehandlung können künftige Schäden am Bauteil vermieden werden.

Regeneration Die Aufarbeitung von verschleißgeschädigten Bauteilen kann günstiger sein als Ersatz durch neu gefertigte (auch unter ökologischen Gesichtspunkten!). Das gilt besonders für größere Bauteile, die nicht Serienteile sind.

Beispiel: Aufarbeitung geschädigter Bauteile durch Beschichtungsverfahren

Geschädigte Bauteile können je nach Werkstoff nach zahlreichen Verfahren beschichtet werden, z. B. das Auftragsschweißen von Radspurkränzen, Hartverchromen von Wellenzapfen, thermisches Spritzen.

Recycling Abnehmende Rohstoffvorräte und dadurch zunehmende Rohstoffpreise fördern die Wiederverwertung ausrangierter technischer Produkte. Das ist auch zum Schutz der Umwelt erforderlich. Nach EU-Richtlinien ist für die Zulassung neuer Kfz-Typen ein Nachweis der Eignung zum wirtschaftlichen Recycling erforderlich..

Zurzeit sind es 85 %, seit 2015 sogar 95 %. Wegen der Rücknahmeverpflichtung von Altautos legen die Hersteller dazu umfangreiche Dateien mit Werkstoffbezeichnungen und Zerlegeplänen für die einzelnen Baugruppen an.

Zunehmend wichtiger wird der Einsatz solcher Fertigungsverfahren, die mit geringem Werkstoffverbrauch auskommen und keinen Sondermüll erzeugen. Schrott und Fertigungsabfälle müssen in miteinander verträgliche Fraktionen sortiert werden, wenn daraus wieder brauchbare Werkstoffe entstehen sollen. Das Schema zeigt die Verwertungskreisläufe für Kunststoffabfälle (Abb. 1.3).

▶ Kühlschmierstoffe für die Zerspanung müssen als Sondermüll entsorgt werden. Neue keramische Schneidstoffe arbeiten im Trockenschnitt oder mit Minimalmengenschmierung.

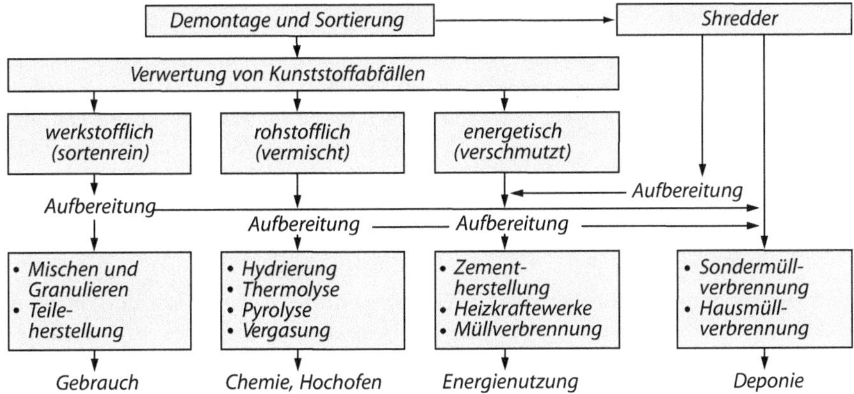

Abb. 1.3 Recycling von Kunststoffen

1.3 Entwicklungsrichtungen der Werkstofftechnik

Die Endlichkeit der Rohstoffvorräte auf der Erde lässt Kosten für Werkstoffe und Energie steigen. Das gestiegene Umweltbewusstsein fordert zusätzlich einen sparsameren Umgang mit der Energie und den Rohstoffen (sustainable development – nachhaltige Entwicklung). Seit der UN-Konferenz 1992 in Rio soll die gegenwärtige Gesellschaft zur Befriedigung ihrer Bedürfnisse nicht alle Energie- und Rohstoffquellen (Ressourcen) so ausschöpfen, dass künftigen Generationen nichts mehr übrig bleibt.

Technische Produkte sind dem Druck eines internationalen Wettbewerbs ausgesetzt. Dadurch stehen die Hersteller ständig unter dem Zwang,

- Herstellkosten zu senken oder
- bessere Produkte zu gleichem Preis zu liefern.

Konstruktionen sind heute oft ausgereift, sodass eine Verbesserung nur noch über die Werkstoffe möglich ist (Tab. 1.1). Neben bekannten Werkstoffen, die weiterentwickelt wurden, sind es neue Materialien, deren Entwicklung ständig weitergeht. Sie sind oft nur mit neuen Fertigungsverfahren konkurrenzfähig.

Innovative Werkstoffanwendung heißt, die Ergebnisse der Werkstoffforschung nicht nur in den „High-Tech-Produktionen" (Luft- und Raumfahrt), sondern auch in den anderen Zweigen auf konventionelle Bauteile anzuwenden.

Das Umsetzen der Forschungsergebnisse zur Herstellung neuer technischer Produkte ist **die** große Aufgabe der Werkstofftechnik. Dabei lassen sich drei Zielrichtungen erkennen.

- Reduktion des Werkstoff- und Energieverbrauches durch Leichtbau,
- Oberflächenbehandlung als Schutz gegen Verschleiß.

Tab. 1.1 Entwicklungsrichtungen der Werkstofftechnik

Entwicklungsrichtung	Beispiele
Leichtbau durch Werkstoffe höherer Festigkeit	Thermomechanische Behandlung von Blech (TM), höherfeste Stähle für Stahlkonstruktionen erlauben kleinere Blechdicken
Verbundwerkstoffe (Fasern) mit konstruierter Anisotropie[a]	C-Faserverstärkte Kunststoffe für Bauteile, die hohen Beschleunigungen unterliegen: Kardanwellen, Pleuel
Al- und Mg-Legierungen mit höherer Festigkeit entwickeln	Lithium, Li (Dichte $0{,}534\,\mathrm{g/cm^3}$) in Al- und Mg-Legierungen ergibt ca. 10 % leichtere Werkstoffe mit höheren E-Moduln. Auch durch Teilchenverstärkung mit Oxidpartikeln möglich
Bauteile mit Metallschaumkern	Karosserieteile im Frontbereich als Crash-Absorber

[a] richtungsabhängige Eigenschaften. Anisotropie ist der Gegensatz von Isotropie (griech.), isos = gleich; tropos = Richtung. Die r-Werte sind von der Winkellage der Zugprobe zur Walzrichtung abhängig. Deshalb gibt es mehrere Anisotropie-Werte r.

Tab. 1.2 Beispiele für Oberflächenbehandlungen

Maßnahmen	Beispiele
Verschleißschutz für alle Oberflächen	Dünne Schichten ($< 20\,\mu m$) durch CVD- und PVD-Verfahren in vielen Stoffkombinationen, auch mehrschichtig. Diamantartige Strukturen mit hoher Wärmeleitung
Nanopartikel in der Oberfläche	Nano-Rußpartikel in der Lauffläche von Reifen erhöhen die Laufleistung. Anorganische Nano-Partikel, die bei Erhitzung aufquellen und isolieren
Nanostrukturierte Oberflächen	Nano-Silber ergibt antibakterielle Wirkung auf medizinischen Geräten Härtung der Oberfläche von Polymeren bei Erhaltung der Transparenz, wasser-, öl- oder schmutzabstoßende Eigenschaften (hydro- oder lypophob). Ebenso ist eine anziehende Wirkung möglich (hydro- oder lypophil)

1.3.1 Bessere Nutzung von Werkstoff und Energie (Material- und Energieeffizienz)

In der BRD werden Materialien im Werte von 5000 Mrd. € verarbeitet, die Materialkosten betragen etwa 42 % der Gesamtkosten. Steigende Rohstoffpreise bereiten hier Probleme und sind Gegenstand zahlreicher Bemühungen. Die Deutsche Materialeffizienzagentur (DMEA, www.demea.de) berät über ein Netzwerk kleine und mittlere Unternehmen zu Einsparmaßnahmen für Werkstoffe, Betriebsstoffe und Energie. (Hinweise: seit 2004, Deutscher Materialeffizienzpreis des BMWi).

1.3.2 Oberflächenbehandlungen, Nanotechnologie

Nanotechnologie fasst die Verfahren zusammen, die sich mit der Erzeugung, Verarbeitung und Anwendung von Teilchen und Strukturen in der Größe von $< 100\,nm$ befassen (nano bedeutet 1 Milliardstel, 10^{-9}) (Tab. 1.2).

1.4 Wie lassen sich die unterschiedlichen Eigenschaften der Werkstoffe erklären?

Die Eigenschaften der Werkstoffe lassen sich mit ihrem Aufbau erklären, wobei die Details häufig selbst mit Mikroskopen nicht sichtbar sind. Vielfach muss der Blick bis auf die Ebene der Atome gerichtet werden. Diese Betrachtung basiert auf Gedankenmodellen, die über Versuche vielfach bestätigt wurden und die Grundlage für die Vorhersage des Werkstoffverhaltens sind.

Beispiele für unterschiedliches Werkstoffverhalten

Holz hat längs zur Wuchsrichtung Fasern, weshalb es in dieser Richtung eine erheblich höhere Belastung aushält.

Gusseisen (GJS) zeigt bei Betrachtung unter dem Mikroskop (Abb. 1.8) neben eigentlichen Eisen noch Graphitkugeln, die dem Material eine gewisse Selbstschmierung mitgeben.

Man kann zwei Werkstoffgruppen unterscheiden:

- Metalle sind in ihrem Aufbau atomar: Atome sind Grundbausteine und bestehen aus einem Protonen-Atomkern und einer Hülle aus Elektronen. Atome können sich gegenseitig anziehen, wenn ihr Abstand sehr klein ist.
- Kunststoffe sind molekular: Moleküle sind Ansammlungen von Atomen, die über die Elektronen der Hülle fest miteinander verbunden sind.

Dieser Aufbau erklärt das unterschiedliche Verhalten der Werkstoffe z. B. unter mechanischen Lasten oder ihre elektrische Leitfähigkeit. Eine Erklärung, weshalb ein Werkstoff einen Aufbau entsprechend der beiden Gruppen hat, liefert das Periodensystem.

1.4.1 Atombau und Periodensystem (PSE)

Atome sind die kleinsten beständigen Teile der chemischen Elemente. Die Stellung im PSE ist verknüpft mit der Struktur der äußersten Elektronenhülle eines Atoms. Sie ist für das chemische Verhalten des Elementes maßgebend. Im PSE (Abb. 1.4) sind die Elemente mit steigenden **Ordnungszahlen** von 1 bis über 92 in:

- 7 waagerechten **Perioden** und
- 8 senkrechten (Haupt)-**Gruppen** angeordnet.

Im PSE nimmt von Element zu Element die Zahl der Protonen im Kern und die der Elektronen in der Hülle um eins zu.

Das hinzukommende Elektron wird in die jeweils nächsthöhere Schale (Energieniveau, Orbital) eingebaut. Die Außenschale kann max. 8 Elektronen aufnehmen. Das ist bei den Edelgasen der Fall (Ausnahme He mit 2 Elektronen). Daraus folgt die Theorie, alle anderen Elemente versuchen, durch chemische Bindungen mit anderen Atomen diese stabile Edelgaskonfiguration herzustellen.

Die Eigenschaften der Elemente (und ihrer Atome) ändern sich in jeder Periode von links nach rechts wiederkehrend und in den Gruppen von oben nach unten. Dabei wird unterschieden in **Hauptgruppen- und Nebengruppenelemente.**

▶ **Hauptgruppenelemente:** Ihre Atome haben vollständige Unterschalen; das hinzukommende Atom wird in die Außenschale eingebaut.

Hauptgruppen-Elemente												Hauptgruppen-Elemente					
	IA	IIA										IIIA	IVA	VA	VIA	VIIA	VIII A
1s	H																He
2s	Li 1,0	Be 1,5	←		Nebengruppen-Elemente			→				B	C 2,5	N 3,0	O 3,5	F 4,0	Ne
3s	Na 0,9	Mg 1,2	IIIB	IVB	VB	VIB	VIIB		VIIIB	IB	IIB	Al 1,5	Si 1,8	P 2,1	S 2,5	Cl 3,0	Ar
4s	K 0,8	Ca 1,0	Sc 1,3	Ti 1,5	V 1,6	Cr 1,6	Mn 1,5	Fe 1,8	Co 1,8	Ni 1,8 / Cu 1,9	Zn 1,6	Ga 1,6	Ge 1,8	As 2,0	Se 2,4	Br 2,8	Kr
5s	Rb 0,8	Sr 1,0	Y 1,3	Zr 1,4	Nb 1,6	Mo 1,8	Tc 1,9	Ru 2,2	Rh 2,2	Pd 2,2 / Ag 1,9	Cd 1,7	In 1,7	Sn 1,8	Sb 1,9	Te 2,1	J 2,5	Xe
6s	Cs 0,7	Ba 0,9	La [1]	Hf 1,3	Ta 1,5	W 1,7	Re 1,9	Os 2,2	Ir 2,2	Pt 2,2 / Au 2,4	Hg 1,9	Tl 1,8	Pb 1,8	Bi 1,9	Po 2,0	At 2,2	Rn
7s	Fr 0,7	Ra 0,9	Ac [2]														

[1] Lanthaniden (14 seltene Erde n), bei ihren Atomen wird das 4f-Orbital aufgefüllt,
[2] Actiniden (14 Transurane), bei ihren Atomen wird das 5f-Orbital ausgefüllt

Innerhalb einer senkrechten Hauptgruppe nimmt die Anzahl der **Elektronenschalen** um eine zu.	Gruppen-Nr. = Anzahl der Außenelektronen
Innerhalb einer waagerechten Periode nimmt die Anzahl der **Außenelektronen** um jeweils eins zu.	Perioden-Nr. = Anzahl der Schalen

Abb. 1.4 Periodensystem der Elemente mit der Angabe der Elektronegativität

Nebengruppenelemente: Ihre Atome haben unvollständige Unterschalen; das hinzukommende Atom wird dort eingebaut.

Das Verhalten der Atome richtet sich nach der Zahl der Elektronen auf der Außenschale und der Elektronegativität (EN)[1]. Diese ist ein relatives Maß für die Fähigkeit eines Atoms, Elektronen in einer chemischen Bindung an sich zu ziehen, womit auch Elektronen benachbarter Atome betroffen sind. Im hier abgebildeten PSE stehen die EN-Zahlen unterhalb des Element-Symbols.

Nach dem Verhalten der Außenelektronen werden die Elemente grob eingeteilt in:

- **Metalle** (niedrige EN-Zahlen), sie sind im linken unteren Bereich des PSE einschließlich der sog. Nebengruppenelemente, zu denen die meisten der technisch wichtigen Metalle zählen.
- **Nichtmetalle** (höhere EN-Zahlen, Fluor, die höchste mit 4,0), sie sind im oberen rechten Bereich des PSE. Davon sind Stickstoff N und Phosphor P in Metallverbindungen für Werkstoffe von Bedeutung. Die Edelgase werden als Schutzgase und Füllung von Leuchtröhren verwendet.

---

[1] (nach Linus Pauling) Linus Pauling berechnete aus den Bindungsenergien chemischer Verbindungen die Vergleichszahlen EN. Sie bewerten die Anziehung, die ein Atom innerhalb einer chemischen Verbindung auf die Elektronen des Partners ausübt.

Eine Abgrenzung ist nicht scharf, sondern ein Bereich (in Abb. 1.4, schattierte Elemente), die auch als Halbmetalle bezeichnet werden. Anders als bei den Metallen ändert sich die elektrische Leitfähigkeit mit der Temperatur. Bei niedriger Temperatur verhalten sich diese Elemente eher wie die Nichtmetalle.

Kohlenstoff hat die größte Bedeutung für die Technik. Seine Verbindungen mit Wasserstoff, die Kohlenwasserstoffe, sind sowohl Energieträger (Brennstoffe) als auch Basis für fast alle Kunststoffe. In Verbindung mit Nichtmetallen bildet es Karbide, die in kleinen Anteilen in Legierungen deren Verschleißfestigkeit erhöhen.

1.4.2 Bindungsart

Für den Materialaufbau sind die Kräfte der Atome untereinander entscheidend. Ihre Größe und Richtung erklären die Eigenschaftsunterschiede von Metallen, Keramik und Kunststoffen (Tab. 1.3).

Bindungsenergie hält die Atome zusammen. Je höher die Energie der Bindung, desto mehr Energie muss aufgebracht werden, um die Bindung zu lösen. Stoffe mit hohen Bindungskräften haben daher hohe Schmelzpunkte.

Die stärkste Bindung ist die **kovalente** Bindung zwischen zwei Nichtmetallen. Diese Elemente haben wegen der hohen Elektronegativität das Bestreben, Elektronen an sich

Tab. 1.3 Bindungen in der Materie

	Metallbindung	Ionenbindung	Kovalente Bindung	Nebenvalenzbindung
Bausteine, Teilchenart	Metallatome und freie Elektronen	Positive Metall- und negative Nichtmetallionen	Moleküle der Nichtmetalle besonders C	Kräfte zwischen benachbarten Molekülen
Kräfte zwischen den Bausteinen	mittel bis groß	groß	sehr groß	sehr schwach
Siede- und Schmelzpunkte	hohe Siedepunkte	hohe Siede- und Schmelzpunkte	niedrige Siede- u. Schmelzpunkte	niedrige Schmelzpunkte
Elektrische Leitfähigkeit	gute Elektronenleiter	Ionenleiter in Schmelzen und Lösungen Nichtleiter	z. T. Isolatoren	Nichtleiter
Plastische Verformbarkeit – kalt – warm	vom Kristallsystem abhängig, meist gut sehr gut	nicht vorhanden, spröde – z. T. unter Druck	unverformbar Diamant (3-D-Gitter) gut (Thermoplaste)	
Typische Vertreter	Metalle und Legierungen	Metalloxide, Salze	Graphit, Kunststoffe Diamant, Bornitrid	

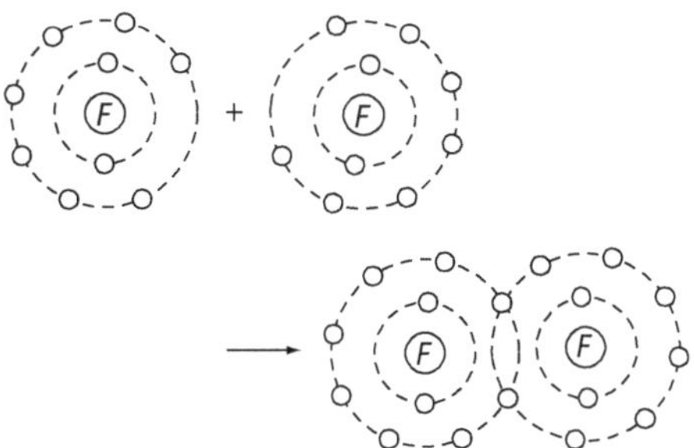

Abb. 1.5 Zwei Fluor-Atome binden sich zu einem Fluor-Molekül

zu binden. Bei geringem Abstand überlagern sich die Außenhüllen (Abb. 1.5), so dass die Elektronen der beiden Atome nicht mehr einem Atom zugeordnet werden können und somit die beiden Außenhüllen scheinbar eine Edelgaskonfiguration haben. Dieser Zustand ist energetisch sehr stabil und lässt sich nur mit erhöhter Energie lösen. Moleküle bestehen aus mindestens zwei oder mehr Atomen.

Ionenbindung Bei der Annäherung eines Metall- und Nichtmetallatoms kann die Differenz der Elektronegativität größer als 1,8 sein. Dann geht mindestens ein Elektron vom Atom mit kleinerer EN auf das benachbarte Atom über. Dadurch entstehen ein positives und ein negatives Ion. Diese Ionen ziehen sich an, es entsteht eine Ionenbindung (Abb. 1.6). Zum Beispiel das Natriumatom Na hat eine kleine EN-Zahl, weil das einzige Außenelektron weit vom Kern entfernt ist. Es wird leicht vom Chloratom Cl aufgenommen. Es entstehen unterschiedlich geladene Ionen, die sich anziehen.

Metallbindung Bei Metallen, deren Atome durch die Massenanziehungskraft verbunden sind, liegt Metallbindung vor. Sie ist schwächer als die Ionenbindung. Wegen der kleinen EN geben die Atome die Elektronen der Außenhülle an die Umgebung ab, womit frei bewegliche Ladungsträger für die Leitung elektrischen Stromes bereit stehen.

Wegen der kleinen Reichweite dieser Kraft kann sie nur bei enger und geordneter Lage der Atome wirken (Modelle in Abb. 1.7). Sie bilden ein räumliches Gitter mit gleichen Abständen, ein Kristallgitter.

Nebenvalenzkräfte Unterschiedliche Anziehungskräfte zwischen Molekülen werden als Nebenvalenzkräfte bezeichnet und ergeben die schwächste Bindungsart, als zwischenmolekulare Bindung bezeichnet.

Abb. 1.6 Entstehen einer Ionenbindung

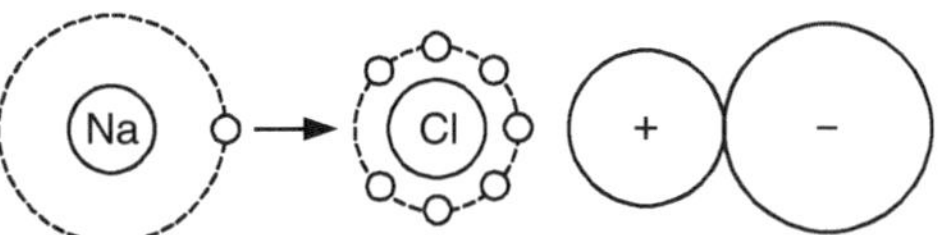

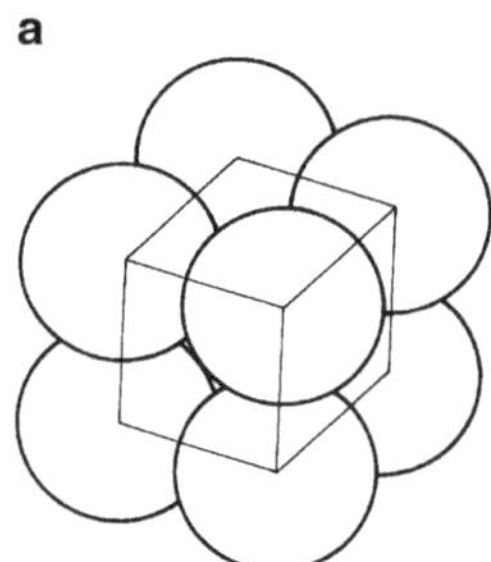
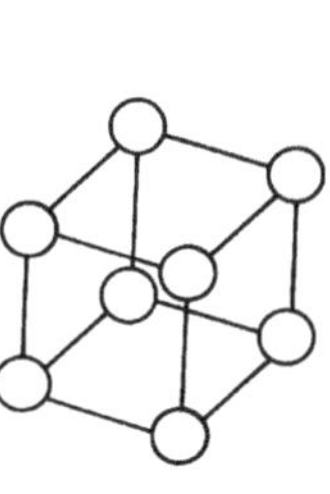

Abb. 1.7 Kugel- und Stäbchenmodell eines kubischeinfachen Gitters. Kugelmodelle (**a**). Atomdurchmesser und Atomabstände sind etwa maßstäblich, die Teilchen liegen dichter, aber die geometrische Anordnung ist schlechter erkennbar. Stäbchenmodelle (**b**) lassen die geometrische Struktur (z. B. Würfel, Quader) erkennen, die Teilchen (Atome, Ionen) sind unmaßstäblich kleiner und berühren sich nicht

Abb. 1.8 2-phasiges Gefüge von Gusseisen mit Kugelgraphit GJS: Graphitkugeln (Phase 1) in einem Grundgefüge aus Fe-Kristallen (Phase 2)

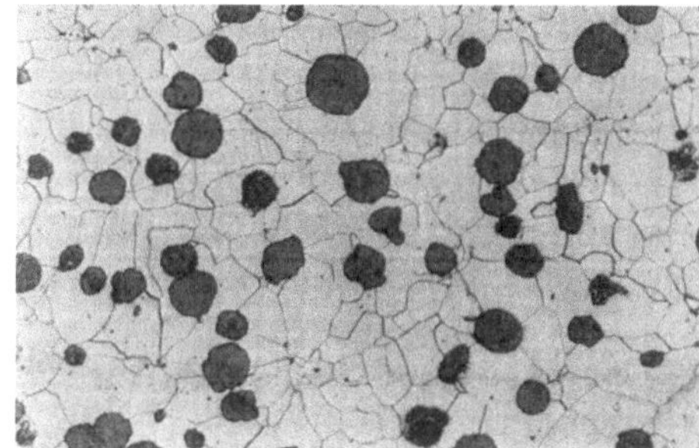

1.4.3　Materialaufbau

Metalle

Bei mikroskopischer Betrachtung erkennt man bei Metallen ein Gefüge. Je nach Reinheitsgrad bzw. Legierung sieht man unterschiedliche Körner. Die voneinander abgegrenzten Körper werden als **Phasen** bezeichnet (Abb. 1.8).

▶ sind in sich homogene Körper mit etwa konstanten Eigenschaften, die durch eine Grenzfläche von andersartigen Phasen unterschieden werden können.

Diese Phasen wachsen durch die Entstehungsvorgänge zum Gefüge des Werkstoffes, z. B.:

- Erstarren einer Schmelze (Gussgefüge),
- Umformen eines Metalls (Walzgefüge)

Abb. 1.9 zeigt, wie wir durch immer feiner werdende Betrachtung das Gefüge weiter unterteilen und gedanklich zu den kleinsten beständigen Materieteilchen (Atomen, Molekülen) gelangen können.

Abb. 1.9 Struktur bei metallischen Werkstoffen

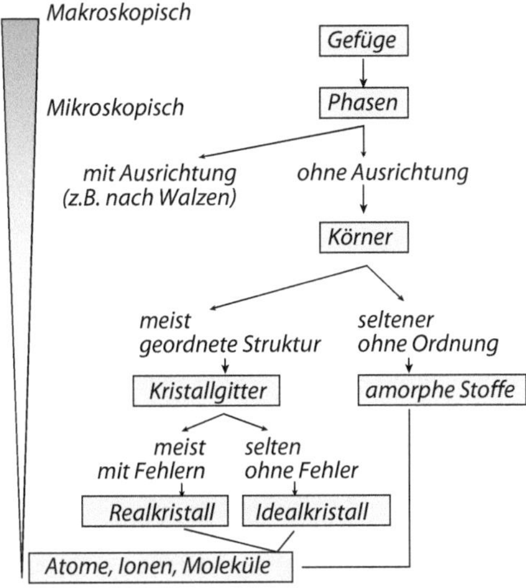

Abb. 1.10 Kristallgitter (einfach kubisch) mit Elementarzelle und Gitterkonstanten a

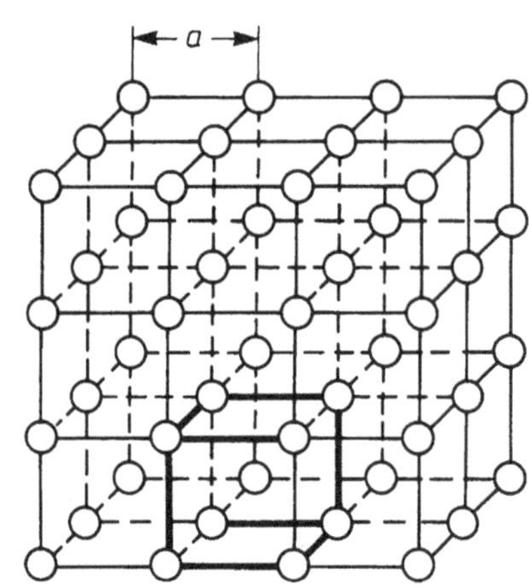

Ionen und Metallatome kristallisieren wegen ihres einfachen Aufbaus als Feststoff, d. h. sie lagern sich regelmäßig aneinander. Die Regelmäßigkeit freigewachsener Kristalle beruht auf der Ordnung der Teilchen im Verband. Dadurch gelingt es, anziehende und abstoßende elektrostatische Kräfte ins Gleichgewicht zu bringen (Abb. 1.10).

In diesem Zustand ist der Energiezustand sehr gering, ein Auflösen dieser Ordnung braucht demnach viel Energie. Damit können hohe Schmelzpunkte erklärt werden. Den Begriff Kristall verbindet man zunächst mit freigewachsenen Mineralien, wie z. B. Quarzkristallen. Die ebenen Flächen deuten auf eine innere Ordnung, das Kristallgitter hin (in Abschn. 2.1.4 ausführlich behandelt).

Gefüge von Metallen haben als Phasen überwiegend **metallische Kristalle**. Sie sind klein, so dass sie erst nach entsprechenden Vorbereitungen erkennbar werden, das erfolgt durch Schleifen, Polieren und evtl. Ätzen. Unter dem Mikroskop lassen sich dann

Abb. 1.11 Ketten oder Faden-
moleküle

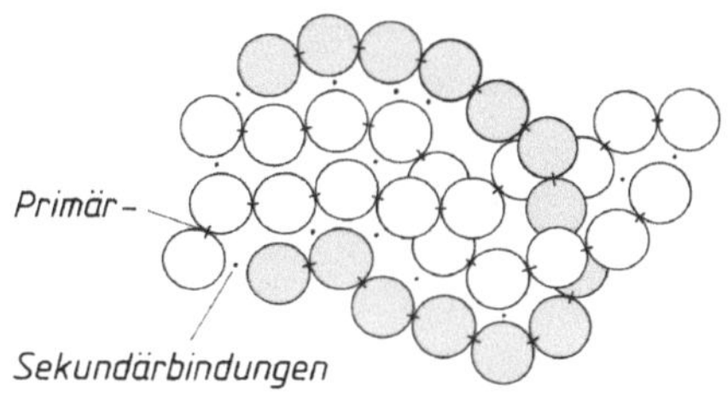

zusammengewachsene Kristalle, als Kristallkörner oder Kristalliten bezeichnet, neben
nichtmetallischen Einschlüssen (z. B. Schlackenteilchen) erkennen und Korngröße und
Kornform beurteilen.

Kunststoffe

Kunststoffe bestehen aus fadenförmigen Makromolekülen, deren Verhältnis von Länge zu
Dicke zwischen 10^3 und 10^5 liegt. Diese großen Moleküle sind ähnlich wie sehr lange
Spaghetti ineinander verknäuelt (Abb. 1.11).

Beispiel: Spaghettimodell

Spaghetti sind ein gutes Modell für Kunststoffe. Die Moleküle haben eine Dicke von
ca. 0,1 nm und sind damit mikroskopisch nicht sichtbar. Ein Spaghettihaufen zeigt, dass
lange Fäden sich ineinander verknäueln. Die einzelnen Stränge können gegeneinander
gleiten, wenn die Kräfte zwischen ihnen (Sekundärbindungen) klein sind.

Der Zusammenhalt zwischen den Molekülen erfolgt über die sehr schwachen Nebenva-
lenzbindungen, die sich bereits bei niedriger Temperatur, der sog. **Glastemperatur** T_{glas}[2]
lösen, so dass die Moleküle frei beweglich sind und der Kunststoff dann fließen kann.
Diese Form der Kunststoffe wird auch **Thermoplaste** genannt, da sie bei höheren Temperaturen viskos sind (umgangssprachlich und vereinfacht sagt man plastisch).

Kunststoffe haben keine Gefüge aus unterschiedlichen Kristallen. Selbst kleine Moleküle sind räumlich komplex und nicht kugelförmig wie die Atome im Modell. Eine
kristalline Struktur aus Molekülen ist daher wenig wahrscheinlich. Die ungeordnet erstarrte Struktur wird als **amorph** bezeichnet. Je nach chemischem Aufbau können einige
Kunststoffe teilweise kristallisieren, wobei sich ähnliche Molekülsegmente aneinanderle-
gen (Abb. 1.12).

---

[2] Molekulare Stoffe sind unterhalb T_{glas} eingefroren und damit spröde. Mit Überschreiten von T_{glas}
können die Moleküle gegeneinander abgleiten, der Stoff wird plastisch formbar. Teilkristalline
Kunststoffe können bei weiterer Erwärmung bis über die Schmelztemperatur T_{schmelz} flüssig werden,
indem die kristallinen (geordneten) Bereiche ebenfalls abgleiten können. Eine vollständige Kristallisation ist bei Kunststoffen unmöglich, da sich die Moleküle gegenseitig behindern. Der Grad der
Kristallisation liegt meist zwischen 40 und 60 %. Der nicht kristallisierte Teil ist amorph.

Abb. 1.12 Der Materialaufbau von Kunststoffen ist im
Vergleich zu den Metallen
molekular, es entstehen keine Gitter mit Gleitebenen, die
Eigenschaften sind vielmehr
vergleichbar mit denen eines
„Spaghetti-Knäuels"

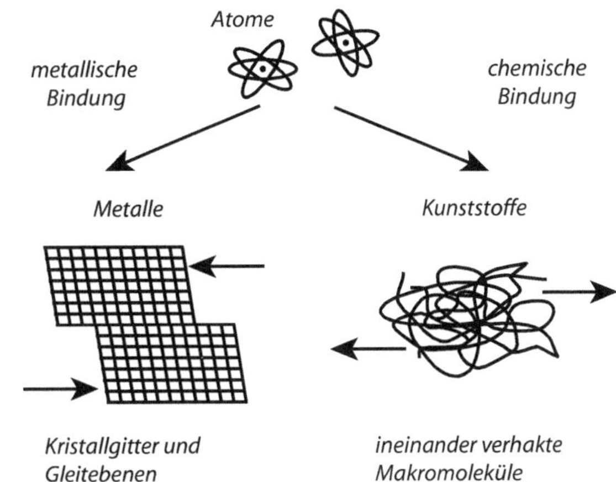

▶ **Glastemperatur** T_{glas} Molekulare Stoffe sind unterhalb T_{glas} eingefroren und damit
spröde. Mit Überschreiten von T_{glas} können die Moleküle gegeneinander abgleiten, der
Stoff wird plastisch formbar.

Teilkristalline Kunststoffe können bei weiterer Erwärmung bis über die Schmelztemperatur $T_{schmelz}$ flüssig werden, indem die kristallinen (geordneten) Bereiche ebenfalls
abgleiten können.

Eine vollständige Kristallisation ist bei Kunststoffen unmöglich, da sich die Moleküle
gegenseitig behindern. Der Grad der Kristallisation liegt meist zwischen 40 und 60 %. Der
nicht kristallisierte Teil ist amorph.

Die mechanischen Eigenschaften unterscheiden sich wesentlich von denen der Metalle.
Die Kunststoffe haben keine Gleitebenen, über die sich die plastische Verformung erklären
lässt. Bei Belastung verformt sich das gesamte Knäuel, einzelne Molekülsegmente können
gegeneinander „verrutschen". Die Temperatur spielt hier eine große Rolle, denn die Bindungskräfte längs der Molekülkette sind sehr hoch im Vergleich zu den Kräften zwischen
den benachbarten Ketten. Wenn keine chemische Vernetzung der Ketten untereinander
vorliegt, genügen schon geringe Temperaturen, um eine Verformung zu ermöglichen.

Neben schmelzbaren Kunststoffen gibt es die nicht schmelzbaren Kunststoffe, bei denen die Moleküle untereinander über kovalente Bindungen verknüpft sind. In dieser Gruppe gibt es die elastischen **Elastomere** und die harten und spröden **Duromere**.

▶ Duromere (ältere Bezeichnung Duroplaste) entstehen durch chemische Reakti-
on zweier Kohlenwasserstoffe und haben enge Bindungen zwischen den Ket-
tenmolekülen.
Elastomere (Beispiel Kautschuk) entstehen durch eine chemische Reaktion mit
Schwefel (Vulkanisation) und haben weitmaschige Vernetzungen zwischen den
Kettenmolekülen.

Abb. 1.13 Ethan-Molekül,
eine Aneinanderreihung von
ca. 500 solcher Moleküle zu
einer Kette ergibt den Baustein
zum Kunststoff Polyethylen
PE

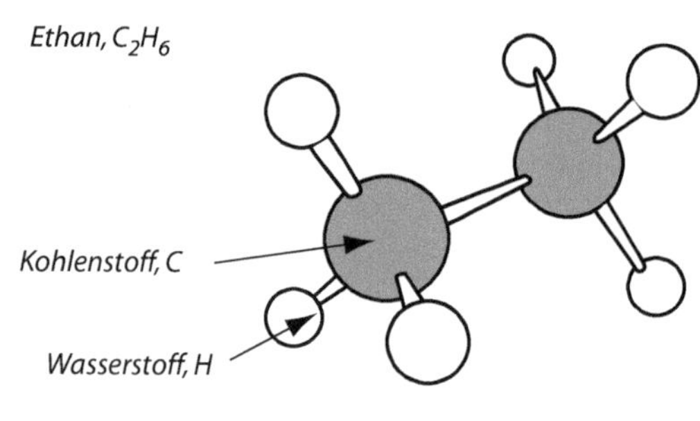

Abb. 1.14 Baustein eines
Cellulosemoleküls

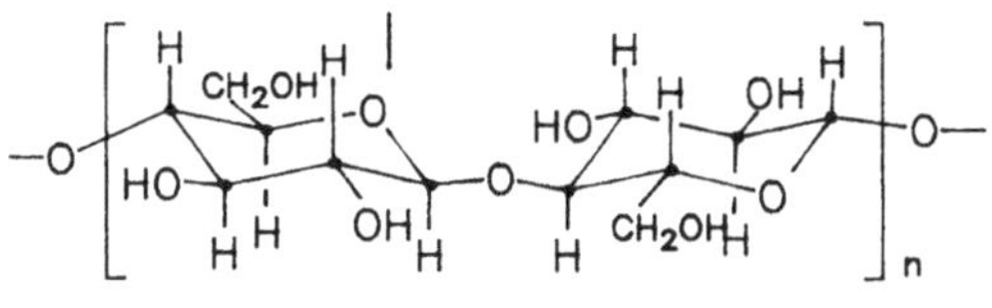

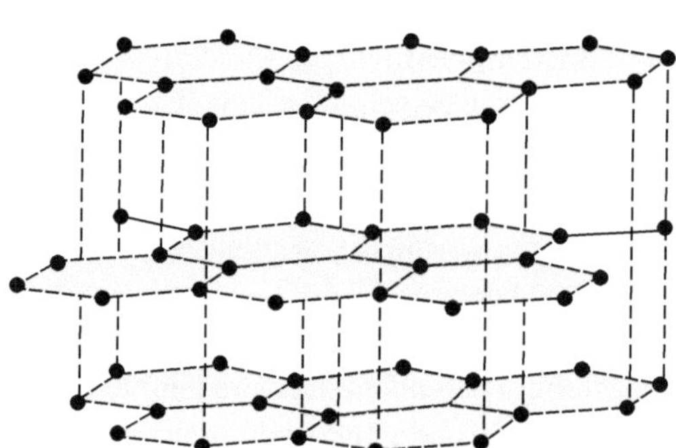

Abb. 1.15 Graphit, hexagonales Schichtgitter

Kohlenstoff C

Das Element hat eine Sonderstellung, da es weder zu den Metallen noch zu den Nichtmetallen gehört. Das C-Atom hat vier Elektronen auf der Außenhülle und kann damit unterschiedliche Bindungen eingehen. Die Bindungen sind gleichmäßig verteilt in den Raum gerichtet (tetraedrisch) (Abb. 1.13).

Herausragend ist seine Fähigkeit, mit anderen C-Atomen über diese vier Bindungen lange Ketten (oder Ringe) zu bilden. Dabei bindet ein jedes C-Atom jeweils zwei Nachbaratome und mit den weiteren zwei Elektronen Elemente wie Wasserstoff H, oder Sauerstoff O. Es können auch andere Teile chemischer Verbindungen durch kovalente Bindungen an diesen zwei Bindungsarmen hängen (Abb. 1.14). Auf diese Weise ist eine große Anzahl chemischer Verbindungen möglich (Kohlenstoffchemie).

Elementarer Kohlenstoff

Graphit Die C-Atome gehen Bindung mit jeweils drei benachbarten C-Atomen ein. Das vierte Elektron wird nicht gebunden und ist im entstehenden flächigen Kristall frei beweglich. Dadurch ist Graphit elektrisch leitfähig und wegen der Schichtstruktur ein Festschmierstoff (Abb. 1.15).

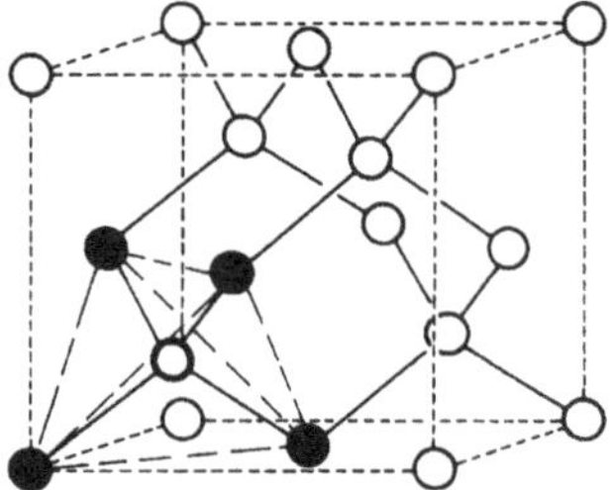

Abb. 1.16 Diamant, kubisches Atomgitter

Diamant Die C-Atome gehen jeweils Bindung mit vier benachbarten C-Atomen ein, so dass ein dreidimensionales Gitter entsteht (Abb. 1.16). Durch kovalente Bindung ist diese Struktur besonders stabil und hat im Vergleich zu anderen Materialien die höchste Härte.

Das hexagonale Gitter des Graphits kann durch eine Hochdruck-Hochtemperatur-Behandlung in das kubische Diamantgitter umgewandelt werden (künstliche, Industrie-Diamanten).

1.4.4 Werkstoffeigenschaften

In diesem Abschnitt werden die wichtigsten Strukturwerkstoffe,

- **Metalle** und ihre Legierungen mit den
- **Kunststoffen** in ihrem Verhalten

unter der **mechanischen Beanspruchung** verglichen. Dieser Gesichtspunkt ist für die ingenieurmäßige Anwendung besonders wichtig.

Im direkten Vergleich halten Metalle erheblich höheren Belastungen Stand. Kunststoffe haben in vielen Bereichen, im Alltag wie bei technischen Anwendungen Metalle verdrängt. Das liegt z. B. an der günstigen Formbarkeit und an der niedrigen Dichte. Einige Sorten können mit Faserverstärkung auch Leichtmetalle ersetzen.

Der Unterschied im mechanischen Verhalten wird deutlich bei den Ursachen für ein Bauteilversagen. Das mechanische Versagen eines Werkstoffes unter Last ist im Allgemeinen gekennzeichnet durch:

- Bleibende Verformung oder
- Spontanes Brechen/Trennen (Sprödbruch).

Für die Dimensionierung von Bauteilen sind deshalb Belastungsgrenzen erforderlich, um Verformung oder Bruch auszuschließen. Diese Grenzen sind die zulässigen Spannungen σ_{zul}.

▶ **Kräfte** F sind physikalische Größen und zeigen Größe und Richtung einer Last an. Kräfte wirken von außen auf ein Bauteil und bewirken im Innern von Bauteilen die Spannungen. Dabei wird die Kraft auf den Belastungsquerschnitt bezogen (Einheit $N/mm^2 = MPa$).

- Normalspannungen σ wirken senkrecht zur Fläche,
- Schubspannungen τ wirken parallel zur Fläche.

Zulässige Spannungen (σ_{zul}) sind die ertragbaren Beanspruchungen. Ein Kriterium für die zulässige Spannung ist in der Regel ein bestimmtes Maß an bleibender, plastischer Verformung.

Verhalten der Metalle

Wenn ein Probestab in Längsrichtung einer zunehmenden **Kraft**, also einer wachsenden Zugspannung ausgesetzt wird, so lassen sich verschiedene Erscheinungen beobachten:

- Geringe Längenänderungen, die nach Entlastung wieder zurückgehen, wenn die Spannungen unterhalb einer Grenzspannung (Elastizitätsgrenze) liegen. Bei steigenden Spannungen kommt es zu
- stärkeren, bleibenden Längenänderungen bis zum Bruch.

Im ersten sog. elastischen Bereich gilt das **Hooke'sche Gesetz**. Hier liegen auch die zulässigen Spannungen! Metalle haben aufgrund der hohen E-Moduln nur geringe elastische Verformungen.

▶ **Hooke'sches Gesetz** Im elastischen Bereich ist jede Spannung der zugehörigen Dehnung proportional. Der Proportionalitätsfaktor ist der **Elastizitätsmodul E**. Er beschreibt die **Steifigkeit** des Metalls in diesem Bereich und ergibt sich aus dem Verhältnis von Spannung und Dehnung im elastischen Bereich. Mit diesem Wert lässt sich somit die Verformung bei einer bestimmten Beanspruchung errechnen.

$$\text{E-Modul} = \text{Spannung } \sigma / \text{Dehnung } \varepsilon$$
$$\varepsilon = \sigma / E$$
$$\varepsilon = \text{Längenänderung } \Delta L / \text{Ausgangslänge } L_0$$
$$\Delta L = (\sigma / E) \cdot L_0.$$

Beispiel: Berechnung der elastischen Verformung

Ein Stahldraht von $A = 10\,mm^2$ Querschnittsfläche und $1\,m$ Länge wird durch eine Zugkraft von $2100\,N$ gedehnt. Wie groß ist die elastische Verformung?

$$\sigma = F/A = 2100\,N/10\,mm^2 = 210\,N/mm^2 \quad (MPa)$$
$$\Delta L = 1000\,mm \cdot 210\,MPa / 210.000\,MPa = 1\,mm.$$

Tab. 1.4 Elastizitätsmodul bei Metallen und Kunststoffen

Metalle		Kunststoffe
Stahl, unlegiert	210.000 MPa	Polyamid PA, abhängig von Luftfeuchte (LF) und Temperatur
Cr-Ni-legiert	195.000 MPa	
Titan	101.000 MPa	LF hoch / 30 °C: 1000
Aluminium	70.000 MPa	LF gering / 0 °C: 3000

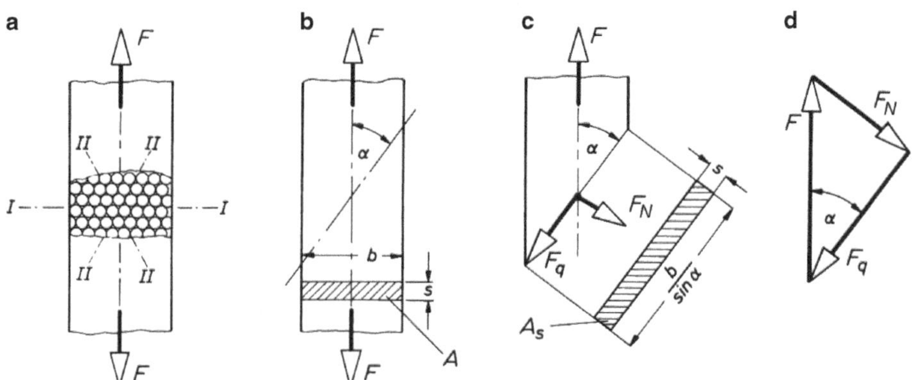

Abb. 1.17 Kräfte im zugbeanspruchten Stab

Der E-Modul verhält sich proportional zur Schmelztemperatur eines Materials. Daher sind die Werte für metallische Werkstoffe immer erheblich größer als die der Kunststoffe (Tab. 1.4).

Wenn die Spannungen über den elastischen Bereich hinausgehen, kommt es zur **plastischen Verformung**,

- zuerst Verlängerung,
- dann zu einer örtlichen Querschnittsverminderung (Einschnürung) und Bruch.

Die plastische Verformung eines Metallgitters kann modellhaft mit dem Abgleiten der Seiten beim Biegen eines Buches beschrieben werden. Es verschieben sich Atomschichten in bestimmten Ebenen gegeneinander.

Abb. 1.17a zeigt einen zugbeanspruchten Stab. Ein Querschnitt unter 90° (Bildteil b) wird auf Zug beansprucht. Spröde Werkstoffe würden bei Überschreiten der Zugfestigkeit einen verformungslosen Trennbruch erleiden (Bildteil a; Ebene I-I).

In einer Fläche unter einem Winkel α (Abb. 1.17c) wirkt, wie die Kräftezerlegung (d) zeigt, neben der Normalkraft F_N mit Normalspannungen σ auch die Schubkraft F_q welche die Schubspannungen τ hervorruft. Unter $\alpha = 45°$ erreichen diese Schubspannungen ein Maximum.

Wenn die Bindungskräfte kleiner sind als die herrschenden Schubspannungen τ, entsteht plastische Verformung, indem sich Kristallschichten gegeneinander verschieben, bevor es zur Trennung unter Wirkung der Normalspannungen kommt.

Die Verschiebung erfolgt auf bestimmten, sehr gleichmäßig gebauten Kristallebenen eines Kristallgitters (Abb. 2.27 bis 2.29). Deshalb bleiben die Normalkräfte ohne Wirkung, solange die Gleitvorgänge ablaufen, also die plastische Verformung stattfindet. Sie verursacht allerdings zunehmende Störungen im Gitter, die den Widerstand, d. h. die Festigkeit erhöhen.

Weitere Verformung erfordert deshalb zunehmend höhere Spannungen. Wenn alle Gleitvorgänge blockiert sind, tritt der Bruch durch Trennung unter Normalkräften ein.

Durch Einbau von Störungen in die Gleitebenen wird der Gleitwiderstand erhöht, die Festigkeit steigt. Möglichkeiten dafür sind z. B.

- Kaltverformung erhöht die Gitterstörungen $\rightarrow$ erhöhter Kraftbedarf für weitere Verformung! (s. Abschn. 2.3.2, Kaltverfestigung).
- Legieren baut größere oder kleinere Atome als Hindernisse in das Kristallgitter ein (s. Abschn. 2.3.1, Mischkristallverfestigung).

Verhalten der Kunststoffe

Kunststoffe sind molekular aufgebaut, sie haben keine Gleitebenen. Die Moleküle sind im Verhältnis zu ihre Dicke sehr lang, weshalb keine völlig geordnete Erstarrung zu Kristallen möglich ist.

Die Moleküle einzelner Kunststoffe können unvernetzt oder vernetzt sein. Mit Vernetzung ist eine chemische Bindung der Moleküle untereinander gemeint, während der Herstellung bildet sich quasi ein sehr großes Raumnetz, das nicht mehr erweichen oder schmelzen kann.

Nicht vernetzte Kunststoffe bestehen aus sehr vielen unabhängigen und miteinander verknäuelten Molekülen. Sie können je nach Kunststoffart und Molekülaufbau während der Erstarrung eine unterschiedliche Struktur annehmen:

- Amorphe Kunststoffe können keinen Ordnungszustand bilden.
- Bei teilkristallinen Kunststoffen entstehen teilweise geordnete Bereiche, je nach Abkühlgeschwindigkeit können ca. 40 bis 50 % Kristalle entstehen. Wegen der Moleküllänge ist eine vollständige Kristallisation unmöglich.

Amorphe Kunststoffe (keine Kristallisation) erweichen oberhalb der Glastemperatur, d. h. die Moleküle können bei Belastung gegeneinander abgleiten. Sie werden immer unterhalb der Glastemperatur eingesetzt, sie sind weitgehend spröde.

Teilkristalline Kunststoffe sind oberhalb der Glastemperatur zäh und können bis nahe der Erweichungstemperatur eingesetzt werden. Im kristallinen Bereich können teilkristalline Kunststoffe schmelzen. Im Temperaturbereich zwischen Erweichungs- und Schmelztemperatur sind diese Kunststoffe viskoelastisch. Die Kristalle sind quasi mechanische

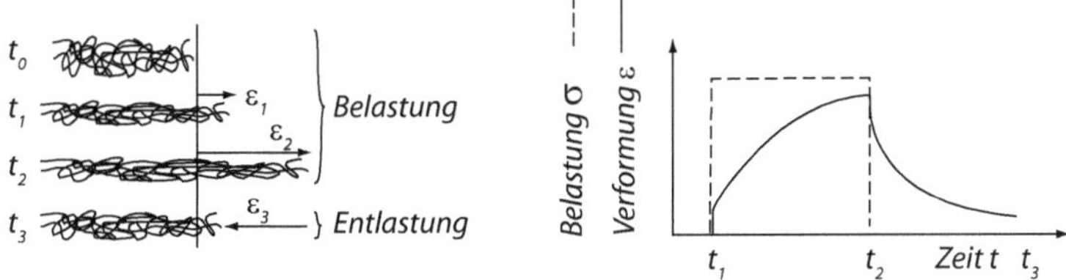

Abb. 1.18 Kriechen, Verformung eines Kunststoffs bei Be- und Entlastung

Abb. 1.19 Mechanisches Analogiemodell für Kunststoffe

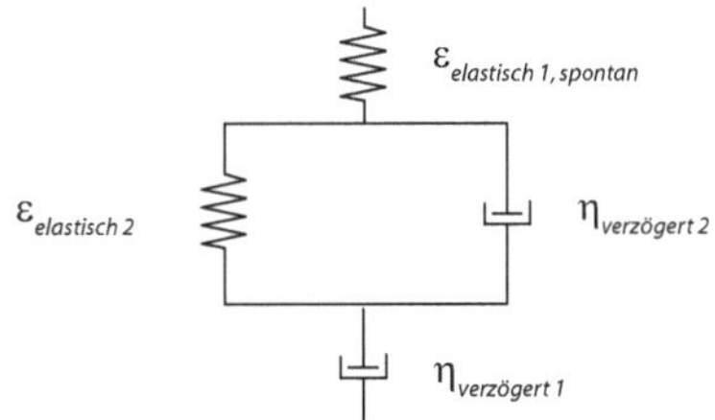

Verknüpfungen der Molekülketten, wodurch oberhalb der Glastemperatur ein komplettes Abgleiten der Ketten verhindert wird.

► **Elastizität** Ein Körper kann sich unter Last verformen, nach einer Entlastung geht die Verformung vollständig zurück.

Plastizität Die Verformbarkeit unter Last ist irreversibel, d. h. unumkehrbar.

Viskosität beschreibt das Fließverhalten einer Flüssigkeit. Sie ist von Zeit, Temperatur und Geschwindigkeit abhängig. Bei Kunststoffen wird vielfach das Feststoffverhalten als viskos bezeichnet, das ist gleichbedeutend mit plastisch.

Viskoelastizität beschreibt das Verhalten von Kunststoffen im Bereich der Glastemperatur und darüber. Die langen Moleküle erstrecken sich über Bereiche und können über der Glastemperatur eine gewisse Elastizität aufrecht halten. Mit steigender Temperatur nimmt die Elastizität ab und die Plastizität zu.

Abb. 1.18 zeigt schematisch Knäuelmoleküle. Bei Belastung werden sie gedehnt, nach einer ersten spontanen Dehnung ε_1 bei t_1 erfolgt die Verformung zeitabhängig abnehmend bis t_2. Dazu sind nur geringe Kräfte erforderlich. Bei t_2 beginnt die Entlastung, die maximale Verformung ε_2 geht verzögert um den Betrag ε_3 auf einen Restwert bleibender Dehnung (beim Zeitpunkt t_3) zurück.

Längere Belastungen führen unweigerlich zu bleibenden Verformungen. Dabei können die schwachen zwischenmolekularen Bindungen ein Verschieben nicht verhindern Deshalb gibt es bei Kunststoffen im Bereich üblichen Einsatztemperaturen keinen vollkommen elastischen Bereich.

Analogiemodell (Abb. 1.19): Mit einer Kombination aus Federn und Dämpfern lässt sich das mechanische Verhalten von Kunststoffen beschreiben. Unterhalb der Glastemperatur ist das Material weitgehend elastisch. Die Dämpfer wirken erst oberhalb der Glas-

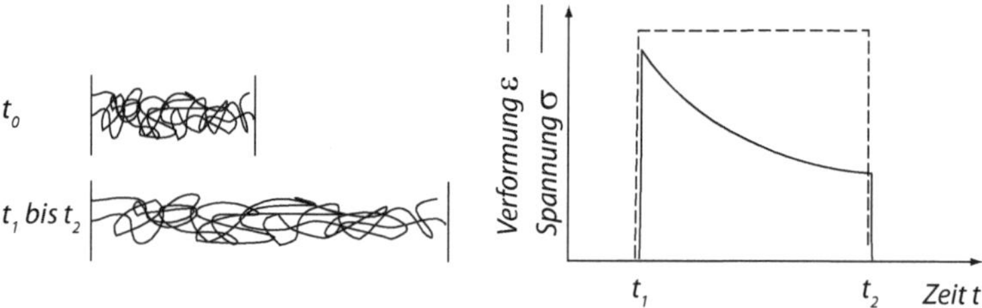

Abb. 1.20 Relaxation, zeitabhängige Entspannung eines Kunststoffes, Dehnung konstant

temperatur und repräsentieren das Abgleiten von Molekülketten. Je höher die Temperatur ist, desto leichter „laufen die Dämpfer". Bei einer Belastung wird dementsprechend die Verzögerung der Verformung rascher. Das gilt auch für Rückverformungen.

Der E-Modul ist deshalb stark abhängig von Temperatur und Dehngeschwindigkeit und somit keine Materialkonstante.

Eine weitere Folge des viskoelastischen Verhaltens der Kunststoffe ist die Relaxation, d. i. die Ermüdung eines unter Spannung stehenden Bauteils. Beispiel: (Abb. 1.20). Ein fest eingespanntes Seil ist um einen bestimmten Betrag ε gedehnt. Die Relaxation verursacht in der Zeit t_1 bis t_2 ein Nachgeben mit Abfall der Spannung.

Neben dem E-Modul gibt es für Kunststoffe den Kriechmodul, der mit dem Langzeitversuch ermittelt wird. Über diesen Wert lässt sich beurteilen, wie stark sich ein Bauteil unter langzeitiger Belastung verformt. Im Allgemeinen dient für die Konstruktion als Richtwert eine Verformung von ε 0,5 %.

Vernetzte Kunststoffe (Duromere) sind wegen der starken Bindungen zwischen den Ketten nicht schmelzbar und nicht plastisch verformbar. Ihre E-Moduln sind höher und die Eigenschaften weniger temperaturabhängig. Duromere werden immer unterhalb ihrer Glastemperatur eingesetzt, sie sind formsteifer und brechen spröde.

Elastomere haben weniger Verknüpfungen zwischen den Ketten. Sie können sehr elastisch sein und können sich nach Entlastung wieder weitgehend zurückverformen. Elastomere werden oberhalb der Glastemperatur eingesetzt. Sie können mit den teilkristallinen Kunststoffen verglichen werden, nur sind ihre Ketten flexibler und die Verknüpfungen können nicht schmelzen.

1.5 Anforderungen an Werkstoffe

1.5.1 Anforderungsprofil

Jedes Bauteil soll den Anforderungen genügen, denen es im Zusammenwirken mit anderen innerhalb eines Systems (Gerät, Maschine) ausgesetzt ist. Zum Erkennen und evtl. Berechnen der Anforderungen benötigen wir Kenntnisse und Lösungsverfahren aus anderen Fachgebieten (Abb. 1.21).

Abb. 1.21 Anforderungen und Fachgebiete

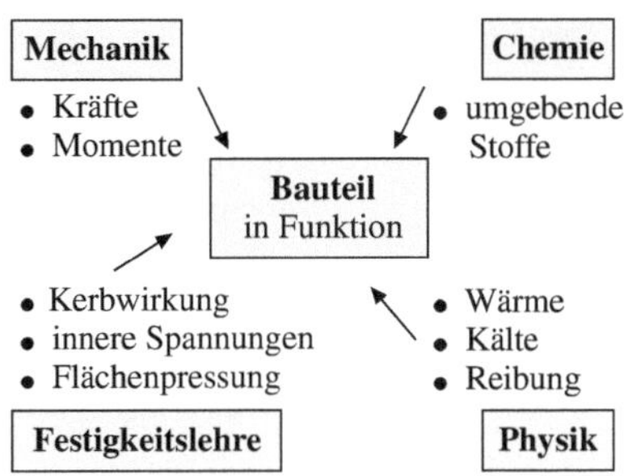

Die Anforderungen an das Bauteil führen zur Beanspruchung bestimmter Werkstoffeigenschaften. Bei Überbeanspruchung wird das Bauteil geschädigt (Tab. 1.5).

- Äußere Kräfte können zum Bruch führen,
- umgebende Stoffe schädigen die Oberfläche,
- Reibung führt zu Verschleiß (Stoffverlust),
- bei tiefen oder hohen Temperaturen ist das Bauteil weniger belastbar.

Die Summe aller Einflüsse, die von außen an das Bauteil herantreten und die ein Bauteil in Funktion ertragen muss, bildet das Anforderungsprofil. Es kann in vier Bereiche gegliedert werden.

Dem Anforderungsprofil an das Bauteil stehen die Widerstandseigenschaften des Werkstoffes gegenüber. Sie bilden zusammen das Eigenschaftsprofil.

1.5.2 Eigenschaftsprofil

Das Eigenschaftsprofil ist die Summe aller Werkstoffeigenschaften im Bauteil (s. Tab. 1.6).

Werkstoffeigenschaften sind physikalische Größen mit Symbol, Maßzahl und Einheit. Sie werden nach genormten Prüfverfahren quantitativ ermittelt und sind von den Prüfbedingungen abhängig (Normung s. Kap. 14).

Tab. 1.5 Beanspruchung und Wirkung

Beanspruchungsbereich	Wirkung auf das Bauteil
Festigkeit	Innere Kräfte (Spannungen) führen zu Verformungen, evtl. zum Bruch
Korrosion	Reaktionen mit anderen Stoffen führen zu Stoffverlust (Durchbrüche)
Tribologie	Reibung und Verschleiß ergeben Werkstoff- und Energieverluste
Temperatur	Erweichung in der Wärme, Versprödung in der Kälte, Wärmeausdehnung

Tab. 1.6 Technologische Eigenschaften von Werkstoffen

Eigenschaft	Auswirkung	Eigenschaftskennwert
Mechanisch	Widerstand gegen Zerreißen, Verhalten bei elastischer bzw. plastischer Verformung	Zugfestigkeit R_m in MPa = N/mm^2 E-Modul E in GPa Bruchdehnung A in % Brucheinschnürung Z in %
Chemisch	Beständigkeit gegen Wasser bzw. aggressive Medien	Korrosionsgeschwindigkeit in mm/a (Jahr)
Tribologisch	Reibungsverhalten	Verschleißbeständigkeit Reibungszahl f, (μ)
Thermisch	Glastemperatur (bei Kunststoffen), Schmelzpunkt Verhalten bei tiefer, bzw. hoher Temperatur	Temperatur T_g in °C Temperatur T_m in °C Kerbschlagarbeit KV in J Zeitstandfestigkeiten
Technologisch	Verhalten beim Gießen, Tiefziehen, Schweißen, Härten	Gießtemperatur, Schwindmaß in % Tiefung t in mm Kohlenstoffäquivalent CEV Härtetiefe Stirnabschreckkurve

Zusätzlich müssen auch die technologischen Eigenschaften, also das Verhalten bei den Fertigungsgängen vom Rohmaterial zum Fertigteil beachtet werden (Tab. 1.6). Dadurch liegen die Eigenschaftswerte im Bauteil z. T. niedriger als die mit genormten Proben aus der Werkstoffprüfung.

Anforderungs- und Eigenschaftsprofil sind für die Auswahl des Werkstoffes für ein Bauteil von Bedeutung (s. Kap. 13).

2.1 Metallkunde

2.1.1 Vorkommen

Metalle bilden unter den chemischen Elementen die größte Gruppe, es sind etwa 70 unter den 88 natürlich vorkommenden Elementen (Abschn. 1.4.1 Periodensystem).

Einige Metalle haben einen beachtlichen Anteil an der Erdmaterie (Wasser, Luft und Erdmantel, vgl. Tab. 2.1). Die wichtigen Strukturwerkstoffe Eisen (Fe), Aluminium (Al) und Magnesium (Mg) sind dabei vertreten. Wichtige NE-Metalle liegen um Zehnerpotenzen darunter (z. B. Cu). Ihre Gewinnung ist wirtschaftlich, wenn sie in Erzgängen und -nestern konzentriert sind.

Metalle in der Technik Für die Verwendung als Werkstoffe sind besonders die mechanischen Eigenschaften wichtig. Nur ein kleiner Teil der Metalle genügt den Anforderungen.

Technische Anforderungen an Metalle
- ausreichende Festigkeit, Zähigkeit, Steifigkeit und Eignung für wirtschaftliche Fertigungsprozesse
- ausreichende Korrosionsbeständigkeit bei normalen klimatischen Bedingungen, evtl. höhere Anforderungen durch Seewasser oder Chemikalien.

Tab. 2.1 Anteile der häufigsten Elemente an der Erdhülle (nach Binder 1999)

O	Si	Al	Fe	Ca	Na	K	Mg	Ti	Ni	Zn	Cu
49,4	25,8	7,6	4,7	3,4	2,6	2,4	1,9	0,4	0,015	0,012	0,01

© Springer Fachmedien Wiesbaden GmbH, ein Teil von Springer Nature 2018   25
W. Weißbach, M. Dahms, C. Jaroschek, *Werkstoffe und ihre Anwendungen*,
https://doi.org/10.1007/978-3-658-19892-3_2

Wirtschaftliche Anforderungen

- ausreichendes Vorkommen
- einfache Aufbereitung der Erze und ihre Reduktion zum Metall
- nicht zu hohe Verarbeitungstemperaturen
- leichtes Recycling aus den Abfallstoffen.

Metalle unterscheiden sich von anderen Werkstoffgruppen (Polymere, Keramik) durch eine Kombination von Eigenschaften. Typische Metalleigenschaften sind:

- **Leitfähigkeit** für **Wärme** und **Elektrizität**
- **Reflektion** von Licht an oxidfreien Flächen
- **Festigkeit und Duktilität** (Fähigkeit, plastische Verformungen ohne Bruch zu ertragen)
- **Reaktionsfähigkeit** mit Sauerstoff, Säuren und Salzlösungen. Nach der Reaktionsfähigkeit wird in edle und unedle Metalle unterteilt (Spannungsreihe der Elemente Tab. 12.4). Edle Metalle wie z. B. Ag, Au und Platinmetalle sind gegenüber Säuren sehr beständig.

Metalleigenschaften sind eine Folge der **Metallischen Bindung** in Kristallgittern mit einfacher Struktur.

2.1.2 Metallbindung

▶ **Hinweis** Für die Atomstruktur wird das Periodensystem der Elemente, siehe Abb. 1.4, herangezogen.

Metallische Elemente sind im Periodischen System der Elemente (PSE Abschn. 1.4.1) im linken Teil angeordnet. Sie folgen jeweils auf ein Edelgas und beginnen eine neue Periode, d. h. sie besitzen eine neue Elektronenschale mit größerem mittlerem Abstand zum Kern. Die Folgen für die Besetzung der Schale und das Verhalten der Elektronen sind:

- wenige Elektronen (1–3) in der energiereichsten äußeren Schale, die sog. **Valenzelektronen**
- schwache Bindung an den Kern, die Valenzelektronen werden an Atome mit einer höheren **Elektronegativität EN** abgegeben
- niedrige EN-Zahlen.

Die EN-Zahlen zweier Elemente und ihre Differenz ΔEN lassen Schlüsse über die Art der chemischen Bindung zwischen ihren Atomen zu (siehe Tab. 2.2).

Im PSE steigt EN in den Perioden von links nach rechts und sinkt in den Gruppen von oben nach unten.

Tab. 2.2 EN-Zahl und Bindungsart

EN-Zahl	ΔEN	Bindungsart
$< 1,5$ Metalle	Klein	Metallische Bindung
> 2 Nichtmetalle	Null	Elektronenpaarbindung (kovalente Bindung)
Metall/ Nichtmetall	Groß	Ionenbindung (heteropolare Bindung)

Beispiel einer heteropolaren Bindung

Fluor F hat die höchste EN-Zahl (EN $= 4,1$). Die Verbindung SF_6, Schwefelhexafluorid, wird als Isoliergas in der Hochspannungstechnik verwendet. Fluor hält die Bindungselektronen so fest, dass das Gas auch im elektrischen Lichtbogen nicht ionisiert (d. h. es werden keine Elektronen abgespalten).

Metallatome allein erreichen einen Zustand niedrigerer Energie (**Energie-Minimum**[1]), wenn sie kleinste, regelmäßige Abstände zueinander einnehmen und ihre Valenzelektronen abgeben, die damit eine Art Elektronengas bilden.

Die dabei abgegebene Energie taucht dann in Form von Wärme wieder auf (Energieerhaltungssatz), z. B. als

- Kondensationswärme, beim Übergang gasförmig zu flüssig oder als
- Kristallisationswärme beim Übergang flüssig zu fest oder als
- Elektromagnetische Strahlung (Röntgenstrahlung).

Der Zusammenhalt entsteht aus der Wechselwirkung zwischen Elektronengas und Atomrümpfen:

- Positive Atomrümpfe stoßen einander ab, ebenso die negativ geladenen Elektronen.
- Positive Atomrümpfe und Elektronengas ziehen einander an.

Die Kräfte werden dadurch im Gleichgewicht gehalten, dass die Atomrümpfe eine einfache, regelmäßige Anordnung bilden, das Metallgitter (Abb. 2.1). Metallgitter sind Kristallgitter, die sich gegenüber anderen Kristallen (z. B. Oxiden oder Salzen) durch ihre Einfachheit und hohe Symmetrie abgrenzen.

Bindungskräfte

Im Kristallgitter suchen die Atome einen Abstand einzunehmen, bei dem abstoßende und anziehende Kräfte gleich groß werden. Dann ist das Energie-Minimum erreicht. Bei Metallen wird der Abstand l_0 auch als Atomdurchmesser bezeichnet. Die resultierende Kraft F_{res} ist hier null (Abb. 2.2). Jede Änderung von l_0 erfordert eine Energiezufuhr.

---

[1] Allgemeines Streben der Materie nach einem Zustand niedrigster Energie, vergleichbar mit dem Fließen des Wassers zu Orten niedrigster Höhe.

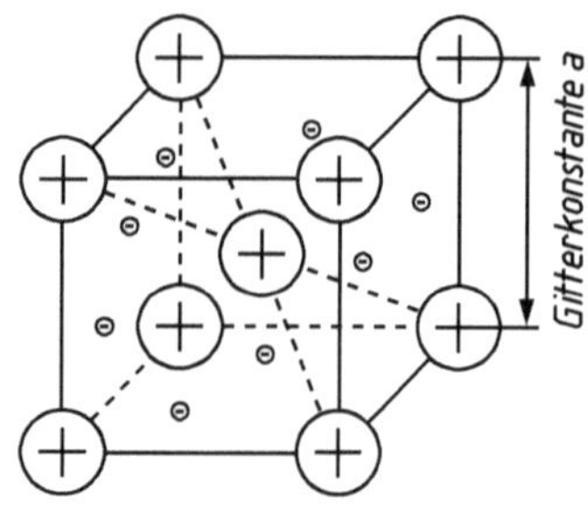

Abb. 2.1 Metallgitter aus Atomrümpfen und Elektronen-„Gas"

Wird der Abstand l durch äußere Kräfte vergrößert, so erreicht die Resultierende F_{res} aus beiden Kräften ein Maximum bei l_{max} und nimmt danach ab. Bei Annäherung der beiden Atome erhöht sich die abstoßende Kraft stärker und steigt steil an. Deshalb sind Metalle nur sehr schwer komprimierbar.

Der Energieaufwand zur Trennung der Atome ist die **Bindungsenergie Q**. Ihr Betrag hängt von der Bindungsart ab. Metalle stehen nach den Ionen- und Atombindungen an dritter Stelle (Tab. 2.3).

Abb. 2.2 Bindungsenergie Q und Kräfte F zwischen den Bausteinen des Kristallgitters

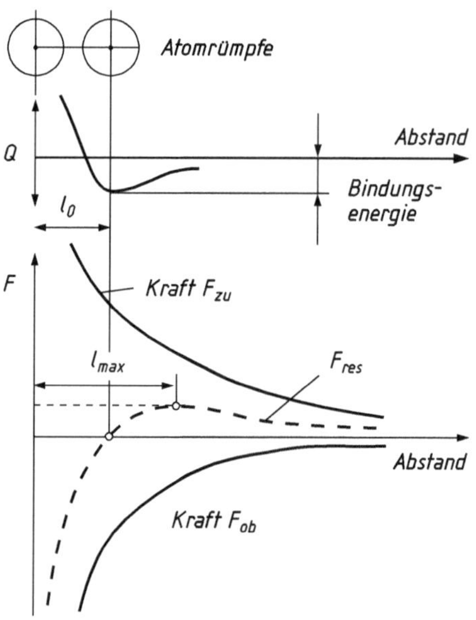

Tab. 2.3 Bindungsenergien in den Gitterarten

	Gitterart			
	Ionen-Gitter	Atom-Gitter	Metall-Gitter	Molekül-Gitter
Energie Q kJ/mol	600…1500	500…1250	100…800	< 50
Beispiele	Salze	Quarz, Diamant	Blei…Wolfram	Eis, festes CO_2

1 mol $= 6{,}023 \cdot 10^{23}$ Teilchen

Abb. 2.3 Steigung der Resultierenden und Stärke der Bindung

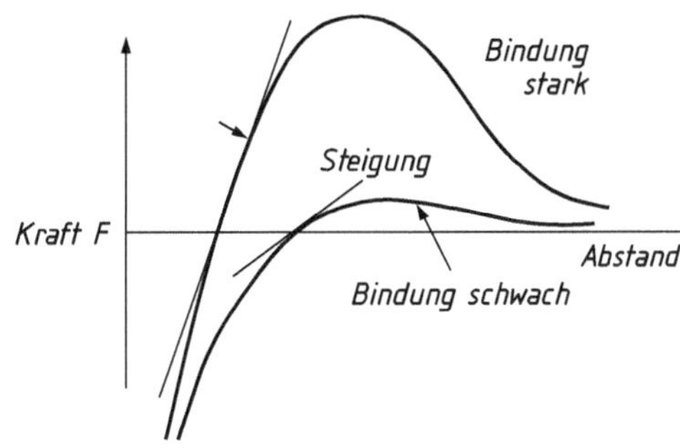

Die Kräfte zwischen Atomen (Ionen) sind abstandsabhängig, erkennbar an der Steigung der Kurven in Abb. 2.3.

Die Steilheit der Kraftkurve entspricht der Stärke der Bindung und lässt Schlüsse auf weitere Eigenschaften zu (Tab. 2.4).

2.1.3 Metalleigenschaften

Verformungsverhalten

Metalle sind, abhängig vom Kristallgittertyp, mehr oder weniger stark plastisch verformbar. Das unterscheidet sie von anderen kristallinen Stoffen und ist eine typische Metalleigenschaft, die in Abschn. 2.2 noch eingehend behandelt wird.

Schmelztemperaturen

Die Schmelztemperaturen liegen in weiten Grenzen je nach Größe der Bindungsenergien. Sie sind Einteilungskriterien für technische Metalle in niedrig-, hoch- und höchstschmelzende.

Zwischen Schmelzpunkt und Wärmeausdehnung besteht ein Zusammenhang (Abb. 2.4). Hochschmelzende Metalle (große Bindungskräfte) haben die niedrigsten linearen Ausdehnungskoeffizienten α.

Dichte

Die Dichte ρ ist Kriterium für die Einteilung in Leicht- und Schwermetalle (Werte in Tab. 2.9). Die Dichte hängt von der molaren Masse des Metalles und seiner Gitterkonstanten (Volumen der Elementarzelle) ab. Zusätzlich wird noch die Avogadro-Konstante

Tab. 2.4 Bindungskräfte und Eigenschaften

Eigenschaft	Steiler Verlauf	Flacher Verlauf
Elastizitätsmodul E	Groß	Klein
Schmelztemperatur T_m	Hoch	Niedrig
Lin. Längenausdehnung α	Gering	Hoch

benötigt, die angibt, wie viele Atome sich in einem *mol* befinden.

$$N_A = 6{,}023 \cdot 10^{-23} \text{ Atome/mol}$$

Berechnung der theoretischen Dichte:

$$\textbf{Dichte } \rho = \frac{(\text{Atome/E-Zelle}) \cdot (\text{molare Masse Metall})}{(\text{Volumen E-Zelle}) \cdot N_L}$$

Thermische Ausdehnung

Die Thermische Ausdehnung, z. B. die lineare Verlängerung eines Stabes beim Erwärmen, wird durch zunehmende Schwingweiten der Atome verursacht. Ihre Größe hängt von den Kräften im Gitter ab. Abb. 2.4 zeigt die Beziehung zwischen Schmelztemperatur (Gitterkräfte) und thermischer Ausdehnung. Metalle nehmen darin eine Mittelstellung zwischen Keramik und Polymeren ein (Tab. 2.5). Beim Zusammenbau von Bauteilen mit unterschiedlicher Wärmedehnung kommt es zu thermischen Spannungen, deren Betrag von den E-Moduln, dem Temperaturunterschied und der Wärmedehnung abhängt.

Leitfähigkeit

Die Leitfähigkeit (Tab. 2.6–2.8) für elektrische Ströme und Wärme ist an die Zahl und Beweglichkeit der freien Elektronen gebunden, die neben dem Gitterzusammenhalt für den Ladungstransport zur Verfügung stehen. Die höchste Leitfähigkeit hat Silber.

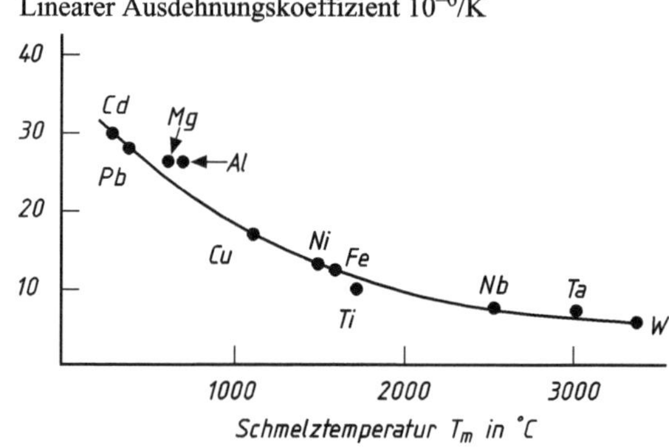

Abb. 2.4 Linearer Ausdehnungskoeffizient α und Schmelztemperatur T_m (Grüneisen'sche Regel)

Tab. 2.5 Vergleich der Wärmedehnungen

Lin. Ausdehnung	Keramik	Metalle	Polymere
α in 10^{-6}/K	0,5…10	4,4…30	20…100

Tab. 2.6 Leitwerte von Metallen, hochrein, bei 20 °C

Eigenschaft	Einheit	Ag	Cu	Au	Al	Zn	Fe	Pb
κ	m/Ωmm^2	62,9	59,8	45,5	37,7	16,9	10,3	5,2
λ	W/mK	429	400	320	237	116	80	35

Tab. 2.7 Leitwerte von Kupfer, technisch rein, legiert, ausgehärtet, bei 20 °C

Eigenschaft	Einheit	Cu 99,95	CuZn5	CuZn40	CuSn2,5 geglüht	+ Ti + Cr ausgehärtet
κ	m/Ωmm^2	$\geq$ 58	33,3	15,0	4,6	27
λ	W/mK	$\geq$ 393	243	117	–	–

Tab. 2.8 Leitwertevergleich, Reinkupfer mit Legierung

	Elektrische Leitfähigkeit κ			Wärmeleitfähigkeit λ		
T/°C	20	200	$\Delta\kappa/\kappa$	50	200	$\Delta\lambda/\lambda$
Cu 99,995	59,8	34	$-43,1\,\%$	397	384	$-1,3\,\%$
CuNi9Sn	6,4	5,8	$-9,4\,\%$	48	65	$+35\,\%$

Tab. 2.6 enthält die Angaben für Metalle hoher Leitfähigkeit im Vergleich zu solchen mit niedrigen Leitwerten wie Zn, Fe und Pb.

Die Leitfähigkeit wird gesenkt durch alle Störungen des idealen Gitters, welche die *Beweglichkeit* (freie Weglänge zwischen zwei Zusammenstößen) der Elektronen behindern. Durch Kaltumformung (Zunahme der Versetzungsdichte) sinkt die Leitfähigkeit auf ca. 95 % des geglühten Zustandes.

In Mischkristallen gelöste Fremdatome senken die Leitfähigkeit stark (Tab. 2.7 CuZn-Legierungen). Wenn die Fremdatome in ausgeschiedene Phasen eingebaut sind, wirken sie weniger stark (Tab. 2.7: CuSn 2,5 + Ti + Cr, ausgehärtet).

Temperaturabhängigkeit

Bei Erwärmung (Energiezufuhr) erhöht sich die thermische (kinetische) Energie der Atome, die Beweglichkeit der Leitungselektronen wird geringer. Die elektrische Leitfähigkeit reiner Metalle sinkt stärker (Tab. 2.8) Die Wärmeleitfähigkeit reiner Metalle sinkt ebenfalls mit der Temperatur (Cu 99,99), bei Legierungen kann sie dagegen ansteigen (CuNi9Sn).

Die folgenden Tabellen geben einen Überblick über Eigenschaften und physikalische Werte relevanter Metalle (Tab. 2.9) und für die Werkstofftechnik wichtige Elemente (Tab. 2.10).

2.1.4 Die Kristallstrukturen der Metalle (Idealkristalle)

Unter einem Kristall versteht man im Allgemeinen einen frei gewachsenen, mineralischen Körper mit ebenen Flächen. Die äußere Regelmäßigkeit von Kristallen ist eine Auswirkung der inneren dreidimensionalen Fernordnung, die als *Kristallgitter* bezeichnet wird.

▶   Kristallgitter bestehen aus Bausteinen (Ionen, Atomen oder Molekülen) in regelmäßigen Abständen (Gitterkonstanten), die sich in allen drei Raumrichtungen periodisch wiederholen.

Tab. 2.9 Daten technisch wichtiger Metalle

Name Symbol	OZ	KG[a]	Gitter-konst.[a] α pm	Dichte ρ^{b} kg/dm³	Schmelz-punkt T_m °C	Leitfähigkeit für Strom[c] κ m/Ωmm²	Wär-me[d] λ W/mK	Wärme-ausdeh-nung[e] α	Elast.-Modul E GPa
Aluminium, Al	13	kfz	404	2,7	660	37,7	237	23,8	71
Beryllium, Be	4	hdP	229/1,57	1,7	1287	23,81	200	11	293
Blei, Pb	82	kfz	490	11,3	327	5,2	35	29,2	19
Cadmium, Cd	48	hdP	290/1,83	8,6	321	14,3	97	30,0	63
Chrom, Cr	24	krz	288	7,2	1907	7,9	94	6,6	250
Cobalt, Co α->417 °C β-	27	hdP kfz	250/1,62	8,89	1495	16	95	13	210
Eisen, Fe α->912 °C γ-	26	krz kfz	287 365	7,87	1538	10,3	80	12	210 195
Gold, Au	79	kfz	408	19,3	1064	45,5	320	14,2	80
Iridium, Ir	77	kfz	384	22,7	2446	18,8	147	6,5	530
Kupfer, Cu	29	kfz	361	8,95	1084	59,8	400	17,0	125
Magnesium, Mg	12	hdP	320/1,62	1,74	649	22,7	156	25,8	44
Mangan, Mn	25	kub	893	7,4	1246	0,54	7,8	22,8	201
Molybdän, Mo	42	krz	315	10,28	2620	19,2	138	4,8	334
Nickel, Ni	28	kfz	352	8,8	1455	14,6	91	13,0	210
Niob, Nb	41	krz	329	8,6	2470	6,7	53	7	105
Osmium, Os	76	hdP	273/1,58	22,6	3130	12,31	88	6,6	560
Platin, Pt	78	kfz	392	21,5	1768	9,48	71	9,0	170
Rhodium, Rh	45	kfz	379	12,4	1964	22,17	150	8	280
Silber, Ag	47	kfz	409	10,5	961	62,89	429	19,7	81
Tantal, Ta	73	krz	330	16,7	2996	8	57	6,5	185
Titan, Ti α->882 °C β-	22	hdP krz	295/1,59 332	4,5	1668	7	22	8,2	108

Werte beziehen sich auf reine Metalle.

[a] KG, Kristallgitter. kfz.: kubisch-flächenzentriert; krz.: kubisch-raumzentriert; tetr.: tetragonal; diam.: Diamantstruktur; hdP.: hexagonaldichteste Packung; bei hexagonalen Metallen ist das Verhältnis der senkrechten Konstante c zu Basis a angegeben (Gitterkonstante Abb. 2.7)

[b] Dichte ρ bei 20 °C

[c] Leitfähigkeit κ (kappa) bei 20 °C entspricht der Länge eines Drahtes von 1 mm² Querschnitt und einem Widerstand von 1 Ω. Die SI-Einheit ist S/m (1 Siemens, S = Ω^{-1})

[d] Wärmeleitfähigkeit λ für Metalle allgemein bei 27 °C

[e] Längenausdehnungskoeffizient α: 10^{-6}/K bei 0...100 °C

Tab. 2.9 (Fortsetzung)

Name Symbol	OZ	KG[a]	Gitter- konst.[a] α pm	Dichte ρ[b] kg/dm^3	Schmelz- punkt T_m °C	Leitfähigkeit für		Wärme- ausdeh- nung[e] α	Elast.- Modul E GPa
						Strom[c] κ m/Ωmm^2	Wär- me[d] λ W/mK		
Vanadium, V	23	krz	302	5,7	1910	5,0	31	8,4	150
Wolfram, W	74	krz	317	19,3	3422	17,7	174	4,5	407
Zink, Zn	30	hdP	266/1,86	7,1	419	16,9	116	26	128
Zinn, Sn α- > 13 °C β-	50	diam tetr	649	5,73 7,3	232	9,1	66	26,9	44
Zirkonium, Zr α- > 862 °C β-	40	hdP krz	323/1,59 361	6,5	1852	2,47	22,7	6,3	90

Werte beziehen sich auf reine Metalle.

[a] KG, Kristallgitter. kfz.: kubisch-flächenzentriert; krz.: kubisch-raumzentriert; tetr.: tetragonal; diam.: Diamantstruktur; hdP.: hexagonaldichteste Packung; bei hexagonalen Metallen ist das Verhältnis der senkrechten Konstante c zu Basis a angegeben (Gitterkonstante Abb. 2.7)

[b] Dichte ρ bei 20 °C

[c] Leitfähigkeit κ (kappa) bei 20 °C entspricht der Länge eines Drahtes von 1 mm^2 Querschnitt und einem Widerstand von 1 Ω. Die SI-Einheit ist S/m (1 Siemens, S $= \Omega^{-1}$)

[d] Wärmeleitfähigkeit λ für Metalle allgemein bei 27 °C

[e] Längenausdehnungskoeffizient α: 10^{-6}/K bei 0...100 °C

Tab. 2.10 Weitere Elemente mit Bedeutung für die Werkstofftechnik

Name Symbol	OZ	KG[a]	Gitter- konst.[a] α pm	Dichte ρ[b] kg/dm^3	Schmelz- punkt T_m °C	Leitfähigkeit für		Wärme- ausdeh- nung[e] α	Elast.- Modul E GPa
						Strom[c] κ m/Ωmm^2	Wär- me[d] λ W/mK		
Antimon, Sb	51	hex	431/2,61	6,68	631	3	24	10,5	
Arsen, As	33	hex	376/2,80	5,72	subl.	2,8	50		
Bismut, Bi	83	hex	455/2,61	9,8	271	0,93	8	13,4	
Bor, B	5	trig	1012	2,46	2075	$1 \cdot 10^{x-3}$	29		
Graphit, C	6	hex	3,35	2,26	3750 subl.	$4,6 \cdot 10^{-3}$	120– 165	2–6	
Diamant		diam		3,51		–	2000	1,3	
Silizium, Si	14	diam	543	2,33	1414	$4,4 \cdot 10^{-6}$	148	7,6	
Selen, Se	34	hex	436/1,14	4,79	221	2	37		

[a] KG, Kristallgitter. hex.: hexagonal; trig.: trigonal; diam.: Diamantstruktur; hdP.: hexagonaldichteste Packung; bei hexagonalen Metallen ist das Verhältnis der senkrechten Konstante c zu Basis a angegeben (Gitterkonstante Abb. 2.7)

[b] Dichte ρ bei 20 °C

[c] Leitfähigkeit κ (kappa) bei 20 °C entspricht der Länge eines Drahtes von 1 mm^2 Querschnitt und einem Widerstand von 1 Ω. Die SI-Einheit ist S/m (1 Siemens, S $= \Omega^{-1}$)

[d] Wärmeleitfähigkeit λ für Metalle allgemein bei 27 °C

[e] Längenausdehnungskoeffizient α: 10^{-6}/K bei 0...100 °C

Abb. 2.5 Tannenbaumkristalle
(Dendriten) im Lunker eines
Gussstückes

Abb. 2.6 Schliffbild Stahlblech (200 : 1)

Mineralien kristallisieren in einer großen Vielfalt von Formen und Farben, z. B. als
violette Amethystprismen oder goldene Pyritwürfel.

Bei Metallen sind freigewachsene Kristalle selten. Man findet sie oft gut ausgebildet in
den Lunkern großer Gussstücke (Abb. 2.5). Sie bilden tannenzweigartig verästelte Formen
und heißen Tannenbaumkristalle oder **Dendriten**.

Im massiven Metall sind Kristalle als **Kristallite** miteinander verwachsen (polykris-
tallin) und wegen der Kleinheit meist nur unter dem Mikroskop sichtbar. Vorher muss
die Metalloberfläche präpariert werden (Kap. 14 Werkstoffprüfung). Abb. 2.6 zeigt das
Schliffbild eines Stahlbleches.

Amorphe Metalle

Amorphe Metalle (metallische Gläser) sind Legierungen aus Komponenten mit stark unterschiedlichen Atomen einer Packung ohne Fernordnung. Sie entstehen z. B. in sehr dünnen Querschnitten durch Erstarren auf gekühlten Kupferwalzen (Schmelzspinnen) durch
schnelle Abkühlung mit 10^6 K/s und sind thermodynamisch nicht im Gleichgewicht, damit metastabil. Beim Wiedererwärmen bilden sich Kristallite. Durch den Einbau von
bis zu 25 % Metalloiden auf Zwischengitterplätzen wird der amorphe Zustand stabilisiert. Eigenschaften amorpher Metalle sind: hohe Härte (keine Gleitebenen), isotrop, keine
Korngrenzen, korrosionsbeständig.

Beispiele für amorphe Metalle

Fe-P-B, Fe-Ni-Cr-P oder Ni-P als stromlos abgeschiedene Verschleißschichten

Kristallsysteme

Zur Beschreibung der Geometrie dienen die **Gitterkonstanten** a, b, c und Winkel α, β, γ
der Achsen zueinander. Kristallsysteme werden durch ein herausgeschnittenes Element,

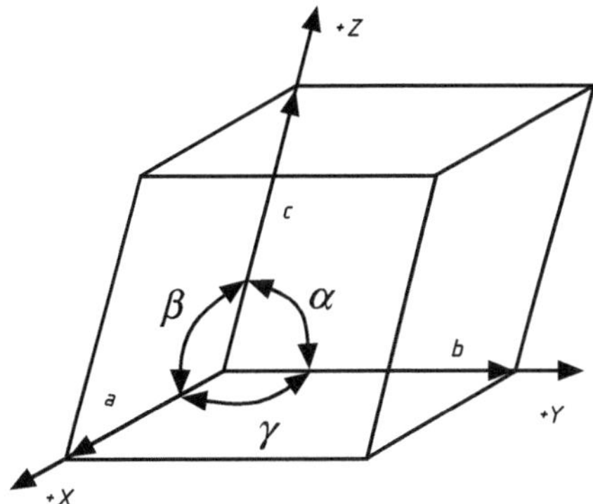

Abb. 2.7 Elementarzelle (allgemein) mit Gitterkonstanten a, b, c und Achswinkeln α, β, γ

die **Elementarzelle**, beschrieben (Abb. 2.7). Es ist eine kleine systematische Anordnung der Bausteine in einem Kristallgitter, die sich in den drei Raumrichtungen ständig wiederholt (Abb. 1.10). Tab. 2.11 beschreibt die sieben Kristallsysteme.

Unterarten sind basis-, flächen- oder raumzentriert, mit Bausteinen mittig im Raum oder in den Flächen. Die meisten Metalle kristallisieren in den o. a. (fett gedruckten) Systemen. Daten für alle Metalle zeigt Tab. 2.9.

Zur Beurteilung der Kristallgitter sind neben der (den) Gitterkonstanten noch die folgenden Kennzahlen wichtig:

- **Koordinationszahl KZ**: Anzahl der Nachbarn eines Atoms mit gleichem, kleinstem Abstand. In Abb. 2.8 sind zwei übereinander liegende kfz-Elementarzellen abgebildet. Das stark gezeichnete Atom in der Flächenmitte hat zu den zwölf Nachbarn in den schraffierten Ebenen den gleichen Abstand.
- **Packungsdichte PD**: Verhältnis vom Volumenanteil der Atome in der Elementarzelle zum Volumen der Elementarzelle (mit der Annahme, die Atome berühren sich). Dabei gehört z. B. ein Eckatom des Würfels zu den benachbarten vier Elementarzellen der gleichen Ebene und zu vier der darüber liegenden Ebene.

Tab. 2.11 Die 7 Kristallsysteme

Kristallsystem	Gitterkonstanten	Achswinkel	EZ Körper
Triklin	$a \neq b \neq c$	Alle ungleich	Parallelepiped
Monoklin	$a \neq b \neq c$	$\alpha = \beta = 90°$; $\gamma \neq 90°$	Schiefer Quader
Orthorhomb.	$a \neq b \neq c$	Alle 90°	Quader
Trigonal	$a = b \neq c$	Alle gleich, nicht 90°	Rhomboid
Hexagonal	$a = bnec$	$\alpha = \beta = 90°$; $\gamma = 120°$	Sechssecksäule
Tetragonal	$a = b \neq c$	Alle 90°	Quader über Quadrat
Kubisch	$a = b = c$	Alle 90°	Würfel

Abb. 2.8 Koordinationszahl
12 im kfz-Gitter

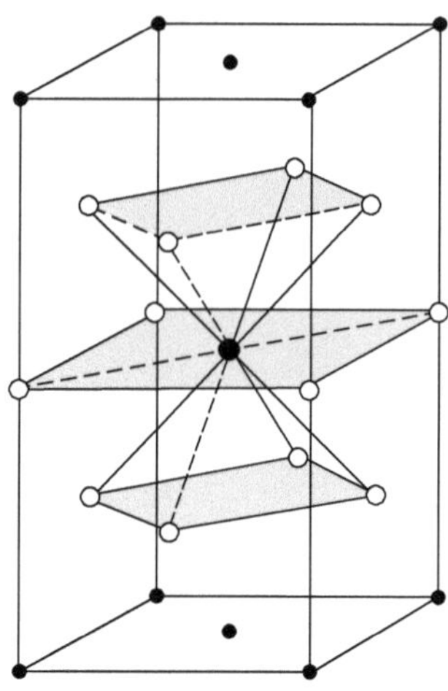

Beispiel für eine Packungsdichte PD im kfz-Gitter

In einer kfz-Elementarzelle ist der Raumanteil der Atome 1/8 von jedem der acht Eck-
atome und 1/2 von jedem der sechs Zentrumsatome. Das ergibt vier Atome je E-Zelle.
Die Atome berühren einander in der Flächendiagonalen.

$$\text{Diagonale } d = a\sqrt{2} = 4r_{at} \Rightarrow a = 4r_{at}/\sqrt{2}$$

$$\text{PD} = \frac{4\,V_{at}}{a^3} = \frac{4 \cdot 4/3\,\pi\,r_{at}^3}{(4r_{at}/\sqrt{2})^3} = \frac{6{,}755}{22{,}628} = 0{,}74$$

Zahlenwerte für die PD der häufigsten Metallgitter sind in Tab. 2.12 aufgeführt.

Entstehung eines Kristallgitters

Mit einer einfachen Modellvorstellung lässt sich das Entstehen eines Kristallgitters verdeutlichen. Wir schütten gleich große Kugeln in einen Kasten, den wir dabei rütteln
(Wärmebewegung). Die Kugeln suchen dann von selbst eine regelmäßige Anordnung (benachbarte Reihen auf Lücke).

Tab. 2.12 Kristallgitter wichtiger Metalle (auch Tab. 2.9)

Gitter	KZ[a]	PD[b]	$a = f(r_{at})$[c]	Metalle
kfz	12	0,74	$4r_{at}/\sqrt{2}$	Ag, Al, Au, β-Co, Cu, γ-Fe, Ni, Pb, Pt-Metalle
krz	8	0,68	$4r_{at}/\sqrt{3}$	Cr, α-Fe, Mo, Nb, Ta, β-Ti, V, W, β-Zr
hdP	12	0,74	$2r_{at}$	Be, Cd, α-Co, Mg, α-Ti, Zn, α-Zr

[a] Koordinationszahl
[b] Packungsdichte
[c] Gitterkonstante a und Atomradius r_{at}

Abb. 2.9 Dichteste Kugelpackung in der Ebene

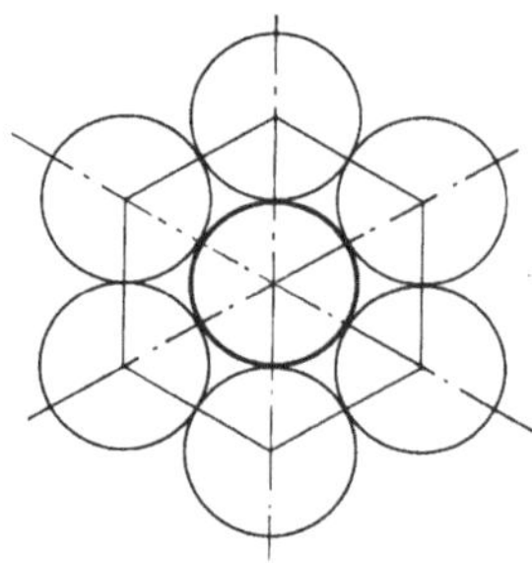

Eine dichteste Packung in der **Ebene** liegt dann vor, wenn jede Kugel von sechs anderen umgeben ist (Abb. 2.9).

Eine dichteste Packung im **Raum** ergibt sich, wenn die Schichten auf Lücke liegen. Jede Kugel der zweiten Schicht liegt in einer Mulde, die von drei Kugeln der unteren Schicht gebildet wird. Für die Lage der folgenden dritten Schicht gibt es dann zwei Möglichkeiten, die zu den beiden Systemen mit dichtester Packung führen (Tab. 2.13).

Möglichkeit 1: Hexagonales Kristallgitter (hdP) mit hexagonal dichtester Packung (Abb. 2.10): Die dritte Schicht liegt senkrecht über der ersten, die Stapelfolge ist 1-2-1-2 usw. Damit ergibt sich als EZ eine **Sechsecksäule.** Die Gitterkonstanten sind Kantenlänge a und Höhe c. Ihr Verhältnis beträgt theoretisch $c/a = 1{,}633$. Als Koordinationszahl ergibt sich KZ = 12.

Einige Halbmetalle, wie z. B. Bismut (Bi) und Antimon (Sb), haben ein Verhältnis c/a über 2,0. Damit sinken Packungsdichte und Metalleigenschaften. Bi und Sb haben hexagonale Schichtgitter (ähnlich Graphit, Abb. 1.15). Sie erstarren unter Volumenzunahme und mindern das Schwindmaß in Sn- und Pb-Legierungen.

Möglichkeit 2: Kubisch-flächenzentriertes (kfz) Kristallgitter (Abb. 2.11): Die dritte Schicht liegt nicht senkrecht über der ersten, sondern besetzt die anderen freien Mulden der zweiten Schicht. Die vierte Schicht liegt dann wieder senkrecht über der ersten. Die Stapelfolge ist 1-2-3-1(4) usw. Als Elementarzelle erkennen wir einen Würfel mit acht Eckatomen, der auf der Spitze steht. In den Flächenzentren ist jeweils ein Atom angeordnet, was dem Kristallgitter den Namen gibt.

Es ist die kubisch dichteste Packung mit der Koordinationszahl 12 (Abb. 2.8). Die Packungsdichte PD beträgt 0,74.

Tab. 2.13 Möglichkeiten der Stapelfolge

	1. Möglichkeit	2. Möglichkeit
Stapelfolge	1, 2, 1, 2, 1, 2, 1, 2, 1, 2,…	1, 2, 3, 1, 2, 3, 1, 2, 3,…
Kristallgitter	Hexagonal **hdP**	Kubisch-flächenzentriert **kfz**

Abb. 2.10 Elementarzelle des hexagonal dichtesten (hdP) Kristallgitters

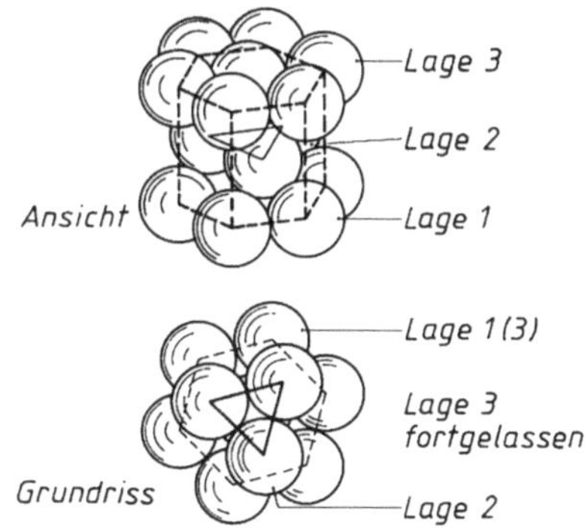

Im **kubisch-raumzentrierten** Kristallgitter liegt im Würfelzentrum ein Atom, das von den acht Eckatomen umgeben wird. Die Atome berühren sich in der Raumdiagonalen. Es liegt eine weniger dichte Packung mit $KZ = 8$ vor (Abb. 2.12a).

Tetragonale Kristallgitter haben in der Elementarzelle eine quadratische Grundfläche. Die Höhe des darüber errichteten Quaders ist größer (oder kleiner) als die Quadratseite (Abb. 2.12b).

Das **kubisch primitive** Gitter mit einer $KZ = 4$ hat bei Metallen keine Bedeutung.

Abb. 2.11 Elementarzelle des kfz-Gitters

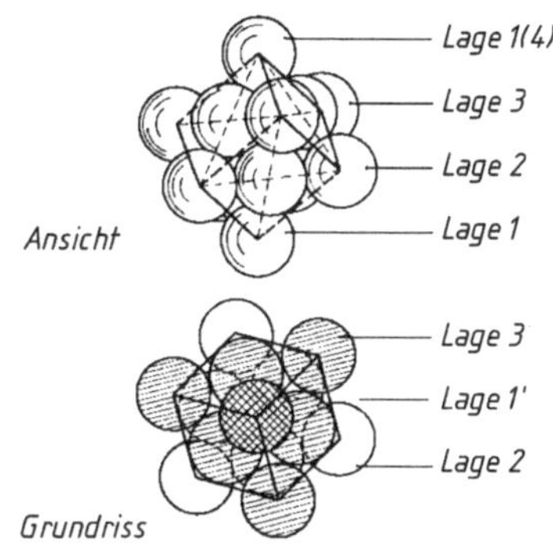

Abb. 2.12 **a** krz und **b** tetragonale Elementarzellen

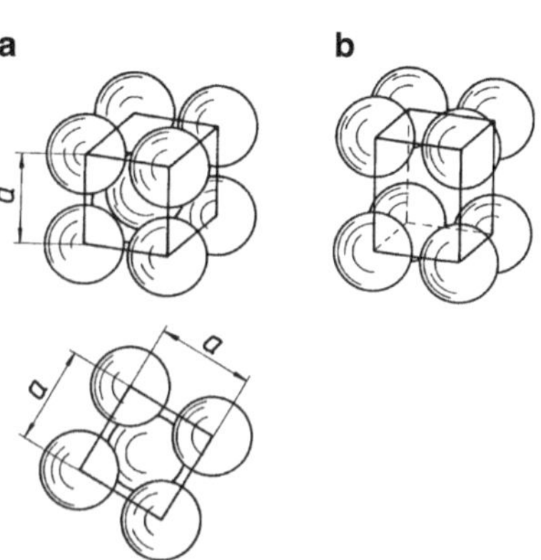

Die idealen Gitterstrukturen werden bei gewachsenen Kristallen nicht erreicht. **Real-kristalle** entstehen mit zahlreichen **Baufehlern** (Gitterstörungen). Diese **Kristallfehler** und ihre Auswirkungen sind im Abschn. 2.2 näher behandelt.

Polymorphe Metalle

Polymorphe Metalle haben je nach Temperatur verschiedene Kristallgitter (polymorph = vielgestaltig). Die α-Phase existiert bei tiefen Temperaturen. Sie wandelt sich an der Umwandlungstemperatur **A_1 in die β-Phase**, evtl. bei der nächsten Umwandlungstemperatur **A_2 in die γ-Phase** um (Tab. 2.12 und Tab. 2.9).

Beispiele für polymorphe Metalle

Beim Eisen existieren vier Phasen von α-Fe bis δ-Fe (Abb. 3.1). Neben anderen Metallen (Tab. 2.12) ist auch z. B. Kohlenstoff polymorph. Graphit wandelt sich bei Hochdruck und Hochtemperatur in Diamant um. Ähnlich verhält sich Bornitrid BN.

2.1.5 Entstehung des Gefüges

Gefüge ist der Oberbegriff für den Verbund der Kristallite (Kristallkörner) eines vielkristallinen Werkstoffes und wird durch mikroskopische Untersuchungen bestimmt (Gefügeuntersuchung Abschn. 14.9).

Unter den Gefügebegriff fallen auch weitere Einzelheiten z. B.:

- Größe und Form der Kristallite (Korngrößen nach ASTM, Tab. 2.18)
- Korngrenzen und Versetzungen
- Ausscheidungen (z. B. durch Wärmebehandlung entstandene, feinstverteilte Phasen)
- Reinheitsgrad, d. h. Anteil von unerwünschten Einschlüssen (Verunreinigungen, Schlackeneinschlüsse und Gasblasen)

Primärgefüge entstehen beim *Urformen* (erstmalige Formgebung der formlosen Materie) durch:

- Erstarrung einer Schmelze (Gießen, Abb. 2.13)
- Sintern von Pulvern (Pulvermetallurgie, Abb. 2.14)
- Kristallisation aus dem Gas- oder Plasmazustand (PVD- und CVD-Verfahren)

Besonderheiten von Gussgefügen sind sog. Tannenbaumkristalle (Dendriten, Abb. 2.5), die im Schliffbild erkennbar sind, sowie Stängelkristalle (Abb. 2.20). Beide Kristallformen verschwinden beim Warmumformen.

▶ **Hinweis** Zahlreiche Gefügebilder sind im Internet unter www.metallograf.de zu finden.

Abb. 2.13 Primärgefüge,
Gusszustand

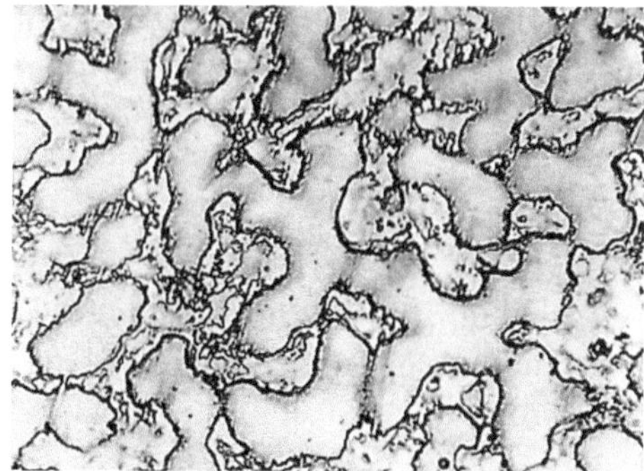

Abb. 2.14 Primärgefüge durch
Sintern

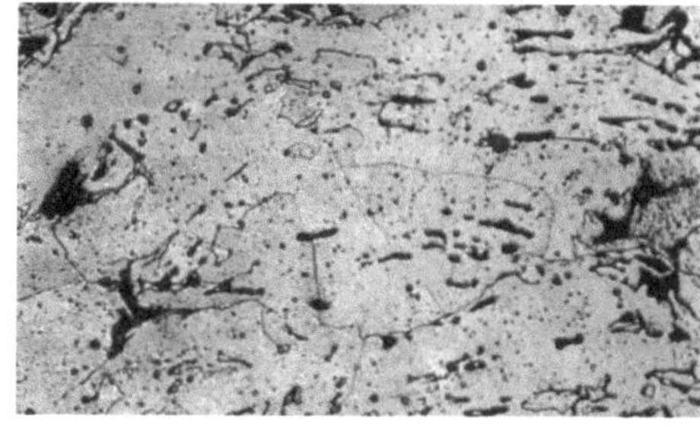

Abb. 2.15 Sekundärgefüge,
verformt

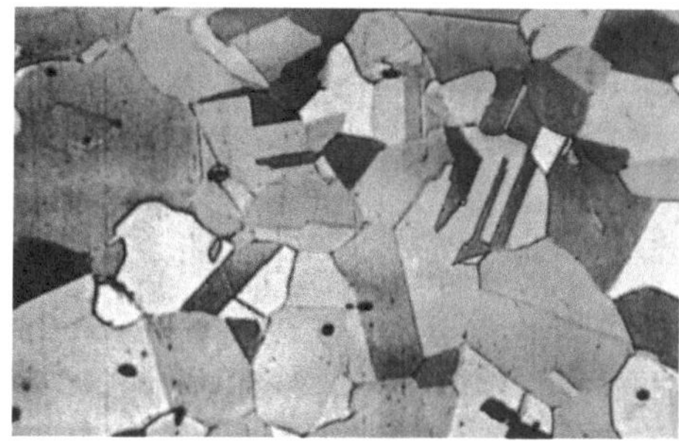

Sekundärgefüge (Abb. 2.15) entstehen aus den Primärgefügen durch den Einfluss der verschiedenen Fertigungsverfahren:

- Umformen der gegossenen Vorprodukte durch Walzen, Strangpressen und Schmieden zu Blech, Band, Profilen und Schmiedeteilen. Dabei erhalten die Kristallite evtl. eine für das Verfahren charakteristische Gestalt (Abb. 2.22 und 2.23).
- Wärmebehandlungen wie Glühen, Vergüten und Aushärten.

Erstarrungsvorgang

In einer Schmelze haben die Teilchen eine so hohe Bewegungsenergie, dass sie sich *regellos* bewegen. Es besteht keine *Fernordnung* zueinander. Kristallgitter bestehen nicht mehr oder noch nicht, höchstens in wenigen Atomabständen (Nahordnung) als **Keime**.

Eigenkeime sind noch nicht aufgeschmolzene, winzige Kristallitreste. Sie kommen in allen nicht überhitzten Schmelzen vor und bilden sich in der Nähe der Erstarrungstemperatur von selbst.

Fremdkeime können Schlackenteilchen sein oder Schmelzzusätze, welche die Kristallisation in eine bestimmte Richtung lenken sollen.

Beispiele für die Kristallisation mit Fremdkeimen

Kugelgraphitguss wird mit einer MgNi-Legierung geimpft, um die kugelige Graphitausbildung zu erreichen, AlSi-Legierungen mit Na, um feinkörnige Erstarrung zu erzielen.

Zur Abkühlung wird Wärme entzogen, sie verringert die kinetische Energie der Teilchen. Beim Erreichen der Erstarrungstemperatur ist ihre Bewegung so klein geworden, dass die Anziehungskräfte zwischen den Teilchen wirksam werden.

Wachstumsbedingungen für Kristalle

- **Kristallkeime**
- **Unterkühlung**[2] und Abfuhr der entstehenden Kristallisationswärme

Um die Keime lagern sich die träger gewordenen Atome zu einem Kristallgitter an. Der Kristallit wächst. Er wächst so lange, bis er an einen benachbarten stößt oder die Schmelze vom Wachstum der Kristallite aufgezehrt ist.

Beeinflussung der Kristallisation

Für die Korngröße sind **Keimzahl** (Abb. 2.16) und **Abkühlgeschwindigkeit** von größter Bedeutung. Keime können von außen zugeführt werden. Die Abkühlgeschwindigkeit wird durch Gießquerschnitte, Temperatur und Wärmeleitung der Formen beeinflusst (Tab. 2.14).

Abb. 2.16 Korngröße bei der Erstarrung

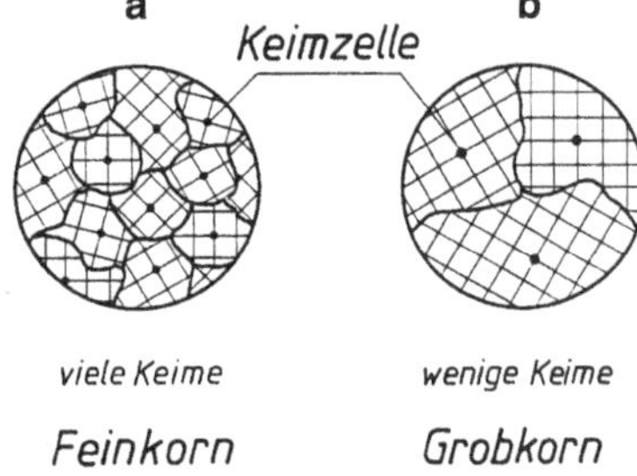

---

[2] Unterkühlung ist die Temperaturdifferenz zwischen der *örtlichen Temperatur* in der Schmelze und ihrer *Erstarrungstemperatur*. Sie kann mit einer Trägheit der Teilchen erklärt werden. Mit der Unterkühlung wächst die Wahrscheinlichkeit der Keimbildung. Unterkühlung spielt nicht nur beim Übergang flüssig-fest, sondern auch bei Umwandlungen im festen Zustand eine Rolle Je größer die Unterkühlung, desto größer ist die treibende Kraft für die Umwandlung.

Tab. 2.14 Abkühlgeschwindigkeit und Kristallisation

Abkühlgeschwindigkeit	Kristallisation
Sehr hoch 10^6 K/s	Amorphe Strukturen
In Sandformen	Normalkörnige Gefüge
In Metallformen	Feinkörnige Gefüge
Sehr niedrig 10 K/h	Grobkörnige Gefüge oder Einkristalle (Abschn. 2.2.1)

Tab. 2.15 Legierung EN AC-AlSi7Mg0,3 in Formen aus Sand oder Metall (Kokillen) vergossen (unbehandelt)

Eigenschaft	Einheit	Sand	Kokille
0,2-Grenze $R_{p0,2}$	MPa	80…140	90…150
Bruchdehnung A	%	2…6	4…9

Abb. 2.17 Kristallisationswärme

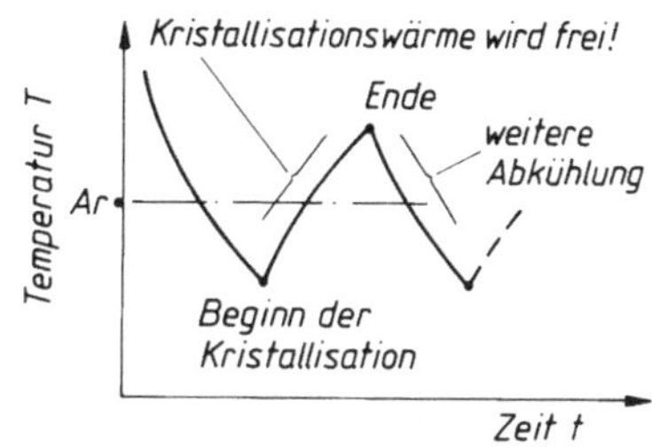

Unterkühlung tritt an den kälteren Wänden der Form auf, dort beginnt dann das Wachsen der Kristallite. Metallformen kühlen schneller ab als Sandformen, ergeben stärkere Unterkühlung mit Feinkorngefüge und höheren mechanischen Eigenschaften (Tab. 2.15).

Schnelle Abkühlung $\Rightarrow$ viele Keime $\Rightarrow$ **Feinkorn**

Langsame Abkühlung $\Rightarrow$ wenige Keime $\Rightarrow$ **Grobkorn**

Kristallisationswärme

Wenn ein Atom aus der ungeordneten Schmelze an ein Kristallgitter anlagert, wird seine Schwingungsenergie sprunghaft kleiner, da es im Gitter nur noch kleinere Schwingungen ausführen kann. Da Energie nicht verloren geht, wird diese Energiedifferenz als **Kristallisationswärme** frei. Sie kann örtlich an einer kleinen Temperaturerhöhung beobachtet werden (Abb. 2.17).

> **Hinweis** Antrieb der Kristallisation ist das Streben nach dem Energie-Minimum, das durch die Abgabe der Kristallisationswärme erreicht wird. Der kristalline Zustand kann nur durch Zufuhr von Energie (der Schmelzwärme) wieder aufgehoben werden.

Bei sehr langsamer Abkühlung bleibt während der Kristallbildung die Temperatur konstant, obwohl die Wärme weiter durch die kältere Umgebung abgeführt wird. Dadurch ergibt sich bei **reinen Metallen** ein waagerechter Verlauf der Abkühlungskurve bei der Haltepunkttemperatur A_r (Abb. 2.18 und 2.19).

Legierungen haben andere Abkühlungskurven (Abb. 2.61).

> **Hinweis** Für das Wachstum von Kristalliten müssen Keime vorhanden sein. Bei der Kristallisation wird Wärme frei. Diese muss ständig abgeführt werden. Keimzahl und Wachstumsgeschwindigkeit steigen mit der Unterkühlung. Schnelle Wärmeabfuhr begünstigt die Unterkühlung der Schmelze und die Ausbildung feinkörniger Gefüge.

Isotropie und Anisotropie

In einer Elementarzelle sind die Atomabstände verschieden, wie z. B. im kfz-Gitter in der Flächendiagonale klein, in Richtung der Würfelkante größer. Für einen Einzelkristall sind deshalb manche Eigenschaften (chemische und physikalische) von der Richtung abhängig, in der die Beanspruchung oder Messung erfolgt.

Isotropie[3]:

Eigenschaften sind nicht richtungsabhängig.

Anisotropie[4]:

Eigenschaften sind richtungsabhängig.

Isotropes Verhalten zeigen amorphe Stoffe:

- Gase, Flüssigkeiten, Glas, Bitumen, Wachs.

Anisotropes Verhalten zeigen z. B.

- Holz: Festigkeit und Wasseraufnahme ist längs und quer zur Faser verschieden.
- Graphit leitet den Strom *in* den Schichten wesentlich besser als *quer* dazu.
- Faserverstärkte Werkstoffe besitzen höchste Festigkeiten bei Ausrichtung der Fasern in eine Richtung.

---

[3] gleiche Eigenschaften in alle Raumrichtungen.

[4] richtungsabhängige Eigenschaften. Anisotropie ist der Gegensatz von Isotropie (griech.), isos = gleich; tropos = Richtung. Die r-Werte sind von der Winkellage der Zugprobe zur Walzrichtung abhängig. Deshalb gibt es mehrere Anisotropie-Werte r. r-Wert kennzeichnet die Neigung zu Dickenänderungen unter Zug/Druck beim Tiefziehen, Δr die Neigung zur Zipfelbildung. Senkrechte Anisotropie r: r-Werte liegen zwischen 0,8 und 2,8. Aus 3 Werten ($0°$, $45°$ und $90°$ zur Walzrichtung) wird ein Mittelwert $r_m = 1/4(r_0 + r_{90} + 2r_{45})$ errechnet. Ebene Anisotropie: $\Delta r = 1/2(r_0 + r_{90} - r_{45})$, sie liegt zwischen 0 und 1, kann auch negativ sein und äußert sich in der *Zipfelbildung*.

Abb. 2.18 Wärm- und
Abkühlkurve eines reinen
Metalles. Haltepunkte A_c für
Erwärmen, A_r für Abkühlen

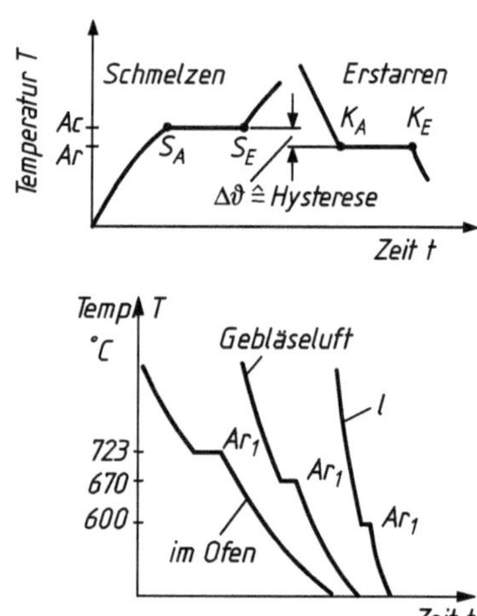

Abb. 2.19 Einfluss der Abkühlungsart auf die Lage des
Haltepunktes A_r eines Stahles
mit 0,6 % C

In vielkristallinen Metallen liegen die Kristallachsen normalerweise ungeordnet vor, die
Unterschiede heben sich auf, sie verhalten sich näherungsweise isotrop (quasiisotrop).

▶   **Hinweis** Das isotrope Verhalten der vielkristallinen Metalle kann durch Ausrichtungen im Gefüge (Texturen, Zeilengefüge) wieder anisotrop werden.

Hysterese[5]

Die Trägheit der Teilchen führt bei schneller Abkühlung zur Unterkühlung, bei schneller
Erwärmung zum Überschreiten des Schmelzpunktes, ohne dass Schmelze entsteht.

Schmelz- und Erstarrungspunkt liegen also nur bei unendlich langsamer Abkühlung
auf gleicher Temperatur. Das gilt auch für Phasenveränderungen im festen Zustand
(Abb. 2.18).

Abb. 2.19 zeigt den Einfluss der Abkühlbedingungen auf die Lage eines Haltepunktes
A_r bei einem Stahl. Dort findet bei 723 °C eine Gitterumwandlung statt, die bei schneller
Abkühlung (Gebläseluft) auf ca. 670 °C, beim Abschrecken in Öl auf ca. 600 °C gesenkt
wird. Mit der Lage der Umwandlungstemperatur ändert sich auch der Verlauf der Umwandlung, es entstehen unterschiedliche Gefüge.

Auf dieser Erscheinung beruhen viele Wärmebehandlungsverfahren, wie z. B. das Härten und Vergüten von Stahl.

Texturen[6]

Einige Prozesse, z. B. Erstarrung, Kaltverformung und Rekristallisation, erzeugen Kristallite, deren Kristallachsen überwiegend in einer Richtung ausgerichtet sind. Diese Ausrich-

---

[5] Das Zurückbleiben der Wirkung hinter der Ursache, z. B. bei Blattfedern. Ein- und Rückfedern
verlaufen wegen der Reibung nach verschiedenen Kennlinien. Auch magnetische Hysterese.
[6] Bevorzugte Ausrichtung der Kristallachsen. Führt in der Regel zu anisotropem Verhalten des
Werkstoffes.

Abb. 2.20 Gussgefüge in Al-Gussbarren

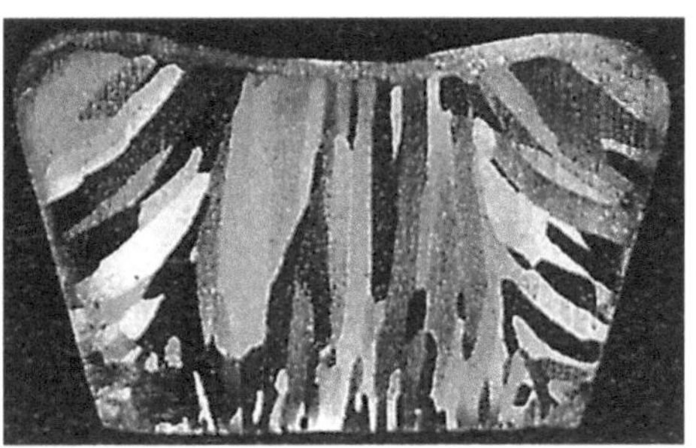

tung heißt **Textur**. Bei der Rekristallisation von kaltgewalzten Aluminiumblechen sind beispielsweise die Kanten der kfz-Elementarzellen parallel zur Walz- und Querrichtung ausgerichtet (Würfeltextur).

Gefügeanisotropie

Abb. 2.20 zeigt ein Gussgefüge mit langen dünnen Stängelkristallen (kolumnares Gefüge). Sie wachsen senkrecht auf den wärmeabführenden Formwänden. Stängelkristalle verschwinden bei einem nachfolgenden Umformen.

Eine gezielte Stängelkristallisation wird bei Gasturbinenschaufeln aus Ni-Superlegierungen angewandt. Die Kristalle verlaufen in Längsrichtung der Schaufeln. Dadurch wird das Korngrenzengleiten bei höheren Temperaturen reduziert, die Zeitstandfestigkeit steigt. Eine Weiterentwicklung ist die einkristalline Schaufel.

> **Hinweis** In Schweißnähten lässt sich eine ähnliche Ausrichtung senkrecht zu den Kanten der verschweißten Bleche erkennen.

Beispiel für eine gezielte Stängelkristallisation

Gerichtete Erstarrung von Bauteilen erfolgt nach dem Bridgeman-Verfahren. Sie wachsen unter Vakuum in Kokillen auf wassergekühlten, absenkbaren Cu-Platten auf. Im Bereich der Erstarrungszone liegt die Formtemperatur über der Erstarrungstemperatur, um eine Wandkristallisation zu verhindern. Auch zur Züchtung von Einkristallen (Si, GaAs, Rubine) eingesetzt. Anwendung für Laser und Halbleiter.

Die Entstehung einer Walztextur ist in Abb. 2.21 schematisch dargestellt. Die Kristallite verformen sich in Richtung des geringsten Widerstands, also senkrecht zum Walzdruck. Dadurch werden bestimmte Kristallrichtungen bevorzugt in Walzrichtung und bestimmte Kristallebenen parallel zur Blechebene angeordnet, und damit ähnelt ein so verformtes, vielkristallines Metall mit seinen richtungsabhängigen Eigenschaften einem Einkristall.

Gefügeausrichtungen

Ausrichtungen im Gefüge entstehen durch die Schlackenteilchen (Oxide, Sulfide u. a.), die sich trotz aufwendiger Herstellung noch im Metall befinden. Sie werden bei der Warmumformung z. T. gestreckt und durchsetzen als dünne Fasern das Gefüge. Durch diese

Abb. 2.21 Entstehung einer
Walztextur

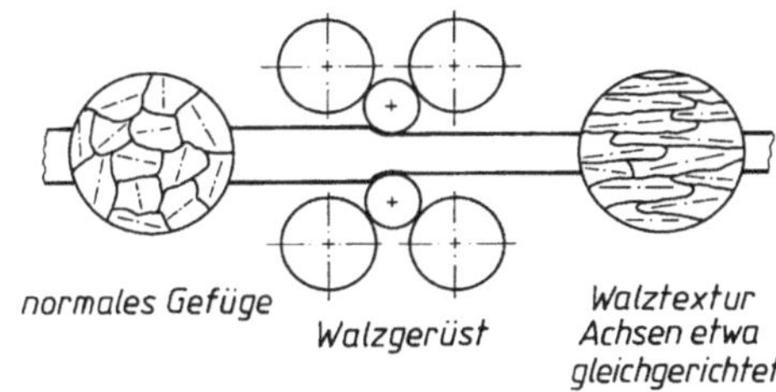

Abb. 2.22 Faserverlauf im
Kopf einer Schraube. *Links*:
Längsschliff, *rechts*: Quer-
schliff (100 : 1)

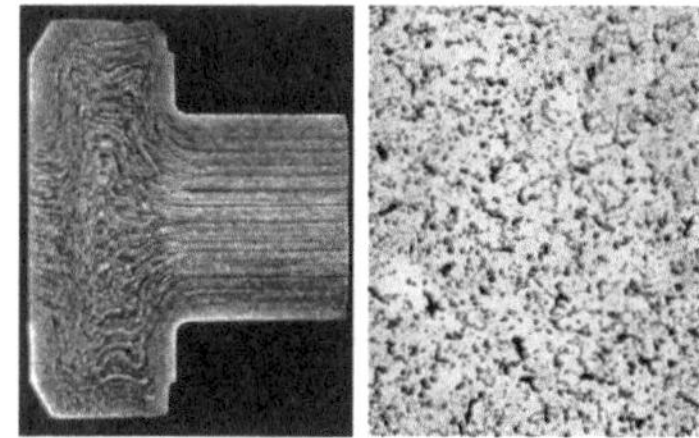

Schmiedefaser (Abb. 2.22) werden längs und quer zur Faser unterschiedliche Eigenschaften beobachtet, ohne dass eine Textur vorliegen muss. Die Anteile an Schlacken- und
Gaseinschlüssen werden durch Vakuumbehandlung stark herabgesetzt. Dadurch gleichen
sich die Eigenschaften von Längs- und Querproben an ($\rightarrow$ Zahlenbeispiel Tab. 2.16). Der
Stahl verhält sich nahezu isotrop. Gleichzeitig erhöht sich die Dauerfestigkeit.

Stähle für hochbeanspruchte Werkzeuge (z. B. Druckgießformen, Gesenke) werden
ebenfalls vakuumbehandelt.

In Verbindung mit der Schmiedefaser tritt beim Warmumformen auch das Zeilengefüge
auf. Dabei kristallisiert eine Phase an die Schlackenteilchen als Keim, während sich die
zweite Phase dazwischen anordnet (Abb. 2.23).

2.1.6 Verformung am Idealkristall (Modellvorstellung)

Eine wesentliche Eigenschaft der Metalle ist ihre plastische Verformbarkeit, Duktilität
genannt. Zur Erklärung der inneren Vorgänge, die sich dabei abspielen, wird hier zunächst
als Modell ein idealisierter Kristall, der **Idealkristall** benutzt. Er ist im Gegensatz zum
Realkristall ohne Fehler oder Gitterstörungen aufgebaut.

Tab. 2.16 Vergütungsstahl 30CrNiMo8

Erschmelzung	Elektro-Stahl		Vakuum-Stahl	
Richtung	Längs	Quer	Längs	Quer
Bruchdehnung A in %	15	10	16	15,5
Brucheinschnürung Z in %	60	32	62	58
Kerbschlagarbeit KV in J	60	25	75	65

Abb. 2.23 Zeilengefüge von Stahlblech. *Hell*: Ferrit, *dunkel*: Perlit (200 : 1)

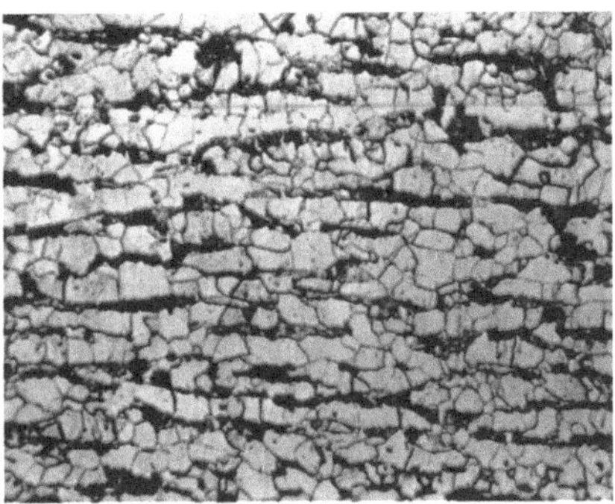

> **Hinweis** Im **Realkristall** sind die Verformungsvorgänge anders, sie werden im Abschn. 2.2 behandelt.

Elastische Verformung

Bei niedrigen Belastungen verformt sich ein Bauteil (z. B. eine Blattfeder) so, dass die Verformung bei Entlastung wieder in den Ausgangszustand **zurückgeht.** Konstruktionsteile dürfen nur so beansprucht werden.

Durch die Kraft F wird die obere Lage (Zahlen 1…4) aus den Mulden herausgehoben (Bildteil b). Solange sie noch nicht „über den Berg" ist, kann sie bei Entlastung wieder in die alte Lage zurückfallen. Erst wenn die Kräfte groß genug sind, wird die obere Lage „über den Berg" geschoben. Dann hat eine bleibende (plastische) Verformung stattgefunden (Bildteil c). Abb. 2.24 zeigt die Verformung schematisch an zwei Atomschichten.

Plastische Verformung

Modellvorstellung am **Idealkristall:** Die äußeren Kräfte F auf einen Kristalliten lassen sich nach Abb. 2.25 oben in Bezug auf eine Atomschicht in Normalkomponenten F_n und Schubkomponenten F_q zerlegen. Sie erzeugen im Innern Normal- und Schubspannungen.

Bei plastischen Verformungen gleiten Kugelschichten unter der Wirkung der Schubspannungen aneinander vorbei (Abb. 2.25 unten). Im unverformten Zustand ist die Oberfläche des Kristalls eben (Ziffern 1…8). Die äußeren Kräfte verformen den Kristallit so, dass er länger und dünner wird.

Die verschobenen Atomschichten ergeben an der Oberfläche Stufen mit parallelen Linien (Gleitlinien, Abb. 2.26). Die terrassenartig verformte Oberfläche wirkt matt.

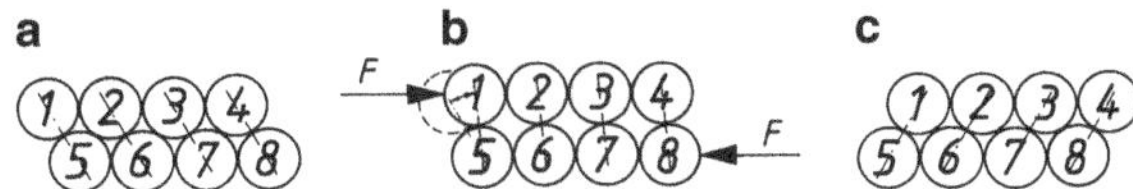

Abb. 2.24 Elastische und plastische Verformung von Atomschichten, schematisch. **a** Ausgangszustand, **b** Elastische Verschiebung durch Krafteinwirkung, **c** Neue Nachbarn der Atome nach plastischer Verformung

Abb. 2.25 Gleiten am Einkristall, schematisch

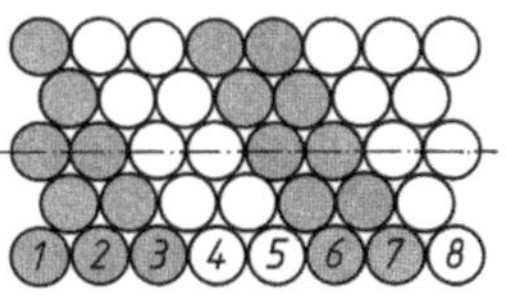

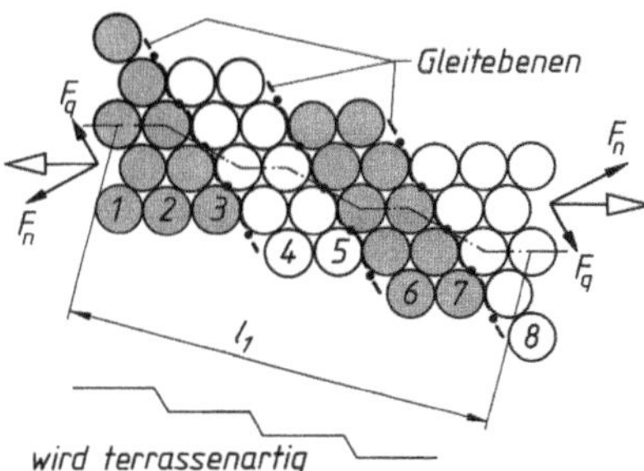

Abb. 2.26 Gleitlinien an der Oberfläche eines verformten Metalles

Dieses Gleiten findet auf **Gleitebenen** statt. Sie liegen zwischen Atomschichten mit dichtester Packung, weil das „Herausheben über den Berg" nur eine kleine kritische Schubspannung erfordert. Bei Schichten mit größeren Atomabständen sinken die oben liegenden Kugeln tiefer in die untere Schicht ein. Das ergibt größere kritische Schubspannungen.

Gleitebenen sind Gitterebenen mit kleiner kritischer Schubspannung. In der Regel sind das dicht gepackte Ebenen.

Abb. 2.27 Gleitebenen in den beiden dichtest gepackten Metallgittern

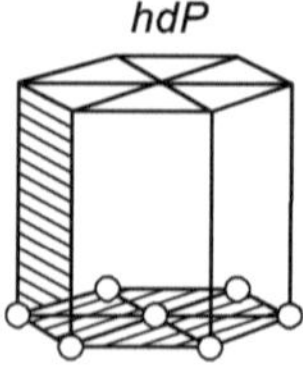

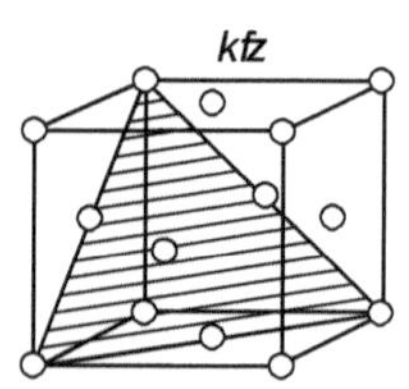

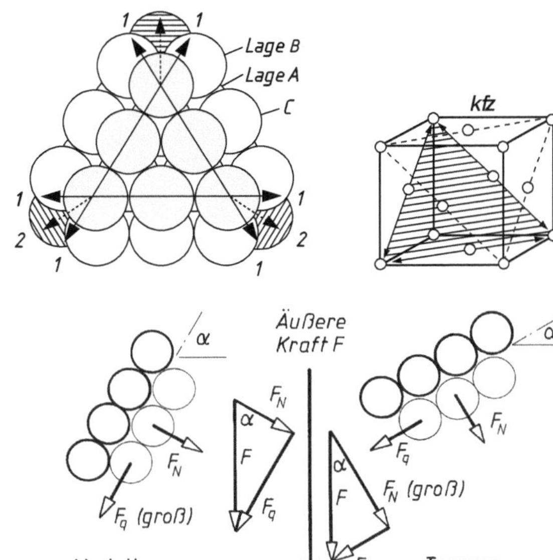

Abb. 2.28 Gleitrichtungen im kfz-Gitter

Abb. 2.29 Lage der Gleitebenen zur Richtung der äußeren Kraft

Gleitebenen sind zunächst die Gitterebenen *zwischen* den dichtest gepackten Kugelschichten im hdP- und kfz-Gitter (Abb. 2.27).

hdP-Gitter: 1 Basisebene und alle parallel dazu liegenden Ebenen. Die Seitenflächen sind weniger dicht gepackt.

kfz-Gitter: 4 Tetraederflächen (1 davon ist eingezeichnet.)

Gleitrichtungen ergeben sich aus dem geringsten Energieaufwand unter Erhaltung der Schichtfolge. Abb. 2.28 zeigt eine Tetraederebene im kfz-Gitter. Gleitrichtungen sind die Flächendiagonalen (1), dichtest gepackte Richtungen.

Bei Verschiebungen in den Richtungen (2) ergeben sich Stapelfehler (Abb. 2.37).

Gleitebenen werden nur dann einer Schubspannung ausgesetzt, wenn sie unter einem Winkel $< 90°$ zur äußeren Kraftrichtung liegen (Abb. 2.29). Bei 45° zur Zugrichtung erreichen die Schubspannungen ein Maximum. Dort beginnt die plastische Verformung evtl. auch in weniger dicht gepackten Ebenen.

Gleitebenen und Gleitrichtungen bilden das **Gleitsystem** mit den Gleitmöglichkeiten. Die verschiedenen Kristallsysteme unterscheiden sich darin stark (Tab. 2.17).

Gleitmöglichkeiten sind das Produkt aus der Anzahl der Gleitebenen und Gleitrichtungen in der Elementarzelle. Tab. 2.17 vergleicht die Kristallsysteme unter diesen Gesichtspunkten.

Die **kfz-Metalle** besitzen mit den vier Tetraederflächen sehr viele dichtest gepackte Gleitebenen, die sich unter 60° schneiden.

Tab. 2.17 Vergleich der Kristallgitter und Gleitsysteme

Gitter	Kub.-flächenzentriert kfz	Kub.-raumzentriert krz	Hex. dichteste Packung hdP
Hauptgleitebenen	4 Tetraederflächen (und alle dazu parallelen) $\{111\}$[a]	Es gibt keine dichtest gepackte Ebene. Deswegen sind alle Kristallebenen, die eine dichtest gepackte Richtung enthalten, mögliche Gleitebenen	1 Basisebene (und alle dazu parallelen) $\{0001\}$
Weitere mögliche Gleitebenen	Würfelaußenflächen $\{110\}$		Prismenaußenflächen $\{10\overline{1}0\}$
Gleitrichtungen	3-mal in Richtung der $\langle 110 \rangle$[a]	2-mal in Richtung Raumdiagonale $\langle 111 \rangle$	3 Richtungen unter $120°$
Gleitsysteme	12 mit kleinen Kräften sehr stark verformbar	Unbestimmt mit großen Kräften stark verformbar	3 mit niedrigen Kräften nur gering verformbar

[a] Die in Klammern gesetzten Ziffern sind die Miller'schen Indizes, die eine mathematische Behandlung der Gittergeometrie ermöglichen. Ihre Herleitung ist in der weiterführenden Literatur zu finden. $\{111\}$-Klammern: Gesamtheit der Tetraederflächen, $\langle 110 \rangle$-Klammern: Gesamtheit der Flächendiagonalen

Abb. 2.30 Gleitvorgang (**a**) und Zwillingsbildung (**b**)

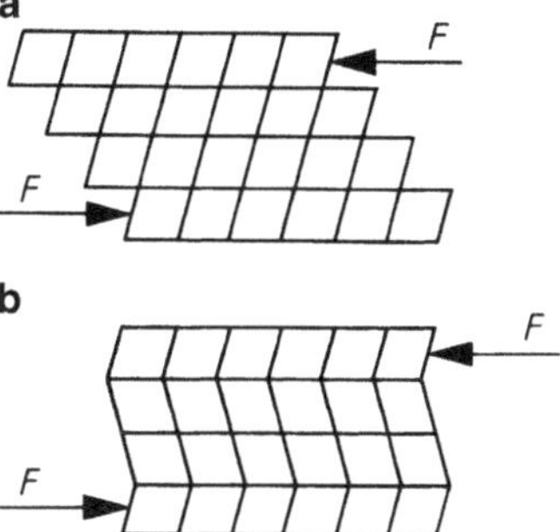

Die **krz-Metalle** haben insgesamt mehr Gleitsysteme, aber mit weniger dicht gepackten Ebenen, in denen eine größere Schubspannung erforderlich ist. Ihre Verformbarkeit ist bei größerem Energieaufwand gegeben.

Zwillingsbildung ist eine weitere Möglichkeit der plastischen Verformung. Hier klappen Teile des Kristalliten unter Schubspannungen in eine spiegelbildliche Lage um. Abb. 2.30 vergleicht schematisch den Gleitvorgang mit der Zwillingsbildung.

Im Schliffbild sind Zwillinge durch parallele Linien zu erkennen (Abb. 2.15). Die Zwillingsbildung ist besonders für hexagonale Metalle (Mg, Ti) mit ihren begrenzten Gleitsystemen eine zusätzliche Verformungsmöglichkeit. Viele Kupferlegierungen, z. B. die Messinge, nutzen Zwillingsbildung als zusätzlichen Verformungsmechanismus. Deswegen ist ihre Bruchdehnung häufig höher als die reinen Kupfers.

Bei höherfesten Stahlblechen zum Kaltumformen wird die Zwillingsbildung zur Verfestigung benutzt (TWIP-Stähle).

2.2 Struktur und Verformung der Realkristalle

2.2.1 Kristallfehler

Bei idealen Kristallen sind alle Gitterpunkte besetzt, die Bausteine haben kleinste Abstände und damit das Energie-Minimum. Reale Metalle bestehen aus Kristalliten mit Baufehlern, die zu Gitterverzerrungen (Aufweitungen und Verdichtungen) führen und damit einen *höheren* Energiezustand haben.

Alle Gitterfehler erhöhen die Kristallenergie.

Gitterfehler entstehen bei der Kristallisation durch die ständigen Schwingungen der Atome (Wärmebewegung), Energiezufuhr durch Verformungsarbeit oder energiereiche Strahlen. Denn beim Erstarren von Druckguss erfolgt die Kristallisation innerhalb Sekunden. In dieser Zeit muss eine große Zahl von Atomen seinen Gitterplatz finden.

Ein Kristall von 1 cm^3 Volumen enthält etwa 6 · 10^{23} Atome, also 1/10 mol
Wenn die Kristallbildung an den kälteren Formwänden beginnt, ist es, als ob ein dichter Hagelschauer auf die sich bildenden Kugelschichten niedergeht. So entstehen Fehler.

Nur bei langsam wachsenden Einkristallen sind fast fehlerfreie Strukturen herstellbar. Sie werden mit einem Einkristallkeim unter Drehung aus einer Schmelze langsam mit Geschwindigkeiten von wenigen mm/h abgezogen (Czochralski- oder Bridgeman-Verfahren).

Hilfreich ist die Einteilung nach der *Ausdehnung* der Fehler, ihrer Dimension, in null-, ein-, zwei- oder dreidimensionale.

a) Punktförmige Fehler, auch null-dimensionale, sind unbesetzte Gitterplätze (**Leerstellen**), **Zwischengitteratome** sowie die **Fremdatome** (Abb. 2.31). Leerstellen enthält jeder Kristall. Ihre Konzentration, die Leerstellendichte, erhöht sich bis zum Schmelzpunkt auf etwa 0,01 %.

Abb. 2.31 Punktfehler im kubisch-einfachen Gitter aus Atomen. 1) Leerstelle, 2) Atom auf Zwischengitterplatz, 3) Austauschatom (größer), 4) Einlagerungsatom (kleiner)

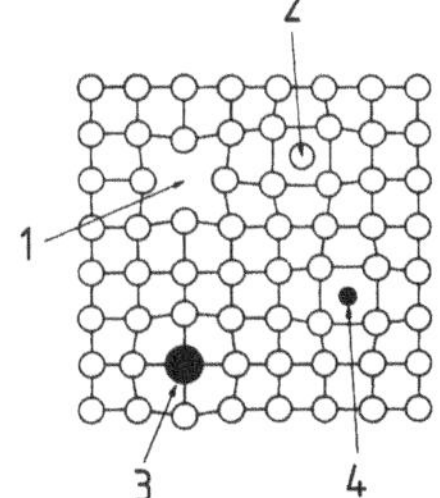

Abb. 2.32 Stufenversetzung
im kubisch einfachen Gitter

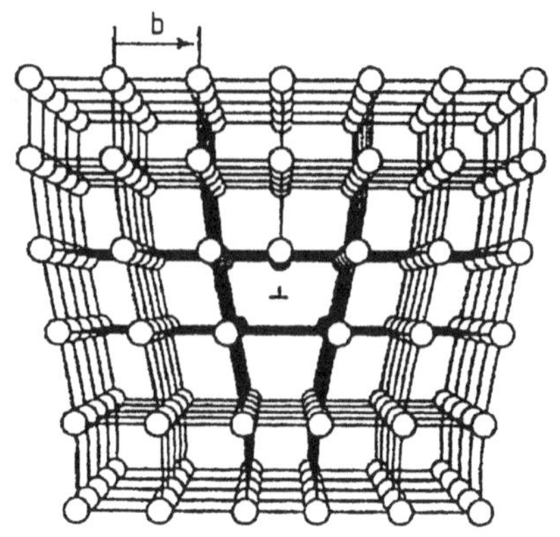

Durch energiereiche Strahlen können Atome von Gitterplätzen auf einen Zwischengitterplatz verschoben werden, wobei eine Leerstelle zurückbleibt.

Leerstellen ermöglichen die Diffusion.

Zwischengitteratome verspröden.

Fremdatome erhöhen die Festigkeit (Mischkristallverfestigung).

b) Linienförmige Fehler (eindimensionale) sind die **Versetzungen**. Zum Verständnis ihrer Wirkungsweise werden sie zunächst in zwei Grundtypen eingeteilt, die meist gemischt auftreten.

Stufenversetzungen (Abb. 2.32 und 2.33) sind tunnelartige Hohlräume, die durch einen Teilungsfehler entstehen. Versetzungslinien liegen senkrecht zur Schubrichtung mit dem Gleitschritt b. Die dargestellte Versetzung ist positiv ($\perp$). Bei negativen Versetzungen (T) endet die überschüssige Schicht von unten an der Gleitebene.

Abb. 2.33 zeigt schematisch das Entstehen einer Stufenversetzung durch Schubkräfte. Sie drücken oberhalb des waagerechten Schnittes (der Gleitebene) die senkrechten Atom-

Abb. 2.33 Entstehen einer
Stufenversetzung durch Schubkräfte (Macherauch 2014)

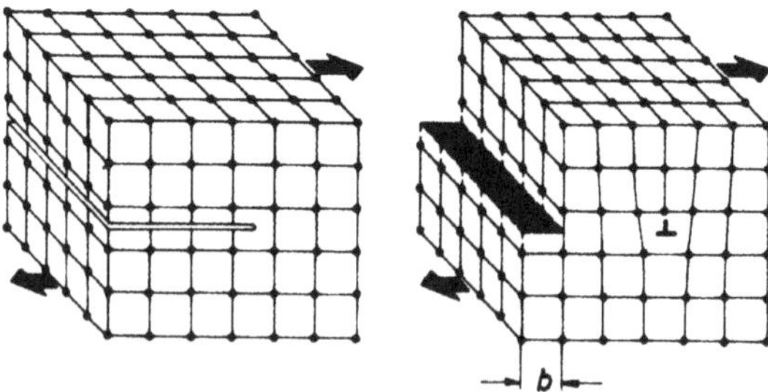

Abb. 2.34 Schrauben-
versetzung (Macherauch 2014)

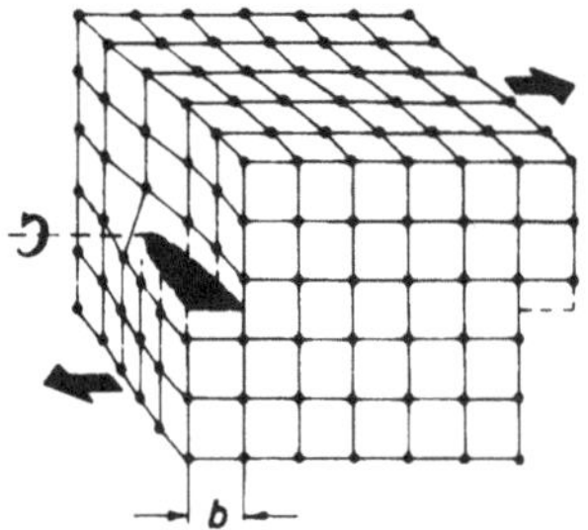

schichten zusammen (Kompressionszone), sodass dem unteren Teil eine Schicht zu viel
gegenübersteht. Der untere Teil wird gedehnt (Dilatationszone).

Als Folge der Spannungen ziehen sich ungleiche Versetzungen an und können sich bei
höheren Temperaturen auslöschen.

Schraubenversetzungen (Abb. 2.34) bilden sich, wenn durch Gleiten eines Seg-
mentes *parallel* zur Versetzungslinie eine rampenartige Fläche um die Versetzungsachse
(Schraubenachse) entsteht, die linke Seitenfläche wird durch das Abscheren zum Teil
einer Schraubenfläche (Wendeltreppe).

Meist entstehen **kombinierte Versetzungen** aus beiden Arten, sodass die Versetzungslinien gekrümmt sind (Abb. 2.35). Sie durchsetzen in hoher Zahl die Kristallite und enden
an den Oberflächen, wo sie metallografisch nachgewiesen werden können.

Nachweis von Versetzungen: Beim Ätzen werden die verspannten und damit unedleren
Bereiche um die Austrittsstelle angegriffen. Es entstehen Ätzgrübchen.

Bedeutung der Versetzungen
- Der innere Widerstand gegen Abgleiten sinkt (kleinere kritische Schubspannungen).
  Ihre Beweglichkeit ist damit die Grundlage für die plastische Verformung.
- Kaltverfestigung beruht auf der Neubildung von Versetzungen bei der Kaltverformung,
  die sich dann gegenseitig bei den Gleitvorgängen behindern.

Abb. 2.35 Kombinierte Versetzung

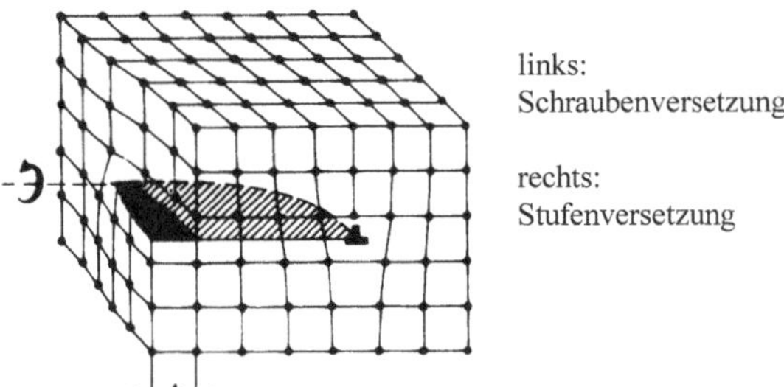

links:
Schraubenversetzung

rechts:
Stufenversetzung

Abb. 2.36 Zweidimensionale
(Flächen-)Fehler (Macherauch
2014)

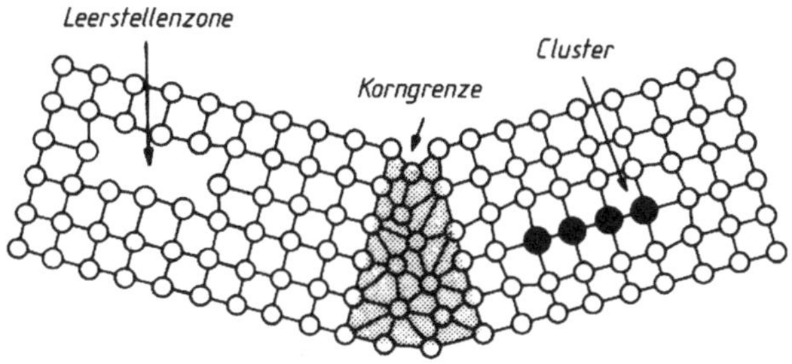

Die Länge der Versetzungen je Volumeneinheit wird als Versetzungsdichte bezeichnet. Sie
nimmt mit der Kaltumformung zu. Die Versetzungsdichte reicht von 10^6 cm/cm^3 geglüht
bis zu 10^{12} cm/cm^3 nach starker Kaltumformung.

c) Flächenförmige Fehler (zweidimensionale) sind die **Korngrenzen**, die Bereiche
zwischen den Kristallkörnern eines vielkristallinen Metalles mit ungleich gerichteten
Kristallachsen (Abb. 2.36). Dort ist die Regelmäßigkeit gestört. Die **Phasengrenzen** zwischen Kristalliten unterschiedlicher Kristallstruktur gehören auch zu den flächenförmigen
Fehlern.

Die **Oberfläche** eines Körpers (Pulverteilchen, Bauteil) ist ebenfalls ein flächenförmiger Fehler. Die Oberflächenenergie ist ungefähr doppelt so groß wie die Korngrenzenenergie.
Das führt dazu, dass Festkörper miteinander verschweißen können, ohne dass sie dazu
schmelzen müssen (Sintern von Pulverteilchen, Diffusionsschweißen, Kaltverschweißen,
Fressen gegeneinander bewegter Bauteile).

Korngrenzen und Phasengrenzen unterbrechen die Gleitvorgänge, d. h. die Versetzungslinien können sie nicht überwinden und stauen sich. Damit sind sie die Ursache
für die Feinkornverfestigung.

> **Hinweis** Bei Kristalliten mit ungleichen Kristallgittern werden Korngrenzen
> auch Phasengrenzen genannt (Abb. 2.38).

Die Korngrenzen kontrollieren die **Korngröße** eines Werkstoffes, die unterschiedlich
definiert werden kann. Häufig wird die Definition gemäß ASTM verwendet. Hierzu wird
in einem metallografischen Schliff die Anzahl der Körner pro mm^2 gezählt und daraus die
Korngrößenklasse abgeleitet (Tab. 2.18).

Stapelfehler sind Bereiche mit einer anderen Stapelfolge als die Umgebung (z. B.
ABAB-Folgen (hex), im kfz-Gitter mit AB-CABC-Folgen). Sie entstehen unter anderem
bei der Kristallisation, wenn eine Schicht von außen nach innen wächst. Beim Zusammenwachsen entstehen Teilversetzungen (Abb. 2.37).

Stapelfehler unterbrechen die Gleitebenen und behindern damit die Gleitvorgänge.

d) Dreidimensionale Fehler sind kleinste Körper mit anderer Struktur als die Matrix (Abb. 2.38). Sie bleiben als Verunreinigungen beim Erschmelzen zurück oder werden

Tab. 2.18 Korngrößenklassen nach ASTM

Typ	Korngrößenklasse				
Grobkorn	1	2	3	4	5
Körner/mm^2 [a]	16	32	64	128	256
Feinkorn	6	7	8	9	10
Körner/mm^2	512	1024	2048	4096	8192

[a] der wahren Schnittfläche

gezielt durch Behandlungsverfahren zur Eigenschaftsänderung eingebaut (Abschn. 2.3.4 Teilchenverfestigung). Auch Poren können als dreidimensionale Fehler betrachtet werden.

Wechselwirkungen

Gitterfehler können aufgrund des umgebenden Spannungsfeldes (Zug- und Druckspannungen) miteinander reagieren. Beim Umformen eingebrachte Energie und/oder thermische Aktivierung begünstigen diese Vorgänge. Tab. 2.19 gibt eine Übersicht (Vertiefung in der weiterführenden Literatur).

Abb. 2.37 Entstehung einer Teilversetzung mit Stapelfehler. Während links die Stapelfolge ABC (kfz) vorliegt, ist sie im rechten Teil ABA (hex)

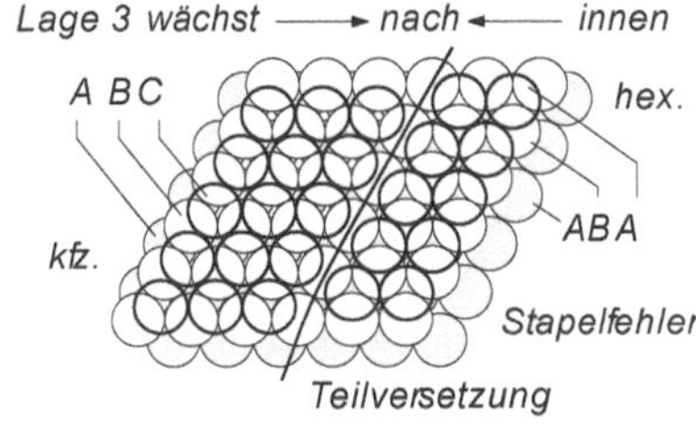

Abb. 2.38 Dreidimensionale (Volumen)Fehler

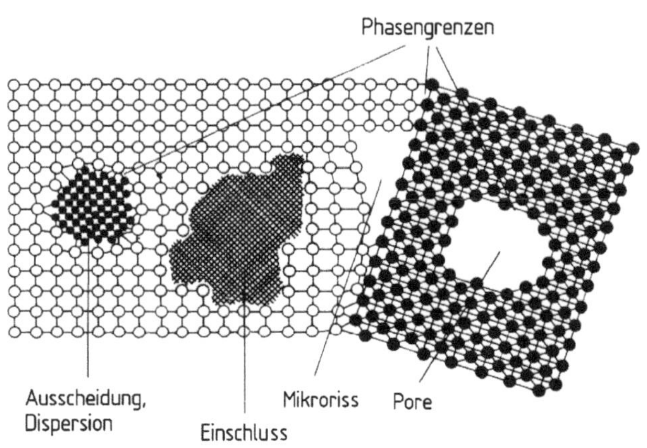

Tab. 2.19 Gitterfehler, Entstehung und Wechselwirkungen

Dimension	Bezeichnung	Entstehung	Reaktion mit anderen Fehlern bei Kaltumformung oder Erwärmung (thermischer Aktivierung)
0	Leerstelle	Gitterschwingungen, Anzahl steigt mit der Temperatur	Leerstellen ziehen Fremdatome an, sie ermöglichen das Klettern einer Stufenversetzung in eine parallele Gleitebene
0	Fremdatom	Verunreinigungen, Legieren	Werden von Versetzungen und Leerstellen angezogen
1	Versetzung	Fehlerhaftes Kristallwachstum	Ungleichartige Versetzungen in *einer* Gleitebene können sich auslöschen, gleichartige sich blockieren. Aufspaltung in zwei Teilversetzungen (kleinere Gleitschritte)
2	Korngrenze	Kristallisation der Schmelze, Rekristallisation bei $T > 0{,}4T_m$	Behindern das Wandern von Versetzungen
2	Stapelfehler	Fehlerhaftes Schichtwachstum	Unterbrechen Gleitebenen, sind selbst nicht gleitfähig
3	Teilchen	Ausscheidung in übersättigten Mischkristallen	Versetzungen müssen das Hindernis abscheren oder umgehen und bilden dabei neue Versetzungen

2.2.2 Verformung der Realkristalle und Veränderung der Eigenschaften

Bei der **Modellvorstellung im Realkristall** sind die wirklichen kritischen Schubspannungen um Zehnerpotenzen kleiner als der theoretische Wert beim Gleiten ganzer Atomschichten (Tab. 2.20). Ursache sind die Versetzungen.

Die modellhafte Erklärung der Gleitvorgänge in Gleitebenen unter bestimmten Gleitrichtungen kann beibehalten werden. Sie wird durch die Existenz der Versetzungen nur abgewandelt:

Idealkristall: Schrittweises Gleiten ganzer *Atomschichten*
Realkristall: Schrittweises Wandern von *Atomreihen* an den Versetzungslinien.

Abb. 2.39a zeigt das Wandern einer Stufenversetzung unter Wirkung einer Schubspannung τ. Dabei wandert die Störung nach rechts und erzeugt unter Auflösung eine Ver-

Tab. 2.20 Vergleich zwischen theoretischen (τ_{th}) und wirklichen (τ) kritischen Schubspannungen (am Einkristall gemessen)

Metall/Gitter		Cd, hdP	Cu, kfz	Fe, krz
Ideal	τ_{th}/MPa	200	4200	8000
Real	τ_0/MPa	0,5	0,6	14

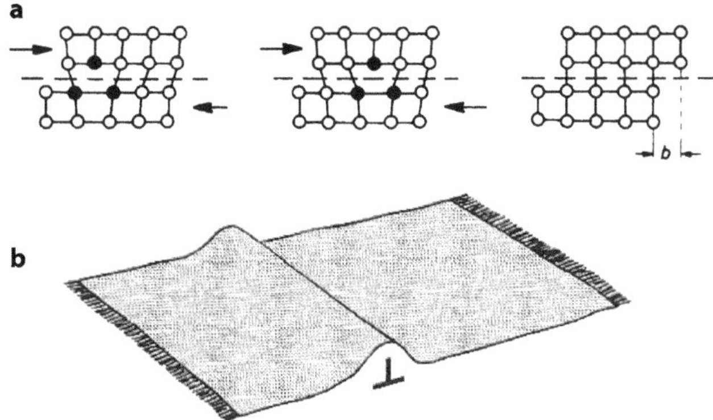

Abb. 2.39 Wandern einer Stufenversetzung (**a**), Wandern einer Teppichfalte (**b**)

schiebung um einen Schritt b. Der Vergleich mit dem Ausstreichen einer Teppichfalte ist in Abb. 2.39b dargestellt.

2.3 Verfestigungsmechanismen

Reine Metalle haben meist eine niedrige Festigkeit. Für die technische Verwendung ist eine Steigerung der Dehngrenze wichtig, also der Spannung, bei der eine erste kleine plastische Verformung beginnt.

Die moderne Technik benötigt leichte Werkstoffe mit möglichst hohen Festigkeiten. Stahl als Schwermetall steht in Konkurrenz zu den Leichtmetallen, diese wiederum zu den Kunststoffen mit allgemein niedrigerer Festigkeit.

Die Steigerung der Dehngrenze wurde schon im Altertum durch Legierungselemente erreicht. Diese Technik beruht u. a. auf der sog. Mischkristallverfestigung.

Die **Bronzezeit** ist nach der als Bronze bezeichneten Cu-Sn-Legierung benannt. Mit 6…20 % Zinn wurde das weiche Kupfer verfestigt und für Waffen, Geräte und Schmuck geeignet gemacht.

Dieser Abschnitt behandelt die Mechanismen zur Erhöhung der Festigkeit metallischer Kristalle. Gezielt herbeigeführte Gitterstörungen durch Versetzungen und Legierungsatome erhöhen die kritische Schubspannung τ, bei der **Versetzungen zu wandern** beginnen.

> **Hinweis** Wichtig ist es, das Wandern zu erschweren, aber nicht unmöglich zu machen. Damit verbleibt eine gewisse Duktilität, die dem Werkstoff eine der Beanspruchung angepasste Zähigkeit gibt. Das ist zur Umformung und für die Dauerfestigkeit (Kerbwirkung) wichtig.

Die ersten beiden Mechanismen sind auch für Reinmetalle anwendbar, die beiden letzten benötigen Legierungsatome.

Tab. 2.21 Verfestigung von Aluminium durch abnehmende Reinheit

Werkstoff	Festigkeit/MPa		Bruchdehnung
	R_m	$R_{\mathrm{p0,2}}$	$A/\%$
Al 99,8	60	15	35
Al 99	75	25	28

Verfestigungsmechanismen sind:

- Kaltverfestigung
- Feinkornverfestigung
- Mischkristallverfestigung
- Dispersionsverfestigung

> **Hinweis** Für Verfestigung wird manchmal auch der Begriff Härtung verwendet (von engl. hardening).

2.3.1 Mischkristallverfestigung

Reinmetalle bestehen aus gleichgroßen Atomen, die Gleitebenen ihrer Kristallite sind ungestört. Sie haben eine niedrige Festigkeit, alle Verunreinigungen erhöhen sie durch Mischkristallverfestigung (Tab. 2.21).

Bei Mischkristallen wird je nach Größe der enthaltenen Fremdatome das Kristallgitter örtlich verzerrt. Die punktförmigen Fehler führen zu Unebenheiten der Gitterebenen. Es entstehen

- „**Mulden**" durch Atome mit kleinerem und
- „**Höcker**" mit größerem Atomdurchmesser.

Durch das verzerrte Kristallgitter ist die kritische Schubspannung erhöht (Abb. 2.40).

Die **Dichte** der Unebenheiten ergibt sich aus ihrer Anzahl (Konzentration der LE).

Abb. 2.40 Mischkristallverfestigung bei Cu

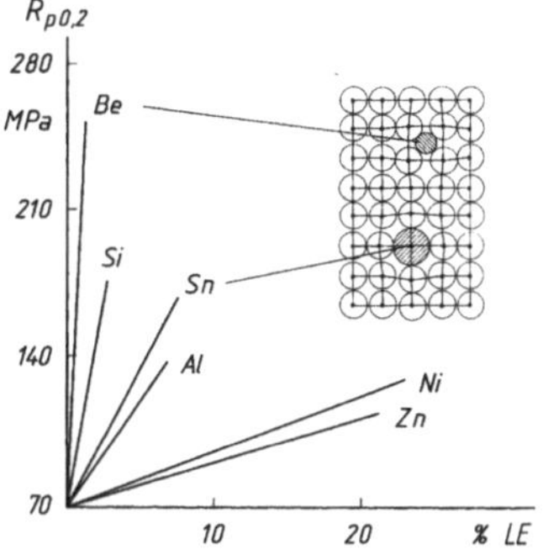

Tab. 2.22 Relative Durchmesser (Radius-)Differenz der Atome von Cu und LE und Festigkeitssteigerung ΔR_m

LE/%	Radius/pm	ΔRadius/Radius/%	R_m/MPa	$\Delta R_\mathrm{m}/R_\mathrm{m}$/%	A/%
Cu	128	–	220	–	50
CuNi10	124	−2,7	270	13,6	35
CuZn10	133	+4,2	240	9	62
CuAl8	143	+11,7	370	68	35
CuSn8	151	+18,0	430	95	65

Tab. 2.23 Sauerstoff im Titan

O-Gehalt in %	0,1	0,2	0,25	0,3
$R_\mathrm{p0,2}$ in MPa	200	250	360	420
A in %	30	22	18	16

Ein ähnliches Verhalten zeigt Kohlenstoff C in gehärtetem Stahl (Abb. 3.20).

Zwei Einflussgrößen bestimmen damit die festigkeitssteigernde Wirkung:

- **Konzentration** der Fremdatome. Die Konzentration eines LE in einem Basisgitter ist von seiner Löslichkeit abhängig. Die max. Löslichkeit (Sättigung) hängt von der physikalischen Ähnlichkeit mit den Atomen des Basisgitters ab (Abschn. 2.5.1, Tab. 2.22).
- **Differenz der Atomdurchmesser** (Tab. 2.22).

Die Verläufe von Festigkeit und Dehnung sind für Cu-Zn in Abb. 7.6, für Cu-Sn in Abb. 7.7 und für Cu-Ni in Abb. 2.61 dargestellt. Die Strukturen von Austausch- und Einlagerungsmischkristallen sind unter *Legierungsstrukturen* zu finden (Abb. 2.59 und 2.60).

Die Einflussgrößen wirken gleichsinnig: Je größer, desto stärker ist die Verzerrung des Gitters und die Festigkeitssteigerung. Die Zugfestigkeit R_m steigt mit der Konzentration des LE bis zu einem Maximum. Die Bruchdehnung A wird i. d. R. geringer, mit Ausnahmen einiger Cu-Legierungen (Tab. 2.22).

Die Eigenschaftsänderungen hängen auch von der Bindung der Fremdatome und ihrem Standort ab (Beispiel Titan, Tab. 2.23):

- Metallatome besetzen Gitterplätze
- kleinere oder Nichtmetallatome die Lücken oder Zwischengitterplätze, wie z. B. das Be in Abb. 2.40.

Sie sind deshalb nur gering löslich und erhöhen mit kleinen Anteilen die Festigkeit stark, jedoch mit starkem Abfall der Bruchdehnung.

2.3.2 Kaltverfestigung (Verformungsverfestigung)

Kaltverfestigung ist der Anstieg von Härte und Festigkeit beim Kaltumformen. Dabei sinkt die restliche Kaltumformbarkeit, der Werkstoff wird spröder.

Beispiel für Versprödung

Cu-Rohr lässt sich leicht biegen. Zum Nachrichten ist bereits ein größerer Kraftaufwand nötig, der Werkstoff ist fester geworden. Jedes Nachbiegen verstärkt diese Erscheinung bis zum Verspröden. Weitere Verformungsversuche führen zum Bruch.

Kaltverfestigung tritt dauerhaft nur bei Metallen mit höheren Schmelzpunkten auf. Blei, Zinn, Zink u. a. verfestigen nur kurzzeitig.

Verformungsgrad ε ist allgemein die prozentuale Änderung des Querschnittes im Verhältnis zum Ausgangsquerschnitt.

Beim Walzen von Blech oder Band ist es die prozentuale Dickenänderung, da die Breite des Bleches näherungsweise konstant bleibt.

$$\varepsilon = \frac{\text{Querschnittsänderung } \Delta S}{\text{Ausgangsquerschnitt } S_0} \times 100\,\%$$

Rechenbeispiel für Verformungsgrad

Blech von 5 mm Dicke wird auf 1,5 mm abgewalzt.

$$\text{Verformungsgrad } \varepsilon = \frac{\Delta S}{S_0}\,100\,\% = \frac{3,5\,\text{mm}}{5\,\text{mm}}\,100\,\%$$

$$\varepsilon = 70\,\%$$

Eigenschaftsänderungen

Abb. 2.41 zeigt den Einfluss steigender Verformung auf Rein-Al und eine Legierung Al-Mn. Die Zugfestigkeit kann durch starke Kaltumformung etwa verdoppelt werden. Die weitere Verformbarkeit (hier als Bruchdehnung A) sinkt jedoch steil ab. Das ist charakteristisch für die Kaltverfestigung.

Der Kurvenverlauf zeigt: Die Legierung besitzt im unverformten Zustand eine höhere Zugfestigkeit (Mischkristallverfestigung), aber kleinere Bruchdehnung als das reine Al. Im Verformungsbereich zwischen 20 und 60 % liegen beide Werte jedoch **über** denen des Reinmetalls.

Abb. 2.41 Einfluss des Verformungsgrades auf die mechanischen Eigenschaften

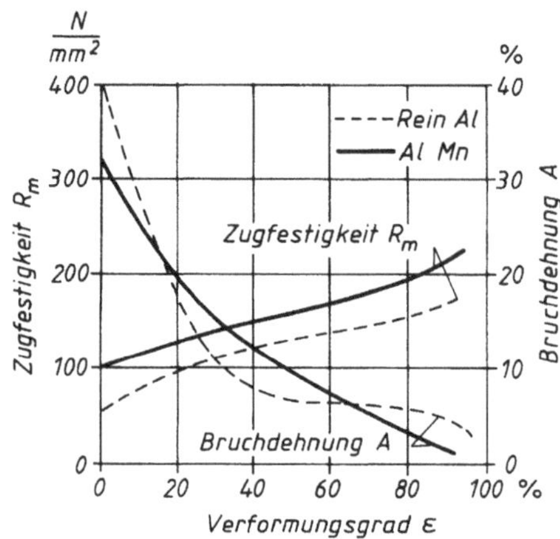

Erklärung der Phänomene

Plastische Verformung findet durch Wandern von Versetzungen am *leichtesten* auf den im Kristallgitter vorhandenen Gleitebenen (Abb. 2.27–2.29) statt, die unter kleinen Winkeln zur Richtung der Schubkräfte liegen. Bei der plastischen Verformung entstehen an Korngrenzen und Ausscheidungen neue Versetzungen, die sich gegenseitig in ihrer Bewegung behindern Die Versetzungsdichte steigt, damit auch die kritische Schubspannung.

Verformung bei Temperaturen **unterhalb** der Rekristallisationsschwelle (Abschn. 2.4.2) wird **Kaltverformung** genannt. Die eintretende Verfestigung wird deshalb als **Kaltverfestigung** bezeichnet.

Durch eine Glühbehandlung **oberhalb** der Rekristallisationsschwelle kann die Verfestigung wieder aufgehoben werden, dabei bildet sich ein neues Gefüge mit geringer Versetzungsdichte.

Für die Umformungstechnik ist der Fließbereich der Spannungs-Dehnungs-Kurve interessant. Dafür existieren besondere Fließkurven, mit denen der steigende Kraft- und Energiebedarf für die Umformung berechnet werden kann.

Der Fließbereich erstreckt sich von oberhalb der Streckgrenze bis zum Beginn der Einschnürung (Abb. 14.3).

Fließkurven (Abb. 2.42) zeigen den Verlauf der **Formänderungsfestigkeit** k_f[7] (Fließspannung) mit steigendem **Umformgrad** φ[8]. Die Steigung der Kurven entspricht der Verfestigungsneigung. Sie hängt vom Gittertyp ab und wird auch durch LE beeinflusst.

---

[7] Formänderungsfestigkeit k_f ist die **wahre** Fließspannung in MPa (auf den Augenblicksquerschnitt bezogen).

[8] Umformgrad $\varphi = \ln(1+\varepsilon)$ ist die auf die Momentanlänge bezogene *logarithmische* Formänderung (durch Integration der Differential-Quotienten $\Delta L/L$).

Abb. 2.42 Fließkurven einiger
Metalle bei RT

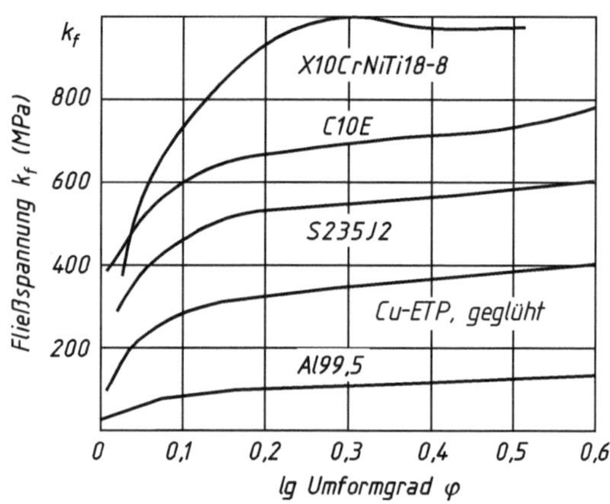

Verfestigungsexponent n

Die Fließkurven von Kaltumformstählen und Al-Legierungen können im Bereich von $\phi =$ 0,2…1 angenähert durch eine Gerade mit der Steigung n im doppellogarithmischen Netz dargestellt werden. Dabei ist n der Verfestigungsexponent. Wird die Gleichmaßdehnung ε_{gl} aus dem Zugversuch in die Formel für den Umformgrad ϕ eingesetzt, so ergibt sich der **Verfestigungsexponent** n (Zahlenwerte → Tab. 2.24):

$$n = \ln(1 + \varepsilon_{gl})$$

Bedeutung der Kaltverfestigung

Die Fertigung von Bauteilen durch Kaltumformung hat eine große Bedeutung, weil sie

- energiesparend ist (kein Erwärmen),
- Oberflächen nicht verändert (Verzunderung)[9],
- kleinere Toleranzen zulässt.

Beispiele für die Bedeutung der Kaltverfestigung

Bei fließgepressten Schrauben kann durch die Kaltverfestigung evtl. ein Vergüten eingespart werden.

Tab. 2.24 Verfestigungsexponent n (Abschn. 4.5.2)

Gitter	Verfestigungsneigung	n
kfz	Hoch. Viele sich schneidende Gleitebenen bewirken Versetzungsstau und Stapelfehler	$\approx 0{,}5$
krz	Mittel. Hauptwerkstoff sind Stahlbleche zum Kaltumformen. Durch LE wie z. B. 0,1 % P wird n erhöht	0,18 bis 0,3
hex	Niedrig. Keine schneidenden Gleitebenen. Nicht angewandt	$<0{,}1$

[9] Verzunderung ist der Materialverlust durch Reaktion des Stahles mit heißen Gasen über 600 °C.

Tab. 2.25 Blech Al-Legierung EN-AW-AlMn1

Symbol	Zustand	R_m/MPa	$R_\mathrm{p0,2}$/MPa	A/%
F	Herstellungszustand	90…130	35	21
H12	Kaltverfestigt (viertelhart)	115…155	85	5
H22	Kaltverfestigt + rückgeglüht (viertelhart)	115…155	75	8
H18	Kaltverfestigt (vollhart)	185	165	2

Werte für Blech 1,5…3 mm dick; Anhängesymbole → Tab. A.9 und A.11

▶ **Hinweis** Mechanische Oberflächenhärtung durch Kaltwalzen oder Kugelstrahlen zur Steigerung der Dauerfestigkeit (Abschn. 5.6.6)

Für Blech aus NE-Metallen ist die Kaltverfestigung die einzige Möglichkeit die Festigkeit zu erhöhen. Die Lieferzustände werden durch Anhängesymbole nach Norm angegeben. Das Beispiel in Tab. 2.25 zeigt drei Möglichkeiten, ausgehend vom Herstellungszustand.

Beispiel zur Tab. 2.25

Im Zustand H22 wird durch Rückglühen (Kristallerholung) die Bruchdehnung von 5 auf 8 % erhöht, die Dehngrenze sinkt dabei etwas, von 85 MPa auf 75 MPa gegenüber dem Zustand H12.

Karosseriebleche sollen im Werkzeug eine hohe Umformbarkeit aufweisen, aber als Fertigteil eine hohe Dehngrenze als Widerstand gegen Einbeulen besitzen. Hier sind Werkstoffe mit starker Kaltverfestigung erwünscht (Abschn. 4.5.2).

Mit der Zunahme der Versetzungsdichte ändern sich nicht nur die mechanischen, sondern weitere chemisch-physikalische Eigenschaften:

Korrosionsbeständigkeit: Die stark verformten Bereiche sind *unedler* als ihre Umgebung, sie sind unbeständiger und korrodieren leichter.

Elektrische Leitfähigkeit: Sie beruht auf der Beweglichkeit der Leitungselektronen. Durch Zunahme der Versetzungsdichte sinkt sie bis auf 95 % gegenüber dem unverformten Zustand.

2.3.3 Feinkornverfestigung (Korngrenzenverfestigung)

Tab. 2.26 gibt eine Übersicht der Verfahren zur Erzeugung feinkörniger Gefüge.

Korngrenzen bilden für Gleitvorgänge ein Hindernis, da die Nachbarkristallite eine andere Ausrichtung der Gleitebenen haben.

Tab. 2.26 Wege zum Feinkorn

Werkstoff	Maßnahme
Stähle	Feinkornstähle durch thermomechanische Verfahren (Abschn. 5.5), allgemein durch Normalglühen (Abschn. 5.2.1) oder Vergüten (Abschn. 5.3.8)
Knetwerkstoffe	Rekristallisation nach starker Kaltumformung
Gusswerkstoffe	Schmelzzusätze, die als Fremdkeime wirken

Tab. 2.27 Kornverfeinerung am Stahlguss mit 0,25 % C[a]

Eigenschaft	R_e	A	Z	KV
Einheit	MPa	%	%	J
Grobkorn	230	13	14	20
Feinkorn	280	24	40	65
Prozentuale Änderung	+22	+84	+185	+225

[a] entspricht etwa dem Stahlguss GP260GH

Die Gesamtfläche der Korngrenzen lässt sich durch feinkörnige Gefügeausbildung erhöhen. Bei kleinem Korndurchmesser erreichen die Versetzungen schneller die Korngrenzen. Zum Überwinden der Korngrenzen müssen größere Schubspannungen aufgebracht werden $\Rightarrow$ die Dehngrenze steigt.

Im Gegensatz zu den anderen Verfestigungsmechanismen steigt hier neben der Festigkeit auch die Duktilität (Tab. 2.27) und zwar sowohl Bruchdehnung A als auch Brucheinschnürung Z und Kerbschlagzähigkeit KV.

Bei feinem Korn besteht die Wahrscheinlichkeit, dass mehr Gleitebenen günstig zur Richtung der Zugbeanspruchung liegen (45°), so können mehr Gleitvorgänge ablaufen. Außerdem sinkt die maximal mögliche Größe eines Anrisses, wenn er sich bildet, denn die ist auf die Größe eines Kornes beschränkt.

Die Verkleinerung der Korngröße wird bei harten, spröden Werkstoffen ausgenutzt, um sie weniger spröde herzustellen, z. B. bei Sinterhartmetallen (Abschn. 11.1.6) und Sinterkeramik (Abschn. 8.2).

Bei spröden Werkstoffen wird zur Beurteilung der Zähigkeit die *Biegefestigkeit* herangezogen. Sie steigt mit sinkender Korngröße (Abb. 8.1, Korngröße und Biegefestigkeit).

2.3.4 Dispersionsverfestigung (Teilchen-, Ausscheidungs-)

Als Gleithindernisse für die Versetzungen wirken hierbei feindisperse Teilchen (dispers = zerstreut, fein verteilt; Partikel mit einer Größe von etwa 0,002...0,1 µm und einem mittleren Abstand von 0,1...0,5 µm) auf allen vorhandenen Gleitebenen innerhalb der Kristallite.

Die Wirkung kann mit der Mischkristallverfestigung verglichen werden. Es wirken allerdings nicht nur einzelne Atome, sondern größere Ansammlungen (Teilchen) von ihnen. Entsprechend größer sind auch:

Abb. 2.43 Form der Ausscheidungen: **a** GP-Zonen I,
b GP-Zonen II, **c** kohärent,
d inkohärent. Teilkohärent
liegt zwischen **c** und **d**

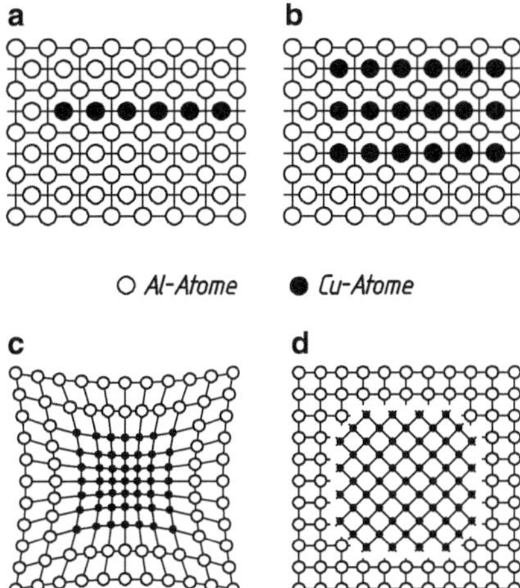

- Verzerrung des Kristallgitters
- kritische Schubspannung τ zur Bewegung der Versetzungen.

▶ **Hinweis** Wichtig ist eine Optimierung von Größe und Abstand der Teilchen.

Je nach Art der beteiligten Atome und Entstehung können folgende Teilchenarten mit steigender Größe auftreten (Abb. 2.43).

- **Cluster** sind *ungeordnete* Ansammlungen weniger LE-Atome *innerhalb* des Misch-kristalls.
- **GP-Zonen** (nach *Guinier* und *Preston*) sind scheibchenförmige Kristalle einer Atomart im Mischkristall mit ca. 10 nm Durchmesser (bei Al-Legierungen beobachtet).
- **Kohärente** Ausscheidungen (Abb. 2.43c) behalten noch das Wirtsgitter in *verzerrter* Form bei, sie wirken sich am stärksten auf die Umgebung aus und ergeben eine **starke Gleitblockierung**.
- **Inkohärente** Ausscheidungen (Abb. 2.43d) besitzen ein artfremdes Gitter und verzer-ren das Wirtsgitter wenig, sie ergeben eine **geringere Gleitblockierung**.
- **Teilkohärente Ausscheidungen** sind eine Mischung aus beiden.

Das Einlagern der Teilchen kann auf zwei verschiedenen Wegen erfolgen:

1. Aushärten (Ausscheidungshärten) ist eine Wärmebehandlung (Beschreibung in Ab-schn. 5.4).
2. Direkte Dispersionsverfestigung durch pulvermetallurgisch eingebrachte Teilchen.

Tab. 2.28 Eigenschaftsänderung durch Aushärtung von CuBe2 (Berylliumbronze)

Eigenschaft	Einheit	Lösungsbehandelt	Warmausgelagert 325 °C
R_m	MPa	420…600	1150…1350
$R_\mathrm{p0,2}$	MPa	140…210	1000…1250
A_5	%	35	3
HV		90…125	360…390

1. Aushärten

Aushärten als Wärmebehandlung wurde 1906 an Al-Cu-Legierungen (Abschn. 7.3.6) entdeckt und im Laufe der Entwicklung auf zahlreiche andere Legierungssysteme erweitert.

Voraussetzung sind Mischkristalle, deren Löslichkeit für das LE mit fallender Temperatur sinkt, eine Erscheinung, die z. B. von Lösungen von Zucker in Wasser bekannt ist. In heißem Wasser wird Zucker bis zur Sättigung gelöst. Bei der Abkühlung kann Wasser nur noch wenig Zucker lösen. Nach Abkühlung auf RT liegt eine bei dieser Temperatur gesättigte Lösung vor, der Überschuss scheidet sich am Boden ab.

Bei langsamer Abkühlung der Legierung entsteht ein **gesättigtes** Mk-Gefüge, der Überschuss der LE-Atome scheidet sich als Sekundärkristalle auf den Korngrenzen ab.

Der Einfluss der LE ist bei dieser Struktur gering.

▶ **Hinweis** Zum Verständnis des Aushärtens gehört auch das Zustandsschaubild einer aushärtbaren Legierung. Dieses ist Gegenstand des Abschn. 2.5.7.

Übersättigte Mischkristalle entstehen beim sog. Lösungsbehandeln. Dazu wird so weit erhitzt, bis alle Sekundärkristalle wieder gelöst sind, und dann abgeschreckt. Die Ausscheidung unterbleibt. Die Mischkristalle sind übersättigt. Sie sind dadurch instabil und streben zum Gleichgewichtszustand (der Sättigung). Tab. 2.28 zeigt am Beispiel von Berylliumbronze die Eigenschaftsänderung durch Aushärtung.

Auslagern (kalt oder warm) führt zu den gewünschten Ausscheidungen. Bei RT drängt das Wirtsgitter die zwangsgelösten Atome in Fehlstellen des Gitters (Versetzungen, Lücken), wo sie als Cluster oder GP-Zonen das Wandern der Versetzungen erschweren, die Festigkeit steigt (Abb. 2.44).

Im Laufe der Zeit oder bei Erwärmung entstehen größere Teilchen als neue Phasen je nach Legierungsart. Sie werden mit der Zeit und steigender Temperatur immer gröber und haben größere Abstände. Dann lässt der Verfestigungseffekt nach (Abb. 2.44).

Für den Verfestigungseffekt ist ein kleiner Teilchenabstand wichtig.

Die Masse der möglichen Ausscheidungen wird durch den Legierungsgehalt bestimmt. Es treten folgende Grenzfälle mit Auswirkung auf Verfestigung und Verformbarkeit auf (Tab. 2.29):

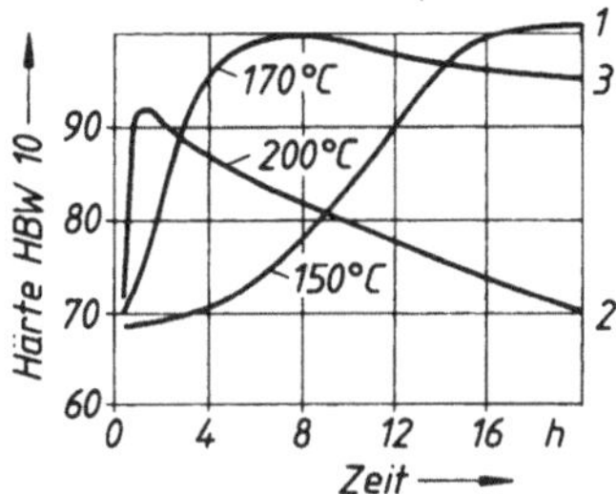

Abb. 2.44 Aushärtung von G-AlSiMg. Anstieg der Härte beim Warmauslagern unter verschiedenen Temperaturen. Kurve 3 zeigt, dass nach 8 h die höchste Härte erreicht ist, weiteres Halten lässt die Härte wieder absinken (Überalterung). Ist die Temperatur zu hoch, wird nur eine geringere Härte erreicht (Kurve 2)

Die höchste Verfestigungswirkung entsteht bei Gleichheit der Schubspannungen für die beiden Mechanismen. Das ist bei optimaler Ausbildung von Teilchengröße und -abstand der Fall.

2. Dispersionsverfestigung durch Pulvermetallurgie

Dispergieren ist das Einbringen feinstverteilter, im Grundmetall **unlöslicher** Teilchen (vgl. auch Abschn. 10.4 Dispersionshärtung, Teilchenverbunde). Es werden Oxide, Karbide, Boride u. a. durch mechanisches Legieren gemischt und gesintert. **Mechanisches Legieren** in Kugelmühlen ergibt zugleich feindispers gemengte Teilchen.

Größere Teile und Rohlinge zum Schmieden werden wirtschaftlich durch das Sprühkompaktieren erzeugt (Abschn. 11.1.9).

Tab. 2.29 Verformungsmechanismen bei teilchenverfestigten Legierungen

Teilchengröße	Viele, **kleine Teilchen**	Weniger, aber **größere Teilchen**
Abstände	Klein	Größer
Anpassung an das Wirtsgitter und die Lage der Gleitebenen	**Kohärente** Strukturen, starke Verzerrung der Umgebung. Gleitebenen des Wirtsgitters laufen in verzerrter Form durch die Teilchen	**Inkohärente** Strukturen bilden neue Phase und ergeben geringe Verzerrung der Umgebung. Die Gleitebenen enden an der Phasengrenze, Versetzungen können nicht weiter wandern
Wirkung auf die kritische Schubspannung	Versetzungsbewegungen können diese Hindernisse (eine Art Palisaden) nur mit einer höheren Schubspannung durchlaufen. Sie werden dabei geschnitten (abgeschert)	Versetzungsbewegungen werden nur an den Teilchen selbst behindert, sie suchen sich den Weg des geringeren Widerstandes dazwischen, sie umgehen die Teilchen
Mechanismus	Schneidmechanismus	Umgehungsmechanismus

Tab. 2.30 Verfestigungsmechanismen durch Ausnutzung der Gitterfehler

Mechanismus, technische Maßnahme	Fehler-Dimension	Strukturänderung, Hindernisse gegen die Versetzungsbewegungen	Festigkeit und Duktilität, schematischer Verlauf
Mischkristall-verfestigung, Legieren innerhalb der Löslichkeit	0 Punkt	Welligkeit der Gleitschichten durch größere oder kleinere LE-Atome. Wirkung steigt mit den Durchmesser-Unterschieden und der Konzentration der LE	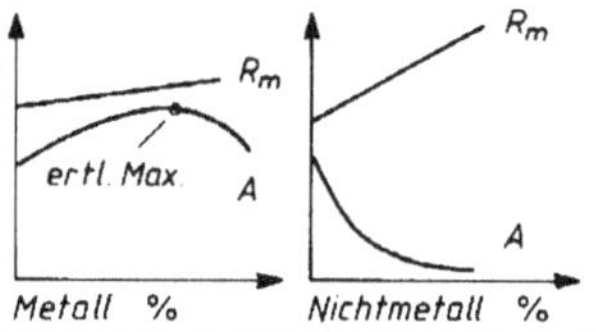
Kaltver-festigung, Umformen	1 Linien	Kaltumformen erhöht die Versetzungsdichte von $10^8\,\mathrm{cm/cm^3}$ auf $10^{12}\,\mathrm{cm/cm^3}$	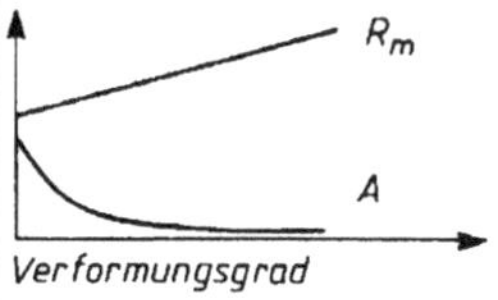
Feinkornver-festigung, Feinkorn herstellen	2 Fläche	Korngrenzen blockieren die Bewegung der Versetzungen. Die Vielzahl der Körner erhöht die Zahl der Gleitmöglichkeiten	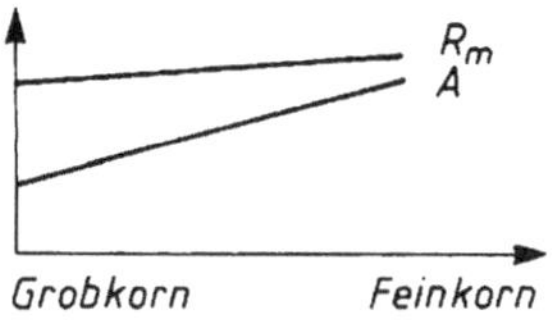
Dispersions-verfestigung, Aushärten, Partikel einbringen	3 Volumen	Behinderung durch feindisperse, kohärente Ausscheidungen in Mischkristallen, die *abgeschert* werden müssen. Feindisperse, inkohärente Teilchen, die *umgangen* werden müssen	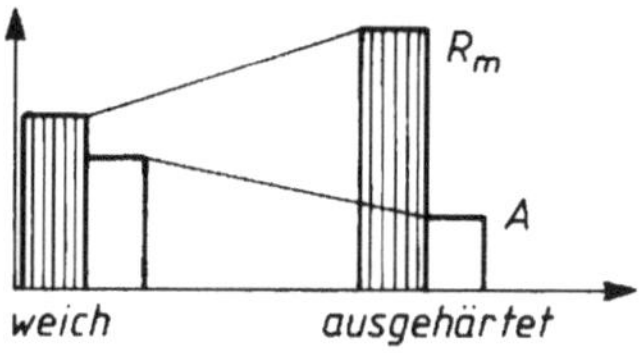

Die in der Matrix unlöslichen Teilchen unterscheiden sich von denen im Mischkristall:

- Die Legierungen sind thermisch stabiler, weil bei Erwärmung eine langsamere Vergröberung der Teilchen erfolgt, d. h. höhere Warmfestigkeit (Abb. 10.4).
  Dispersionsverfestigung liegt auch bei den Verbundwerkstoffen mit metallischem Grundgefüge (Metallmatrix) vor. **Anwendung** bei thermisch belasteten Al-Legierungen im Motorenbau, Kolben, Zylinderbuchsen, Pleuel ($\rightarrow$ Metallmatrix-Teilchenverbunde Abschn. 10.6.3).
- Metalle und Legierungen mit hoher elektrischer Leitfähigkeit verlieren diese Eigenschaft durch gelöste Atome. Bilden die LE-Atome unlösliche Teilchen, so bleibt die Leitfähigkeit erhalten.
  Anwendung für verschleiß- oder festigkeitsbeanspruchte Teile, die Strom führen ($\rightarrow$ Glid Cop Tab. 10.6).
- Verschleißfeste Legierungen können mit hohen Anteilen an feinkörnigen, harten Phasen hergestellt werden; das wäre über die Schmelzmetallurgie nicht möglich.

Anwendung: Schmelzmetallurgisch hergestellte Werkzeugstähle können wegen der Forderung nach Schmiedbarkeit nur begrenzte Anteile an harten Karbiden enthalten. Sinterhartmetalle lassen wesentlich höhere Karbidanteile zu.

Eine Zusammenfassung der Verfestigungsmechanismen, die Gitterfehler nutzen, gibt Tab. 2.30.

2.3.5 Verfestigungsmechanismen kombiniert

Höherfeste Legierungen entstehen durch eine Kombination vorstehender Mechanismen. Zur gezielten Nutzung sind genau abgestimmte Behandlungen erforderlich, damit sich die Wirkungen summieren und nicht gegenseitig aufheben.

Ein Beispiel ist die Streckgrenzenerhöhung einer NiCrAl-Legierung durch eine Kombination aus mechanischer und thermischer Behandlung (Abb. 2.45).

Untere Kurve: In ihrem Ausgangszustand *lösungsgeglüht* wirkt nur die Mischkristallverfestigung, die Dehngrenze $R_{p0,2}$ liegt bei 280 MPa, eine ca. 5-fache Erhöhung gegenüber reinem Ni. Durch Warmauslagern bei ca. 300 °C wird durch Dispersionsverfestigung ein Wert von 460 MPa erreicht, eine Steigerung um nochmals ca. 50 %.

Obere Kurve: Nach dem Lösungsglühen wurde um ca. 20 % kaltumgeformt. Die Dehngrenze $R_{p0,2}$ liegt dann bei 650 MPa (doppelt so hoch wie im ersten Fall). Die Warmauslagerung erbringt jetzt die gleiche Erhöhung (parallele Kurven) bis auf 830 MPa.

Bei höherfesten Stählen werden die Verfestigungsmechanismen ebenfalls kombiniert (vgl. Abschn. 4.3.1 und Abb. 4.10).

Abb. 2.45 Erhöhung der Dehngrenze $R_{p0,2}$ durch Kombination von Verfestigungsmechanismen bei einer NiCrAl-Legierung

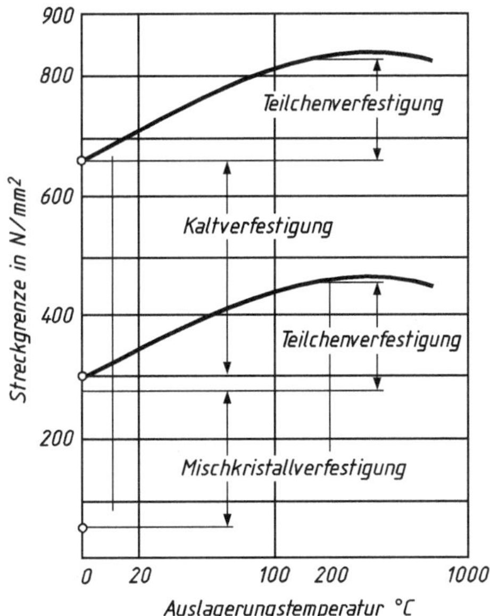

2.4 Vorgänge im Metallgitter bei höheren Temperaturen (Thermisch aktivierte Prozesse)

2.4.1 Allgemeines

Nach Erzeugung und Behandlung sind metallische Werkstoffe meist in einem Zustand höherer innerer Energie durch z. B. Gitterfehler, Spannungen oder innere Unterschiede in der Verteilung der Atome (Seigerungen). Sie sind nicht im Gleichgewicht. Bei Erwärmung streben sie dem Gleichgewichtszustand zu, je höher die Temperatur, desto schneller.

Gleichgewicht Zustand höchster Stabilität, in dem sich ein Stoffsystem nicht mehr verändert. Stabilität liegt vor im

- **Energie-Minimum**, wenn die freie Energie des Systems ein Minimum erreicht, vergleichbar mit der Ruhelage eines Pendels, oder aber, besonders bei höheren Temperaturen, im
- **Entropie-Maximum**, dem Zustand *kleinster Ordnung* der Teilchen = Zustand größter thermodynamischer Wahrscheinlichkeit.

Das Verhalten einer großen Zahl von Teilchen mit ungeregelter Bewegung und Zufallszusammenstößen lässt sich nur statistisch mit einer gewissen Wahrscheinlichkeit erfassen. Mit steigender Temperatur erhöht sich die Zahl der Zusammenstöße und damit die Wahrscheinlichkeit von **Platzwechseln.**

Platzwechsel von Atomen im Kristallgitter erfolgen, angeregt durch die Stöße von Nachbaratomen, sprunghaft zu Lücken, Leerstellen oder anderen Störungen.

Die Geschwindigkeit von thermisch aktivierten Prozessen ist die Zahl der Platzwechsel/Zeit.

Das wird in einem **Wahrscheinlichkeitsfaktor** B deutlich, der die Temperatur im *Nenner* des Exponenten enthält. Das erklärt ihren großen Einfluss auf diese Vorgänge. Für Materie am absoluten Nullpunkt wird die Wahrscheinlichkeit B zu Null (keine Platzwechsel). Wenn T gegen Unendlich strebt, wird sie zu Eins (alle Atome wechseln ihre Plätze), → Grenzwertbetrachtung Tab. 2.31.

Wahrscheinlichkeit von Platzwechseln:

$$v = V_0 \cdot B = v_0 \cdot \exp(-Q/RT) = v_0 \cdot e^{-Q/RT}$$

v Platzwechsel/Zeit
v_0 Konstante
Q Aktivierungsenergie
T Temperatur

Die universelle Gaskonstante $R = 8{,}314\,\text{J/mol}$ ist eine Naturkonstante, die notwendig ist, um Temperaturen in Energien umrechnen zu können.

Tab. 2.31 Grenzwertbetrachtung

Temperatur	Exponent	Faktor B
$T \to 0$	$\to \infty$	0
$T \to \infty$	$\to 0$	1

Bei manchen (niedrigschmelzenden) Legierungen können Veränderungen durch **Platzwechsel** der Atome bereits bei RT mit merklicher Geschwindigkeit ablaufen (Kaltaushärtung, Alterungsvorgänge), bei den meisten erst bei höheren Temperaturen. Die zugeführte Wärmeenergie wirkt beschleunigend (vgl. Tab. 2.32), Wärmeenergie wird in Schwingungen der Atome um die Gitterpunkte umgewandelt.

Dies verdeutlichen die folgenden **Analogien**: Im Dampfdruckkochtopf wird die Kochzeit durch 20 °C Temperaturerhöhung auf 1/4 verkürzt. Im Dieselmotor wird vorgeglüht, damit die Selbstzündung des Gemisches erfolgt.

Temperaturerhöhung ergibt im Festkörper eine höhere mittlere Schwingungsamplitude der Atome, dadurch eine höhere Wahrscheinlichkeit für einen Platzwechsel und damit einen schnelleren Ablauf der Prozesse.

Thermische Aktivierung ist Ursache für zahlreiche innere Vorgänge in Kristallgittern und Gefügen und kommt wegen der Verkürzung der Behandlungszeiten in der Werkstofftechnik zur Anwendung.

Bedeutung für die Werkstofftechnik erlangt die thermische Aktivierung durch:

Kristallerholung und Rekristallisation (Abschn. 2.4.2),
Kornwachstum (Abschn. 2.4.3),
Diffusion (Abschn. 2.4.5),
Warmumformung (Abschn. 2.4.4),
Festigkeit bei höheren Temperaturen (Abschn. 2.4.6),
Korrosion (Kap. 12).

Thermisch aktivierte Prozesse kann man sich bildlich wie folgt vorstellen:

Damit ein Atom an einen neuen (energetisch günstigeren) Platz gelangen kann, muss zunächst eine *Schwelle* überwunden werden (bei Entfernung von einem Atom über den Gleichgewichtsabstand hinaus anziehende Kräfte, bei Annäherung an ein Atom unter den Gleichgewichtsabstand abstoßende Kräfte), dann folgt die Materie dem Streben nach dem Gleichgewicht. Die Höhe der Schwelle ist ein Maß für die **Aktivierungsenergie**.

Abb. 2.46 zeigt, wie das Atom aus einer „Energiemulde" angehoben werden muss, um den neuen Platz zu erreichen. Dazu ist symbolisch die Aktivierungsenergie Q erforderlich

Tab. 2.32 Temperaturerhöhung verkürzt die Aufkohlungszeit für eine bestimmte Aufkohlungstiefe

Temperatur in °C	900	1000	1100
Prozesszeit in h	32	10	4

Abb. 2.46 Aktivierungsenergie Q. *Unten*:
Einlagerungs-, *oben*:
Austausch-Mischkristalle
(nach *Bürgel* et al. 2011)

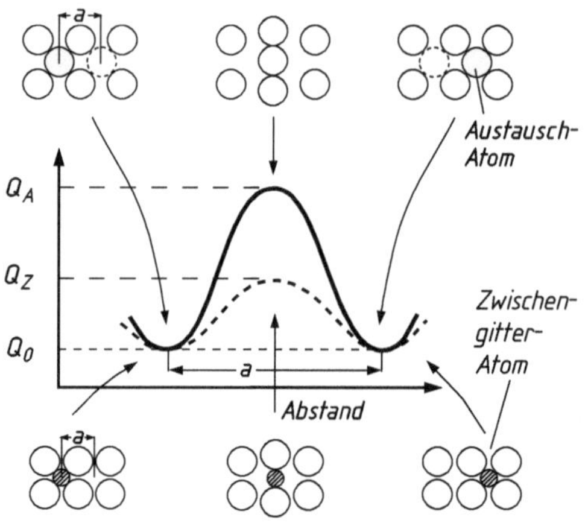

(Tab. 2.33). Im Kristallgitter wird die Aktivierungsenergie durch die thermische Energie
der Nachbarn (zufällige Zusammenstöße) aufgebracht. Ihr Betrag wird von Kristallgittertyp und Atomgröße beeinflusst.

> **Hinweis** Für dichte Gitter (kfz-Fe) wird für den Platzwechsel des gleichen Atoms
> (C) eine höhere Aktivierungsenergie benötigt als für weniger dichte (krz-Fe)
> (Tab. 2.33).

Metallatome (etwa gleich große in Austausch-Mischkristallen) springen über Leerstellen

⇒ **stärkere Anstöße** (Abb. 2.46).

Nichtmetallatome (kleine in Einlagerungsmischkristallen) springen durch Lücken

⇒ **schwächere Anstöße** (Abb. 2.46).

2.4.2   Kristallerholung und Rekristallisation

Die durch Umformen erzeugte hohe Versetzungsdichte wird bei Erwärmung stufenweise
abgebaut und die Kaltverfestigung dadurch beseitigt.

Tab. 2.33 Aktivierungsenergien für die Diffusion im Vergleich

Atom	Gitter	Q [kJ/mol]	Atom	Gitter	Q [kJ/mol]
C	Fe, kfz	138	Ni	Cu, kfz	243
	Fe, krz	87,6	Al	Cu, kfz	166

Ni und Al im Cu-Gitter zeigen den Einfluss der höheren Schmelztemperatur (stärkere Bindung ⇒
höheres Q).

Abb. 2.47 Einfluss der Glühtemperatur auf Korngröße und mechanische Eigenschaften von NiCu30Fe, ca. 30 % kaltgeformt und 1 h bei steigenden Temperaturen geglüht

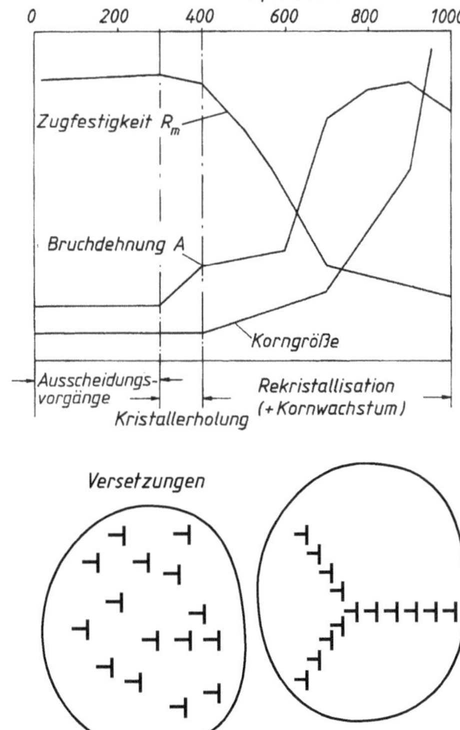

Abb. 2.48 Kristallerholung durch Polygonisierung, Subkorngrenzen innerhalb der Körner

Kristallerholung

Abb. 2.47 zeigt, dass im angegrauten Temperaturbereich die Zugfestigkeit R_m nur gering abfällt und die Bruchdehnung A etwas steigt, ohne dass sich die Korngröße ändert. Dieses ist der Bereich der Kristallerholung. Dabei reduzieren sich Gitterfehler, indem sie miteinander reagieren:

> Bei der Erholung wandern Zwischengitteratome in Leerstellen. Entgegengesetzte Versetzungen in einer Gleitebene können sich aufheben. Gleiche Versetzungen suchen energieärmere Positionen, sog. Polygonisierung zu Subkorngrenzen (Abb. 2.48).

Durch die Kristallerholung werden Spannungen und damit die im verzerrten Gitter gespeicherte Energie reduziert. Damit führt die Kristallerholung zu folgenden Änderungen im Gefüge und den Eigenschaften:

- Festigkeit und Härte sinken schwach
- die Duktilität steigt gering an
- das Verformungsgefüge bleibt erhalten.

Tab. 2.34 Rekristallisationstemperaturen T_R verschiedener Metalle

Metall	Pb, Sn	Zn	Mg	Al	Cu
$T_R/°C$	20	20	150	150	200
Metall	Fe	Stahl	Ni	Mo	W
$T_R/°C$	450	600	600	900	1200

Sie wird angewendet beim Spannungsarmglühen (Abschn. 5.2.3), Altern von kaltgeformten Federn und bei der Leitfähigkeitssteigerung bei kaltgeformtem Cu.

Rekristallisation

Bei höheren Temperaturen und größeren Zeiten verändern sich die Eigenschaften stärker. Die Rekristallisationstemperatur T_R (Abb. 2.47) ist die Temperatur, bei der die Eigenschaftsänderung innerhalb einer Stunde merklich abläuft (Tab. 2.34), d. h. die Rekristallisation findet auch bei niedrigeren Temperaturen statt, wenn man nur lange genug wartet.

Innerhalb der Subkörner des kaltverformten Metalls gibt es geringer verformte Bereiche, die als Keime wirken, an die sich die energiereicheren Bereiche durch Platzwechsel der Atome angliedern. Dabei wandern die Subkorngrenzen und das ursprüngliche Gefüge wird aufgezehrt. Es entsteht das Rekristallisationsgefüge mit normaler Kornform (Abb. 2.49).

Mit wachsender Verformung werden die Kristallite energiereicher, die Neubildung wird bei niedrigeren Temperaturen schneller. Bei geringem Verformungsgrad wirken sich Abweichungen von der Temperatur stark auf die Korngröße aus, bei größerem Verformungsgrad dagegen weniger (vgl. Abb. 2.50). Tab. 2.35 gibt eine Gegenüberstellung.

Die Korngröße lässt sich als Funktion der Temperatur und des Verformungsgrades in einem räumlichen Diagramm darstellen. Es ergibt sich eine gewölbte Diagrammfläche (Abb. 2.51).

Als Folge der thermischen Aktivierung fällt mit steigender Glühtemperatur die Dauer der Rekristallisation **exponentiell** ab.

Die Lage der Rekristallisationstemperatur T_R wird durch Legierungsatome erhöht (Beispiel Blei). Das ist sehr wichtig für Werkstoffe, die ständig höheren Temperaturen ausgesetzt sind (warmfeste und hitzebeständige Werkstoffe).

Rekristallisationstemperatur T_R

$$T_R = 0{,}4 \cdot T_m - 273\,°C$$

Beispiel für die Erhöhung der Rekristallisationstemperatur

Bei Blei mit T_R bei 20 °C ist eine Verformung bei *RT* bereits eine Warmumformung mit gleichzeitig einsetzender Rekristallisation. Deshalb versprödet ein Weichbleiklotz nicht, wenn er als Unterlage zum Schlagen benutzt wird. Für legiertes Blei (Hartblei) liegt T_R höher, hier ist eine Versprödung zu bemerken.

Mithilfe der Rekristallisationstemperatur können auch die Unterschiede zwischen Kalt- und Warmumformung (Abschn. 2.4.4) erklärt werden.

Abb. 2.49 Grobkörnige Rekristallisation in schematischer
Darstellung

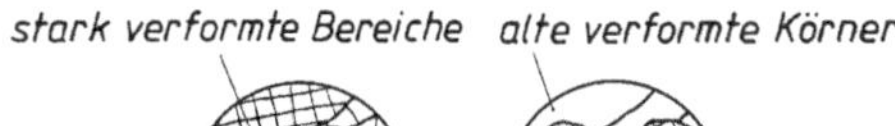

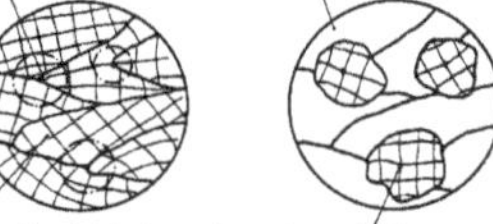

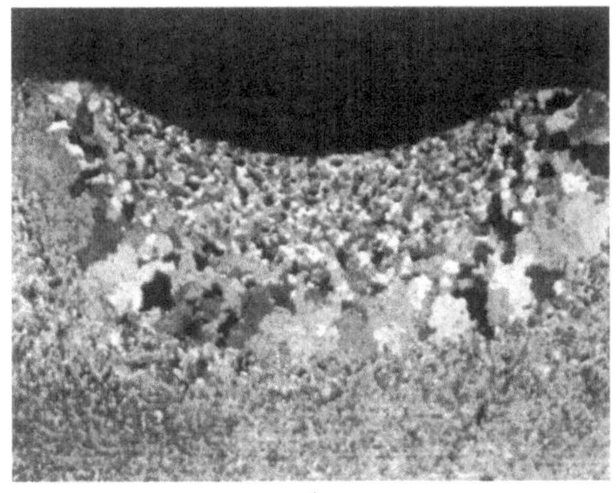

Abb. 2.50 Kugeleindruck (Brinellmessung) in Stahl mit C-Gehalt von 0,09 % nach Rekristallisationsglühen bei 750 °C/7 h (200 : 1). Unterhalb der Kugelkalotte ist die unterschiedliche Korngröße
zu erkennen: Der Kalottenrand ist durch starke Verformung feinkörnig rekristallisiert; tiefere Bereiche, geringer verformt, sind grobkörniger rekristallisiert. Unterhalb ist das zeilige Ausgangsgefüge
sichtbar, mangels Verformung nicht rekristallisiert

Tab. 2.35 Verformungsgrad und Auswirkungen auf Rekristallisation und Gefüge

Ausgangsbedingungen		↑ steigt, ↓ fällt	
Verformung schwach	wenig Keime, niedrige Energie	Korngröße ↑	T_R ↑
Verformung stark	viele Keime, hohe Energie	Korngröße ↓	T_R ↓
Ausgangsgefüge	fein	T_R ↓	Rekristallisationszeit ↓

Abb. 2.51 Rekristallisationsschaubild

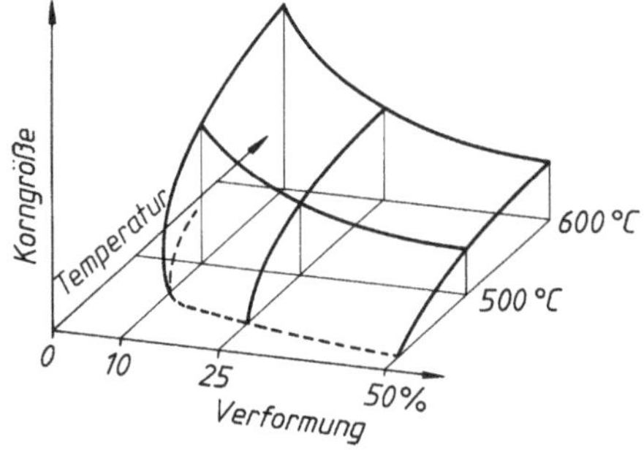

> **Zusammenfassung Rekristallisation**
> Rekristallisation ist die Umkristallisation eines kaltverformten Gefüges.
>
> Sie geht von den am stärksten verformten Kristallbereichen aus und erfordert eine Mindestumformung (kritischer Umformgrad).
>
> Die Korngröße nach der Rekristallisation wird vom Umformungsgrad, der Ausgangskorngröße und der Glühtemperatur beeinflusst.
>
> Die Rekristallisationstemperatur T_R liegt bei etwa $0{,}4 \cdot T_m$.

2.4.3 Kornvergröberung (-wachstum)

Neben einer grobkörnigen Rekristallisation durch ungünstige Bedingungen können grobkörnige Gefüge auch entstehen, wenn Werkstücke höheren Temperaturen ausgesetzt sind.

- **Überhitzen**: kurzzeitig zu hoch
- **Überzeiten:** zu lange erhitzt.

Dazu gehört auch die Abkühlung von Gussteilen mit größerer Masse in der Form. Stahlguss erstarrt grobkörnig (Abb. 5.6) und hat geringe Zähigkeit, die durch Normalglühen ansteigt.

Innere Vorgänge: Die Bereiche der Korngrenzen sind gekrümmt, weniger geordnet und damit energiereicher. Sie besitzen eine Oberflächenenergie, die versucht, die Oberflächen zu verkleinern. Größere Körner haben eine kleinere **Oberfläche im Verhältnis zu ihrem Volumen** und damit weniger Oberflächenenergie.

Bei höheren Temperaturen können durch thermische Aktivierung beschleunigt Platzwechsel ablaufen, die die Energie in Richtung „weniger Korngrenzen" abbauen. Dabei werden die jeweils kleineren Kristallite von den benachbarten größeren aufgezehrt.

> **Beispiele für Grobkornbildung**
> **Wärmebehandlung:** Bei einigen Verfahren werden Werkstücke langzeitig bei hohen Temperaturen behandelt. Hier müssen die Verfahrensbedingungen genau eingehalten werden, um übermäßiges Kornwachstum zu vermeiden.
>
> ($\rightarrow$ ZTA-Schaubild für isothermische Austenitisierung Abb. 5.4)

Einfluss auf die Kornvergröberung
Das Kornwachstum wird behindert, wenn bei den hohen Temperaturen noch ungelöste Phasen (andere Kristallite) zwischen den Körnern liegen. Solche Werkstoffe sind nicht überhitzungsempfindlich und somit für längeres Halten bei höheren Temperaturen geeignet.

Tab. 2.36 Warmumformung

Gießformate	Art der Warmumformung	Erzeugnis
Brammen, Barren	Walzen	Bleche, Bänder, Profile
Pressbarren	Strangpressen	Profile
Blöcke, Abschnitte	Schmiedepressen, -hämmern	Schmiederohteile

Partikelvergröberung und Sintern

Die Vergröberung von dreidimensionalen Gitterfehlern (Ausscheidungen, Dispersoide, Poren) sowie das Sintern von Pulvern ist ebenfalls auf die Verringerung der Oberflächenenergie zurückzuführen. Hierzu ist als atomarer Mechanismus die Diffusion (Abschn. 2.4.5) erforderlich.

Kornwachstum wird durch Intermetallische Phasen der Legierungselemente Al, Mo, Nb, Ti, V, evtl. in Verbindung mit C und N, verhindert.

Bauteile, die hohen Dauertemperaturen ausgesetzt sind, müssen aus Werkstoffen bestehen, die durch legierungstechnische Maßnahmen keinem oder nur geringem Kornwachstum unterliegen. Dies gilt zum Beispiel für Einsatz- und Nitrierstähle, warmfeste und hitzebeständige Werkstoffe und Stähle für Schweißkonstruktionen (Feinkornbaustähle).

2.4.4   Warmumformung

Charakteristisch für die Warmumformung ist eine plastische Formänderung bei Temperaturen von unterhalb der Solidus-Linie bis oberhalb der Rekristallisationstemperatur T_R. Dadurch erfolgt ständige Rekristallisation und eine Verfestigung unterbleibt. Bei höheren Temperaturen sind die Gleitvorgänge erleichtert (niedrige Verformungskräfte und -arbeit). Zusätzlich treten Gleitvorgänge an den Korngrenzen auf (Korngrenzengleiten). Die für die Verformung notwendige Fließspannung k_f ist wesentlich kleiner.

Bei der Warmumformung lässt sich die Gefügeausbildung (Korngröße) durch die Verformungsendtemperatur (z. T. auch unterhalb T_R) und die folgende Abkühlungsart beeinflussen. Auf diese Weise werden Stahlsorten mit erhöhter Streckgrenze erzeugt.

Warmumformung findet bei Stahlerzeugern und -verarbeitern in zahlreichen Fertigungsstufen zur Erzeugung von Halbzeugen und Schmiederohteilen statt (Tab. 2.36; thermomechanische Behandlung von Stahl Abschn. 5.5.3).

Die Auswirkung der thermischen Aktivierung auf die max. Fließspannung k_f zeigt Abb. 2.52 bei den Temperaturen 700 °C (obere Kurvenschar) und bei 1000 °C (untere Kurvenschar). Erläuterungen zu k_f und φ enthält Abschn. 2.3.2.

Welchen Einfluss die Temperatur auf die Fließspannung hat, zeigt die Tab. 2.38 für den Stahl C45E.

Tab. 2.39 zeigt den großen Einfluss der Verformungsgeschwindigkeit $\Delta\varphi/\Delta\tau$ auf die Fließspannung k_f, weil die Rekristallisation eine gewisse Zeit benötigt, die z. B.

Abb. 2.52 Fließkurven von
Stahl C45E. Bedeutung von a,
b, c: Tab. 2.37

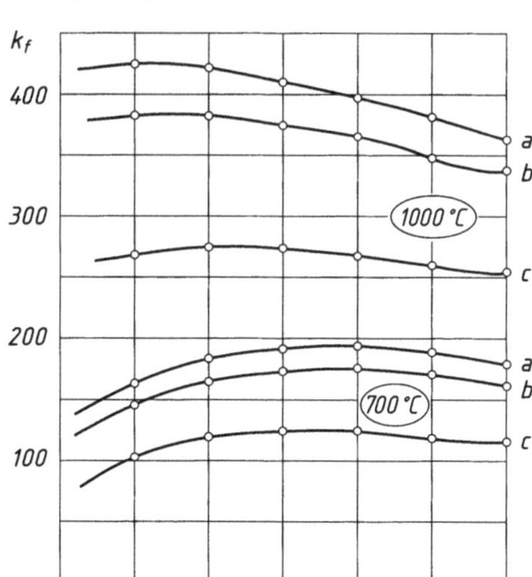

Tab. 2.37 Anwendung der Fließkurven von C45E

Graph	Umformgeschwindigkeit $\Delta\varphi/\Delta t$	Beispiel
a	20/s	Schmiedehämmer
b	10/s	Mechanische Pressen
c	1/s	Hydraulische Pressen

Tab. 2.38 Einfluss der Temperatur auf die Fließspannung von C45E

Graph	Temperatur °C	Umformgeschwindigkeit $\Delta\varphi/\Delta t$	Fließspannung k_f MPa
1a	700	20/s	430
2a	1000	20/s	190

Tab. 2.39 Einfluss der Umformgeschwindigkeit auf die Fließspannung von C45E

Graph	Temperatur °C	Umformgeschwindigkeit $\Delta\varphi/\Delta t$	Fließspannung k_f MPa
1a	700	20/s	430
1c	700	1/s	275

bei Schmiedemaschinen und hydraulischen Pressen vorliegt, bei Verformung mit dem Schmiedehammer jedoch nicht. Bei letzteren erhöht sich k_f noch durch eine Umformbeschleunigung.

Die Fähigkeit einiger Werkstoffe, unter *geringen* Spannungen sehr *hohe* Umformungen bis zu 1000 % **ohne** Einschnürung auszuhalten, nennt man **Superplastizität**. Die Voraussetzungen dafür sind:

- Korngröße unter ca. 10 μm
- Temperatur über $0,5\,T_m$ (Schmelztemperatur in K)
- niedrige Umformgeschwindigkeiten

Letzteres ist erforderlich, damit im Werkstoff schneller Platzwechsel der Atome (Diffusion, Kristallerholung, Korngrenzengleiten) stattfinden können und keine Verfestigung auftritt. Es besteht die Gefahr von Hohlraumbildung (Kavitation) durch Ansammlung von Leerstellen auf den Korngrenzen.

Werkstoffe mit superplastischem Verhalten:

Die Erscheinung wird bei einigen Titanlegierungen ausgenutzt: TiAl6V4 lässt bei 850…525 °C und 5 %/min eine Dehnung von > 700 % zu.

AlZnMg-, AlCuZr- und AlLiZr-Legierungen erreichen bei Temperaturen von 490… 540 °C und z. T. höheren Dehngeschwindigkeiten Dehnungen bis zu 1200 %.

Umformverfahren sind Blasformen für flächige Teile und Isothermschmieden unter Argon-Atmosphäre für kompaktere Teile. Die geringe Dehngeschwindigkeit ergibt Umformzeiten von 30…90 min für z. B. Triebwerksteile und -verkleidungen.

Günstig sind zweiphasige Legierungen mit ähnlich hohen Schmelzpunkten der Komponenten (eutektische oder eutektoide Sorten), z. B. Entwicklungen für hexagonalen Mg-Legierungen und IP-Werkstoffe wie TiAl und Ti_3Al.

2.4.5   Diffusion

Diffusion[10] ist Teilchenbewegung entlang eines Konzentrationsgefälles. Sie tritt in Gasen oder Flüssigkeiten, aber auch in Festkörpern infolge der statistisch zufälligen Wärmebewegung ihrer kleinsten Teilchen auf. Die Teilchen können Atome, Ionen oder auch Moleküle sein.

Beispiel für Diffusion im Alltag

Diffusion im Alltag: Kirsch- und Bananensaft wird geschichtet serviert. Im Laufe der Zeit verwischt sich die Grenze und wird unscharf durch Diffusion der Teilchen über die Grenzfläche von beiden Seiten.

---

[10] lat. = Ausbreitung, Verschmelzung, Ergießung, physikalischer Mechanismus für einen Ausgleich eines Konzentrationsunterschieds.

Tab. 2.40 Verfahren mit Diffusionsvorgängen

Verfahren	Ausgleich bzw. Platzwechsel	Hinweise
Glühverfahren	Verteilung von Legierungselementen, Ausgleich von Seigerungen	Tab. 5.1 und 5.2
Lösungsglühen	Lösen sekundärer Ausscheidungen	Abschn. 5.4.3 und 7.3.6
Ausscheidungen, Auslagern	Abbau von Übersättigung in Mischkristallen	Abschn. 5.4.3 und 7.3.6
Thermochemische Verfahren	Einbringen von C, N, Cr u. a. Elementen	Abschn. 5.6.3–5.6.5
Kristallgitterumwandlungen	Platzwechsel gelöster Atome	Abschn. 3.3.2, Abb. 3.8
Sintern, Diffusionsschweißen	Platzwechsel im Korngrenzenbereich	Abschn. 11.1.4

Diffusion zum Ausgleich von Konzentrationsunterschieden ist die Grundlage für zahlreiche Verfahren der Wärmebehandlung (Tab. 2.40).

Hinter dieser Wanderung der Teilchen steht das Entropiestreben. Ziel ist ein Zustand mit geringerer Ordnung der Teilchen (bei tieferen Temperaturen kann auch ein Zustand *höherer* Ordnung angestrebt werden, wenn er *niedrigere* Energie besitzt, z. B. Ansammlung von Fremdatomen in Leerstellen, Clusterbildung).

Die unregelmäßigen Platzwechsel der Teilchen ergeben einen resultierenden **Teilchenstrom J**, wenn ein **Konzentrationsgefälle dc/dx** als Triebkraft vorhanden ist.

Teilchenstrom

$$J = D \cdot dc/dx \qquad (1.\ \text{Fick'sches Gesetz})$$

Der Teilchenstrom J entspricht einem elektrischen Strom, der dem Ohm'schen Gesetz unterliegt.

Analogie

$$\text{Strom} = \text{Leitwert} \cdot \text{Spannung}$$

Wie im Ohm'schen Gesetz ist bei konstanter Spannung (Triebkraft) der Strom eine Funktion des Leitwertes.

Diesem Leitwert entspricht der Diffusionskoeffizient D.

Diffusionskoeffizient D

$$D = D_0 \cdot B = D_0 e^{-Q/RT} \qquad (B \rightarrow \text{Abschn. 2.4.1})$$

Der Faktor B berücksichtigt den Einfluss der Aktivierungsenergie und Temperatur auf die Wahrscheinlichkeit von Platzwechseln. Wegen der Exponentialfunktion von B umfasst D viele Zehnerpotenzen (Tab. 2.41).

Tab. 2.41 Diffusionsgrößen für einige Diffusionspaarungen

Paarung Atom	Gitter	Q [kJ/mol]	D_0 [cm²/s]	D [m²/s] 400 °C	D [m²/s] 800 °C
H	α-Fe	12	$2 \cdot 10^{-3}$	10^{-3}	–
C	α-Fe	88	$8 \cdot 10^{-3}$	$6 \cdot 10^{-8}$	$1{,}6 \cdot 10^{-5}$
Cr	α-Fe	247	$1{,}48$	$9{,}9 \cdot 10^{-20}$	$1{,}3 \cdot 10^{-13}$
C	γ-Fe	138	$2 \cdot 10^{-1}$	–	$3{,}7 \cdot 10^{-8}$
Cr	γ-Fe	170		–	$3{,}7 \cdot 10^{-13}$

Der Diffusionskoeffizient D berücksichtigt wie der elektrische Leitwert die *Widerstände*, die dem Teilchenstrom entgegenstehen:

- Größe des wandernden Atoms
- Bindungen im Metallgitter (Packungsdichte)
- Diffusionswege über **Leerstellen, Zwischengitterplätze**, Versetzungen oder Korngrenzen und Oberfläche mit unterschiedlichen Widerständen

Je nach Größe der diffundierenden Atome gibt es:

Leerstellendiffusion: Größere oder gleichgroße Austausch-Atome gelangen in eine Leerstelle, die Leerstelle rückt in die Gegenrichtung (Abb. 2.46).
– große Aktivierungsenergie Q
– kleinerer Diffusionskoeffizient D

Beispiel für das Verhältnis von Q und D

Leerstellendiffusion: Element Cr in α-Fe (Werte aus Tab. 2.41)

$$Q = 247 \, \text{kJ/mol} \quad \text{(hoher Wert)}$$
$$D_{800\,°\text{C}} = 1{,}3 \cdot 10^{-13} \, \text{m}^2/\text{s} \quad \text{(niedriger Wert)}$$

Ergebnis: Cr-Atome diffundieren sehr langsam in α-Eisen (Ferrit).

Zwischengitterdiffusion: Kleine Nichtmetall-Atome gelangen zu den nächsten Zwischengitterplätzen (Abb. 2.46), die in großer Zahl vorhanden sind.
– kleine Aktivierungsenergie Q
– großer Diffusionskoeffizient D

Beispiel für das Verhältnis von Q und D

Zwischengitterdiffusion: Element C in α-Fe (Werte aus Tab. 2.41)

$$Q = 88 \, \text{kJ/mol} \quad \text{(niedriger Wert)}$$
$$D_{800} = 1{,}6 \cdot 10^{-5} \, \text{m}^2/\text{s} \quad \text{(hoher Wert)}$$

Ergebnis: C-Atome diffundieren sehr schnell in α-Eisen (Ferrit).

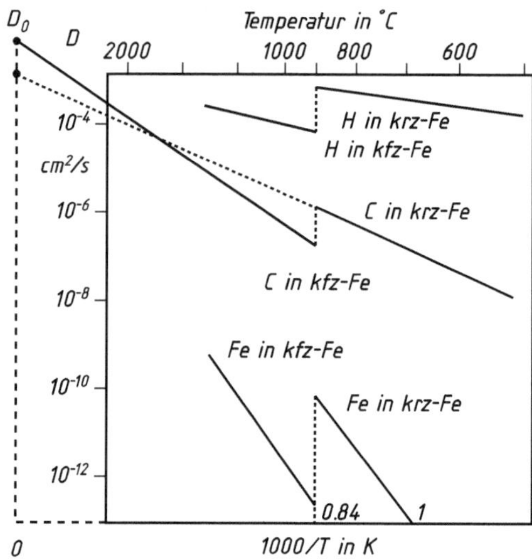

Abb. 2.53 Diffusionskoeffizienten $D = f(T)$ für einige Paarungen

Nach einem Logarithmieren lassen sich die Einflussgrößen besser beurteilen:

$$\ln J = \ln D_0 - Q/RT$$

Diese Funktion kann im logarithmisch geteilten Netz (Abb. 2.53) als fallende Gerade dargestellt werden. D_0 ist der Schnittpunkt auf der Ordinate bei der Temperatur $T \to \infty$ bzw. $1/T = 0$ (Teilung der Abszisse mit $1/T$).

- Die Aktivierungsenergie Q entspricht der Steigung der Geraden.
- Je steiler die Gerade, umso größer ist die Aktivierungsenergie.

In Abb. 2.53 verlaufen die Linien für die Diffusion von C und H im *dichter* gepackten γ-Eisen (kfz) *steiler* als die im weniger dichten α-Eisen (krz).

Für thermochemische Verfahren (z. B. Aufkohlen, Nitrieren) ist das zweite Diffusionsgesetz wichtig. Es ergibt sich durch Differenzieren des 1. Fick'schen Gesetzes.

Eine Lösung der Differenzialgleichung verknüpft hier den mittleren Randabstand x_m, wo die Konzentrationsdifferenz (Kohlungsatmosphäre − Werkstoff) auf die Hälfte gesunken ist, mit der Zeit t. Der Graph ist eine liegende Parabel (Abb. 2.54):

$$x_\mathrm{m}^2 = D \cdot t \, ; \Rightarrow x_\mathrm{m} = \sqrt{D \cdot t} \quad \text{(mit } D \text{ konstant)}$$

Die Auswertung des Diagramms ergibt:

Eine n-fache Eindringtiefe x_2 erfordert die n^2-fache Zeit t_2 bei $T = $ konst.

Geringe Temperaturerhöhungen (2,78 %) senken die Behandlungszeiten stark (61 %).

Abb. 2.54 Verlauf der Aufkohlungstiefe über der Zeit bei
verschiedenen Temperaturen

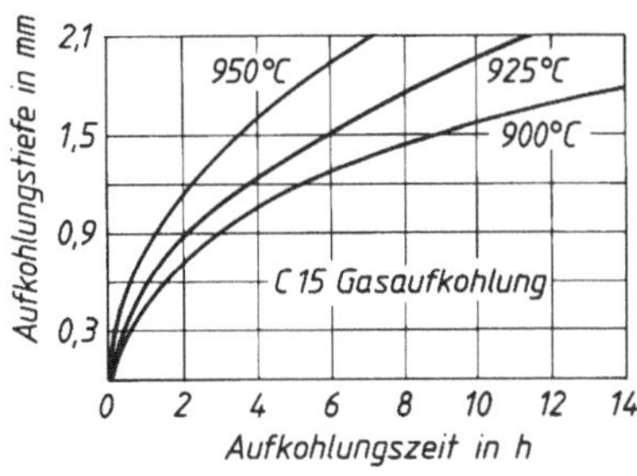

Erläuterung der Abhängigkeiten

Eindringtiefe und Zeit: Bei 925 °C werden erreicht:

- 1-fache Eindringtiefe von 0,9 mm in 2 h,
- 2-fache Eindringtiefe von 1,8 mm in ca. 8 h.

Temperatur und Zeit: Für eine konstante Eindringtiefe von 1,5 mm (waagerechte Linie in Abb. 2.54) sind erforderlich:

- bei 900 °C ca. 9 h
- bei 950 °C ca. 3,5 h.

2.4.6   Werkstoffverhalten bei höheren Temperaturen unter Beanspruchung

Die bei höheren Temperaturen im Innern ablaufenden Vorgänge sind der Grund, dass ein metallisches Werkstück die sonst zulässigen Spannungen nicht mehr ertragen kann. Die zulässigen Spannungen nehmen mit steigender **Temperatur** und **Zeit** ab.

Versetzungen können sich bei höherer Temperatur leichter bewegen. Durch Rekristallisation und Teilchenvergröberung werden zusätzlich Verfestigungen aufgehoben. Diffusion der Korngrenzenatome verursacht langsames Abgleiten der Körner gegeneinander (Korngrenzengleiten) oder es kommt unter Zugspannungen zu Porenbildung. Dieses führt zu einer ständigen, langsamen plastischen Verformung unter der Spannung, dem sog. **Kriechen**[11], das mit dem Bruch endet.

Abb. 2.55 zeigt den Abfall der Streckgrenze $R_{p0,2}$ beim Kurzzeitversuch.

Schon unterhalb der Rekristallisationsgrenze sind Bauteile nicht unendlich lange haltbar, sondern nur eine endliche Zeit, sie haben sog. Zeitfestigkeiten, die durch aufwendige Langzeitversuche ermittelt werden. Ihr Ergebnis sind Zeitstandschaubilder (Abb. 2.56).

---

[11] Kriechen ist eine sehr langsame, bleibende Formänderung unter Spannung. Nach einer längeren Kriechphase mit konstanter Kriechgeschwindigkeit (temperatur- und spannungsabhängig) stellt sich eine Zunahme der Kriechgeschwindigkeit ein, die bis zum Bruch führt (Vorgänge in Abschn. 2.4.6). Wegen dieser Kriechvorgänge haben Metalle keine Dauerstandfestigkeit, also eine Spannung, die sie zeitlich **unbegrenzt** ertragen könnten.

Der Vergleich der Kurven zeigt, dass hohe Zeitfestigkeiten bei Stählen nur durch hohe Anteile von Legierungselementen erreicht werden können ($\rightarrow$ Übersicht am Ende des Abschnittes, Tab. 2.42).

Zeitfestigkeiten

- **Zeitstandfestigkeit** $R_{m/1000/500°} = 100$ MPa bedeutet, dass bei einer Zugbeanspruchung von 100 MPa nach 1000 h bei 500 °C der **Bruch** erfolgt.
- **Zeitdehngrenze** $R_{p1/100.000/600°} = 22$ MPa bedeutet, dass bei einer Zugbeanspruchung von 22 MPa nach 100.000 h bei 600 °C eine **bleibende Dehnung** von 1 % gemessen wird.

Bauteile mit Dauerbeanspruchung bei erhöhter Temperatur zeigen das **Kriechen**, eine langsame, plastische Verformung. Dabei liegt die Spannung *unterhalb* der Dehngrenze.
Die inneren Vorgänge sind vereinfacht:

- Aufweitung des Kristallgitters durch die Wärmebewegung, Platzwechsel sind erleichtert.
- Gleithindernisse verschwinden durch Diffusion.
- Ausgeschiedene Phasen gehen wieder in Lösung.
- Ständige Kristallerholung und Rekristallisation, es erfolgt keine Kaltverfestigung.

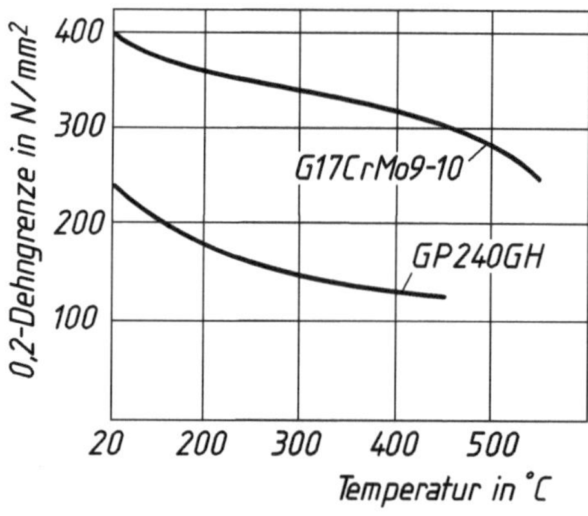

Abb. 2.55 0,2-Warmdehngrenze von unlegiertem und niedriglegiertem Stahlguss

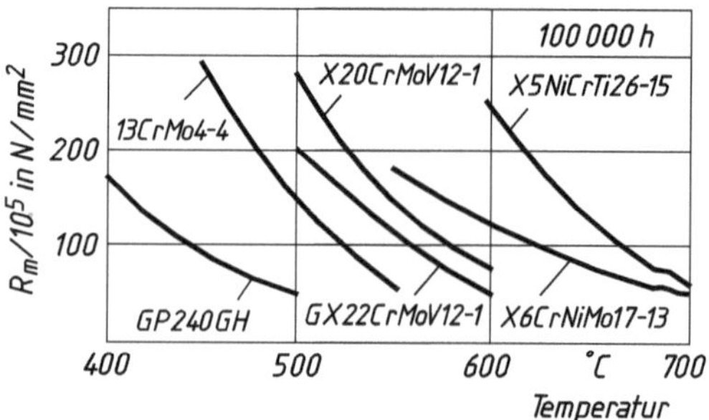

Abb. 2.56 Zeitstandschaubild, schematisch

Tab. 2.42 Maßnahmen zur Erhöhung der Kriechfestigkeit der Metalle

Maßnahme	Wirkung
Stähle mit LE wie Mo und V (Vergütungsstähle) verwenden. Sie benötigen zur Bildung ihrer Karbide höhere Anlasstemperaturen	LE behindern die Diffusionsvorgänge beim Anlassen, höhere Anlasstemperaturen ermöglichen auch höhere Einsatztemperaturen
Metalle mit Kristallgittern dichtester Packung verwenden. Von ferritischen Stählen auf austenitische Stähle oder Ni- bzw. Co-Legierungen übergehen	In dichtest gepackten Gittern (austenitischer Stahl; kfz/Co-Legierungen, hdP) ist die Diffusion erschwert, die Warmfestigkeiten sind höher als z. B. in krz-Gittern (ferritische Stähle)
Grobkörniges Gefüge ausbilden, Stängelkristallisation, im Grenzfall einkristalline Erstarrung herbeiführen ($\rightarrow$ Textur)	Ein kleinerer Anteil an Korngrenzen mindert das Korngrenzengleiten und fällt bei Einkristallen ganz weg. Anwendung bei hoch durch Fliehkräfte beanspruchten Turbinenschaufeln. Nutzung des Korngrenzengleitens bei der Superplastizität (Abschn. 2.4.4)
Korngrenzen durch ausgeschiedene Karbide oder Nitride „verzahnen". Ähnlich wirken die LE B, Ce, Re, W, Zr	Das Korngrenzengleiten wird behindert, bei optimaler Größe der Ausscheidungen wird die Rissgefahr kleiner
LE einbauen, die thermisch stabile, Intermetallische Phasen (IP) bilden. Eine weitere Möglichkeit sind nichtmetallische Phasen (Oxide), die pulvermetallurgisch eingebracht werden (ODS-Legierungen)	Teilchenhärtung, wichtig ist eine feindisperse Verteilung der Phasen. Beide sind durch ihre Bindungsart thermisch stabil. Anwendung z. B. bei: γ'-Phase Ni_3Al in Ni-Superlegierungen, Al-Oxide in Al-Legierungen (DISPAL)

Die Auswirkungen des Kriechens sind:

- **Spannungsrelaxation**[12]
- Kriechdehnung bis zum Bruch

Merkmale bei $T \ll T_{\text{Rekrist.}}$	Merkmale bei erhöhter Temperatur
Festigkeiten sind zeitunabhängig, weitere Verformung nur bei Spannungen >Fließgrenze	Festigkeiten sind zeitabhängig, Verformung läuft bei allen Spannungen weiter (Kriechen)
Kaltverfestigung, Feinkorn ist festigkeitssteigernd	Ohne Kaltverfestigung, Grobkorn ist kriechfester
Kristallkörner verschieben sich nicht zueinander	Korngrenzengleiten längs der Korngrenzen, Porenbildung auf den Korngrenzen
Die Größe von Teilchen ist konstant	Teilchen vergröbern

Der Kriechvorgang verläuft idealisiert in drei Phasen. Abb. 2.57 zeigt den Verlauf der plastischen Dehnung ε über der Zeit t. Die Steigung der Kurve b entspricht dabei der Kriechgeschwindigkeit.

---

[12] (Spannungsermüdung) Nachlassen der Spannung durch das Kriechen z. B. bei vorgespannten Schrauben, oder das Setzen von Dichtungen und Federn.

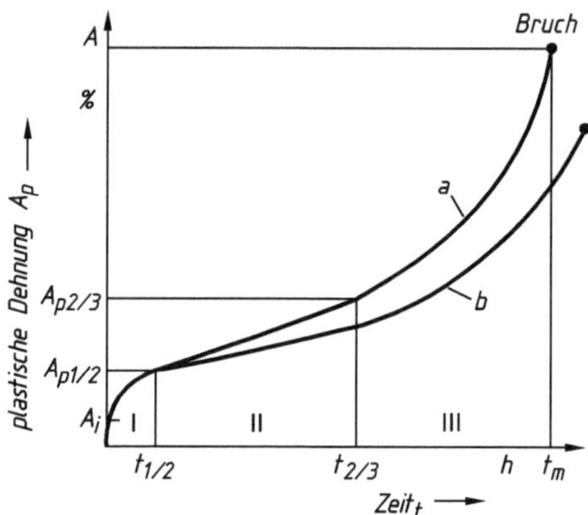

Abb. 2.57 Kriechvorgang. Kurve *a*) Reale Kurve bei konstanter Last. Bei Längenänderung erfolgt auch Querschnittminderung, dadurch steigen Spannung und Dehnung langsam aber stetig. Kurve *b*) Idealisierte Kriechkurve bei konstanter Spannung mit drei Bereichen

Beim Zeitstandversuch wird eine Zugprobe langzeitig bei konstanter Temperatur mit konstanter Zugkraft geprüft und die Dehnung gemessen. Das Ergebnis ist das lineare Zeitdehnschaubild.

Es lassen sich in Kurve b (2.57) drei Kurvenabschnitte erkennen:

I Primär- oder Übergangsbereich

Nach einer sehr kleinen Anfangsdehnung ε_i bei Aufbringen der Belastung nimmt die Steigung der Kurve stetig ab und erreicht ein Minimum. Anfangs bilden sich durch Verformung mehr Versetzungen als sich bestehende durch die Diffusionsvorgänge auflösen.

II Sekundär- oder stationärer Bereich

Die etwa konstante Steigung (Kriechgeschwindigkeit) in diesem Bereich beruht auf einem Gleichgewicht zwischen dem Auflösen von Versetzungen durch Diffusionsvorgänge und der Neubildung durch die Verformung. Im Bereich von Korngrenzen, die senkrecht zur Zugrichtung stehen, erhöht sich die Zahl der Leerstellen (Aufweitung des Gitters).

Das erzeugt Diffusionsströme (Abb. 2.58) in diese Bereiche.

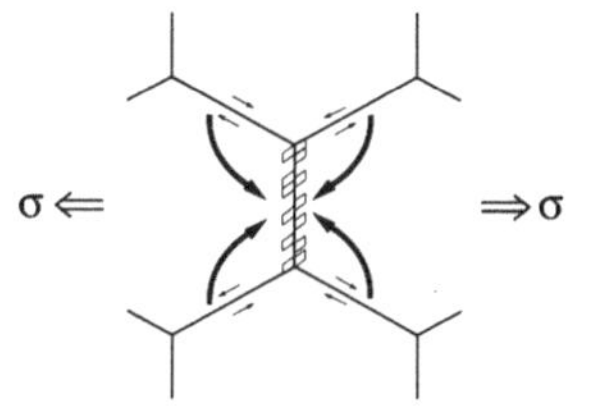

Abb. 2.58 Materietransport durch Diffusionsströme verbunden mit Korngrenzengleiten (nach *Bürgel* et al. 2011). *Dicke Pfeile*: Volumendiffusion im Innern des Kristalls, führt zum Diffusionskriechen, durch LE-Atome hochschmelzender Metalle behindert. *Dünne Pfeile*: Korngrenzengleiten als Ausgleich. Kann durch kleine Nichtmetallatome auf Zwischengitterplätzen behindert werden

III Tertiärbereich

Starker Anstieg der Kurve, die Kriechgeschwindigkeit erhöht sich. Die Probe wird evtl. unter Einschnürung stark verlängert und bricht nach der Zeit t_m. Der Bruch wird eingeleitet durch Porenbildung zwischen den gleitenden Körnern. Es entstehen Hohlräume zwischen drei Korngrenzen, die sich vergrößern und als Rissquellen wirken.

Die Kriechkurve verläuft bei **höherer** Spannung **steiler** und endet nach **kürzerer Zeit.**

Die Diffusionsströme (Abb. 2.58) sind spannungs- und temperaturabhängig und beeinflussen sich gegenseitig. Dieser Materietransport führt zu einer stetigen Verlängerung des zugbeanspruchten Stabes unter Querschnittsabnahme.

Die zulässige Beanspruchung thermisch beanspruchter Bauteile liegt im unteren bis mittleren linearen Bereich der Kriechkurve.

Erhöhung des Kriechwiderstandes

Bauteile, die bei hohen Temperaturen langzeitig beansprucht werden, dürfen nur geringe Kriechgeschwindigkeiten aufweisen, damit die bleibende Dehnung nicht zu Funktionsstörungen führt.

Beispiel für bleibende Dehnung

Eine konstant gedachte Kriechgeschwindigkeit $(d\varepsilon/dt)$ von $2{,}8 \cdot 10^{-10}$/s führt nach 10.000 h zu einer Dehnung von 1 %.

Eine Turbinenschaufel von 200 mm Länge würde dann 2 mm länger geworden sein.

Bei biegebeanspruchten Teilen wäre die Deformation stärker.

Die zusätzliche Schädigung durch Korrosion ist im Kap. 12 behandelt. Werkstoffe für solche Einsätze sind durch Legierungszusätze, Wärmebehandlung oder spezielle Gießverfahren entwickelt worden.

Werkstoffe sind warmfeste Stähle, hitzebeständige Stähle und hochwarmfeste Legierungen (Abschn. 4.4.5), Ventilwerkstoffe.

ODS-Legierungen (Oxid-Dispersion-Strengthened Alloys) sind durch Oxide teilchenverstärkte, pulvermetallisch hergestellte Legierungen (Abschn. 11.1) und werden zur Steigerung der Warmfestigkeit auch bei Mg- und Ti-Legierungen angewandt.

Normung

DIN EN ISO 204/09 Zeitstandversuch unter Zugbeanspruchung
DIN EN 10319-1/03 Relaxationsversuch unter Zugbeanspruchung

2.5 Legierungen (Zweistofflegierungen)

2.5.1 Begriffe

In der Technik werden meist nicht die reinen Metalle verwendet, sondern Legierungen. Durch Zusatz anderer Elemente können die Eigenschaften eines Metalls (am häufigsten die Festigkeit) gezielt verändert und bestimmte Eigenschaftsprofile verwirklicht werden (Tab. 2.43 und 2.44).

Älteste bekannte Legierung ist die Zinnbronze (Bronzezeit). Cu-Erze enthielten zufällig auch Zinn. Sn erniedrigt die Schmelztemperatur und erhöht die Festigkeit und Härte, wichtig für Waffen und Werkzeuge.

Legierungen sind Stoffgemenge mit metallischen Eigenschaften. In diesem Lehrbuch ist eine Begrenzung auf solche aus zwei Komponenten nötig, um den Einfluss von Legierungselementen (**LE**) auf ein **Basismetall** darzustellen.

Die meisten technisch wichtigen Legierungen sind solche aus drei und mehr Komponenten, wobei viele als Verunreinigungen gelten, die auch mit großem Aufwand nicht völlig entfernt werden können.

Beispiele für mehrkomponentige Legierungen

Unlegierter Stahl enthält neben Fe und C immer auch Anteile von Mn, Si, P und S.

Zweistofflegierungen: Cu-Ni, Pb-Sn (Lötzinn)
Dreistofflegierungen: Cu-Sn-Zn (Rotguss)
Mehrstofflegierungen: NiCrMoV-Stahl

Legierungen werden durch gemeinsames Einschmelzen hergestellt. Wenn das wegen hoher Schmelzpunkte nicht möglich ist, kann das pulvermetallurgische Verfahren angewandt werden Es entstehen die sog. Pseudolegierungen.

Beispiele für Pseudolegierungen

Cu-Graphit für Stromabnehmer wegen Unlöslichkeit des C in der Cu-Schmelze
    Sinterhartmetalle WC/TiC-Co und Kontaktwerkstoff W-Cu wegen zu hoher Schmelztemperaturen ($\rightarrow$ Pulvermetallurgie Abschn. 11.1.6).

Tab. 2.43 Veränderung der mechanischen Eigenschaften durch Legieren

Werkstoff	$R_\mathrm{m}/$MPa		$A/\%$
Al99,9	40		30
AlMn1Mg1	155	weichgeglüht	14
AlMg4Cu1	420	(ausgehärtet)	8

Tab. 2.44 Veränderung des Wärmeausdehnungskoeffizienten durch Legieren

Werkstoff	Analyse	$\alpha/10^{-6}/$K
Eisen	Fe, rein	12,0
INVAR	FeNi36	1,5

Für den Einsatz von Legierungen sind neben den Metallpreisen weitere technische Kriterien wichtig:

Kriterien für die Verwendbarkeit
Von den vielen Legierungssystemen sind nur jene Sorten brauchbar, bei denen Gefüge entstehen, welche

- hinreichende Festigkeit, angepasste Zähigkeit mit
- wirtschaftlicher Umformbarkeit und
- ausreichender Beständigkeit (thermisch und chemisch) verbinden.

Technisch verwendbare Legierungen ergeben sich dadurch nur bei bestimmten Legierungssystemen und Mischungsbereichen.

Die Grundbestandteile einer Legierung heißen **Komponenten** (A und B). Sie reagieren evtl. miteinander und bilden Kristalle, die festen **Phasen** (α, β, γ usw.). Alle Legierungen aus A und B bilden **das Legierungssystem**.

Metall/Metall	Cu-Sn (Zinn-Bronze), Cu-Zn (Messing), Sn-Pb (Lote), Fe-Cr (rostfreier Stahl)
Metall/Nichtmetall	Kohlenstoffstahl, Gusseisen

Die Komponenten einer Legierung können miteinander reagieren.

Physikalische Reaktion ist hier das *In-Lösung-Gehen*, die Mischbarkeit der Komponenten. Es entstehen Mischkristalle.
Chemische Reaktionen zwischen Metall und Nichtmetall (C, N, O) ergeben nichtmetallische Verbindungen, z. B. Karbide, Nitride und Oxide; zwischen Metallen ergeben sich Intermetallische Phasen.

Legierungsstrukturen
Metallgitter haben als Realkristalle immer Fremdatome eingebaut. 100% reine Kristalle aus einer einzigen Atomart gibt es nur als theoretischen Grenzfall. Möglichkeiten sind:

- **Mischkristalle (MK)**, feste Lösungen, als Austausch-MK oder Einlagerungs-MK mit der Kristallstruktur des Basismetalls,
- **Verbindungen** (Spezialfall: **Intermetallische Phasen**) mit ganz eigenen i. d. R. komplizierten Kristallstrukturen.

Reinheit ist relativ und von der Genauigkeit der Analyse und den Anforderungen abhängig. Hochrein bedeutet bei Metallen i. d. R. $\geq$ 99,99 %. Dann sind höchstens 0,01 % Fremdatome enthalten, d. h. auf 10.000 Atome höchstens 1 fremdes (bei gleichen Atommassen).

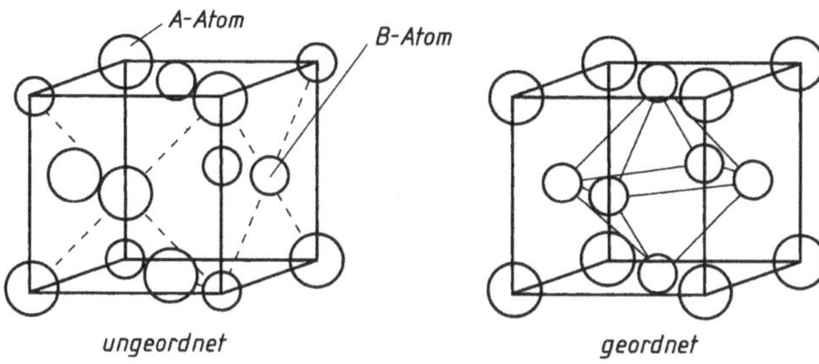

Abb. 2.59 Austausch-Mischkristalle, **a** ungeordnet, **b** geordnet (Überstruktur)

Austausch-Mischkristalle (AMK)

LE-Atome können Basisatome im Gitter ersetzen, im **Austausch** an seine Stelle treten (deshalb auch Substitutions-MK, Abb. 2.59). Sie sind *regellos* verteilt. MK bilden *eine* Phase und werden deshalb feste Lösungen genannt. Die vollkommene Löslichkeit, d. h. MK in allen Mischungsverhältnissen, ist nur möglich, wenn sich die Komponenten sehr ähnlich sind (Tab. 2.45).

Bedingungen für Mischkristalle

mit unbegrenzter Mischbarkeit:

- gleiche Kristallgitter
- Atomradien differieren weniger als 15 %
- gleiche Wertigkeiten
- annähernd gleiche Elektronegativität EN

Überstrukturen sind *geordnete* AMK (Gitter im Gitter). Sie entstehen, wenn die Anziehung *ungleicher* Atome größer ist als die *gleichartiger* und nur bei *bestimmten* Verhältnissen. Ihre Bildung erfordert Zeit (langsame Abkühlung), bei Erwärmung gehen sie langsam in den ungeordneten Zustand über (Entropiestreben). Überstrukturphasen gehören bereits zu den Intermetallischen Phasen.

Überstrukturen besitzen andere, z. T. *extreme* Eigenschaftswerte gegenüber den normalen Mischkristallphasen des Systems (z. B. elektrische Leitfähigkeit, Härte).

Tab. 2.45 Legierungssysteme mit vollkommener Mischbarkeit im festen Zustand Cu + LE

Metall/Eigenschaft	Cu	Legierungselement		
		Ni	Pt	Au
Atomradius in pm	128	124	138	144
Kristallgitter	kfz	kfz	kfz	kfz
Außenelektronen	1	2	1	1
EN-Zahl	1,8	1,8	1,4	1,4

Tab. 2.46 Legierungssysteme mit teilweiser Mischbarkeit im festen Zustand Cu + LE

Metall/Eigenschaft	Cu	Legierungselement		
		Al	Sn	Zn
Maximale Löslichkeit in %	–	9,4	15,8	37
Atomradius in pm	128	143	141	133
Kristallgitter	kfz	kfz	tetr	hdP
EN-Zahl	1,8	1,5	1,7	1,7
Außenelektronen	1	3	4	2

Beispiel Überstruktur

Im System Cu-Au gibt es folgende zwei Typen:

Beim Atomverhältnis $3:1$ bildet sich Cu_3Au: Cu-Oktaeder im Au-Würfel (Abb. 2.59). Dieser Typ ist in vielen Legierungssystemen anzutreffen (z. B. Ni-Al, Ni-Fe, Ni-Cr).

Beim Verhältnis 1:1 entsteht der Typ CuAu (Cu in Grund- und Deckflächen, Au in senkrechten Flächenzentren eines Quaders).

Größere Abweichungen der Atome führen zu einer begrenzten Löslichkeit der Legierungselemente, die zudem temperaturabhängig ist (Tab. 2.46).

Im Allgemeinen steigt die Löslichkeit mit der Temperatur (ähnlich Zucker in Wasser). Beim Abschrecken dieser MK bleibt der hohe Gehalt bei RT bestehen, es entstehen übersättigte Mischkristalle, die metastabil, d. h. nicht im Gleichgewicht, sind. Sie versuchen, durch Ausscheidung des Überschusses den stabilen Zustand zu erreichen.

▶ **Hinweis** Übersättigte Mischkristalle sind Ursache von Kristallausscheidungen im festen Zustand (Anwendung beim Aushärten → Abschn. 5.4).

Legierungen mit einem LE-Gehalt über der Löslichkeit bilden dann neben den Mischkristallen eine (oder mehr) weitere Phasen aus, die meist zu den Intermetallischen Phasen (IP) gehören.

Beispiel für Intermetallische Phasen

Eisen kann bei RT nur sehr wenige C-Atome lösen. In Kohlenstoffstählen liegt der Kohlenstoff dann als Verbindung Eisenkarbid, Fe_3C (Zementit), vor. Sie ist hart und spröde und hat im Stahl C60 mit 0,6 % C einen Anteil von 9 % am Gefüge (Abb. 3.6 unten).

Begrenzte Löslichkeit gilt besonders für die Nichtmetallatome, die kleiner als die Atome des Basisgitters sind, also z. B. H, C und N (vgl. Tab. 2.47). Sie bilden Einlagerungs-MK (Abb. 2.60). Ihre *Löslichkeit* ist gering, bleibt meist unter 1 % und fällt mit der Temperatur.

Tab. 2.47 Kohlenstofflöslich-
keit im Fe

Phase	Temperatur in °C	Max. C-Gehalt
α-Fe krz	723	0,02 %
γ-Fe kfz	723	0,80 %
γ-Fe kfz	1147	2,06 %

Abb. 2.60 Einlagerungs-
mischkristall

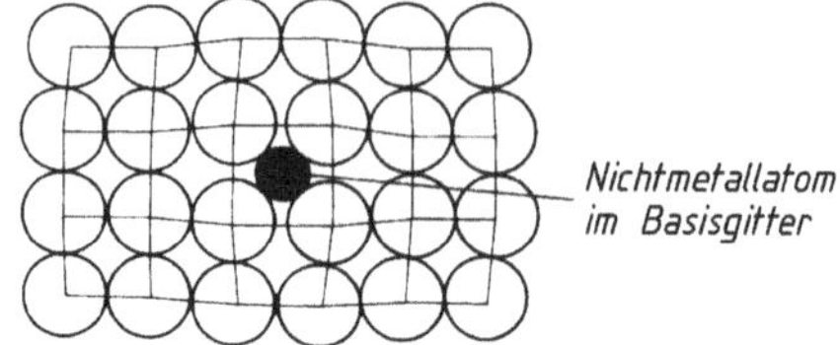

Einlagerungsmischkristalle (EMK)

EMK werden auch interstitielle MK genannt (Abb. 2.60). Die LE-Atome sind auf Zwischengitterplätzen eingelagert, den Lücken zwischen den Gitterpunkten des Basisgitters. Bei ausreichend großen Lücken sind kleine LE-Atome, meist Nichtmetalle, löslich.

Bedingungen für die Bildung von EMK sind:

- Basisgitter aus Übergangsmetallen
- Radienverhältnis $r_{LE}/r_{Bas} < 0{,}41$ (B, C, N, O).

Verbindungen und **Intermetallische Phasen** (IP) (Tab. 2.48 und 2.49) bilden sich, wenn die Mischkristallregeln nicht erfüllt sind und über die Löslichkeitsgrenze hinaus legiert wird.

Sie haben andere, oft kompliziertere und weniger dicht gepackte Kristallgitter als die Komponenten mit großen Gitterkonstanten. Das erschwert die Versetzungsbewegung. Die metallische Bindung bekommt Anteile an Ionen- oder Atombindung, der Metallcharakter sinkt und damit auch die Duktilität, die Härte steigt.

Verbindungen werden häufig durch eine chemische Formel bezeichnet. Es muss aber kein exaktes stöchiometrisches Verhältnis vorliegen. Das wird durch Leerstellen auf Gitterplätzen einer Komponente erreicht oder dadurch, dass einzelne Atome „falsche" Gitterplätze besetzen.

Tab. 2.48 Abgrenzung der Begriffe „Verbindung" und „Intermetallische Phase"

Name	Partner	Beispiele
Intermetallische Phase	Metall/Metall	β-CuZn, Al_2Cu
Verbindung	Metall/Nichtmetall oder Nichtmetall/Nichtmetall	Karbide, Nitride, z. B. Fe_3C, Mo_2C, TaC, TiC, TiN, WC

Tab. 2.49 Intermetallische Phasen der Legierung Cu (kfz) mit Zn (hdP), (Abb. 7.6)

Elementarzelle	krz	kub. 52 Atome	hdP
Phase	β-Phase	γ-Phase	ε-Phase
Formel	CuZn	Cu_5Zn_8	$CuZn_3$

Tab. 2.50 Übersicht, Möglichkeiten für den Einbau von Legierungsatomen in ein Wirtsgitter

LE-Atome im Wirtsgitter	Legierungselement ist	
	Metall	Nichtmetall
sind ungeordnet	Austauschmischkristalle (Abb. 2.59)	Einlagerungsmischkristalle (Abb. 2.60)
sind geordnet (Gitter im Gitter)	Überstrukturen Oktaeder im Würfel, Cu_3Au	Einlagerungsstrukturen Titankarbid TiC, Titannitrid TiN
bilden neues, anderes Gitter	Intermetallische Phase CuZn, β-Messing	

Die gemischte Bindung führt zu hoher Steifigkeit (E-Modul) bei hohen Temperaturen, ebenso zum Widerstand gegen Kriechen und Oxidation. Dadurch kommen einige Intermetallische Phasen trotz der geringen Verformbarkeit als Strukturwerkstoff infrage.

Beispiel für einen Strukturwerkstoff

Leichtbaustoff Titanaluminid, die intermetallische γ-Phase TiAl mit einer Dichte von $3,84\,g/cm^3$, tetragonale Elementarzelle mit $\alpha = 399$; $c = 407\,pm$

Eigenschaften stranggepresst: hohe Wärmeleitfähigkeit $22\,W/m^2K$ bei RT. $R_{p0,2/RT} = 800\,MPa$; $R_{m,800°C} > 500\,MPa$; spezifische Steifigkeit $E/\rho = 46\,GPa\,cm^3/g$ (zum Vergleich: Stahl hat 26), Werkstoff für Gasturbinen.

Intermetallische Phasen sind meist hart und spröde, ihr Anteil am Gefüge der üblichen Legierungen ist normalerweise niedrig und dient zur Steigerung der Härte und Festigkeit.

Das Schema in Tab. 2.50 gibt eine Zusammenfassung über die in den Legierungen vorkommenden Kristallstrukturen.

2.5.2 Zustandsdiagramme, Allgemeines

Diese Schaubilder, auch Phasendiagramme genannt, sind eine Art Landkarte für Stoffsysteme. Aus ihnen lassen sich für alle Legierungen eines Systems die Art und Zusammensetzung der Phasen und ihr Anteil am Ganzen ermitteln. Darüber hinaus lassen sich Eigenschaften tendenziell vorhersagen sowie Möglichkeiten und Grenzen von Wärmebehandlungen abschätzen. Damit sind **Zustandsdiagramme** in der Werkstoffkunde ein unverzichtbares Hilfsmittel (Abb. 2.61).

Zustand eines Stoffsystems beschreibt die Phasen, aus denen das Stoffsystem bei einer Temperatur T besteht, sowohl nach ihrer Konzentration (Zusammensetzung) als auch nach ihrem Anteil am Gefüge.

Aufstellung eines Zustandsdiagrammes erfolgt aus den Abkühlkurven (nach Abb. 2.61) vieler Legierungen eines Systems, aus Gefügeuntersuchungen (insbesondere von Diffusionspaarungen) oder durch rechnerische Bestimmung der Haltepunkte.

Zustandsdiagramme bestehen aus einer waagerechten Konzentrationsachse mit den beiden reinen Komponenten links und rechts außen, ihr Anteil jeweils nach rechts und links fallend. Auf den beiden senkrechten Achsen ist die Temperatur aufgetragen.

Verhalten einer Legierung im Diagramm

Jede Legierung wird mit dem Wertepaar Konzentration/Temperatur durch einen **Punkt** im Diagramm dargestellt. Mit sinkender Temperatur wandert dieser Punkt auf einer Senkrechten abwärts, schneidet Linien und durchläuft Zustandsfelder.

Alle Punkte in **einem** Zustandsfeld stellen Legierungen mit gleicher grundsätzlicher Struktur dar, obwohl sie sich voneinander durch die Phasenanteile und deren Konzentration unterscheiden.

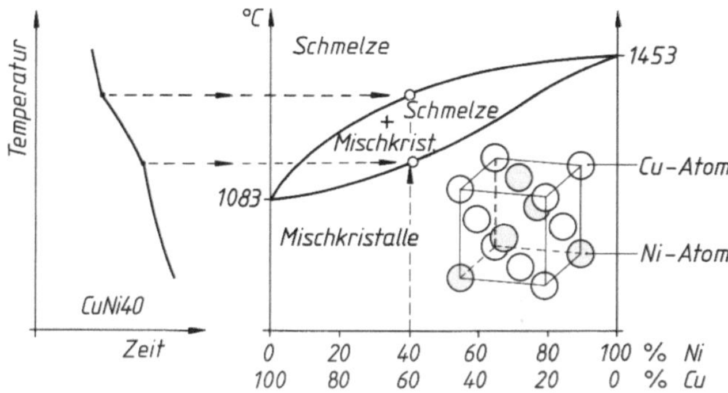

Abb. 2.61 Zustandsdiagramm des Systems Cu-Ni mit Abkühlkurve einer Legierung und Elementarzelle eines Austauschmischkristalls. Aus der Abkühlkurve der Legierung CuNi40 (Bildteil links) werden die Haltepunkttemperaturen nach rechts in das Diagramm übertragen und mit der Senkrechten bei der Konzentration CuNi40 zum Schnitt gebracht. So entstehen punktweise die Linienzüge. Sie begrenzen die Zustandsfelder

2.5.3 Zustandsdiagramm mit vollkommener Mischbarkeit der Komponenten

Es ist das einfachste der Phasendiagramme mit nur drei Phasenfeldern (Grundtyp I, Abb. 2.61, Tab. 2.51).

Mit dem Erreichen der Liquidus-Linie beginnt die Kristallisation. Mit sinkender Temperatur wachsen die Kristalle auf Kosten der Schmelze. An der Solidus-Linie ist die Kristallisation beendet: Es entstehen einphasige MK-Gefüge.

Zustandsdiagramme gelten für eine sehr (unendlich) langsame Abkühlung, damit sich das **Phasengleichgewicht**[13] durch Diffusion einstellen kann. Die Phasen, z. B. Schmelze und Kristalle, haben unterschiedliche Energien. Für jede Temperatur stellt sich ein Verhältnis der Phasen ein, bei dem das Ganze, vereinfacht gesagt, ein Energieminimum besitzt.

Lesen des Zustandsdiagrammes

Da die Wärmeenergie an die Masse der Phasen gebunden ist, kann das mechanische Gleichnis der Waage verwendet werden, um die Phasenanteile in Prozent vom Ganzen

Tab. 2.51 Felder und Linien im Zustandsdiagramm mit vollständiger Mischbarkeit der Komponenten im Flüssigen und im Festen und ihre Bedeutung in der Praxis

Linien und Felder	Erklärung und Bedeutung in der Praxis
Liquidus-Linie: (liquidus, lat. = flüssig)	Oberer Linienzug. Darüber sind alle Legierungen flüssig (einphasig). Um eine Legierung herzustellen, muss im Schmelzofen die Liquidus-Temperatur der Legierung deutlich übertroffen werden. Beim Unterschreiten der Linie beginnt die Kristallisation
Solidus-Linie: (solidus, lat. = fest)	Unterster Linienzug. Beim Unterschreiten der Linie ist die Kristallisation beendet. Unterhalb bestehen alle Legierungen aus Mischkristallen. Die Solidus-Temperatur einer Legierung darf bei Wärmebehandlungen nicht überschritten werden
Oberes Feld (oben offen)	Alle Legierungen sind schmelzflüssig, einphasig
Linsenförmiges Feld	Erstarrungsbereich, alle Legierungen sind zweiphasig und bestehen aus Schmelze (abnehmend) + Mischkristallen (zunehmend). Je breiter das Feld ist, desto leichter entstehen Seigerungen
Unteres Feld	Alle Legierungen sind kristallisiert, einphasige Mischkristalle, homogene Gefüge. Die Eigenschaften der Legierung sind von denen des Basismetalls abgeleitet

---

[13] Phasengleichgewicht ist hier der Zustand der größten thermodynamischen Stabilität. Sie ist erreicht, wenn das System ein Minimum der freien Enthalpie (d. h. nutzbaren Energie) besitzt. Die freie Enthalpie setzt sich bei gegebener Temperatur sowohl aus der Energie als auch der Entropie der Phasen zusammen.

zu berechnen (Abb. 2.62). Es gilt also das Hebelgesetz in der Form einer Verhältnisgleichung.

Der Mengenanteil jeder Phase ist dem abgewandten Hebelarm proportional

Abb. 2.62 zeigt den Abkühlverlauf der Legierung CuNi40 (L). Im linsenförmigen Erstarrungsbereich ist sie zweiphasig. Sie wird zunächst dicht unterhalb der Liquidus-Linie beim Punkt A betrachtet. Die Kristallisation hat gerade begonnen. Der geringe Anteil der Kristalle MK_1 entspricht dem kurzen Hebelarm, der lange Arm dem Anteil der Schmelze.

Mit sinkender Temperatur wachsen immer mehr Kristalle bei abnehmender Schmelze. Bei Punkt B sind die Hebelverhältnisse umgekehrt wie bei A.

Die Tab. 2.52 zeigt für Punkt A diese Abschätzung und zugleich die Konzentration der Phasen (den Ni-Gehalt), die man auf der Konzentrationsachse durch das Lot ablesen kann.

Mit Abb. 2.63 und den herausgezogenen Hebelarmen lassen sich die Massenanteile von Schmelze und MK berechnen:

Berechnung des MK-Anteils für Punkt B

MK_2: $S_2 = 29 : 3$ (korrespondierende Addition)
MK_2: $(MK_2 + S_2) = 29 : (29 + 3)$

$$MK_2 + S_2 = 100\,\%\ \text{eingesetzt!}$$

MK_2: $100\,\% = 29 : 32$

$$MK_2 = \frac{29}{32}\,100\,\% = \underline{\underline{90{,}63\,\%}}\,;\ S_2 = \underline{\underline{9{,}37\,\%}}$$

Die ersten MK, bei Punkt A entstehend, sind Ni-reich, bei Punkt B sind sie Ni-ärmer. Wenn die Legierung vollständig kristallisiert ist, haben die Mischkristalle

Abb. 2.62 Abkühlung der Legierung CuNi40 mit Hebelbeziehung

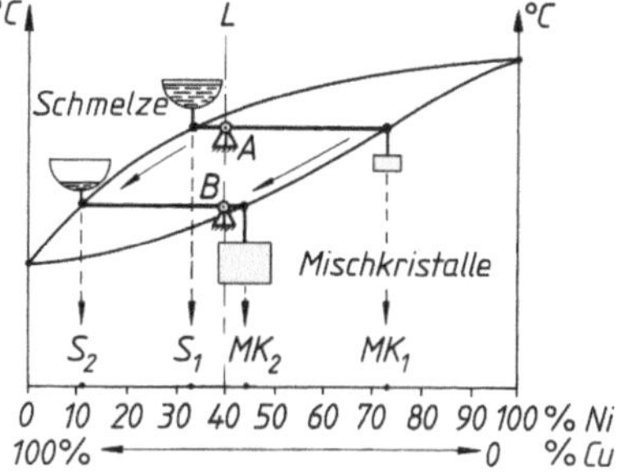

Tab. 2.52 Abschätzung der Phasen (A und B)

Punkt	Hebelarm	Phasen	% Ni
A	links klein rechts groß	wenig MK viel Schmelze	MK1 : 73 S1 : 33
B	links groß rechts klein	viele MK wenig Schmelze	MK2 : 43 S2 : 11

Abb. 2.63 Hebelbeziehung
aus Abb. 2.62

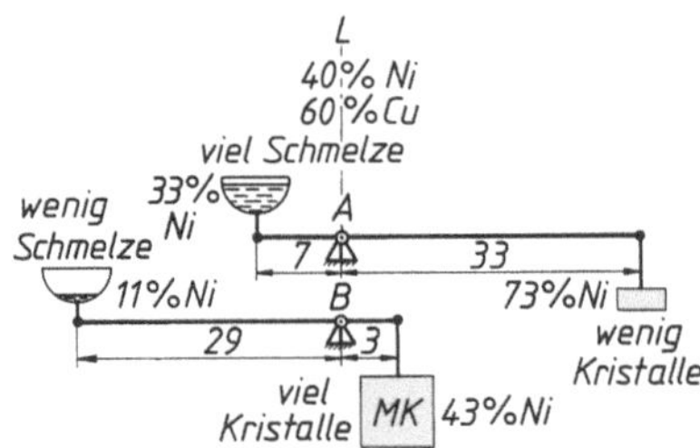

40 % Ni gelöst. Die entstehenden Mischkristalle müssen also während des Wachsens ständig ihre Zusammensetzung ändern. Das verlangt langsame Abkühlung, damit die Diffusion stattfinden kann.

Bei technischen Abkühlungen entstehen sog. *Schichtkristalle*, die für die betrachtete Legierung im Kern reicher an Ni sind als in den Randzonen. Diese Erscheinung wird *Kristallseigerung* bezeichnet (Abb. 2.64 links). Durch anschließende Warmumformung und Rekristallisation entsteht ein Ausgleich innerhalb der Kristalle, sodass das Gefüge danach aus gleichartigen homogenen Mischkristallen besteht (Abb. 2.64 rechts).

Systeme mit vollkommener Mischbarkeit im festen Zustand sind neben Cu-Ni: Ag-Au, Ag-Pd, Co-Mn, α-Fe-Cr, α-Fe-V, γ-Fe-Co, γ-Fe-Pt, γ-Fe-Pd, Cu-Au, Cu-Ni, Cu-Pd, Cu-Pt, Ni-Co, Ni-Fe, Ni-Pd, Ni-Pt, Mo-W, Pt-Ir.

2.5.4 Allgemeine Eigenschaften der Mischkristalllegierungen

Die Tab. 2.53 gibt einen Überblick über die Eigenschaften der Mischkristalllegierungen.

Wichtigste Wirkung der Legierungselemente ist die Mischkristallverfestigung (Abschn. 2.3.1). Abb. 2.65 zeigt, dass sie sowohl durch Ni-Atome im Cu-Gitter als auch durch Cu-

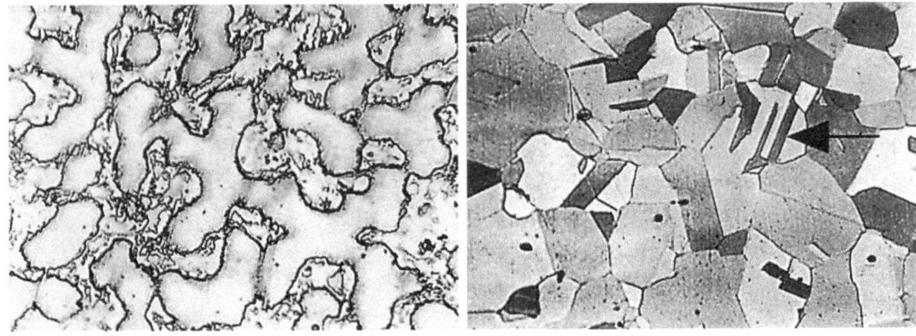

Abb. 2.64 Mischkristallgefüge NiCu30Fe. *Links*: Gussgefüge mit Kristallseigerung. Korngrenzen sind anders geätzt als die Kornmitte. *Rechts*: Gefüge nach Warmumformung und Rekristallisation, homogene Mischkristalle mit Zwillingsbildung (*Pfeil* ←) (200 : 1)

Tab. 2.53 Technologische Eigenschaften der homogenen Mischkristalllegierungen

Kaltumformen	Alle Kristallite nehmen daran teil. Bei einfachen Kristallgittern (kfz, krz) ist Kaltumformen stark bis sehr stark möglich. Cu-Legierungen haben durch die Legierungselemente eine erhöhte Bruchdehnung, da hier Zwillingsbildung als zusätzlicher Verformungsmechanismus wirksam wird
Zerspanen	Da keine spröde, spanbrechende Phase vorliegt, tritt Fließspan und Schmieren des Werkstoffes auf. Abhilfe ist durch dritte Legierungselemente möglich, wenn sie heterogene Einschlüsse erzeugen, z. B. S in vielen Stählen und Pb in vielen Nichteisenmetalllegierungen. Kaltverfestigter Werkstoff ist leichter zerspanbar
Gießen	Der längere Erstarrungsbereich und die Kristallseigerung führen zu höheren Schwindmaßen und inneren Spannungen. Die Gießbarkeit ist im Allgemeinen beschränkt und kann evtl. durch weitere Legierungselemente erhöht werden (z. B. CuSnZn = Rotguss)

Abb. 2.65 Eigenschaften der Legierungen des Systems Cu-Ni. CuNi44 ist eine korrosionsbeständige Widerstandslegierung (Konstantan)

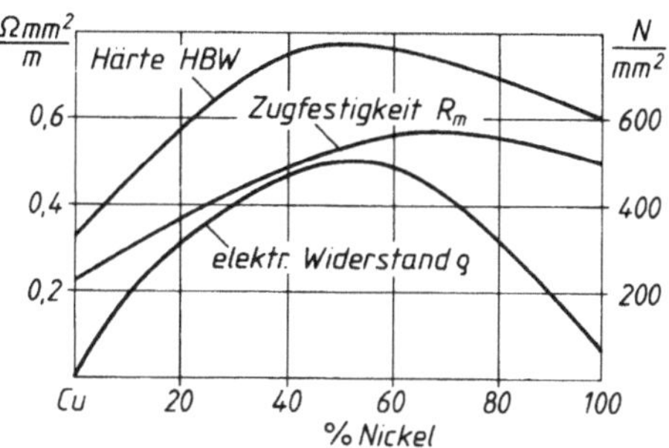

Atome im Ni-Gitter erreicht wird. Das gilt auch für die Härte, wobei die Maxima nicht an der gleichen Stelle liegen.

Neben der Festigkeit werden andere Eigenschaften beeinflusst, hier z. B. der elektrische Widerstand und seine Temperaturabhängigkeit.

2.5.5 Eutektische Legierungssysteme (Grundtyp II)

Bekannte Legierungen dieses Typs sind die Blei- oder Zinnlote (Tab. 2.54, Abb. 2.66), mit **niedrigen Schmelztemperaturen** zum Verbinden von Blei- und Zinkblech durch Löten.

Diese Systeme ergeben sich bei Unterschieden in allen Eigenschaften der Komponenten.

Tab. 2.54 Daten zu Blei und Zinn

	r_{Ion} in pm	Gitter	Gitterkonstante in pm	EN
Pb	132	kfz	490	1,6
Sn	93	tetr	649	1,7

Abb. 2.66 Zustandsdiagramm
Blei-Zinn

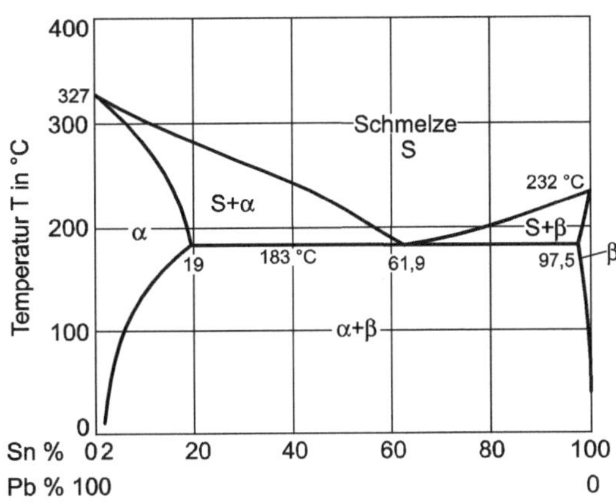

Ideal wäre der Gegensatz zum Grundtyp I, die **vollkommene Unlöslichkeit** der Komponenten. Diese existiert nur als theoretischer Grenzfall, da jedes Metallgitter – besonders bei höheren Temperaturen – Fremdatome lösen kann. Darum scheiden sich aus der Schmelze immer Mischkristalle aus. Im Schaubild wird es durch schmale Zustandsfelder rechts und links deutlich, in denen nur eine Phase = Mischkristalle vorliegen.

Abb. 2.66 zeigt das Zustandsdiagramm Pb-Sn. Die Liquidus-Linie ist v-förmig. Sie beginnt an den Schmelzpunkten der Komponenten und fällt von beiden Seiten bis zum eutektischen Punkt ab. Er liegt bei 183 °C und ist Schmelz- und Erstarrungspunkt der sog. **Eutektischen Legierung** mit 61,9 % Sn. Bis zu dieser Temperatur behindern sich die unterschiedlich kristallisierenden Atome – **Pb** kristallisiert **kfz, Sn** aber **tetragonal** – bei der Keimbildung, bis sie am eutektischen Punkt, beide gleichzeitig, aber jede für sich, kristallisieren. Die Legierung erstarrt wesentlich tiefer als die reinen Komponenten Pb oder Sn, ist deshalb stark unterkühlt und hat meist ein feinkörniges Gefüge (Abb. 2.67c) mit dem Namen **Eutektikum**[14]. Es ist immer ein Kristallgemisch, hier aus den beiden Phasen $\alpha + \beta$.

Phasen im System Pb-Sn:

α-**Phase:** Pb-Mischkristalle mit max. 19 % Sn, ihr Gehalt sinkt mit der Temperatur auf 4 %.

β-**Phase:** Sn-Mischkristalle mit max. 2,5 % Pb, ihr Gehalt sinkt mit der Temperatur auf nahezu Null.

Die beiden Phasen wachsen oft lamellen- oder stäbchenartig, da dann bei der zur Phasenbildung notwendigen Diffusion die Diffusionswege minimiert werden. Der Lamellenabstand kann durch höhere Abkühlgeschwindigkeit verkleinert werden. Das führt zu höherer

---

[14] eutektisch, zum **Eutektikum** gehörend (griech.) = das Feingebaute. Eutektikum ist das feinkörnige, besonders strukturierte Gefüge.

Abb. 2.67 Charakteristischen Gefüge des Legierungssystems Blei-Zinn. **a** PbSn10, **b** PbSn50, **c** Eutektikum PbSn62, **d** SnPb10

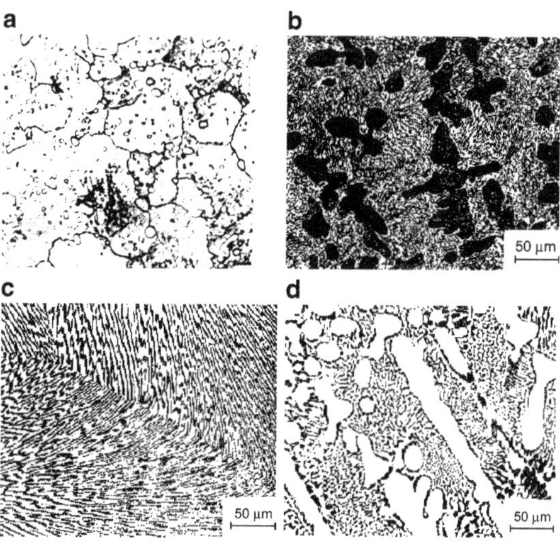

Festigkeit. Bei RT liegen die beiden Phasen α (Pb-MK mit 2 % Sn) und β (Sn-MK mit sehr geringem Pb-Gehalt) vor.

Die Felder der Phase α und Phase β (Abb. 2.66) sind durch die Äste der Solidus-Linie und die jeweilige **Löslichkeitslinie** (Solvus) begrenzt. Zwischen ihnen liegt die **Mischungslücke**. Legierungen, die in diesem mittlerem Feld liegen, sind heterogen und bestehen aus einem Gemisch der beiden Phasen α und β (Tab. 2.55).

2.5.6 Allgemeine Eigenschaften der eutektischen Legierungen

Eutektische Legierungen fallen durch niedrige Schmelztemperaturen auf. Tab. 2.56 vergleicht sie mit denen der Komponenten.

Die Absenkung der Schmelzpunkte durch fremde Zusätze wird häufig angewandt:

- Al-Schmelzfluss-Elektrolyse (Abschn. 7.3.1).
- Beim Löten werden **Flussmittel** zum Lösen der Metalloxide zugesetzt.
- **Hochofenzuschläge** aus SiO_2, $CaCO_3$ oder Al_2O_3 sind zur Gangart berechnet (gattiert), um dünnflüssige Schlacken zu bilden.
- Eis auf der Straße wird durch NaCl-Zugabe auch bei Temperaturen unter 0 °C flüssig.

Eutektische Legierungen haben ein heterogenes Gefüge aus den zwei Phasen. Meistens sind es Mischkristalle mit geringen Anteilen der jeweils anderen Komponente. Eine dieser Phase kann härter und spröder sein. Das wirkt sich auf die Eigenschaften aus (Tab. 2.57).

Tab. 2.55 Legierungstypen im Zustandsschaubild Pb-Sn (Abb. 2.66)

Legierungsbereich	Gefüge	Beschreibung
α-Bereich Pb-Mischkristall-Legierungen mit 2…19 % Sn	Abb. 2.67a	Sind unterhalb der Solidus-Linie **homogen**, beim Erreichen der Löslichkeitslinie beginnt die Ausscheidung von sekundären Kristallen[a]. Die aus der Schmelze kristallisierten Pb-MK sind zunächst ungesättigt, an der Löslichkeitslinie gesättigt und scheiden bei weiterer Abkühlung den Überschuss an Sn an den Korngrenzen aus. Bei RT ist das Gefüge heterogen und besteht aus Pb-MK (4 % Sn) + Sn-Kristallen
$\alpha + \beta$-Bereich Untereutektische Legierungen mit 19…61,9 % Sn	Abb. 2.67b	Liegen **links vom eutektischen Punkt**. Ihr Gefüge besteht an der Solidus-Linie aus Eutektikum und den in der Schmelze erstarrten Pb-Mischkristallen (19 % Sn). Im Laufe der Abkühlung verringern sie ihren Sn-Gehalt von 19 auf 2 %. Die in der Schmelze wachsenden Kristalle (sog. Primärkristalle) werden meist größer ausgebildet und heben sich im Schliffbild (dunkel) vom feinkörnigen Eutektikum ab
$\alpha + \beta$-Bereich Übereutektische Legierungen mit 61,9…97,5 % Sn	Abb. 2.67d	Liegen **rechts vom eutektischen Punkt**. Ihr Gefüge besteht an der Solidus-Linie aus Eutektikum und den in der Schmelze ausgeschiedenen Sn-Mischkristallen. Im Laufe der Abkühlung verringern Letztere ihren Pb-Gehalt von 2,5 % durch sekundäre Ausscheidungen auf fast null %
β-Bereich Sn-Mischkristall-Legierungen mit über 97,5 % Sn	Ohne Bild	Sind unterhalb der Solidus-Linie **homogen**, beim Erreichen der Löslichkeitslinie beginnt die Ausscheidung von Sekundärkristallen, hier ist es der Überschuss an Pb. Bei RT ist das Gefüge dadurch **heterogen** und besteht aus Sn-Kristallen + Pb-MK (2 % Sn)

[a] Sekundäre Ausscheidungen führen zu Eigenschaftsänderungen (unerwünschte, Altern) oder werden beim Aushärten zum Eigenschaftsändern benutzt.

Tab. 2.56 Technisch wichtige eutektische oder naheutektische Legierungen

Legierung	Komponente A		$T_\mathrm{m}/°C$	Komponente B		$T_\mathrm{m}/°C$	Eut. Leg. $T_\mathrm{eut.}/°C$
		%			%		
Gusseisen	Fe	96	1538	C	3…4		1200
Weichlot	Sn	60	232	Pb	40	327	183
Silberlot	Cu	55	1083	Ag	45	961	620
Zn-Druckguss	Zn	96	419	Al	4	660	380
Al-Druckguss	Al	88	660	Si	12	1414	577
Hartblei	Pb	87	327	Sb	13	630	274

Tab. 2.57 Technologische Eigenschaften der eutektischen Legierungen

Kaltumformung	Nur die weichere Kristallart nimmt an der Kaltumformung teil, die andere weniger oder gar nicht. Daraus folgt eine geringere Kaltformbarkeit gegenüber homogenen Legierungen
Spanbarkeit	Der Span wird durch eine vorhandene sprödere Phase gebrochen, sodass sich kein Fließspan ausbildet. Daraus folgt eine leichte Spanbarkeit
Gießbarkeit	Niedrige Schmelztemperatur (kein Erstarrungsbereich), geringes Schwindmaß und hohes Formfüllungsvermögen (keine Primärkristalle an Formwänden), keine Seigerung
Mechanische Eigenschaften	Das Gefüge ist eine Mischung aus zwei Phasen mit Mischkristallverfestigung. Da die Phasengrenzen verfestigend wirken, haben feiner erstarrte Legierungen eine höhere Festigkeit.

Tab. 2.58 Komponenten der Wood'schen Legierung

%-LE	50 Bi	10 Cd	27 Pb	13 Sn
Gitter	hex	hex	kfz	tetr
Gitterkonstante in pm	431	290	490	649
Schmelzpunkt in °C	273	321	327	232

Allgemeines Verhalten der Legierungen vom eutektischen Typ:

- Alle flüssigen Legierungen streben bei der Abkühlung zur eutektischen Konzentration.
- Es wird zuerst die Phase ausgeschieden, deren Hauptkomponente gegenüber der eutektischen Konzentration im Überschuss vorhanden ist.
- Wenn die eutektische Linie erreicht ist, hat die Restschmelze die eutektische Konzentration und erstarrt zum Eutektikum.

Durch Hinzufügen weiterer unterschiedlicher LE entstehen niedrigschmelzende Mehrstoffeutektika, z. B. die Wood'sche Legierung aus Bi, Cd, Pb und Sn mit dem Schmelzpunkt bei 70 °C (Tab. 2.58).

Übung: Beschreibung des Abkühlverlaufs unter Anwendung der Hebelbeziehung

Zum leichteren Einstieg wird der linke Teil des Diagrammes vereinfacht und eine Unmischbarkeit der beiden Komponenten angenommen. Abb. 2.68 zeigt dieses fiktive System A-B mit der Legierung L aus 80 % A und 20 % B, ähnlich dem System Bi-Cd.

Die Abkühlung beginnt im Gebiet der Schmelze. Der darstellende Punkt L wandert bei Abkühlung senkrecht abwärts, schneidet die Liquidus-Linie und gelangt in das Zweiphasenfeld zum Punkt 1 (oberer Hebel).

Die eingezeichnete Temperaturwaagerechte stößt links an die Phasengrenze Punkt K und rechts an das Phasenfeld Schmelze, Punkt S. Die Waagerechte (Konode) symbolisiert den Waagebalken, an dem die Kristalle und Schmelze als gedachte Masse bei dieser Temperatur im Gleichgewicht sind (Auswertung Punkt 1, Tab. 2.59).

Mit fallender Temperatur wachsen immer mehr A-Kristalle. Dadurch verringert sich der Anteil der Schmelze, gleichzeitig wird sie A-ärmer.

Zur Klärung wird dicht über der Solidus-Linie bei Punkt 2 (mittlerer Hebel) eine zweite Konode gelegt und ausgewertet (Auswertung Punkt 2, Tab. 2.59).

Beim Erreichen der Solidus-Linie besteht ein bestimmtes Verhältnis zwischen den Kristallen und der Restschmelze, welche dann die eutektische Konzentration hat. Hier läuft die eutektische Reaktion ab: Die homogene Schmelze zerfällt in ein Kristallgemisch aus A- und B-Kristallen.

Die Berechnung der Anteile von Kristallen und Eutektikum erfolgt mit einer Verhältnisgleichung, die durch Behandlung beider Seiten nach der korrespondierenden Addition umgeformt wird.

Berechnung der Massenanteile bei RT

$$K : Eu = b : a \quad \text{(korrespondierende Addition)}$$

$$K : (K + Eu) = b : (a + b); K + Eu = 100\,\%$$

$$K : 100\,\% = b : (a + b)$$

$$K = \frac{b}{a + b}\, 100\,\% = \frac{40 \cdot 100\,\%}{20 + 40} = 66{,}6\,\%$$

$$Eu = 33{,}3\,\%$$

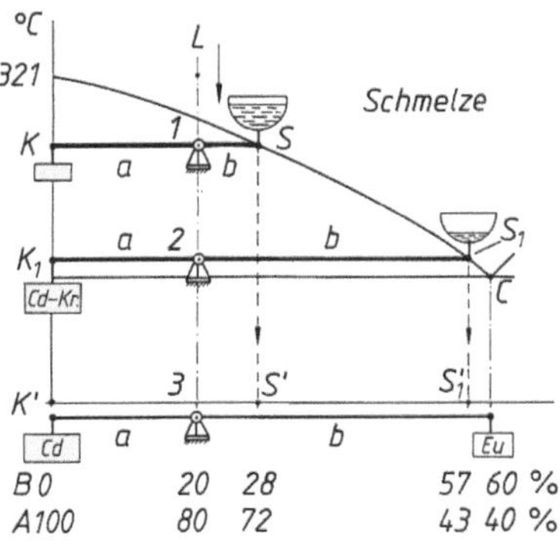

Abb. 2.68 Darstellung der Hebelbeziehung am linken Ausschnitt eines eutektischen Systems. Komponente A = Cadmium, Cd; Komponente B = Bismut, Bi

Tab. 2.59 Auswertung der Hebelbeziehungen (Abb. 2.68)

Punkt 1:	Punkt 2:
Abschätzen der **Massenverhältnisse** der Phasen:	
Langer Hebel a ⇒ kleine Masse Kristalle	Langer Hebel b ⇒ kleine Masse Restschmelze
Kurzer Hebel b ⇒ große Masse Schmelze	Kurzer Hebel a ⇒ große Masse Kristalle
Ablesen **der momentanen Konzentrationen** der Phasen:	
Von den Punkten K und S ein Lot auf die waagerechte Achse zu **K′** und **S′** fällen und ablesen:	Von den Punkten K_1 und S_1 ein Lot auf die waagerechte Achse zu **K′₁** und **S′₁** fällen und ablesen:
Punkt **K′**: Kristalle bestehen aus 100 % A Punkt **S′**: Schmelze aus 72 % A und 28 % B	Punkt **K1′**: Kristalle bestehen aus 100 % A Punkt **S1′**: Schmelze aus 43 % A und 57 % B

▶ **Hinweis** Eutektikum ist keine Phase, sondern ein Gefügebestandteil. Es entsteht aus der flüssigen Phase „eutektische Restschmelze". Die Phasenzusammensetzung für AB20 ist natürlich 80 % A-Kristalle und 20 % B-Kristalle. Der Waagebalken verläuft zwischen den beiden T-Achsen.

▶ **Hinweis** Phasenanteile können auch graphisch abgelesen werden (Abb. 3.19 unten).

Allgemein gilt für den Massenanteil einer Phase:

$$\text{Phase \%} = \frac{\text{abgewandter Hebel}}{\text{Gesamthebel}} \, 100\,\%$$

2.5.7 Ausscheidungen aus übersättigten Mischkristallen

Im vorangehenden Abschnitt traten zum ersten Mal Mischkristalle auf, deren Löslichkeit mit der Temperatur abnahm. Zum Vergleich ein Beispiel aus dem Alltag:

Warmer Kaffee kann mehr Zucker lösen als kalter. Nach Abkühlung liegt im kalten Kaffee ein Bodensatz von dann nicht mehr löslichem Zucker vor, eine zweite Phase.

Zur Klärung der Vorgänge dient eine bekannte Al-Legierung (Duraluminium). Näheres zum Aushärten der Al-Legierungen behandelt Abschn. 7.3.6. In Abb. 2.69 ist dazu einen Ausschnitt aus dem Zustandsdiagramm Al-Cu zu sehen. Die Linie BC zeigt, dass die Löslichkeit von 5,7 % bei 548 °C auf fast 0 bei RT zurückgeht.

Abb. 2.69 Zustandsdiagramm Al-Cu, linke Seite mit schematischen Gefügen bei langsamer Abkühlung. Die sekundären Ausscheidungen bestehen aus der Intermetallischen Phase Al_2Cu

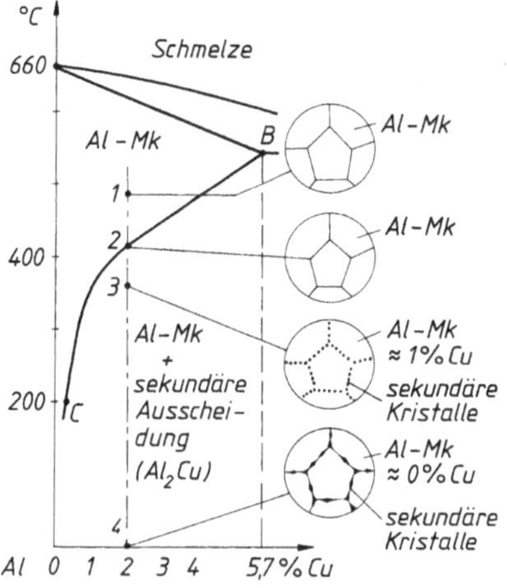

Abkühlverlauf der Legierung AlCu2 Nach Erstarrung besteht sie aus einem homogenen Al-MK-Gefüge und ist am Punkt 1 **ungesättigt**, da die MK mehr lösen könnten (die Linie BC gibt bei dieser Temperatur ca. 4 % an) und am Punkt 2 gerade **gesättigt**.

Am Punkt 3 wäre sie **übersättigt** (die Linie BC gibt bei dieser Temperatur ca. 1 % an). Bei langsamer Abkühlung wandern deshalb Cu-Atome an die Korngrenzen und bilden dort sekundäre Ausscheidungen (Segregat).

Mit der Temperatur sinkt die Löslichkeit schließlich gegen null, sodass ständig weitere Cu-Atome ausdiffundieren müssen, bis bei Punkt 4 das Gefüge aus Al-MK mit sehr wenigen Cu-Atomen besteht, die an den Korngrenzen Sekundärkristalle besitzen. Das vorher homogene Gefüge wird dadurch heterogen.

Schnelle Abkühlung aus dem Mk-Gebiet verhindert die Ausscheidungen und erzeugt übersättigte Mischkristalle. Sie sind nicht im Gleichgewicht und damit metastabil. Die zwangsgelösten Cu-Atome können z. T. bei RT diffundieren und bewirken im Laufe der Zeit Gefüge- und damit auch Eigenschaftsänderungen.

Werkstoffe und Ausscheidungen
Alterung Abnahme der Zähigkeit (Übergangstemperatur) durch unerwünschte Ausscheidungen über längere Zeit bei RT (Abschn. 5.4.5).

Künstliche Alterung Wenn vom Werkstoff Konstanz der Eigenschaften verlangt wird (z. B. Federn für Messgeräte), nimmt man durch Erwärmen evtl. Ausscheidungen vorweg. Dann ist das Gefüge stabil bevor die Kalibrierung erfolgt. Die Temperaturen sind legierungsabhängig.

Bedeutung der Ausscheidungen

- Mit der Temperatur sinkende Löslichkeit tritt bei den meisten Metallen auf.
- Dadurch können bei normaler Abkühlung nach Gießen, Schweißen oder Warmumformen übersättigte Mischkristalle entstehen.

Die festigkeitssteigernde Wirkung von sekundären Ausscheidungen wird beim **Aushärten** angewandt ($\rightarrow$ Teilchenverfestigung, Abschn. 2.3.4 und 5.4).

Aushärten ist die gesteuerte Ausscheidung bestimmter Phasen in geeigneten aushärtbaren Legierungen zur Festigkeitssteigerung (vgl. Tab. 2.60).

Tab. 2.60 Aushärtung der Legierung AlZnMg1

Zustand	$R_\mathrm{m}/$MPa	$A/\%$	Härte HBW
Weich	150	14	60
Ausgehärtet	350	10	105

2.5.8 Zustandsdiagramm mit Intermetallischen Phasen

Die Legierung Cu-Zn ist mit ca. 40 Legierungen genormt, darunter auch Mehrstofflegierungen (Sondermessinge) und Gusslegierungen mit weiteren Zusätzen. Die hohe Zahl spiegelt ihre vielseitige Verwendbarkeit wider. Cu-Zn-Legierungen werden z. B. für feinmechanische Geräte, Armaturen für Gas und Wasser bis hin zu Schiffspropellern verwendet.

Das Zustandsdiagramm (Abb. 2.70) zeigt ebenfalls eine hohe Zahl von Phasenfeldern und Linien, eine Folge der Intermetallischen Phasen, die in diesem System auftreten. Das technisch interessante Diagramm schließt bei 50 % Zn, da Legierungen nur bis ca. 45 % nutzbar sind. Darüber ist der Einfluss der harten und spröden Intermetallischen Phasen so stark, dass sie keine verwendbaren Legierungen ergeben (Tab. 2.61).

Cu-Zn-Zweistofflegierungen (binäre) lassen sich vom Gefüge her in drei Gruppen einteilen:

α-**Legierungen** haben homogene Gefüge aus flächenzentrierten Cu-Mischkristallen mit bis zu 37,5 % Zn. Ihre Festigkeit steigt durch Mischkristallverfestigung, ebenso die Bruchdehnung bis zu einem Maximum bei 30 % Zn (Bildteil rechts). Die neun Sorten von CuZn5 bis CuZn37 sind hervorragend kaltformbar und als Band, Blech und Rohr genormt. Kaltverfestigung erhöht ihre Zugfestigkeit bis zu 610 MPa, ebenso die Wechselfestigkeit gegenüber dem geglühten Zustand.

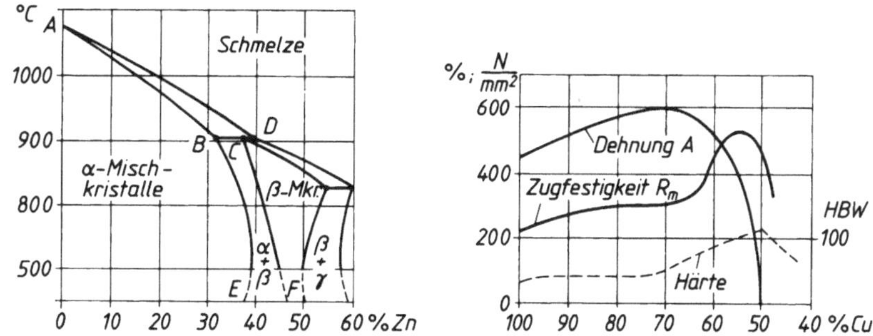

Abb. 2.70 Zustandsdiagramm Cu-Zn und Auswirkung des steigenden Zn-Gehaltes auf die mechanischen Eigenschaften (geglüht)

Tab. 2.61 Phasen im System Cu-Zn

Phase	α	β	γ
Zn-%	> 0...37,5	43,8...48,2	ca. 58
Formel[a]	–	CuZn	Cu_5Zn_8
Elementarzelle	kfz	krz	kubisch 52 Atome
Umformbarkeit	sehr hoch	kalt nur gering, warm höher	nicht umformbar

[a] Formeln geben keine stöchiometrische Zusammensetzung an, sondern einen Mittelwert der Konzentration dieser Phasen.

α-**Legierungen** über ca. 35 % Zn können bei schnellerer Abkühlung aus dem Zweiphasengebiet unterhalb BC, auch nach Kaltumformung und Glühen, geringe Anteile von β enthalten.

$\alpha + \beta$-**Legierungen** liegen zwischen 37,5 % und 46 % Zn-Gehalt und haben heterogene Gefüge. Zu den α-Mischkristallen kommt die erste der Intermetallischen Phasen, die β-Phase CuZn. Ihre Elementarzelle ist ein Würfel mit acht Cu-Atomen und einem Zn-Atom im Zentrum (Tab. 2.50).

Sobald die härtere Intermetallische Phase im Gefüge auftritt, steigt die Zugfestigkeit an (die Dehngrenze verläuft ähnlich, aber tiefer), um ab 44 % Zn wegen fallender Bruchdehnung stark abzufallen. Die Härte (Messung durch Druck) steigt steil an. Die Bruchdehnung fällt über 30 % Zn bis auf null bei reinem β-Gefüge ab (Abb. 2.70 rechts).

2.5.9   Übung: Auswertung eines Zustandsdiagrammes, Abkühlverlauf einer Cu-Zn-Legierung (64,5 % Cu)

Die Legierung kühlt aus der Schmelze ab (Abb. 2.71). Beim Erreichen der Solidus-Linie tritt eine zweite Phase auf, die α-Phase (kfz, Cu-reiche Mischkristalle), die nach und nach die Konzentration des Punktes B annimmt (67 % Cu). Die Schmelze strebt der Konzentration des Punktes D zu.

- Abb. 2.71a: Unterhalb der Liquidus-Linie überwiegt noch der Anteil der Schmelze.
- Abb. 2.71b: Dicht über der Solidus-Linie sind bei dieser Legierung gleiche Anteile von Schmelze und α-MK vorhanden (gleiche Hebelarme).

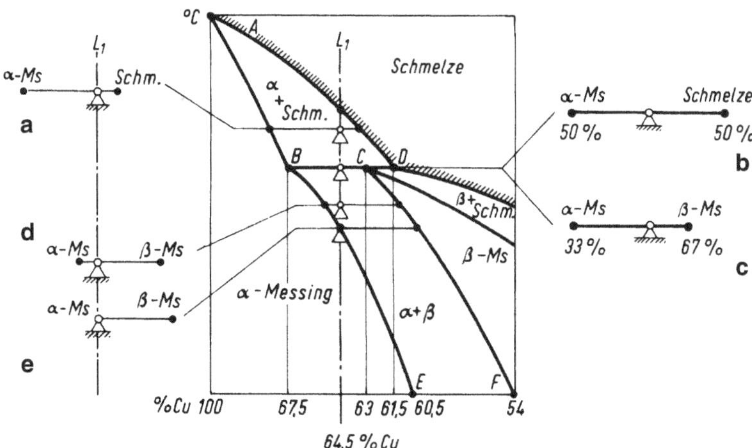

Abb. 2.71 Zustandsdiagramm Cu-Zn mit Abkühlverlauf der Legierung (64,5 % Cu) und Phasenverhältnissen

- Abb. 2.71c: An der Linie BC tritt die **peritektische Reaktion** ein:

$$\alpha(\text{B}) + \text{Schmelze}(\text{D}) \rightarrow \alpha(\text{B}) + \beta(\text{C})$$

Bei der peritektischen Reaktion reagiert der α-MK mit der Schmelze zu β-MK. Dadurch wird die Schmelze aufgezehrt und der Anteil der α-MK reduziert (Hebelverhältnis). Dicht unterhalb der Linie CD liegt dann ein Gefüge mit 1/3 α-MK vor (mit 67,5 % Cu) und 2/3 β-Kristallen (mit 63 % Cu). Die Hebelarme verhalten sich wie 2 : 1.
- Abb. 2.71d: Mit weiterer Abkühlung ändern sich die Konzentrationen beider Phasen: α-MK längs der Linie BE, β-Kristalle längs der Linie CF. Gleichzeitig wächst der Anteil der α-MK, jener der β-Kristalle sinkt (Abb. 2.71d). Beim Erreichen der Linie BE (Abb. 2.71e) ist der Anteil der β-Kristalle auf null gesunken: homogenes Gefüge aus α-MK.

Zusammenfassung
Regeln für die Auswertung von Zustandsdiagrammen
Die Vorgänge lassen sich im Diagramm auf einer senkrechten Linie verfolgen. Sie liegt bei der Konzentration der untersuchten Legierung. Der darstellende Punkt wandert abwärts (Abkühlen) oder aufwärts (Aufheizen). Mit der Hebelbeziehung können bei jeder Temperatur die Phasen ermittelt werden.

- Wenn dabei im Diagramm eine Grenzlinie durchlaufen wird, ändert sich die Art der Phasen oder ihre Zahl der Phasen um eins. Abweichungen sind nur an Punkten möglich.
- Der Anteil einer Phase am Gefüge ist dem abgewandten Hebelarm proportional (Hebelgesetz). Die Phasen liegen im Schnittpunkt zwischen Hebel und Phasengrenzen.

2.5.10 Vergleich von homogenen und heterogenen Legierungen

In dieser Zusammenfassung werden die beiden Grundgefüge gegenübergestellt und daraus auf Eigenschaften und Verwendung geschlossen. Die Zuordnungen sind grob, in Sonderfällen können auch Abweichungen auftreten.

	Homogene Legierungen	Heterogene Legierungen
Zustandsdiagramm (prinzipiell)	Legierungen Grundtyp I oder im Randbereich bei den meisten anderen Typen	In den Mischungslücken bei teilweiser Mischbarkeit der Komponenten
Beispiele	Cu-Legierungen mit geringem Gehalt an LE, austenitische Stähle	Eutektische Gusslegierungen, Einsatz-, Vergütungs- und Werkzeugstähle, aushärtbare Al-Legierungen
Gefüge	homogen, eine Phase Mischkristalle	heterogen, zwei Phasen bilden ein Kristallgemisch
Fertigung durch **Gießen** **Kneten** **Spanen**	ungünstig bei breitem Erstarrungsbereich, Schwindung, Seigerung günstig, alle Kristallite nehmen daran teil, homogen verformbar Fließspan, rauere Oberfläche	günstig, da niedriger Schmelzpunkt, kleines Schwindmaß Rissgefahr, wenn beide Phasen sehr unterschiedliche Verformungswiderstände haben, günstig, weichere oder sprödere Phase kann spanbrechend wirken, glatte Oberfläche
überwiegende Verwendung	**Knetlegierungen**	**Gusslegierungen**
Fertigungsgänge	Gussblock → Umformen→ Halbzeug → Umformen/Verbinden→ Fertigteil	Rohgussteil→ Spanen → Fertigteil
Verlauf der **Eigenschaften** über der Konzentration	Bei bestimmten Konzentrationen sind extreme Eigenschaften möglich.	Eigenschaften liegen zwischen denen der reinen Komponenten (Ausnahme Schmelztemperaturen).

2.5.11 Übersicht über Phasenumwandlungen im festen Zustand

Neben den unter Abschn. 2.5.7 behandelten Ausscheidungen aus Mischkristallen beim Überschreiten der Löslichkeitslinie und langsamer Abkühlung oder innerhalb der übersättigten Mischkristalle beim schnellen Abkühlen gibt es weitere Umwandlungen im festen Zustand (Tab. 2.62). Sie sind nicht auf die Stähle beschränkt, für die sie eine besondere Bedeutung haben und dort eingehend behandelt werden.

Tab. 2.62 Phasenumwandlungen im festen Zustand

Name	Vorgänge	Anwendungen, Beispiele, Hinweise auf Lehrbuch-Abschnitte
Ausscheidungen in übersättigten Mischkristallen	Überschuss bildet Intermetallische Phasen in feindisperser Form	Aushärten zahlreicher Legierungen (Abschn. 5.4; Tab. 5.15; Al: Abschn. 7.3.6; Cu: Abschn. 7.4.4)
Eutektoide Umwandlung (Ähnlichkeit mit Bildung des Eutektikums)	Homogene Mischkristalle reagieren am eutektoiden Punkt und zerfallen dann wegen Gitterumwandlung zu zwei festen Phasen	Austenitzerfall zu Perlit (Abb. 3.11) oder Bainit (Abb. 5.35)
Martensitische Umwandlungen	Diffusionslose Gitterumwandlung unter **Volumenvergrößerung** (bei Stahl durch zwangsgelöste C-Atome). Sie erzeugt stark verzerrte Kristallgitter	Härten von Stahl (Abschn. 5.3.3). Tritt auch auf beim Abkühlen von Co und Ti: Co wandelt von kfz in hdP, Ti wandelt von krz in hdP $\rightarrow$ Abschn. 7.6. Formgedächtnislegierungen $\rightarrow$ Abschn. 11.4.3, Umwandlungsverfestigung von $ZrO_2 \rightarrow$ Abschn. 8.4.1

Literatur

1. Zeitschrift für Metallkunde (Aufsätze überwiegend engl.). Hanser (Zeitschrift)
2. Askeland, D.R.: Materialwissenschaften. Spektrum (1996)
3. Bargel, H.-J., Schulze, G.: Werkstoffkunde. VDI-Verlag (2004)
4. Bergmann, W.: Werkstofftechnik 1. Hanser (2003)
5. Binder, H.: Lexikon der chemischen Elemente. Hirzel (1999)
6. Bürgel, R., Maier, H.J., Niendorf, T.: Handbuch der Hochtemperatur-Werkstofftechnik. Vieweg + Teubner (2011)
7. Gräfen, H. (Hrsg.): Lexikon Werkstofftechnik. VDI-Verlag (1991)
8. Hornbogen, E., Warlimont, H.: Metallkunde. Springer (2001)
9. Macherauch, E., Zoch, H.-W.: Praktikum in Werkstoffkunde. Vieweg + Teubner (2011)
10. Merkel, M., Thomas, K.-H.: Taschenbuch der Werkstoffe. Hanser (2003)
11. Schatt, W. (Hrsg.): Einführung in die Werkstoffwissenschaft. Wiley-VCH (2002)
12. Wellinger, K., Krägeloh, E.: Werkstoffkunde und Werkstoffprüfung. rororo-Technik-Lexikon. Rowohlt (1971)

Die Legierung Eisen-Kohlenstoff

3

Die Legierungen auf der Basis „Eisen" sind sehr zahlreich und haben einen breiten Anwendungsbereich. Eisenlegierungen mit einem Kohlenstoffgehalt bis 2 % werden üblicherweise als **Stahl** bezeichnet. Es gibt aber auch legierte Stähle mit mehr als 2 % Kohlenstoffgehalt. Da aber alle Stähle grundsätzlich schmiedbar, also warmumformbar sind, ist die folgende Definition sinnvoller.

Stahl ist eine warmumformbare Eisenlegierung. Stahl kann, muss aber nicht warmumgeformt werden. Es gibt auch Gussstahl. Alle nicht warmumformbaren, also nur gießbaren Eisenlegierungen werden als Gusseisen bezeichnet.

Es sind ca. 2500 verschiedene Stähle lieferbar. Einfache Stähle sind bereits zu einem Preis von deutlich unter 1 €/kg zu beschaffen. Das liegt im Wesentlichen daran, dass Eisen mit einem Anteil von etwa 4,7 % an der Erdrinde nach dem Aluminium das am häufigsten vorkommende Metall (siehe Tab. 2.1) und Eisenerz an vielen Stellen der Welt in Lagerstätten konzentriert ist, sodass es relativ preisgünstig gefördert werden kann. Zusätzlich lässt sich Eisen durch seine ferromagnetischen Eigenschaften hervorragend rezyklieren, Eisenschrott lässt sich von anderem Schrott magnetisch trennen.

Beispiel: Legierungen des Eisens

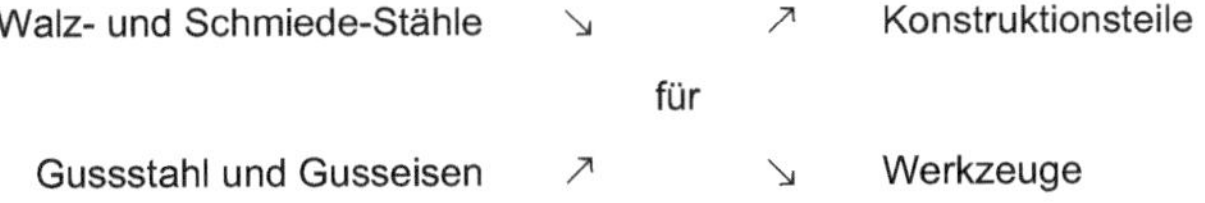

Die Ursache für den breiten Anwendungsbereich der Eisenlegierungen liegt in den großen Möglichkeiten, ihre Eigenschaften zu ändern:

– durch Wärmebehandlung
– durch Legierungselemente } Kombination aus beiden

© Springer Fachmedien Wiesbaden GmbH, ein Teil von Springer Nature 2018
W. Weißbach, M. Dahms, C. Jaroschek, *Werkstoffe und ihre Anwendungen*,
https://doi.org/10.1007/978-3-658-19892-3_3

Weichglühen   ↔   Härten

Grauguss (weich)   ↔   Hartguss

Sie ist in einigen Besonderheiten des Eisens gegenüber anderen Metallen begründet:

- Eisen liegt bei unterschiedlichen Temperaturen in unterschiedlichen Kristallstrukturen vor.
- Verhalten zum Legierungselement „C".

3.1 Abkühlkurve und kristalline Phasen des Reineisens

Das Eisen gehört zu den wenigen **polymorphen** Metallen. Es tritt somit in verschiedenen kristallinen Phasen auf (Abb. 3.1):

Reineisen erstarrt bei 1536 °C zu Kristallen mit kubisch-*raumzentriertem* Gitter, dem δ-Eisen, auch δ-Ferrit genannt. Darin ist jedes Fe-Atom von acht Nachbarn umgeben (Koordinationszahl 8).

Bei 1392 °C entstehen durch eine Gitterumwandlung kubisch-*flächenzentrierte* Kristalle, das γ-Eisen, auch Austenit genannt. Darin ist ein Fe-Atom räumlich von 12 anderen umgeben (Koordinationszahl 12), es ist also *dichter* gepackt.

Nach weiterer Abkühlung findet bei 911 °C eine *letzte* Gitterumwandlung statt, es entsteht Eisen mit kubisch-*raumzentriertem* Gitter, das α-Eisen, auch Ferrit genannt. Dieses bleibt bei weiterer Abkühlung bis auf Raumtemperatur und weiter bis zum absoluten Nullpunkt bestehen.

Bei 769 °C liegt noch ein Knickpunkt, hier wird α-Eisen ferromagnetisch; bei höheren Temperaturen, also insbesondere im kfz-Zustand, ist es paramagnetisch[1]. Das paramagnetische α-Eisen wurde früher auch als β-Eisen bezeichnet.

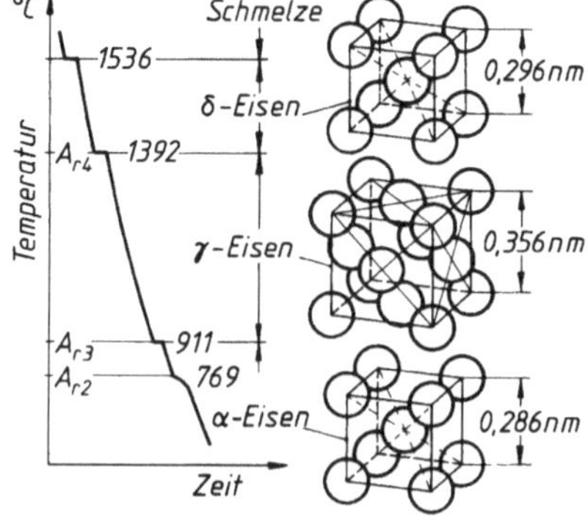

Abb. 3.1 Abkühlkurve des Reineisens und seine Kristallarten. r = refroidissement (frz.: Abkühlung)

---

[1] Umgangssprachlich wird der paramagnetische Zustand des Eisens als „unmagnetisch" bezeichnet, der ferromagnetische Zustand als „magnetisch".

Abb. 3.2 Zwei γ-Zellen mit
Vorstufe einer α-Zelle

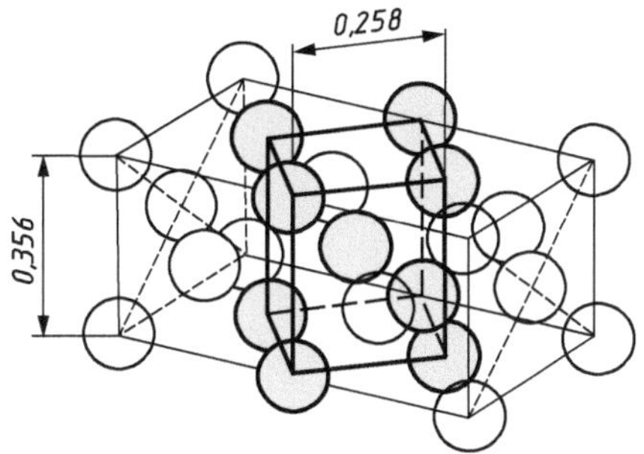

Bei einer Erwärmung verlaufen die Vorgänge im entgegengesetzten Sinn. Die angegebenen Haltepunkttemperaturen gelten nur für unendlich langsame Temperaturänderungen, schnellere Änderungen verschieben sie (Hysterese, vgl. Abb. 2.18).

▶   **Hinweis** Das Verschieben der Haltepunkte bei schneller Abkühlung zu tiefen
     Temperaturen und die Folgen für die Gefügebildung sind Voraussetzung für
     Härten und Vergüten der Stähle.

Die Umwandlung am Haltepunkt A_3 bei 911 °C, die γ-α-Umwandlung, ist besonders wichtig. Wir dürfen sie uns nicht als eine Auflösung des geordneten Zustandes vorstellen! Es ist vielmehr wie der Übergang einer Kugelpackung in der Ebene in eine solche mit dichterer Packung.

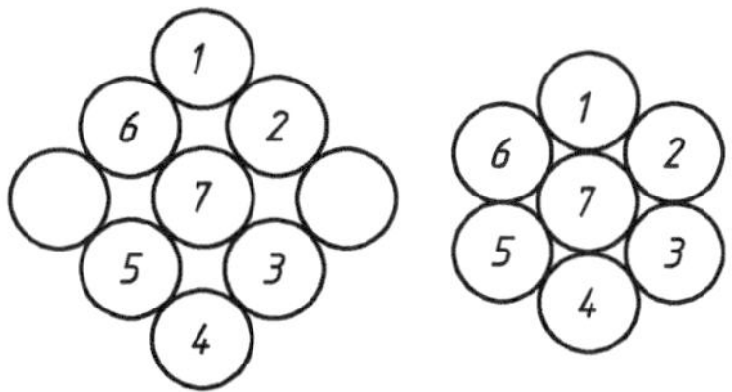

Die Skizze in Abb. 3.2 soll zeigen, dass sich im kfz-Gitter (zwei Elementarzellen mit leeren Kreisen) bereits ein etwas verzerrtes krz-Gitter (graue Kreise) befindet, die Gitterumwandlung erfordert nur *kleinste* Bewegungen der Atome. Dadurch werden die Anziehungskräfte im Gitter nicht aufgehoben, und die Materie behält ihren Zusammenhang: Form und Festigkeit der Bauteile bleiben erhalten!

Die Umwandlung von einer dichtesten Packung in eine weniger dichte ist mit einer sprunghaften *Volumenänderung* verbunden, die mit Messgeräten ermittelt werden kann. Dazu wird ein Stab des Metalls gleichmäßig über seiner Länge erhitzt und seine Längenausdehnung über der Temperatur aufgezeichnet. Die entstehende Kurve wird *Dilatometer*kurve (lat. Dilatation = Dehnung) genannt (Abb. 3.3).

Stoffe ohne kristalline Veränderungen zeigen dabei eine *stetige* Kurve, bei Phasenumwandlungen wird der stetige Verlauf unterbrochen. Diese Dilatometermessung wird für

Abb. 3.3 Dilatometerkurve, Längenänderung eines Eisenstabes bei Erwärmung

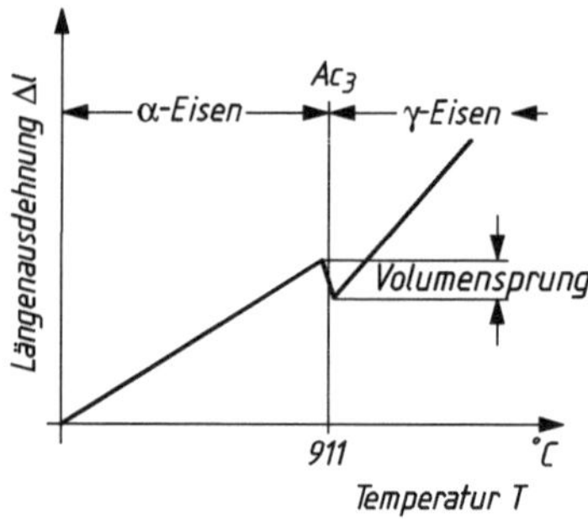

Metalle und Legierungen mit hohen Schmelztemperaturen auch zur thermischen Analyse verwandt.

Von den Kristallarten des Eisens sind zwei von besonderer Bedeutung:

- Bei *Raumtemperatur* und niedrigen Temperaturen werden Eigenschaften und Verhalten des Metalls bestimmt durch das
  α-**Eisen** (**Ferrit**) mit kubisch-raumzentriertem (krz) Kristallgitter.
- Bei höheren Temperaturen (oberhalb Ar_3), z. B. beim Warmumformen durch Schmieden, liegt vor:
  γ-**Eisen** (**Austenit**) mit kubisch-flächenzentriertem (kfz) Raumgitter.

Trotz dichterer Packung können im Austenit *mehr* C-Atome eingelagert (EMK) werden als im Ferrit.

Das kfz-Gitter des Austenits hat größere *Zwischengitterplätze* als das krz-Gitter des Ferrits. Die unterschiedliche Struktur ergibt bedeutsame Eigenschaftsunterschiede:

Ferrit: (lat. ferrum, Eisen)

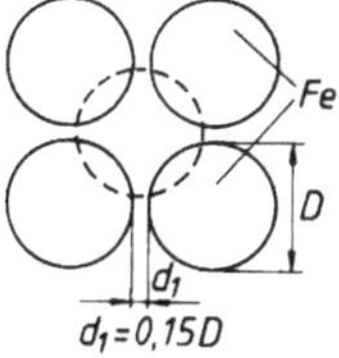

Weniger dichte Packung, ausreichende Verformbarkeit, sehr kleine C-Löslichkeit, kleinere Wärmedehnung, schnelle Diffusion von Zwischengitteratomen.

Austenit: (Roberts-*Austen*, engl. Forscher)

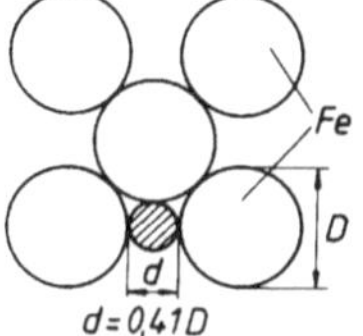

Dichteste Packung, hohe Verformbarkeit, paramagnetisch, hohe C-Löslichkeit, größere Wärmedehnung, langsame Diffusion von Zwischengitteratomen.

Das führt dazu, dass eine Legierung aus Fe-C unterhalb A_3 wegen der Unlöslichkeit ein *heterogenes* Gefüge mit begrenzter Verformbarkeit hat. Oberhalb A_3, im austenitischen Zustand, besteht Löslichkeit, das Gefüge ist *homogen* (sehr wichtig für die Schmiedbarkeit).

Die sprunghafte Volumenänderung, die mit der Gitterumwandlung einhergeht, hat für Teile, die ständig im Wechsel erhitzt und abgekühlt werden, eine schwerwiegende Folge:

Eine gebildete Oxidschicht (Zunder), die ja ein anderes Kristallgitter besitzt, wird durch die entstehenden Schubspannungen gelockert und platzt ab. Deshalb sind unlegierte Stähle nicht hitzebeständig, d. h. sie verzundern allmählich, wenn sie ständig die γ-α-Umwandlung in beiden Richtungen durchlaufen.

> **Hinweis** Hitzebeständige Stähle müssen deshalb *umwandlungsfrei* sein. Das ist nur durch Zusatz von Legierungselementen möglich.

- Cr, Si, Mo in höheren Gehalten ergeben ferritische Stähle. Sie erstarren kubisch-raumzentriert und behalten dieses Gitter bis auf Raumtemperatur bei (Abb. 4.5).
- Ni, Mn, Co in höheren Gehalten ergeben austenitische Stähle. Sie sind bei der Abkühlung auf RT noch kubisch-flächenzentriert, d. h. noch nicht umgewandelt (Abb. 4.4).

3.2 Erstarrungsformen

Kohlenstoff ist das wichtigste Legierungselement, weil es bereits in kleinen Anteilen

- die Härtbarkeit der Stähle bewirkt und
- die Festigkeit stark erhöht.

Die Erhöhung der Festigkeit setzt allerdings die *Umformbarkeit* herab (Abschn. 3.4.1).

Kohlenstoff erniedrigt den Schmelzpunkt des reinen Eisens bei 4,3 % C von 1536 auf 1147 °C (sehr wichtig für die Eisen-Guss-Legierungen).

Eine C-haltige Eisenschmelze kann je nach dem C-Gehalt bei der Erstarrung unterschiedliche Gefüge bilden. Es gibt *zwei gegensätzliche* Erstarrungsformen und Mischgefüge aus beiden.

Kohlenstoff ist ein „billiges" Legierungselement, es gelangt durch Koks und CO-Gas in Eisen und Stahl z. B. bei der

- Erschmelzung im Hochofen mit Koks
- Erzeugung von Eisenschwamm
- Erschmelzung in Kohle-Lichtbogenöfen

und ist im Roheisen mit ca. 4 % enthalten.

Übersicht Erstarrungsformen

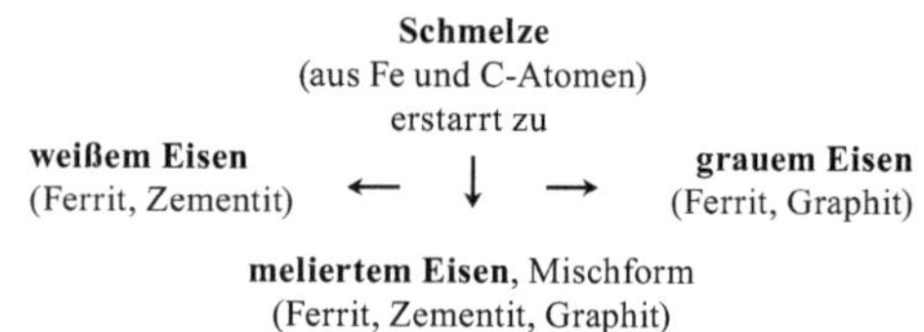

Die nachstehende Übersicht ist von den Kriterien in der mittleren Spalte jeweils nach links und rechts zu lesen!

	Schmelze	
hat **wenig** C-Atome	Kriterium	hat **mehr** C-Atome
unmöglich	← Keimbildung → für Graphit	möglich
schnelle Abkühlung + Mn-Gehalte ergeben:	begünstigt durch	langsame Abkühlung + Si-Gehalte ergeben:
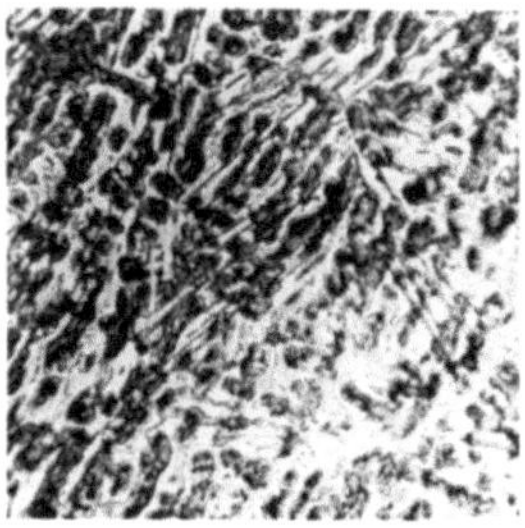 **Zementit-Kristalle (dunkel)** (Eisencarbid, Fe$_3$C) und **Ferrit**, α-Eisen (hell)	Gefügeausbildung 100 : 1	**Graphit-Kristalle (dunkel)** (elementarer Kohlenstoff) und **Ferrit**, α-Eisen (hell) 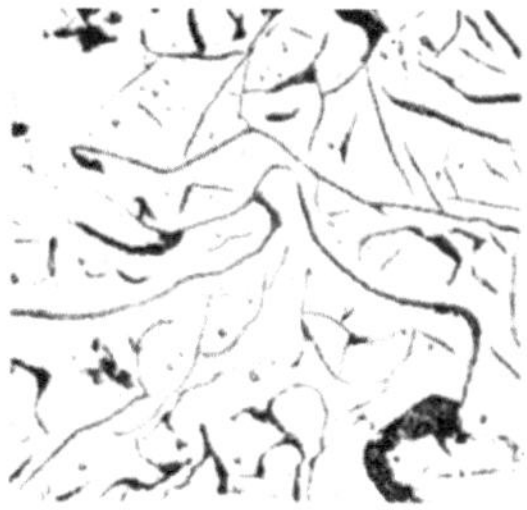
Gefüge kann durch Glühen verändert werden nach Fe$_3$C → 3 Fe + C (Zementit) (Graphit)	← Beständigkeit →	Gefüge ist beständig: keine Veränderung
Metastabile Erstarrung Metastabiles System (Fe - Fe$_3$C), Abb. 3.16 oben	Folge: ← → Zwei Zustands- schaubilder	**Stabile Erstarrung** Stabiles System (Fe - C), Abb. 3.16 unten
Stähle, Hartguss und Temperrohguss	Verwendung z. B. als	Gusseisen mit kleinen Festigkeiten, wie z. B. GJL-150

Mischformen Durch Überlagerung beider Erscheinungen entstehen Gefüge, die aus Ferrit und Graphit bestehen, ein Teil des C-Gehaltes ist als Zementit im Ferrit verteilt (Perlit). Dadurch entstehen Gusswerkstoffe höherer Härte und Festigkeit, *perlitisches Gusseisen* wie z. B. GJL-300, GJS-600-3, GJMB-550-4 (Kap. 6, Eisen-Gusswerkstoffe).

Abb. 3.4 Gefüge von Temperguss, *hell*: Ferrit, *dunkel*: Flockengraphit

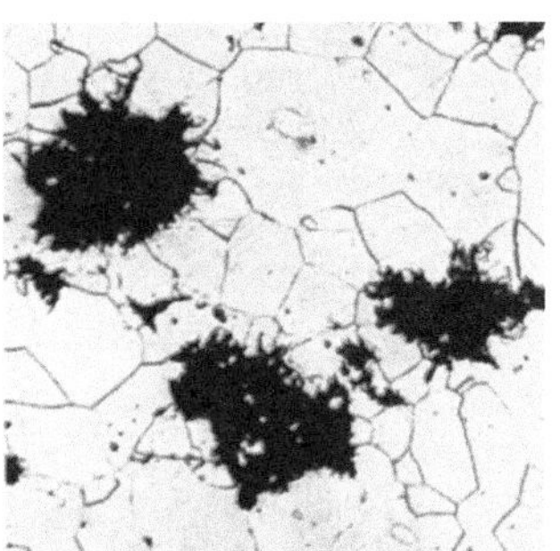

Der *metastabile* Zementit zerfällt bei höheren Temperaturen. Diese Eigenart wird benutzt, um *Temperguss* zu erzeugen. Dabei entsteht durch eine Glühbehandlung (Tempern) aus metastabil erstarrtem Eisen ein ferritisches (bis perlitisches) Grundgefüge mit flockigem Graphit (Temperkohle) (siehe Abb. 3.4).

3.3 Das Eisen-Kohlenstoff-Diagramm (EKD)

Abb. 3.5 zeigt zunächst den oberen Teil des EKD mit Liquidus- und Solidus-Linie.

Man erkennt, dass es sich hier um eine Überlagerung der zwei Legierungsgrundtypen Mischkristallsystem + Eutektisches System handelt:

- Es liegt ein *eutektischer* Typ vor mit einem eutektischen Punkt bei 4,3 % C.
  Der Schmelzpunkt des reinen Eisens wird am Eutektikum durch gelösten Kohlenstoff auf 1147 °C gesenkt. In diesem Bereich liegen die meisten „Gusslegierungen".
- Das linsenförmige Erstarrungsfeld lässt den *Mischkristalltyp* erkennen.
  Bis zu einem C-Gehalt von max. 2,06 % C entstehen homogene γ-Mischkristalle. Das ist der Bereich der schmiedbaren „Stähle".

Das Schaubild endet auf der rechten Seite mit einem C-Gehalt von 6,67 % C, entsprechend einem 100 %igen Anteil der Phase *Zementit*, Fe_3C. Die Formel zeigt die Berechnung des

Abb. 3.5 Eisen-Kohlenstoff-Diagramm, Erstarrungsbereich des metastabilen Systems (vereinfacht). Die exakten Vorgänge am Pkt. A werden hier nicht behandelt. Vollständiges EKD → Abb. 3.6

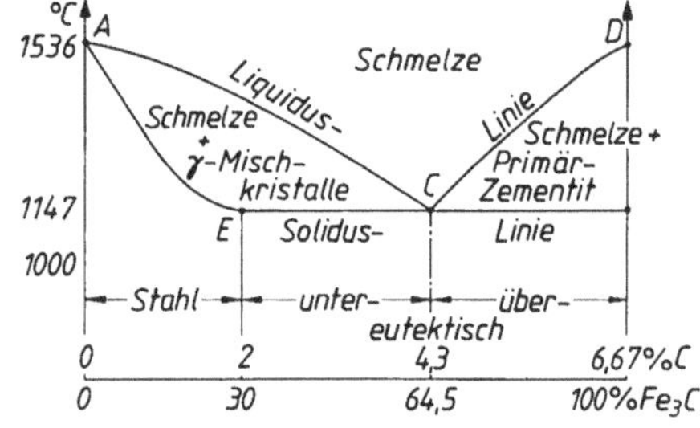

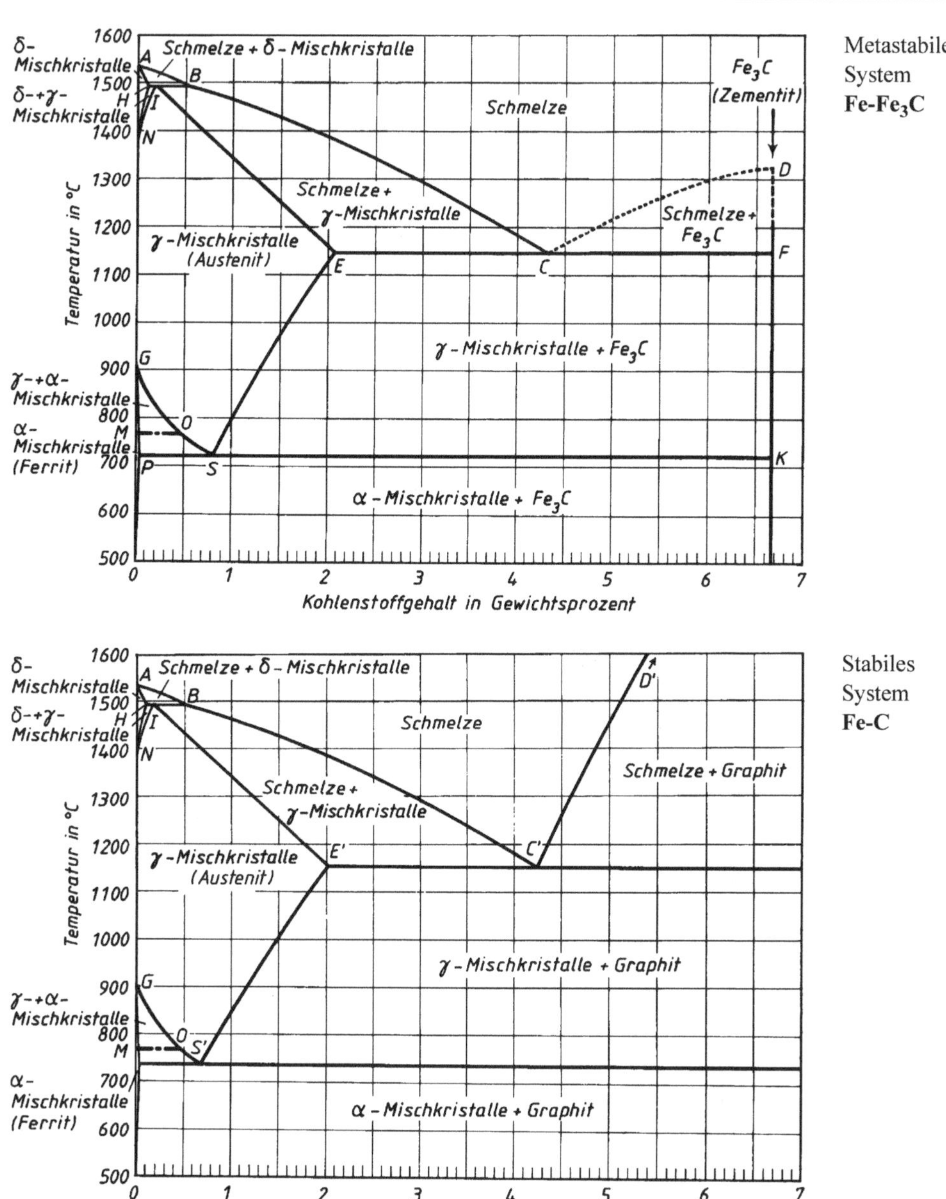

Abb. 3.6 Eisen-Kohlenstoff-Diagramme

C-Gehalts von Zementit, Fe_3C.

$$C = \frac{A(C)}{M(Fe_3C)} \cdot 100\,\% = \frac{12}{3 \cdot 56 + 12} \cdot 100\,\%$$

$A(C)$ relative Atommasse von $C = 12$,
$M(Fe_3C)$ relative Molekularmasse von Fe_3C mit $A(Fe) = 56$

Im Bild sind die Legierungen in drei Gruppen eingeteilt. Innerhalb dieser Gruppen verhalten sich die Legierungen bei der Abkühlung gleichartig, deshalb genügt es, aus jeder eine beliebige Legierung zu beschreiben.

- Stähle
- Untereutektische Gusslegierungen
- Übereutektische Gusslegierungen

3.3.1 Erstarrungsvorgänge

Stähle
Alle Legierungen von 0 bis 2,06 % C verhalten sich wie Grundtyp I (Mischkristalltyp): In der Schmelze scheiden sich unterhalb der Liquidus-Linie Mischkristalle aus. Sie sind zunächst C-arm, werden aber zunehmend C-reicher. Diese Veränderung lässt sich im Diagramm (Abb. 3.7) am Weg des Punktes K auf der Solidus-Linie darstellen. Die zugehörigen Konzentrationen liest man auf der unteren Achse ab (Punkte K' u. K'_1). An der Solidus-Linie ist der Anteil der Schmelze auf null gesunken.

Das Gefüge besteht dann aus γ-Mischkristallen, einem homogenem Gefüge, **Austenit**. γ-Mischkristalle sind *Einlagerungs*-Mischkristalle, kleine C-Atome sitzen auf Zwischengitterplätzen (Hilfsvorstellung: Sie besetzen die Kantenmitten der kfz- Elementarzellen). Wenn man die relativen Atommassen berücksichtigt (Fe = 56; C = 12), so ist bei max. 2,06 % C im Mischkristall etwa jede dritte Elementarzelle mit einem C-Atom belegt.

γ-Mischkristalle können frei in der Schmelze wachsen und bilden langgestreckte Formen mit Seitenästen, als Tannenbaumkristalle oder *Dendriten* bezeichnet (siehe Abb. 2.5). Durch Warmumformung entsteht dann ein Korngefüge.

Abb. 3.7 Konzentrationsänderung bei der Erstarrung eines Stahles

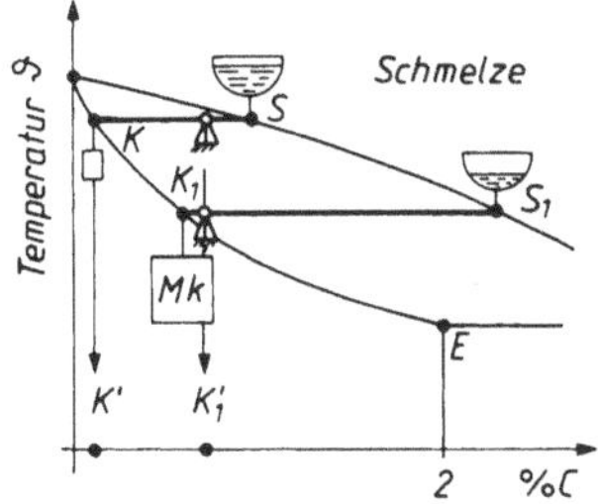

Abb. 3.8 Erstarrung einer untereutektischen Legierung, Darstellung der Hebelbeziehung.
Obere Temperatur: Viel Schmelze, wenig Kristalle, Erstarrung hat eben begonnen;
Untere Temperatur: Wenig Schmelze, viel Kristalle, Erstarrung fast beendet

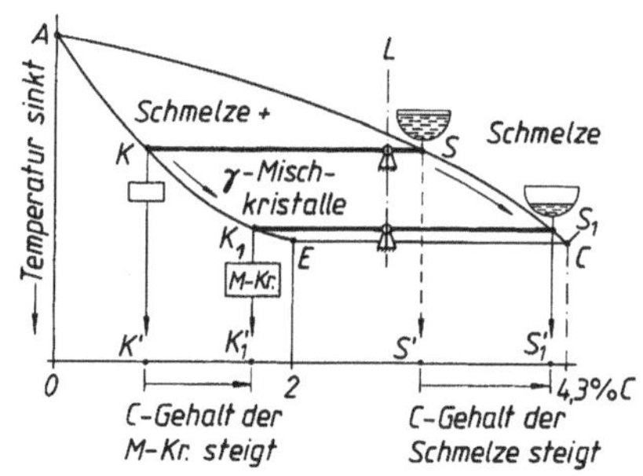

Untereutektische Legierungen

Der Erstarrungsverlauf gleicht anfangs dem der Stähle: Die γ-Mischkristalle werden vom Punkt K dargestellt. Mit sinkender Temperatur streben sie zum Punkt E, die Mischkristallkonzentration steigt dabei auf max. 2,06 % C, Punkte K′ und K_1' der waagerechten Achse (Abb. 3.8).

Die Schmelze wird durch die Punkte S dargestellt. Mit sinkender Temperatur streben sie dem Punkt C zu. Dabei verschiebt sich ihre Konzentration auf 4,3 % C, d. h. auf die eutektische Zusammensetzung, wenn die Solidus-Linie erreicht wird (1147 °C).

Dann erstarrt die Restschmelze zum Eutektikum. Am Hebelverhältnis können die Masseprozente von γ-Mischkristallen und Eutektikum bei einer bestimmten Temperatur errechnet oder abgeschätzt werden.

Übereutektische Legierungen

Diese Legierungen verhalten sich wie die des Grundtyps II (Kristallgemischtyp). Es scheidet sich in der Schmelze die Komponente aus, die gegenüber der eutektischen Zusammensetzung im *Überschuss* vorhanden ist. Hier sind es Fe_3C-Kristalle (Primär-Zementit). Primärkristalle können unbehindert in der Schmelze wachsen und sind darum größer. Mit sinkender Temperatur verarmt die Schmelze an Kohlenstoff und nähert sich der eutektischen Zusammensetzung. Diese ist an der Solidus-Linie erreicht, es entsteht das Eutektikum.

Eutektikum (erstarrte Schmelze 4,3 % C): Wie bei den Legierungen des Grundtyps II ist auch hier das Eutektikum ein feinkörniges Gemenge aus zwei Kristallarten, weil im festen Zustand nur eine sehr geringe Löslichkeit für C-Atome vorliegt.

Darum besteht das Eutektikum unmittelbar nach der Erstarrung aus γ-Mischkristallen und Zementit in feiner Verteilung. Es hat die metallografische Bezeichnung Ledeburit nach Prof. Ledebur (1837–1906), Freiberg.

3.3.2   Die Umwandlungen im festen Zustand

Bei weiterer Abkühlung verändern sich die Gefüge *aller* Legierungen, weil die *Löslichkeit* des γ-Eisen für den Kohlenstoff mit der Temperatur *abnimmt* und γ-Eisen sich bei A_1 in α-Eisen umwandelt, das praktisch keine C-Atome lösen kann.

Dieses begrenzte Lösungsvermögen der γ-Mischkristalle für C-Atome kann man mit dem Verhalten von Wasser und Zucker vergleichen: Heißes Wasser kann eine bestimmte Masse von Zucker lösen. Die Lösung ist dann gesättigt. Kaltes Wasser kann weniger Zucker lösen. Deshalb wird sich bei der Abkühlung der heißen, gesättigten Zuckerlösung auf Raumtemperatur fester Zucker als Bodensatz ausscheiden.

Diese Gefügeänderungen sind besonders für die Stähle wichtig und werden an einem Ausschnitt des EKD, der Stahlecke, behandelt (in der Übersicht unten rechts). Die eben zu γ-Mischkristallen erstarrten Stähle verhalten sich bei weiterer Abkühlung wie die Legierungen eines eutektischen Systems (Grundtyp II im Bild links). Mithilfe dieser Analogie lassen sich die Umwandlungen des Stahles im festen Zustand aus Bekanntem folgern:

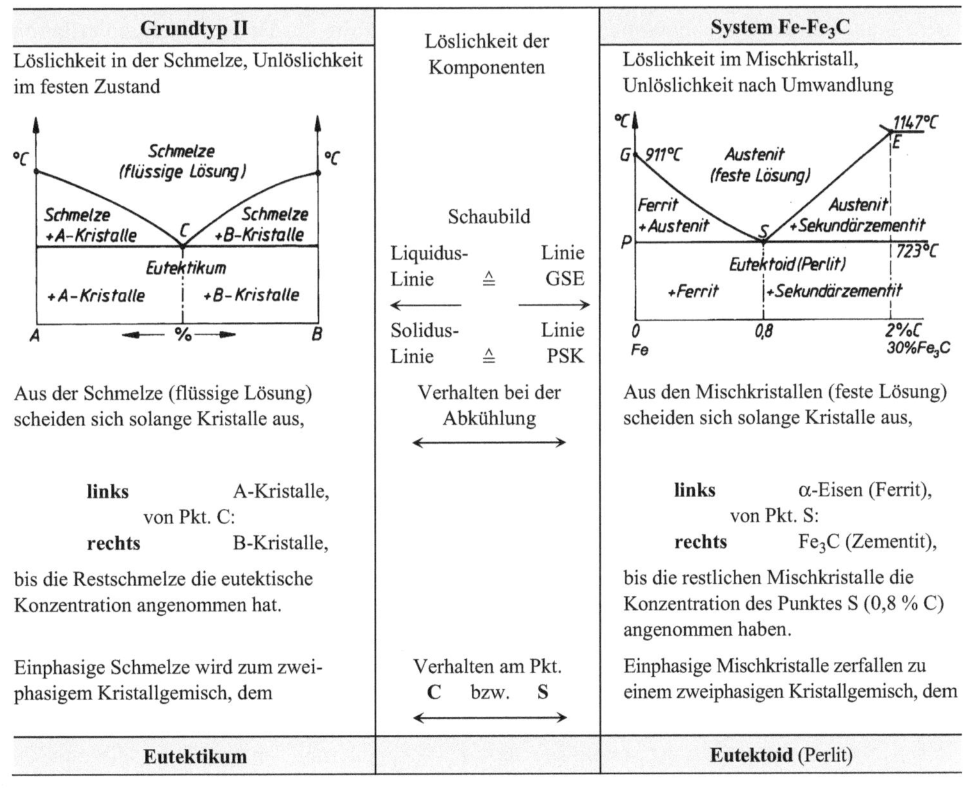

Grundtyp II	Löslichkeit der Komponenten	System Fe-Fe₃C
Aus der Schmelze (flüssige Lösung) scheiden sich solange Kristalle aus,	Verhalten bei der Abkühlung	Aus den Mischkristallen (feste Lösung) scheiden sich solange Kristalle aus,
links A-Kristalle, von Pkt. C: **rechts** B-Kristalle,		**links** α-Eisen (Ferrit), von Pkt. S: **rechts** Fe₃C (Zementit),
bis die Restschmelze die eutektische Konzentration angenommen hat.		bis die restlichen Mischkristalle die Konzentration des Punktes S (0,8 % C) angenommen haben.
Einphasige Schmelze wird zum zweiphasigem Kristallgemisch, dem	Verhalten am Pkt. C bzw. S	Einphasige Mischkristalle zerfallen zu einem zweiphasigen Kristallgemisch, dem
Eutektikum		**Eutektoid** (Perlit)

Abb. 3.9 Perlitischer Stahl,
0,8 % C; 500 : 1

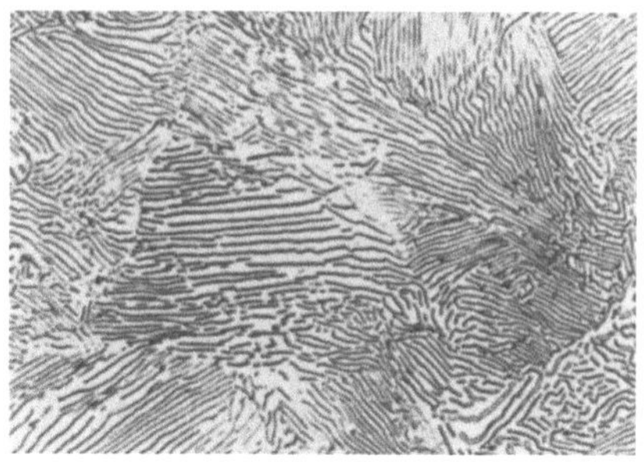

Wegen der Ähnlichkeit der Vorgänge wird die an der Linie PSK erfolgende γ-α-Umwandlung als *eutektoider* Zerfall des Austenits bezeichnet. Das entstehende Kristallgemisch ist dann das *Eutektoid* mit dem metallografischen Namen Perlit.

Perlit ist ein lamellares Gefüge aus den beiden Phasen *Zementit* (dunkel) und *Ferrit* (hell) (Abb. 3.9).

Nachfolgend sind nochmals die Ausscheidungs-und Umwandlungsvorgänge von je einem Stahl links und rechts vom Punkt S (0,8 % C) mit Hilfe der Hebelbeziehung erläutert.

Einteilung der Stähle nach ihrer Lage zum Punkt „S":

- links von S: untereutektoid
- rechts von S: übereutektoid

Stähle mit C-Gehalten unter 0,8 % C (untereutektoide Stähle)
In Abb. 3.10 ist ein Stahl mit 0,2 % C an vier verschiedenen Temperaturpunkten untersucht und sein Gefüge schematisch skizziert.

Oberhalb GS ist er homogen austenitisch, die γ-Mischkristalle enthalten 0,2 % C und sind *ungesättigt*, da sie bei dieser Temperatur noch mehr C-Atome lösen könnten.

Beim Schneiden der Linie GS beginnt die γ-α-Umwandlung, die beim reinen Eisen am Punkt G (911 °C) erfolgt und durch C-Gehalte erniedrigt wird.

Dabei entsteht im Austenit als zweite Phase Ferrit, kubisch-raumzentriertes α-Eisen. Die eingezeichneten Hebelwaagen zeigen mit sinkender Temperatur die Zunahme des Ferrits und Abnahme des Austenits. Gleichzeitig erhöht sich der C-Gehalt des Austenits in Richtung auf Punkt S (Weg des Punktes A nach A_1 bzw. auf der unteren Achse von A′ nach A′$_1$).

Diese Anreicherung des C-Gehaltes geschieht durch Diffusion der C-Atome aus den γ-Mischkristallbereichen, die zu Ferrit werden. Ferrit hat keine ausreichenden Zwischengitterplätze für C-Atome (Abschn. 3.1). Eine „Wanderung" der C-Atome durch das Raumgitter (bei höheren Temperaturen schwingt es infolge der Wärmebewegung) ist wegen der Kleinheit der C-Atome gegenüber den Fe-Atomen möglich, benötigt jedoch Zeit. C-Atome können im dicht gepackten γ-Eisen nur langsam diffundieren, im lockerer gepackten α-Eisen ist die Diffusionsgeschwindigkeit etwa 100-mal so groß.

▶   Bei schneller Abkühlung wird die Diffusion behindert, es entstehen andere Gefüge.

Abb. 3.10 Abkühlung eines
untereutektoiden Stahles mit
0,2 % C

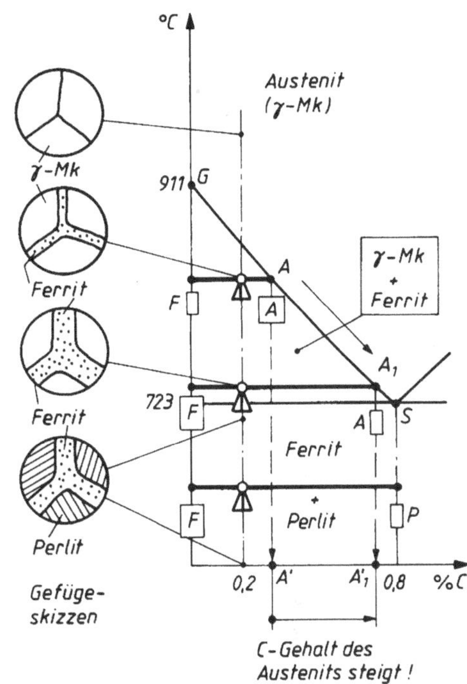

Vergütungs- und Härtungsgefüge entstehen durch eine teilweise oder vollständige Behinderung der Kohlenstoffdiffusion beim Abschrecken, dabei verschieben sich die Umwandlungstemperaturen nach unten, Abb. 2.19.

Zusammenfassend kann gesagt werden, immer, wenn ein untereutektoider Stahl bei langsamer Abkühlung die Temperatur 723 °C (Linie PSK) erreicht, besteht er aus dem voreutektoid ausgeschiedenen Ferrit und noch nicht umgewandelten γ-Mischkristallen mit 0,8 % gelöstem C. **Ähnlich verhält sich eine** Legierung des Grundtyps II, Kristallgemisch:

Beim Erreichen der Solidus-Linie wurden solange Primärkristalle ausgeschieden, bis die Restschmelze die eutektische Konzentration angenommen hat.

Austenitzerfall = Perlitbildung

Beim Durchlaufen der Linie PSK erfahren alle Stähle diese letzte Umwandlung. Sie kann in zwei gleichzeitig ablaufenden Teilvorgängen gesehen werden:

- Aus dem kfz γ-MK bilden sich krz α-Eisen-Kristalle.
- Die eingelagerten C-Atome (0,8 %) werden aus dem entstehenden α-Gitter herausgedrängt, sie müssen *diffundieren*, um zusammen mit Fe-Atomen die intermetallische Phase Fe_3C (Zementit) zu bilden.

Abb. 3.11 Bildung des
lamellaren Perlits, Modellvorstellung

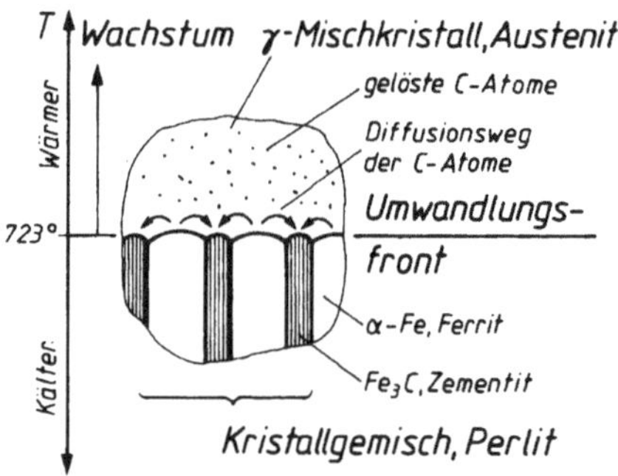

Abb. 3.12 Perlit, 6400 : 1

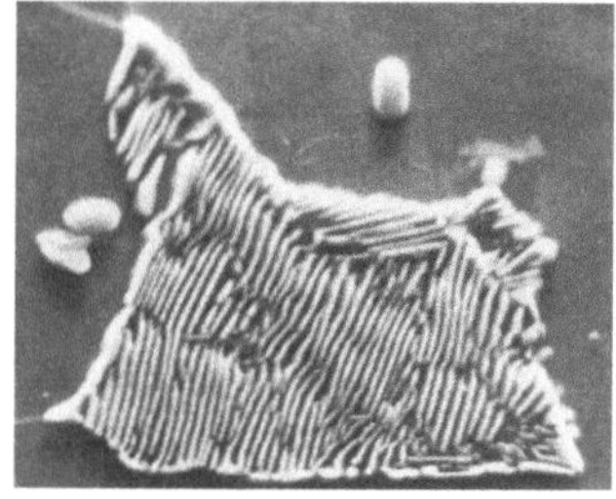

Der metallografische Name „Perlit" rührt vom perlmuttartigen Glanz unter dem Mikroskop her. Zur Veranschaulichung dieses Vorganges ist in Abb. 3.11 modellhaft ein Austenitkorn abgebildet. Der mittlere Bereich hat die Umwandlungstemperatur 723 °C, oberhalb liegt sie höher. Deshalb ist erst das halbe untere Korn umgewandelt.

Ferrit und Zementit wachsen in Lamellenform nach oben in den Austenit hinein. Dabei
müssen die im Austenit gelösten C-Atome vor der Front der wachsenden Ferritlamellen
seitlich ausweichen und sich an die Zementitlamellen angliedern (kleine Pfeile).

Das Wachstum der Ferrit- und Zementitlamellen ist mit der Diffusion der C-Atome aus
dem Austenit gekoppelt. Diffusion (= Platzwechsel von Atomen) braucht aber Zeit. Beim
schnelleren Abkühlen steht sie nicht zur Verfügung. So können die C-Atome nur kleine
Wege zurücklegen, es bilden sich *dünnere*, dafür *zahlreichere* Lamellen, d. h. ein feineres
Gefüge.

> **Hinweis** Diese Erscheinung ist die Grundlage aller Vergütungsverfahren. Die
> feinere Verteilung der harten, spröden Phase Zementit im zähen Grundgefüge
> ergibt höhere Festigkeit und Zähigkeit des Werkstoffes.

Bei weiterer Abkühlung auf Raumtemperatur finden keine Umwandlungen mehr statt.

Das Gefüge der untereutektoiden Stähle besteht dann aus dem (voreutektoid) ausgeschiedenen Ferrit (helle Flecken im Schliffbild) und den Perlitbereichen (dunkle Flecken), deren Lamellenstruktur erst bei stärkerer Vergrößerung zu erkennen ist (Abb. 3.12
und 3.13).

Abb. 3.13 Untereutektoider
Stahl, 0,2 % C, 100 : 1

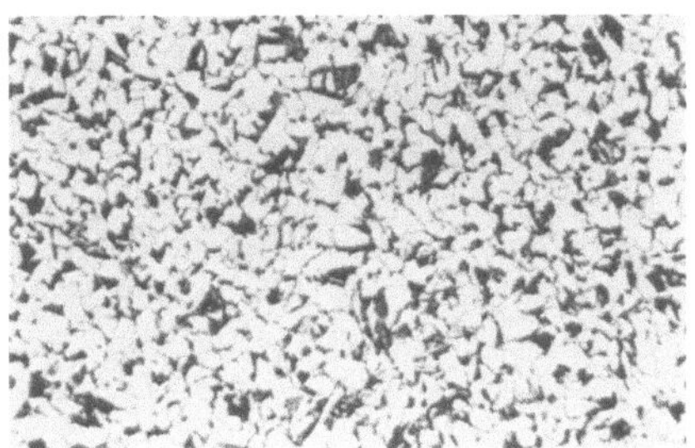

Ablesebeispiel für Wirkung von 0,6 % C auf das Gefüge. Im unteren Diagramm schneidet die senkrechte Hilfslinie bei 0,6 % C die Felder „Ferrit" und „Perlit". Die Strecke im Ferritfeld beträgt 25 %, die im Perlit 75 %. Das sind die Gefügebestandteile eines Stahles C60 (0,6 % C-Gehalt).

Wollen wir dagegen die *Phasen* (Ferrit und Zementit) bestimmen, müssen wir die Hebelbeziehung anwenden. Das untere Diagramm zeigt 9 % Zementit und 91 % Ferrit, d. h. 0,6 % C-Atome bauen 9 % Zementit Fe_3C auf, die aber 75 % des Gefüges (im Perlit) als harte, spröde Lamellen durchsetzen!

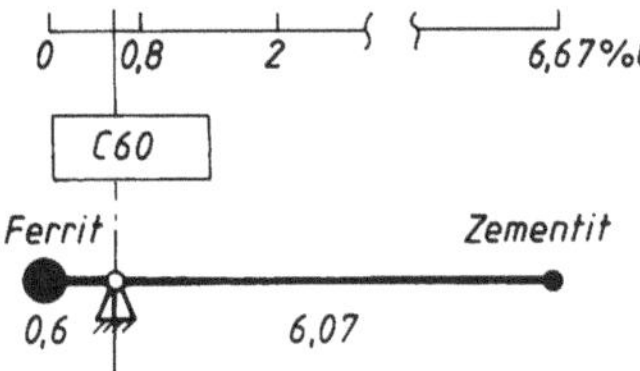

Stähle mit C-Gehalten über 0,8 % C (übereutektoide Stähle)
In Abb. 3.14 ist ein Stahl mit 1,4 % C bei der Abkühlung an vier Temperaturpunkten untersucht, die Gefüge sind schematisch skizziert.

Bei der Temperatur der Linie ES sind die Mischkristalle *gesättigt*.

Linie ES gibt für jede Temperatur die größte Löslichkeit der C-Atome im γ-Eisen an. Bei 1147 °C können 2,06 % C gelöst werden, bei 723 °C nur noch 0,8 % C. Deshalb kann die Linie ES als *Löslichkeits- oder Sättigungslinie* bezeichnet werden.

Unterhalb der Linie ES kann das Gitter nicht mehr so viele C-Atome einlagern (siehe Lot von Punkt A auf die untere Achse). Deswegen müssen C-Atome aus den γ-Mischkristallen diffundieren, sie wandern an die Korngrenzen und bilden dort Zementitkristalle: *Sekundärzementit*.

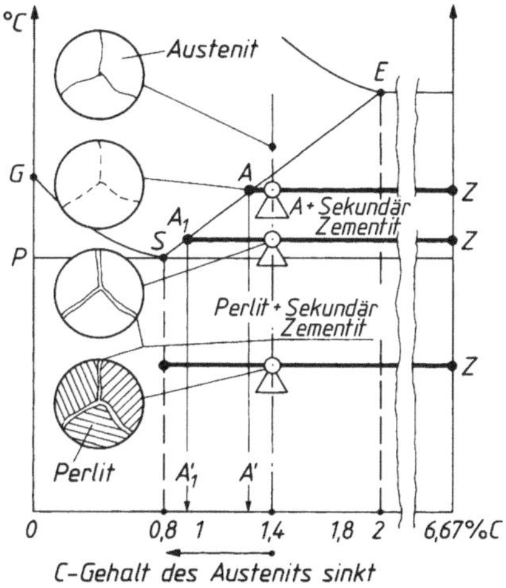

Abb. 3.14 Abkühlung eines
übereutektoiden Stahles

Abb. 3.15 Übereutektoider
Stahl, 1,4 % C *helles Netz*:
Sekundärzementit; *dunkle
Bereiche*: Perlit, 200 : 1 (Weiß-
bach 18. Auflage)

Sekundär-[2] **und Primärzementit**[3] unterscheiden sich durch die Kristallisationstemperatur:

Die Zementitausscheidung erfolgt bei sinkender Temperatur so lange, bis der restliche Austenit seinen C-Gehalt auf den des Punktes S (0,8 % C) erniedrigt hat (Weg des Punktes A nach A_1 und Lote auf die untere Achse A' und A'_1).

An der Linie PSK besteht der Stahl zunächst aus γ-Mischkristallen mit 0,8 % C und einem Netz von Sekundärzementit, dann erfolgt wie bei untereutektoiden Stählen der Zerfall des Austenits zu Perlit. Das Gefüge der übereutektoiden Stähle besteht bei Raumtemperatur aus Perlit mit dem Netz aus Sekundärzementit (Abb. 3.15).

Untereutektische Legierungen (2…4,3 % C)

Wie in Abschn. 3.3.1 behandelt, enthalten diese Legierungen primäre γ-Mischkristalle im Eutektikum Ledeburit. Letzteres enthält ebenfalls γ-Mischkristalle mit Zementit in feinkörniger Verteilung.

---

[2] im festen Zustand durch Ausscheidung aus γ-Mischkristallen auf den Korngrenzen wachsend, feiner als Primärzementit, aber gröber als die Zementitlamellen in Perlit.
[3] Primärzementit entsteht in der flüssigen Schmelze, grobkörnig (Abb. 3.18).

Abb. 3.16 Untereutektisches
Eisen, 2,8 % C, 200 : 1

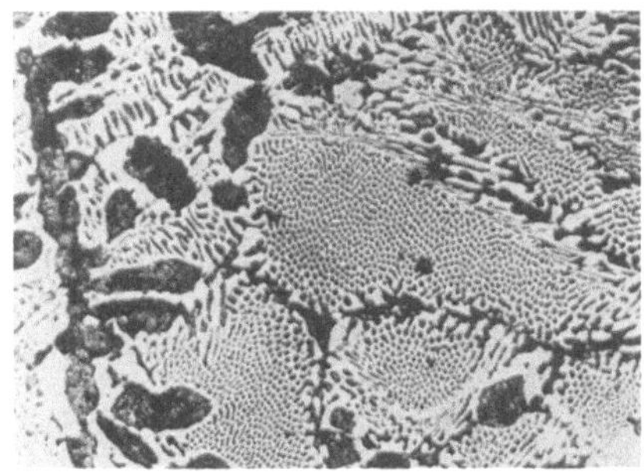

Abb. 3.17 Eutektisches Eisen,
4,3 % C, Ledeburit, 200 : 1

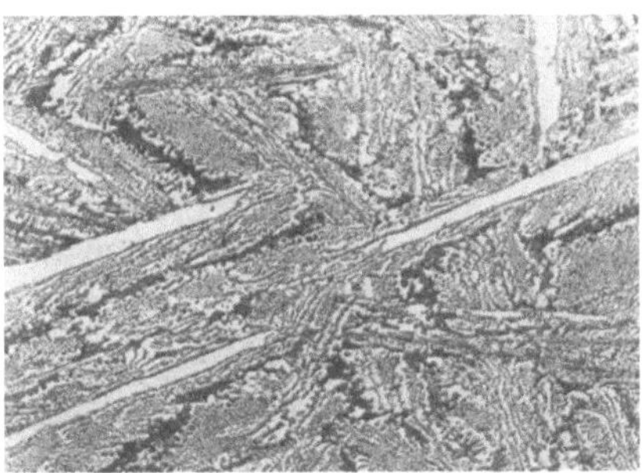

In der Praxis werden untereutektische Legierungen bei Temperrohguss und Hartguss (metastabiles System) sowie bei Gusseisen mit Lamellen- oder Kugelgraphit eingesetzt.

Mit fortschreitender Abkühlung erfolgen die bereits behandelten Umwandlungen:

- Zementitausscheidung aus den γ-Mischkristallen, der Zementitanteil erhöht sich.
- Bei PSK zerfallen die γ-Mischkristalle zu Perlit.

Bei RT bestehen diese Legierungen aus dem Eutektikum Ledeburit mit eingebetteten Perlitbereichen (Abb. 3.16, dunkle Flecken: Perlit; gesprenkelte Fläche: Ledeburit).

Das Eutektikum Ledeburit

Unmittelbar nach der Erstarrung liegt ein feinkörniges Gemenge aus γ-Mischkristallen und Zementit vor. Die γ-Mischkristalle unterliegen der Zementitausscheidung und zerfallen bei 723 °C zu Perlit.

Bei RT besteht Ledeburit aus einem feinkörnigem Gemenge von Perlit und Zementit (Abb. 3.17).

Übereutektische Legierungen

Das Gefüge besteht bei RT aus dem ledeburitischen Grundgefüge mit eingebetteten primären Zementitkristallen (helle Streifen in Abb. 3.18).

Abb. 3.18 Übereutektisches
Eisen, 5 % C, 200 : 1

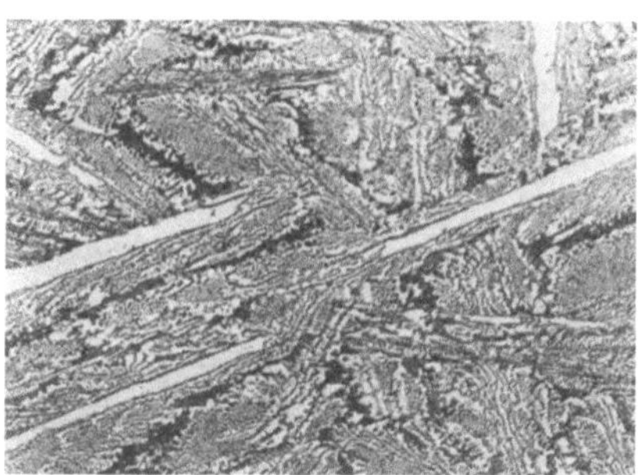

3.4 Einfluss des Kohlenstoffs auf die Legierungseigenschaften

3.4.1 Mechanische Eigenschaften

Die Eigenschaften eines Werkstoffes, der ein Gemenge verschiedener Phasen darstellt, werden von diesen geprägt und sind abschätzbar. Das Mischungsverhältnis der Phasen kann mit der Hebelbeziehung bestimmt werden. Die Gefügebestandteile lassen sich aus dem EK-Diagramm (Abb. 3.19) ablesen.

Tab. 3.1 gibt einen Überblick über die im Stahl auftretenden Kristallarten, ihre Struktur und die Eigenschaften (Abb. 3.20).

Stähle Im Gefüge kommt zum reinen Ferrit mit steigendem C-Gehalt zunehmend Zementit hinzu, zunächst in lamellarer Form im Perlit. Bei 0,8 % C ist Stahl rein perlitisch. Härte und Festigkeit nehmen zu, Bruchdehnung und Brucheinschnürung dagegen ab (Abb. 3.20).

Mit steigendem C-Gehalt tritt Sekundärzementit auf den Korngrenzen auf (im Gefüge als Netz zu erkennen), dessen Anteil bei 2 % C ca. 20 % beträgt. Er entsteht zwischen den Austenit-Kristallen und versprödet den Stahl. Damit sinkt die Zugfestigkeit wieder ab. Die Härte steigt dagegen weiter an.

Unter- bis übereutektische Legierungen gehören zu den Gusswerkstoffen (Abschn. 6.2 und Tab. 6.1).

3.4.2 Technologische Eigenschaften

Für die Formgebung zu Bauteilen müssen zahlreiche Fertigungsverfahren durchlaufen werden. Das erfordert bestimmte technologische Eigenschaften (siehe Tab. 3.2 und Kap. 14, Werkstoffprüfung).

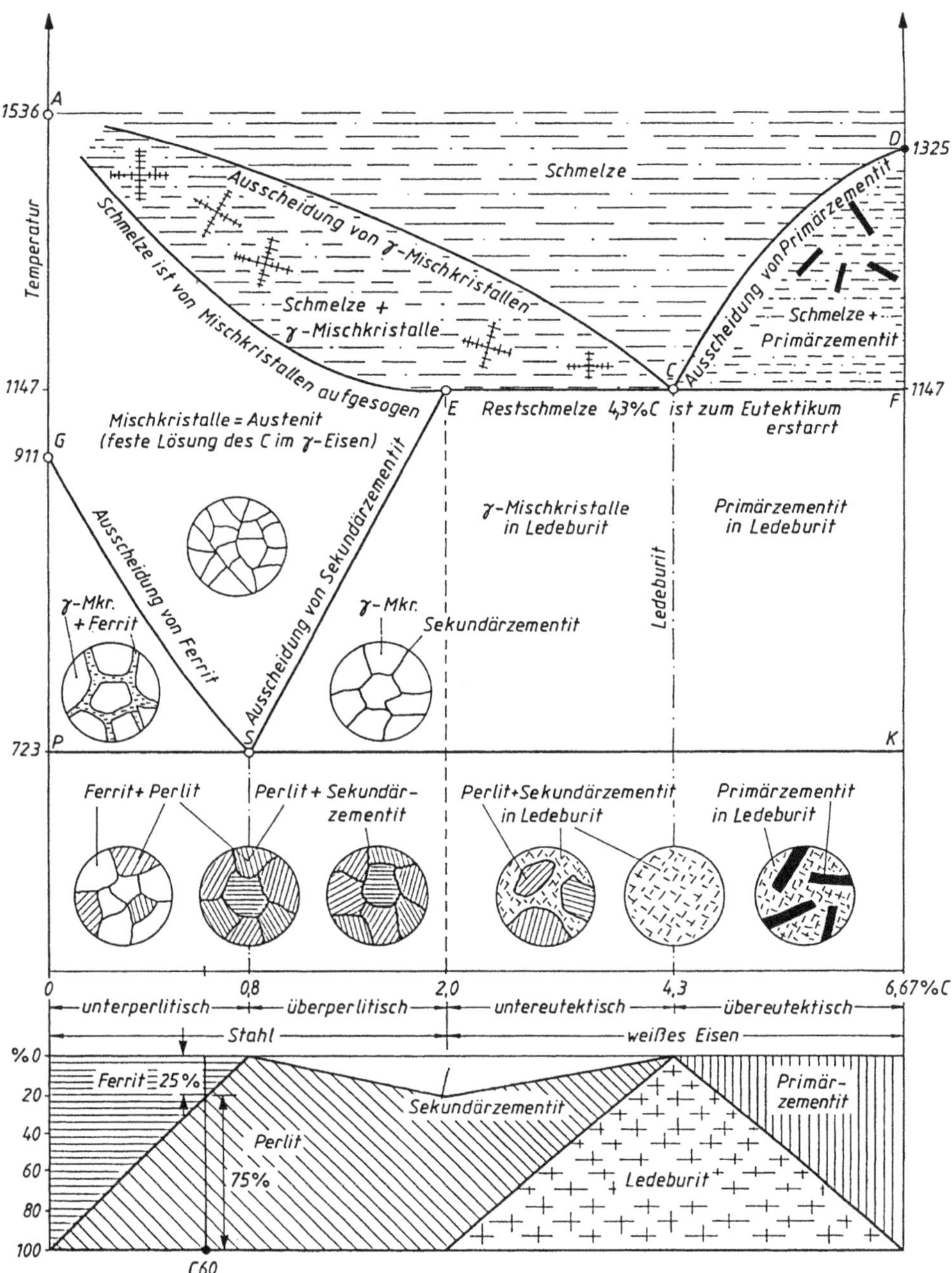

Abb. 3.19 Eisen-Kohlenstoff-Diagramm (vereinfachte Darstellung des metastabilen Systems)

Tab. 3.1 Kristallarten in Fe-C-Legierungen

Eigenschaften	Ferrit	Austenit	Zementit	Graphit
Kristallgitter	α-Fe, krz	γ-Fe, kfz	Fe_3C, rhomboedrisch	C, hexagonal
Härte	weich, 60 HV	unlegiert nur bei $> 723°$ vorhanden	hart, 800 HV	sehr weich
Umformbarkeit	ausreichend	sehr hoch	keine, spröde	keine, spröde
Sonstige	ferromagnetisch	paramagnetisch		Festschmierstoff

Abb. 3.20 Einfluss des C-Gehaltes auf die mechanischen Eigenschaften von Stahl; Zugfestigkeitswerte R_m mit 10 multiplizieren, Einheit ist MPa $=$ N/mm^2. Bruchdehnung A und Brucheinschnürung Z in %

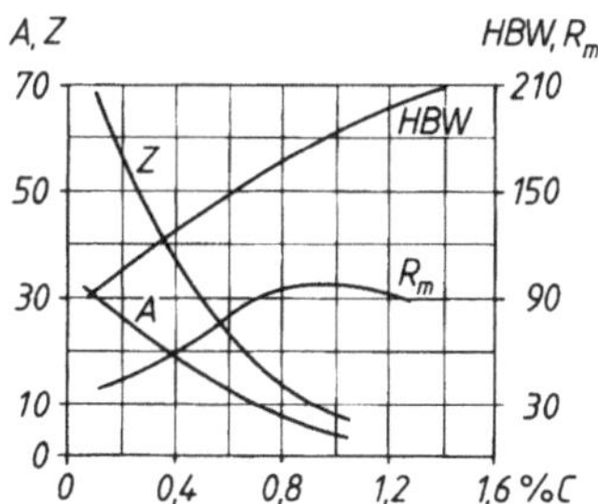

Tab. 3.2 Einfluss des Kohlenstoffs auf die technologischen Eigenschaften

Eignung zum	Einfluss des Kohlenstoffs
Gießen	Erniedrigt die Schmelztemperaturen deutlich erst bei größeren C-Gehalten (> 3 %), günstig durch niedriges Schwindmaß ($1,0\ldots1,5$ %), Stahlguss ($< 1,2$ %) ist wegen der Ausscheidung von γ-Mischkristallen in der Schmelze nicht dünnwandig vergießbar, hohes Schwindmaß ($1,5\ldots2$ %).
Warmumformen	Umformtemperaturen liegen im Austenitgebiet unterhalb der Solidus-Linie. Das Gefüge ist homogen austenitisch, Stähle mit höheren C-Gehalten werden bei sinkenden Temperaturen zweiphasig durch Ausscheidung von Sekundärzementit, daraus folgt die Gefahr von Rissen. C-arme Stähle sind bei höheren Temperaturen leichter verformbar (kleinere Kräfte).
Kaltumformen	Reiner Ferrit lässt stärkere Umformungen zu. Der spröde Zementit vermindert Bruchdehnung und -einschnürung. Die Grenze liegt bei etwa 0,8 % C. Kraft- und Arbeitsbedarf steigen mit dem C-Gehalt. Eine kugelige Form der Zementitkristalle erhöht die Kaltformbarkeit.
Spanen	Schnittkraft und Schneideverschleiß steigen mit dem Zementitanteil, bei kugeliger Zementitausbildung werden sie vermindert. Kohlenstoff C als Graphit (Gusseisensorten) erleichtert das Spanen durch seine Schmierwirkung.
Schweißen	Schweißeignung hängt von der Fähigkeit ab, die beim Schweißen entstehenden Spannungen durch kleine plastische Verformungen abbauen zu können. Deshalb sind Stähle mit höherem C-Gehalt und kleiner Bruchdehnung rissgefährdet.
Härten, Vergüten	Eine technisch nutzbare Härtesteigerung nach dem Abschrecken ist ab 0,2 % C festzustellen, sie steigt bis 0,8 % C und bleibt dann konstant (Abb. 5.20).

Literatur

1. Horstmann, G.: Das Zustandsschaubild Eisen-Kohlenstoff und die Grundlagen der Wärmebehandlung der Stähle. Verlag Stahleisen (1985)
2. Hougardy, H.: Umwandlung und Gefüge unlegierter Stähle. Verlag Stahleisen (2003)

4.1 Erzeugung und Klassifizierung

4.1.1 Allgemeines

Stähle[1] und Stahlguss sind wegen ihrer Vielseitigkeit noch immer die wichtigsten Werkstoffe des Maschinenbaues. Ihre Eigenschaften lassen – in Verbindung mit der Wärmebehandlung – viele Kombinationen zwischen **Festigkeit, Härte, Zähigkeit** und **plastischer Verformbarkeit** zu.

Die Bedeutung wird durch die Zahl von über 2000 lieferbaren Stahlsorten deutlich. Es gibt Sorten für gegensätzliche Anforderungen, z. B. für

- Konstruktionen und Werkzeuge
- warm-/kaltgewalzte Profile und Gussteile
- extrem tiefe und hohe Temperaturen

Entscheidend dafür sind die Möglichkeiten der Eigenschaftsänderung durch z. B. Normalglühen, Härten und Vergüten.

Der hohe Elastizitätsmodul ergibt Steifigkeit. Als Nachteil erweist sich die hohe Dichte im Vergleich zu Leichtmetallen, Polymeren und Verbundwerkstoffen. Mit dem Einsatz neuer Stahlsorten, wie z. B. hochfeste Stähle zum Kaltumformen (Tab. 4.31), bei denen hohe Festigkeit mit ausreichender plastischer Verformbarkeit kombiniert ist, sowie Leichtbaukonstruktionen wird versucht, diesen Nachteil auszugleichen.

---

[1] Stahl ist eine warmumformbare Eisenlegierung. Stahl kann, muss aber nicht warmumgeformt werden. Es gibt auch Gussstahl. Alle nicht warmumformbaren, also nur gießbaren Eisenlegierungen werden als Gusseisen bezeichnet.

© Springer Fachmedien Wiesbaden GmbH, ein Teil von Springer Nature 2018
W. Weißbach, M. Dahms, C. Jaroschek, *Werkstoffe und ihre Anwendungen*,
https://doi.org/10.1007/978-3-658-19892-3_4

Tab. 4.1 Vergleich typischer Elementgehalte (in %)

Werkstoff	C	Si	Mn	P	S
Roheisen	3,5	0,4	0,5	0,1	0,08
Stahl S235J0	0,16	0,36	1,5	0,02	0,03

4.1.2 Ausgangsstoffe und Aufgaben der Stahlerzeugung

Ausgangsstoffe für die Stahlerzeugung sind:

- Roheisen aus dem Hochofenprozess
- Neuschrott aus dem Kreislauf der Stahlgewinnung (z. B. Steiger, Endstücke)
- Altschrott aus dem Abriss von Industrieanlagen und dem Recycling.

Im EKD ist Roheisen (Tab. 4.1) im eutektischen Bereich zu finden, Stahl dagegen in der Stahlecke. Aus Tab. 4.1 ergibt sich die Aufgabenstellung bei der Stahlerzeugung aus Roheisen:

Verfahrensweg vom Roheisen zum Stahl
- **C-Gehalt** absenken
- **Eisenbegleiter** (*qualitätsmindernde*) auf möglichst niedrige Werte reduzieren (Phosphor P, Schwefel S, Sauerstoff O, Stickstoff N, Wasserstoff H)
- *Festigkeitssteigernde* **Legierungselemente** auf bestimmte Gehalte nach Norm einstellen (Mangan Mn und Silizium Si).

▶ **Hinweis** Stahlerzeugung aus Schrott ist metallurgisch einfacher, da er wenig S und P enthält.

4.1.3 Rohstahlerzeugung

Verschiedene Verfahren dienen der Erzeugung von Rohstahl.

Hochofenprozess Reduktion der Eisenerze durch das CO-Gas des verbrennenden Kokses mit Zusatz von Kohle, Öl und Kunststoffabfällen. Hauptverfahren zur Roheisenerzeugung, Leistung 10.000 t/24 h.

Direktreduktion Reduktion von aufbereiteten Erzen in Schachtöfen mit einem meist außerhalb erzeugten Reduktionsgas aus CO und H_2 bei niedrigen Temperaturen zu Eisenschwamm mit Fe-Gehalten von $< 95\,\%$. Leistung ca. 100 t/24 h. Wegen der geringeren Leistung der Anlagen ist der Anteil an der Roheisenerzeugung gering. Verwendung z. B. für Sintereisenpulver.

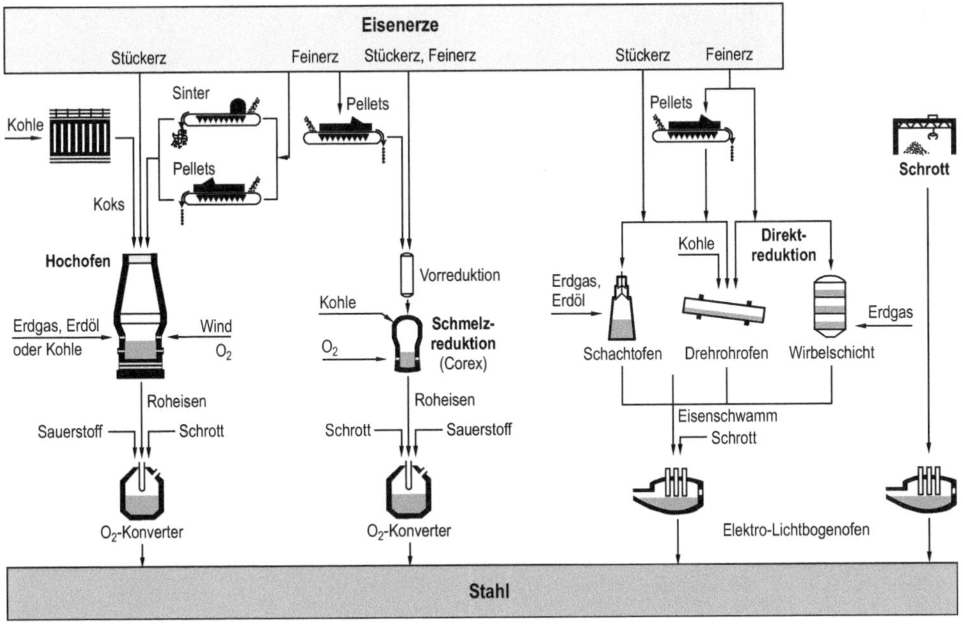

Abb. 4.1 Verfahrenslinien zur Rohstahlerzeugung

Frischen Verschlacken bzw. Vergasen (z. B. C zu CO) der Eisenbegleiter mithilfe von Sauerstoff (früher mit Luft) oder chemisch gebunden. Chemisch gesehen ist es eine Oxidation. Die Verfahren unterscheiden sich durch die Sauerstoffzufuhr:

- Sauerstoffgas bei den Blasstahlverfahren
- Fe-Oxide beim Elektrostahlverfahren.

Die wichtigsten Vorgänge sind:

- **Reduktion** der Fe-Oxide im Erz durch aufsteigendes CO aus der Verbrennung des Kokses, auch direkt durch Kontakt der Oxide mit dem Koks
- **Oxidation** der Eisenbegleiter P und S.

Abb. 4.1 gibt einen Überblick über den Weg vom Erz zum Stahl. Auf die verfahrenstechnischen Einzelheiten kann im Rahmen dieses Buches nicht eingegangen werden.

Sauerstoff-Aufblasverfahren Einsatz ist flüssiges Roheisen mit Schrottzusatz zur Kühlung. Der Gasstrom kann von oben über eine Lanze, durch Düsen im Boden oder auch kombiniert zugeführt werden. Die Leistung beträgt 600 t/h. Die Verfahren haben einen Anteil von ca. 80 % an der Stahlerzeugung in Deutschland (Abb. 4.2).

Abb. 4.2 Sauerstoffblasverfahren mit LDAC-Konverter. 1 Sauerstofflanze, 2 Abstichloch, 3 Tragring, 4 Futter, 5 Boden, 6 Schutzring, 7 Abgashaube, 8 Schlackenpfanne, 9 Gießpfanne, 10 Stahlentnahmewagen (nach DEMAG)

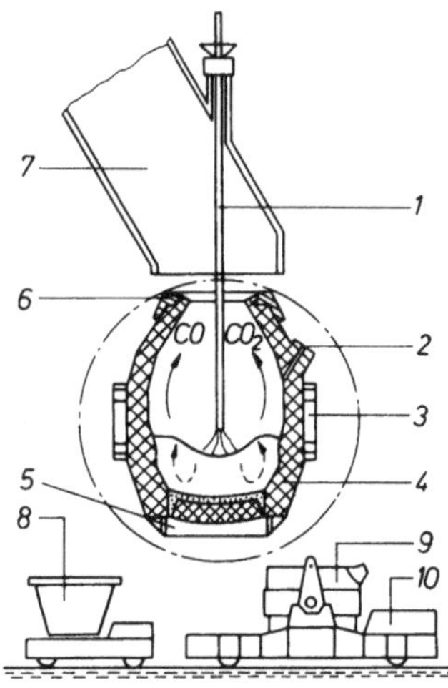

Zum Absenken des P-Gehaltes wird mit dem O_2-Strom noch Feinkalk auf die Schmelze geblasen, LDAC-Verfahren (Stahlerzeuger **Linz-D**onawitz, **ARBED**, **CRNM**).

Elektrostahlverfahren Einsatzmaterial ist fester Schrott und Eisenschwamm. Die Öfen werden in den Stahlgießereien und Ministahlwerken eingesetzt. Letztere haben begrenztes Lieferprogramm und damit niedrigere Investitionskosten. Die Leistung der Öfen beträgt etwa 130 t/h (Abb. 4.3).

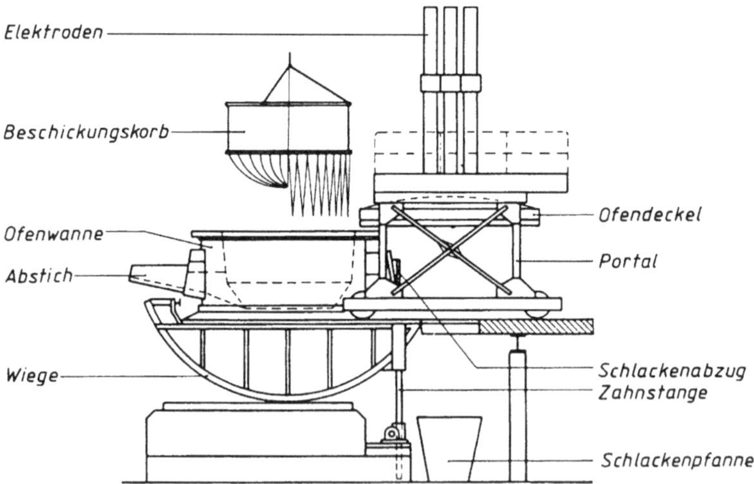

Abb. 4.3 Elektrostahlverfahren. Lichtbogenofen mit ausgefahrenem Deckel beim Beschicken. Beschickungskorb linke Hälfte gefüllt, rechte Hälfte im leeren Zustand gezeichnet (DEMAG)

4.1.4 Sekundärmetallurgie

Rohstahl enthält nach dem schlackenfreien Abstich in die Gießpfanne noch gelöstes FeO, das nach der Erstarrung im Gefüge als Oxidschlacke vorliegt. Seine Entfernung wird **Desoxidation** genannt, d. h. Reduktion des gelösten FeO durch Zugabe von Stoffen mit höherer Affinität zum O. Solche *Desoxidationsmittel* sind Al, Ca, Mg, Si und Ti, auch in Kombination.

Dabei laufen Redoxreaktionen ab, es entstehen nichtmetallische Teilchen, die nicht vollständig in der zähen Schmelze aufsteigen können. Ihre Entfernung und weitere Arbeiten wie das Einstellen der chemischen Zusammensetzung, Legieren sowie Absenken des Gasgehaltes werden in der Gießpfanne oder in besonderen Gefäßen durchgeführt, auch Pfannenmetallurgie genannt. Dazu sind zahlreiche Verfahren entstanden (Tab. 4.2).

Umschmelzverfahren sind wegen der Kosten auf Stahlsorten für hochbeanspruchte Schmiedeteile begrenzt, wenn Längs- und Quereigenschaften möglichst gleich sein sollen (isotropes Verhalten).

Beispiele für hochbeanspruchte Schmiedeteile

Kaltwalzen höchster Oberflächengüte, Wälzlager für höchste Sicherheit, Vergütungsstähle für den Flugzeugbau, warmfeste Schmiedeteile für Kraftwerksbau, Druckgießformen, HS-Stähle

4.1.5 Vergießen und Erstarren des Stahles

Vergießen Der größte Teil (ca. 90 %) des in Deutschland erschmolzenen Stahles wird im Strangguss vergossen. Der Rest ist Blockguss für große Schmiedeteile und Stahlguss.

Die Entwicklung geht zu endmaßgenauen Gießformaten, um Walzwerke und Energie einzusparen: Vorbandgießen (15...20 mm) und Gießwalzen (1...2 mm Dicke).

Erstarren In der Schmelze ist durch das Blasen mit Sauerstoff FeO entstanden, das mit den noch vorhandenen C-Atomen reagiert, die Kohlenstoffdesoxidation.

Kohlenstoffdesoxidation

$$\begin{array}{c} \text{Reduktion} \\ \uparrow \qquad\quad \downarrow \\ FeO + C \Leftrightarrow Fe + CO \uparrow \\ \downarrow \qquad\quad\ \uparrow \\ \text{Oxidation} \end{array}$$

Die in der Schmelze gelösten Stoffe FeO und C liegen mit Fe und CO im **chemischen Gleichgewicht** vor, die Reaktion kommt praktisch zum Stillstand.

Tab. 4.2 Sekundärmetallurgie

Rohstahlmerkmale	Verfahren	Beispiele für Reaktion/Anlagen
Gasgehalte zu hoch (N_2 und H_2) Nichtmetallische Teilchen in der Schmelze, aus der Desoxidation oder Entphosphorung stammend Temperatur zu niedrig Ungenaue Gehalte an Legierungselementen	**Entgasen** durch Vakuum **Spülen** mit Argon durch poröse Bodensteine fördert das Aufsteigen und homogenisiert Temperatur und Analyse **Elektrisch Heizen** durch Elektroden (siehe Abbildung) oder chemisch durch Verbrennung von Al unter Schutzgas **Legieren** durch Zugabe über eine Schleuse	Elektroden / Schleuse LE / Abschirmung / Vakuum-Pumpe / Spül-gas Heizbarer Pfannenstand VAD-Verfahren
FeO-, FeS-, P_2O_5-Gehalte zu hoch	**Desoxidation, Entphosphorung** durch Einblasen oder Einspulen reaktionsfähiger Metalle bzw. Oxide	$3\,FeO + 2\,Al \Rightarrow Al_2O_3 + 3\,Fe$ $P_2O_5 + 3\,CaO \Rightarrow Ca_3(PO_4)_2$
C-Gehalte zu hoch	**Tiefentkohlung** durch Frischen im Vakuum	VOD-Verfahren für C-arme CrNi-Stähle
Gasgehalte zu hoch (N_2 und H_2) Schlackenteilchen mindern den Reinheitsgrad	**Umschmelzen** (ESU, Elektro-Schlacke-Umschmelzen, siehe Abbildung) oder im Vakuum-Lichtbogenofen ergibt: – Gasgehalte auf 50 % abgesenkt – Abschirmung vor O_2 und N_2 aus der Luft – Abdampfen von Spurenelementen wie Sn und Pb – Wiederaufleben der Kohlenstoffdesoxidation; FeO-Gehalte sinken weiter	Abschmelzelektrode / Kokille, wassergekühlt / Schlacke, flüssig / Metallsumpf / Schlackenhaut / ESU-Block / Bodenplatte, wassergekühlt / 45 V~ 6 kA ESU-Umschmelzanlage

Jede Änderung der Zustandsgrößen (Vakuum) oder die Entnahme eines Reaktionspartners führt zum Wiederaufleben der Reaktion, die ein neues Gleichgewicht anstrebt.

Beispiel 1

CO-Gas wird beim Vakuumguss abgezogen. Das Gleichgewicht ist gestört, es wird weiteres CO gebildet, dadurch sinkt der FeO-Gehalt (Desoxidation).

Beispiel 2

Bei der Erstarrung in Kokillen wird die Schmelze durch die Ausscheidung von Fe-Kristallen ärmer an Fe, die Reaktion läuft weiter nach rechts ab unter Bildung von CO-Gas.

Das nach Beispiel 2 aufsteigende CO-Gas bewirkt ein Kochen in der Gießform, der Stahl ist **unberuhigt** vergossen, d. h. CO-Blasen bleiben als Blasenkranz unter einer Schicht C-armen Stahles eingeschlossen, verschwinden aber bei einer starken Warmumformung. Durch das Kochen wird die Entstehung einer starken Blockseigerung gefördert, was grundsätzlich zu Stählen verminderter Zähigkeit führt. Deswegen ist unberuhigter Stahl in der aktuellen Stahlnormung nicht mehr vorhanden. Das Kochen fördert das Aufsteigen von nichtmetallischen Teilchen, es bleiben jedoch Gasblasen eingeschlossen.

Die CO-Entwicklung während der Erstarrung muss verhindert werden bei:

- C-reichen Stählen, die nicht stark umgeformt werden können (Rissgefahr durch Fe_3C)
- Stahlformguss (Blasen wären innere Fehler), Strangguss.

Hier muss ohne aufsteigende CO-Blasen, also **beruhigt** vergossen werden. Beim beruhigten Vergießen entstehen durch Zugabe von Desoxidationsmitteln (Al, Ca, Si) **feste** Reaktionsprodukte, keine Gasentwicklung, der Stahl erstarrt ohne Badbewegung. Dadurch wird die Blockseigerung weniger stark ausgeprägt und es werden Stähle höherer Qualität produziert.

Desoxidationsreaktionen sind z. B.:

$$FeO + Ca \Rightarrow Fe + CaO$$
$$3\,FeO + 2\,Al \Rightarrow 3\,Fe + Al_2O_3$$
$$2\,FeO + Si \Rightarrow 2\,Fe + SiO_2$$

Eine **Blockseigerung** tritt bei Stahlblöcken und dickwandigen Gussteilen besonders ausgeprägt auf. Im Randbereich (Formwand) bilden sich fast reine Fe-Kristalle, die Verunreinigungen reichern sich in der Restschmelze an und bilden die Seigerungszone im Kern. Beim Warmumformen wird die Seigerungszone mit ausgewalzt und lässt sich im Profil nachweisen (Abb. 14.49).

4.1.6   Eisenbegleiter und ihre Wirkung auf Gefüge und Stahleigenschaften

Einfluss der Nichtmetalle

Nichtmetalle bilden bei hohen Temperaturen mit dem Eisen chemische Verbindungen: **Phosphide, Sulfide, Oxide**, die nach Abkühlung als Schlackenteilchen vorliegen.

Die nachstehenden Tabellen (Tab. 4.3–4.5) beschreiben die einzelnen Eisenbegleiter nach

- Herkunft,
- Gefügeeinfluss und
- Eigenschaftsänderungen.

Einfluss von Gasgehalten

Gase sind in der Schmelze löslich und bleiben z. T. bei der Erstarrung als Gasblasen im Gefüge zurück, wo sie die Zähigkeit stark vermindern. Sie werden durch Sekundärbehandlung mit Vakuum weiter reduziert. Tab. 4.4 beschreibt ihre Auswirkungen.

Einfluss von Mangan Mn und Silizium Si

Alle Stähle enthalten von der Erschmelzung her die Elemente Mangan Mn und Silizium Si (s. Tab. 4.5). Für die Gruppe der unlegierten Stähle sind es wichtige Legierungselemente.

Tab. 4.3 Einfluss von Phosphor und Schwefel im Stahl

	Phosphor P	Schwefel S
Herkunft	P-haltige Erze und Zuschläge im Hochofen, Energiequelle für Blasverfahren	Sulfidische Erze, auch im Koks enthalten
Standort im Gefüge	Im Ferrit löslich (max. 2,8 % bei 1050 °C), bildet mit Fe Phosphide. Im Gusseisen entsteht aus Fe_3C und Fe_3P das niedrigschmelzende Dreifach-Eutektikum Steadit mit $T_m = 950$ °C	Im Ferrit unlöslich, bildet mit Fe und Mn Sulfide (Schlackenteilchen). Das Eutektikum aus Fe, FeO und FeS hat $T_m = 935$ °C. Abhilfe durch Mn-Gehalte, es entsteht MnS statt FeS
Auswirkung auf das Verhalten	Diffundiert langsam (Atom-Ø groß), ergibt starke Seigerungen, erniedrigt die Schmelztemperatur des Ledeburits, das Formfüllungsvermögen steigt	Warmumformung unter 1200 °C, oberhalb Heißbruch durch Eutektika, Rotbruch unter 1000 °C
Auswirkung auf die Eigenschaften	Fe-P-Einlagerungs-Mischkristalle sind kaltspröde. Der Steilabfall (Übergangstemperatur) der Kerbschlagarbeit (Abb. 14.19) wird nach rechts verschoben	Grobe Sulfide sind Sprödbruchauslöser. Feinverteilte Sulfidschlacken (meist MnS) ergeben Kurzspan mit hoher Oberflächengüte
Anwendungen	Stähle für Warmpressmuttern enthalten bis zu 0,3 % P, Kunstguss bis 1 %	Automatenstähle unlegiert und niedrig legiert mit 0,08…0,4 % S und 0,06…0,11 % P

Tab. 4.4 Einfluss der Gase Sauerstoff, Stickstoff und Wasserstoff

Gas	Herkunft und Aufnahme	Auswirkungen auf Verhalten und Eigenschaften
Sauerstoff O	O_2-Blasverfahren erzeugen FeO, das sich in der Schmelze löst und als FeO-Schlacke im Gefüge vorliegt	Führt in Kombination mit FeS (Tab. 4.3) zu Rotbruch beim Warmumformen, d. h. Stahl ist nicht schmiedbar bei FeO $\geq 0{,}2\,\%$
Stickstoff N	Aufnahme beim Kontakt der Schmelze mit Luft und Reststickstoff von technisch reinem O_2	Löslichkeit von N im Ferrit ist gering, sie sinkt bei RT fast auf null. Ausscheidungen von Fe-Nitrid nach schneller Abkühlung führen zur Abnahme der Kaltzähigkeit (Alterung)
Wasserstoff H	Rostiger, feuchter Schrott und Brenngase. Hohe Löslichkeit im Ferrit und als H_2-Gas in Poren. H-Atome diffundieren bei RT so schnell wie C bei 1000 °C. Kaltverformter Stahl nimmt bei chemischer Behandlung mit Säuren (Beizen, Galvanik) H-Atome auf	Abnahme der Löslichkeit bei der Erstarrung und Abkühlung führt zur Molekülbildung in Fehlstellen unter hohem Druck. Dadurch sog. Flockenrisse und innere Spaltbrüche besonders bei der Verformung großer Querschnitte aus Ni- und Mn-Stählen. Abhilfe durch Glühen mit Ausdiffundieren des Wasserstoffs. Beizsprödigkeit ist eine geringe Kaltformbarkeit durch H-Atome auf Zwischengitterplätzen im Ferrit (Mischkristallverfestigung) und kann durch Glühen bei 200 °C beseitigt werden

Tab. 4.5 Einfluss von Mangan und Silizium auf Stahl

	Mangan Mn	Silizium Si
Herkunft	In Erzen enthalten und durch Desoxidation nach z. B.: FeO + Mn $\Rightarrow$ MnO + Fe FeS + Mn $\Rightarrow$ MnS + Fe	In Erzen enthalten, Gangart Quarz, SiO_2 durch Desoxidation nach z. B.: 2 FeO + Si $\Rightarrow$ SiO_2 + 2 Fe Das SiO_2 (Nichtmetalloxid, Säurebildner) bildet mit Akalimetalloxiden spröde, hoch schmelzende Silikate
Gefügewirkung	Schlackenteilchen nach o. a. Reaktionen Rest Mn im Ferrit und Zementit ergeben Walz- und Schmiedefaserstrukturen mit anisotropem Verhalten	Rest Si im Ferrit gelöst
Eigenschaften – erwünscht	Mn bildet Mischkarbide (Fe, Mn)$_3$C, bremst den Zementitzerfall bei Temp. über 700 °C, steigert Festigkeit ohne Zähigkeitsabfall und die Härtbarkeit	Fördert den Zementitzerfall (zu Graphit). Steigert Festigkeit, Korrosionsbeständigkeit und Härtbarkeit, mindert Ummagnetisierungs- und Wirbelstromverluste
– unerwünscht	Begünstigt das Kornwachstum bei höheren Temperaturen	Begünstigt das Kornwachstum, mindert Bruchdehnung, Tiefzieheigenschaften, Warmformbarkeit und Schweißeignung (zähflüssige Silikathaut)
Anwendung	Baustahl S355J2 erhält hohe Festigkeit bei niedrigem C-Gehalt durch 0,9–1,7 % Mn	Magnetbleche für Trafos und E-Maschinen enthalten bis zu 4 % Si, säurefester Guss bis zu 16 % Si

Tab. 4.6 Übersicht, Standort und Wirkung der LE im Stahl

Standort, LE-Atome bilden ...	Auswirkung/Bedeutung
Austausch-Mischkristalle bis zur Löslichkeitsgrenze	Mischkristallverfestigung (Abschn. 2.3.1) Die Umwandlungspunkte und -linien des EKD werden verschoben, es entstehen neue Zustandsschaubilder (Abb. 4.4 und 4.5)
LE im Mischkristall ändern Löslichkeit der C-Atome und behindern die C-Diffusion bei der wichtigen γ-α-Umwandlung. Das Härten wird vereinfacht. Zum Durchhärten und Durchvergüten kann langsamer abgekühlt werden (wichtig für Teile mit großen Querschnitten)	
Neue Phasen: Mischkarbide, Sonderkarbide mit anderer Struktur und Carbonitride (siehe Tab. 4.7)	Phasen sind härter als Zementit und erhöhen den Verschleißwiderstand, wichtig für Werkzeugstähle, erhöhen in feindisperser Form die Festigkeit, auch bei höheren Temperaturen (Anlassbeständigkeit)

Tab. 4.7 Legierungselemente, die Mischkarbide im Stahl bilden

Periode	Nebengruppe		
	IVB	VB	VIB
4	Titan **Ti**	Vanadium **V**	Chrom **Cr**
5	Zirkon **Zr**	Niob **Nb**	Molybdän **Mo**
6	Hafnium **Hf**	Tantal **Ta**	Wolfram **W**

4.1.7 Einfluss der Legierungselemente

In diesem Abschnitt werden die Einflüsse der besonders zugesetzten Legierungselemente (LE) in Gruppen auf die

- Gefügeausbildung,
- Linien des EKD und die
- Eigenschaften beschrieben.

Legierungselemente wirken unterschiedlich, weil sie im Gefüge in verschiedenen Phasen eingebaut sind (Tab. 4.6).

> **Hinweis** Der C-Gehalt beeinflusst zusätzlich die Wirkung mancher LE stark (Abb. 4.6). Die Wirkung zweier LE muss nicht die Summe beider Einflüsse sein.

Beispiel

Cr-Ni-Stähle (Abb. 4.9)

- Cr bildet bevorzugt Karbide und ist Ferritstabilisator.
- Ni erweitert das Austenitgebiet auf Raumtemperatur.

Bei Cr-Ni-Stählen wird durch Cr die Wirkung von Ni verstärkt.

Tab. 4.8 Löslichkeit (in %) einiger LE im Eisen

Element	Im Ferrit bei T in °C	Im Austentit bei T in °C
Ferrit bildende Legierungselemente		
Chrom	**100** 1800	12,5 1050
Molybdän	**37,5** 1450	1,6 1100
Vanadium	**100** 1400	1,5 1100
Austenit bildende Legierungselemente		
Mangan	3,5 700	**100** 1130
Cobalt	76,0 600	**100** 1000
Nickel	8 300	**100** 910

Mischkristallbildner

Alle LE sind in kleinen Gehalten im Ferrit und Austenit löslich, manche vollkommen (Tab. 4.8). Eine Ausnahme ist Blei, es ist praktisch unlöslich.

> Gelöste Elemente erhöhen die Festigkeit des Ferrits (Mischkristallverfestigung Abschn. 2.3.1).

Gleichzeitig wirken sich die LE auf das γ-α-Umwandlungsverhalten aus. Die LE-Atome ändern die Löslichkeit der C-Atome und behindern die Diffusion aus dem Austenit bei der Umwandlung. Die Folgen sind:

- Oberhalb der Linie PS wird weniger Ferrit ausgeschieden.
- Beim Austenitzerfall wird der Abstand der Zementitlamellen kleiner, dadurch bildet sich der Perlit feinstreifiger aus mit folgenden Auswirkungen: Ferrit ist die weichere Phase im Stahl. Hier beginnt die erste plastische Verformung, die Streckgrenze ist erreicht. Viele dünne Zementitlamellen im Ferrit behindern die Versetzungsbewegung stärker als wenige dickere. Das bedeutet, dass die **Dehngrenze $R_{\mathrm{p0,2}}$ erhöht** wird.

So entstehen Stähle mit perlitischem (eutektoidem) Gefüge, obwohl ihr C-Gehalt unter 0,8 % liegt.

Beispiel für Stähle mit eutektoidem Gefüge

Stahl mit 10 % Cr hat bereits bei 0,3 % C ein rein perlitisches Gefüge, es gibt keinen voreutektoid (zwischen GS und PS im EKD) ausgeschiedenen Ferrit. LE wie Mo, V, und W erreichen dies mit noch kleineren Anteilen.

Für die Wirkung auf das EKD bedeutet das:

Gelöste LE verschieben die Punkte S und E des EKD nach links.

Tab. 4.9 Mikrohärte einiger Karbide

Karbid	Härte HV	Karbid	Härte HV
TiC	3200	VC	2800
NbC	2800	WC	2400
Cr_3C_2	2150	Mo_2C	1500

Karbidbildner

Metalle mit einer höheren Affinität zum Kohlenstoff können Fe-Atome im Zementit teilweise ersetzen und Mischkarbide bilden, daneben auch eigene. Diese Metalle bilden einen Block im PSE als Nebengruppenelemente.

Beispiele für Karbide

Mischkarbide	$(Fe,Mn)_3C$, $(Fe,Cr)_3C$
Doppelkarbide	Fe_3W_3C, Fe_4Mo_2C
Sonderkarbide	$Cr_{23}C_6$, Cr_7C_3

Sonderkarbide ist ein Sammelname für solche Karbide, die nicht die Zementitstruktur besitzen. Ihre Härte steigt mit dem C-Anteil, also MC ist härter als M_2C (Tab. 4.9).

Die Karbide der Mischkarbide bildenden Metalle zählen zu den intermetallischen Phasen mit gemischten Bindungsarten, härter als Zementit (Tab. 4.9). Die Löslichkeit im Austenit ist verschieden, ebenso ihr Einfluss auf Härteverhalten (v_{krit}) und die Gefügestabilität bei höheren Temperaturen. Sie erhöhen Anlassbeständigkeit und verhindern als Korngrenzenausscheidung das Kornwachstum.

In der **Anwendung** enthalten alle Werkzeugstähle und verschleißfester Guss diese Karbide möglichst feinkörnig im gehärteten Grundgefüge. Aus Gründen der Schmiedbarkeit ist der Karbidgehalt auf ca. 15 % begrenzt.

Der Anteil der LE, die in Karbiden gebunden sind, geht dem Grundgefüge verloren. Damit auch dort genügend LE-Atome wirken können, ergibt sich für Karbidbildner die Forderung:

▶   **Hinweis** Hoher C-Gehalt im Stahl erfordert hohen Anteil an Karbidbildnern!

Höchste Karbidanteile besitzen die Sinterhartstoffe mit ca. 95 % (WC + TiC + TaC) in einem Co-Grundgefüge.

Beispiel: Kaltarbeitsstahl

Kaltarbeitsstahl **X210Cr12**: Mit 2,1 % C und 12 % Cr hat er ca. 15 % Karbidanteil. Bei Härtetemperatur ist genügend Cr im Austenit gelöst, sodass er die Eigenschaft *lufthärtend* besitzt.

Nitridbildner

C und N haben als Nachbarn im PSE kleine, *ähnliche* Atomradien, ihre Karbide und Nitride z. T. gleiche Kristallgitter. Darin sind C- und N-Atome austauschbar, z. B. haben TiC und TiN die gleiche kubisch-flächenzentrierte Einlagerungsstruktur.

Es können sich auch Carbonitride bilden. Dazu gehören die Elemente:

Aluminium Al, Bor B, Chrom Cr, Niob Nb, Titan Ti, Vanadium V, Zirkon Zr.

Nitride liegen als feindisperse Ausscheidungen innerhalb der Kristalle vor und bewirken:

- Streckgrenzenerhöhung bei C-armen, mikrolegierten Bau- und austenitischen Stählen
- Behinderung des Kornwachstums beim Glühen
- Steigerung der 0,2 %-Dehngrenze bei warmfesten Stählen (vergütet) ohne Zähigkeitsabfall, geringere Kriechrate bei T über 400 °C

> **Hinweis** Nitride sind die Träger der Härte beim Nitrieren von Nitrierstählen. Al-legierte Sorten erreichen die höchste Härte mit 950 HV1.

Nitride und Carbonitride werden durch CVD- oder PVD-Verfahren in Dünnschichten ($\approx 10\,\mu m$) als Verschleißschutz auf Werkzeuge aufgebracht.

Beispiele für Nitridbildner

- **S550MC**, kaltumformbarer Stahl mit hoher Streckgrenze nach DIN EN 10149/13
- **P460NH**, warmfester Stahl für Druckbehälter DIN EN 10028-2/09 mit $\leq 0,2\,\%$ N; an Al oder V $\leq 0,2\,\%$ gebunden.

Elemente, die das Austenitgebiet erweitern

Beim Reineisen ist der Haltepunkt Ar_3 (911 °C) die niedrigste Temperatur, bei der langsam abgekühlter Austenit noch existieren kann. Gelöste C-Atome erweitern diesen Bereich, indem A_3 nach unten verschoben wird (Linien PSK im EK). LE mit ähnlicher Wirkung werden als Austenitbildner bezeichnet. Es sind:

- **Mangan**
- **Nickel**
- **Cobalt**
- **Stickstoff**

Bei höheren Gehalten erweitern sie den Existenzbereich der γ-Mischkristalle bis auf RT (Abb. 4.4), dadurch entstehen **austenitische Stähle** (vgl. Abschn. 4.4.3). Sie haben bei RT ein homogenes Gefüge aus γ-Mischkristallen und dadurch ein besonderes Eigenschaftsprofil:

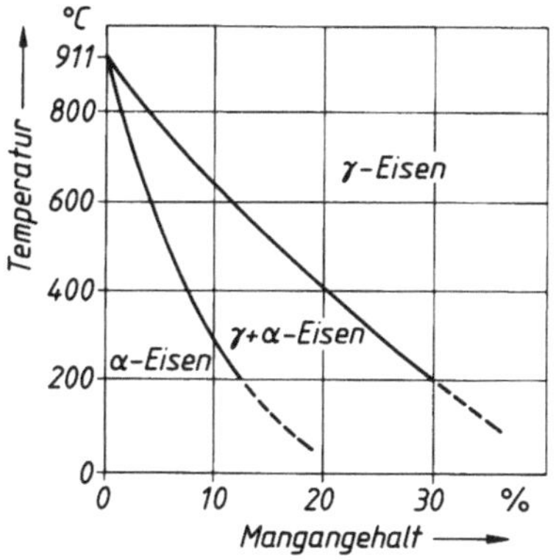

Abb. 4.4 Zustandsschaubild
Fe-Mn, linke Seite

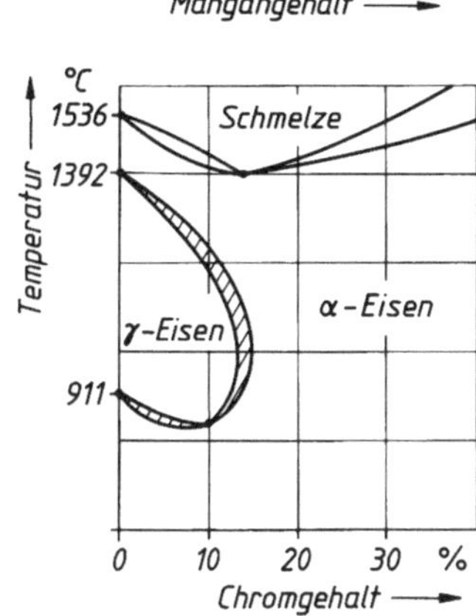

Abb. 4.5 Zustandsschaubild
Fe-Cr, linke Seite

- niedrige Dehngrenze, stark umformbar
- zäh, auch bei tiefen Temperaturen
- nicht ferromagnetisch
- umwandlungsfrei, kein Härten und Vergüten möglich

Die Austenitbildner können sich gegenseitig ersetzen, dadurch sind kostengünstige Kombinationen möglich (Ni durch Mn, N oder Cu ersetzt).

Bei kleineren Anteilen, z. B. Stahl mit 10 % Mn, muss aus Temperaturen im γ-Gebiet abgeschreckt werden. Dann entsteht unterkühlter Austenit, der durch Kaltumformung örtlich zu Martensit umwandelt (Prinzip der Mangan-Hartstähle, z. B. **X120Mn12**).

Stickstoff N diffundiert beim Carbonitrieren in das Gefüge, erweitert das Austenitgebiet auf ca. 600 °C und erniedrigt so die Abschrecktemperatur.

Elemente, die das Austenitgebiet verkleinern

Elemente einer anderen Gruppe verkleinern das Gebiet der γ-Mischkristalle oder schnüren es ab. Es sind dies:

Chrom Cr, Silizium Si, Molybdän Mo, Vanadium V, Titan Ti, Aluminium Al.

Im System Fe-Cr (Abb. 4.5) erstarren Legierungen bis 12 % Cr wie andere Stähle, durchlaufen das γ-Gebiet und unterliegen dem Austenitzerfall = Perlitbildung. Sorten mit über 13 % Cr erstarren zu α-Eisen und kühlen ohne Umwandlung bis auf RT ab. So entstehen die ferritischen Stähle. Sie unterscheiden sich von den austenitischen Stählen in wichtigen Eigenschaften (Tab. 4.25).

Geringste Anteile von C und N weiten das abgeschnürte γ-Feld (Abb. 4.5) nach rechts aus.

Dies hat zur Folge, dass sich für ferritische Gefüge bei C + N-Gehalten von ca. 0,14 % der erforderliche C-Gehalt auf etwa 25 % erhöht. Ist er niedriger, so entstehen die sog. halbferritischen Gefüge mit Austenitanteilen.

Einfluss weiterer Elemente

Da alle Stähle Kohlenstoff C enthalten, kommt es zu einer Dreistofflegierung. In den erzeugten Stählen sind stets noch weitere Elemente enthalten, die auf das Gefüge Einfluss nehmen. Die Beurteilung ist vielschichtig, weil sich ihre Wirkungen nicht einfach addieren. Sie können sich gegenseitig verstärken, abschwächen oder gemeinsam neue Wirkungen hervorrufen.

Das kann am Beispiel der Cr-Stähle gezeigt werden. Durch die Höhe des C-Gehaltes wird die Wirkung der Cr-Atome verändert.

- Cr > 12 % schnürt das Austenitgebiet ab.
- Cr ist Karbidbildner, d. h. bindet C-Atome, die dann für die erste Wirkung nicht zur Verfügung stehen.

Abb. 4.6 zeigt die möglichen Gefüge der Cr-Stähle.

4.1.8 Einteilung der Stähle

Der im Strang- oder Blockguss erzeugte Stahl wird nach dem Vergießen warm- und evtl. kaltumgeformt und als Stahlerzeugnis durch Trennen, Umformen und Fügen weiterverarbeitet.

Stahlerzeugnisse nach DIN EN 10079/07 sind:

- Flacherzeugnisse: Bleche und Bänder
- Langerzeugnisse: z. B. Rohre, Doppel-T-Träger und andere Profile, nebst Sonderprofilen, wie z. B. Spundwandbohlen

Stahlguss ist in Formen vergossener Stahl mit ähnlichen Analysen (Abschn. 4.8).

Stahlsorten werden nach unterschiedlichen Gesichtspunkten zu Gruppen zusammengefasst. Ihnen ist jeweils eine bestimmte Eigenschaft oder Eignung gemeinsam, mit denen auch die jeweiligen Normblätter benannt sind.

Abb. 4.6 Gefüge der Chromstähle

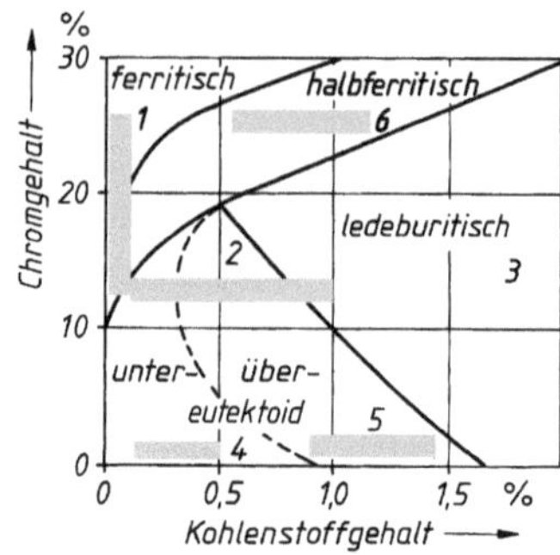

Legende zu Abb. 4.6

Feld C, Cr in %	Beschreibung	Stahlsorten, Beispiele
1 C: < 0,1 Cr: 12…30	Umwandlungsfreie, homogene ferritische Stähle. Sie haben keine sprunghafte Volumenänderung bei Erwärmungs- und Abkühlzyklen. Die Oxidschicht lockert sich nicht. Die festhaftende Cr-Oxidschicht wird durch Si und Al verstärkt.	**X6Cr17** Nr. 1.4016 Korrosionsbeständiger Stahl für Küchengeräte, Beschläge und Verkleidungen im Ladenbau **X10CrAl25** Nr. 1.4762 hitzebeständiger Stahl bis zu 1200 °C. Für Ofenbauteile, die heißen Gasen ausgesetzt sind
2 C: 0,1…0,5 Cr: < 13	Härt- und vergütbare Werkzeugstähle, korrosionsbeständig durch > 12 % Cr (bei geschliffener Oberfläche)	**X46Cr13** Nr. 1.4034 korrosionsbeständiger, härtbarer Stahl für Messer aller Art, Kunstharzpressformen, Wälzlager
3 C: 1,5…2,2 Cr: bis 13	Ledeburitische Werkzeugstähle, schmiedbar, härtbar. Durch Cr-Karbide verschleißfest und schneidhaltig. Weitere verbesserte Sorten mit W- und V-Anteilen	**X210Cr12** Nr. 1.2080 verzugsarmer Werkzeugstahl für Schnittwerkzeuge schwieriger Form. Ledeburit ist schmiedbar, da er statt Fe_3C die Cr-Karbide mit höherem Schmelzpunkt enthält.
4 C: 0,1…0,6 Cr: niedrig	Einsatz- und Vergütungsstähle, niedriglegiert, Cr bewirkt die Durchhärtung bei größeren Querschnitten, nicht korrosionsbeständig.	**41Cr4** Nr. 1.7035 Vergütungsstahl zum Öl- und Salzbadhärten, für Dicken bis 40 mm und $R_{p0,2}$ = 1300 MPa
5 C: < 1,0 Cr: niedrig	Werkzeugstähle, niedriglegiert mit überperlitischem (übereutektoidem) Gefüge. Verschleißfest bei ausreichender Zähigkeit, Ölhärter	**100Cr6** Nr. 1.3505 Wälzlagerstahl für Kugeln, Rollen und Ringe von 17…30 mm Wanddicke. Kaltarbeitsstahl für z. B. Reibahlen, Lehren
6 C: > 0,1 Cr: 12…30	Halbferritische Stähle. Der geringe Austenitanteil wird je nach Abkühlgeschwindigkeit zu Perlit, Bainit oder Martensit umgewandelt.	**X23CrNi17** Nr. 1.2787 Vergütbarer Stahl für Werkzeuge zur Glasformung

Einteilungskriterien sind die Eignung für z. B.:

- bestimmte **Anforderungen:** warmfeste, kaltzähe und korrosionsbeständige Stähle
- bestimmte **Fertigungsverfahren:** z. B. Nitrier-, Einsatz-, Vergütungs-, Automatenstähle, oberflächenhärtbarer Stahlguss
- bestimmte **Bauteile:** z. B. Feder-, Ventil-, Wälzlager- und Werkzeugstähle

Einteilung nach DIN EN 10020/00

Übergeordnet ist die Unterscheidung nach den Grenzwerten für P und S in (siehe Tab. 4.10):

Tab. 4.10 Grenzwerte für P und S

Stahlart	% P	% S
Qualitätsstähle		
Unlegiert	0,045…0,035	0,045…0,035
Legiert	0,030…0,025	0,030…0,015
Edelstähle		
Unlegiert	0,035…0,020	0,035…0,025
Legiert		0,035…0,015

Tab. 4.11 Grenzwerte zwischen unlegierten und legierten Stählen (Schmelzenanalyse)

LE …	%	LE …	%	LE …	%
Al	0,30	Cr	0,30	Co	0,30
Cu	0,40	Mn	1,65	Mo	0,08
Ni	0,30	Nb	0,06	Pb	0,40
Se	0,05	Si	0,60	Te	0,10
Ti	0,10	V	0,10	Bor	0,0008
W	0,30	Zr	0,05	Sonst.	0,10

- Qualitätsstähle sind i. Allg. nicht für eine Wärmebehandlung vorgesehen.
- Edelstähle haben höheren Reinheitsgrad und sind i. Allg. für eine Wärmebehandlung bestimmt, bei der sie gleichmäßiger ansprechen als Qualitätsstähle.

Eine weitere Gliederung erfolgt nach dem Gehalt an LE in drei Klassen:

- **unlegierte Stähle**: Die Sorten erreichen keinen der Grenzwerte nach Tab. 4.11.
- **nichtrostende Stähle**: Die Sorten haben max. 1,2 % C-Gehalt und $> 10,5\,\%$ Cr.
- **andere legierte Stähle**: Alle Sorten, die nicht zu den beiden genannten gehören.

Unlegierte Qualitätsstähle

Hierbei handelt es sich um Stahlsorten, die nicht den Kriterien für Edelstähle entsprechen.

Unlegierte Edelstähle

Das sind Stahlsorten mit einem höheren Reinheitsgrad durch aufwendigere Metallurgie. Sie erfüllen eine oder mehrere der folgenden Anforderungen:

- besonders niedrige Gehalte an nichtmetallischen Einschlüssen
- gleichmäßiges Ansprechen auf Wärmebehandlungen, mit bestimmter Einhärtungstiefe beim Oberflächenhärten
- festgelegter Mindestwert der Kerbschlagarbeit (vergütet), $KV > 27\,\mathrm{J}$ bei $-50\,°\mathrm{C}$ (längs) bzw. $> 16\,\mathrm{J}$ (quer).

Beispiele für unlegierte Edelstahlsorten

- Stähle mit vorgeschriebenen max. P- und S-Gehalt $< 0,02\,\%$ (Federdraht, Elektroden, Reifencorddraht)
- Ausscheidungshärtende Stähle mit ferritisch-perlitischem Mikrogefüge ($\geq 0,25\,\%$ C)

- Spannbetonstähle, Kernreaktorstähle
- Stähle mit festgelegter elektrischer Leitfähigkeit von $> 9\,\mathrm{m}/\Omega\mathrm{mm}^2$

Nichtrostende Stähle werden noch weiter unterteilt:

Kriterium	Stahlart
Ni-Gehalt	Stähle mit $< 2,5\,\%$ Stähle mit $\geq 2,5\,\%$
Haupteigenschaften	Korrosionsbeständige Stähle Hitzebeständige Stähle Warmfeste Stähle

Legierte Qualitätsstähle

Hierbei handelt es sich um Stahlsorten mit Anforderungen an die z. B. Zähigkeit, Korngröße oder Umformbarkeit. Sie sind i. Allg. nicht für ein Vergüten oder Oberflächenhärten vorgesehen.

- Stähle mit Dicken $\leq 16\,\mathrm{mm}$, einer Streckgrenze $< 380\,\mathrm{MPa}$ und
- festgelegtem Mindestwert der Kerbschlagarbeit KV $> 27\,\mathrm{J}$ bei $-50\,°\mathrm{C}$ (längs) oder $> 16\,\mathrm{J}$ (quer).
- Gehalte an LE sind niedriger als in Tab. 4.12.

Beispiele für legierte Qualitätsstähle

- Schweißgeeignete Feinkornstähle für Konstruktionen im Stahl-, Druckbehälter- und Rohrleitungsbau, legierte Stähle für Schienen, Spundbohlen und Grubenausbau
- Legierte Stähle mit festgelegtem Cu-Gehalt
- Legierte Stähle für Flacherzeugnisse kalt- und warmgewalzt für die Kaltumformung und mit B, Nb, Ti, V und/oder Zr legiert
- Dualphasenstähle (Tab. 4.31)

Legierte Edelstähle

Hierzu zählen außer den nichtrostenden Stählen alle Stahlsorten, die nicht zu den Qualitätsstählen gehören.

Tab. 4.12 Grenze der chemischen Zusammensetzung zwischen Qualitäts- und Edelstählen bei schweißgeeigneten, legierten Feinkornbaustählen

Element	Masseanteil in %	Element	Masseanteil in %
Cr	0,50	Cu	0,50
Mn	1,80	Mo	0,10
Nb	0,08	Ni	0,50
Ti, V, Zr (Zirkon)	je 0,12		

Beispiele für legierte Edelstähle

Einsatz- und Vergütungsstähle, Werkzeugstähle, Wälzlagerstähle, Schnellarbeitsstähle und Stähle mit besonderen physikalischen Eigenschaften

DIN EN 10088-1/14 unterteilt die Stähle zusätzlich nach dem Gefüge:

- Ferritische, martensitische und ausscheidungshärtende, austenitisch-ferritische Stähle
- Austenitische **korrosionsbeständige** Stähle
- Ferritische, austenitisch-ferritische und austenitische **hitzebeständige** Stähle
- Martensitische und austenitische **warmfeste** Stähle

4.2 Stähle für allgemeine Verwendung

4.2.1 Anforderungsprofil

Die Masse des erzeugten Stahles besteht aus Grund- und Qualitätsstählen, die aufgrund ihrer gewährleisteten Streckgrenze als Konstruktionswerkstoff eingesetzt werden. *Temperaturen* und *Korrosionsangriff* müssen dem normalen Klima entsprechen. Für die Verarbeitung sind folgende Eigenschaften wichtig:

- **Eignung zum Kaltumformen**, z. B. durch Abkanten, Walzprofilieren oder Tief- und Streckziehen. Sorten mit *besonderer* Kaltumformbarkeit werden im Kurzzeichen durch ein nachgestelltes **C** gekennzeichnet. Genormte Stahlsorten mit besonderer Kaltumformbarkeit finden sich in Abschn. 4.5.2.

  Die Erzeugnisse müssen das Abkanten mit bestimmtem Biegehalbmesser rissfrei gewährleisten (Tab. 4.13). Er ist von der Erzeugnisdicke abhängig und steigt mit der Streckgrenze an (steigender C-Gehalt = steigender Zementitanteil mindert Dehnung). Es gilt die Norm Technologischer Biegeversuch nach DIN EN ISO 7438/16 (Abschn. 14.8.1).

Tab. 4.13 Biegehalbmesser in mm

Sorte		Erzeugnisdicke s in mm				
	C in %	$\leq 1,5$	$> 5 \ldots \leq 6$		$> 10 \ldots \leq 12$	
t: quer, l: längs[a]		l	t	l	t	l
S235J0C	0,19	1,6	8	10	20	25
S275J0C	0,21	2,0	10	12	25	32
S355J0C	0,23	2,5	10	12	25	32

[a] Lage der Biegeachse zur Walzrichtung

Tab. 4.14 Schweißeignung und CEV-Wert

… schweißgeeignet	CEV in %
gut	$< 0{,}45$
bedingt	$< 0{,}45$–$0{,}6$
schwer	$> 0{,}6$

- **Eignung zum Schmelzschweißen**
  Diese Eigenschaft hängt zunächst vom C-Gehalt ab (Tab. 3.2).
  Steigende C-Gehalte lassen die Werte für Bruchdehnung A und Brucheinschnürung Z absinken (Abb. 3.20). Der dadurch spröder gewordene Werkstoff ist durch das behinderte Schrumpfen während der Abkühlung rissgefährdet.
  Sind weitere LE enthalten, so kann es bei der Abkühlung zur **Aufhärtung** kommen. Aufhärtung ist die teilweise Martensitbildung in der Wärmeeinflusszone der Schweißnaht. Das findet in den Bereichen statt, welche die Härtetemperatur überschritten hatten und durch Luft und die Wärmableitung in die kälteren Bereiche abgeschreckt werden.

Der Anteil der LE wird auf einen gleichartig wirkenden (äquivalenten) Kohlenstoffanteil **CEV** umgerechnet.

Kohlenstoffäquivalent CEV ist ein scheinbarer C-Gehalt, errechnet nach IIW (International Institute of Welding).

$$ \mathrm{CEV} = \mathrm{C} + \mathrm{Mn}/6 + (\mathrm{Cr} + \mathrm{Mo} + \mathrm{V})/5 + (\mathrm{Ni} + \mathrm{Cu})/15 \quad \text{in Masse-\%} $$

Nach dem CEV-Wert werden die Stähle in drei Gruppen eingeteilt (Tab. 4.14).

Bedingt schweißgeeignet bedeutet, dass unter gewissen Bedingungen, wie Vorwärmen der Teile oder eine nachträgliche Wärmebehandlung, die Stähle für das Schweißen geeignet werden.

Schwer schweißbare Stähle lassen sich mithilfe austenitischer Elektroden (z. B. aus Cr-Ni-Mn-Stahl) schweißen. Eine Schweißnaht aus diesen nicht härtbaren Stählen mit niedriger Streckgrenze kann beim Schrumpfen durch geringe plastische Verformung die Spannungen abbauen, sodass sie keine gefährliche Höhe erreichen.

Die Elemente Cr und Si verbrennen beim Schweißen zu hochschmelzenden Oxiden, die das Zusammenfließen der Schweißnahtränder behindern. Mn, das ebenfalls oxidiert, erniedrigt durch sein Oxid den Schmelzpunkt der anderen. Dadurch gleicht Mn die ungünstige Wirkung von Si und Cr aus.

4.2.2 Baustähle nach DIN EN 10025/05

Die Stähle sind nach ihrer gewährleisteten Mindest-Streckgrenze R_{eH} benannt. Sie wird bei den Sorten S185 bis S450J0 und E295 bis E360 durch den Einfluss der Eisenbegleiter und des C-Gehaltes auf das Gefüge eingestellt:

Tab. 4.15 Warmgewalzte Erzeugnisse aus unlegierten Baustählen, DIN EN 10025-2/05, mechanische Eigenschaften, gewährleistete Mindestwerte (Auswahl)

Stahlsorte	Werkstoff-Nr.	R_{eH} bzw. $R_{p0,2}$			R_m	A_{80}[a]	$A/\%$	Bemerkungen
		Nenndicken/mm			MPa	Nenndicken/mm		
		≤ 16	≤ 100	≤ 200	≤ 100	$\leq 1\ldots<3$	$\leq 3\ldots<40$	
Stahlsorten mit Angaben der Kerbschlagarbeit *KV*								
S235JR	1.0038	235	215	185	360…510	l: 17…21	l: 26	Niet- und Schweißkonstruktionen im Stahlbau,
S235J0	1.0114					t: 15…19	t: 24	Flansche, Armaturen
S235J2	1.0117							**Schmelzschweißgeeignet**
S355JR	1.0045	355	315	285	470…630	l: 14…18	l: 22	Für höhere Beanspruchung im Stahl- und Fahr-
S355J0	1.0153					t: 12…16	t: 20	zeugbau, Kräne und Maschinengestelle
S355J2	1.0577							**Schmelzschweißgeeignet**
S355K2	1.0596							
S450J0	1.0590	450	380	–	550…720			Nur für Langerzeugnisse
Stahlsorten ohne Werte für die Kerbschlagarbeit *KV*								
E295	1.0050	295	255	235	470…610	l: 12…16	l: 20	Achsen, Wellen, Zahnräder, Kurbeln,
							t: 18	Buchsen, Passfedern, Keile, Stifte
E335	1.0060	335	295	265	570…710	l: 8…12	l: 16	Alle Sorten sind
							t: 14	**pressschweißgeeignet**
E360	1.0070	360	325	295	670…830	L: 3…7	l: 11	
							t: 10	

[a] Bruchdehnungswerte an Längsproben (l) und Querproben (t) gemessen

Tab. 4.16 Kurzzeichen für Sprödbruchsicherheit, Werte gültig für Längsproben und Dickenbereich

Zeichen	KV/J	Zeichen	T/°C	Dicke/mm
J	27	R	+20	$> 12 \leq 250$
		0	0	
		2	−20	$> 12 \leq 400$
K	40	2		≤ 150

- Mischkristallverfestigung durch kleine Gehalte der im α-Eisen gelösten Eisenbegleiter
- Erhöhung des Perlitanteils im ferritisch-perlitischen Gefüge durch Mn-Gehalte
- Kornverfeinerung durch eine Pfannenbehandlung der Schmelze (Abschn. 4.1.4 Sekundärmetallurgie) und normalisierendes Walzen

Jede Festigkeitsstufe enthält mehrere Sorten mit steigender Sicherheit gegen Sprödbruch. Dieses wird durch kleinere P-, S- und N-Gehalte und Desoxidation (Feinkorn) erreicht.

Wegen der erforderlichen Schweißeignung und Kaltformbarkeit ist der C-Gehalt begrenzt auf Werte von 0,19...0,27 %.

Mn ist in Anteilen von 1,5...1,8 % enthalten und wirkt doppelt durch Bildung von Mischkarbiden und Mischkristallverfestigung.

Eine Erhöhung der LE-Gehalte würde die Schweißeignung durch mögliche Aufhärtung vermindern. Deshalb ist für die höheren Festigkeitsstufen die Kornverfeinerung (Korngrenzenverfestigung) wichtig.

Die wesentlichen Unterschiede der Stahlsorten *einer* Festigkeitsstufe (Tab. 4.15) liegen in der steigenden **Sprödbruchsicherheit**. Sie wird mit dem Kerbschlagbiegeversuch ermittelt.

Mit sinkender Temperatur erhöhen sich die Anforderungen an den Werkstoff, unter ungünstigen Bedingungen noch verformbar zu bleiben.

Damit ist die **Sprödbruchsicherheit** eines Stahles umso höher, je tiefer die Prüftemperaturen für die gewährleistete Kerbschlagarbeit KV liegen. Die angehängten Kurzzeichen geben die Prüfbedingungen des Kerbschlagbiegeversuches an (Tab. 4.16).

▶ **Hinweis** Für Anwendungen bei tieferen Temperaturen gibt es die kaltzähen Stähle (Abschn. 4.4.1).

4.3 Baustähle höherer Festigkeit

Durch den Zwang zu Material- und Energieeinsparung in vielen Bereichen, besonders im Fahrzeugbau, sind die Anforderungen an Stähle gestiegen. Um der Konkurrenz von Leichtmetallen und faserverstärkten Kunststoffen – vor allem im Fahrzeugbau – zu begegnen, hat die Stahlindustrie Baustähle höherer Festigkeit entwickelt, mit denen Material- und Herstellungskosten gesenkt werden können. Voraussetzung waren Verfahren der Sekundärmetallurgie zur Absenkung des C-Gehaltes sowie der P- und S-Gehalte im Stahl.

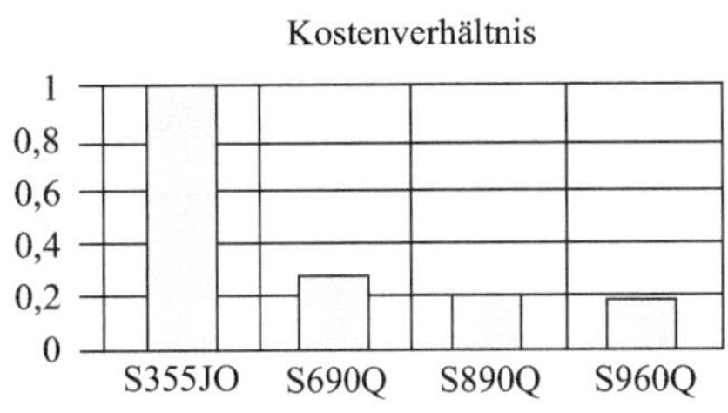

Abb. 4.7 Einfluss der Stahlsorte auf die Gestehungskosten bei Mobilkranen

Bei Verwendung hochfester Stähle können zum Beispiel im Stahl- und Brückenbau, für Schwerlast- und Kranfahrzeuge erhebliche Einsparungen erzielt werden durch (Abb. 4.7):

- kleinere Blechdicken (kleinere Masse) bei etwas höheren Werkstoffkosten/t Stahl,
- Wegfall des Vorwärmens zum Schweißen und
- kleineres Nahtvolumen (kürzere Schweißzeiten)

> **Hinweis** Beim Ersatz konventioneller Stahlsorten durch höherfeste Stähle sind kleinere Querschnitte möglich. Damit sich die Durchbiegung nicht vergrößert (gleiche E-Moduln), müssen dann die Flächenmomente vergrößert werden.

4.3.1 Die Erhöhung der Festigkeit

Um die Anforderungen an diese höherfesten Stähle zu erfüllen, sind zusätzliche metallurgische Maßnahmen erforderlich (Tab. 4.17).

Der Zementitanteil begrenzt die Kaltformbarkeit und senkt die Zähigkeit. C-arme Stähle haben diese Schwächen nicht, sind gut schweißgeeignet und haben dafür niedrige Streckgrenzen.

So muss die Steigerung ihrer Festigkeit durch solche Maßnahmen erfolgen, die weder Schweißeignung, Kaltformbarkeit noch Kaltzähigkeit senken. Das geschieht durch eine Kombination von Verfestigungsmechanismen (Abb. 4.8).

Voraussetzung sind geringe Gehalte bestimmter LE (mikrolegiert) in Verbindung mit thermomechanischer Behandlung. Sie erzielt ein besonders feinkörniges Gefüge, das auf andere Weise nicht erzeugt werden kann (Anhängezeichen M). Dadurch wird in Verbindung mit kleinen P- u. S-Gehalten die Übergangstemperatur $T_{\ddot{U}}$ zu tiefen Temperaturen verschoben (Kaltzähigkeit).

Tab. 4.17 Anforderungen an höherfeste Stähle

Anforderung	Maßnahme
Schweißeignung, Kaltformbarkeit, kaltzäh bei $-40\,°C$	Niedrige C-und LE-Gehalte, perlitarm oder perlitfrei, Feinkorn, P- u. S-Gehalte weiter abgesenkt
Hohe Streckgrenze	Kombination festigkeitssteigernder Maßnahmen

Abb. 4.8 Erhöhung der Streckgrenze $R_{p0,2}$ bei mikrolegierten Feinkornstählen (nach L. Meyer) (M: Thermomechanische Behandlung)

MPa		Mechanismus	LE	TM
700	▨	Umwandlungs-verfestigung	Mo, Mn, Nb, Ti, B	M
500	▤	Teilchen-verfestigung	Nb, Ti, Al	M
300		Korngrenzen-verfestigung	Nb, Ti	M
100	▧	Mischkristall-verfestigung	Mn, Si, Mo, Ni	–
	▥	Grundfestigkeit weicher Stähle		

Tab. 4.18 CE-Werte einiger Baustähle

Sorte	C in %	CE[a]
S355J2	0,2	0,45
S355N	0,2	0,43
S355M	**0,16**	**0,39**

[a] für Blechdicken $\leq 40\,\mathrm{mm}$

Mikrolegierte Stähle enthalten nur geringe Anteile einer Kombination der LE Nb, Ti, Al und V. Ihre Wirkung beruht auf der Aushärtung in Verbindung mit der Thermomechanischen Behandlung M (Abschn. 5.5).

Die CEV-Werte dieser Stähle liegen niedriger als bei konventionellen Stählen gleicher Festigkeit.

Tab. 4.18 vergleicht drei Sorten mit gleicher Streckgrenze von 355 MPa. Der normalisierte Stahl (N) hat bei gleichem C-Gehalt ein kleineres CE als der S355J2, während der TM-Stahl (M) diese Festigkeit mit kleinerem C-Gehalt und damit kleinerem CE-Wert besitzt.

4.3.2 Nicht vergütete schweißgeeignete Feinkornbaustähle

Für solche Feinkornbaustähle gelten folgende Normen:

Tab. 4.19 Normenübersicht

DIN EN 10025/05 Warmgewalzte Erzeugnisse aus schweißgeeigneten Feinkornbaustählen (Tab. 4.20) **T 3:** normalgeglühte/normalisierend gewalzte Stähle (N) **T 4:** thermomechanisch gewalzte Stähle (M)	**DIN EN 10028**/09 Flacherzeugnisse aus Druckbehälterstählen (Tab. 4.20) Schweißgeeignete Feinkornbaustähle **T 3:** normalisierend gewalzt (N) **T 5:** thermomechanisch gewalzt (M)
DIN EN 10222-4/01 Schmiedestücke aus Stahl für Druckbehälter, schweißgeeignete Feinkornbaustähle hoher Dehngrenze	

Kaltzähe Sorten werden durch angehängte Zeichen **L**, **L1** oder **L2** unterschieden. Bei sonst ähnlichen Analysewerten haben sie noch weiter abgesenkte P- und S-Gehalte und damit steigende Kaltzähigkeit (Kerbschlagarbeit KV für tiefere Temperaturen in Tab. 4.20).

Tab. 4.20 Vergleich der schweißgeeigneten Feinkornbaustähle nach DIN EN 10028/09 und nach DIN EN 10025/05

DIN EN 10025/05			DIN EN 10028/09				A^b	Kerbschlagarbeit KV Joule[c]			
T-3	T-4		T-3		T-5						
Kurzname[a]	$R_m{}^a$		Kurzname[a]	$R_m{}^a$	Kurzname[a]	$R_m{}^a$		An Längsproben gemessen			
	MPa			MPa		MPa	%	Sorte	0 °C	−20 °C	−40 °C
S275N **NL**	**S275M** **ML**	370…510	**P275NH** **NL1** **NL2**	390…510	——	–	24	**N/M** **NL/ML**	47 55	40 47	– 31
S355N **NL**	**S355M** **ML**	470…630	**P355NH** **NL1** **NL2**	490…630	**P355M** **ML1** **ML2**	450…610	22	Für P-Stähle gelten höhere KV-Werte ↓			
								Sorte	0 °C	−20 °C	−40 °C
S420N **NL**	**S420M** **ML**	520…680	——	——	P420M ML1 ML2	500…660	19	**N** **NL1** **NL2**	40 50 60	30 35 40	– 27 30
S460N **NL**	**S460M** **ML**	550…720	**P460NH** **NL1** **NL2**	570…720	**P460M** **ML1** **ML2**	530…720	17	**M** **ML1** **ML2**	40 60 80	27 40 60	– 27 40

[a] Der Kurzname enthält die obere Streckgrenze in MPa für Nenndicken $\leq$ 16 mm.

[b] A-Werte gelten für S- und P-Sorten gleichermaßen.

[c] KV-Werte sind den Anhängesymbolen zugeordnet und gelten jeweils für alle Festigkeitsstufen.

Tab. 4.21 Feinkornbaustähle, vergütet, Unterschiede der Sorten Q, QL, QL1

Sorte	S460Q	S500Q	S550Q	S620Q	S690Q	S890Q	S960Q
R_m/MPa	550…720	590…770	640…820	700…890	770…940	940…1100	980…1150
A/%	17	17	16	15	14	11	10
Kerbschlagarbeit	Alle Q-Sorten: KV bei 0 °C = 40 J						

R_m und A wie oben			Kerbschlagarbeit KV (Längsproben) in J bei T		
Variante	P %	S %	−20 °C	−40 °C	−60 °C
S … QL	≤ 0,025	≤ 0,015	40	30	–
S … QL1	≤ 0,020	≤ 0,010	50	40	30

4.3.3 Vergütete schweißgeeignete Feinkornbaustähle, DIN EN 10025-6/09

Höhere Streckgrenzenwerte von 500…960 MPa werden durch Abschrecken der Ni-legierten Stähle (2 %) in Wasser und Anlassen erreicht. Durch niedrigste C-Gehalte (≤ 0,2 %) hat der bei ca. 650 °C angelassene Martensit andere Eigenschaften als der in Werkzeugstählen. Die Kaltzähigkeit steigt bei den Sorten mit den Anhängesymbolen Q < QL < QL1 durch höheren Reinheitsgrad (P + S-Gehalte, Tab. 4.21), die Bruchdehnungen fallen mit steigender Streckgrenze ab.

4.4 Stähle mit besonderen Eigenschaften

4.4.1 Kaltzähe Stähle

Wenn die kaltzähen Sorten der Feinkornbaustähle (bis −50 °C) den Anforderungen nicht mehr genügen, z. B. bei Rohrleitungen, Armaturen und Apparaten, die mit verflüssigten Gasen in Kontakt sind oder in Gebieten mit Dauerfrost eingesetzt werden, finden Stahlsorten mit besonderen Eigenschaften nach Tab. 4.22 Anwendung.

Tab. 4.22 Kaltzähe Stähle DIN EN 10028-4/09

Sorte	Zustand	Werk-St. Nr.:	KV bei … °C		$R_{m,min}/R_{eH,min}$
11MnNi5-3	+N	1.6212	40	−60	420/275
13MnNi6-3	+N	1.6217	40	−60	490/345
15NiMn6	+N	1.6228	40	−80	490/345
12Ni14	+N	1.5637	40	−100	490/345
X12Ni5	+N	1.5680	40	−120	530/380
X8Ni9	+N	1.5662	50	−196	640/480
	+QT	–	70	−196	680/575
X7Ni9	+QT	1.5663	100	−196	680/575

Tab. 4.23 Siedetemperaturen einiger technischer Gase in °C

Propan	−42	Argon	−186
CO_2	−79	N_2	−196
Ethan	−89	H_2	−253
Methan	−164	He	−269
O_2	−183		

Durch die folgenden Maßnahmen wird der Steilabfall der Kerbschlagarbeit zu tieferen Temperaturen verschoben, die Stähle werden damit kaltzäh.

Anforderungsprofil kaltzäher Stähle
Hohe Sicherheit gegen **Sprödbruch**, wenn Leitungen oder Behälter bei den tiefen Temperaturen verformt werden (z. B. durch Unfall oder Erdsetzungen). Schweißeignung und Korrosionsbeständigkeit bei Rohren und Behältern.

Eigenschaftsprofil kaltzäher Stähle
Schweißeignung und **Zähigkeit** werden durch metallurgische Maßnahmen erreicht:

- Niedrige C-Gehalte, hoher Reinheitsgrad
- Feinkörnigkeit durch TM-Behandlung
- Legieren mit Ni und Vergüten

Eine Stahlauswahl kann nach der Arbeitstemperatur der Betriebsmittel (Tab. 4.23) in Verbindung mit Tab. 4.22, Spalte 3 Kerbschlagarbeit/Temperatur erfolgen.

Weitere Normen

DIN EN 10213/07	Stahlgusssorten für tiefe Temperaturen
DIN EN 10222-3/99	Schmiedestücke aus Stahl, Nickelstähle
DIN EN 1562/12	Temperguss, kaltzäh
DIN EN 10028-7/07	Austenitische Stähle für Druckbehälter

4.4.2 Wetterfeste Baustähle DIN EN 10025-5/05

Diese Stähle bilden durch Einwirkung der Umgebung fest haftende Schutzschichten. Kleine Gehalte von Cu, Cr und Ni bewirken eine niedrige Korrosionsgeschwindigkeit. Die Wetterbeständigkeit gilt für Industrieklimate, jedoch nicht für *Meeresnähe und chloridhaltige Luft.*

▶ **Hinweis** Wetterfeste Stähle 434/04 Merkblatt über www.stahl-info.de

Abb. 4.9 Gefüge von C-armen Cr-Ni-Stählen nach dem Abschrecken aus 1000 °C

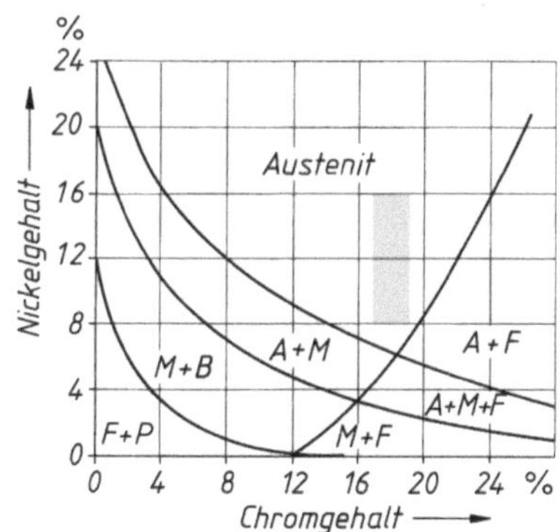

Die mechanischen und Verarbeitungseigenschaften gleichen denen der Stähle nach DIN EN 10025-2/05. Wetterfeste Baustähle werden im Stahlhochbau, für Fahrzeuge und Anlagen im Freien sowie für Spundwände verwendet.

4.4.3 Austenitische Stähle

Wie in Abschn. 4.1.7 erläutert, erweitern die Elemente **Ni, Mn** und **N** neben dem Kohlenstoff den Existenzbereich der γ-Mischkristalle bei bestimmten Gehalten bis auf RT. Es entstehen umwandlungsfreie, **homogene** Stähle.

Abb. 4.9 zeigt die Gefüge der Cr-Ni-Stähle in Abhängigkeit vom Cr- und Ni-Gehalt bei 0,2 % C.

- Homogener Austenit wird erst bei hohen Ni-Gehalten erreicht ($> 24\,\%$).
- Durch Cr-Zusatz kann der Ni-Gehalt reduziert werden, sodass mit 18 % Cr manchmal bereits 8 % Ni genügen, um ein austenitisches Gefüge durch Abschrecken auf RT zu erhalten.

Austenitische Stähle basieren auf der 1912 von Krupp als **Rostfreier Stahl** patentierten Sorte mit 18 % Cr und 8 % Ni bei niedrigem C-Gehalt.

Durch ihr kfz-Gefüge besitzen austenitische Stähle eine Kombination von Eigenschaften, sodass sie bei besonderen Anforderungen eingesetzt werden können (Tab. 4.24).

Beispiel für die Verfestigungsneigung austenitischer Stähle

Beim Bohren von austenitischem Stahl mit unscharfen Bohrern kommt es zur Erhöhung der Vorschubkraft mit geringer plastischer Verformung (niedrige Streckgrenze) und Martensitbildung. Der Bohrer schneidet noch weniger, reibt, erhitzt sich, wird höher angelassen und erweicht.

Abhilfe schafft eine Erhöhung des Ni-Gehaltes zur Stabilisierung des Austenits. Stahlsorten für Tiefziehzwecke haben deshalb 10...12 % Ni.

Tab. 4.24 Eigenschaftsprofil der austenitischen Stähle

Merkmale	Ursachen, Eigenschaften	Stahlgruppe
Homogenes Gefüge aus kfz-Mischkristallen	Das kfz-Gitter hat maximale Gleitmöglichkeiten, beste Kaltumformbarkeit, hohe Werte für Bruchdehnung und Brucheinschnürung, ebenso für die Kerbschlagarbeit bis $-200\,°C$. Korrosionsbeständigkeit, die mit dem Gehalt an weiteren Legierungselementen steigt	Kaltzähe Stähle Korrosionsbeständige Stähle
Streckgrenze niedrig bei hoher Zugfestigkeit, dadurch **großer Dehnungsbereich** im σ-ε-Diagramm	Niedrige kritische Schubspannung im kfz-Gitter, für höher beanspruchte Bauteile sind deshalb N-legierte und aushärtbare Sorten mit höherer Streckgrenze entwickelt worden. Stickstoff N wird beim Umschmelzen unter Druck zugesetzt und wirkt auf Zwischengitterplätzen verfestigend, durch Übersättigung kommt es später zur Ausscheidungshärtung	Schweißelektroden Aushärtbare austenitische Stähle
Umwandlungsfrei	Keine Möglichkeit zum Härten, Vergüten und Normalisieren. Rekristallisationsglühen ist möglich. Keine Volumenänderung wie sie bei umwandelnden Stählen erfolgt. Dadurch kein Abscheren von Oberflächenschutzschichten	Warmfeste, hitzebeständige Stähle
Unmagnetisierbar	Eigenschaft des kfz-Gitters. Wegen des metastabilen Austenits haben diese Stähle höhere Anteile an LE	Nicht magnetisierbare Stähle

Der metastabile Austenit kann sich bei Kaltumformung umwandeln und zusammen mit gelösten C-Atomen Martensit bilden. Das ist die Ursache für die starke Verfestigungsneigung austenitischer Stähle.

Die Korrosionsbeständigkeit wird durch Erhöhung von Cr und Ni und Zusatz weiterer LE für alle chemisch angreifenden Stoffe angepasst.

Normung

DIN EN 10088/14 Korrosionsbeständige Stähle (Abschn. 12.5.2 Korrosion, Tab. 12.14),
DIN EN 10283/10 Korrosionsbeständiger Stahlguss,
DIN EN 10028-7/16 Flacherzeugnisse für Druckbehälter, nichtrostende Stähle.

4.4.4 Ferritische Stähle

Wie im Abschn. 4.1.6 erläutert, engen die Elemente **Cr, Si, Al** und einige weitere das Austenitgebiet ein oder schnüren es ab. So entstehen bei höheren Gehalten dieser Legierungselemente die umwandlungsfreien, homogenen ferritischen Stähle (Abb. 4.5).

Ferritische Cr-Stähle werden wegen des homogenen Gefüges als korrosionsbeständige Werkstoffe sowie aufgrund ihrer Umwandlungsfreiheit als hitzebeständige Werkstoffe eingesetzt.

Voraussetzung sind $> 13\,\%$ Cr und ein **niedriger C-Gehalt**. Cr wird als Karbidbildner von C-Atomen gebunden und so dem Mischkristall entzogen. Somit steht weniger Cr für die Passivschichtbildung zur Verfügung stehen und die Korrosionsbeständigkeit ist nicht mehr gegeben (vgl. auch korrosionsbeständige, ferritische Stähle, Kap. 12, Tab. 12.14).

Hitzebeständigkeit Weil die γ-α-Umwandlung (und α-γ) mit einer sprungartigen Volumenänderung fehlt, wird eine entstandene Oxidschicht nicht gelockert. Sie ist auch bei ständigen Wärm- und Abkühlzyklen festhaftend und wird durch die Elemente Si und Al verstärkt (Hitzebeständige Stähle, Abschn. 4.4.5).

Schweißeignung Beim Erwärmen entstehen Cr-Karbide ($Cr_{23}C_6$) als weitere Phase und der Ferrit verarmt an Cr. Damit verliert er seine Korrosionsbeständigkeit (Interkristalline Korrosion, Abschn. 12.3.2). Stärkere Karbidbildner wie Ti stabilisieren das homogene Gefüge.

Cr-ärmere Stähle unterliegen der Umwandlung und sind dann härtbar (Abb. 4.6).

Durch die Verfahren der Sekundärmetallurgie können schweißgeeignete, beständige Cr-Stähle mit sehr niedrigem C-Gehalt erzeugt werden. Sie sind auch nach dem Schweißen korrosionsbeständig, da ohne C-Atome keine Karbidausscheidungen erfolgen können.

Tab. 4.25 vergleicht abschließend die austenitischen und ferritischen Stähle.

4.4.5 Stähle für Einsatz bei hohen Temperaturen

Die Stähle dürfen bei der Gebrauchstemperatur keine Gefügeveränderungen erleiden, die zu Erweichung führen. Durch die thermische Aktivierung verlieren die Mechanismen der Festigkeitssteigerung z. T. ihre Wirkung, sodass Versetzungen, die bei RT blockiert sind, nun langsam wandern und in andere Ebenen klettern können. Durch Diffusion wirken Korngrenzen nicht mehr als Hindernisse, es kommt zum Korngrenzengleiten. Feindispers ausgeschiedene Teilchen können in Lösung gehen und wirken nicht mehr verfestigend. Die Folge ist das **Kriechen**.

Tab. 4.25 Vergleich austenitischer und ferritischer Stähle

Kriterium	Austenitische Stähle	Ferritische Stähle
Hochlegiert mit, stabilisiert durch	**Ni, Mn**, (Cr); Zusätze von Mo, V, Ti, Nb, Ta, einzeln oder kombiniert	**Cr;** Zusätze von Al, Si, Mo; V **Ti**
Gefüge	Homogene Gefüge entstehen durch Abschrecken aus Temperaturen von 1000 °C, **kubisch-flächen-zentriert** 800 °C, **kubisch-raumzentriert** (bei höheren Gehalten an LE auch nach langsamer Abkühlung)	
Zähigkeit	**Hoch**, kein Steilabfall, **kaltzäh**	**Niedriger**, Steilabfall, **kaltspröde**
Kaltformbarkeit	Hoch, dabei stark kaltverfestigend, wird besser mit steigenden Ni-Gehalten	Geringer, wenig verfestigend, Halb-warmumformung günstig
Schweißeignung	**Sehr gut** Nur bei sehr niedrigen C-Gehalten oder durch Zusatz von starken Karbid-bildnern (Ti, Nb), die das Gefüge gegen Chromverarmung stabilisieren, sonst Gefahr von interkristalliner Korrosion	**Geringer**
Korrosions-beständigkeit	Durch Zusatz weiterer LE breite Anwendung mit zahlreichen Sorten	Gegen Wasser, Dampf; nicht anfällig für Spannungsrisskorrosion (SpRK)
Warmfestigkeit	650 °C…750 °C (ausgehärtet). Hochwarmfeste Stähle	300…600 °C im Glühzustand. Warmfester, ferritischer Stahlguss
Hitzebeständigkeit	800…1150 °C, Si-Zusatz, wenig beständig gegen S-haltige Gase und Aufkohlung	750…1150 °C, Al- und Si-Zusatz bewirken Beständigkeit gegen oxi-dierende und S-haltige Gase

Für höhere Temperaturen gelten deshalb die sog. **Zeitfestigkeiten:**

- **Zeitstandfestigkeit** $R_{m/t/T}$ ist die Spannung σ, die nach einer Zeit t bei der Temperatur T zum Bruch führt.
- **Zeitdehngrenze** $R_{p/\varepsilon/t/T}$ ist die Spannung σ, die nach einer Zeit t bei der Tempera-tur T eine bestimmte Dehnung ε (in %) hervorruft.

Warmfeste Stähle für den Dauereinsatz, z. B. in Dampferzeugungsanlagen als Kesselroh-re, Sammler usw., müssen das folgende Eigenschaftsprofil aufweisen (Tab. 4.26):

Tab. 4.26 Eigenschaftsprofil warmfester Stähle

Eigenschaft	Maßnahme
Kaltformbarkeit	0,1…0,15 % C
Schweißeignung	max. 0,25 % Si
Vergütbarkeit	max. 2,2 % Cr
Anlassbeständigkeit	max. 1 % Mo; max. 0,3 % V
Zähigkeit (Sprödbruchsicherheit)	Niedriger C-Gehalt und Ver-gütung

Tab. 4.27 Auswahl warmfester Stähle DIN EN 10028/09

Sorte	Kurzzeitversuch[a] $R_{p0,2}$/MPa bei T/°C				Langzeiteigenschaften über 100.000 h in MPa bei T/°C								Gefüge
	50	300	400	500	500		550		600		650		
					R_{p1}	R_m	R_{p1}	R_m	R_{p1}	R_m	R_{p1}	R_m	
P265GH	237	160	139	–									ferrit.-perlit.
P460NH	416	281	244	–									ferrit.-perlit.
13CrMo4-5	285	209	180	159	98	137	36	49					vergütet
10CrMo9-10	270	221	198	173	103	135	49	68	22	34			vergütet
X20CrMoV12-1[b]	490	390	360	290	190	235	98	128	43	59	17	23	vergütet
X8CrNiNb16-13	205	137	128	118		157		154		108	49	64	austenitisch
GX23CrMo12-1[c]	540	430	390	340	172	207	91	118	34	49	–	–	oberer Bainit

[a] Erzeugnisdicke $t < 60$ mm
[b] DIN EN 10222-2/00
[c] DIN EN 10213/16

Unlegierte Stähle sind vergütet bis ca. 400 °C einsetzbar.

Legierte Stahlsorten enthalten Cr, Mo und V zur Mischkristallverfestigung, zur Anhebung der Anlasstemperatur und zur Bildung thermisch stabiler, feinstverteilter Karbide als Kriechhindernisse. Die Stähle werden vergütet (bainitisiert) und sind bis ca. 540 °C geeignet (Tab. 4.27).

Hochwarmfeste Stähle sind ferritisch-martensitisch durch 12 % Cr und bis ca. 600 °C einsetzbar. Darüber werden austenitische CrNi-Stähle bis 700 °C verwendet, noch höher müssen Ni- und Co-Basislegierungen eingesetzt werden.

Entwicklungen Höhere Arbeitstemperaturen, d. h. höherer Wirkungsgrad, werden ermöglicht durch:

- Erhöhung der Lebensdauer (Standzeit) herkömmlicher Stoffe (z. B. durch Wärmedämmschichten auf Gasturbinenschaufeln aus stabilisiertem ZrO_2 durch Plasmaspritzen aufgebracht (Wärmedehnung wie bei Metallen)),
- Entwicklung von neuen Werkstoffen mit höherer thermischer Beständigkeit mithilfe von ODS-Legierungen (vgl. Abschn. 10.6) oder **IP-Werkstoffen** (TiAl, Ti_3Al, NiAl, $TiSi_2$).

Hitzebeständige Stähle

Hitzebeständigkeit bedeutet Widerstand gegen **Zunderung** durch heiße Gase verbunden mit Gefügestabilität bei der Betriebstemperatur. Die LE Cr, Al und Si reagieren mit den heißen Gasen und bilden eine dichte Schutzschicht. Der Grundwerkstoff muss umwandlungsfrei sein.

Eisen und seine Oxide haben unterschiedliche Wärmeausdehnung. Dadurch wird bei Stählen mit γ-α-Umwandlung die gebildete Oxidschicht beim Wechsel von Erwärmen

Tab. 4.28 Beständigkeit der Sorten

Beständigkeit gegen Gase	Ferritisch 7…25 % Cr	Austenitisch 9…21 % Ni
S-haltig, oxidierend	sehr groß	mittel…gering
S-haltig, reduzierend	mittel (groß)	gering
N-reich, O-arm	gering	groß
aufkohlend	gering	gering

und Abkühlen gelockert (Volumensprung, Abb. 3.3), sodass ständig eine weitere, tiefer gehende Oxidation stattfindet.

Die Stähle sind deshalb hochlegiert und

- **ferritisch** durch 7…27 % Cr oder
- **austenitisch** durch 18…36 % Cr + 8…20 % Ni und weiteren Elementen für die Bildung der Schutzschichten zur Erhöhung von Zunderbeständigkeit und Warmfestigkeit.
  Werkstoffwahl erfolgt nach der Art des Gases (Tab. 4.28) und der Dauergebrauchstemperatur. Austenitische Sorten haben höhere Zeitfestigkeiten, die aber insgesamt niedrig sind. Die Zeitstandfestigkeit $R_{m/10.000}$ liegt für 900…1000 °C etwa zwischen 20 und 3 MPa, je nach Sorte.

Für hitzebeständige Stähle gelten folgende Normen:

Hitzebeständige Stähle und Ni-Legierungen DIN EN 10095/99:
- **ferritische** Sorten vom Typ CrAlSi (7…25 % Cr), X3CrAlTi18-2 und X18CrNi28 für Temperaturen von 800…1000 °C (in Luft!)
- **austenitische** Sorten Typ CrNi/CrNiTi, NiCrSi/NiCrAlTi für 850…1170 °C
- **Ni-Basis-Legierungen:** NiCr15Fe, NiCr20Ti, NiCr23Fe geeignet für 1150–1200 °C

Ventilwerkstoffe DIN EN 10090/98 ähnliche Analysen (Al-frei), höhere C-Gehalte

Hitzebeständiger Stahlguss DIN EN 10295/03 ähnliche Analysen (Al-frei), höhere C-Gehalte.

Diese Stähle werden in Bauteilen für Industrieöfen und Geräte zum Handhaben und Fördern des Glühgutes (Gestelle, Ofenrollen), in Teilen für den Dampfkesselbau, in chemischen Apparaten und Anlagen zur Erdölverarbeitung eingesetzt.

Normung

DIN EN 10028/09 Flacherzeugnisse aus Druckbehälterstählen:
T-2 unlegierte und legierte, warmfeste Stähle
T-3 schweißgeeignete Feinkornbaustähle, normalgeglüht; **T-5** wie vor, TM-gewalzt;
T-6 wie vor, vergütet; **T-7/08** nichtrostende Stähle

DIN EN 10213/16 Stahlguss für Druckbehälter, warmfeste Stähle
DIN EN 10222-2/00 Schmiedestücke aus ferritischen und martensitischen Stählen
für höhere Temperaturen

4.5 Stähle für bestimmte Fertigungsverfahren

4.5.1 Automatenstähle

Automatenstähle (Tab. 4.29) sind Stähle mit Eignung für das Spanen bei hohen Schnittgeschwindigkeiten unter geringem Werkzeugverschleiß bei guter Spanbildung, Spanabfuhr und Oberflächengüte.

Diese Eigenschaften werden durch S-Gehalte von 0,08...0,4 % und evtl. zusätzlich 0,15...0,35 % Pb erreicht. Die feinverteilten Sulfide wirken spanbrechend. Die Sorten haben Festigkeiten R_m zwischen 380...570 MPa und Bruchdehnungen A von 25 bis 8 %.

4.5.2 Stähle zum Kaltumformen

Stähle zum Kaltumformen sollten folgendes Anforderungsprofil erfüllen: Eignung für die zahlreichen Verfahren des Umformens bei kleinen Kräften (Energie- und Werkzeugaufwand) im Blech, im fertigen Bauteil dagegen höherer Widerstand gegen Beulen und Crash durch die Verformungsverfestigung.

Die Verformungsverfestigung wird durch den **Verfestigungsexponenten** n

$$n = \ln(1 + \varepsilon_\mathrm{gl})$$

bewertet.

Er hängt von der Gleichmaßdehnung ε_gl ab. Wenn die Fließkurve im doppelt log. Netz dargestellt wird (Gerade), so entspricht deren Steigung dem Verfestigungsexponenten n.

Tab. 4.29 Automatenstähle DIN EN 10087/99

Normale Sorten	Einsatzstähle	Vergütungsstähle
11SMn30	10S20	35S20, 35SPb20
11SMnPb30	10SPb20	38SMn28, 38SMnPb28
11SMn37	15SMn13	44SMn28, 44SMnPb28
11SMnPb37		46S20, 46SPb20

Automatenstähle werden verwendet für Massendrehteile für Feinmaschinen, den Geräte- und Apparatebau, auch für dünnwandige und verwickelte Formen.

Tab. 4.30 Kaltgewalztes Blech und Band aus weichen Stählen z. Kaltumformen DIN EN 10130/07

Sorte	Werk-stoff-Nr.	C max. %	Mn max. %	Festigkeiten[a] $R_e, R_{p0,2}$	R_m	A_{80} %	Verwendung	r_{90}[c, d] min	n_{90}[c] min
DC01	1.0330	0,12	0,60	−/280	270…410	28	Abkanten, Sicken	−	−
DC03	1.0347	0,10	0,45	−/240	270…370	34	Einfaches Tiefziehen	1,3	−
DC04	1.0338	0,08	0,40	−/210	270…350	38	Für höhere	1,6	0,18
DC05	1.0312	0,06	0,35	−/180	270…330	40	Umformansprüche	1,9	0,20
DC06[b]	1.0873	0,02	0,25	−/170	270…350	41	Sondertiefziehgüten	2,1	0,22
DC07[b]	1.0898	0,01	0,20	−/150	250…310	44		2,5	

[a] Als Streckgrenze kann ein Mindestwert 140 MPa verwendet werden, bei DCO6 120 MPa und bei DO7 100 MPa.
[b] legiert, Zusatz von max. 0,3 % Ti
[c] Werte gelten für Erzeugnisdicken $\geq 0,5$ mm
[d] für Dicken > 2 mm sind um 0,2 kleinere Werte anzusetzen

n-Werte liegen bei Tiefziehstählen zwischen 0,18 und 0,3. Je höher n, desto stärker ist die Kaltverfestigung und umso geringer die Dickenminderung (Einschnürung), die zu Rissen führen kann. Dieses ist wichtig für Umformen unter allseitigem Zug, z. B. beim Streckziehen oder bei Böden von gezogenen Näpfen.

Stähle guter Kaltformbarkeit lassen sich am Spannungs-Dehnungs-Diagramm erkennen:

- niedrige Streckgrenze R_e bzw. $R_{p0,2}$
- stetig steigende Kennlinie mit großer Gleichmaßdehnung ε_{gl} bis zum Maximum
- insgesamt hohe Bruchdehnung A

Für die Kaltformbarkeit und Schweißeignung sind niedrige Gehalte an C und nichtmetallischen Teilchen erforderlich.

Die weichen Stahlsorten (Tab. 4.30) haben niedrige, fallende Gehalte an C, P, S und Mn mit steigender Bruchdehnung A_{80} und dabei sinkender Streckgrenze R_e bzw. $R_{po,2}$.

Durch das Walzen und Glühen entstehen Ausrichtungen der Kristalle (Texturen) in der Walzrichtung. Beim Umformen wird das Blech in der Ebene nach allen Richtungen beansprucht. Erwünscht ist geringe Anisotropie. Das unterschiedliche Fließen in Breiten- und Dickenrichtung (anisotropes Verhalten) lässt sich am Verhältnis der Formänderungen von Breite zu Dicke der Probe nach dem Versuch beurteilen und wird senkrechte **Anisotropie** r genannt.

Höherfeste Stähle für den Fahrzeugbau

Neue Stahltypen mit hoher Streckgrenze bei geringerer Bruchdehnung sind wichtig für wenig gewölbte, großflächige Blechteile (z. B. Kühlerhauben, Dächer) mit kleineren Blechdicken, ohne dass Beulfestigkeit und Crash-Verhalten absinken.

Tab. 4.31 Entwicklungen für höherfeste Stähle

Stahltyp	Beispiel[a]	Beschreibung
Y-Stähle (Interstitiell frei)	HC160**Y**	Ferritische Stähle ohne C-Atome auf Zwischengitterplätzen. Max. 0.01 % C sind an 0,12 % Ti + 0,09 % Nb gebunden. Dadurch hohe Kaltformbarkeit
B-Stähle (Bake-Hardening-Effekt)	HC180**B**	Sorten, die beim Einbrennen des Lacks aushärten. Anlieferungszustand ist *lösungsbehandelt*, mit einer noch niedrigen Streckgrenze. Das Einbrennen stellt den Auslagerungsvorgang dar. Die Streckgrenze erhöht sich um den Index $BH_2 = 35\ldots40$ MPa
LA-Stähle (low alloy)	HC260**LA**	Mikrolegierte Stähle, C-arm, mit Nb/Ti legiert, Festigkeit wird durch Aushärtung erreicht
FB-Stähle	HDT450**F**	0,18 % C, 0,005 % B, ferritisch-bainitisch
DP-Stähle[b] (Dualphasenstähle)	HCT450**X**	ca. $0,14\ldots0,23$ % C, 2 % Mn, $\leq$ 2 % Al, 1 % Cr+Mo, Ferrit mit ca. 20 % Martensitinseln durch schnelles Abkühlen aus dem γ-α-Zweiphasenfeld
CP-Stähle[b] (Komplexphasenstähle)	HCT600**C**	ca. 0,18 % C, 2,2 % Mn, 2 % Al, 1 % Cr+Mo. Mehrphasige Gefüge aus Ferrit, Martensit und Bainit
TRIP-Stähle[b] (Restaustenitstähle) Transformation induced Plasticity	HCT690**T**	ca. 0,3 % C, 2,5 % Mn, 2 % Al, 2 % Si, metastabiler Austenit im ferritisch-bainitischen Gefüge durch schnelle Abkühlung nach dem Endwalzen bei Temperaturen von $800\ldots900$ °C und Haspeln bei ca. 300 °C. Kaltumformung erzeugt zusätzliche Verfestigung durch Austenitumwandlung in Martensit. Bruchdehnung $A > 20$ %
Martensitphasen-Stähle[b]	HDT1200**M**	ca. 0,25 % C, 2 % Mn, 2 % Al und 1,2 % Cr+Mo. Bruchdehnung nur 5 %. Für Pkw-Säulenverstärkung, Längsträger von Lkw, Mobilkrane

[a] **H**: Höherfest, **C**: Kaltgeformt, Zahlen geben die Mindest-0,2 %-Dehngrenze in MPa an; bei einem **T** *vor* der Zahl die Mindestzugfestigkeit R_m in MPa; Die Folgebuchstaben bezeichnen den Stahltyp.
[b] Zusätzlich Bake-Hardening Effekt.

- Hohe Festigkeit im Bauteil entsteht durch *zusätzliche* Verfestigungsmechanismen (Tab. 4.31 und Abb. 4.10).
- Al-Gehalte senken die Dichte.
- Geschweißte Platinen und Rohre als Vorprodukte (Abb. 4.11) senken die Kosten.

Die neuen Sorten sind erst teilweise genormt.

Die Kfz-Industrie ist wichtigster Abnehmer von Feinblechen. Der Trend zum Leichtbau, die Konkurrenz von Al- und Mg-Legierungen sowie verstärkten Polymeren führen zu Neuentwicklungen bei Blechen zum Kaltumformen.

Neue Sorten besitzen niedrige C- und LE-Gehalte, um **hohe Verformbarkeit** zu erhalten. Höhere Festigkeiten werden durch gezielte Anteile von LE in Verbindung mit einer gesteuerten Abkühlung erreicht.

Abb. 4.10 Entwicklung der
hochfesten Stähle für Bleche
zum Kaltumformen (MPI)
Info: www.iw.uni-hannover.de
(M. Schaper)

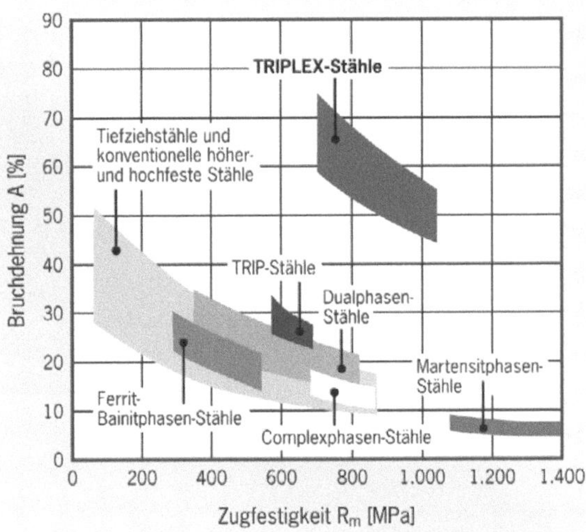

Im ZTU-Diagramm schneidet dabei die Abkühlkurve bestimmte Felder, sodass Gefüge
mit zwei oder mehr Phasen in steuerbaren Anteilen entstehen können.

Neuere Entwicklungen sind hoch Mn-legierte Stähle mit austenitischem Gefügeanteil
(Abb. 4.4).

TRIP-Stähle

Ein TRIP-Stahl in neuer Zusammensetzung ist z. B. X5MnAlSi **15** 3 3. Im Austenit liegen
ca. 30 % Ferrit und zunächst wenig Martensitanteil vor, der sich durch die Verformung
erhöht. Festigkeitsanstieg bis zu $R_\mathrm{m} = 1100\,$MPa bei 40 % Bruchdehnung.

TWIP-Stähle

Beispiel für einen TWIP-(Twinning induced Plasticity-)Stahl ist X5MnAlSi **25** 3 3. Die
Verfestigung erfolgt durch Zwillingsbildung *schlagartig* und *schneller* als bei normaler
Verformung. Starke Dehnbarkeit bei geringer Einschnürung mit niedrigeren Kräften. Zugfestigkeit R_m bis 600 MPa, Bruchdehnung A von 90…40. Hohe Verformungsarbeit bis
zum Bruch, für Crash-beanspruchte Teile.

Triplex-Stähle

Triplex-Stähle (Stahl-Innovationspreis 2009, Max-Planck-Institut, Düsseldorf), z. B.
X111MnAl**25**-11, sind Stähle mit einer stabilen austenitisch-ferritischen Matrix sowie
feindispers eingelagerten Karbidausscheidungen. **Karbidausscheidungen** aus Zementit
und FeMn-Karbiden lagern sich auf bestimmten parallelen Gitterebenen ab und führen zur
sog. homogenen *Scherbandbildung*, die starke Verformungen ohne Einschnürung zulässt.
Die Stähle kombinieren eine hohe Streckgrenze ($R_\mathrm{p0,2} > 700\,$MPa), hohe Kaltformbarkeit
($A = 60$ %) mit 15 % kleinerer Dichte. Es ergibt sich ein Einsparpotential von bis zu 30 %
Bauteilgewicht.

Abb. 4.11 Maßgeschneiderte
Platinen, Tailored Blanks und
Tailored Tubes

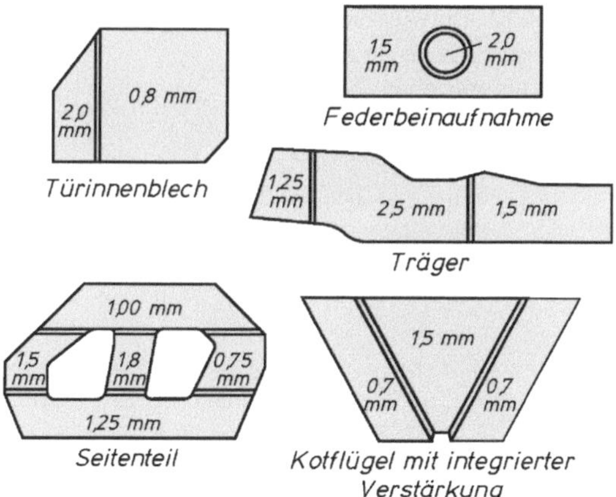

▶   **Hinweis** Weiterführende Informationen zu höherfesten und supraduktilen
Leichtbaustählen sind über das MP-Institut für Eisenforschung zu erhalten
(www.mpg.de/335116/ForschungsSchwerpunkt).

Zur Gewichtsverminderung tragen weiterhin bei:

- **Geschweißte Platinen** (tailored blanks, Abb. 4.11) sind Blechzuschnitte aus Blechen
  verschiedener Dicke und Festigkeit, Beschichtung und Walzrichtung. Sie sind laser-
  oder quetschnaht-geschweißt. Damit werden beim Verarbeiter Versteifungen und Fertigungsstufen eingespart. Durch sie wird
  - die geeignete Blechgüte in der
  - notwendigen Wanddicke an der
  - **richtigen Stelle** im Bauteil platziert.
- **Geschweißte Rohre** (welded tubes und tailored tubes) haben ähnliche Funktion. Es
  sind dünnwandige Rohre oder Hohlprofile, die durch die Innenhochdruck-Umformung
  (Hydroforming) in einem geschlossenen Werkzeug durch Wasserdruck ihre Außen-
  konturen erhalten. Sie werden z. T. mit tailored blanks zusammen zu Karosserieteilen
  verarbeitet.
- **Warmgewalzte Flacherzeugnisse** aus Stählen mit hoher Streckgrenze zum Kaltumformen, DIN EN 10149-1…3/13. Die hohen Streckgrenzenwerte bei noch hoher
  Bruchdehnung werden durch TM-Behandlung erreicht, die Schweißeignung und Kaltformbarkeit durch niedrige C-Gehalte.
- **Oberflächenveredelte** Bleche und Bänder gibt es mit zahlreichen Werkstoffen und verschiedenen Dicken beschichtet. Ihre Oberflächen sind mit Zn-, Al- und deren Legierungen elektrolytisch veredelt (7…20 µm Auflage) oder schmelztauchveredelt (5…42 µm
  oder 70…600 g/m² Auflage). Für sie gilt die **DIN EN 10346/15** für kontinuierlich
  schmelztauchveredelte Flacherzeugnisse aus Stahl.

Tab. 4.32 Kaltstauch- und Kaltfließpressstähle DIN EN 10263/02 (5 Teile)

Teil	Werkstoff-gruppe	Anzahl	Sorten
–2	Unlegierte Stähle	8	C2C, C4C C8C, C10C, C15C, C17C, C20C, 8MnSi7, nicht für eine Wärmebehandlung vorgesehen
–3	Einsatzstähle	25	4 unlegierte, 3 B-legierte, 7 S-legierte Automatensorten
–4	Vergütungs-stähle	35	4 unlegierte, 16 B-legierte, 15 Cr-, CrMo-, CrNiMo-legierte Sorten
–5	Nichtrostende Stähle	19	2 ferritische, 1 martensitische, 1 austenitisch-ferritische, 15 austenitische Sorten nach DIN EN 10088/14

Nachgestellte Symbole für Lieferzustände
+U = unbehandelt (wie warmgewalzt), **+PE** = wälzgeschält, **+AT** = lösungsgeglüht, **+C** = kaltgezogen, **+LC** = kalt nachgezogen, **+AC** = geglüht auf kugelige Karbide
Symbole können mit + Zeichen kombiniert werden, z. B. +AT + C

Tab. 4.33 Weitere Stahlsorten für bestimmte Fertigungsverfahren

Stahlsorten	Normen DIN	Eigenschaften, Hinweise
Einsatzstähle	EN 10084/08	Abschn. 5.6.3 Einsatzhärten, Tab. 5.22
Nitrierstähle	EN 10085/01	Abschn. 5.6.4 Nitrieren, Tab. 5.29
Vergütungsstähle	EN 10083/06	Abschn. 5.3.8 Vergüten, Tab. 5.10
Stähle für große Schmiedeteile	SEW 555/01	

Kaltstauch- und Kaltfließpressstähle

Die Werkstoffausnutzung ist bei den Fließpress- und Kaltstauchverfahren höher als bei den spanenden Verfahren, ebenso die Oberflächengüte. Phosphatieren der Rohlinge ergibt eine wenige µm dicke, reibungsmindernde Gleitschicht. Für die unterschiedlichen Beanspruchungen gibt es die Stähle nach Tab. 4.32.

Anwendungen des Verfahrens zur rationellen Herstellung von:

- **Befestigungsmitteln**, wie z. B. Schrauben aller Art, Nieten
- **Maschinenteilen**, wie z. B. Differenzialkegelrädern, Synchron- und Schaltelementen und Teilen für Bremsanlagen

Tab. 4.33 gibt einen Überblick über weitere Stahlsorten (siehe auch Abschn. 4.8).

Normung
DIN EN 10149/13

Teil 2: enthält 9 Sorten thermomechanisch behandelt von **S315MC** in Stufen 355/ 420/460/500/550/600/650 bis **S700MC**.

Teil 3: enthält 4 Sorten normalisierend gewalzt von **S275NC** in Stufen 315/355 bis **S420NC**.

Die geschweißten Platinen und Rohre sowie die warmgewalzten Flacherzeugnisse finden Einsatz beim Abkanten oder Walzprofilieren in Dicken bis 15 mm sowie für Pressteile im Waggon-, Schwerlast- und Kranfahrzeugbau.

4.6 Stähle für bestimmte Bauteile

4.6.1 Wälzlagerstähle

Wälzlagerstähle haben folgende Beanspruchungen: Das ständige Überrollen bewirkt eine hohe Zug-Druck-Wechselbelastung und dadurch Wälzverschleiß mit Oberflächenzerrüttung. In Sonderfällen tritt auch Korrosion und/oder thermische Beanspruchung auf.

Eigenschaftsprofil Hohe Härte und Streckgrenze werden durch Härten erreicht. Die Stähle haben ca. 1 % C und steigende Cr-Gehalte zum Durchhärten der Rollen, Kugeln, Ringe und Scheiben.

Hohe Dauerfestigkeit wird durch hohe Reinheitsgrade (Edelstähle) erreicht, da winzigste Schlackenteilchen in der Oberfläche als Risskeime wirken.

Beispiele für Stähle mit diesem Eigenschaftsprofil

X5CrNi18-8, unmagnetisch; plasmaaufgekohlt und ausscheidungsgehärtet auf 540 HV. Stabil von −196 °C bis +700 °C (INA).
CRONIDUR 30 ähnlich X30CrMoN15-1 + 0,4 % N mit homogener, sehr feinkörnigen Karbidverteilung (10 µm); sehr hohe Lebensdauer bei Mangelschmierung und Korrosionsangriff.

Durch halbwarmes Umformen von stranggegossenen Vorformen aus 100Cr6 zu Hohlzylindern mit gleichzeitigem Abtrennen der Käfigrohlinge wird beim Abkühlen ein feinkörniger Zementit ausgebildet. Dadurch kann das bisher notwendige GKZ-Glühen eingespart werden (vgl. TRENPRO-Verfahren, Abschn. 5.5.4).

▶ **Hinweis** Hybridlager mit Kugeln aus Si-Nitrid werden für hohe Drehzahlen (Dichte 3,2 kg/dm³) eingesetzt (Vollkeramiklager, s. Abschn. 8.4.2).

Normung

DIN EN ISO 683-17/15. Für eine Wärmebehandlung vorgesehene Stähle, **Wälzlagerstähle**

Folgende Stähle eignen sich besonders:

- Für Normalbeanspruchung, mit Härten von 58…64 HRC:
  C100Cr6, C100CrMn6, C100CrMo7
- Bei Korrosionsangriff:
  X46Cr13, X90CrMoV18
- Bei höheren Temperaturen bis ca. 300 °C:
  X30CrMoN15-1

4.6.2   Federstähle

Federstähle sollten folgendes Anforderungsprofil (Tab. 4.34) erfüllen: Werkstoffe für Federn und federnde Bauelemente müssen hohe zulässige Spannungen im elastischen Bereich aufweisen, um die bewegten Massen klein zu halten, dazu hohe Dauerschwingfestigkeit, in besonderen Fällen auch Korrosionsbeständigkeit oder Warmfestigkeit.

Federstähle besitzen folgendes Eigenschaftsprofil: Erhöhte Streckgrenze durch Vergüten mit niedrigen Anlasstemperaturen, glatte Oberflächen mit evtl. Kaltverfestigung zur Erhöhung der Dauerfestigkeit, verbesserter Korrosionsschutz durch Beschichten (Z = Zn, ZA = ZnAl-Überzüge, ph = phosphatiert).

Ein neues Verfahren benutzt thermomechanisch vorbearbeitetes Halbzeug zum Wickeln hochfester Federn.

Tab. 4.34   Normenübersicht Federstähle

Drähte	patentiert + kaltgezogen	DIN EN 10270-1/12 5 Sorten
	ölschlussvergütet	DIN EN 10270-2/12 9 Sorten
Draht + Flachstahl	warmgewalzt + vergütet	DIN EN 10089/03 19 Sorten
Bänder	kaltgewalzt	DIN EN 10132-4/03
Nichtrostende Stähle		
Bänder	kaltgewalzt	DIN EN 10151/03 16 Sorten
Draht	kaltgezogen	DIN EN 10270-3/12 3 Sorten

Tab. 4.35 Übersicht über die Federstähle

DIN EN 10089/03 Federstähle warmgewalzt + vergütet	in Dicken 3…20 mm

19 Sorten Rund- und Flachstäbe, gerippter Federstahl und Walzdraht. Die Härte steigt mit dem C-Gehalt von 61 auf 66 HRC, die Durchhärtung mit dem LE-Gehalt von 7 mm $\varnothing$ (38Si7) bis auf 54 mm $\varnothing$ (52CrMoV4).

38Si7 Federringe, Federplatten für Schraubensicherungen (wasservergütet) **54SiCr6** Blatt- und Kegelfedern für Schienenfahrzeuge bis 7 mm Dicke **60SiCr7** Fahrzeugblattfedern, Schrauben-und Tellerfedern **55Cr3** hochbeanspruchte Blatt-, Schrauben-, Teller-, Drehstabfedern, Stabilisatoren **51CrV4, 52CrMoV4** desgl. höchstbeansprucht und für größere Abmessungen	Lieferformen sind: **+H** unterer Bereich des Streubandes **+HH** oberer Bereich der Stirnabschreckkurven

DIN EN 10151/03 Federband aus nichtrostenden Stählen	$s \leq 3$ mm, max. 600 mm breit

16 Sorten kaltverfestigt geliefert von +C700 bis +C1900 (Anhängezeichen für $R_{m,min}$ in MPa), z. T. für Wärmebehandlung geeignet. Die Korrosionsbeständigkeit steigt mit dem Gehalt an Ni und Mo.

Gefüge	Beispiele	Stoff-Nr.	Eigenschaften, Verwendung
ferritisch	**X6Cr17**	1.4016	nur kaltverfestigt +C850, geringe Zähigkeit
martensitisch	**X20Cr13**	1.4021	vergütet auf $R_m = 1600$ MPa, E-Modul $= 220$ GPa
ausscheidungs-härtend	**X7CrNiAl17-7**[a]	1.4568	+C1500, geformt, + ca. 500 °C/Luft; $R_m = 1800$ MPa
austenitisch	**X10CrNi18-8**	1.4310	+C1900 (max.), angelassen $R_m = 2100$ MPa

DIN EN 10132-4/00 Kaltband aus Stahl für eine Wärmebehandlung T4: Federstähle Dickenbereich 0,2…10 mm

8 unlegierte: **C55S, C60S, C67S, C75, C85S, C90S, C100S, C125S**
7 niedriglegierte: **48Si7, 55Si7, 51CrV4, 80CrV2, 75Ni8, 125Cr2, 102Cr6**

Zugfestigkeit je nach Dicke bis 3 mm und C-Gehalt, vergütet:	unlegierte Sorten:	1100…2100 MPa
	niedriglegierte:	1200…2100 MPa

DIN EN 10270/12 Stahldraht für Federn. Teil 1 patentiert und kaltgezogen (Kurzzeichen **fett** gedruckt), Teil 2 ölschlussvergütet (Kurzzeichen normal gedruckt)

Sorten nach	Federbeanspruchung		Dauerfestigkeit		Draht-$\varnothing$ für die Sorten in mm	
	Festigkeit	statisch	mittel	hoch	SL, SM, SH, DM, DH	0,5…20
T1 (fett)	niedrig	**SL**/FDC	–/TDC	–/VDC	FDC, FDCrV, FDSiCr	0,5…17
T2	mittel	**SM**/FDCrV	**DM**/TDCrV	**DH**/VDCrV	TDC, TDCrV, TDSiCr,	0,5…10
…	hoch	**SH**/FDSiCr	–/DSiCr	–/VDSiCr	VDC, VDCrV, VDSiCr	

[a] Für Temperaturen bis 300 °C, NiMo16Cr16Ti (Hastelloy C4) bis 450 °C, Nimonic 90 bis 600 °C

Tab. 4.35 (Fortsetzung)

Sorte	$R_m{}^a$ in MPa für Draht-$\varnothing$ in mm			Sorte	$R_m{}^a$ in MPa für Draht-$\varnothing$ in mm			Sorte	$R_m{}^a$ in MPa für Draht-$\varnothing$ in mm		
	1	4	15		0,5	4	15		0,5	3	5
SL		1320		**FDC**	1900	1550	1270	**TDC, VDC**	1850	1600	1540
SM		1530	1110	**FCrV**	2000	1620	1410	**TDCrV, VDCrV**	1910	1670	1570
SH	2230	1740	1270	**FDSiCr**	2100	1870	1570	**TDSiCr, VDSiCr**	2080	1910	1810
DM		1530	1110								
DH		1740	1270								

[a] untere Werte der Zugfestigkeit R_m; E-Modul $E = 206.000$ MPa, Gleitmodul $G = 81.500$ MPa

DIN EN 10270-3/12 Nichtrostender Federstahldraht, kaltgezogen $d = 0,2\ldots 10$ mm $\varnothing$

Sorte	Stoff-Nr.	Zugfestigkeit R_m in MPa für Draht-$\varnothing$ in mm				T_{max}	E-Modul	G-Modul
		$\leq 0,2$	$0,4\ldots 0,5$	$4,25\ldots 5$	$8,5\ldots 10$	°C	MPa	
X10CrNi18-8	1.4310	2200	2050	1450	1250	$30\ldots 270$	180.000	70.000
X5CrNiMo17-12-2	1.4401	1725	1650	1200	1050	300	175.000	68.000
X7CrNiAl17-7	1.4568	1975	1900	1350	1250	350	190.000	73.000

[a] Die Sorten mit mittlerer und höherer Dauerfestigkeit haben gegenüber den statisch belastbaren Sorten einen höheren Reinheitsgrad und definierte Oberflächenbeschaffenheit (Oberflächenfehler und Randentkohlung).

Eine Erhöhung der Dauerfestigkeit kann durch mechanische Verformung der Randschicht mittels Kugelstrahlen erreicht werden (Abschn. 5.6.6).

Federn haben i. Allg. kleinere Querschnitte. Deshalb genügen zum Durchvergüten unlegierte oder niedriglegierte Stähle. Die nachträgliche Kaltverformung ergibt hohe Festigkeitswerte, die mit zunehmender Erzeugnisdicke absinken (Tab. 4.35, DIN EN 10270/11).

4.7 Werkzeugstähle

4.7.1 Allgemeines

Tab. 4.36 gibt einen Überblick über die Einteilung der Werkzeugstähle und ihre Anwendung.

Werkzeugstähle sind härtbare Edelstähle, die in den verschiedenartigsten Werkzeugen im direkten Kontakt mit dem Werkstoff zur Fertigung von Halbzeugen und Bauteilen dienen. Unlegierte Stähle genügen den immer weiter gestiegenen Anforderungen nicht mehr, deshalb sind legierte und hochlegierte Sorten in der Überzahl.

Für Werkzeugstähle gelten DIN EN ISO 4957/01 sowie die VDI-Richtlinien 3388/12.

Das Härten des Stahles ist im Abschn. 5.3 zur Wärmebehandlung ausführlich behandelt. Es besteht aus drei Arbeitsgängen:

- **Austenitisieren**[2]: Erwärmen und Halten auf Temperaturen, bis das Gefüge in Austenit umgewandelt ist, in dem die LE- und C-Atome homogen verteilt sind (Abb. 5.2 und 5.3).

Tab. 4.36 Übersicht: Einteilung der Werkzeugstähle

Bereich	Einsatzgebiet	Beispiele: Werkzeuge für/zum …
Kaltarbeitsstähle	Umformen, Prägen und Trennen von Halbzeugen, Pressen von pulvrigen Ausgangsstoffen in kaltem Zustand	Tiefziehen, Fließpressen, Kaltschlagen, Schneiden und Stanzen, Pressen von Sinterteilen, Handwerkzeuge
Warmarbeitsstähle	Urformen von flüssigen, Umformen von erhitzten Metallen und Glas	Druckgießformen, Strangpressen, Glasformen, Schmiedegesenke
Kunststoffformenstähle	Urformen von körnigen/pulvrigen Formmassen aus duro- oder thermoplastischen Polymeren mit Füllstoffen	Formen für Press- u. Spritzgussteile, Bauteile von Kunststoffmaschinen zum Spritzgießen oder Extrudieren
Schnellarbeitsstähle	Spanen mit geometrisch bestimmten Schneiden[a]	Bohrer, Fräser, Gewindebohrer, Metallsägen, Reibahlen

[a] Für hohe Schnittgeschwindigkeiten durch Sinterhartstoffe und Keramik ersetzt

---

[2] Austenitisieren ist das Herstellen eines homogenen, feinkörnigen γ-MK-Gefüges im Stahl. Dazu müssen Ferrit umgewandelt und Karbide gelöst und verteilt werden. Dieser Auflösungs- und Diffusionsvorgang benötigt Zeit. Dabei kann die Korngröße wachsen.

- **Abkühlen**: (Abschrecken) mit einer kritischen Geschwindigkeit v_{krit}, bei der die Perlitbildung übersprungen wird und die Umwandlung ohne Diffusion der C-Atome stattfindet. Es entsteht ein verzerrtes Gitter, der Martensit. Seine Härte ist C-abhängig und erreicht bei 0,8 % C das Maximum (Abb. 5.20).
- **Anlassen**: Erwärmen auf Temperaturen bis ca. 300 °C (700 °C), dabei steigt die Zähigkeit an, während die Härte sinkt. Durch die Anlasstemperatur kann die Zähigkeit der Beanspruchung des Werkzeuges angepasst werden (Abb. 5.31).

Beanspruchungen Der Kontakt mit harten und verschleißenden oder flüssigen Werkstoffen unter hohen Kräften verlangt vom Werkzeug neben weiteren speziellen Eigenschaften allgemein:

- **Harte Oberflächen** (Verschleißwiderstand)
- **Druckfestigkeit** im Kern (Erhaltung der Form)

Einhärtung ist die Tiefe der martensitisch umgewandelten Zone vom Rand aus. Die LE vergrößern sie bis zur **Durchhärtung** (Abb. 4.13).

- Legierte Stähle härten tiefer ein.
- Legierte Stähle können langsamer abgeschreckt werden (Öl, Salzbäder, Luft/Gase).

Den Einfluss der LE auf das Härteverhalten zeigt Abb. 4.12 anhand der ZTU-Schaubilder, siehe auch Tab. 4.37.

- Die Felder von Perlit- und Bainitstufe sind getrennt durch einen umwandlungsträgen Bereich, in dem Austenit längere Zeit beständig ist, günstig für den Temperaturausgleich bei der Warmbadhärtung von großen Teilen.
- Der Bainitbereich ist nach rechts verschoben. Die gewählte Abkühlkurve kann dicht vor den Umwandlungsfeldern verlaufen. Es kommt zu vollständiger Martensitbildung.

Abb. 4.12 enthält drei ledeburitische Stähle (Tab. 4.38). Bei Stahl Nr. 3 sind Perlit- und Bainitstufe stärker nach rechts verschoben als bei den beiden anderen Sorten.

Abb. 4.12 ZTU-Schaubilder hochlegierter Stähle

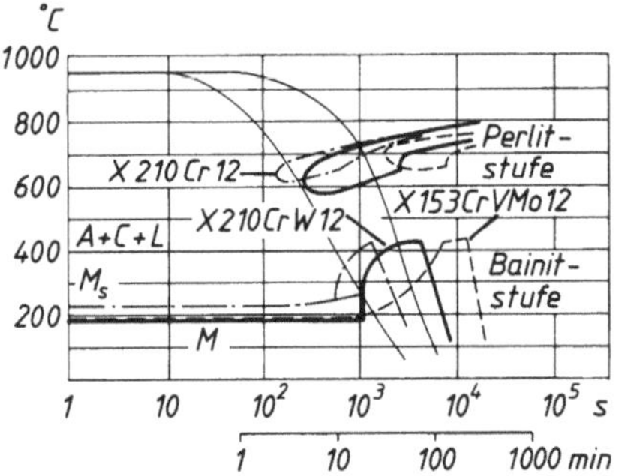

Tab. 4.37 Einfluss des Kohlenstoffs und der Legierungselemente (LE) auf das Härten

Einfluss des **Kohlenstoffs**	↑ C-Gehalt steigt ⇒ Härte steigt, Zähigkeit sinkt	↓ C-Gehalt sinkt ⇒ Zähigkeit steigt, Härte sinkt und muss durch LE (wie Cr, Mo, V und W) ausgeglichen werden	
Einfluss der **Legierungselemente**	LE-Gehalt niedrig Wasserhärtung, Verzug hoch	LE-Gehalt mittel Ölhärtung, Verzug geringer	LE-Gehalt hoch Warmbad-/ Lufthärtung, Verzug klein
Werkzeug, Querschnitt und Komplexität	niedrig	mittel	hoch

Tab. 4.38 Ledeburitische Stähle

Nr.	Sorte	LE-Anteile
1	X210Cr12	ohne W, V und Mo
2	X210CrW12	mit 0,7 % W
3	X153CrVMo12	mit 1 % V + 0,9 % Mo

Abb. 4.13 Härtbarkeitsschaubild ledeburitischer Stähle. Rundstahl von 100 mm Durchmesser nach Vakuumhärtung mit Stickstoffabkühlung

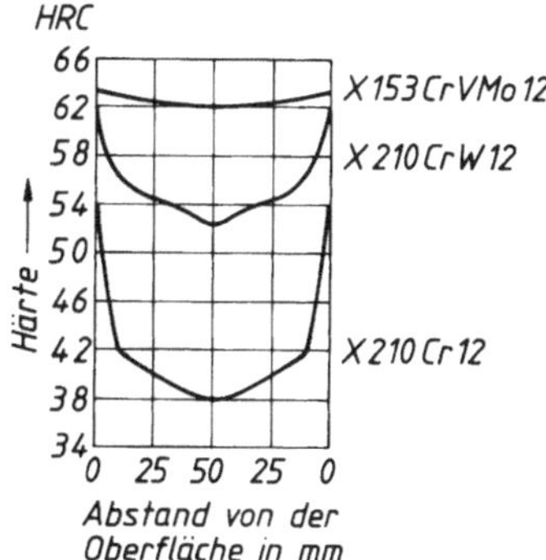

Abb. 4.13 zeigt die Auswirkungen der LE auf die Härteverläufe über den Querschnitt eines Rundstahles von 100 mm ∅. Stahl 3 hat die höchste Randhärte bei vollkommener Durchhärtung. Es zeigt sich, dass Mo und V stärker wirken als das Element W. 1 % Mo ersetzt 2 % W.

Leistungssteigerung bei Werkzeugstählen

Standzeit und -menge der Werkzeugstähle können verbessert werden.

- Größerer Reinheitsgrad durch ESU- oder Vakuumerschmelzung verbessert Oberflächengüte und Dauerfestigkeit (weniger nichtmetallische Teilchen).
- Oberflächenbehandlung oder Beschichten erhöht Widerstand gegen Verschleiß. Der Verschleißwiderstand wird durch diamantartige Schichten erhöht, die nach dem PVD-Verfahren aufgebracht werden (Abschn. 11.2.4.2 und Tab. 11.24).
- PM-Herstellung der karbidreichen Stähle lässt höhere Karbidanteile zu und ergibt gleichmäßig feinkörnige Verteilung. PM-Stähle härten dadurch verzugsärmer.

▶ **Hinweis** Zum vollständigen Auflösen der Legierungsbestandteile müssen vor allem höher legierte Stähle vor dem Abschrecken auf Temperaturen über 1000 °C erwärmt werden. Zum Mindern oder Vermeiden von Härteverzug sind Stahlauswahl und Härtetechnik zu beachten.

4.7.2 Kaltarbeitsstähle

Stähle dieser Gruppe sind für Werkzeuge bestimmt, deren Oberflächentemperatur im Einsatz nicht über 200 °C steigt. Sie benötigen keine besondere Anlassbeständigkeit. Tab. 4.39 zeigt das Anforderungsprofil.

Beispiel: Kaltarbeitswerkzeuge

Schnittwerkzeuge, Scherenmesser, Räumnadeln, Schneideisen, Sägen, Feilen, Meißel, Prägewerkzeuge, Kaltschlag- und Fließpresswerkzeuge, Mess- und Prüfzeuge

Der C-Gehalt bestimmt Härte und gegenläufig die Zähigkeit über den **Karbidanteil**. Karbide erhöhen den Verschleißwiderstand. Damit lassen sich drei Gruppen von Stählen erkennen:

Zähharte, untereutektoide Stähle ohne Karbide, < 62 HRC. Anwendung zum Schneiden und Umformen von dicken Blechen und Werkzeuge mit starker Kerbwirkung.
Harte, übereutektoide Stähle mit ca. 10 % Karbidanteil und der vollen Martensithärte von > 64 HRC. Anwendung für Schneidplatten und Stempel mittlerer Blechdicken und Leistung.

Tab. 4.39 Anforderungsprofil der Kaltarbeitsstähle und erforderliche Gefügeausbildung

Anforderung, Widerstand gegen	Eigenschaft	LE, Wärmebehandlung, Gefüge
Plastische Verformung	Hochliegende Dehngrenze	Martensitische Gefüge, Durchhärtung/Durchvergütung, 0,3…0,6 % C + 1…5 % Cr
Verschleiß	Härte	Widerstand gegen Abrasion durch hohen Karbidanteil (LE Mo, V, Cr, W)
	Tribologische Eigenschaften	Widerstand gegen Adhäsion: Laserhärten, nichtmetallische Beschichtungen, Nitrocarburieren, PVD-Beschichtung mit TiN, Ti(CN)
Schlag, Stoß, Kantenausbrechen	Zähigkeit	C-Gehalt niedrig, Ausgleich durch höhere LE-Gehalte, Ni steigert Härtbarkeit und Zähigkeit, Reinheitsgrad durch Vakuumerschmelzung erhöhen, Feinkorngefüge durch besondere Wärmebehandlung
Härteverzug	Verzugsarmut	Warmbad- oder lufthärtende Sorten einsetzen, PM-Stähle

Tab. 4.40 Kaltarbeitsstähle, Auswahl aus 6 + 17 Sorten der DIN EN ISO 4957/01

Kurzname	Stoff-Nr.	Eigenschaften, Anwendung
C45U	1.1730	Unlegiert, für Handwerkzeuge, Meißel, Aufbauteile von Werkzeugen
102Cr6	1.2067	Bördelrollen, Stempel, Lehren, Wälzlager
60WCrV8	1.2550	Schnitte u. Stempel für dickere Bleche, Holzbearbeitungswerkzeuge
X153CrVMo12	1.2379	Gewindewalzrollen und -backen, Schneid- und Stanzwerkzeuge für Blech < 6 mm, Feinschneidwerkzeuge bis 12 mm, Tiefziehwerkzeuge
X210CrW12	1.2436	Durchhärtender, maßbeständiger, verschleißfester Stahl für Schnittplatten und -stempel, Tiefzieh- und Fließpresswerkzeuge
X220CrVMo13-4	1.2380	PM-Kaltarbeitsstahl, verzugsarm, hochverschleißfest

Verschleißfeste, ledeburitische Stähle mit bis zu 28 % Karbidanteilen und 60 bis 65 HRC. Für Schneidplatten, Ziehringe und -stempel bei hohen Standzeiten und Blechen bis zu 4 mm.

Stähle mit höheren Karbidgehalten als 28 % (z. B. X280W12) sind durch die Schmelzmetallurgie (+ Schmieden) nur sehr schwer herstellbar. Hier knüpfen die PM-Stähle an, die bis zu 75 % Karbid enthalten können.

Die Karbide einiger LE (Karbidbildner Abschn. 4.1.7) sind wesentlich härter als Fe_3C, Zementit (Tab. 4.9). Diese LE wie Cr, W und V sind für leistungsfähige Werkzeugstähle unverzichtbar.

Tab. 4.40 gibt einen Überblick über ausgewählte Kaltarbeitsstähle, ihre Eigenschaften und Anwendungen.

Weiterhin kann Werkzeugstahlguss für Großwerkzeuge (z. B. zum Pressen von Karosserieteilen) eingesetzt werden, z. B. G45CrNiMo4-2 (1.2769) oder GX100CrMoV5-1 (1.2363) mit Randschichthärten von 56...62 HRC; G41CrMn6 (1.7104) für Schnittwerkzeuge für Karosserieteile.

4.7.3 Warmarbeitsstähle

Diese Stähle werden für Werkzeuge zum Urformen und Warmumformen der Werkstoffe eingesetzt. Tab. 4.41 nennt Anforderungen und Gefüge. Im Allgemeinen sind Kaltumformbarkeit und Schweißeignung nicht erforderlich mit Ausnahme beim Kalteinsenken flacher Gravuren und bei Auftragsschweißung zur Reparatur von Gesenken.

Beispiel: Warmarbeitswerkzeuge

Gesenke für Schmiedehämmer und -maschinen, Warmscheren, Druckgießformen, Strangpresswerkzeuge, Glasformen

Tab. 4.41 Zusätzliche Anforderungen an Warmarbeitsstähle und erforderliche Gefügeausbildung

Problem	Eigenschaft	LE, Wärmebehandlung, Gefüge
Hohe Temperaturen verändern das Gefüge und senken die Härte	Anlassbeständigkeit, Warmhärte	Aushärtungseffekt durch 0,3…0,9 % V, V-Karbide scheiden erst bei hohen Anlasstemperaturen aus. W und/oder Mo zulegieren, ihre Karbide sind härter als Cr-Karbide
Ständige Temperaturwechsel	Thermoschock-beständigkeit	$\sum$ LE niedrig halten, um Wärmeleitfähigkeit zu erhöhen (= Rissanfälligkeit vermindern), 1 % Mo ersetzt 2 % W, V wirkt noch stärker
Stoß- und Schlag-beanspruchung	Warmzähigkeit	C-Gehalt niedrig, Ni zulegieren, Feinkorn und Reinheitsgrad verbessern

Tab. 4.42 Warmarbeitsstähle, Auswahl aus DIN EN ISO 4957/01

Kurzname	Stoff-Nr.	Eigenschaften, Anwendung
55NiCrMoV	1.2714	Warmzäh, durchhärtend, weniger anlassbeständig. Gesenkstahl für große Hammergesenke (Vollform)
X37CrMoV5-1	1.2343	Hohe Warmfestigkeit und -zähigkeit, wenig empfindlich gegen Temperaturwechsel, warmverschleißfest. Gesenke, Schnecken und Zylinder für Kunststoff-Spritzgussmaschinen und Extruder
X40 CrMoV5-1	1.2344	Wie 1.2343, aber für größere Querschnitte, sekundärhärtend. Druckgieß- und Strangpresswerkzeuge, nitrierte Auswerfer, Warmscherenmesser
32CrMoV12-28	1.2365	Hoch anlassbeständig (sekundärhärtend), wenig rissempfindlich bei Wasserkühlung, weniger durchhärtend. Für kleinere Querschnitte, Druckgießformen

Die Anforderungen an Kaltarbeitsstähle erhöhen sich bei den Warmarbeitsstählen.

Durch den Kontakt mit flüssigen oder auf Formgebungstemperatur erwärmten Metallen besteht die Gefahr der Gefügeveränderung. Ursache ist ein Weiterlaufen des Anlassvorganges.

> **Hinweis** Die Anlasstemperatur sollte etwa 80 bis 100 °C höher als die Betriebstemperatur des Werkzeuges sein. Danach richtet sich die Werkstoffwahl.

Ständige Temperaturwechsel warm/kalt erzeugen ein Netz von Ermüdungsrissen (Brandrissen). Höhere Zähigkeit ist für stoßbeanspruchte Teile wichtig (Hammergesenke).

Risse entstehen, wenn die Oberflächenschicht erhitzt wird, sich ausdehnt, aber vom noch kalten Untergrund behindert und dadurch **gestaucht** wird. Beim Reinigen und in Pausen kühlt die Oberfläche ab, schrumpft und wird dabei unter Zugspannungen gesetzt.

Tab. 4.42 gibt einen Überblick über einige Warmarbeitsstähle, ihre Eigenschaften sowie ihre Anwendung.

Tab. 4.43 Kunststoffformenstähle, Auswahl

Kurzname	Stoff-Nr.	Eigenschaften, Anwendung
21MnCr5	1.2162	Zum Einsatzhärten, polierfähig, kalteinsenkbar. Für hochglanzpolierte flache Kunststoffformen, Führungssäulen
40CrMnNiMo8-6-4	1.2738	Gut spanbar, polierbar, narbungsgeeignet. Für Großformen mit tiefer Gravur durch 1 % Ni durchvergütend
X38CrMo16	1.2316	Gute Polierbarkeit, korrosionsbeständig. Für aggressive Polymere

4.7.4 Kunststoffformenstähle

Bei der Verarbeitung duro- oder thermoplastischer Formmassen liegen die Temperaturen unter denen der Metalle. Wichtig ist eine dauerhaft glatte Oberfläche zum leichten Entformen von Spritzgussteilen (Polierfähigkeit).

Massen, die korrodierende Stoffe abgeben, erfordern **Korrosionsbeständigkeit**, harte und abrasive Zusätze erhöhten **Verschleißwiderstand**.

Korrosionsbeanspruchung entsteht z. B. durch die Hilfsstoffe (Weichmacher, Flammschutzmittel, antistatisch wirkende Zusätze) oder Stoffe, die bei der Polykondensation frei werden.

Verschleißbeanspruchung entsteht durch Zusätze wie Gesteinsmehl, Kreide, Schwerspat, Silikate, Kaolin, Glasfasern.

Höhere Standzeiten ergeben PVD-Schichten aus TiN, CrN, TiCN und AlTiN in Dicken von 2 bis 8 µm (Schichten, Abschn. 11.2.4).

Die Entformung der Werkstücke wird durch Oberflächenkräfte beeinflusst, die zwischen den chemischen Endgruppen der Polymere und dem Charakter der Schicht (metallisch, hetero- oder kovalent gebunden) wirken, wichtig für die Schichtwahl.

Tab. 4.43 gibt einen Überblick über einige Kunststoffformenstähle, ihre Eigenschaften sowie ihre Anwendung.

Neben Stählen werden auch elektrolytisch abgeschiedene Formschalen aus Hartnickel verwendet, die zur Abstützung hintergossen werden. Für einfache Teile und Temperaturen $< 100\,°C$ sind auch Zink-Legierungen geeignet.

4.7.5 Schnellarbeitsstähle (HS-Stähle)

Hochleistungs-Schnittstähle (früher HSS-Stähle) sind Werkstoffe für hohe Spanungsleistungen, z. B. für Fräser und Fräserzähne, Wendel- und Gewindebohrer, Schneideisen. Die Hauptbeanspruchung ist abrasiver Verschleiß bei hohen Schneidentemperaturen.

Die ersten Schnellarbeitsstähle wurden 1900 von den Amerikanern *Taylor* und *White* erfunden und für Dreh- und Hobelmeißel eingesetzt. Sie enthielten bis zu 20 % Wolfram. Später sind zahlreiche wolframärmere Sorten entstanden.

Die frühere Bedeutung der HS-Stähle für Drehmeißel ist auf moderne Schneidwerkstoffe wie Hartmetall und Keramik übergegangen.

HS-Stähle sind hoch mit W, Cr, Mo, V und Co legierte Stähle, zum Beispiel die Sorte HS 10-4-2-10. Die Analyse ergibt:

C	Cr	Mo	V	W	Co
1,2	4,1	3,5	3,3	9,5	10

Die LE liegen im Gusszustand als grobe Primärkarbide vor und werden durch Schmieden mit evtl. Weichglühen verfeinert. Sie sind härter als Martensit und thermisch stabiler. So ergibt sich die hohe Warmhärte und Anlassbeständigkeit der HS-Stähle (Abb. 4.14). Sie wird nur erreicht, wenn besondere Bedingungen für das Härten eingehalten werden.

Zur Karbidbildung sind 0,8–1,4 % C, zur Durchhärtung ca. 4 % Cr erforderlich. Die anderen LE sind je nach Sorte unterschiedlich.

Der hohe Legierungsanteil führt zu verminderter Wärmeleitfähigkeit und Diffusionsgeschwindigkeit. Die Wärmebehandlung benötigt deshalb längere Zeiten und höhere Temperaturen.

Härten der Schnellarbeitsstähle

Schnellarbeitsstähle werden durch Austenitisieren, Abschrecken und Anlassen gehärtet.

Austenitisieren Stufenweises Erwärmen in Luftumwälzern + Salzbädern, Wirbelschichtbetten oder Vakuumöfen auf 1180–1320 °C je nach Sorte.

> **Hinweis** Optimale Härtung erfordert die **vollständige** Auflösung der Sonderkarbide durch richtige **Temperatur und Haltezeit** (Abb. 4.14).

Abschrecken erfolgt in Öl, Warmbad von 550 °C, Gebläseluft oder Vakuumhärten mit N_2 unter Druck. Das Gefüge besteht dann aus Martensit, Restaustenit und Sonderkarbiden.

Abb. 4.14 Einflüsse der Abschreck- und Anlasstemperaturen auf Härte der HS-Stähle im Vergleich mit unlegiertem Stahl

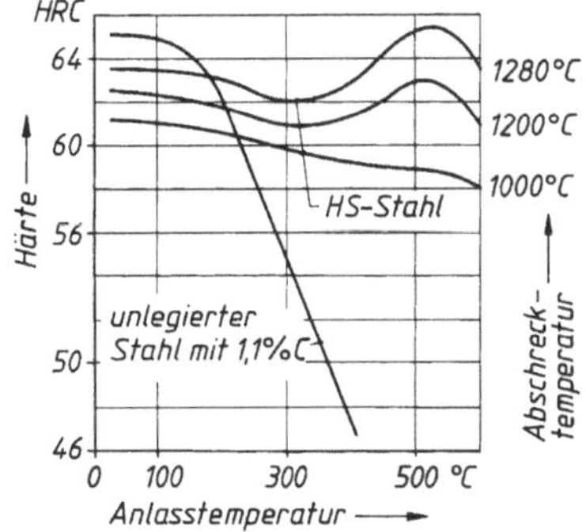

Anlassen besteht aus zwei- bis dreimaligem Anlassen bei 540...580 °C je nach Sorte. Die Härte fällt durch Martensitzerfall zunächst leicht ab, steigt dann aber durch feinste Karbidausscheidungen wieder an und kann höher liegen als die Abschreckhärte. Es handelt sich hier also um eine echte Aushärtung.

Sie wird als **Sekundärhärte** oder Sprunghärte bezeichnet (Abb. 4.14, Kurven mit 1200 und 1280 °C Anlasstemperatur).

Ursache für die **Sekundärhärte** der HS-Stähle sind die Sonderkarbide der gelösten LE. Sie scheiden erst bei diesen hohen Anlasstemperaturen in submikroskopischer Form aus und wirken als Gleitblockierung im Grundgefüge.

Für das Auflösen der LE sind die richtigen, **hohen** Austenitisierungstemperaturen erforderlich. Ein Unterschreiten führt zu kleineren Härtewerten, mit Wegfall des Sekundärhärte-Effektes.

▶ **Hinweis** Die höhere Anlassbeständigkeit durch Sekundärausscheidungen von Sonderkarbiden liegt auch bei einigen hochlegierten Warmarbeitsstählen vor (Tab. 4.42).

Tab. 4.44 gibt einen Überblick über Schnellarbeitsstähle und ihre Anwendung.

Leistungssteigerung bei Schnellarbeitsstählen durch **pulvermetallische Herstellung** von hochkarbidhaltigen Werkzeugstählen ergibt eine gleichmäßigere und feinkörnigere Karbidverteilung als es schmelzmetallurgisch möglich ist. Dadurch steigen Biegefestigkeit (Zähigkeit gegen Kantenausbrechen) und damit die Standzeiten.

Karbide scheiden sich als Primärkristalle in der Schmelze grobkörnig aus, bei Warmumformung werden sie nur ungleichmäßig verkleinert.

Eine **Standzeiterhöhung** wird erreicht durch Badnitrieren und PVD/CVD-Beschichtungen mit TiN, TiC oder Ti(CN), evtl. auch mehrlagig (Multilayer).

Zahlreiche Sorten sind als PM-Stähle im Handel.

Tab. 4.44 Schnellarbeitsstähle

Gruppe	Sorte[a]	Stoff-Nr.	Verwendungsbeispiele
W hoch	**HS18-1-2-5**	1.3255	Schrupparbeiten für harte Werkstoffe und große Spanungsleistungen, Hartguss, nichtmetallische Werkstoffe
W mittel	**HS10-4-3-10**	1.3207	Schlichtarbeiten mit hohen Schnittgeschwindigkeiten und hoher Oberflächengüte
W+Mo	**HS6-5-2-5**	1.3243	Fräser, Bohrer und Gewindeschneidwerkzeuge höchster Beanspruchung
W+Mo höher	**HS6-5-3**	1.3344	Hochleistungswerkzeuge zum Schneiden dicker Bleche > 6 mm, Stempel für Feinschneidwerkzeuge, auch als PM-Stahl

[a] Zahlen geben den Prozentsatz der Legierungselemente in der Folge W, Mo, V und Co an, bei typischerweise 4 % Cr und 0,8 bis 1,4 % C

4.8 Stahlguss

4.8.1 Allgemeines

Stahlguss ist in Formen gegossener Stahl mit ähnlichen Analysen wie Walz- und Schmiedestähle, jedoch nicht in der Vielzahl der Sorten.

Erschmelzung In Stahlgießereien werden Lichtbogen- und Induktionsöfen (kleine Abstichmassen) verwendet. Da Gussteile nicht plastisch weiterverformt werden, wird zur Vermeidung von Gasblasen *desoxidiert, beruhigt* vergossen oder vakuumentgast (Abschn. 4.1.4 Sekundärmetallurgie).

Erstarrung Stahlguss hat beim Erstarren eine Volumenschrumpfung von 6 bis 8 %, deshalb müssen zum Abguss lunkerfreier Gussstücke viele Speiser zum Nachsaugen gesetzt werden. Die langsame Abkühlung führt zu Grobkorn (Widmannstätten'sches Gefüge, Abb. 5.6). Die Zähigkeit ist gering und muss durch Normalisieren und Spannungsarmglühen angehoben werden. Je nach C-Gehalt (und LE) sind alle anderen Wärmebehandlungen möglich.

Gießeigenschaften Von allen Gusswerkstoffen besitzt Stahlguss die erwünschten Gießeigenschaften (Abschn. 6.1) am geringsten:

- Hohe Gießtemperatur 1500–1700 °C
- Das Schwindmaß ist mit bis 2 % ziemlich hoch.
- Schlechtes Formfüllungsvermögen, da auf der kälteren Formwand dendritische Mischkristalle senkrecht wachsen und bei dünnen Querschnitten den Durchfluss sperren.

Anwendung Stahlguss wird dann verwendet, wenn das Eigenschaftsprofil der anderen Fe-Gusswerkstoffe nicht ausreicht. Das ist bei folgenden Beanspruchungen der Fall:

- Höhere Zähigkeit notwendig
- Tieftemperatur-Einsatz
- Betriebstemperaturen über 300 °C
- besonderen Korrosions- und Verschleiß-Beanspruchungen

Für besondere Beanspruchungen ausgelegt sind die Sorten der Normen nach den Tab. 4.46, 4.47 und 4.48.

4.8.2 Stahlguss für allgemeine Verwendung

Tab. 4.45 gibt einen Überblick über einige Stahlgusssorten, ihre technologischen Eigenschaften und ihre Anwendung.

Tab. 4.45 Stahlguss, Auswahl aus DIN EN 10293/15

Stahlsorte Kurzname Zustand		Stoff-Nr.	Dicke mm	R_m MPa	$R_{\mathrm{p}0,2\ \mathrm{min}}$ MPa	A %	KV in J RT/°C		Anwendungsbeispiele
GE200	+N	1.0420	≤ 300	380…530	200	25	27	–	Kompressorengehäuse
GE240	+N	1.0446	≤ 300	450…600	230	22	27	–	Konvertertragring
GE300	+N	1.0558	≤ 100	520…670	300	18	31	–	Großzahnräder
G17Mn5[a]	+QT	1.1131	≤ 50	450…600	240	24	70	27/ − 40	Tunnelabdeckung für U-Bahn
G20Mn5[a]	+N	1.1120	≤ 30	480…620	300	20	60	27/ − 40	Fachwerkknoten (2,3 t)
G30CrMoV6-4	+QT	1.7725	≤ 100	850…1000	700	14	45	27/ − 40	Achsschenkel (400 kg)
G9Ni14	+QT	1.5638	≤ 35	500…650	360	20	–	27/ − 90	Kaltzäh, Kälteanlagen

[a] schweißgeeignete Qualitäten

Schweißeignung ist wichtig für

- Reparaturschweißung zum Beheben von Oberflächenfehlern bei großen Gussstücken
- Konstruktives Schweißen, wenn Werkstücke aus gießtechnischen Gründen geteilt gegossen und durch Schweißen zusammengefügt werden. Vielfach werden auch Verbunde aus Walzprodukten mit Gussteilen aus Kostengründen gewählt.

Moderne Form- und Gießverfahren sind in der Lage, Bauteile mit komplexen Formen in hoher Genauigkeit und Oberflächengüte herzustellen. Sie werden auch für Präzisionsteile aus Stahlguss angewandt:

- Feingießverfahren (bis zu 100 kg)
- Keramikformverfahren mit hoher Oberflächengüte für Bauteile bis zu 1000 kg und etwa 1000 mm Kantenlänge, bei geringen bis mittleren Losgrößen
- Lost-Foam-Guss, Vollform mit verlorenem Modell als Ersatz für mehrere Fügeteile

4.8.3 Weitere Stahlgusswerkstoffe

Weitere Stahlgusswerkstoffe sind korrosionsbeständiger Stahlguss (Tab. 4.46), Stahlguss für Druckbehälter (Tab. 4.47) und hitzebeständiger Stahlguss (Tab. 4.48).

Tab. 4.46 DIN EN 10283/10 Korrosionsbeständiger Stahlguss

Gefüge/ Sorten	Beispiele	$R_{p0,2}$ MPa	Gefüge	Beispiele	$R_{p0,2}$ MPa
6 marten- sitische	GX12Cr12, GXCrNiM016-5-2	450 540	7 voll-aus- tenitische	GX2NiCrMo28-20-2 GX2CrNiMoCuN20-18-6	165 260
8 austeni- tische	GX2CrNiMo19-11-2 GX2CrNiMoN17-13-4	195 210	7 austeni- tisch-ferri- tische	GX6CrNiN26-7 GX2CrNiMoN26-7-4	420 480

Tab. 4.47 DIN EN 10213/16 Stahlguss für Druckbehälter

Gefüge/Sorten	Anzahl	Beispiele	Zustand	$R_{p0,2}/R_m$ MPa	A %	KV J/°C
Ferritisch- martensitische	19	**GP240GH**	QT	240 / 420…600	22	40 RT
		G17CrMo5-5	QT	315 / 490…690	20	27 RT
		GX23CrMoV12-1	QT	540 / 740…880	15	27 RT
Austenitisch u. austenitisch- ferritisch	12	**GX2CrNi119-11**	AT	185 / 440…640	30	80 RT
		GX2CrNiMoN25-7-3	AT	480 / 650…850	22	50 RT

Zustandsbezeichnungen: **QT**: vergütet; **AT**: Lösungsgeglüht und in Wasser abgeschreckt
GX12CrMoWVNbN10-1-1 als Neuentwicklung für thermische Kraftwerke bis 600 °C bei 330 bar (nicht genormt)

Tab. 4.48 DIN EN 10295/03 Hitzebeständiger Stahlguss

Anzahl	Gefüge, Sorten	Beispiele	$T_{\mathrm{max/Luft}}$
8	Ferritische und	**GX30CrSi7**	750 °C
	ferritisch-austenitische	**GXCrNiSi27-4**	1100 °C
17	Austenitische Sorten	**GX40CrNiSi25-20**	1100 °C
4	Ni- und Co-Basislegierungen	**G-NiCr 28 W**	1150 °C

Literatur

1. Stahl und Eisen. Verlag Stahleisen, Düsseldorf. www.stahleisen.de (Zeitschrift)
2. Konstruktion, mit Fachteil Ingenieur-Werkstoffe. Springer-VDI-Verlag (Zeitschrift)
3. Stahl-Eisen-Informationszentrum, Düsseldorf. www.stahl-online.de
4. Stahlguss: Zentrale für Gussverwendung, kostenfreie downloads. www.kug.bdguss.de
5. Informationsstelle Edelstahl Rostfrei (ISER), Düsseldorf. Informationsschriftenreihe, (Pdf-Dateien). www.edelstahl-rostfrei.de
6. Arnold, M.-O. u. a.: Stahlguss Herstellung – Eigenschaften – Anwendung. Konstruieren und Gießen **1** (2004)
7. Bleck, W. u. a.: Grundlagen der integrierten Wärmebehandlung. Stahl und Eisen **4** (1997)
8. Herfurth, K.N., Netscher, Köhler, M.: Werkstoffe – Verfahren, Anwendung. In: Verein Deutscher Gießereifachleute VDG (Hrsg.): Gießereitechnik kompakt. Gießerei-Verlag Düsseldorf (2003)
9. Spitzer, H.: Stahl – Entwicklungstendenzen und Perspektiven. VDI-Bericht 670 Bd. I (1988)
10. VDI-Bericht 1080 Leichtbaustrukturen und leichte Bauteile. Stahlwerkstoffe: S. 25–54, 771–799
11. VDEh (Hrsg.)
   Stahl Eisen Liste, 11. Auflage. Verlag Stahleisen (2003)
   Stahl im Automobilbau. Verlag Stahleisen (2003)
   Stahl Fibel, Verlag Stahleisen (2002)
12. DIN-Taschenbücher
   401: Begriffe, Bezeichnungen, Oberflächengüte usw. 402: Bauwesen, Metallbearbeitung; 403: Druckgeräte, Rohrleitungsbau; 404: Maschinenbau, Werkzeugbau; 405: Nicht rostende, hochwarmfeste, hitzebeständige Stähle, Ventilwerkstoffe, Heizleiterlegierungen, Beuth-Verlag

5.1 Allgemeines

5.1.1 Einteilung der Verfahren

Die in diesem Abschnitt behandelten Verfahren sind Teil einer Fertigungshauptgruppe mit der Bezeichnung **Stoffeigenschaft ändern**[1] (Tab. 5.1), deren Verfahren sich auf alle metallischen Werkstoffe beziehen. Die hier beschriebenen Verfahren bilden eine Verfahrenshauptgruppe (DIN 8580/03).

Schwerpunkt ist die **Wärmebehandlung der Stähle**, die nach DIN EN 10052/94 Begriffe der Wärmebehandlung von Eisenwerkstoffen genormt ist. Die zugehörigen Verfahren **ändern** die **Eigenschaften** von Halbzeugen, Werkzeugen oder Bauteilen zielgerichtet.

Form und Abmessungen sollen sich dabei nicht ändern (mit Ausnahmen), also kein **Verzug** von Bauteilen auftreten.

Die Eigenschaften des Werkstoffes hängen von seiner Struktur ab. Bei allen Verfahren wird in diese Struktur eingegriffen. Das läuft bei erhöhten Temperaturen schneller ab oder wird überhaupt erst möglich.

Die Verfahren verändern das Gefüge, teilweise auch die Kristallgitter.

Kristallgitter	Verzerrung der Gitter durch Kaltumformen oder Abschrecken, Einbringen von Fremdatomen oder Umlagern von Atomen durch Diffusion
Gefüge	Änderung von Größe und Form der Kristalle, sekundäre Ausscheidungen, Abbau innerer Spannungen

Einige Verfahren sind auch auf andere Metalle und Gusswerkstoffe anwendbar, ebenso die Verfestigung durch Kaltumformen im Randbereich von Bauteilen.

---

[1] Stoffeigenschaft ändern ist Fertigen durch Eigenschaftsänderungen, z. B. mithilfe von Erzeugung und Bewegung von Versetzungen im Kristallgitter, Diffusion von Atomen oder chemischen Reaktionen mit Wirkmedien.

© Springer Fachmedien Wiesbaden GmbH, ein Teil von Springer Nature 2018
W. Weißbach, M. Dahms, C. Jaroschek, *Werkstoffe und ihre Anwendungen*,
https://doi.org/10.1007/978-3-658-19892-3_5

Tab. 5.1 Stoffeigenschaft ändern (Die Dezimalteilung in der Tabelle folgt der Norm)

Gruppen	Untergruppen			
6.1 Verfestigen durch Umformen	6.1.1 Verfestigungsstrahlen	6.1.2 Walzen	6.1.3 Ziehen	6.1.4 Schmieden
6.2 Wärme-behandeln	6.2.1 Glühen	6.2.2 Härten	6.2.3 Isothermisch Umwandeln	6.2.4 Anlassen, Auslagern
	6.2.5 Vergüten	6.2.6 Tiefkühlen	6.2.7 Thermochemisches Behandeln	6.2.8 Aushärten
6.3 Thermomechanisch Behandeln	6.3.1 Austenitformhärten		6.3.2 Heißisostatisches Nachverdichten	
6.4 Sintern, Brennen	6.5 Magnetisieren		6.6 Bestrahlen	
6.7 Photochemische Verfahren	6.7.1 Belichten			

Alle Verfahren haben das Ziel, dem Werkstoff ein gewünschtes Eigenschaftsprofil zu geben.

> **Hinweis** Werkstoffeigenschaften, die **an Proben** ermittelt werden, können sich von denen **im** Bauteil unterscheiden.
> Proben haben einfache Gestalt, einfachen Spannungsverlauf, überall gleiche Werkstoffbeschaffenheit und werden unter normalen klimatischen Bedingungen geprüft.

5.1.2 Zeit-Temperatur-Folgen

Die Behandlung durch „Wärme" wird i. d. R. in drei großen Schritten durchgeführt (Abb. 5.1).

Erwärmen Die Temperatur der Randschicht eilt vor. Nach der Anwärmzeit t_{an} ist die Haltetemperatur T_h erreicht. Der Kern braucht dazu noch die Durchwärmzeit t_d. Bis dahin ist die Erwärmzeit t_e verstrichen. Mit steigender Wärmgeschwindigkeit und Wanddicke der Teile streben die Kurven auseinander.

Abb. 5.1 Temperatur-Zeit-Folge

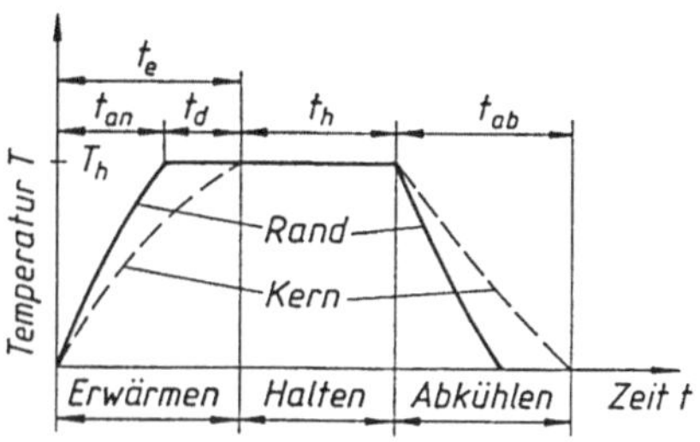

Tab. 5.2 Haltepunkte, Linien und Umwandlungen in der Stahlecke des EKD

Haltepkt./Linie		Vorgänge/Gefügeänderung	Haltepkt./Linie		Vorgänge/Gefügeänderung
Ar_3	GSK ↓	Abkühlen des Austenits, die Ferritausscheidung beginnt (γ-α-Umwandlung)	Ac_3	GSK ↑	Erwärmen, Ferritumwandlung zu Austenit ist beendet (α-γ-Umwandlung)
Ar_1	PSK ↓	Abkühlen, Austenitzerfall = Perlitbildung (γ-α-Umwandlung)	Ac_1	PSK ↑	Erwärmen, Auflösung des Perlits zu Austenit (α-γ-Umwandlung)
Ar_{cm}	ES ↓	Abkühlen, Beginn der Sekundärzementitausscheidung (C-Löslichkeit sinkt)	Ac_{cm}	ES ↑	Erwärmen, Einformung des Sekundärzementits (C-Löslichkeit steigt)

Abb. 5.2 Stahlecke des EKD

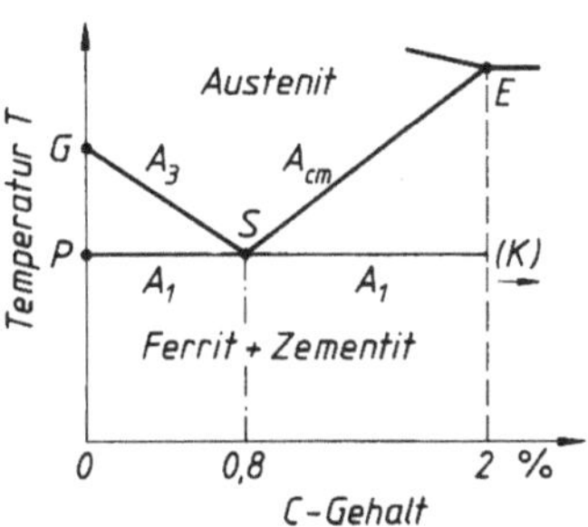

Halten Wärmzeit t_h mit konstanter Temperatur, die sich auf Ofen, Werkstückoberfläche oder den Querschnitt beziehen kann. Dabei können sich Spannungen und Gefügeunterschiede ausgleichen. Die Länge von t_h ist vom Verfahren abhängig, i. Allg. möglichst kurz, um Kornwachstum zu vermeiden.

Abkühlen Abkühlzeit t_{ab} je nach Verfahren kürzer (beim Härten) oder länger (beim Glühen) und je nach Wanddicke der Werkstücke.

Bei einigen Verfahren sind Erwärmen und Abkühlen in Stufen unterteilt, um z. B. bei großen Querschnitten oder niedriger Wärmeleitfähigkeit legierter Stähle Risse zu vermeiden.

Die Temperaturen hängen vom C-Gehalt des Stahles ab und werden durch die *Haltepunkte* angegeben oder mit den Linien des EKD veranschaulicht (Tab. 5.2, Abb. 5.2).

Durch die Erscheinung der *Hysterese* werden die praktischen Temperaturen gegenüber dem EKD verändert. Bei schneller Erwärmung (z. B. durch Induktion) erhöht sich der Umwandlungspunkt Ac_3 um bis zu 300 °C.

Stahlbegleiter und Reinheitsgrad beeinflussen die Vorgänge bei der Austenitisierung, die Angaben der Stahlhersteller müssen eingehalten werden. Den Einfluss der Wärmequelle zeigt die Übersicht (Tab. 5.3).

Tab. 5.3 Vergleich der Erwärmungsarten

Wärmequelle	Erwärmungsverlauf, Folgeerscheinungen
Äußere Zufuhr durch Wärmeübertragung über Gase, Schmelzen und elektrische Heizelemente, Strahlen	Wärme gelangt durch Wärmestrahlung, -übergang und -leitung von außen in das Werkstück, **ungleichmäßig** (der Kern erreicht die Endtemperatur später) und **langsam**, um Spannungen und Rissen vorzubeugen
Innere Erzeugung durch elektrische Widerstands- oder Induktiverwärmung	Wärme entsteht innerlich durch Wirkung des elektrischen Stromes, **gleichmäßig** im Querschnitt (niedrige Frequenz $\rightarrow$ Abschn. 5.6.2) und **schnell**

5.1.3 Austenitisierung (ZTA-Schaubilder)

Viele Verfahren benötigen den γ-Zustand des Stahles (Austenit), um von da aus bestimmte *Gefügeumwandlungen* zu erreichen. Diese Art des Erwärmens heißt **Austenitisieren**.

Der Grad der Austenitisierung – *Homogenität* und *Korngröße* – beeinflusst sehr stark das bei der Abkühlung entstehende Gefüge. Dabei entsteht ein Zielkonflikt:

- **Homogenität** erfordert *längeres* Halten im Austenitgebiet (Diffusionsvorgänge).
- **Feinkorn** erfordert kurzes Halten bei Temperaturen im Austenitgebiet, sonst tritt Kornwachstum auf.

▶ **Hinweis** Übereutektoide Stähle bestehen im austenitisierten Zustand aus feinkörnigem Austenit mit Sekundärkarbiden.

ZTA-Schaubilder

Sie entstehen aus dem EKD durch Antragen einer Zeitachse *senkrecht* zur Ebene des EKD an der Stelle, die sich aus dem C-Gehalt des untersuchten Stahles ergibt (Abb. 5.3).

Damit gelten ZTA-Schaubilder (**ZTA** = **Z**eit-**T**emperatur-**A**ustenitisierung) nur für jeweils *einen* Stahl *bestimmter* Analyse (hier 0,45 % C). Merkmale sind:

- Die Haltepunkte des EKD A_3 und A_1 werden mit schnellerer Erwärmung (kürzere Zeit) stetig nach **oben** verschoben und ergeben die Linien für Ac_1 und Ac_3.
- Oberhalb der Linie Ac_3 liegt noch eine gestrichelte Linie. Sie zeigt an, wann der Austenit *homogen* geworden ist.

Diese Schaubilder gibt es in zwei Arten, entsprechend der praktisch durchgeführten Erwärmung:

- **isotherm**: für Erwärmen bei *konstanter* Temperatur, z. B. in Salzbädern (Abb. 5.3 Bildteil links)
- **kontinuierlich**: für ein Erwärmen bei *fortlaufender* Temperaturänderung, z. B. durch elektrische Widerstands- oder Induktiverwärmung, Schweißen (Abb. 5.3 Bildteil Mitte).

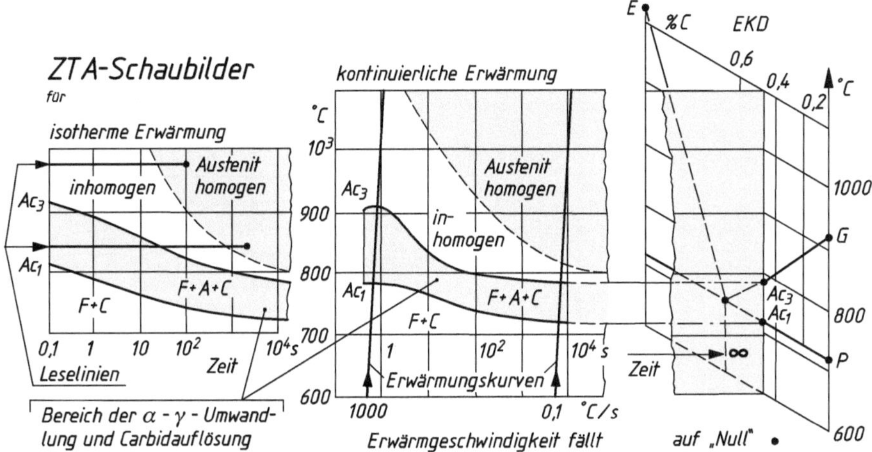

Abb. 5.3 ZTA-Schaubilder und Beziehung zum EKD, schematisch für Stahl C45; A Austenit, C Zementit, F Ferrit. Perlit besteht aus den Phasen Ferrit und Zementit

> **Hinweis** ZTA-Schaubilder werden mit Hilfe von 2 mm dicken Stahlproben aufgestellt und gelten streng nur dafür und für die untersuchte Schmelze. Die Angaben haben etwa $\pm 10\,\%$ Messgenauigkeit.

Das Lesen der ZTA-Schaubilder

Die Umwandlung des Gefüges zu Austenit wird im ZTA-Schaubild für isotherme Austenitisierung auf einer *Waagerechten* verfolgt (Abb. 5.3 Bildteil links). Dabei werden verschiedene Phasenfelder durchlaufen, die durch die Linien der Haltepunkte Ac_3 und Ac_1 begrenzt sind.

Das Lesen der ZTA-Schaubilder für kontinuierliche Erwärmung erfolgt auf den steil verlaufenden Wärmkurven von unten nach oben (links mit hoher Wärmgeschwindigkeit und rechts mit einer sehr kleinen (Abb. 5.3 Mitte).

ZTA-Schaubilder können zusätzlich die Austenitkorngröße (nach ASTM) oder auch die erzielbare Abschreckhärte angeben (Tab. 5.4).

Ablesebeispiel (Abb. 5.4) ZTA-Schaubild für isotherme Erwärmung:

Von der senkrechten Achse bei 800 °C waagerecht durch das Diagramm gehen.

Der Haltepunkt Ac_1 ist zu einem *Bereich* erweitert, weil die Karbide des Perlits erst *gelöst* werden müssen.

Tab. 5.4 Typische Austenitkorngrößen

ASTM-Klasse	Kornzahl/mm² Schlifffläche	Mittlerer Korndurchmesser
0...5 grob	4...256	320...56 µm
6...12 fein	512...32.768	40...5 µm

ASTM: American Society for Testing Materials

Abb. 5.4 ZTA-Schaubild für
isotherme Austenitisierung,
Stahl mit 0,45 % C (nach Hougardy)

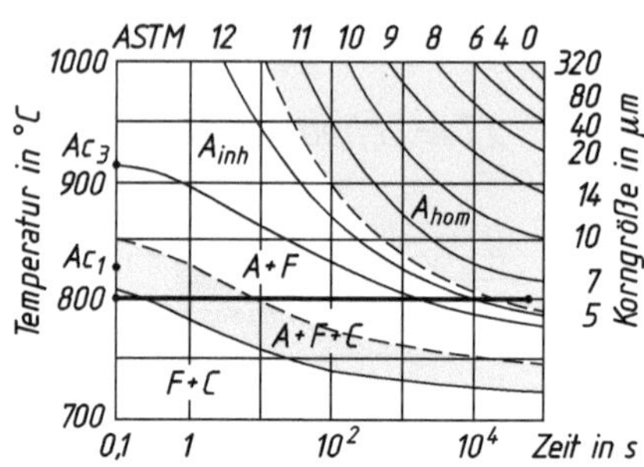

An der *unteren* Ac$_1$-Linie beginnt die α-γ-Umwandlung der Ferritlamellen im Perlit.
Zwischen den Schichten entstehen viele kleine Austenitkörner. Sie sind ungesättigt und
können die Zementitlamellen lösen. Dabei werden diese aufgelockert. So liegen zunächst
drei Phasen nebeneinander vor. Erst an der *oberen* Ac$_1$-Linie ist die Auflösung der Karbide
beendet.

Jetzt wandelt sich der voreutektoide Ferrit um, bis an der Ac$_3$-Linie nur noch Austenit
vorliegt (inhomogener Austenit, mit ungleichmäßig verteilten C-Atomen). Erst über der
gestrichelten Linie liegt *homogener* Austenit vor.

Aus dem Schaubild ist zu erkennen, dass ein längeres Verweilen im Temperaturbereich
über 1000 °C (z. B. Stahlguss und Schmiedeteile nach der Umformung) zu einem groben
Korn führen muss.

Bei warmgewalzten Blechen wird deshalb im letzten Verformungsgang mit *niedriger*
Endtemperatur gearbeitet. Die sofort einsetzende Rekristallisation erzeugt ein neues Korngefüge, das dann nicht vergröbert.

> **Hinweis** Übereutektoide Stähle werden beim Austenitisieren nicht in den γ-
> Bereich erwärmt (über Ac$_{cm}$), sondern nur über Ac$_1$. Eine vollständige Auflösung
> der sekundären Karbide dauert sehr lange, dabei würde sich ein sehr grobes
> Korn bilden. Angestrebt wird ein homogener Austenit mit fein verteilten Karbi-
> den.

Zusammenfassend lassen ZTA-Schaubilder Folgendes erkennen (Abb. 5.4):

- Haltepunkttemperaturen liegen bei kurzzeitiger Erwärmung höher (linke Seite) als bei
  langsamer (rechte Seite). Das ist die Auswirkung der begrenzten Diffusionsgeschwindigkeit der Atome.
- Austenit ist nach der Umwandlung zunächst feinkörnig, aber inhomogen.
- Homogener Austenit entsteht bei niedriger Temperatur (800 °C) erst nach langer Zeit
  (nach 10^5 s, die Diffusion der C-Atome benötigt Zeit).
- Bei hohen Temperaturen (1000 °C) ist bereits nach 10 s ein homogenes Gefüge entstanden. Nur genaues Einhalten der Zeit kann grobkörniges Gefüge vermeiden.

5.2 Glühverfahren

Wärmebehandlung, bestehend aus **Erwärmen** auf eine bestimmte Temperatur, **Halten** und **Abkühlen** in einer Weise, dass der Zustand des Werkstückes bei Raumtemperatur dem Gleichgewichtszustand näher ist.

Die wichtigsten Verfahren sind nachstehend unter folgenden Gesichtspunkten beschrieben:

- **Verfahrensziel**, Eigenschaften und Gefüge, die durch das Glühen erzeugt werden sollen
- **Gefügeänderungen**, innere Vorgänge
- **Verfahren**, Zeit-Temperatur-Folge
- Anwendungsbeispiele und Werkstoffe

Glühtemperaturen richten sich nach dem C-Gehalt des Stahles und dem Verfahren (Abb. 5.5).

Einige Glühverfahren geben dem Werkstoff günstigere Verarbeitungseigenschaften, z. B. zum Fließpressen oder Spanen, und erzeugen dazu geeignete Gefügezustände.

Andere Verfahren beseitigen ungünstige Wirkungen vorangegangener Behandlungen, wie z. B. Kaltverfestigung, Grobkorn oder Spannungen.

5.2.1 Normalglühen

Normalglühen besteht aus Austenitisieren und abschließendem langsamen Abkühlen, i. d. R. an ruhender Luft.

Verfahrensziel Herstellung eines *feinkörnigen* und *gleichmäßigen* Gefüges – unabhängig von der vorangegangenen Behandlung – mit normalen Eigenschaften (Abb. 5.6 rechts), die sich immer wieder herstellen lassen (Reproduzierbarkeit). Gewährleistete Eigenschaften beziehen sich oft auf diesen Zustand.

Abb. 5.5 Glühtemperaturen der Stähle in Abhängigkeit vom C-Gehalt. *1* Diffusionsglühen, *2* Normalglühen, *3* Weichglühen, *4* Spannungsarmglühen

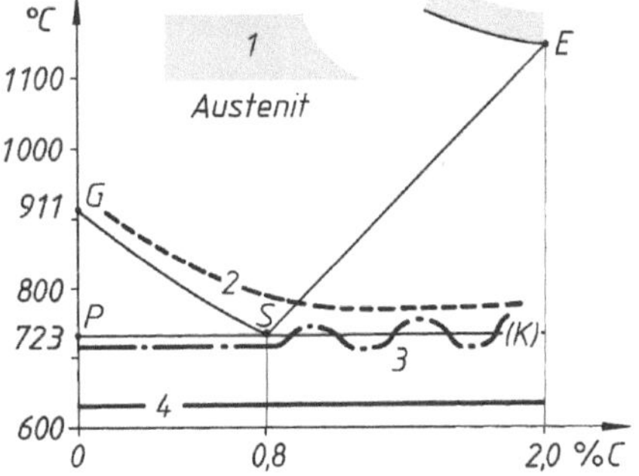

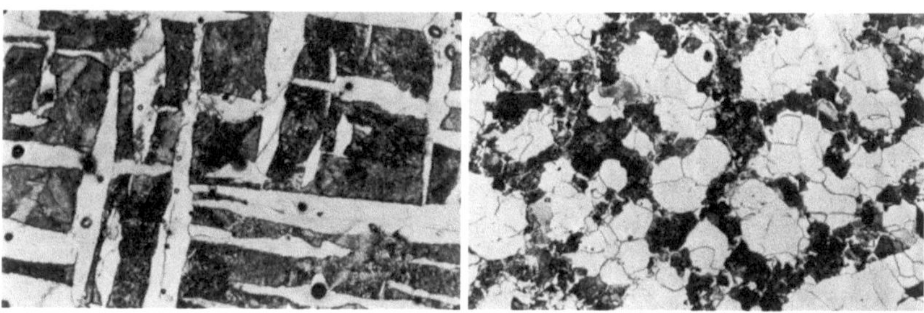

Abb. 5.6 Gefüge von Stahlguss GE200 (GS-38). *Links* Rohgusszustand, *rechts* normalisiert bei 930 °C/3 h, Ofenabkühlung (100 : 1)

Abb. 5.7 Normalglühen, Zeit-Temperatur-Verlauf mit Gefügeumwandlungen

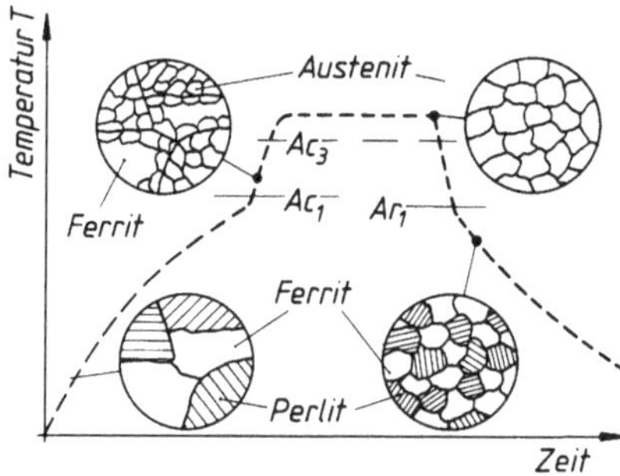

Gussteile besitzen durch die Erstarrungsbedingungen Gefüge mit *ungleichen* Korngrößen (Rand fein, Kern grob) und -formen (Abb. 5.6 links, Widmannstätten'sches Gefüge mit Dendriten). Hinzu kommt das Kornwachstum bei langsamer Abkühlung. Letzteres gilt auch für Schmiedeteile, die unkontrolliert an der Luft abkühlen.

Gefügeänderungen Nach der Austenitisierung (Abschn. 5.1.3) liegt ein feinkörniges Gefüge vor, das dem Kornwachstum unterliegt (Abb. 5.7). Deshalb wird schnell bis zum Ende der Umwandlungen abgekühlt, um das Feinkorn des Austenits auf das Umwandlungsgefüge zu übertragen. Die Wärmeabfuhr (Volumen/Oberflächenverhältnis des Werkstückes) hat Einfluss.

Alle vorherigen Behandlungen (z. B. Kaltverfestigung, Härten, Vergüten) werden beseitigt und Eigenspannungen reduziert.

Verfahren, Zeit-Temperatur-Folge Nach langsamer Erwärmung bis ca. 600 °C folgt eine *schnellere* im Bereich der Umwandlungen bis auf 30...50 °C über Ac$_3$ (Linie GSK) und Halten, bis der Kern der Teile völlig umgewandelt ist (Erfahrungswert ca. 2 min/mm Wanddicke) (Abb. 5.7).

Anschließend wird schnell bis unter Ar$_1$ abgekühlt, danach beliebig; legierte Stähle langsam, um eine Aufhärtung zu vermeiden. Für sperrige und dickwandige Teile gelten die Regeln des Spannungsarmglühens.

Tab. 5.5 Wirkung des Normalglühens auf die Eigenschaften von Stahlguss mit 0,25 % C

Eigenschaft	Einheit	Guss-Zustand	Normalisiert	Änderung in %
R_m	MPa	430	480	+12
$R_{p0,2}$	MPa	230	280	+22
A	%	13	24	+69
Z	%	14	40	+185
KV	J	20	66	+224

Anwendungen Guss- und Schmiedeteile nach unkontrollierter Abkühlung. Langzeitig geglühte Teile (nach Diffusionsglühen, Aufkohlen u. a.), hoch belastete geschweißte Teile und kaltgeformte Teile mit kritischen Verformungsgraden.

Nicht normalisierbar sind umwandlungsfreie, ferritische und austenitische Stähle.

Tab. 5.5 zeigt den Anstieg **aller** Eigenschaftswerte durch das Normalglühen von Stahlguss, insbesondere bei den Verformungskennwerten und der Zähigkeit.

Höherfeste Baustähle DIN EN 10025-3/05 und DIN EN 10028-3/09 (Abschn. 4.3.1) werden im *normalisierend* gewalzten Zustand geliefert. Dabei erfolgt der letzte Walzstich im unteren Austenitbereich mit anschließender Temperaturführung wie Abb. 5.7. Die Rekristallisation erzeugt ein feinkörniges Austenitgefüge, das bei der Umwandlung feinkörnig ferritisch-perlitisch wird.

▶ **Hinweis** Mechanische Eigenschaftswerte sind oft auf den normalisierten Zustand bezogen und mit dem Anhängesymbol +N bezeichnet.

Beispiel für einen höherfesten Stahl

GE200+N, Stahlguss normalisiert, 200 MPa Streckgrenze gewährleistet

5.2.2 Glühen auf beste Verarbeitungseigenschaften

Diese Verfahren stellen einen Gefügezustand her, der für die Weiterverarbeitung geeignete Eigenschaften besitzt. Unterscheidung:

- Fertigungsverfahren (spanlos, spanend)
- Werkstoff (C-Gehalt, legiert)

Für die wirtschaftliche Zerspanung von Massenteilen sind Gefüge gefordert, in denen harte Phasen (Karbide) *fein* und *gleichmäßig* verteilt sind.

Die Verfahren werden oft vom Stahlhersteller bzw. -umformer durchgeführt. Dadurch kann u. U. die Restwärme aus der Warmformung genutzt werden (Zeit- und Energieeinsparung). „An den Werkzeugschneiden hängt die Dividende der Aktionäre", sagte schon Henry Ford.

Kaltumformen stellt an den Werkstoff andere Anforderungen als *spanende* Verfahren.

Zeit-Temperatur-Folgen müssen auf unlegierte, legierte, unter- und übereutektoide Stähle abgestimmt werden. Legierte und C-reiche Stähle brauchen mehr Zeit zur Karbidauflösung.

Grobkornglühen

Der Name deutet das Verfahrensziel an: Erzeugung von Grobkorn mit Versprödung des Stahles zur Verbesserung der Spanbarkeit (kurzbrechende Späne). C-arme Stähle sind zäh und ergeben Aufbauschneide und ein Schmieren, das zu schlechter Oberflächenqualität führt.

Verfahren Glühen bei 950…1100 °C/1…2 h mit Ofenabkühlung im Bereich von 900…700 °C (ca. 50 °C über Ac₃), dann schneller

Anwendungen Unlegierte Einsatz- und Vergütungsstähle

Gefügeänderung Bei Halten auf höheren Temperaturen im Austenitbereich wird im Werkstück durch Kornwachstum vorübergehend ein grobkörniges Gefüge hergestellt (Abb. 5.4).

Die niedrige Zähigkeit des grobkörnigen Gefüges muss nach der spanenden Bearbeitung durch Vergüten oder Normalisieren der Werkstücke beseitigt werden.

Weichglühen

Verfahrensziel Wärmebehandlungen zum Vermindern der Härte eines Werkstoffes auf einen vorgegebenen Wert.

Dabei werden Eigenschaften angestrebt, welche die mechanische Bearbeitung erleichtern: geringere Kräfte, höhere Standzeiten oder Standmengen der Werkzeuge bei hoher Oberflächengüte.

Je nach Werkstoff gibt es mehrere Zeit-Temperatur-Folgen, die das Gefüge für das jeweilige Fertigungsverfahren optimieren (Abb. 5.8, Tab. 5.6).

Gefügeänderung Stähle enthalten den harten Zementit im Perlitanteil als Lamellen im weichen Ferrit eingebettet (Abb. 5.9). Übereutektoide Stähle haben zusätzlich Sekun-

Abb. 5.8 Weichglühen,
Zeit-Temperatur-Folgen für
verschiedene Zustände

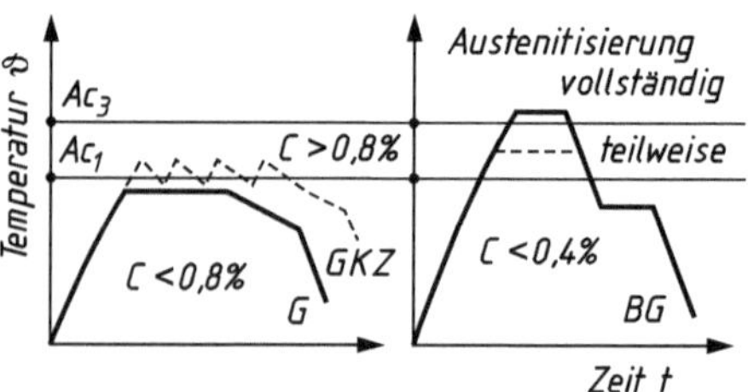

Tab. 5.6 Angestrebte Werkstoffzustände (Symbole) beim Weichglühen

Symbol	Ziel: Behandeln auf …	Eigenschaftsänderung	Anwendung auf Stahlsorten
G	Niedrigste Härte (HBW_{min} gewährleistet)	Konstante Zerspanungsbedingungen	C < 0,8 %, Vergütungs-, Wälzlager- und Werkzeugstähle, HS-Stähle
BG	Gleichmäßiges Ferrit-Perlit-Gefüge	Umwandlung von Zeilengefügen durch isotherme Umwandlung in der Perlitstufe	Niedriglegierte Stähle
GSK	Kugelige Karbide	Niedrigste Formänderungsfestigkeit zur Massivumformung	Fließpressstähle, Werkzeugstähle zum Kalteinsenken
BF	Bestimmte Festigkeit (Toleranz-Bereich)	Verbesserung der Spanbarkeit, Vermeiden des Schmierens	C-arme Stähle

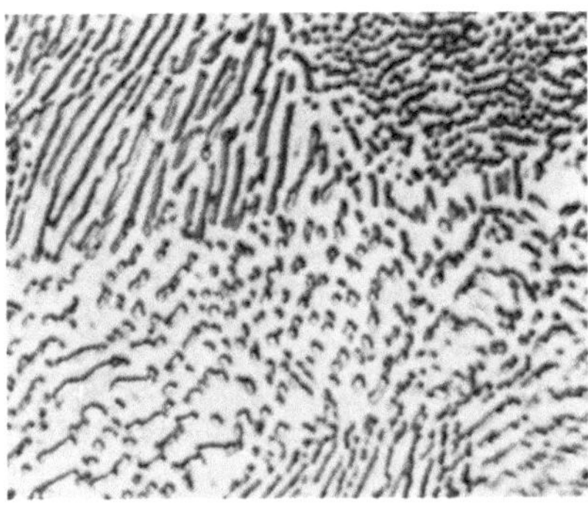

Abb. 5.9 Perlit = Zementitlamellen in Ferrit

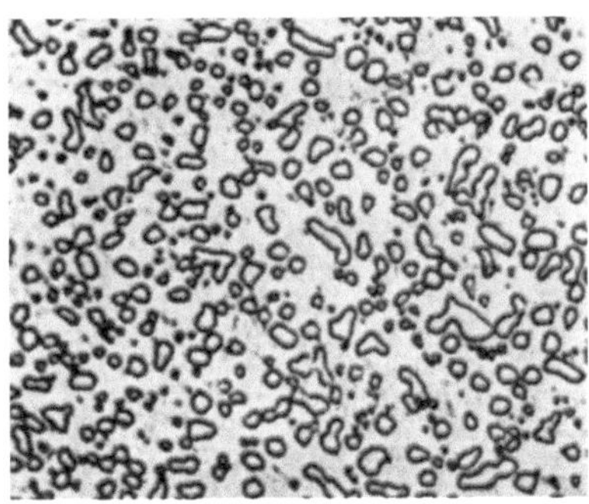

Abb. 5.10 Zementitkörner in Ferrit

därzementit auf den Korngrenzen. Beide Zementitformen sind die Träger der Härte und ungünstig für Zerspanung und Kaltumformung.

Beim Glühen dicht unter Ac_1 formen sich die Lamellen im Perlit aufgrund der Erniedrigung der Oberflächenenergie zu kugeligen Körnern um. Zunächst entsteht ein Netz von Rissen, später streben die Bruchstücke eine eckige bis rundliche Kornform an (Abb. 5.10).

Das Einformen der Karbidlamellen geht umso schneller, je weniger stabil das Gefüge ist, z. B. abgeschreckt oder kaltumgeformt.

Verfahren Zeit-Temperatur-Folgen (Abb. 5.8).

5.2.3 Spannungsarmglühen

Ziel des Verfahrens ist, innere Spannungen (sog. Eigenspannungen) zu verringern. Sie sind im Bauteil vorhanden, auch wenn keine äußeren Kräfte wirken und können bei späteren Fertigungsgängen zu Verformungen führen:

- wenn spannungsführende Werkstofffasern einseitig abgespant werden. Kalt gezogener Rundstahl steht z. B. an der Oberfläche unter Zugspannungen. Beim einseitigen Fräsen einer Nut überwiegen die Zugspannungen an der gegenüberliegenden Seite und versuchen, die Seite zu verkürzen. Dadurch wird die Welle elastisch verbogen. Beim Fräsen von gegenüberliegenden Nuten oder Flächen tritt kein Verzug auf.
- wenn spannungsbehaftete Teile gehärtet werden (Härteverzug).

Innere und betrieblich bedingte Spannungen überlagern sich bei Funktion des Bauteiles und führen vorzeitig zu Verformung oder Bruch.

Ursachen der Eigenspannungen

Wärmespannungen entstehen durch behindertes Schrumpfen. Der Werkstückkern hat beim Abkühlen stets eine höhere Temperatur als die Randzone. Der erkaltete Rand behindert das Schrumpfen des noch heißen Kerns $\Rightarrow$ Zugspannungen im Rand und Druckspannungen im Kern.

Umwandlungsspannungen entstehen, wenn Gitterumwandlungen (z. B. γ-α-Umwandlung) mit einer Volumenänderung einhergehen und diese nicht in allen Bereichen gleichzeitig stattfindet.

Spannungen durch ungleichmäßige Kaltverformung (z. B. beim Biegen) sind darin begründet, dass es nach der Verformung eine elastische Rückfederung gibt. Dadurch entstehen in zugverformten Bereichen Druckeigenspannungen und umgekehrt.

Gefügeänderungen Bei höheren Temperaturen sinkt die Fließgrenze des Stahles ab (Abb. 5.11), die Kriechdehngrenze liegt noch darunter.

Liegen die Eigenspannungen in der Größenordnung der Fließgrenze, so gibt der Werkstoff durch plastische (Kriech-)Verformung nach. Dabei verringern sich die Spannungen bis auf eine *Restspannung*, deren Höhe von der Dauer des Spannungsarmglühens abhängt: Je länger, desto niedriger.

Kaltgeformte Teile können beim Spannungsarmglühen rekristallisiert werden, wenn die Temperatur zu hoch ist (Gefahr von Grobkornbildung Abschn. 5.2.5).

Abb. 5.11 Zugfestigkeit und Streckgrenze (Fließgrenze) bei höheren Temperaturen

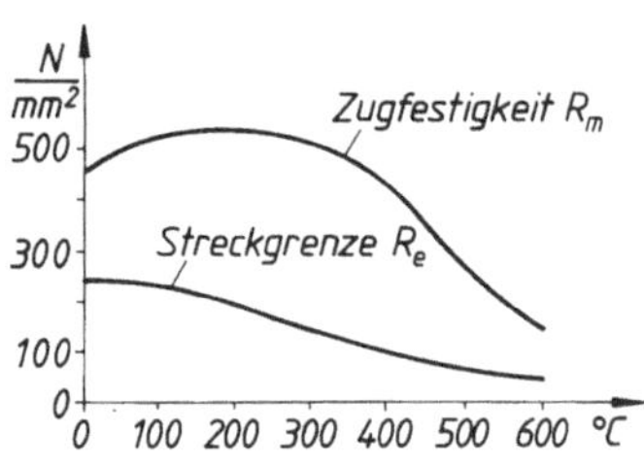

Verfahren Die Teile werden langsam in den Bereich 550…650 °C erwärmt und bis zu 4 h lang gehalten. Wesentlich ist eine langsame Abkühlung, sodass im Werkstück keine großen Temperaturunterschiede auftreten, die wiederum Eigenspannungen erzeugen könnten.

Anwendungen Schmiede- und Gussteile vor der spanenden Weiterbearbeitung. Teile mit engen Toleranzen nach dem Schruppen, geschweißte Bauteile.

> **Hinweis** Normal- und Weichglühen können mit einem Spannungsarmglühen gekoppelt werden. Dazu ist nach diesem Glühen nur ein langsames Abkühlen aus ca. 600 °C erforderlich.

Das Verfahren kann auf alle anderen metallischen Werkstoffe angewandt werden. Typische Spannungsarmglühtemperaturen liegen unter der halben Schmelztemperatur, um weitergehende Gefügeumwandlungen zu vermeiden.

Beispiel Zur Vorbeugung gegen Spannungsrisskorrosion werden z. B. Kaltformteile aus CuZn-Legierungen bei ca. 300 °C spannungsarmgeglüht.

5.2.4 Diffusionsglühen

Ziel des Diffusionsglühens ist der Ausgleich von Konzentrationsunterschieden im Gefüge durch Diffusion. Die Unterschiede werden gemildert, aber nicht völlig abgebaut (Abb. 5.12 und 5.13).

Konzentrationsunterschiede entstehen beim Erstarren durch *Seigerung* (Abschn. 4.1.5). Ein Ausgleich kann nur stattfinden, wenn die Diffusionswege klein sind, z. B. bei Unterschieden zwischen Kern und Rand eines Kristalls (Abb. 2.64).

Gefügeänderung Diffusion erfordert hohe Temperaturen, Stahl ist dann austenitisch und löst ausgeschiedene Phasen auf. Fremdatome können von Bereichen hoher Konzentration in solche mit niedriger wandern. Dabei wirkt der Konzentrationsunterschied als treibende Kraft.

Verfahren Der Werkstoff wird langzeitig im Bereich zwischen 1000 und 1300 °C je nach C-Gehalt geglüht und langsam abgekühlt. Begleiterscheinungen sind:

- Zunderbildung und Randentkohlung, die durch Schutzgas oder Vakuum vermieden werden können
- starkes Kornwachstum, das durch nachträgliches Normalisieren behoben werden muss.

Bei Anwendung des Verfahrens auf Rohblöcke werden diese Nachteile durch die Warmumformung aufgehoben. Die Diffusionswege werden verkürzt (kürzere Glühzeiten).

Anwendungen Verteilung von Korngrenzenseigerungen bei Automatenstählen, die höhere S-Gehalte in Form von MnS aufweisen (Abb. 5.12).

Auch dieses Verfahren kann auf alle anderen metallischen Werkstoffe angewandt werden. Typische Temperaturen liegen knapp unter der eutektischen Temperatur des tiefstschmelzenden Eutektikums im Legierungssystem.

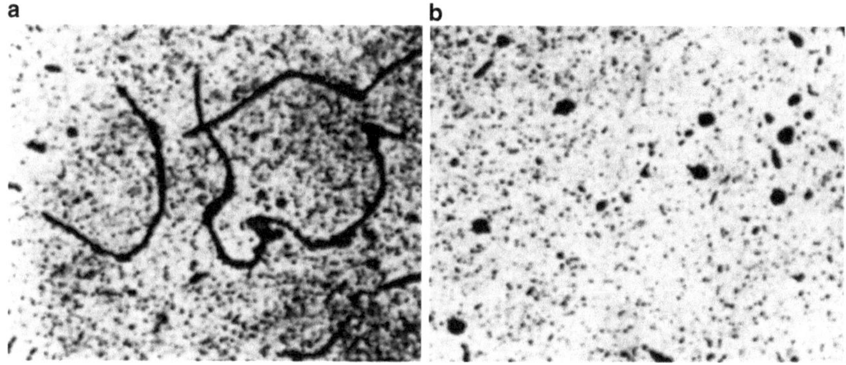

Abb. 5.12 Gefügeänderung durch Diffusionsglühen, **a** Sulfidseigerungen auf den Korngrenzen, **b** nach dem Glühen

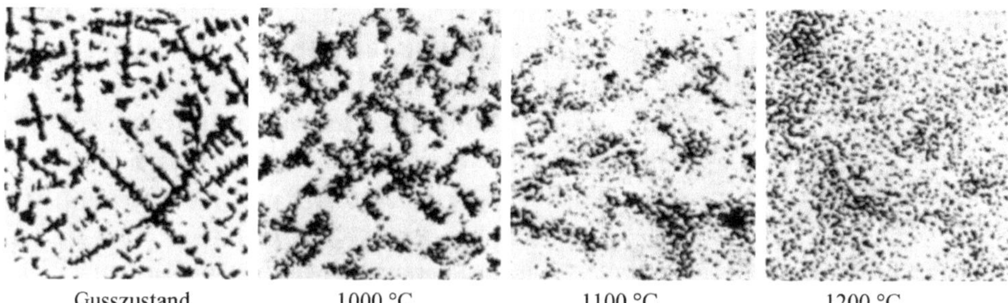

Abb. 5.13 Legierter Stahlguss mit groben Primärkristallen aus hochschmelzenden Karbiden. Sie werden mit steigender Temperatur gleichmäßiger über den Querschnitt verteilt (auch Homogenisierungs- oder Verteilungsglühen genannt)

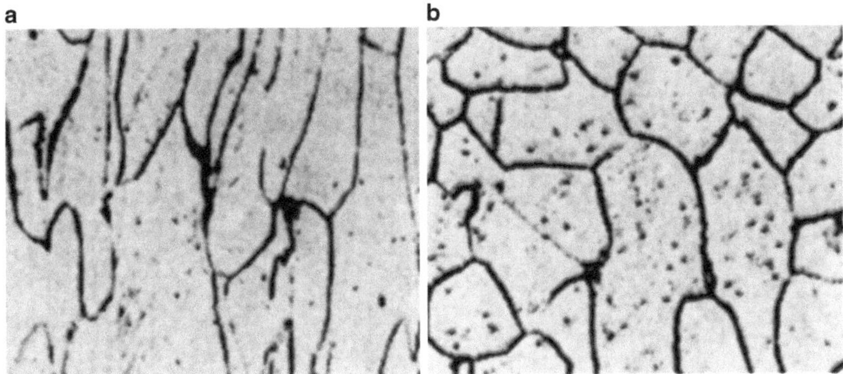

Abb. 5.14 Änderung des Gefüges durch Rekristallisationsglühen, *links* kaltverformt, *rechts* rekristallisiert

5.2.5 Rekristallisationsglühen

Das Verfahren soll die mit einer Kaltumformung einhergehende Kaltverfestigung wieder rückgängig machen und die plastische Verformbarkeit wiederherstellen.

Gefügeänderungen Neubildung des Gefüges durch die Rekristallisation. Die gestreckten Kristallite des verformten Gefüges lösen sich auf, es entstehen solche mit normaler polyedrischer Gestalt (Abb. 5.14). Wenn ein Stahl nur rekristallisiert werden soll, weitergehende Gefügeänderungen aber zu unterbleiben haben, muss unterhalb A_{c1} geglüht werden.

Bei stärkeren Kaltumformungen (z. B. Feinblech) muss evtl. zwischen den Walzgängen der verfestigte Werkstoff wieder „weich" gemacht werden. Das Rekristallisationsglühen wird deshalb auch *Zwischenglühen* genannt (vgl. Rekristallisation Abschn. 2.4.2 mit Rekristallisationsschaubild).

Geringe Kaltumformung ergibt nach dem Glühen ein *grobkörniges* Rekristallisationsgefüge. Dieser kritische Verformungsgrad (für C-arme Stähle ca. 5...15 %) ist zu vermeiden, oder es muss normalisiert werden.

Verfahren Temperatur-Zeit-Verlauf hängt ab vom:

- Werkstoff. Rekristallisationsglühen ist für alle Metalle geeignet. Glühen deutlich oberhalb der Rekristallisationstemperatur (Tab. 2.34).
- Verformungsgrad. Je höher, desto niedriger kann die Glühtemperatur und/oder Glühzeit sein.

Glühtemperaturen können den Rekristallisationsschaubildern entnommen werden. Mit steigender Glühtemperatur fällt die notwendige Glühzeit stark ab.

Anwendungen Zwischenglühen beim Ziehen von Draht, Kaltwalzen von Blech, Tiefziehen von Blechteilen, Fließpressen in mehreren Stufen.

Bei umwandlungsfreien (ferritischen und austenitischen) Stählen ist Rekristallisationsglühen die einzige Möglichkeit, ein grobes Korn zu beseitigen (Halbzeuge, Rohteile).

5.3 Härten und Vergüten

5.3.1 Allgemeines

Härte- und Vergütungsverfahren verleihen dem Werkstoff eine Eigenschaftskombination **Härte-Zähigkeit**, die in Grenzen veränderbar ist und dem Anforderungsprofil des Bauteiles angepasst werden kann. Sie beruhen auf ähnlichen inneren Vorgängen während der beschleunigten Abkühlung (Abschrecken) des Stahles, führen aber zu unterschiedlichen Eigenschaftsprofilen und damit Einsatzbereichen.

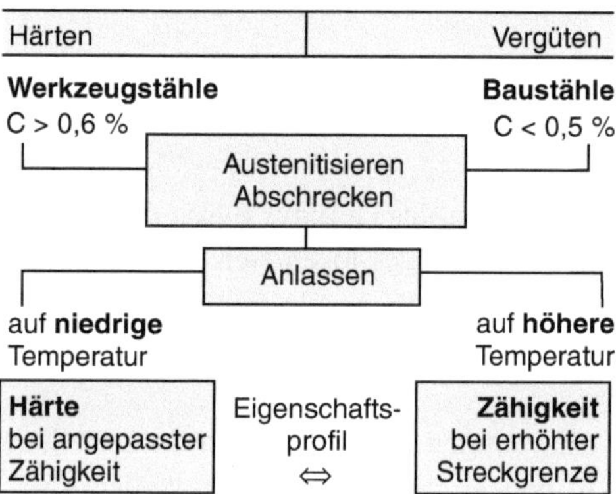

Voraussetzungen für das Härten des Stahles sind (s. auch Abschn. 3.3.2):

- Gitterumwandlung von kfz Austenit zu krz Ferrit am Haltepunkt Ar_3
- Verschiebung der Umwandlungspunkte infolge der Hysterese
- praktische Unlöslichkeit des C im Ferritgitter

5.3.2 Austenitzerfall

Die Umwandlung des Austenits zu Perlit, wie sie mit Abb. 3.11 beschrieben wird, stellt sich nur bei sehr langsamer Abkühlung ein.

Abb. 5.15 zeigt, dass sich mit zunehmender Abkühlgeschwindigkeit die Haltepunkte vereinigen und dann ganz verschwinden. Zuvor tritt ein neuer Haltepunkt auf, als Martensit-Startpunkt M_s bezeichnet. Hier beginnt die Umwandlung des Austenits zu **Mar-**

Abb. 5.15 Einfluss der Abkühlgeschwindigkeit auf die
Lage der Haltepunkte Ar_3 und
Ar_1 eines Stahles mit bestimmten C-Gehalt

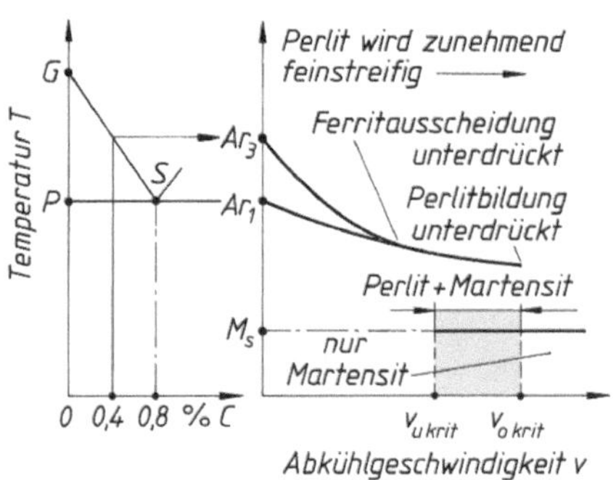

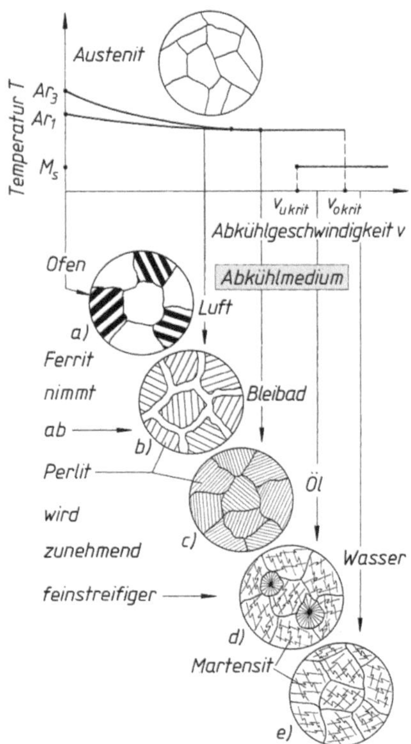

Abb. 5.16 Austenitzerfall bei steigender Abkühlgeschwindigkeit, schematisch. **a** Bei langsamer
Abkühlung im Ofen bildet sich ein Gefüge mit etwa gleichen Teilen Ferrit und Perlit mit gröberen
Körnern (Gefügebild 5.17a). **b** Bei Abkühlung an ruhender Luft entsteht ein feinkörnigeres Gefüge
aus Perlit mit weniger Ferritkörnern (Gefügebild 5.17b). **c** Bei weiterer Steigerung der Abkühlgeschwindigkeit, z. B. im Bleibad, kann die Ferritausscheidung ganz unterdrückt werden, evtl. bildet
sich sehr feinstreifiger Perlit mit netzförmigem Ferrit (Gefügebild 5.17c). **d** Bei Abschrecken in
Ölbädern kann eine neue Kristallart, der nadelige Martensit entstehen, neben sehr dichtstreifigem
Perlit, der z. T. rosettenförmig von einem Keim aus wächst. **e** Bei sehr hoher Abkühlgeschwindigkeit
durch Abschrecken in Wasser wird die Perlitbildung vollständig unterdrückt. Der Austenit wandelt
sich in Martensit um (Gefügebild 5.17d)

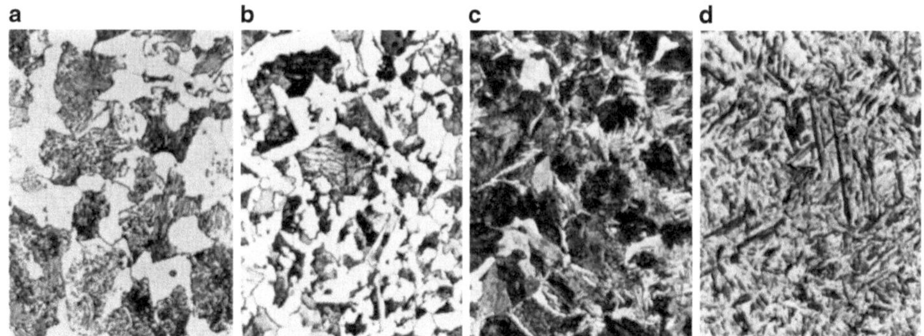

Abb. 5.17 Austenitzerfall bei steigender Abkühlgeschwindigkeit, Stahl mit 0,45 % C, bei 860 °C austenitisiert, wird in verschiedenen Medien abgekühlt (500 : 1). **a** Ofen, Ferrit + Perlit, **b** Luft, Ferrit + Perlit, **c** Öl, feinstreifiger Perlit + Ferritnetz, **d** Wasser, Martensit

Tab. 5.7 Kritische Abkühlungsgeschwindigkeit bei steigendem Mangangehalt

C %	Mn %	v_{krit} in K/s = °C/s
0,6	–	1800
0,6	0,3	750
0,9	1,1	200
0,8	1,5	80

tensit (Abb. 5.18); (Martensit = Härtungsgefüge des Stahles, nach A. Martens 1850–1914, Forscher auf dem Gebiet der Werkstoffprüfung).

Dann ist die *untere* kritische Abkühlgeschwindigkeit v_{ukrit} überschritten. Um die Perlitbildung vollständig zu unterdrücken, muss die *obere* kritische Abkühlgeschwindigkeit v_{okrit} überschritten werden.

Abb. 5.16 zeigt schematisch die Auswirkung zunehmender Abkühlgeschwindigkeit auf das Gefüge eines Stahles mit 0,4 % C. Die zunehmende Abkühlwirkung wird durch die Abkühlmedien (Luft, Wasser, Öl) erreicht (Abb. 5.17).

Beim Härten soll sich Austenit in reinen Martensit umwandeln. Es gilt, die Perlitbildung vollständig zu unterdrücken. Hierzu muss mit einer Abkühlgeschwindigkeit $v > v_{okrit}$ abgekühlt werden. v_{krit} hängt von der Stahlanalyse ab (Tab. 5.7).

5.3.3 Martensit, Struktur und Bedingungen für die Entstehung

Martensit ist eine Kristallart, die dann entsteht, wenn die Gitterumwandlung des Austenits mit gelöstem Kohlenstoff bei so *niedriger* Temperatur erfolgt, dass die C-Atome praktisch *nicht diffundieren* können (Abb. 5.18).

Martensit entsteht durch Umwandlung des kfz-Austenitgitters ohne Platzwechsel der C-Atome (diffusionslose Umwandlung).

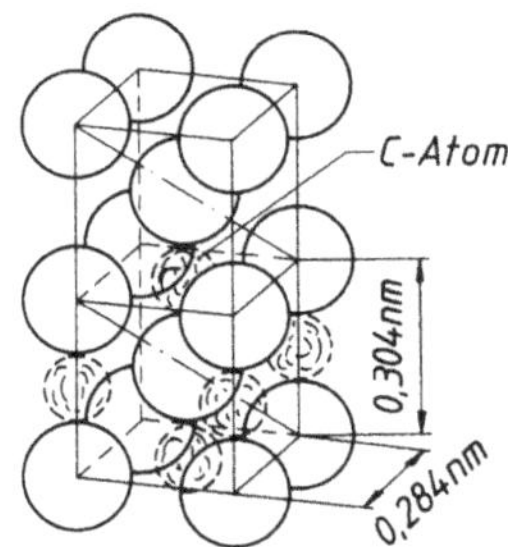

Abb. 5.18 Elementarzelle des Martensits. Die *gestrichelten Kreise* sind die möglichen Zwischengitterplätze für das C-Atom. Im kubisch-raumzentrierten Gitter des α-Eisens ist für das C-Atom normalerweise kein Raum frei. Seine *Zwangslösung* verzerrt das Gitter und weitet es *tetragonal* auf

Es bilden sich plattenförmige Kristalle, die im Schliffbild als Nadeln oder Spieße erscheinen (Abb. 5.21 rechts).

Das größere Volumen des Martensits erzeugt im Kristallgitter Druckspannungen, die zusammen mit der Mischkristallverfestigung durch die C-Atome die große Härte und Sprödigkeit des martensitischen Gefüges erklären. Die Volumenvergrößerung ist anisotrop, sodass an den Stellen, an denen die einzelnen Martensitkristalle zusammenstoßen, plastische (Kalt-)Verformung notwendig ist, um den Zusammenhalt der Kristalle zu gewährleisten. Deshalb hat Martensit auch eine erhöhte Versetzungsdichte. Er ist zusätzlich kaltverfestigt. Allerdings ist die Härtesteigerung durch Kaltverfestigung praktisch vernachlässigbar.

Weitere martensitische Umwandlungen

- Phasenumwandlungen (Abschn. 2.5.11)
- Martensitaushärtende Stähle (Abschn. 5.4.3)
- Umwandlungsverfestigung von ZrO_2 (Abschn. 8.4.1)

Ablauf der Martensitbildung

Die Martensitbildung beginnt beim Punkt M_S und verläuft nicht bei konstanter Temperatur, wie z. B. die Bildung eines Eutektikums oder des Eutektoids Perlit. Martensit entsteht nur bei weiter *fallender* Temperatur, denn der sich bildende Martensit behindert durch seine Volumenzunahme die weitere Umwandlung. Damit der Prozess fortgesetzt werden kann, ist weitere *Unterkühlung* notwendig.

Abb. 5.19 zeigt zwei Linien, die mit steigendem C-Gehalt fallen. Es sind dies die Haltepunkte für die Martensitbildung:

- M_s Beginn (start)
- M_f Ende (finish) der Martensitbildung

Im schraffierten Bereich bildet sich dann Martensit, wenn vorher austenitisiert und überkritisch abgekühlt wurde. Beide Linien werden durch LE nach unten verschoben.

An der unteren Linie ist zu erkennen: Bei Stählen mit über 0,6 % C-Gehalt liegt der M_f-Punkt unter RT. Sie enthalten nach dem Abschrecken größere Anteile an Restaustenit, der wesentlich weicher ist als Martensit.

Restaustenit führt zu einer geringeren Gesamthärte des Gefüges (Abb. 5.20).

Als wichtige Forderung ergibt sich daraus: Übereutektoide Stähle dürfen beim Austenitisieren nur über Ac_1 erwärmt werden, sonst löst der Austenit weitere C-Atome und wandelt sich nicht vollständig um (Abb. 5.21).

Abb. 5.19 Start und Ende der Martensitbildung

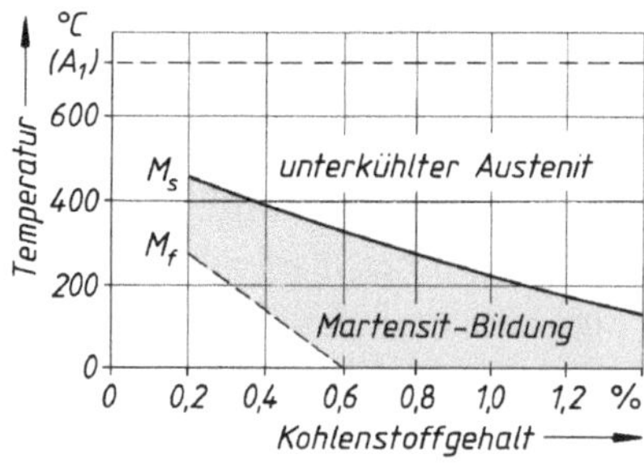

Abb. 5.20 Glüh- und Abschreckhärte von Stahl in Abhängigkeit vom C-Gehalt

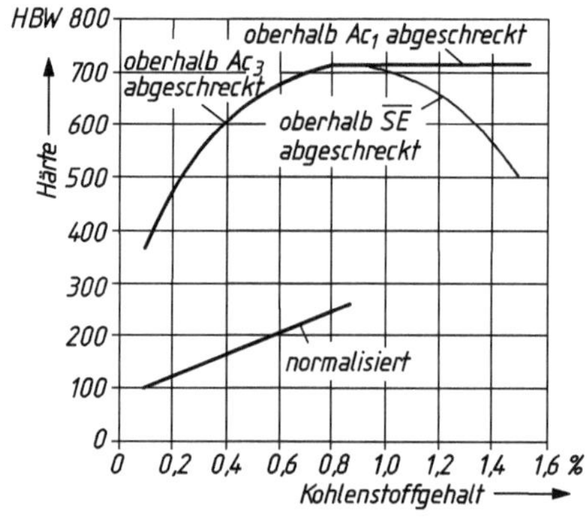

Abb. 5.21 Härtungsgefüge eines unlegierten Stahles mit 1,3 % C; **a** richtig gehärtet, körniger Zementit in strukturlosem martensitischen Grundgefüge, **b** überhitzt gehärtet, grobe Martensitnadeln in Restaustenit (*hell*)

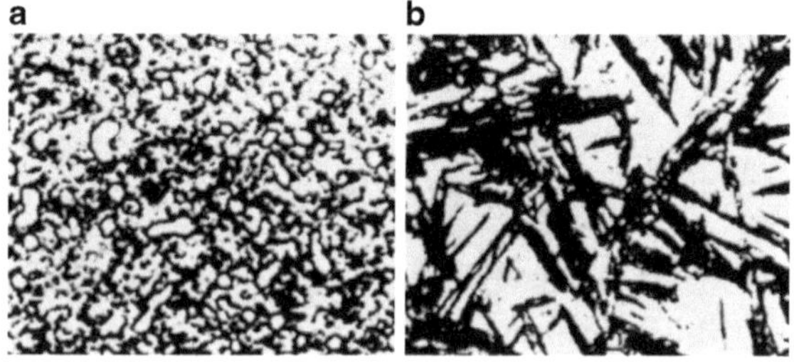

Abb. 5.22 Abkühlverlauf in Rundstahl von 60 mm Ø bei Ölabkühlung (nach Hougardy 2003). Der Linienabstand (Rasterfläche) steigt mit dem Durchmesser an (größere abzuführende Wärmeenergie), ebenso mit dem Gehalt an Legierungselementen (niedrigere Wärmeleitfähigkeit)

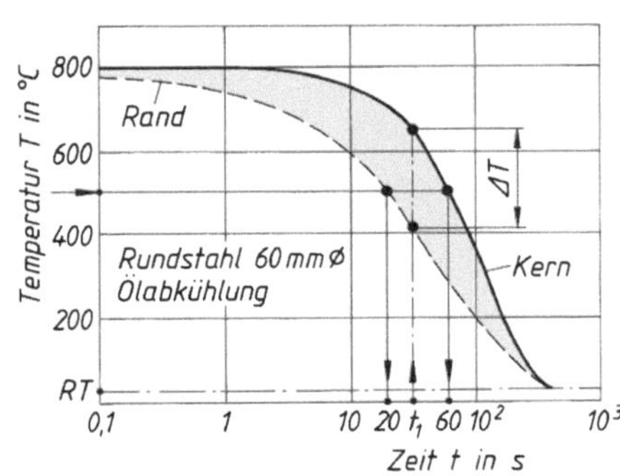

Tieftemperaturbehandlung

Restaustenit kann bei ca. $-100\,°C$ in Martensit umgewandelt werden. Diese Behandlung muss *sofort* nach dem Abschrecken erfolgen. Das Verfahren führt zu einer Erhöhung der Standzeit von Werkzeugschneiden, z. B. bei feinen Messern.

Restaustenit wandelt auch beim nachfolgenden Anlassvorgang direkt in kubischen Martensit um, der sich bei $100\ldots200\,°C$ unter Abnahme der Spannungen bildet.

Restaustenit in bainitischem Gusseisen erhöht die Zähigkeit und Dauerfestigkeit (Abschn. 6.4).

5.3.4 Härtbarkeit der Stähle

Beim Abschrecken größerer Querschnitte führt die niedrige Wärmeleitfähigkeit des Stahles zu großen Temperaturunterschieden ΔT zwischen Oberfläche und Kern eines Bauteils (Abb. 5.22).

Ablesebeispiel Bei t_1 auf der Zeit-Achse senkrecht nach oben gehen. Der Abstand der beiden Kurven (Punkte) ist $\Delta T \approx 250\,°C$, die Kerntemperatur ist um diesen Betrag höher.

Bei $500\,°C$ auf der Temperatur-Achse (Pfeil) nach rechts gehen. Die Schnittpunkte mit den Kurven auf die Zeit-Achse projizieren. Der Rand ist nach 20 s, der Kern nach 60 s auf $500\,°C$ abgekühlt, er erreicht die *Perlitstufe* also 40 s später!

Wenn in der Randschicht gerade noch die Abkühlgeschwindigkeit v_{krit} auftrat, so wird sie zum Kern hin mehr und mehr unterschritten. *Unlegierte Stähle* erreichen dadurch nur an der Oberfläche eine martensitische Schicht mit hoher Härte (Schalenhärter). Dicht darunter entstehen die anderen Umwandlungsgefüge, je nach Dicke des Werkstückes (Abb. 5.24).

Unlegierte Stähle sind sog. *Schalenhärter*, sie behalten einen zähen Kern, für schlagbeanspruchte Werkzeuge und Bauteile geeignet (Kaltschlagmatrizen, Ziehringe und -stempel, Sägen für die Holzbearbeitung).

Abb. 5.23 Stirnabschreckkurven (schematisch) und Begriffe der Härtbarkeit

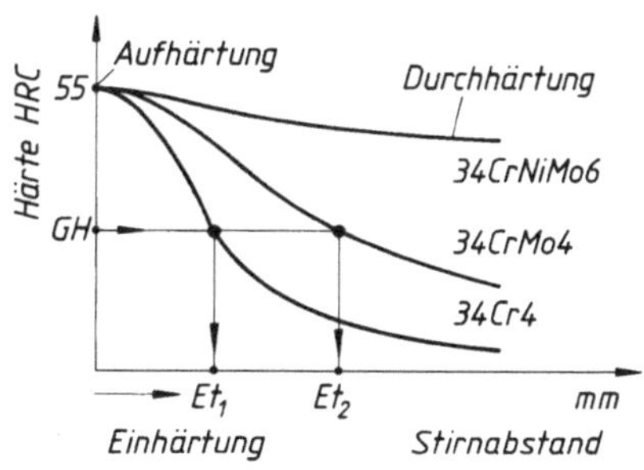

Härtbarkeit ist die Eigenschaft des Stahles, beim Abschrecken Härte anzunehmen (Abb. 5.23). Sie wird mit zwei Werkstoffkennwerten beschrieben, die durch die Werkstoffprüfung ermittelt werden:

- **Aufhärtbarkeit** (Aufhärtung) wird durch die *größte* am Rand erreichbare *Härte* beschrieben und gemessen. Sie wird allein von seinem C-Gehalt bestimmt (Abb. 5.20). Mehr als 65 HRC (ca. 850 HV) sind nicht möglich.
- **Einhärtbarkeit** (Einhärtung) wird durch die **Einhärtungstiefe**[2] der martensitischen Umwandlung beschrieben und gemessen.

Die Härtbarkeit der Stähle wird auch von ihrer Erschmelzungs- und Vergießungsart beeinflusst. Ursache hierfür sind die nichtmetallischen Einschlüsse, die je nach Herstellungsverfahren im Stahl vorhanden sind. Sie stellen *Keime* dar, an denen beim Abschrecken die Perlitbildung beginnt, was beim Härten vermieden werden muss. Deshalb mindern diese Teilchen die Einhärtung. Damit ergibt sich eine Möglichkeit, die Einhärtung zu vergrößern, nämlich durch eine

Höhere Härtetemperatur Mögliche Keime für die Perlitbildung gehen noch in Lösung. Das verzögert die Perlitbildung. Die kritische Abkühlgeschwindigkeit wird erniedrigt.

> **Hinweis** Stähle *gleicher* Sorte, aber aus *verschiedenen* Chargen, haben wegen des verschiedenen Reinheitsgrades ein unterschiedliches Einhärten (Streuband der Stirnabschreckkurven Abb. 14.47). Diese Maßnahme ist begrenzt durch die Gefahr des Kornwachstums, es entsteht dann ein grobnadeliges Martensitgefüge. Bei übereutektoiden Stählen erhöht sich der Anteil an Restaustenit (Abb. 5.21b).

> **Hinweis** Die Härtbarkeit eines Stahles kann mit der Stirnabschreckkurve beurteilt werden (Abb. 5.23). Sie wird mit wenig Aufwand durch den *Stirnabschreckversuch* DIN EN ISO 642/00 ermittelt (Abschn. 14.8.3).

---

[2] Einhärtungstiefe ist der Abstand in mm vom Rand senkrecht zum Kern bis zu einer Stelle mit einer vereinbarten **Grenzhärte GH.** GH kann z. B. auf 50 % der Randhärte festgelegt werden (Abb. 5.23).

Eine weitere Möglichkeit ist das Abschrecken in:

Abschreckmitteln mit angepasster Kühlwirkung Das ideale *Abschreckmittel* muss seine größte Abschreckwirkung dann entfalten, wenn der *Rand* des Teils ohne Umwandlung in die Perlitstufe eintritt. Es soll erst dann langsamer wirken, wenn der *Kern* die Perlitstufe ohne Umwandlung durchlaufen hat.

Beispiel für Abschreckmittel mit angepasster Kühlwirkung

Das Abschreckmaximum kann bei Wasser durch den Zusatz von 10 % Natronlauge (NaOH) oder durch Cyansalze verbreitert werden (Abb. 5.28). Härteöle besitzen gegenüber einfachen Mineralölen ebenfalls ähnlich wirkende Zusätze.

In der *längeren* Kochperiode wird dem Teil mehr Wärme entzogen, sodass auch im Kern die kritische Abkühlgeschwindigkeit überschritten wird.

Durchhärtung ist die Einhärtung bis hin zum Kern. Sie ist für hochbeanspruchte Werkzeuge und Bauteile (vergütet) erforderlich.

Größere Einhärtung erfordert ein überkritisches Abkühlen bis in größere Tiefe hin zum Kern des Werkstückes.

Verwendung legierter Stähle

Legierungselemente, die bei der Härtetemperatur im Austenit gelöst sind, müssen bei der Perlitbildung ebenfalls diffundieren. Sie behindern die Perlitbildung, die dadurch viel langsamer erfolgt.

Das bedeutet, dass die kritische Abkühlungsgeschwindigkeit *kleiner* wird. Es kann in Öl abgeschreckt werden (Abb. 5.24, Kurve 2), bei manchen Stählen reicht auch Luftabkühlung.

Bei größeren Gehalten an z. B. Mn, Cr und Ni entstehen Stähle, die bei Abkühlung durch bewegte Luft härten, die *Lufthärter* (Abb. 5.24, Kurve 3).

Legierungselemente senken die kritische Abkühlgeschwindigkeit. Dadurch können mildere Abschreckmittel verwendet werden, welche eine Durchhärtung möglich machen.

5.3.5 Verfahrenstechnik

Härten läuft in 3 Stufen ab (Abb. 5.25):

1. Austenitisieren, d. h. Erwärmen und Halten auf Abschrecktemperatur
2. Abschrecken mit über v_{okrit}
3. Anlassen.

Die erreichbare Härte hängt *allein* vom C-Gehalt des Stahles ab (Abb. 5.20). Die Legierungselemente (LE) senken allgemein v_{krit}, ihr Gehalt bestimmt das Abschreckmittel.

1) Austenitisieren

Austenitisieren ist unter Abschn. 5.1.3 behandelt. Die Temperaturen liegen je nach C-Gehalt 30…50 °C *oberhalb* der Linie GSK.

Fehlermöglichkeiten beim Erwärmen sind:

Zu *hohe* Temperaturen (Überhitzen). Sie erzeugen ein gröberes Austenitkorn, das sich ungünstig auf das Härtegefüge auswirkt. Dieses wird dann entsprechend *grobnadlig*. Bei übereutektoiden Stählen tritt dabei noch *Restaustenit* auf, der die Gesamthärte senkt (Abb. 5.21b).

Der Verlauf der richtigen Härtetemperatur für übereutektoide Stähle ist mit Hilfe des Bildes Abb. 5.20 erläutert.

Zu *niedrige* Temperaturen (Unterhärten). Sie lassen Ferritreste im Austenit zurück, die beim Abschrecken nicht zu Martensit umgewandelt werden können. Die Folge ist *Weichfleckigkeit* durch den weichen Ferrit im Martensit. Die maximale Härte wird nicht erreicht (Abb. 5.26).

Abb. 5.24 Ein- und Durchhärtung bei Stählen verschiedener Analyse (Houdremont), Rundstab 100 mm Ø

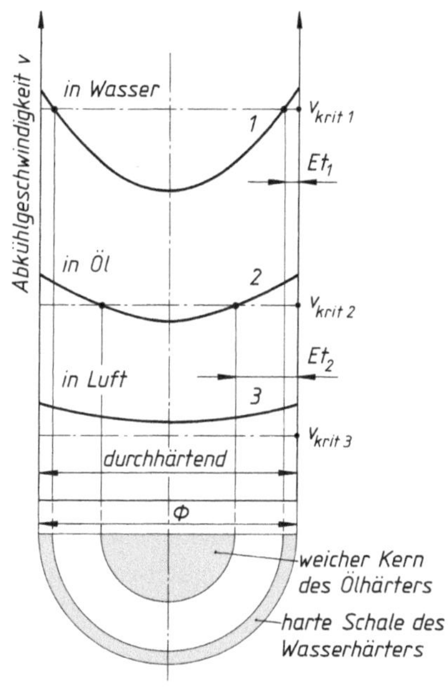

Abb. 5.25 Temperatur-Zeit-Verlauf beim Härten, schematisch

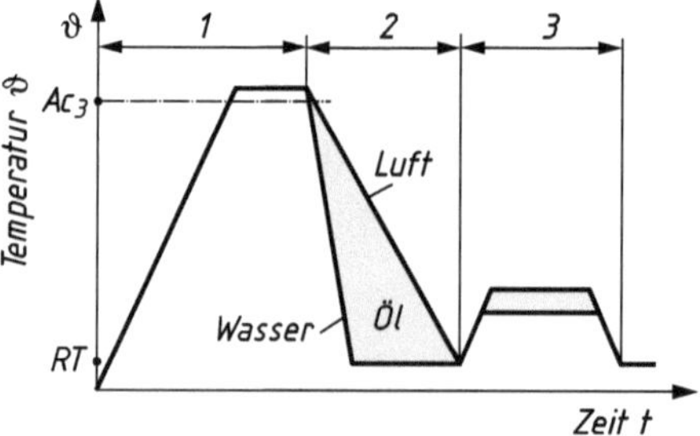

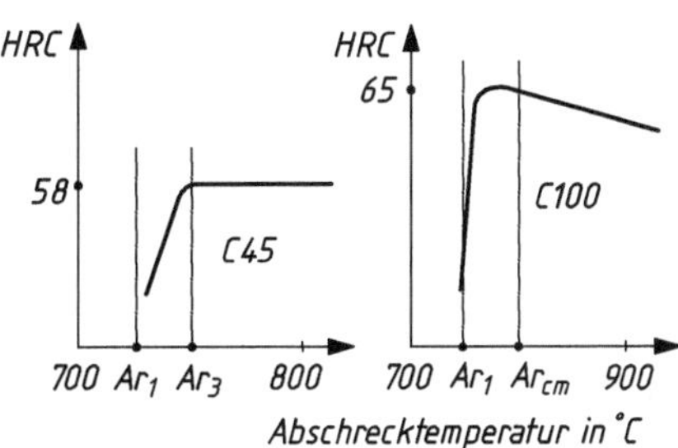

Abb. 5.26 Härte unlegierter Stähle bei verschiedenen Abschrecktemperaturen

Randentkohlung entsteht durch Oxidation im Ofenraum oder durch Salzbäder. Nach dem Abschrecken hat das Teil eine *Weichhaut*. Die Folgen einer *sehr dünnen* Weichhaut sind:

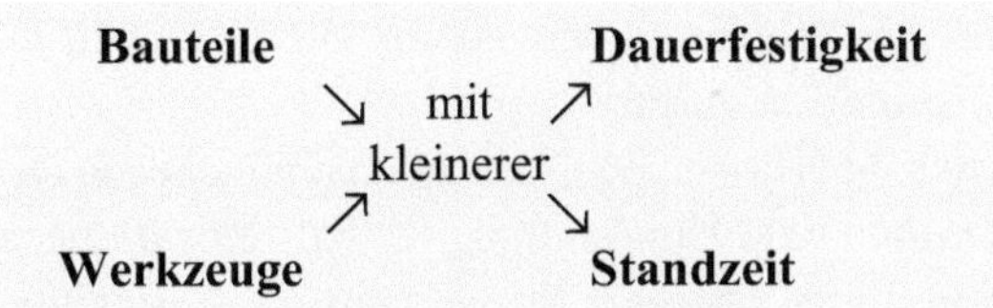

Randentkohlung kann daneben auch beim Überführen des glühenden Werkstückes vom Erwärmen zum Abschreckmittel eintreten. Moderne Verfahren (Vakuumhärten) vermeiden diese Schwachstelle.

Das *Nitrieren* gehärteter Werkzeuge kann eine evtl. vorhandene Weichhaut durch Härtesteigerung kompensieren.

2) Abschrecken

Zur Erzeugung von Martensit muss die Perlitbildung *vollständig* unterdrückt werden. Das tritt ein, wenn mit der kritischen Abkühlgeschwindigkeit v_{okrit} abgeschreckt wird.

v_{okrit} ist eine Werkstoffgröße, die von der Stahlanalyse abhängt. Legierungselemente (LE) senken diese Größe, Mn sehr stark (Tab. 5.8).

Legierungselemente senken die kritische Abkühlgeschwindigkeit, dadurch können *milderwirkende* Abschreckmittel verwendet werden.

Höhere Abschrecktemperaturen wirken in die gleiche Richtung.

Tab. 5.8 Kritische Abkühlgeschwindigkeit bei steigendem Mangangehalt

C %	Mn %	v_{krit} in K/s = °C/s
0,6	–	1800
0,6	0,3	750
0,9	1,1	200
0,8	1,5	80

Abb. 5.27 Der Zerfall des Austenits in verschiedenen Temperaturbereichen

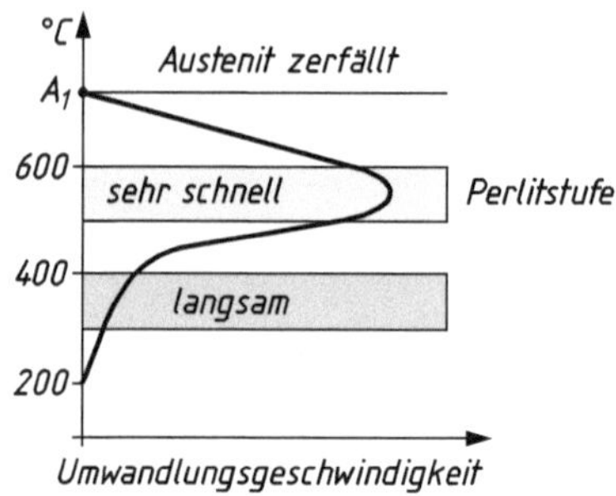

Die hohe Abkühlgeschwindigkeit braucht nicht bis auf Raumtemperatur eingehalten werden. Abb. 5.27 zeigt, dass Perlit im Temperaturbereich der *Perlitstufe* besonders schnell gebildet wird. Dort muss das Abschreckmittel besonders intensiv wirken.

In dieser *Perlitstufe*, im Temperaturbereich um 550 °C, zerfällt Austenit in Bruchteilen einer Sekunde *zu feinstreifigem* Perlit.

Feinstreifiger Perlit hat bei hoher Festigkeit noch hinreichende Dehnungswerte, günstig für das *Ziehen von Draht*. Diese Umwandlung wird als *Patentieren* angewandt.

Bei tieferen Temperaturen, oberhalb M_s, verläuft die Austenitumwandlung träge. Die hohe Abkühlungsgeschwindigkeit braucht deswegen nicht bis auf Raumtemperatur herunter eingehalten zu werden.

Anwendung Die Trägheit der Austenitumwandlung dicht oberhalb der M_s-Temperatur wird zum *verzugsarmen* Härten benutzt (Stufenhärten, Warmbadhärten, Abb. 5.34). Es besteht aus folgenden Abschnitten:

Schnelles Durchlaufen der Perlitstufe, dann Halten des *unterkühlten* Austenits zum Temperaturausgleich und Abbau der Wärmespannungen. Danach Abkühlung auf RT und Martensitbildung.

Richtiges Abschrecken soll den Austenit ohne Umwandlung auf Temperaturen dicht über M_s abkühlen.

Abschreckmittel

Das Abschrecken des Stahles steht unter einem Zielkonflikt:

- Abschrecken so schnell wie **nötig**, um Ferrit- und Perlitbildung zu vermeiden
- Abschrecken so langsam wie **möglich**, um Spannungen, Verzug, Risse zu vermeiden.

Abschreckmittel mit fallender Wirkung sind:

- Wasser, evtl. mit Zusätzen
- Öle
- Metallschmelzen, Salzschmelzen

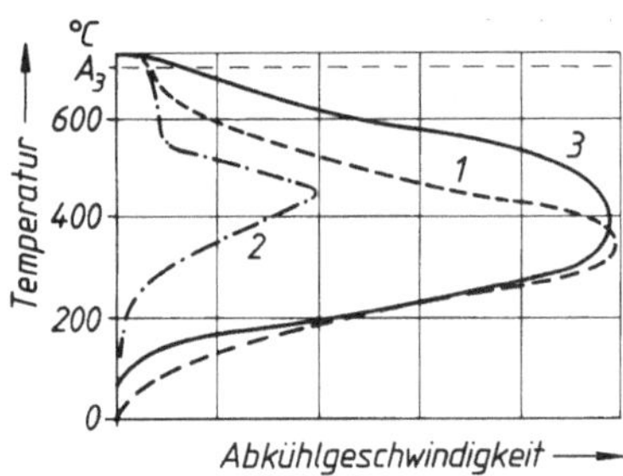

Abb. 5.28 Die Abkühlwirkung von Abschreckmitteln bei sinkender Temperatur. 1) Leitungswasser, 2) Öl, 3) Wasser mit Zusatz

- Wirbelbetten
- strömende Gase, ruhende Luft

Flüssigkeiten wie Wasser und Öl entziehen die Wärme dem Bauteil *nicht gleichmäßig*. Nach dem Eintauchen bildet sich ein *Dampfmantel*, der die Wärmeabfuhr verhindert und das Werkstück gegen die Flüssigkeit isoliert. Die Abkühlgeschwindigkeit ist deswegen anfangs noch gering (Abb. 5.28).

Analogie Wassertropfen auf einer heißen Herdplatte gleiten zischend auf einem Dampfpolster hin und her. Es isoliert und verhindert die spontane Verdampfung.

Später wird der Dampfmantel durchbrochen, und es lösen sich mehr und mehr Dampfblasen ab. Sie entziehen ihre *Verdampfungswärme* dem Werkstück. Dadurch kühlt es schneller ab, seine Abkühlgeschwindigkeit erhöht sich und erreicht in dieser Kochperiode ein Maximum (Nase in Abb. 5.28).

Wenn das Werkstück kälter wird, lässt die Dampfentwicklung nach. Schließlich wird die Wärme nicht mehr durch Verdampfung, sondern durch *Wärmeleitung* abgeführt. Dadurch verringert sich die Abkühlgeschwindigkeit.

Der *Bereich der größten Abschreckwirkung* (Nase in Abb. 5.28) lässt sich durch Zusätze verschieben oder erweitern (Kurve 3).

Öle haben demgegenüber höhere Siedepunkte und niedrigere Wärmeleitfähigkeit (Kurve 2 in Abb. 5.28). Abb. 5.29 zeigt die Abkühlzeit in Wasser, Öl und Luft für Rundbolzen mit steigenden Durchmessern.

Salzbäder bestehen aus geschmolzenen Na- und K-Nitraten von 150…550 °C. Sie wirken nur durch Wärmeleitung und dadurch wesentlich milder.

Wirbelbetten arbeiten mit Al-Oxidteilchen, die durch einströmende Luft ein *Fluid* bilden, d. h. sich wie eine Flüssigkeit verhalten.

Ihre Abkühlwirkung (unbeheizt) ist geringer als die von Öl. Sie können aber auch mit *gekühlten* Gasen betrieben werden. Für die Warmbadhärtung von mittel- und hochlegierten Stählen sind sie den Salzbädern gleichwertig.

Bei Einsatz als Wirbelbett-Ofen kann mit Stickstoff fluidisiert werden, die Beheizung erfolgt dann indirekt. Ihre Erwärmkurve steht zwischen der im Salzbad und Kammerofen.

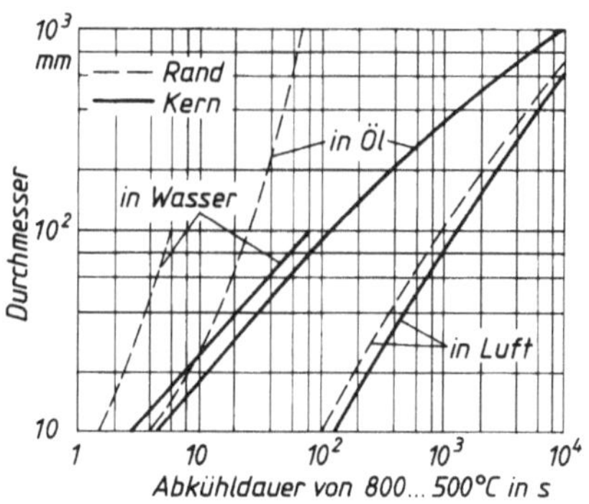

Abb. 5.29 Abkühlverlauf von Rundbolzen in verschiedenen Abschreckmitteln. Das Diagramm wird in Verbindung mit ZTU- Schaubildern verwendet, um die unterschiedliche Umwandlung von Rand und Kern zu beurteilen

Vorteile des Wirbelbettverfahrens für die Wärmebehandlung gegenüber Salzbädern: Kurzfristige Inbetriebnahme (keine Gefahr des Einfrierens), Gleichmäßigkeit der Temperaturverteilung, Wegfall der Reinigung der Teile von Salzresten, keine Entsorgungsprobleme.

Nachteil ist die *Schattenwirkung*, d. h. ein ungleichmäßiges Anströmen der Teile, wenn viele in Gestellen eingehängt werden.

Vakuumhärten ist Erwärmen in evakuierten Retorten mit Stickstofferwärmung im unteren Temperaturbereich (konvektive Erwärmung), im oberen über Strahlung. Das Abschrecken erfolgt im Vakuumofen durch Hochdruckgasabschreckung.

Hochdruckgasabschrecken wird mit N_2 oder einem Gemisch aus He/N_2 unter 6 bar mit hoher Geschwindigkeit durchgeführt. Die Abschreckwirkung liegt zwischen der von Öl- und Salzbädern und ist regelbar.

3) Anlassen

Alle richtig abgeschreckten Teile sind *glashart* und auch so *spröde* wie Glas. Zum Gebrauch benötigen sie eine gewisse *Zähigkeit*, damit sie nicht schon durch einfaches Anstoßen zerbrechen.

Diese Zähigkeit wird durch das *Anlassen* erreicht.

Anlassen ist ein *Wiedererwärmen* nach dem Abschrecken unterhalb von A_{c1}.

Die Anlasstemperaturen hängen von der Stahlsorte und dem Verwendungszweck ab, sie liegen im Temperaturbereich von 150...650 °C. Die Eigenschaftsänderungen zeigt Abb. 5.30.

Härte und die **Streckgrenze** R_e sinken bei niedrigen Anlasstemperaturen nur *wenig*, mit steigender Temperatur *schnell* in Richtung auf die Werte des normalisierten Zustandes. **Bruchdehnung** A und **Kerbschlagarbeit** KV verlaufen umgekehrt. Bei bestimmten Anlasstemperaturen wird ein *Höchstmaß* an Zähigkeit erreicht. In diesem Bereich liegen die Anlasstemperaturen zum Vergüten.

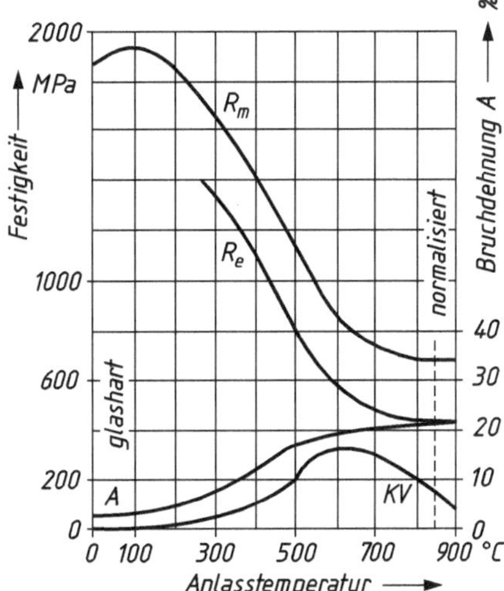

Abb. 5.30 Anlassschaubild, Einfluss der Anlasstemperatur auf die Eigenschaften eines glashart abgeschreckten Stahles, 0,45 % C

Gefügeänderung Bei niedriger Anlasstemperatur können sich die Wärmespannungen ausgleichen, ohne dass die Härte zurückgeht. Dabei verringert sich die Sprödigkeit. Diese *Entspannung* erfolgt bei Temperaturen bis 180 °C (Abb. 5.31a). Sie ist damit faktisch ein mildes Spannungsarmglühen (Abschn. 5.2.3).

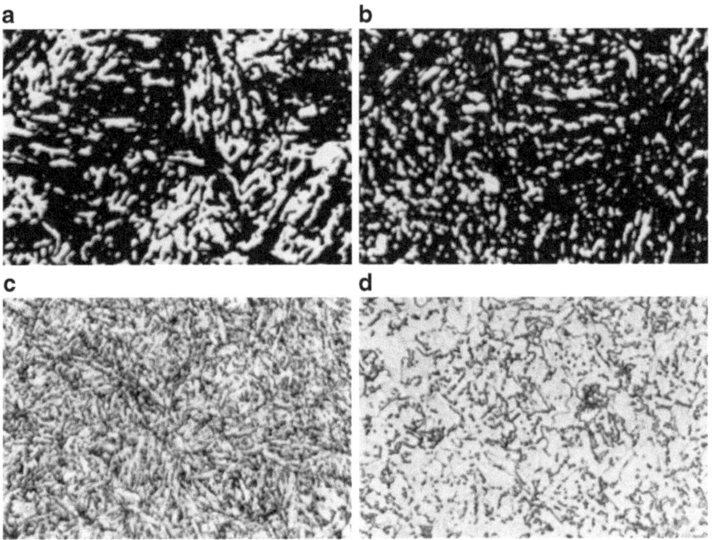

Abb. 5.31 Anlassgefüge eines gehärteten Stahles, 0,45 % C. bei **a** 150 °C, **b** 400 °C, **c** 550 °C, **d** 700 °C angelassen (500 : 1)

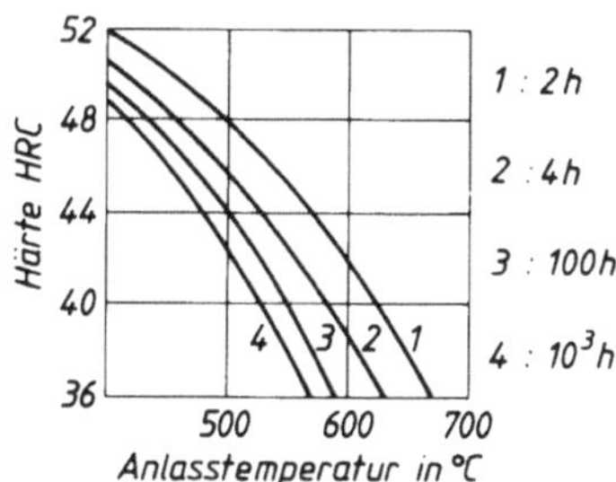

Abb. 5.32 Anlassverhalten eines abgeschreckten Warmarbeitsstahles bei verschiedener Anlassdauer

Mit steigender Temperatur können C-Atome aus ihrer *Zwangslösung* im Martensit immer leichter diffundieren. Der metastabile Martensit versucht die C- Atome aus seinem Gitter zu verdrängen und in die stabile Form des C-freien Ferrits überzugehen.

Zunächst geht bei etwa 200 °C die tetragonale Aufweitung des Martensits zurück. Einzelne C-Atome verlassen das Martensitgitter und bilden feinste Karbidteilchen.

Der Restaustenit wandelt sich in kubischen Martensit um. Dies ist ein etwas vergrößertes α-Gitter mit C-Atomen in einigen Elementarzellen. Abb. 5.31b zeigt sehr dunkel geätzte Nadeln.

Mit *steigender Anlasstemperatur* kann der Kohlenstoff immer schneller diffundieren, und so können *größere* Karbidkörner entstehen, sie werden dann im Schliffbild sichtbar.

Durch die Karbidausscheidungen lässt die Härte des Martensits nach. Die feinkörnige, nadelige Struktur bleibt erhalten (Abb. 5.31c).

Bei Anlasstemperaturen von 700 °C entsteht ein körniges Gefüge (Abb. 5.31d). Infolge der Zunahme des Ferritanteils nehmen Bruchdehnung und Zähigkeit zu.

Anlassen ist ein Diffusionsvorgang. Bei legierten Stählen sind diese Vorgänge durch die Anwesenheit der Legierungselemente erschwert. Sie benötigen *höhere* Anlasstemperaturen und *längere* Anlasszeiten.

Wirksam sind dabei sowohl Temperatur als auch die Zeit. *Kurzzeitiges* Halten auf *höherer* Temperatur und *längeres* Halten auf *tieferer* Temperatur haben gleiche Wirkungen (Abb. 5.32).

Warmarbeitsstähle, d. h. Stähle für Gesenke, Pressformen für Kunststoff usw., müssen um 50… 100 °C höher angelassen werden als sie später im Betrieb erreichen.

▶ **Hinweis** Die Betriebswärme würde ein weiteres Anlassen mit Härteabfall bewirken. Maß- und Formänderungen sowie verminderte Standmenge oder -zeit wären die Folge.

Die Teile werden sofort nach dem Abschrecken je nach ihrer Form und Größe in Öfen oder Salzbädern, evtl. auch im Sandbad oder auf heißen Platten, erwärmt und etwa 2 h auf Anlasstemperatur gehalten.

Nach dem Anlassen soll das Teil langsam auf Raumtemperatur abkühlen, damit nicht neue Wärmespannungen entstehen. Nur für bestimmte legierte Stähle ist ein schnelles Abkühlen aus der Anlasstemperatur vorgeschrieben, um Anlasssprödigkeit zu vermeiden.

5.3.6 Härteverzug und Gegenmaßnahmen

Wir wissen aus unserer Werkstattpraxis, dass abgeschreckte Teile *Maß- und Formänderungen* aufweisen. Im ungünstigsten Falle treten Risse auf. Sie sind die Folge von inneren Spannungen, die durch den *ungleichmäßigen* Abkühlungsverlauf im Werkstück entstehen.

Spannungen beim Härten

Beim Eintauchen in das Abschreckmittel wird der Rand sofort kalt und zieht sich zusammen, er wird jedoch vom heißen Kern behindert (Abb. 5.33 oben). Es entstehen Zugspannungen im Rand, die zu Rissen führen können. Im weiteren Verlauf versucht der Kern zu schrumpfen, wird aber jetzt vom kalten, starren Rand behindert. Es entstehen Zugspannungen im Kern, evtl. *Schalenrisse* oder Risse im Kern.

Diese Spannungen als Folge *ungleicher* Temperaturen *im Rand und im Kern* heißen deswegen auch *Wärmespannungen.*

Bei symmetrischen Teilen halten sich diese Spannungen evtl. das Gleichgewicht, während unsymmetrische Teile zu Verzug neigen.

Daneben treten auch noch *Umwandlungsspannungen* auf. Der Martensit mit seinem aufgeweiteten Gitter bewirkt eine Volumenzunahme von 1 %. Wenn der Rand martensitisch wird und im Kern keine Durchhärtung erfolgt, dann erhöhen sich dadurch die Zugspannungen im Kern.

> **Hinweis** Wenn verwickelte Werkstücke (Werkzeuge, Zahnräder) *Eigenspannungen* besitzen, sollten sie vor dem Härten noch *spannungsarmgeglüht* werden. Damit kann der mögliche Härteverzug *vermindert* werden.

Abb. 5.33 Das Entstehen von Wärmespannungen beim Abschrecken

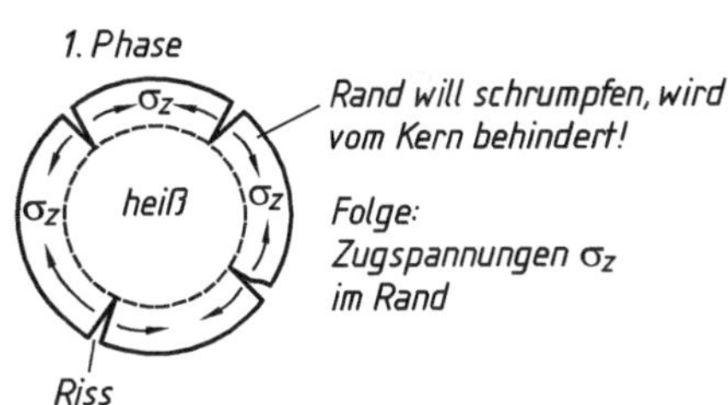

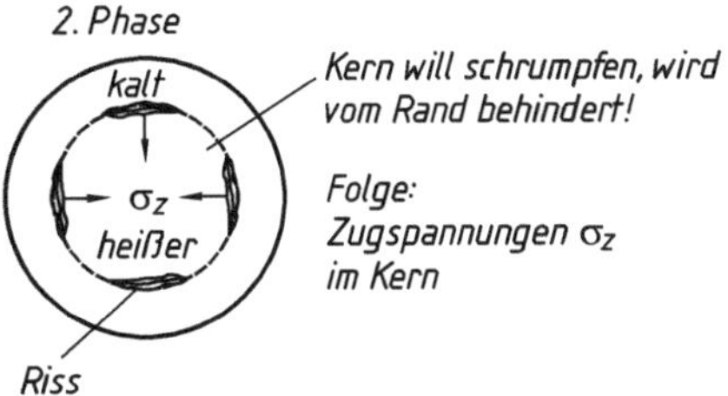

Risse ergeben *Ausschussteile*, Verzug erfordert *Nacharbeit*, was bei dem harten Martensit nur durch Schleifen möglich ist. Daneben gibt es Flächen, die durch ihre Lage oder Form nicht schleifbar sind: Flächen an Schnittplatten oder Kegelräder mit gekrümmten Zahnflanken (Palloidverzahnung).

Eine *wirtschaftliche Fertigung* verlangt ein *verzugsarmes* Härten, das nur geringste Nacharbeit erfordert. Die Möglichkeiten sind:

Angepasste Abschreckmittel Das Abschreckmittel wird dem betreffenden Stahl so angepasst, dass es bei jeder Temperatur *keine größere* Abschreckwirkung besitzt, als sie zur Unterdrückung der Perlitstufe gebraucht wird. Dadurch werden die Wärmespannungen so klein wie möglich gehalten.

Zur Anpassung des Abschreckmittels bzw. seine Auswahl aus den angebotenen Härteölen und -salzen können die ZTU-Schaubilder (Abschn. 5.3.7) in Verbindung mit Diagrammen wie Abb. 5.29 verwendet werden (Atlas zur Wärmebehandlung der Stähle).

Abschrecken in Vorrichtungen Die Teile werden unter Pressen in Matrizen abgeschreckt. Damit das Öl das Werkstück überfluten kann, müssen sie Durchbrüche und Kanäle besitzen.

Bei Werkstücken in größeren Stückzahlen, bei denen eine Nacharbeit technisch oder wirtschaftlich nicht möglich ist, kommt diese Variante zur Anwendung, z. B. bei Tellerrädern mit Bogen- oder Palloidverzahnung und Kreissägeblättern.

Abschrecken in zwei Stufen Dabei wird der umwandlungsträge Bereich bei Temperaturen über der Martensitstufe zum Temperatur- *und Spannungsausgleich* ausgenutzt (Abb. 5.27).

1. Stufe Zuerst wird in einem schroff wirkenden Mittel die Perlitstufe schnell durchlaufen, um den Austenit auf diesen umwandlungsträgen Bereich zu unterkühlen. Die Wärmespannungen werden von dem austenitischen Gefüge (kfz-Gitter) rissfrei abgebaut.
2. Stufe Anschließend wird in einem milderen Mittel bis auf Raumtemperatur abgekühlt. Erst jetzt treten bei der Umwandlung des Austenits zu Martensit die Umwandlungsspannungen auf.

Diese Möglichkeit wird bei zwei technisch angewandten Verfahren benutzt (Abb. 5.34).

Gebrochenes Abschrecken (Handwerkliches Verfahren) Der Stahl wird zuerst in *Wasser* abgeschreckt, dann herausgenommen und in *Öl* bis auf Raumtemperatur abgekühlt. Die Wahl des richtigen Zeitpunktes für den Badwechsel setzt große Erfahrungen des Härters voraus (Abb. 5.34, Kurve 2).
Unterbrochenes Abschrecken (Warmbadhärten) Als Wärme- und Abschreckmittel dienen beim Warmbadhärten *Salzschmelzen* und evtl. heiße Öle mit *festen* Temperaturen. Der

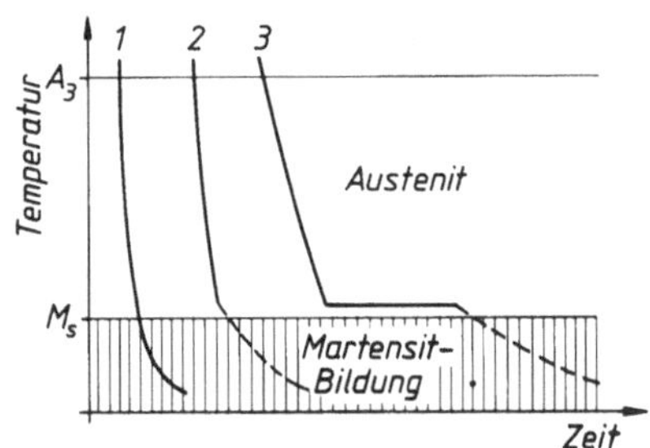

Abb. 5.34 Verzugsarme Härteverfahren. 1) normales, 2) gebrochenes, 3) unterbrochenes Abschrecken

Stahl wird in *Stufen* erwärmt, zuletzt in einem Bad mit der Härtetemperatur zur Austenitisierung.

Im Abschreckbad wird auf eine Temperatur *oberhalb* des Martensitpunktes heruntergekühlt und gehalten. Danach kann beliebig bis auf RT abgekühlt werden (Abb. 5.34, Kurve 3).

Einen guten Überblick über die Austenitumwandlung und alle damit verknüpften Verfahren geben die ZTU-Schaubilder. Ihnen können wichtige Informationen über die gesamte Wärmebehandlung entnommen werden, z. B. die exakt notwendigen Abkühlungsgeschwindigkeiten, um bestimmte Gefüge zu erreichen.

5.3.7 Zeit-Temperatur-Umwandlung (ZTU-Schaubilder)

Aus dem Eisen-Kohlenstoff-Diagramm wissen wir, dass sich Austenit unter A_1 in α-Eisen und Zementit umgewandelt hat. *Temperatur-* und *Geschwindigkeitsverlauf* dieser Umwandlung können daraus nicht entnommen werden, es gilt wie alle Zustandsschaubilder nur für sehr langsame Abkühlung.

ZTU-Schaubilder werden durch Versuchsreihen mit zahlreichen Proben je Stahlsorte aufgestellt und sind in den Normen der härt- und vergütbaren Stähle enthalten.

Eine Zusammenfassung von ZTU-Schaubildern ist im mehrbändigen Werk „Atlas zur Wärmebehandlung der Stähle" zu finden.

ZTU-Schaubilder werden für zwei verschiedene Abkühlarten aufgestellt:

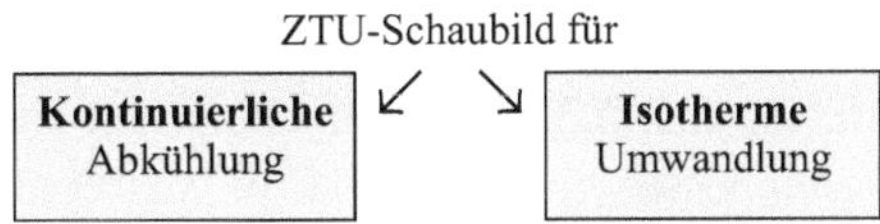

Kontinuierliche Abkühlung erfolgt stetig von Austenitisierungstemperatur bis auf Raumtemperatur in Wasser, Öl, Luft oder kalten Gasen.

Isotherme Umwandlung erfolgt nach schneller Abkühlung des Austenits auf Temperaturen zwischen 700 und 350 °C bei konstanter Temperatur in das gewünschte Gefüge.

Abb. 5.35 ZTU-Schaubild, Stahl C45E (kontinuierliche Abkühlung)

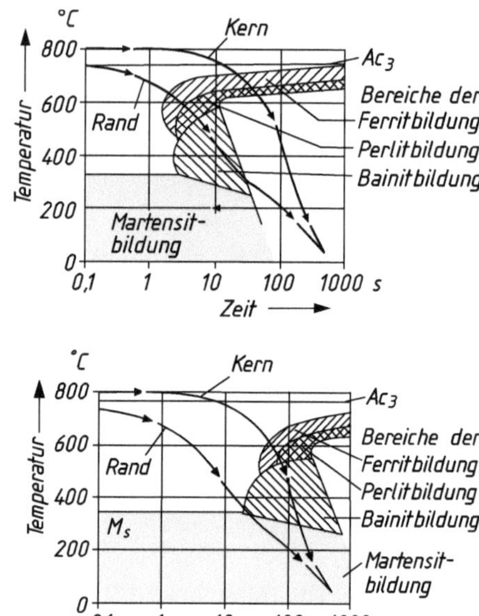

Abb. 5.36 ZTU-Schaubild, Stahl 41Cr4 (kontinuierliche Abkühlung)

Beide Schaubilder können Informationen liefern zu:

- Zeit und Temperatur für den merklichen Beginn der Austenitumwandlung
- Ende der Umwandlung (Zeit, Temperatur)
- Gefügeausbildung (Verteilung der Phasen, Gesamthärte).

Zunächst werden zwei Schaubilder für kontinuierliche Abkühlung betrachtet. Sie machen die Wirkung von Legierungselementen auf die kritische Abkühlgeschwindigkeit deutlich.

ZTU-Schaubild für kontinuierliche Abkühlung

Auf der waagerechten Achse ist die Zeit logarithmisch aufgetragen, auf der senkrechten die Temperatur. Die Linien begrenzen Felder, denen bestimmte Gefüge zugeordnet sind. Die schräg verlaufenden Linien sind Abkühlkurven von Austenitisierungs- auf Raumtemperatur. Das Durchlaufen der Felder entspricht den Umwandlungsvorgängen im Stahl.

Bei beiden Schaubildern (Abb. 5.35 und 5.36) beziehen sich die Abkühlkurven auf Rundstahl von 95 mm Durchmesser, von ca. 850 °C in Wasser abgeschreckt.

Beispiele für ZTU-Schaubilder

Unlegierter Stahl **C45E** (Abb. 5.35). Der Rand (untere Kurve) kühlt ab, die Kurve gelangt in den Bereich der Ferritbildung und es entsteht eine bestimmte Menge Ferrit. Die Kurve verläuft weiter durch den Bereich der Perlitbildung und es entsteht Perlit, ein Rest des Gefüges ist noch austenitisch. Im folgenden Feld wandelt sich dieser Rest in Bainit (früher: Zwischenstufe) um. Die Kurve für den Kern durchläuft nur die Felder Ferrit und Perlit. Das bedeutet, dass unlegierte Stähle dieser Dicke nicht durchvergütet werden können.

Niedriglegierter Stahl **41Cr4** (Abb. 5.36): Es tritt eine ausgeprägte Bainitstufe auf. Beim 41Cr4 entsteht durch Wasserabschreckung im Rand vollständig Martensit, während der Kern etwas Ferrit bildet, dann Bainit, der Rest wird ebenfalls zu Martensit. Damit lässt sich dieser Stahl mit größerem Querschnitt noch durchvergüten. Dabei ist die Abkühlung so zu führen, dass kein Ferrit gebildet wird, er ist weich und senkt die Streckgrenze.

Bainit (nach E. C. Bain, amerikan. Forscher 1930) entsteht bei mittleren Abkühlungsgeschwindigkeiten oberhalb der Martensit-Start-Temperatur und ist ein heterogenes Gefüge aus übersättigtem Ferrit mit eingelagerten Karbiden, deren Form und Größe vom Temperaturverlauf abhängen und damit zu beeinflussen sind.

Im unteren Umwandlungsbereich ist Bainit sehr feinkörnig und ergibt hohe Zähigkeit bei hoher Streckgrenze (Unterer Bainit).

Beim Vergleich der Bilder Abb. 5.35 und 5.36 fällt auf, dass die schraffierten Felder nach rechts verschoben sind, Ferrit- und Perlitbereiche stärker. Eine Überhitzung des Stahles wirkt ebenso.

Die Umwandlungen verlaufen beim legierten Stahl langsamer, da bei der Umwandlung auch die Legierungsatome diffundieren müssen. Durch das Zurückweichen der Felder für Ferrit- und Perlitbildung ist es einfacher, auch im Kern dicker Bauteile ein ferrit- und perlitfreies Gefüge herzustellen.

Ablesebeispiel ZTU-Schaubild
Abb. 5.37 zeigt ein vereinfachtes ZTU-Schaubild mit nur vier Abkühlungskurven mit unterschiedlichen Abkühlungsbedingungen, die sich durch Werkstückdurchmesser und Abschreckmittel unterscheiden. Das Lesen erfolgt längs dieser Abkühlungskurven.

- Zahlen am Schnittpunkt mit den Umwandlungslinien geben den Gefügeanteil in % an.
- Zahlen im Kreis am Ende der Abkühlkurve geben die Härte in HRC (hart) oder HV (weicher) an.

Ablesebeispiele:

Kurve 1: Kerntemperatur von Stahl 35 mm $\varnothing$ bei Wasserabschreckung. Die Temperatur fällt in der kürzesten Zeit auf RT ab und schneidet das Feld B nicht. Der Austenit wandelt sich vollständig in Martensit um, die Härte beträgt 53 HRC.
Kurve 2: Kerntemperatur von Stahl 100 mm $\varnothing$ bei Ölabschreckung. Die Abkühlkurve verläuft durch das Feld B und zeigt, dass so dicke Teile in Öl nicht durchhärten, es entsteht 50 % Bainit in der Bainitstufe. Der restliche Austenit wandelt sich zu Martensit mit einer Härte von 47 HRC.

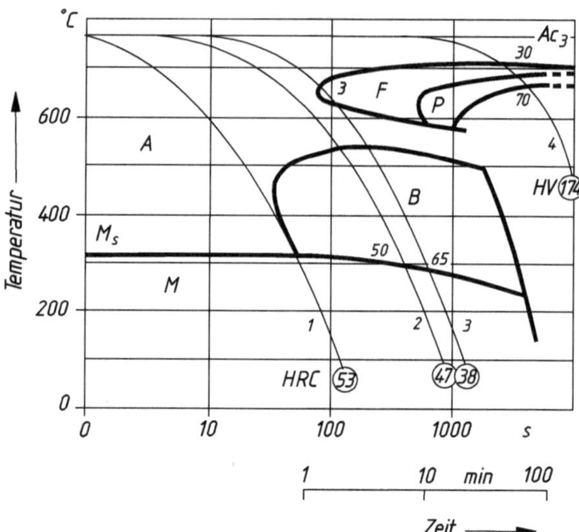

Abb. 5.37 ZTU-Schaubild, Vergütungsstahl 36CrNiMo4

Kurve 3: Kerntemperatur von Stahl 170 mm ⌀ bei Ölabschreckung. Die Kurve zeigt, dass bei noch dickeren Teilen ein geringer Teil Ferrit entsteht (3 %), dann 65 % Bainit, der Rest wird zu Martensit. Die Härte beträgt 38 HRC.

Kurve 4: Werkstücktemperatur bei langsamer Abkühlung im Ofen. Die Abkühlkurve zeigt, dass ein ferritisch-perlitisches Gefüge nur bei *sehr langsamer* Abkühlung bei, hier einer Abkühlgeschwindigkeit von ca. 3 K/min entstehen kann (von 850 bis 550 °C in ca. 100 min). Das Gefüge besteht dann aus 30 % Ferrit und 70 % Perlit. Die Härte beträgt 174 HV.

In den vollständigen ZTU-Schaubildern sind die Abkühlkurven mit den sog. Abkühlparametern λ gekennzeichnet. Sie können aus weiteren Diagrammen abgelesen werden, die z. B. für verschiedene Randabstände von Rundstäben von 50…200 mm ⌀ bei Abschrecken in Wasser, Öl oder Luft aufgestellt wurden. Mit diesem Parameter lässt sich für ein konkretes Werkstück das zu erwartende Gefüge im ZTU-Schaubild abschätzen (Stahl-Informations-Zentrum, Merkblatt MB 460, Härten, Anlassen, Vergüten, Bainitisieren; www.stahl-online.de).

ZTU-Schaubilder sind die Grundlage für die Wärmebehandlung der Stähle und auch anderer Legierungen, die Umwandlungen im festen Zustand aufweisen. Bei Schweißnähten lässt sich die mögliche Gefügeausbildung in der Wärmeeinflusszone (WEZ) mit ZTU-Schaubildern für kontinuierliche Abkühlung beurteilen.

ZTU-Schaubild für isotherme Umwandlung

Abb. 5.38 ist wie folgt zu lesen:

Die schrägen Abkühlungskurven fehlen, weil hier die Umwandlung bei *konstanter* Temperatur (isotherm) verläuft und auf einer *Waagerechten* verfolgt wird. Damit lassen sich merklicher Beginn, Ende und Art der Austenitumwandlung ablesen.

Abb. 5.38 ZTU-Schaubild, Vergütungsstahl 36CrNiMo4 (isotherm)

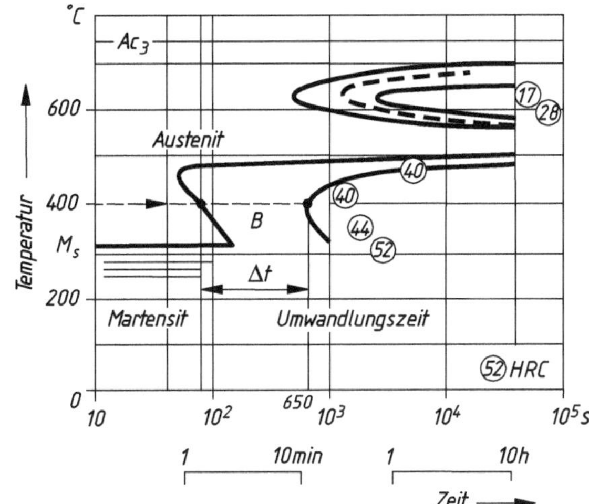

Ablesebeispiel Die Teile werden aus der Austenitisierungstemperatur ($\geq$ Ac$_3$) schnell auf die gewünschte Umwandlungstemperatur gebracht (400 °C). In Richtung der Zeitachse stößt man nach etwa 80 s auf die erste Umwandlungslinie. Es ist der Beginn der Bainitbildung.

In der folgenden Zeit wandelt sich nach und nach der restliche Austenit um, bis nach insgesamt etwa 650 s die Umwandlung beendet ist. Nach weiterer Abkühlung ohne Umwandlung beträgt die Härte 40 HRC.

Für die Wärmebehandlung ist es wichtig, dass der Austenit möglichst lange stabil bleibt. Abb. 5.38 zeigt, dass beim Abschrecken auf eine Temperatur von 350 °C eine Zeit von ca. 100 s vergehen kann, ehe eine merkliche Bainitumwandlung einsetzt.

Warmbadhärten benutzt diese Zeit zum Temperatur- und Spannungsausgleich, ehe dann bei weiterer Abkühlung die verzugsarme Umwandlung zu Martensit erfolgt (ZTU-Schaubilder Abb. 5.42).

5.3.8 Vergüten

Als **Verfahrensziel** sollen Stähle die folgende Eigenschaftskombination erhalten:

hohe Festigkeit	$\Rightarrow$	höhere zulässige Spannung
Streckgrenze R_e		
und		
hohe Zähigkeit	$\Rightarrow$	Verformungsbruch,
Kerbschlagarbeit KV		auch die Dauerfestigkeit steigt

Tab. 5.9 zeigt Laborwerte des Stahls C45E und Auswirkungen des Vergütens.

Tab. 5.9 Vergleich: Vergütungsstahl C45E (Laborwerte)

Zustand	HV	KV/J	Bruchart
normalgeglüht	200	22	Mischbruch
gehärtet	700	6	Sprödbruch
vergütet 600 °C	270	90	Verformungsbruch

Vergütungsgefüge sind noch gleichmäßiger als normalgeglühte und haben weniger sprödbruchauslösende Schwachstellen, was den Verformungsbruch begünstigt (höhere Verformungsarbeit Abb. 5.39).

Der *untereutektoide* Stahl besteht im normalisierten Zustand aus Ferrit- und Perlitbereichen. Bei hoher Beanspruchung beginnt die plastische Verformung (d. h. das Wandern der Versetzungen) *zuerst* in der weicheren Ferritphase.

In den Vergütungsstählen ist der Ferrit dagegen *übersättigt* und mit *feinverteilten* Karbiden durchsetzt. Das Abgleiten tritt erst bei höheren Spannungen ein: Die *Streckgrenze* liegt höher.

Die Kennlinie des vergüteten Stahles kann durch die Anlasstemperatur verändert werden. Das Vergütungsschaubild Abb. 5.40 zeigt, wie sich die mechanischen Eigenschaften ändern, wenn abgeschreckte Stähle auf Temperaturen zwischen 450 und 650 °C angelassen werden.

Bei 450 °C ergeben sich höhere Festigkeit R_m und Streckgrenze R_e, dafür sind Bruchdehnung A und Einschnürung Z niedriger, als wenn der obere Anlassbereich gewählt wird.

Abb. 5.39 Verformungsarbeit eines Stahles bei verschiedenen Gefügezuständen

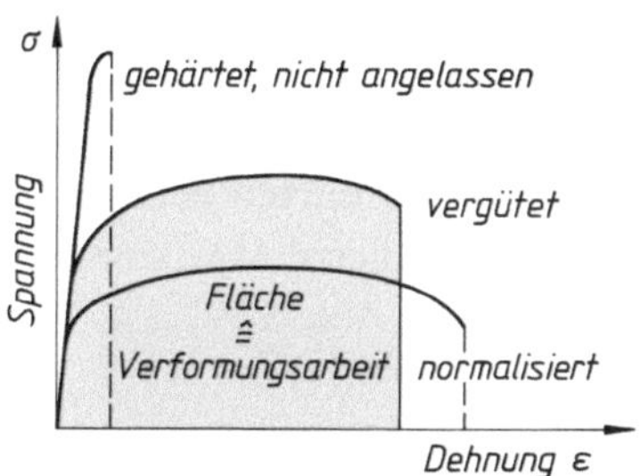

Abb. 5.40 Anlassschaubilder von zwei Vergütungsstählen DIN EN 10083/06

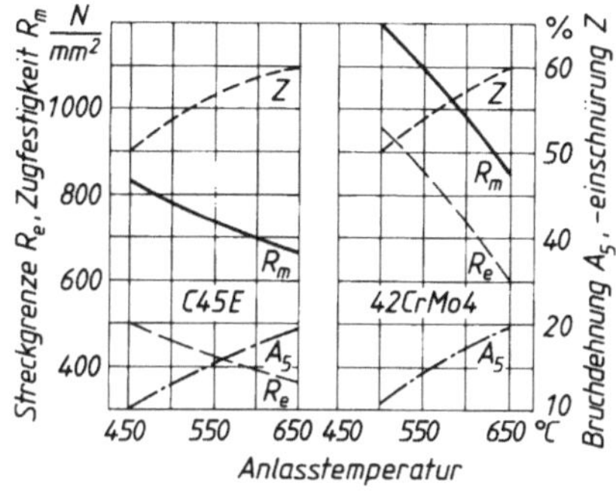

Verfahren

Das Austenitisieren und Abschrecken wird wie beim Härten durchgeführt. Für Teile mit größeren Querschnitten ist ein Durchhärten nicht erforderlich, es genügt, wenn im Kern Bainit entsteht.

Anlassen erfolgt im Glühofen oder in Salzschmelzen. Danach sind die Teile so zäh, dass ein Verzug durch *Richten* beseitigt werden kann. Ebenso sind spanende Verfahren wie *Fertigdrehen* oder *-fräsen* wirtschaftlich durchführbar.

Vergütungsstähle DIN EN 10083/06

Vergütungsstähle sind Stähle mit C-Gehalten 0,22 bis 0,5 (0,85) % und niedrig legiert mit LE, welche die *kritische Abkühlgeschwindigkeit* senken. Mit zunehmender Wanddicke der Teile sind mehr LE zum *Durchvergüten* erforderlich.

Gefügeänderung Die Vorgänge zur Bildung von Vergütungsgefügen, d. h. Austenitisieren, Abschrecken und Anlassen sind unter Abschn. 5.3.5 mit Bildern Abb. 5.31 und 5.32 beschrieben.

Die Norm (Teil 2) unterscheidet fünf unlegierte Qualitätsstähle (mit max. je 0,045 % P und S) und sieben unlegierte Edelstähle (max. 0,03 % P und 0,035 % S). Die legierten Stähle (Teil 3) sind ausnahmslos Edelstähle, 22 Sorten und sechs Bor-legierte (Tab. 5.10) mit sehr geringen B-Anteilen (0,0005…0,008 %), die aber sehr stark die kritische Abkühlgeschwindigkeit erniedrigen (Presshärten Abschn. 5.5.4).

Vergütbare Stähle sind auch in zahlreichen anderen Normen enthalten (Übersicht Tab. 5.11 und 5.12).

Tab. 5.10 Vergütungsstähle, Bor-legiert (Auswahl)

Stahlsorte	$\varnothing$-Bereich $d \leq 16\,\mathrm{mm}$ Flacherzeugnisse $t \leq 8\,\mathrm{mm}$			
Kurzname	$R_\mathrm{e}/\mathrm{MPa}$ $R_\mathrm{m}/\mathrm{MPa}$		$A/\%$	$Z/\%$
30MnB5	800	950…1150	13	50
33MnCrB5-2	850	1050…1300	13	50

Tab. 5.11 Vergütungsstähle in anderen Normen

Stahlgruppe	DIN EN	Tabelle	Stahlgruppe	DIN EN	Tabelle
Automatenstähle	10087/99	Tab. 4.29	Warmfeste Stähle	10028-2/09	Tab. 4.27
Einsatzstähle	10084/08	Tab. 5.26	Kaltzähe Stähle	10028-4/09	Tab. 4.22
Nitrierstähle	10085/01	Tab. 5.29	Stahlguss, vergütbar	10293/15	Tab. 4.45
Federstähle	10089/03, 10270/12	Tab. 4.35	Stahlguss, kaltzäh	10213/16	Tab. 4.47

Tab. 5.12 Vergütungsstähle

Stahlsorte		Durchmesserbereich $d < 16$ mm Flacherzeugnisse $t < 8$ mm					Durchmesserbereich $16 < d < 40$ mm Flacherzeugnisse $8t < 20$ mm					Durchmesserbereich $40 < d < 100$ mm Flacherzeugnisse $20t < 60$ mm				
Kurzname	Stoff.-Nr.	R_e MPa	R_m	A_5 %	Z %		R_e MPa	R_m	A_5 %	Z %	KV J	R_p MPa	R_m	A_5 %	Z %	KV J
C22E[a]	1.1151	340	500…650	20	50		290	470…620	22	50	50	–	–	–	–	–
C35E[a]	1.1181	430	630…780	17	40		380	600…750	19	45	35	320	550…700	20	50	35
C40E[a]	1.1186	460	650…800	16	35		400	630…780	18	40	30	350	600…750	19	45	30
C45E[a]	1.1191	490	700…850	14	35		430	650…800	16	40	25	370	630…780	17	45	25
C50E[a]	1.1206	520	750…900	13	30		460	700…850	15	35	–	400	650…800	16	40	–
C55E[a]	1.1203	550	800…950	12	30		490	750…900	14	35	–	420	700…850	15	40	–
C60E[a]	1.1221	580	850…1000	11	25		520	800…950	13	30	–	450	750…900	14	35	–
28Mn6	1.1170	590	800…950	13	40		490	700…850	15	45	40	440	650…800	16	50	40
38Cr2	1.7003	550	800…950	14	35		450	700…850	15	40	35	350	600…750	17	45	35
46Cr2	1.7006	650	900…1100	12	35		550	800…950	14	40	35	400	650…800	15	45	35
34Cr4[b]	1.7033	700	950…1150	12	35		590	800…950	14	40	35	460	700…850	15	45	40
37Cr4[b]	1.7034	750	950…1200	11	35		630	850…1000	13	40	50	510	750…900	14	40	35
41Cr4[b]	1.7035	800	1000…1200	11	30		660	900…1100	12	35	35	560	800…950	14	40	35
25CrMo4[b]	1.7218	700	900…1100	12	50		600	800…950	14	55	50	450	700…850	15	60	50
34CrMo4[b]	1.7220	800	1000…1200	11	45		650	900…1100	12	50	40	550	800…950	14	55	45
42CrMo4[b]	1.7225	900	1100…1300	10	40		750	1000…1200	11	45	35	650	900…1100	12	50	35
50CrMo4	1.7228	900	1100…1300	9	40		780	1000…1200	10	45	30	700	900…1100	12	50	30
34CrNiMo6	1.6582	1000	1200…1400	9	40		900	1100…1300	10	45	45	800	1000…1200	11	50	45
30CrNiMo8	1.6580	1050	1250…1450	9	40		1050	1250…1450	9	40	30	900	1000…1300	10	45	35
35NiCr6	1.5815	740	880…1080	12	40		740	880…1080	14	40	35	640	780…980	15	40	35
36NiCrMo16	1.6773	1050	1250…1450	9	40		1050	1250…1450	9	40	30	900	1100…1300	10	45	35
39NiCrMo3	1.6510	785	980…1180	11	40		735	930…1130	11	40	35	685	880…1080	12	45	40
30NiCrMo16-6	1.6747	880	1080…1230	10	45		880	1080…1230	10	45	35	880	1080…1230	10	45	35
51CrV4	1.8159	900	1100…1300	9	40		800	1000…1200	10	45	35	700	900…1100	12	50	30

[a] Zu diesen Sorten gibt es je einen Qualitätsstahl (z. B. C35) und eine Variante mit verbesserter Spanbarkeit (z. B. C35R).

[b] Zu diesen Sorten gibt es eine Variante mit verbesserter Spanbarkeit (z. B. 34CrS4), erreicht durch leicht erhöhte S-Gehalte von 0,02…0,04 %.

Tab. 5.13 Auswahlbeispiel: Stahl mit einer Streckgrenze von 450 MPa

⌀ d in mm	Sorte 1	Sorte 2
12	C40E	28Mn6
20	C50E	28Mn6
60	34Cr4	25CrMo4

Beispiel: Anwendung der Tab. 5.12

Für ein Bauteil wird Stahl mit einer Streckgrenze von 450 MPa benötigt (Tab. 5.13). Welche Stahlsorte 1 ist je nach Bauteilquerschnitt geeignet? Welche Sorte 2 müsste gewählt werden, wenn höhere Zähigkeit verlangt wird, evtl. mit höherer Streckgrenze?

Auswahlgesichtspunkte

Vergütete Stähle werden überall dort verwendet, wo sich mit den Stählen nach DIN EN 10025-2/05 zu große Abmessungen ergeben würden, oder für dynamisch belastete Bauteile.

Beispiele für hochbeanspruchte Bauteile in Getrieben, Motoren und Fahrwerken

- **34CrMo4** für Kurbelwellen
- **30CrNiMo8** für Drehstabfedern
- **42CrMo4** für hochfeste Schrauben
- **41Cr4** für Zahnräder
- **51CrV4** für warmfeste Federn.

Die durch Vergüten erreichbare Streckgrenze R_e ist querschnittsabhängig, da bei dickeren Bauteilen die Umwandlungsvorgänge langsamer verlaufen (Abb. 5.37).

Eine geringfügig höhere Streckgrenze kann durch eine niedrigere Anlasstemperatur erzeugt werden (Abb. 5.40). Das wird mit einer kleineren Zähigkeit erkauft (Linien für Bruchdehnung A und Brucheinschnürung Z).

Für kompliziert gestaltete Teile mit Kerben und starken Querschnittsübergängen, welche zusammengesetzten Beanspruchungen ausgesetzt sind (z. B. Biegung und Torsion), hat ein *zäherer* Stahl die *höhere Dauerfestigkeit*, da er örtliche Verformungen durch geringe plastische Verformungen auffangen kann.

Abb. 5.41 zeigt, dass für einen bestimmten Streckgrenzenwert die höhere Zähigkeit durch höhere Anteile an LE erzielt werden kann.

Anlasssprödigkeit

Vergütungsstähle mit den LE Mn, Cr oder Cr+Ni zeigen nach dem Anlassen und *langsamer* Abkühlung eine geringere Kerbzähigkeit.

Bei *schneller* Abkühlung von der Anlasstemperatur tritt diese *Anlasssprödigkeit* nicht auf.

Abb. 5.41 Einfluss der LE
auf Streckgrenze und Zähigkeit
von Vergütungsstählen
($\varnothing$ 40...100 mm)

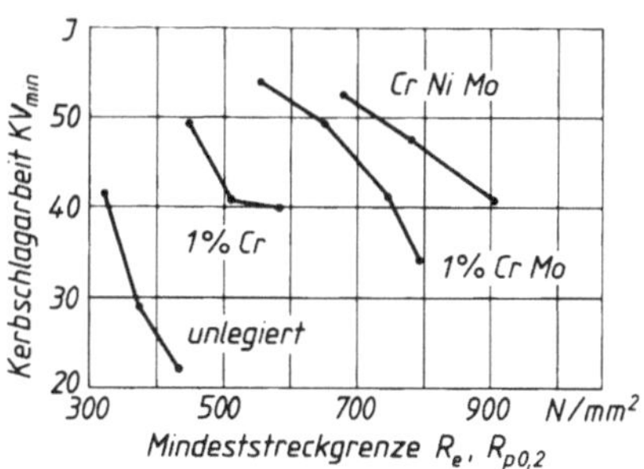

Ursache der Anlasssprödigkeit sind Ausscheidungen von Phosphor auf den Korngrenzen, die bei Abkühlen im Bereich von 550...450 °C wegen abnehmender Löslichkeit entstehen.

Bei schnellem Durchlaufen dieses Temperaturbereiches werden die Ausscheidungen verhindert.

Anlasssprödigkeit wird beim isothermen Vergüten (Bainitisieren $\rightarrow$ Folgeabschnitt) umgangen.

Das Element Molybdän Mo verhindert diese Versprödung, wenn es in Gehalten von etwa 0,4 % zulegiert ist. Mo-legierte Stähle dürfen nach dem Anlassen beliebig abkühlen.

Vergütungsverfahren

Die Eigenschaftskombination „hohe Festigkeit und hohe Zähigkeit = **hohe Dauerfestigkeit**" kann auf zwei Wegen erreicht werden:

- **Anlassvergütung:** durch Anlassen eines martensitischen Gefüges auf höhere Temperaturen (wie bisher beschrieben)
- **isothermische Umwandlung** des Austenits in das Vergütungsgefüge Bainit (Behandlung im folgenden Abschnitt)

Vergütung durch isothermische Umwandlung

Abschrecken eines austenitisierten Gefüges auf Temperaturen zwischen M_s und Ac_1 und Halten bei dieser Temperatur bis zur vollständigen Umwandlung, danach beliebige Abkühlung.

Dieses Verfahren wird isothermes Vergüten oder *Bainitisieren* genannt und wird bei der Herstellung von Federband oder -draht angewendet. Die Umwandlung erfolgt in Salzbädern (ca. 500 °C) oder Luftgebläse (Patentieren). Es entsteht ein sehr feinstreifiger Perlit mit hinreichender Zugfestigkeit und Kaltformbarkeit, günstig für das *Ziehen* des Drahtes.

Die verschiedenen Verfahren des Härtens und Vergütens lassen sich mit Hilfe der ZTU-Schaubilder anschaulich vergleichen (Abb. 5.42).

Induktive Einzelstabvergütung auf einer vollautomatischen Anlage (EVA-Anlage, Krupp) ergibt durch induktive Kurzzeiterwärmung eine tiefere Einhärtung (höhere Aus-

Abb. 5.42 Einige Wärmebehandlungen in ZTU-Schaubildern, schematisch; oben für kontinuierliche Abkühlung, unten für isotherme Umwandlung. Kurve 1: Gebrochenes Abschrecken, Kurve 2: Warmbadhärten, Rand —, Kern - - -, Kurve 3: Patentieren, Kurve 4: Zwischenstufenvergüten, Bainitisieren (z. B. Kugelgraphitguss)

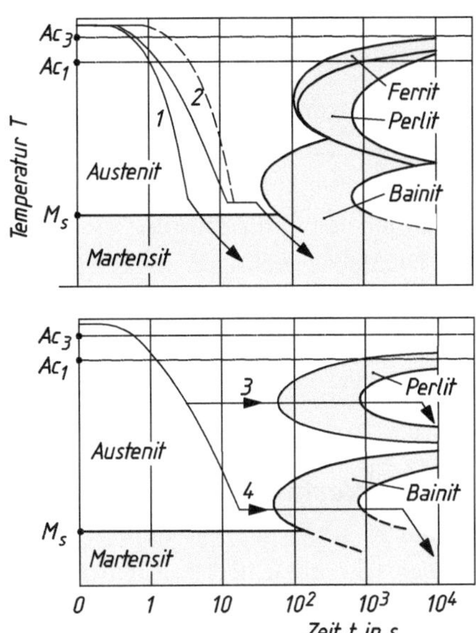

tenitisierungstemperatur 1000 °C) ohne Grobkorn, ohne Randentkohlung, mit hoher Gleichmäßigkeit in Gefüge und Geradheit.

Gegenüber normalem Vergüten werden höhere Streckgrenz- und Kerbschlagarbeitswerte erzielt. Dadurch besteht evtl. die Möglichkeit, auf einen Stahl mit kleinerem LE-Gehalt überzugehen.

Anwendung

Stabstähle aus unlegierten und legierten Edelbaustählen, nichtrostenden, hitzebeständigen Stählen und Werkzeugstählen von 20–85 mm Ø für z. B. Zahnstangen, Bolzen, Wellen, Achsen.

5.4 Aushärten

5.4.1 Allgemeines

Die Steigerung der Härte durch **Martensitbildung** ist auf Fe-C-Basislegierungen begrenzt. Sie ist eine *diffusionslose* Gitterumwandlung, die außer im System Fe-C bei *einigen* wenigen Legierungen stattfindet, die Phasen mit verschiedenen Kristallgittern bilden (Fe-Ni, Cu-Zn, Co).

Die Entdeckung des **Aushärten**s durch Wilm (Abschn. 7.3.6) führte zu einer *allgemeineren* Möglichkeit, die Festigkeit von Legierungen zu erhöhen. Es ist ein diffusionsabhängiger Vorgang in Mischkristallen, der prinzipiell in den meisten Legierungen ablaufen kann, seine technischen Anwendungen sind zahlreich.

Aushärten = Ausscheidungshärten

Das Aushärten nutzt die **Dispersionsverfestigung**. Das Wandern der Versetzungen wird hier durch Ausscheidungen aus übersättigten Mischkristallen behindert. Damit die (meist) submikroskopischen Ausscheidungen diese Wirkung entfalten, ist eine sorgfältige Wärmebehandlung erforderlich.

Die dabei wichtigen inneren Vorgänge sind in Abschn. 2.3.4 ausführlich erläutert.

Nach den Leichtmetallen Al und Mg wurde das Aushärten für weitere Legierungen entwickelt und gibt auch bestimmten Stahlsorten eine zusätzliche Steigerung der Streckgrenze oder Härte (Tab. 5.15).

5.4.2 Verfahren

Einen Überblick über die Arbeitsgänge beim Aushärten gibt Tab. 5.14 (ergänzend dazu Abb. 5.43 und 5.44) und über aushärtbare Legierungen Tab. 5.15.

Tab. 5.14 Arbeitsgänge beim Aushärten

Arbeitsgang	Verfahren, Vorgänge, Auswirkungen
Lösungs-glühen	**Erwärmen und Halten** auf Temperaturen[a] (Abb. 5.43 links, Feld 1), die im Werkstoff ein homogenes Mischkristallgefüge erzeugen. Sekundäre Ausscheidungen auf den Korngrenzen werden dabei wieder aufgelöst, auch Homogenisieren genannt (Abb. 5.43 rechts a und b). **Abschrecken** oder Abkühlen, um die Bildung von Ausscheidungen zu *verhindern* und Mischkristalle in einen *übersättigten* und damit metastabilen Zustand zu bringen. Die Festigkeit ist nur wenig verändert, da die Legierungsbestandteile i. d. R. nur eine geringe Mischristallverfestigung bewirken (Abb. 5.44)
Auslagern	**Lagern** bei RT (Kaltauslagern) oder bei höheren Temperaturen[a] (Warmauslagern) je nach Legierungsart. Bei RT drängt das Wirtsgitter zwangsgelöste Atome in Fehlstellen des Gitters (Versetzungen), wo sie als Gleitblockierungen das Wandern der Versetzungen erschweren. Die Diffusion verläuft langsam und unvollständig, die Teilchen sind sehr klein ($\rightarrow$ Abb. 5.44 Kurve + Gefügebild a). **Warmauslagern** begünstigt die Diffusion und lässt größere Teilchen entstehen, die das Gitter in ihrer Umgebung verzerren. Die Ausscheidungen laufen bis zur gewünschten Größe (feindispers und gleichmäßig) im Gefüge ab. Bei optimaler Temperatur steigt die Festigkeit in kurzer Zeit bis zu einem Maximum an ($\rightarrow$ Abb. 5.44 Kurve + Gefügebild b). Höhere Temperaturen führen schneller zu gröberen Ausscheidungen auf Kosten der kleineren mit größeren Abständen. Dadurch sinkt die Festigkeit wieder ab ($\rightarrow$ Abb. 5.44 Kurve + Gefügebild c). Deshalb müssen **Auslagerungstemperatur** und **-zeit** genau eingehalten werden

[a] Temperaturen und Zeit sind von der Legierungsart abhängig.

Tab. 5.15 Hinweise auf aushärtbare Legierungen oder solche mit Aushärtungserscheinungen

Werkstoffgruppe	Beispiele	Anwendungen	Eigenschaftsverbesserung durch das Aushärten
Al-Legierungen (Abschn. 7.3.6)	AlMgSi	Strangpressprofile für mittlere Beanspruchungen wie Fensterrahmen oder einfache Fahrradrahmen	Mittlere Festigkeit bei mittlerer Bruchdehnung
	AlCu4MgTi	Waggondrehgestelle	Höhere Festigkeit
Mg-Legierungen (Tab. 7.49)	MgAl9Zn1	Gehäuse für Getriebe, Laptops, Kameras, Mobiltelefone	Höhere Festigkeit **und** Bruchdehnung als im Gusszustand
Cu-Legierungen (Abschn. 7.4.4)	CuCr CuBe1,7	Elektroden zum Punktschweißen, Federn, nicht funkende Werkzeuge	Härte und Anlassbeständigkeit bei hinreichender elektrischer Leitfähigkeit
Stahlguss, perlitarm	G17Mn5	Schweißverbundkonstruktionen, Knoten für Rohrfachwerke (off-shore)	Schweißeignung, Kaltzähigkeit bei erhöhter Dauerfestigkeit
Höherfeste Stähle für Bleche	Tab. 4.31	Karosseriebauteile	„bake hardening"-Effekt. Die Streckgrenze steigt um ca. 40 MPa

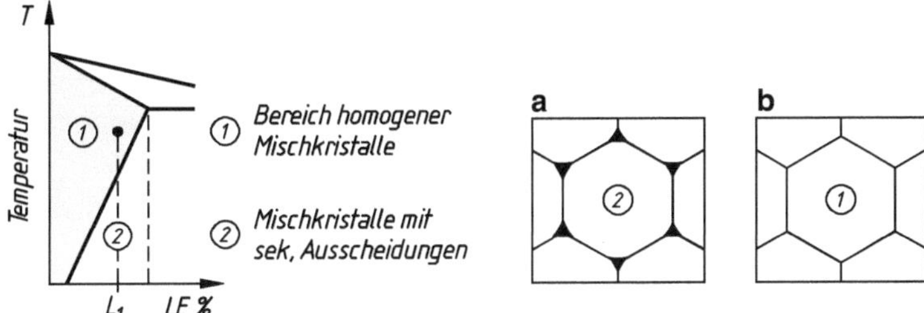

Abb. 5.43 Zustandsschaubild (schematisch). Mischkristalltyp mit sinkender Löslichkeit. **a** Ausgangsgefüge, **b** Gefüge homogenisiert

Abb. 5.44 Anstieg der Streckgrenze R_e über der Zeit t bei verschiedenen Auslagerungstemperaturen (nur beispielhaft) mit Gefügebildern (schematisch)

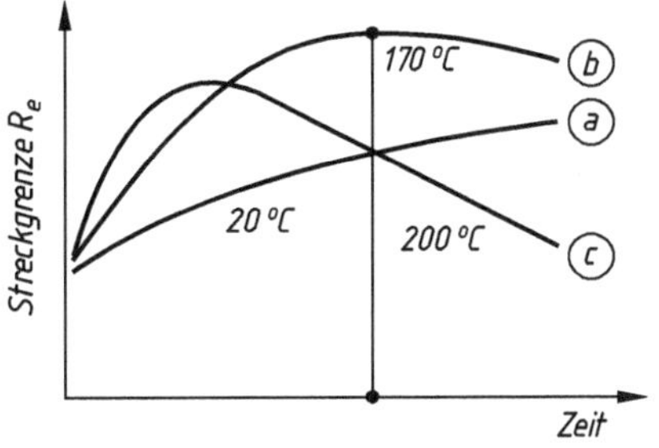

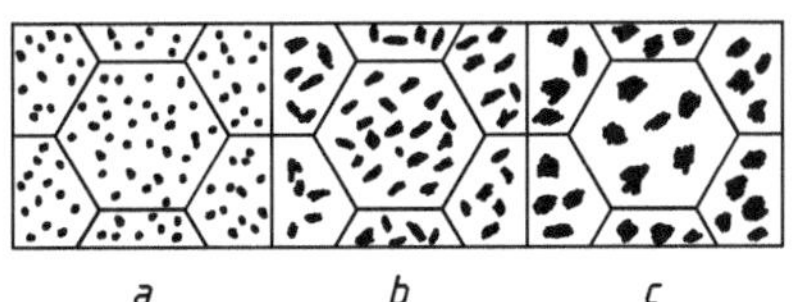

5.4.3 Ausscheidungshärtende Stähle

Niedriglegierte Stähle (DIN EN 10267/98)
Für diese kostensparende Wärmebehandlung sind u. a. Stähle nach Tab. 5.16 entwickelt worden. Sie werden für bestimmte Anwendungen anstelle von Vergütungsstählen eingesetzt.

Anwendungsbeispiel Exzenterwelle zur Ventilsteuerung (Valvetronic) eines BMW-6-Zylindermotors. Die Oberfläche wird plasmanitrocarburiert.

Das Aushärten erzeugt ein feinkörnig bainit-freies, ferritisch-perlitisches Gefüge mit hohen Festigkeits- und Zähigkeitswerten.

Martensitaushärtende Stähle
Diese Sorten (engl. Bezeichnung: *maraging steel*) sind ein herausragendes Beispiel für die Änderung des Eigenschaftsprofils durch Aushärten (vgl. Beispiel in Tab. 5.17).

Im Zustand „lösungsgeglüht und abgeschreckt" hat der Stahl mittlere Festigkeit und Zähigkeit, ist kaltumformbar und besitzt nur geringe Verfestigungsneigung.

Der Stahl enthält wenig C (Schweißeignung und Kaltumformbarkeit) und ist hoch mit Ni, Co und Mo legiert. Der Aushärtungseffekt wird durch geringe Al- und Ti-Gehalte erreicht.

Wärmebehandlung Bei 830 °C lösungsgeglüht hat der Stahl ein austenitisches Gefüge, die LE sind im Mischkristall gelöst. Der hohe Ni-Gehalt senkt die γ-α-Umwandlung auf ca. 200 °C, sodass bei Luftabkühlung ein übersättigter α-Mischkristall entsteht. Er wird als Nickelmartensit bezeichnet.

Nickelmartensit ist sehr C-arm. Er entsteht durch Austenitumwandlung ohne Diffusion der LE-Atome. Die Festigkeitssteigerung beruht auf Mischkristallverfestigung und

Tab. 5.16 Von Warmformgebungstemperatur ausscheidungshärtende Stähle (ausgehärtet)

Sorte	$R_{\mathrm m}$/MPa	$R_{\mathrm e}$/MPa	A/%	Z/%
19MnVS6	600…750	390	16	32
30MnVS6	700…900	450	14	30
46MnVS6	900…1050	580	10	20

Tab. 5.17 X3NiCoMoTi18-9-5, Eigenschaftswerte (Böhler W270 VMR, Werkstoff-Nr. $\approx$ 1.2709)

$R_{\mathrm m}$/MPa	$R_{\mathrm{p0,2}}$/MPa	A/%	Z/%	HRC
Lösungsgeglüht und abgeschreckt				
980–1130	650	10	60	32
Ausgelagert bei 430 °C/Luft				
1720–1870	1620	8	45	51
Ausgelagert bei 480 °C/Luft				
1860–2260	1815	6	40	55

Versetzungsdichte. Da die Verzerrung durch Kohlenstoffatome auf Zwischengitterplätzen fehlt, ist dieser Martensit weniger hart und sehr duktil.

Eine **Anwendung** ist wegen der hohen Werkstoffkosten begrenzt – für Werkzeuge mit Langzeitbeanspruchung bei Temperaturen bis ca. 450 °C, z. B. komplizierte Druckgießformen für Al- und Zn-Legierungen mit hohen Standmengen, Kunststoffformen, Warmpresswerkzeuge, Sicherheitsbauteile an Luftfahrzeugen, Wehrtechnik.

5.4.4 Vergleich Härten/Vergüten und Aushärten

Aushärtbare Legierungen erfahren durch das Lösungsglühen und Abschrecken i. Allg. *keine* wesentliche Festigkeitssteigerung. In diesem Zustand ist eine Endbearbeitung möglich. Während der nachfolgenden Kalt- oder Warmauslagerung bilden sich die Ausscheidungen *langsam* und *gleichmäßig* über den ganzen Querschnitt.

Warmauslagerung kann bei verschiedenen Temperaturen stattfinden, je nach Anforderungen an Härte und Zähigkeit. Dabei steigt die Streckgrenze auf mehr als das Doppelte, ohne dass die Verformungswerte stark absinken.

Daraus folgen die wesentlichen Unterschiede zum Härten bzw. Vergüten:

- Eigenschaften sind nicht dickenabhängig.
- Keine Gefügeunterschiede zwischen Rand und Kern, die Ursache für Verzug sein können.
- Aushärten spart Energie und Zeit (Abb. 5.45).
- Einsparen teurer LE, weil zur Bildung der Ausscheidungsphasen geringste Anteile genügen (z. B. mikrolegierter Stahl).

Abb. 5.45 Temperatur-Zeit-Schaubild für Schmiedeteile: **a** Vergütungsstahl, **b** mikrolegierter, aushärtbarer Stahl

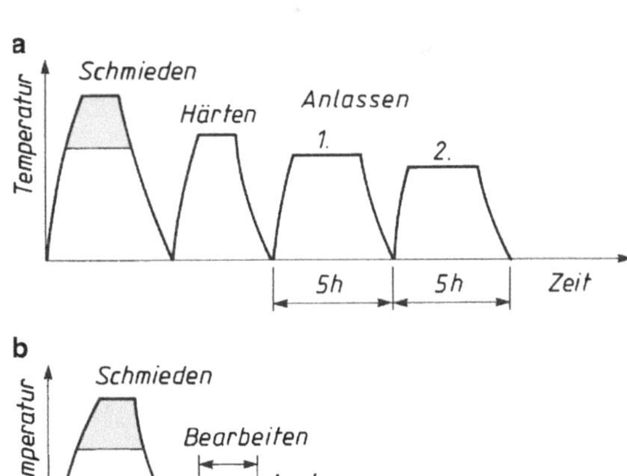

Tab. 5.18 Vergütungsstahl und ausscheidungshärtender Stahl im Vergleich

Sorte	DIN EN	R_e/MPa	$A/\%$	$Z/\%$
38Cr2	10083/06	450	15	40
38MnVS6 +P[a]	10267/98	665	17,5	54

[a] Normbezeichnung enthält ein +P für Zustand ausgehärtet. Der Stahl hat reduzierte S- und P-Gehalte gegenüber der Norm.

Ein Vergleich der Eigenschaften zeigt, dass sowohl Streckgrenze als auch die Verformungskennwerte höher liegen als beim Vergütungsstahl 38Cr2 (Tab. 5.18).

5.4.5 Ausscheidungsvorgänge mit negativen Auswirkungen

Alterung werden solche Vorgänge genannt, die zu ungewollten Eigenschaftsänderungen eines Werkstoffes führen, meist Versprödung durch Ausscheidungen im Gefüge im Laufe der Zeit.

Beispiel für Alterung

Alterung bei Stählen mit N-Gehalten (ehem. Thomas-Stähle) durch Ausscheiden von Nitriden im Ferrit mit Abfall der Zähigkeit und Erhöhung der Übergangstemperatur $T_{ü}$ (Abb. 14.19).

Künstliche Alterung von Stahl soll diese Vorgänge beschleunigen. Es ist eine Kombination von Reckalterung und Warmauslagern, um die Alterungsanfälligkeit von Stählen zu untersuchen.

Dazu werden die Proben um 10 % der Länge gereckt (verlängert) und 2 h lang bei 250 °C gehalten. Die Kaltverformung (erhöhte Versetzungsdichte) und die höhere Temperatur beschleunigen die Vorgänge, sodass sie statt in Wochen in ca. 1 h ablaufen. Ist der Stahl alterungsbeständig, ändern sich die Eigenschaften kaum.

Reckalterung ist eine gleichartige Erscheinung, die nach geringer Kaltumformung auftritt. Die Ausscheidungen lagern sich an den Versetzungen ab und blockieren Gleitvorgänge.

Künstliche Alterung wird auch bei Werkstoffen für Messgeräte, z. B. Federn, vor dem Kalibrieren durchgeführt, um Konstanz der Messwerte über die Zeit zu gewährleisten.

5.5 Thermomechanische Verfahren

5.5.1 Allgemeines

Zu den thermomechanischen Verfahren gehören zahlreiche Verfahren, bei denen die Gefügeänderungen durch *Wärmebehandlungen*, d. h. z. B. durch

Glühen, Härten, Vergüten und Anlassen

mit denen der *Warmumformung* durch

Walzen, Schmieden, Ziehen

verknüpft werden. Die dabei eingebrachte Energie wirkt sich zusätzlich auf Diffusion und Keimbildung aus. Dabei werden mehrere Ziele verfolgt:

- **Energiesparen** durch Ausnutzung der Wärme aus der Warmumformung, z. B. Vergüten aus der Schmiedehitze oder durch normalisierendes Walzen
- **Festigkeitssteigerung** bei Erhaltung einer hohen **Zähigkeit** durch besonders feinkörnige Gefügeausbildung.

Gefügeänderungen

- Austenitisieren mit Auflösung der LE, γ-α-Umwandlung, Perlitbildung und Ausscheidungen beim Anlassen
- Verformung der Kristallite, Erhöhung der Versetzungsdichte, Rekristallisation und neues Kornwachstum.

Anwendungsbeispiele

Glühverfahren zur besseren Bearbeitung (Weichglühen) werden für Draht- und Stabstahl unmittelbar nach der Umformung in Durchlauföfen durchgeführt (sog. Conti-Glühe).

Für **Schmiedeteile** wird auch angewandt:

- isothermes Umwandeln (Zustand BF)
- kontrollierte Abkühlung von Gesenkteilen mikrolegierter Stähle aus der Schmiedehitze (Zustand BY).

Die Verfahren unterscheiden sich durch den **Zeitpunkt** der Verformung (Abb. 5.46):

- vor/während oder nach der Umwandlung des Austenits, damit auch zur Rekristallisation
- oberhalb mit sofortigem Kornwachstum, unterhalb mit Unterdrückung. Dabei erhöht sich die Zahl der Gitterstörungen stark. Sie wirken als Keime für das neue Gefüge (Feinkorn), Ort für (feindisperse) Ausscheidungen.

Zusätzlich wirkt sich dabei der **Grad der Umformung** aus. Weitere Unterschiede bestehen in der Lage der Umwandlungstemperatur:

- Umwandlung in der Perlit-, Bainit- oder Martensitstufe

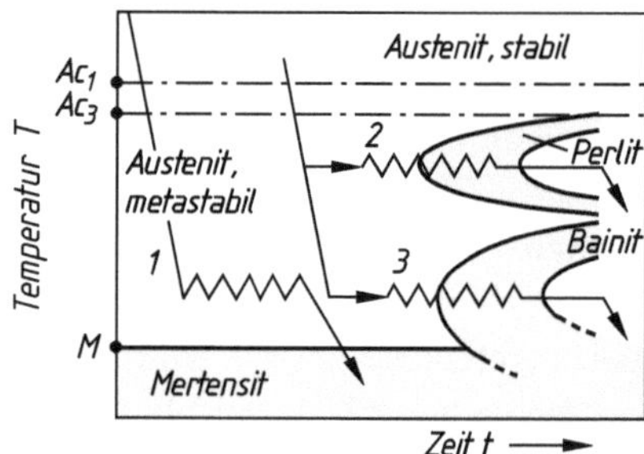

Abb. 5.46 Schematische Darstellung thermomechanischer Behandlungen im ZTU-Schaubild: 1) Austenitformhärten und TM-Behandlungen in der 2) Perlitstufe, 3) Bainitstufe. Die Verformung des metastabilen Austenits unmittelbar vor bis zum Beginn der γ-α-Umwandlung unterdrückt die Rekristallisation des Austenits mit Kornwachstum. Im gleichen Sinne wirken ungelöste Ausscheidungen von Karbiden, Nitriden oder Carbonitriden

TM-Behandlungen erzeugen Gefügezustände, die allein durch Wärmebehandlung nicht herstellbar sind. Der Vorgang kann nicht wiederholt werden!

Thermomechanische Verfahren sind die Grundlage für die Erzeugung warmgewalzter, **höherfester** und schweißgeeigneter Baustähle als Weiterentwicklung der Baustähle für allgemeine Verwendung nach DIN EN 10025-2/05.

Die Festigkeitsstufen werden bei **unlegierten Baustählen** durch **steigende C-Gehalte** (Zementitgehalt) in Verbindung mit Mischkristallverfestigung durch die LE erreicht. Damit **sinken** die Eignung zum Kaltumformen, Schweißen und die Zähigkeit (als Sicherheit gegen Sprödbruch).

5.5.2 Thermomechanische Behandlung (TM)

Die Verfahren wurden zunächst für warmgewalzte Flacherzeugnisse entwickelt, um die Nachteile der unlegierten Baustähle mithilfe von Neuentwicklungen zu vermeiden:

Um die **Schweißeignung** und hohe **Kaltumformbarkeit** zu bewahren, sind bei **höherfesten** Baustählen die Gehalte an Kohlenstoff und Legierungselementen niedrig (Tab. 5.19). Sie sind mit V, Ti und Nb $< 0{,}1\,\%$ **mikrolegiert**, die zusammen als ausgeschiedene Carbonitride *mehrfach* wirken:

- Sie begrenzen das Kornwachstum im austenitischen Zustand
- verzögern die Rekristallisation, dadurch
- sehr feinkörnige Umwandlung des verformten Austenits zu übersättigtem Ferrit, der bis zum Aufhaspeln warmauslagert.

Höherfeste Baustähle (Abschn. 4.3) erreichen höhere Festigkeiten bei ausreichender Zähigkeit durch das Zusammenwirken von festigkeitssteigernden Mechanismen (Tab. 2.30):

Tab. 5.19 Mikrolegierter, perlitarmer Stahl

	R_m	$R_\mathrm{p0,2}$/MPa	$A/\%$	KV/J	$T_\mathrm{ü}/°\mathrm{C}$
Normalisiert	550	450	30	92	−80
TM-behandelt	710	610	21	61	−60

Tab. 5.20 Stahl X41CrMoV5-1

Zustand	R_m/MPa	$R_\mathrm{p0,2}$/MPa	$A/\%$
Normal vergütet	1900	1600	7
Austenitformgehärtet	2600	200	7

- Korngrenzenverfestigung durch Feinkorn steigert Festigkeit **und** Bruchdehnung
- Teilchenverfestigung durch die Ausscheidungen der besonderen LE.

Flacherzeugnisse (Bleche und Bänder)
Temperaturgeregelte Warmumformung erzeugt durch möglichst niedrige Walz-Endtemperatur mit beschleunigter Abkühlung ein feinkörniges Gefüge mit hoher Kaltzähigkeit. Es wird **normalisierendes Umformen** genannt, weil es das Normalglühen ersetzt.

Ein weniger kompliziertes Verfahren für geometrisch einfache Teile aus hoch legierten Stählen ist das Austenitformhärten.

5.5.3 Austenitformhärten

Bei höher legierten Stählen ist der unterkühlte Austenit oberhalb der Martensitstufe einige Zeit beständig (ZTU-Schaubild Abb. 5.46, Kurve 1).

Eine sofortige Austenitverformung unterhalb der Rekristallisationstemperatur (500... 600 °C) erzeugt weitere Gitterstörungen, die als Keimbildner beim nachfolgenden Abkühlen ein äußerst feinkörniges Martensitgefüge ergeben. Es hat höhere Festigkeit **und** Zähigkeit als normale Vergütungsgefüge (Beispiel Tab. 5.20).

Dabei steigt der Festigkeitszuwachs mit dem Grad der vorherigen Austenitverformung.

Die **Anwendung** dieses Verfahrens ist auf Teile mit einfacher Geometrie und aus höher legierten Stählen beschränkt.

5.5.4 Weitere Anwendungen

Nach den Flacherzeugnissen wurde das Verfahrensprinzip auf andere Erzeugnisse erweitert:

Formhärten (Presshärten)
Verfahren, mit dem dünnwandige Verstärkungsteile für Karosserien herstellbar sind. Sie erhalten dabei eine höhere Festigkeit als es mit den hochfesten Stählen zum Kaltumformen möglich ist. Dafür werden mit Bor legierte Stähle verwendet.

Tab. 5.21 Stahl 20MnB5

Zustand	R_m/MPa	$R_{\mathrm{p}0,2}$/MPa	A/%	Z/%
Lieferzustand	600	370	26	60
Vergütet	1050	700	14	55

Borlegierte Stähle gehören zu den niedriglegierten Vergütungsstählen (Tab. 5.10) und sind geeignet für die Fertigung durch Schneiden, Kaltumformen und Spanen. Bor senkt in kleinsten Mengen (0,001...0,005 %) die kritische Abkühlgeschwindigkeit stark.

Die Verarbeitung kann auf zwei Wegen erfolgen:

- Kaltumformen und Vergüten (Tab. 5.21)
- **Presshärten**: Nach Austenitisierung unter Schutzgas bei > 950 °C wird im wassergekühlten Werkzeug umgeformt und dabei auf 100...200 °C abgekühlt. Ein Anlassen ist meist nicht notwendig. **Schutzgas** ist erforderlich, um eine Verzunderung zu vermeiden. Die z. T. abplatzende Schicht verschmutzt Bauteil und Werkzeug. **Zunderschutz**: Aufbringen von Sprühlack, einem 6...7 µm dicken Nanokomposit aus Glas, Polymer und Al auf das kaltgeformte Rohteil. Der Lack besitzt zugleich Gleiteigenschaften zur Schonung der Umformwerkzeuge (Nano-X GmbH).

Das martensitische Gefüge erreicht Zugfestigkeiten bis zu 1350 MPa (bauteilabhängig). Komplexere Teile werden in zwei Schritten gefertigt:

- Vorformen durch Kaltumformung
- Endformen durch Presshärten (wie oben).

Nachteil ist die Verweilzeit im Werkzeug nach der Umformung (8...10 s), die erforderlich ist, um die Umwandlung vollständig ablaufen zu lassen. Das Ausbringen beträgt dadurch nur ca. 2...3 Stück/min.

Verwendung Sicherheitsbauteile in Karosserien, wie z. B. A- und B-Säulenverstärkung (Vectra), Schweller, Seitenaufprallschutz, Stoßfänger, Rahmenteile, Bodenplatte (Passat).

Hochfester Federstahl für den Fahrzeugbau

Das Vormaterial des Stahles 54CrSi6 (einer der Stahl-Innovationspreise 2006 für das Max-Planck-Institut für Eisenforschung) wird in zwei Stufen bei 900 und 750 °C gewalzt, dann die Feder gewickelt, martensitisch umgewandelt und angelassen. Es entsteht ein sehr feinkörniges Gefüge ohne Karbidsäume auf den Korngrenzen mit Steigerung von Zähigkeit und Dauerfestigkeit.

Die Festigkeit steigt auf 2300 MPa. Dadurch sind Federn mit **15 % weniger Gewicht** möglich. Das Verfahren ist für eine wirtschaftliche Serienfertigung geeignet und ergibt reproduzierbare Eigenschaften.

Wälzlagerstahl 100Cr6

Rohrvormaterial wird thermomechanisch reduziert, und noch warm werden in einem Trennprozess die weichen Rohlinge abgetrennt. Es entsteht eine feinere Karbidverteilung als beim konventionellen GKZ-Glühen, das damit eingespart werden kann.

Das **TRENPRO®**-Verfahren reduziert das bisherige vielstufige Verfahren bis zum (noch ungehärteten) Weichring auf drei Arbeitsgänge. Der eigentliche Trennprozess liefert je nach Durchmesser bis zu 1000 Ringe/min (Mannesmann-TU-Freiberg).

5.6 Verfahren der Oberflächenhärtung

5.6.1 Überblick

Die Eigenschaften Härte und Zähigkeit verlaufen in Werkstoffen fast immer entgegengesetzt, beide lassen sich in **einem** Gefüge nicht maximieren. Viele Bauteile benötigen jedoch an den Berührungsstellen mit anderen Bauteilen hohen Verschleißwiderstand (Oberflächenhärte) und einen zähen Kern als Sicherheit gegen spröde, verformungslose Brüche. Hierzu sind zahlreiche Verfahren entwickelt worden (Tab. 5.22).

Beispiele für Bauteile

Kurbel-, Nocken- und Keilwellen, Zahnräder, Kupplungsteile, Ketten- und Raupenantriebe, Werkzeuge

Auswahl der Verfahren:

- technisch nach Gestalt, Größe und Werkstoff
- wirtschaftlich nach Masse und Stückzahl.

5.6.2 Randschichthärten

Bei diesen Verfahren wird das Gefüge nur in einer Randschicht austenitisiert bzw. aufgeschmolzen, sodass nach sofortiger, schneller Abkühlung martensitische bzw. ledeburi-

Tab. 5.22 Stoffeigenschaft ändern der Oberfläche (DIN 8580/03)

Verfahrensgruppe	Verfahren, Hinweise auf Abschnitte im Lehrbuch
Verfestigen durch Umformen	Abschn. 5.6.6 **Verfestigungswalzen** oder **Verfestigungsstrahlen**
Wärmebehandlung	Abschn. 5.6.2 **Randschichthärten** (Flamm-, Induktions- und Laserhärten, Umschmelzhärten) Abschn. 5.6.3 **Einsatzhärten**, Abschn. 5.6.4 **Nitrieren** Abschn. 5.6.5 **Borieren, Chromieren, Aluminieren**

Tab. 5.23 Spezifische Leistungen verschiedener Wärmequellen

Wärmequelle	Spez. Leistung in kW/cm^2
Schmelzen (Salze, Metalle)	0,1
Flammen von Brenngasen	1
Induktions- und Wirbelströme	10
Laser- und Elektronenstrahlen	100

tische Gefüge entstehen. Dazu sind Energiequellen hoher spezifischer Leistung erforderlich, damit nur die Randschicht die Abschrecktemperatur erreicht.

Verfahren der Randschichthärtung Die Benennung erfolgt nach der Wärmquelle:

- **Flammhärten** mit Brenngasen
- **Induktionshärten** über Induktionsspulen
- **Laserhärten** mit Laserstrahlen.

Details finden sich in DIN EN 10328/05, Bestimmung der Einhärtungstiefe nach dem Randschichthärten.

Mit steigender **spezifischer Leistung** sinken Verzug beim Härten, Randhärtetiefe und die Größe der Wärmeeinflusszone (WEZ).

Die spezifische Leistung (Tab. 5.23) ist der Quotient aus Leistung und Fläche A. Die Verfahren unterscheiden hierbei stark.

Die schnelle Erwärmung verschiebt die Umwandlungspunkte nach oben (Hysterese), sodass höhere Temperaturen als beim normalen Härten erforderlich sind, damit die Austenitisierung vollständig abläuft. Die Martensitzone reicht nur so tief, wie das Gefüge austenitisiert und mit $> v_{krit}$ abgeschreckt wurde.

Gehärtet wird meist im vergüteten Zustand. Dabei entsteht zwischen vergütetem Kern und hartem Rand eine weichere Zwischenschicht, die Wärmespannungen ausgleichen kann.

Vorteil des Randschichthärtens Sperrige Teile, die zu Verzug neigen oder zu groß sind, brauchen nicht durchgreifend erwärmt werden. Sie können partiell, d. h. nur an den verschleißbeanspruchten Stellen gehärtet werden.

Einflussgrößen für Härte und Randhärtetiefe:

Die Härte **steigt** mit dem C-Gehalt des Stahles.

Die Randhärtetiefe **steigt** mit dem Gehalt an LE und **sinkt** mit steigender spez. Leistung.

Flammhärten

Wärmquellen sind gasbetriebene Brenner, deren Formen den Konturen des Werkstückes angepasst sind. Brenner und Werkstück führen gesteuerte Bewegungen aus, wofür spezielle Härtemaschinen, z. T. Automaten, eingesetzt werden.

Abb. 5.47 Linienhärtung

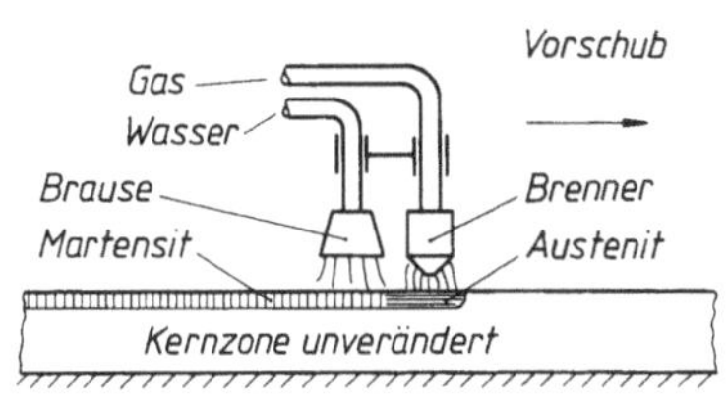

Linienhärtung wird für größere Flächen, z. B. an langen Wellen, Führungsbahnen und breiten Zahnrädern angewandt. Brenner und Brause bewegen sich dicht hintereinander über die Fläche (Abb. 5.47). Der Vorschub muss so bemessen sein, dass die Randschicht in der gewünschten Tiefe austenitisch ist, ehe die Abschreckung durch die Brause erfolgt.

Mantelhärtung ist für kleine Oberflächen geeignet. Der Brenner überdeckt die zu härtende Fläche oder führt Pendelbewegungen aus, um sie zu überdecken. Zylindrische Teile rotieren vor dem Brenner, bis ein „Mantel" die Abschrecktemperatur besitzt und eine Brause das Abschrecken übernimmt.

Induktionshärten

Energiequelle ist der elektrische Strom. Er wird mit wassergekühlten Spulen oder Schleifen als Induktor durch Induktion im Werkstück erzeugt (Transformatorprinzip).

Das Werkstück ist Eisenkern, die Randschicht stellt die kurzgeschlossene Sekundärspule dar. Ein physikalischer Effekt bewirkt, dass die Induktionsströme mit steigender Frequenz in die Randzone abgedrängt werden (Skineffekt = Hautwirkung). So wird die eingebrachte Energie dort konzentriert und die Randschicht schnell erwärmt.

Das Abschrecken erfolgt mit Wasser, bei sehr dünnen Querschnitten (Sägeblätter) durch Selbstabschreckung über den kalten Kern.

Anwendung auch zum Erwärmen von Werkstücken bei der Warmumformung und zum Löten.

Gegenüber dem Flammhärten wird die 10-fache Energie eingeleitet. Induktionshärten ist auch für Teile mit dünnen Querschnitten geeignet. Die Randhärtetiefe ist frequenzabhängig (Tab. 5.24).

Vorteile Das Verfahren erzeugt keine Abgase. Verzunderung, Verzug und Energieverbrauch sind gering, die Behandlungszeit kurz. Die räumlich kleinen Anlagen lassen sich gut in Fertigungsstraßen einstellen.

Nachteile Höhere Kosten für Stromerzeuger und Regelgeräte.

Tab. 5.24 Härtetiefe in Abhängigkeit von der Frequenz beim Induktionshärten

Bereich	Frequenz	Härtetiefe in mm
Netzfrequenz	50 Hz	bis 70
Mittelfrequenz	1…10 kHz	16…5
Hochfrequenz	0,25…30 MHz	1,0…0,3

Werkstoffe für die Randschichthärtung
Geeignet sind Vergütungsstähle DIN EN 10083/06. Bessere Eignung für rissfreie Aufnahme der Spannungen durch Temperaturwechsel haben:

Stähle für Flamm- und Induktionshärten

- unlegiert: **C35G... C70G** (4 Sorten)
- niedriglegiert: **45Cr2, 38Cr4, 42Cr4, 41CrMo4, 49CrMo4.**

Stahlguss für Flamm- und Induktionshärtung SEW 835/97 mit ähnlichen Zusammensetzungen:

- **G36Mn5, G46Mn4, G42CrMo4**
- **G50CrMo, G50CrV4.**

Gusseisen und Temperguss sind härtbar, wenn das Gefüge vorwiegend perlitisch und der Graphit feinlamellar oder kugelig vorliegt.

- **Gusseisen**: GJL-400, GJS-600-3, GJS-700-2
- **Temperguss**: GJMB-450-6, GJMB-550-4, GJMB-650-2.

Laserhärten
Wärmequellen sind Laserstrahlen mit hoher spez. Leistung, sodass die Randschicht in Sekunden die Abschrecktemperatur erreicht. Der kleine Brennfleck erfordert eine schwingende Bewegung des Strahles durch Spiegel um eine Fläche in Spuren „abzurastern".

Durch die Konzentration der eingebrachten Energie auf kleinstem Raum ist die Erwärmung in die Tiefe gering. Dadurch ist Selbstabschreckung durch die noch kalte Kernzone möglich.

Erzeugung der Laserstrahlen mit Hochleistungsdioden bis zu 6 kW Leistung.

Spurbreiten bis zu 40 mm, bei einem Vorschub von 700... 200 mm/min, je nach Randhärtetiefe bis zu 2 mm.

Geeignete Werkstoffe sind z. B. **C45, C60, 42CrMoV4, 100Cr6** vergütet.

Laser-Verfahren sind günstig für linienförmige Härtezonen, wie z. B. Verschleißkanten von Werkzeugen zum Schneiden und Umformen und schwer zugängliche Bereiche von Werkstücken, z. B. Sacklöcher.

Beispiele für den Einsatz von Laser-Verfahren
Führungsleisten, Lagersitze, Kurvenscheiben. Turbinenschaufeln: Laserbehandlung der Eintrittskante führt zu vermindertem Kavitationsverschleiß und erhöhter Lebensdauer (IWS Dresden).

Laser-Umschmelzhärten Die Verfahren sind nur für graphitische Eisen-Gusswerkstoffe geeignet. Die Härtesteigerung beruht nicht auf Martensitbildung, sondern auf der schnellen Erstarrung des Gusseisen zu Hartguss mit ledeburitischem Gefüge (Abb. 6.3).

Bei schnell abgekühltem Gusseisen entsteht ein ledeburitisches Gefüge, der gesamte C-Gehalt liegt dann im Fe_3C (Zementit) vor. Ledeburit, das Eutektikum der Legierung Fe-C, besteht aus 64,5 % Eisenkarbid in Ferrit mit einer Gesamthärte von 50 HRC.

Beim Umschmelzhärten wird ein dem ledeburitischen Gefüge ähnliches Gefüge durch schnelles Aufschmelzen einer Oberflächenschicht mit nachfolgender Selbstabschreckung erzeugt.

> **Wichtig** Unter der aufgeschmolzenen Zone liegt eine austenitisierte Schicht, die bei kaltem Kern wegen der schnellen Wärmeabfuhr zu Martensit umwandelt (unter Volumenvergrößerung). Zur Vorbeugung gegen Risse werden die Teile vorgewärmt (ca. 400 °C) behandelt.

Zum Härten von Flächen werden schmale Streifen durch Pendelbewegungen des Lasers aufgeschmolzen. Durch den Vorschub des Teiles werden diese zur gewünschten Fläche überlappend nebeneinander gereiht.

Randhärten betragen 55…60 HRC je nach Vorwärmung bis in 1 mm Tiefe.

Normung Ermittlung der Schmelzhärtetiefe nach DIN 30950/99.

Anwendung Nockenwellen- und Kipphebelflächen, Umlenkrollen, Führungsbahnen von Werkzeugmaschinen, Härten von Zylinderlaufbuchsen von Großdieselmotoren im Kompressionsbereich (MAN). Ölverbrauch und Verschleiß sinken. Es werden einzelne Spuren nach verschiedenen Mustern gelegt.

Die Paarung Ledeburit-Ledeburit ist bei höheren Kräften verschleißärmer als Martensit-Ledeburit.

Laserhärten kommt ohne Abschreckmittel aus und gewinnt deshalb an Bedeutung bei der Entwicklung zur „trockenen Fabrik", die möglichst auf Wasser, Öle, Salzbäder usw. verzichtet, um Probleme und Kosten mit Emissionen und Entsorgung der Reststoffe zu vermeiden. Hierzu gehört auch das Tauchhärten, bei dem die Werkstücke in Salzbädern kurz erwärmt und sofort abgeschreckt werden.

Weitere Nutzungen der Laser:

- **Laserbeschichten** mit Aufschmelzen der Randschicht unter Zufuhr harter, hochschmelzender Stoffe zum Verschleißschutz, auch zur Aufarbeitung verschlissener Flächen (Ventilsitze)
- **Materialbearbeitung** zum Herstellen dünnster Bohrungen und Mikrostrukturen (0,5 µm Breite).

Tab. 5.25 Die wichtigsten thermochemischen Verfahren

Verfahren	Element	Zweck
Einsatzhärten	C	Härte, Dauerfestigkeit, zusätzlich
Carbonitrieren	C + N	Verschleiß- und Korrosionswiderstand
Nitrieren	N	
Nitrocarburieren	N + C	

Thermochemische Verfahren

Tab. 5.25 zeigt die wichtigsten thermochemischen Verfahren.

Allgemeines Kennzeichen dieser Verfahren ist die chemische Veränderung der Randschicht durch zugeführte Stoffe. Sie dringen aus dem *Spendermittel* über die Oberfläche in das Werkstück ein. Das geschieht durch Diffusion unter folgenden Bedingungen:

- ein Stoffangebot (Konzentration im Spendermittel ist höher als die im Bauteil)
- bestimmte Temperatur-Zeit-Verläufe.

Spendermittel können *Pulver* (meist als Granulat), *Pasten*, *Salzschmelzen* oder *Gase* sein, sie geben dem Verfahren den Namen. Die möglichen Diffusionswege sind klein und zeitabhängig. Die Eindringtiefen der Atome oder Ionen können je nach Verfahren bis zu 2 mm betragen.

Die Stoffe gehen in Lösung und/oder bilden Verbindungen. Von großem Einfluss ist die Abkühlgeschwindigkeit. Von ihr hängt es ab, ob Martensit, übersättigte Mischkristalle oder Ausscheidungen entstehen.

Die Struktur der Randschichten lässt sich in Grenzen durch die Verfahrensbedingungen anpassen:

- Stoffangebot (Konzentration des Elementes)
- Temperatur und Einwirkzeit
- Bauteilwerkstoff (legiert, unlegiert)
- Aktivierung durch Plasmatechnik.

Am meisten werden Einsatzhärte- und Nitrierverfahren angewandt. Dazwischen liegen zwei Verfahren, die Kombinationen aus beiden darstellen: Carbonitrieren und Nitrocarburieren.

Sie unterscheiden sich in den Arbeitstemperaturen, dadurch wird auch ein unterschiedlicher Schichtaufbau erzeugt.

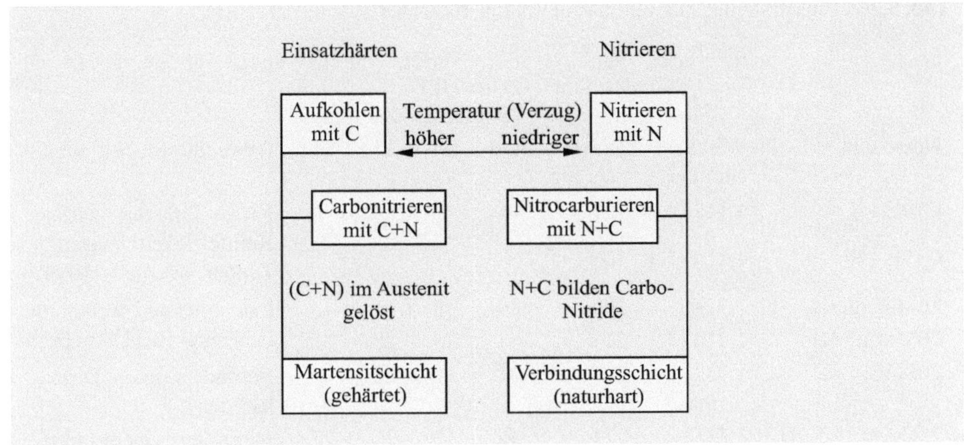

5.6.3 Einsatzhärten

Einsatzhärten ist das älteste Verfahren, früher für z. B. Schwertklingen angewandt, um Bauteilen mit weichem, zähem Kern eine harte verschleißfeste Oberfläche zu geben.

Heute ist es zusätzlich die Dauerfestigkeit von dynamisch belasteten Bauteilen, die durch Einsatzhärten erhöht wird.

Einsatzhärten ist ein aufwendiges Verfahren. Dafür liefert es bei Zahnrädern unter allen Verfahren die höchste Steigerung der Zahnflankentragfähigkeit (Widerstand gegen die Zerrüttung der Oberfläche durch Grübchenbildung, Pittings) bei zähem Kern mit hoher Dauerfestigkeit (Zahnfußfestigkeit).

Einsatzhärten bestehen aus zwei Arbeitsgängen:

- **Aufkohlen** von C-armen Stählen bis zu einer bestimmten Aufkohlungstiefe und dem
- **Härten** nach Abkühlen aus der Aufkohlungswärme oder **Direkthärten** aus der Aufkohlungswärme (zeit- und energiesparend).

Stähle hoher Zähigkeit müssen C-arm sein, dann nehmen sie beim Abschrecken aber nur eine geringe Härte an. Durch Zufuhr von C-Atomen in die Randzone entsteht dort ein härtbarer Stahl (mit ca. 0,8 % C). Beim Abschrecken wird der Rand *gehärtet*, der Kern schwach *vergütet*.

Tab. 5.26 Einsatzstähle, Auswahl nach DIN EN 10084/08

Kurzname	Stahlsorte Werkstoff-Nummer	HBW30 geglüht (+ A)	Stirnabschreckversuch[a] Härte HRC (Stirnabstand in mm) 1,5	5	11	25	Anwendungsbeispiele
C10E +H	1.1121	131	–				Kleine Teile mit niedriger Kernfestigkeit: Bolzen, Zapfen, Büchsen, Hebel
C15E +H	1.1141	143	–				
16MnCr5 +H	1.7131	207	39	31	21	–	Zahnräder und Wellen im Fahrzeug- und Getriebebau
20MnCr5 +H	1.7147	217	41	36	28	21	
20MoCr4 +H	1.7321	207	41	31	22	–	Besonders für die Direkt-härtung
22CrMoS3-5 +H	1.7333	217	42	37	28	22	für größere Querschnitte
20NiCrMo2-2 +H	1.6523	212	41	31	20	–	Getriebeteile höchster Zähigkeit
17CrNi6-6+H	1.5918	229	39	36	30	22	Mittlere hochbeanspruchte Getriebeteile
18CrNiMo7-6+H	1.6587	229	40	39	36	31	Größere Wellen, Zahnräder

[a] Mindestwerte des Streubandes (Stirnabschreckversuch Abschn. 14.8.3) für Stahlsorten mit normalen Härtbarkeitsanforderungen (H-Sorten)

Einsatzstähle sind C-arme Stähle (max. 0,22 %). Weitere Legierungselemente sollen die Durchvergütung auch größerer Querschnitte ermöglichen (Cr, Mn, Mo und Ni); höchste Zähigkeit haben Ni-legierte Sorten (Tab. 5.26).

Unlegierte Sorten sind für kleine Bauteile geringer Belastung geeignet.

Mn-Cr-Stähle sind preisgünstig, sie neigen jedoch zur Grobkornbildung.

Mo-Cr-Stähle sind für die *Direkthärtung* geeignet, sie neigen nicht zu Grobkornbildung.

Aufkohlen

Ältere Bezeichnungen für Aufkohlen sind *Zementieren und Einsetzen.*

Stahl kann nur im austenitischen Zustand viele C-Atome lösen, dazu ist ein Erwärmen auf über Ac_3 erforderlich. Sofern Kohlenstoff von außen her im Überschuss vorhanden ist, wandern C-Atome in das Randgefüge ein und weiter nach innen. Je höher die Temperatur, umso schneller verläuft dieser Diffusionsvorgang.

C-Gehalt (Randhärte) wird durch das C-Angebot (C-Pegel des Kohlungsmittels), Aufkohlungstiefe (At) durch Zeit und Temperatur beeinflusst. Höhere Temperaturen erleichtern die Diffusion und verkürzen die notwendige Zeit für eine bestimmte At (Abb. 5.48).

Abb. 5.48 Aufkohlungszeit
und -temperatur

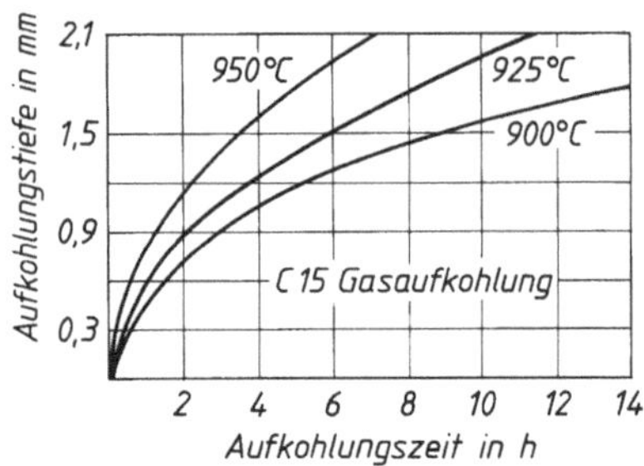

Nach dem EKD kann Austenit bei 1147 °C max. 2 % C-Atome auf Zwischengitterplätzen einbauen (Einlagerungs-MK), bei niedrigeren Temperaturen entsprechend der Linie SE.

Aufkohlungstiefe ist der Abstand senkrecht von der Oberfläche ins Innere bis zu einer Stelle mit 0,3 % C-Gehalt (Abb. 5.51).

Bezeichnung $At_{0,3}$ = 0,8 mm heißt: Der C-Gehalt ist 0,8 mm unter der Oberfläche vom Randwert auf 0,3 % C abgefallen.

Erwünscht ist ein nicht zu *steiler* Abfall des C-Gehaltes von der Randschicht (0,8 %) zum Kern (C-Gehalt des Einsatzstahles).

Kohlenstoff wird über *Spendermittel*, die es in allen drei Aggregatzuständen gibt, an das Werkstück herangebracht:

gasförmig   Gasaufkohlung, wichtigstes Verfahren für Massenteile
flüssig   Salzbadaufkohlung, universell
fest   Pulveraufkohlung, partielles Tiefaufkohlen großer Teile.

Erschmelzung und Analyse des Stahles beeinflussen ebenfalls die Aufkohlung. Fremdatome im Austenit behindern die Diffusion der C-Atome. Deshalb brauchen legierte Stähle längere Aufkohlungszeiten. Stähle gleicher Sorte aus verschiedenen Chargen können sich unterschiedlich verhalten.

Pulveraufkohlung

Die Teile werden in Kästen oder Töpfen in Kohlungspulver (Granulat) eingerüttelt, abgedichtet und bei etwa 900 °C geglüht. Das Härten kann erst nach dem Abkühlen und Auspacken erfolgen.

Vorteile Günstig für Teile großer Masse mit *stellenweiser* Aufkohlung. Dann ist die Zeit für das Ein- und Auspacken klein gegenüber der Gesamtzeit. *Große* Aufkohlungstiefen mit *geringen* Kosten herstellbar.

Nachteile Aufwendiges Ein- und Auspacken, Staubentwicklung, längere Erwärmungszeiten, da das Kohlungspulver eine niedrige Wärmeleitfähigkeit hat. Ungleichmäßige

Temperaturverteilung im Ofenraum führt zu *ungleichmäßiger* Aufkohlung. Der Verlauf des Aufkohlens ist durch Pulver und Temperatur festgelegt und nicht regelbar. Eine Direkthärtung kann nicht durchgeführt werden.

Kohlungspulver enthalten Holzkohle, Koks oder Knochenkohle und Alkaliverbindungen in einer Körnung von 0,5...6 mm. Bei der Aufkohlungstemperatur entsteht ein Gasgemisch aus CO und CO_2. Bariumoxid und -carbonat wirken aktivierend, d. h. sie verkürzen die Kohlungszeit.

Am Werkstück zerfällt das Gasgemisch in

$$2CO \rightarrow [C] + CO_2; \quad [C] \text{ löst sich im Austenit}$$

CO_2 reagiert mit dem Kohlenstoff des Spenders nach

$$CO_2 + C \rightarrow 2CO; \quad CO \text{ zerfällt wieder}$$

Der C-Gehalt der Randzone erhöht sich zu Anfang schnell, dann langsamer und strebt einem Wert zu, der je nach Temperatur vom CO/CO_2-Verhältnis abhängt, das während des Pulveraufkohlens nicht von außen her beeinflusst werden kann.

Aufkohlung in Salzbädern
Die Teile werden vorgewärmt in wasserfreie Salzschmelzen eingehängt. Die Temperaturen liegen bei 850...930 °C.

Vorteile Schnelle, gleichmäßige Wärmeübertragung auf *alle* Werkstücke und kurze Anwärmzeiten. Hohes C-Angebot verkürzt die Aufkohlung. Eine Direkthärtung aus dem Salzbad ist möglich. Lange Werkstücke können teilweise eingehängt werden.

Nachteile Eine konstante Kohlungswirkung der Bäder verlangt ständige Kontrollen. Die hochgiftigen Cyanidbäder sind durch neue sog. *Regenerationsbäder* ersetzt worden. Cyanid entsteht nur während des Vorganges im Bad. Moderne Anlagen bereiten keine Probleme mit Spülwässern und Altsalzentsorgung. Damit sind frühere Nachteile der Salzbäder behoben.

Als Salze werden handelsübliche Gemische mit Kaliumcyanat (KCNO) als C-*Träger* und Carbonaten verwendet.

Das Cyanat zerfällt bei hoher Temperatur und gibt atomares C und N an das Werkstück ab. Bei den hohen Temperaturen wird überwiegend C aufgenommen. Stickstoff erhöht die Löslichkeit des Austenits für C-Atome im Bereich 800...900 °C und begünstigt die Aufkohlung.

Als Tiegelwerkstoff für diese Beanspruchung (Hochtemperaturkorrosion) hat sich Titan bewährt.

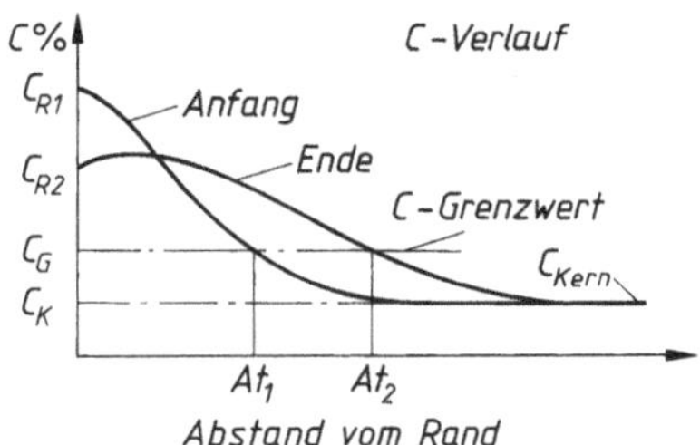

Abb. 5.49 C-Verlauf in der Randschicht beim Gasaufkohlen in zwei Phasen. *Phase 1*: Mit hohem C-Pegel wird ein überhöhter C-Gehalt im Rand erzeugt, steiler Verlauf bis zur Aufkohlungstiefe At_1. *Phase 2*: Bei niedrigem C-Pegel Diffusion der C-Atome nach innen, bis der gewünschte C-Gehalt im Rand und At_2 erreicht sind

Anwendung Aufkohlung im Salzbad ist günstig für die vollständige Aufkohlung kleinerer Massenteile bei kleinen Kohlungstiefen, auch für Teile, die einseitig aufgekohlt und deshalb teilweise in das Kohlungsbad gehängt werden müssen.

Gasaufkohlung

Die Teile werden mittels gasdichter Retorten in Öfen eingehängt. Massenteile werden meist in Durchlauföfen behandelt. Spendermittel ist ein Kohlenwasserstoff, meist Propan (C_3H_8), das zu einem *Trägergas* dosiert zugegeben wird. Es sorgt für *gleichmäßige* Umspülung und Temperaturverteilung.

Das Trägergas entsteht durch unvollkommene Verbrennung von Erdgas und wird von schädlichen Stoffen befreit (SO_2, H_2O, CO_2). Die Kombination N_2 und Methanol (CH_3OH) wird ebenfalls verwendet.

Die chemischen Vorgänge gleichen denen der Pulveraufkohlung. Weiterhin laufen ab:

$$CO + H_2 \rightarrow [C] + H_2O \quad [C] \text{ ist im } \gamma\text{-MK gelöst}$$
$$CH_4 \rightarrow [C] + 2H_2$$

Vorteile Durch ständige Überwachung und Regelung des Gasgemisches kann die Aufkohlung optimiert werden, sodass der gewünschte C-Verlauf in kürzester Zeit erreicht, Überkohlung und Entkohlung vermieden werden können (Abb. 5.49). Sauberes, ungiftiges Verfahren, gut in eine Fließfertigung einzugliedern.

Nachteile hohe Anlagekosten für Geräte zur Herstellung und Regelung des Gasgemisches.

Carbonitrieren

Carbonitrieren findet bei Temperaturen *über* Ac_1 statt, also im Bereich zwischen den Linien GS und PS (im EKD), das Gefüge besteht aus Ferrit und Austenit.

Tab. 5.27 Stickstoffeinfluss beim Carbonitrieren

Änderung	Auswirkung
Austenitisierungstemperatur steigt	Rand wird durch die (C + N)-Aufnahme *während* des Carbonitrierens austenitisch
Kritische Abkühlgeschwindigkeit sinkt	Mildere Abschreckmittel möglich, kleinerer Verzug
Diffusion des C beschleunigt	Kürzere Zeit bzw. größere Aufkohlungstiefe At
N auch im Martensit enthalten	Adhäsionsverschleiß wird verringert

Infolge der niedrigeren Temperaturen (700…800 °C) wird der Randzone mehr N und weniger C zugeführt als beim Aufkohlen.

Innere Vorgänge Die Änderungen durch den Einfluss von Stickstoff werden in Tab. 5.27 zusammengefasst.

Vorteile Geringer Verzug, da niedrigere Härtetemperatur und mildere Abschreckmittel möglich werden. Die Randschicht erhöht die Steifigkeit dünner Teile und deren Dauerfestigkeit.

Streng genommen ist die Aufkohlung im Salzbad ein Carbonitrieren, da diese Bäder neben C auch etwas N abgeben, der ebenfalls in die Randschicht eindiffundiert.

Carbonitriert werden Einsatz- und Vergütungsstähle. Die Schichten haben meist eine Einsatzhärtungstiefe CHD von < 0,5 mm.

Nach dem Anlassen auf 180 °C sind die Teile einbaufertig.

Isolierung Vielfach soll nicht die gesamte Oberfläche aufgekohlt werden. Diese Stellen können mit Pasten oder Lehm (mit Fasern) abgeschirmt werden, galvanisch aufgebrachte Cu-Schichten sind auch für Salzbäder geeignet. Sicherste, jedoch aufwendige Methode ist das Anfertigen dieser Stellen mit Übermaß und Abspanen vor dem Härten.

Härten der Einsatzstähle

Nach dem Aufkohlen besteht das Werkstück aus zwei Stahlsorten, die Härtetemperaturen sind verschieden:

Kernzone Unveränderter Einsatzstahl mit ca. 0,2 % C, nicht härtbar! Durch Abschrecken erhöhen sich die Festigkeiten und die Kerbschlagzähigkeit. Die Abschrecktemperatur liegt zwischen **850 und 900 °C**.

Randzone Auf etwa 0,65…0,8 % C aufgekohlter Stahl, dadurch härtbar. Durch richtiges Abschrecken entsteht Martensit mit einer Härte bis zu 64 HRC. Die Härtetemperatur liegt zwischen **770 und 830 °C** je nach Sorte des Einsatzstahles.

Beide Werkstückbereiche sind durch die Aufkohlung *grobkörnig*. Ein sofortiges Abschrecken ergibt dann bei normalen Einsatzstählen:

Abb. 5.50 Temperatur-Zeit-Schaubilder zum Einsatzhärten

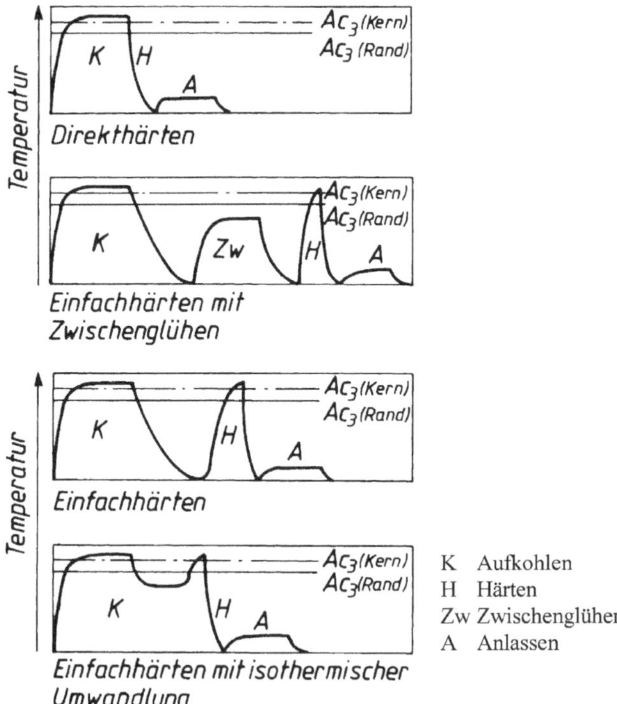

- grobkörniges Kerngefüge mit geringerer Zähigkeit und hoher Übergangstemperatur
- grobnadeligen Martensit im Rand (überhitzt gehärtet): höherer Anteil an Restaustenit
- keine maximale Härte.

Für das sofortige Abschrecken sind geeignet: **Direkthärtestähle**, mit Nb, Ti oder B legiert, deren Karbide beim Aufkohlen nicht gelöst sind und das Kornwachstum hindern.

Die Cr-Gehalte sind gesenkt und durch Mo ersetzt, was die Bildung von Restaustenit verringert (Tab. 5.26).

Bei der Wahl des Härteverfahrens (Abb. 5.50) nach dem Aufkohlen (Carbonitrieren) muss das Anforderungsprofil des Bauteiles herangezogen werden. Je nach Anforderung ist zu wählen zwischen:

- höchster **Verschleißfestigkeit** der Randschicht (z. B. Wälzfestigkeit bei Zahnrädern, Wälzlagern, Werkzeugen) oder
- höchster **Dauerfestigkeit** des Kernes (Kerbdauer- und Zahnfußfestigkeit).

Direkthärten ist Abschrecken aus der Salzbad- oder Gasaufkohlung, günstig durch das Einsparen von Energie und Behandlungszeit. Härteverzug und Restaustenitgehalt werden

Abb. 5.51 Aufkohlungstiefe
At und Einsatzhärtungstiefe CHD nach DIN EN ISO
2639/03

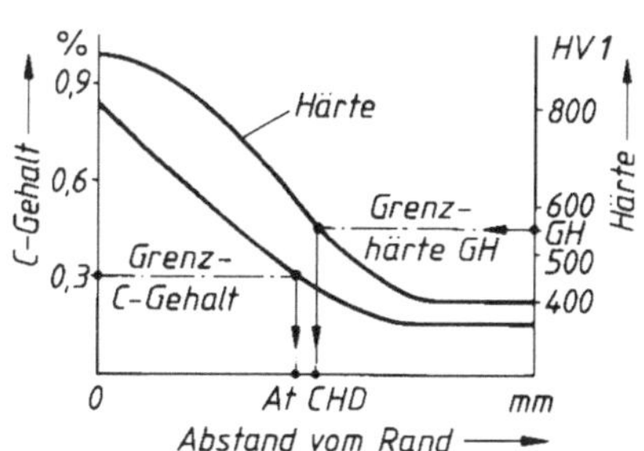

verringert, wenn die Teile aus der Aufkohlungstemperatur auf die Randhärtetemperatur
von 840 °C abkühlen (Verschlagenlassen), ehe sie im Warmbad abgeschreckt werden.

Einfachhärten erfolgt nach Abkühlen auf niedrige Temperaturen. Durch die γ-α-
Umwandlung ergibt sich eine *Kornfeinung*.

- Erwärmen auf **Kernhärtetemperatur** über Ac_{3Kern} und Abschrecken in Öl, Warmbad,
  bei unlegierten Stählen in Wasser, ergibt optimale Kerneigenschaften bei leicht über-
  hitztem Rand. Bei zu hohen C-Gehalten entsteht Restaustenit (geringere Härte).
- Erwärmen auf **Randhärtetemperatur** über Ac_{1Rand} und Abschrecken ergibt optimale
  Randeigenschaften, der Kern ist unterhärtet, d. h. nicht vollständig austenitisiert, dadurch geringere Zähigkeit und Dauerfestigkeit.

Doppelhärten ist die Aufeinanderfolge der beiden o. a. Verfahren nacheinander mit hohem
Verzug und hohen Energie- und Arbeitskosten.

Einfachhärten mit Zwischenglühen wird zum Erleichtern der Bearbeitung angewandt, wenn aufgekohlte Stellen abgespant werden müssen (630...650 °C, Abb. 5.50).

Einfachhärten mit isothermischer Umwandlung bei etwa 580...680 °C in der Perlitstufe erzeugt bei legierten Stählen ein günstiges Ausgangsgefüge für die Austenitisierung.

Einsatzhärtungstiefe ist der Abstand eines Messpunktes vom Rand bis zu einer Stelle,
welche die *Grenzhärte* (GH) besitzt. GH beträgt 550 HV1 (Abb. 5.51).

Fehler, die beim Einsatzhärten vorkommen, sind: *Weichfleckigkeit* durch ungleichmäßige Aufkohlung bei unsauberen Teilen oder Graphitausscheidungen an der Oberfläche;
auch durch Entkohlung beim Wiedererwärmen oder zu niedrige Härtetemperatur. Führt zu
geringerer Dauerfestigkeit. *Schalenrisse* nach dem Abschrecken entstehen, wenn der C-
Gehalt des Randes zu steil zum Kern hin absinkt. Die harte Schale mit geringerer Dehnung
löst sich vom Kern.

Anlassen Im Anschluss an alle Härteverfahren werden die Teile 1...2 h im Heißluftstrom
auf 150...200 °C angelassen.

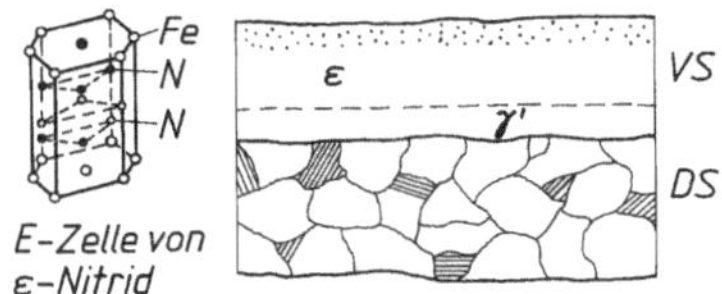

Abb. 5.52 Zweilagiger Aufbau einer Nitridschicht, schematisch. **Verbindungsschicht**, 5...30 µm dick, mit Fe-Nitriden, mit einem Porensaum, der etwa 30...50 % der Schichtdicke ausmacht. Die Härte liegt zwischen 500...1000 HV0,01. **Diffusionsschicht** (Ausscheidungsschicht), 0,2...1,5 mm dick, mit zwangsgelöstem N oder ausgeschiedenen Nitriden (bei langsamer Abkühlung). Die Härte liegt zwischen 300...1200 (1500) HV0,01 (H. Kunst)

5.6.4 Nitrieren, Nitrocarburieren

Nitrierschichten erhöhen Verschleißbeständigkeit, Dauerfestigkeit und Korrosionsbeständigkeit der Bauteile, diese Eigenschaften bleiben bis unterhalb der Entstehungstemperatur erhalten.

Die Eigenschaften beruhen auf einer Randzone mit *Nitriden* bzw. *Carbonitriden* (Abb. 5.52), die durch Aufnahme von Stickstoff (oder N+C) entstehen. Die Temperaturen liegen zwischen 500 und 580 °C, also unterhalb A_{c1}. Es erfolgen kein Abschrecken und keine Gefügeumwandlung. Die Maßänderungen sind klein, eine Nacharbeit ist meist nicht erforderlich.

Nitrieren wird bei Fertigteilen angewandt.

Gefügeänderung
Stahl ist bei den o. a. Temperaturen ferritisch und löst nur ca. 0,1 % N auf Zwischengitterplätzen. Der Überschuss bildet die sog. **Verbindungsschicht (VS)** aus den Fe-Nitriden, bei Anwesenheit von LE auch Sondernitriden. Die Zusammensetzung der VS kann beim Plasmanitrieren gesteuert werden (monophasige VS). Mit C wird die ε-Phase bevorzugt gebildet.

In der Verbindungsschicht kommen zwei Fe-Nitride vor:

γ'-**Phase** (Fe$_4$N: kubisch-flächenzentriert, E-Zelle mit N im Würfelzentrum), zäher als die

ε-**Phase** (Fe$_{2-3}$N, hexagonal), N-reicher und korrosionsbeständiger.

Sondernitride werden von z. B. Al, Cr, Mo und V gebildet, sie haben größere Härtewerte und sind in den *Nitrierstählen* enthalten.

Carbonitride bilden sich, weil C- und N-Atome ähnliche Atomdurchmesser haben und sich gegenseitig ersetzen können. Sie sind weniger spröde und haben kleinere Reibzahl.

Abb. 5.53 Härteverlauf
bei verschiedenen Stählen
nach dem Gasnitrieren und
Nitrierhärtetiefe nach DIN
50190-3/79

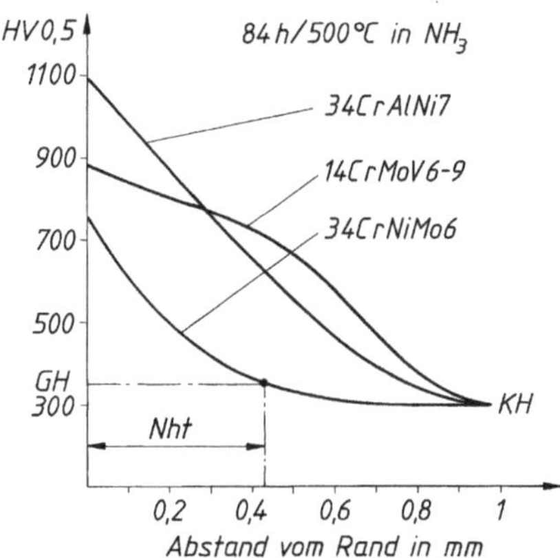

Der *Porensaum* kann durch eine oxidierende Behandlung verdichtet werden (Korrosion!).

Darunter liegt die wesentlich dickere *Diffusionsschicht* (DS), in der die N-Atome gelöst sind (Mischkristallschicht). Durch Übersättigung und Ausscheidungen steht sie unter Druckeigenspannungen, wichtig für die Dauerfestigkeit der Bauteile.

Der Stickstoffgehalt fällt zum Kern hin langsam ab, sodass eine gute Verankerung von Schichten und Kern besteht. Als Maß für die Dicke der Nitrierschichten gilt die **Nitrierhärtetiefe Nht**. Diese ist der Abstand eines Messpunktes von der Oberfläche, der die sog. *Grenzhärte* (GH) besitzt. Sie liegt 50 HV0,5 *über* der Kernhärte (KH): GH = KH + 50 HV0,5 (Abb. 5.53).

Gegenüber dem Martensit (Metallbindung) geben Nitridschichten (Metall-Nichtmetall) dem Bauteil andere Eigenschaften (Tab. 5.28).

Nitrierstähle sind *Vergütungsstähle*, weil die dünne Schicht (0,1…0,3 mm) bei hohen Flächenpressungen in einen zu weichen Kern eingedrückt würde. Als Nitridbildner enthalten sie Mo, V und Al (Tab. 5.29).

Tab. 5.28 Eigenschaften der Nitridschichten

Eigenschaften	Ursache, Auswirkung
Höhere Härte (700…1500 HV)	Nitride sind Verbindungen (Einlagerungsstrukturen, ähnlich TiC) mit ca. 2000 HV0,05
Anlassbeständigkeit bis etwa zur Bildungstemperatur	Bei langsamer Abkühlung entstehen keine metastabilen Gefüge
Geringere Adhäsionsneigung (Fressen) gegenüber Metallen	Typische Eigenschaften der Nitride, kleinere Reibzahl μ, geringe Neigung zum Kaltschweißen (adhäsiver Verschleiß)
Hoher Korrosionswiderstand, durch Nachoxidation erhöht	Geringe Reaktionsbereitschaft der N-haltigen Phasen, chemische Verbindung mit gesättigter Elektronenschale

Tab. 5.29 Nitrierstähle DIN EN 10085/01 (Auswahl)

Stahlsorte		Eigenschaften vergütet					
Kurzname	Werkstoff-Nummer	Durchmesser-bereich mm	$R_{p0,2}$ MPa	A %	KV J	HV1	Eigenschaften und Anwendungsbeispiele
31CrMoV9	1.8519	≤ 80	800	11	35	800	Ionitrierte Zahnräder mit hoher Dauerfestigkeit
		81…150	750	13	35		
15CrMoV6-9	1.8521	≤ 100	750	10	30	800	Größere Nitrierhärtetiefe, warmfest
34CrAlNi7	1.8550	70…250	600	15	30	950	Für große Querschnitte

Eine Vorbehandlung der Teile besteht i. Allg. aus folgenden Arbeitsgängen:

- Vergüten (Stützwirkung für die Schichten)
- Spannungsarmglühen (Verzugsfreiheit)
- Reinigung (Gleichmäßigkeit der Schicht).

Grundsätzlich können alle Eisenwerkstoffe durch Nitrieren behandelt werden. Dabei ist oft nicht die Oberflächenhärte das Ziel, sondern die Zunahme der **Dauerfestigkeit** infolge der Druckeigenspannungen. Diese entstehen in der Diffusionsschicht, besonders nach einem Abschrecken (Tenifer-Verfahren).

Die Korrosionsbeständigkeit von nitrocarburierten Schichten wird durch eine Nachoxidation erhöht (Stellung in der Spannungsreihe zwischen Cu und Ag).

▶ **Hinweis** Die Temperaturen der Verfahren müssen vom Vergüten zum Nitrieren hin abfallen, damit das Vergütungsgefüge nicht durch Nachanlassen beeinflusst wird. Je nach Anforderungsprofil können dadurch höchste Härte, gute Gleiteigenschaften und Dauerfestigkeit, jeweils in Verbindung mit erhöhter Korrosionsbeständigkeit oder Anlassbeständigkeit, erreicht werden.

Anwendung Schnecken und Zylinder für Kunststoffpressen und -extruder, Großzahnräder, Spindeln für Werkzeugmaschinen, Gehäuse für Differentialgetriebe

Volumenzunahme beim Nitrieren entsteht durch die Zufuhr von Materie und Bildung weniger dichter Kristallarten. Sie muss bei kleinen Toleranzen berücksichtigt werden. Kantenaufwölbung entsteht bei rechtwinkligen Absätzen (Nuten). Die Grate sind sehr spröde und neigen zum Ausbrechen. Abhilfe durch Abziehen mit Ölstein oder – wenn möglich – vorheriges Fasen.

Nitrierverfahren

Ausgehend vom *Gasnitrieren* haben sich weitere Verfahren entwickelt. Sie arbeiten mit anderen Spendermitteln und Verfahrensbedingungen und können Schichten mit unterschiedlicher Struktur in *kürzeren* Zeiten herstellen.

Tab. 5.30　Ablauf des Plasmanitrierens

Verfahrensmerkmale	Beschreibung, Auswirkung
Aufheizung des Werkstückes (350…580 °C)	Kinetische Energie setzt sich in Wärme um
Der Aufprall der Teilchen lässt Fe-Teilchen abstäuben, Entstehung von oberflächlichen Gitterfehlern → Diffusion wird beschleunigt	Behandlungszeit sinkt (60…360 min), die Verbindungsschicht wird dünner und zäher
Regelbarkeit der Gasatmosphäre	Möglichkeit einphasiger Schichten (γ' oder ε)
Zuverlässige Abschirmung nicht zu härtender Stellen	Abdecken der Stellen mit Pasten oder Blechblenden, Gewinde mit Stopfen

Gasnitrieren bei ca. 520 °C in Ammoniak (NH_3). Durch katalytische Wirkung des Fe spaltet das NH_3 atomaren Stickstoff ab. Nitriertiefen sind werkstoffabhängig (Abb. 5.53), größere erfordern lange Zeiten bis zu 100 h.

Kurzzeitgasnitrieren mit Gasmischungen, die auch C und O enthalten. Dadurch werden die langen Glühzeiten reduziert (etwa auf 50 %).

Plasmanitrieren (KLÖCKNER Ionitrieren) und **Plasmanitrocarburieren**
Die Teile werden in einer Vakuumkammer als Kathode eingebracht. Durch eine Spannung ab 350 V werden die Spendergase ionisiert und prallen mit hoher Geschwindigkeit auf das Werkstück (Tab. 5.30).

Grundlage dafür ist der Plasmazustand[3]: Gase werden in Vakuum durch elektrische Felder *ionisiert*, d. h. Ladungsträger zerlegt:

Positive Gas-Ionen + Negative Elektronen

In diesem Plasmazustand können sie in elektrischen Feldern beschleunigt werden.

Im Unterschied zu anderen Nitrierverfahren besteht die Möglichkeit, den Schichtaufbau durch Änderung der Verfahrensbedingungen zu gestalten, auch *während* des Nitrierens.

Verfahrensbedingungen sind: Temperatur, Spannung, Strom, Gasart und Druck. Damit lassen sich für jeden Fe-Werkstoff die günstigsten Werte einstellen.

Salzbadnitrieren erfolgt durch Einhängen in Salzschmelzen von 550…580 °C über 30…180 min.

Nitriersalze sind Kaliumcyanat mit Kaliumcarbonaten gemischt. Cyanat zerfällt unter Wirkung von Sauerstoff in Carbonat und gibt sowohl N als auch C ab. Die Umweltgefährdung durch Abluft und Abwasser nebst Abfallentsorgung wird bei neuen Anlagen minimiert (Durferrit).

---

[3] Plasma ist der 4. Aggregatzustand der Materie, die Moleküle sind teilweise in positive Ionen und negative Elektronen gespalten.

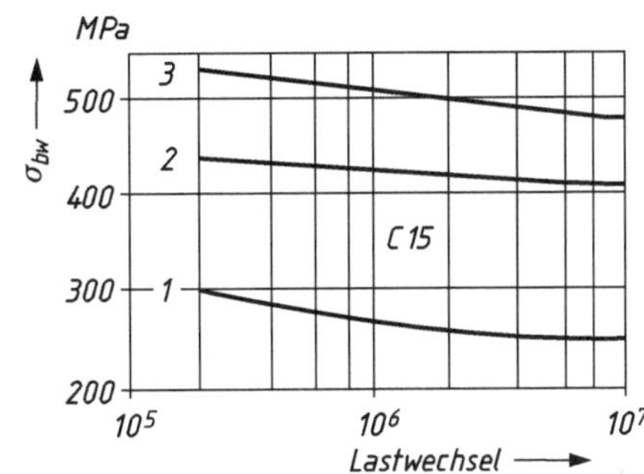

Abb. 5.54 Erhöhung der Dauerfestigkeit durch Nitrieren (DEGUSSA). 1) unbehandelt, 2) badnitriert, Luftabkühlung, 3) Tenifer-Verfahren, Wasserabkühlung

Durch besseren Wärmeübergang sind kürzere Behandlungszeiten möglich. Bei diesen Nitriertemperaturen wird vom Ferrit überwiegend Stickstoff aufgenommen. Je nach Art des Werkstoffes lassen sich folgende Verbesserungen erzielen:

Hochlegierte Werkzeugstähle werden fertigbearbeitet (gehärtet und angelassen) bei einer Temperatur behandelt, die 30…50 °C unter der letzten Anlasstemperatur liegen muss. Dann wird das Härtungsgefüge nicht verändert.

Es werden 3…4-fache Standzeiten gegenüber nichtnitrierten Werkzeugen beobachtet, wobei die Nitrierbehandlung nur Minuten bis 0,5 h dauert.

- Die Oberflächenhärte steigt von 64 HRC (ca. 870 HV) auf max. 1400 HV0,05.
- Eine evtl. vorhandene Weichhaut infolge Randentkohlung verschwindet.
- Reibungsverminderung bei Werkzeugen der spanlosen Formung, höhere Standmengen auch bei Warmarbeitswerkzeugen.
- Nitrierschichten verhindern die Aufbauschneide bei der Zerspanung.

Unlegierte Stähle erhalten mangels besonderer Nitridbildner eine weichere Verbindungszone von ca. 400 HV5 mit gutem Verhalten gegenüber adhäsivem Verschleiß.

Für nur mittelbeanspruchte Stähle ist das Nitrocarburieren günstiger als Einsatzhärten, da wegen des geringeren Verzugs das Nachschleifen entfallen kann.

Tenifer®-Verfahren ist Badnitrieren unter Belüftung. Die Sauerstoffzufuhr beschleunigt die Stickstoffaufnahme und verkürzt die Tauchzeiten. Wasserabschreckung (Quench) aus dem Nitrierbad erzeugt eine Diffusionsschicht aus stickstoffübersättigtem Ferrit. Sie bewirkt eine Steigerung der Biegewechselfestigkeit um 40…100 % (Abb. 5.54).

Dadurch können unlegierte Stähle, z. B. C15E, C45E, anstelle von niedriglegierten Stählen verwendet werden. Der abgeschreckte Zustand ist metastabil, sodass bei späterer Erwärmung Ausscheidungsvorgänge ablaufen, die zu weiterer Versprödung der Nitrierschicht führen.

QPQ-Verfahren (Quench-Polish-Quench) erhöht die Korrosionsbeständigkeit weiter durch ein zwischengeschaltetes Polieren, Läppen oder Strahlen mit Nachoxidation bei 370 °C/Wasser.

Die dekorative reflexfreie schwarze Oberfläche ermöglicht einen Ersatz für Brünieren, Phosphatieren, Hartchrom- oder Zinkschichten, je nach Anforderung.

Nitrocarburieren wird für Teile des Fahrzeug- und Motorenbaues angewandt, wenn sie nicht zu großen **Flächenpressungen** unterliegen und wechselnd oder schwellend auf Biegung beansprucht werden.

Beispiele für das Nitrocarburieren

Zahnräder für Getriebe, Wasser- und Ölpumpen, Kipphebel, Zylinderbuchsen, Steuerteile in der Hydraulik, Stanz- und Automatenteile für Nähmaschinen, Büro-, Textil- und Verpackungsmaschinen

5.6.5 Weitere Verfahren (Auswahl)

Borieren (Tab. 5.31), ähnlich dem Pulveraufkohlen oder Pastenborieren, erzeugt Schichten bis $250\,\mu m$ Dicke in ca. 5 h bei 900 °C. Dadurch können keine gehärteten Teile behandelt werden.

Die hohe Härte ergibt hohen Widerstand gegen *abrasiven* Verschleiß durch harte körnige Stoffe (dafür dickere Schichten $> 150\,\mu m$). Das Fe_2B ist stabil bis zu 1000 °C und neigt nicht zum Fressen (Adhäsionsverschleiß). Dafür reichen dünnere Schichten aus.

Tab. 5.31 Weitere thermochemische Verfahren

Verfahren	Element	Spendermittel	Arbeitstemperatur °C	Phase	Härte HV0,1	Schichteigenschaft, (Schutz gegen …)
Aluminieren	Al	P, B	800…1100	Al-MK, Al_2O_3		Zunderbeständig bis 950 °C, zum Schutz C-armer Stähle
Borieren	B	P	800…1000	Fe_2B	…2000	Abrasionsverschleiß, Tribooxidation, Härten muss evtl. nachträglich erfolgen
				(FeB)	…2100	
Chromieren	Cr	P, B	900…1200	Fe-Cr-MK		Korrosionsbeständig durch über 13 % Cr
Sherardisieren	Zn	P	400	Fe-Zn		Korrosionsbeständig, für Kleinteile (Schrauben, Muttern), auch vergütet!
Silizieren	Si	P, G		Fe-Si		In Verbindung mit Al angewandt
Sulfonitrieren	N, S	B	< 600	FeS	350…400	Adhäsionsverschleiß
Vanadieren	V	P, B	1000…1100	VC, V_2C		Festkörperreibung, Spindeln, Werkzeuge

Spendermittel: P Pulver (Granulat), B Salzschmelze, G Gas

Die Schichten aus FeB und Fe_2B wachsen stängelartig auf und haben gute Verankerung zum unlegierten Stahl. Mit zunehmendem Gehalt an LE nimmt diese Struktur und auch die Zähigkeit ab. Deshalb sind dünne Schichten auf niedriglegierten Stählen günstiger, ebenso wie einphasige aus dem zäheren Fe_2B.

Die Maßzunahme beträgt ca. 25 % der Dicke der Boridschicht und wird am besten durch Vorversuche geklärt, wenn Teile mit Untermaß gefertigt werden sollen.

Anwendung   Alle Stähle, Gusseisensorten und Sintereisen für Werkzeuge und Bauteile, die mit verschleißenden Massen in Berührung stehen. Wegen der umständlichen Handhabung wird es dort eingesetzt, wo andere Verfahren geringere Verschleißbeständigkeit ergeben.

Beispiele für das Borieren

Sieblochbleche und Strangpressmatrizen für keramische Massen, Extruderschnecken, Glasformwerkzeuge, Loch- und Prägestempel, Kugelhahnküken, Ölpumpenräder, Armaturen für die Förderung verschleißender Flüssigkeiten (z. B. Kalkmilchpumpen)

Anwendungsgrenzen   Stähle mit höherem Si-Gehalt und auch HS-Stähle sind nicht borierbar. Werkzeuge müssen in milden Abschreckmedien gehärtet bzw. vergütet werden, um ein Abplatzen der Schicht zu vermeiden.

> **Hinweis** Wegen der Unlöslichkeit von C und Si in der Boridschicht werden diese Elemente nach innen abgedrängt. Dadurch könnte unter der Schicht ein ferritischer Stahl entstehen, der nicht austenitisierbar ist.

5.6.6   Mechanische Verfahren

Die plastische Verformung einer dünnen Randschicht durch Druck erzeugt eine erhöhte Versetzungsdichte (Kaltverfestigung) und darüber hinaus einen Eigenspannungszustand. Die Oberflächenschicht müsste durch Verformung länger und dünner werden. Da sie vom Basiswerkstoff daran gehindert wird, gerät sie unter Druckspannungen.

Bei Belastung entstehen max. Biege-Zugspannungen in der Randfaser, insbesondere auch im Grunde von Kerben. Druckeigenspannungen vermindern sie um ihren Betrag. Meist wird durch die Verfestigung die Rautiefe kleiner. Als Folge dieser beiden Veränderungen werden Anriss und Rissausbreitung behindert. Die Dauerfestigkeit der Teile steigt.

Druckeigenspannungen und oberflächliche Kaltverfestigung erhöhen die Dauerfestigkeit der Bauteile (Abb. 5.55).

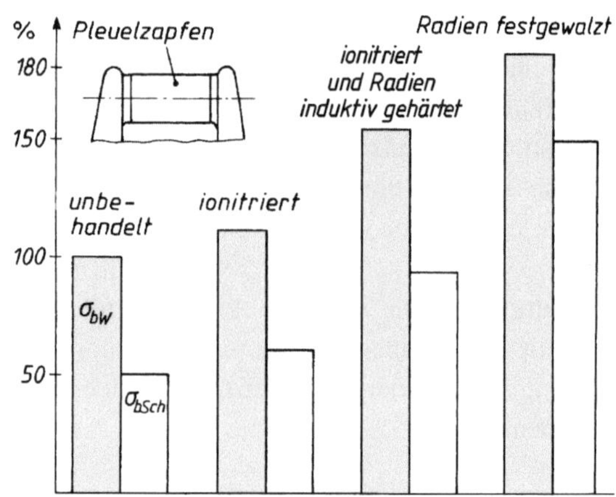

Abb. 5.55 Steigerung der Dauerfestigkeit von Kurbelwellen aus GJS-700-2 durch verschiedene Verfahren

Verfestigungswalzen

Rotationssymmetrische Bauteile können durch angepresste Walzen oder Rollen (abgestützt) behandelt werden, meist vergütet oder auch im badnitrierten oder einsatzgehärteten Zustand.

Um eine Schädigung des Werkstoffs zu vermeiden, müssen die Einflussgrößen

- Rollen-Durchmesser,
- Rundungsradius und
- Walzkraft

(Verformungsgrad und Tiefenwirkung) durch Versuche optimiert werden, um die Dauerfestigkeit maximal zu steigern. Damit kann der Einfluss der Kerben auf die Dauerfestigkeit kompensiert werden (Abb. 5.56).

Anwendung Festwalzen von Übergangsradien, Rillen und Nuten an z. B. Kurbelwellen im vergüteten Zustand mit einer Erhöhung der Dauerfestigkeit um 80…150 %.

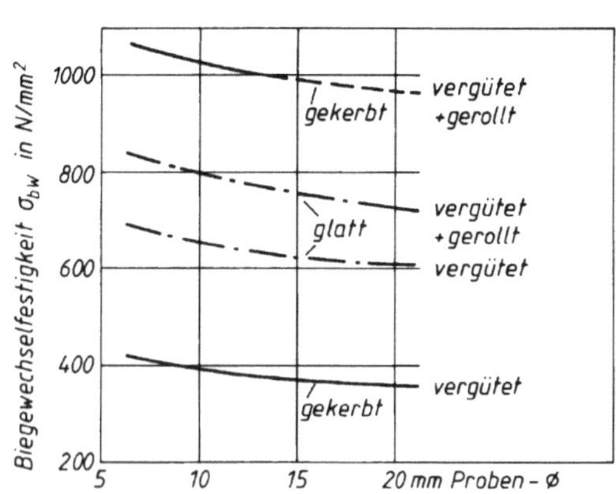

Abb. 5.56 Aufhebung der Kerbwirkung durch Verfestigungswalzen

Bekannt ist die höhere Dauerfestigkeit von Schrauben mit gerollten Gewinden gegenüber solchen mit geschnittenen. Dabei ist der Anstieg größer, wenn nach dem Vergüten das Gewinde gerollt wird, allerdings bei kleinerer Standzeit der Werkzeuge.

Verfestigungsstrahlen (Kugelstrahlen)
Teile, die nicht rotationssymmetrisch geformt sind, können oberflächlich durch Bestrahlung mit kleinen Stahlkugeln verfestigt werden.

Schmiede- und Warmbehandlungsteile weisen oft eine geringe Randentkohlung oder -oxidation auf. Das ergibt geringere Oberflächenhärte und auch geringere Dauerfestigkeit des Bauteils. Auch hier kann durch Bestrahlung diese Erscheinung wieder rückgängig gemacht werden.

Anwendung Schmiedeteile mit Zunderschichten, z. B. Pleuelstangen, Fahrwerksteile, Schrauben- und Blattfedern.

Durch eine Vorspannung während des Bestrahlens werden die Eigenspannungen erhöht und in die Tiefe verlagert. Das ergibt eine weitere Steigerung der Biegewechselfestigkeit.

Literatur

1. Stahl und Eisen. Verlag Stahleisen, Düsseldorf (Zeitschrift)
2. HTM Zeitschrift für Werkstoffe-Wärmebehandlung-Fertigung. Hanser-Verlag, München (Zeitschrift)
3. Atlas zur Wärmebehandlung der Stähle 1...4. Verlag Stahleisen
4. VDI-Bildungswerk: BW 34-05-08 Grundlagen und praktische Anwendung der Wärmebehandlungsverfahren metallischer Werkstoffe – Glühen – Härten – Anlassen – Vergüten, Oberflächenhärten
5. Hougardy, H.: Umwandlung und Gefüge unlegierter Stähle. Verlag Stahleisen (2003)
6. Kunst, H.: Nitrocarburieren zur Verbesserung der Schwingfestigkeits-, Korrosions- und Verschleißeigenschaften. VDI-Bericht 852, S. 559–570
7. Liedke, D., Jönsson, R.: Wärmebehandlung, Grundlagen und Anwendung für Eisen-Werkstoffe. Expert-Verlag (2004)
8. Macherauch, E., Zoch, H.-W.: Praktikum in Werkstoffkunde. Vieweg + Teubner (2011)
9. DIN TB 218 Werkstofftechnologie, Wärmebehandlungstechnik. Beuth 2002 (2007)
10. DIN EN 10052/94 Wärmebehandlung von Eisenwerkstoffen, Fachbegriffe und -ausdrücke
11. DIN ISO 15787/10 Technische Produktdokumentation – Wärmebehandelte Teile aus Eisenwerkstoffen – Darstellung und Angaben
12. DIN 17021-1/76 Werkstoffauswahl aufgrund der Härtbarkeit
13. DIN 17022-1/94 Verfahren der Wärmebehandlung – Härten, Bainitisieren, Anlassen und Vergüten von Bauteilen
    T-2/86 Härten und Anlassen von Werkzeugen; T-3/89 Einsatzhärten; T-4/98 Nitrieren und Nitrocarburieren; T-5/00 Randschichthärten
14. Stahl-Informations-Zentrum. Merkblätter zur Wärmebehandlung von Stahl über www.stahl-online.de. MB 447/05: Nitrieren und Nitrocarburieren; MB460/05: Härten, Anlassen, Vergüten, Bainitisieren; MB 452/95: Einsatzhärten (auch als pdf-Dateien)
15. Wever, F. u.a.: Atlas zur Wärmebehandlung der Stähle 1–3, Stahleisen (1961)

Weitere Informationen

16. Die Umwandlung der Kohlenstoffstähle. In mancherlei Gestalt. Rose, A. u. Hougardy, H.: Leih-film von IWF, Göttingen. www.tib-hannover.de
17. Gefügebilder. Informationen zu Wärmebehandlung mit Gefügebildern. www.metallograf.de

6.1 Übersicht und Einteilung

Eisen-Gusswerkstoffe sind in den letzten Jahrzehnten durch die Steigerung der Festigkeit und Qualität auch für die Serienfertigung hochbeanspruchter Teile eingeführt worden, weil sie oft *wirtschaftlichere* Lösungen bieten als Schmiede- oder Schweißkonstruktionen.

> **Hinweis** Die systematische Benennung der Gusseisensorten DIN EN 1560/11 ist im Anhang A.2 beschrieben.

Die Entwicklung verlief auf mehreren Ebenen:

- **Metallurgische Verfahren** mit verbesserten Öfen und verbesserter Messtechnik ergeben höhere Treffsicherheit der Schmelzanalysen (konstante Qualität).
- **Formtechnik** mit Feinguss und verlorenen Modellen führte zu hoher Oberflächengüte und engeren Toleranzen sowie größerer Freiheit in der Gestaltung.
- **Gießtechnik** mit besserer Kenntnis des Einströmens der Schmelze, der Formfüllung mithilfe der Anschnitt- und Speisergestaltung ergibt Gussteile ohne Lunker und Porositäten (Qualitätssicherung, Nullfehlerproduktion).

Die Verbesserungen der Werkstoff- und Fertigungstechnik des Gusseisens haben dazu geführt, dass die verschiedenen Eisen-Gusswerkstoffe ihr Eigenschaftsprofil den Knetwerkstoffen (Stahl) genähert und zum Teil angeglichen haben, besonders hinsichtlich der Duktilität (Bruchdehnung A, Abb. 6.1).

Bei der Auswahl von Werkstoffen rücken damit die Gusswerkstoffe in die vordere Reihe, besonders, wenn nicht nur mechanische Eigenschaften berücksichtigt werden, sondern das gesamte Eigenschaftsprofil, einschließlich der Freiheiten in der Formgestaltung.

© Springer Fachmedien Wiesbaden GmbH, ein Teil von Springer Nature 2018
W. Weißbach, M. Dahms, C. Jaroschek, *Werkstoffe und ihre Anwendungen*,
https://doi.org/10.1007/978-3-658-19892-3_6

Abb. 6.1 Vergleich der Eigenschaften von allgemeinen Bau- und Vergütungsstählen mit gegenwärtig erzeugbaren Gusseisenwerkstoffen (K. Herfurth)

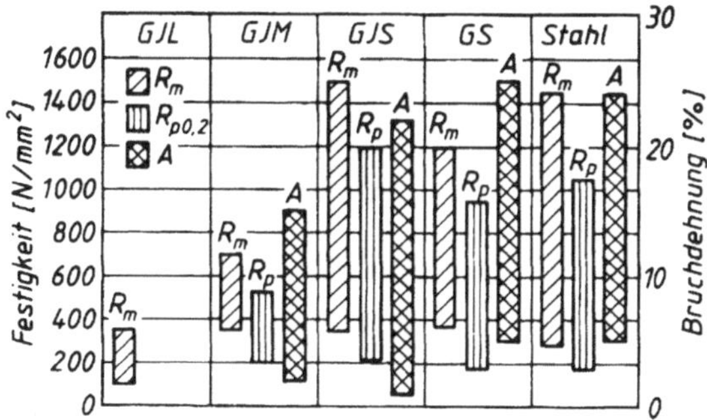

6.1.1 Vorteile der Gusskonstruktionen

Gießen ist eine der Möglichkeiten, endkonturgetreue oder endkonturnahe Rohteile zu fertigen und damit aufwändige Nacharbeit, meist durch Spanen, zu vermindern bzw. ganz einzusparen.

Bei allen *dynamisch* beanspruchten Teilen ist nicht die Dauerfestigkeit des Werkstoffes allein maßgebend. Auch die *Gestalt* des Bauteils beeinflusst die Spannung, bei der das Teil bricht. Durch Gießen lassen sich Absätze, Querschnittsübergänge und Rippen leicht ohne Kerbwirkung gestalten.

Die günstigste Gestalt hinsichtlich Spannungsverteilung und Werkstoffausnutzung

- kann durch rechnergestützte Konstruktion CAD mit der Finite Elemente Methode (FEM) ermittelt werden und
- lässt sich am einfachsten durch Gießen herstellen.
- Gießgerechtes Gestalten wird durch Computersimulation der Einström- und Erstarrungsverläufe und der Temperaturverteilung im Gussteil vereinfacht.

Zahlreiche Verfahren zur Herstellung einer Form in Verbindung mit verschiedenen Formstoffen und Gießverfahren bieten sowohl Fertigungsmöglichkeiten für alle Stückzahlen als auch für Kleinteile bis hin zu Großgussstücken aus Fe-Gusslegierungen oder NE-Metallen (Tab. 6.1).

Durch **Rapid Prototyping**[1] können Modelle für das Wachs-Ausschmelzverfahren hergestellt werden. Damit sind auch komplizierte Erstbauteile von Neuentwicklungen schnell verfügbar, wichtig zur Verkürzung der Entwicklungszeiten.

---

[1] Schnelle Herstellung von Erstbauteilen (Prototypen) nach verschiedenen Verfahren. Sie werden beispielsweise mithilfe der Daten aus der CAD-Konstruktion in *Schichten* aus lichthärtenden Kunststoffen, Papierlagen oder lagenweise aufgespritzten Metallen erzeugt. Auch zur Herstellung von Einmalformen aus Kunstharzsand angewandt.

Tab. 6.1 Übersicht: Gießen

Modelle	**Verlorene Modelle** aus Wachs, Paraffin oder Hartschaumstoff. Das ungeteilte Einformen ergibt große Freiheit in der Formgestaltung (z. B. Hinterschneidungen). **Dauermodelle** aus Gips, Holz, Kunststoff oder Metall für Hand-, Maschinen- und Maskenformerei mit Abformungen je nach Modellgüteklasse von 5 (Großmodelle aus Holz) bis 1000, Kunststoff bis zu 30.000, Metall bis zu 50.000 Stück
Formen	**Einmalformen:** Sandformerei für alle Metalle und auch Großteile (300 t), Maschinenformerei für kleine bis mittlere Teile und mittlere bis große Stückzahlen **Wachsausschmelzverfahren** in keramisch beschichteten Formen für Feinguss und auch für alle Stahlgusssorten und hochschmelzende Metalle geeignet. Teile von 1 g bis 50 kg **Maskenformen**: Kunstharzgebundene Formschalen ergeben hohe Oberflächengüte und geringsten Versatz. Teile bis 150 kg **Dauerformen**: Kokillen aus GJL und Druckgießwerkzeuge aus Warmarbeitsstahl für Gussteile aus NE-Metallen in großen Stückzahlen
Gießen	**Schwerkraftguss** für alle Teile möglich **Druckguss** (Abschn. 7.8) in komplizierten und dünnwandigen Formen für NE-Metalle **Niederdruck- und Vakuum-Druckguss** führen zu besserem Einströmen der Schmelze und ergeben porenärmere Gefüge, bei Al-Legierungen auch schweißbare Werkstücke. **Thixoforming** im Erstarrungsbereich (ca. 40 % Schmelzanteil)
Sonderverfahren	**Schleuderguss** für Rohre aus Gusseisensorten, Mehrschichtlager **Strangguss** für Halbzeuge. Druckdichte Gefüge für Hydraulikteile

Tab. 6.2 Beispiel: Vorderachssystem für Leicht-Lkw

	Früher	Heute
Fertigung des Querlenkers	Stahlblech-Schweiß-Montagekonstruktion	Gießen
Werkstoff	Stahl	GJS-400
Masse	10 kg	9 kg
Einzelteile	18	4
Kosten	100 %	87 %

Innovative Gusskonstruktionen

Die Deutschen Gießerei-Verbände veranstalten jährlich einen, von der ZGV (Zentrale für Gussverwendung im Deutschen Gießereiverband (DGV), Sohnstraße 70, 40237 Düsseldorf) durchgeführten, Wettbewerb „Konstruieren mit Gusswerkstoffen". Dabei werden Schweißkonstruktionen durch günstigere Gusskonstruktionen ersetzt (Tab. 6.2).

Die Einsparung (13 %) summierte sich bei der großen Stückzahl auf ca. 1,15 Mio. €/ Jahr. Entscheidend für den Erfolg solcher Änderungen ist die Einbeziehung der Gießerei in die Entwicklung *von Anfang an*, um optimale Fertigungsbedingungen zu erreichen! Wie das Beispiel zeigt, werden neben der Masse auch die Anzahl der Teile verringert und Zeit für Bearbeitung und Montage eingespart.

Tab. 6.3 Übersicht: Eigenschaften der Gusswerkstoffe

Eigenschaft	Tendenz	Auswirkungen
Schmelztemperatur	niedrig	Kosten für Energie und feuerfeste Stoffe in Öfen, Pfannen und Formen niedrig
Schwindmaß	klein	geringe Neigung zu Lunkerbildung und Eigenspannungen
Formfüllungsvermögen	hoch	Abgüsse scharf und formtreu, kleinere Wanddicken möglich
Spanbarkeit	hoch	niedrige Kosten für die Fertigbearbeitung

Gießeigenschaften sind für eine fehlerfreie und wirtschaftliche Fertigung wichtig (Tab. 6.3).

Umweltverträglichkeit Eisen-Gusswerkstoffe werden überwiegend aus Recyclingmaterial gewonnen (Stahlschrott, Gussbruch und Kreislaufmaterial der Gießerei). Roheisen wird nur zu 15 % eingesetzt. Die Erschmelzung des Roheisens benötigt sehr viel mehr Energie (16 GJ/t RE) als die Einschmelzung von Recyclingmaterial (d. h. Energiebedarf und CO_2-Ausstoß werden verringert).

6.1.2 Einteilung der Gusswerkstoffe

Stahlguss ist in Formen gegossener Stahl, ist also graphitfrei. Deshalb wird er im Abschnitt Stahl behandelt (Abschn. 4.8). Von allen Fe-Gusswerkstoffen besitzt er die o. a. Eigenschaften in geringstem Maße. Stahlguss wird statt Gusseisen verwendet, wenn höhere Zähigkeit, Warmfestigkeit oder Korrosionsbeständigkeit verlangt werden.

Gusseisen wird nach der *Graphitform* (Tab. 6.4), die überwiegend im Gefüge auftritt, in verschiedene Sorten eingeteilt. Eine zusätzliche Untergliederung ist durch die Art des *Grundgefüges* möglich. Es besitzt starken Einfluss auf Festigkeit und Zähigkeit und kann wie bei den Stahlsorten ferritisch, perlitisch usw. ausgebildet sein.

Temperguss ist ein Fe-C-Gusswerkstoff, dessen gesamter C-Anteil im Gusszustand (Temperrohguss) zunächst als Fe-Karbid (Zementit) vorliegt. Durch Glühen (Tempern) zerfällt Zementit ganz oder teilweise in Temperkohle (Flockengraphit).

Das reine Eisenkarbid Fe_3C ist eine metastabile Verbindung. Es zerfällt schnell ab 700 °C in Austenit + Temperkohle.

$$Fe_3C \rightarrow 3Fe + C$$

C-Atome können dabei an die Oberfläche des Gussteils diffundieren und werden oxidiert (entkohlendes Glühen).

Zu Sonderguss zählen alle Fe-Gusswerkstoffe, die nicht in die o. a. Gliederung passen. Sie sind z. T. hochlegiert und haben bestimmte Eigenschaften, z. B.:

- Warm- und Zunderfestigkeit
- Nichtmagnetisierbarkeit

Tab. 6.4 Einteilung der Gusswerkstoffe nach Graphitform (Abb. 6.4) und Grundgefüge

Graphit-form ↓	Grundgefüge Ferrit ⇒ Ferrit/Perlit ⇒ Perlit Übergangsformen	Bainit	Austenit	Ledeburit
lamellar	Gusseisen mit Lamellengraphit 5 Sorten GJL-150 ⇒ GJL-350	–	Austenitisches Gusseisen 2 Sorten	–
flockig (Temper-kohle)	Temperguss (weiß/schwarz) 5 + 9 Sorten GJMW-350-4 ⇒ GJMB-650-2	GJMW-550-4 GJMB-700-2 GJMB-800-1		Temperrohguss
Kugel-form	Gusseisen mit Kugelgraphit 9 Sorten GJS-350-22 ⇒ GJS-700-2	Bainitischer Kugelgraphit-guss 4 Sorten	Austenitisches Gusseisen 10 Sorten	–
Wurm-form	Gusseisen mit Vermiculargraphit GJV-300 ⇒ GJV-500 5 Sorten	–		Verschleiß-beständiges Gusseisen 8 Sorten
graphit-frei	Stahlguss (Abschn. 4.8)	Vergütungs-stahlguss	Nichtrostender Stahlguss	

- besondere Wärmedehnung
- Säurebeständigkeit.

Sondergussarten sind z. B.

- säurefester Guss mit 15 % Si legiert
- verschleißfester Guss mit hohem Karbidanteil in ledeburitischer Grundmasse
- austenitisches Gusseisen mit 12 Sorten, Ni-hochlegiert und mit Lamellen- und Kugel-graphit (DIN EN 13835/12).

6.2 Allgemeines über die Gefüge- und Graphitausbildung bei Gusseisen

6.2.1 Gefügeausbildung

Die Gefüge der Fe-C-Legierungen mit C-Gehalten von 2,5…4 % sind *heterogen*. Im Grundgefüge sind Graphitkristalle eingebettet, sodass die Eigenschaften des Bauteiles von der Kombination beider abhängen. Durch den hohen C-Gehalt liegen die Werkstoffe in der Nähe des Eutektikums (im EKD) und weisen folgende Eigenschaften auf:

- Sie haben niedrige Schmelztemperaturen.
- Sie lassen sich leicht überhitzen und dadurch zu komplizierten Formen vergießen.

Abb. 6.2 Gusseisen mit
Lamellengraphit in ferritisch-
perlitischem Grundgefüge
500 : 1

- Die Graphiteinschlüsse erleichtern die Zerspanung und sind in Lamellenform wirksam als Schwingungsdämpfung und Festschmierstoff.

Grundgefüge

Grauguss gehört zunächst zum stabilen System der Legierung Fe-C; der gesamte C-Gehalt liegt elementar als Graphit im Gefüge vor.

Zwischen den Grenzfällen Stahl und Grauguss liegen wichtige Sorten, die beide Phasen, also Graphit und Zementit, *nebeneinander* im Gefüge haben. Dabei erstarrt die Schmelze zunächst stabil (Austenit + Graphit). Die folgende γ-α-Umwandlung vollzieht sich ganz oder teilweise metastabil:

Dabei zerfällt Austenit zu Perlit, dessen Zementitlamellen teilweise zu Ferrit werden, während sich die C-Atome an die vorhandenen Graphitkristalle anschließen (Abb. 6.2).

Zur Erinnerung: Stahlguss erstarrt wie Stahl metastabil (der gesamte C-Gehalt liegt als Zementit im Gefüge vor). Stahl darf wegen der geforderten Schmiedbarkeit keinen Graphit enthalten.

Bei Temperaturen > 700 °C zerfällt Zementit schnell. Durch Mischkarbidbildung mit Mn oder anderen Karbidbildnern entstehen *stabile* Karbide. Deshalb muss Mn immer auch in unlegierten Stählen enthalten sein.

Einflüsse auf die Gefügebildung

Für die Keimbildung von reinen C-Kristallen müssen die relativ wenigen C-Atome lange Wege zurücklegen, dadurch braucht die Graphitbildung viel Zeit. Bei Zementit Fe_3C verlaufen Keimbildung und Wachstum wesentlich schneller, weil beide Atomarten in der Schmelze dicht nebeneinander zur Verfügung stehen.

Zusätzlich haben die Legierungselemente Einfluss auf die Art der Kristallisation des Kohlenstoffs.

Einfluss der Legierungselemente

Mn, Mo, Cr bilden *Mischkarbide* und begünstigen die Karbidbildung beim Austenitzerfall, z. B. im verschleißfesten Gusseisen.

Si, P, Ni behindern die Karbidbildung und fördern die Graphitausscheidung (Si liegt im PSE unter dem C in der gleichen Hauptgruppe und hat die gleiche Anordnung der Außenelektronen).

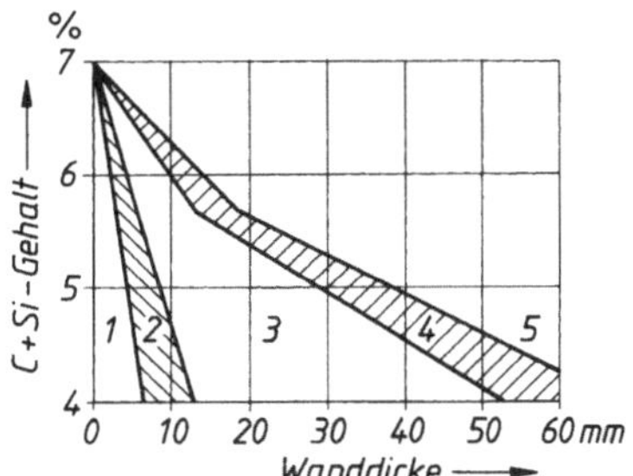

Abb. 6.3 Gefügeausbildung in Abhängigkeit vom (Si+C)-Gehalt und der Wanddicke. 1 ledeburitischer Hartguss, 2 meliertes Eisen, 3 Perlitguss, 4 ferritisch-perlitischer Grauguss, 5 ferritischer Grauguss. Um beispielsweise ein rein ferritisches Gefüge zu erhalten, muss bei Wanddicken < 10 mm der (C+Si)-Gehalt etwa 7 % betragen. Ferritisches Gefüge (5) hat niedrigste Härte und Festigkeit. Steigender Perlitanteil erhöht diese Eigenschaftswerte und die Verschleißfestigkeit. Meliertes Eisen ist ledeburitisch mit Graphit. Hartguss (1) ist graphitfrei (nach *Greiner-Klingenstein*)

Damit liegen zwei Einflussgrößen vor, mit denen sich die Gefügebildung steuern lässt:

Graphit   entsteht bei höheren Si-Gehalten und langsamer Abkühlung,

Zementit   entsteht bei höheren Mn-Gehalten und schneller Abkühlung.

Wanddickenempfindlichkeit

Der Zusammenhang der Einflussgrößen wird in Abb. 6.3 dargestellt. Darin kann die zu erwartende Gefügeausbildung, abhängig vom (C+Si)-Gehalt und der Wanddicke, ermittelt werden.

- Dicke Querschnitte neigen zu ferritischem Grundgefüge.
- Dünne Querschnitte können graphitfrei (zu Hartguss) erstarren.

Ein Gussteil wird selten eine durchgehend gleiche Wanddicke besitzen. Dadurch entstehen in einem Werkstück, das aus *einer* Schmelze abgegossen wurde, *verschiedene* Gefüge mit unterschiedlicher Härte. Das ist für die Eigenschaften von Bedeutung (z. B. für die Zerspanbarkeit).

> **Hinweis** In Gussteilen mit wechselnden Wanddicken entstehen unterschiedliche Gefüge mit wechselnder Härte. Die Abkühlgeschwindigkeit eines Gussstückes ist indirekt durch seine Wanddicke festgelegt.

Gießkeilprobe Schnelle Kontrolle der zu erwartenden Gefügeausbildung durch Abguss einer keilförmigen Probe, die abgeschreckt und längs gebrochen wird. Die Bruchfläche zeigt von der Spitze her ein *ledeburitisches* (weißes) Eisen, das nach dem dicken Ende hin in perlitisch-ferritisches Gefüge mit Graphit übergeht (graues Eisen). Die Länge der *weiß* erstarrten Zone gibt Aufschluss über das zu erwartende Verhalten in der Form.

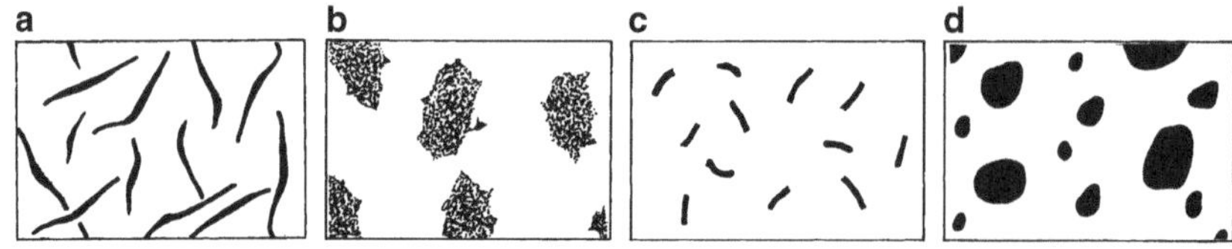

Abb. 6.4 Graphitausbildung, schematisch. **a** groblamellarer GJL, **b** flockig, knotig GJM, **c** wurmförmig GJV, **d** kugelförmig GJS

Abb. 6.5 Gestörter Kraftfluss.
a Lamellen, **b** Kugeln

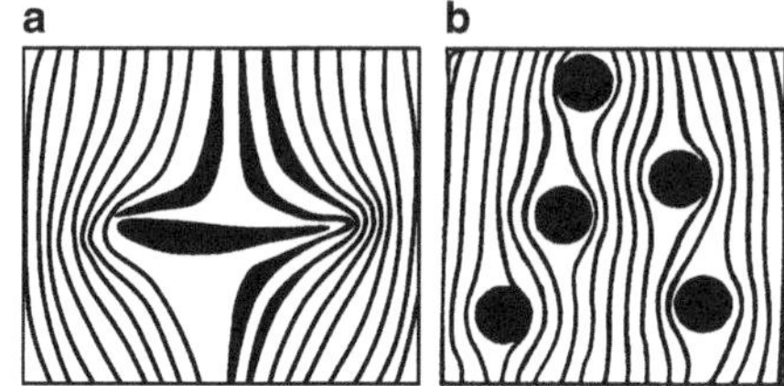

6.2.2 Graphitausbildung

Form und *Größe* der Graphitkristalle lassen sich sehr unterschiedlich ausbilden. Sie üben den stärksten Einfluss auf Zugfestigkeit und Bruchdehnung aus. Abb. 6.4 zeigt die Grundformen, die den Gusseisensorten den Namen geben.

Durch *Graphitverfeinerung* steigen Festigkeit und Zähigkeit. In Abb. 6.5 ist schematisch zu sehen, wie der Kraftfluss durch Lamellen *stark*, durch Kugeln *wenig* gestört wird. Daher ist Kugelgraphitguss GJS in seinen Eigenschaften stahlähnlich. Temperguss GJMW (GTW) oder GJMB (GTS) und Gusseisen mit Vermiculargraphit GJV (GGV) liegen mit ihren mechanischen Eigenschaften zwischen GJL (GG) und GJS (GGG).

6.3 Gusseisen mit Lamellengraphit GJL (DIN EN 1561/12)

Gusseisen mit Lamellengraphit hat eine Vielzahl von Vorzügen, aber auch Nachteilen, die in Tab. 6.5 zusammengefasst sind.

Herstellung

Als Einsatzmaterial wird vorwiegend Kreislaufschrott (Eingüsse, Speiser, Fehlgüsse), unlegierter Stahlschrott oder paketierte Späne verwendet. Den kleineren Anteil haben Gießereiroheisen I...IV (steigende P-Gehalte) oder P-armes Hämatitroheisen mit Zusätzen.

Gattierung ist die berechnete Zusammenstellung der Einsatzstoffe aufgrund ihrer Analyse, unter Berücksichtigung des Ab- und Zubrandes von Elementen, um eine Gusseisenschmelze mit bestimmter Analyse zu erhalten.

Schmelzanlagen sind der Gießereischachtofen (Kalt- und Heißwindkupolofen), Induktionsofen (bei hohem Anteil an Stahlschrott und zum Legieren) und Flammofen (bei Großschrott).

Tab. 6.5 Eigenschaftsprofil von Gusseisen mit Lamellengraphit

Eigenschaft	Beschreibung, Ursachen, Auswirkung
Gießbarkeit	**günstig**, da niedrige Schmelztemperatur (1200…1400 °C) und Schwindmaß von 0,6…1,4 %. Verwickelte Formen sind gut gießbar.
Zerspanbarkeit	**günstig**, die Graphitlamellen wirken als Festschmierstoff und Spanbrecher. Mit steigender Härte (steigender Perlitanteil) sinkt die Zerspanbarkeit.
Bruchdehnung	**gering**, da die Graphitlamellen eine Verformung nicht mitmachen.
Druckfestigkeit	**hoch**, sie beträgt etwa das Dreifache der Zugfestigkeit.
Dämpfung	**hohe** Schwingungsdämpfung durch den weichen Graphit. Sie nimmt mit steigender Festigkeit ab (weniger Ferrit, mehr Perlit).
Gleiteigenschaften	**mittel**, Graphit wirkt als Notlaufschmierstoff, die Perlitbereiche wirken tragend und ergeben geringeren Verschleiß.
Korrosionsbeständigkeit	**ausreichend** bei unverletzter Gusshaut, die aus dem Formsand Si aufgenommen hat. Hohe Si-Gehalte ergeben Säurebeständigkeit.
Wachsen des Gusseisens	Volumenvergrößerung durch Zementitzerfall und Oxidation bei ca. 400 °C beginnend. Zusätze von Cr und höhere Si-Gehalte stabilisieren den Zementit, wichtig für den Einsatz bei höheren Temperaturen.

Abb. 6.6 Beziehung zwischen Festigkeit und Wanddicke bei Gusseisen mit Lamellengraphit

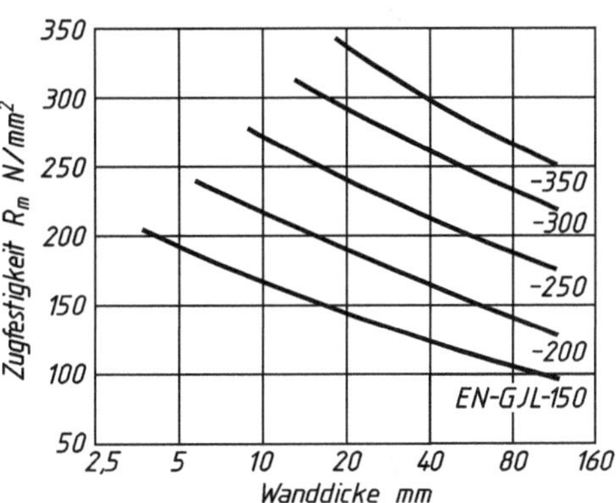

Entschwefelung erfolgt durch Zugaben von Soda Na_2CO_3, Kalk CaO oder Kalziumkarbid CaC_2, z. T. in Schüttelpfannen, die in etwa 5 min bei einer CaC_2-Zugabe von 0,4…0,5 % auf S-Gehalte von 0,02 % entschwefeln.

Die Sorten sind nach Zugfestigkeit (Tab. 6.7) oder Härte eingeteilt und danach benannt mit Gewährleistung unter bestimmten Bedingungen.

Zugfestigkeit R_m Probestücke zum Nachweis werden je nach Wanddicke hergestellt. Die daraus ermittelten Werte unterscheiden sich je nach Abkühlbedingungen. Abb. 6.6 zeigt die Beziehung zwischen Mindestzugfestigkeit und Wanddicke von Gussstücken einfacher Gestalt.

Tab. 6.6 Probestücke

Herstellung des Probestückes	Festigkeitswerte sind...	Anhängezeichen
getrennt gegossen	verbindlich	S
angegossen[a]	verbindlich	U
dem Gussstück entnommen[a]	Erwartungswerte	C

[a] Gussstücke $> 200\,$kg und Wanddicke $> 20\,$mm

Tab. 6.7 Eigenschaften von Gusseisen mit Lamellengraphit nach DIN EN 1561/12 (in getrennt gegossenen Proben von 30 mm Rohdurchmesser, Auswahl)

Eigenschaft	Sorte **EN-GJL**				
			-150	-250	-350
Zugfestigkeit	R_m	MPa	150...250	250...350	350...450
0,1 %-Dehngrenze	$R_{p0,1}$	MPa	98...165	165...228	228...285
Bruchdehnung	A	%	0,8...0,3	0,8...0,3	0,8...0,3
Druckfestigkeit	σ_{dB}	MPa	600	840	1080
Biegefestigkeit	σ_{bB}	MPa	250	340	490
Torsionsfestigkeit	τ_{tT}	Mpa	170	290	400
Biegewechselfestigkeit	σ_{bW}		70	120	145

Härte HBW Im Wanddickenbereich 40...80 mm wird die Härte HBW gemessen. Für die Härtemessung an Großteilen werden angegossene Kegelstümpfe abgetrennt (evtl. nach Wärmebehandlung). Die sechs Sorten sind: **EN-GJL-HBW155** (175, 195, 215, 235, 255).

Bezeichnung von Gusseisen mit Lamellengraphit kann erfolgen nach der:

- Mindestzugfestigkeit R_m, z. B. **EN-GJL-150**
- Durchschnittshärte HBW, z. B. **EN-GJL-HBW155**.

Je nach Herstellung des Probestücks gibt es auch noch verschiedene Anhängezeichen (Tab. 6.6).

Zwischen *Zugfestigkeit* und *Härte* besteht keine strenge mathematische Beziehung, nur eine durch Versuche ermittelte mit breiter Streuung.

> **Hinweis** Im Gussstück kann entweder die Mindestzugfestigkeit oder die Härte an vereinbarten Stellen gewährleistet werden.

Für die Auswahl der Sorten sind neben der Zugfestigkeit oft andere Eigenschaften wie z. B. Druck-, Biege- und Dauerfestigkeit wichtig (Tab. 6.7).

Kokillen- und Horizontalstrangguss Beide ergeben ein porenärmeres Gefüge mit verbesserten mechanischen Eigenschaften. Anwendungen für z. B. Hydraulikteile, Schlitten für Werkzeugmaschinen, Profilbarren für Führungsleisten, Zahnstangen u. ä.

Meehanite-Guss Es existieren 28 Sorten mit Lamellen- und Kugelgraphit. Durch eine patentierte Pfannenbehandlung mit graphitisierenden Impfstoffen wird ein sorbo-perlitisches Gefüge mit feiner Graphitausbildung erzielt. Gegenüber DIN-Sorten haben sie höhere Festigkeiten (bis max. 1000 MPa) und geringere Wanddickenempfindlichkeit.

Meehanite-Guss gibt es in vier Anwendungsgruppen (allgemeine, korrosionsbeständige, verschleißfeste und hitzebeständige Sorten).

Nodular ist Meehanite-Gusseisen mit Kugelgraphit in 10 Sorten. (Arbeitsgemeinschaft der deutschen Meehanite-Gießereien, Alexanderstraße 51, 70182 Stuttgart)

6.4 Gusseisen mit Kugelgraphit GJS (DIN EN 1563/12)

Der Werkstoff ist auch als *sphärolithisches* Gusseisen (Sphäroguss) oder *duktiles* Gusseisen bekannt (duktil = bildsam). Abb. 6.7 zeigt die Kugelform der Graphitkristalle.

Herstellung

Einsatzmaterialien sind Sonderroheisen, d. h. wenig S, frei von As, Pb, Bi, Ti und sortierter Stahlschrott ohne Legierungselemente und frei von Öl und Rost.

Schmelzanlagen sind meist Induktionstiegelöfen evtl. mit Vorschmelzen im Heißwindkupolofen. Damit lässt sich die Abstichtemperatur von ca. 1500 °C leicht einstellen und es gibt keine Anreicherung von Schwefel aus dem Heizmaterial.

Die Vorbehandlung zum Erzeugen der Kugelform des Graphits beginnt mit dem Abstich in spezielle Gießpfannen. Danach erfolgen noch drei Schritte, die zum gewünschten Gefüge führen:

- Entschwefeln
  Zugabe von CaC_2 unter Badbewegung in Schüttelpfannen oder durch Rührgeräte und Reduktion auf $\leq 0{,}02\,\%$ S, auch durch Einblasen mit Tauchrohren, als Voraussetzung für den nächsten Schritt
- Mg-Behandlung
  Wegen der Verdampfung des Reinmagnesiums (Explosionsgefahr) meist mit Mg-Vorlegierungen (FeSiMg, NiMg) nach verschiedenen Verfahren

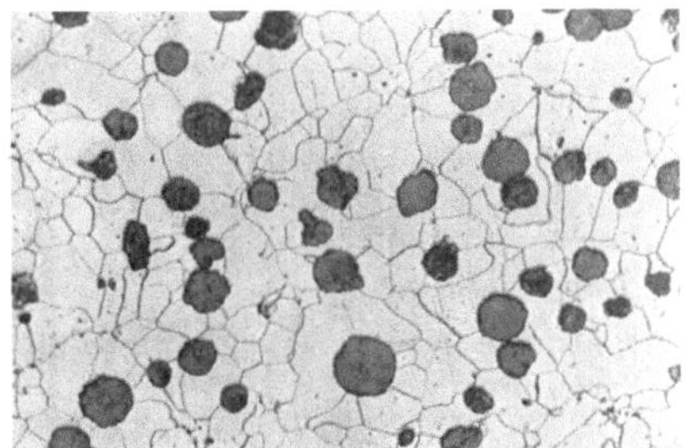

Abb. 6.7 Gusseisen mit Kugelgraphit in ferritischem Grundgefüge 100 : 1

- Impfen
  Zugabe von feinkörnigem FeSi (mit geringen Anteilen von Al, Ca, Zr oder seltenen Erden) in die Gießpfanne oder in den Gießstrahl als Graphitkeime (Anzahl und Größe der Sphärolithen), Einstellung des gewünschten Grundgefüges.

Wärmebehandlung

Die gewünschten Gefüge und damit die Sorte können auch *nachträglich* durch eine Wärmebehandlung eingestellt werden. Dann kann mit einer Art Einheitsschmelze (mit größerer Analysenstreuung) abgegossen werden.

- Austenitisieren (15 min…4 h bei 880…940 °C) und langsames Abkühlen im Umwandlungsbereich und Halten unterhalb oder nochmaliges Erwärmen auf ca. 720 °C ergibt ferritische Gefüge (*Ferritisieren*).
- Schnelles Abkühlen im Umwandlungsbereich ergibt perlitisches Gefüge, evtl. auch durch Normalisieren (*Perlitisieren*).
- Randschichthärten ist ebenfalls möglich.
- Isotherme Umwandlung ergibt ein bainitisches Gefüge (Bainitisches Gusseisen ADI).

Eigenschaftsprofil, Normung

GJS hat stahlähnliche Eigenschaften, dabei die gute Gießbarkeit des Gusseisens mit Lamellengraphit, allerdings durch die Graphitform geringere Dämpfung und Wärmeleitfähigkeit. In Tab. 6.8 sind einige genormte Sorten mit ihren mechanischen Eigenschaften aufgeführt.

Tab. 6.8 Gusseisen mit Kugelgraphit (DIN EN 1563/12) (Auswahl)

Kurzname EN-GJS	$R_{p0,2}$ MPa	$\tau_a{}^e$ MPa	K_{IC} in[b] MPa$\sqrt{m}$	σ_d MPa	$\sigma_{bB}{}^c$ MPa	$\sigma_{bB}{}^d$ MPa	Gefüge	Anwendungsbeispiele
-400-18[a]	250	360	30	700	195	122	Ferrit	Windenergieanlagen
-500-7	320	450	25	800	224	134	Ferrit/Perlit	Zylinder für Diesel-Ramme, 1,7 t
-600-3	380	540	20	870	248	149	Ferrit/Perlit	Kolben (Großdieselmotor)
-700-2	440	630	15	1000	280	168	Perlit	Planetenträger, Kurbelwelle VR5
-800-2	500	720	14	1150	304	182	Perlit/Bainit	
-900-2	600	810	14	—	317	190	Martensit, wärmebehandelt	

[a] Hierzu gibt es Sorten mit gewährleisteter Kerbschlagarbeit bei Raumtemperatur (-RT) oder tiefen Temperaturen (-LT) (Tab. 6.9)
[b] Bruchzähigkeit
[c] Umlaufbiegeversuch, ungekerbte Probe
[d] Umlaufbiegeversuch, gekerbte Probe; Werte für getrennt gegossene Probestücke
[e] Scherfestigkeit τ_a = Torsionsfestigkeit τ_t

Tab. 6.9 Mindestwerte für Kerbschlagarbeit

Kurzname	Mindestwerte für die Kerbschlagarbeit in J bei Temperatur		
EN-GJS-	RT	-20 °C	-40 °C
-350-22-LT	---	---	12
-RT	17	---	---
-400-18-LT	---	12	---
-RT	14		---

Durch die Kugelform des Graphits wird die starke Kerbwirkung der Lamellen vermieden ($\Rightarrow$ höhere Festigkeit und Zähigkeit). Dagegen haben die Lamellen eine größere Oberfläche, wodurch Dämpfungsfähigkeit bei Schwingungsbeanspruchung und elektrische Leitfähigkeit höher sind als bei der Kugelform.

In der Praxis wird Gusseisen mit Kugelgraphit für Bauteile aller Größen verwendet,

- die in Stahlguss sehr schwierig zu gießen sind (komplexe Gestalt, kleine Wanddicke),
- wenn Gusseisen mit Lamellengraphit zu spröde ist (Stoßbelastungen) und
- wenn Temperguss wegen der Größe ausscheidet.

GJS füllt auf Grund seines Eigenschaftsprofils die Lücke zwischen Stahl- und Temperguss. Über die endgültige Wahl entscheiden die Kosten.

Beispiel: GJS im Automobilbau

Der Kfz-Bau ist mit einem Anteil von 40 % der Gesamtproduktion an GJS der größte Abnehmer. 70 % der Kurbelwellen in Pkw-Motoren bestehen aus GJS-600-3; Lkw-Radnaben aus GJS-600-3; Lenk- und Getriebegehäuse für Landmaschinen und Sonderfahrzeuge GJS-500-7; Kolben für Dieselmotor aus GJS-600-3 (68 kg); Einteiliger Pressenständer aus GJS-400-22-LT (165 t); Tische, Querbalken und Planscheiben für Werkzeugmaschinen aus GJS-600-3; Gondelrahmen für Windkraftanlagen GJS-400-18-LT.

Bainitisches Gusseisen mit Kugelgraphit (Austempered Ductile Iron, **ADI**) hat zähhartes Gefüge aus übersättigtem Ferrit mit Karbidsäumen und Restaustenit. Es wird durch eine isotherme Umwandlung bei 270...450 °C erzeugt. Für größere Wanddicken wird es mit Cu, Ni, und Mo niedriglegiert, damit die Perlitumwandlung beim Abkühlen umgangen werden kann. Der Restaustenit führt bei Verformungen zu geringer Martensitbildung (Verschleißwiderstand steigt) mit Druckeigenspannungen. Dadurch wird ein evtl. Risswachstum behindert (Dauerfestigkeit steigt) (Tab. 6.10).

Bainitisches Gusseisen wird bei Stahlwerkswalzen, Tellerräder u. Radnaben für Lkw, Gehäusen von Presslufthämmern und Pickelarmen für Gleisbaumaschinen verwendet.

Tab. 6.10 ADI: Austempered Ductile Iron nach DIN EN 1564/12 und VDG-MB W 52

Sorte EN-GJS	$R_{p0,2}$/MPa	A/%
1-800-8 (GGG-80B)	500	8
-1000-5 (GGG-90B)	700	5
-1200-2 (GGG-120B)	850	2
-1400-1 (GGG-140B)	1100	1

6.5 Temperguss GJMW/GJMB (DIN EN 1562/12)

Temperguss wird in zwei Arten hergestellt, die sich in Analyse, Wärmebehandlung und dem entstehenden Gefüge unterscheiden.

- **GJMW** (Weißer Temperguss) ist *entkohlend* geglüht. Der Rand wird völlig entkohlt, zum Kern hin sinkt der C-Gehalt ab. Die Gefügeausbildung ist perlitisch mit **weißer Bruchfläche**.
- **GJMB** (Schwarzer Temperguss) ist *nicht* entkohlend geglüht. Der gesamte C-Gehalt liegt als Temperkohle im Gefüge vor. *Temperkohle* ist Graphit in flockiger Form mit **grau-schwarzer Bruchfläche**.

GJMB muss etwas weniger C-Gehalt haben, da nichts entfernt wird. **GJMW** verliert beim Glühen einen Teil des Kohlenstoffs, deswegen kann die Schmelze mehr enthalten. Schmelz- und Gießbarkeit werden dadurch gesteigert. Für beide Sorten ist der (Si+C)-Gehalt gleich und ergibt auch bei kleinen Wanddicken ein ledeburitisches (graphitfreies) Gefüge (Tab. 6.11).

Herstellung von Temperguss
Erschmelzung Temperguss wird im Kupolofen aus Sonderroheisen, Bruch und Stahlschrott erschmolzen. GJMB wird in einem zweiten Ofen (meist Induktionsofen) fertiggeschmolzen, da der niedrigere C-Gehalt im Kupolofen schwierig zu erreichen ist.

Erstarrung Temperrohguss muss *graphitfrei* erstarren (Abb. 6.8). Damit ist die Masse von Tempergussteilen nach oben begrenzt. Sie liegt bei etwa 100 kg und Wanddicken von max. 60 mm. Für GJMW ist die Wanddicke auf ca. 25 mm begrenzt, damit die Entkohlung mit wirtschaftlichen Glühzeiten möglich ist.

Wärmebehandlung für GJMB
Abb. 6.9 zeigt den Temperatur-Zeit-Verlauf beim Tempern.

Tab. 6.11 Vergleich: Temperguss, Rohgussanalysen

Sorte	C in %	Si in %	Mn in %	S in %
GJMB	2,5	1,3	0,45	0,12
GJMW	3,2	0,6	0,45	0,12...0,25

Abb. 6.8 Temperrohguss, Perlit (dunkel) in ledeburitischem Grundgefüge 200 : 1

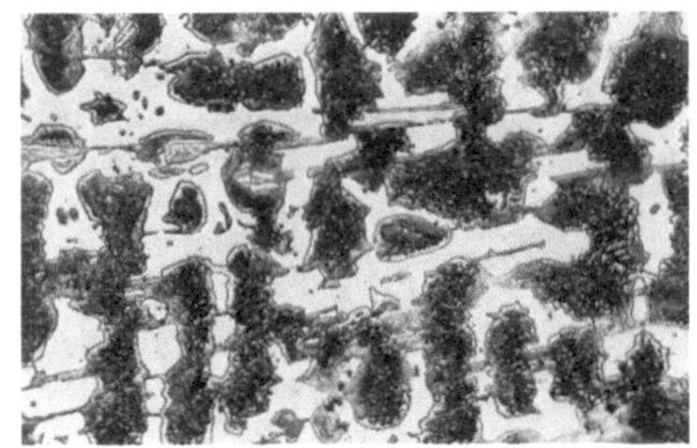

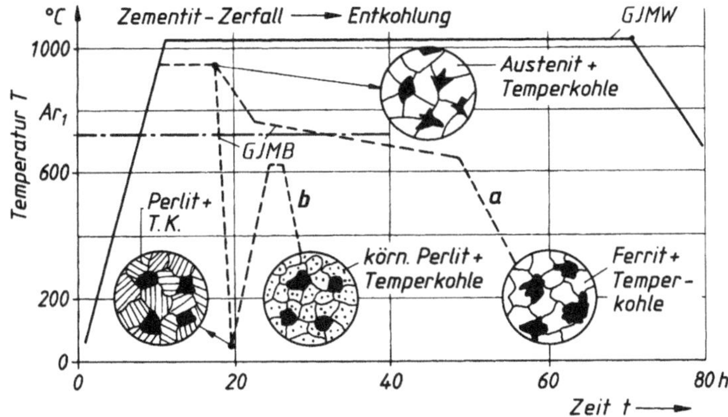

Abb. 6.9 Wärmebehandlung von Temperguss, t,T-Diagramm. **a** Langsames Durchlaufen der γ-α-Umwandlung (760…680 °C). Hierbei muss der im Austenit gelöste Kohlenstoff ausscheiden und kann an die entstandene Temperkohle ankristallisieren. Auch bei der Gitterumwandlung gliedern sich die restlichen 0,8 % C an die Temperkohle an. Es entsteht ferritischer Temperguss **GJMB-350-10** aus Ferrit und Temperkohle (Abb. 6.10). **b** Schnelles Durchlaufen der Umwandlung durch Abkühlung an der Luft lässt den Austenit zu Perlit umwandeln, sodass der perlitische Temperguss entsteht, z. B. **GJMB-550-4** (Abb. 6.11). Durch entsprechende Abkühlung entstehen ferritisch-perlitische Grundgefüge (**GJMB-450-6**)

Abb. 6.10 Temperguss GJMB-350-10, Temperkohle in ferritischem Grundgefüge 200 : 1

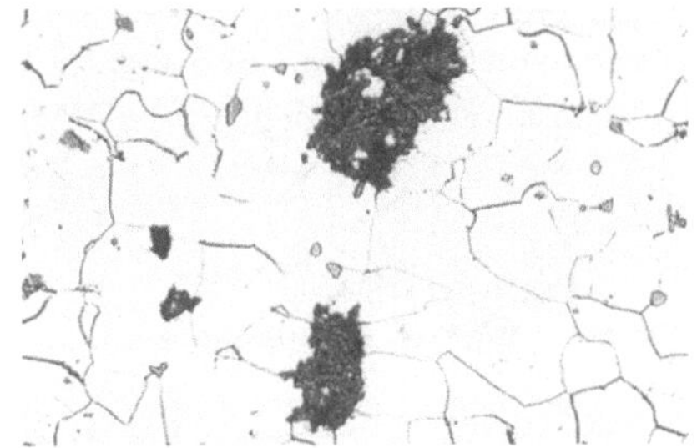

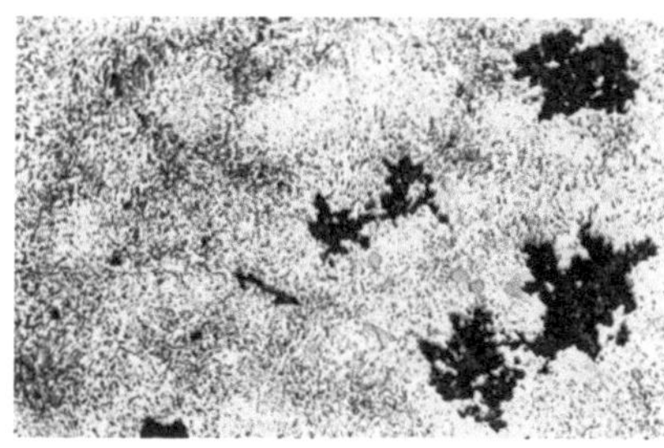

Abb. 6.11 GJMB-550-4,
Temperkohle in perlitischem
Grundgefüge 200 : 1

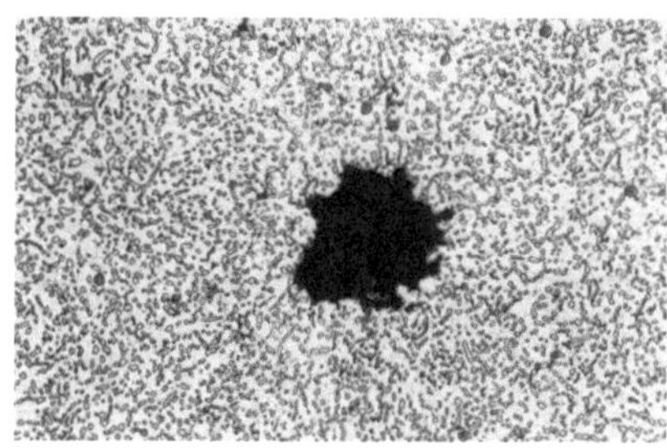

Abb. 6.12 GJMW-450-7,
Temperkohle in Grundgefüge
aus körnigem Perlit 200 : 1

Schwarzer Temperguss GJMB wird in neutraler Atmosphäre geglüht. Es erfolgt nur der Zementitzerfall, die Glühzeiten sind kürzer.

Weißer Temperguss GJMW wird in oxidierenden Mitteln geglüht, meist in geregelter Gasatmosphäre. Dabei verbrennt der Kohlenstoff der zerfallenden Verbindung Fe_3C und auch der im Austenit gelöste (Randentkohlung). Aus dem Kern diffundieren C-Atome nach außen, sodass bei kleinen Wanddicken (max. 8 mm) ein **rein ferritisches** Gefüge entsteht.

- Der Rand ist entkohlt und ferritisch, die
- Übergangszone besteht aus Ferrit + Perlit + Temperkohle,
- der Kern aus Perlit + Temperkohle.

Grundgefüge mit körnigem Perlit besitzt der **GJMW-450-7** durch ein anschließendes Weichglühen (Abb. 6.12).

Wegen der Diffusionswege sind die Glühzeiten lang (Abb. 6.9). Bei größeren Wanddicken bleiben C-Atome im Kern zurück. Das Gefüge ist dann wanddickenabhängig.

Die schweißgeeignete Sorte GJMW-360-12 ist so legiert, dass sie tief entkohlt. Gussteile können mit Walzstahl verschweißt werden, eine Wärmenachbehandlung ist nicht nötig.

Beispiel für GJMW-360-12

Pkw-Radlenker, Stahlblechschale mit gegossenem Lagergehäuse verschweißt.

Vergütungsgefüge mit Temperkohle werden durch Ölvergütung und abschließendem Anlassen erzeugt. Dadurch ergeben sich Sorten mit höherer Festigkeit (**GJMB-700-2,**

Tab. 6.12 Eigenschaften von Temperguss nach DIN EN 1562/12 (siehe auch Abb. 6.13)

Werkstoffbezeichnung DIN EN 1562/12	$R_{p0,2}$ MPa	HBW	Anwendungsbeispiele (Härte HBW nur Anhaltswerte)
EN-GJMW- Entkohlend geglühter (weißer) Temperguss			
-360-12	190	max. 200	Schweißgeeignet für Verbunde mit Walzstahl, Teile für Pkw-Fahrwerk, Gerüststreben
-450-7	260	max. 220	Wärmebehandelt, höhere Zähigkeit Pkw-Anhängerkupplung, Getriebeschalthebel
-550-4	340	max. 250	
EN-GJMB- Nicht entkohlend geglühter (schwarzer) Temperguss			
-350-10	200	max. 150	Seilrollen mit Gehäuse, Möbelbeschläge, Schlüssel aller Art, Rohrschellen, Seilklemmen
-450-6	270	150…200	Schaltgabeln, Bremsträger
-550-4	340	180…230	Kurbelwellen, Kipphebel für Flammhärtung, Federböcke, Lkw-Radnabe
-650-2	430	210…260	Druckbeanspruchte kleine Gehäuse, Federauflage für Lkw (oberflächengehärtet)
-700-2	530	240…290	Verschleißbeanspruchte Teile (vergütet), Kardangabelstücke, Pleuel, Verzurrvorrichtung für Lkw
-800-1	600	270…310	Verschleißbeanspruchte kleinere Teile (vergütet)

Die Werkstoffbezeichnung enthält an erster Stelle die Zugfestigkeit in MPa und an zweiter Stelle die Bruchdehnung A in Prozent. Die Werte gelten für Probestäbe von 12 oder 15 mm $\varnothing$.

Tab. 6.12). Temperguss ist wenig kerbempfindlich und damit für schwingbeanspruchte, komplizierte Bauteile mit hoher Formzahl k_f günstiger als hochfeste Stähle (z. B. Lkw-Pleuel aus GJMB-700-2).

Nach dem Tempern ist der Werkstoff zäh und schlagfest bis zu Temperaturen von $-70\,°C$. Die Zerspanbarkeit ist bei GJMB weniger aufwendig als bei GJMW. Randschichthärtung ist bei perlitischem Grundgefüge möglich (entkohlte Randschicht bei GJMW entfernen).

In der Praxis hat Temperguss Eignung

- für dünnwandige Bauteile mit
- verwickelter Form, die auch
- stoßfest sein müssen.

Für die oben genannten Teile ist Stahlguss wegen seiner gießtechnischen Schwierigkeiten unwirtschaftlich und Gusseisen GJL kommt wegen mangelnder Zähigkeit nicht infrage. Es sind vorwiegend Serien- und Großserienteile zwischen wenigen Gramm bis zu max. 100 kg, meistens weniger als 10 kg, Wanddicken über 20 mm sind die Ausnahme. Sicherheitsbauteile an Fahrzeugen.

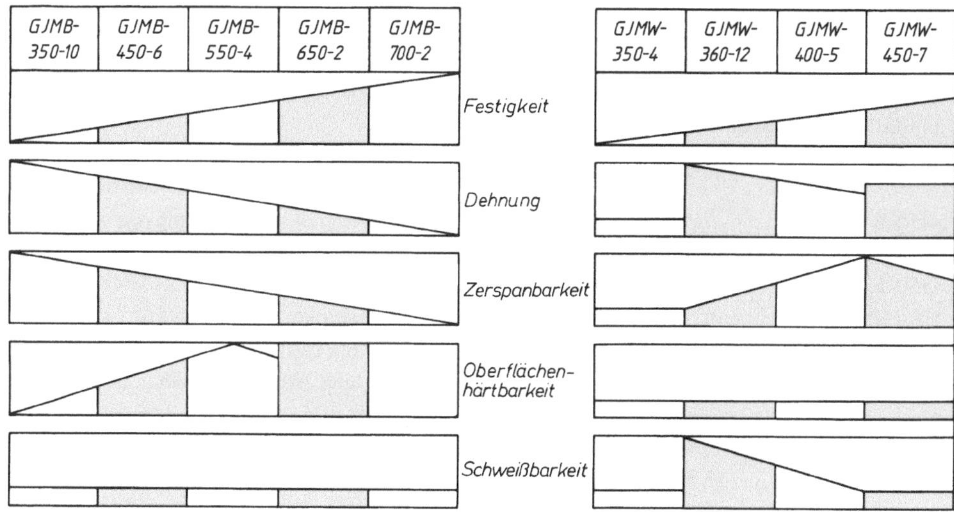

Abb. 6.13 Eigenschaftsprofil der Tempergusssorten (H. Kowalke)

Tab. 6.13 Hauptabnehmer der Tempergusserzeugung

Branche	Anteil in %	Branche	Anteil in %
Fahrzeugbau	37,4	Fittings	28,2
Maschinenbau	4,8	Sonstige	29,6

Beispiel: Einsatz von Temperguss

Verbundkonstruktionen aus GJMW-369-12W mit Blech oder Profilstahl für Pkw-Achsen oder Schräglenker, Ventilgehäuse zum Einschweißen, Schaltgabel für Lkw-Getriebe aus GJMB-550-4 mit induktiv gehärteten Schaltklauen, Stell- und Befestigungselemente für Gerüst- und Schalungsbauten aus GJMW-400-5, Tellerräder mit fertiggegossener Verzahnung für landwirtschaftliche Maschinen aus GJMB-550-4 und GJMB-700-2 (Tab. 6.13).

6.6 Gusseisen mit Vermiculargraphit

Vermiculargraphit ist *wurmförmiger* Graphit, eine Art Zwischenform von Lamelle zur Kugel (Abb. 6.14).

Die Herstellung erfolgt in ähnlicher Weise wie GJS mit einer Mg-Behandlung von S-armen Roheisen nach drei verschiedenen Verfahren. Durch einen Rest-Mg-Gehalt wird die *lamellare* Graphitausbildung unterdrückt, die kugelförmige aber nicht ganz erreicht.

Erstarrung Es besteht eine starke Wanddickenabhängigkeit. In dünnen Querschnitten überwiegen Kugeln, in dicken die wurmartigen Graphitkristalle. Meist entsteht ein ferritisches Grundgefüge, dünnwandige Gussstücke brauchen nicht geglüht zu werden.

Abb. 6.14 Gusseisen mit
Vermiculargraphit GJV-300
200 : 1

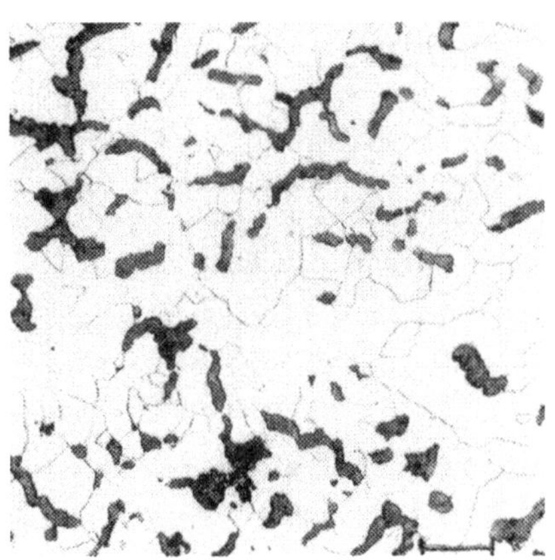

Wegen der ähnlichen Herstellungsweise ist GJV kaum kostengünstiger als GJS. Die Sicherung konstanter Qualität im Gussteil ist aufwändiger (Ultraschallprüfungen). Einige wichtige technologische Eigenschaften und Zahlenwerte sind in Tab. 6.14 aufgelistet.

Eigenschaften Die Kombination aus kleinerem E-Modul, höherer Wärmeleitfähigkeit und geringerer Wärmedehnung gegenüber GJS macht sich in kleineren thermischen Spannungen bei Temperaturwechseln bemerkbar, d. h. weniger Rissneigung oder Verzug. Die innere Oxidation von GJL bei höheren Temperaturen, die längs der zusammenhängenden Graphitlamellen verläuft, entsteht bei Wurmgraphit nicht. Daher kein „Wachsen" des Bauteils, wichtig bei thermischer Beanspruchung (Tab. 6.15).

Tab. 6.14 Einige GJV-Sorten VDG-MB W 50/02

Symbol	R_m[a]$/$MPa	$R_\mathrm{p0,2}/$MPa	$A/\%$	HBW
GJV-300	300…375	220…295	1,5	140…210
GJV-400	400…475	300…376	1,0	180…240
GJV-500	500…575	380…455	0,5	220…260

[a] Werte steigen mit fallender Wanddicke

Die VGD-Norm enthält u. a. 3 Diagramme der Wanddickenabhängigkeit zur Wahl der getrennt gegossenen Probestücke für die maßgebliche Wanddicke des Gussteils.

Tab. 6.15 Vergleich von GJV mit GJL und GJS

GJV ist günstiger in folgenden Eigenschaften als	
GJL in	GJS in
Festigkeit, Zähigkeit	Gießeigenschaften
Steifigkeit	Zerspanbarkeit
Dauerwechselfestigkeit	Dämpfungsfähigkeit
Oxidationsbeständigkeit Temperaturwechselbeständigkeit	Formbeständigkeit bei Temperaturwechseln (Verzug)

Anwendungen Thermisch beanspruchte Bauteile wie z. B. Abgaskrümmer, Abgasturboladergehäuse, Kupplungsscheiben, Zylinderköpfe für stationäre Dieselmotoren 200 kg, Motorblock für Opel-Kfz (Rennversion), Stahlwerkskokille 23 t, AUDI/BMW-Achtzylinderblock für Dieselmotor.

Für Bauteile mit umfangreichen Zerspanungsarbeiten ist GJV kostengünstiger als GJS, wenn dessen höhere mechanische Eigenschaften nicht erforderlich sind, GJL aber nicht ausreicht, z. B. Getriebegehäuse, Grundplatte für einen Großdieselmotor.

6.7 Sonderguss

Für besonders hohe Anforderungen an Korrosions- und Verschleißbeständigkeit oder bei thermischer Beanspruchung sind weitere Gusswerkstoffe entwickelt worden. Sonderguss umfasst die Sorten, die wegen ihres Legierungsgehaltes und Grundgefüges nicht in die bisher behandelten Gusswerkstofftypen passen.

Säurebeständiges Gusseisen mit 14…17 % Si bei 0,6…0,9 % C ist außerordentlich hart und spröde und gehört trotz des niedrigen C-Gehaltes nicht zur Werkstoffgruppe Stahl, da die Schmiedbarkeit nicht gegeben ist.

Beispiel: Säurebständiges Gusseisen GJH-X70Si15

GJH-X70Si15 ist gegen heiße Säuren beständig, für Pumpenteile und Armaturen in der chemischen Industrie, Anoden für den kathodischen Korrosionsschutz.

Schalenhartguss wird in Kokillen vergossen, sodass durch die Abschreckwirkung der Rand weiß erstarrt, im Kern tritt zunehmend Graphit auf.

Anwendungsbeispiele für Schalenhartguss

Walzen aller Art, die keiner Stoßbelastung ausgesetzt sind, hohlgegossene Nockenwellen für BMW-V8-Dieselmotoren, Oberflächenhärte 50…55 HRC.

Verschleißbeständiges Gusseisen

Widerstand gegen furchenden Verschleiß (Abrasion) wird durch steigende Anteile von Karbiden erreicht, die stäbchenförmig in einer martensitisch-austenitischen Grundmasse liegen. Sie entsteht bei Abkühlung aus dem Gusszustand oder durch Wärmebehandlung mit Luftabkühlung. Das erfordert hohe LE-Gehalte (Cr, Ni, Mo).

Nach der Norm DIN EN 12513/11 sind die Karbide dieser Legierungen z. T. **Mischkarbide**. In ihnen sind Fe-Atome im Fe_3C durch Cr-Atome ersetzt. **Cr-Karbide** haben nicht die Zementitstruktur. Beide Arten sind härter als Zementit Fe_3C (Karbidbildner, Tab. 4.9).

Die bisherigen Bezeichnungen der Sorten nach DIN 1695 Z ließen die chemische Zusammensetzung erkennen, die neuen nach DIN EN 12513/11 geben nur die Vickershärte an (Tab. 6.16).

Tab. 6.16 Sortenvergleich

DIN EN 12513/11		Handelsname
GJN-HV350	unlegiert	
Chrom-Nickel-Gusseisen		
GJN-HV520	G-X260NiCr 4 2	Ni-Hard 2
GJN-HV550	G-X330NiCr 4 2	Ni-Hard 1
GJN-HV600	G-X300CrNiSi 9 5 2	Ni-Hard 4
Hochchromhaltige Gusseisen[a]		
GJN-HV600(XCr14)	G-X 300 CrMo 15 3	
GJN-HV600(XCr23)	G-X 300 CrMo 27 1	

[a] Innerhalb jeder Sorte gibt es drei Varianten mit gestuften C-Gehalten zwischen 1,8 und 3,6 % mit jeweils abnehmender Zähigkeit und Durchhärtung.

Die Sorten haben ein graphitfreies Gefüge aus überwiegend Martensit (Anteile von Bainit und Austenit), z. T. nach normaler Abkühlung. Die C-Gehalte liegen von 2,6 bis 3,6 %. Wichtigstes LE ist Cr, daneben Ni und Mo.

Cr stabilisiert die graphitfreie Erstarrung bei geringen Si-Gehalten ($< 1\,\%$) und bildet härtere Cr-Mischkarbide. Der nicht gebundene Anteil (im Mischkristall gelöste) steigert Härtbarkeit und Korrosionsbeständigkeit.

Austenitisches Gusseisen DIN EN 13835/12

Die mit Ni hochlegierten Sorten (12…35 %) nach DIN EN 13835/12 verbinden die hohe Korrosionsbeständigkeit und evtl. Hitzebeständigkeit der entsprechenden Stahlgusssorten mit der leichteren Gießbarkeit eutektischer Fe-C-Legierungen, d. h. niedrige Schmelztemperaturen, geringere Lunkerneigung und gutes Formfüllungsvermögen. Der Aufwand beim Formen, Schmelzen und Gießen ist jedoch höher als bei den GJS-Sorten.

> **Hinweis** Austenitisches Gusseisen ist seit Jahren unter der geschützten Bezeichnung Ni-Resist in *zahlreichen Sorten* im Handel. Die EN-Norm hat ihre Anzahl auf zwei Sorten mit Lamellengraphit (GJLA-) und zehn mit Kugelgraphit (GJSA-) reduziert.

Austenitisches Gefüge kann bei tiefen Temperaturen oder örtlich bei mechanischer Beanspruchung zu Martensit umwandeln (nicht zu Perlit, da keine C-Diffusion stattfinden kann). Die Folgen sind Versprödung und der vorher nicht magnetisierbare Werkstoff wird magnetisierbar (dadurch Nachweismöglichkeit einer evtl. Umwandlung).

Die Sorten unterscheiden sich durch abgestufte Ni-Gehalte und weitere LE, die in Kombination bestimmte Eigenschaften bewirken sollen (Tab. 6.17).

Tab. 6.18 zeigt eine Auswahl der Austenitischen Gusseisen.

In Tab. 6.19 wird ein Branchenüberblick über Mengenabnahmen gezeigt.

Tab. 6.20 zeigt die erzeugten Mengen verschiedener Gusssorten.

Tab. 6.17 Wirkung der Legierungselemente

LE	LE-%	Wirkung
C	2,6…3	Wegen der Gießbarkeit wird eine naheutektische bis eutektische Zusammensetzung angestrebt. Da Ni den eutektischen Punkt im EKD nach links verschiebt, genügen dazu 2,6…3 % C.
Ni	12…35	Hauptlegierungselement, stabilisiert den Austenit bis zu tiefen Temperaturen. Wird darin unterstützt von Mn, Cr und Cu. Ni ergibt bei ca. 35 % Anteil Sorten mit geringster thermischer Ausdehnung.
Cr	1…5,5	Cr-Gehalt wegen der Gefahr der Cr-Karbidbildung niedrig (Versprödung). Cr ist aber wichtig für dichten Guss, Korrosionsbeständigkeit und Schweißeignung.
Mn	0,5…7	Unterstützt die Wirkung des Ni, hat aber keine Wirkung auf Korrosions- und Hitzebeständigkeit, deshalb nur bei nichtmagnetisierbaren Sorten in höheren Anteilen (3 Sorten)
Si	1…6	Notwendig für die Graphitbildung, erhöht bei hohen Ni-Gehalten die Zunderbeständigkeit durch Bildung einer SiO_2-Schicht (in zwei Sorten enthalten)
Nb	…0,2	Verbessert die Schweißeignung, eine Sorte für Bauteile mit Fertigungs-/Konstruktionsschweißungen

Durch ca. 2 % Mo wird die Warmfestigkeit weiter erhöht. Mo ist in den genormten Sorten nicht enthalten.

Tab. 6.18 Austenitisches Gusseisen, Auswahl

Sorte	R_m/MPa	A/%	Eigenschaften	Anwendungsbeispiele
GJLA-XNiCuCr15-6-2	170…210	2	gute allg. Korrosionsbeständigkeit und Gleiteigenschaften (Lamellengraphit, hohe Wärmedehnung und Dämpfungsfähigkeit)	Kolbenringträger für Leichtmetallkolben, gering mechanisch beanspruchte Teile
GJSA-XNiCr20-2	370…480	7	w.o. mit höherer Zähigkeit, hohe Hitzebeständigkeit	Pumpen, Ventile, Zylinderbuchsen
GJSA-XNiMn23-4	440…480	25	kaltzäh bis $-196\,^{\circ}C$, nicht magnetisierbar, hohe Dehnung und Zähigkeit	Gussteile für die Kältetechnik
GJSA-XNiSiCr35-5-2	370…450	7	höchste Hitze- und Temperaturbeständigkeit ($960\,^{\circ}C$), geringe Wärmedehnung	Abgaskrümmer für hochbelastete Motoren (BMW), Turboladergehäuse (Porsche)

Tab. 6.19 Gusserzeugung nach Branchen (Daten 2010 nach DGV)

Branche	Abnahme in	
	1000 t	%
Fahrzeugbau	2092	57,0
Maschinenbau	942	25,7
Sonstige	636	17,3
	3,67 Mio. t	

Tab. 6.20 Gusserzeugung nach Sorten (Daten 2010 nach DGV)

Sorten	Erzeugung in	
	1000 t	%
Stahlguss	192	5,2
GJL (GG)	2181	59,4
GJS (GGG)	1245	33,9
GJM (GT)	52	1,4
	3,67 Mio. t	

Literatur

1. Konstruieren und Gießen (K+G), ZVG, Zentrale für Gussverwendung, Düsseldorf. www.bdguss.de (Zeitschrift)
2. Gießerei, VDG-Verlag, Düsseldorf (Zeitschrift)
3. Deike, R. u. a.: Gusseisen mit Lamellengraphit, Eigenschaften und Anwendungen. K+G **2** (2000)
4. Herfurth, Röhrig u. a.: Gusseisen mit Kugelgraphit. K+G **2** (2007) (auch Sonderdruck)
5. Schock, D.: Bainitisches Gusseisen mit Kugelgraphit – Ein Werkstoff mit großem Entwicklungspotential. K+G **4** (2000)
6. Röhrig, K.: Europäische ADI-Entwicklungskonferenz – Eigenschaften, Bauteilentwicklung und Anwendungen. K+G **1** (2003)
7. Engels, A. u. a.: Duktiles Gusseisen, Temperguss. K+G **1, 2** (1983)
8. Werning, H.: Schwarzer Temperguss – Herstellung, Eigenschaften und Anwendungen. K+G **1** (2000); Schweißkonstruktionen mit weißem Temperguss. K+G **2** (1995)
9. Röhrig, K.: Gusseisen mit Vermiculargraphit – Herstellung, Eigenschaften, Anwendung. K+G **1** (1991)
10. Ludwig, Pusch u. a.: Mechanische und bruchmechanische Kennwerte für unterschiedlich behandeltes Gusseisen mit vermicularer Graphitausbildung. K+G **3** (2006)
11. Röhrig, K.: Austenitisches Gusseisen, Eigenschaften und Anwendung. K+G **2** (2004)
12. Röhrig, K.: Verschleißbeständige Gusseisen, von DIN 1695 zu DIN EN 12513. K+G **2** (2001)
13. Werning. H.: Verschleißbeständige weiße Gusseisenwerkstoffe. K+G **1** (1999)
14. Herfurth, K. Gusseisen – kleine Werkstoffkunde eines viel genutzten Eisenwerkstoffes. K+G **1** (2007)
15. Röhrig, K.: Gusseisen-Strangguss, Wärmebehandlung, Beschichten, Anwendungen. K+G **3** (2005)
16. Aue, H. u. a. Feingießen. Herstellung, Eigenschaften, Anwendung. K+G **1** (2008)
17. Wolters, Diether, B.: Wärmebehandlung von Gusseisen mit Lamellen- oder Kugelgraphit. K+G **2** (1996)
18. Oldewurtel, A.: Werkzeug(Guss)-werkstoffe für Großwerkzeuge. K+G **1** (2003)

7.1 Allgemeines

In Tab. 7.1 sind die Anteile der wichtigsten Metalle angegeben, die in der Erdhülle enthalten sind. Aluminium ist das *häufigste*.

Trotz seines häufigen Auftretens hat Al nicht die Bedeutung des Eisens erlangt. Die Gründe dafür sind:

- Al ist in vielen nicht abbauwürdigen Erden und Gesteinen enthalten.
- Al benötigt zur Herstellung aus den Rohstoffen viel elektrische Energie, die erst im Jahre 1880 (Werner v. Siemens) erzeugt werden konnte, während Eisen und seine Herstellung schon im Altertum bekannt war.
- Al ist nicht härtbar wie Stahl, es scheidet als Werkstoff für höher beanspruchte Bauteile (z. B. Werkzeuge) aus.
- Bedingt durch seine niedrige Schmelztemperatur hat Al einen niedrigeren E-Modul als Eisen (Steifigkeit).

Die anderen *Nicht*-Eisen-Metalle, kurz NE-Metalle, sind wesentlich seltener. Sie können wirtschaftlich nur gewonnen werden, weil sie vielfach in Erzgängen, Erznestern oder Schichtablagerungen *konzentriert* anstehen.

Meist sind *mehrere* Metallverbindungen miteinander verwachsen, ihre Trennung ist umständlich und teuer. Die Erzeugung beträgt nur einen Bruchteil der Eisen- und Stahlproduktion.

Tab. 7.1 Anteil wichtiger Metalle an der Erdhülle

Element	Al	Fe	Mg	Ti	Zn	Ni	Cu
Anteil in %	7,6	4,7	1,9	0,4	0,012	0,015	0,010

© Springer Fachmedien Wiesbaden GmbH, ein Teil von Springer Nature 2018 289
W. Weißbach, M. Dahms, C. Jaroschek, *Werkstoffe und ihre Anwendungen*,
https://doi.org/10.1007/978-3-658-19892-3_7

Tab. 7.2 Besondere Eigenschaften der NE-Metalle

Eigenschaften	Metalle und Legierungen
Niedrige Dichte (kg/dm^3)	Magnesium (1,75), Aluminium (2,7), Titan (4,5)
Niedriger Schmelzpunkt (Gießbarkeit)	Blei 327 °C, Zink 420 °C, Magnesium 650 °C, Aluminium 660 °C
Korrosionsbeständigkeit	Aluminium, Kupfer, Nickel, Titan u. Legierungen
Warmfestigkeit, Hitzebeständigkeit	Wolfram, Kobalt, Nickel, Chrom, Molybdän und ihre Legierungen
Leitfähigkeit für Wärme und Elektrizität	Silber, Kupfer, Gold, Aluminium
Gleiteigenschaften (Lagermetalle)	Blei, Zinn, Kupfer, Aluminium (nur als Legierungen)
Neutronenaufnahme (Reaktorbau)	Zirkonium (gering), Cadmium, Hafnium (hoch)

So erklärt sich der z. T. hohe Preis. Der Einsatz der NE-Metalle und ihrer Legierungen ist deshalb auf solche Fälle beschränkt, bei denen ihre besonderen Eigenschaften gegenüber Stahl benötigt werden (Tab. 7.2).

7.2 Bezeichnung von NE-Metallen und -Legierungen

7.2.1 Übersicht

Wie bei Stahl gibt es Bezeichnungssysteme nach

- Werkstoffnummern und
- Kurzzeichen mit chemischen Symbolen.

Durch Wegfall der DIN 1700 *Bezeichnungen für NE-Metalle* gelten die Regeln für die einzelnen Legierungssysteme, wie sie in den Normen zu finden sind, z. B. für Al und seine Legierungen (Tab. 7.3).

Die vollständige (eindeutige) Bezeichnung von Produkten aus NE-Metallen erfolgt in der unten angegebenen Reihenfolge (Tab. 7.4), jeweils mit Kurzzeichen (Symbolen). Vollständige Regeln für die Benennung der Legierungen sind im Anhang unter A.3 zu finden.

Tab. 7.3 Al und Al-Legierungen – Chemische Zusammensetzung und Form von Halbzeug

DIN EN	Bezeichnung
	Bezeichnungssysteme
573-1/05	mit Werkstoffnummern
573-2/94	mit chemischen Symbolen
573-3/13	Chemische Zusammensetzung + Formen von Halbzeug
515/17	Bezeichnung der Werkstoffzustände

Tab. 7.4 Bezeichnung von Produkten aus NE-Metallen

Legierung	Zustand[a]	Erzeugnis
Werkstoffnummern oder **chemische Symbole** geben die Zusammensetzung an	**Zustandsbezeichnungen** (mit Bindestrich angehängt) geben Herstellungsart, Wärmebehandlung, Festigkeit oder Härte an	**Abmessungen und Norm** der Erzeugnisform (Bleche und Bänder, Rohre, Stangen usw.)

[a] Die Herstellungsart prägt den Gefügezustand entscheidend und legt damit die Eigenschaften des Produktes fest.

7.2.2 Werkstoff

Für Metalle werden die chemischen Symbole verwendet. Wenn es auf die Reinheit ankommt (Korrosionsbeständigkeit, Duktilität, elektrische Leitfähigkeit), wird der Metallgehalt in Prozenten nachgestellt.

> **Beispiele für Bezeichnung reiner Metalle**
>
> **Al99,9** Aluminium mit 99,9 % Metallgehalt
> **Ni99,2** Nickel mit 99,2 % Metallgehalt.

Verunreinigungen bewirken eine Zunahme der Festigkeit und Härte mit Abnahme der Bruchdehnung (Tab. 7.5).

In anderen Fällen werden nach den jeweiligen Normen Zählziffern angehängt.

> **Beispiel für Bezeichnung mit Zählziffern**
>
> Bezeichnung von unlegiertem Titan. DIN 17850/90 (zurückgezogen): 4 Sorten T1, T2, T3, T4 mit steigendem O-Gehalt.

7.2.3 Zustandsbezeichnungen

Nachgestellte Symbole (z. B. für Aluminium Tab. 7.13) können entweder *keine bestimmten* oder aber gewährleistete Festigkeits- oder Härtewerte markieren. Für einige Werkstoffgruppen (Al- und Cu-Legierungen) sind DIN EN-Normen erschienen, die mit neuen Bezeichnungssystemen arbeiten (Anhang, Tab. A.9, A.11).

Die Festigkeitsstufen werden häufig durch Kaltverfestigung beim Umformen erzielt. Die Zahlen in Tab. 7.6 zeigen, dass dabei die Bruchdehnung sinkt. Rückglühen steigert

Tab. 7.5 Einfluss von Verunreinigungen auf die Eigenschaften bei Al-Strangpressprofilen

Werkstoff	$R_\mathrm{m}/\mathrm{MPa}$	$R_\mathrm{p0,2}/\mathrm{MPa}$	$A/\%$
Al99,8	55	20	25
Al99	75	30	18

Tab. 7.6 Zustände bei Al 99,8[a]

Kurzzeichen	R_m/MPa	$R_{p0,2}$	A/%	Biegeradius r
Al99,8 –O	80…90	15	18	$0t$
–H12	80…120	55	7	$0,5t$
–H22	80…120	50	11	$0,5t$
–H14	100…140	70	5	$1,0t$
–H16	110…150	80	3	$1,0t$
–H18	125	105	2	$2,5t$

[a] Erzeugnisdicke, Blech $t = 1,5\,\mathrm{mm}$

sie wieder, *ohne* dass die Festigkeit stark abfällt (Bedeutung der Anhängezeichen Anhang, Tab. A.9).

Die Metalle Blei, Zinn und Zink können nicht auf diese Weise in Halbzeugen mit erhöhter Festigkeit geliefert werden, da sie bei Raumtemperatur rekristallisieren.

Neben Normbezeichnungen sind für viele NE-Metalllegierungen noch überlieferte Namen in Gebrauch, wie z. B. Messing, Bronze, Neusilber, Rotguss, auch nicht genormte Legierungen unter meist geschützten Namen.

Beispiele für Handelsnamen

Ni-Werkstoffe: *Inconel*®, *Nimocast*®, *Nimonic*®, *Coronel*®, *Nicorros*®, *Magnifer*®
Cu-Werkstoffe: *Carobronze*®, *Nidabronze*®
Al-Werkstoffe: *Alufont*®, *Durfondal*®, *Veral*®

Legierungen auf der Basis von Al, Cu, Mg, Ni und Ti werden nach der Art der Verarbeitung eingeteilt in *Knetlegierungen und Gusslegierungen.*

7.2.4 Knetlegierungen

Kneten ist ein Oberbegriff für die Umformverfahren, z. B. Walzen, Ziehen, Fließpressen, Strangpressen u. a.

Lieferformen der Knetlegierungen sind Bleche und Bänder, Stangen, Rohre, Drähte, Strangpressprofile und Barren zum Gesenk- und Freiformschmieden mit jeweils eigenen Normen.

Hauptanforderung ist gute *Umformbarkeit* kalt oder warm. Das ist bei homogenem Gefüge der Fall, d. h. wenn die LE in Mischkristallen vollständig gelöst vorliegen. Dann ist allerdings eine Zerspanung schwierig. Knetlegierungen neigen dabei zum Schmieren, d. h. ergeben *raue* Oberflächen. In den Zuständen mit höherer Festigkeit (halbhart, hart) ist die Zerspanbarkeit erleichtert. Für Teile mit größeren Zerspanungsarbeiten sind Automatenlegierungen günstiger.

Automatenlegierungen haben Anteile von Pb oder S und lassen sich ähnlich wie Automatenstähle leichter und mit wenig rauer Oberfläche zerspanen. Die Kurzzeichen dieser Sorten enthalten ein nachgestelltes Pb, evtl. mit Prozentzahl.

Normalsorte CuZn37
Automatensorte CuZn36Pb1,5.

7.2.5 Gusslegierungen

Hauptanforderungen sind leichte Gießbarkeit und leichte Zerspanbarkeit. Gusslegierungen haben deshalb andere Analysen als Knetlegierungen und meist heterogene Gefüge. Die sprödere Kristallart wirkt damit von selbst spanbrechend. Die Sorten sind oft *eutektisch* oder *naheutektisch* mit niedrigen Schmelztemperaturen und Schwindungen.

Die Gießart (Tab. 7.7) beeinflusst das entstehende Gefüge und damit die mechanischen Eigenschaften (Tab. 7.8). Gewährleistete Abnahmewerte gelten für größere Wanddicken. Je nach Erstarrungsbedingungen lassen sich höhere Werte erzielen (Rücksprache mit der Gießerei!).

Kokillenguss erstarrt durch die höhere Wärmeleitung in der Metallform schneller und feinkörniger als Sandguss.

Schleuderguss besitzt dichtere Gefüge, weil Gasblasen und Schlackenteilchen unter Wirkung der Fliehkraft innen verbleiben (z. B. bei Zahnkränzen).

Strangguss weist ähnlich gute Werte auf (Tab. 7.8).

Druckguss hat durch das verwirbelte Einströmen in die Form Lufteinschlüsse und dadurch geringe Bruchdehnung und keine Schweißeignung.

Festigkeitswerte der genormten Gusslegierungen werden an Probestäben ermittelt, deren Herstellung mit dem Gusslieferanten zu vereinbaren ist:

Tab. 7.7 Anhängezeichen für die Gießart nach DIN EN 1982/08

Gießart	Anhängezeichen
Sandguss	–GS
Kokillenguss	–GM
Druckguss	–GP
Strangguss	–GC
Schleuderguss	–GZ

Tab. 7.8 Einfluss der Gießart auf die Eigenschaften von CuAl10Ni

Gießart	R_m/MPa	$R_{p0,2}$/MPa	A/%	HBW10
Sandguss	600	270	12	140
Kokillenguss	600	300	14	150
Schleuderguss	700	300	13	160
Strangguss	700	300	13	160

- Abgießen der Charge in getrennter Form
- Angießen von Probeleisten für die Probe
- Herausarbeiten aus dem Gussteil (Stichprobe).

Neue Gießverfahren ergeben höhere Zähigkeit und Schweißeignung: Niederdruck-Gießen, Vakuum-Druckguss, **Squeeze-Casting**[1] und Thixoguss[2] (Gießen im halbfest-flüssigen Zustand).

7.3 Aluminium

7.3.1 Vorkommen und Gewinnung

Wichtigster Rohstoff ist der *Bauxit* (Tab. 7.9), nach dem Ort Les Baux südlich von Avignon benannt, wo dieses Verwitterungsgestein erstmals abgebaut wurde (Entdeckung 1821).

Hauptlagerstätten sind in Südfrankreich, Ungarn, dem ehemaligen Jugoslawien, Griechenland, Indien, Brasilien und Westafrika.

Aufbereitung
Dieses Erz muss zunächst von den Fremdstoffen befreit werden. Abb. 7.1 zeigt den Ablauf des BAYER-Verfahrens (1892).

Durch Behandlung mit heißer Natronlauge NAOH wird das Al-Oxid in die wasserlösliche Verbindung *Natriumaluminat* $NaAl(OH)_4$ umgewandelt. Sie kann durch Filtrieren von den anderen unlöslichen Stoffen getrennt werden. Der eisenhaltige Filterrückstand, als Rotschlamm bezeichnet, wird von den Hochofenwerken und der keramischen Industrie abgenommen.

Aus der Aluminatlösung wird durch Kristallisation das Al-Hydroxid $Al(OH)_3$ gewonnen, gewaschen und in Drehrohröfen geglüht (kalziniert). Dabei wird Wasser ausgetrieben und technisch reine Tonerde Al_2O_3 bleibt zurück. Sie ist das Einsatzmaterial für den nachfolgenden Reduktionsprozess zu **Primär-Aluminium**.

Tab. 7.9 Zusammensetzung des Bauxits	Stoff	Al_2O_3	Fe_2O_3	SiO_2	H_2O
	Anteil in %	55...65	...28	...7	12...30

---

[1] Pressgießen = Gießen mit langsamer Formfüllung und hohem Stempelnachdruck in Druckgießformen ergibt porenfreien Guss. Anwendung z. B. für Sicherheitsbauteile an Fahrzeugen.
[2] Gezielte, induktive Erwärmung eines zylindrischen Rohlings in den halbfest-flüssigen Zustand, danach Pressen, meist von unten, in die Form. Führt zu weniger Turbulenzen bei der Formfüllung und kleinerer Schwindung.

Abb. 7.1 BAYER-Verfahren, schematisch

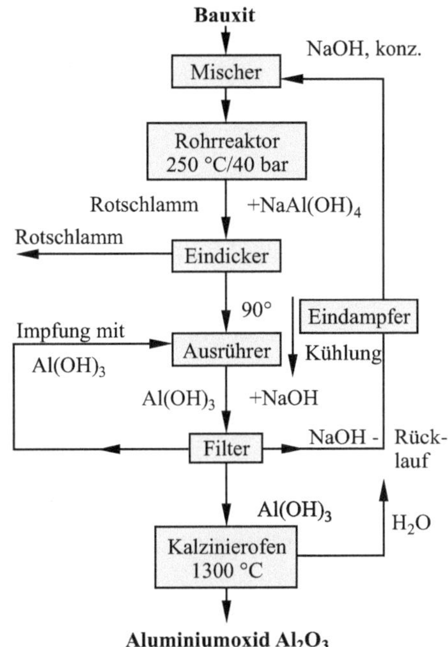

Neben dem Primär-Aluminium aus Bauxit hat das Sekundär-Aluminium aus dem Recycling sogar einen größeren Anteil an der Gesamterzeugung in der Bundesrepublik Deutschland. Im Jahr 2011 primär 432.500, sekundär 634.400 (aluinfo.de).

Schmelzfluss-Elektrolyse

Al und die anderen Metalle der ersten beiden Gruppen des PSE (Be, Ca, K, Mg und Na) haben zum Sauerstoff eine viel größere Bindungsenergie (= -wärme) als der Kohlenstoff. Die endotherme Energie, welche die Reduktion erfordert, muss deshalb vom elektrischen Strom aufgebracht werden.

Die technische Herstellung des Al war erst dann möglich, als elektrische Energie wirtschaftlich mit der Dynamomaschine erzeugt werden konnte (Siemens 1866).

Das Verfahren wird in Wannenöfen mit Kohlestampfmasse (Kathode) durchgeführt (Abb. 7.2, Tab. 7.10). Das Al-Oxid (T_m > 2000 °C) muss dazu geschmolzen werden. Flussmittel ist Kryolith, der Al-Oxid bei einer Arbeitstemperatur von 950 °C löst (1886 von Heroult entdeckt). Bei 5 V Gleichspannung und 70…140 kA Strom werden die Al-Ionen an der Kathode reduziert.

Als Anoden dienen Kohleblöcke. Das frei werdende O bindet den Kohlenstoff zu CO. Flüssiges Al sammelt sich am Boden und wird periodisch abgepumpt, verbrauchtes Al-Oxid ebenso nachgefüllt.

Abb. 7.2 Wannenofen zur Schmelzfluss-Elektrolyse des Aluminiums

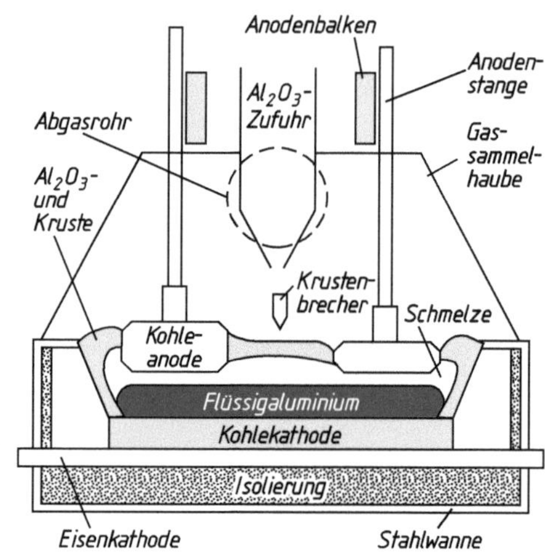

7.3.2 Einteilung der Al-Knetwerkstoffe

Die Al-Knetwerkstoffe sind in DIN EN 573/05 genormt. Die Einteilung in acht Legierungsserien 1000 bis 8000 nach den Hauptlegierungselementen (Tab. 7.11) folgt dem Internationalen Legierungsregister der Aluminium Association (AA).

Gegenüber der veralteten Norm DIN 1725 hat sich die Anzahl der Sorten erhöht (Tab. 7.11), weil zu den *Originalsorten* zahlreiche nationale Varianten und Legierungs-

Tab. 7.10 Stoff- und Energiebilanz für die Erzeugung von 1 t Aluminium (Al-Zentrale)

Verfahrensschritt	Rohstoffe	Energiebedarf	
Oxid-Gewinnung	4 t Bauxit ergeben 2 t Al-Oxid	8400 kWh	Wärmeenergie
Elektrodenherstellung	0,55 t Petrolkoks + Steinkohlenteerpech	85 kWh	Wärmeenergie
Schmelzfluss-Elektrolyse	2 t Al-Oxid + 0,05 t Kryolith 0,5 t Elektrodenverbrauch	13.500 kWh	Gleichstrom

Tab. 7.11 Gliederung der Al-Legierungen nach chemischer Zusammensetzung (DIN EN 573-3/13)

Leg.-serie	Haupt-LE	Weitere LE	Sorten Anzahl[a]	
1 xxx	Al	Al >99 %, unlegiert	7	(17)
2 xxx	Cu	Mg, Mn, Bi, Pb, Si	10	(17)
3 xxx	Mn	Mg, Cu	5	(15)
4 xxx	Si	Mg, Bi, Fe, CuNi	10	(14)
5 xxx	Mg	Mn, (Cr, Zr)	14	(54)
6 xxx	MgSi	Mn, Cu, Pb	13	(33)
7 xxx	Zn	Mg, Cu, Ag, Zr	26	(27)
8 xxx	Sonstige	Fe, FeSi, FeSiCu	8	(13)

[a] Originalsorten (Gesamtzahl in Klammern)

Tab. 7.12 Erzeugnisformen für Al-Knetlegierungen, Normen für mechanische Eigenschaften

Erzeugnisformen	Normen DIN EN	Werkstoff-serien[a]	Erzeugnisformen	Normen DIN EN	Werkstoff-serien[a]
Gesenkschmiede-stücke, Vormaterial	586-2/94 603-2/96	2000, 5000, 6000, 7000	Stranggepresste Stangen, Rohre, Profile	755-2/16 (9 Teile)	Alle außer 4000 und 8000
Drähte, besondere Anforderungen f. d. elektr. Verwen-dung	1715-2/08	Alle bis auf 4000	Bleche, Bänder, Platten	485-2/16	Alle Reihen
Gezogene Stangen, Rohre	754-2/17 (8 Teile)	1000, 2000, 5000, 6000, 7000	Folien, Butzen zum Fließpressen TL	546-2/07 (4 Teile) 570/07	1000, 6000, 1000, 6000
Vormaterial für Wärmetauscher	683-2/07	1000, 3000, 6000, 8000	HF-längsnaht-geschweißte Rohre	1592-2/97	3000, 5000, (6000), 7000

[a] jeweils die Hauptsorten innerhalb der Serien

Tab. 7.13 Zustandsbezeichnungen DIN EN 515/17

Symbol[a]		Bedeutung	
-F		Herstellungszustand, keine Grenzwerte der mechanischen Eigenschaften	
-O		Weichgeglüht (O1, O2, O3)	
-H1	-H12	Nur kaltverfestigt	(viertelhart)
	-H14		(halbhart)
	-H16		(dreiviertelhart)
	-H18		(vollhart)
-H2		Kaltverfestigt und rückgeglüht	
-H3		Kaltverfestigt und stabilisiert	
-H4		Kaltverfestigt und einbrennlackiert	
-W		Lösungsgeglüht (instabiler Zustand)	
-T4		Lösungsgeglüht + kaltausgehärtet	
-T6		Lösungsgeglüht + warmausgehärtet	

[a] -H2, -H3 und -H4 ebenfalls mit 2, 4, 6, 8 oder 9 kombinierbar. Anhang, Tab. A.9, A.10

abwandlungen kommen. Sie haben nur geringe Unterschiede zum Original. Zahlreiche Sorten werden nur in kleinen Mengen und für spezielle Anwendungen hergestellt (z. B. Luftfahrtwerkstoffe).

Das Herstellverfahren bestimmt den Zustand des Erzeugnisses und damit seine mechanischen Eigenschaften. Sie sind in den Normen (Tab. 7.12) festgelegt und werden durch die angehängten **Zustandszeichen** (Tab. 7.13) markiert.

Die früheren F-Zahlen ($1/10\,R_\mathrm{m}$) nach DIN werden heute nicht mehr verwendet, sondern Symbole aus Buchstaben und Ziffern. Zwischen dem Zustand *geglüht* (weich) und der höchsten Verfestigung *vollhart* sind drei Stufen der Verfestigung zwischengeschaltet (viertel-, halb- und dreiviertelhart) und durch die zweite Ziffer hinter dem H gekennzeich-

Tab. 7.14 Aluminium-Eigenschaften

+	Niedrige Dichte (2,7 kg/dm^3), hohe Witterungsbeständigkeit, elektrische Leitfähigkeit hoch, Wärmeleitfähigkeit hoch (Wärmetauscher), Polierbarkeit, anodisch oxidierbar
−	Niedrige Festigkeit und Steifigkeit, hohe Wärmeausdehnung (Verzug), hohe Wärmeleitfähigkeit (Verbrennungsgefahr), unbeständig gegen basische Stoffe; Löten u. Schweißen nur mit Flussmitteln[a]

[a] Flussmittel sollen den Schmelzpunkt von Al_2O_3 herabsetzen (>2000 °C). Beim Elektroschweißen ist das Flussmittel in der Umhüllung der Elektrode enthalten.

Tab. 7.15 Werkstoffkennwerte des Rein-Al

Festigkeiten		Temperaturen	
R_m	40…80 MPa	Schmelzen	660 °C
$R_\mathrm{p0,2}$	10…30 MPa	Warmumformung	300…500 °C
E	72 GPa	Rekristallisieren	>150 °C
G	27 GPa		
Härte	12…20 HBW2,5		

net. Die Festigkeitswerte lassen sich daraus nicht ablesen, sie sind Teil der jeweiligen Erzeugnisnormen.

7.3.3 Unlegiertes Aluminium, Serie 1000

Al bildet wegen seiner großen Affinität zum Sauerstoff an der Luft eine dünne, aber dichte, festhaftende Oxidschicht, die ihr Kristallgitter auf dem des Grundwerkstoffes aufbaut (Epitaxie) und die es vor weiterem Angriff schützt. Laugen und manche Säuren (HCl) und Salze (Halogenide) lösen sie auf. Dagegen ist Al nicht beständig. Die Oxidschicht kann durch *anodische* Oxidation verstärkt werden.

Die Tab. 7.14 und 7.15 geben einen Überblick über die Eigenschaften von Aluminium und die Werkstoffkennwerte reinen Aluminiums.

Unlegiertes Aluminium wird für Lager- und Transportfässer, Verpackungsmittel, Haus- und Küchengerät, elektrische Leitwerkstoffe für Kabel, Stromschienen und Freileitungen (hartgezogen), Kondensatoren und Kabelmäntel verwendet, außerdem für eloxierte Halbzeuge im Bauwesen und Fahrzeugbau zur Dekoration und hochglänzend für Reflektoren, Plattierwerkstoff für Al-Legierungen. Al ist *Reduktionsmittel*[3] (Granulat) für hochschmelzende Metalle (Thermit-Verfahren), Al-*Pulver* für Farben (Hammerschlaglack).

7.3.4 Aluminiumknetlegierungen

Wirkung der Legierungselemente

Die LE sollen die niedrige Dehngrenze anheben, ohne dass die Korrosionsbeständigkeit verloren geht. Das kfz-Al-Gitter kann nur wenige Prozent dieser LE als Substitutions-

---

[3] Stoff, der Elektronen abgibt und die Reduktion herbeiführt. Er selbst wird dabei oxidiert.

atome lösen und Mischkristalle bilden. Die Fremdatome erhöhen den Widerstand gegen Versetzungsbewegung und damit die Dehngrenze bei Erhalt der Verformbarkeit.

Wichtige LE sind **Mn, Mg, Si, Cu** und **Zn**, die bei höheren Anteilen mit dem ungelösten Teil Intermetallische Phasen bilden, die hart und spröde sind. Durch sie wird Härte und Festigkeit erhöht, jedoch geht die Verformbarkeit verloren. Knetlegierungen enthalten deshalb wenig LE, insgesamt meist 3...5 % (Cu evtl. mehr).

Al-Mischkristalle haben eine mit sinkender Temperatur abnehmende Löslichkeit (Abb. 2.69). Bei der Abkühlung finden sekundäre Ausscheidungen statt (bei langsamer Abkühlung Segregate an den Korngrenzen). Dadurch sind einige Legierungstypen aushärtbar.

Die Aushärtung ist für Al-Legierungen sehr wichtig. Erst dadurch kommen sie in den Festigkeitsbereich der unlegierten Stähle und ermöglichen Leichtbaukonstruktionen. Nur die Legierungen der Reihen 2000, 6000 und 7000 sind aushärtbar.

Korrosionsbeständigkeit

Das edlere Element Cu vermindert schon in Anteilen ab 0,1 % die hohe Beständigkeit des reinen Al durch sehr edle Cu-reiche Ausscheidungen. AlCu-Legierungen sind deshalb i. d. R. nicht ausreichend witterungsbeständig. Sie können als Blech und Band mit Rein-Al plattiert geliefert werden.

> **Hinweis** Beim Recycling von Al-Schrott kann Cu nicht entfernt werden. Dieses Umschmelzaluminium wird bei der Herstellung als Verschnitt für das Primärmetall verwendet. Die so erschmolzenen Gusslegierungen enthalten höhere Anteile an Cu als solche aus Primärmetall, Kennzeichnung erfolgte durch ein nachgestelltes (Cu).

Oberflächenbehandlung

Bei allen Al-Legierungen lässt sich die natürliche Oxidschicht verstärken. Sie ist elektrisch isolierend, hart und mikroporös, sodass sie Farben und Schmiermittel in geringem Maße festhalten kann.

Dekorativ wirkende Schichten (gleichmäßige Färbung und hochglänzend) lassen sich nur mit bestimmten Sorten erzielen (Glänzlegierungen mit 99,5 % Al, Mg und ohne Cr), Verschleißschutzschichten (hartanodisieren) auf allen Sorten.

Chemische Oxidation in sauren oder alkalischen Bädern nach verschiedenen patentierten Verfahren erzeugt *Chromat*- oder *Phosphat*-Schichten von 1...3 µm Dicke in verschiedenen Farbtönen. Viele dienen als Haftgrund für Farbanstriche (Alodine-, Bonder- und andere Verfahren).

Anodische Oxidation in schwefelsauren Bädern erzeugt Schichten bis zu 60 µm mit hoher Verschleiß- und Korrosionsbeständigkeit (Härte 1100 HV) nach Eloxal-, Veroxal-Verfahren.

> **Hinweis** Für Kontakte mit Lebensmitteln ungeeignet sind Legierungen der Reihen 2000, 7000 sowie Pb-, Bi- und Li-haltige Sorten.

7.3.4.1 Nicht aushärtbare Legierungen

Diese Sorten erhalten höhere Festigkeiten durch die Mischkristallverfestigung der LE in Verbindung mit der Kaltverfestigung, die sich bei der Herstellung einstellt, z. B. Kaltwalzen von Blech.

Die Festigkeiten im Halbzeug liegen zwischen 100...310 MPa je nach Legierung und dem Grad der Kaltumformung. Ein Schweißen führt zum Festigkeitsabfall in der WEZ.

Serie 3000 Al Mn (+Mg)

Eigenschaften wie bei Al 99,9 mit etwas höheren Festigkeiten und Beständigkeit gegen Alkalien. Gut löt-, schweiß- und kaltumformbar. Mn erhöht die Rekristallisationsschwelle und dadurch die Warmfestigkeit.

Anwendung für Dachdeckung und Fassaden, Geräte der Nahrungsmittelindustrie, Kernwerkstoff von lotplattiertem Blech für Wärmetauscher, MnMg-legierte Sorten für Blechverpackungen.

Einen Überblick über die Aluminium-Legierungen der 3000er Serie gibt Tab. 7.16.

Serie 4000 Al Si (+Fe, Mg, Ni)

Si erniedrigt den Schmelzpunkt (bei 12,5 % eutektischer Punkt) und ist mit 0,8...13,5 % enthalten. Eine aushärtbare Sorte (Al Si1Fe) wird für Bleche eingesetzt.

Anwendung für Schweißzusatzdrähte (wenig Si), Schmiedekolben: 4032 [Al Si12,5MgCuNi] mit geringer Wärmedehnung, Lotplattierung: 4343 [Al Si7,5] oder 4045 [Al Si10] auf 3103 [Al Mn1] für Wärmetauscherbleche.

Serie 5000 Al Mg (+Mn)

Erhöhte Korrosionsbeständigkeit gegen Seewasser, stärker verfestigend als AlMn. Gute Schweißeignung bei >2,5 % Mg-Gehalt, bei niedrigen (Mg + Mn)-Gehalten gut kaltformbar.

Anwendung für statisch beanspruchte Konstruktionsteile im Fahrzeug- und Schiffbau (Bootsrümpfe), Untertagegeräte. Mn ergibt höhere Festigkeit bei Strangpressprofilen und bessere Warmfestigkeit gegenüber AlMg-Sorten.

Einen Überblick über die Aluminium-Legierungen der 5000er Serie gibt Tab. 7.17.

Tab. 7.16 Al-Legierungen der 3000er Serie

Stoff-Nr.	Sorten EN AW Chemische Symbole mit Zustandsbezeichnung		R_m MPa	$A_{50\,\mathrm{mm}}$ %	(Werte für Blech 0,5...1,5 mm) Beispiele
3103	**AlMn1-F**	(W9)	90	19	Dächer, Fassadenbekleidung, Profile
	AlMn1-H28	(F21)	185	2	Niete, Kühler, Klimaanlagen, Rohre
3004	**AlMn1Mg1-O**	(W16)	155	14	Fließpressteile
	AlMn1Mg1-H28	(F26)	260	2	Getränkedosen, Bänder für Verpackung

Tab. 7.17 Al-Legierungen der 5000er Serie

Stoff-Nr.	Sorten EN AW Chemische Symbole mit Zustandsbezeichnung	R_m MPa	$A_{50\,mm}$ %	Beispiele
5005	Al Mg1-O	100…145	22	Fließpressteile, Metallwaren
5049	Al Mg2Mn0,8-O	190…240	8	Bleche für Fahrzeug- u. Schiffbau
	-H16	265…305	3	
5083	Al Mg4,5Mn0,7-O	275…350	15	Formen (hartanodisiert), Schmiedeteile
	-H26	360…20	2	Maschinengestelle, Tank- u. Silofahrzeuge

Tab. 7.18 Al-Legierungen der 6000er Serie

Stoff-Nr.	Sorten EN AW Chemische Symbole mit Zustandsbezeichnung	R_m MPa	$A_{50\,mm}$ %	Beispiele
6060	**Al MgSi-T4**	130	15	Strangpressprofile aller Art, Fließpressteile
6063	Al Mg0,7Si-T6	280		Pkw-Räder u. Pkw-Fahrwerkteile
6082	Al MgSi1gMn-T6	310	6	Schmiedeteile, Sicherheitsteile am Kfz
6012	Al MgSiPb-T6 (F28)	275	8	Automatenlegierung, Hydraulik-Steuerkolben

7.3.4.2 Aushärtbare Legierungen

Zustandsbezeichnungen **T1…T9** (Tab. A.9) geben die Art der Wärmebehandlung an.

▶ **Hinweis** In Gebrauch sind auch noch die älteren Bezeichnungen: **ka** für kaltausgehärtet und **wa** für warmausgehärtet.

Serie 6000 Al MgSi (+Mn, Cu)

Kalt- und warmaushärtbare Legierungen, davon 4 für die Elektrotechnik. Die Aushärtung wird durch die Phase Mg_2Si bewirkt. Die Sorten sind schweißbar, korrosionsbeständig, jedoch nicht dekorativ anodisierbar. Die beiden niedrigerlegierten Sorten sind besser strangpressbar.

Anwendung für Profile für alle Zwecke im Bauwesen, für Fahrzeug- und Schiffsaufbauten, Wärmetauscher, Rolltore, Waggontüren, Höckerplatten für transportable Brücken. Schmiedelegierung 6082 für Beschläge an Fördergeräten. Sonderlegierungen für Karosseriebleche enthalten etwas Cu zum Vermeiden von Fließfiguren beim Tiefziehen.

Einen Überblick über die Aluminium-Legierungen der 6000er Serie gibt Tab. 7.18.

Serie 2000 Al Cu (+Mg, Mn, Si, Pb)

Hochfeste Legierungen mit hoher Bruchdehnung (max. 13 %). Sie werden kaltausgehärtet (T4) eingesetzt, durch den Cu-Gehalt haben sie nur geringe Korrosionsbeständigkeit, besonders im Zustand warmausgehärtet (T6). Verbindung durch Nieten, Druckfügen u. a., da beim Schweißen eine Entfestigung eintritt.

Tab. 7.19 Al-Legierungen der 2000er Serie

Stoff-Nr.	Sorten EN AW Chemische Symbole mit Zustandsbezeichnung	R_m MPa	$A_{50\,\mathrm{mm}}$ %	Beispiele
2117	AlCu2,5Mg-T4	310	12	(Drähte <14 mm), Niete, Schrauben
2017A	AlCu4MgSi-T42	390	12	Platten für Vorrichtungen, Werkzeuge
2024	AlCu4Mg1-T42	420	8	(Blech <25 mm), Flugzeuge, Sicherheitsteile
2014	AlCu4SiMg-T6	420	8	(Schmiedestücke), Bahnachslagergehäuse
2007	AlCuMgPb-T4	340	7	Automatenlegierung, Drehteile

Die Nietlegierung AlCu2,5Mg kann im kaltausgehärteten Zustand geschlagen werden.

Tab. 7.20 Al-Legierungen der 7000er Serie

Stoff-Nr.	Sorte EN AW Chemische Symbole mit Zustandsbezeichnung	$R_\mathrm{m}{}^{\mathrm{a}}$ MPa	A %	(Werte für Bleche <12 mm) Beispiele	
7020	AlZn4,5Mg1-O	220	12	Cu-frei, nach dem Schweißen	
	-T6	350	10	selbstaushärtende Legierung	
7075	AlZn5,5MgCu-O	275	10	Bleche und Bänder	
	-T6	525	6		
7022	AlZn5Mg3Cu-T6	450	8	Maschinengestelle,	überaltert (T7), gut
7075	AlZn5,5MgCu-T6	545	8	Schmiedeteile	beständig gegen SpRK

[a] Mindestwerte der Zugfestigkeit

Anwendung für hochbeanspruchte Bauteile im Fahrzeug-, Ingenieur- und Maschinenbau, wenn die geringe Korrosionsbeständigkeit nicht stört: Zahnräder, Pressbleche, Formwerkzeuge für Kunststoffe (hartanodisiert), Bleche und Schmiedeteile für Flugzeugbau, Grubenstempel, Schildvortrieb für Grubenausbau.

Einen Überblick über die Aluminium-Legierungen der 2000er Serie gibt Tab. 7.19.

Die Automatenlegierungen werden nur in Form von Stangen und Rohren geliefert und haben warmausgehärtet ausreichende Beständigkeit.

Serie 7000 Al Zn (+Mg,Cu)

Konstruktionslegierungen höchster Festigkeit mit geringerer Beständigkeit. Für die Luftfahrt werden deshalb Bleche mit AlZn1 plattiert. Die **Anwendung** ist ähnlich wie die Reihe AlCu: Gesenk- und Frästeile für den Flugzeugbau, hartanodisierte Formen zum Tiefziehen von Al-Blech.

Einen Überblick über die Aluminium-Legierungen der 7000er Serie gibt Tab. 7.20.

7.3.5 Aluminium-Gusslegierungen

Bei Gusslegierungen wird die Festigkeitssteigerung durch Mischkristallverfestigung der LE bewirkt, zusätzlich durch Feinkornverfestigung über die Ausbildung möglichst feinkörniger Gefüge.

Veredeln von AC-AlSi12 ist eine metallurgische Behandlung der Schmelze mit Na-Metall oder Salzen. Diese stören die Kristallisation, sodass Unterkühlung auftritt und ein feinkörniges Eutektikum entsteht. Andere Sorten werden zum gleichen Zweck mit Al-Borid, TiC oder ZrC geimpft.

Auch die Gießart hat Einfluss auf das Gefüge. Durch schnellere Abkühlung beim Kokillenguss (K) wird gegenüber Sandguss (S) ein feinkörnigeres Gefüge erzeugt, Festigkeit und Bruchdehnung steigen.

Eigenschaftsvergleiche Al Si10Mg(a) (Tab. 7.21 in Zeile 3) Die Festigkeitswerte gelten für Sandguss (S) im Gusszustand (F), desgl. für Kokillenguss (K) und warmausgehärtet (T6).

Durch Teilchenverfestigung (Aushärten) wird eine weitere Steigerung der Dehngrenze erreicht, wobei die Bruchdehnung wieder sinkt.

Durch eine **Teil**aushärtung (T64) lässt sich eine etwas geringere Dehngrenze mit höherer Bruchdehnung kombinieren (hierzu auch **Al Si7Mg0,3** in Tab. 7.21).

DIN EN 1706/13 gliedert die Sorten nach steigenden Werkstoffnummern. Die Zahl der Sorten wurde auf 37 erhöht (davon sieben für Fein- und neun für Druckguss, Tab. 7.21).

7.3.6 Aushärten der Aluminium-Legierungen

Der Aushärtungseffekt wurde 1906 von A. Wilm an AlCuMg-Legierungen entdeckt und später von weiteren Forschern an vielen anderen Legierungen. Das Leichtmetall Al ist erst dadurch zum wichtigen Werkstoff für Leichtbaukonstruktionen geworden.

▶   **Hinweis** Das Prinzip des Aushärtens ist die Dispersionsverfestigung (Abschn. 2.3.4). Die Wärmebehandlung Aushärten ist auch in Abschn. 5.4 zu finden.

Die Eigenschaftsänderungen entstehen durch kleinste Teilchen, die sich bei einer Wärmebehandlung innerhalb der Mischkristalle bilden.

Eigenschaftsverbesserungen bei Al-Legierungen sind (Tab. 7.21, Zustände T4, T6):

- Erhöhung der niedrigen Streckgrenze
- Geringerer Abfall der Zähigkeit als bei kaltverfestigten Legierungen, dadurch gleichzeitig höhere Dauerfestigkeit.

Tab. 7.21 Aluminium-Gusslegierungen, DIN EN 1706/13, Auswahl aus 37 Sorten

Kurzname, Gießart Stoff-Nr. nach DIN EN 1706/13 EN AC	Gießart, Zustand[a]		R_m MPa	$R_{p0,2}$ MPa	A %	HBW	Gießen [b] Schweißen Polieren Beständigkeit				Bemerkungen
-AlCu4MgTi	S	T4	300	200	5	90	C/D	D	B	D	Einfache Gussstücke hochfest und -zäh, Waggonrahmen und -fahrgestelle
S, K, L	K	T4	320	220	8	90					
-21000	L	T4	300	220	5	90					
-Al Si7Mg0,3	S	T6	230	190	2	75	B		B C B		Sicherheitsbauteile: Hinterachslenker, Vorderradnabe, Bremssättel, Radträger
S, K, L	K	T6	290	210	4	90					
-42100			250	180	8	80					
		T64									
-Al Si10Mg(a)	S	F	150	80	2	50	A		A D B		Motorblöcke, Wandler- und Getriebegehäuse, Saugrohr für Kfz
S, K	K	F	180	90	2,5	55					
-43000	K	T6	260	220	1	90					
-Al Si12(a)	S	F	150	70	5	50	A		A D B		Dünnwandige, stoß- feste Teile aller Art
S, K	K	F	170	80	6	60					
-44200											
-Al Si8Cu3	S	F	150	90	1	60	B		B C D		Warmfest bis 200 °C, für dünnwandige Teile, Kfz-Kurbelgehäuse
S, K, D	K	F	170	100	1	100					
-46200											
-Al Si12CuNiMg	K	T5	200	185	< 1	90	A		A C C		Erhöhte Warmfes- tigkeit bis 200 °C, Zylinderkopf
-48000 K			280	240	< 1	100					
		T6									
-Al Mg3	S	F	140	70	3	50	C/D		C A A		Beschlagteile für Bau- u. Kfz-Technik, Schiff- bau
-51100 S, K	K	F	150	70	5	50					

[a] Gießart: S: Sandguss, K: Kokillenguss. Das Zeichen wird nachgestellt!
Beispiel: EN 1706 AC-AlCu4MgTiKT4 oder EN 1706 AC-21000KT4: bedeutet Kokillenguss (K), kaltausgehärtet (T4). Zustände Tab. A.9 Anhang.
[b] Wertung: A ausgezeichnet, B gut, C annehmbar, D unzureichend.

Voraussetzungen für die Aushärtung sind:

- Aushärtbare Legierungen müssen ein Zustandsschaubild mit einem MK-Gebiet besitzen, die **Löslichkeit** muss mit sinkender Temperatur **abnehmen**. **Zustandsschaubilder** dieser Art (Abb. 2.69) ähneln dem EKD mit dem Austenitgebiet. Dort sinkt die C-Löslichkeit von ca. 2 % an der Solidus-Linie bis auf 0,8 % bei 723 °C.
- Erzeugung eines **übersättigten** und damit instabilen MK-Gefüges durch Lösungsbehandeln (Erwärmen und Halten im MK-Gebiet und sofortiges Abschrecken). **Erwärmen** erhöht die Anzahl der Leerstellen und damit die Löslichkeit für die LE. Das **Halten** soll eine homogene Verteilung der LE-Atome erreichen. Die bei langsamer Abkühlung ausgeschiedenen sek. Kristalle von Al_2Cu lösen sich vollständig im Mischkris-

tall. Abschrecken „friert" diesen Zustand ein. Das geschrumpfte Kristallgitter erzeugt einen Druck auf die zwangsgelösten LE-Atome.

Abhängig von Temperatur und Zeit wird danach langsam oder schneller der Zwangszustand durch Platzwechsel der LE-Atome abgebaut. Diese Phase – das **Auslagern** – kann bei RT (Kaltauslagern) oder höheren Temperaturen stattfinden (Warmauslagern).

Dabei entstehen **Ausscheidungen** mit unterschiedlichen instabilen **Zwischenzuständen** (Strukturen in Abschn. 2.3.4, Abb. 2.43) und **wachsender Größe** und bewirken damit unterschiedliche Eigenschaftsänderungen.

▶ **Hinweis** Das Maximum der Festigkeitssteigerung ist bei einer bestimmten Kombination aus Teilchengröße und -abstand erreicht.

Bei niedrigen Temperaturen ist die Diffusion erschwert. Es entstehen feinverteilte, scheibenförmige, zunächst kohärente Strukturen:

- GP-Zonen I   einlagige Cu-Teilchen
- GP-Zonen II   mehrlagige aus Al- und Cu-Atomen mit Dicken von bis zu 100 nm.

Begriffe: GP-Zone nach *Guinier* und *Preston*.

Beide Teilchenarten liegen in Richtung einer Würfelebene der Elementarzelle des kfz-Gitters und haben steigende Durchmesser. GP I-Zonen ca. 100 nm, GP II-Zonen bis 1500 nm Durchmesser.

Kohärent: „zusammenhängend", alle Gleitebenen laufen verzerrt durch die Teilchen
Inkohärent: Gegensatz zu kohärent, kein Zusammenhang zwischen den Gleitebenen.

Bei ansteigenden Temperaturen bilden sich teilkohärente, plättchenförmige Teilchen mit tetragonaler Struktur und Dicken von ca. 300 nm.

Nach längerer Zeit und bei höheren Temperaturen wird die letzte Stufe der Ausscheidungen erreicht. Es sind inkohärente Teilchen aus der stabilen Phase Al_2Cu mit geringerer Verzerrung und Wirkung.

Endstufe ist der Gleichgewichtszustand des Gefüges aus AlCu-MK mit sehr geringem Cu-Gehalt und der auf den Korngrenzen ausgeschiedenen sekundären Al_2Cu-Phase.

Kaltauslagern Der Einfluss von Temperatur und Zeit ist mithilfe von Abb. 7.3 zu erkennen:

- Bei 0 °C ist erst nach zwei Tagen eine gewisse Steigerung der Streckgrenze eingetreten. Die Übersättigung ist nur wenig abgebaut, wenige kleine Ausscheidungen.
- In gleicher Zeit wird bei 35 °C ein wesentlich höherer Wert erreicht.
- Bei −20 °C ist die Diffusion so langsam, das der „weiche" Zustand tagelang erhalten bleibt.

Abb. 7.3 Aushärtung von Al
CuMg. Anstieg der Streck-
grenze beim Kaltauslagern
unter verschiedenen Temperaturen

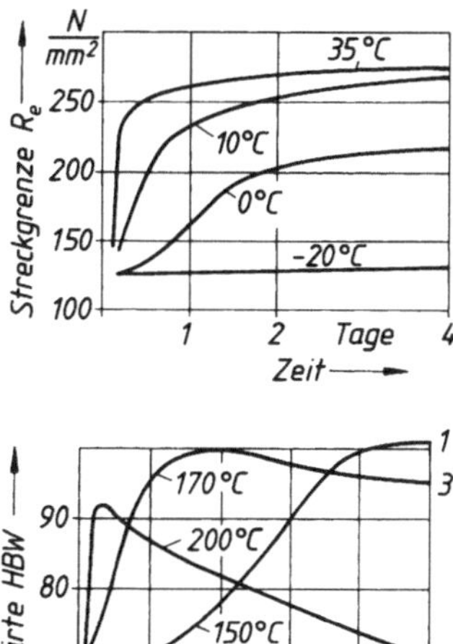

Abb. 7.4 Aushärtung von
AC-AlSiMg. Anstieg der Härte
beim Warmauslagern unter
verschiedenen Temperaturen

Anwendung Lösungsbehandelte Niete müssen sofort verarbeitet werden, da im ausgehärteten Zustand kein rissfreier Schließkopf entsteht. Nicht verarbeitete Niete können
durch Tiefkühlung im weichen Zustand gehalten und nach dem „Auftauen" geschlagen
werden. Danach härten sie im geschlagenen Zustand aus.

Warmauslagern Bei einigen Legierungen bilden sich die Ausscheidungen erst bei höheren Temperaturen hinreichend schnell, sie müssen warm ausgelagert werden (Abb. 7.4).

- Kurve 1: Niedrige Temperatur, der Höchstwert wird erst nach 20 h erreicht.
- Kurve 2: Temperatur zu hoch. Der Scheitelpunkt der Kurve wird bereits nach 1 h erreicht, beim Überschreiten der Zeit fällt die Streckgrenze stark ab (Vergröberung der
  Ausscheidungen).
- Kurve 3: Optimale Temperatur. Scheitelpunkt, nur wenig niedriger als nach Kurve 1,
  bereits nach 8 h erreicht. Kurve 3 zeigt auch, dass warmausgehärtete Al-Legierungen
  nicht warmfest sind, sie erweichen bei höheren Temperaturen.

Warmfeste Al-Legierungen sind deshalb **oxiddispersionsverfestigt**. Die Wirkungsweise ist ähnlich. Die Teilchen müssen im Al-MK **unlöslich** sein und dürfen bei langzeitig
thermischer Beanspruchung nicht zusammenwachsen. Dabei werden etwa die doppelten
Festigkeitswerte im Bereich von 250…300 °C erreicht.

Oxiddispersionsverfestigte Legierungen werden z. B. pulvermetallurgisch hergestellt
(Abschn. 11.1.9), auch als Verbundwerkstoff (Abschn. 10.6.3).

Selbstaushärtung Bei einigen Legierungen entstehen durch die beschleunigte Abkühlung z. B.

- beim Kokillenguss (Gießen in Metallformen) oder nach dem
- Schweißen von Blech infolge der hohen Wärmeleitfähigkeit des Al

unbeabsichtigt übersättigte Mischkristalle, die nicht im Gleichgewicht sind und bei der folgenden Lagerung aushärten, die Härte steigt an.

▶ **Hinweis** Bei Gusslegierungen werden wegen dieser Ausscheidungsvorgänge die Festigkeitsproben erst nach 8 Tagen genommen, um die Diffusionsvorgänge ablaufen zu lassen.

Eine speziell entwickelte, selbstaushärtende Legierung ist **AlZn4,5Mg1**. Sie kann im ausgehärteten Zustand geschweißt werden, entfestigt zunächst in der WEZ, härtet aber nach 1…3 Wochen von selbst wieder aus.

7.3.7 Neuentwicklungen

Zur Steigerung der Warmfestigkeit und Steifigkeit von Al-Legierungen werden neben der Oxiddispersionsverfestigung auch neue Legierungssysteme mit Lithium entwickelt – mit Schwierigkeiten beim Legieren durch seine starke Reaktionsfähigkeit.

Lithium ergibt auf Grund seiner Dichte von $0{,}534\,\text{g/cm}^3$ bei nur 3 % Gehalt einen Werkstoff, der ca. 10 % leichter und 10 % steifer ist (E-Modul). Damit können 15 Masseprozente eingespart werden, z. B. das System **AlLiCuMgZr** mit ähnlichen Festigkeitseigenschaften wie AlCuMg.

Tab. 7.22 gibt einen chronologischen Überblick über die Verwendung von Aluminium im europäischen Automobilbau.

Tab. 7.22 Aluminium-Verwendung im europäischen Automobilbau (GDA)

Jahr	Masse Al/Pkw kg	Motor, Antrieb %	Räder, Fahrwerk %	Karosserie %	Ausstattung %
1978	32	11	20	–	1
1988	60	25	30	–	5
1998	85	35	35	5	10
2002	120 kg	38	40	28	14

7.4 Kupfer

7.4.1 Vorkommen und Gewinnung

Kupfererze haben i. Allg. einen geringen Metallgehalt, sie werden angereichert und in Trommelkonvertern (ähnlich Roheisenmischern) zu einem Rohkupfer erschmolzen, das noch raffiniert werden muss.

Rohkupfer enthält 97...99 % Cu und viele Verunreinigungen, wie z. B. As, Bi, Sb, Pb, sowie Ni, Ag und Au in Spuren.

Die elektrische Leitfähigkeit wird durch die *löslichen* Elemente P, As und Al sehr stark herabgesetzt, sie müssen entfernt werden. Außerdem ist es wirtschaftlich interessant, die Verunreinigungen (nicht nur Ag und Au) abzutrennen und separat zu verwerten.

Feuerraffination[4] im Schmelzfluss unter Luftzufuhr. Dabei entsteht zunächst das Cu-Oxid, das sich im Bad löst und dann die Beimengungen oxidiert. Das überschüssige Cu_2O wirkt versprödend und muss entfernt werden (Desoxidation). Es geschieht hier durch Eintauchen von frischen Holzstämmen und wird *Polen* genannt. Zunächst spülen die Gase aus dem Holz das entstehende SO_2 hoch, später reduzieren sie das Cu-Oxid. Das entstehende Hüttenkupfer enthält noch Oxide mit O-Gehalten von 0,015...0,04 %.

Sauerstoff liegt chemisch gebunden als Cu_2O vor. Damit bildet das Cu eine eutektische Legierung. Sauerstoffhaltiges Cu hat dadurch ein Gefüge aus Cu-Kristallen mit einem dünnen Netzwerk des Eutektikums. Durch Warmumformen wird es in kleine Körner zerteilt. Innerhalb der angegebenen Gehalte an O haben sie wenig Einfluss auf Eigenschaften und auch auf die Leitfähigkeit. Sie sind aber die Ursache der sog. *Wasserstoffkrankheit* des Kupfers.

Elektrolyse Hierzu wird ein vorraffiniertes Cu mit 99 % Gehalt als Anodenplatte in eine wässrige Lösung aus Cu-Sulfat und Schwefelsäure eingehängt. Bei einer Gleichspannung von 0,2...0,35 V wird reines Cu an der Kathode (Minus-Pol) abgeschieden. Die anderen Elemente gehen im Bad in Lösung oder fallen als **Anodenschlamm** zu Boden.

Das entstehende Kathoden- oder Elektrolytkupfer enthält 99,99 % Cu und besitzt höchste elektrische Leitfähigkeit und Umformbarkeit.

Elektrolytkupfer ist Ausgangsmaterial für hochkupferhaltige Legierungen und die sog. Leitbronzen (niedriglegiertes Cu mit höherer Festigkeit bei hoher elektrischer Leitfähigkeit).

Anodenschlamm enthält die edleren Metalle Ag, Au, Pt und andere Platinmetalle, z. T. an Selen und Tellur gebunden, die in aufwendigen chemischen Verfahren voneinander getrennt werden.

Ni ist als Sulfat im Elektrolyten enthalten und wird vom Cu-Sulfat abgetrennt, das in den Kreislauf zurückgeht.

---

[4] Raffination = Reinigung, Veredlung von Naturstoffen (Zucker- und Ölraffination).

Tab. 7.23 Vergleich einiger Leitwerkstoffe für Wärme und elektrischen Strom. Relative Werte für Reinmetalle, Cu = 100 gesetzt

Leitwert für	Ag	Cu	Au	Al	Fe
Elektrizität	106	**100**	72	62	17
Wärme	108	**100**	76	56	17

7.4.2 Eigenschaften, Verwendung

Die Bedeutung des Werkstoffes Cu liegt in der Kombination von sehr hohen Werten (Tab. 7.23) für

- **Leitfähigkeit** für Elektrizität und Wärme
- **Kaltumformbarkeit**
- **Korrosionsbeständigkeit** gegen Außenklima und Wasser.

Nachteilig sind seine problematischen technischen Eigenschaften für

- **Gießen** (Wasserstoffaufnahme) und
- **Zerspanen** (Neigung zum Schmieren).

Cu ist *unbeständig* gegen Schwefel (z. B. im vulkanisierten Gummi) und oxidierende Säuren (z. B. gegen Salpetersäure, HNO_3).

Die Tab. 7.24 und 7.25 geben einen Überblick über die Werkstoffkennwerte von Kupfer und den Verbrauch in Deutschland.

Beständigkeit Cu bildet im Laufe der Zeit an der Oberfläche eine Schicht aus, die aus grünem, basischen Cu-Carbonat besteht (durch Industrieluft auch aus basischem Cu-Sulfat).

Sie entsteht durch Reaktion mit den Stoffen der Umgebungsluft (O_2, CO_2, SO, H_2O), ist einigermaßen festhaftend und damit ein gewisser Schutz gegen weiteren Angriff (Patina-Schicht). Kupfer verbindet sich unter Druck mit Ethin, C_2H_2 (Acetylen) zu einer explosiblen, chemischen Verbindung.

Tab. 7.24 Werkstoffkennwerte des Kupfers

Mechanische Eigenschaften		Temperaturen	
R_m	200…250 MPa	Schmelzen	1083 °C
$R_{p0,2}$	40…80 MPa	Schmieden	950…800 °C
E	12,5 GPa	Rekristallisation	300…100 °C
Dichte 8,93 kg/dm^3		Bruchdehnung $A > 45\%$	
Kristallgitter kfz		Brucheinschnürung $Z > 75\%$	

Tab. 7.25 Hauptverbraucher von Cu-Halbzeug in Deutschland (in Prozent)

Elektroindustrie	60
Sanitär-, Bauwesen	14
Maschinen- u. Apparatebau	10
Verkehr	10
Konsumgüterindustrie	4

Wasserstoffkrankheit ist das Entstehen von Rissen und Hohlräumen in *sauerstoffhaltigem* Cu bei höheren Temperaturen bei Kontakt mit H_2-haltigen Gasen (Wärmebehandlung, Schweißen, Löten, Flammrichten).

Die Wasserstoffkrankheit (-versprödung) wird durch die Reaktion der eindiffundierten H-Atome mit dem enthaltenen Cu_2O bewirkt:

$$Cu_2O + 2H \rightarrow 2Cu + H_2O \quad (Dampf)$$

H_2O-Dampf kann in Metallen praktisch nicht diffundieren (Molekülgröße) und sprengt das Gefüge.

Tab. 7.26 Einteilung der Roh-Cu-Sorten DIN EN 1976/13

O-haltiges Cu	O-freies Cu, nicht desoxidiert	O-freies Cu mit P desoxidiert	Bedeutung der Zeichen
DIN EN 1976/12	DIN EN 1976/12	DIN EN 1976/12	
Cu-ETP1 Cu-ETP Cu-FRHC Cu-FRTP	Cu-OF Cu-OFE[a]	Cu-PHC Cu-PHCE Cu-DLP Cu-DHP Cu-DXP	1: höchster elektr. Leitwert 58,58 m/Ωmm^2 E (vorn): elektrolytisch raffiniert E (hinten): vakuumgeeignet F: feuerraffiniert LP: P-Gehalt niedrig HP: P-Gehalt höher OF: oxygen free TP: zähgepolt HC: high conductivity (Leitfähigkeit)

[a] Sorte mit geprüfter Haftung der Zunderschicht

Tab. 7.27 Kupfersorten für Drahtbarren, Walzplatten und Rundblöcke DIN EN 1976/13

Kurzzeichen	Eigenschaften und Verwendung
Cu-ETP	E-Technik, Elektronik, bei Anforderung an höchste Leitfähigkeit
Cu-FRHC	Wie oben, auch für Schmiedestücke allgemeiner Verwendung
Cu-OF	Wie oben, nicht desoxidiert, wasserstoffbeständig, schweiß- und lötgeeignet
Cu-PHC	E-Technik, hohe Leitfähigkeit und Umformbarkeit, Plattierwerkstoff
-PHCE	Freiformschmiedestücke für allgemeine Verwendung, Vakuumtechnik
Cu-DLP	Allgemeine Verwendung, für Apparatebau, gut löt-, schweiß- und kaltformbar
Cu-DHP	Allgemeine Verwendung, für Rohrleitungen, Bauwesen, Apparate bei hohen Anforderungen an Schweiß-, Löt- und Umformbarkeit, auch Schmiedeteile
CuAg0,10	Insgesamt 10 Ag-haltige Sorten (0,04 %, 0,07 % und 0,1 %), anlassbeständig, mit hoher elektrischer Leitfähigkeit, O-haltig, P-desoxidiert oder O-frei

Sauerstoffhaltiges Cu muss mit oxidierender Flamme oder Schutzgas behandelt werden. Die sauerstofffreien Sorten sind löt- und schweißgeeignet. Die P-Sorten haben steigende Gehalte an P (0,003…0,04 %) und fallende elektrische Leitfähigkeiten.

Cu-Sorten werden nach ihrem O-Gehalt (als Cu_2O) in drei Gruppen unterteilt (Tab. 7.26). Tab. 7.27 gibt eine Übersicht über die Verwendung einiger Kupfersorten.

Tab. 7.28 Normenübersicht mit Anzahl der Sorten

DIN EN Norm/Jahr	Bezeichnung Kupfer u. Kupferlegierungen	Legierungssysteme, Anzahl der Sorten					
		Cu u. Cu-niedrigleg.	CuAl	CuNi	CuNi Zn	CuSn (+ Zn)	CuZn (+ LE)
Blockmetalle und Gussstücke							
1976/13	gegossene Rohformen	4 + 9	10	2	–	–	12 + 12
1982/08	Blockmetalle und Gussstücke	5 –	6	4	–	5 + 9	– 14
Walzprodukte							
1652/98	Platten, Bleche, Bänder, Streifen und Ronden für allgemeine Verwendung	5 + 6	1	4	5	5	9 + 7
1653/00	Platten, Bleche und Ronden für Kessel, Druckbehälter, Warmwasserspeicher	2	3	2	–	–	– 4
1654/98	Bänder für Federn u. Steckverbinder	6	–	5	–	5	– 4
Rohre							
12449/16	nahtlose Rundrohre für allg. Verwendung	1 + 3	–	2	2	5	15 + 9
12451/12	nahtlose Rundrohre für Wärmeaustauscher	1 –	1	3	–		– 3
12452/12	nahtlose Rippenrohre für Wärmeaustauscher	1 –	–	2	–	–	– 2
Stangen, Profile, Drähte							
12163/16	Stangen für allgemeine Verwendung	3 + 11	6	2	2	4	10 + 10
12164/16	Stangen für spanende Bearbeitung	4	–	–	4	4	16 + 7
12166/16	Drähte für allgemeine Verwendung	1 + 12	–	–	7	4	16 + 4
12167/16	Profile und Rechteckstangen für allg. Verwendung	2 + 9	6	–	7	2	24 + 12
12168/16	Hohlstangen für spanende Bearbeitung	1 + 2	–	–	–	–	14 + 5
Schmiedestücke und Schmiedevormaterial							
12165/16	Vormaterial für Schmiedestücke	4 + 9	10	2	–	–	12 + 12
12420/14	Schmiedestücke	2 + 4	4	2	–	–	10 + 4

7.4.3 Normen für Kupfer und Kupferlegierungen

Die DIN EN-Normung gibt den **Erzeugnisnormen** die Priorität (Tab. 7.28). Diese enthalten alle **Cu-Knetlegierungen**, die für das jeweilige Erzeugnis geeignet und lieferbar sind, mit Analysen und Eigenschaftsangaben. Alle **Cu-Gusslegierungen** sind in der Norm DIN EN 1982/08 enthalten.

7.4.4 Niedriglegiertes Kupfer

Reinkupfer hat die größte Leitfähigkeit, aber nur geringe Festigkeit und Härte. Im Mischkristall gelöste Atome senken die elektrische Leitfähigkeit (Abb. 7.5), am geringsten die LE Cd, Ag, Zn und Ni. Hohe Festigkeit bei wenig gesenkten Leitwerten wird durch Aushärtung erreicht (Tab. 7.29).

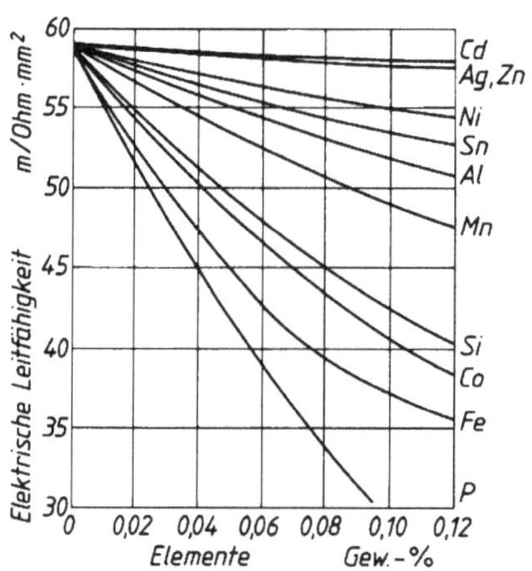

Abb. 7.5 Einfluss einiger LE und Verunreinigungen auf die elektrische Leitfähigkeit von Reinkupfer

Tab. 7.29 Auswahl von Kupfer-Knetlegierungen, niedriglegiert

Sorte	Eigenschaften, Anwendung
CuFeP2	Kombination von Eignung für Stanzen, Kalt- und Warmumformen, Löten, Schweißen; Anlauf- und korrosionsbeständig, hohe Leitfähigkeit für Wärme und Strom
CuBe1,7	Wärmetauscher, Federn warmaushärtbar bis $R_m = 1300\,\text{MPa}$ für Kontaktfedern, CuBe2 für nichtfunkende Werkzeuge
CuCrZr	warmaushärtbar bis $R_m = 470\,\text{MPa}$, hohe Leitfähigkeit, Elektroden zum Punktschweißen, Schleifringe, Kollektorlamellen
CuNi2Si	warmaushärtbar bis $R_m = 640\,\text{MPa}$, mittlere Leitfähigkeit, rauchgasbeständig, Freileitungsarmaturen, Federn

Tab. 7.30 Anhängesymbole bei Kupferlegierungen

Symbol	Eigenschaft nach Kaltumformung
-A005	Bruchdehnung $A = 5\,\%$
-R700	Zugfestigkeit $R_\mathrm{m} = 700\,\mathrm{MPa}$
-Y350	Dehngrenze $R_{\mathrm{p}0,2} = 350\,\mathrm{MPa}$

7.4.5 Allgemeines zu den Kupfer-Legierungen

Legierungselemente sollen die niedrige Festigkeit des reinen Cu erhöhen, ohne dass seine Duktilität zu stark sinkt, die gute Beständigkeit soll erhalten und für stärkere Korrosionsbeanspruchung erhöht werden. Die LE erhöhen die Festigkeit durch verschiedene Mechanismen:

Mischkristallverfestigung, unterschiedlich stark je nach Atom-$\varnothing$ der LE (Abb. 2.40). Es entstehen homogene MK-Legierungen für die Kaltumformung. Sie sind in den Erzeugnisnormen für Platten, Bleche und Bänder enthalten.

Kaltverfestigung bei Erzeugnissen, die durch Kaltumformen hergestellt werden. Kennzeichnung durch Anhängesymbole (Tab. 7.30).

Verfestigung durch geringe Anteile von **Intermetallischen Phasen** im Gefüge, das dadurch heterogen wird und an Duktilität verliert. Diese höher legierten Sorten sind mehr für Warmumformung und spanende Fertigung geeignet. Sie sind z. B. in Normen für Stangen, Strangpressprofile und Schmiedeteile enthalten.

Korngrenzenverfestigung wird durch Ausbildung feinkörniger Gefüge mithilfe von Schmelzzusätzen erreicht (wichtig für Gusslegierungen, bei denen die Kaltverfestigung nicht möglich ist).

Dispersionsverfestigung durch Aushärten ist bei einigen Systemen möglich.

Die Korrosionsbeständigkeit wird durch gelöste edlere LE wie Ni und Sn oder durch Schutzschichtbildung wie bei CuAl erhöht.

Die Zustandsschaubilder der meisten Cu-Legierungssysteme sind sehr kompliziert (Abb. 7.6). Die Löslichkeit der Legierungselemente (LE) ist wegen der Unterschiede zum Cu in

- Atomdurchmesser, Kristallsystem, Wertigkeit, Stellung in der elektrochemischen Spannungsreihe

nur klein und liegt zwischen 10 und 37 % des jeweiligen LE (mit Ausnahme von Cu-Ni mit vollständiger Löslichkeit, Grundtyp I). Die Knetlegierungen haben deshalb *niedrige* Gehalte an LE, damit *homogene* Werkstoffe mit guter Verformbarkeit entstehen.

Abb. 7.6 zeigt als Beispiel dafür das System Cu-Zn (Messing). Bis $<37\,\%$ Zn entstehen homogene Gefüge aus kfz-Mischkristallen (α-Messing). Die Festigkeit **und** Dehnung

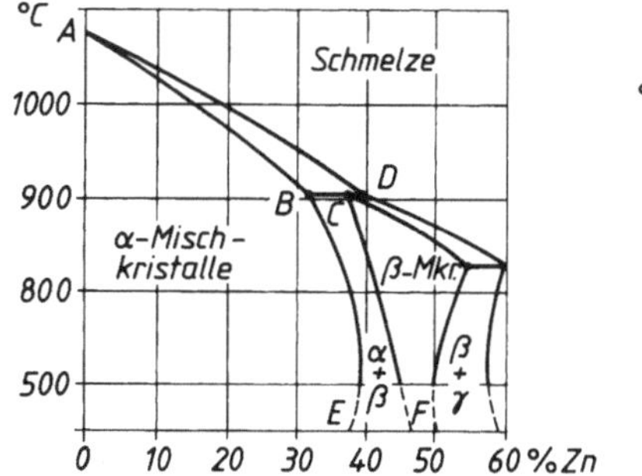

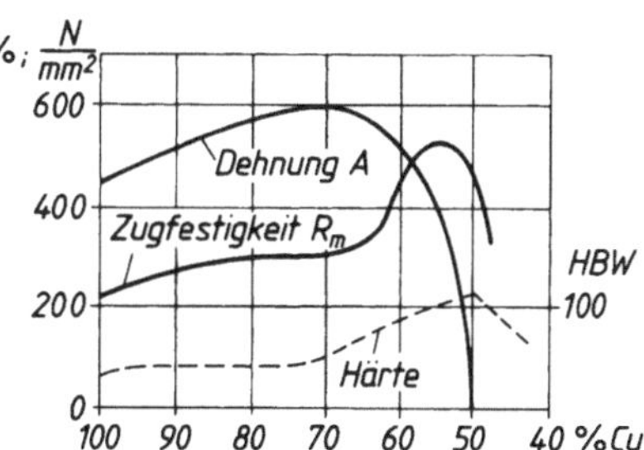

Abb. 7.6 Zustandsschaubild Cu-Zn und Verlauf von Festigkeit, Härte und Bruchdehnung (A-Werte $\times$ 0,1) bei steigendem Zn-Gehalt

steigen mit dem Zn-Gehalt an. Sorten in diesem Bereich sind sehr gut bis gut kaltumformbar (Drück- und Tiefziehmessing).

Nach rechts, mit höheren Gehalten des LE, schließen sich zahlreiche Felder an, in denen intermetallische, spröde Phasen vorliegen. Die Legierungen solcher Zusammensetzungen sind meist technisch unbrauchbar. Beim System Cu-Zn liegt in diesen Bereichen zunächst die β-Phase vor, kubisch-raumzentriert, aber hart, spröde und nur **warmumformbar** zwischen 600…700 °C. Durch steigende Gehalte der β-Phase steigen Härte und Festigkeit an, die Dehnung fällt auf null. Sorten in diesem Bereich sind gut warmumformbar, wenn sie nicht zu viel von der spröden Phase enthalten (Schmiedemessing). Der Bereich der technisch nutzbaren Cu-Zn-Legierungen geht dadurch bis etwa 45 % Zn (Abb. 2.70, Tab. 2.61).

7.4.6 Kupfer-Zink-Legierungen

▶   **Hinweis** Für Cu-Zn-Legierungen ist der historische Name *Messing* weiterhin in Gebrauch.

Cu-Zn-Legierungen ohne weitere Zusätze (Tab. 7.31)
Bis zu 37 % Zn sind die Werkstoffe homogen. Verarbeitung findet durch Ziehen, Drücken, Stauchen, Walzen und Gewinderollen statt. Sorten mit weniger Zn sind noch stärker kaltformbar und haben höhere elektrische Leitfähigkeit.

Die Sorte CuZn40 hat heterogenes ($\alpha + \beta$)-Gefüge, ist gut kalt- und warmformbar und wird als Einzige dieser Gruppe auch für Schmiedestücke eingesetzt.

Kupfer-Zink-Legierungen mit Bleizusatz
Blei ist im α-Kristall praktisch unlöslich und scheidet sich an den Korngrenzen ab. Es wirkt kornfeinend und spanbrechend. Die Eignung zum Schmelzschweißen wird verringert. Die ersten drei Sorten sind noch gering kaltumformbar. Alle Sorten sind gut warmumformbar, mit steigendem Zn-Gehalt (und damit β-Anteil) sehr gut (Tab. 7.32).

Tab. 7.31 Einige Cu-Zn-Legierungen, Werte für Blech <2,5 mm

Kurzzeichen Nummer	Zustand R_m in MPa	A in %	Verwendungsbeispiele
CuZn5	R250	36	Elektrische Leiter
CW500L	R340	4	Dämpferstäbe
CuZn15	R260	38	Federbänder
CW502L	R350	4	Druckmessgeräte, Hülsen
CuZn30	R280	40	Federn, Tiefziehteile
CW505L	R420	6	Federn
CuZn40	R340	33	Stangen, Profile
CW509L	R470	6	Schloss- und Beschlagteile

Tab. 7.32 CuZnPb-Legierungen (Auswahl aus 24 Sorten)

Kurzzeichen Nummer	Zustand R_m/A[a]	Eigenschaften, Beispiele
CuZn35n Pb	R290/40	Gut warm-, kaltform- und spanbar
CW600N	470/5	
CuZn39Pb3	R380/18	Formdrehteile auf Automaten
CW614N	R430/10	
CuZn40Pb2	R380/35	Warmpressteile
CW617N	R600/8	

[a] Zahlen für Dehnung sind nur Anhaltswerte

Mit der hohen Anzahl der Sorten lassen sich vielseitige Anforderungen an die Kombination von Spanbarkeit, Kaltformbarkeit und Fertigungsverfahren erfüllen. Die Hauptlegierung ist hier CuZn39Pb3 als Automatenlegierung für Formdrehteile aller Art. Für dünnwandige Schmiedestücke ist CuZn40Pb2 besonders geeignet.

Cu-Zn-Knetlegierungen mit weiteren Zusätzen
Als weitere LE sind Al, Sn, Si, Ni, Mn und Fe in kleinen Mengen enthalten (Tab. 7.33), z. T. in zwei- oder dreifacher Kombination (Sondermessing).

- Sie verschieben die Phasengrenzen, d. h. sie wirken sich auf das Verhältnis zwischen den Phasen α und β aus (Gefügeeinfluss).
- Die Festigkeit wird durch MK-Bildung in beiden Phasen erhöht.
- Bessere Gleit- und Verschleißeigenschaften, die Korrosionsbeständigkeit wird durch Bildung von Deckschichten erhöht.

Die Kaltumformbarkeit ist mittel bis gering, deswegen sind nur die Sorten bis 38 % Zn als Blech herstellbar, die anderen als Rohre, Stangen und Strangpressprofile (Tab. 7.34).

Alle Al-haltigen Sorten sind schlecht lötbar und nur mit Schutzgas gut schweißgeeignet.

Tab. 7.33 CuZn-Legierungen + Legierungselemente (Auswahl aus 22 Sorten)

Kurzzeichen	Nummer $R_\mathrm{m}/A^\mathrm{a}$	Eigenschaften, Beispiele
CuZn20Al2As	CW702R R300/35	Geglüht beständig gegen Seewasser, SpRK
CuZn31Si1[b]	CW708R R440/22	Kaltformbar, Rohre, Lagerbuchsen
CuZn38Mn1Al1	CW716R R440/20	Witterungsbeständig, für Gleitelemente
CuZn40Mn2Fe1	CW723R R440/20	Lötbar, Armaturen

[a] Zahlen für Dehnung sind nur Anhaltswerte
[b] Auch als Gusswerkstoff „Ecocast®", feinkörnig, kalt- und warmformbar (Wieland Werke)

Tab. 7.34 CuZn-Gusslegierungen, Auswahl aus 14 Sorten nach DIN EN 1982/08

Bezeichnungen nach DIN EN 1982/08		Gießart	R_m	$R_\mathrm{p0,2}$	A	HBW	Eigenschaften, Beispiele
Kurzname	Nummer		MPa		%		
CuZn33Pb2-C	CC750S	-GS -GZ	180	70	12	45 50	Beständig gegen Brauchwässer bis 90 °C, gut spanbar
CuZn15As-C	CC760S	-GS	160	70	20	45	Sehr gut lötgeeignet, meerwasserbeständig, für Flansche
CuZn16Si4-C	CC761S	-GS -GM	400 500	230 300	10 8	100 130	Meerwasserbeständig, dünnwandig vergießbar, schweißbar
CuZn25Al5Mn4Fe3-C	CC762S	-GS -GM	750 750	450 480	8 8	180 180	Höher belastete Gleitlager und Schneckenradkränze (niedrige Gleitgeschwindigkeit)
CuZn34Mn3Al2Fe1-C	CC764S	-GS -GZ	600 620	250 260	15 15	140 150	Statisch hoch belastete Ventil- und Steuerungsteile
CuZn35Mn2Al1Fe1-C	CC765S	-GS -GC	450 500	170 200	20 18	110 120	Druckmuttern, Gleit- u. Gelenksteine, Schiffspropeller
CuZn37Al1-C	CC766S	-GM	450	170	25	105	Mittlere Festigkeit, nur für Kokillenguss

Tab. 7.35 Unterschiede der Komponenten Cu und Sn

	Wertigkeit	Gitter	Atom-Ø pm	Schmelzpunkt °C	U^a
Cu	1	kfz	128	1083	−0,14
Sn	4	tetr	151	232	+0,34

[a] U in Volt. Elektrochemische Spannungsreihe

7.4.7 Kupfer-Zinn-Legierungen

Gegenüber den Messing-Legierungen haben sie eine höhere Korrosionsbeständigkeit und Verschleißfestigkeit, sind lötbar, aber teurer.

▶ **Hinweis** Historische Bezeichnung Bronze (Zinnbronze), auch heute noch geläufig.

Die geringe Übereinstimmung der atomaren Eigenschaften von Cu und Sn (Tab. 7.35) führt zu

- **Kristallseigerungen** beim Erstarren, bis 10 % Konzentrationsunterschiede im Mischkristall und zu
- niedriger **Diffusionsgeschwindigkeit**. Real erstarrte Legierungen entsprechen im Gefüge deswegen nicht dem Zustandsschaubild.

Bis 8 % entstehen homogene Mischkristall-Gefüge mit hoher Beständigkeit und Kaltumformbarkeit bei starker Verfestigungsneigung (Tab. 7.36). Höchste Festigkeit bei 12 %, höchste Bruchdehnung bei 9 % Sn (Abb. 7.7).

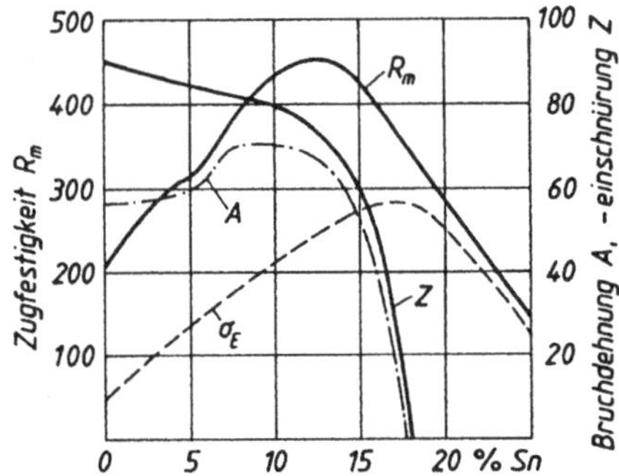

Abb. 7.7 Festigkeitseigenschaften der Cu-Sn-Legierungen, weichgeglüht (Kupfer-Institut). Durch die Unterschiede ist die Löslichkeit gering. Das Zustandsdiagramm zeigt große Abstände zwischen Liquidus- und Soliduslinie und zahlreiche Intermetallische Phasen, die sich im festen Zustand noch umwandeln

Tab. 7.36 CuSn-Knetlegierungen

Kurzzeichen	R_m/MPa	Verwendung
CuSn4	290…610	Metallschläuche
CuSn5	350…690	Kontaktfedern, -drähte
CuSn8	370…740	Rohre, Lagerbuchsen
CuSn3Zn9	320…660	Federn, Faltenbälge, Siebbleche, Gewebe

Tab. 7.37 CuSn-Gusslegierungen (Auswahl aus 5)

Kurzzeichen	Gießart	R_m	$R_{p0,2}$	A	HBW
		MPa		%	
CuSn11Pb2-C	-GS	240	130	5	80
	-GC	280	150	5	90
CuSn12Ni2-C	-GS	280	160	12	85
	-GC	300	180	10	95

Bei höheren Sn-Gehalten bilden sich spröde Phasen, welche die Verformungskennwerte abstürzen lassen, während die Härte weiter steigt. Gusslegierungen enthalten max. 12 % Sn (Glockenguss 20 %, nicht genormt).

Knetlegierungen werden wegen der hohen Dehngrenze und der Beständigkeit für federnde Bauteile aller Art eingesetzt.

Durch Zusatz von 2 % Ni werden Festigkeit und Bruchdehnung erhöht, Ni ist deshalb in fast allen Gusslegierungen enthalten.

Gusslegierungen sind korrosionsbeständige, verschleißfeste Werkstoffe mit sehr guter Zerspanbarkeit und Lötbarkeit. CuSn wird wegen der Seigerungen meist im Schleuderguss verarbeitet.

Einige Sorten sind mit Pb legiert, das im festen Zustand fast unlöslich ist und bei 327 °C zu schmelzen beginnt. Es fördert die Zerspanbarkeit und Notlaufeigenschaften auf Kosten der Festigkeit.

Carobronze® ist CuSn8/CuSn8P von hoher Reinheit mit besseren Gleit- und Warmfestigkeitseigenschaften als genormte Sorten.

Schleuderguss wird je nach Form und Größe des Teiles für Schneckenradkränze mit senkrechter Achse bis zu 2,5 m ⌀, für Rohre und Buchsen größerer ⌀ mit waagerechter Achse gegossen. Senkrechtstrangguss für dünnwandige Rohre bis zu 30 t/Stück, Horizontalstrangguss für Stangen und Rohre mit kleinem Durchmesser.

CuSn-Gusslegierungen (Tab. 7.37) für Schnecken- und Zahnkränze, Gleitlager und -elemente für höchste Beanspruchungen. **CuSnZn-Gusslegierungen** sind weniger fest, aber besser gieß- und spanbar und werden für Pumpen-, Ventil- und Zählergehäuse, Fittings und als Lagerwerkstoffe eingesetzt (Tab. 7.38).

Tab. 7.38 CuSnZn-Gusswerkstoffe[a] DIN EN 1982/08

Kurzzeichen	Gießart	R_m	$R_{p0,2}$	A	HBW
		MPa		%	
CuSn5Zn5Pb5-C	-GS	200	90	13	60
	-GM	220	110	6	60
CuSn7Zn2Pb3-C	-GS	230	120	15	60
	-GC	260	120	12	70
CuSn7Zn4Pb7-C	-GS	230	120	15	60
	-GC	230	120	12	60

[a] Hierfür wird auch noch die ältere Bezeichnung Rotguss verwendet.

7.4.8 Kupfer-Aluminium-Legierungen

Die besonderen Eigenschaften des Al prägen auch die der CuAl-Legierungen (Tab. 7.39).

Cu kann nur wenig vom dreiwertigen Al lösen. Einphasige MK-Legierungen sind deshalb nur bis 8 % Al möglich.

Bei höher legierten Sorten entsteht eine zweite β-Phase, die bei Abkühlung auf 565 °C eine martensitische Umwandlung erleidet. Diese spröde Phase vermindert Festigkeit und Bruchdehnung.

Deshalb müssen weitere Elemente zulegiert werden, um die ungünstigen Wirkungen aufzuheben. Es ergeben sich dann heterogene Gefüge, wie auch bei den Gusslegierungen, und die Möglichkeit einer Wärmebehandlung (Tab. 7.40).

- Fe wirkt kornverfeinernd und erhöht die Festigkeit (je Prozent um 30 MPa).
- Ni erhöht die Korrosionsbeständigkeit und Dauerschwingfestigkeit in Seewasser.
- Mn desoxidiert die Schmelze und erhöht die Warmfestigkeit.

Tab. 7.41 gibt einen Überblick über CuAl-Legierungen und ihre Eigenschaften.

Kupfer-Aluminium-Gusslegierungen

Kupfer-Aluminium-Gusslegierungen haben ähnliche Zusammensetzung wie die heterogenen Knetlegierungen, erreichen aber nicht deren Festigkeits- und Dehnungswerte (Tab. 7.42).

Tab. 7.39 Eigenschaften der CuAl-Legierungen

+	Korrosionsbeständigkeit wie CuSn, Dichte auf 8,2...7,5 g/cm^3 erniedrigt, höhere Festigkeit als CuSn, kaltzäh
−	Al-Zusatz erschwert Löten und Schweißen (Oxidbildung), elektrische und Wärmeleitfähigkeit sinken auf 20...10 % des Cu-Wertes

Tab. 7.40 Wärmebehandlung von CuAl10Ni5Fe5

Zustand	R_m	$R_{p0,2}$	A
	MPa		%
Stranggepresst	727	365	18
900 °C abgeschreckt	784	432	5,5
550 °C/1 h nachgelagert	767	518	11

Tab. 7.41 CuAl-Knetlegierungen (mechanische Eigenschaften gelten für das jeweilige Halbzeug)

Kurzzeichen Nummer	Zustand[a]	$R_{p0,2}$/MPa	A/%	Eigenschaften, Anwendungen
CuAl8Fe3 CW303G	-R450 -R480	200 210	30 30	Korrosionsdauerfest, Platten u. Bleche für allg. Verwendung und für Kessel, warmfest bis 300 °C, Schmiedestücke
CuAl10Fe3Mn2 CW306G	-R590 -R690	330 510	12 6	Zunderfest, Stangen, Schmiedestücke für Maschinen, Schrauben, Spindeln, Zahn- u. Schneckenräder
CuAl11Fe6Ni6 CW308G	-R750	450	10	Stangen für allg. Verwendung, höchste Festigkeit, für stoßbelastete Verschleißteile, Umformwerkzeuge

[a] Für den Zustand Rxxx sind Dehngrenzen- und Bruchdehnungswerte nicht gewährleistet.

Tab. 7.42 Einige CuAl-Gusslegierungen nach DIN EN 1982/08

Kurzzeichen Nummer	Gießart	R_m/MPa	$R_{p0,2}$/MPa	A/%	HBW
CuAl9-C CC330G	-GM -GZ	500 450	160	20 15	100 100
CuAl10Ni3Fe2-C CC332G	-GS -GM -GC	500 600 550	180 250 220	18 20 20	100 130 120
CuAl10Fe5Ni5-C CC333G	-GS -GM -GZ	600 650 650	250 280 280	13 7 13	140 150 150
CuAl11Ni6Fe6-C CC334G	-GS -GM -GZ	680 750 750	320 380 380	5 5 5	170 185 185

Ein Vergleich der Sorten zeigt, dass durch Kokillenguss (-GM) oder Strangguss (-GC) gegenüber Sandguss (-GS) höhere Streckgrenzen bei gleichen oder evtl. höheren Dehnungen erreicht werden; dadurch liegen auch die Dauerfestigkeiten höher.

Tab. 7.43 Cu-Ni-Legierungen (Auswahl)

Kurzzeichen	Nummer	Symbol[a]	A in %	Halbzeuge
CuNi10Fe1Mn	CW352H	R300 / R320	30 / 15	Platten, Bleche, Bänder, Ronden,
CuNi30Mn1Fe	CW354H	R350 / R410	35 / 14	Rohre, Stangen, Schmiedestücke

[a] Symbol R ist Anhängesymbol für die Zugfestigkeit in MPa. Die o. a. Legierungen sind auch als CuNi-Gusslegierungen in DIN EN 1982/08 enthalten.

Es sind seewasserbeständige, unmagnetische Legierungen mit hoher Zeitfestigkeit in Meerwasser oder Salzlösungen und bestimmten Laugen. Sie haben mittlere Zerspanbarkeit und sind unter Schutzgas schweißgeeignet.

Anwendung Schiffspropeller, Stevenrohre, Pumpengehäuse und -laufräder, Teile für Meerwasserentsalzung und Offshoretechnik, Heißdampfarmaturen, Gleitlager mit hoher Stoßbelastung, Schnecken- und Schraubenräder für höchste Flächenpressungen, Maschinen der Lebensmittelverarbeitung, Beizkörbe.

7.4.9 Kupfer-Nickel-Legierungen

Die Komponenten bilden eine lückenlose Mischkristallreihe (Abb. 2.62). Jede Sorte besteht aus kfz CuNi-Mischkristallen. Die Wirkung der LE ist verschieden:

- Cu ergibt hohe Verformbarkeit (Dehnung).
- Ni steigert Festigkeit und Korrosionsbeständigkeit.

Die Mischkristallverfestigung wird bis zu 30 % Ni ausgenutzt, höhere Festigkeiten sind in Halbzeugen durch Kaltumformung und Kaltverfestigung möglich (Anhängesymbol R). Dabei sinkt die Bruchdehnung stark ab (Tab. 7.43).

Ab 15 % Ni verschwindet die rote Farbe des Kupfers (Münzen aus CuNi25).

Je 1 % Fe + Mn ergeben durch Schichtbildung hohe Beständigkeit gegen fließendes Meerwasser.

In der Praxis sind Kupfer-Nickel-Legierungen in Meerwasserkühlsystemen und -entsalzungsanlagen (Fe-haltig) sowie in Kfz-Bremsleitungen zu finden.

Al und Mn erhöhen die Entfestigungstemperatur, sodass kaltverformte Teile bis 500 °C beansprucht werden können.

Durch kleine Anteile Cr oder Nb entstehen aushärtbare Sorten (z. B. G-CuNi30Cr R1000, nicht genormt).

7.4.10 Kupfer-Nickel-Zink-Legierungen

▶ **Hinweis** Ältere Bezeichnungen sind Neusilber, German Silver und Alpaka, die nicht in den Normen enthalten sind.

Tab. 7.44 Eigenschaften von CuNiZn-Legierungen

+	Kaltzäh, auch kalt verformt, unmagnetisch, warmfest bis 300 °C, zunderbeständig bis 400 °C, polierbar, hart- und weichlötbar
−	Geringere Leitfähigkeit für Wärme und Strom als CuZn, weniger beständig gegen Korrosion als CuNi, aber besser als CuZn (Messing)

Tab. 7.45 Kupfer-Nickel-Zink-Legierungen (Auswahl aus 9 Sorten)

Kurzzeichen	Nummer	R_m/MPa	Eigenschaften, Anwendungsbeispiele
CuNi12Zn24	CW403J	350…620	Sehr gut kaltformbar, emaillierfähig, Tafelgeräte, Federn
CuNi18Zn27	CW410J	500…600	Nur Bänder und Bleche, stark kaltverfestigend, Federn
CuNi12Zn30Pb1	CW406J	500…600	Gut kaltformbar und zerspanbar, Sicherheitsschlüssel, Drehteile für die feinmechanische Industrie

Festigkeitsangaben für Bleche und Bänder 0,2…5 mm, bei Automatenlegierungen für Stangen

Das teure LE Nickel kann teilweise durch das preiswertere Zink ersetzt werden. Die CuNiZn-Werkstoffe dienten früher als Silberersatz für Tafelgeräte. Die Eigenschaften der Sorten liegen zwischen denen der CuZn- und der CuNi-Legierungen (Tab. 7.44).

Zn erhöht Warmformbarkeit und Verfestigungsfähigkeit auf Kosten der Korrosionsbeständigkeit. Die Gefügeausbildung ähnelt dem System CuZn, da sich Cu und Ni im Mischkristall gegenseitig ersetzen können.

Mit dem Ni-Zusatz steigt die Anlaufbeständigkeit. Blei-Zusatz wirkt günstig bei der Zerspanung, senkt aber die Zähigkeit und macht warmrissempfindlich (Blei schmilzt). Tab. 7.45 enthält drei Automatenlegierungen.

7.5 Magnesium

7.5.1 Vorkommen und Gewinnung

Mg ist mit einem Anteil von ca. 2 % der Erdrinde nach Al das am häufigsten vorkommende Leichtmetall, der größte Teil davon im Meerwasser gelöst.

Meerwasser enthält Magnesiumchlorid und Mg-Sulfat (ca. 1,3 g Mg/Liter) gelöst. Ein Würfel Meerwasser von 1 km Kantenlänge enthält damit $1{,}3 \cdot 10^6$ t Mg, mehr als eine Weltjahreserzeugung.

Die Herstellung von Magnesium verläuft in mehreren Stufen:

- Ausfällen aus dem Meerwasser mit gebranntem Dolomit als unlösliches Mg-Hydroxid

$$MgCl_2 + Ca(OH)_2 \rightarrow CaCl_2 + \mathbf{Mg(OH)_2} \downarrow$$

- Brennen des Mg-Hydroxids zu Mg-Oxid

$$Mg(OH)_2\,(600\,^\circ C) \rightarrow \mathbf{MgO} + H_2O \uparrow$$

- Umsetzen mit Kohlenstoff und Chlor zu $MgCl_2$

$$2MgO + C + 2Cl_2 \rightarrow \mathbf{2\,MgCl_2} + CO_2 \uparrow$$

Das $MgCl_2$ muss schmelzflüssig reduziert werden, da sich bei nasser Elektrolyse Wasserstoffgas abscheiden würde:

- Elektrolyse des geschmolzenen Chlorids mit hohem Energieverbrauch (17 kWh/kg Mg). Der Schmelzpunkt wird durch Zugabe von Flussspat CaF_2 auf ca. 700 °C erniedrigt.

Schmelzflusselektrolyse (ähnlich Abb. 7.2) ist mit ca. 75 % Anteil das wichtigste Verfahren der Magnesiumreduktion.

Die wichtigsten Mg-Mineralien sind die Carbonate **Magnesit**, $MgCO_3$ und **Dolomit**, $CaMg(CO_3)_2$ und das Chlorid **Carnalit**, $KMgCl_3 \cdot 6H_2O$.

Eine andere Möglichkeit ist der thermische Weg:

- Dolomit-Aufbereitung durch Brennen zu $CaO \cdot MgO$ (Austreiben des CO_2)
- Thermische Reduktion mit FeSi nach

$$2CaO \cdot MgO + FeSi = 2Mg + Ca_2\,SiO_4 + Fe$$

Nach diesem Verfahren werden ca. 25 % Mg erzeugt.

Mg wird wegen seines niedrigen Siedepunktes von 1107 °C dampfförmig erzeugt und muss ohne Verunreinigungen kondensieren.

Ein großer Teil des Magnesiums wird nicht als Werkstoff eingesetzt (vgl. Tab. 7.46).

- Mg ist das häufigste Legierungselement für Al-Legierungen.
- Wichtiges Reduktionsmittel in der Metallurgie bei der Erschmelzung von Titan und Zirkon, der Desoxidation von Nickel und der Herstellung von Kugelgraphitguss.

Tab. 7.46 Abnehmer von Mg-Metall

Branche	Anteil in %
Al-Legierungen (Tab. 7.11)	43
Mg-Druckguss	30,5
Metallurgie (Ti $\rightarrow$ Abschn. 7.6.1)	16,5
Pharmaindustrie, Medizin	10

Tab. 7.47 Werkstoffkennwerte des Magnesiums

Mechanische Eigenschaften			
R_m	80 MPa	Schmelzpunkt	649 °C
$R_{p0,2}$	90 MPa	Schwindmaß	4 %
E	45,5 GPa	Umformen	>300 °C
G	17 GPa		
A	2...15 %	Dichte ρ	1,74 kg/dm^3

7.5.2 Eigenschaften von Magnesium

Unlegiertes Mg hat eine geringe Festigkeit, sodass als Strukturwerkstoff nur die Legierungen eingesetzt werden.

Mg ist das leichteste technische Metall (Tab. 7.47), es ist mit 1,74 g/cm^3 Dichte ca. 30 % leichter als Al und war als *Elektron* im Krieg im Flugzeugbau im Einsatz, später in der Automobilindustrie.

Mg-Druckgusslegierungen waren schon beim ersten VW-Käfer für Kurbel- und Getriebegehäuse in Anwendung (ca. 20 kg). Sie wurden durch korrosionsbeständigere Al-Legierungen ersetzt. Neuere, **hochreine** Legierungssorten (Zusatz-Zeichen hP, high purity) haben wesentlich kleinere Gehalte der edleren Metalle Fe, Ni und Cu. Die Korrosionsbeständigkeit wird vervielfacht.

Trotzdem konnten sich Mg-Legierungen gegenüber denen aus Al nur langsam verbreiten. Die Gründe dafür lagen im höheren Metallpreis (ca. das Doppelte von Al), aber auch in den technologischen Eigenschaften, die besondere und damit kostentreibende Maßnahmen erfordern:

- Mg ist sehr reaktionsfreudig: Die Schmelze reagiert mit dem Luftsauerstoff, da die entstehende MgO-Schicht lückenhaft ist und die Entflammungstemperatur etwa der Gießtemperatur entspricht. Das erfordert besondere Maßnahmen: **Schutzmaßnahmen** beim Gießen durch Salzabdeckung oder Vergießen unter Schutzgas mit SF$_6$-Anteilen (Schwefelhexafluorid). Wegen der Klimagefährdung durch SF$_6$ (es hat den 24.000-fachen Treibhauseffekt gegenüber CO$_2$) wird als Ersatz ein SO$_2$/N$_2$-Gemisch verwendet. Weniger umweltbelastend sind O$_2$-freie, gasdruckdichte Ofen- und Gießanlagen, die auch keine Verunreinigungen der Schmelze bewirken.
- Kleine Mg-Teilchen mit großer Oberfläche (Späne, Stäube) können sich entzünden. Beim Löschversuch mit Wasser wird der Wasserstoff reduziert, Explosionsgefahr.
- Mg ist unedel und liegt in der Spannungsreihe bei $-3,4$ V. Es ist durch eine Oxidschicht beständig in trockenen oder basischen Medien, jedoch korrosionsgefährdet in saurer Umgebung. Anwendung nur im Innenbereich, sonst ist Oberflächenschutz erforderlich, z. B. durch anodische Oxidation: Sie erzeugt eine konturentreue 15...20 μm dicke Schicht aus MgO, verschleißfest und elektrisch isolierend (Magoxid-Coat$^{®}$, AHC). Geringe Anteile von Cu, Fe und Ni verstärken die Korrosionsneigung.

Bimetallkorrosion (Kontaktkorrosion) beim Zusammenbau mit edleren Metallen muss durch Isolation vermieden werden (z. B. Montage von Deckel und Gehäuse durch Stahlschrauben mit Polyamidauflage, einfacher durch Schrauben aus Al-Legierung).

Der unedle Charakter des Mg wird beim kathodischen Korrosionsschutz ausgenutzt. Näheres zu **Opferanoden** aus Mg enthält Abschn. 12.5.3.

- Mg hat ein hdP-Kristallgitter und dadurch wenige Gleitmöglichkeiten. **Kaltumformung** ist deshalb nur sehr begrenzt möglich. Bei über 300 °C werden weitere Gleitebenen aktiviert. Sie liegen auf Pyramidenflächen, die auf der Basisfläche der Elementarzelle errichtet werden können. Knetlegierungen müssen deshalb in diesem Temperaturbereich verformt werden.

Magnesium-Gusslegierungen

Durch Legieren werden einige ungünstige Eigenschaften verbessert, sodass zunächst Druckgusslegierungen eine breite Anwendung fanden.

Beispiel für die Anwendung

Die Kfz-Industrie ersetzt die Legierung GD-AlSi9Cu3 für ein Getriebegehäuse durch GD-MgAl9Zn1hP (4,5 kg weniger Gewicht).

Mg-Legierungen enthalten bis zu 10 % LE. Die Zustandsschaubilder zeigen ein schmales Mischkristallfeld mit sinkender Löslichkeit und anschließenden Feldern mit heterogenen Gefügen, z. T. mit Intermetallischen Phasen (ähnlich Abb. 2.66).

Die Steigerung der Festigkeit beruht auf Mischkristall- und Teilchenverfestigung durch Bildung Intermetallischer Phasen, die feindispers verteilt sein müssen. Deshalb wird ein homogenisierendes Glühen angewandt und schnell abgekühlt. Das Aushärten kann kalt oder warm erfolgen.

Wirkung der Legierungselemente

- Al und Zn erhöhen die Festigkeit in *kleinen* Gehalten. Al bildet die spröde Intermetallische Phase $Mg_{17}Al_{12}$, dadurch sinkt die Zähigkeit. Beide LE ermöglichen Aushärtung, führen in höheren Gehalten zu porösem Guss.
- Mn erhöht die Korrosionsbeständigkeit, indem es Fe zu einer unlöslichen Phase bindet, es steigert Festigkeit *und* Dehnung.
- Seltene Erden (SE, Cer, Yttrium) und Zirkon desoxidieren und ergeben porenfreien Guss, die Reaktionsprodukte bilden Keime und wirken kornverfeinernd. Dadurch werden höhere Festigkeiten bis 300 °C möglich.

Kurzzeichen für Mg-Legierungen

Neben den Kurzzeichen nach DIN EN-Normen sind im Handel Symbole nach ASTM eingeführt (Tab. 7.48).

Tab. 7.48 Kurzzeichen (KZ) der Mg-Legierungen nach ASTM

KZ	Element	KZ	Element	KZ	Element
A	Al	H	Thorium	Q	Silber
B	Bismut	K	Zirkon	R	Chrom
C	Kupfer	L	Lithium	S	Silizium
D	Cadmium	M	Mangan	T	Zinn
E	Seltene Erden	N	Nickel	W	Yttrium
F	Eisen	P	Blei	Z	Zink

Nachgestellte Ziffern geben den Gehalt der LE in gleicher Reihenfolge in Prozenten an. Nachgestellte Buchstaben A…D geben den zeitlichen Entwicklungsstand (D neu) an.

Vorteile von Mg-Druckgusslegierungen gegenüber Al-Legierungen

- Geringere Schmelzviskosität, dadurch sind dünnwandige, filigrane, auch großflächige Teile mit niedrigeren Drücken vergießbar, z. B. Gehäuse für handgeführte Arbeitsgeräte, wie z. B. Motorsägen, Versteifungen von z. B. Aktenkoffern aus Kunststoffschalen.
- Der kleinere Wärmeinhalt (kleinere Masse) der Mg-Legierung lässt kürzere Taktzeiten zu (z. B. 5 kg Teile, 100 Schuss/h auf Warmkammermaschinen).
- Mg löst im Gegensatz zu Al kein Fe: Schmelzen kann in Fe-Tiegeln erfolgen, kein Kleben in der Form, damit höhere Standmengen.
- Mg-Legierungen lassen sich mit geringerem Energieverbrauch zerspanen, die Standzeiten der Werkzeuge liegen 5… 10-fach höher.

Dadurch ist die Anwendung von Mg-Druckguss vor allem im Fahrzeugbau stark angestiegen.

Kfz-Druckgussteile für Konsolen, Airbag- und Zündschlossgehäuse, Saugrohr, Konsole für Gangschaltung, Innenteile der Karosserie, Getriebegehäuse (Passat).

Ersatz vielteiliger Konstruktionen durch *ein* Gussteil (z. B. Armaturenträger im Kfz).

Neue Entwicklungen erhöhen Festigkeit, auch bei erhöhten Temperaturen, durch Werkstoffverbund, z. B. Eingießen von C-faserverstärkten Formlingen (Preform aus MMC) zur lokalen Verstärkung hochbeanspruchter Bereiche im Bauteil.

Verbrauch	1996	2006
Mg-Druckguss	5000 t	35.000 t

Die Schwierigkeiten beim Gießen infolge der hohen Reaktionsfähigkeit des Mg werden verringert beim **Thixoguss**, der auf der **Thixotropie**[5] von fest-flüssigen Phasengemischen basiert.

Wegen der verminderten Reaktionsfähigkeit (niedrigere Temperatur, keine offene Schmelze) sind die Schutzmaßnahmen bei dieser Gießart einfacher.

---

[5] = Verhalten von fest-flüssigen Phasengemischen, bei Scherbeanspruchung dünnflüssiger zu werden, z. B. thixotrope Farben, die zunächst pastös sind und erst durch den Pinseldruck flüssig werden.

Tab. 7.49 Mg-Gusslegierungen, Auswahl aus 9 Sorten DIN EN 1753/97 (getrennt gegossene Proben)

Kurzzeichen W-Nummer EN-MC- (ASTM)	Gieß-art	Zustand	R_m MPa	$R_{\mathrm{p}0,2}$ MPa	A %	Eigenschaften und Beispiele
MgAl9Zn1 21120 (AZ91)	-GS	F	160	90	2	Beste Gießeignung und Spanbarkeit; Getriebegehäuse, Gehäuse für Laptops, Kameras und Mobiltelefone, Teile für elektronische Drucker- und Speicherlaufwerke
	-GM	T4 (ka)	240	110	6	
		T6 (wa)	240	150	2	
	-GP	F	200–260	140–170	1–6	
MgAl6Mn 21230 (AM60)	-GP	F	190–250	120–150	4–14	Für Kfz-Teile im Innenbereich: Sitzrahmen, Instrumententräger, Lüfterräder
MgAl5Mn 21220 (AM50)	-GP	F	180–230	110–130	5–15	Hohe Bruchdehnungen ergeben hohe Energieaufnahme bei Stoßbelastung. Radfelgen, crash-relevante Teile
MgAl2Mn 21210 (AM20)	-GP	F	150–220	80–100	8–18	
MgRe2Ag2Zr1 65210 (QE22)	-GS -GM	T6 (wa)	240	175	2	Luftfahrtlegierung, höchste stat. u. dyn. Festigkeit, warmfest bis 200 °C, WIG-schweißbar, schlecht gießbar

Beim Vergleich der Druckgusslegierungen AZ91 mit den AM-Legierungen fällt der Anstieg der Bruchdehnung bei sinkender Streckgrenze auf, eine Folge des sinkenden Al-Gehaltes.

Tab. 7.49 betrachtet eine Auswahl an Mg-Gusslegierungen und deren Eigenschaften.

Mg-Knetlegierungen hatten im Kfz-Bau wegen des Preises, der geringen Tiefziehfähigkeit und der mangelnden Korrosionsbeständigkeit nur geringe Anwendung gefunden.

Neue Entwicklungen versuchen, diese Werkstoffe für Leichtbau-Konstruktionen verwendbar zu machen. Dabei ist der Automobilbau mit seinen hohen Stückzahlen impulsgebend.

Hierzu sind zahlreiche Vorhaben der großen Forschungsinstitute unter Mitwirkung der Hersteller, z. T. mit Unterstützung der EU, auf den Weg gebracht worden, z. B.:

MIA Magnesium im Automobil, ein BMBF-Verbundprojekt
WING Leichte Werkstoffe und Strukturen (Abschn. 1.2).

Höhere Forderungen an Komfort, Sicherheit und evtl. Leistung führen zu höheren Fahrzeuggewichten, was durch höheren Mg-Einsatz ausgeglichen werden könnte. Die Forschungen laufen in mehreren Bereichen:

Tab. 7.50 Mechanische Werte für Mg-Knetlegierungen

	Strangguss	Walzplatten in mm	
		100	10–20
Zugfestigkeit R_m/MPa	210…220	230…250	245…260
Dehngrenze $R_{p0,2}$/MPa	50…70	140…180	150…190
Bruchdehnung A/%	8…12	10…14	12…18

Tab. 7.51 Mg-Feinblech AZ31, Dicke 1,5 mm, geglüht

EN-MW (ASTM)	R_m/MPa	$R_{p0,2}$/MPa	A/%
Mg Al3Zn1 (AZ31B-O)	240…260	140…180	17…23

(SMT) Salzgitter-Magnesium-Technologie

Herstellverfahren für Flachprodukte verbessern:

- Walzen von Strangpress-Vormaterial verfeinert das Gefüge und ergibt Bleche mit höherer Streckgrenze und Bruchdehnung (Tab. 7.50 und 7.51).
- Kontiverfahren (ThyssenKrupp) erzeugt Bleche von 5…6 mm Dicke durch Gießen des Mg in den Walzspalt.

Umformtechnik an die Eigenschaften der Mg-Knetlegierungen anpassen. Beheizte Tiefziehwerkzeuge mit segmentiertem, elastischem Niederhalter, der sich den örtlichen Fließanforderungen anpasst.

Superplastisches Umformen auch komplizierter Teile ist möglich bei ca. 500 °C und niedriger Umformgeschwindigkeit.

Fügetechnik (Schweißen, Clinchen, Klebfalzen) ist wichtig für Werkstoffverbunde mit Al- oder Polymerteilen. Anwendung findet sie in Karosserie-Leichtbaukonzepten aus Verbunden für Heckklappen, Türmodule, Konsolenteile, Sitzschalen, Radkörper und Felgen.

Korrosionsbeständigkeit Für Bauteile im Innenbereich ist i. Allg. kein Schutz erforderlich. Bei Verbundkonstruktionen mit Al muss ein elektrischer Kontakt durch Isolierung vermieden werden, damit keine Bimetall-Korrosion (Kontaktkorrosion) auftreten kann.

Oberflächenschutz durch Passivierung (Magpass®) oder anodische Oxidation (z. B. Magoxid®). Die Schichten sind verschleißfest und auch ein wirksamer Haftgrund für organische Beschichtungen und Verklebung.

Neue Legierungen Lithium (Li) als LE senkt die Dichte noch weiter (bis ca. 1,4 g/cm^3). Legierungen bestehen bei >11 % Li aus krz Mischkristallen mit stark erhöhter Duktilität.

▶ **Hinweis** Mg-Schaum in Hohlprofilen wird als leichter Crashabsorber im Kfz-Bau eingesetzt → Verbundwerkstoffe MMC.

7.6 Titan

Aluminium kann die gestiegenen Anforderungen aus dem Flugkörperbau (Warmfestigkeit und Steifigkeit) aufgrund der niedrigen Schmelztemperatur nicht erfüllen. Dadurch ist Ti wegen seines Schmelzpunktes von 1670 °C mit einer Dichte von 4,5 kg/dm^3 und der Festigkeit von Stahl als Leichtbauwerkstoff interessant geworden.

Titan wurde bereits 1795 von Klapproth im Rutil entdeckt, aber erst seit 1949 technisch hergestellt. Seine Erzeugung ist aufwendig, sodass sie sich erst nach einer entsprechenden Nachfrage durch die Flugzeugindustrie lohnte. Titanrohstoffe sind:

- **Ilmenit** (Eisentitanat) $FeTiO_3$ mit 30 % Ti
- **Rutil** Titan(IV)-Oxid, TiO_2.

7.6.1 Metallgewinnung

Das Erz wird mit Chlorgas aufgeschlossen, wobei sich die *flüssige* chemische Verbindung Titan(IV)-chlorid bildet. Sie kann durch Destillation von den anderen Bestandteilen getrennt werden.

Weil Ti einen Schmelzpunkt von über 1700 °C hat und bei hohen Temperaturen begierig Gase aufnimmt, ist eine Reduktion schwierig. Sie erfolgt meist nach dem Kroll-Verfahren.

Kroll-Verfahren Das Titan-Chlorid wird in einer Argon-Atmosphäre mit flüssigem Mg reduziert. Dabei entsteht zunächst ein poröses Metall in Brocken, der Titan-Schwamm. Er wird durch Vakuum-Destillation von Mg-Resten befreit.

Das Niederschmelzen zu massiven Barren erfolgt in einem Vakuum-Lichtbogenofen ohne Verunreinigung durch Gase oder Tiegelmaterial.

7.6.2 Eigenschaften und Anwendung

Neben einer hohen spezifischen Festigkeit (Reißlänge $\rightarrow$ Abschn. 10.3) besitzt Titan Korrosionsbeständigkeit gegen

- oxidierende Säuren und Mischsäuren,
- Chloridlösungen sowie
- Loch- und Spannungsrisskorrosion

durch Bildung einer Passivschicht. Titan nimmt beim Glühen >500 °C schnell Wasserstoff auf, der durch Vakuumglühen entfernt werden kann. Über 700 °C wächst die Oxidschicht

Tab. 7.52 Werkstoffkennwerte des Titans

Mechanische Eigenschaften		Physikalische Eigenschaften	
R_m	300...750 MPa	Schmelzen	1670 °C
$R_\mathrm{p0,2}$	185...580 MPa	Schmieden	700...1000 °C
E	110 GPa		
G	45 GPa	Rekristallisation	>600 °C
A	15...30 %	Dichte $\rho = 4{,}5\,\mathrm{kg/dm^3}$	
Z	30...35 %		
Ti ist polymorph:		α-Ti < 882 °C (hdP)	
		β-Ti > 882 °C (krz)	

Tab. 7.53 Titan unlegiert, DIN 17850/90

Sorte	O-Gehalt/%	R_m/MPa	$R_\mathrm{p0,2}$/MPa	A/%	HV30
Ti1	0,1	300...420	200	30	100
Ti2	0,2	400...550	250	22	120
Ti3	0,25	470...600	360	18	160
Ti4	0,3	550...750	420	16	180

schnell weiter durch Aufnahme und weiteres Eindiffundieren von O und N. Die geringe Zähigkeit des hexagonalen Ti wird dadurch weiter verringert.

Zur Wärmebehandlung wird deshalb Schutzgas oder Vakuum angewandt, oder die Schicht wird abgetragen. Ti reagiert mit Fe-Oxiden (Desoxidation), deshalb müssen stählerne Tragvorrichtungen in Öfen zunderfrei sein.

Tab. 7.52 gibt einen Überblick über die Werkstoffkennwerte von Titan.

Unlegiertes Titan ist in vier Sorten genormt (Tab. 7.53). Sie liegen im Bereich der Zugfestigkeiten und Streckgrenzen der unlegierten Stähle. Das festigkeitssteigernde Element ist hier der Sauerstoff durch Bildung von Einlagerungs-MK. Dabei sinkt die Bruchdehnung. Zum Kaltumformen sind mit steigendem O-Gehalt größere Biegeradien erforderlich. Nur Ti1 ist tiefziehfähig, die anderen Sorten kalt-warm bei 400...250 °C.

Anwendung Unlegiertes und niedriglegiertes Ti wird vorwiegend im chemischen Apparatebau und in der Galvanotechnik für Behälter, Rohleitungen und Armaturen eingesetzt. Es ist biokompatibel und für Implantate und Geräte im medizinischen Bereich geeignet.

Niedriglegiertes Titan in den Sorten Ti1Pd, Ti2Pd und Ti3Pd hat bei ähnlichen Festigkeitseigenschaften wie unlegiertes Titan höhere Beständigkeit in reduzierenden Säuren durch geringe Anteile von Palladium bzw. Nickel und Molybdän (Sorte TiNi0,8Mo0,3).

7.6.3 Titanlegierungen (DIN 17 851/90)

LE verschieben mit steigenden Gehalten die Umwandlungstemperatur so, dass zwei Phasen unterschieden werden (Abb. 7.8):

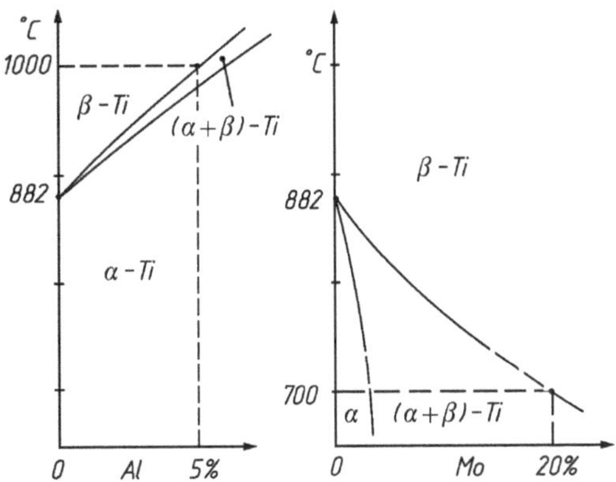

Abb. 7.8 Einfluss von Al und Mo auf die Lage des Haltepunktes bei 882 °C von Titan

- Einige Elemente wie z. B. **Al, Sn, O** und **N** erweitern den **hexagonalen** Bereich nach **höheren** Temperaturen. Sie ergeben die sog. α-Legierungen.
- Die LE **V, Cr, Cu** und **Mo** erweitern den **kubisch-raumzentrierten** Bereich nach **tieferen** Temperaturen. Dadurch kann die krz-Phase bei RT stabil erhalten werden. Sie ergeben die sog. β-Legierungen. Ihre weniger dichte Packung begünstigt die Diffusion.

α**-Gefüge** (stabil bis ca. 1000 °C) sind mit geringen Al-Anteilen möglich.

β**-Gefüge** entstehen bei normaler Abkühlung durch hohe V- und Mo-Anteile (hohe Dichte). Durch schnelle Abkühlung und Warmauslagern wird ein krz-Gefüge mit kleineren Anteilen der schweren Elemente erreicht (near-β-Typen).

$(\alpha + \beta)$**-Gefüge** entstehen durch Kombination der unterschiedlich wirkenden LE. Eine Übersicht über Gefüge von Titan-Legierungen gibt Tab. 7.54.

Umformverhalten Bei den Ti-Legierungen liegt die 0,2%-Dehngrenze $R_{p0,2}$ dicht an der Zugfestigkeit R_m (hohes Streckgrenzenverhältnis von ca. 0,9). Die Folge ist ein nur

Tab. 7.54 Gefüge von Ti-Legierungen

Legierungs-Typ, Gitter	Eigenschaften	$T_{max}/°C$
α-Typ hdP	Kaltzäh, schweißbar mit mittleren Festigkeiten. Durch die hex. dichteste Packung sind sie unempfindlich für das Eindiffundieren von Nichtmetallatomen bei hohen Temperaturen	ca. 550
β-Typ krz	Die schweren LE erhöhen die Dichte bis zu 4,85 kg/dm^3 und ergeben höhere Festigkeiten. Das krz-Gitter lässt sich kaltumformen, ergibt aber Kaltsprödigkeit (Steilabfall)	ca. 320
$(\alpha + \beta)$-Typ hdP+krz	Anteile hängen vom Verhältnis der LE Al und V ab. Ihre Eigenschaften stellen Kompromisse aus Dichte, Kaltformbarkeit und Warmfestigkeit der reinen α- und β-Sorten dar	ca. 430

kleiner Bereich zur plastischen Verformung bei RT. Das Umformen der Halbzeuge findet deshalb bei Temperaturen über 500 °C statt. Die Oxidschicht wirkt mit Graphit/Molybdändisulfid als Schmiermittel. Nach dem Umformen wird bei 650...800 °C weich oder bei 500...675 °C spannungsarm geglüht.

Bei Blechen und dünnwandigen Profilen aus TiAl6V4 ist superplastisches Umformen möglich.

Randschichthärtung Eine Behandlung in Salzschmelzen bei 800 °C/2 h lässt die Elemente N, O und C eindiffundieren und erzeugt Schichten von 40...60 µm Dicke mit einer Härte von 750...850 HV0,025. Neben der Verschleißfestigkeit steigt auch die Dauerfestigkeit (Tiduran-Verfahren®).

Hochdruck- oder Plasmanitrieren (TIDUNIT®) und Laserlegieren in N-haltiger Atmosphäre liefern Schichten mit 1000...1500 HV.

Anwendungen Neben dem Flugzeug- und Flugkörperbau sind Chemieanlagen die Hauptanwendungsbereiche von Titan und -legierungen (Tab. 7.55) in Form von Profilen, Rohren, Stangen und Schmiedeteilen.

Eine Auswahl an Titan-Legierungen und deren Verwendung zeigt Tab. 7.56.

Tab. 7.55 Einsatz von Titan-Halbzeug 2003 (Airbus)

Anwendungsbereich	Anteil in %
Chemieanlagen, Offshoretechnik	40
Zivilflugzeuge	40
Militärflugzeuge	10
Andere Anwendungen	10

Tab. 7.56 Auswahl von Titanlegierungen (8 hochlegierte Sorten DIN 17851/90)

Sorte	Gefüge	R_m MPa	R_e	A %	$R_{m,450°C}$[b] MPa	Anwendungen/Eigenschaften
TiAl5Sn2,5	α	880	840	18	500...550	Strahltriebwerksteile, Brandschotte, Implantate für die Chirurgie
TiV13Cr11Al3	β	1270	1200	15	950...1000	Höchste Festigkeit, gut kaltformbar
TiAl6V4[a]	$(\alpha + \beta)$	1150	1030	10	600...650	Meist verwendet, z. B. für Triebwerksteile im Flugzeug- und Rennfahrzeugbau, Rotorköpfe von Hubschraubern

[a] warmausgehärtet
[b] Warmzugfestigkeit

Normen zu Titan und -legierungen

DIN 17869/92 Werkstoffeigenschaften von Ti und Ti-Legierungen
DIN 65084/90 Luft- und Raumfahrt; Wärmebehandlung von Titan und Titan-Knet-
legierungen

Titan-Gusslegierungen
Als Gusswerkstoffe werden meist verwendet

- unlegiertes Titan G-Ti99,4; G-Ti99,2Pd und die
- Hauptlegierung G-TiAl6V4.

Die hohen Schmelztemperaturen fordern besondere Formstoffe aus E-Graphit mit orga-
nischem Binder. Sie werden nach Austreiben des Binders in einem längeren Graphitisie-
rungsprozess zu temperaturfesten Formen gebrannt.

Anwendung von Ti-Gusslegierungen:

- **Zahnmedizin**: Implantate
- **Luftfahrt**: Feingussteile wie Beschläge, Instrumentengehäuse, Teile der Kraftstoffver-
  sorgung, Rumpfspant 160 kg, Hubschrauber-Rotorteile 150 kg
- **Chemische Apparate**: Pumpengehäuse 65 kg, Ventilgehäuse 22 kg, Lagerringe 250 kg.

Normung DIN 17865/90 Gussstücke aus Titan

Titan-Aluminide
Titan-Aluminide ist die Bezeichnung für Ti-Legierungen mit $>40\,\%$ Al. Bedeutung gewinnt die intermetallische γ-Phase TiAl. Sie hat bei niedriger Dichte von $3{,}84\,\mathrm{g/cm^3}$
einen Schmelzpunkt von ca. $1460\,°C$ und ist bis ca. $750\,°C$ kriechfest und oxidationsbeständig, sodass sie als Ersatz für die schwereren Ni-Basis-Legierungen infrage kommt,
die z. B. für die Laufschaufeln von Strahltriebwerken eingesetzt werden.

Sie sind auch für temperaturbeanspruchte, beschleunigte Bauteile in hochtourigen Kol-
benmotoren in Erprobung.

TiAl ist tetragonal-flächenzentriert, hat aber als Intermetallische Phase nur geringe
Gleitmöglichkeiten bei RT. Eine wirtschaftliche Bauteilfertigung ist schwierig. Zur Verbesserung sind in Entwicklung:

- Abgewandelte Legierungen mit Cr, Nb, Mo, die heterogene Gefüge besitzen und etwas zäher sind
- Feinkornausbildung durch Strangpressen, isothermisches Schmieden oder Wärmebehandlung
- Pulvermetallurgische Fertigungslinie.

Anwendungen für z. B. Auslassventile und Pleuelstangen sind in Erprobung.

7.7 Nickel

7.7.1 Unlegiertes Nickel

Ni ist ein ferromagnetisches Schwermetall.

Ferromagnetische Metalle (Fe, Co, Ni) verstärken in z. B. Spulen das elektromagnetische Feld und behalten es nach Abschalten bei.

Am Curiepunkt ($>360\,°C$) verliert Ni seine ferromagnetischen Eigenschaften und es treten Unstetigkeiten in den thermischen Eigenschaften auf.

Beispiel für Unstetigkeiten der thermischen Eigenschaften

Die Wärmeleitfähigkeit λ sinkt mit steigender Temperatur bis zum Curiepunkt und steigt dann wieder an. Der Ausdehnungskoeffizient α erreicht dort eine maximale Spitze, um dann nach Absinken wieder anzusteigen.

Die Gitterstruktur ist kubisch-flächenzentriert, ohne Umwandlung beim Curiepunkt. Nickel hat ähnliche mechanische Eigenschaften (Tab. 7.57) wie Kupfer, wird als Blech, Band und Draht kaltverfestigt geliefert und ist kaltzäh bis zu $-200\,°C$.

Verhalten beim Umformen, Schweißen und Löten ist ähnlich gut wie bei Cu. Die Zerspanung ist im weichen Zustand schwierig (Neigung zum Schmieren), im kaltverformten Zustand besser.

Wichtig ist eine schwefelfreie Ofenatmosphäre beim Warmumformen. Schwefel diffundiert ein und bildet Ni-Sulfid, das mit Ni ein niedrig schmelzendes Eutektikum auf den

Tab. 7.57 Werkstoffkennwerte unlegierter Nickel

	Mechanische Eigenschaften		Physikalische Eigenschaften	
	R_m	$400\ldots500\,\mathrm{MPa}$	Schmelzen	$1453\,°C$
	$R_\mathrm{p0,2}$	$120\ldots200\,\mathrm{MPa}$	Schmieden	$>1050\,°C$
	E	$210\,\mathrm{GPa}$	Rekristallisation	$>600\,°C$
	A	$35\ldots50\,\%$	Dichte ρ	$8{,}9\,\mathrm{kg/dm^3}$
	Z	$30\ldots35\,\%$	Linearer Ausdehnungskoeffizient α	$13\cdot10^{-6}/\mathrm{K}$ $(0\ldots100\,°C)$
			Wärmeleitfähigkeit λ	$90\,\mathrm{W/mK}$

Korngrenzen bildet (T_m ca. 665 °C). Als Folgen treten Risse bei der Warmumformung auf und Versprödung bei RT. Ähnliche Vorgänge sind bei Stahl zu finden (Tab. 4.3).

Hohe Korrosionsbeständigkeit führt zum Hauptanwendungsbereich für Rein-Nickel. Wegen des hohen Preises wird es dann eingesetzt, wenn andere Legierungen versagen.

In der Praxis wird unlegiertes Nickel in medizinischen Geräten, Anoden für galvanische Bäder (Vernickeln), Temperaturfühlern, Schweißelektroden und für Einbauteile von Elektronenröhren verwendet.

7.7.2 Niedrig legiertes Nickel

Die Sorten (DIN 17743/02) enthalten bis zu 5 % Mn, zusätzlich ca. 2 % Si.

Die Sorte NiBe2 ist aushärtend (ähnlich der Legierung CuBe1,7, Tab. 7.29).

Mn erhöht die Festigkeit, ohne dass die Umformbarkeit sinkt, und vermindert die Empfindlichkeit gegen schwefelhaltige und aufkohlende Gase in Verbindung mit Si.

In der Praxis wird niedrig legiertes Nickel für Zündkerzen in Ottomotoren (**NiMn3Si**) sowie für Federn und Membranen (**NiBe2**) verwendet.

7.7.3 Ni-Basis-Legierungen

Nickel-Kupfer-Legierungen (Daten Tab. 7.58) besitzen homogene kfz-Gefüge und damit hohe Warm- und Kaltformbarkeit (Zustandsschaubild Cu-Ni Abb. 2.61, Verlauf der Zugfestigkeit über den Legierungsbereich Abb. 2.65). Die Festigkeit steigt mit dem Ni-Anteil bis zum Maximum bei ca. 70 % Ni. Mischkristallverfestigung durch Mn und Fe, Zusatz von Al und Ti ergibt Aushärtbarkeit.

Ni-Cu-Legierungen wurden ursprünglich aus natürlich vorkommenden Kupfer-Nickel-Erzen gewonnen, der Name Monel®-Metall stammt von A. Monel und wurde bis 1921 verwendet.

Ni-Cu-Legierungen haben hohen Widerstand gegen Spannungsriss- und Lochkorrosion und sind beständig gegen Meerwasser. Salpetersäure, saure Salze und NH_3-haltige Lösungen greifen an.

Tab. 7.58 Korrosionsbeständige Ni-Legierungen

Sorte Werkstoff-Nr.	Name	R_m MPa	$R_\mathrm{p0,2}$	A %	Verwendung, Beständigkeit
NiCu30Fe 2.4360	Monel-400, Nicorros	500	300	25	Apparate und Armaturen für die chemische Industrie, Wärmetauscher, seewasserfest, Geräte für Stahlbeizereien
NiCu30Al 2.4374	Monel K-500	1035	760	30	Aushärtbare Legierung, Turbinenlaufräder, Wellen, nichtrostende Federn

Tab. 7.59 Ni-Legierungen, Werkstoffnummern

Nr.-Klasse	Bezeichnung
2.44nn 2.45nn	Ni-Fe-Legierungen mit besonderen **physikalischen Eigenschaften**
2.46nn	**Chem. beständige + hochwarmfeste** Ni (+Co)-Legierungen
2.48nn	**Hitzebeständige** Ni-Cr-Legierungen
2.49nn	**Hochwarmfeste** Legierungen

Anwendungen Apparate und Armaturen in der chemischen Industrie, Rohre für Verdampfer, Vorwärmer und Überhitzer, Anlagen in Kontakt mit Meerwasser.

Eine weitere Unterteilung erfolgt nach besonderen Eigenschaften, die sich auch in den Werkstoffnummern wiederfindet (Tab. 7.59).

Nickel-Eisen-Legierungen heben sich durch besondere physikalische Eigenschaften hervor:

- **Wärmeausdehnung** stark veränderbar.
  Der lineare Ausdehnungskoeffizient von Fe-Ni-Legierungen hat bei 36 % Ni ein Minimum von ca. $1{,}2 \cdot 10^{-6}/\mathrm{K}$ (Invar) und steigt bei höheren Ni-Gehalten steil an. Beispielsweise ist der Werkstoff NiFe46 (2.4475) eine von fünf Sorten für Metallglasverbindungen (DIN 17745/02), die einen angepassten Wärmeausdehungskoeffizienten benötigen.
- **Weichmagnetismus**, d. h. mit geringem Energieaufwand magnetisierbar (und ummagnetisierbar).

Das bedeutet geringe Verluste (Hysterese) bei ständigem Ummagnetisieren in mit Wechselstrom betriebenen Anlagen.

Anwendungen sind **Magnetwerkstoffe** (weichmagnetisch) für Eisenkerne von Relais, Magnetverstärkern oder Fernsprechtrafos, z. B. NiFe25 oder NiCo25Fe30 (Perminvar).

Hitzebeständige NiCr-Legierungen

Bauteile in langzeitigem Kontakt mit heißen Gasen reagieren an der Oberfläche mit der Bildung von Zunderschichten, meist Oxiden.

Hitzebeständigkeit bedeutet, dass sich eine Zunderschicht bildet, die **festhaftend** ist und bei ständigen Temperaturwechseln nicht abblättert.

- Cr bildet eine Cr_2O_3-,
- Al bildet die Al_2O_3-Deckschicht.

Bei ständigen Temperaturwechseln treten zwischen Schicht und Grundwerkstoff durch unterschiedliche Wärmedehnungen Spannungen auf, die zum stellenweisen Ablösen der

Schicht führen. Dort beginnt das Wachstum der Schicht aufs Neue. Diese zyklische thermische Beanspruchung wird von einer Al-Oxidschicht besser ausgehalten als von Cr-Oxid.

Die Schichten wachsen mit der Zeit verlangsamt (Charakteristik „liegende Parabel"). Eine innenliegende Al-Oxidschicht sperrt die Diffusion der Cr-Atome nach außen.

Die Schichthaftung wird verbessert durch sog. Aktivelemente (z. B. Yttrium Y, Cer Ce, Hafnium Hf in sehr kleinen Anteilen). Ihre Wirkungsweise ist noch nicht geklärt.

Neben oxidierenden Gasen müssen Werkstoffe in den verschiedensten chemischen und Wärmekraft-Anlagen auch solche mit reduzierender, aufkohlender oder aufstickender Wirkung möglichst langzeitig ertragen.

Je nach Art der Gase können Elemente wie C, N oder S eindiffundieren und im Gefüge unerwünschte Phasen bilden, welche den Werkstoff schädigen. Als Gegenmaßnahme werden weitere LE zugesetzt (z. B. Si, Ti).

Ni-Basislegierungen werden wegen des hohen Preises dann eingesetzt, wenn die entsprechenden Stahlsorten nicht mehr ausreichen:

Normung DIN EN 10095/99 Hitzebeständige Stähle und Nickellegierungen. Die Norm enthält fünf Ni-Cr-Legierungen (Tab. 7.60).

Das Basismetall **Ni** hat durch sein dichtest gepacktes kfz-Kristallgitter eine niedrige Diffusionskonstante. Dadurch laufen Vergröberungsprozesse im Kristallgitter relativ langsam ab. Das bedeutet hohe thermische Stabilität des Gefüges.

Ausgangslegierung ist **NiCr20.** Je nach Beanspruchung wird der Cr-Gehalt erhöht, teilweise durch andere LE ersetzt oder damit kombiniert.

Die Cr-Atome wirken dreifach:

- Cr ist Lieferant für die Oxidschichtbildung.
- Cr erhöht die Warmfestigkeit durch Mischkristallbildung + (Fe, Al, W, Mo, Nb, Ta).

Tab. 7.60 Hitzebeständige NiCr-Legierungen

Sorte Werkstoff-Nr.	R_m in MPa	$R_{p0,2}$	$A/\%$	Zeitstandfestigkeit R_m in MPa bei 10.000 h			T_{max} in °C	Verwendung, Beständigkeit
				600 °C	700 °C	900 °C		
NiCr15Fe(8) 1.4816[a]	850	240	30	138	63	13	1150	Zündkerzen, Schutzrohre f. Thermoelemente, beständig gegen Chlor, Aufkohlung
NiCr22Mo9Nb 2.4856[a]	1000	380	30	–	190	20	1000	Entschwefelungsanlagen, Offshoretechnik
NiCr23Fe 2.4851[a]	620	240	30	205	101	10	1200	Bauteile für Ofenanlagen, Glühtöpfe
GNiCr28W 2.4879[b]	440	240	3	–	65	17	1150	Ofenbau, Erdöl- /Erdgasanlagen

[a] DIN EN 10095/99
[b] DIN EN 10295/03

- Cr bildet mit C (bis zu 0,1 % enthalten) Karbide, die als $Cr_{23}C$ durch Wärmebehandlung feinkörnig auf die Korngrenzen verteilt werden. Sie behindern das Korngrenzengleiten und damit das Kriechen bei hohen Temperaturen (Abschn. 2.4.6 und Abb. 2.57).

$Cr_{23}C_3$ (wichtigste Karbidart), bis ca. 1050 °C stabil. Das Cr kann darin durch Fe (billig), Ni, Co, Mo und W ersetzt werden, wenn diese LE in der Legierung enthalten sind.

Fe erniedrigt den Preis und ändert bis ca. 20 % die Eigenschaften unwesentlich. Mo, Ta, Ti und W sind zusätzlich Karbidbildner.

Tab. 7.60 zeigt, dass mit sinkendem Cr-Anteil die max. ertragbare Temperatur sinkt.

Hochwarmfeste Legierungen auf Ni-Basis sind die z. Zt. am höchsten in der Kombination thermisch, mechanisch und korrosiv belastbaren Werkstoffe für Wärmekraftmaschinen und -anlagen.

Antrieb für die Entwicklung war die Steigerung des thermischen Wirkungsgrades von Wärmekraftmaschinen, insbesondere von Gasturbinen für die Luftfahrt. Er steigt mit der Temperatur.

Diese Legierungen werden auch als Ni-Superlegierungen bezeichnet, sie enthalten bis zu 15 LE in z. T. eng begrenzten Anteilen, um ungünstige Gefügeausbildungen zu vermeiden. Zum Teil haben sie ungünstige Nebenwirkungen, die dann durch ein weiteres Element ausgeglichen werden müssen. Der Schmelzpunkt des Ni wird durch die LE erniedrigt.

Langzeitbeanspruchung

Langzeitbeanspruchung bei hohen Temperaturen führt durch Diffusionsvorgänge zu Gefügeveränderungen im Innern. Das dichtest gepackte kfz-Kristallgitter der Ni-Legierungen verlangsamt die Platzwechsel, damit auch die Kriechvorgänge.

Temperaturwechselbeanspruchung

Die hochlegierten Werkstoffe besitzen i. Allg. eine niedrige Wärmeleitfähigkeit. Bei häufigen und schnellen Temperaturwechseln entstehen zwischen Kern und Schicht Spannungen und ergeben Risse oder Ablösungen der Randschicht (Thermoermüdung).

Warmfestigkeit wird durch das Zusammenwirken verschiedener Mechanismen erreicht (Verfestigungsmechanismen → Abschn. 2.3):

- **Mischkristallverfestigung** durch Ta, Nb, Mo, W, Cr, Fe mit abnehmender Wirkung; Die Anteile dieser LE müssen eng begrenzt werden, es besteht die Möglichkeit, dass sich unerwünschte, spröde intermetallische Phasen bilden.
- **Dispersionsverfestigung** durch Intermetallische **Phasen** (Abb. 7.9): Al und Ni bilden eine Phase (Ni_3Al →, als γ'-Phase bezeichnet). Al kann darin durch Mo, W, Ti, Nb und Ta ersetzt werden.

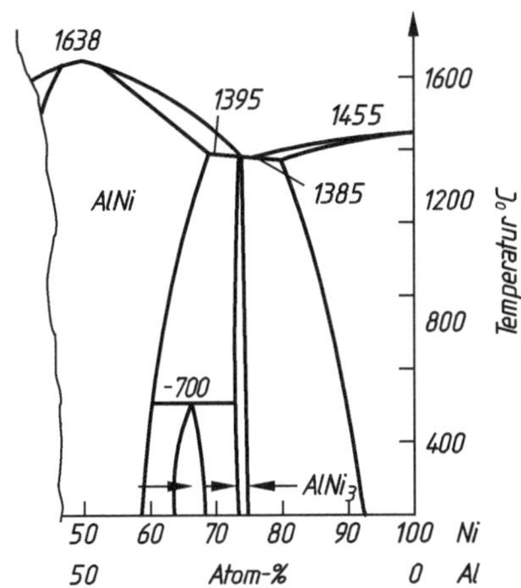

Abb. 7.9 Zustandsschaubild Al-Ni, rechte Seite. Ni₃Al ist die Ni-reichste Phase im System Al-Ni mit einem kohärenten kfz-Gitter und etwas größerer Gitterkonstante. Die Gitteranpassung dieser Teilchen an die Matrix ergibt hohe thermische Stabilität

Der Al-Gehalt kann nicht weiter erhöht werden (günstig für die Dichte), da sich sonst die spröde Phase NiAl bilden würde.

Der Anteil der γ'-Phase ist für Knetlegierungen auf ca. 20 % begrenzt, um ausreichende Warmformbarkeit zu behalten. In Gusslegierungen (Turbinenschaufeln) kann sie bis zu 70 % betragen.

- **durch Karbide** aus den Elementen Cr, Mo und W, die feinkörnig auf den Korngrenzen liegen und thermisch stabil sind.

Hohe Kriechfestigkeit erfordert möglichst hohen Anteil der γ'-Phase in einer besonderen Größe, Form und Anordnung. Das gilt auch für die Karbide. Dazu ist eine **Wärmebehandlung** mit engen Temperaturgrenzen (ca. 20…50 °C) erforderlich.

Wärmebehandlung

Lösungsglühen bei etwa 1000…1240 °C je nach Sorte, auch mehrstufig, um alle Karbide und die γ'-Phase zu lösen.

Aushärten wird je nach Sorte ausgeführt durch

- langsame Abkühlung nach Lösungsglühen
- ein- oder mehrstufig nach vorheriger Abkühlung.

Daten für die Wärmebehandlung sind in Tab. 7.61 für einige Sorten zu finden.

Bei PM-Werkstoffen kann eine HIP-Behandlung als Lösungsglühen dienen.

Bei der regelmäßigen Inspektion von Flugzeugturbinen kann ein evtl. verändertes Gefüge durch eine regenerierende Wärmebehandlung in den Ausgangszustand zurückversetzt und damit repariert werden.

Speziell für Turbinenschaufeln sind Gießarten entwickelt worden, die zu besonderer Kristallisation mit noch höherer Festigkeit führen.
Gerichtete Kristallisationsformen sind

- stengelkristalline (kolumnar) und
- einkristalline Erstarrung, z. B. nach dem Bridgeman-Verfahren (Abschn. 2.1.5).

Höher legierte Ni-Legierungen sind zahlreich und z. T. unter geschützten Namen im Handel, z. B. Nimonic®, Hastelloy®, Inconel®, Nicrofer®.

Für thermisch höchstbeanspruchte Teile werden Wärmedämmschichten aufgespritzt; wegen der zum metallischen Grundwerkstoff ähnlichen Wärmeausdehnung ist hierfür das Zirkoniumoxid besonders geeignet.

Tab. 7.61 enthält einige Sorten aus DIN EN 10302/08 mit Daten für die Wärmebehandlung. Sie ist Voraussetzung für ein thermisch stabiles Gefüge.

Tab. 7.61 Hochwarmfeste Ni-Legierungen

Sorte Werkstoff-Nr.	Zustand[a]	Festigkeit bei RT R_m $R_{p0,2}$ in MPa		A	Zeitstandfestigkeit R_m MPa für 10.000 h, bei T in °C				Wärmebehandlung Temperatur in °C[b], Kühlmittel
					600	700	800	900	
NiCr25FeAlY 2.4633	+AT	680	270	30		120	35	17	1200/Luft oder schneller
NiCr22Fe18Mo9 2.4665	+AT	690	270	30	254	119	51	19,5	1160/Luft oder schneller
NiCr25Co20TiMo 2.4878	+P1080 +P110	1080 1100	650 700	15 12	– 680	– 370	– 130	– 35	1100/Luft + 650 für 24 h/Luft + 700 für 8 h/Luft 1155/Luft + 640…660 für 16 h/ Luft
NiCr20Ti 2.4952[c]	+P	850	240	30	433	186	70	–	1065/Luft + 850 für 24 h/Luft + 700 für 8 h/Luftabkühlung

[a] Zustand nach Wärmebehandlung: AT lösungsgeglüht, P ausgehärtet
[b] Mittelwerte, Realbereich liegt um 15…20 °C nach oben und unten
[c] auch Ventilwerkstoff DIN EN 10090/98

Normung
Normen (alle von 2002):

DIN 17741: Niedriglegierte Ni-Legierungen
DIN 17742: Ni+Cr; DIN 17743: Ni+Cu; DIN 17744: Ni+Mo+Cr und DIN 17745:
Ni+Fe

Halbzeuge aus Ni und Ni-Legierungen:

DIN 17750: Blech+Band; DIN 17751: Rohre; DIN 17752: Stangen; DIN 17753:
Drähte

7.8 Druckgusswerkstoffe

Beim Druckgießverfahren wird flüssiges Metall unter Druck mit großer Geschwindigkeit in stählerne Dauerformen „geschossen". Die Leistung der Druckgießmaschinen beträgt je nach Größe des Teiles und Art der Maschine 25...700 Schuss/h, bei kleinen Teilen auf Automaten auch mehr (Tab. 7.62).

Die nachstehende Übersicht (Tab. 7.63) stellt die Merkmale des Verfahrens den Auswirkungen auf das Werkstück und die Wirtschaftlichkeit gegenüber.

Um die negativen Auswirkungen klein zu halten, sollten Druckgusslegierungen deshalb das folgende Eigenschaftsprofil besitzen (Tab. 7.64):

Die Anforderungen werden am besten von den Zn-Legierungen erfüllt, weniger von den Leichtmetallen Al und Mg. Trotzdem sind diese für Teile großen Volumens wirtschaftlicher, weil sich dann die hohe Dichte des Zn ($7,13 \, kg/dm^3$) auswirkt und den Vorteil seiner hohen Standmenge zurückdrängt (Tab. 7.65).

Für die Taktzeiten ist der Wärmeinhalt der Legierung wichtig, weil die Kristallisationswärme des Teiles abgeführt und seine Temperatur abgesenkt werden muss, um es rissfrei auszustoßen. Hier ist Al ungünstiger als Mg.

Cu-Legierungen stehen wegen der hohen Schmelztemperaturen in der Bedeutung hinter Zn, Al und Mg zurück, ebenso die Pb- und Sn-Legierungen.

Die Porosität der Druckgussteile wird vermindert durch Vakuum in der Form oder langsameres Einströmen in geneigte Formen, sodass die Luft besser entweichen kann.

Neue Gießverfahren wie Squeeze-Casting und Thixoguss behandelt Abschn. 7.2.5.

Tab. 7.62 Daten zum Druckgießen

Einströmgeschwindigkeiten	$20\ldots70\,\text{m/s}$
Arbeitsdrücke	$\ldots300\,\text{MPa}$

Entsprechend groß sind die Schließkräfte, welche die Maschine aufbringen muss, um die Formhälften gegen den Druck dicht zu halten

Schließkräfte	$5000\ldots250.000\,\text{kN}$

Schließkraft $F = $ Arbeitsdruck $\times$ projizierte Fläche des Bauteils in der Schließebene

Tab. 7.63 Übersicht: Druckgießen

Merkmale des Druckgießens	Auswirkungen
Abbildungsgenauigkeit, Oberflächengüte hoch	Nacharbeit am Gussteil gering
Gestaltungsfreiheit, kleine Maßtoleranzen	Bearbeitungszugaben klein
Eingussanteil gering	Weniger Kreislaufmaterial, höheres Ausbringen
Dünnwandige Gussstücke möglich	Verkleinerung der Werkstückmasse möglich
Verbundguss durch Eingießteile	Montagearbeit geringer
Metall strömt turbulent ein[a]	Feinste Luft- und Gaseinschlüsse, Oxidhäute
Hoher Druck in der Form	Hohe Schließkräfte
Gratbildung an Trennfugen	Nacharbeit (bei verschlissener Form)
Hohe Herstellkosten für Dauerformen	Mindeststückzahl zur Wirtschaftlichkeit erforderlich, Änderungen am Bauteil sind nur begrenzt möglich
Hohe Wärmebeanspruchung der Formen	Formverschleiß, Bauteiloberfläche wird schlechter
Produktionsleistung hoch	Lohnkosten/Stück niedrig

[a] Moderne Gießverfahren vermeiden die Turbulenzen und ergeben porenfreie Teile ohne Oxidhäute mit Schweißeignung

Tab. 7.64 Gewünschtes Eigenschaftsprofil von Druckgusslegierungen

Werkstoffeigenschaft	Auswirkung, Einfluss
Niedrige Schmelztemperatur	Geringer Formverschleiß, hohe Standmenge
Fließ- und Formfüllungsvermögen hoch	Scharfe, dünnwandige Abgüsse möglich
Kleines Schwindmaß	Geringe Warmrissneigung in der Form
Niedrige Gasaufnahme der Schmelze	Geringe Porosität des Gefüges
Maß- und Gefügebeständigkeit	Funktionsfähigkeit, Lebensdauer

Tab. 7.65 Druckgusslegierungen

Kurzzeichen	Dichte ρ g/cm^3	0,2-Dehn-grenze $R_{p0,2}$ MPa	Zugfestig-keit R_m	Bruch-dehnung A_5 %	Härte HBW	Schmelz-temperatur T_m °C	Gieß-bar-keit	Span-bar-keit	Stand-menge ca. 10^3	Wand-dicke s_{min} mm	Masse m_{max} kg	Anwendung	Eigenschaften
Zink-Legierungen DIN EN 1774/97 (Auswahl aus 8 Sorten)													
ZnAl4 ZL0400 (Z400)	6,7	160...170	250...300	1,5...3	70...90	380...386	1	1	500	0,6 bis 2	20	Plattenteller, Vergaserge-häuse, Pkw-Scheinwerfer-rahmen, -türschlösser, -griffe	dekorativ galvanisierbar
ZnAl4Cu ZL0410) (Z410)		180...240		2...3	80...100								wenig kaltzäh, Basis Fein-zink 99,99
Aluminium-Legierungen DIN EN 1706/10 (Auswahl aus 9 Sorten)													
AC-Al Si12(Fe) (230)	2,55	140...180	230...280	1...3	60...100	575	2	2...3				Hydraulische Getriebeteile, druckdichte Gehäuse.	Eutektische Legierung, keine Warmrisse. korr.beständig.
AC-Al Si9Cu3(Fe) (226)	2,75	160...240	240...320	0,5...3	80...110	510...620	2	2		1 bis 3		Trittstufen f. Rolltreppen, E-Motorengehäuse.	Billig, z. T. aus Umschmelz-metall, viel verwendet.
AC-Al Si12CuNi (239)	2,65	190...230	260...320	1...3	90...120	570...585	2	2...3	80		35	Kolben, Zylinderköpfe. Nähmaschinen.	Warmfest, Gleiteigenschaften
AC-Al Mg9 (349)	2,6	140...220	200...300	1...5	70...100	520...620	3...4	1				Gehäuse f. Haushalts-, Büro- und optische Geräte	Dekorativ anodisierbar, korrosionsbeständig
Magnesium-Legierungen DIN EN 1753/97(Auswahl aus 8 Sorten)													
MCMgAl9Zn AZ 91		140...170	200..260	1...6	65...85	470...600	1...2					Rahmen f. Schreibmaschi-nen und Tonbandgeräte.	sehr leicht,
MCMgAl6Mn AM 60	1,8	120...150	190...250	4...14	55..70	470...620	1...2	1	100	1 bis 3	15	Gehäuse f. tragbare Werk-zeuge u. Motoren.	Oberflächenschutz erforder-lich
MCMgAl4Si AS 41		120...150	200...250	3...12	55..60	580...620	2					Gehäuse f. Kfz-Getriebe, Radfelgen	
Kupfer-Legierungen DIN EN 1982/08													
CuZn39Pb1Al-C	8,5	(250)	(350)	(4)	(110)	880...900 850	3	3	10	2 bis 4	5	Armaturen für Warm- und Kaltwasser	höhere Festigkeit und Zähig-keit, hoher Formverschleiß durch hohe Gießtemperatur
CuZn16Si4-C	8,6	(370)	(530)	(5)	(150)		2	3					
Zinn Legierungen DIN 1742/71													
GD-Sn80Sb	7,1		115	2.5	30	250...320	1	2				Teile von Messgeräten	Höchste Maßbeständigkeit, kaltformbar, korrosionsbe-ständig

Literatur

1. GDA Gesamtverband der Aluminiumindustrie. Technische Merkblätter zu Al-Werkstoffen, Verarbeitung und Anwendungen
2. W01/04: Werkstoff Aluminium; W2/03: Al-Knetlegierungen
3. W3/03: Formguss von Al-Werkstoffen
4. W07/07: Wärmebehandlung von Al-Knetlegierungen; W017 Aluminiumschaum www.aluinfo.de
5. Deutsches Kupfer-Institut Düsseldorf (DKI). Auskunft- und Beratungsstelle f. d. Verwendung von Kupfer und Kupferlegierungen. www.kupfer-institut.de
6. Deutsches Kupfer-Institut Düsseldorf (DKI). DKI-Fachbücher über Kupfer und -legierungen
7. Deutsches Kupfer-Institut Düsseldorf (DKI). Datenblätter (download) über Kupfersorten (10), Kupfer-Zink (13), Kupfer-Zinn/Zink (14), weitere 16 zu Kupfer-Nickel, Kupfer-Aluminium u. a.
8. Beck, A.: Magnesium und seine Legierungen. Springer 2001
9. Magnesium-Taschenbuch. Aluminium-Verlag 2002
10. Zinkberatung e. V., Düsseldorf. Schriftenreihe, Bestellung über www.zinkberatung.de
11. Legierungen und Anwendungsbeispiele aus den Bereichen Luftfahrt, Fahrzeug- und Maschinenbau, Bauwesen https://www.otto-fuchs.com (NE-Metalle Al, Cu, Mg, Ti)
12. Serienverfahren für hochkomplexe, dünnwandige Leichtmetallbauteile www.kug.bdguss.de/giessverfahren (Druckgießen)
13. DIN-TASCHENBUCH 459 Magnesium, Nickel, Titan und deren Legierungen. Blei, Zink, Zinn und deren Legierungen. Beuth-Verlag, Berlin
14. DIN-TASCHENBUCH 455/2 Gießereiwesen2 – Nichtmetallguss. Beuth-Verlag, Berlin 2016
15. DIN-TASCHENBUCH 450/1 Aluminium 1. Bänder, Bleche, Platten, Folien Butzen, Ronden, geschweißte Rohre, Vormaterial. Beuth-Verlag, Berlin 2015
16. DIN-TASCHENBUCH 450/2 Aluminium 2. Stangen Rohre, Profile, Drähte, Vormaterial. Beuth-Verlag, Berlin 2017
17. DIN-TASCHENBUCH 450/3 Aluminium 3. Hüttenaluminium, Aluminiumguss, Schmiedestücke, Vormaterial. Beuth-Verlag, Berlin 2012
18. DIN 456-2/15 Kupfer 2 Walzprodukte und Rohre. Beuth-Verlag, Berlin
19. DIN 456-3/15 Kupfer 3 Stangen Drähte, Profile, Gussstücke und Schmiedestücke. Beuth-Verlag, Berlin

8.1 Einteilung und Abgrenzung

In diesem Abschnitt sind Werkstoffe behandelt, die nicht zu den Metallen oder Polymeren zählen. Ihre Rohstoffe sind anorganisch (also basieren nicht auf Kohlenwasserstoffen) und bestehen oft aus Gemischen chemischer Verbindungen von Metallen der ersten drei Gruppen des PSE und Verbindungen des Siliziums, das in der Erdrinde mit ca. 25 % enthalten ist. Ihre Struktur basiert auf kovalenten Bindungen, in der Regel mit ionischen Bindungsanteilen. Zu den nichtmetallisch-anorganische Werkstoffen zählen eine Reihe von Werkstoffgruppen (Tab. 8.1):

Die Stoffe werden in vielen Technikbereichen genutzt, Tab. 8.2 gibt einen Überblick.

Dieses Kapitel beschränkt sich auf die Stoffe, die durch ihr Eigenschaftsprofil als **Ingenieur-Keramik** für Bauteile im Maschinenbau und in der Feinwerktechnik verwendet werden können.

Keramik gehört zu den ältesten Werkstoffen der Menschheit. Sie waren Naturstoffe mit ortsabhängiger Zusammensetzung.

Durch Verwendung reinerer Ausgangsstoffe wurden diese Produkte für die moderne Technik verwendbar, wie z. B. Porzellan als Isolator für die Elektrotechnik.

Tab. 8.1 Nichtmetallisch-anorganische Werkstoffgruppen

Stoffgruppe	Beispiele
Keramik	Aluminiumoxid, Porzellan, Piezokeramik
Mineralglas	Quarzglas, Bleiglas
Bindemittel	Zement, Kalk, Gips
Halbleiter	Silizium, Germanium, GaAs
Kohlenstoff	Graphit, Diamant

© Springer Fachmedien Wiesbaden GmbH, ein Teil von Springer Nature 2018
W. Weißbach, M. Dahms, C. Jaroschek, *Werkstoffe und ihre Anwendungen*,
https://doi.org/10.1007/978-3-658-19892-3_8

Tab. 8.2 Nichtmetallisch-anorganische Werkstoffe in der Technik

Technik-Bereich	Produkte/Stoffe
Bautechnik	Betonwerkstein, Stahl- und Spannbeton, Ziegel, Flachglas
Rohrleitungen	Rohre aus Glas, Ton, Steinzeug und Schleuderbeton
Chemieanlagen	Beschichtungen von Bauteilen mit Emaille, Glas- und Steinzeugprodukte
Optik	Gläser verschiedener Brechung, Absorption oder Reflexion
Elektronik	Halbleiter, Sensoren, Piezokristalle
Metallurgie	Feuerfeste Stoffe zur Auskleidung von Schmelzgefäßen, Graphitelektroden
Maschinenbau	**Schneidkeramik, technische Keramik für Bauteile**

8.2 Struktur und Eigenschaften keramischer Stoffe

Neue Stoffe und Verfahren haben technische Keramik für den Maschinenbau interessant gemacht. Sie besitzen eine Kombination von Härte, Verschleißwiderstand und Korrosionsbeständigkeit auch bei hohen Temperaturen, die selbst Ni-Basis-Superlegierungen nicht aufweisen.

Schwierigkeiten bereiten die mangelnde Zähigkeit und die Qualitätssicherung, d. h. Einhaltung der Maßtoleranzen und Werkstoffgüte in der Serienfertigung. Die Konstanz der Eigenschaften hängt von der hohen Reinheit der Stoffe ab. Tab. 8.3 gibt einen Überblick über die gängige Einteilung der Stoffe.

Ingenieur-Keramiken gehören zu den beiden rechten Gruppen der Tab. 8.3. Ihre Kristallgitter sind **weniger dicht** gepackt als die der Metalle und haben andere Bindungsarten. Hauptbindungsart ist die kovalente Bindung. Diese stabile Bindung erklärt die geringe chemische Reaktivität der Keramiken und die besonders hohe Sprödigkeit. Dadurch, dass nächste Nachbarn fest aneinander gebunden sind, ist plastische Verformung praktisch unmöglich. Die Ionenbindungsanteile, bei Silikatkeramik ausgeprägter als bei den anderen beiden Gruppen, sind für das Verständnis des Piezo-Effektes nötig (s. Abschn. 11.4.2).

Die Bausteine dieser chemischen Verbindungen liegen überwiegend im oberen Bereich des PSE (Tab. 8.4), es sind damit

Tab. 8.3 Einteilung der Keramik in drei Gruppen

Silikatkeramik		Oxidkeramik		Nichtoxidkeramik	
Sorten	Beispiele	Sorten	Beispiele	Sorten	Beispiele
Steinzeug	Muffenrohre, Sanitärkeramik	Al-Oxid	Schneidplatten, Hüftgelenke	Si-Karbid, SiC	Schleifscheiben, Düsen
Porzellan	Hochspannungs-isolatoren	Zr-Oxid	Zieh- und Umformwerkzeuge	Si-Nitrid, SN	Brenner, Wälz-körper
Steatit	Maßhaltige Isolationsteile	Al-Titanat	Bauteile in Kontakt mit NE-Metallschmelzen	B-Nitrid, BN	Schleif- und Schneidkörper

- Elemente **geringer relativer Atommasse** mit
- **kleinen Atomradien**, dadurch z. T.
- **kleinen Abständen** im Kristallgitter und
- großen Bindungskräften.

Daraus ergeben sich die wesentlichen Eigenschaftsunterschiede zu den Metallen (Tab. 8.5).

Biegefestigkeit ist die wichtigste mechanische Eigenschaft (DIN EN 843-1/08). Da es sich hier um den Widerstand gegen Bruch handelt, ist die Messgröße praktisch ein Maß

Tab. 8.4 Bausteine der Ingenieur-Keramik und Stellung der Elemente im PSE

Periode	Hauptgruppe						
	I	II	III	IV	V	VI	VII
2	Li	Be	B	C	N	O	F
3	Na	Mg	Al	Si	P	S	Cl
4				Ti			
5				Zr			

Tab. 8.5 Struktur- und Eigenschaftsvergleich Metall – Ingenieur-Keramik

Kriterien	Metalle (technische)	Ingenieur-Keramik
Bindungsart	**Metallbindung** und einfache Metallgitter, freie Elektronen	**Kovalente Bindung** mit Ionenbindungsanteil, z. T. komplizierte Kristallgitter
und daraus resultierende Eigenschaften	**Hohe Wärmeleitfähigkeit**	**Niedrige Wärmeleitfähigkeit** (außer Halbleiter)
	Lineare Längenausdehnung 4,5 (W) bis 29 (Pb) $\cdot 10^{-6}/$K	Tendenziell kleinere Längenausdehnung von 1 (Quarz) bis 13 (ZrO_2) $\cdot 10^{-6}/$K
	Weiche Stoffe (z. T. härtbar)	**Naturharte Stoffe**, über 2000…6000 HV 1
	Plastische Verformbarkeit gering bis hoch (je nach Kristallgitter)	Keine plastische Verformbarkeit
	Verformungsbruch oder **Sprödbruch**	**Immer Sprödbruch**
	Schmelztemperaturen niedrig bis hoch T_m: 327 (Pb) bis 3422 °C (W) Wenige sind warmfest bis max. 1000 °C	**Schmelztemperaturen hoch** $T_m > 2000$ °C Allgemein warmfest zwischen 900…1700 °C
Qualitätssicherung	Relative Konstanz der Eigenschaften bei Massenfertigung	Eigenschaften defektkontrolliert, deshalb starke Streuung der Eigenschaften, abhängig von der Reinheit der Ausgangsstoffe und den Herstellverfahren
	Einfachere Prüfverfahren	Prüfung aufwendig (Klang-, Röntgen-, evtl. auch Tomographieprüfungen)

Abb. 8.1 Korngröße und Biegefestigkeit

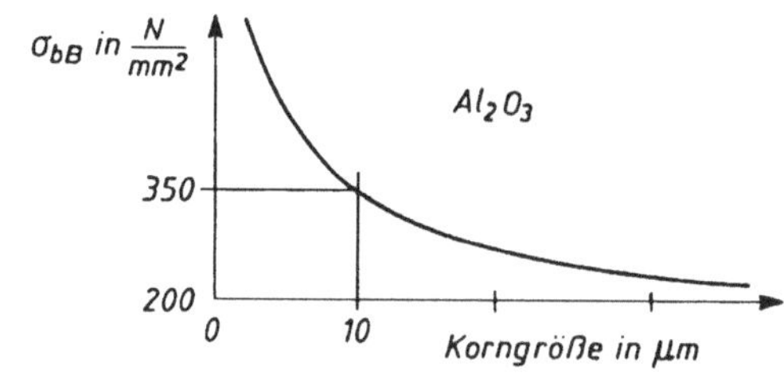

für die Zähigkeit. Die Entwicklung der Ingenieur-Keramik zielt auf eine Erhöhung der Zähigkeit (Biegefestigkeit) durch folgende Maßnahmen:

- Kleinste Korngröße der Ausgangsstoffe (Abb. 8.1)
- Reinheit der Pulver und enge Korngrößenverteilung
- Verstärkung durch infiltrierte Stoffe oder Fasern (Verbundwerkstoffe) (siehe Kap. 10).

Die Maßnahmen zur Erhöhung der Zähigkeit werden als Duktilisierung bezeichnet und sind mit größerem Aufwand verbunden (z. B. Fertigung unter Reinraumbedingungen). Hierzu gehören auch **neue Verfahren** (Abschn. 8.5) zur synthetischen Erzeugung der Pulver mit höherer Reinheit, kleinerer Korngröße und engerer Korngrößenverteilung.

Mit sinkender Korngröße (bis in den Nano-Bereich) steigen Aufwand für Reinheit, Pulverherstellung, Sintern mit Wärmebehandlung und damit der Preis.

8.2.1 Thermoschockbeständigkeit

Zu den größten Schwächen nichtmetallisch-anorganischer Werkstoffe zählt ihr Verhalten bei schnellen Temperaturwechseln, beim sog. **Thermoschock**: Es kommt zur Rissbildung, die i. d. R. das Bauteil unbrauchbar macht.

Typische Schadensfälle des täglichen Lebens, die auf Thermoschock zurückzuführen sind:

- Springen von Trinkgläsern beim Einfüllen von kochend heißem Wasser
- Reißen von Porzellan, wenn man es aus Versehen auf eine heiße Herdplatte stellt
- Zerspringen von Töpferwaren im Brennofen, wenn er zu früh nach dem Brennen geöffnet wird.

Ursache Ungleichmäßige Temperaturverteilung im Bauteil führt zu unterschiedlicher thermischer Ausdehnung, die bei komplexen Bauteilen *behindert* ist. **Behinderte Ausdehnung** führt zu mechanischen Spannungen. Ist die Spannung örtlich größer als die Trennfestigkeit der Atome, kommt es zur Rissbildung.

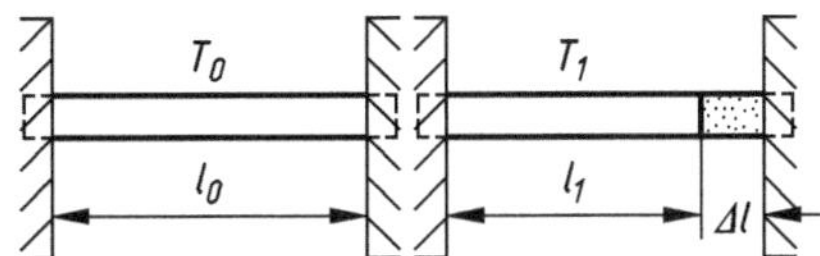

Abb. 8.2 Starr eingespannter Stab, erhitzt auf T_0, danach abgekühlt auf T_1. *Linke Seite*: Der eingespannte Stab von der Länge l_0 ist auf die Temperatur T_0 erhitzt. *Rechte Seite*: Der Stab ist abgekühlt und müsste um Δl auf die Länge l_1 schrumpfen. Der punktierte Bereich entspricht der thermischen Dehnung (Schrumpfung) $\varepsilon_{\mathrm{th}}$. Es bildet sich ein Riss oder der Balken muss durch eine **gleich große** elastische Dehnung $\varepsilon_{\mathrm{el}} = \Delta l / l_1$ auf der ursprünglichen Länge l_0 gehalten werden. Die dabei auftretende resultierende Spannung errechnet sich nach dem Hooke'schen Gesetz

Thermoschock in der Ingenieurspraxis:

- Ventile im Verbrennungsmotor
- Turbinenschaufeln in der Gasturbine.

Herleitung einer einfachen Formel für den Thermoschock (Abb. 8.2):

Berechnungen
Thermische Dehnung: $\varepsilon_{\mathrm{th}} = \alpha \cdot \Delta T$
Resultierende elastische Spannung σ:

$$\sigma = \varepsilon_{\mathrm{el}} / E$$

$$\varepsilon_{\mathrm{el}} = \varepsilon_{\mathrm{th}} = \alpha \cdot \Delta T \quad \text{eingesetzt:}$$

$$\sigma = \alpha \cdot \Delta T / E \quad \text{nach } \Delta T \text{ aufgelöst:}$$

$$\Delta T = \sigma / \alpha \cdot E$$

Kritischer Thermoschock: $\Delta T_{\mathrm{krit}} = R_{\mathrm{m}} / \alpha \cdot E \quad$ (σ durch R_{m} ersetzt)

Versagen tritt ein, wenn die resultierende Spannung σ die Zugfestigkeit R_{m} überschreitet, bei nichtmetallisch-anorganischen Werkstoffen die Biegebruchfestigkeit σ_{bB}.

Thermoschockbeständigkeit kann man als den Temperaturwechsel ΔT_{krit} verstehen, der gerade eben zum Versagen führt.

Bei hoher Wärmeleitfähigkeit eines Werkstoffes tritt ein Temperaturausgleich schneller ein, dadurch sinkt die Beanspruchung durch Thermoschock. Das gilt i. Allg. für Metalle. Durch hohen Anteil an LE sinkt die Wärmeleitfähigkeit und evtl. auch die plastische Verformbarkeit. Dann sind sie auch gefährdet (Tab. 8.6).

Duktile Metalle sind nicht thermoschockempfindlich, da bei ihnen die Spannungen zu örtlichen plastischen Verformungen führen.

Tab. 8.6 Kritischer Thermoschock einiger Werkstoffe (Daten aus Tab. 8.14)

Werkstoff	$\Delta T_{krit}/^{\circ}\mathrm{C}$	Werkstoff	$\Delta T_{krit}/^{\circ}\mathrm{C}$
Al-Oxid	80	Kalk-Alkali-Glas	170
HPSiC	370		
HPSN	830	**Quarzglas**	**3000**
ATi	1660	GJL-250	210

Spröde Metalle, wie z. B. lamellarer Grauguss oder gehärteter Stahl, sind dagegen aufgrund ihrer geringen plastischen Verformbarkeit thermoschockempfindlich.

▶   **Hinweis** Genauere Formeln, z. B. für hochlegierte Stähle, enthalten noch die Wärmeleitfähigkeit λ.

Folgerung Steigerung der Thermoschockbeständigkeit eines Werkstoffes durch

- höhere Festigkeit R_m
- höhere Wärmeleitfähigkeit λ
- kleineren Elastizitätsmodul E
- kleineren thermischen Ausdehnungskoeffizienten α.

8.3 Bearbeitung der Werkstoffe

Aufgrund des Eigenschaftsprofils (hart und spröde) sind nicht alle Fertigungsverfahren anwendbar. Nach der Formgebung der Rohmasse erfolgt die Bearbeitung der geformten Rohteile in Stufen.

Bearbeitungsstufen:

- **Grünbearbeitung** erfolgt am ungesinterten Rohteil.
- **Weißbearbeitung** am vorgebrannten (hilfsverfestigten) Rohteil, dabei werden die organischen Bindemittel ausgetrieben.
- **Hartbearbeitung** am fertiggesinterten Bauteil. Eine Übersicht der möglichen Fertigungsarten gibt Tab. 8.7.

Mit den Verfahrensstufen steigen Härte der Rohteile und damit Kosten der Bearbeitung.
Die Fertigung durch Formung aus Pulvern mit anschließendem Sintern (Brand) hinterlässt mit großer Wahrscheinlichkeit *Defekte* im Gefüge, z. B. Risse, Poren und Verunreinigungen. Sie wirken als innere Kerben, d. h. als *Risskeime*.

Folgen Breite *Streuung* der mechanischen Eigenschaften. Die Festigkeitswerte vieler Proben liegen nicht innerhalb der sog. Glockenkurve (Normalverteilung), sondern innerhalb einer breiteren, unsymmetrischen Kurve (sog. Weibull-Verteilung).

Tab. 8.7 Fertigungsverfahren für keramische Stoffe

Fertigungs-hauptgruppe	Fertigungsverfahren
Urformen	Meist durch Pressen der pulverförmigen Ausgangsstoffe, Schlickerguss für technische Keramik anwendbar, PM-Spritzguss für Kleinteile bis 300 g, Plasmaspritzen für Hohlkörper
Umformen	Nur im Grünzustand möglich
Trennen	Schleifen mit Diamant- oder Borkarbidscheiben, laserunterstütztes Drehen, elektroerosive Bearbeitung möglich bei Leitwerten $> 0{,}01$ S/cm (z. B. Si-Karbid)
Verbinden	Reib- und Diffusionsschweißen, Löten nach Metallisierung, Reaktionslöten auch von Metall mit Keramik möglich (DVS 3102/05)
Beschichten	Thermisches Spritzen (bis 20 mm), CVD- und PVD-Verfahren ($< 20\,\mu$m)

Volumeneinfluss Mit zunehmenden Bauteilvolumen steigt die Anzahl der inneren Fehler, damit sinkt die Biegefestigkeit stark ab.

8.4 Werkstoffsorten

8.4.1 Oxidische Werkstoffe

Gebräuchliche **Oxidische Werkstoffe** sind Al-Oxid, Mg-Oxid, Zr-Oxid und Al-Titanat. Ihre **Anwendungen** sind vielfältig:

- Schutzrohre für Thermoelemente bei Hochtemperaturmessungen, Brennerdüsen
- Dichtscheiben für Armaturen, Fadenführer an Textilmaschinen, Futtersteine und Mahlkugeln für Mühlen aller Art, Feinschleifwerkzeuge, metallisierbare Isolierteile (hartlötbar) für Elektronik und Vakuumtechnik
- Schneidplatten besonders für die Zerspanung von Gusseisen (Sandeinschlüsse) mit höherer Härte als normale Hartmetallsorten (auch bei 1000 °C).

Aluminiumoxid (Al_2O_3) wird am häufigsten verwendet. Es hat eine sehr große Bindungsenergie. Daraus ergibt sich

- hohe Stabilität bei hohen Temperaturen
- Korrosions- und Verschleißbeständigkeit
- hohe Biegefestigkeit und Härte.

Es wird in Sorten mit steigendem Al-Oxid-Gehalt von 86 bis über 99 % angeboten. Dabei steigen Dichte, Wärmeleitfähigkeit, Biegefestigkeit und Einsatztemperaturen (Tab. 8.9).

Tab. 8.8 Kristallarten des Zirkoniumoxids

Temperaturbereich/°C	Gitter	
$T_m \approx 2370$	Kubisch, kfz	$T_m = 2680\,°C$
$\approx 2370 \dots \approx 1170$	Tetragonal	↓ Volumensprung
≈ 1170	Monoklin	

Abb. 8.3 Elementarzelle des kubischen ZrO_2

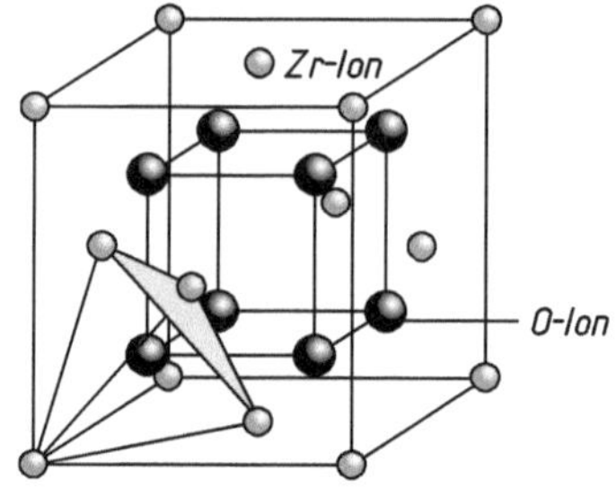

Mischkeramik enthält Anteile von ZrO_2 oder Ti(C,N) mit höherer Härte und Biegefestigkeit, bei ZTA (Zirkonia Toughened Alumina, mit ca. 10 % ZrO_2 verstärktes Al-Oxid) durch Umwandlungsverfestigung.

Zirkoniumoxid ZrO_2 ist polymorph, d. h. tritt in mehreren Gitterstrukturen auf (Tab. 8.8):

Die Elementarzelle des kfz-Gitters besteht aus kleineren Zr-Atomen, auf Zwischengitterplätzen sind größere vier O-Atome so angeordnet, dass sie tetraedrisch von Zr-Atomen umgeben sind (Abb. 8.3).

Bei der Abkühlung aus der Sintertemperatur ist die **Gitterumwandlung** von der tetragonalen in die monokline Struktur mit einer Volumenerweiterung von 3…5 % verbunden, auch als martensitische Umwandlung bezeichnet.

Bei der **Gitterumwandlung** ändert sich die *Anordnung* der Atome im Prinzip nicht. Der Würfel wird zum etwas höheren Quader (tetragonal). Später ändert sich die quadratische Grundfläche zum Rhombus (monoklin).

Martensitumwandlung bei Stahl ist die Umwandlung des metastabilen kfz-Austenitgitters (mit gelösten C-Atomen) in das tetragonal aufgeweitete Martensitgitter mit einer Volumenzunahme von ca. 4 % und den bekannten Eigenschaftsänderungen (Abschn. 5.3.3).

Während bei Stahl diese Umwandlung vom Metallgitter ertragen wird, führt sie beim kovalent gebundenen Gitter des Zr-Oxids mangels Gleitmöglichkeiten zu inneren Rissen und zur Unbrauchbarkeit.

Für einen praktischen Einsatz müssen deshalb die Gitterumwandlungen – wie bei den Metallen – durch **Legieren** mit anderen **Oxiden** unterdrückt werden, hier **Stabilisierung** genannt. Sie erfolgt durch Mischkristallbildung mit MgO, CaO, CeO_2 oder Y_2O_3. (Abb. 8.4). Die anderen Metalle setzen sich dabei an die Stelle des Zr.

Abb. 8.4 Zustandsschaubild ZrO_2–Y_2O_3, K: kubisch, T: tetragonal, M: monoklin

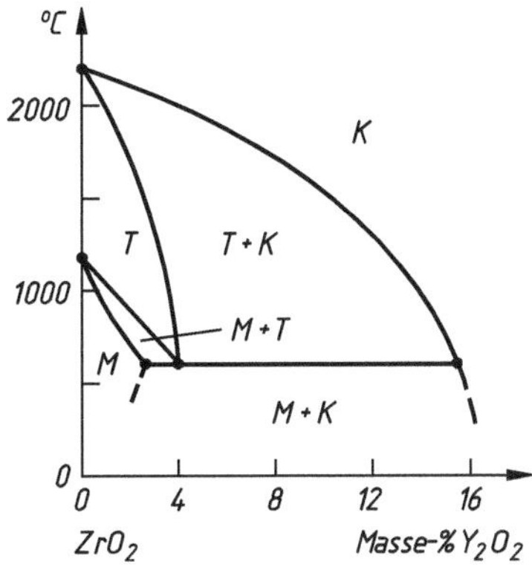

Stabilisierung ergibt je nach Anteil an Oxiden die ZrO_2-Sorten:

- FSZ (Fully Stabilized Zirkonia)
- PSZ (Partially Stabilized Zirkonia)
- TZP (Tetragonal Zirkonia Polycrystal).

FSZ (Fully Stabilized Zirkonia) ist **voll**stabilisiert, das kubische Kristallgitter ist bis auf RT stabil. Dazu sind z. B. $> 17\,\%$ des Oxids Y_2O_3 erforderlich (Zustandsschaubild 8.4).

Ionenleitfähigkeit Die Mischung von ZrO_2 mit CaO, MgO oder Y_2O_3 führt zu unbesetzten O-Plätzen im Kristallgitter. Sie fördern die Diffusion von Sauerstoff durch das Gitter. Da Sauerstoff sehr elektronegativ ist, spricht man hier von der Diffusion von Sauerstoffionen. Das FSZ wird dadurch zu einem ionenleitenden Stoff. Hierbei wird der Ionenbindungsanteil an der Bindung im Kristallgitter deutlich.

Anwendung FSZ ist hochwarmfest (2200 °C), für λ-Sonden zur Abgaskontrolle, Feststoffelektrolyt in Brennstoffzellen.

Bei geringeren Oxidgehalten entstehen nach Abb. 8.4 heterogene Gefüge, die **teilweise** umwandlungsfähig sind und durch die **Umwandlungsverfestigung** zu Werkstoffen mit höherer Biegebruchfestigkeit werden.

Vergleich Der Stahl vom Typ X10CrNi18-8 hat bei RT ein metastabiles, austenitisches Gefüge. Durch Kaltumformung, z. B. Tiefziehen, wird teilweise Martensit gebildet und damit die Verformungsverfestigung verstärkt (Abb. 2.42).

PSZ (Partially Stabilized Zirkonia) ist **teil**stabilisiert, hat Oxidgehalte von 3...5 % und ist nach einer Wärmebehandlung bei RT kubisch mit feinkörnigen, tetragonalen Ausscheidungen ($\leq 0{,}1\,\mu m$), die bei Abkühlung teilweise in die monokline Phase umgewandelt

Tab. 8.9 Eigenschaftswerte von Oxidkeramiken (Keramverband)

Sorte Kurzzeichen	Dichte [g/cm³]	E [GPa]	Biegefestigkeit σ_{bB} [MPa]	Wärmeleitfähigkeit λ^a [W/mK]	Wärmeausdehnung α^b [10^{-6}/K]	Maximale Temperatur [°C]	$K_{IC}{}^c$ [MPa$\sqrt{m}$]
Al-Oxid 86 %	> 3,2	> 200	> 200	14…24	6…8	1400…1500	3,5…4,5
Al-Oxid > 99 %	3,7…3,9	300…380	300…580	19…30	7…8	1400…1700	4…5,5
Al-Oxid (ZTA)	4,0	380	400…480	15	9…11	1000	4,4…5
PSZ, ZrO₂	5…6	140…210	500…1000	1,2…3	9…13	1500	8
TPZ (Y-TPZ)	6,05	210	1050	2,5	10.5	1000	15
ATi, Al₂TiO₅	3…3,7	10…30	15…50	1,5…3	1	900…1600	3…5

[a] Wärmeleitfähigkeit λ bei 20 °C

[b] Längenausdehnung α für Keramik 30…600 °C

[c] K_{IC}: krit. Spannungs-Intensitätsfaktor (Bruchzähigkeit, aus der Bruchmechanik hergeleitet), von Mischung und Herstellverfahren abhängig

sind. Ihre Volumenzunahme setzt das Gefüge unter Druckeigenspannungen, sodass die tetragonale Phase an weiterer Umwandlung gehemmt wird und damit metastabil ist.

Wirkungsweise der **Umwandlungsverfestigung**: Beim Entstehen eines Risses werden an der Rissspitze die Druckspannungen abgebaut und die metastabile tetragonale Phase wird örtlich in die (voluminösere) monokline umgewandelt. Die entstehenden Druckeigenspannungen hemmen die weitere Rissausbreitung bzw. führen zu einer Mikrorissverzweigung.

Die Umwandlungsverfestigung (auch Transformationsverfestigung) wirkt sich in höheren Werten für Biegebruchfestigkeit und Bruchzähigkeit gegenüber anderen Oxidkeramiken aus (Tab. 8.9).

Anwendungen PSZ plasmagespritzte Wärmedämmschichten an Ventilkegeln (Pkw), Ventilführungen, Brennkammern, Turbinenschaufeln, Zylinderlaufbüchsensegmente von thermisch hochbelasteten Dieselmotoren, Zieh- und Biegewerkzeuge, Schneidkeramiken.

Die Paarung ZrO₂/Stahl hat geringe Verschweißneigung zu Stahl, deshalb auch kleine Reibzahlen.

TZP (**T**etragonal **Z**irkonia **P**olycrystal) hat ein tetragonales, metastabiles Gefüge. Es wird durch Verwendung sehr feinkörniger Pulver (< 1 µm) unter Zugabe von Yttriumoxid Y₂O₃ (Y-TZP) erreicht.

Durch das Zusammenwirken von Feinkorn- und Umwandlungsverfestigung sowie Nachverdichtung durch heißisostatisches Pressen (HIP) lassen sich Biegefestigkeiten bis zu 1800 MPa bei hoher Bruchzähigkeit erreichen. Dieses ist mit hohen Kosten verbunden.

Maßnahmen für höchste Ansprüche:

- hohe Reinheit der Ausgangsstoffe
- längere, optimierte Mahldauer
- exaktes Einhalten der Temperatur-Zeitabläufe beim Sintern und Abkühlen.

Anwendung Y-TZP: in der Dentaltechnik und für Hüftgelenkprothesen.

Aluminiumtitanat ATi, Al_2TiO_5, ist eine Mischphase aus Al-Oxid und Ti-Oxid im stöchiometrischen Verhältnis und offener Porosität von 10...16 %. Mit seinen Eigenschaften hebt es sich von den anderen ab:

- niedriger Elastizitätsmodul
- niedrige Wärmeleitung und -ausdehnung.

Dieses führt zu einer sehr hohen Beständigkeit gegen Thermoschockbeanspruchung.

Anwendungen Al-Titanat für Umgießteile im Motorenbau: Einsätze für Kolbenböden und Auskleidung von Auspuffkrümmern (Portliner), Ofenschieber.

Es wird auch eine geringe Benetzbarkeit durch Al- und Buntmetallschmelzen beobachtet. Anwendung für z. B. Steig- und Dosierrohre, Düsen, Tiegel.

8.4.2 Nichtoxidische Werkstoffe

Nichtoxidisch sind alle Karbide und Nitride von Silizium, Bor und Al.

Sinterverhalten Die fast reine kovalente Bindung der Nichtoxidkeramik führt zu sehr niedrigen Diffusionskoeffizienten. Nichtoxidkeramiken brauchen Sinterhilfsmittel, die bei Sintertemperatur *eine flüssige Phase bilden* und damit *binden*, aber die Wärmebeständigkeit erniedrigen. Es entstehen poröse Werkstoffe mit geringer Festigkeit.

Höchste Dichte und Biegefestigkeit bei erhöhten Kosten erreichen die heißisostatischen und heißgepressten Sorten.

Die Herstellung der Ausgangspulver geschieht synthetisch nach verschiedenen Verfahren, evtl. unter Schutzgas. Dabei entstehen Werkstoffe verschiedener Porosität (Dichte) und innerer Bindung mit entsprechenden Eigenschaftsunterschieden (Tab. 8.11 und 8.13).

Siliziumkarbid SiC ist elektrisch- und wärmeleitend, da es ein Halbleiter ist.

Nitride sind elektrisch isolierend, auch bei hohen Temperaturen.

Silizium (Si) steht im PSE unter dem Kohlenstoff in der gleichen Hauptgruppe und hat damit die gleiche Besetzung der Elektronen-Außenhülle. Die Si-Atome ersetzen das C im Diamantgitter (Diamantgitter → Abb. 1.16).

SiC besitzt hohe Härte und höhere Wärmeleitfähigkeit als andere keramische Stoffe.

Die hohe Härte ist auf das Diamantgitter zurückzuführen, die Wärmeleitfähigkeit auf seine halbleitenden Eigenschaften.

Die verschiedenen Herstellverfahren führen zu unterschiedlicher Porosität und Dichte. Für größere Bauteile ist eine geringe Schwindung beim Sintern wichtig.

Offene Porosität mit Hohlräumen von 50...200 µm

- verringert die Oxidationsbeständigkeit des Bauteils bei höheren Temperaturen
- wird genutzt zur Aufnahme von Schmierstoffen (SSiC) oder flüssigem Silizium (SiSiC).

SiC ist in Form von Carborundum als hartes, abrasiv wirkendes Korn u. a. in Schleifscheiben enthalten. Die Herstellung erfolgt unter hoher Energiezufuhr im elektrischen Lichtbogen bei ca. 2500 °C:

Reaktionsgleichung

$$SiO_2 + 3C \rightarrow SiC + 2CO - 618,5\,kJ$$

Für die technische Keramik müssen die Ausgangsstoffe eine hohe Reinheit besitzen.

Eine Übersicht über verschiedene Siliziumkarbidsorten gibt Tab. 8.10.

Die Sorten NSiC, SiSiC und LPSiC erhalten ihre Bindung durch *artfremde* Zusätze, dadurch ist ihre max. Einsatztemperatur geringer.

Die anderen Sorten bestehen aus reinem SiC und binden durch den Sintervorgang

- drucklos die Sorten RSiC und SSiC bzw.
- mit steigendem Druck bei 2000 bis 2500 °C die Sorten HPSiC und HIPSiC.

RSiC und SiSiC sintern schwindungsfrei und sind für größere Bauteile geeignet. Beim Si-infiltrierten SiSiC werden die Poren mit flüssigem Si gefüllt (höchste Wärmeleitfähigkeit).

Dichte und Festigkeit steigen auch mit sinkender Korngröße ($< 2\,µm$ mit $R_m = 500\,MPa$).

Tab. 8.10 Siliziumkarbidsorten

Sorte	Herstellungsart	Dichte/g/cm³
Artfremdgebunden		
NSiC	Nitridgebunden, porös 5...10 %	2,7...2,82
SiSiC	Reaktionsgebunden, Si-infiltriert	3,1
LPSiC	Flüssigphasengesintert (Al-Oxid)	3,20...3,24
Arteigengebunden		
RSiC	Rekristallisiert, porös 11...15 %	2,6...2,8
SSiC	Drucklos gesintert	3,1...3,15
HPSiC	Heißgepresst (HP)	3,2
HIPSiC	Heißisostatisch gepresst (HIP)	3,2

Tab. 8.11 Werkstoffkennwerte der SiC-Sorten (Keramverband)

Sorte Kurzzeichen	E [GPa]	Biegefestigkeit [MPa]	Wärmeleitfähigkeit[a] λ [W/mK]	Wärmeausdehnung α[b] $[10^{-6}/\text{K}]$	Maximale Temperatur [°C]	K_{IC}[c] [MPa$\sqrt{m}$]
RSiC	230...280	80...120	18...20	4,8	1600	3...4
SSiC	370...450	300...600	40...120	4,0...4,8	1400...1750	3...4,8
SiSiC	270...350	180...450	110...160	4,3...4,8	1380	3...5
HPSiC	440...450	500...800	80...145	3,9...4,8	1700	3
HiPSiC	440...450	640	80...145	3,5	1700	6,0
LPSiC	420	600	100	4,1	1200...1400	–
NSiC	150...240	180...200	14...15	4,5	1450	

[a] Wärmeleitfähigkeit λ bei 20 °C
[b] Längenausdehnung α für Keramik 30...600 °C
[c] K_{IC}: krit. Spannungs-Intensitätsfaktor (Bruchzähigkeit, aus der Bruchmechanik hergeleitet), von Mischung und Herstellverfahren abhängig

Anwendungen von Siliziumkarbid

- Gleitringdichtungen und Lager für Pumpenwellen in aggressiven Medien (SiSiC)
- Läufer für Abgasturbinen (kleineres Massenträgheitsmoment als Stahlrotoren)
- Vorrichtungen zum Stapeln von Glühgut in Glühöfen (RSiC)
- Heizleiter bis 1600 °C (RSiC).

SiSiC wird wegen der hohen Wärmeleitfähigkeit (>Stahl) auch für Wärmeaustauscher in heißen korrodierenden Medien eingesetzt ($\rightarrow$ Durchdringungsverbundwerkstoffe Abschn. 10.5).

Tab. 8.11 zeigt die Werkstoffkennwerte der Siliziumkarbidsorten.

Borkarbid B$_4$C

Borkarbid ist ein Stoff mit höchster Härte (nach Diamant und Bornitrid) und höchstem Widerstand gegen abrasiven Verschleiß. Der Schmelzpunkt liegt bei 2450 °C. Borkarbid ist ein guter Neutronenabsorber, der keine langlebigen Sekundärstrahler bildet.

Anwendungen von Borkarbid

- Düsen für die Strahltechnik, Schleifscheibenabrichter, Läppkorn für Hartmetall
- Panzerplatten für ballistische Zwecke, Dichte 2,5 g/cm^3, $E = 450$ GPa
- Absorberplatten gegen Neutronenstrahlung, B$_4$C/Graphit-Thermoelemente bis 2200 °C

Siliziumnitrid Si$_3$N$_4$ (SN)

Siliziumnitride sind Stoffe mit höchster Zähigkeit und Biegefestigkeit (bis 1000 °C). Si$_3$N$_4$ ist ein synthetischer Stoff, der sich bei ca. 1700 °C unter Normaldruck in die Elemente zersetzt. Er kommt als Pulver mit Sinterhilfsmitteln aus Al-, Mg- und Y-Oxid

Tab. 8.12 Siliziumnitridsorten

Sorte	Herstellungsart	Dichte/g/cm^3
RBSN	Reaktionsgebunden, porös	1,9…2,5
SSN	Drucklos gesintert, porös	3…3,3
HPSN	Heißgepresst (100 bar)	3,2…3,4
HIPSN	Heißisostatisch gepresst (bis 2000 bar)	3,2…3,4
GPSN	Gasdruckgesintert (100 bar)	3,2

mit Korngrößen unter 1 µm in den Handel (hoher Preis). Es wird meistens wegen der Zersetzung bei 1750…1959 °C *unter Druck* (Tab. 8.12) gesintert.

Reaktionsgebundenes RBSN wird erst während des Pressens von Si-Pulver durch Einleiten von N_2-Gas erzeugt (nitridiert). Es sintert schwindungsfrei mit feiner Porosität, die zu niedrigeren mechanischen Werten führt und bei hohen Temperaturen zu innerer Oxidation führen kann.

Anwendungen von Siliziumnitrid

- Rotor für Abgasturbolader (SSN), Ventile für Pkw-Motoren (GPSN)
- Schneidkeramik für unterbrochenen Schnitt und Schruppfräsen mit Kühlung
- Schutzrohre für Thermoelemente und Steigrohre in Schmelzöfen für Niederdruckguss
- **Wälzlager** als Vollkeramiklager bis 500 °C einsetzbar. Im Trockenlauf 40 % weniger Reibmoment, aber 5…10-fach teurer als Stahl, für extrem hohe Drehzahlen geeignet (kleinere Dichte), unmagnetisch, korrosionsfest. Höchste Genauigkeit erforderlich, da Innenring durch Wärmedehnung der Welle auf Zug beansprucht wird. Deshalb werden meist Hybridlager mit HPSN-Kugeln in Stahlringen verwendet.

Die Werkstoffkennwerte der Siliziumnitridsorten zeigt Tab. 8.13.

Tab. 8.13 Werkstoffkennwerte der SN-Sorten

Sorte Kurzzeichen	E [GPa]	Biegefestigkeit [MPa]	Wärmeleitfähigkeit[a] λ [W/mK]	Wärmeausdehnung α[b] [10^{-6}/K]	Maximale Temperatur [°C]	K_{IC}[c] [MPa$\sqrt{m}$]
SSN	290…330	700…1000	15…40	2,5…3,5	1300	5…8,5
RBSN	80…180	80…330	4…15	2,1…3	1400	1,8…4
HPSN	290…320	300…600	15…40	3,0…3,4	1400	6…8,5
HIPSN	290…330	800…1100	15…50	3,1…3,3	1400	8,5
GPSSN	300…320	900…1200	20…25	2,7…2,9	1200	8…9

[a] Wärmeleitfähigkeit λ bei 20 °C
[b] Längenausdehnung α für Keramik 30…600 °C
[c] K_{IC}: krit. Spannungs-Intensitätsfaktor (Bruchzähigkeit, aus der Bruchmechanik hergeleitet), von Mischung und Herstellverfahren abhängig

Aluminiumnitrid (AlN)
Aluminiumnitrid hat unter den keramischen Stoffen ein besonderes Eigenschaftsprofil:

- höchste Wärmeleitfähigkeit (bis zu 220 W/m K)
- hoher elektrischer Isolationswiderstand bis 600 °C
- Wärmeausdehnung dem Silizium ähnlich
- metallisierbar.

Anwendungen Durch sein Eigenschaftsprofil ist AlN der ideale Isolierwerkstoff für die Elektronik als Unterlage (Substrat) für gedruckte Schaltungen, mit angelöteten elektronischen Bauelementen und Si-Halbleitern.

Es dient als Ersatz für das verwendete toxische Berylliumoxid BeO.

Bornitrid
Bornitrid kann ähnlich wie Kohlenstoff als Graphit und Diamant in zwei Kristallgittern (Graphit- und Diamantgitter $\rightarrow$ Abschn. 1.4.3) auftreten und in das dichtere überführt werden.

- Hexagonales Bornitrid HBN
- Kubisches Bornitrid CBN.

Die Synthese von Bornitrid erfolgt bei 900 °C aus Bortrioxid und Ammoniak.

Die Herstellung geschieht nach folgender Reaktionsgleichung:

$$B_2O_3 + 2NH_3 \rightarrow 2BN + 3H_2O$$

Nach einer Behandlung mit Stickstoff bei 1500 °C entsteht BN in Plättchenform von 0,1...0,5 µm Dicke und ca. 5 µm $\varnothing$.

Hexagonales Bornitrid HBN (weißer Graphit genannt) ist weich und wird in Form von Pulver, Suspension oder PVC-Schicht als Trockengleitwerkstoff und Trennmittel verwendet. Bedeutung hat seine geringe Benetzungsfähigkeit mit Metallschmelzen. Vergleich mit Graphit:

- oxidationsbeständiger (stabile chemische Verbindung, d. h. Zustand niedriger Energie)
- elektrisch isolierend und wärmeleitend
- ab 400 °C bessere Gleiteigenschaften als Graphit und Molybdändisulfid.

Kubisches Bornitrid CBN entsteht aus der hexagonalen Form wie Diamant durch Hochdruck- und Hochtemperaturbehandlung. Es hat ein Diamantgitter und steht in der Härte unter dem Diamanten, aber vor dem Titankarbid TiC.

Anwendungen von Bornitrid

- **HBN** (www.henze-bnp.de) Matrizen beim Stranggießen von NE-Metallen, Pulver und Spritzmittel für Gieß- und Warmumformwerkzeuge, Schutz gegen Schweißspritzer (HeboCoat®)
- Polymerzusatz: Erhöhte Wärmeleitung bei hohem elektrischem Widerstand. Der Gleiteffekt schont die Werkzeuge.
- Nanopulver (ca. 70 nm Teilchengröße)
- **CBN**-Werkzeuge als Wendeschneidplatten oder als polykristalline Beschichtung von Hartmetall zum Spanen gehärteter Stähle eingesetzt (mit hoher Oberflächengüte)

Graphit

Kohlenstoff wird als Werkstoff in Form von Kohlenstoffprodukten, Graphit und Diamant eingesetzt.

Graphit ist ein mineralischer Stoff, der auch aus Koks durch Hochtemperaturbehandlung entsteht (Graphitisierung bei 2800 °C).

Seine seltene Eigenschaftskombination erlaubt zahlreiche Anwendungen:

- Hochtemperatur-Festigkeit und Korrosionsbeständigkeit
- Gleiteigenschaften durch das hex. Schichtengitter (Abb. 1.15)
- Leitfähigkeit für Wärme und Elektrizität
- Niedrige Zugfestigkeit, die mit der Temperatur (bis 2500 °C) auf das Doppelte zunimmt.

Anwendungen von Graphit

Graphitprodukte sind Elektroden für die Elektro-Stahlgewinnung und die Schmelzfluss-elektrolyse des Aluminiums, Magnesiums und anderer Metalle. Sie werden aus Petrolkoks und Pechkoks mit Zugabe von Graphit geformt und bei > 1000 °C gebrannt.

Anwendung finden auch Kohlenstoffsteine und -stampfmassen für hochfeuerfeste Auskleidungen in metallurgischen Anlagen sowie Rohre und Bauelemente für den chemischen Apparatebau (DIABON® von SIGRI).

Durch Kunstharztränkung entstehen gas- und flüssigkeitsdichte Werkstoffe mit besseren mechanischen Eigenschaften. Die Wärmebeständigkeit ist, abhängig vom Polymer, auf etwa 200 °C begrenzt.

C-Fasern behandelt Abschn. 10.3.1.

CFC ist kohlenstofffaserverstärkter Kohlenstoff mit der Kombination aus geringer Dichte (Masse) und hoher Warmbiegefestigkeit bis 1200 °C. Anwendung z. B. für Chargiersysteme in Ofenanlagen als Ersatz für NiCr-Legierungen (Sigrabond®; www.sglgroup.com; www.schunk-group.com).

8.5 Neue Verfahren zur Herstellung der Pulver-Ausgangsstoffe

Die Anwendung auf Bauteile in der Serienfertigung von z. B. Verbrennungsmotoren ist im Vergleich zu den Metallen schwierig. Das hat mehrere Gründe:

- Streuung der Eigenschaftswerte, da die natürlichen Ausgangsstoffe in Reinheit und Korngröße schwanken
- Abhängigkeit der Bauteileigenschaften vom Herstellverfahren
- Dadurch Schwierigkeiten in der Qualitätssicherung wegen der höheren Ausfallwahrscheinlichkeit der nichtmetallisch-anorganischen Stoffe.

Es ist sehr aufwendig, aus Naturstoffen mit wechselnden Verunreinigungen die Ausgangsstoffe für Keramik ständig in reinster, gleichmäßig **fein**körniger Pulverform herzustellen.

Das hat zur Entwicklung anderer Herstellungsverfahren für Pulver kleiner Korngröße geführt. Wegen der Kosten sind diese Pulver zunächst auf kleine Teile und solche mit höchster Beanspruchung begrenzt. Vorteile sind wesentlich niedrigere Temperaturen beim Sintern, Reinheit und Mikrogefüge im Nanometer-Bereich und Möglichkeiten für neue Stoffkombinationen, die auf die konventionelle Weise nicht herstellbar sind.

Polymer-Pyrolyse[1]: Synthese von nichtoxidischen, anorganischen Festkörpern aus AlN, BN, SiC und SN in zwei Schritten:

- **Polymerisation** von solchen organischen Verbindungen, die **Silizium** u. a. anorganische Elemente im Molekül enthalten (z. B. Silane)

Beispiel für Polymerisation

Silane, z. B. Polycarbosilan entsprechen den Kohlenwasserstoffen und sind polymerisierbar. Sie zerfallen bei ca. 1000 °C unter Abspaltung von Methan und Wasserstoff:

$$[(CH_3)_2Si]_n \rightarrow SiC + CH_4 + H_2$$

- **Keramisierung**: thermische Zerlegung der hochmolekularen Verbindungen zu nichtmetallischen, anorganischen Feststoffen (Anwendung dieser Technik seit längerem zur Herstellung von C-Fasern aus PAN-Fasern (Polyacrylnitril)).

Versuche zur Herstellung kleiner dichter Formkörper aus SiC und SiN und Infiltration von porösen Körpern zur Herstellung von Verbundwerkstoffen werden unternommen.

---

[1] Pyrolyse (pyro [griech.] – mittels Feuer, Hitze): Zerlegung von höhermolekularen Stoffen bei hohen Temperaturen. Pyrolyse ist die thermische Zersetzung unter Luftabschluss, um eine Oxidation zu vermeiden.

Sol-Gel-Verfahren Ausfällen von schwer löslichen Hydroxiden aus Lösungen. Die Teilchen haben Größen im Bereich von einigen Nanometern (1 nm = 0,001 μm) und sind besser vermischt, als es durch mechanisches Mahlen und Vermischen erzeugt werden kann. Hinzu kommt eine hohe Reinheit der Stoffe.

Durch Wasserentzug entsteht aus dem Sol ein Gel, das durch Trocknung zu einem feinkörnigen Pulver verarbeitet wird.

Sol und Gel sind jeweils Zweistoffsysteme von kleinsten Teilchen in einer flüssigen Phase. Sie unterscheiden sich in der Teilchengröße und in der Viskosität: Gel = gallertige Masse.

Einteilung von Stoffmischungen nach steigender Teilchengröße:

Echte Lösung

→ kolloidale Lösung (Sol)

→ Gel

Stoffgemenge

8.6 Mineralglas

Unter **Glas** versteht man in der Technik einen Festkörper, der keine Kristallstruktur hat, d. h. seine Atome sind wie im schmelzflüssigen Zustand angeordnet (Abb. 8.5). Im Unterschied zur Schmelze sind aber die Nachbarschaften der Atome zeitlich konstant.

Sowohl nichtmetallisch-anorganische Werkstoffe als auch organische und metallische Werkstoffe können im Glaszustand vorkommen. Der korrekte Ausdruck für die umgangssprachlich *Glas* genannte nichtmetallisch-anorganische Werkstoffgruppe lautet **Mineralglas**.

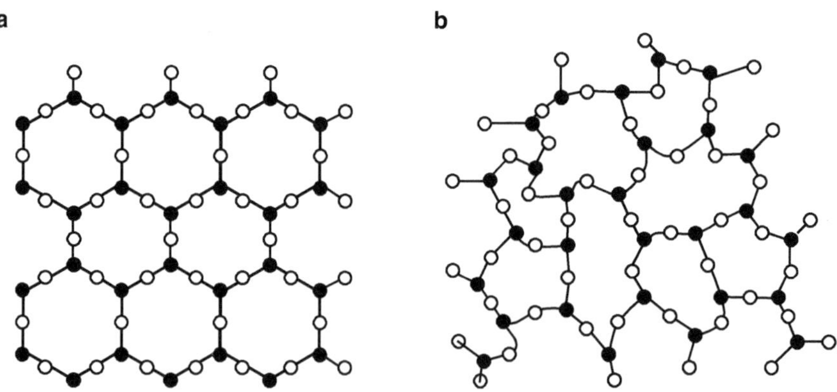

Abb. 8.5 Strukturen von **a** Quarzkristall, **b** Quarzglas (● Si, ○ O)

Andere Gläser

- metallische Gläser (z. B. auf Basis Fe-Ni-B), verwendet als extrem empfindliche Magnetfeldsensoren
- amorphe Kunststoffe (Plastomere).

Herstellung Glas wird durch Schmelzen von Rohmaterial hergestellt, welches man anschließend so schnell erstarren lässt, dass die Atome keine Zeit haben, eine Kristallstruktur zu bilden. Dadurch wird der Übergang flüssig-fest kontinuierlich. Gläser haben keine Schmelztemperatur mehr, sondern eine Erweichungstemperatur, bei der die Viskosität sich um Größenordnungen ändert.

Mineralglas basiert meist auf der chemischen Verbindung SiO_2, die entweder in unlegierter Form (Quarzglas) oder mit Metalloxiden legiert (z. B. Kalk-Alkali-Glas oder Bleiglas) verarbeitet wird. Bei Mineralgläsern ist selbst eine Ofenabkühlung zu schnell für eine Kristallisation, da die Atome im geschmolzenen Zustand nur wenig beweglich sind.

Eigenschaften Wesentliche Eigenschaft aller Gläser ist die Isotropie, d. h. Eigenschaften sind in alle Richtungen gleich.

Beispiele für Anwendungen der Isotropie

- Glasschneiden: Wenn man Glas in beliebiger Richtung ritzt und dann bricht, ergibt es immer eine glatte, gerade Bruchkante.
- Optik: Linsen sammeln das Licht aus beliebigen Richtungen im Brennpunkt, da der Brechungsindex isotrop ist. Bei Quarzkristall wird Licht sogar je nach Schwingungsebene des Lichtes (Polarisation) unterschiedlich gebrochen (Doppelbrechung).

Die auffälligste Eigenschaft von Mineralglas, die Transparenz im Bereich des sichtbaren Lichtes, ist keine Glaseigenschaft, sondern eine Eigenschaft des SiO_2. Auch Quarzkristall ist transparent. Allerdings würde polykristalliner Quarz nicht durchsichtig, sondern weiß erscheinen, weil das Licht an den Korngrenzen mehrfach gebrochen und reflektiert wird. Da Glas keine Korngrenzen hat, wird das Licht nur an den Oberflächen gebrochen. Deswegen ist eine Glasscheibe beliebiger Dicke durchsichtig.

Die Viskosität von Mineralglasschmelzen macht ihre handwerkliche und industrielle Verarbeitung besonders. Aus Glas können mit wenig Aufwand fast beliebige Formen direkt aus der Schmelze hergestellt werden. Die Sprödigkeit führt dazu, dass man Glas leicht schleifen und polieren kann.

Beispiele für die Formgebung von Glas

Formgebung von Glas aus der Schmelze:

- Flachglas (Fensterscheiben)
- Glasfaser
- Glasgefäße (Glasblasen).

Formgebung von Glas durch Schleifen:

- Linsen (Brillengläser)
- Passungen, Flansche.

Mineralglas ist aufgrund seiner nichtmetallisch-anorganischen Natur chemisch sehr beständig. Dabei ragt Quarzglas heraus, das nur noch durch Flusssäure angegriffen wird. Sobald andere Bestandteile im Glas vorliegen, insbesondere die Oxide der Alkali- und

Tab. 8.14 Werkstoffkennwerte anorganisch-nichtmetallischer Stoffe im Vergleich mit Stahl

Sorte Kurzzeichen	Dichte ρ [g/cm^3]	E [GPa]	Zug-/Biegefestigkeit [MPa]	Wärmeleitfähigkeit[a] λ [W/mK]	Wärmeausdehnung[b] α [10^{-6}/K]	Maximale Temperatur in Luft [°C]	K_{IC}[c] [MPa$\sqrt{m}$]
Stahl, unleg.	7,85	210	500…700	62	12	200	100
Al-Oxide	3,2…3,9	200…380	200…300	10…16	5…7	1400…1700	4…5
PSZ (ZrO$_2$)	5…6	140…210	500…1000	1,2…3	9…13	900…1500	8
ATi (Al$_2$TiO$_5$)	3…3,7	10…30	25…50	1,5…3	1	900…1600	1
AlN	3,2	320	250…300	180…220	4,5…5,6	1000	3,0…3,5
HPSN	2…3,4	290…320	600…850	15…50	3,2	1400	6,8…8
HPSiC	3,2	440…450	500…800	80…145	3,9…4,8	1700	5,3
HBN	2,1	70	75	20…100	2,2…4,4	900	–
BC (B$_4$C)	2,51	450	300…400	30…400	5	700…1000	3,4
Quarzglas	2,21	76	115	1,15	0,5	1500	–
Kalk-Alkali-Glas	2,3…2,8	60	40…80	0,75…1,25	8	500…700	–
GJL250	7,2	103…118	340	48	10…13	200	–

[a] Wärmeleitfähigkeit λ bei 20 °C
[b] Längenausdehnung α für Keramik 30…600 °C
[c] K_{IC}: krit. Spannungs-Intensitätsfaktor (Bruchzähigkeit, aus der Bruchmechanik hergeleitet), von Mischung und Herstellverfahren abhängig

Abb. 8.6 Zugfestigkeit von Glasfasern in Abhängigkeit vom Faserdurchmesser

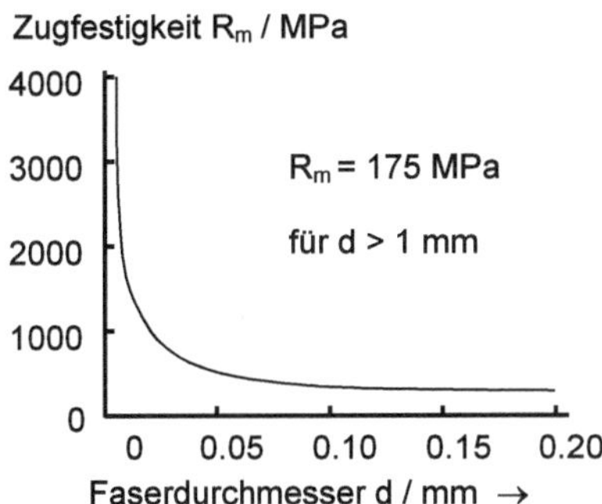

Erdalkalimetalle, sinkt die chemische Beständigkeit etwas ab, da Ionen sich leichter als kovalent gebundene Atome lösen lassen.

Quarzglas ist thermisch und chemisch besonders beständig, aufgrund seiner hohen Erweichungstemperatur (1500 °C) aber auch besonders schwer zu verarbeiten.

Glas ist nicht besonders fest (Tab. 8.14), was seine Verwendbarkeit in der Technik einschränkt. Grund dafür ist die Sprödigkeit des Glases, bei der das Versagen durch Kerbwirkung an kleinsten Defektstellen (Kratzer, Poren) ausgelöst wird. Bei Glasfaser steigt die Festigkeit gegenüber massivem Glas um Größenordnungen an (Abb. 8.6). Ursache hierfür ist die Verkleinerung der maximal möglichen Defektgröße in der Faser bei immer kleiner werdendem Faserdurchmesser. Nach den Regeln der Bruchmechanik hat das einen Anstieg der ertragbaren Last zur Folge. So kann Glasfaser in Verbundwerkstoffen (GFK) zur Steifigkeits- und Festigkeitserhöhung von Kunststoffen verwendet werden.

Verbundglas, Panzerglas Um der Bruchneigung von Glasscheiben (ein Riss, der sich unter Last bildet, pflanzt sich durch die gesamte Scheibe fort) Herr zu werden, klebt der Hersteller mehrere Glasscheiben mit zäher Kunststofffolie zusammen. Die Folie bremst sowohl das Risswachstum in der Scheibenebene als auch in Dickenrichtung.

Einsatz von Glas in der Verkehrstechnik (Fenster-)Scheiben werden eingeklebt und tragen dadurch zur Gesamtsteifigkeit eines Körpers (z. B. einer Karosserie) bei.

8.7 Vergleich einiger anorganisch-nichtmetallischer Werkstoffe

Tab. 8.14 und Diagramme (Abb. 8.7) zeigen, dass die anorganisch-nichtmetallischen Stoffe nicht nur gegenüber Metallen (Stahl), sondern auch unter sich starke Unterschiede aufweisen können. Die Produkte der einzelnen Hersteller weichen aufgrund der unterschiedlichen Ausgangsstoffe und Verfahrensbedingungen voneinander ab.

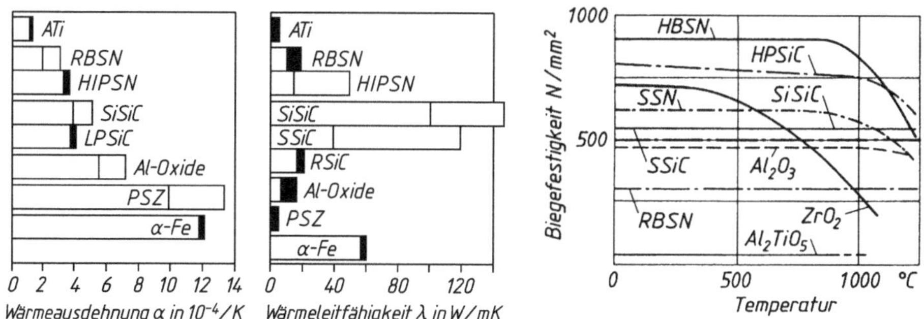

Abb. 8.7 Wärmeausdehnung, Wärmeleitfähigkeit und Biegefestigkeit anorganisch-nichtmetallischer Werkstoffe bei höheren Temperaturen im Vergleich mit Stahl

Literatur

1. Salmang, H., Scholze, H.: Keramik, Teil 1: Allgemeine Grundlagen und wichtige Eigenschaften; Teil 2: Werkstoffe. Springer (1982/1983) Neue Auflage in einem Band: Keramik. Springer (2007)
2. Degussa Oxidkeramik, DEGUSSIT®; FRIALIT® www.friatec.de
3. Informationszentrum Informationsschriften, Daten und Eigenschaften keramischer Werkstoffe: Brevier
4. Technische Keramik Technische Keramik, Pdf-Datei. www.keramverband.de
5. CeramTec AG Informationsschriften über einzelne Keramik-Werkstoffe. www.ceramtec.de
6. H.C. Starck Ceramics Informationen über Eigenschaften + Anwendungen. www.hcstarck.com

Kunststoffe sind gegenüber Metallen und Keramiken junge Werkstoffe, die in kaum 100 Jahren seit ihrer Entdeckung viele Anwendungsbereiche erobert haben. Die Zahl der Sorten und Mischungen untereinander oder mit Zusätzen entstand aus den Anforderungen der Anwender.

Aufgrund ihres Eigenschaftsprofils haben sie viele klassische Werkstoffe ersetzt. Beispiele hierfür sind z. B. Fensterprofile, als Ersatz für Holzfensterrahmen, Anwendungen im Sanitärbereich als Ersatz für Keramik und emaillierte Metalle und auch Anwendungen im Automobilbau sowohl für Außenteile (Außenspiegelgehäuse, Stoßfänger) als auch im Innenbereich (Armaturentafeln, Griffe aller Art, Ansaugkrümmer im Motorenbereich) (s. Abb. 9.1). Ihre Vorzüge sind die Kombinationen aus Korrosionsbeständigkeit und geringer Dichte verbunden mit kostengünstiger Herstellung von Bauteilen mit großer Gestaltungsfreiheit.

Die Eigenschaften der Kunststoffe unterscheiden sich wesentlich von denen der Metalle. Dieses Kapitel geht zunächst auf die Eigenschaften ein, hier besteht anders als bei den Metallen sehr häufig eine Abhängigkeit von der Temperatur. Im Weiteren wird der Aufbau erklärt, um das Verhalten der Kunststoffe unter temperatur- und zeitabhängigen Lasten zu verstehen. Der Abschnitt über die chemischen Grundlagen der Kunststoffe gibt

Abb. 9.1 Anwendungsbereiche für Kunststoffe

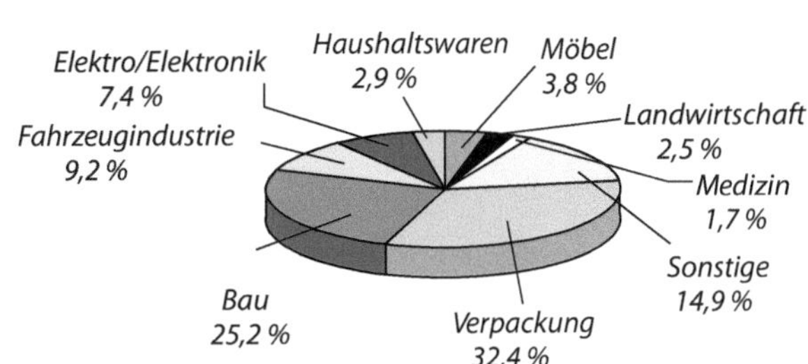

© Springer Fachmedien Wiesbaden GmbH, ein Teil von Springer Nature 2018
W. Weißbach, M. Dahms, C. Jaroschek, *Werkstoffe und ihre Anwendungen*,
https://doi.org/10.1007/978-3-658-19892-3_9

dem Anwender ein Verständnis, das auch die Grenzen und die Lebensdauer der Kunststoffe betrifft. Das Kapitel schließt ab mit einer Übersicht über sehr häufig eingesetzte Standardkunststoffe.

9.1 Allgemeines

Die ersten Kunststoffe ersetzten zunächst wenig verfügbare Naturstoffe, wie z. B. Elfenbein für Billardkugeln. Der Name Kunststoff ist also ein Hinweis auf die künstliche Erzeugung eines Materials. Heute werden sie aufgrund ihres Eigenschaftsprofils genutzt.

Einige „Hochleistungs"-Polymere und Faserverbunde haben höhere Festigkeit und Steifigkeit, sodass sie als Leichtbauwerkstoffe mit Al- und Mg-Legierungen konkurrieren (s. Tab. 9.1).

Kunststoffe werden auch Polymere genannt. Dieser Begriff setzt sich aus den beiden griechischen Silben poly = viel und mer (von meros) = Teil zusammen. Sie bestehen aus sehr vielen chemisch miteinander verbunden Einzelbausteinen (Monomere).

Polymere sind nichtmetallische, organische Werkstoffe aus Kohlenstoffverbindungen. Man spricht hier von Makromolekülen, die aus sehr vielen gleichen Grundbausteinen (Abb. 9.2). Sie haben ein Gerüst aus überwiegend C-Atomen mit angehängten H-Atomen (Kohlenwasserstoffe KW und Abkömmlinge).

Monomere sind die einmoleküligen Ausgangsstoffe. Durch chemische Reaktionen werden die Einzelmoleküle durch starke Elektronenpaarbindungen zu Makromolekülen. Die Makromoleküle sind ketten- oder netzartig gebaut. Die Bedingungen für das Entstehen dieser beiden Arten liegen in der Anzahl der frei werdenden Bindungsarme der monomeren Moleküle.

Tab. 9.1 Beispiel PKW-Kotflügel

Werkstoff	Stahl	Al-Leg.	Kunststoff
Gewicht in kg	8,3	4,6	4,0
Dicke in mm	0,8	1,25	2,8

Abb. 9.2 Die Moleküle der Kunststoffe können untereinander vernetzt sein

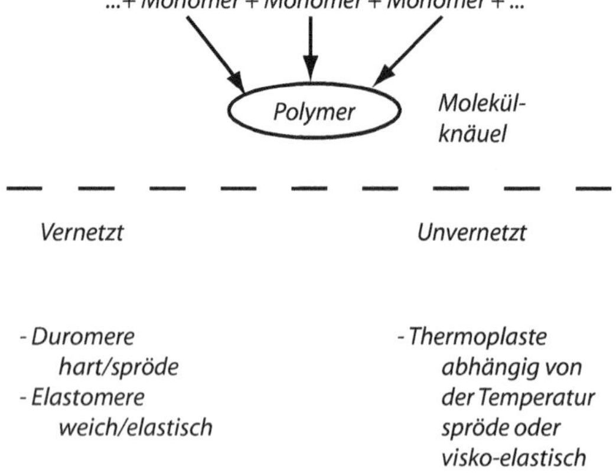

| nicht vernetzte Kunststoffe | | vernetzte Kunststoffe | |
amorph	teilkristallin		
(Abbildung)	(Abbildung)	(Abbildung)	(Abbildung)
lose miteinander verschlaufte Moleküle Einsatztemperatur $< T_{glas}$ überwiegend spröde bei $T > T_{glas}$ plastisch formbar	verschlaufte und über Kristalle verbundene Moleküle Einsatztemperatur $< T_{schmelz}$ bei $T < T_{glas}$ spröde bei $T > T_{glas}$ zäh/elastisch bei $T > T_{schmelz}$ formbar	Moleküle mit Querverbindungen untereindander Einsatztemperatur $< T_{zersetzung}$ überwiegend spröde nicht schmelzbar	Moleküle mit Querverbindungen weiche Zwischensegmente, Einsatztemperatur $< T_{zersetzung}$ bei $T < T_{glas}$ spröde bei $T > T_{glas}$ zäh/elastisch nicht schmelzbar
Thermoplaste		Duromere	Elastomere

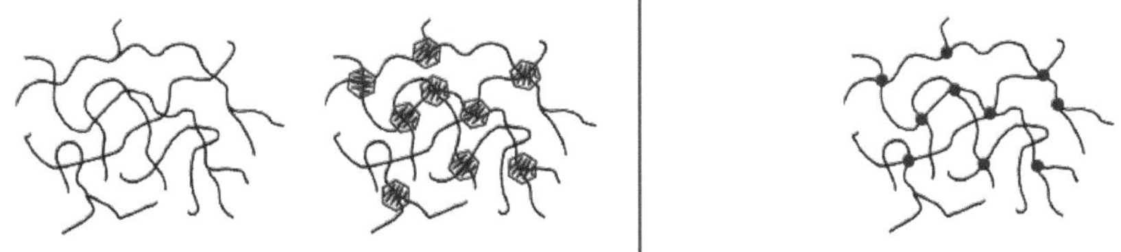

Abb. 9.3 Der Strukturen der Kunststoffe und Eigenschaftsunterschiede

Die Kunststoffe werden unterteilt in die Thermoplaste und die Duromere/Elastomere (Abb. 9.3). Bei den Thermoplasten sind die Makromoleküle untereinander nicht verbunden, man kann sich das wie eine Ansammlung sehr langer Spaghetti vorstellen. Dieses ungeordnete Molekülknäuel wird mit dem Begriff amorph bezeichnet.

Die Festigkeit des Materials, also das Zusammenhalten der Moleküle untereinander, hat als Ursache schwache Anziehungskräfte zwischen den Molekülen. Schon bei geringen Temperaturen können diese Kräfte gelöst werden, sodass die Moleküle bei Belastung gegeneinander abgleiten können. Der Werkstoff wird plastisch, das beginnt je nach Kunststoff schon bei Temperaturen ab 150 °C. Diese Temperatur wird auch Glastemperatur genannt, denn unterhalb ist das Verhalten glasartig bzw. eher spröde.

Bei einigen dieser Thermoplaste können sich die Moleküle beim Abkühlen untereinander regelmäßig anordnen. Man spricht dann von Kristallisation. Diese erfolgt bei Temperaturen oberhalb der Glastemperatur. Kristalle können bei Erwärmung schmelzen. Streng genommen können nur dies zum Teil kristallisierenden Thermoplaste schmelzen.

Die amorphen Thermoplaste kann man nur bis zur Glastemperatur einsetzen, weil sie bei höherer Temperatur und Belastung sich bleibend verformen würden. Die teilkristallinen Thermoplaste lassen sich bis in den Bereich der Schmelztemperatur einsetzen. In diesem Bereich oberhalb der Glastemperatur liegt quasi ein Zweiphasengemisch aus erweichten amorphen Bereichen und den noch nicht geschmolzenen Kristalliten vor. Hier sind diese Kunststoffe zäh elastisch.

Bei den Duromeren und den Elastomeren sind die einzelnen Moleküle untereinander chemisch verbunden. Im Prinzip handelt es sich hier um ein einziges großes Molekül, das sich nicht mehr schmelzen lässt. Die Elastomere haben eine Glastemperatur weit unter 0 °C. Vergleichbar mit den teilkristallinen Thermoplasten sind sie über die untereinander beweglichen Molekülketten sehr flexibel. Die chemischen Bindungen zwischen den Ketten haben eine sehr hohe Festigkeit, sodass diese Werkstoffe sich auch unter Last kaum plastisch verformen. Diese Werkstoffe sind sehr interessant für den Dichtungsbereich auch bei höheren Temperaturen.

Die Duromere sind ebenfalls vernetzte Kunststoffe. Hier ist die Glastemperatur meistens sehr hoch, sodass sie unterhalb der Glastemperatur eingesetzt werden. Daher sind diese Kunststoffe insgesamt sehr hart und spröde. Sie eigenen sich sehr gut für Einsatzbereiche, bei denen höhere Betriebstemperaturen gefordert sind.

9.2 Eigenschaften

Metalle bestehen aus einzelnen Atomen, die bei der Erstarrung Kristallgitter bilden. Im Unterschied dazu bilden lange Molekülketten die Kunststoffe. Die Dicke dieser Moleküle ist in der Größenordnung eines Atomdurchmessers (10^{-10} m) und hat je nach Kunststoff eine Länge zwischen 10^{-8} und 10^{-5} m. Diese Moleküle bilden einen unregelmäßigen Knäuel.

Die mechanischen Eigenschaften unterscheiden sich wesentlich von denen der Metalle. Die Kunststoffe haben keine Gleitebenen, über die sich die plastische Verformung erklären lässt. Bei Belastung verformt sich das gesamte Knäuel, einzelne Molekülsegmente können gegeneinander „verrutschen". Die Temperatur spielt hier eine große Rolle, denn die Bindungskräfte längs der Molekülkette sind sehr hoch im Vergleich zu den Kräften zwischen den benachbarten Ketten. Wenn keine chemische Vernetzung der Ketten untereinander vorliegt, genügen schon geringe Temperaturen, um eine Verformung zu ermöglichen.

9.2.1 Vergleich mit Metallen

Abb. 9.4 vergleicht die Eigenschaften der Kunststoffe mit denen der Stähle. Hier wird jeweils das Verhältnis zur Eigenschaft von Stahl angegeben, weshalb Stahl jeweils den Wert 1 hat.

Metalle werden vielfach bei Temperaturen weit unterhalb ihres Schmelzpunkts eingesetzt. Hier sind die Eigenschaften weitgehend temperaturunabhängig und konstant. Die Schmelztemperatur der meisten nicht vernetzten Kunststoffe liegt im Bereich von 200 °C. Bei üblichen Einsatztemperaturen bis 100 °C sind fast alle Materialkennwerte stark abhängig von der Temperatur und nicht konstant. Im Vergleich zu den Metallen sind die Wertebereiche sehr breit. Das liegt einerseits an der Temperaturabhängigkeit, aber auch am molekularen Aufbau.

Die Auswahl eines Konstruktionswerkstoffs aus Kunststoff muss auf jeden Fall die Einsatztemperatur berücksichtigen. Es genügt nicht, Materialkennwerte aus Tabellen zu verwenden, die bei konstanten niedrigen Temperaturen ermittelt wurden.

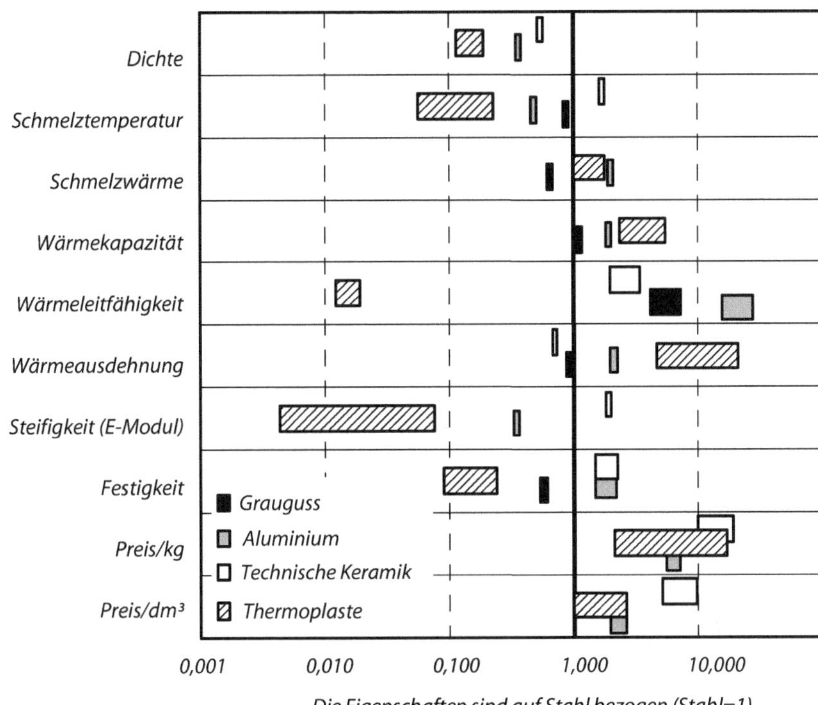

Abb. 9.4 Vergleich mechanischer Eigenschaften von Kunststoffen und Metallen (Bildquelle WAK)

Die Wärmeleitfähigkeit der Kunststoffe ist ca. 100-mal geringer als die der Metalle. Auch das ist vorteilhaft für Gießvorgänge, denn auch dünne Geometriebereiche lassen sich so gut kontrolliert und geregelt mittels Gießverfahren herstellen.

Die Wärmedehnung liegt ca. 10-mal höher als bei Metallen. Bei Konstruktionen aus Metallen und Kunststoffen muss das beachtet werden, sofern die Baugruppe sowohl bei niedrigen als auch bei hohen Temperaturen eingesetzt wird.

Für den Konstrukteur sind die mechanischen Eigenschaften E-Modul und Festigkeit wichtig. Speziell der E-Modul ist um den Faktor 100 geringer als der von Metallen. Es gelingt teilweise mit Zusatzstoffen wie z. B. Glasfasern, den E-Modul etwas zu vergrößern. Die Ursachen für die sehr große Bandbreite der E-Modulwerte von Kunststoffen im Vergleich zu Stahl sind einerseits die Unterschiede verschiedener Kunststoffe untereinander und andererseits die Änderung der Eigenschaften in Abhängigkeit von der Temperatur.

9.2.2 Mechanisches Verhalten

Bei einer Belastung verhalten sich Metalle zunächst elastisch, d. h. mit einer Entlastung geht die Verformung vollständig zurück. Oberhalb einer Grenzspannung kann es zu einer

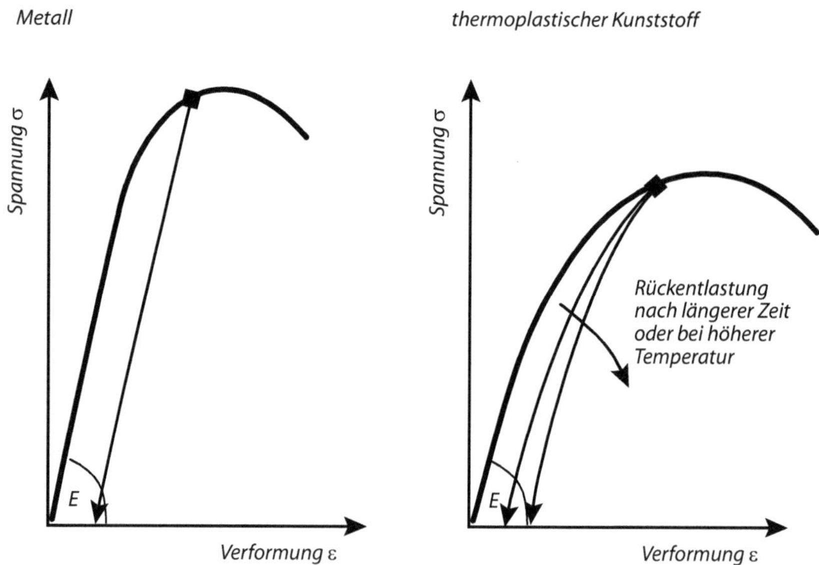

Abb. 9.5 Das Verformungsverhalten von Kunststoffen ist vielfach zeit- und temperaturabhängig

plastischen Verformung kommen, sodass nach Entlastung die elastische Verformung zurückfedert und eine bleibende plastische Verformung gemessen werden kann. Dieses Verhalten ist weitgehend unabhängig von der Temperatur und der Belastungszeit (Abb. 9.5).

Bei den nicht vernetzten Kunststoffen ist das anders. Der Hooke'sche Bereich, in dem die Spannung in einem konstanten Verhältnis zur Verformung steht, ist oft nicht gegeben. Eine klare Grenze für den Beginn einer plastischen Verformung ist meistens nicht nachweisbar. Eine Rückverformung nach Entlastung verläuft nicht linear. Der Grund liegt im Molekülgewirr, die Moleküle hängen über weite Bereiche zusammen und können anders als bei den Metallen eine gewisse Rückstellkraft erzeugen.

Erfolgt die Entlastung zeitverzögert, können sich die noch unter Spannung stehenden Moleküle etwas umorientieren, sodass das Rückfedern geringer ausfällt. Eine vergleichbare Wirkung hat eine Belastung bei höheren Temperaturen.

▶   Eine gute Konstruktion eines Kunststoffteils fordert nur geringe Belastungsgrenzen, z. B. indem die Querschnitte oder Trägheitsmomente groß gewählt werden. Sehr viele Kunststoffanwendungen sind im Vergleich zu Metallen weitgehend lastfrei, das betrifft z. B. Gehäuse.

Im Zugversuch zeigen Kunststoffe vier mögliche Verhalten (Abb. 9.6):

1. Spröde: nach einer elastischen Verformung kommt es zum Bruch. Dieses Verhalten ist vergleichbar mit dem Verhalten von z. B. gehärteten metallischen Werkstoffen.

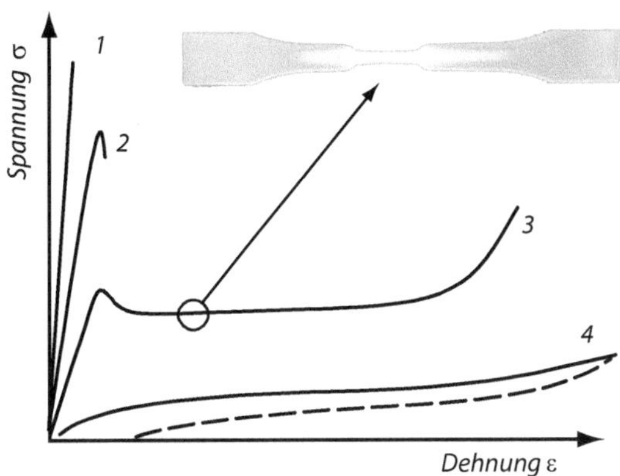

Abb. 9.6 Verhalten von Kunststoffen im Zugversuch (1 und 2 spröde, 3 zäh elastisch, 4 gummielastisch)

2. Spröde, hornartig: nach Überschreiten einer Maximalspannung kommt es ohne wesentliche Einschnürung zum Bruch.
3. Zäh-elastisch: nach Überschreiten der Streckspannung (erstes Maximum) schnürt sich der Zugstab spontan um ein gewisses Maß ein. Im weiteren Verlauf verlängert sich dieser Einschnürungsbereich ohne eine weitere Querschnittsabnahme. Diese Verlängerung wird auch Schulter-Hals-Verformung bezeichnet und kann eine sehr große Länge annehmen. Die Gesamtdehnung kann 500 % überschreiten.
4. Gummielastisch: die Verformung verläuft weitgehend ohne Hooke'schen Bereich. Sofern der Werkstoff nicht bis zum Bruch belastet wurde, geht die Verformung nach einer Entlastung weitgehend wieder zurück.

Bei einer Schulter-Hals-Verformung gleiten Molekülketten gegeneinander ab, der Hals wird dabei immer länger. Die Moleküle richten sich in Zugrichtung aus, wodurch es zu einer merklichen Festigkeitssteigerung in diesem Bereich kommt. In den meisten Anwendungsfällen ist nach Überschreiten der Streckspannung das Bauteil bereits unzulässig verformt, die Festigkeitssteigerung ist daher meistens technologisch uninteressant.

▶ Technologisch ist das Überschreiten der Streckspannung bei der Faserherstellung bedeutend. Hier wird die Faser beim Aufwickeln über mehrere hintereinandergeschaltete Spulen mit jeweils höherer Drehzahl langgezogen und gleichzeitig dünner. Bei gegossenen Bauteilen hat diese Verformung ausschließlich Bedeutung bei Filmscharnieren. Mit einer ersten Verformung werden die Moleküle im Scharnierbereich quer zur Klapprichtung ausgerichtet, wodurch ein wiederholtes Öffnen und Schließen des Scharniers ohne Schaden möglich wird.

Die Verhaltensweisen können je nach Belastungstemperatur auftreten, d. h. ein Werkstoff kann das Verhalten 1 bis 3 zeigen. Eine Erklärung hierfür liefert das Feder-Dämpfer-Modell (s. Kap. 1, Abb. 1.19). Die Dämpfer stehen für das plastische Verhalten, die Federn für die Elastizität. Bei tiefen Temperaturen ist der Werkstoff weitgehend eingefroren, eine

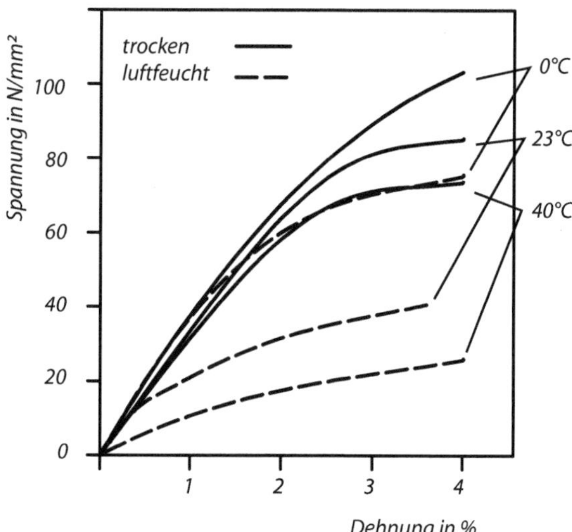

Abb. 9.7 Verhalten von Polyamid in Abhängigkeit von Temperatur und Feuchtigkeit

Verschiebung von Molekülketten gegeneinander ist nicht möglich. In dem Fall liegt das Verhalten 1 vor.

Im Bereich der Einfriertemperatur ändert sich das Verhalten von glasartig bzw. spröde, der Werkstoff wird zäh (Verhalten 2). Diesen Temperaturbereich bezeichnet man als Glastemperatur. Oberhalb dieser Temperatur ist der Werkstoff zunehmend viskos verformbar. Sofern der Werkstoff etwas kristallisieren konnte, bilden diese Kristalle ein Netzwerk. Einige Segmente der Moleküle sind im Kristall verbunden und können sich nicht bewegen, andere Segmente gehören dem nicht kristallinen Rest an und können sich gegeneinander bewegen. Das Verhalten der Kunststoffe in diesem Bereich ist visko-elastisch. Hier reagieren die Kunststoffe bei schlagartiger Belastung sehr zäh.

▶ **Hinweis** Visko-elastisch ist ein Kunstwort aus elastisch und viskos. Die Verformung von Kunststoffen ist streng genommen viskos und nicht plastisch. Der Begriff „viskos" bezeichnet im Unterschied zu plastisch eine Zeitabhängigkeit bei einer Verformung.

▶ Kunststoffe, die nicht kristallisieren können, bezeichnet man als amorph. Ihr Einsatzbereich ist ausschließlich unterhalb der Glastemperatur. Einige Kunststoffe können teilweise kristallisieren, sie sind unterhalb der Glastemperatur eher spröde und oberhalb sehr zäh und somit bruchunempfindlicher. Das betrifft z. B. Kabelschellen aus PA, die im Bereich von PKW-Motoren höheren Temperaturen ausgesetzt sind.

Das Verhalten unter Last wird neben der Temperatur auch von der Feuchtigkeit beeinflusst. Einige Kunststoffe können in geringen Mengen Luftfeuchtigkeit aufnehmen. Die Wassermoleküle quellen den Kunststoff auf, womit er mehr Volumen beansprucht. Dadurch wird der Abstand zwischen den Kunststoffmolekülen aufgeweitet, ein Abgleiten der Ketten wird erleichtert.

Im Spannungsdehnungsdiagramm zeigt sich deutlich ein flacherer Anstieg der Spannungskurve bei höheren Temperaturen und bei höherer Feuchtigkeit (Abb. 9.7). Damit ist der E-Modul für diesen Kunststoff nicht konstant.

Die meisten unvernetzten Kunststoffe kriechen unter Last. Auch hier hilft das Feder-Dämpfer-Modell für das Verständnis. Bei höherer Belastung und Einsatztemperatur stellt sich eine zunehmend größere Verformung ein. Dieses Kriechverhalten zeigen Metalle meist erst bei Temperaturen ab ca. 30 % der Schmelztemperatur. Bei Kunststoffen, deren Schmelzpunkt mit ca. 200 °C ohnehin niedrig ist, tritt diese Formänderung schon bei Raumtemperatur auf, besonders bei Kunststoffen mit einer sehr niedrigen Glastemperatur. Bei vernetzten Kunststoffen ist das Kriechverhalten sehr gering.

Aus diesem Grund sind für die Konstruktionen iso-chrone Spannungs-Dehnungsdiagramme wichtig. Sie zeigen an, welche bleibende Verformung sich bei einer Belastung nach einer bestimmten Zeit einstellt. Diese Diagramme lassen sich aus dem Ergebnis eines Kriechversuchs erstellen. Hierfür werden Probekörper über eine sehr lange Zeit bei konstanten Temperaturen mit einer Zuglast belastet. Die kontinuierliche Verlängerung der Probekörper wird regelmäßig notiert. Die Wertepaare (Spannung, Dehnung und Zeit) werden in das Spannungs-Dehnungsdiagramm übertragen (Abb. 9.8).

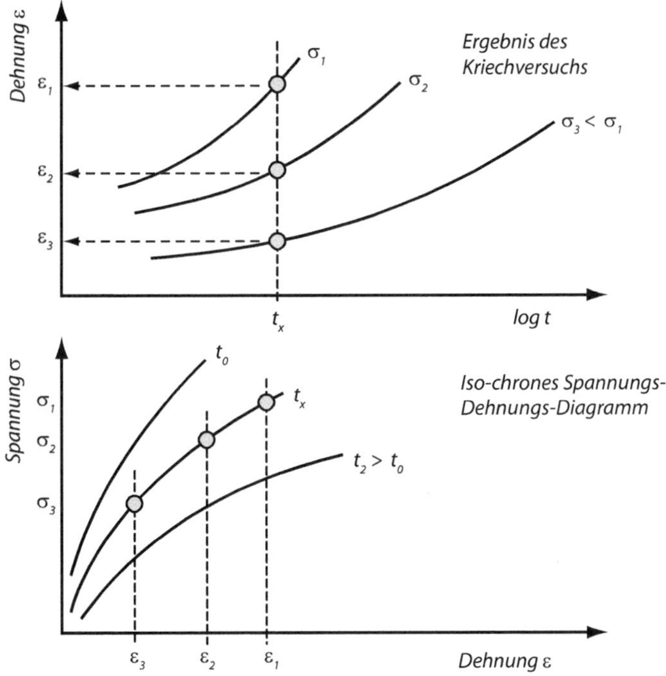

Abb. 9.8 Entwicklung eines iso-chronen Spannungs-Dehnungs-Diagramms aus dem Kriechversuch

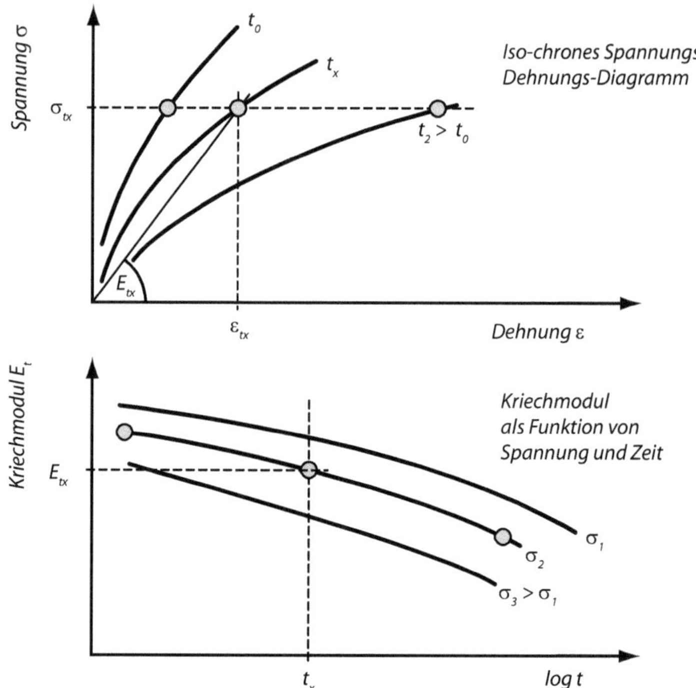

Abb. 9.9 Entwicklung des Kriechmoduldiagramms aus dem iso-chronen Spannungs-Dehnungs-Diagramm

Der Konstrukteur muss bei der Dimensionierung eines Kunststoffbauteils, das unter einer dauernden Belastung steht, die dann auftretende Verformung stärker berücksichtigen als die ertragbare Spannung. Für diese Verformungsberechnung wird der Kriechmodul (E_t) verwendet. Dieser Modul wird aus dem Kriechversuch ermittelt und ist das Verhältnis der angelegten Spannung und der sich nach bestimmten Zeitschritten ergebenden bleibenden Verformung. Im iso-chronen Spannungs-Dehnungsdiagramm ist das also nicht die Anfangssteigung, sondern der Winkel E_{tx} (Abb. 9.9).

Trägt man die Daten des iso-chronen Spannungs-Dehnungsdiagramms über der Zeit auf, erhält man den Kriechmodul in Abhängigkeit von der Belastungszeit. Dieser Modul ist keine Konstante und hängt von der Belastung und der Zeit ab. Folgt man der horizontalen gestrichelten Linie im iso-chronen Spannungs-Dehnungsdiagramm auf der Höhe von σ_{tx} ergibt sich bei t_0 ein größerer Kriechmodul E_t-Modul als bei t_x bzw. t_2.

> Bauteile aus Kunststoff, die über längere Zeit belastet werden, verformen sich stetig. Für die Berechnung in der Konstruktion wird daher die zulässige Verformung berechnet ($\varepsilon = \sigma/E_t$). Hier wird nicht der E-Modul des Kurzzeit-Zugversuchs verwendet, der immer größer ist als der von Zeit und Last abhängige Kriechmodul. Auf diese Weise kann eine Unterdimensionierung vermieden werden.

Abb. 9.10 Verhalten von Bruchdehnung ε_B und Bruchspannung σ_B bei steigender Temperatur

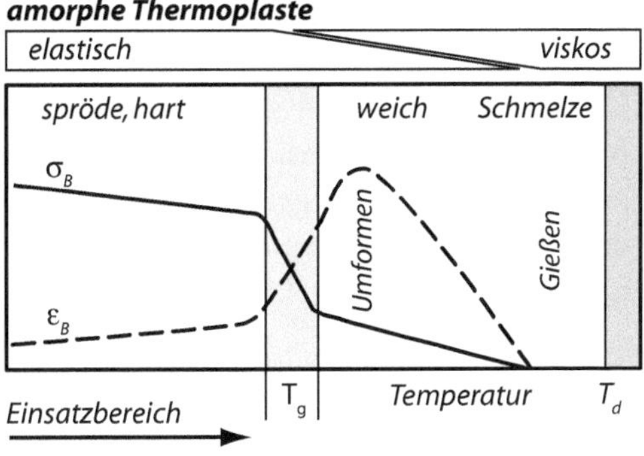

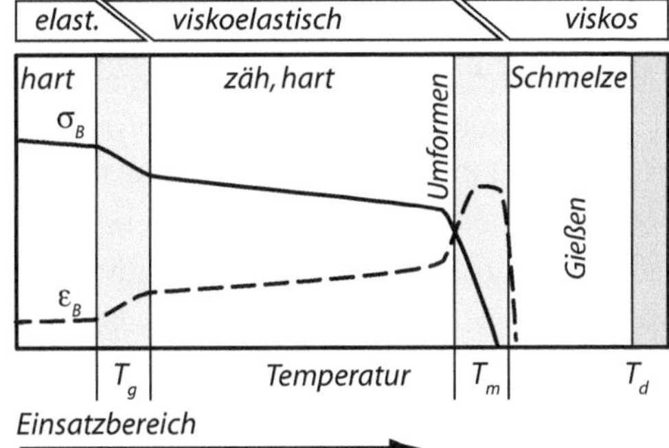

9.2.3 Temperaturverhalten

Die Eigenschaften der Kunststoffe sind stark Temperatur abhängig. Bei tiefen Temperaturen sind sie weitgehend spröde. Im Feder-Dämpfer-Modell kann man sich den Dämpfer eingefroren und somit nicht funktionsfähig vorstellen. Verschiebungen der Molekülketten gegeneinander sind bei Belastung dann fast unmöglich, damit ist das Verhalten unter Last elastisch. Nach einer Belastung federt der Kunststoff in seine Ausgangslage zurück. Bei sehr lange anhaltender Last kommt es aber dennoch zum Kriechen (Abb. 9.10).

9.2.3.1 Glastemperatur, Schmelztemperatur und Zersetzungstemperatur

Mit Überschreiten der Gastemperatur T_g werden Molekülverschiebungen möglich. Diese Temperatur ist für jeden Kunststoff spezifisch und erstreckt sich über einen gewissen Temperaturbereich von einigen °C.

Die Bruchspannung, bei der der Werkstoff im Zugversuch bricht, sinkt im Bereich der Glastemperatur merklich, auch die Bruchdehnung steigt. Amorphe und teilkristalline Kunststoffe verhalten sich nun sehr unterschiedlich. Die amorphen Materialien sind oberhalb T_g weich und werden zunehmend viskos. Die Bruchspannung nimmt nach Überschreiten eines Maximums wieder ab. Das lässt sich mit der immer besseren Molekülbeweglichkeit erklären.

Die teilkristallinen Kunststoffe haben eine Schmelztemperatur T_m (m steht für den englischen Begriff melt). In einem Temperaturbereich von wenigen °C schmelzen die Kristallite. Die Kristalle selbst bestehen aus geordneten Molekülsegmenten vieler benachbarter Moleküle. Im Prinzip verhindern die Kristalle eine starke plastische Verformung, man könnte diese kristallisierten Bereiche auch physikalische Vernetzung bezeichnen, denn anders als bei den chemisch vernetzten Materialien (Duromere, Elastomere) können die Kristalle schmelzen, sodass der Kunststoff völlig flüssig wird.

Zwischen T_g und T_m sind die teilkristallinen Kunststoffe zäh-hart. Weil diese Kunststoffe üblicherweise nur zu ca. 40 bis 50 % kristallisieren können, sind die nicht kristallisierten Bereiche oberhalb der Glastemperatur T_g bereits weich und viskos. Die Kristalle sind ziemlich stabil, sodass eine plastische Verformbarkeit bei kurzzeitiger Belastung weitgehend unterbunden wird. Diese Materialien lassen sich bis zu Temperaturen nahe der Schmelztemperatur einsetzen. Es gibt nur einen kleinen Bereich, in dem ein Umformen möglich ist. Oberhalb der Schmelztemperatur lassen sich diese Kunststoffe gießen.

Ein Einsatz der amorphen Kunststoffe ist nur unterhalb der Glastemperatur sinnvoll, sie liegt bei dieser Gruppe der Kunststoffe bei ca. 100 °C. Bei ca. 200 °C ist die Molekülbeweglichkeit so gut, dass die Bruchspannung nicht mehr erfasst werden kann, hier sind die Kunststoffe flüssig. Im Bereich zwischen T_g und der „Flüssig-Temperatur" lassen sich die Kunststoffe umformen, danach sind sie fließfähig und können gegossen werden. Man beachte, dass die amorphen Kunststoffe keinen Schmelzpunkt haben, sie erweichen über einen Bereich von ca. 100 °C zunehmend und werden immer plastischer bzw. fließfähiger. Eine eindeutige Fließtemperatur wird nicht angegeben.

Bei der Zersetzungstemperatur T_d^* wird der Werkstoff thermisch geschädigt und verliert seine Eigenschaften. Diese Temperatur ist für einen Kunststoff nicht charakteristisch. Sie kann nicht exakt angegeben werden. Der Materialabbau ist eine chemische Reaktion und kann über die Temperatur und Sauerstoffgehalt der Umgebung beschleunigt werden.

Zur Materialauswahl sind eindeutige Temperaturgrenzen notwendig. Für die Anwendung unter Belastung wird die Temperatur für Wärmeformbeständigkeit gewählt (Kap. 14). Sie gibt an, bei welcher Temperatur ein Prüfkörper bei einer Biegebelastung sich um ein bestimmtes Maß verformt, Hierbei ist es unerheblich, ob die gemessene Verformung elastisch oder bereits unumkehrbar plastisch ist (Abb. 9.11).

Die obere Einsatztemperatur speziell für längere Zeiten wird über die Dauergebrauchstemperatur angegeben (Kap. 14). Hierbei wird in einem Langzeitversuch eine Eigenschaftsveränderung gemessen. Konkret besagt die Dauergebrauchstemperatur, dass ein Werkstoff nach 10.000 bzw. 20.000 Stunden bei dieser Temperatur 50 % seiner Eigenschaft verliert.

▶ Für die Auswahl eines Materials muss die Einsatztemperatur bekannt sein. Für geringe Temperaturen ist hier die Glastemperatur wichtig, weil sie den Übergang zwischen sprödem und zähem Verhalten darstellt. Bei kurzzeitig hohen Temperaturen ist die Wärmeformbeständigkeit zu wählen; sie zeigt an, ab welcher Temperatur der E-Modul eines Materials zu niedrig ist, einer Belastung

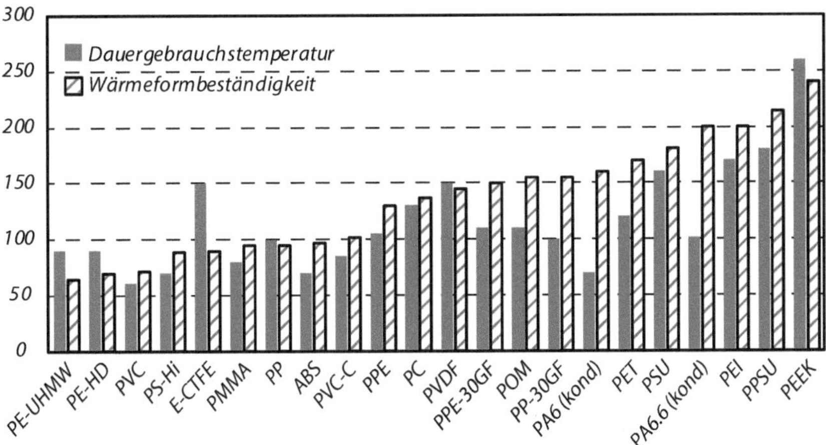

Abb. 9.11 Dauergebrauchs- und Wärmeformbeständigkeitstemperatur unterschiedlicher Kunststoffe

standzuhalten. Wenn langfristig hohe Temperaturen erwartet werden, stellt die Dauergebrauchstemperatur die Grenze dar. Sie zeigt, ab wann thermische Zersetzung ein Problem sein wird.

9.2.4 Verarbeitungseigenschaften

Kunststoffbauteile werden überwiegend direkt aus der Schmelze geformt. Auf diese Weise lassen sich mit präzisen Stahlwerkzeugen komplizierte Geometrien in einem Arbeitsgang herstellen. Für die Verarbeitung ist hier die Kenntnis über die Wärmedehnung wesentlich.

Im Schmelzebereich verändert sich die Dichte sehr stark mit der Temperatur und dem Druck. Dieses Verhalten ist bei den teilkristallinen Kunststoffen besonders, hier erkennt man einen klaren Knickpunkt im Dichteverlauf. Der Grund liegt im geringeren Raumbedarf der Kristalle, hier herrscht eine gewisse Ordnung der Molekülketten.

Für die Verarbeitung ist das spezifische Volumen, das ist der Kehrwert der Dichte, von großer Bedeutung. Die pvT-Diagramme zeigen das Verhalten des spezifischen Volumens (v) als Funktion von Temperatur (T) und Druck (p). Man erkennt, dass die Schmelze mehr Raum einnimmt als der erstarrte Kunststoff. Unter Druckeinfluss ist besonders die Schmelze stark kompressibel. Speziell teilkristalline Kunststoffe können bei Verarbeitungsdrücken von ca. 1000 bar um ca. 20 % komprimiert werden (Abb. 9.12).

> Damit ein Bauteil mit einer definierten Größe gegossen werden kann, muss man einerseits die Gießform etwas größer ausführen und andererseits muss der Verarbeitungsprozess mit hohen Drücken erfolgen.

Abb. 9.12 Dichte und spezifisches Volumen als Funktion von Druck und Temperatur

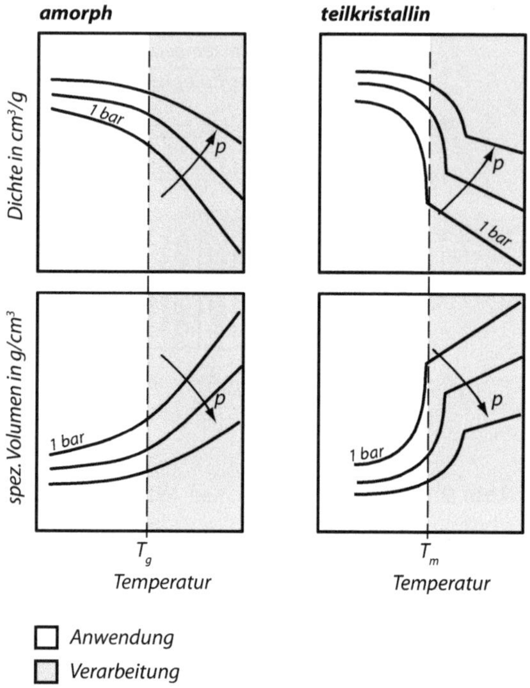

Abb. 9.13 Einfluss der Abkühlgeschwindigkeit auf das spez. Volumen bei teilkristallinen Kunststoffen

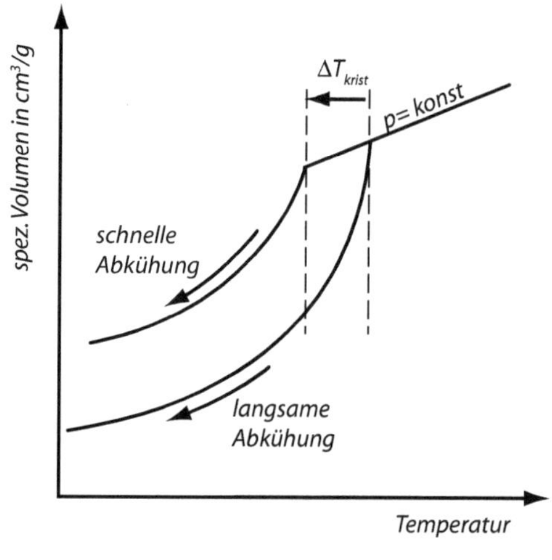

Die Kristallisation der Kunststoffe ist anders als die der Metalle nur teilweise möglich, der Kunststoff besteht dann aus einer amorphen und einer kristallinen Phase. Hier spielt der molekulare Aufbau eine Rolle, einige Kunststoffe können gar nicht kristallisieren (s. Abb. 9.17). Eine weitere wichtige Einflussgröße ist die Abkühlgeschwindigkeit. Bei sehr kalten Werkzeugen ist die Abkühlung schneller, wodurch die Kristallisation behindert wird. Die Kristallisation beginnt dann bei erst bei einer niedrigeren Temperatur.

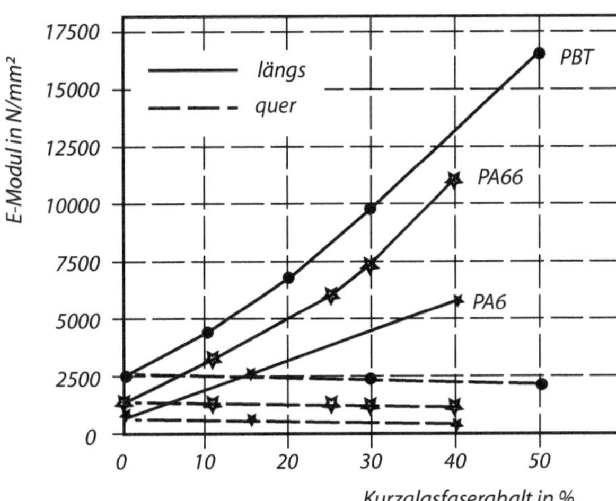

Abb. 9.14 E-Modul unterschiedlicher Kunststoffe in Abhängigkeit zum Fasergehalt

In dem Fall ist der Kristallisationsgrad, also der Anteil des Kunststoffs der kristallisieren kann, geringer (Abb. 9.13). Der Anteil der amorphen Bereiche ist entsprechend größer. Insgesamt ist das spezifische Volumen größer, das erzeugte Bauteil hat ein größeres Maß.

▶ Man kann die Maße von Kunststoffbauteilen über die Abkühlgeschwindigkeit beeinflussen. Man sollte aber Kunststoffe, die teilweise kristallisieren können, nicht in zu kalte Werkzeuge gießen, weil die Kristallisation auch nach der Herstellung noch möglich ist. Insbesondere bei höheren Einsatztemperaturen können sich dadurch die Maße noch nachträglich über die Toleranzgrenze hinaus verändern.

9.2.5 Bauteileigenschaften

Die Materialeigenschaften von Bauteilen weichen vielfach von denen definierter Probekörper ab. Der Grund liegt in der Herstellbedingung. Das betrifft besonders den E-Modul, wenn der Kunststoff mit Fasern verstärkt wird. Überschlägig kann hier die Mischungsregel genutzt werden:

$$E_{\text{längs}} = x E_{\text{Faser}} + (x - 1) E_{\text{Kunststoff}}$$

Hierin ist x der prozentuale Faservolumengehalt. Für Kunststoffe, die im Spritzgießverfahren verarbeitet werden sind die Fasern ca. 1 mm lang und ca. 0,02 mm dick. Längere Fasern verschlechtern das Fließverhalten erheblich, verbessern die mechanischen Eigenschaften aber kaum. Der Grund hierfür ist, dass längere Fasern während des Gießvorgangs brechen und ein großer Anteil der Fasern im Bauteil insgesamt eher kurz ist.

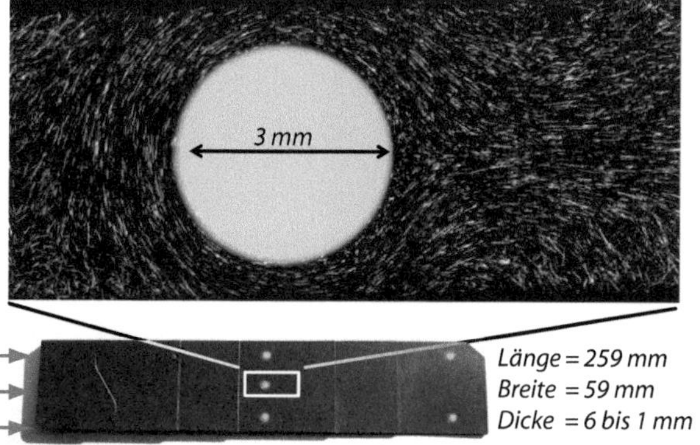

Abb. 9.15 Ausrichtung von Fasern im Bauteilinnern einer Testplatte mit Bohrungen [Kastner et al., DGZfP-Jahrestagung 2007]

Die Eigenschaftsverbesserung ist nur längs zur Faser möglich. Bei Belastungen quer zur Faserausrichtung wirken die Fasern wie Fremdkörper und verursachen Spannungsspitzen. In Abb. 9.14 wird deutlich, dass die Eigenschaften längs und quer zur Faser mit zunehmendem Fasergehalt immer unterschiedlicher werden.

Bei Kunststoffbauteilen ist die Ausrichtung der Fasern vom Herstellprozess abhängig. In Abb. 9.15 wird deutlich, dass bei einer Umströmung eines Durchbruchs die Fasern zwangsläufig umgelenkt werden. Somit sind die Materialkennwerte nur mit größter Vorsicht zu verwenden. Die Ausrichtung der Fasern und die sich somit ergebenden mechanischen Eigenschaften lassen sich mit Computer-Programmen berechnen, die für die Prozesssimulation entwickelt wurden und den Konstrukteur bei der Entwicklung von Bauteilen unterstützen.

9.3 Gebräuchliche Kunststoffe

Eine eindeutige Sortierung aller Kunststoffe in Familien, Arten und Sorten ist bislang nicht erfolgt. Vielfach wird als Ordnungskriterium die Art der Herstellung verwendet, hier lassen sich die Thermoplaste in die Gruppen der Kettenpolymerisate und der Polykondensate einteilen (Abb. 9.16). Für den Anwender ist diese Information unwesentlich – bis auf Polyamid (PA) und PET. Bei der Herstellung von PA wird oft Wasser abgeschieden (Kondensat). Bei der Herstellung von Bauteilen unter Anwesenheit von Feuchtigkeit und bei höheren Temperaturen kann es zu einer Rückreaktion kommen, wobei die Eigenschaften des Materials sich verschlechtern.

Eine weitere Einteilung ist über die chemischen Hauptgruppen möglich. Auch hier ist der Nutzen für den Anwender gering. Polyolefine (PE; PP, ...) zeichnen sich durch unpolares Verhalten aus. Sie sind damit wasserabweisend und lassen sich ohne spezielle Vorbehandlung schlecht bedrucken. Die Zugehörigkeit zu einer Art bedeutet nicht, dass sich diese Kunststoffe miteinander mischen oder verschweißen lassen, auch wenn sie eine chemisch ähnliche Basis haben.

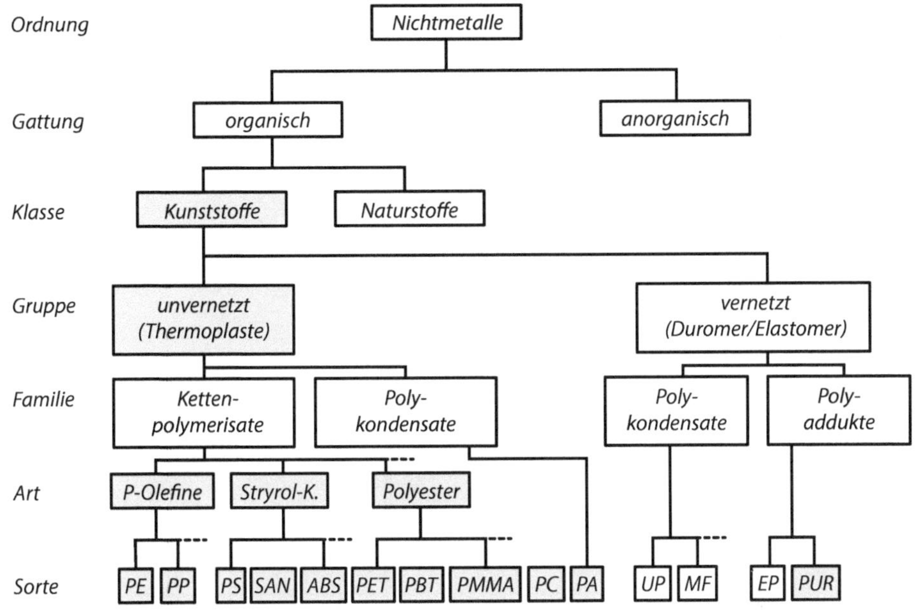

Abb. 9.16 Sortierung der Kunststoffe in Familien und Arten

Hilfreich ist eine Kategorisierung über die Wärmeformbeständigkeit oder die Dauergebrauchstemperatur. In Abb. 9.17 wird die Wärmeformbeständigkeit verwendet, das ist die Grenztemperatur, ab der bei Belastung eine definierte spontane elastische Verformung auftritt. Weil mit höheren Temperaturen der E-Modul sinkt, hat der Konstrukteur damit ein Hilfsmittel, die Brauchbarkeit eines Kunststoffs für die geforderten Temperaturbelastungen abzuschätzen.

Diese Darstellung zeigt auch die Bedeutung der genannten Kunststoffe an. Der Bereich der Spitze der Hochtemperaturkunststoffe betrifft ca. 1 % aller weltweit verbrauchten Kunststoffe. Die überwiegende Zahl der Kunststoffe wird für Temperaturbereiche unter 100 °C eingesetzt. Mit zunehmender Temperatur werden die Kunststoffe immer teurer.

Viele Kunststoffbauteile werden nicht sehr hohen Temperaturen ausgesetzt. Vielfach werden Anforderungen an die Schlagzähigkeit gefordert. Hierfür zeigt Tab. 9.2 zusätzlich zur Wärmeformbeständigkeitstemperatur (HDTA) die Glastemperatur T_g und für die teilkristallinen Kunststoffe die Schmelztemperatur T_m. Für eine erste Abschätzung hilft die Kenntnis der Glastemperatur, denn unterhalb dieser Temperatur sind die Kunststoffe überwiegend spröde. Oberhalb sind die teilkristallinen Materialien zäh-elastisch, die Kriechneigung nimmt aber zu.

Abb. 9.18 gibt einen Überblick über den tatsächlichen Verbrauch von Kunststoffen. Ca. 65 % der Kunststoffe gehören in die Gruppe der Polyolefine, hier dominieren Verpackungsanwendungen. Rechnet man den Bedarf für Automobilanwendungen und die Gruppe „andere" (das sind spezielle kleine Sparten, z. B. Spielzeugindustrie, Hausgeräte,

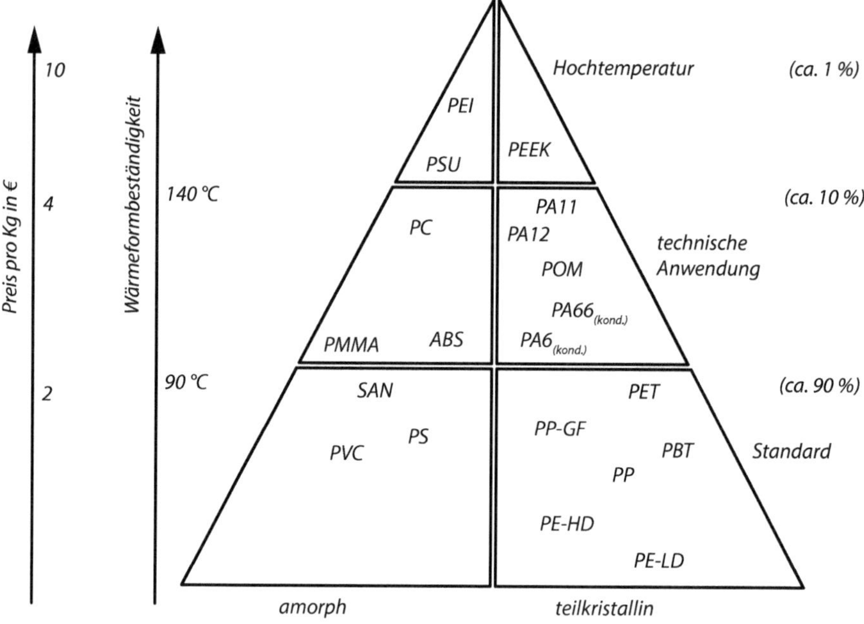

Abb. 9.17 Übersicht wichtiger Kunststoffe entsprechend des Temperatureinsatzes

Tab. 9.2 Wichtige Temperaturen in °C von Standardkunststoffen

	T_g	T_m	HDT/A
PE-LD	−30	110	35
PE-HD	−100	135	50
PP	10	160	60
PBT	60	255	65
PVC	80		70
PA6 (kond.)	30	230	70
PS	90		80
PA66 (kond.)	40	260	80
PET	95	255	80
PMMA	110		95
ABS	−85/100		97
SAN	110		100
POM	−85	170	110
PA12	50	180	115
PC	145		125
PA11	50	185	145

(Materialien ohne Angabe einer Schmelztemperatur T_m sind amorph)

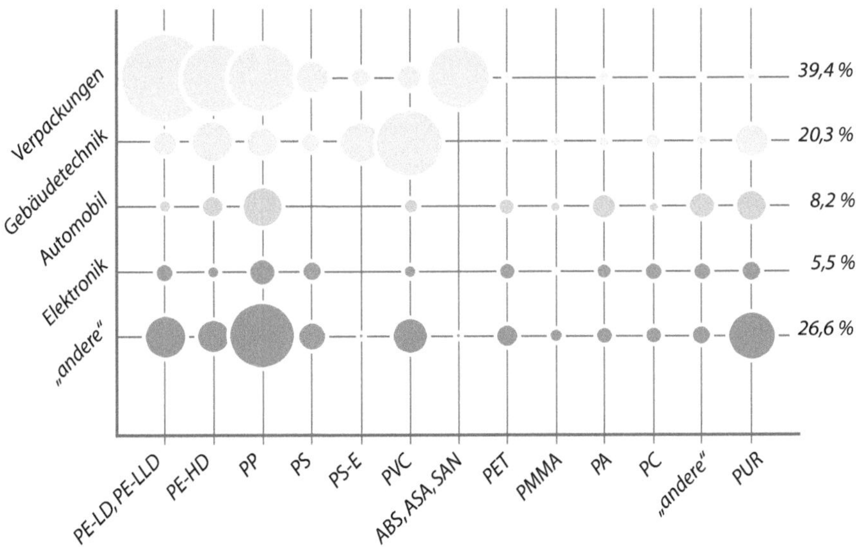

Gesamtverbrauch Europa im Jahr 2012: 47.0 Mio t

Abb. 9.18 Bedeutung von Kunststoffen entsprechend ihrem Gesamtverbrauch

Medizintechnik, . . .) hinzu, macht PP allein 22,5 % des Weltverbrauchs der Kunststoffe aus.

In dieser Statistik wird unter „andere" alles aufgenommen, was weniger als 3 % ausmacht. Knapp ein Viertel des Verbrauchs kommt aus speziellen Branchen, die jeweils sehr spezielle Anforderungen haben. Deswegen gibt es auch eine hohe Vielfalt an speziellen Lösungen, sowohl für Werkstoffmodifikationen als auch für die Prozessseite. Da die Bauteile für Verpackungen und Gebäudetechnik nicht so hohe „Ansprüche" stellen, werden die Kunststoffe für die Automobil- und Elektronikbranche etwas überbewertet, wobei der Sektor „andere" oft vernachlässigt wird.

Neben den Polyolefinen ist PVC mit 15,5 % einer der wichtigsten Kunststoffe, hier dominieren Anwendungen aus dem Bereich der Gebäudetechnik, insbesondere für witterungsbeständige, langlebige Produkte (Rohre, . . .).

9.3.1 Wichtige Thermoplaste

Die folgende Übersicht stellt jeweils nur die Basis-Kunststoffe vor. Diese Grundstoffe werden in einem separaten Verarbeitungsschritt mit verschiedenen Zusatzstoffen (Additive) für die unterschiedlichen Anforderungen verändert. Hierzu zählen unter anderem:

- Farbstoffe und Pigmente
- Additive zum Schutz vor UV-Strahlung, die den Kunststoff schädigen kann

- Verarbeitungshilfsmittel, die z. B. die Fließfähigkeit verändern
- Nukleierungsmittel, die bei teilkristallinen Kunststoffen kleinere Kristallite und somit höhere Transparenz erzeugen
- Füllstoffe, die den Werkstoff im Volumen vergrößern (z. B. Talcum). Diese Zusatzstoffe werden auch Extender genannt, weil sie das Material lediglich strecken. Das ist immer dann möglich, wenn die geforderten Eigenschaften gering sind.
- Fasern zur Steigerung der Steifigkeit (E-Modul)
- Glaskugeln, die das Schwindungsverhalten verringern.

Die Eigenschaften der Kunststoffe werden neben den Füllstoffen durch ihre Kettenlängen beeinflusst. Hier spricht man von mittlerem Molekulargewicht und Molekulargewichtsverteilung. Das Molekulargewicht spiegelt die Länge eines Kunststoffmoleküls wieder. Sind alle Moleküle weitgehend gleich lang, handelt es sich um ein Material mit einer engen Molekulargewichtsverteilung. Liegen sowohl lange als auch kurze Ketten vor, spricht man von einer breiten Verteilung.

Das Molekulargewicht beeinflusst stark die Verarbeitungseigenschaften, also das Verhalten im Schmelzezustand. Grundsätzlich gilt, dass die Schmelze von kurzkettigen Kunststoffen leichter fließt als die langkettiger Kunststoffe. Daher sind Kunststoffe für Spritzgießanwendungen niedermolekularer als solche für Extrusionsprozesse.

Ein thermoplastischer Kunststoff hat nicht immer ein einheitliches Molekulargewicht, es sind nicht alle Makromoleküle gleich lang. Kunststoffe mit einer breiten Molekulargewichtsverteilung, also sowohl langen als auch kurzen Ketten, haben bessere Fließeigenschaften als Kunststoffe mit weitgehend gleich langen Ketten.

Die Schmelzefestigkeit steigt mit der Kettenlänge bis auf einen maximalen Wert und ändert sich dann kaum noch. Diese Festigkeit ist besonders für Extrusions- und Umformvorgänge wichtig. Hierbei ist die Schmelze zeitweise ohne zusätzliche Stabilisierung im Kontakt mit der Umgebung und soll dabei möglichst die im Prozess gebildete Form nicht verlieren. Daher sind Extrusionsmaterialien eher hochmolekular.

9.3.1.1 PE, Polyethylen

Polyethylen ist im chemischen Aufbau sehr einfach, es besteht aus mit Wasserstoff abgesättigten Kohlenstoffketten. Je nach Art der Polymerisationsreaktion können diese Ketten langgestreckt oder verzweigt sein. Diese Verzweigungen beeinflussen sehr wesentlich das Kristallisationsverhalten und somit die Dichte und die mechanischen Eigenschaften (Abb. 9.19). Die Dichte ist quasi einstellbar zwischen 0,915 und 0,97 g/cm^3.

Im Falle sehr geringer Verzweigung können die Moleküle sich während des Abkühlens teilweise ordnen, indem sie sich dicht aneinanderlagern. Je verzweigter die Einzelmoleküle sind, desto schwieriger kann dieser Kristallisationsvorgang werden. Der Kristallisationsgrad steht in einem direkten Verhältnis zur Dichte. Das macht den Werkstoff für Verpackungsanwendungen sehr interessant, weil die Materialkosten nach Gewicht und nicht nach Volumen berechnet werden.

Abb. 9.19 Eigenschaften von PE in Abhängigkeit des Kristallisationgrades

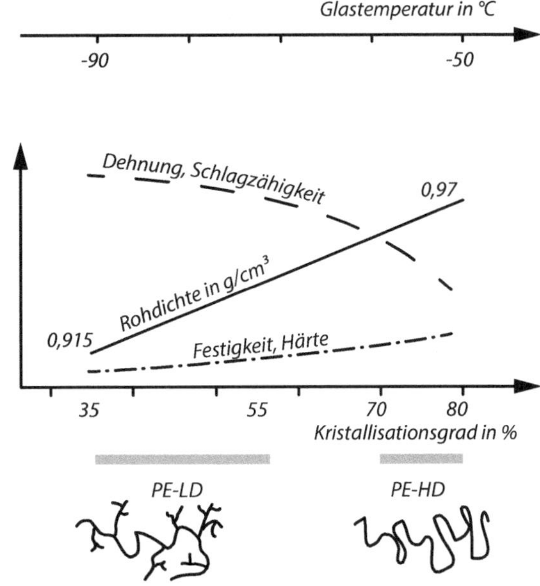

Mit einem höheren Kristallisationsgrad steigen Härte und Festigkeit. Wegen der geringeren Härte wird ein Großteil des PE-LD (LD: low density, geringe Dichte) zu Folien extrudiert. PE-HD (HD: high density, hohe Dichte) wird überwiegend für extrudierte Rohre und Hohlkörper und für Spritzgussanwendungen verwendet.

Die Verzweigungen beeinflussen die Glastemperatur. Die Anzahl der Kettenenden ist größer und damit zwangsläufig auch die Zahl von „Hohlräumen" bzw. Lücken. Mit Überschreiten der Glastemperatur steigt die Beweglichkeit der Kettensegmente merklich, bis der Kunststoff schließlich plastisch wird. Wegen der höheren Anzahl der Kettenenden können sich die Kettensegmente des PE-LD auch schon bei sehr geringen Temperaturen bewegen. Daher ist die Dehnfähigkeit und die Schlagzähigkeit bei Raumtemperatur im Vergleich zu PE-HD besser.

Polyethylen ist durch seine hohe Beständigkeit gegen Säuren, Laugen und Chemikalien sehr langlebig und nicht natürlich abbaubar. Durch Sonneneinstrahlung kann PE verspröden, dabei brechen die Ketten und die entstehenden Kettenenden können sich erneut mit anderen benachbarten Ketten verbinden. Auf diese Weise entsteht eine gewisse Vernetzung, die die Dehnfähigkeit reduziert und die ursprünglichen Eigenschaften erheblich verschlechtert.

9.3.1.2 PP, Polypropylen

Der „Volkswagen" unter den Kunststoffen ist PP und eignet sich sehr gut für Spritzgussanwendungen ohne hohe Anforderungen. Im Aufbau ist es ähnlich dem PE-HD, es gibt jedoch in regelmäßigen Abständen -CH$_3$-Moleküle entlang der Kette. Dadurch bedingt liegt die Dichte mit 0,9 bis 0,915 g/cm^3 etwas unterhalb von PE, auch hier gibt es einen direkten Zusammenhang zum Kristallisationsgrad, der je nach Anordnung der Seitenmoleküle zwischen 40 und 80 % liegen kann.

Die Glastemperatur von PP liegt bei ca. 10 °C, sodass es im Vergleich zu PE insgesamt steifer ist. PP ist bis zu 100 °C auch dauerhaft einsetzbar, sofern die mechanischen Belastungen nicht hoch sind.

Die Zahl der Modifikationen mit Füllstoffen ist sehr hoch. Wichtig sind hier Talkum (PP-TV) als Extender sowie Glasfasern (PP-GF) zur Steigerung des E-Moduls und Glaskugeln (PP-GK) zur Verringerung des Schwindungsverhaltens. Wegen des hohen Bedarfs sind Mischungen mit definierten Gewichtsprozenten der genannten Füllstoffe verfügbar. Bei der Bezeichnung wird entsprechend der Zugabeanteil hinter dem Füllstoff vermerkt.

PP ist im uneingefärbten und unverstärkten Zustand milchig und nicht transparent. Wie auch PE ist PP gut chemikalienbeständig.

9.3.1.3 PVC, Polyvinylchlorid

PVC ist ohne Modifikationen zunächst amorph und glaskar. Es hat eine Dichte von ca. 1,4 g/cm^3. Mit einer Glastemperatur von 80 °C ist es bei Raumtemperatur relativ spröde.

Sehr wesentlich ist der hohe Chloranteil. Bei erhöhten Temperaturen kann es zur Abspaltung von Chloratomen kommen, die in Verbindung mit Luftfeuchtigkeit Salzsäure bilden. Üblicherweise werden dem Rohmaterial Stabilisatoren zugemischt, die diese Abspaltung verzögern. Bei der Herstellung von PVC-Bauteilen aus der Schmelze heraus ist besondere Sorgfalt notwendig.

PVC brennt schlecht, nach Entfernen einer Zündflamme verlischt der PVC-Brand eigenständig. Es ist sehr witterungsbeständig und ist weitgehend chemikalienbeständig. PVC ist polar und damit gut bedruckbar und klebbar.

PVC wird durch Modifikationen in drei Gruppen unterteilt.

- PVC-U wird auch als Hart-PVC bezeichnet. Hierbei handelt es sich weitgehend um das Basispolymer mit Stabilisatoren. Die Einsatztemperaturen liegen unterhalb von 65 °C.
- PVC-C ist nachchloriert, d. h. in einem nachgeschalteten Chlorierungsvorgang wird der Chlorgehalt von ca. 56 % auf bis zu 73 % angehoben, dabei steigt die Dichte auf ca. 1,55 g/cm^3. Für die Verarbeitung erhöht sich die thermische Zersetzungsgefahr. In der Anwendung erhöht sich die max. Einsatztemperatur auf 85 °C, bei kurzzeitiger Belastung sogar auf 100 °C.
- PVC-P wird auch Weich-PVC genannt. Durch eingelagerte niedermolekulare Substanzen werden die Abstände zwischen den Ketten des Basiskunststoffs auf Abstand gehalten, wodurch sie sich leichter unter Last verschieben lassen. Dadurch wird die Glastemperatur auf Werte unter 0 °C abgesenkt, sodass es bei Raumtemperatur gummiähnliche, sehr weiche Eigenschaften hat. Die Weichmacher selbst sind nur eingelagert und können mit der Zeit ausdiffundieren, dadurch versprödet das Material.

9.3.1.4   PS, Polystyrol

Das handelsübliche PS ist als Basispolymer amorph und glasklar und hat eine Dichte von ca. $1{,}05\,\mathrm{g/cm^3}$. Die Glastemperatur liegt bei $90\,°C$, damit ist das Material bei Raumtemperatur sehr spröde. PS eignet sich gut für maßhaltige Bauteile, denn es hat bei Raumtemperatur eine gute Steifigkeit und beim Abkühlen schwindet es nur gering. Die Chemikalienbeständigkeit ist begrenzt.

Zur Erhöhung der Schlagzähigkeit werden Kautschukpartikel zugegeben. Dadurch ergibt sich „schlagzähmodifiziertes" PS (PS-HI, high impact). Durch die Kautschukpartikel verliert der Werkstoff seine Transparenz und wird milchig trüb.

Im Prinzip ist diese Form des Kunststoffs mehrphasig. Bei Überlastung bricht der Werkstoff nicht spröde, sondern erhält viele sehr kleine Risse, die auch Crazes genannt werden. Äußerlich verfärben sich diese überlasteten Bereiche weiß.

Eine weitere Modifikation ist das PS-E (expandierbar), das umgangssprachlich auch mit dem ursprünglichen Markennamen Styropor genannt wird. Hierbei handelt es sich um mit Treibmittel versehene PS-Kügelchen, die unter Temperatureinwirkung aufschäumen und zusammensintern können.

9.3.1.5   ABS, Acrylnitril-Butadien-Styrol

ABS ist ein Mehrphasenkunststoff und vergleichbar mit PS-HI und hat eine Dichte von ca. $1{,}12\,\mathrm{g/cm^3}$. Die Butadienphase hat eine Glastemperatur von $-85\,°C$ und sorgt für eine gute Schlagzähigkeit der harten Acrylinitril-Styrol-Phase mit einer Glastemperatur von $100\,°C$. Kurzzeitig hält der Werkstoff Temperaturen von $95\,°C$ aus, bei längerer Temperaturbelastung liegt die Grenze bei $85\,°C$.

Ein besonderer Vorzug von ABS ist die Galvanisierbarkeit. Über einen Beizvorgang können die Butadienpartikel der Oberfläche gezielt entfernt werden. Die entstehenden Poren dienen als mechanische Verankerung für elektrochemisch aufgetragene Kupfer- und Nickelschichten.

9.3.1.6   PA, Polyamid

PA zählt zu den wichtigsten technischen Thermoplasten. Es ist teilkristallin und stark polar.

PA kann sehr eine unterschiedliche chemische Struktur haben. Die Ketten haben jeweils zwischen der Amidgruppe (-NH-CO-) unterschiedlich lange abgesättigte Kohlenstoffketten. Entsprechend der Anzahl der Kohlenstoffatome dieser Zwischenglieder bezeichnet man die Polyamide als PA6, PA11, oder PA12.

Die Amidgruppe ist wesentlich für den Zusammenhalt zwischen den Ketten. Je kürzer die Zwischenglieder sind, desto mehr Amidgruppen sind vorhanden, wodurch die Glastemperatur und die Wärmeformbeständigkeit steigen (Abb. 9.20).

PA sind stark polar und können Feuchtigkeit aufnehmen. Auch hier ist die Zahl der Amidgruppen wesentlich. PA11 und PA12 können wenig Wasser aufnehmen, während PA6 bis zu $9\,\%$ aufnimmt. Die Feuchtigkeitsaufnahme wirkt ähnlich wie ein Weichmacher

Abb. 9.20 Glasübergangs- und Wärmeformbeständigkeitstemperaturen von PA, die *schraffierten Bereiche* kennzeichnen den trockenen Zustand. Diese PA-Typen nehmen aber Anteile Wasser auf, sodass diese angegebenen Werte im gewöhnlichen Betriebszustand nicht erreicht werden

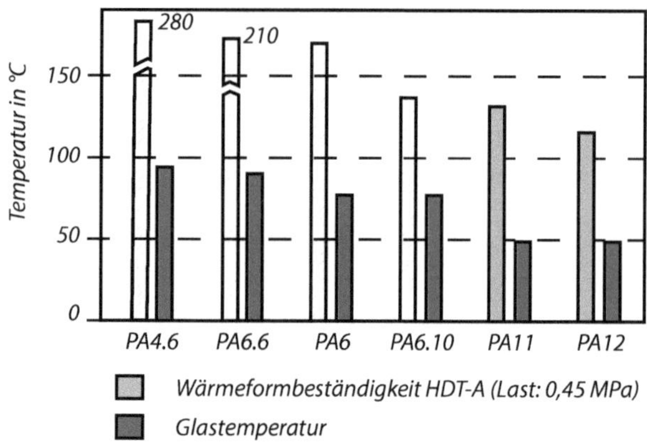

bei PVC und verändert die mechanischen Eigenschaften. Daher ist die Wärmeformbeständigkeit bei PA4.6 und PA6.10 nur scheinbar höher als bei PA 11 und PA 12.

Der Feuchtegehalt von PA ist abhängig von der Umgebung. So kann es sein, dass der E-Modul eines Bauteils bei tiefen Temperaturen und geringer Luftfeuchtigkeit 3000 N/mm^2 beträgt und bei höheren Temperaturen und hoher Luftfeuchtigkeit auf unter 1000 N/mm^2 sinkt.

9.3.1.7 POM, Polyoximethylen

POM ist ein teilkristalliner Werkstoff mit einer Glasübergangstemperatur von ca. −60 °C und einer Wärmeformbeständigkeit von ca. 100 °C. POM ist beständig gegen Öle, Treibstoffe und Lösungsmittel, es wird aber von starken Säuren angegriffen.

POM zeichnet sich durch seine hervorragenden Gleiteigenschaften aus, und wird besonders für Anwendungen mit trockener Reibung eingesetzt.

Problematisch ist POM, wenn es bedruckt oder geklebt werden soll. Wegen des hohen möglichen Kristallisationsgrads hat POM die höchsten Schwindungswerte unter den Thermoplasten. Die Dichte von 1,41 g/cm^3 wird nur erreicht, wenn der Werkstoff langsam abkühlt und somit gut kristallisieren kann.

Bei POM liegt die Zersetzungstemperatur unterhalb der Schmelztemperatur, was die Verarbeitung im Spritzgießprozess ohne Stabilisatoren etwas schwierig macht.

9.3.1.8 PET, Polyethylentherephtalat

PET ist ein teilkristalliner, polarer, zähharter Kunststoff mit geringer Kriechneigung und hoher Abriebfestigkeit. Unlöslich in organischen Lösungsmitteln, in einigen wird ein Aufquellen beobachtet. Geringe Durchlässigkeit für CO^2.

Formteile aus PET haben hohe Maßhaltigkeit und Zeitstandfestigkeit mit guten Gleit- und Verschleißeigenschaften. Beide Sorten sind geeignet zum Schweißen und Kleben.

Neben der Anwendung Getränkeflasche wird PET für wärmebeanspruchte, elektrische Haushaltsgeräte, Rollen aller Art, Ketten, Federn, Schrauben, Nockenscheiben und Gleitlager eingesetzt.

9.3.1.9 PC, Polycarbonat

Glasklarer, gut einfärbbarer Kunststoff mit hoher Witterungsbeständigkeit, bis 120 °C einsetzbar, zäh-hart mit geringer Kriechneigung. Die Durchlässigkeit für CO_2 ist hoch, geringe Wasseraufnahme, dadurch sehr gute elektrische Isoliereigenschaften. PC ist nicht beständig gegen Benzol, organische Lösungsmittel und starke Säuren.

Sehr besonders ist die sehr gute Schlagzähigkeit bei Temperaturen von -100 °C, also weit unterhalb der Glastemperatur von ca. 145 °C.

PC ist gefährdet durch Spannungsrisse, Abhilfe durch Faserverstärkung. Es existieren zahlreiche Copolymere und Blends. Partner sind z. B. ABS, PMMA+PS, PET, PBT.

9.3.2 Duromere und Elastomere

Anders als die Thermoplaste bilden die Duromere und Elastomere während der Verarbeitung ein chemisches Raumnetzwerk. Die chemische Reaktion hierfür wird überwiegend Temperatur gesteuert. Solange die Temperatur niedrig ist, ist das Material plastisch und kann in Form gebracht werden. Mit einer Aktivierungsenergie, meistens ist das ein höheres Temperaturniveau, startet eine Vernetzungsreaktion, wodurch der Werkstoff seine Plastizität fast vollständig verliert.

> **Hinweis** Der üblicherweise verwendete Begriff Duroplast ist falsch, weil nur der Ausgangsstoff plastisch ist. Im englischsprachigen Raum heißen die Duromere „Thermoset", womit der Temperatur gesteuerte „Setzvorgang" bzw. die Vernetzung gemeint ist.

Die beiden Materialgruppen unterscheiden sich hinsichtlich der Anwendung in der Glastemperatur und in der Anzahl der Vernetzungspunkte. Duromere sind allgemein stärker vernetzt.

Eine einfache Unterscheidung zwischen Duromeren und Elastomeren kann mithilfe der Glasübergangstemperatur getroffen werden. Ist diese unterhalb der Raumtemperatur, so handelt es sich um ein Elastomer. Ist der Glasübergang oberhalb Raumtemperatur, so handelt es sich um ein Duromer. Diese Unterscheidung hilft vor allem bei der Stoffgruppe der Polyurethane (PUR), da diese sowohl als Elastomere sowie auch als Duromere durch ein geschicktes Zusammenstellen der Ausgangskomponenten vorliegen können.

9.3.2.1 Allgemeines

Bei diesen Kunststoffen findet die Reaktion, die zu Makromolekülen führt, erst bei der Formgebung statt. Zur leichteren Verarbeitung werden die Stoffe (Kunstharz und Härter) mit Füllstoffen (Tab. 9.3) vermischt als Formmassen geliefert. Durch Erwärmung werden sie plastifiziert und unter Druck in die beheizte Form gedrückt, wo sie vernetzen und nach einer Haltezeit das Formteil oder Halbzeug ergeben. Ausgehärtete Duroplaste haben (abhängig vom Gehalt an Zusätzen):

Tab. 9.3 Füllstoffe für durome Kunststoffe und deren Wirkung

Zusatzstoff	Wirkung
Schiefer-Quarzmehl, Glimmer, Kreide, Talkum	steigert Wärmebeständigkeit und Wasseraufnahme, senkt Isoliereigenschaften
Holzmehl	steigert Festigkeit u. Zähigkeit
Papier, Baumwolle	Fasern, Schnitzel, Bahnen senken Wärmebeständigkeit, steigern Zähigkeit
Glas als Kurz-und Langfaser, Kugel, Schuppen	steigert Festigkeit u. E-Modul, geringe Wasseraufnahme und Längenausdehnung,
Al-Hydroxid	Flammschutzmittel

- vielseitige Eigenschaftskombinationen durch die Art der Füllstoffe bis zu 40…60 %
- bis zu höheren Temperaturen kaum abfallende Festigkeit und Steifigkeit bei Dauergebrauchstemperaturen bis zu $> 200\,°C$
- Maßhaltigkeit der Teile, glänzende, härtere Oberfläche und geringe Schwindung
- Eignung für elektrotechnische Teile

Anforderungen für elektrotechnische Teile sind z. B. hoher elektrischer Durchgangswiderstand (abhängig von der Art der Füllstoffe, die evtl. Wasser aufnehmen können), Durchschlagfestigkeit in kV/mm für dünnwandige Bauteile (Folien) oder geringe Entflammbarkeit durch Lichtbögen.

9.3.2.2 Formmassetypen

Formmassen sind vorgefertigte, rieselfähige Pulver oder Granulate aus warmhärtbaren Harzen und Zusätzen in einem noch schmelzbaren Zustand. Sie dienen als Ausgangsstoffe für Formteile und Halbzeuge und besitzen nach Normen konstante Verarbeitungseigenschaften. Von jedem chemischen Typ gibt es verschiedene Anwendungsgruppen und Einstellungen mit Fließfähigkeiten (weich, mittel, hart), je nach dem Fließweg der Masse in der Form (Komplexität der Formteile; Tab. 9.4).

Phenol-und Harnstoffharze werden als Bindemittel in Bremsbelägen, Schleifkörpern und Gießereiformsanden verwendet, ebenso in Holzfaser- und Spanplatten.

PF, UF- und MF-Duroplaste entstehen in der Form unter Abgabe des Kondensats und benötigen höhere Arbeitsdrücke und Entlüftung in der Form. Typische Verarbeitungsparameter sind:

- Spritztemperatur: 85…120 °C (in der Düse)
- Spritzdruck: 600…2500 bar
- Werkzeugtemperaturen: 150…190 °C

Die folgenden Reaktionsharzmassen können ohne Abgabe von Nebenprodukten und bei niedrigeren Drücken vernetzen (Tab. 9.5). Diese Massen eignen sich besonders in Verbindung mit Langfasern für großflächige Bauteile, die nach zahlreichen z. T. automatisierten

Tab. 9.4 Formmassen, auch PMC (Pelletized Moulding Compounds), Übersicht

Harzgrundlage, Norm	Beschreibung	Füllstoff
Phenolharz PF Kresolharz PF	23 Typen in 5 Gruppen geordnet, nur in dunklen Farben möglich, überwiegend für technische Teile verwendet	
	I allgemeine Verwendung	Holzmehl
DIN EN ISO 14526/00	II erhöhte Kerbschlagzähigkeit	Gewebe und Gewebeschnitzel, Stränge, Glasfasern
	III erhöhte Wärmeformbeständigkeit	anorganisch, Gesteinsmehl
	IV erhöhte elektrische Eigenschaften (geringe Wasseraufnahme)	Zellstoff, Glimmer
	V sonstige zusätzliche Eigenschaften	Kautschuk
	Anwendungen Wärmebeständige Griffe, Lager, Pumpenteile; Kollektoren, Stecker, Schicht-pressstoffe als Platten und Profile, Stuhlsitze, Tischplatten, Brems- und Kupplungsbeläge. Mit Füllstoff: (mineralisch + Kurzglasfaser) kurzzeitig bis 600 °C belastbar	
Harnstoffharz UF DIN EN ISO 14527/00	16 Typen in 5 Gruppen geordnet wie PF-FM, hellfarbig, licht- und alterungsbeständig, geruchs- und geschmacksfrei UF: Elektroinstallationsmaterial, Sanitärgegenstände	
Melaminharz MF DIN EN ISO 14528/00	MF: Für Kontakt mit Lebensmitteln geeignet, kratz- und spülmittelfest für Haus- und Küchengeräte, Deko-Schichtpressstoffe. Bis zu 60 % zellulosehaltig	
Melamin-Phenol MPF DIN EN ISO 14529/00	MPF: Geringere mechanische und elektrische Eigenschaften, hat beim Pressen geringere Nachschwindung	

Verfahren schichtweise aufgebaut (laminiert) werden. Zum Einsatz kommen Wickelverfahren für Behälter und Hohlkörper und Faser-Ablegeverfahren für flächige Teile mit gerichteten Eigenschaften.

Härtbare Vorprodukte aus Duromeren zur rationellen Herstellung größerer Stückzahlen mit Presswerkzeugen sind SMC und BMC. Sie enthalten den Härter und sind nur begrenzt lagerfähig (z. B. bei −18 °C ca. 12 Monate, bei RT ca. 7 Tage je nach Sorte).

SMC (Sheet Moulding Compound) sind flächige, harzgetränkte Vorprodukte zum Warmpressen. Die Vorprodukte sind noch unvernetzt und somit verformbar, durch die Temperatur kommt es zur Vernetzungsreaktion. Sie enthalten bis 50 mm lange ungeordnete Glasfaserstränge (Rovings). In der Fläche unorientiert ist das Produkt allseitig fließfähig. Verfügbar sind auch Gewebeprepregs oder Prepregbänder (Tapes). Sorten mit orientierten Fasern sind in Längsrichtung nicht fließfähig

BMC (Bulk Moulding Compound) sind teigige, glasfaserhaltige Massen, chemisch verdickt, sie können durch Spritzgießen zu Formteilen oder durch Pultration zu Profilen verarbeitet werden.

Tab. 9.5 Reaktionsharzmassen

Harzgrundlage Norm	Beschreibung, Anwendungsbeispiele
Polyesterharze UP DIN EN ISO 14530/00	Polyesterharze (ungesättigt) sind Kondensationsprodukte aus einer Reaktion von Säuren mit Alkoholen: $$\text{Alkohol} + \text{Säure} \rightarrow \text{Ester} + \text{Wasser}$$ Ungesättigte Ester bedeutet, sie enthalten reaktionsfähige Doppelbindungen Die Ester werden in Styrol gelöst, das ebenfalls eine Doppelbindung besitzt, dadurch ist eine Polymerisation möglich 4 Typen mit Gesteinsmehl und Glasfasern gefüllt, Schwindung 6...8 % rein, gefüllt ca. 2,5 % **Anwendungsbeispiele** Als Gießharz zum Einbetten von Teilen wie Spulen, mikroskopischen Präparaten, (Metallschliffe) Tränken von Wicklungen, für Modelle. Laminate für Autokarossen, Bootskörper, Container, Tanks, Well- und Profilplatten, Schalungen, Lehren, Kopierwerkzeuge
Epoxidharze EP DIN EN ISO 15252/00	Epoxidharze entstehen durch Polyaddition, sind teurer als UP-Harze und härten schwindungsfrei aus. Es sind mechanisch und elektrisch hochwertige Stoffe (geringere Wasseraufnahme als UP). Die Haftung auf Glas und Metall ist sehr hoch, dadurch hat EP-GF höhere Dauerfestigkeit als UP-GF. Die Beständigkeit gegen Säuren ist geringer als bei UP-Harzen **Anwendungsbeispiele** Gieß- und Laminierharze, Prepregs. Bauteile wie bei UP mit höherer mechanischer und elektrischer Beanspruchung

9.3.3 Elastomere

Bei den Elastomeren liegt die Glastemperatur unterhalb der Raumtemperatur, wodurch der Werkstoff bei höheren Temperaturen weichelastisch ist. Bei Belastung können Dehnungen von mehr als 300 % auftreten, die nach einer Entlastung wieder fast vollständig zurückgehen (Abb. 9.21).

In der Bezeichnung wird das Elastomer häufig mit einem R für den englischen Begriff „rubber" gekennzeichnet. Eine besondere Stellung hat PUR.

PUR kann über die Ausgangsstoffe in seiner Weichheit sehr unterschiedlich eingestellt werden. Dabei kann die Härte soweit ansteigen, dass sie in den mechanischen Eigenschaften den Thermoplasten ähneln. Wegen der sehr guten Fließfähigkeit von PUR vor der Vernetzung, besteht die Möglichkeit des Aufschäumens. Der überwiegende Anteil aller flexiblen Schaumstoffe für Polster und Verpackungen ist PUR.

Elastomere sind gummi-elastische Kunststoffe, sie haben aufgrund ihrer Struktur eine hohe elastische Dehnung mit Rückstellkräften.

In den Elastomeren sind die verknäuelten Moleküle weitmaschig vernetzt, sodass sie bei Dehnung gestreckt werden (Zustand höherer Ordnung), aber nicht abgleiten können.

Abb. 9.21 Charakteristische Temperaturen für Elastomere (R steht jeweils für den englischen Begriff „rubber"); NBR: Nitril-Butadien-Kautschuk, SBR: Styrol-Butadien-Kautschuk, PUR: Polyurethan, EPDM: Ethylen-Propylen-Dien-Elastomer, IR: Isopren-Kautschuk (auch Naturkautschuk (NR) genannt), BR: Butadien-Kautschuk, SIR: Silikonkautschuk

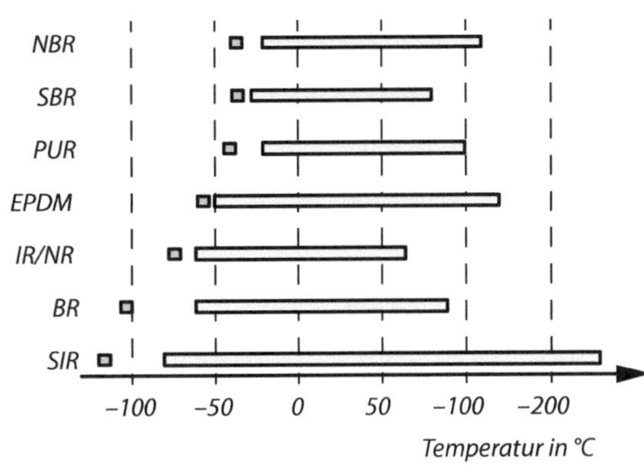

Nach Entlastung versuchen sie den ursprünglichen Zustand mit geringerer Ordnung herzustellen.

Am Anfang dieser Stoffe steht der Naturkautschuk (Latex), dessen Grundmoleküle bestehen aus ca. 5000 Isoprenwiederholeinheiten mit einer Doppelbindung (Abb. 9.22). In diesem Zustand ist er weich und plastisch verformbar.

Nach Mischung mit Schwefel werden bei Temperaturen ab 143…180 °C die Doppelbindungen durch S-Atome weitmaschig miteinander vernetzt, dies nennt man Vulkanisation. Der Stoff wird zu unschmelzbarem und elastischem Gummi. Mit der Anzahl der Vernetzungen kann die Elastizität beeinflusst werden. Bei Gummi war das durch den S-Gehalt der Mischung möglich.

Sorte	S-Gehalt	Eigenschaft
Weichgummi	3…5 %	weich-elastisch
Hartgummi	35…50 %	hart-spröde

Die ersten Anwendungen waren Schläuche und Reifen für die wachsende Auto-Industrie (Goodyear 1839). Mit der Technikentwicklung entstanden neben den Automo-

Abb. 9.22 Wiederholeinheit von zwei Isopren-Grundmolekülen vor und nach der Vernetzung

Tab. 9.6 Auswahl von Elastomeren

Kautschuk (K.)	Durch chemische Reaktion (Vulkanisation) vernetzte Ketten mit Knäuelstruktur, danach nicht mehr plastisch verformbar			
	Symbol	Anwendungen	Beständigkeit gegen	Temperaturbereich in °C (kurz)
Styrol-Butadien-K.	SBR	Reifenmischungen, Kabelmäntel, Schläuche	nicht gegen Öle	−40…100 (120)
Chloropren-K.	CR	Faltenbälge, Kühlwasserschläuche	bedingt geg. Öle	−45…100 (130)
Nitril-Butadien-K.	NBR	Dichtungswerkstoff im Kfz- und Maschinen-Bau	Öle, Treibstoffe	−30…100 (130)
Butyl-K.	HR, CHR	Geringe Gasdurchlässigkeit, für Reifenschläuche, gasdichte Membranen	Chemikalien, Wasser, Alterung	−40…130
Methyl-Silikon-K. Fluor-Silikon-K.	MQ MVQ	Weitere Sorten m. Phenyl-, Vinyl-Gruppen Dichtungen in Kfz, Luft- und Raumfahrt	Ozon, Wasser, Wärme, Öl	−60…175 (300) −60…200
Ethylen-Propylen-Dien-K.	EPM EPDM	Massive und Moosgummi-Dichtprofile, Kfz-Stoßfänger, O-Ringe, Kabelmäntel	Witterung, Ozon, Alterung	−40…130 (150)

bilreifen viele neue Anwendungsbereiche für elastische Stoffe mit neuen Anforderungen (s. Tab. 9.6). Beispiele Förderbänder, Gummifedern, Bauelemente zur Schwingungsdämpfung oder zum Schutz oder Abdichtung bewegter Maschinenteile, wie Kolbenstangen und Wellen.

Naturkautschuk kann diese Anforderungen nicht erfüllen, deshalb sind für die unterschiedlichen Anforderungen zahlreiche Kautschuksorten entwickelt worden. Sie entstanden durch Veränderung der chemischen Struktur mithilfe anderer Polymere, CH-Gruppen oder Einbau von Elementen wie Chlor oder Fluor.

Weitere Zusätze sind Alterungsschutzmittel, die gegen Einwirkung von Sauerstoff, Ozon (Oxidation) und Licht stabilisieren oder Ermüdung bei dynamischer Beanspruchung verhindern sollen.

Anforderungen sind z. B.:

- Beständigkeit gegen die unterschiedlichsten organischen und anorganischen Stoffe, die mit bewegten Metallteilen in Berührung kommen, z. B. bei Wellendichtungen und Faltenbälgen
- Konstanz der mechanischen Eigenschaften in der Kälte (Kältemaschinen, flüssige Gase) oder bei höheren Temperaturen
- Gasundurchlässigkeit z. B. für Schläuche

- Abriebfestigkeit, Wärme- und Alterungsbeständigkeit bei Reifen und Förderbändern. Abrieb- und Zugfestigkeit werden durch feinstkörnige mineralische Zusätze erreicht, z. B. bis zu 50 % Ruß in der Gummimischung für die Laufflächen der Reifen.
- Alterung: Die ungenutzten Doppelbindungen in den Molekülen können durch Sauerstoff oder UV-Strahlen aktiviert werden, was zu weiterer Vernetzung und damit zu Versprödung führt.

9.3.4 Thermoplastische Elastomere (TPE)

Thermoplastische Elastomere TPE (s. Tab. 9.7) haben gummiähnliche Eigenschaften, sind aber thermoplastisch zu verarbeiten, weil sie keine unauflösbaren chemischen Vernetzungen bilden, sondern mechanisch durch Verschlaufungen von härteren (unbeweglichen) Molekülteilen, z. B. Styrol, die sich erst bei höheren Temperaturen auflösen. Dadurch sind TPE wieder einschmelzbar mit Vorteilen:

- Schnellere Taktfolgen bei der Produktion, weil sie keine Verweilzeit für die Vernetzungsreaktion im Werkzeug benötigen
- Produktionsrückstände sind wieder verwertbar, das stoffliche Recycling der Bauteile am Ende ihrer Lebensdauer wird möglich.

Tab. 9.7 Thermoplastische Elastomere, Auswahl

Thermoplastische Elastomere TPE	Bei der Propf- oder Blockpolymerisation entstehen verknäuelte Moleküle mit mechanisch harten und weichen Abschnitten, wobei die harten wie Vernetzungen wirken. Sie sind thermoplastisch formbar		
	Anwendungen	Beständigkeit gegen	Temperaturbereich in °C (kurz)
PUR-Elastomer TPE-U	Kabelmäntel, Faltenbälge, Zahnriemen, Schleifteller, Skistiefel	Benzin, Ozon, nicht Heißwasser	−40…80 (110)
Styrol/Butadien TPE-(SB)	Schläuche, Profile, Kabelisolier- und Mantelwerkstoff, verträglich im Verbund mit PE, PP, ABS und PA	Säuren, Basen, Alterung gut, Öle gering	−40…80 (90)
Ethylen/Propylen TPE-O	Ersatz für PVC-P, Kfz-Teile wie Stoßfänger, Spoiler, Armaturenbretter. Sport-, Schuh- und Spielzeugindustrie	Basen hoch, Säuren, Alterung, nicht gegen Öl und Abrieb	−40…115

TPE (3 weitere Grundsorten) sind Austauschstoffe für vulkanisierten Kautschuk und weichgestellte Polymere

10.1 Begriffsklärung

Verbundlösungen gibt es bei technischen Anwendungen schon seit geraumer Zeit. Dabei werden stets verschiedene Medien bzw. Werkstoffe zu einem Ganzen verknüpft. Grundgedanke dabei ist, durch Arbeitsteilung im Verbund:

- höhere Leistungen, bessere Funktion,
- Material- und Energieeinsparung und evtl.
- Kosteneinsparung zu erreichen.

Dazu werden die Komponenten so ausgesucht und konstruktiv verbunden, dass jeder Stoff in seinen speziellen und für den vorliegenden Fall benötigten Eigenschaften beansprucht wird. Man unterscheidet je nach Fertigungsaufwand:

- **Verbundwerkstoffe**: Diese liegen als Werkstoff vor und unterscheiden sich von den gewöhnlichen Werkstoffen lediglich in der Größe der vorhandenen Phasen. Mit Phasen sind hier mindestens mit einer Lupe optisch erkennbare unterschiedliche Bestandteile gemeint.
- **Werkstoffverbunde**: Mehrere Werkstoffe werden über geeignete Fügeverfahren miteinander verbunden, hier entsteht ein neuer Werkstoff, der seine Eigenschaften erst während der Herstellung erhält.
- **Verbundkonstruktionen**: Mehrere Bauteile werden zu einem Gesamtbauteil miteinander verbunden, z. B. durch Verkleben.

10.1.1 Verbundwerkstoffe

Verbundwerkstoffe bestehen aus mindestens zwei Phasen. Kennzeichen ist eine gewisse Homogenität bei makroskopischer Betrachtung. Ausnahmen sind Schichtverbunde und

© Springer Fachmedien Wiesbaden GmbH, ein Teil von Springer Nature 2018

W. Weißbach, M. Dahms, C. Jaroschek, *Werkstoffe und ihre Anwendungen*,

https://doi.org/10.1007/978-3-658-19892-3_10

gradierte Werkstoffe. Gradiert heißt, das Verhältnis der beteiligten Phasen ist über den Querschnitt gesehen nicht gleichmäßig.

Beispiele für Verbundwerkstoffe

- Einer der ältesten Verbundwerkstoffe ist im Lehmhausbau eingesetzt worden: Lehm, mit Häcksel oder auch Langstroh vermengt, mindert sowohl die Schrumpfung als auch die Rissneigung. Die modernen Faserverbundwerkstoffe sind die Weiterentwicklung dieses Prinzips.
- Bei Bauteilen aus weißem Temperguss wird der Kohlestoff über einen Tempervorgang in entkohlender Atmosphäre an die Umgebung abgegeben. Dieser Entkohlungsvorgang basiert auf dem Prinzip der Diffusion. Bei Bauteilen mit großen Wanddicken erreicht der Kohlenstoff nicht die Bauteilränder, sodass nur die Randzonen weitgehend ferritisch sind, im Inneren ist der Werkstoff eher schwarzer Temperguss, also reich an Kohlenstoff (Abb. 10.1).

Bei Verbundwerkstoffen werden in der Regel Stoffe kombiniert, die der Bindungsart nach zu verschiedenen Gruppen gehören:

- Metalle Metallbindung vorherrschend
- Polymere Zwischenmolekulare Bindung der Makromoleküle
- Keramik Ionen- und Elektronenpaarbindung und Mischformen

Abb. 10.1 Rohrverbindung aus Temperguss (*weiß*), die dünneren Wanddickenbereiche sind durch einen entkohlenden Tempervorgang entkohlt und somit weitgehend ferritisch

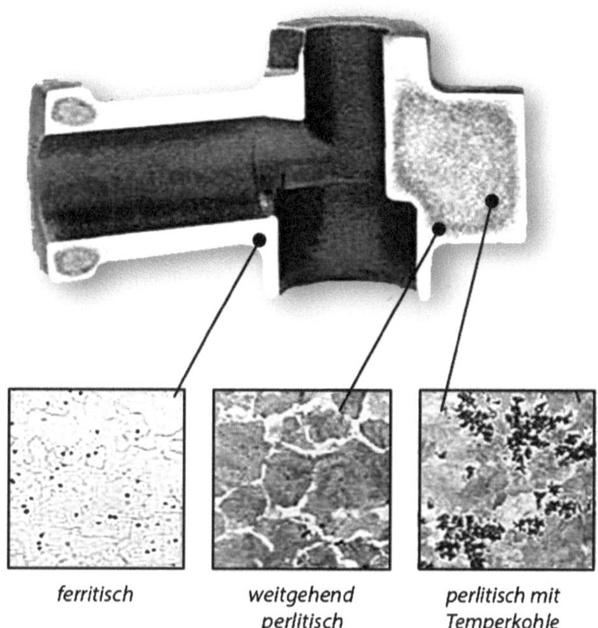

Es gibt auch Verbunde aus artgleichen Komponenten, die dann aber unterschiedliche Form besitzen. Beispiele artgleicher Verbunde sind keramische Stoffe, die mit Fasern gleicher Art zur Verbesserung der Zähigkeit verstärkt werden (SiC-Faser in SiC-Matrix, C-Faser in einer Graphitmatrix). Ein keramischer Werkstoff ist üblicherweise hart und spröde. Durch spezielle Herstellungsverfahren lassen sich sehr dünne Fasern aus Keramik herstellen, die im Vergleich zum Nichtfasermaterial höhere Zugfestigkeiten und Dehnbarkeiten haben. Eine Mischung aus Keramikfasern und einem diese Fasern umhüllenden Keramikmaterial als Matrix ergibt verbesserte Gesamteigenschaften.

Verträglichkeit Für den Verbund der z. T. chemisch gegensätzlichen Stoffe sind Benetzung, Haftung und Verträglichkeit sehr wichtig. Das begrenzt die Kombinationsmöglichkeiten. Vielfach wird die Verstärkungsphase (Fasern) vorher beschichtet, um Reaktionen mit der Matrix zu verhindern.

Unverträglichkeit Die Fasern gehen bei höheren Temperaturen in der Matrix in Lösung oder bilden oberflächlich neue Phasen. Wenn diese ein größeres Volumen besitzen, wird die Matrix unter Druckspannungen gesetzt, die zu Rissen führen können.

Verbundwerkstoffe entstehen in den meisten Fällen erst während der formgebenden Arbeitsgänge aus den Komponenten. Die Folgen sind:

- Werkstoffeigenschaften sind sehr stark von den Verfahrensbedingungen abhängig. Reinheit und Zustand der Ausgangsstoffe (z. B. Korngröße und ihre Verteilung) und die Bindung zwischen den Phasen wirken sich stark auf die Eigenschaften aus.
- Qualitätssicherung ist aufwendig und oft nur durch ständige Überwachung der Verfahrensbedingungen möglich.

Verfahrensbedingungen (Prozessparameter) sind z. B. Temperatur, Druck, Einströmgeschwindigkeit und Zähigkeit der Matrix, Gehalt an Verarbeitungshilfsmitteln. Die zerstörungsfreie Prüfung muss evtl. 100 %ig durchgeführt werden.

10.1.2 Werkstoffverbunde

Kennzeichen ist das Fügen der Werkstoffe durch unlösbare Verbindungen. Einen großen Anteil haben die Schichtverbunde, sie werden als Halbzeug oder durch Beschichtung von Bauteilen hergestellt. Hier sind fast beliebige Kombinationen von Grund- und Schichtwerkstoffen möglich, wenn es die Verträglichkeit der Werkstoffe gestattet.

Beispiele für Werkstoffschichtverbunde

- Schichtpressstoffe: Hartpapier, Hartgewebe, Kunstharzpressholz
- Sandwichstrukturen Metall-Kunststoff-Metall

- Beschichtungen von Halbzeugen und Fertigteilen nach vielen Verfahren mit metallischen, keramischen oder polymeren Stoffen in Schichtdicken von 1 Atomlage bis in den mm-Bereich

Verbundschweißen (konstruktiv) ist die wirtschaftliche Fertigung durch Fügen von z. B. Rohren und anderen Walzprofilen mit Gussstücken. Für Letztere wird häufig weißer, schweißbarer Temperguss verwandt.

Beispiel für das Verbundschweißen

Auslassventile von Hochleistungsmotoren, stumpfgeschweißter Verbund:

- Schaft aus Ventilstahl X45CrSi9-3, hartverchromt, Kopf induktionsgehärtet
- Teller aus NiCr20TiAl (Nimonic 80A, hochwarmfeste, ausgehärtete Legierung)

Diffusionsschweißen dient zum Schweißen von Stoffen, die nicht durch Schmelzschweißen verbunden werden können, weil sich spröde Intermetallische Phasen in der Naht bilden. Verbindung durch Platzwechsel von Atomen unter hohem Druck und Temperatur unter Schutzgas oder Vakuum.

Beispiel für das Diffusionsschweißen

Stahlwalzen mit einer dicken Oberflächenschicht aus PM-Hartstoff zur Erhöhung der Verschleißfestigkeit durch heißisostatisches Pressen, HIP, sog. „Aufhipen"

Beim **Verbundguss** verschiedener Werkstoffe entsteht eine intermetallische Zwischenschicht als Verklammerung.

Beispiel für den Verbundguss

Mehrschichtlager, Al-Verbundguss mit Gusseisen für Bremstrommeln und Motoren-Rippenzylinder (Al-Fin-Verfahren). Einbetten von harten Karbiden in verschleißbeanspruchte Oberflächen von Gussteilen in Hartzerkleinerungsmaschinen.

Das **Aufkleben** von hochsteifen C-Faser-Epoxid-Laminaten auf Al-Strangpressprofile zur Erhöhung der Steifigkeit, auch als Innenverstärkung von Al-Rohren, ist eine weitere Möglichkeit, Werkstoffe zu verbinden.

Beispiel für das Aufkleben

Versteifung von Portalkonstruktionen für Laserschneidgeräte aus Al-Legierungen.

10.1.3　Verbundkonstruktionen

Verbundkonstruktionen bestehen aus zwei oder mehr Werkstücken, die aus verschiedenen Fertigungsgängen stammen und durch Fügen zu einem Bauteil kombiniert werden. Solche Lösungen können konstruktiv oder aus Gründen einer wirtschaftlicheren Fertigung gewählt werden.

Die Eigenschaftsunterschiede der Partner in z. B. E-Modul, Härte oder Wärmedehnung sollten nicht zu groß sein, um elastische Verformungen durch Eigenspannungen gering zu halten. Bei Keramik-Metallverbunden sollte Keramik auf Druck beansprucht werden.

Beispiele für Verbundkonstruktionen

- Al-Kolben mit keramischen Einsätzen aus Aluminiumtitanat (AlTi) im Kolbenboden für höhere thermische Belastung, eingegossen oder eingeschrumpft.
- Auspuffkrümmer-Auskleidung (Portliner) aus Keramik (Aluminiumtitanat, AlTi) in eine Al-Legierung oder GJL eingegossen.
- Fräsdorne und -spindeln mit vorgespannter keramischer Hülse (höherer E-Modul = kleinere Durchbiegung).

10.1.4 Struktur und Einteilung der Verbundwerkstoffe

Als Phasen können in Verbundwerkstoffen miteinander kombiniert werden:

- Metalle
- Keramik
- Polymere.

Alle drei Arten können sowohl als Matrix (Mutterphase, auch Grundmasse) als auch in der Verstärkungsphase auftreten. Dadurch sind die Kombinationsmöglichkeiten sehr vielfältig. Sie werden auf den Gebieten erprobt, bei denen die Eigenschaften herkömmlicher Werkstoffe nicht mehr positiv beeinflusst werden können.

Die nach Masse bzw. Volumen überwiegende Komponente ist die Matrix. Darin ist die verstärkende Phase eingebettet. Sie soll bestimmte Eigenschaften des Matrixwerkstoffes verbessern oder auch erst hervorrufen.

Die Matrix übernimmt in der Regel die Erhaltung der Form des Bauteiles, die Stützung der anderen Phase, hält sie bei Beanspruchung in ihrer Lage und schützt sie vor Feuchtigkeit und Chemikalien. Die Verbundphase übernimmt die Funktionen, zu denen die Matrix aufgrund ihres Eigenschaftsprofils nicht in der Lage ist.

Bezeichnung der Verbundwerkstoffe

Im Sprachgebrauch ist es üblich, die den Werkstoff verstärkende Phase voranzustellen und den Matrixnamen anzufügen.

Beispiele für eine Benennung

- glasfaserverstärkter Kunststoff GFK,
- glasmattenverstärkte Thermoplaste GMT,
- oxidteilchenverstärkte Al-Legierungen ODS,
- metallfaserverstärkte Ofenbaustoffe,
- kunstharzgetränkter Graphit.

Wichtige Eigenschaften, z. B. thermische und Verformungs-Eigenschaften, werden von der Matrix bestimmt. Deshalb gibt es eine übergeordnete Gliederung nach der Matrix:

- MMC, Metal Matrix Composites und
- CMC, Ceramic Matrix Composites.

Die Vielfalt der Verbundwerkstoffe (s. Tab. 10.1) ergibt sich durch die möglichen Kombinationen von einer

Tab. 10.1 Übersicht über Verbundstrukturen mit Beispielen

Verbundart	Struktur	Metallmatrix	Polymermatrix	Keramikmatrix
Schicht-Verbund: Verstärkungs- oder Funktionsphase als Deckschicht oder abwechselnd		Blech/Dämmschicht-Verbunde, Sandwich-Platten	Hartpapier, Hartgewebe und Kunstharzpressholz	
Faser-Verbund: Dünne Fasern (wenige µm dick), gerichtet oder regellos		Al-Oxidfaserverstärkte Al-Kolben für Verbrennungsmotoren	Glas- oder Kohlenstofffaserverstärkte EP- oder UP-Harze	Metallfaserverstärkte Hochtemperaturziegel für Ofenauskleidung
Teilchen-Verbund: Feinste, gleichmäßig verteilte Kristalle (bzw. amorphe Körper) in der Matrix		Karbidteilchen in Cobalt (Hartmetall) Al-Oxidverstärktes Al (PM-Werkstoffe)	Duromere mit Talkum, Holzmehl oder Glaskugeln gefüllt	TiC-Teilchenverstärktes ZrO_2
Durchdringungs-Verbund: Raumnetzartige Durchdringung eines porösen Körpers mit der anderen Phase		Fett-infiltrierte Sinterbronze als Lagerwerkstoff, Cu-infiltriertes Wolfram für Schaltkontakte	Mit Kunststoff gebundene Schleifscheiben	Si-infiltriertes SiC, harzimprägnierter Elektrographit für Wärmetauscher

- **Matrix** aus Metallen, Polymeren, Keramiken mit einer Auswahl der Werkstoffe für die
- **Verstärkungsphase** aus Metallen, Polymeren oder Keramiken, die in
- **vier Strukturen** (Schicht, Faser, Teilchen, Durchdringung) möglich sind.

Wichtig ist die Verträglichkeit der beiden Komponenten, damit keine Minderung der Verbundeigenschaften eintritt. Die Haftung zwischen den Partnern besteht aus mechanischer Verklammerung und Adhäsion. Sie wird interlaminare Scherfestigkeit genannt. Sie wird bei steigenden Temperaturen durch chemische Reaktionen oder Diffusionsvorgänge zwischen den Partnern gefährdet.

10.2 Schichtverbundwerkstoffe

An dieser Stelle werden flächige Halbfabrikate beschrieben, die aus Schichten verschiedener Stoffe bestehen. Platten aus Duromeren mit flächigen Verstärkungen aus Papier, Geweben oder Holzfurnieren.

Sandwich-Platten

Sandwich-Platten sind Verbunde aus zugfesten dünnen Deckschichten mit einer leichten schub-festen Zwischenschicht. Der Abstand bewirkt eine hohe Steifigkeit des Verbundes bei geringem Gewicht.

Verbunde aus Metall und Dämmstoffen zeigen anschaulich die Arbeitsteilung:

- Metallblech, formsteif, aber gut schall- und wärmeleitend, übernimmt den Schutz vor Korrosion und Verletzung.
- Mineralfaser oder Polymerschaum in einer Zwischenschicht übernimmt die Schall- oder Wärmedämmung.

Beispiele für Sandwich-Platten

Al-Bleche, mit Schaum- oder Wabenkern verklebt, haben eine 10...100-mal größere Steifigkeit als Platten aus dem metallischen Vollmaterial. Verwendung für Dach- und Wandverkleidungen im Hochbau, Zwischenböden im Fahrzeugbau.

ALUCOBOND: Verbund aus zwei $\times 0{,}15\ldots 0{,}5$ mm Al-Blechen mit Kunststoff oder Mineral-Wärmedämmstoff, kaltformbar. Biegen, Bördeln, Durchsetzfügen, Schneiden und Stanzen sind möglich. Ähnlich ist DIBOND (ALCAN).

BONDAL: Verbund aus Stahl/Kunststoff/Stahl (verzinkt), $0{,}4\ldots 1{,}25$ mm dicke Bleche mit viskoelastischem Kunststoff von $0{,}1\ldots 0{,}4$ mm Dicke, tiefziehfähig, für Luft- und Körper-schalldämmung im Schiffsinnenausbau, für Dach und Wandprofile, Gehäuse für Baumaschinen, Kfz-Radhäuser, -Bodenbleche, -Ölwannen und -Zylinderkopfdeckel (Thyssen-Krupp).

Als Zwischenschicht wird auch Streckmetall eingesetzt. Der Verbund deckt die Beanspruchung (thermisch und korrosiv) von z. B. Rohrleitungen für die Rauchgasentschwefelung ab, auch als Heißgasfilter und zur Schalldämmung eingesetzt (www.melicon.de).

MeliCon: Leichtbaublech aus drei Schichten z. B.

- 1 mm Deckblech (2.4602) NiCrMo
- Streckmetall als Zwischenlage 1.4301
- 1 mm Deckblech aus 1.4301 (aust. Stahl).

MeliCon ist widerstandsverschweißt und besitzt eine reduzierte akustische und thermische Leitfähigkeit, dadurch kann die Außenisolation verringert werden.

Plattierungen

Plattierungen, meist Metall auf Metall, ergeben Funktionsschichten:

- Lötfähige Schichten aus Cu und -Legierungen oder Ni auf schlecht lötbaren Basiswerkstoffen,
- Korrosionsschutzschichten auf Blechen und Bändern.

Beispiele für Plattierungen

Cu-plattiertes (2 0,05 mm) Edelstahlblech (0,41 mm) zum Verlöten für die Herstellung von Wärmetauschern

Edlere (Ni, Cr-Ni-Stahl) oder unedlere (Al) Schichten auf Baustahl plattiert. Al 99 auf AlCu-Legierungen.

Walzplattieren, warm oder kalt, wird mit einer Dickenreduzierung von min. 50 % nach Oberflächenvorbehandlung durchgeführt. Dabei verschweißen die Lagen miteinander. Rohre werden auch innen durch heißisostatisches Pressen mit hochlegierten Pulvern beschichtet und nachträglich warmwalzt oder stranggepresst. Weitere Möglichkeiten sind Sprengplattieren auch großflächiger Teile oder thermisches Spritzen.

Verwendung: Leitungsrohre, Behälter in der Offshoretechnik, wenn Sauergas mit Anteilen von H_2S und Chloriden verarbeitet wird. Diese Verbundlösung ist günstiger als eine massive aus z. B. austenitischen Stählen mit niedriger Streckgrenze (größere Wanddicken) oder Ni-Basis-Legierungen (teuer).

Durch **Sprengplattieren** werden z. B. Kesselböden auf der Innenseite beschichtet.

10.3 Faserverbundwerkstoffe (FVW)

10.3.1 Faserwerkstoffe und Eigenschaften

FVW bilden die Gruppe mit der größten Anwendung. Der Grund liegt in der hohen Festigkeit von dünnen Fasern (Tab. 10.2). Der Abstand der atomaren Fehlstellen ist bei ihnen

Tab. 10.2 Faserwerkstoffe und ihre Festigkeiten (Maximalwerte für Ø von 3...15 µm)

Werkstoff	R_m [GPa]	E [GPa]	Bruchdehnung A [%]	ρ [g/cm^3]	T_{max} [°C]
Glas	4,6	85	5	2,5	300
Aramid	3,4	500	2	1,45	>200
Kohlenstoff	5,0	700	1,5	1,8	600
Al-Oxid	2,0	470	0,8	3,9	1100
Si-Karbid	3,0	400	1,5	3,0	1100
Bor	3,5	400	1	3,3	2000

kleiner als in dickerem Material. Neben den mechanischen Werten sind z. B. noch Dichte, Wärmeleitfähigkeit und die max. Einsatztemperatur für die Wahl maßgebend. Die niedrige Dichte der meisten Fasern macht sie für Leichtbaustoffe interessant.

Fasern sind oft selbst „Verbunde" aus einer Metall- oder C-Seele und aufgedampften Schichten aus SiC, Bor u. a. Die Herstellung ist aufwendig (z. T. höchste Temperaturen zur Keramisierung) und damit teuer.

Beispiel aus der Praxis

In Klaviersaitendrähten kann durch verschiedene Maßnahmen die Zugfestigkeit bis auf 3000 MPa gesteigert werden. Solche Werte sind für dickere Querschnitte nicht erreichbar.

Für die Auswahl entscheidet der Preis von ca. 2 bis 5 €/kg für Glasfasern. Glasfaserverstärkte Kunststoffe haben deshalb eine breite Anwendung gefunden.

Natürliche, nachwachsende Fasern sind z. B. Ramie, Sisal, Flachs und Hanf für gering beanspruchte Massenteile wie Kfz-Innenverkleidungen mit biologisch abbaubaren Polymeren auf Stärkebasis (Biopolymere).

Höhere Steifigkeit und Festigkeit erbringen C-Fasern, die bis 16...60 €/kg kosten. Eine Mittelstellung nehmen Aramidfasern ein (z. B. KEVLAR). Aramide sind aromatische Polyamide. Ihre Monomere besitzen in den Ketten neben der Amidgruppe noch einen Benzolring.

C-Fasern werden als drei Typen hergestellt:

- HM-Typ mit hohem E-Modul/kleine Bruchdehnung
- HST-Typ mit hoher Zugfestigkeit/mittlere Bruchdehnung
- IM-Typ mit mittlerer Festigkeit/hohe Bruchdehnung.

Hybridgewebe bestehen z. B. aus steifen C-Fasern mit Schussfäden aus dehnbarem Aramid. Sie lassen sich besser an die Konturen der Form anpassen.

Für warmfeste Verbundwerkstoffe sind SiC-, C-Fasern und Al-Oxidfasern geeignet. Hohe Wärmeleitfähigkeit besitzt SiC, geringe Al-Oxid.

Abb. 10.2 Richtungsabhängigkeit von Faserverbundwerkstoffen. *Links*: Einfluss einer Winkelabweichung zwischen Faserlage und Richtung der Zugbeanspruchung bei UD-Laminaten mit 60 % Faser; *rechts*: Unterschied zwischen anisotropen UD- und quasiisotropen MD-Verbund

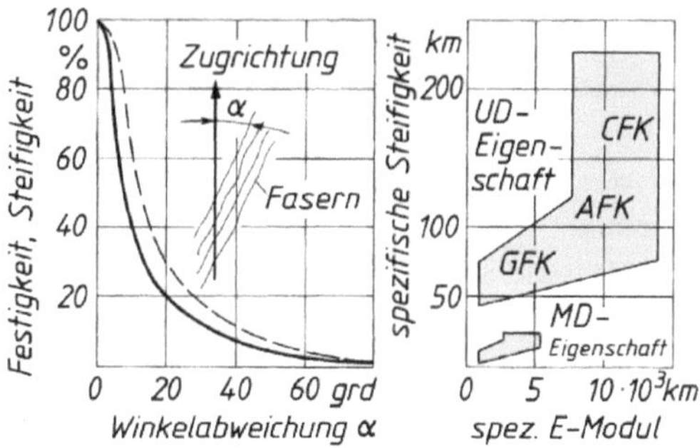

Eine **Oberflächenbehandlung** der Fasern (Interface, Schlichte, coating) hat den Zweck:

- die Benetzung durch den Matrixwerkstoff zu sichern, damit die kraftschlüssige Verbindung zwischen Faser und Matrix gewährleistet ist,
- Reaktionen zwischen Faser und Matrix zu verhindern, welche die Haftung vermindern und bei höheren Temperaturen schneller ablaufen, z. B. bei Kontakt von Fasern mit flüssigen Metallen,
- Schutz bei der Weiterverarbeitung zu bieten.

Je nach Ausrichtung der Fasern tritt Anisotropie auf, d. h. die Eigenschaften sind in den einzelnen Raumrichtungen unterschiedlich. Bei hochbeanspruchten Teilen kann durch Bündelung der Fasern in Belastungsrichtung die geforderte mechanische Festigkeit erreicht werden, ohne dass der Werkstoff in den weniger belasteten Bereichen überdimensioniert wird. Nach der Lage der Fasern unterscheidet man folgende Fasergelege:

- **Unidirektional (UD)**: Fasern liegen möglichst exakt parallel, das liegt bei Rovings (Strängen) und Tapes (Bändern) vor. Bei UD-verstärkten Werkstoffen ist die Zugfestigkeit in Faserrichtung sehr hoch, jede Lageabweichung davon vermindert die Festigkeit in dieser Richtung stark (Abb. 10.2).
- **Bidirektional (BD)** sind Gewebe, deren Fasern unter 90° zueinander liegen.
- **Multidirektional (MD)** sind Fasermatten aus Schnittfasern (Wirrfasern) oder wenn dickere Laminate aus verschieden gerichteten Gewebelagen verarbeitet werden.

Abb. 10.2 zeigt die richtungsabhängige Festigkeit. Die höchste Festigkeit wird mit UD-Fasern erreicht. Bei Belastungen quer zur Faserausrichtung kann die Festigkeit nur noch die Werte der Matrix erreichen.

Bei BD-Ausrichtungen müssen die Lagen nicht zwingend in einem Winkel von 90° ausgerichtet sein. Grundsätzlich wird durch jede weitere Lage die Festigkeit im Vergleich zur UD-Ausrichtung geringer, denn die Festigkeit bezieht sich auf den Gesamtquerschnitt. Dieser besteht aus Anteilen der Fasern und der in der Festigkeit erheblich schwächeren Matrix.

Abb. 10.3 Spezifische
Festigkeit und E-Modul verschiedener Werkstoffe

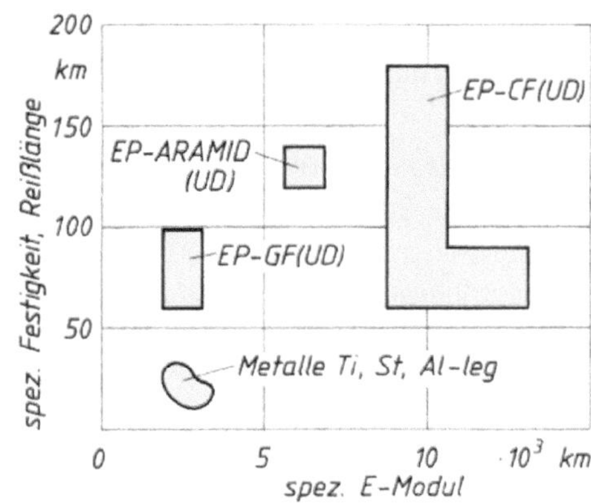

10.3.2 Faserverstärkte Polymere

Faserverstärkte Kunststoffe bilden die größte Gruppe der Verbundwerkstoffe, mit denen
auch langzeitige Erfahrungen vorliegen. Ihr Vorteil besteht in der niedrigen Dichte der
Polymere. Hinzu kommt die leichte Verarbeitbarkeit der plastischen Massen bei niedrigen
Temperaturen.

Dadurch haben sie mit Abstand höhere spezifische Festigkeiten und Steifigkeiten (E-
Modul) als die Metalle (s. Abb. 10.3). Als spezifische Festigkeit R_1 wird hier die Reiß-
länge definiert. Sie ist ein rechnerischer Wert, der die Zugfestigkeit und das Gewicht einer
Faser ins Verhältnis setzt.

$$R_1 = \frac{R_m}{\rho\,g}$$

Neben duromeren UP- und EP-Harzen als Matrixwerkstoff für flächige Konstruktionsteile werden zunehmend glasmattenverstärkte Thermoplaste (**GMT**) verwendet. Sie bieten
Vorteile gegenüber Prepregs aus Duromeren (SMC).

Formpress-GMT haben regellose Endlosfasern, sind wenig fließfähig und nur für einfache, flächige Teile konstanter Wanddicke geeignet. GMT besitzen folgende Vorteile
gegenüber SMC:

- Taktzeiten kleiner, da kein Aushärten
- Produktionsabfälle sind leichter wieder zu verwerten (Recycling)
- höhere Zähigkeit des Thermoplasts.

Fließpress-GMT haben Fasern unterschiedlicher Längen, die mit dem Thermoplast in die
Hohlräume der Form fließen können. Dadurch sind Teile mit stärkeren Konturen, Rippen
und auch Hinterschneidungen möglich, die dann überall einen gleichen Glasanteil besitzen.

Unidirektionale GMT haben neben wenigen Wirrfasern überwiegend parallel gerichtete Fasern und in dieser Richtung höhere Festigkeit und Steifigkeit.

Beispiele für faserverstärke Polymere

Flächige Bauteile an Fahrzeugen zur Geräuschminderung: Motorkapseln, Unterboden und Innenverkleidungen, Batteriehalter, Pedalböcke, Sitzschalen aus PP-GMT. Kfz-Stoßfänger und Anschlussteile aus PA66-GMT.

10.4 Teilchenverbundwerkstoffe

Kennzeichen sind Teilchen mit rundlicher oder unbestimmter geometrischer Form in einer Matrix. Das ergibt meist einen isotropen Werkstoff, d. h. deren Eigenschaften sind in allen Raumrichtungen weitgehend gleich.

Zu den Teilchenverbunden gehören viele bekannte Werkstoffe. Teilchenwerkstoff und -größe richten sich nach der geforderten Eigenschaftsverbesserung (s. Tab. 10.3).

Beispiele für eingeführte Teilchenverbunde

- Duromere mit Füllstoffen
- Sinterwerkstoffe mit Graphit oder MoS_2 als Festschmierstoff, mit Diamant als Werkzeug zur Steinbearbeitung
- Sinterhartmetalle mit Karbiden und Carbonitriden in einer Cobalt-Matrix.

Polymerbeton (Reaktionsharzbeton RHB), auch Mineralguss genannt, steht für Maschinen- und Gerätegestelle in Konkurrenz zu Gusseisen. Er besteht aus 90...95 % Quarzkies verschiedener Körnung nach Sieblinie in einem duromeren Gießharz gebunden. Der geringen Schrumpfung wegen wird meist EP-Harz verwendet, daneben auch UP- und MMA-Harze. Vorteile ergeben sich aus der Kombination niedriger Dichte mit hoher Schwingungsdämpfung, verbunden mit Trägheit gegen Temperaturschwankungen durch niedrige Wärmeleitfähigkeit (s. Tab. 10.4).

Tab. 10.3 Eigenschaftsverbesserung durch Teilchenverbunde

Eigenschaft	Teilchen	Beispiele
Festigkeit, E-Modul	Kleine harte Teilchen in geringen Abständen	Kunststoffe mit Füllstoffen, oxidverfestigte Al-Legierungen
Widerstand gegen Abrasion	Größere harte Teilchen in homogener Verteilung	Schleifwerkzeuge mit Diamant, CBN, SiC in metallischer, keramischer oder Polymer-Matrix
Gleiteigenschaften	Graphit, Mo-Disulfid, PTFE-Teilchen in der Matrix	Trockengleitlager

Tab. 10.4 Vergleich Gusseisen (GJL) mit Polymerbeton (RHB)

Eigenschaft	GJL	RHB[a]
E-Modul [GPa]	105	40
Zugfestigkeit R_m [MPa]	150…350	10…18
Druckfestigkeit [MPa]	600…900	140…500
Dichte ρ [kg/dm^3]	7,25	2,4
Dämpfung –	0,0045	0,02
Wärmeleitfähigkeit λ [W/mK]	75	0,5
Linearer Ausdehnungskoeffizient α [µm/mK]	10	10…20

[a] je nach Harzanteil

Anwendungsbereich sind Werkzeugmaschinen für hohe Oberflächenqualität mit Wärmeeintrag durch hohe Leistungen und Spindeldrehzahlen. HSC-Maschinen erfordern wegen der hohen Beschleunigungen Leichtbaukonstruktionen, die auch günstig für z. B. Messtischplatten sind.

HSC (high speed cutting): Spanen mit höchsten Schnittgeschwindigkeiten und sehr kleinen Schnittzeiten. Zum Senken der Prozesszeit müssen Werkzeugträger schneller bewegt (beschleunigt bzw. verzögert) werden.

Teilchenverbunde liegen vielfach auch in Schichten vor, z. B. durch kombinierte galvanische Abscheidung von Metallen mit eingelagerten Hartstoffen (Diamant, SiC), oder mit PTFE als Festschmierstoff. Teilchenverstärkte Metalle sind die wichtigste Gruppe dieser Verbundart und im Abschn. 10.6.3 behandelt.

10.5 Durchdringungsverbundwerkstoffe

Kennzeichen sind zwei sich gegenseitig durchdringende Phasen. Meist liegt eine hochschmelzende Matrix mit offenen Poren vor, die von einer flüssigen Phase getränkt wird. Die Matrix übernimmt dabei den Erhalt der Form, z. T. auch Verschleißbeanspruchung, die Durchdringungsphase Aufgaben wie z. B. Wärme- und Stromleitung oder Schmierung.

Beispiele für Durchdringungsverbundwerkstoffe

Kontaktwerkstoff aus gesintertem Wolfram-Gerüst und einer Cu-Phase als Durchdringung für hochbelastete Schaltkontakte (Abreißfunken) und Stumpfschweißbacken. Selbstschmierende Gleitlager aus Sintereisen oder -bronzegerüst mit Fettfüllung.

Schaumstoffe mit offenen Poren können ebenfalls zu dieser Art Verbund gezählt werden. Die zweite Phase besteht aus Luft oder den zum Schäumen verwendeten Prozessgasen.

Harte Schaumstoffe (Polymer, Metall) dienen als Kerne für leichte und steife Sandwichkonstruktionen. Metallschaumteile werden auch als verlorener Kern beim Gießen von Hohlkörpern benutzt.

Bei geschäumten Stoffen dient die Zellstruktur (offen oder geschlossen) der Dämmung gegen Schall und Wärmeleitung oder der Verminderung der Dichte. Bei offenen (durchgehenden) Porenräumen können die Schäume als Filter für Flüssigkeiten und Gase genutzt werden.

10.6 Metall-Matrix-Verbundwerkstoffe (MMC)

10.6.1 Allgemeines

Für den Leichtbau von Fahrzeugen aller Art sind die Leichtmetalle Al, Mg und Ti von großer Bedeutung. Ihr Potenzial wird durch Verbunde stark vergrößert. Die Entwicklung der verstärkten Metalle wird vom Flugzeug- und Flugkörperbau vorangetrieben. Probleme der Kosten und Qualitätssicherung bremsen eine breitere Anwendung.

Matrix-Werkstoffe sind in der Regel die Metalle, die im Eigenschaftsprofil einen Mangel besitzen, der durch die Verstärkung kompensiert werden soll (Tab. 10.5). Damit lässt sich der Anwendungsbereich des Metalls bzw. der Legierung erweitern.

> **Hinweis** In der Raumfahrt können für 1 kg Masseeinsparung bis zu 5000 € Mehrkosten anfallen, die durch die Treibstoffersparnis kompensiert werden. In der Luftfahrttechnik sind es zwischen 250 und 500 € und beim Automobil sind es nur noch 0,5 €.

Bei den Metall-Legierungen bildet sich das Gefüge (Kristallarten und der Anteil der Phasen) bei der Erstarrung nach den Gesetzmäßigkeiten der Zustands-Diagramme. Die Eignung für bestimmte Fertigungsverfahren (Gießen, Umformen) lässt bei jedem Legierungssystem nur bestimmte Zusammensetzungen zu. Der Karbidgehalt von Werkzeugstählen liegt z. B. wegen der Forderung nach Schmiedbarkeit bei max. 25 %.

Bei den MMCs werden die gewünschten Verstärkungsphasen meist in fester Form in die metallische Matrix eingebaut. Das ergibt breitere Möglichkeiten in der Wahl der Verstärkungsstoffe und ihrem Anteil am Gefüge.

Tab. 10.5 Beispiele für nicht ausreichende Eigenschaften

Ungenügende Eigenschaft	Metalle	Verstärkung
E-Modul und Zugfestigkeit	Al, Mg, Ti	Oxidteilchen, Fasern, Schichtverbunde
Warmfestigkeit	Al, Mg, Stahl	Oxidteilchen
Verschleißwiderstand	Cu, Al, Mg	Oxidteilchen
Korrosionsbeständigkeit	Stahl, Al-Leg.	Schichtverbunde, Plattierungen
Lineare Längenausdehnung zu hoch	Mg, Al	Fasern, Teilchen
Gleiteigenschaften	Alle	Graphitteilchen
Dichte zu hoch	Alle	Luft, Gase (metallische Schäume)

10.6.2 Metallmatrix-Faserverbunde

Schwierigkeiten bereitet die gleichmäßige Verteilung der Fasern oder Teilchen im Metall. Es haben sich verschiedene Verfahren entwickelt:

- Einrühren in Schmelzen (max. 20 % Teilchen): Kurzfasern werden dabei meist ungleichmäßig über den Querschnitt verteilt, deswegen werden andere Fertigungsverfahren erprobt.

  RIMLOC-Verfahren (hinter dieser Abkürzung verbirgt sich eine Wortkombination aus Rapid Induction Melting (= schnelles, induktives Schmelzen) und LOst Crucible (= verlorener Tiegel, da der Tiegel nur einmal gebraucht wird)): Ein pulvermetallurgisch hergestellter Zylinder wird in einem keramischen Tiegel induktiv sehr schnell geschmolzen und mit einem Stempel von unten in die darüber liegende Form gepresst. Dabei geht der Tiegelboden verloren. Durch die kurze Schmelzzeit kommt es nicht zur Entmischung.

- Schmelzinfiltration von Formlingen (Preform), die vorher zu einem Fasergelege montiert und in der Form fixiert werden müssen, damit sie nicht durch Auftrieb und Strömung in falsche Lagen verdrängt werden. Zum porenfreien Ausgießen sind kleine Drücke und Strömungsgeschwindigkeiten üblich, Pressguss (squeeze casting) oder Vakuumgießen.

  Anwendungen: partiell faserverstärkte Pressgusskolben für Dieselmotoren durch Eingießen mit getrennt gefertigten Faserformkörpern aus Al_2O_3-Kurzfasern zur Verstärkung des Randes der Brennraummulde (20 %-Faseranteil im Kolbenwerkstoff Al Si12CuMgNi (MAHLE)).

  Al-Legierung, C-faserverstärkt, 50 % Faseranteil, UD, Pressguss, Wärmedehnung Null, Zugfestigkeit $R_m = 1800\,\mathrm{MPa}$, E-Modul bei $200\,°C = 220\,\mathrm{GPa} >$ E-Modul Stahl, zäh.

- Thermisches (Plasma-)Spritzen zur Fixierung von Fasern auf Unterlagen:

  Anwendung für flächige Bauteile auch durch Sprühkompaktieren mit anschließender Warmverformung, bis zu 15 % Teilchen. Metallische Faserverbunde sind auch durch Kleben möglich.

- Pulvermetallurgisch (bis zu 40 % Teilchen oder Kurzfasern und meist für Formteile angewandt):

  ARALL: Langfasern aus ARAMID werden zwischen Al-Bleche geklebt und ergeben einen faserverstärkten Al-Schichtwerkstoff, mit dem sich bis 20 % Masseeinsparung erreichen lassen.

- Lotwalzplattieren: Schichten von C-Faserlagen und Al-Folien, mit Al Si12 als Lot beschichtet, werden bei $600\,°C$ gewalzt. Zur besseren Benetzung sind die C-Fasern mit Ni bedampft.

Abb. 10.4 Warmfestigkeit
von Al-Legierungen, ausgehärtet und dispersionsverfestigt
(Erbslöh)

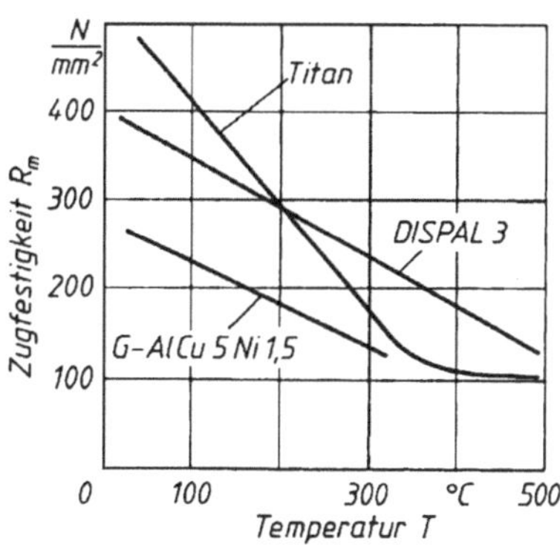

10.6.3   Metallmatrix-Teilchenverbunde

Sie enthalten harte Teilchen, die sich in der Matrix auch bei hohen Temperaturen weder lösen noch mit ihr reagieren dürfen. Feinstverteilte Partikel (Dispersoide) sind neben
Oxiden auch Karbide, Nitride, Boride und Graphit.

Ihre festigkeitssteigernde Wirkung beruht auf der Behinderung von Gleitvorgängen
(Wandern von Versetzungen), besonders der Kriechvorgänge bei hohen Temperaturen
durch feinstverteilte Partikel. Dazu dürfen bestimmte Teilchengrößen und Teilchenabstän-
de nicht überschritten werden. Als Größe wird 0,01…0,1 µm und ein mittlerer Abstand
von 0,1…0,5 µm angegeben.

Die Industrie stellt zahlreiche dispersionsverfestigte Legierungen her. Sie haben höhere
E-Moduln und Festigkeiten als die schmelzmetallurgisch hergestellten vor allem bei hö-
heren Temperaturen (Abb. 10.4), wo abgeschreckte oder warm ausgehärtete Sorten durch
Nachanlassen bzw. Überalterung versagen, ihre Wärmedehnung ist kleiner.

Herstellungsverfahren sind:

- **Mechanisch legieren**: Ständiges Zerkleinern, Verfestigen und Mischen in Kugelmühlen, sog. Attritoren, zum Einstellen einer kleinen Korngröße und homogenen Verteilung
  der Dispersoide erzeugt die Presspulver zur weiteren PM-Verarbeitung. Wesentlich ra-
  tioneller arbeitet das Sprühkompaktieren.
- **Sprühkompaktieren** erzeugt Pressbolzen (bis zu 500 mm Ø und 2,5 m Länge) zum
  Strangpressen von Halbzeugen. Die nachfolgende Warmumformung ist wichtig, um
  die Oxidhäute der Pulverteilchen zu zerstören, wichtig für die Diffusion und Bindung
  zwischen den Pulverteilchen.

Beispiele für Metallmatrix-Verbundwerkstoffe zeigt Tab. 10.6.

Tab. 10.6 Beispiele für Metallmatrix-Teilchenverbundwerkstoffe

Werkstoff	Beschreibung	Eigenschaftsverbesserung, Beispiel
PM 2000 (ODS-Legierung) 1.4768	FeCr20Al 15,5Ti0,5+0,5Y_2O_3, hitzebeständiger, ferritischer Stahl	Hochwarmfest (bis 1200 °C/Luft), im Schwellbereich einsetzbar, Oxidation und Aufkohlung gering. Für z. B. Glasformen und Glasrührer eingesetzt
AlSi7Mg + SiC	10…15 % SiC (5…10 μm) in Feingusslegierung, warmausgehärtet	E-Modul steigt von $75 \cdot 10^3$ auf $92 \cdot 10^3$ MPa, Festigkeit bei 260 °C verdoppelt, für verschleißbeanspruchte Feingussteile
AlMgSiCu partiell mit 25% SiC-Teilchen verstärkt	Strangpressprofile mit SiC in der Randschicht, hergestellt mit mehrteiligen Pressbolzen aus zwei Werkstoffen (Koextrusion)	Verbesserung des Verschleißwiderstandes der Randschicht. Für Pistenraupenprofile, Zylinderlaufbüchsen, erhöhte Steifigkeit (E-Modul)
Glid Cop	Cu-Teilchenverbundwerkstoff, mit Al mechanisch legiert, das sich dabei durch innere Oxidation zu feinstverteiltem Al_2O_3 (0,3…1,1 %) umwandelt	Härte und Streckgrenze des Cu steigen, ohne dass die elektr. Leitfähigkeit sinkt. Kaltverfestigung bleibt bis 600 °C erhalten. Für z. B. Punktschweißelektroden
Mg-Mg$_2$Si (übereutektisches MgSi)	30 % Mg_2Si (Intermetallische Phase) im Mg Schmelzmetallurgisch mit Kornfeinung durch seltene Erden hergestellt	Entwicklung als Kolbenwerkstoff mit besseren thermischen Eigenschaften als Kolbenlegierung AlSi12CuMgNi bei kleinerer Dichte ($< 1,9$ g/cm^3)
Lokasil (Mahle)	Poröse Si-Preform (Hohlzylinder) wird beim Gießen (squeeze casting) mit AlMg9Cu3 infiltriert	In Motorblock eingegossene Zylinderbuchsen mit verschleißfesten Laufflächen, gleiche Wärmedehnungen

10.6.4 Metallmatrix-Durchdringungsverbunde

Diese Verbunde – auch Tränklegierungen genannt – entstehen durch Infiltrieren eines offenporigen Sinterwerkstoffes (z. B. W oder Mo) mit einer flüssigen Schmelze (Cu) oder durch Sinterung bei Temperaturen oberhalb der niedrig schmelzenden Phase.

Die Durchdringung zweier Stoffe ergibt einen Verbund, in dem gegensätzliche Eigenschaften kombiniert werden können.

Die guten elektrischen Strom- und Wärmeleiter (Ag, Cu, Al) haben eine zu große Wärmeausdehnung ($\alpha = 17…23 \cdot 10^{-6}$/K). Die Lösung besteht in Verbunden. Durch sie lässt sich ein Kompromiss zwischen beiden Forderungen erreichen (Tab. 10.7).

Tab. 10.7 Eigenschaften von Werkstoffen für Wärmesenken

Werkstoff	Dichte ρ [g/cm^3]	α^a [10^{-6}/K]	λ^b [W/mK]
MoCu50	9,5	9,9	250
WCu10	17,1	6,4	195
Cu-SiC (40%)	6,6	11,0	320

[a] Lineare Ausdehnung;
[b] Wärmeleitfähigkeit

Anwendungsbeispiel für Metallmatrix-Durchdringungsverbunde

Elektronische Bauelemente werden immer kleiner und dichter auf Leiterplatten gepackt. Zur Wärmeableitung werden ihre keramischen Grundkörper auf Metallplatten (sog. Wärmesenken) gelötet. Sie benötigen

- hohe Wärmeleitfähigkeit gegen Überhitzung,
- geringe Wärmedehnung, damit keine thermische Ermüdung der Lötverbindung und damit Versagen auftritt.

10.6.5 Metallschäume

Im Prinzip lassen sich aus allen Metallen nach zahlreichen Verfahren Schäume herstellen. Sie können geschlossen oder offenporig sein, die Dicke der Zellwände ist einstellbar. Wegen ihrer besonderen Eigenschaften haben sie zahlreiche Einsatzbereiche (Tab. 10.6).

- **Offenporig**: Alle Hohlräume stehen miteinander in Verbindung. Verwendung als Filterelement, Katalysatorträger, Wärmetauscher oder -kühler.
- **Geschlossenporig**: Werkstoff besitzt eine dichte Außenhaut und kann damit direkt für Bauteile eingesetzt werden.

Es entstehen leichte Werkstoffe mit hoher relativer Steifigkeit (die Masse ist in den Wänden von Hohlkörpern konzentriert).

Leichtmetallschäume bieten weitere Möglichkeiten für Masseeinsparungen bei Verwendung als Kernmaterial in Sandwichstrukturen. Dazu werden Deckbleche oder Schalen aus Al-Legierungen, Edelstahl oder Titan durch Kleben, Schweißen oder Einschäumen mit dem Schaumkern verbunden.

Herstellungsverfahren
- **Pulvermetallurgisch** mit TiH$_2$ als Treibmittel, das sich bei entsprechenden Temperaturen in Ti und H$_2$-Gas zersetzt und geschlossene Poren erzeugt. Die Dichte liegt bei $0{,}5\ldots0{,}9$ g/cm^3 (ALULIGHT- und FOAMINAL-Schaum mit hoher Druckfestigkeit).

- **Schmelzmetallurgisch** durch Zugabe von ca. 1,5 % Ca, das oxidiert und die Schmelze dickflüssig macht. Durch Einrühren von TiH_2 in die Gießform kommt es zur Schaumbildung. Nach Abkühlung der Form liegt ein geschlossenporiges Material mit einer Dichte von $0,2\ldots0,25\,\mathrm{g/cm^3}$ vor (ALPORAS Platten, auch offen porig).
- **Schlicker Reaktionsschaum Sinterverfahren** (SRSS). Ein Schlicker aus Wasser und Stahlpulver wird mit Phosphorsäure versetzt, die als Binde- und Treibmittel dient. Es entstehen Wasserstoff als Treibmittel und Phosphate, die verklebend die Schaumstruktur verfestigen. Beim Trocknen entsteht durch Verdunstung des Wassers eine offenporige Struktur, die unter O_2-freier Atmosphäre gesintert wird. Die Dichte beträgt für Stahl $1,0\ldots2,5\,\mathrm{g/cm^3}$ mit Poren-Ø von $0,01\ldots5\,\mathrm{mm}$.

Beispiel für einen Metallschaum

INCOFOAM Hochtemperatur-Werkstoff für Dieselrußfilter aus offenporigem Ni-Schaum, mit hochlegiertem Metallpulver beschichtet und gesintert. Dichte $p <$ $1\,\mathrm{g/cm^3}$, bis 95 % Porosität.

Bei plastischer Druckverformung (Abb. 10.5) stellt sich die Druckspannung über einen weiten Bereich der Stauchung (bis zu 60 %) konstant ein (sog. Plateauspannung). Das ergibt eine hohe Verformungsarbeit. Die aufnehmbare Arbeit steigt mit der Schaumdichte.

Metallschäume sind als Energieaufnehmer (Tab. 10.8) interessant und werden bei Fahrzeugen als Kernmaterial von Hohlstrukturen im Aufprallbereich eingesetzt.

Abb. 10.5 Spannungs-Stauchungskurven von Festkörpern und Metallschaum

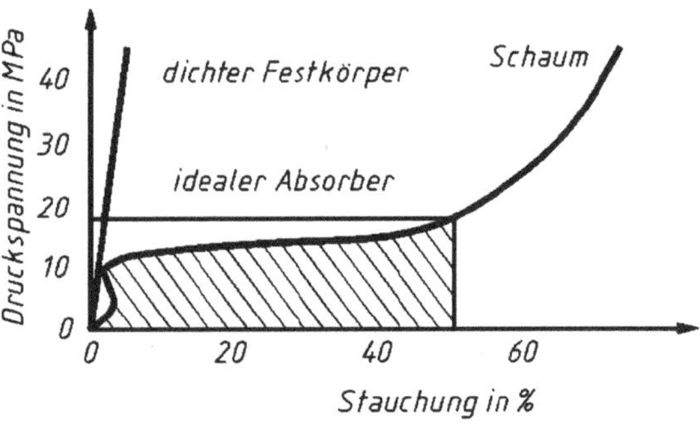

Tab. 10.8 Anwendung von Metallschäumen aufgrund ihrer Eigenschaften

Eigenschaft der Metallschäume	Anwendungsbeispiel
Geringe Dichte + hohe Steifigkeit	Biegebeanspruchte Leichtbaustrukturen
Druckfestigkeit der Zellstrukturen	Energieaufnehmer (Crashabsorber)
Offene Zellen, gute Wärmeleitung der Wände	Wärmetauscher, Flammenhemmer
Offene Zellen, große Oberflächen	Filterelemente, Katalysatoren
Dämpfung von mechanischen Schwingungen	Schallisolation, Schutzkapseln f. Maschinen
Verringerte elektrische und Wärme-Leitfähigkeit gegenüber massivem Material	Abschirmung gegen elektromagnetische Wellen, Wärmestrahlung

10.7 Keramik-Matrix-Verbunde (CMC)

10.7.1 Allgemeines

Die hohe Steifigkeit (E-Modul) und Temperaturbeständigkeit technischer Keramik in Verbindung mit hoher Korrosionsbeständigkeit macht sie zum idealen Werkstoff für Bauteile im Einsatz bei hohen Temperaturen. Hinderlich ist die niedrige Zähigkeit als Folge ihrer Struktur mit komplizierterem Kristallgitter und komplizierterer Ionen- oder Atombindung.

> **Hinweis** Alle keramischen Stoffe verhalten sich noch spröder als z. B. Gusseisen mit Lamellengraphit. Neben den Maßnahmen zur Duktilisierung der technischen Keramik sind Verbundlösungen eine wichtige Möglichkeit, Zähigkeit und Dauerfestigkeit zu erhöhen.

10.7.2 Faserverbundkeramik

Durch Faserverstärkung steigen Biegefestigkeit, die Beständigkeit gegen Temperaturwechsel und die Schadenstoleranz. Fasern für Keramik müssen wegen der hohen Sintertemperaturen hohe Warmfestigkeit und Oxidationsbeständigkeit besitzen, z. B. SiC oder Al_2O_3 bis $< 1200\,°C$. Bei C-Fasern ist innere Oxidation möglich, sie wird durch Beschichtung (Interface) gebremst.

Das Einbetten von Fasern in eine keramische Matrix ist schwierig, Keramik lässt sich nicht schmelzflüssig verarbeiten, die Schmelzpunkte liegen zu hoch. Kurzfasern können mit der Matrix pulvermetallurgisch verarbeitet werden.

Schadenstoleranz Fasern bremsen auch die Rissfortpflanzung, sodass ein katastrophales Versagen durch Sprödbrüche unterbleibt.

Bei Endlosfasern geht man den Umweg über hoch C-haltige Polymere. Sie werden nach Tränkung der Fasergelege durch Pyrolyse vergast und unter Schrumpfung in eine poröse keramische Matrix umgewandelt. Die Porosität kann durch Tränken und weitere **Pyrolyse** vermindert werden.

Beispiel für eine Faserverbundkeramik

C-Faser-Kohlenstoff, Sigrabond (CFC oder C/C). Herstellung aus phenolharzgetränkten Fasergelegen durch: Härtung $\rightarrow$ Pyrolyse $\rightarrow$ Nachtränken $\rightarrow$ Pyrolyse.

Je nach Art des Polymers entsteht nach der Pyrolyse eine C-Matrix oder bei Verwendung von Si-Polymeren eine SiC-Matrix.

Schwindung Bei der Pyrolyse entstehen Gase, die übrig bleibende SiC-Keramik (Ausbeute) liegt bei ca. 65 %. Der Materialverlust äußert sich in einer Schwindung. Sie wird durch keramische Füllstoffe im Polymer und weitere Imprägnierungszyklen gesenkt.

Anwendungen in nichtoxidierender Atmosphäre bis über 2000 °C, z. B. Drucksinterformen, Heizelemente, Ablenker für Düsentriebwerke, Panzerplatten.

Spezielle Si-Polymere sind löslich (in z. B. Toluol), damit lassen sich Fasern imprägnieren, die zu Prepregs verarbeitet werden. Das Wickeln ist bei Bauteilen, wie z. B. Rohren, möglich. Danach folgen:

- Austreiben des Lösungsmittels
- Aufschmelzen des Polymers und Verdichtung im Autoklaven bei ca. 400 °C
- Pyrolyse in Schutzgas, drucklos bei mehr als 1100 °C

Durch Infiltration eines C-faserverstärkten Kohlenstoffgerüstes CFC mit flüssigem Si reagiert der Kohlenstoff zu Siliciumkarbid SiC. Die C-Faser muss durch Beschichtung vor einer Reaktion mit Si geschützt werden.

- C-Faser führt zu geringer Wärmedehnung und hoher Bruchzähigkeit des Verbundes.
- Si + C ergeben zusammen eine hohe Wärmeleitfähigkeit und Wärmekapazität und die
- SiC-Matrix besitzt hohen Verschleißwiderstand.

SIGRASIC/TAVCOR (SGL-Carbon) PAN-Faser (Polyacrylnitril) wird zu C-Fasern keramisiert und das Fasergelege mit Si getränkt. Es besteht aus etwa 50…60 % SiC, 30…40 % Si und 10…20 % C.

Anwendung Bremsscheiben für Hochgeschwindigkeitszüge lassen gegenüber Stahlscheiben durch weniger und leichtere Bauelemente Masseeinsparungen von ca. 65 % für das gesamte Bremssystem zu. Auch für Bremsen und Kupplungen der Kfz-Oberklasse eingesetzt.

10.7.3 Durchdringungsverbundkeramik

Die hohen Schmelztemperaturen keramischer Stoffe erlauben das Tränken poröser Strukturen mit flüssigen Metallen. Hierzu gehört das SiSiC, bei dem ein Pressling aus SiC-C-Gemisch gesintert und mit flüssigem Si getränkt wird. Dabei reagiert das Si mit dem Kohlenstoff zu SiC und ergibt einen dichten reaktionsgetränkten Körper.

SiSiC (siliciuminfiltriertes Si-Karbid) hat etwa 10…20 % metallisches Si und dadurch hohe Wärmeleitfähigkeit, bis 1350 °C einsetzbar.

Anwendung als Wärmeaustauscher für aggressive Medien, Laufräder für Abgasturbolader und Pumpen, Gleitringdichtungen (bei abrasivem Fördermittel). Ein hoher E-Modul macht es geeignet für Tragerollen und -balken in Brennöfen für Keramik.

Verbund Metall-Keramik

Die geringe Zähigkeit keramischer Bauteile lässt sich auch konstruktiv durch Metall-Keramik-Verbunde umgehen:

- Metallteil für Beanspruchung auf Biegung und Stoß
- Keramikteil, druckbeansprucht, schützt vor thermischer Überlastung (kleine Wärme-leitung), Verschleiß und/oder Korrosion.

Zum Fügen von Keramik und Metall eignen sich auch das Einlegen, Aktivlöten und Kleben (dabei müssen die unterschiedlichen Wärmedehnungen beachtet werden).

Beispiele für Metall-Keramik-Verbunde

Hüft-Endoprothesen aus einer Keramikkugel mit Passsitz auf einem metallischen Schaft in einer Pfanne aus Polyethylen PE gelagert

Kugelhahn für abrasive und/oder korrosive Medien mit eingelegter Al-Oxidkeramik in einem metallischen Gehäuse.

Werkstoffe besonderer Herstellung oder Eigenschaften

11.1 Pulvermetallurgie, Sintermetalle

11.1.1 Überblick und Einordnung

Pulvermetallurgie (PM) ist nach DIN EN ISO 3252/01 ein Teilgebiet der Metallurgie, das sich mit der Herstellung von Metallpulvern und Bauteilen daraus befasst. Grundsätzlich müssen mindestens drei Fertigungsstufen durchlaufen werden:

- Pulvergewinnung
- Formgebung und Verdichtung
- Verfestigung durch Sintern.

PM gehört damit zu den Verfahren der Fertigungs-Hauptgruppe Urformen (Tab. 11.1). Das Verfahren wird auch für keramische Stoffe und Verbundwerkstoffe angewandt.

Teile größerer Masse sind durch PM technisch und aus Kostengründen nicht herstellbar. Deswegen erzeugt die PM nur weniger als 1 Masse-% der Gießereiproduktion.

Pulvermetallurgische Werkstoffe können mit Eigenschaften ausgerüstet werden, die bei Guss-und Knetwerkstoffen nicht realisierbar sind, denn **schmelzmetallurgisch** herge-

Tab. 11.1 Urformverfahren, DIN 8580/03

Verfahren	Materie	Vorgang, Produkt
Gießen	Flüssig, atomar	Erstarren zu Formteil, Halbzeug, **massiv**
Pulvermetallurgie	Feste Pulverteilchen	Pressen zu Formteil, Halbzeug, **porös**
Sprühkompaktieren	Tropfen	Thermisch Spritzen zu Halbzeug, Form-schale
Galvanoformen	Ionen in Lösung	Elektrolyt. Abscheiden Formteil, Form-schale

© Springer Fachmedien Wiesbaden GmbH, ein Teil von Springer Nature 2018
W. Weißbach, M. Dahms, C. Jaroschek, *Werkstoffe und ihre Anwendungen*,
https://doi.org/10.1007/978-3-658-19892-3_11

Tab. 11.2 Gefüge von Gusslegierungen

Merkmale	Auswirkung
Primärkristalle	Grobkörnige Gefüge
Unterschiedliche Löslichkeiten	Nicht beliebig mischbar
Seigerungen	Entmischungen
Intermetallische Phasen	Harte, spröde, d. h. unverformbare Stoffe

stellte Legierungen erstarren nach den Gesetzen des jeweiligen Zustandsdiagramms. Die dabei entstehenden Gefüge sind gekennzeichnet durch (Tab. 11.2):

Beim Gusswerkstoff sind Grundeigenschaften meist durch die Analyse vorgegeben, evtl. im Einschmelzmaterial schon vorhanden. Brauchbare Werkstoffe entstehen nur bei *bestimmten* Analysen eines Stoffsystems.

Das entstehende PM-Werkstoffgefüge kann dagegen gesteuert werden:

- Pulverteilchen werden bei der Herstellung stark abgeschreckt (bis zu 10^6 K/s). Die Folgen sind: Metastabile und hoch übersättigte Mischkristalle, aus denen beim Sintern feindisperse Intermetallische Phasen ausscheiden.
- Bei PM-Werkstoffen bleibt die jeweilige Pulvermischung erhalten, die Atome diffundieren beim Sintern nur kleine Weglängen über mehrere Pulverteilchen hinweg. Auf diese Weise können harte Phasen in beliebigem Anteil im Grundgefüge homogen verteilt werden. Zum Beispiel können PM-Schneidstoffe bis 95 % Karbide enthalten, schmelzmetallurgisch hergestellte nur bis ca. 25 %.
- Beim Verdichten der Pulverteilchen bleiben Poren zurück, die eine Funktion übernehmen können. Die Porosität kann nachträglich so weit verringert werden, dass die theoretische Dichte erreicht wird.

Beispiel: Nutzung von Porenräumen

- Reservoir für Schmierstoffe in selbstschmierenden Lagerbuchsen
- Filter für Gase und Flüssigkeiten
- Verringerung der Dichte (Masse) des Bauteils.

- Werkstoff- und Energieaufwand sind gegenüber Gießen und Schmieden geringer (Erzeugung von Fertigteilen).

Seit langem werden einbaufertige Formteile durch PM hergestellt. Die Wirtschaftlichkeit beruht auf der hohen Werkstoffausnutzung (95 %) bei geringerem Energiebedarf gegenüber anderen Fertigungswegen.

- Verbundwerkstoffe mit Verstärkung der Grundmasse (Matrix) durch Kurzfasern oder Teilchen anderer chemischer Struktur steuern ebenfalls das entstehende PM-Werkstoffgefüge.

PM-Werkstoffe sind erst im Fertigteil wirklich vorhanden. Ihr Eigenschaftsprofil wird entscheidend durch die Verfahrensbedingungen geprägt, die auf Dichte und Porosität des fertigen Bauteils Einfluss haben.

Beispiel: Dichte von Sinterteilen

Höhere Dichte ergibt höhere Festigkeit und Zähigkeit im Sinterteil (Abb. 11.5). Die Sinterdichte wird von Pulverform, Verdichtungsart und Sinterbedingungen beeinflusst und lässt sich evtl. nachträglich noch weiter erhöhen (Abschn. 11.1.5).

Für die Beurteilung der Eigenschaften von PM-Werkstoffen ist deshalb die Kenntnis der Verfahrensschritte notwendig.

Das pulvermetallurgische Fertigungsfahren

Die Hauptarbeitsgänge mit zahlreichen Varianten und möglichen Nachbearbeitungen sind in folgendem Diagramm angeführt.

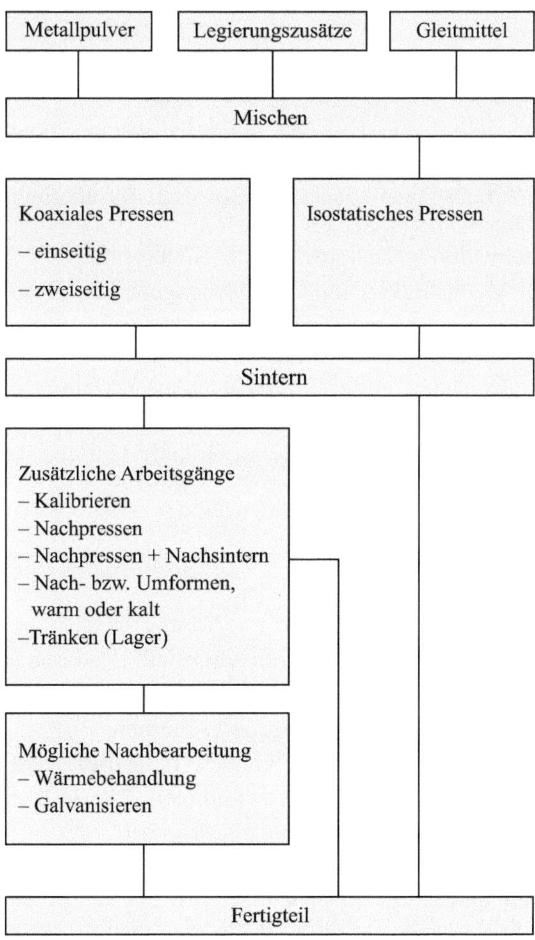

Abb. 11.1 Pulverteilchen (HCST), *links*: wasserverdüst, *rechts*: luftverdüst

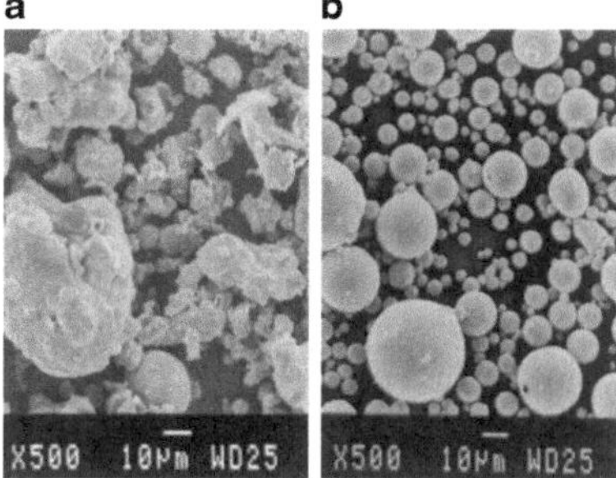

Pulver werden meist pressfertig angeliefert, z. T. aber auch beim Verarbeiter legiert. **Pressen** erfolgt in komplexen Werkzeugen, die mehrere Aufgaben erfüllen müssen:

- *Füllraum* zur Aufnahme der Pulvermenge bieten, die für das Teil benötigt wird.
- Pulver *Formen* und *Verdichten*, wozu ein oder mehrere koaxiale Stempel mit hoher Kraft bewegt werden müssen. Im Pressling sind die Teilchen mechanisch verklammert.
- *Freilegen* bzw. *Ausstoßen* des Presslings zum automatischen Weitertransport.

Sintern[1] Wärmebehandlung mit dem Ziel, durch Diffusionsvorgänge zwischen den Pulverteilchen eine feste Bindung zu schaffen und den Porenraum zu verkleinern.

Nachgeschaltete Arbeitsgänge können zur Eigenschaftsänderung gewählt werden:

- Erhöhung der Dichte durch Nachpressen oder Sinterschmieden
- Verbesserung der Maßhaltigkeit und Oberflächengüte durch Kalibrieren, Veränderung der Oberfläche, Füllung der Porenräume.

Nachpressen kann die Dichte mithilfe verschiedener Verfahren bis auf 99 % erhöhen (Abschn. 11.1.4 und 11.1.5).

Sinterlager aus PM-Werkstoffen haben mit Graphit, Fett oder Mo-Sulfid gefüllte Poren.

11.1.2 Pulverherstellung

Pulver werden nach verschiedenen Verfahren hergestellt. Dadurch haben sie unterschiedliche Gestalt und Größe, was sich auf Press- und Sinterverhalten auswirkt. Die Norm unterscheidet zwölf Formen, Abb. 11.1 zeigt zwei Formen.

Neben der Sintertechnik benötigen auch andere Industriezweige Metallpulver, sodass größere Mengen erzeugt und abgesetzt werden können (Tab. 11.3 und 11.14).

---

[1] Sintern ist ein Glühen von feinkörnigen, pulvrigen Stoffen. Die Teilchen vergrößern durch Platzwechsel der Atome ihre Berührungsflächen und kristallisieren darüber hinweg unter Veränderung der Poren. Treibende Kraft ist dabei die Verringerung der Oberflächenenergie der Teilchen.

Tab. 11.3 Pulverherstellung

Verfahren	Beschreibung	Werkstoffe
Direkt-Reduktion	Reduktion von Erzen im aufsteigenden CO-H_2-Gasstrom zu Eisenschwamm mit mechanischer Zerkleinerung und Magnetscheidung. Pulverförmige Oxide hochschmelzender Metalle werden im H_2-Strom reduziert	Fe-Pulver, Mo-, Ta-, W-Pulver
Verdüsung	Schmelzen werden mit Luft, Dampf oder Wasser zerstäubt, reaktionsfähige Metalle in Argon oder Vakuum. Teilchenform und -größe sind regelbar $(10\dots50\,\mu m)$	Alle Metalle und Legierungen
Carbonyl-Verfahren	Carbonyle sind Metall-(CO-)Verbindungen, bei höheren Temperaturen in reines Metall (Kugeln von $0{,}1\dots5\,\mu m$) zerfallend	Fe- und Ni-Pulver für Magnetwerkstoffe
Elektrolyse	Kathodische Reduktion aus Lösungen	Cu-Pulver

Tab. 11.4 Kontrollgrößen für Pulver

Siebanalyse	Gibt den Anteil der verschiedenen Korngrößen am Ganzen an. Kleine Teilchen sintern schneller, sind aber schlechter pressbar
Fließvermögen	Ist für die Füllzeit des Werkzeuges von Bedeutung. Gut rieselfähig sind kompakte Teilchen regelmäßiger Gestalt, kleine schlechter als große. Durch Granulieren wird das Verhalten schlecht fließfähiger Pulver verbessert
Fülldichte	Quotient aus Masse/Volumen des abgefüllten Pulvers. Ihre Konstanz ist wichtig für die Toleranzen in Pressrichtung
Pressbarkeit	Die Pulver sollen bei niedrigem Pressdruck (Standmenge) eine hohe Pressdichte im Pressteil ergeben (Abb. 11.2). Die Reibung wird durch Zugabe von 1 % Zinkstereat als Festschmierstoff vermindert (vergast beim Sintern)
Presskörperfestigkeit	(Grünfestigkeit) bezieht sich auf den Zustand vor dem Sintern. Sie ist hoch bei zerklüfteten Pulverteilchen, die zu Teilen mit niedriger Dichte verarbeitet werden (z. B. Sinterlagern). Kompakte Teilchen verklammern sich gering (Gefahr des Kantenausbrechens)

Für die Verarbeitung zu Sinterformteilen müssen Pulver ein bestimmtes Eigenschaftsprofil besitzen, um eine Fertigung unter gleich bleibenden Bedingungen zu gewährleisten und die Qualität zu sichern (Kontrollgrößen siehe Tab. 11.4).

11.1.3 Formgebung und Verdichten

Am häufigsten wird das Pressen in Werkzeugen mit einem oder zwei koaxialen Stempeln angewandt, z. B. für alle auf Festigkeit beanspruchten Sinterteile.

Hochporöse Teile, wie z. B. Filter, werden durch Schüttsintern gefertigt. Das Pulver wird in Mehrfachformen eingerüttelt und darin gesintert.

Abb. 11.2 Pressbarkeits-
schaubild von Eisenpulver
verschiedener Teilchengröße

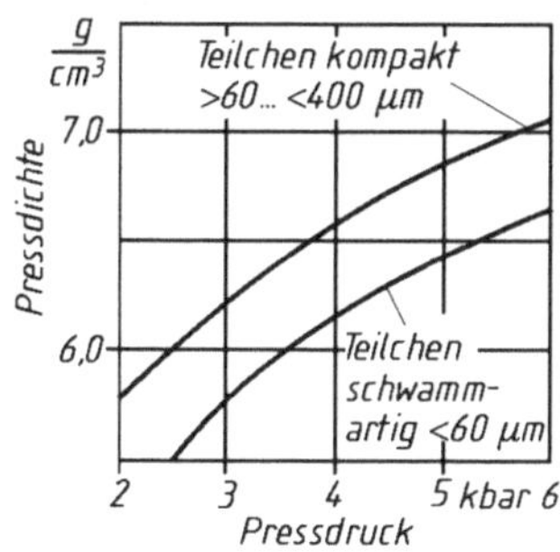

> **Hinweis** Um eine möglichst *gleichmäßige* Dichteverteilung über Querschnitt und Länge des Pressteiles zu erhalten, gibt es je nach Form des Teiles verschiedene Werkzeugtypen und Mechanismen.

Formgebung durch Pressen

Die Pulver werden in die Füllräume von Werkzeugen gefüllt und verdichtet. Dabei steigt die *Fülldichte* von ca. $3\,\mathrm{g/cm^3}$ auf die Pressdichte von $5{,}8\ldots 7\,\mathrm{g/cm^3}$ (für Sintereisen und -stahl). Die Dichte des massiven Metalls kann durch Pressen allein nicht erreicht werden.

Pressdichte ist die Dichte des ungesinterten Teils. Sie ist vom Pressdruck abhängig. Daneben wirken sich Gleitmittel, Teilchenform und -größe, ihre Größenverteilung und das plastische Verhalten des Metalls aus (Abb. 11.2).

Nach der Pressbarkeit werden unterschieden:

- superkompressible, z. B. Cr-Mn-Mo
- hochkompressible, z. B. Ni-Mo
- normalkompressible Eisenpulver (fertiglegiert).

Bei Massenteilen beträgt der höchste **Pressdruck** mit Rücksicht auf die Standmenge der Form ca. $600\,\mathrm{N/mm^2} = 60\,\mathrm{kN/cm^2}$.

Für Teile mit höchsten Beanspruchungen (z. B. Werkzeuge aus HS-Legierungen) sind Drücke bis zu $80\,\mathrm{kN/cm^2}$ in Anwendung.

Isostatisches Pressen (kalt CIP, heiß HIP) vermeidet die ungleiche Dichteverteilung beim Pressen: Die Pulver werden in elastische Kapseln gerüttelt, verschlossen und in einer Flüssigkeit oder einem Gas hohem Druck ausgesetzt. Nur für einfache Formen und Halbzeug geeignet. Beim isostatischen Pressen breitet sich der Druck in einer Flüssigkeit und in einem Gas gleichmäßig (isostatisch) aus und steht auf allen Flächen senkrecht. Beim mechanischen Pressen ist die Verdichtung in Stempelrichtung am größten, quer dazu geringer.

PM-Spritzgießen

Diese Verfahren kombinieren die Freiheit des Spritzgießverfahrens in der Formgestaltung mit den Eigenschaften hochwertiger Metalle und höchster Materialausnutzung. Verfahrensbezeichnungen sind **MIM** (Metal Injection Moulding; Krupp-KPM, Schunk) und **PM**-Spritzgießen (Sintermetallwerk Krebsöge).

Metallpulver mit Teilchengrößen $< 20\,\mu\text{m}$ werden mit ca. 30 % eines organischen Binders granuliert und auf Kunststoffpressen bei ca. 150...250 °C zu Formteilen verpresst. Die Teilchen werden dabei nicht plastisch verformt, die Grünfestigkeit wird durch den thermoplastischen Binder hergestellt. Die Bauteilgrößen liegen im Bereich 1...100, in Ausnahmefällen auch 200 g.

Anwendung Die Pulverteilchen werden beim Spritzgießen nicht kaltverfestigt, ihr Pressverhalten ist ohne Einfluss. Es können auch harte Legierungen verarbeitet werden. Die endkonturnahe Fertigung ist günstig für komplexe Teile aus teuren und harten Werkstoffen, z. B. HS-Wendeschneidplatten in Mehrfachform, Rotor für Flügelzellenpumpen aus HS6-5-4 (KPM), Sicherheits- und Autozündschlösser, Kleingetrieberäder.

Es folgen die weiteren Arbeitsgänge:

- Austreiben des Binders in der Wärme (entwachsen, entbindern), das Teil wird porös.

Entbinderung Die Entwicklung geht auf neue Binder, die in kürzerer Zeit auch aus dickeren Querschnitten entfernt werden können: Katalytische Entbinderung durch Säurezersetzung eines speziellen POM-Binders bei 1100...1400 °C in 20-fach kürzerer Zeit (BASF, Innovationspreis 1996). Auch für CIM (Ceramic Injection Moulding = Keramik-Spritzguss) geeignet.

- **Sintern** unter Schutzgas oder Vakuum mit anschließender Druckerhöhung auf ca. 100 bar und Dichtsinterung.

Die Diffusionswege sind lang (max. Wanddicken bis zu 5 mm), die Zeiten ebenfalls. Durch den Binderverlust schrumpft das Teil linear zwischen 10...17 %. Durch Pulver mit bestimmter Korngrößenverteilung lässt sich die große Schwindung beherrschen (ISO-Toleranz 9–10).

11.1.4 Sintern

Beim Glühen unter Schutzgas sollen die zunächst nur mechanisch verklammerten Teilchen durch Diffusion und Rekristallisation ein Gerüst aus Kristallen bilden, das von den Poren durchsetzt ist (Tab. 11.5).

Tab. 11.5 Typische Sintertemperaturen

Metall	Temperatur/°C	Metall	Temperatur/°C
Al-Leg.	590–620	Cu-Sn	740–780
Fe, Fe-Cu	1120–1280	Fe-C	1120
Hartmetall	1200–1400	Fe-Cu-Ni	1120
W-Leg.	1400–1500	Fe + Karbide	>1280

Abb. 11.3 Innere Vorgänge
beim Sintern, schematisiert

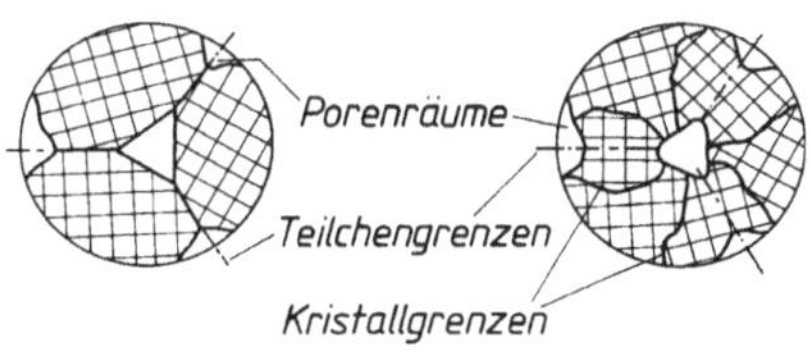

Abb. 11.3 zeigt schematisiert Pulverteilchen, die durch den Pressvorgang kaltverformt wurden. Beim Sintern setzen an den Berührungsstellen der Stofftransport und die Rekristallisation ein.

Anfangs entsteht ein zusammenhängender Porenraum (für Filter und Lager genutzt). Später werden die Poren unter Schwindung verkleinert und nehmen rundliche Gestalt an. Nach dem Sintern sind die Teilchengrenzen nicht mehr erkennbar.

Die Verkleinerung des Porenraumes führt zu einer **Schwindung**. Sie hängt von Pressdruck, Pulverart und Sintertemperatur ab und wird bei der Bemessung der Werkzeuge berücksichtigt.

Vakuumsintern von Pressteilen aus kugeligen Pulvern (legierte Stähle) beseitigt die Porosität völlig und liefert endkonturnahe Teile mit 85…95 % Materialausnutzung, z. B. Wendeschneidplatten, Matrizen für die Schraubenfertigung, Fräserrohlinge aus HS-Stählen.

Es ist als alternatives Verfahren zum Heißisostatischen Pressen (HIP-Prozess) entstanden und weniger aufwendig.

Sintern mit flüssiger Phase

Phasen können bei Sintertemperatur flüssig werden und die Porenräume füllen. Dabei ergibt sich, evtl. auch durch Legierungsbildung, eine festere Bindung zwischen den Teilchen. Auf diese Weise wird eine Art Verbundwerkstoff, ein *Durchdringungsverbund*, hergestellt.

Beispiele für flüssige Phasen

Flüssige Phasen treten beim Sintern folgender PM-Legierungen auf:

Hartmetalle WC-Co, Sinterbronze Cu-Sn, HS-Stähle und Kontaktwerkstoffe, z. B. Metall-Graphit für Stromabnehmerbürsten

Heißisostatisches Pressen (HIP)

Das Heißisostatische Pressen ist ein aufwendiges Verfahren, meist in Verbindung mit Kaltisostatischem Pressen (KIP) zum Erreichen höchster Dichte mit folgenden Arbeitsgängen:

- Einkapseln des vorgepressten Rohlings in eine druckdichte Kapsel und Evakuieren
- Sintern unter hohem Gasdruck
- Entkapseln, d. h. Zerstören der Kapsel aus weichem Stahl, Cr-Ni-Stahl oder Glas.

Die Kapsel wird in einem druckfesten Behälter unter Argondruck elektrisch beheizt. Dadurch steigen Druck (1400 bar) und Temperatur (max. 2000 °C). Haltezeit 1…3 h.

Abb. 11.4 HS-Stahl HS 12-1-5-5 gehärtet und angelassen; *links*: PM-HIP-Verfahren; *rechts*: gegossen und warmverformt (FPM)

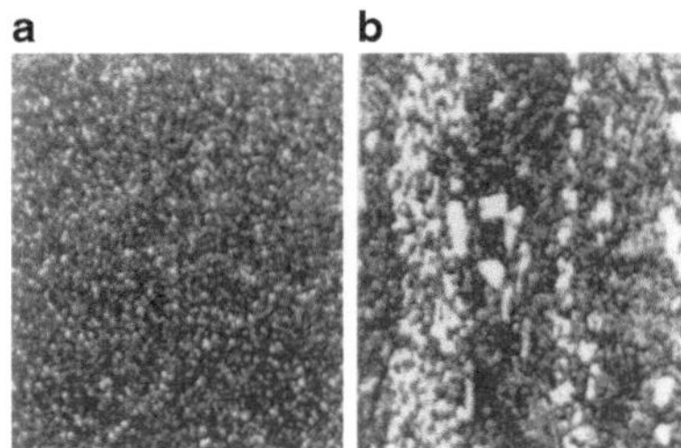

Anwendung findet das HIP bei Halbzeugen aus HS-Stählen, hochwarmfesten Legierungen und Warmarbeitsstählen. Homogene Verteilung und Feinheit der Karbide machen die daraus hergestellten Werkzeuge besser bearbeitbar und ergeben höhere Standmengen bzw. Standzeiten (Abb. 11.4).

HIP-Verfahren werden auch für Verbunde von massiven Werkstücken mit Sinterwerkstoff durch Diffusionsschweißen angewandt (sog. AufHIPen), z. B. Hartmetall in 2 mm dicker Schicht als Verschleißschutz auf die Oberfläche eines Walzenkörpers aus Baustahl.

11.1.5 Nachbehandlung der Sinterteile

Nachverdichten, Kalibrieren
Mit dem Sintern ist meist eine Volumenänderung verbunden. Ihr Betrag hängt von der Pulverart und der Sintertemperatur ab. Reine Metalle haben stets eine Schwindung, bestimmte Legierungen nicht.

Schwundausgleich Pulvermischungen aus Fe-Cu verhalten sich bei größeren Cu-Gehalten gegenläufig, sie wachsen. Cu schmilzt und löst Fe-Atome. Die Cu-reichen MK haben ein größeres Volumen. Durch Zugabe von 2 % Cu wird ein Schwundausgleich erreicht. Deshalb ist Cu in vielen Pulvern enthalten.

Bei hohen Ansprüchen an Maßhaltigkeit muss das gesinterte Teil in einem zweiten Werkzeug kalibriert werden. Daneben erhöhen sich Dichte und Oberflächengüte.

Toleranzen Für Maße, die durch die Matrize geformt werden, ist eine Qualität von IT7…IT6 zu erreichen. Die Maße in Pressrichtung tolerieren unabhängig vom Sollmaß um etwa 0,1…0,2 %.

Zweifachsintertechnik (Doppelpressen) Für höhere Festigkeit und Dehnung muss die Dichte erhöht werden (Abb. 11.5). Das kann durch nochmaliges Pressen erfolgen. Durch ein zweites Sintern wird die Kaltverfestigung aufgehoben und die Dauerfestigkeit erhöht.

Die Porosität von Sinterteilen mit < 92 % Raumerfüllung ist dann störend, wenn die Teile mit Flüssigkeiten Kontakt haben (Korrosionsgefahr) oder Gas- bzw. Flüssigkeits-

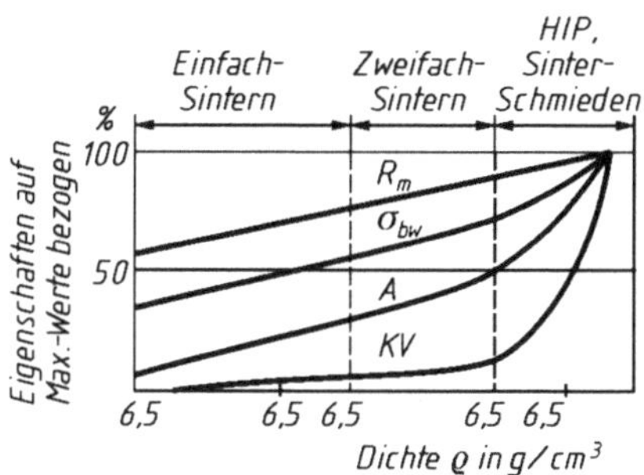

Abb. 11.5 Steigende Festigkeit bei steigender Sinterdichte (FPM)

Abb. 11.6 Winkelhebel für Fliehkraftregler, Werkstoff Sint D 30, einsatzgehärtet (FPM)

druck ausgesetzt sind (Durchlässigkeit). Das gilt auch für Fertigungsgänge wie Galvanisieren, Salzbadbehandlung u. a.

Sinterschmieden (Pulverschmieden) dient der Erhöhung der Dauerfestigkeit und wird in Gesenken bei Warmumformtemperaturen durchgeführt (bei schmiedegeeigneter Form). Anwendung findet dieses Verfahren für höchstbeanspruchte Bauteile, wie z. B. Pleuelstangen.

Infiltrieren ist bei zusammenhängenden Porenräumen (> 12 % Porosität) möglich. Hierzu werden Metalle mit niedrigerem Schmelzpunkt als der Sinterkörper (z. B. Cu und Cu-Legierungen) unter Vakuum eingesaugt.

Tränken mit Ölen, Wachsen oder Silikonen eignet sich für Sinterlager und zum Korrosionsschutz, mit Kunststoffen vor einer galvanischen Behandlung.

Dampfbehandlung erzeugt eine blauschwarze Fe-Oxidschicht von 5…10 µm Dicke als einfachen Korrosions- und Verschleißschutz.

Wärmebehandlungen aller Art sind technisch möglich (Abb. 11.6). Bei thermochemischen Verfahren mit Gasen wird durch die Porosität die Behandlungszeit verkürzt. Salzbadreste müssen sorgfältig entfernt werden.

Tab. 11.6 Höchstschmelzende Metalle

Metall	Schmelzpunkt	Verwendung
Wolfram	3422 °C	Glühlampenwendel, WIG-Schweiß-Elektrode
Tantal	2996 °C	Elektronenröhren
Molybdän	2633 °C	Heizleiter

11.1.6 Werkstoffe

Für PM-Erzeugnisse stehen zahlreiche Werkstoffe zur Verfügung. Es lassen sich folgende Werkstoffgruppen erkennen (Keramische Stoffe sind im Kap. 8 behandelt):

11.1.6.1 Werkstoffe, schmelzmetallurgisch nicht herstellbar (sog. Pseudolegierungen)

Höchstschmelzende Metalle (Tab. 11.6) können mangels brauchbarer Feuerfeststoffe für Tiegel und Formen nicht als Schmelze gewonnen werden. Letztere würden sich mit den Metallen legieren und zu unbrauchbaren Legierungen führen.

Die Metalle werden aus ihren pulverförmigen Oxiden mit H_2-Gas reduziert, gepresst, gesintert und bei 1300 °C verformt.

Zu den für die Schmelzgewinnung ungeeigneten Metallen sind auch Werkstoffe zu rechnen, die aus Metallen und hochschmelzenden Hartstoffen (Karbiden, Oxiden, Nitriden oder Diamant) bestehen.

Beispiel für einen solchen Werkstoff

Ferro-Titanit, härtbarer Sinterwerkstoff aus 50…70 % TiC in einer Grundmasse aus legierten, härtbaren Stählen. Im Anlieferungszustand ist er zerspanbar und kann durch Abschreckhärten auf 70…72 HRC gebracht werden. Nach Weichglühen erneut zerspanbar (Korrektur von Werkzeugteilen). Näheres zum Ferro-Titanit findet sich unter www.ferro-titanit.de.

Die wichtigsten Werkstoffe aus dieser Gruppe sind **Sinterhartmetalle**, aus den Karbiden des W, Ti und Ta in einer flüssigen Phase aus Co gesintert. Sie haben höchste Karbidgehalte und dadurch höheren Verschleißwiderstand als HS-Stähle (Tab. 11.7).

Cermets (ceramic + metal) sind Mischungen aus hochschmelzenden Metallen (Co, Ni) mit nichtmetallischen Phasen für thermisch hochbelastete Teile von Triebwerken. Sie werden wie Sinterhartmetalle verwendet.

Die Härte steigt mit dem Anteil an TiC und TaC, während die Zähigkeit mit dem Co-Anteil erhöht wird, ebenso durch feinkörnigere Gefüge.

Tab. 11.7 Anwendungsgruppen der Sinterhartmetalle (DIN 4990 Z)

Eigenschaftstrend der Sorten	Kennzeichen	Anwendung
Härte und Schnittgeschwindigkeit **P01** (groß ⇐ Karbidanteil ⇒ kleiner) **P40**	4 Sorten, blau **P01…P40**	Für langspanende Werkstoffe: Stahl, Stahlguss, Temperguss
	3 Sorten, gelb **M10…M40**	Für Mehrzweckverwendung, Austenitische Stähle, Automatenstahl, Mn-Hartstahl
Biegefestigkeit und Vorschubgeschwindigkeit **K01** (klein ⇐ Co-Anteil ⇒ größer) **K30**	3 Sorten, rot **K01…K30**	Für kurzspanende Werkstoffe: Gusseisen, Hartguss, Stahl gehärtet; Kunststoffe, Hölzer, Werkzeuge der spanlosen Formung

Tab. 11.8 Unlöslichkeit der Schmelzen

System	Verwendung
Cu-Graphit	Stromabnehmerkohlen
Cu-W	Schaltkontakte, hoch belastet

Beispiel für feinstkörnige Gefüge

Feinstkorn-HM mit Korngrößen von 0,3…0,8 µm hat eine Biegefestigkeit von 4300 MPa (normales HM hat nur 2400 MPa).

Einige Legierungssysteme können nur pulvermetallisch genutzt werden, wie z. B. bei **Unlöslichkeit im flüssigen Zustand**. Sie tritt bei einigen Systemen auf, deren Komponenten sich stark in der Dichte unterscheiden. Der unschmelzbare Graphit schwimmt auf der Cu-Schmelze (Tab. 11.8), oder es entstehen zwei Schmelzen übereinander geschichtet.

Seigerung beim Erstarren führt zu einer ungleichmäßigen Verteilung bestimmter Legierungselemente im Kristall (Kristallseigerung) oder von Kristallen im Gefüge (grobe Primärkristalle, Abb. 11.4 rechts). PM-Werkstoffe besitzen feinkörnigere Gefüge. Deshalb werden zahlreiche Stähle für hochbeanspruchte Werkzeuge als PM-Stähle angeboten.

Gesinterte HS-Stähle Schnellarbeitsstähle enthalten nach der Erstarrung grobe Karbide der Legierungselemente in einem weicheren Grundgefüge. Durch Schmieden und Wärmebehandlung werden die Karbide verfeinert. Alternativ erhält man durch Verdüsung einer HS-Stahl-Schmelze mit Sinterung (+ HIP) eine wesentlich feinere Verteilung und höhere Standzeiten.

11.1.6.2 Pulvermischungen für Formteile

Die Teile könnten meist durch die Fertigungslinie Gießen – Umformen gefertigt werden. Das PM-Verfahren wird dann gewählt, wenn sich dadurch geringere Kosten ergeben oder die Teile besondere Eigenschaften besitzen sollen (z. B. durch Nutzung der Porenräume).

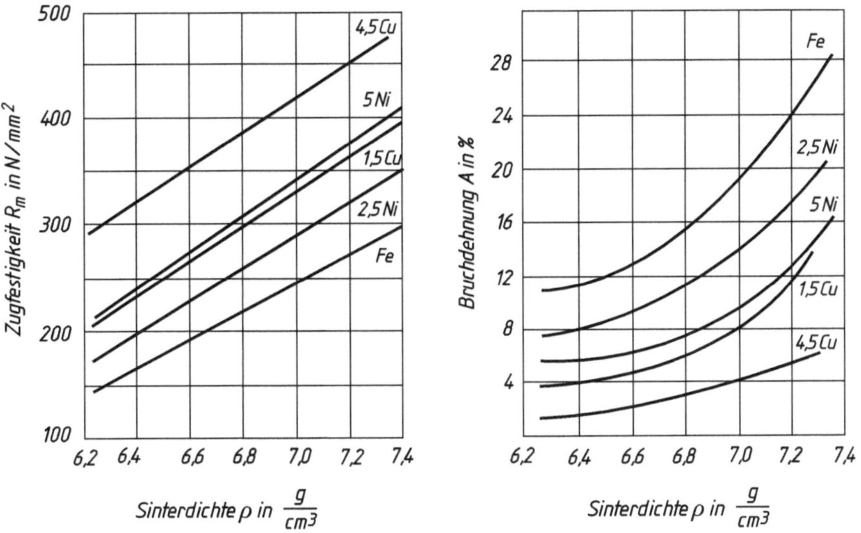

Abb. 11.7 Zugfestigkeit (*links*) und Bruchdehnung (*rechts*) als Funktion der Sinterdichte für Cu- und Ni-legierte Sinterstähle

Porenräume in Formteilen werden ausgenutzt für

- Leichtbaukonstruktionen mit Schaumkernen
- Filterteile mit offenen Porenräumen
- tribologisch beanspruchte Teile durch mit Graphit oder Fett gefüllte Poren.

Eine hohe Festigkeit im Bauteil kann auf zwei Wegen erreicht werden:

- Steigerung der Dichte mithilfe der Zweifachsintertechnik oder durch Warmpressen (auch Sinterschmieden oder Heißisostatisches Pressen, HIP; Abb. 11.5)
- Legierungstechniken, mit denen sich die höhere Festigkeit durch Einfachsintern, d. h. bei niedrigerer Sinterdichte, erzielen lässt (Abb. 11.7).

Wie bei massiven Metallen ist eine höhere Festigkeit stets mit geringerer Bruchdehnung verknüpft (Vergleich der Kurven für Fe und Fe mit 4,5 % Cu in Abb. 11.7).

11.1.7 Legierungstechniken

Zur Herstellung der Pulver für Bauteile aus legierten Sinterstählen werden verschiedene Verfahren angewendet.

Für die PM-Herstellung von Bauteilen hat die Industrie Pulver auf Fe-, Cu- und Al-Basis entwickelt, die nach dem Pressen eine Festigkeit von etwa 5 MPa, nach dem Sintern jedoch bis zu 1500 MPa besitzen, je nach Pulverart und angewandter Press-und Sinter-technik.

Gemischtlegierungstechnik

Die Gemischtlegierungstechnik erzeugt eine Mischung von reinen Metallpulvern oder mit Vorlegierungen (Ferrochrom, Ferromangan usw.). Dabei werden die Presseigenschaften nur gering beeinträchtigt. Die Legierungsbildung findet während des Sinterns statt. Eine volle Homogenisierung erfordert lange Sinterzeit und hohe Temperaturen. Dabei werden die LE durch den Restsauerstoffgehalt der Pulver teilweise oxidiert.

Anlegierungstechnik

Die Anlegierung ist die Herstellung eines Basislegierungspulvers, das die LE in Form von Karbiden enthält, die bis zur Sintertemperatur beständig sind. Diese konzentrierte Basislegierung wird in Anteilen bis zu 4 % dem Fe-Pulver zugegeben. Die Pressbarkeit ist gut, ebenso die Diffusion der LE in die Grundmasse. Der C-Gehalt macht die Legierungen härt- und vergütbar.

PM-Werkstoffe sind in Werkstoff-Leistungsblättern genormt (WLB). Die Einteilung erfolgt nach der Dichteklasse und der chemischen Zusammensetzung.

Beispiel einer genormten Bezeichnung
Bezeichnung Sinterstahl Sint B 21

$$\textbf{B} \quad \textbf{2} \quad \textbf{1}$$
$$\downarrow$$
1: Zählziffer, hier C-haltig (Tab. 11.11)
$$\downarrow$$
2: Grundwerkstoff Stahl, $> 5\,\%$ Cu
$$\downarrow$$
B: Dichteklasse (Porenraum)

Fertiglegierte Pulver werden durch Verdüsen von schmelzmetallurgisch erzeugten Legierungen hergestellt. Jedes Pulverteilchen hat bereits die Zusammensetzung des fertigen Sinterwerkstoffs. Die Presseigenschaften sind durch den LE-Gehalt schlechter (hoher Pressdruck). Verwendet werden fertiglegierte Pulver für Filter- und Lagerwerkstoffe, Cu-Legierungen (Bronze, Messing, Neusilber), austenitische, warmfeste und Werkzeug-Stähle, auch für granulierte Ausgangsstoffe (feedstock) zum PM-Spritzgießen.

Welche Verfahrensbedingungen Einfluss auf die Eigenschaften der Sinterwerkstoffe nehmen, fasst Tab. 11.9 zusammen.

Tab. 11.9 Einfluss von Verfahrensbedingungen auf die Eigenschaften der Sinterwerkstoffe

Kriterium	Auswirkung
Dichte (Raumerfüllung)	Steigende Dichte verursacht steigende Kosten. Härte und Zugfestigkeit steigen linear mit der Dichte, die elektrische Leitfähigkeit ebenso. Die Bruchdehnung steigt exponentiell an
Pulverzusammensetzung und Legierungstechnik	Beeinflussen das Pressverhalten, damit die Pressdichte sowie die Homogenität der Pulvermischung und Ausnutzung der LE
Nachverdichten mit Kaltverfestigung	Die Festigkeitssteigerung führt zu einem starken Abfall der Zähigkeit, damit sinkt die Dauerfestigkeit von dynamisch beanspruchten Bauteilen
Warmpressen, evtl. Warmumformen	Die Dichte steigt auf die des massiven Werkstoffes, damit Festigkeit und Bruchdehnung. Ein Auftreten von Anisotropie ist möglich

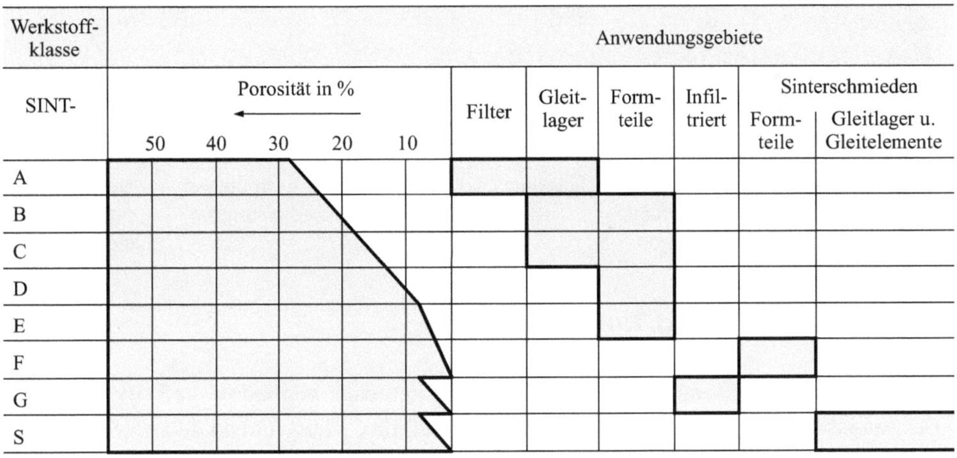

Werkstoffklasse	Anwendungsgebiete						
SINT- (Porosität in % ← 50 40 30 20 10)	Filter	Gleitlager	Formteile	Infiltriert	Sinterschmieden Formteile	Sinterschmieden Gleitlager u. Gleitelemente
A							
B							
C							
D							
E							
F							
G							
S							

Abb. 11.8 Einteilung der Sinterwerkstoffe nach Dichteklassen (WLB)

Tab. 11.10 Normen in der Pulvermetallurgie

Norm	Titel
DIN 30910/90	Werkstoff-Leistungsblätter (WLB) Teile 1…6 für Anwendungsgebiete
DIN 30911/90	Sinterprüfnormen (SPN) Teile 1…7 für Eigenschaftsprüfungen
DIN 30912/90	Sinter-Richtlinien (SR) Teile 1…6 für Gestaltung, Bearbeitung, Fügen

Tab. 11.11 Einteilung der Sinterwerkstoffe nach der chemischen Zusammensetzung (WLB)

Ziffer	Sinterwerkstoff	LE -Anteile	Ziffer	Sinterwerkstoff	LE -Anteile
0	Sintereisen u. -stahl	$< 1\,\%$ Cu (auch C)	5	Sinterlegierungen CuSn	$60\,\%$ Cu
1	Sinterstahl	$1\ldots 5\,\%$ Cu (auch C)			
2	Sinterstahl	$> 5\,\%$ Cu (auch C)	6	Andere, nicht in 5	
3	Sinterstahl	(C+Cu), $< 6\,\%$ LE (Ni)	7	Enthaltene Sinter-metalle	z. B. Al
4	Sinterstahl	(C+Cu), $> 6\,\%$ LE (Ni)	8 + 9	Reserve	

Tab. 11.12 Mechanische Eigenschaften von Sinterstahl mit steigender Dichte

Sorte	SINT-A 10	SINT-B 10	SINT-C 10	SINT-D 10	SINT-E 10
Dichte ρ g/cm^3	5,6…6,0	6,0…6,4	6,4…6,8	6,8…7,2	7,2
Zugfestigkeit R_m MPa	140	170	200	300	350
Bruchdehnung A %	2	2	3	7	10
Härte HBW	35	40	55	80	100
Anwendungen	Selbst-schmierende Gleitlager	Gleitlager	Stoßdämpfer-teile	Ölpumpen-zahnrad	Büro-maschinen-teile

11.1.8 Klassifizierung, Normung

PM-Werkstoffe sind nach ihren Anwendungsgebieten gegliedert und in Werkstoff-Leistungsblättern genormt (WLB, Abb. 11.8 und Tab. 11.10 und 11.11). Die Einteilung erfolgt nach der Dichteklasse und der chemischen Zusammensetzung.

▶ **Hinweis** Die WLB enthalten Werkstoffe für Lager, Filter und Formteile, aber keine Hartmetalle, Kontakt- und Dauermagnetwerkstoffe oder hochwarmfeste Legierungen.

Die obige Tabelle (Tab. 11.12) vergleicht einen Sinterstahl steigender Dichte bei gleicher chemischer Zusammensetzung.

11.1.9 Sprühkompaktieren (Spray Forming)

Für die Herstellung von Sinterformteilen oder Halbzeug sind mindestens drei Verfahrensstufen erforderlich:

Abb. 11.9 Sprühkompaktier-
Verfahren, schematisch

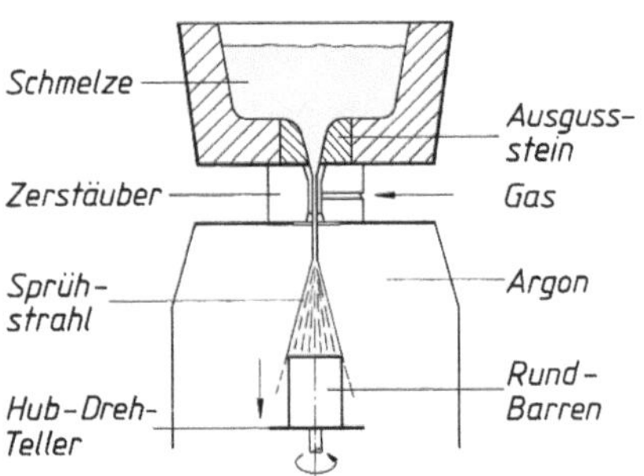

Pulverherstellung

Formpressen   PM-Spritzguss
Sintern   Sintern

(Nachbehandlung)

Das Sprühkompaktieren (Abb. 11.9) bewältigt diese Stufen in *einer* Anlage zur Herstellung von Vormaterial für die Weiterverarbeitung durch Strangpressen oder Schmieden.

Das Verfahren verknüpft das Gasverdüsen (in Argon oder Stickstoff) mit dem thermischen Spritzen. Die verdüsten Schmelztröpfchen (ca. 40 µm) treffen im Zustand *zwischen* Liquidus- und Solidustemperatur auf einen beweglichen Auffangteller und verschweißen (Abb. 11.8). Schnelle Abkühlung (mit $10^4 \ldots 10^5 \, \mathrm{K/s}$) verhindert Diffusion und ergibt eine Zwangslösung zusätzlicher LE in den Schmelztröpfchen. Anlagen erzeugen Rundbarren bis zu 500 mm $\varnothing$ und 2,5 m Länge aus Al-Legierungen. Es lassen sich auch Flacherzeugnisse und schalenartige Formen nach diesem Verfahren erzeugen.

Das Verfahren wird z. B. für Al- und Mg-Legierungen mit Dispersionsverfestigung (Abschn. 2.3.4) angewandt. Zur Herstellung von Verbundwerkstoffen lassen sich in den Verdüsungsprozess feste Teilchen einschleusen und in das Gefüge einbetten. Es ermöglicht auch die Herstellung von höher legierten Sorten, die auf schmelzmetallurgische Weise nicht hergestellt werden können, weil sie wegen Seigerungen oder einem hohen Gehalt an Intermetallischen Phasen keine gieß- oder warmformbaren Werkstoffe ergeben. Als Beispiel dafür sind hier Al-Legierungen angeführt (Beispiel und Tab. 11.13).

Beispiel für eine sprühkompaktierte Al-Legierung

Kraftfahrzeug-Kurbelgehäuse aus Al müssen in der Zylinderwand verschleißfest sein. Normale Druckgusslegierungen sind deshalb nicht geeignet. Verschleißfestigkeit ergibt höhere Si-Gehalte; die Sorten mit > 12,5 % Si sind jedoch übereutektisch, erstarren mit groben Si-Primärkristallen und sind schwierig dünnwandig vergießbar.

Lösung: Sprühkompaktierte Sorten mit stark erhöhten Si-Gehalten sind nach Warmumformung feinkörnig und haben zugleich

Tab. 11.13 Sprühkompaktierte Al-Legierungen (PEAK-Werkstoff GmbH, Velbert)

Werkstoff / PEAK-Nr.		$R_\mathrm{m}/R_{\mathrm{p}0,2}$ MPa	A %	E GPa	Dichte ρ g/cm^3	α^a 10^{-6}/K	Merkmale, Anwendungen
AlSi35	S220	220 / 120	3	88	2,6	13	Geringe Wärmeausdehnung, für Verbund mit Stahl
AlSi20Fe5Ni2	S250	360 / 240	2	98	2,8	16	Kolbenwerkstoff, schmiedbar
AlSi25Cu4Mg	S260	250 / 180	1	90	2,7	16	Zylinderbüchsen, verschleißfest
AlZn11Mg2Cu	S790	**750 / 730**	**10**	73	2,8	23	Hohe Festigkeit bei hoher Bruchdehnung, zäh

$^\mathrm{a}$ Lineare Längenausdehnung

Tab. 11.14 Verbrauch einzelner Branchen an Sinterteilen und Eisenpulver 2002 (FPM)

Branche	Fertigteile in %	Branche	Pulver-Anteil in %
Fahrzeugbau	85,5	Pulvermetallurgie	85,0
Haushalt-und Elektrogeräte	4,5	Schweißelektroden	3,0
Maschinenbau	5,0	Pulverbrennschneiden	2,0
Sonstige	5,0	Chemische Industrie u. a.	10,0

- niedrige thermische Ausdehnung und
- hohe Warmfestigkeit durch Dispersionsverfestigung, ebenso höheren E-Modul.

Sie werden als Zylinderlaufbuchse mit einer normalen Druckgusslegierung (z. B. Al Si9Cu3) vergossen (Daimler-Benz V8-Motor).

Die PM-Al-Werkstoffe variieren in Festigkeit und Bruchdehnung sowie in der thermischen Ausdehnung, sodass sich Anwendungen im Motorbereich ergeben (Tab. 11.14): Kolben, Laufbüchsen, Ölpumpenzahnräder (mit gleicher Wärmedehnung wie das Gehäuse), Pleuel, Ventilsteuerungsteile.

Gleiche Wärmedehnungen von Kolben und Laufbüchse ergeben geringeres Spiel und senken Emissionen und Ölverbrauch.

11.2 Schichtwerkstoffe und Schichtherstellung

11.2.1 Begriffe, Abgrenzung

In diesem Abschnitt werden Werkstoffe für die Beschichtung von Bauteilen behandelt und die zugehörigen Verfahren unter werkstofftechnischen Gesichtspunkten angeführt.

Tab. 11.15 Oberflächenbeanspruchungen und ihre Auswirkungen

Art der	Wirkung der Beanspruchung	
Beanspruchung	in der Randschicht	auf die Oberfläche
Festigkeit	Max. Biege- und Torsionsspannungen in der **Randfaser** und im Grund von Kerben	Dauerfestigkeit von der Oberflächengüte abhängig
Thermisch	Platzwechsel (Diffusion) von Atomen nach innen oder außen. **Veränderung der Randschicht**	Heiße, strömende Gase, z. T. oxidierend oder aufkohlend
Korrosion	Interkristalline und selektive Korrosion wirken in die Tiefe **von der Oberfläche**	Werkstoffverlust durch die Korrosionsprodukte
Tribologisch	Oberflächenzerrüttung, Risse entstehen **unterhalb der Oberfläche**	Werkstoffverlust durch Adhäsion und Abrasion

Dicke in mm	0,01	0,1	1,0	10	100 µm	1	10	100 mm
Plattieren (Fügen)								
Auftragschweißen								
Thermisch Spritzen								
Umschmelzverfahren								
Galvanisch Abscheiden								
Thermochemische Verfahren								
Randschichthärten								
CVD-, PVD-Verfahren								
Ionenimplantieren								
Dicke in µm	10^{-2}	10^{-1}	1	10	100	1000	µm	

Abb. 11.10 Übersicht, Beschichtungsverfahren und Dickenbereich

Die eigentlichen Fertigungsprozesse, die zum „Beschichten" gehören, können hier nur angedeutet werden.

Die Bedeutung der Oberfläche für die Haltbarkeit und dekorative Wirkung der Bauteile ist bekannt und wird durch eigene Fachzeitschriften, Fachorganisation und -tagungen unterstrichen (z. B. Fachorganisation **IUSF**, International Union for Surface; Fachzeitschrift **Mo**, Metalloberfläche, Hanser Verlag).

Belastungen eines Bauteiles greifen an der Oberfläche an und wirken sich dort am stärksten aus (Tab. 11.15 und Abb. 11.10):

Es ist naheliegend, den Werkstoff der Oberflächenschicht den Beanspruchungen anzupassen, d. h. geeignete Werkstoffe in dünner Schicht aufzubringen. Das ist wirtschaftlicher, als Bauteile massiv aus hochwertigen Legierungen zu fertigen. Dabei liegt eine Aufteilung der Funktionen vor (Abb. 11.11):

- **Basiswerkstoffe** (auch Substrat) übernehmen die Festigkeitsbeanspruchung, d. h. den Kraftfluss durch das Bauteil unter Erhaltung seiner Gestalt, auch bei höheren Temperaturen.

Abb. 11.11 Arbeitsteilung bei Schichtverbunden

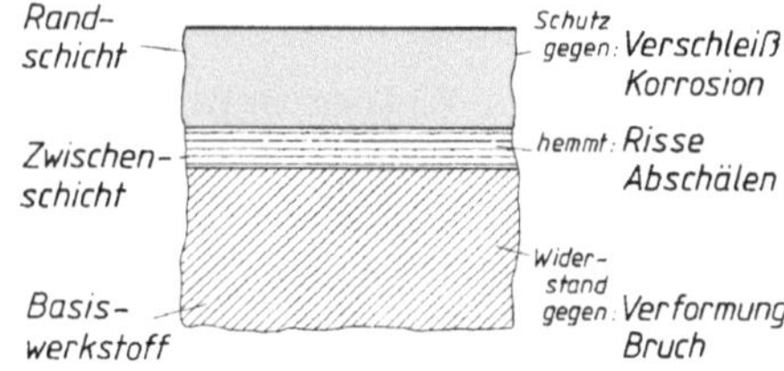

- **Schichtwerkstoffe** übernehmen meist die Verschleiß- und Korrosionsbeanspruchung und die dekorative Wirkung. Daneben gibt es sog. Funktionsschichten, die Aufgaben wie Reibungsminderung, Diffusionssperre, Wärmeisolation u. a. übernehmen. Hartstoffschichten müssen sehr dünn aufgebracht werden, um noch ausreichend elastisch verformbar zu sein. Sprödes Glas ist z. B. als dünne Faser (einige μm) biegsam und kann zu Geweben verarbeitet werden (GFK).
- **Zwischenschichten** entstehen durch Wechselwirkungen zwischen Substrat und Schicht, z. B. durch Diffusion, oder werden zusätzlich aufgebaut. Sie können Schubspannungen aufnehmen, die bei unterschiedlichen Wärmeausdehnungen entstehen. Bei großen Unterschieden kann es zum Ablösen der Schicht durch sog. Schalenrisse kommen.

Einen Überblick über die Verbesserungen der Eigenschaften durch Oberflächenveränderung gibt Tab. 11.16, über die Beschichtungsverfahren Tab. 11.17.

Tab. 11.16 Eigenschaftsverbesserungen durch Veränderung der Oberflächen (enthält auch die Wärmebehandlungen für die Randschicht → Abschn. 5.6)

Widerstand gegen	Beispiele für Bauteile	Verfahren
Klimatische Korrosion	Stahlkonstruktionen, Blechteile	Schmelztauchen (Zn, ZnAl, AlSi), galvan. Beschichten (alle Metalle), therm. Spritzen (AlSi)
Bei höherer Temperatur	Glaspressformen	Thermisches Spritzen (NiCrBSi)
Zerrüttung	Zahnflanken, (Wälzlager)	Einsatzhärten, Nitrieren, (Härten)
Adhäsion	Gleitende Bauteile	Hartverchromen, Dispersionsschichten, Umschmelzhärten, therm. Spritzen (Mo), Nitrieren PVD- und CVD-Schichten aus TiN, TiC, AlON
Abrasion	Werkzeuge, Teile in Berührung mit Fördergut, z. B. Fadenführer	Thermisches Spritzen, Auftragschweißen, Auflöten von Hartstoffpartikeln, Borieren
Tribooxidation	Mischerschaufeln, Ketten, Sitz von Nabe auf Welle	Gleitlacke mit Mo-Disulfid
Ermüdung	Wellenabsätze, Federn, Wasser- u. Ölpumpen	Verfestigungswalzen und -strahlen, Randschichthärten, Salzbadnitrieren
Hochtemperaturkorrosion	Turbinenschaufeln, Wälzlager in Ofenanlagen	Plasmaspritzen (ZrO$_2$) mit Haftschicht, Phosphatieren

Tab. 11.17 Verfahrensübersicht Beschichten (nach DIN 8580/03)

Beschichten

Durch/aus dem ... Zustand	Werkstoffe	Verfahren, Anwendungen, Eigenschaften	Dicke
flüssigen ...	AlSi, AlZn, Pb, Sn, ZnAl, ZnFe	Schmelztauchen zum Korrosionsschutz für Halbzeuge und Bauteile aus Stahl, Temperguss (z. B. Feuerverzinken)	bis $140\,\mu m$
	SiO_2 + Oxide, Farben, Lacke	Emaillieren z. Korrosionsschutz, hitzebeständig $< 450\,°C$. Anstreichen, Färben/Glasieren, Drucken	
körnig-pulvrigen ...	Legierungen, Oxide, Karbide, Nitride, Thermoplaste	Thermisches Spritzen mit verschiedenen Wärmequellen, Elektrostatisches Beschichten, Wirbelsintern	$0{,}5$ bis $20\,mm$
Schweißen Löten	Stahl mit Cr, Mn, Ni, Mo, Cu-, Ni-, Co-Legierungen Ni-Hartlöte + Hartstoffpartikel	Auftragschweißen nach verschiedenen Schweißverfahren Auftraglöten	2 bis $6\,mm$
ionisierten ...	Metalle, Legierungen (mit Hartstoffpartikeln) NiP, Ni/SiC, Ni/P/Diamant, PFTE-Teilchen in Ni-Matrix	Galvanisches Beschichten zum Korrosionsschutz, zur Dekoration (Verschleißschutz). Chemisches Beschichten (fremdstromlos) zum Verschleißschutz. Zylinderlaufbuchsen	1 bis $100\,\mu m$
gas/dampf-förmigen ... (Vakuum)	Metalle Ni, Ta, Ti, Mo, Nb, W Boride und Karbide, Nitride, Oxide, Silizide	**CVD-Verfahren**: Konturentreue Abscheidung von Hartstoffen als Reaktionsprodukt der zugeführten Gase bei $1200...850\,°C$, plasmaunterstützt bei nur $600...300\,°C$	1 bis $15\,\mu m$
	CrN, TiC, TiN, Ti(C,N) Mehrfachschichten, diamantartige C:H-Schichten. Gesteuerte Abscheidung ermöglicht gradierte Schichten	**PVD-Verfahren**: Ungleichmäßige Abscheidung der Reaktionsprodukte aus Kathodenverdampfung oder Abstäuben (Sputtern) mit den zugeführten Gasen. Durch angelegte Spannung entstehen gerichtete Teilchenströme. Schattenwirkung erfordert Rotation der Bauteile. Prozesstemperatur $200...500\,°C$	1 bis $10\,\mu m$

Tab. 11.17 (Fortsetzung)

Schicht durch Fügen aufgebracht

	Schichtwerkstoff	Grundwerkstoff (Substrat)	Dicke
Plattieren	Cu, CuMn, CuNi10Fe, Cu-Ni30Fe, CuAl8Fe, Ni99, NiCr21Mo (Incoloy)	Walzplattieren zum Korrosionsschutz für Stahlbleche und Feinkornbaustähle	1 bis 10 mm
	Al, AlZn1	Cu-haltige, hochfeste Al-Legierungen	
	Ag, Al 99,5, CuAl10Ni, CuZn39Sn, CuZn20Al, Ta, Ti	Sprengplattieren für Bleche, auch für Kessel und Kesselböden	

Tab. 11.18 Thermisches Spritzen, Begriffe, Einteilung der Verfahren

Energieträger	Verfahren	Variante
Gase Ethen (Ethylen), Propan, Wasserstoff	Flammspritzen	Drahtflammspritzen
		Pulverflammspritzen
	Detonations-(Schock-)Spritzen	
	Hochgeschwindigkeits-Flammspritzen HVOF	
Elektrische **Gasentladungen**	Lichtbogenspritzen	Atmosphärisch oder im Vakuum
	Plasmaspritzen	Atmosphärisch APS, in Kammern VPS (Vakuum)
Strahlen	Laserspritzen	

11.2.2 Thermisches Spritzen

Ausgehend vom Flammspritzen (1912, Shoop) haben sich viele Varianten entwickelt (Tab. 11.18; Normung: DIN EN 657/05), die mit höheren Partikeltemperaturen und/oder größeren kinetischen Energien arbeiten, sodass fast beliebige Kombinationen von Schicht- und Grundwerkstoff möglich sind.

Thermisches Spritzen beruht auf folgendem **Prinzip:** Schichtwerkstoffe werden als Spritzzusätze mithilfe von Spritzgeräten im an-, auf- oder abgeschmolzenen Zustand mit hoher Geschwindigkeit auf vorbereitete Oberflächen des Grundwerkstoffes geschleudert. Die Oberfläche wird dabei *nicht* aufgeschmolzen. Die Teilchen haften durch punktförmige Verschweißungen, Adhäsion und mechanische Verklammerung. Wichtig für die Haftung ist eine saubere Oberfläche.

Genormt ist die Vorbehandlung der Oberflächen durch DIN EN 13507/10, Vorbehandlung von Oberflächen metallischer Bauteile für das Thermische Spritzen.

Die Vorbehandlung besteht aus

- Entfetten und Entzundern
- Aufrauen durch Strahlen mit Hartgusskies SiC oder Korund.

Für keramische Schichten ist ein Haftgrund erforderlich (Ni, Mo, NiAl oder NiCr).

Es entstehen Gitterfehler, welche die Oberfläche für eine metallische Bindung mit dem Spritzzusatz aktivieren.

Tab. 11.19 Spritzzusätze, DIN EN ISO 14919/15 Drähte, Stäbe und Schnüre zum Flamm- und Lichtbogenspritzen, DIN EN 1274/05 Pulver zum thermischen Spritzen

Gruppe	Beispiele	Gruppe	Beispiele
Reinmetalle	Al, Cu, Cr, Co, Ni, Mo, Ti, Zn	Oxide	Al_2O_3, Cr_3O_2, TiO_2, ZrO_2
Legierungen	NiAl, NiCr, NiCr-Al, Stähle, Cu- und Sn-Lagermetalle	Hartstoffe	Boride, Karbide, Nitride
– selbstfließend	NiBSi, NiCrBSi, CoNiCrBSi mit B und Si als Flussmittel	Pulvergemische	Cr_3O_2/NiCr, WC/Co
		Kunststoffe	Polyethen (Polyethylen) PE, Polypropen PP

Der Schichtwerkstoff (Tab. 11.19) wird als Draht (1,6…3,2 mm), Stab (> 6 mm) oder Pulver (auch in gefüllten Röhrchen) zugeführt und mit einem Zerstäubergas (Druckluft) beschleunigt.

Die flüssig-festen Teilchen oxidieren beim Flug und werden beim Aufprall plattgedrückt. Es entsteht ein lamellares Gefüge mit Poren und Oxideinschlüssen, deren Anteil und Form von den Spritzbedingungen abhängt (Luft, Schutzgas oder Vakuum, Temperatur und Geschwindigkeit).

Oxidteilchen erhöhen die Härte (Verschleißwiderstand), senken aber die Zähigkeit.

Poren können Schmierstoffe aufnehmen, günstig wenn Gleiteigenschaften gefordert sind.

Eigenschaftsverbesserungen (z. B. die Haftung) der Schicht werden erreicht durch:

- Erhöhung der Aufprallgeschwindigkeit durch neue Verfahren, z. B. Hochgeschwindigkeits- oder Schock-(Detonations-)Flammspritzen
- Spritzen im Vakuum oder Schutzgas
- Nachträgliches Einschmelzen (nur bei selbstfließenden Legierungen, Tab. 11.19)
- Mechanisches Verdichten durch z. B. Walzen
- Füllen der Poren durch Imprägnieren mit Lack oder Kunststoffen.

Eine Übersicht über die Verfahrensvarianten zeigt Tab. 11.20, Anwendungsbeispiele Tab. 11.21.

Normung Thermisches Spritzen

DIN EN ISO 2063/05 Zink, Aluminium und Legierungen
DIN EN ISO 14924/05 Nachbehandlung von Schichten
DIN EN ISO 14922/99 Qualitätsanforderungen an thermisch gespritzte Bauteile (4 Teile) und zahlreiche DVS-Merkblätter.

Infos: Gemeinschaft für thermisches Spritzen e.V. (www.gts-ev.de)

Tab. 11.20 Verfahrensvarianten des Thermischen Spritzens

Verfahren		Temp. °C	Besondere Merkmale	Geschwindigkeit m/s	Spritzleistung
Flammspritzen	**FS**	3000	Kontinuierlich abschmelzender Draht mit Druckluftunterstützung aufgeschleudert	800…2000	8 kg/h Stahl
	HOVF	3500	Brennkammer mit Expansionsdüse (Wasserkühlung) und Pulverzufuhr		18 kg/h WC/Co
Lichtbogenspritzen	**LS**	4000	Der Lichtbogen wird zwischen zwei zugeführten Spritzdrähten gezogen, die aufschmelzen und durch Druckluft zerstäubt werden	ca. 150	15…100 kg/h Stahl
Atmosph. Plasmaspritzen	**APS**	15.000	Durch eine gekühlte anodische Düse und Wolframkatode wird ein Gasgemisch (Ar, N_2, H_2) zu einem Plasmastrahl ionisiert, in dem das zugeführte Pulver schmilzt	100…500	4–8 kg/h Stahl
Vakuum	**VPS**				

Tab. 11.21 Anwendungsbeispiele für Thermisches Spritzen

Funktion	Beispiel
Wärmedämmung	ZrO-MgO plasmagespritzt auf Brennkammern, Turbinenschaufeln
Reibung mindern	Mo flammgespritzt für Kolben, Synchronringe in Getrieben
Verschleißschutz	Ni-Cr-B-Si flammgespritzt, schmelzverbunden für Glas-Pressformen
	Al-Oxid auf fadenführende Teile von Textilmaschinen
Korrosionsschutz	Al-Si flammgespritzt auf Bootskörper
Regeneration	Cr-Stahl, 5 mm lichtbogengespritzt auf Wanne von Bodenverdichter

11.2.3 Auftragschweißen und -löten

Hartlegierungen werden mit Flammen oder Lichtbogen nach zahlreichen Verfahren abgeschmolzen, bei größeren Schichtdicken auch mehrlagig. Dabei bestehen die unteren sog. *Aufbaulagen* aus zäheren Werkstoffen. Je nach vorhandener Schlagbeanspruchung kann gewählt werden zwischen:

- harten karbidischen,
- zähen austenitischen und
- warmfesten (Ni-Cr-B)-Sorten (Tab. 11.22).

Auftragschweißen (Panzern) kann der Instandsetzung verschlissener Bauteile und Werkzeuge dienen und mehrfach wiederholt werden.

Es wird auch bei der Neuanfertigung von Bauteilen eingesetzt, z. B. für Dichtflächen an Auslassventilkegeln (Kfz) oder Panzerung von verschleißanfälligen Kanten von Tiefziehwerkzeugen.

Tab. 11.22 Schweißzusätze (DIN EN 14700/14)

Werkstoffgruppe	Typische Anwendungen
Niedriglegierte Aufbauwerkstoffe	Aufbaulagen, Räder
Mangan-Chromlegierte Austenite	Pufferlagen, Brechbacken
Mittellegierte, umwandlungshärtende Werkstoffe	Kegelbrecher, Stachelwalzen
Chromkarbidhaltige Werkstoffe	Baggerzähne, Förderschnecken
Wolframkarbidhaltige Werkstoffe	Aufreißscheiben, Bohrkronen
Nickel-Chrom-Bor-Werkstoffe	Glasformen (selbstfließend)
Cobalt-Chrom-Wolfram-Werkstoffe	Sägen, Schieber

Auftraglöten

Auftraglöten ist das Beschichten mit Ni-Hartloten, in die Hartstoffpartikel eingebettet sind. Kunststoffgebundene, flexible Vliese aus Hartstoffen und Loten werden maßgeschnitten fixiert und im Ofen auf die Teile gelötet (BraceCoat M-Verfahren für Schichten im mm-Bereich).

Werkstoffe für Partikel sind: Wolframkarbid WC, Chromkarbid Cr_3C_2 und ihre Mischungen.

Auftraglöten wird für partielles Beschichten von z. B. Mischerschaufeln, Gehäusen, Rotoren und Rohrteilen zur Förderung abrasiv wirkender Flüssigkeiten angewandt, außerdem für dünne Schichten (0,05…0,3 mm) aus feinkörnigen Suspensionen aus Hartstoff, Lot und Binder durch Tauchen u. a. aufgetragen und ofengelötet (BraceCoat S).

Laserbehandlung

Als Wärmequelle zum Einschmelzen pulverförmiger Zusätze werden Laser eingesetzt. **Laserbeschichten** ermöglicht eine exaktere örtliche Begrenzung mit geringem Wärmeeintrag und verbesserter Haftung.

Laserlegieren ist das Einschmelzen von Legierungselementen in die Oberfläche.

Laserdispergieren bettet Hartstoffe (z. B. Diamantsplitter) in die aufgeschmolzene Oberfläche ein.

11.2.4 Abscheiden aus der Gasphase

Das Prinzip dieses Verfahrens beruht auf dem Aufbringen von dünnen Schichten von < 15 μm, die bei **Unterdruck** und **höheren Temperaturen** aus dem Gaszustand auf dem Werkstück (als Substrat = Unterlage bezeichnet) aufwachsen. Es läuft in einem gasdichten, beschickbaren Gefäß ab.

Im Vakuum haben *weniger* Teilchen (Ionen, Atome, Elektronen) *größere* Abstände (freie Weglänge) und damit höhere kinetische Energie beim Aufprall auf das Substrat. Das erhöht die Haftfestigkeit.

Die beiden Hauptverfahren

- **CVD-Verfahren** (Chemical Vapour Deposition)
- **PVD-Verfahren** (Physical Vapour Deposition)

unterscheiden sich im Mechanismus der Schichtbildung und den Verfahrensbedingungen. Weiterentwicklungen der Verfahren ermöglichen das Abscheiden beinahe beliebiger Stoffe auf allen Substraten.

Substrate   Der Werkstoff muss Temperatur und Unterdruck des Verfahrens ohne Schaden überstehen. Durch neue Verfahrensvarianten konnte die hohe Temperatur von ursprünglich ca. 1000 °C auf 200 °C abgesenkt werden. Dadurch ließen sich auch gehärtete Stähle beschichten. Nicht beschichtbar sind offenporige Stoffe. Die Oberfläche des Substrats wird konturentreu nachgebildet.

Oberfläche   Freiheit von Verarbeitungshilfsstoffen (Kühlschmierstoffe, Fette) und Oxiden ist wichtig für die Haftung der Schicht und muss durch aufwendiges Reinigen sichergestellt werden, z. B. durch Strahlen mit Hartstoffen und Ätzen.

Schichtstrukturen   Wichtig ist eine dünne Schicht mit hoher Haftung zum Substrat. Darauf wächst die eigentliche Schicht z. B. säulenförmig (kolumnar) oder geschichtet (lamellar) auf (Abb. 11.14). Strukturen sind wie auch die Korngröße von den Verfahrensbedingungen abhängig und damit steuerbar.

Beispiel für eine Haftschicht

Titanlegierungen für Gelenkprothesen werden mit fast reibungslosen amorphen (diamantähnlichen) Kohlenstoffschichten ausgerüstet. Die C-haltigen Prozessgase erzeugen an der Oberfläche zunächst eine sehr dünne Schicht hartes Titankarbid TiC als Basis für die wachsende C-Schicht und zugleich Stützschicht für das weichere Titan.

Schichtwerkstoffe   Hier kommen meist bekannte Hartstoffe (Karbide, Nitride, Carbonitride und Boride) zum Einsatz, wie sie als

- **Gefügebestandteile** in verschleißbeanspruchten Stählen und Hartmetallen enthalten sind oder durch
- **Wärmebehandlung** in der Randschicht entstehen (z. B. Nitrieren, Borieren) oder durch
- **Thermisches Spritzen** aufgebracht werden können, dann allerdings in größeren Schichtdicken.

Oxide des Al und Zr, die als harte massive Schneidstoffe eingesetzt werden, stehen ebenfalls als Schichtwerkstoffe zur Verfügung.

Tab. 11.23 Schichtwerkstoffe für Werkzeuge, Beispiele

Schicht-werkstoff(e)	Härte HV0,05	Reibzahl trocken/Stahl	T_{max} °C	Widerstandseigenschaft			Verwendung
				adhäsiv	abrasiv	korrosiv	
TiN	2200	0,4	600	++	++	+	Goldgelbe Beschichtung, für universelle Verwendung, bioverträglich, Implantate
TiAlO	3700	0,5	900	+++	++	++	Hart- und Trockenbearbeitung, GJV, Al-Si-Leg.
TiAlN TiCN/TiN	3300	0,3…0,35	900	++	+++	++	Mehrfachschichten auf HM- und HS-Werkzeugen

Stahlgefüge enthalten meist Karbide des Cr, V und Mo, auch Mischkarbide, Hartmetalle Wolframkarbid WC, Titankarbid TiC.

Nitrierstähle enthalten Aluminiumnitrid AlN, durch Borieren bildet sich in der Randschicht Eisenborid Fe_2B.

Plasmaspritzen kann auch hochschmelzende Stoffe, wie z. B. Oxide des Al oder Zirkon Zr, verarbeiten.

Schwerpunkt sind Schichtwerkstoffe, welche die Bauteile oder Werkzeuge für höhere tribologische Anforderungen aufrüsten (Tab. 11.23):

- höhere Schnittgeschwindigkeiten, Standzeiten, Standmengen
- Trockenlauf, Trockenspanen
- niedrigste Reibwerte.

Neue Schichtstoffe sind Schichten auf Kohlenstoff-Basis, nach Lösung der Haftungsprobleme auch industriell erzeugt (Symbole nach VDI, VDI-Richtlinien, C-Schichten; E/12 Nr. 2840: Grundlagen, Schichttypen, Eigenschaften):

- Amorphe C-Schichten (a-C:H), auch als DLC-Schichten (diamond like carbon) bezeichnet

Amorphe C-Schichten enthalten C-und H-Atome ohne Kristallgitter. Zwischen den C-Atomen bestehen verschiedene Bindungen

- Graphitbindung (sp^2) mit drei Bindungen zum Nachbaratom
- Diamantbindung (sp^3) mit vier Bindungen zum Nachbaratom

in wechselnden Verhältnissen. Mit dem Anteil an Diamantbindung steigt die Härte.

Die Möglichkeiten, durch Zusatz weiterer Elemente die Schichten zu modifizieren, sind groß (Beispiele Tab. 11.24 und 11.25).

Tab. 11.24 Kohlenstoffschichten mit Reibzahlen von 0,1…0,2

Schichtwerk-stoff(e)	Härte HV0,05	T_{max} in °C	Eigenschaften, Anwendung, Handelsnamen
Polykristallin	8000…		Für Wendeschneidplatten, Reibahlen, Bohr- und Fräswerkzeuge
Diamant	10.000	600	z. B. Balinit® Diamond, DIP, Bauteile für Trockenlauf
a-C:H	>2500	350	Spindellager, Stirnreibringe, Wälzlager, Einspritzpumpenteile, z. B. Balinit®Triton
a-C:H:W (WC/C)	1200	350	Niedrige Härte, zäher; lamellar gradierte Schichten, werden nach außen C-reicher (Reibzahl ↓), Bauteilbeschichtung z. B. für Zahnräder, Teile mit Minimalmengenschmierung

Tab. 11.25 Schichten mit speziellen Funktionen

Funktion	Schichtstoff	Substrate	Beispiele
Wärmedämmung	Al-O-N	Ni-Legierung	Turbinenschaufeln, Brennkammern
Bioverträglichkeit	Ti-TiN	CoCrMo-Legierung	Zahnprothesen
	a-C:H	Ti-Legierung	Gelenkprothesen, verschleißfrei
Antihaftend	a-C:H:Si:O TiBN	Stähle	Bauteile in Kontakt mit Lebensmitteln Druckgussformen

- **Metallhaltige** C-Schichten (a-C:H:Me) haben elektrische Leitfähigkeit, hohe Haftung und reduzierte Reibung, sie ermöglichen niedrigere Prozesstemperaturen.
  Manche zusätzlichen Metallatome, z. B. W, bilden Karbide. Bei hohem H-Anteil in der Schicht entstehen Plasma-Polymere mit Kunststoffeigenschaften, bei Fluor-Anteilen z. B. PTFE.
- **Nichtmetallhaltige** Schichten (a-C:H:X) mit Si, O, N, F, B haben z. B. besondere Benetzbarkeit und Klebverhalten (Antihaftbeschichtung).
  Mit Si- und O-Anteilen ergeben sich Transparenz, Kratz- und UV-Schutz.
- **Kristalline** Diamantschichten haben die einzigartige Kombination von höchstem Widerstand gegen Abrasion und Adhäsion mit geringster Reibzahl (trocken) und hoher Wärmeleitfähigkeit (> Cu), sind aber elektrisch *nicht leitend*. Die Kristallgrößen in den Diamantschichten reichen von nanokristallin (1…500 nm) bis mikrokristallin (0,5…10 µm).

11.2.4.1 CVD-Verfahren (Chemical Vapour Deposition)

Es kommt zur Reaktion zwischen zugeführten Gasen und der Werkstückoberfläche. Das Reaktionsprodukt haftet fest auf dem Werkstück (Substrat). Nebenprodukte müssen abgesaugt werden.

Höhere Temperaturen (800…1000 °C)

Abb. 11.12 Prinzip des
PECVD-Verfahrens

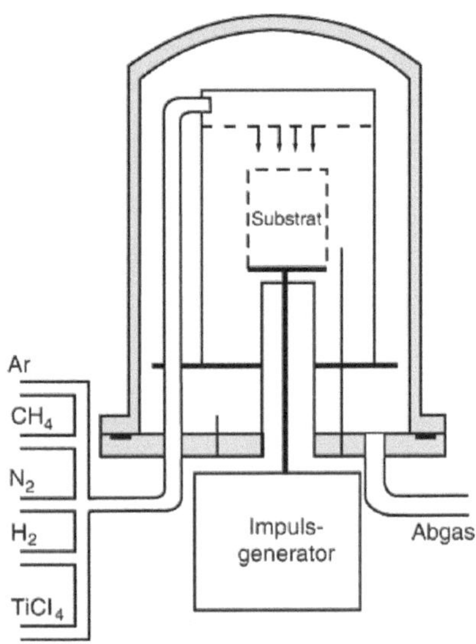

Eine solche Reaktion ist zum Beispiel die Abscheidung von Titan-Carbonitrid aus
Titan-Tetrachlorid, Methan und Stickstoff:

$$2\,TiCl_4 + 2\,CH_4 + N_2 \rightarrow 2\,Ti(CN) + 8\,HCl \uparrow$$

Die Reaktion läuft bei Temperaturen über 1000 °C ab. Folglich lassen sich nur Werkzeuge
aus Hartmetall beschichten. Das Nebenprodukt HCl (Chlorwasserstoff = Salzsäure) muss
abgesaugt werden.

Neue Verfahren arbeiten z. B. mit anderen Reaktionspartnern oder **Plasmen**, die durch
eingekoppelte, elektrische Felder erzeugt werden. Ziel ist die Absenkung der Substrat-
temperaturen. Zu diesen Verfahren gehören z. B. PECVD (**P**lasma **E**nhanced CVD, auch
als PACVD, Plasma Assisted bzw. Activated, bezeichnet (680...750 °C); Abb. 11.12) und
MT-CVD (Mitteltemperatur-CVD (700...900 °C)). Sie sind Mischformen zwischen CVD
und PVD.

Die Beschichtung von Werkzeugen aus Sinter-Hartmetall mit TiN (goldfarben), TiC
und Ti(CN) auch in Mehrlagen zur Erhöhung der Standzeit und -menge von Werkzeugen
ist Stand der Technik.

11.2.4.2   PVD-Verfahren (Physical Vapour Deposition)

PVD-Verfahren arbeiten prinzipiell bei niedrigeren Temperaturen, die sich aus der Anwendung physikalischer Wirkungen ergeben.

Beschichtungsstoffe werden aus einer Schmelze durch Verdampfen oder aus Feststoffen atomar in den Gaszustand versetzt und scheiden sich am kälteren Werkstück (Substrat) ab. Die Substrat-Temperaturen (50...500 °C) sind relativ niedrig.

Abb. 11.13 PVD-Verfahren (Ion-Bond-Plating), schematisch

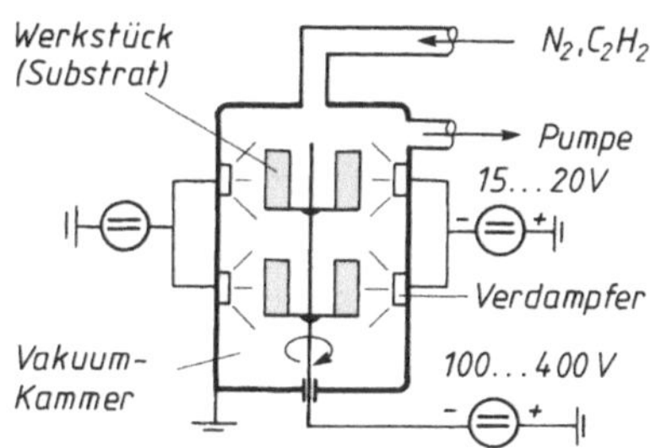

Beispiele für Physikalische Wirkungen:

- Unter Vakuum (10...3 Pa) verdampfen die Stoffe bei niedrigeren Temperaturen.
- In einem elektrischen Feld (+ Vakuum) werden die Teilchen beschleunigt und haften besser.
- Geringe Wärmeleitung im Vakuum und größerer Abstand zwischen Metalldampfquelle und Werkstück halten dessen Temperatur niedrig.

Zur Steigerung der Abscheiderate werden die Gasteilchen durch elektrische Felder beschleunigt und als Teilchenstrom auf das Substrat geschossen. Die Temperaturen liegen bei 160...500 °C.

Die Teilchenströme entstehen z. B. durch:

- **Kathodenzerstäubung** (Sputtern): Aufprall von geladenen Teilchen (Ionen) beim sog. *Sputter-Ion-Plating*
- Elektronenstrahlverdampfung (E-Beam) beim sog. *E-Beam-Ion-Plating*
- **Lichtbogenverdampfung** (Arc) beim sog *Arc-Ion-Plating* oder *Ion-Bond-Plating* (Abb. 11.13). Bei Letzterem ist die Abscheiderate hoch, z. B. 18 µm/h für TiN-Schichten.

Der gerichtete Teilchenstrom führt zu einer Schattenwirkung beim Beschichten, die Bauteilrückseite wird geringer getroffen. Teile mit komplizierter Geometrie (Hinterschneidungen, enge Bohrungen) lassen sich deshalb schwierig mit gleichmäßiger Dicke beschichten. Zum Ausgleich werden die Werkstücke in Halterungen planetenartig rotierend vor den Strahlenquellen angeordnet.

Durch Einleiten reaktionsfähiger Gase können Metallverbindungen erzeugt werden. Bei Einbau mehrerer Verdampfungsquellen lassen sich verschiedene Metalle gemischt oder nacheinander in einem Arbeitsgang verdampfen und durch die Reaktionsgase in die gewünschte Verbindung umwandeln.

Prozessgase sind: N_2, CH_4, C_2H_4. So entstehen z. B. die Schichtwerkstoffe **TiAlN, (Cr, Al)N, Ti+Al$_2$O$_3$, TiN+SiC.**

Durch unterschiedliche Wärmedehnungen von Substrat- und Schichtwerkstoff entstehen Schubspannungen, die zum Ablösen der Schicht führen können.

Abb. 11.14 Beispiel eines Schichtsystems zur Beschichtung von Werkzeugen

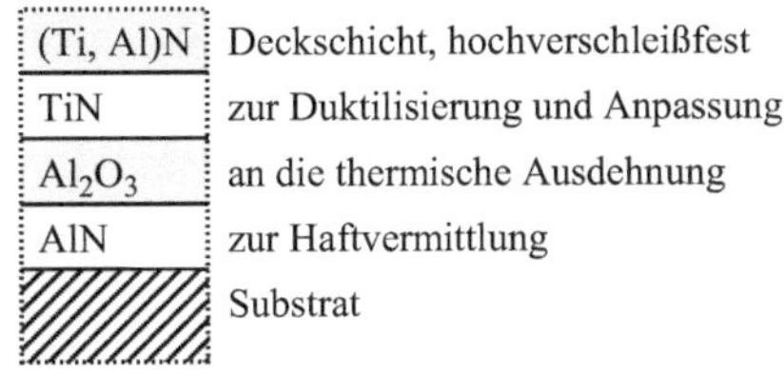

Mehrfachschichten (multilayer) können Schichthaftung und Verschleiß optimieren. Eigenspannungen infolge der unterschiedlichen Wärmedehnungen von Substrat- und Schichtwerkstoff werden minimiert (Abb. 11.14).

Neue Verfahren, z. B. **H.I.P.-Technik** (High Ionisation Pulsing), arbeiten mit pulsierenden Plasmen oder Strahlen. Während des Impulses erhalten die Teilchen höhere Ionisation und Energie (damit auch bessere Haftung) als bei konstantem Energieeintrag, während die Substrate auf niedrigeren Temperaturen verbleiben. Das führt zu kleineren Korngrößen (Abb. 11.15).

Supernitride ist die Bezeichnung für nach gepulsten Verfahren hergestellte Schichten, z. B. (Ti, Al)N aus TiN und AlN-Mischkristallen mit höherem Al-Anteil, dadurch hoch oxidationsbeständig.

Al bildet eine Al-Oxidschicht, die eine weitere Oxidation unterbindet. Supernitride zeigen 30…50 % weniger Werkzeugverschleiß als konventionell hergestellte Schichten (Abb. 11.15).

11.2.5 Beschichten aus dem ionisierten Zustand

Mit den Verfahren der Elektrolyse (Galvanik) können Metalle und auch Legierungen zum Korrosionsschutz und zu dekorativen Zwecken auf Bauteile und Halbzeuge aufgebracht werden.

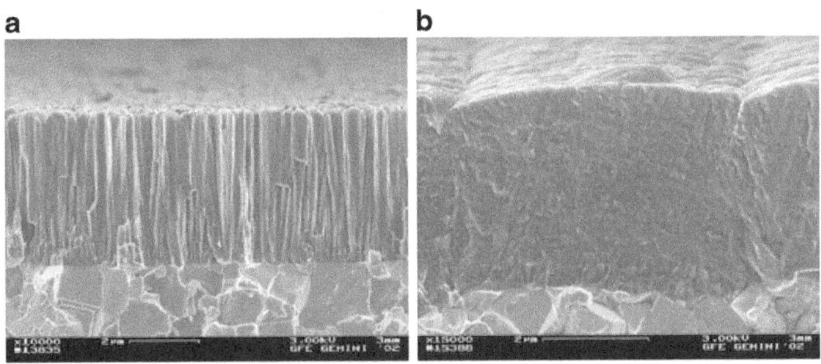

Abb. 11.15 Bruchbilder von (Ti, Al)N-Schichten, **a** konventionell, **b** mit H.I.P. hergestellt (Ceme-Con)

Bei der Elektrolyse liegt der Schichtwerkstoff im Elektrolyten als Ion vor. Das Werkstück ist als Kathode (Minus-Pol) einer Gleichstromquelle geschaltet. Die positiv geladenen Metall-Ionen lagern sich auf der Oberfläche an und werden dort reduziert.

Hartverchromen arbeitet mit höheren Stromdichten, dabei werden H-Atome auf Zwischengitterplätze in das entstehende Cr-Gitter eingebaut. Die Gitterverzerrung ist Ursache einer Härte von ca. 1000 HV mit sehr geringer Zähigkeit. Die Folge sind Mikrorisse in den Schichten, die bis 1 mm Dicke haben können.

Mikrorisse mindern die Korrosionsbeständigkeit und Dauerfestigkeit von Bauteilen, dienen aber als Schmierstoffreservoir. Komplizierte Teile werden ungleichmäßig beschichtet (Nacharbeit).

Außenstromlos abgeschiedene Schichten entstehen durch Tauchen in Metallsalzlösungen, die ein Reduktionsmittel als Elektronenlieferant enthalten. In Ni-Salzbädern werden Schichten abgeschieden, die Ni mit den Elementen P oder B enthalten. Da elektrische Felder fehlen, ist die Abscheidung an Kanten und in Bohrungen gleich groß bei Dicken bis zu 1 mm.

Anwendung finden außenstromlos abgeschiedene Schichten bei Hydraulikzylindern, Kolbenstangen, Werkzeugen.

Nach einer Wärmebehandlung wird durch feindisperse Ausscheidungen von Nickelphosphid Ni_3P die Härte auf ca. 1000 HV erhöht. Die Schichten sind zäher als Hartchrom, die Dauerfestigkeit bleibt erhalten. Günstig bei adhäsivem und Zerrüttungs-Verschleiß, auch gegen Tribooxidation.

Die Kombination vieler Werkstoffe ermöglicht Funktionsschichten zur Verbesserung der Gleit- und Verschleißeigenschaften, Warmfestigkeit oder zum Oxidationsschutz.

Dispersionsschichten auf Metallbasis entstehen durch Ausscheidung aus Lösungen, in die feinste Teilchen (0,01...10 mm) harter Stoffe (WC, SiC, Diamant) oder Festschmierstoffe (PTFE, Mo_2S) bis zu 30 % eingelagert sind. Matrixwerkstoffe sind Ni, Cu, Co und Ag.

Verwendet werden Dispersionsschichten z. B. als Ni/P-Schicht mit SiC für Zylinderlaufbuchsen von Kleinmotoren, Gleitlagerschalen, Ventilkugeln mit PTFE in Ni-Matrix.

11.3 Lager- und Gleitwerkstoffe

11.3.1 Allgemeines

Bei der Kraft- und Bewegungsübertragung berühren sich Maschinenteile und gleiten aufeinander. Sie bilden ein Tribosystem (Abb. 11.16). Grundkörper sind meist Bauteile aus Stahl oder Gusseisen im weichen, gehärteten oder beschichteten Zustand. Die Gegenkörper (Lagerwerkstoffe) sollen geringen Verschleiß und geringen Schmiermittelverbrauch verursachen, die Paarung eine niedrige Reibungszahl ausweisen.

Elemente/Beispiele	Tribosystem	Elemente/Beispiele
2 Gegenkörper (-stoff): Wellenzapfen, Führungsprisma, Gestein, Pressmassen **3 Zwischenstoff:** Schmierstoff (verschleißmindernd), Abrieb (verschleißfördernd) **1 Grundkörper** (der für den Verschleiß wichtigere): Lagerschale, Führungsbahnen, Baggerschaufel, Förderband, Drehmeißel **4 Systemumhüllende** sind die umgebenden Stoffe, meist Luft mit Anteilen an O_2, CO_2, SO_2 oder H_2O und Staub	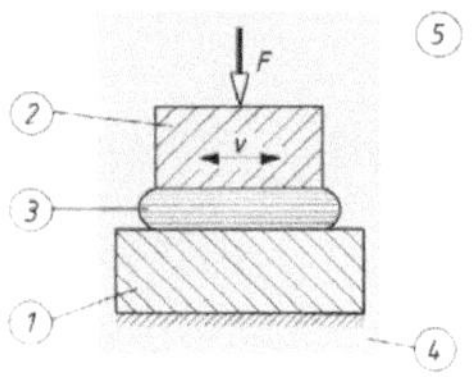	**5 Beanspruchungskollektiv,** bestehend aus den Größen: • **Normalkraft** F_N, nach Richtung, Betrag und zeitlichem Ablauf sehr unterschiedlich • **Relativgeschwindigkeit** v der Bewegung (gleitend, wälzend, stoßend, oder strömend bei Flüssigkeiten oder Gasen) • **Temperatur** T wirkt besonders auf die Zähigkeit (Viskosität) des Schmierstoffes ein und begünstigt zusammen mit der • **Beanspruchungszeit** t_B Reaktionen zwischen Verschleißpaarung und Umgebungsmedium

Abb. 11.16 Tribosystem

Weitere Tribosysteme sind z. B. Zahnradpaarungen, Schnecke/Rad, Schraube/Mutter mit anderen Beanspruchungskollektiven.

Für diese Beanspruchungen stehen zahlreiche Lagerwerkstoffe zur Verfügung. Neben unterschiedlichen Legierungen sind auch Polymere und Keramik geeignet.

Beim System Welle/Lager muss die entstehende Reibungswärme abgeführt werden, damit die Lagertemperatur nicht unzulässig ansteigt, wobei durch Wärmedehnung ein Klemmen auftreten kann.

In Tab. 11.26 sind die Anforderungen an Lager- und Gleitwerkstoffe mit den erforderlichen Werkstoffeigenschaften aufgeführt. Die Gefüge der Lagerwerkstoffe behandelt Tab. 11.27.

Bauweise von Gleitlagern

- **Massivgleitlager:** Die gesamte Lagerschale besteht aus dem Lagerwerkstoff (Cu-Knet- und Gusslegierungen) als Sand-, Kokillen-, Strang- oder Schleuderguss, je nach Größe und Stückzahl.

- **Verbundgleitlager** (alle Lagerwerkstoffe) in dünneren Schichten auf korrosionsgeschützten, verzinnten oder verkupferten Stahlstützschalen (1 … 3 mm) zur Kraftübernahme und Ausgleich der Wärmedehnung. Tragschicht besteht aus Lagermetallen und evtl. Zwischenschichten als Diffusionssperre. Teilweise ist eine äußere Gleitschicht aufgebracht (Dreischichtlager).

- **Gleitschichten** (overlay) aus PbSn(Cu) werden galvanisch in dünner Schicht aufgebracht ($< 20\,\mu m$), wichtig zum Einlaufen, für Grenzreibungszustände und als Korrosionsschutz.

Tab. 11.26 Anforderungen an Lagerwerkstoffe und Eigenschaftsprofil

Anforderungen an Lagerwerkstoffe	Werkstoffeigenschaften
Belastbarkeit (Flächenpressung) und Fähigkeit, Fremdkörper einzubetten und Schmiertaschen zu bilden	Heterogene Gefüge mit härteren Tragkristallen und weicheren Gefügeteilen
Geringe Wärmeentwicklung, aber gute Ableitung von Reibungswärme, kein Klemmen durch Wärmeausdehnung	Niedrige Reibzahl und hohe Wärmeleitfähigkeit, Wärmedehnungen beachten
Niedriger Verschleiß = hohe Lebensdauer	Geringe Neigung zum Kaltschweißen (geringe Adhäsionsneigung, Abrasionswiderstand hoch)
Bei Mangelschmierung oder Ausfall soll ein kurzzeitiges Gleiten aufrechterhalten werden (Notlaufeigenschaften)	Oberflächlich schmelzende Bestandteile oder Festschmierstoffe im Gefüge
Bei nicht exakt fluchtenden Achsen kein Bruch durch Kantenpressung, Stoßbelastung oder durch Ermüdung	Angepasste Zähigkeit, hohe Dauerfestigkeit

Tab. 11.27 Gefüge der Lagerwerkstoffe

Gefüge	Werkstoffe
Harte Kristalle in weicher Matrix	Pb-Sn-Legierungen mit Antimon, PbSb-Kristalle sind härter (Hartblei) als das Grundgefüge, ebenso SnSb als Intermetallische Phase
Weiche Gefügebestandteile in härterer Matrix	Cu-Zn, Cu-Sn, Cu-Al mit Zusätzen: Härtere Intermetallische Phasen in weicheren Cu-Mischkristallen (kfz); Cu-Sn-Pb mit härteren CuSn-Phasen mit weicherem Pb (Pb ist im Cu unlöslich und erstarrt als letzte Phase) in feiner Verteilung
Homogene Gefüge (Mischkristalle)	Cu-Sn-Legierungen bei geringen Sn-Anteilen, P zur weiteren Mischkristallverfestigung und Minderung der Verschweißneigung, P hat Affinität zum Schmierstoff
Heterogene Gefüge aus Metall- und Nichtmetallphasen	Trockengleitlager: Stahlstützschale mit aufgesinterter CuSn-Schicht (Bronze) und aufgewalzter PTFE- oder POM-Schicht mit Festschmierstoffanteil (Graphit) Selbstschmierende Lager: Sintereisen oder -bronze. Porenräume mit Öl, Fett oder Graphit gefüllt

11.3.2 Lagermetalle

Kennzeichen der Lagermetalle sind im Basismetall unlösliche Komponenten. Diese erstarren – abhängig vom Schmelzpunkt – als erste (Cu) oder letzte Phase (Pb). Auf diese Weise erhält man harte oder weiche Phasen im evtl. durch weitere LE verfestigten Grundgefüge (Tab. 11.28). Es besteht die Gefahr von Seigerungen, deshalb wird Schleuderguss angewandt mit schneller Abkühlung, z. B. beim Ausgießen von Stützschalen.

Tab. 11.28 Lagermetalle, Übersicht Legierungssysteme

Legierungen	Beschreibung
DIN ISO 4381/15 Gleitlager – Zinn-Gusslegierung für Verbundgleitlager	
Gusslegierungen PbSb15SnAs PbSb15Sn10 PbSb10Sn6 SnSb12Cu6Pb	Dreifachsystem aus zwei eutektischen Systemen (Pb-Sn und Pb-Sb) kombiniert mit einem peritektischen (SbSn) mit kompliziertem Erstarrungsverlauf. Primäre Ausscheidung der harten Sb-reichen intermetallischen β-Phase, die als Tragkristalle in der Grundmasse (Pb + β) vorliegen. As und Cd wirken weiter verfestigend. Bei Cu-haltigen Sorten scheidet sich primär eine harte, intermetallische CuSn-Phase dendritisch aus. Sie hält die später kristallisierten würfelförmigen SbSn-Kristalle in der bleireichen Schmelze in Schwebe. Diese Sorten sind auch in DIN ISO 4383/15 für dünnwandige Gleitlager enthalten
Kupfer-Blei-Zinn-(Zink) DIN ISO 4382-1/92 (Gusslegierungen für dickwandige Massivgleitlager)	
CuPb8Pb2 CuSn10Pb CuSn7Pb7Zn3	Blei ist in Cu unlöslich, es bleibt zwischen den CuSn-Mischkristallen und härteren CuSn-Phasen flüssig und erstarrt zuletzt. Zn ersetzt teilweise das teure Sn (Rotguss). Pb wirkt bei Überhitzung als Notschmierstoff. Mit steigendem Pb-Gehalt sinkt die Härte, mit dem Sn-Gehalt steigt die Streckgrenze
	für dickwandige Massiv- und Verbundlager
CuPb9Sn5 CuPb10Sn10 CuPb15Sn8 CuPb20Sn5 CuAl10Fe5Ni5	Al erhöht Korrosionsbeständigkeit und Gleiteigenschaften, Fe verhindert das Entstehen spröder Phasen. Verschleißfeste, homogene Gefüge mit geringen Notlaufeigenschaften. Harte Werkstoffe geeignet für gehärtete Gegenkörper (Wellen), mit hoher Zähigkeit und Dauerfestigkeit
	DIN ISO 4383/15 (Verbundwerkstoffe für dünnwandige Verbundlager)
CuPb10Sn10 CuPb17Sn5 CuPb24Sn4	Gesintert auf Stahlstützschale. Mit dem Pb-Gehalt steigt der Verschleißwiderstand im Bereich der Mischreibung und die Korrosionsbeständigkeit gegen Schwefelverbindungen, deshalb Einsatz in Kfz-Verbrennungsmotoren mit Stillständen und Kaltstarts
Kupfer-Zinn Kupfer-Zink DIN ISO 4382-2/92 (Knetlegierungen für Massivlager)	
CuSn8P CuZn31Si1 CuZn37Mn2Al2Si CuAl9Fe4Ni4	Homogene Gefüge aus kfz-Mk. bis etwa 8 % Sn, darüber heterogene mit der härteren intermetallischen δ-Phase. (Sondermessing), kfz-Mischkristallgefüge, zähhart, geringe Notlaufeignung. Sehr hart, seewasserbeständig, für Konstruktionsteile mit Gleitbeanspruchung
Aluminium mit Sn, Cu, Mg für dünnwandige Verbundlager	

Al Sn20Cu	weich	Al ist leicht und gut wärmeleitend, gleiche Wärmausdehnung wie
Al Sn6Cu	härter	bei Al-Gehäusen, die Al-Oxidschicht verhindert Adhäsion und
Al Si11Cu	hart	Korrosion. Dünnwandig auf Stahlblech gewalzt und mit galvanischer Gleitschicht versehen
Al Zn5Si1,5Cu1 Pb1Mg	hart	
Gleitschichten PbSn10Cu2 PbSn10, PbIn7	weich	Galvanisch aufgebrachte Gleitschichten zum Einlaufen (ca. 0,02 mm). PbIn7 für Cu-Pb- und hochfeste Al-Legierungen

11.3.3   Weitere Lagerwerkstoffe, selbstschmierende Lager

Sintermetalle Porenraum mit Schmierstoff gefüllt, selbstschmierend			
Sintereisen, < 0,3 % C, 1...5 % Cu Sinterbronze, Cu + 9...11 % Sn	SKF	Lager mit kleinen Gleitgeschwindigkeiten (< 3 m/s), Haushalt- und Büromaschinen, Ventilatoren, Pumpen, Tonbandgeräte	
Gleitlagerfolie	Glacier DM®	Al-Streckmetall mit PFTE und Festschmierstoff eingewalzt und gesintert	Extrem dünnwandige Bauweise für z. B. spielfreie Scharniere

Trockengleitlager: Stahlrücken mit CuSn10- oder CuPb10Sn10-Schicht (0,2...0,4 mm), Poren mit PFTE oder POM und Festschmierstoffen gefüllt, als Einlaufschicht 5...30 µm oder dicker mit Schmiertaschen

Glycodur, Permaglide, DU-Trockenlager	statisch $_{zul}$ = 250 MPa, dynamisch 80... 120 MPa v_{max} < 2 m/s	niedrige Reibzahl, nicht zu schmierende Lager von Textil-, Druckerei- und Haushaltmaschinen, Lichtmaschinen, Spurstangenlager

Thermoplastische Polymere für Gleitlager DIN ISO 6691/01 6 Sorten

Polyamid PA PA6; PA66; PA11;PA12	Ultramid, Sustamid, Durethan	zähhart, stoß- und verschleißfest, für schwingbeanspruchte Lager	**Gegenkörper:** Wellen gehärtet, geschliffen
Polyoxymethylen POM	Delrin, Hostaform	Kupplungen, Zahnräder. Für Mischreibung geeignet	**Schmierstoff:**
Polytetrafluorethylen PFTE	Teflon	weich, niedrige Reibzahl, kaltzäh	Öl, Fett, Festschmierstoffe, Wasser
Polyimid PI	Kinel, Kerimid	hart, wärmebeständig bis 350 °C	

Normen

DIN ISO 4378/13 – 1 Gleitlager – Konstruktion, Lagerwerkstoffe und ihre Eigenschaften; – 2 Reibung und Verschleiß; – 3 Schmierung; – 4 Grundsymbole; – 5 Anwendung von Symbolen

DIN 1495-3/96   Gleitlager aus Sinterwerkstoff, Teil – 1 und – 2 sind Maßnormen.

11.4   Werkstoffe mit steuerbaren Eigenschaftsänderungen

11.4.1   Begriffe

Diese neueren Werkstoffe werden auch als intelligente Werkstoffe (smart materials) bezeichnet. Sie reagieren – ähnlich den Lebewesen – auf äußere Reize mit bestimmten Änderungen ihres Zustandes.

Werkstoffe mit steuerbaren Eigenschaftsänderungen werden für **Sensoren** oder **Aktoren** verwendet und sind für den neuen Technikzweig der **Adaptronik** von Bedeutung.

Sensor Bauteil, das Änderungen physikalischer Größen erfassen und meist in Form elektrischer Signale weitergeben kann.

Aktor (Aktuator) Gerät, das aufgenommene Signale durch Umwandlung zugeführter Energie in Aktionen umsetzt. Auch Werkstoff, der bei Anlegen einer Spannung sich z. B. verlängert und damit mechanische Arbeit verrichten kann.

Tab. 11.29 Werkstoffe der Adaptronik

Werkstoffe	Wirkungsweise	Anwendung, Möglichkeiten
Piezokeramik Monolithisch, Fasern, Folien	Kräfte bewirken Formänderung, die in proportionale, elektrische Spannung umgesetzt wird	Sensoren zur Bauteilüberwachung, Schallempfänger, Piezofeuerzeuge, Schwingungsdämpfung flächiger Bauteile, z. B. Lärmreduktion an Rotorblättern
	Elektrostriktion ist die Umkehrung (inverser Effekt)	Aktoren für Einspritzpumpen und -ventile, Piezotasten, Ultraschallsender
Formgedächtnis-Legierungen (Memory-Leg.)	Ausgangsform wird durch Umformen verändert, nach Erwärmen (Strom) geht die Verformung zur Ausgangsform zurück	Brillengestelle, Rohrverbinder in hydraulischen Hochdruckanlagen, Regelventile, Stell-Antriebe im Modellbau

Adaptronik befasst sich mit technischen Systemen, die mithilfe von Sensoren und Aktoren sich automatisch geänderten, äußeren Bedingungen anpassen.

Als Reize wirken auf diese Werkstoffe von außen physikalische Effekte, wie z. B. mechanische Verformung, elektrische Spannungen oder magnetische Felder (Tab. 11.29). Sie reagieren darauf mit Zustandsänderungen:

- Auftreten einer elektrischen Spannung (Piezoeffekt)
- Änderung der Lichtdurchlässigkeit (bei Gläsern).

Diese Änderungen sind reversibel, d. h. bei Verschwinden der Anregung wird der Ausgangszustand wiederhergestellt.

11.4.2 Piezokeramik

Piezoelektrizität

An Kristallen von Quarz, Bariumtitanat, $BaTiO_3$ u. a. wird durch eine Formänderung in Richtung bestimmter Kristallachsen das Gleichgewicht zwischen positiven und negativen Ladungsträgern verschoben. Durch diese **Polarisation** tritt eine elektrische Spannung auf (Abb. 11.17). Sie ist ein Maß für die Verformung. Diese Eigenschaft wird bei den **Sensoren** ausgenutzt.

Elektrostriktion

Elektrostriktion ist die umgekehrte (inverse) Erscheinung, die Formänderung bei Anlegen einer Spannung, und wird bei den **Aktoren** ausgenutzt. Sie verläuft sehr schnell und geht nach Abschalten mit einer gewissen Hysterese zurück. Werkstoff für Anwendungen

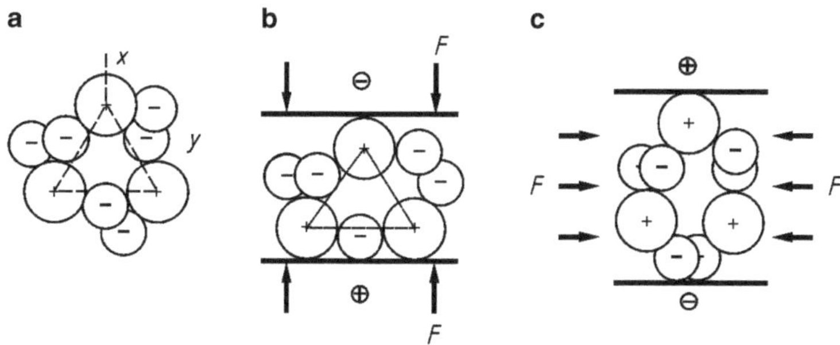

Abb. 11.17 Piezoelektrisches Prinzip beim Quarz SiO_2. Si+ *große*, O− *kleine Kreise*. **a** Ionen eines Quarz-Kristalls im Ruhezustand (schematisch). **b** Durch Kräfte in x-Richtung wird der Kristall gestaucht und der positive Ladungsschwerpunkt (*Dreieck, große Kreise*) liegt tiefer als der negative. Es entsteht eine Polarisation mit dem +-Pol unten. **c** Durch Kräfte in y-Richtung wird der Kristall gestreckt, der positive Ladungsschwerpunkt verlagert sich nach oben und der +-Pol kommt nach oben zu liegen

im Maschinenbau ist als Weiterentwicklung von Bariumtitanat das Blei-Zirkon-Titanat, $Pb(ZrTiO_3)$, kurz PTZ.

Angewandt wird die Elektrostriktion in Aktoren z. B. zur Feinpositionierung von Geräten für die Herstellung von Mikro- oder Nanostrukturen (Computer-Chips), für Ventilantriebe für Motoren. Der Werkstoff wird auch als Folie und Faser mit Polymerschutz und Kontakten zur Stromeinleitung hergestellt. Folien werden übereinander gelegt (Multilayer), um im Paket größere Längenänderungen zu erzielen.

11.4.3 Formgedächtnis-Legierungen

Die Stoffe werden auch Shape-Memory-Legierungen (shape memory alloys, SMA) genannt und nutzen den **Memory-Effekt**[2]. Dazu gehören die Systeme NiTi (Abb. 11.18), CuAlZn und AuCd. Technische Bedeutung hat Ni50Ti50 (Nitinol) gewonnen.

Innere Vorgänge Bei der Abkühlung erfolgt eine Gitterumwandlung von kubisch (Austenit) zu martensitisch (Zwillingsstruktur) ohne Formänderung. Bei Erwärmung verläuft der Vorgang entgegengesetzt mit einer Hysterese (Abb. 11.18). Die zugehörigen Temperaturen sind für

- Martensitbildung: Beginn $\mathbf{M}_s$ und Ende $\mathbf{M}_f$
- Austenitbildung: Beginn $\mathbf{A}_s$ und Ende $\mathbf{A}_f$.

---

[2] Werkstoffe nehmen nach einer plastischen Verformung von bis zu 10 % bei niedriger Temperatur ihre ursprüngliche Gestalt an, wenn sie erwärmt werden.

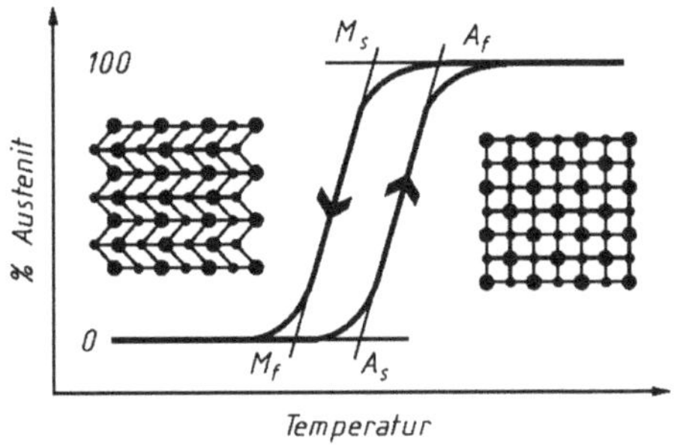

Abb. 11.18 Umwandlungen
und Hysterese bei NiTi (nach
Stöckel)

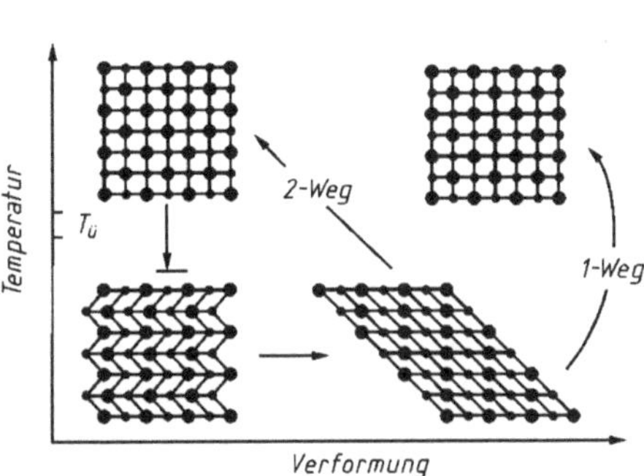

Abb. 11.19 Mechanismus des
Formgedächtnis-Effektes (nach
Stöckel)

Temperaturbereich, Breite und Steigung der Hystereseschleife hängen vom Legierungstyp ab und lassen sich durch dritte LE verändern.

Bei einer Verformung des Martensits unterhalb der Umwandlungstemperatur $T_ü$ wird die Zick-Zack-Form ohne Platzänderung der Atome in Schritten längs der Zwillingsebenen ausgerichtet (Abb. 11.19; diffusionslose Umwandlung). Das geschieht bei niedrigen Kräften bis zu einer Dehnung von ca. 8 %.

Nach Erwärmung oberhalb der Umwandlungstemperaturen versucht das Bauteil seine ursprüngliche Form wiederherzustellen. Dabei kann das Bauteil eine Kraft ausüben, die bei zwei Anwendungen genutzt wird.

Anwendung 1: Kraft-Weg-Nutzung (Aktor), *wiederholbarer* Effekt (Abb. 11.19, Pfeil 2-Weg)
Erfolgt die Verformung des Martensits, z. B. eines Drahtes, durch eine konstante Kraft (Gewicht), so wird nach Erwärmung über die Umwandlungstemperaturen (Austenit) die Last wieder angehoben. Nach Abkühlung (zu Zwillingsmartensit) kann die Last die Verformung neu beginnen.
Beispiele sind temperaturabhängige Regelventile, Thermoschutzschalter oder Stellantriebe für Modellbahnsignale.
Anwendung 2: Unterdrücktes Formgedächtnis, *einmaliger* Effekt (Abb. 11.19, Pfeil 1-Weg)

Bei Erwärmung bis oberhalb der Temperatur $T_{\ddot{u}}$ wandelt sich der verformte Martensit wieder zurück in Austenit. Das Bauteil wird an der Rückumformung gehindert und es entsteht eine Spannung. Sie ist der unterdrückten Dehnung proportional.

Beispiele sind Rohrverbinder für Hochdruckhydraulikleitungen im Flugzeugbau, Schrumpfringe zur Fixierung von Elementen auf Wellen.

Weitere Anwendungen

Freies Formgedächtnis Das verformte Teil kehrt beim Erwärmen ohne Kraftanwendung in die Ausgangsform zurück.

Beispiele sind formbare Instrumente oder Werkzeuge in der Medizintechnik. Nach Gebrauch und Sterilisation nehmen sie die Ausgangsform an und können neu gebogen werden.

Voraussetzung ist eine tiefe Lage der Umwandlungstemperaturen, der Werkstoff ist bei der Anwendung stabil austenitisch.

Superelastizität ist ein elastisches Verhalten bis zu 10 % Dehnung (10-mal größer als bei normalen Legierungen). Die Austenit-Martensit-Umwandlung erfolgt bei diesen Sorten nicht durch Abkühlung, sondern durch Verformung **oberhalb** der Umwandlungstemperaturen.

Dabei entsteht bei niedrigen Spannungen Martensit (sog. spannungsinduzierter Martensit) ohne Zwillingsstruktur. Nach Entlastung nimmt das Gitter (ohne Erwärmung!) wieder die stabilere, austenitische Struktur und damit die Ausgangsform an.

Für den medizinischen Bereich gibt es zum Beispiel NiTi-Basislegierungen mit Umwandlungstemperaturen unterhalb der Körpertemperatur. Angewandt werden sie z. B. für Gefäßstützen (Stents), Zangen und Drähte für die minimal-invasive Chirurgie, superelastische Brillengestelle und Antennen für Mobiltelefone.

Literatur

1. Czichos, H.: Mechatronik. Vieweg + Teubner (2008)
2. Stöckel, D.: NiTi-Formgedächtnislegierungen – Intelligente Werkstoffe für moderne Problemlösungen, VDI-Bericht 797, S. 203 (1990)
3. Wick, A., Nußkern, H., Stöckel, D.: Nickel-Titan – ein außergewöhnlicher Werkstoff. VDI-Bericht 1595, S. 269 (2001)
4. GST Gesellschaft für Systemtechnik (Krupp): Firmenschrift

Literaturhinweise Pulvermetallurgie
5. FPM, Fachverband Pulvermetallurgie. Vorlesungsreihe von H. Silbereisen, G. Zapf und K. Dalal (mit Dias). www.pulvermetallurgie.com
6. Kolaska, H. (Hrsg.). Hagener Symposium, Pulvermetallurgie in Wissenschaft und Praxis. FPM, 2003
7. Sintermetallwerk Krebsöge, Radevormwald. Krebsöge Infos
8. PEAK-Werkstoff GmbH. Informationsschriften. www.wkw.de
9. Plansee. Information über Werkstoffe und Anwendungen. www.plansee.com

Literaturhinweise Schichten

10. mo, Metalloberfläche. Hanser-Verlag (Zeitschrift)
11. Benninghoff, H.: Moderne Oberflächen in der industriellen Praxis. Ingenieur-Werkstoffe **7+8** (1989)
12. Bode, E.: Funktionelle Schichten. Hoppenstedt (1989)
13. Grünling, H.W. u. a.: Beschichtungstechnologie – heutige und künftige Anwendung von Schichten. VDI-Bericht 670, S. 57–94
14. N.N.: Oberflächenanalyse: Die wichtigsten Verfahren. Ingenieur-Werkstoffe **7+8** (1989)
15. Maier, K.: NiSiC – Dispersionsschichten im Motorenbau. In: Verbundwerkstoffe und Werkstoffverbunde, DGM (1993)
16. Pursche, G. (Hrsg.): Oberflächenschutz vor Verschleiß. Verlag Technik, Berlin (1990)
17. Steffens, H.-D., Wilden, J.: Moderne Beschichtungsverfahren. Dt. Gesellschaft für Materialkunde, DGM Informationsgesellschaft. Frankfurt (1996)
18. VDI-Richtlinie 3198/1992. Beschichten von Werkzeugen der Kaltmassivumformung (CVD,PVD) (zurückgezogen)
19. DVS, Deutscher Verband für Schweißtechnik; DVS-Verlag Düsseldorf. DVS-Merkblatt Thermisches Spritzen; DVS Korrosionsschutz von Stählen und Gusseisenwerkstoffen durch thermisch gespritzte Schichten aus Zn und Al

Informationen

20. INO Info-System, FhG. CVD/PVD-Schichten ipa.fraunhofer.de
21. AHC-Oberflächentechnik. Beschichtungen für Eisen- und NE-Metalle mit verschiedenen Funktionen. www.ahc-surface.com
22. Balzers. PVD-Schichten; Balinit®Sorten. www.oerlikon.com/balzers
23. CemeCon AG. CVD/PVD-Anlagen, Schichten. www.cemecon.de
24. VDI. Wissenstransfer Oberflächentechnik. www.surface-net.de

12.1 Einführung

Korrosion ist die chemisch-physikalische Reaktion eines metallischen Stoffes mit seiner Umgebung, die zu einer Eigenschaftsänderung führt, welche die Funktion eines metallischen Bauteiles oder des zugehörigen Systems beeinträchtigt.

Reaktionen des Metalls mit dem Umgebungsmedium, in dem das eigentliche **Angriffsmittel** enthalten ist, wandeln den Werkstoff in das **Korrosionsprodukt** (z. B. Rost) um. Es kann löslich, locker oder auch fest haftend sein.

Korrosion (lat. corrodere = zernagen) – z. B. das Rosten des Stahles – verursacht Schäden, die jährlich auf ca. 4 % des Bruttosozialproduktes geschätzt werden. Sie steht damit als Schadensursache gleichrangig neben dem Verschleiß. Korrosion und Korrosionsschutz haben deshalb große Bedeutung. Das wird durch eine große Anzahl von Normen und anderen technischen Regeln deutlich.

Die Folgen sind aus dem Alltag bekannt und führen meist zu einem Werkstoffverlust mit folgenden Auswirkungen:

- Schwächung der Querschnitte, dadurch höhere Spannung mit größerer Dehnung unter Last, zunächst elastisch, dann plastisch, evtl. Brüche oder Durchrosten von Rohren mit Leckagen. Der Werkstoffabtrag betrifft die Randschichten, das vermindert die Flächenmomente der Bauteile besonders stark, dort herrschen die maximalen Spannungen.
- Verletzung der Oberfläche, dadurch evtl. eine Minderung der dekorativen Wirkung, weiterhin Kerbwirkung mit Abfall der Dauerfestigkeit dynamisch belasteter Bauteile. Bei Dauerversuchen in Salzlösung wird keine Dauerfestigkeit erreicht, die Wöhlerkurve geht nicht in eine Waagerechte über (Abb. 12.6).
- Volumenvergrößerung durch das Korrosionsprodukt, dadurch Blockierung beweglicher Teile und Sprengwirkung in engen Spalten, z. B. „Festrosten" von Schrauben oder

© Springer Fachmedien Wiesbaden GmbH, ein Teil von Springer Nature 2018   463
W. Weißbach, M. Dahms, C. Jaroschek, *Werkstoffe und ihre Anwendungen*,
https://doi.org/10.1007/978-3-658-19892-3_12

Nabe/Welle-Verbindungen, Aufwölben von Lackschichten oder Punktschweißnähten durch Rost.

Korrosionsschäden liegen erst dann vor, wenn die Funktion des Bauteils oder Systems beeinträchtigt ist (Definition oben). Bei dekorativen Flächen kann dies bereits eine Verfärbung sein, während z. B. beim Kanaldeckel eine Rostschicht noch keinen Schaden darstellt.

Korrosionsschäden können bei einer Produkthaftung zu Auseinandersetzungen führen. Dabei wird der Stand der Technik an den geltenden Normen gemessen werden.

Korrosion erfolgt durch chemisch-physikalische Reaktionen. Diese können in drei Gruppen eingeteilt werden. Die letzte – die elektrochemische Reaktion – tritt am häufigsten und in zahlreichen Varianten auf und ist Schwerpunkt des Abschnittes Korrosion (Abschn. 12.2).

Normen: Korrosion der Metalle und Legierungen

DIN EN ISO 8044/15 – Grundbegriffe
DIN 50900-2/02 – Elektrochemische Begriffe (zurückgezogen)
DIN EN 12502/05 – Abschätzung der Korrosionswahrscheinlichkeit in Wasserverteilungs- und -speichersystemen (5 Teile)

12.1.1 Chemische Reaktion

Diese Art der Reaktion findet zwischen Metall und Gasen statt (Hochtemperatur- und Heißgaskorrosion). Das Korrosionsprodukt wächst auf dem Grundmetall in Schichten auf, die meist durchlässig sind und dann durch Diffusion weiter wachsen können.

Beispiele für eine chemische Reaktion

Anlassfarben bei Stahl und Anlaufen von Metallen in Gasen durch Bildung von Oxid- oder Sulfidschichten, Silber wird schwarz;

(Ver-)Zunderung von Stahl in heißen Gasen. Es entstehen die Oxide FeO, Fe_3O_4 und Fe_2O_3, Letzteres unter Volumenvergrößerung und Lockerung der Schicht.

12.1.2 Metallphysikalische Reaktion

- Oberflächliche Auflösung bei Kontakt mit Metallschmelzen, Erhöhung der Rauheit, z. B. haben Druckgussformen für Al-Legierungen kleine Standzeiten, da bei den hohen Gießtemperaturen Fe aus der Oberfläche des Werkstückes gelöst wird.

- Gitterumwandlungen bei tiefen Temperaturen, z. B. vollzieht sich bei **Zinnpest** eine Umwandlung des tetragonalen Gitters in ein rhomboedrisches mit größerem Volumen bei unter 13 °C.
- Eindiffundieren von H-Atomen in Zwischengitterplätze von Ferrit auch bei niedriger Temperatur. Wasserstoff kann dabei durch andere chemische Reaktionen entstehen. Den Abfall der Zähigkeit nach dem Beizen in Säuren bei abgeschreckten oder kaltverfestigten Stählen bezeichnet man als **Beizsprödigkeit**.

12.1.3 Elektrochemische Reaktion

Bei dieser Reaktion sind elektrische Ströme beteiligt. Sie entstehen, wenn Metalle in Kontakt mit sog. **Elektrolyten** kommen, in den meisten Fällen Wasser, das Ionen enthält und so elektrischen Strom transportieren kann.

Elektrolyte sind alle Stoffe mit beweglichen Ionen:

- Salzlösungen (wichtigste), Säuren, Laugen
- Salzschmelzen (Schmelzflusselektrolyse)
- durch elektrische Felder ionisierte Luft, z. B. Blitze, Lichtbögen oder auch Gase mit hohem Unterdruck und hohen Temperaturen (PVD-Verfahren, Ionitrieren)
- spezielle Polymere und Oxidkeramik in Brennstoffzellen (Feststoffelektrolyte).

Zusammen mit den metallischen Bauteilen ergeben sich galvanische Elemente. In galvanischen Elementen wird elektrische Energie aus der Oxidation eines unedlen Metalls gewonnen, das dabei in Ionenform (positives Kation) in Lösung geht (Abschn. 12.2.3).

Wegen der Häufigkeit von Kontakten vieler Bauteile mit Wasser (Regenwasser, Brauchwasser, usw.) ist die elektrochemische Korrosion die wichtigste Reaktionsart.

12.2 Grundlagen der elektrochemischen Korrosion

12.2.1 Die Entstehung von Ionen

Ionen (Ion, griech. das Wandernde) entstehen aus Atomen oder Atomgruppen durch Abgabe oder Aufnahme der Valenzelektronen (Tab. 12.1). Sie erhalten dadurch eine elektrische Ladung.

Metalle sind wegen ihrer unvollständigen Elektronenhülle bis auf die Edelmetalle (Gold, Platin u. a.) unbeständig und gehen deshalb chemische Verbindungen z. B. mit Nichtmetallen ein. Dabei gehen Valenzelektronen auf das Nichtmetall über, und es wird **Energie frei.**

Tab. 12.1 Bildung von Ionen

Elemente oder Gruppe	Elektronen	Ionen und Ladung	Reaktionstyp
Metalle, Wasserstoff	Werden abgebeben	Positive **Kationen**	Oxidation
Nichtmetalle, OH-Gruppe, Säurereste	Werden aufgenommen	Negative **Anionen**	Reduktion

Tab. 12.2 Ionenbindungen

	Zusammensetzung	Beispiel	
Base	Metall-Ion(en), OH-Gruppe(n)	Natriumhydroxid	$NaOH \rightarrow Na^+ + OH^-$
Säure	H-Ion(en), Säurerest-Ion(en)	Schwefelsäure	$H_2SO_4 \rightarrow 2H^+ + SO_4^-$
Salz	Metall-Ion(en), Säurerest-Ion(en)	Kupfersulfat	$CuSO_4 \rightarrow Cu^{++} + SO_4^{2-}$

Beide Partner erhalten dadurch (im Idealfall) die stabile Edelgashülle und sind in diesem energieärmeren Zustand (z. B. als Oxide) beständig. Bei der Metallgewinnung muss die Energie wieder zugeführt werden (Reduktionsenergie).

Die ungleich geladenen Ionen ziehen sich an, es entsteht dadurch eine **chemische Verbindung**. Die Partner werden durch die **Ionenbindung** (auch heteropolare Bindung) zusammengehalten. Beispiele finden sich in Tab. 12.2.

Anziehungskraft ist die elektrostatische Anziehung nach Coulomb. Sie errechnet sich aus

$$\textbf{Kraft } F_{\text{C}} = \text{Produkt der Ladungen/Abstand}^2$$

Der Abstand ist die Summe der Ionenradien. Die Kraft gilt für das Vakuum und wird durch **Lösungsmittel** erniedrigt.

12.2.2 Ursache der Ionenleitfähigkeit von H_2O

Reines Wasser hat eine sehr geringe elektrische Leitfähigkeit, es besteht überwiegend aus H_2O-Molekülen. Die beiden H-Atome liegen jedoch nicht in einer Achse mit dem O-Atom, wie in einer Perlenkette, sondern gewinkelt (Abb. 12.1).

Das O-Atom zieht die bindenden Elektronen stärker zu sich als die H-Atome. Dadurch ist die H-Seite des Moleküls positiv, die O-Seite negativ geladen, das Molekül wird zum **Dipol**. Im gelösten Zustand sind die Ionen dann von Wasser-Dipolen umgeben, sie bilden die **Hydrathülle**. Sie hat nach außen die gleiche elektrische Polarität wie das umhüllte Ion.

Durch den größeren Abstand verringert sich die Coulomb'sche Kraft und die Ionen werden im Wasser beweglich, d. h. sie können zu einer Elektrode mit entgegengesetzter Ladung *wandern*.

Abb. 12.1 Dipol des Wassers
und Hydrathülle

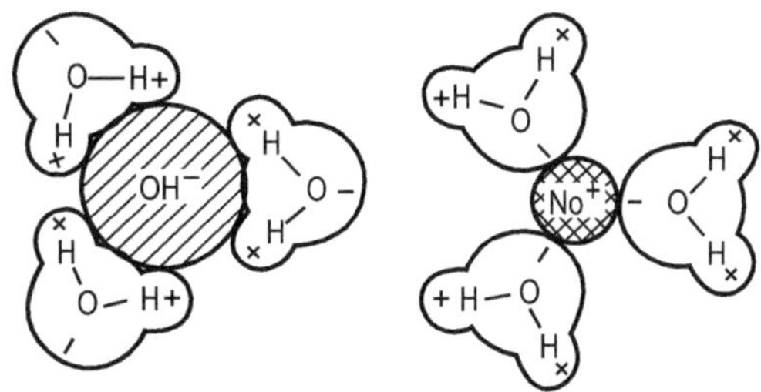

> **Beispiel für die Auflösung von Ionenverbindungen**

NaOH-Kristall im Wasser (Abb. 12.1). H_2O-Dipole lagern sich mit der negativen O-Seite an die positiven Na-Ionen an und andere mit der positiven an die negativen OH-Ionen des NaOH-Kristalls und demontieren das Gitter, d. h. die Ionenverbindung **löst sich** im Wasser.

Der beschriebene Vorgang – die Aufspaltung einer Ionenverbindung im Wasser – wird **elektrolytische Dissoziation** genannt, Wasser wird dadurch zu einem **Elektrolyten**, einem ionenleitenden Medium.

Die Abschwächung der Coulomb'schen Bindungskräfte in Lösungsmitteln wird durch die sog. Dielektrizitätskonstante erfasst: Sie beträgt für Wasser ca. 80 und erniedrigt damit die Anziehung der Ionen auf den 80-sten Teil.

12.2.3 Lösungsdruck

Das Bestreben eines Metalls, durch Elektronenabgabe in den Ionenzustand und damit i. d. R. in Lösung zu gehen, wird als Lösungsdruck bezeichnet. Es erreicht dadurch einen Zustand niedrigerer Energie und damit höhere Stabilität.

12.2.4 Galvanische Spannungsreihe

> **Beispiel für den Lösungsdruck**

Versuch: Zn-Blech in einer $CuSO_4$-Lösung, die aus Cu^{++} und SO_4^{2-}-Ionen besteht. Das Zn-Blech überzieht sich langsam mit einer rötlichen Schicht aus Kupfer (Tab. 12.3).
Ursache: Zn ist unedler, es hat gegenüber Cu den *höheren* Lösungsdruck (Galvanische Spannungsreihe Tab. 12.4).

Der Lösungsdruck kann als elektrische Spannung in Volt gegen eine Bezugselektrode gemessen werden. Sie wird als Normal-Potential bezeichnet.

Tab. 12.3 Beschreibung des Versuches

Vorgang	Reaktion Reaktionsgleichung
Zn-Atome gehen als Zn^{++}-Ionen in Lösung	Oxidation von Zn: $Zn \rightarrow Zn^{2+} + 2e^-$
Die abgegebenen Elektronen können nicht abfließen und geben dem Blech ein **negatives Potential**:	
Cu^{++}-Ionen werden angezogen, nehmen die Elektronen auf, werden reduziert und bilden die Cu-Schicht	Reduktion von Cu: $Cu^{2+} + 2e^- \rightarrow Cu$

Tab. 12.4 Galvanische Spannungsreihe

Metall	Normalpotential/V	Charakter
Gold, Au	1,42	
Silber, Ag	0,80	Edel
Kupfer, Cu	0,34	↑
Wasserstoff, H	**0**	
Blei, Pb	−0,13	
Zinn, Sn	−0,14	
Eisen, Fe (2^+)	−0,44	
Chrom, Cr (3^+)	−0,74	
Zink, Zn	−0,76	↓
Aluminium, Al	−1,66	Unedel
Magnesium, Mg	−2,38	

Als Bezugselektrode dient ein Platinblech, das von H_2-Gas umspült wird. Der Wasserstoff H ist damit der Nullpunkt der Skala.

Die Zusammenstellung der Messwerte ergibt die galvanische Spannungsreihe (Tab. 12.4).

Beschreibung der Spannungsreihe:

Oberer Teil: Hier liegen die relativ beständigen Edelmetalle, gegenüber dem Wasserstoff sind sie *positiv*. Sie wirken gegenüber unedlen Metallen als **Oxidationsmittel**[1] (Cu im Versuch).

Unterer Teil: Unterhalb des Wasserstoffs liegen die unedlen Metalle. In Kontakt mit einem Elektrolyten haben sie ein stärkeres Bestreben, unter Abgabe von Elektronen als Ion in „Lösung zu gehen". Das zeigt sich durch eine höhere *negative* Spannung, ein negatives Potential. Sie wirken gegenüber den edleren als **Reduktionsmittel**[2] (Zn im Versuch).

---

[1] Stoff, der Elektronen aufnimmt und die Oxidation herbeiführt. Er selbst wird dabei reduziert.
[2] Stoff, der Elektronen abgibt und die Reduktion herbeiführt. Er selbst wird dabei oxidiert.

Tab. 12.5 Trockenbatterie (Kohle-Zink-Element)

Elektrolyt	Anode	Kathode	U_q
$NH_4Cl + H_2O$ (Salmiak)	Zink $-0,76\,V$	Graphit $0,73\,V$	$1,5\,V$

12.2.5   Galvanisches Element

Im galvanischen Element als Stromquelle sind jeweils zwei Metalle mit einem Elektrolyten kombiniert, die in der Spannungsreihe weit auseinander liegen (Tab. 12.6). Die Differenz der Normalpotenziale ergibt dann die Quellenspannung U_q.

In einer Trockenbatterie (Tab. 12.5) „fließen" beim Schließen des Stromkreises Elektronen. Sie werden von der Oxidation der Anode (Zn-Becher) geliefert, dafür gehen Zn-Ionen in den Elektrolyten. Die Kathode (Graphitstab) bleibt unverändert, hier werden H-Ionen entladen und zu H-Atomen reduziert.

Der auf der Kathodenoberfläche abgelagerte Wasserstoff senkt die Potentialdifferenz C-Zn auf den Betrag H-Zn (die sog. Polarisation). Deshalb muss der entstehende Wasserstoff mithilfe von MnO_2 (Braunstein) entfernt werden. Das geschieht nach der Reaktionsgleichung:

Depolarisation $H_2 + MnO_2 \Rightarrow MnO + H_2O$

Dabei wird Wasserstoff zu Wasser oxidiert und MnO_2 zu MnO reduziert.

12.2.6   Korrosionselemente

Abb. 12.2 zeigt ein Bimetall-Element als einfaches Beispiel eines Korrosionselementes (Tab. 12.6).

Bei den verschiedenen Korrosionselementen werden Anode und Kathode nicht von definierten Metallkörpern gebildet, sondern von Oberflächenbereichen, auch Gefügebestandteilen. Sie werden von der ionenleitenden Phase (evtl. nur in dünner Schicht) bedeckt

Abb. 12.2 Bimetall-(Kontakt-) Element aus Stahlschraube (mit Muldenkorrosion) in Kupfer

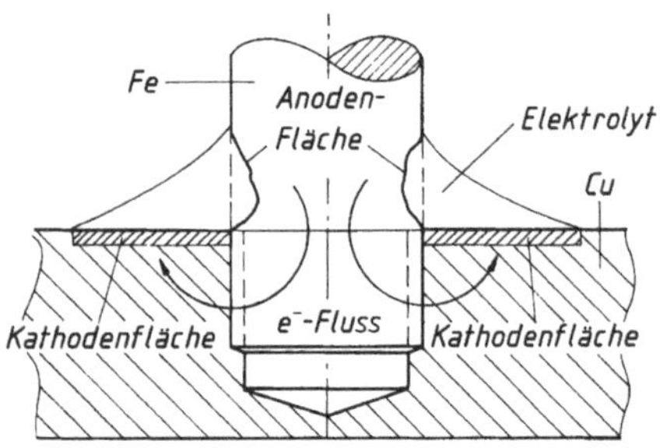

Tab. 12.6 Bestandteile und Reaktionen eines galvanischen Elementes

Bauteil	Reaktionen
Anode, unedel, wird verbraucht	Anodische Reaktion: Anodenmetall wird zum Kation oxidiert und löst sich im Elektrolyten, Elektronen fließen über den metallenen Leiter[a] zur Kathode
Elektrolyt	Enthält Ionen in wässriger Lösung, ermöglicht ihre Wanderung durch H_2O-Dipole
Kathode, edel, ist geschützt	Kathodische Reaktion: Elektronen ziehen die positiven H-Ionen an und reduzieren sie zu H-Atomen

[a] Leiter mit Elektronenleitung (Metalle, Graphit)

und ergeben sog. **Lokalelemente.** Die Elektronen können durch das Innere der metallischen Teile fließen. Deshalb gilt grundsätzlich:

Korrosionselemente sind kurzgeschlossen.

Der Verlauf der Korrosion wird stark vom Unterschied der Anoden- und Kathodenfläche beeinflusst.

Beispiele für einen Korrosionsverlauf
Beispiel 1: Stahlblech verzinkt

- Zn-Oberfläche bildet **großflächige** Anode. **Der Flächenabtrag ist dadurch gering**.
- Kleine Kathodenflächen entstehen durch kleine Risse in der Schicht und die Schnittkanten des Fe-Kerns, sie sind geschützt.

Beispiel 2: Stahlblech verzinnt (Weißblech)

- Edleres Sn bildet eine großflächige Kathode.
- Fe-Kern bildet bei Kratzern in der Sn-Schicht eine **kleine** Anodenfläche. **Der Abtrag geht in die Tiefe**.

Nach den Abständen von Anoden- und Kathodenbereich der Lokalelemente unterscheidet man:

Mikroelemente mikroskopischer Bereich
Makroelemente mm bis km (z. B. bei erdverlegten Kabeln und Röhren)

Weiteren Einfluss auf den Ablauf der Korrosion haben die Art des Elektrolyten und sein pH-Wert (Tab. 12.7). Es ist in den meisten Fällen Wasser mit gelösten Stoffen, kann aber auch feuchtes Erdreich sein.

Tab. 12.7 pH-Wert von Elektrolyten und Beispiele

Sauer	$1 \leq 7$	Lösungen von Säuren, sauren Salzen oder säurebildenden Gasen wie CO_2, H_2S
Neutral	7	Reines Wasser, Salzlösungen
Basisch	$\geq 7 \leq 14$	Laugen, basische Salzlösungen (Soda)

Begriff pH-Wert (potentia hydrogenii), die Wasserstoff-Ionen-Konzentration $[H^+]$. Reines Wasser ist nur schwach dissoziiert, d. h. in H^+- und OH^--Ionen gespalten.

$$[H^+] = 0{,}86 \cdot 10^{-7}\,\text{mol/Liter} \quad (\text{bei } 18\,^\circ\text{C})$$

Darin ist 1 mol H $\approx$ 1 g.

Als pH-Wert des Wassers ist der negative Wert des Exponenten -7 festgelegt: **pH (H_2O) = +7**.

Elektrolyten mit pH < 7 (sauer) Unedle Metalle werden darin angegriffen, sie bilden anodische Bereiche, hier findet die anodische Reaktion statt:

- Metalle gehen als positive Ionen in Lösung.
- Elektronen fließen über den metallenen Kurzschluss zur Kathode und reduzieren dort H^+-Ionen, H-Atome reagieren zu H_2-Molekülen.

Anodische Reaktion

$$\text{Metall} \rightarrow \text{Metall}^+\text{-Ion} + \text{Elektron(en) } e^-$$

Kathodische Reaktion

$$H^+\text{-Ionen} + e^- \rightarrow \text{H-Atome}$$

$$\text{H-Atome} \rightarrow H_2\text{-Moleküle} \uparrow \quad (\text{Wasserstoffkorrosion})$$

Elektrolyten mit pH $\geq$ 7 (neutral bis basisch) Sie entstehen häufig durch den Einfluss des Luftsauerstoffs, mit dem der Elektrolyt in Berührung kommt. O_2 löst sich und wird an der Kathode durch die Elektronen abgebaut.

Belüftetes Wasser liegt in Fluss- und Meeresoberflächenwasser vor, ebenso im Regenwasser als dünne Schicht auf Bauteilen.

Kathodische Reaktion bei Sauerstoffzutritt

$$2\,H_2O + O_2 + 4\,e^- \rightarrow 4\,OH^-$$

Es entstehen OH-Ionen, die den Elektrolyten basisch machen (Sauerstoffkorrosion).

Das führt zu weiteren Reaktionen, besonders bei Stahlbauteilen im Freien:

- Die an der Anode entstehenden Fe-Ionen reagieren mit OH-Ionen zu Eisen(II)hydroxid:

$$Fe^{++} + 2OH^- \rightarrow Fe(OH)_2.$$

- Durch O-Zutritt wird es zu Fe(III)hydroxid oxidiert:

$$4Fe(OH)_2 + O_2 + 2H_2O \rightarrow 4Fe(OH)_3.$$

- Fe(III)hydroxid zerfällt zu unlöslichem Fe-Oxihydrat:

$$Fe(OH)_3 \rightarrow FeOOH \ (Rost) + H_2O.$$

Belüftungselemente mit ähnlichen Reaktionen entstehen bei unterschiedlichem O_2-Gehalt des Elektrolyten. Sauerstoffarme Bereiche können keine schützende Oxidschicht aufbauen und sind anodisch, während die sauerstoffreichen als Kathode die Oxidschicht (Rost) aufbauen.

Beispiel für Belüftungskorrosion

Spundbohlen im Wasser korrodieren an der Wasser-Luft-Grenze. Dicht unterhalb ist der Sauerstoffgehalt des Wassers niedriger, hier wird Fe anodisch gelöst und oberhalb als Rost abgelagert. Diese Erscheinung wird als Belüftungskorrosion bezeichnet und tritt auch in engen Spalten auf (Spaltkorrosion).

Tab. 12.8 gibt einen Überblick über Korrosionselemente und ihre Verteilung auf die Anode und die Kathode.

Tab. 12.8 Korrosionselemente

Name, Beispiel	Anode (wird angegriffen)	Kathode (ist geschützt)
Bimetall-(Kontakt-)**Element** aus verschiedenen Metallen, die sich berühren		
Al-Blech mit Cu-Niet	Al-Blech	Cu-Niet
Stahlblech verzinkt	Zn-Schicht	Stahlblech CuZn-Armatur
Messing-Armatur in Stahlrohr	Stahlrohr	(Messing)
Mikro-(Lokal-)**Element** aus kleinen anodischen und kathodischen Bereichen der Oberfläche (des Gefüges)		
Heterogene Gefüge in Stahl	Ferrit	Zementit
Gefüge mit Ausscheidungen	Al-Mischkristall	AlCuMg-Ausscheidungen
Kaltverformte Metalle	Plastisch verformte Bereiche mit erhöhter Versetzungsdichte	Unverformte Bereiche mit niedriger Versetzungsdichte
Konzentrationselemente: Gleicher Elektrodenwerkstoff, Elektrolyt hat unterschiedliche Konzentrationen oder Temperaturen an Anode und Kathode		
Belüftungselement	Unbelüfteter, O-armer Bereich	Belüfteter, O-reicher Bereich
Wassertropfen auf Stahl	Bereich im Zentrum	Außenbereich mit Rostring

12.3 Korrosionsarten

Die Norm DIN EN ISO 8044/15 nennt 37 Arten der Korrosion, von denen hier nur die wichtigsten behandelt werden können.

Korrosionserscheinung ist die Veränderung des Korrosionssystems durch die Korrosion. Dabei können die sog. Korrosionsprodukte entstehen.

Unter Korrosionsarten sind auch die als Korrosionserscheinung (wie z. B. Loch- oder Muldenfraß) bekannten Begriffe zu finden.

Korrosionssystem ist der Oberbegriff für die Gesamtheit, bestehend aus einem oder mehreren Metallen in einer Umgebung, die das Angriffsmedium enthält (Temperatur und Strömungsgeschwindigkeiten), auch Oberflächenschichten und entstandene Korrosionsprodukte (Abb. 12.6).

12.3.1 Korrosionsprodukte

Korrosionsprodukte entstehen als Ergebnis einer Korrosion. Sie können fest, flüssig (selten) oder gasförmig sein (z. B. H_2-Entwicklung).

- **Zunder**, örtlich verstärkt als *Zunderausblühung* auftretend, oder mit höherem S-Gehalt auch als *Schwefelpocken* bezeichnet. Zunder besteht vorwiegend aus Oxiden, die bei höheren Temperaturen an der Oberfläche entstehen, z. B. bei Ofenbauteilen oder Wärmekraftanlagen. Bei der Wärmebehandlung wird Zunder durch Schutzgas verhindert.
- **Rost**, als *Flugrost* bei beginnender Rostbildung auf Eisen. *Fremdrost* sind Ablagerungen von Rost auf fremden Metalloberflächen. Rost entsteht bei der Korrosion von Stahl und Fe und ist schichtartig aus den Oxiden und Hydroxiden des Fe zusammengesetzt.

Deckschichten Wenn das Korrosionsprodukt dichte und festhafte Schichten bildet, welche die Oberfläche gleichmäßig bedecken, können sie die Korrosion verlangsamen.

Beispiele für Deckschichten

Deckschichten sind z. B. die Bleisulfatschicht auf Pb in Schwefelsäure oder die Patina auf Cu-Dächern.

Passivschichten Dies sind sehr dünne (ca. 10 nm) vom Werkstoff und Korrosionsmedium gebildete Schichten. Sie haben eine geringe Ionenleitfähigkeit und geben dem Werkstoff ein edleres Potential. Die Korrosion wird dadurch praktisch gestoppt, solange die Passivschicht unverletzt ist.

Beispiele für Passivschichten

Passivschichten bilden sich in wässrigen Elektrolyten auf Cr- und CrNi-Stählen, auf Aluminium und seinen Legierungen, evtl. durch anodische Oxidation verstärkt (z. B. Hart-Anodisation, Eloxal-Verfahren). Auch Titanlegierungen bilden Passivschichten.

Tab. 12.9 Klimaeinfluss auf die Abtragungsgeschwindigkeit in μm/Jahr

Klima	Blei	Zink	Stahl
Landluft	0,7…1,4	1,0…3,4	4…60
Stadtluft	1,3…2	1,0…6	30…70
Industrieluft	1,8…3,7	3,8…19	40…160
Meeresluft	1,8	2,4…15	64…230

Abb. 12.3 Lochkorrosion an X5CrNi18-9 (500 : 1)

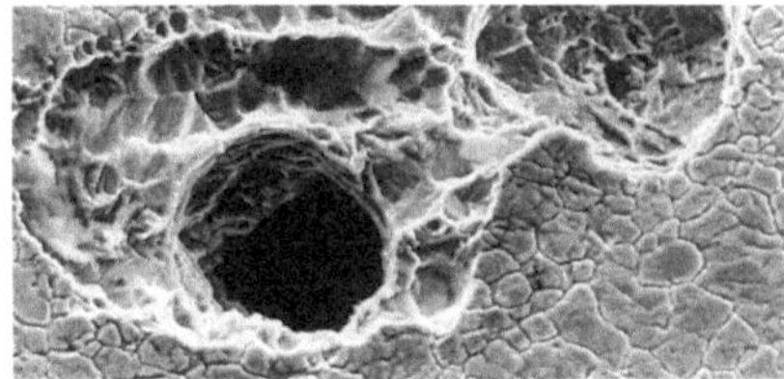

12.3.2 Korrosionsarten und -erscheinungen

Gleichmäßige Flächenkorrosion wirkt mit etwa gleicher Korrosionsgeschwindigkeit auf der gesamten Oberfläche. Sie entsteht durch Witterungseinflüsse in Verbindung mit Staub und Gasen (saurer Regen). Die Abtragung ist kalkulierbar (Tab. 12.9) und kann durch Wahl dickerer Querschnitte aufgefangen werden.

Örtliche Korrosion beschränkt sich auf bestimmte Stellen des Bauteils und ist darum gefährlicher. Zu ihr gehören Loch- und Spaltkorrosion.

Spaltkorrosion entsteht durch Belüftungselemente, die sich in engen Spalten bilden.

Beispiele für Spaltkorrosion

Punktgeschweißte Bleche, Dichtungen und Anlageflächen, anliegende Verpackungsfolien mit Rissen (eindringende Feuchtigkeit), Unterseite von nicht durchgeschweißten Nähten.

Lochkorrosion (Lochfraß) ist eine örtliche, tiefer gehende Abtragung mit steilen Rändern, die z. T. unterhöhlt sind (Abb. 12.3). Sie wird eingeleitet

- an Störstellen in der Bauteiloberfläche durch inhomogenen Werkstoff oder durch
- örtliche Verletzung einer schützenden Schicht.

An dieser Stelle entsteht eine *winzige* Anodenfläche, die einer großen Kathodenfläche zugeordnet ist. Der Abtrag geht dann in die Tiefe und führt in kurzer Zeit zu Durchbrüchen in Rohrleitungen und Behältern mit u. U. schweren Folgeschäden.

Lochkorrosion wird bei korrosionsbeständigen CrNi-Stählen in Kontakt mit Halogen-Ionen (F, Cl, Br) beobachtet, ebenso an Cu-Wasserrohren durch Glührückstände von Ziehfetten.

Bei der **interkristallinen Korrosion** (auch Kornzerfall genannt) verläuft der Angriff längs der Korngrenzen und zerstört den Zusammenhang.

Austenitische CrNi-Stähle sind im Anlieferungszustand abgeschreckt. Beim Wiedererwärmen (Schweißen) scheiden sich Cr-Karbide an den Korngrenzen aus. Der an Cr verarmte Kornrand wird anodisch und geht in Lösung. Die Risse entstehen zwischen (inter) den Körnern.

Interkristalline Korrosion wird bei Cr-Ni-Stählen verhindert durch

- Absenkung des C-Gehaltes auf $< 0{,}03\,\%$, es können keine Karbide mehr ausscheiden, z. B. Stahl **X2CrNi18-9**
- Zusatz von starken Karbidbildnern (Ti, Ta, Nb, sog. stabilisierte Sorten), sodass keine Cr-Verarmung auftritt, z. B. Stahl **X10CrNiTi18-9**.

Korrosionsrisse gehen meist von der Oberfläche aus und sind durch die kleine Fläche schwer zu erkennen. Sie können quer durch die Kristallite (trans) oder zwischen ihnen (inter) verlaufen. Eine Klärung ist nur durch metallografische Untersuchung möglich (Abb. 12.4).

Selektive Korrosion bedeutet Angriff des Korrosionsmittels auf Gefügebestandteile oder Legierungselemente, die unedler als die Umgebung sind (Tab. 12.10).

Selektiv bedeutet, dass die Bestandteile einer Legierung nicht gleichmäßig korrodieren, es verändern sich nur bestimmte Phasen.

Bimetall-(Kontakt-)Korrosion kann entstehen, wenn Metalle mit unterschiedlichem Potential (Stellung in der galvanischen Spannungsreihe) elektrisch leitend verbunden und einem Korrosionsmittel ausgesetzt sind. Es bilden sich Bimetall-(Kontakt-)Elemente (Abb. 12.2).

Abb. 12.4 Interkristalliner Riss

Tab. 12.10 Beispiele für Selektive Korrosion

Entzinkung von 2-phasigen Cu-Zn-Legierungen	Die zinkreichere β-Phase ist Anode, der Cu-Anteil scheidet sich als lockere Schicht ab
Al Cu mit Ausscheidungen von Al_2Cu	$CuAl_2$ ist Kathode, während das Al anodisch angegriffen wird
Spongiose bei perlitischem Gusseisen in Wasser oder Dampf	Umwandlung von Ferrit in Fe-Oxihydrat. Es verbleibt ein Gerüst aus Graphit und Phosphid-Eutektikum, sodass die Bauteilform erhalten bleibt

Beispiele für Bimetall-(Kontakt-)Elemente

Fügen von Bauteilen aus verschiedenen Metallen durch Nieten, Clinchen, Schweißen, Löten.

Hartlötnähte (Cu-Legierungen) von Stahl bei Gegenwart von Lötmittelresten.

Abhilfe ist durch elektrische Isolierung der Partner oder durch Anlegen einer Gegenspannung (kathodische Polarisation) möglich.

12.4 Korrosionsarten mit zusätzlichen Beanspruchungen

Einen Überblick über die zusammengesetzten Beanspruchungen zeigt Abb. 12.5.

12.4.1 Korrosion und Festigkeitsbeanspruchung

Diese Kombination trifft vor allem Bauteile in chemischen Industrieanlagen bei der Behandlung von korrodierenden Stoffen, auch solche in ständigem Kontakt mit Meerwasser. Wie bei der Lochkorrosion kann es zu plötzlichem Versagen der Bauteile kommen, ohne dass größere Korrosionserscheinungen an der Oberfläche eine Vorwarnung geben.

Vorhandene **Mikrokerben** haben erhöhte Spannungen im Kerbgrund, werden dort plastisch verformt und sind *unedler* als die Umgebung. Sie werden anodisch abgetragen, wobei die Spannungen im Kerbgrund weiter steigen, bis der Bruch erfolgt.

Spannungsrisskorrosion (SpRK) entsteht bei *statischer Belastung* (evtl. schwellend überlagert) z. B. bei Druckleitungen und -behältern. Entstehungsbedingungen sind:

- Zugspannungen (auch Eigenspannungen), die unter der Streckgrenze liegen
- Bestimmte Paarungen von Metall/Medium, die als **kritische Systeme** bezeichnet werden
- Fehlende Neubildung der Passivschicht an den Störstellen in kritischen Systemen

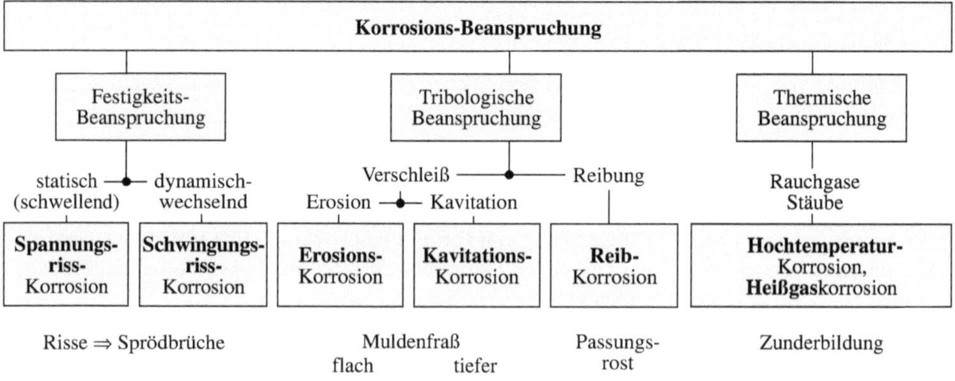

Abb. 12.5 Gliederung der zusammengesetzten Beanspruchungen

Spannungsrisskorrosion erfolgt nach drei Mechanismen:

Anodische SpRK wird durch Anionen (z. B. Cl-, O_2-) ausgelöst, welche die passivierende Oberflächenschicht angreifen. In Verbindung mit Zugspannungen vertiefen sich die Risse bis zum Bruch.

Kathodische SpRK wird durch H-Atome ausgelöst, die an kathodischen Stellen reduziert werden und aufgrund ihrer Kleinheit in das Gitter auf Zwischengitterplätze eindiffundieren. Sie führen zur Wasserstoffversprödung, auch wasserstoffinduzierte SpRK genannt.

Flüssigmetallinduzierte SpRK wird seit dem Jahre 2000 bei geschweißten Stahlkonstruktionen mit Schmelztauchüberzügen aus neueren Zn-Legierungen beobachtet. Ursache sind Schweißeigenspannungen in Verbindung mit den hohen Tauchtemperaturen und bestimmten Gehalten der Zn-Legierung an Sn, Pb und Bi.

Gefährdet sind besonders höherfeste Stahlsorten mit geringen Dehnungswerten. Die Risse können transkristallin oder intrakristallin verlaufen.

Anfällig für SpRK sind z. B.:

- **austenitische Stähle** durch Cl- und OH-Ionen
- unlegierte und niedriglegierte Stähle in basischen Medien
- **hochfeste Al-Legierungen** in feuchter Umgebung.

Schwingungsrisskorrosion (SwRK) bei dynamischer Belastung, z. B. bei Wellen von Rührwerken, Pumpen und Schiffswellen, kann in *allen* Elektrolyten stattfinden. Durch die Korrosion werden die rissbildenden Vorgänge beim Dauerbruch noch verstärkt. So wird bei Stahl bereits in Leitungswasser die ertragbare Ausschlagspannung von Biegewechselproben durch diese Vorgänge verringert.

Deshalb gibt es für korrosions- und dynamisch belastete Bauteile keine Dauer-, sondern nur **Zeitfestigkeiten.** Die Wöhlerkurve verläuft auch für hohe Lastspielzahlen *fallend* (Abb. 12.6).

> **Hinweis** Schweißverbindungen höherfester Stähle in Meerwasser erhalten durch WIG-Aufschmelzen oder Verfestigungsstrahlen der Einbrandkerben eine höhere Dauerfestigkeit. Die Kombination beider Verfahren erhöht die Lebensdauer beträchtlich. Verwendung findet dies bei Stahlkonstruktionen im Offshorebereich.

Abb. 12.6 Wöhlerkurve bei Angriff durch Schwingungsrisskorrosion (SwRK)

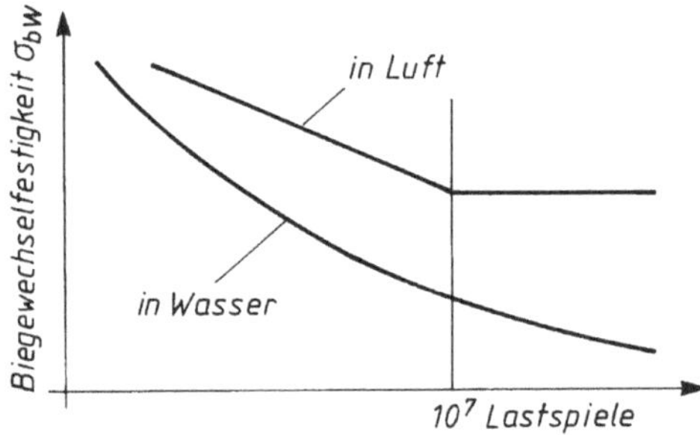

Tab. 12.11 Strömungsgeschwindigkeit u_{max} in reinem Wasser

Werkstoff	Cu	Cu-Fe	Cu-Al	Ni-Leg.
u_{max} in m/s	1,8	4,0	3,0	…30

In der chemischen Industrie wird etwa ein Drittel der Korrosionsschäden durch diese beiden Korrosionsarten verursacht.

12.4.2 Korrosion unter tribologischer Beanspruchung

Erosions[3]- und **Kavitationskorrosion** werden durch strömende Medien verursacht. Wesentliche Einflussgröße ist die *Strömungsgeschwindigkeit u* des korrosiven Mediums, die je nach Metall bestimmte Werte nicht überschreiten soll (Tab. 12.11).

Bei ruhenden Flüssigkeiten kann Stillstandskorrosion mit Loch- und Spaltkorrosion auftreten. Steigende Geschwindigkeiten fördern die **Erosion**. Sie trifft die Deckschicht, die besonders bei Wirbelbildung durch Scherkräfte verletzt wird. Dadurch steigt die Abtragungsgeschwindigkeit.

Hinter Feststoffablagerungen in Leitungen bilden sich Wirbel. Dort kann Muldenkorrosion auftreten.

Bei sehr hohen Strömungsgeschwindigkeiten entsteht **Kavitation**.

Die Schläge der zusammenbrechenden Gasblasen

- zerstören örtlich die Deckschicht,
- verformen und verspröden den Werkstoff und
- erhöhen die chemische Reaktionsfähigkeit.

Dadurch steigt die Geschwindigkeit der Abtragung, die lochfraßartig in die Tiefe geht.

Kavitation ist der Verschleiß durch zusammenfallende Dampfblasen an der Oberfläche. Sie entstehen dort, wo der statische Druck in einer Flüssigkeit infolge hoher Geschwindigkeit sinkt (z. B. bei Querschnittsverengungen nach dem bernoullischen Gesetz). Wenn die Strömung sich verlangsamt, steigt der statische Druck wieder und die Dampfblasen fallen zusammen. Dabei wirken hohe Kräfte auf die Oberfläche!

Strömungskavitation gibt es z. B. bei Wasserturbinen, **Schwingungskavitation** z. B. im Kühlkreislauf von Dieselmotoren.

Reibkorrosion findet zwischen Bauteilen statt, die fest aufeinander gepresst sind (Welle/Nabe), aber durch Schwingungen eine Relativbewegung ausführen können. Die Reibung zerstört die Deckschicht und das Korrosionsmittel kann ständig den reaktionsfähigen Werkstoff angreifen.

Rattermarken bei Wälzlagern sind auf Reibkorrosion durch Schwingungen im Stillstand unter Last zurückzuführen.

Bei Stahl wird das Korrosionsprodukt auch Passungsrost genannt und kann der Ausgangspunkt von Rissen sein, die dann zu Dauerbrüchen führen.

---

[3] ist die mechanische Abtragung der Oberfläche durch strömende Flüssigkeiten oder Gase. Mitgeführte Feststoffteilchen verstärken die Verschleißrate durch *Abrasion* (Furchung).

12.4.3 Korrosion und thermische Beanspruchung

Hochtemperaturkorrosion

Bei der Hochtemperaturkorrosion reagiert der Werkstoff mit den Bestandteilen der Brennstoffe (Schweröl). Es bilden sich Oxid- oder Sulfidschichten, auch mehrschichtig. Schützende Deckschichten wachsen anfangs schneller, mit der Zeit immer geringer (parabolisches Dickenwachstum, liegende Parabel).

Größere Volumenunterschiede zwischen Werkstoff und entstandener Schicht ergeben Risse (bei Zugspannungen) oder Aufwölbungen (bei Druckspannungen).

(Ver-)Zunderung

(Ver-)Zunderung ist die Bildung von dickeren porösen oder sich ablösenden Schichten. Durch beide schreitet der Korrosionsangriff weiter. Auf unlegiertem Stahl bilden sich nacheinander FeO, Fe_3O_4 und Fe_2O_3, nicht fest haftend. Die Volumenänderung bei der γ-α-Umwandlung trägt ebenfalls zur Ablösung der Zunderschichten bei.

Hitzebeständige Stähle sind deshalb meist umwandlungsfrei, d. h. ferritisch oder austenitisch (Abschn. 4.4.3 und 4.4.4).

Neben der äußeren Schichtbildung gibt es nach innen gehende Oxidation, Nitrid-, Sulfid- und Karbidbildung mit weiteren Schädigungen. Hochtemperaturwerkstoffe enthalten deshalb bis zu 10 % LE zur Unterdrückung dieser Vorgänge.

Beispiele für die Hochtemperaturkorrosion

Durch Hochtemperaturkorrosion gefährdet sind Bauteile von Dampfkessel- und Ofenanlagen, Wärmetauscher, Apparate der Erdölverarbeitung, Gasturbinen.

Heißgaskorrosion

Heißgaskorrosion ist die Reaktion von warmfesten Legierungen mit Anteilen der Verbrennungsgase (O, C, S, N, V) und Stoffen der Ansaug- oder Umgebungsluft (Stäube, Salze). Es entstehen zusammen mit den Oxidschichten niedrigschmelzende (eutektische), korrosive Mischungen, die bei Betriebstemperatur verflüssigen können. Die Korrosionsgeschwindigkeit steigt dann um Größenordnungen an.

Die **Wirkung der Heißgaskorrosion** basiert auf dem Herauslösen von LE durch die Schmelzen, der Bildung dicker, poröser Schichten mit Ablösungen an Bauteilen von z. B. Rauchgasreinigungsanlagen oder bei Gasturbinenschaufeln (Veränderung der Schaufelform senkt den Wirkungsgrad).

12.5 Korrosionsschutz

Hierzu gehören alle Maßnahmen, die Funktionsstörungen durch Korrosion vermeiden helfen bzw. die Lebensdauer bis zum Eintritt des Korrosionsschadens erhöhen.

Die vielfältigen Korrosionsmittel, mit denen Bauteile aus unterschiedlichen Werkstoffen zusammenkommen können, verlangen ebenso vielfältige Maßnahmen zum Schutz.

Dabei darf nicht nur der Werkstoff oder das Korrosionsmittel *allein* betrachtet werden.

Hilfreich ist die Betrachtung des Ganzen als *Korrosionssystem* (Abb. 12.7). Es veranschaulicht die Partner der Korrosion mit ihren Wechselwirkungen und Einflussgrößen. Danach lassen sich die Maßnahmen gliedern:

- Trennen von Werkstoff und Korrosionsmittel durch Schutzschichten oder Überzüge (Abschn. 12.5.1), auch als **passiver** Korrosionsschutz bezeichnet.
- Der **aktive** greift in die Reaktionen ein durch
  - Änderung der Reaktionspartner (Abschn. 12.5.2)
  - Änderung der Reaktionsbedingungen. Hierzu gehört die Änderung der elektrochemischen Verhältnisse (Abschn. 12.5.3).

Normung (Tab. 12.12)

DIN 50929/17: Korrosionswahrscheinlichkeit metallischer Werkstoffe bei äußerer Korrosionsbelastung. T1: Allgemeines, T2: – in Gebäuden, T3: – Rohrleitungen und Bauteile in Böden und Wässern, jeweils mit Abschnitt Korrosionsschutz.
DIN 50927/85: Planung und Anwendung des elektrochemischen Korrosionsschutzes für die Innenflächen von Apparaten, Behältern und Rohren. (zurückgezogen)

12.5.1 Trennung von Metall und Korrosionsmittel durch Schutzschichten

Schutzschichten trennen das korrosionsgefährdete Metall vom Elektrolyten. Damit ist die Voraussetzung für die Korrosion beseitigt.

Tab. 12.12 gibt eine Zusammenfassung mit Hinweisen auf die umfangreiche Normung.

Schutzschichten aus unterschiedlichen Stoffen machen einfache, kostengünstige Grundwerkstoffe einsetzbar. Die Anzahl der Schichtwerkstoffe und Verfahren ist groß und gehört zur Fertigungshauptgruppe Beschichten (Übersicht in Tab. 11.17).

Abb. 12.7 Korrosionssystem, Werkstoff und Korrosionsmittel reagieren zum Korrosionsprodukt, das rückwirkend die Reaktion beeinflusst

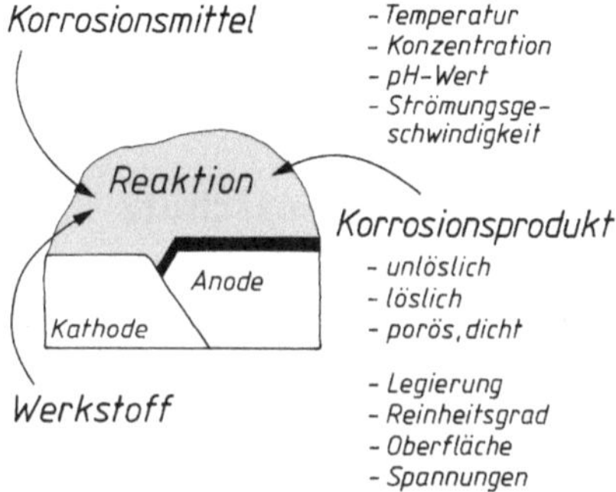

Tab. 12.12 Korrosionsschutzschichten, Werkstoffe und Verfahren

Verfahren	Normen	Schichtwerkstoffe und Eigenschaften
Allgemeine Richtlinien	DIN EN ISO 12944/98	Korrosionsschutz von Stahlbauten durch Beschichtungssysteme. 8 Teile zu Umgebungsbedingungen, Gestaltung, Vorbereitung der Oberflächen, Beschichtungssystemen, Überwachung der Arbeiten und Prüfung
Elektrolytische Metallabscheidung (Galvanisieren)	DIN 50962/13 DIN 50965/00 (zurückgezogen) DIN EN 15646/09 DIN EN ISO 4527/03	Schichten aus Ag, Cr, Cu, CuNi, CuNiCr, CuZn, Ni, NiCr, Pb, Sn, Zn, nicht vollkommen dicht, z. T. mit dekorativer Wirkung für Halbzeuge und Bauteile. Dicke 2,5…10 µm. Außenstromlos abgeschiedene Ni-P-Legierungen
Hartanodisieren	DIN EN 2536/95	Luft- und Raumfahrt – Hartanodisieren von Aluminiumlegierungen
Aufbringen aus Schmelzen Feuerverzinken u. a.	DIN EN ISO 1461/09	Al-, Pb-, Sn-, Zn-Überzüge durch Tauchen in Schmelzen, dichte Schichten für Bauteile und Halbzeuge ZnAl in Dicken 5…42 µm $(70…600\,\mathrm{g/m^2})$
Thermisches Spritzen	DIN EN 657/05	Poröse Schichten aus fast allen Werkstoffen, Verdichtung bei Metallen durch nachträgliches Einschmelzen (bei Hochtemperatur-Schutzschichten angewandt)
Plattieren Guss-, Walz-, Sprengschweißen und -plattieren		Fügen von Grundwerkstoff (Al, Cu, Stahl) und ein- oder zweiseitiger Deckschicht mit 5…10 % der Gesamtdicke mit Ni, Cu-Ni oder Cu-Zn-Legierungen, auch mit Cu und Al 99,9
Umwandlungsschichten Brünieren Chromatisieren Phosphatieren	DIN 50938/16 DIN EN 12487/07 DIN EN ISO 9717/13	Dünne, z. T. dekorative Schichten aus Reaktionsprodukten des Grundwerkstoffes mit Bädern. Brünieren durch Oxid-Schichten auf Al und Fe, Chromatschichten auf Mg und Zn, Phosphatschichten auf Al, Fe und Zn als Lackgrundierung oder Ölträger für Kaltumformen und kurzzeitigen Schutz
Diffusionsschichten Alitieren Al Inchromieren Cr Sherardisieren Zn	DIN EN 13811/03 (zurückgezogen)	Glühen in stoffabgebenden Pulvern oder Gasen erzeugt durch Diffusion korrosionsbeständige Randschichten in (meist unlegiertem) Stahl. Durch Inchromieren erhält die Randschicht bis 30 % Cr (zunderbeständig bis 850 °C, bei Al bis zu 1000 °C)
Wirbelsintern		Eintauchen heißer Metallteile (200 °C) in pulvrige Thermoplaste, durch eingeblasene Luft aufgelockert
Emaillieren		Dichte, dickere Schichten aus feinstgemahlenen Silikaten und Metallverbindungen, durch Tauchen, Spritzen aufgebracht und durch Trocknen und Brennen eingeschmolzen. Emailleschichten haben eine Beständigkeit wie Glas

Tab. 12.12 (Fortsetzung)

Verfahren	Normen	Schichtwerkstoffe und Eigenschaften
Auskleidung		Anwendung bei größeren Behältern im chemischen Apparatebau mit Blechen aus Cu-Ni, Ni-Cu oder korrosionsbeständigen Stählen durch Verschweißen, auch für Thermoplaste und Gummiplatten. Gießharze und Gummischichten werden auch durch Tauchen oder Streichen mit folgendem Aushärten oder Vulkanisation aufgebracht
Fett-, Öl- und Wachsschichten		Erwärmt oder mit Lösungsmitteln aufgetragen schützen sie kurzzeitig für Transport und Lagerung

12.5.2 Korrosionsschutz durch Werkstoffwahl oder Eigenschaftsänderung

Mit der Kenntnis der Korrosionserscheinungen lassen sich Lokalelemente vorbeugend schon bei der Konstruktion und Montage vermeiden.

- Wassersäcke und unbelüftete Hohlräume, in denen sich Belüftungselemente bilden können, vermeiden.
- Verschiedene Metalle beim Zusammenbau durch Zwischenlagen elektrisch isolieren.

Beispiel für Korrosionsschutz

Wasserleitungen aus Cu-Rohr mit Armaturen aus verzinkten Eisenwerkstoffen: Letztere nie in Fließrichtung nach den Cu-Leitungen anbringen. Bei Ablagerung von Cu-Teilchen auf Fe entstehen Bimetallelemente, die zu Lochkorrosion führen.

Die Korrosionsbeständigkeit der Metalle wird durch alle Maßnahmen verbessert, welche die Oberfläche homogener, reiner und glatter machen. Dadurch wird das Wachstum von *dünnen, dichten und gleichmäßigen* Schutzschichten ermöglicht, die z. T. vom Korrosionsmittel selbst erzeugt werden und bei Verletzung der Oberfläche „ausheilen". Dadurch wird der Grundwerkstoff selbst passiv, d. h. er nimmt nicht mehr aktiv an der Korrosion teil.

Beispiele für Maßnahmen

Rautiefe niedrig halten, Kratzer vermeiden, es entstehen ansonsten bei Anwesenheit von Feuchte Belüftungselemente. Der Kerbgrund ist unbelüftet und Anode.

Innere Spannungen vermeiden (z. B. durch Spannungsarmglühen). Die verformten Bereiche im Grund von Kerben sind mögliche Anodenflächen mit Gefahr von Spannungsrisskorrosion.

Diese **Passivierung** durch sehr dünne Schichten (ca. 10 nm) wird bei einigen unedlen Metallen (Al, Ti) und Legierungen beobachtet.

Tab. 12.13 Normenübersicht

DIN EN	Bezeichnung
10088/14	Nichtrostende Stähle
10283/10	Korrosionsbeständiger Stahlguss (Tab. 4.46)
10213/16	Stahlguss für Druckbehälter (Tab. 4.47)
10028-7/16	Flacherzeugnisse aus Druckbehälterstählen, nichtrostende Stähle
10270-3/11	Stahldraht für Federn, nichtrostender Federstahldraht
10222-5/00	Schmiedestücke für Druckbehälter

Eisen ist unedler als seine Oxide und bereits an feuchter Luft unbeständig, es kann durchrosten. Die LE Cr, Si und Al übertragen ihre passivierende Eigenschaft auf den Stahl. Je stärker der Korrosionsangriff, umso höher muss der Legierungsanteil sein.

Stahlsorten

Die vielen Medien, denen Bauteile in Kontakt mit Chemikalien und Nahrungsmitteln ausgesetzt sind, erfordern eine gleiche Vielfalt von Werkstoffen. Das spiegelt sich in den Normen wieder (Tab. 12.13).

DECHEMA-Tabellen enthalten Beständigkeitsangaben der Werkstoffe in zahlreichen Medien der chemischen Industrie bei verschiedenen Konzentrationen und Temperaturen.

DIN EN 10088-1/14 enthält 21 ferritische, 30 martensitische und ausscheidungshärtende, 50 austenitische und 9 austenitisch-ferritische Sorten, dazu weitere zusätzlich warmfeste oder hitzebeständige (+ AlSi) Sorten.

Die Teile 2/14 + 3/14 sind für Bleche und Bänder sowie Halbzeug, Stäbe, Draht, Profile für allgemeine Verwendung, desgl. Teil 4/10 + 5/09 für das Bauwesen.

Für *normale* Witterungsbedingungen gibt es die **wetterfesten Baustähle**. In normaler Industrieatmosphäre bilden sich fest haftende Schutzschichten. Die Stähle haben ohne Anstrich eine höhere Beständigkeit als die Baustähle nach DIN EN 10025-2/05 bei etwa gleichen mechanischen Eigenschaften.

Beispiele für wetterfeste Baustähle

Wetterfeste Baustähle DIN EN 10025-5/05 mit ca. 0,5 % Cu, 0,4 % Ni und 0,3…0,8 % Cr (Abschn. 4.4.2). Handelsnamen sind z. B. COR-TEN, PATINAX® u. a.

Verwendet werden wetterfeste Baustähle für Stahlhochbauten, Brücken und im Kranbau sowie für Behälter und Fahrzeuge.

Korrosionsbeständige Stähle verhalten sich in Elektrolyten passiv, d. h. sie nehmen wie die Edelmetalle nicht an Reaktionen teil. Dieses wird durch Cr-Gehalte von $\geq 13\,\%$ erreicht. Die Stähle stehen dann in der Spannungsreihe der Elemente vor dem Platin. Dieses gilt nur, wenn alles Cr gelöst ist, also nicht wenn es als Karbid gebunden ist.

Tab. 12.14 Korrosionsbeständige Stähle (Auswahl), Werte für Dicken < 6 mm

Stahlsorte	Stoff-Nr.	$R_{p0,2}$ MPa	A %	Beständigkeit, Anwendungen
Ferritische Stähle, Werte für Zustand A (geglüht), martensitisch, Zustand QO (ölgehärtet)				
X7Cr13	1.4000	240	19	Geschliffen beständig gegen Dampf und Wasser; Essbestecke, Spindeln für Armaturen
X2CrTi12	1.4512	210	25	Tiefziehbar bis 3 mm Dicke, erhöhte Säurebeständigkeit; Schanktische, Waschmaschinen
X6CrMo17-1	1.4113	260	18	Beständiger gegen Chloride durch Mo-Zusatz; für Kfz-Zierleisten, Fensterrahmen
X46Cr13	1.4034	550	12	Härt- und vergütbar; Wellen, Spindeln, Ventile, Federn
X90CrMoV18	1.4112	HRC60	–	Härtbarer Werkzeugstahl für Messer in Nahrungsmittelmaschinen, rostfreie Wälzlager
Austenitische Stähle, Werte für Zustand AT (lösungsbehandelt)				
X5CrNi18-10	1.4301	230	45	Grundtyp, schweißgeeignet, beständig gegen interkristalline Korrosion bis 6 mm Blechdicke; Tiefziehteile aller Art
X6CrNiTi18-10	1.4541	220	40	Ti-stabilisiert, keine Karbidausscheidungen beim Schweißen
X8CrMnN18-18	1.3816	310	45	Hochfest, stabil unmagnetisch; Kappenringe für Generatorläufer
X6CrNiMoTi17-12-2	1.4571	240	40	Kaltstauchbar, hochkorrosionsbeständig; Pharma-Industrie
Austenitisch-ferritische Stähle, Werte für Zustand AT				
X2CrNiMoN22-5-3	1.4462	480	20	Beständig gegen Rauchgase, Meerwasser, Chloridlösungen; Rauchgasentschwefelung, Rohre für Entsalzungsanlagen

Ihre Beständigkeit wird durch ein homogenes Gefüge entweder **ferritisch** durch Cr oder **austenitisch** durch CrNi (Abschn. 4.4.3 und 4.4.4) und weitere Legierungselemente wie Ti, Mo, V, Cu erreicht. Härtbare Stähle sind **martensitisch**.

Durch Druckaufstickung nach dem ESU-Verfahren (DESU-) wird bei austenitischen Stählen die typisch niedrige Streckgrenze angehoben (z. B. X8CrMnN18-18 in Tab. 12.14).

▶ **Hinweis** „Edelstahl rostfrei" ist ein Warenzeichen für korrosionsbeständigen Stahl. Dieses Warenzeichen hat dazu geführt, dass umgangssprachlich korrosionsbeständiger Stahl als „Edelstahl" bezeichnet wird. Nach aktueller Normung gehören die korrosionsbeständigen Stähle aber nicht mehr zu den Edelstählen.

Da Cr auch Karbidbildner ist, muss mit steigenden **C-Gehalten** der Cr-Anteil größer werden. Cr-Stähle mit über 0,1 % C sind nur im abgeschreckten Zustand beständig. Beim Erwärmen (Schweißwärme) scheiden sich Cr-Karbide auf den Korngrenzen aus, der an Cr ärmere Rand wird unedler (anodisch) und geht in Lösung. Risse längs der Korngrenzen führen zum Kornzerfall, auch interkristalline Korrosion genannt.

Abhilfe schafft ein extrem niedriger C-Gehalt (low carbon steel) oder das Zulegieren von Ti, Nb, Ta. Sie haben größere Affinität zum Kohlenstoff als Chrom, das dann im Mischkristall verbleibt (sog. stabilisierte Sorten).

12.5.3 Änderung der Reaktionsbedingungen

Änderung des Korrosionsmittels

Diese Maßnahme ist nur begrenzt möglich, weil das korrosive Mittel in der Zusammensetzung meist wenig konstant ist und oft nur Spuren von Verunreinigungen enthält. Diese können die Korrosionsgeschwindigkeit erhöhen oder Lochkorrosion einleiten. Ihre Entdeckung und Analyse ist schwierig.

Ein gewisser Einfluss ist durch Entzug schädlicher Begleitstoffe möglich, beispielsweise gelöster O_2- oder CO_2-Anteile durch Erwärmen oder Vakuumbehandlung (z. B. bei Kesselspeisewasser) oder durch Trocknen von feuchtem H_2S-haltigem Erdgas (bildet schweflige Säure).

Zusätze, speziell dem Korrosionsmittel angepasst, verlangsamen die Reaktion. Sie werden **Inhibitoren** (Hemmstoffe) genannt und wirken chemisch oder physikalisch passivierend und sind in Schmierölen, Lösungsmitteln und Treibstoffen enthalten, auch in Sparbeizen zum Ablösen von Zunderschichten.

In manchen Fällen lässt sich der Ablauf der Reaktion durch Ändern von Temperatur, pH-Wert oder Strömungsgeschwindigkeit beeinflussen.

Beispiele für Abhilfe bei Lochkorrosion

Bei Auftreten von Lochkorrosion können helfen:

- Erhöhung der Strömungsgeschwindigkeit in den Rohrleitungen
- Erhöhung des pH-Wertes
- Entfernung der Cl-Ionen.

Kathodischer Schutz

Der kathodische Schutz wird durch Maßnahmen erzielt, welche dem zu schützenden Bauteil einen **edleren** Charakter als die Umgebung geben. Damit wird es zur Kathode und ist geschützt. Es gibt zwei Verfahren (Abb. 12.8):

Abb. 12.8 Kathodischer Schutz

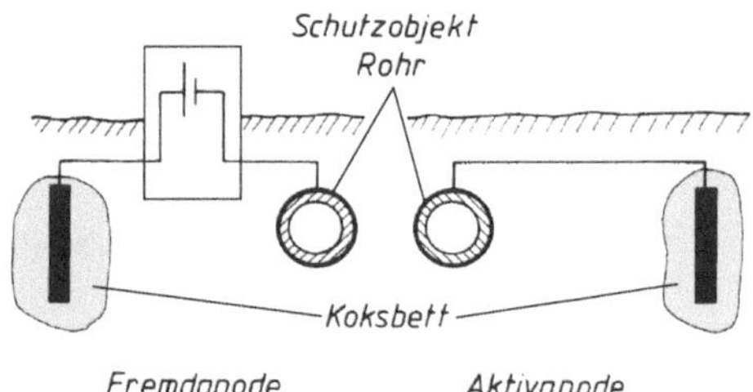

Tab. 12.15 Anoden und Anwendungen

Werkstoff	Anwendungsbeispiele
Mg, Zn	Opferanode zum Innenschutz von Warmwasserbereitern
Al, Zn	Opferanode zum Außenschutz im Schiffbau und Offshorebereich
Al	Fremdstromgespeiste Opferanoden für Behälter aus Stahl, auch verzinkt, für Wasser mit niedriger Carbonathärte

Tab. 12.16 Fremdstromanode

Werkstoff	Medium	Anwendung
GX70Si15	Erdreich	Anoden für erdverlegte Kabel, Tanks, Rohrleitungen

Tab. 12.17 Normen zum Korrosionsschutz

Bezeichnung	Norm
Kathodischer Korrosionsschutz für Innenflächen von metallischen Anlagen	DIN EN 12499/03
Kathodischer Korrosionsschutz mit Fremdstrom im Sohlebereich von Heizölbehältern aus unlegiertem Stahl	DIN 50926/92
Kathodischer Korrosionsschutz von metallischen Anlagen in Böden und Wässern	DIN EN 12954/01
Kathodischer Korrosionsschutz für unterseeische Rohrleitungen	DIN EN 12474/01
Kathodischer Korrosionsschutz von Stahl in Beton	DIN EN ISO 12696/17

Galvanischer Schutz

Galvanischer Schutz wird durch Schaffung eines künstlichen Bimetallelementes erreicht. In der Umgebung des Schutzobjektes wird ein unedles Metall elektrisch leitend angebracht. Es dient als *Opferanode* (Aktiv-Anode) für den zur Kathode gewordenen Schutzbereich (Tab. 12.15).

Fremdstromschutz

Fremdstromschutz wird durch den Einbau von Fremdstromelektroden erreicht. Mithilfe einer äußeren Gleichstromquelle wird das Schutzobjekt als Kathode (Minuspol) geschaltet. Als Anode (Pluspol) dienen im Erdreich vergrabene Fe-Si-Platten, die mit Koks und Fe-Schrott leitend eingebettet werden. Dabei muss je nach Werkstoff des Schutzobjekts die elektrische Spannung (das Schutzpotenzial) genau eingehalten und überwacht werden (Abb. 12.8, Tab. 12.16).

Die Fe-Si-Gusswerkstoffe werden auch für Armaturen und Pumpenteile in Kontakt mit heißen Säuren eingesetzt. Die Härte von 350 bis 450 HBW macht Spanungsarbeiten schwierig.

Wichtige Normen zum Korrosionsschutz zeigt Tab. 12.17.

Literatur

1. Kaesche, H.: Die Korrosion der Metalle. Springer (1999)
2. AHC-Oberflächentechnik Werkstoffguide. www.ahc-oberflaechentechnik.de
3. Internetportal Korrosion und Korrosionsschutz Informations- und Lernangebot. www.korrosion-online.de
4. DIN-Taschenbücher. Korrosionsschutz von Stahl durch Beschichtungen und Überzüge. Nr. 286/12 (Bände 1–4)

Jedes Bauteil einer Maschine, Anlage usw. arbeitet im Zusammenhang mit anderen Maschinenteilen (ist „in Funktion"). Dabei wird es durch zahlreiche äußere Einflüsse beansprucht. Es sind vor allem äußere Kräfte, die innere Spannungen erzeugen. Hinzu kommen die Einflüsse des umgebenden Mediums, Temperatur, Druck und chemisch angreifende Stoffe.

Diese Beanspruchungen ergeben zusammen das Anforderungsprofil an das Bauteil.

- **Mechanische Beanspruchung** erzeugt innere Kräfte (Spannungen), sie führen zu Verformungen, evtl. zum Bruch.
- **Medienbelastung**: Reaktionen mit umgebenden Stoffen führen zu Korrosionsprodukten (bei Eisenwerkstoffen Rost) und ggf. Stoffverlust am Bauteil (Durchbrüche an Leitungen).
- **Verschleißbeanspruchung**: Reibung führt oft zu Verschleiß, das bedeutet Materialverlust an der Oberfläche.
- **Thermische Beanspruchung**: Bei höheren Temperaturen kann die Festigkeit abnehmen, das ist bei Kunststoffen besonders deutlich. Bei Metallen kann es zu Gefügeveränderungen kommen. Weiterhin ist die Wärmeausdehnung zu berücksichtigen, je nach Konstruktion können hohe Spannungen auftreten, wenn sich die Bauteile nicht ungehindert dehnen können. Bei einigen Werkstoffen tritt bei tiefen Temperaturen eine Versprödung auf.

Die Wahl eines geeigneten Werkstoffs für eine Anwendung erfolgt mittels eines Filterprinzips (Abb. 13.1). Zunächst sind alle Materialien möglich und über gezielte Fragestellungen können teilweise ganze Materialgruppen ausgeschlossen werden. Je präziser diese Fragen werden, desto engmaschiger wird der Filter und schlussendlich bleiben in manchen Fällen nur noch wenige für diese Anwendung mögliche Werkstoffe übrig.

Die Reihenfolge der Filter ist beliebig. Auf jeden Fall müssen Fragen abgeklärt werden, die das mögliche Versagen eines Bauteils bzw. eingesetzten Materials betreffen:

© Springer Fachmedien Wiesbaden GmbH, ein Teil von Springer Nature 2018   489
W. Weißbach, M. Dahms, C. Jaroschek, *Werkstoffe und ihre Anwendungen*,
https://doi.org/10.1007/978-3-658-19892-3_13

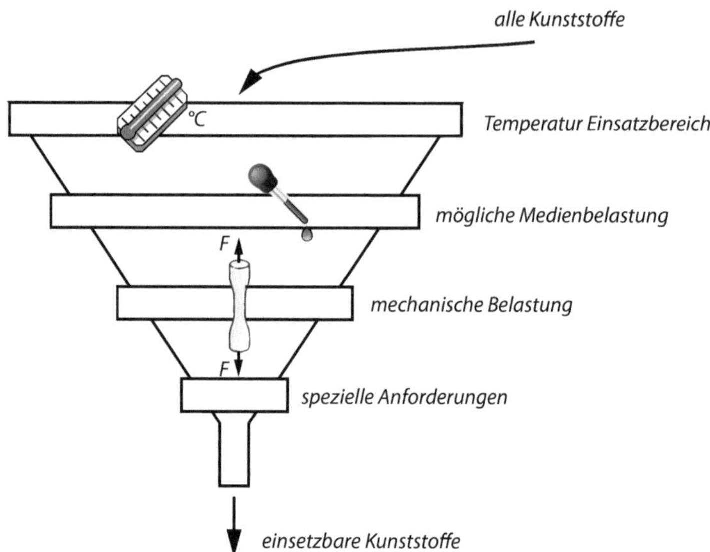

Abb. 13.1 Vorgehensweise bei der Materialauswahl mit unterschiedlichen Filtern bzw. Anforderungen

- Bei welchen **Temperaturen** erfolgt der Einsatz?
  - Bei sehr niedrigen Temperaturen kann ein Material spröde werden, das betrifft besonders Anwendungen, die Stoßbelastungen erfahren können (Kerbschlagarbeit).
  - Bei höheren Temperaturen von ca. 100 °C sind viele Kunststoffe nicht geeignet, weil sie dann entweder nur noch sehr gering mechanisch belastbar sind (Wärmeformbeständigkeit HDT) oder im Langzeiteinsatz thermisch abbauen (Dauergebrauchstemperatur). Bei Stählen sind 300 °C vielfach problematisch, weil in diesen Bereichen diffusionsgesteuerte Erholungsprozess stattfinden.
- Gibt es **mögliche Medienbelastungen**? Damit sind besonders Flüssigkeiten gemeint, die in Kontakt mit dem Material kommen.
  - Stähle können ggf. korrodieren, wenn die Legierungszusammensetzung nicht geeignet ist. Die Korrosion wird begünstigt durch Seewasser, sauren Regen oder Säuren.
  - Kunststoffe können je nach chemischen Aufbau mit unterschiedlichsten Flüssigkeiten reagieren. Häufig können Sie diese Medien zu einem Teil aufnehmen, wodurch sie einerseits quellen und andererseits weicher werden. Wenn Bauteile unter Spannung stehen, können Medien zu Rissen oder Brüchen führen.
  - Bei Kunststoffen ist die Lichtbeständigkeit begrenzt. Die Energie von UV-Licht führt zu einem Materialabbau an der Oberfläche, so dass die Bauteile sich farblich verändern und schließlich brüchig werden.
- Sind die **mechanischen Belastungen weitgehend konstant**, also statisch?
  - Bei Metallen genügt als Belastungsgrenze die Dehngrenze $R_{p0,2}$ bzw. die Streckgrenze R_e. Kommen zusätzlich höhere Temperaturen zum Einsatz wird die Belas-

tungsgrenze zeitabhängig sinken. In dem Fall wird die Zeitstandfestigkeit in Abhängigkeit von Zeit und Temperatur notwendig.

- Besonders für druckbelastete Behälter ist die Bruchzähigkeit K_{Ic} von Bedeutung. Das ist der Widerstand eines Materials gegen Rissinitiierung, bei dem die Rissausbreitung einsetzt.
- Für statisch belastete Kunststoffteile muss zwingend die Einsatztemperatur berücksichtigt werden. Besonders bei den teilkristallinen Kunststoffen verringert sich der E-Modul merklich in Bereichen zwischen 20 und 100 °C. Der standardmäßig angegebene Wert des Zugversuchs nach DIN gilt jedoch nur für Laborbedingungen. Zweckmäßiger sind E-Modul-Temperaturfunktionen, die mit einer DMA (dynamisch-mechanischen-Analyse) ermittelt wurde.

- Sind **dynamische Belastungen** in Form von Stößen möglich?
  - Die Kerbschlagzähigkeit ist ein Vergleichswert. Materialien mit einem höheren Wert bezeichnet man als zäher. Eine genaue Aussage ist aber nur in Verbindung mit dem Bruchbild möglich (Kerbschlagbiegeversuch). Speziell für Metalle ist die Übergangstemperatur ein wichtiger Wert, denn unterhalb dieser Temperatur führt eine Stoßbelastung eher zu sprödem Bruchversagen.
- Werden (zyklisch) **wechselnde Belastungen** auftreten?
  - Bei Metallen erzeugen Belastungen unterhalb der Dehngrenze lokale Belastungsspitzen im Inneren, wobei jeder Lastwechsel eine minimale und einzeln nicht messbare Verfestigung als Vorschädigung bewirkt. Diese Minischäden addieren sich bei sehr vielen Lastwechseln, so dass sie schließlich einen plötzlichen und unerwarteten Dauerbruch ohne Vorankündigung auslösen. Mit Wöhlerversuchen ermittelt man eine Lastgrenze, die unkritisch ist. Grundsätzlich ist das Versagen abhängig von der Lastgrenze und der Anzahl der Lastspitzen. Die zeitliche Häufigkeit, die Frequenz ist bei niedrigen Temperaturen ohne Einfluss. Für die Wahl geeigneter Lastgrenzen muss Klarheit über die maximalen und minimalen Belastungen herrschen.
  - Bei Kunststoffen sind die inneren Vorgänge bei wechselnden Belastungen anders als bei Metallen. Eine Verfestigung ist bei Kunststoffen nicht bekannt, womit Wöhlerversuche zur Erfassung einer zulässigen Zahl von Lastwechseln nicht sinnvoll sind. Bei Kunststoffen mit Kurzglasfasern kann durch Lastwechsel die Ankopplung der Fasern an den Kunststoff verloren gehen, wodurch ein Schaden möglich wird. Bei thermoplastischen Kunststoffen kann es oberhalb der Glastemperatur zudem bei höheren Frequenzen zu einer merklichen Erwärmung kommen, wodurch besonders der E-Modul beeinflusst wird.

13.1 Materialauswahl über Anforderungslisten

Die Wahl eines Materials sollte grundsätzlich vor der eigentlichen Konstruktion auf der Grundlage eines Lastenhefts erfolgen. Über das Lastenheft werden die Anforderungen an das zu entwickelnde Objekt festgelegt, diese müssen anschließend so übersetzt wer-

Abb. 13.2 Ein Lastenheft legt
konkrete Anforderungen an ein
Produkt fest

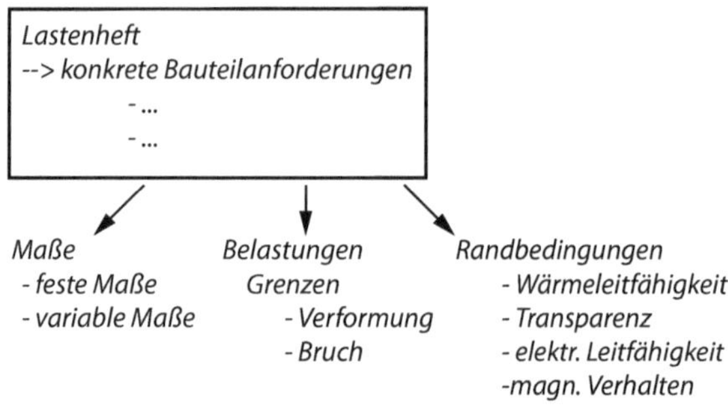

den, damit der Konstrukteur seinen Freiraum hinsichtlich der Geometriefestlegung sehen
kann. Ein Teil der Geometrie wird durch das Material bestimmt, wobei die Berechnung
der Geometrie so erfolgt, dass das Bauteil gerade nicht versagt. Grundsätzlich kann das
Versagen eines Bauteils eine unzulässige Verformung oder der Bruch sein.

Die Eigenschaften und Kennwerte eines Materials können quantitativ und qualitativ
angewendet werden. Quantitativ bedeutet, dass für die Berechnung der Geometrie, bei der
das Bauteil sich nicht unzulässig verformt oder bricht, die Materialkennwerte mit exakten
Zahlen angegeben werden müssen. Qualitativ sind alle Materialangaben, die keine Berechnung nach sich ziehen, z. B. Angaben über die Transparenz oder über die Kerbschlagarbeit. Solche Werte sind eher für einen relativen Vergleich unterschiedlicher Materialien
zweckmäßig.

Die folgende Liste stellt die sehr häufigen Anforderungen an Bauteile und Baugruppen
zusammen:

- **Steifigkeit**, das Bauteil soll sich unter Last nur um ein gewisses Maß elastisch verformen. Die Steifigkeit ist definiert über $c = F/f$, wobei f die Verformung unter
  einer Kraft F ist. In der technischen Mechanik lässt sich die Verformung eines Bauteils berechnen, wenn die Geometrie und der **E-Modul** festliegen. Wenn der E-Modul
  festgelegt ist, kann damit die Bauteilgeometrie berechnet werden.
- **Festigkeit**, das Bauteil soll eine bestimmte Last aushalten bevor es versagt. Das Versagen eines Bauteils ist in der Regel bereits eine unzulässige bleibende Verformung.
  Daher ist mit Festigkeit meistens die **Dehngrenze** $R_{p0,2}$ bzw. die **Streckgrenze** R_e gemeint. Die **Zugfestigkeit** R_m wird üblicherweise in der Konstruktion nicht genutzt,
  weil bereits vor Erreichen dieser Lastgrenze eine plastische Verformung stattfindet.
- **Gewicht**, meistens sollten Bauteile leicht sein. Das Gewicht errechnet sich aus der
  Dichte ρ und dem Volumen V ($m = \rho V$).
- **Temperatureinsatz**, das Bauteil wird in einem bestimmten Temperaturbereich eingesetzt. Üblicherweise gibt es eine obere Temperatur, bei der bei Metallen Gefügeumwandlungen erfolgen, bzw. bei der die mechanischen Eigenschaften von Kunststoffen
  nicht mehr ausreichen oder über einen längeren Zeitraum thermisch geschädigt werden.

- **Wärmedehnung**, bei Erwärmung werden die meisten Werkstoffe und damit auch die Bauteile größer. Insbesondere bei Baugruppen können so hohe Spannungen entstehen und dann versagen. Der lineare **Wärmeausdehnungskoeffizient** α gibt die relative Längenänderung in μm/m bei der Änderung der Temperatur von 1 °C an.
- **Zähigkeit**, das Bauteil soll eine gewisse dynamische Belastung aushalten, also abrupte Stöße. Die **Bruchzähigkeit** K_{Ic} gibt den Wert an, bei der es unter statischer Last zu einer instabilen Rissausbreitung kommt.
- **Medienbeständigkeit**, das Bauteil kommt mit der Umgebung in Berührung und soll sich nicht verändern, z. B. sollte ein Schiff auch im Salzwasserkontakt nicht rosten. Speziell für Kunststoffe muss sehr genau überprüft werden, welche Medien in Kontakt mit dem Bauteil kommen können, weil die unterschiedlichen Kunststoffe teilweise Öle, Fette oder Säuren aufnehmen und damit die Eigenschaften verändern.
- **Elektrische Leitfähigkeit**
- **Wärmeleitfähigkeit**
- **Magnetische Eigenschaften**
- **Optische Eigenschaften**, z. B. Transparenz, Glanz, …

13.2 Tabellen und Datenbanken

Die Filterung bei der Materialauswahl erfolgt über einen Vergleich der möglichen Materialien. Es gibt Tabellen, die solche Vergleiche in 1-dimensionaler Form ermöglichen. Hierbei wird lediglich ein Kennwert für verschiedene Materialien dargestellt. Mit einer logarithmischen Auftragung ergibt sich eine sehr gespreizte y-Achse, so können sehr verschiedene Materialien gleichzeitig betrachtet werden.

Mit Datenbanken ist es möglich, zweidimensionale Diagramme zu erzeugen. So lassen sich gleich zwei Materialkennwerte zur gleichen Zeit betrachten. Diese Diagramme wurden von Ashby entwickelt und werden auch Blasendiagramme (Bubble-Charts) genannt, weil sich Materialfamilien in bestimmten Bereichen versammeln und vereinfacht mit einer farbigen Fläche gekennzeichnet sind.

Datenbanken zu Materialien sind über das Internet verfügbar:

- Stähle: www.online.stahlschluessel.de
- Stähle: www.stahldaten.de
- Kunststoffe: www.campusplastics.com
- Metall und Kunststoff: www.ulprospector.com
- Metall und Kunststoff: www.grantadesign.com

Viele Anforderungen an ein Bauteil bzw. das zu wählende Material lassen sich nicht rechnerisch ermitteln. Am Beispiel des Flaschenöffners (Abb. 13.5) ist ein wichtiges Merkmal die Härte. Im Eingriff mit dem Kronkorken wird ein zu weiches Material schnell beschädigt und nach wenigen Betätigungen unbrauchbar. Die Härte kann zwar als Zahlenwert

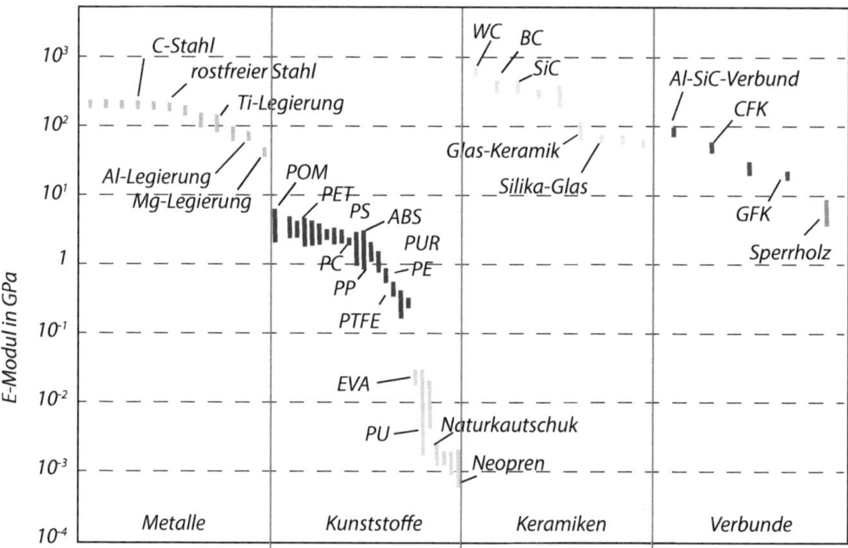

Abb. 13.3 1-dimensionaler Vergleich des E-Moduls unterschiedlicher Materialien (Ashby, Granta Design, Cambridge)

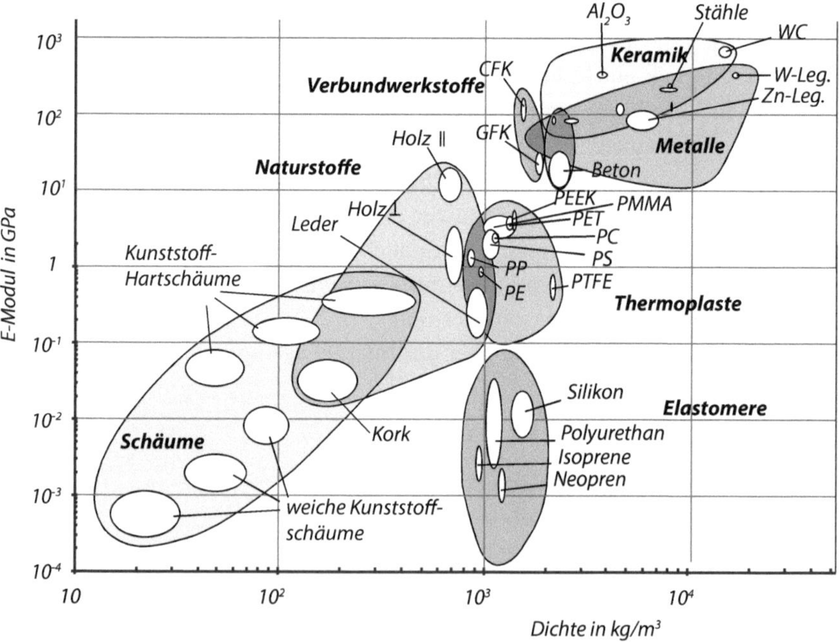

Abb. 13.4 Blasendiagramm: 2-dimensionaler Vergleich von E-Modul und Dichte für verschiedene Materialien (Ashby, Granta Design, Cambridge)

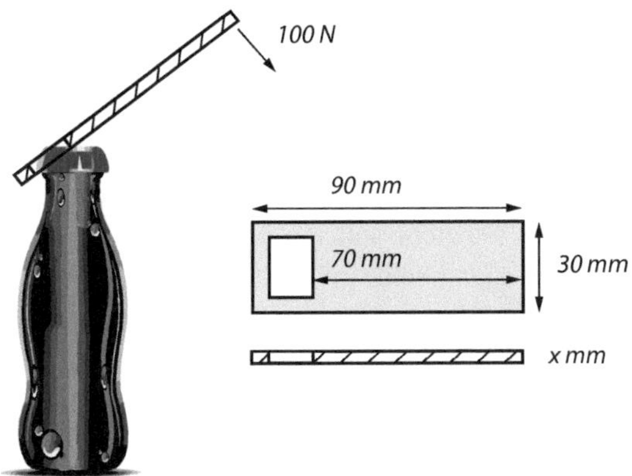

Abb. 13.5 Beispielprodukt Flaschenöffner

angegeben werden, aber ohne eine Berechnungsformel ist es nicht möglich, einen Zahlenwert für eine Materialsuche festzulegen. Nur über Bauteilversuche kann eine geeignete Härte bestimmt werden. Ein Vergleich dieser experimentell gefunden Werte mit Tabellenangaben ermöglicht eine Materialauswahl.

13.3 Quantitative Materialauswahl – Optimierung mit Hilfe von Blasen-Diagrammen

Die Ziele im Entwicklungsprozess sind häufig:

- **Kosten** des Bauteils bzw. der Baugruppe, wobei sowohl die Bereitstellung des Materials als auch die Kosten für die Produktion inklusive möglicher Werkzeugkosten beachtet werden müssen.
- Das **Gewicht** soll meistens sehr gering sein.
- Eine Gewichtsoptimierung erfolgt über die Wahl eines Materials mit einer geringen **Dichte** oder eine Verringerung des Volumens, üblicherweise über die **Bauteildicke**.

Die Übersetzung der Anforderungen des Lastenhefts kann systematisch in vier Schritten erfolgen:

1) Funktion: Was muss das Bauteil können?
2) Feste Randbedingungen: Welche Forderungen sind nicht verhandelbar?
3) Optimierungsziel: Was soll minimiert oder maximiert werden?
4) Freie Variablen: Was kann der Konstrukteur frei entscheiden?

Die Vorgehensweise kann an einem Flaschenöffner verdeutlicht werden:

1) Der Flaschenöffner soll Kronkorken von einer Flasche abhebeln. Der Hebelarm des Flaschenöffners muss für diese Aufgabe eine bestimmte Kraft ertragen, ohne sich bleibend zu verformen bzw. ohne zu brechen.
2) Der Öffner soll 90 mm lang und 30 mm breit sein, wobei die Hebellänge 70 mm beträgt. Der Öffner darf sich bei der Benutzung nicht bleibend verformen
3) Das Gewicht soll möglichst klein sein, also muss entweder ein Material mit einer geringen Dichte gewählt werden – oder die Dicke muss klein sein.
4) Die Dicke des Öffners ist nicht vorgegeben und kann frei gewählt werden. Damit der Öffner sich nicht bleibend verformt, ist der E-Modul des zu betrachteten Materials zu berücksichtigen. Für die Materialauswahl muss also die Kombination aus Dichte und E-Modul optimal sein.

Grundsätzlich kann die Auflistung der Anforderungen länger werden. In diesem Fall kann z. B. gefordert werden, dass das Produkt nicht rosten soll, und die Herstellkosten dürfen eine bestimmte Grenze nicht übersteigen. Eine sehr wichtige Grundinformation sollte auch immer die geforderte Stückzahl sein, denn je nach Materialauswahl wird oft auch das Herstellverfahren festgelegt. Für sehr große Stückzahlen eignen sich besonders Kunststoffe.

Eine Optimierung erfordert grundsätzlich quantitative Materialkennwerte, das bezieht sich fast immer auf die mechanische Belastbarkeit und somit auf den E-Modul, die max. ertragbaren Spannungen und die Dichte. Allgemein ist die Vorgehensweise der Gewichtsoptimierung sehr schematisch möglich.

a) **Berechnung der Bauteilsteifigkeit** mit der vorgesehenen Geometrie und einem zunächst angenommenen E-Modul. Die Geometrie beinhaltet Länge und Breite des Bauteils und die zunächst angenommene Dicke.
b) **Eliminieren der freien Variable**, in diesem Fall ist es die Dicke, die sich aus Länge, Breite und Dichte ergibt.
c) **Designindex ermitteln**, hiermit ist das Verhältnis von Materialkennwerten gemeint (s. u.).
d) **Filtern möglicher Werkstoffe** mit Hilfe von Blasen-Diagrammen.

Zu a) Bauteilsteifigkeit Die Steifigkeit c ist das Verhältnis von Belastungskraft F und der sich ergebenden Verformung f und aus den Anforderungen des Lastenhefts bekannt.

$$c = \frac{F}{f}$$

Die Verformung für einen Biegebalken errechnet sich entsprechend der technischen Mechanik aus

$$f = \frac{FL^3}{KEI}$$

wobei K eine Konstante und je nach Lastfall (links eingespannt, beidseitig eingespannt, ...) verschieden ist. I ist das Flächenträgheitsmoment und beträgt bei einem rechteckigen Profil

$$I = \frac{bh^3}{12}$$

Die Verformung f ist gering, wenn entweder der E-Modul oder das Flächenträgheitsmoment groß sind. Schon eine geringe Änderung der Dicke h führt zu einer beachtlichen Vergrößerung von I. Bei einem geeigneten Querschnitt, kann daher auch ein Material mit einem sehr geringen E-Modul eingesetzt werden.

Die Dicke h des Bauteils kann über die Dichte ρ die Masse m und das Volumen (bhL) angegeben werden

$$h = \frac{m}{\rho bL}$$

Damit ist die Verformung

$$f = \frac{FL^3}{KE}\frac{12(\rho bL)^3}{bm^3}$$

Wenn das Gewicht reduziert werden soll, stellt man diese Formel nach m um

$$m = \sqrt[3]{\frac{\frac{F}{f}12}{Kb}}(L^2b)\left(\frac{\rho}{\sqrt[3]{E}}\right)$$

Bis auf die Dichte und den E-Modul ist alles festgelegt. Für ein geringes Gewicht muss nun das Verhältnis aus Dichte und E-Modul möglichst gering werden, bzw. der Kehrwert muss möglichst groß werden. Man bildet den Designindex

$$M = \frac{\sqrt[3]{E}}{\rho}$$

und kann damit verschiedene Materialien vergleichen. Je größer M wird, desto kleiner ist das Gewicht bei den vorgegebenen Randbedingungen. In den Blasendiagrammen ist eine logarithmische Skalierung vorgesehen. Wenn man das Verhältnis des Designindex logarithmiert, ergibt sich

$$\sqrt[3]{E} = \rho \longrightarrow 3\log(E) = \log(\rho)$$

Für diesen Lastfall liegen also alle gleichen Designindexwerte auf diagonal verlaufenden parallelen Linien.

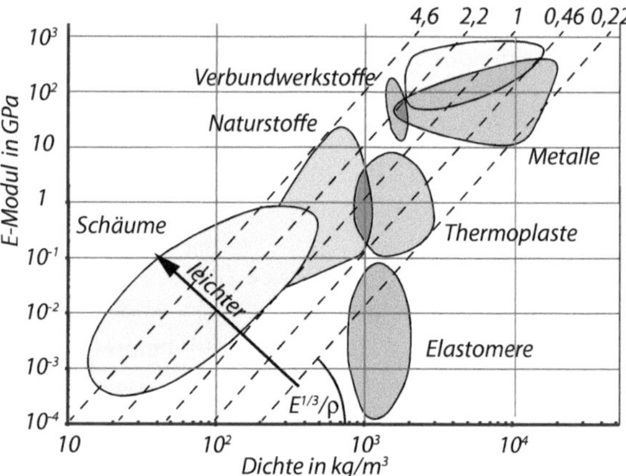

Abb. 13.6 Blasendiagramm für einen Vergleich unterschiedlicher Materialien (Ashby, Granta Design, Cambridge)

Aus dem Blasendiagramm wird ersichtlich, dass bei gleicher Geometrie sowohl Kunststoffe als auch Metalle die Funktion erfüllen können. Jedoch ergibt sich das geringste Bauteilgewicht für das Material, das auf der Linie mit dem größten Designindex liegt, im Diagramm also die Linie, die am weitesten links liegt. Holz aus der Gruppe der Naturmaterialien wäre noch besser geeignet und polymere Hartschäume wären am besten.

Für weitere Lastfälle und Optimierungsziele können die Designindizes aus den Tabellen abgelesen werden. Aus den physikalischen Abhängigkeiten ist jeweils der Funktionszusammenhang der entscheidenden Materialkennwerte ersichtlich.

Auslegung mit dem Ziel: „Geringstes Gewicht"		Kriterium	begrenzte Festigkeit	
		begrenzte Verformung		
Funktion	Bedingung (vorgegebene Größen)	Freie Konstruktionsparameter	Materialindex	
Zug aufnehmen (Zugstab)	Elast. Verlängerung, Länge		E/ρ	R/ρ
Torsion Vollwelle	Last, Länge	Querschnittsfläche	$G^{0,5}/\rho$	$R^{2/3}/\rho$
Torsion Hohlwelle	Last, Außendurchmesser	Wanddicke	G/ρ	R/ρ
	Last, Wanddicke	Außendurchmesser	$G^{1/3}/\rho$	$R^{0,5}/\rho$
Biegung aufnehmen (Balken)	Last, Länge	Querschnittsfläche	$E^{0,5}/\rho$	$R^{2/3}/\rho$
	Last, Länge und Höhe	Breite	E/ρ	R/ρ
	Last, Länge und Breite	Höhe	$E^{1/3}/\rho$	$R^{0,5}/\rho$
Biegung aufnehmen (ebene Platte)	Durchbiegung, Länge, Breite	Dicke	$E^{0,5}/\rho$	R/ρ
Druck aufnehmen	Last, Länge und Form	Querschnittsfläche	$E^{1/3}/\rho$	$R^{0,5}/\rho$
Innendruck aufnehmen (Zylinder)	Elast. Verformung, Druck und Außendurchmesser	Dicke	E/ρ	R/ρ

13.4 Allgemeine Hinweise zur Materialauswahl

Im Folgenden werden allgemeine Hinweise zusammengefasst, hierzu zählen:

- Betriebliche Erfordernisse
- Fragen nach ökologischen Aspekten
- Grundsätzliche Unterschiede zwischen Metallen und Kunststoffen hinsichtlich ihrer Verarbeitung

Neben der sehr sachlichen Auswahl des Materials sind die **betrieblichen Erfordernisse** zu berücksichtigen:

- **Lagerhaltung** – Besonders für Produkte, die in hohen Stückzahlen hergestellt werden und auch für Produkte, die über einen absehbar längeren Zeitraum immer wieder hergestellt werden ist es wichtig, das entsprechende Material vorrätig zu haben. In dem Fall ist zu überlegen, ob exakt das sachlich richtige Material oder ein höherwertige Material bevorratet wird. Dadurch können möglicherweise mehrere Produkte aus einem Material hergestellt werden. Dadurch verringert sich die Gesamtauswahl der zu lagernden Materialien.
- **Preis** – Die Materialkosten machen häufig 50 % der Herstellkosten aus. Wenn größere Mengen eines Materials beschafft werden, können günstigere Einkaufspreise erzielt werden.
- **Erfahrung** – In vielen Betrieben gibt es ein umfangreiches Wissen über entsprechende Materialien. Das betrifft auch die Verarbeitung, z. B. ob besondere Vorkehrungen zu treffen sind oder die Bearbeitung mit speziellen Materialien einfacher ist.
- **Validierung** – Für bestimmte Anwendungen gibt es spezielle gesetzliche Anforderungen an das Material. Das betrifft z. B. Produkte für die Medizintechnik, wenn die Produkte in Kontakt mit Blut kommen oder in einen Patienten implantiert werden sollen. Die Freigabe von Materialien kann unter Umständen sehr langwierig sein und kostspielige Prüfungen nach sich ziehen. In diesem Fall werden häufig bereits validierte Materialien gewählt, die für entsprechende Produkte bestimmt sind bzw. die im Unternehmen bereits eingesetzt werden.

Die **ökologischen Aspekte** werden immer wichtiger:

- Der **ökologische Fußabdruck** wird aktuell über die CO_2-Bilanz dargestellt. Wieviel CO_2 wird für die Herstellung eines Produkts erzeugt? Bei Kunststoffen auf Rohölbasis wird das im Rohöl gespeicherte CO_2 wieder freigesetzt und belastet die Umwelt. Alternativ können Bio-Kunststoffe genutzt werden, die aus nachwachsenden Rohstoffen hergestellt werden. Ein größerer Teil der Polyamide hat heute bereits nicht mehr eine Rohölbasis. Bei den Bio-Kunststoffen unterscheidet man zwischen einerseits biologisch abbaubaren Kunststoffen und andererseits Kunststoffen aus nachwachsenden Rohstoffen, z. B. Holz/Lignin, Algen oder Milchsäure.

Bei der Herstellung von Metallen ist zu beachten, dass die Reduktion aus den Erzen grundsätzlich nur unter hohem Energieeinsatz möglich ist. Die Höhe des Aufwandes ist hierbei näherungsweise durch die Stellung in der Spannungsreihe (Tab. 12.4) bestimmt, d. h. die Reduktion eines unedlen Metalls erfordert hohen Energieaufwand. Deswegen ist insbesondere die massenhafte Herstellung des sehr unedlen Aluminiums aus dem Erz ökologisch problematisch.

Bei der Herstellung des Eisens wird Kohlenstoff direkt im Hochofen oxidiert, was die CO_2-Bilanz natürlich besonders belastet, und bei der Herstellung des Aluminiums aus dem Erz erfolgt die Schmelzfluss-Elektrolyse unter Zuhilfenahme von Graphitanoden, die mit der Zeit oxidieren. Selbst bei 100 % regenerativ erzeugtem Strom ist nach derzeitigem Stand der Technik, die Herstellung von Aluminium also nicht CO_2-neutral. Werden hochreine Metalle benötigt, so ist die Beseitigung von Verunreinigungen, die Raffination, mit zusätzlichem Energieaufwand verbunden, z. B. durch ggf. mehrfache Elektrolyseschritte, was den ökologischen Fußabdruck zusätzlich belastet.

- Das **Recycling** von Materialien wird berechtigterweise gefordert. Grundsätzlich gilt:
  - Thermoplastische **Kunststoffe** kann man wieder einschmelzen und aufbereiten. Einfach und gängig ist dies mit Produktionsabfällen, die durch einen erneuten Arbeitszyklus nur gering thermisch erneut belastet und geschädigt sind. Sie lassen sich zu ca. 30 % problemlos in den Produktionszyklus zurückführen. Möglicherweise ändert sich dabei die Farbe des Materials, was auf die thermische Belastung von Pigmenten und Farbstoffen zurückzuführen ist. Die mechanischen Eigenschaften bleiben aber sehr oft noch auf dem ursprünglichen Niveau. Ggf. ist eine Anwendung mit einer Zugabe von dunkleren Farben angeraten.
  - Vernetzende Kunststoffe lassen sich nur schwer werkstofflich recyceln, d. h. sie können nicht einfach erneut eingeschmolzen und erneut verwendet werden. Vielfach werden diese Kunststoffe klein gemahlen und als Füllstoffe für weitere Anwendungen genutzt.
  - Alle Kunststoffe lassen sich grundsätzlich durch thermische und/oder chemische Methoden in ihre Bausteine zerlegen. Aus den so gewonnenen Rohstoffen können dann wieder neue Werkstoffe hergestellt werden. Dieses Vorgehen ist zurzeit in der Regel nicht wirtschaftlich, wird aber in Zukunft bei weiter steigenden Rohstoffpreisen eine zunehmende Bedeutung bekommen.
  - Nicht zu vergessen ist die energetische Verwertung von Kunststoffabfällen. Ökologisch gesehen ist es sinnvoller, aus Rohöl zuerst Kunststoffe herzustellen, die ggf. später verbrannt werden, anstatt direkt Brennstoffe zu produzieren. Hierbei ist aber zu beachten, dass Kunststoffe mit Halogenzusatz (z. B. PVC oder PTFE) bei der Verbrennung durch die Entstehung von HCl bzw. HF erhöhte Anforderungen an die Abgasreinigung stellen. Gleiches gilt für die Verbrennung von Gummi, was zu SO_2-haltigen Rauchgasen führt.
  - **Metalle** lassen sich im Allgemeinen gut recyceln. Wichtig ist auf jeden Fall eine gute Trennung spezieller Anwendungen. In der produzierenden Industrie werden

im besten Fall Schrotte direkt bei der Entstehung sortenrein gesammelt. Die Metalltrennung von Endverbraucherabfällen erfordert spezielle verfahrenstechnische Anlagen, die aber in der Regel die unterschiedlichen Legierungen ein und desselben Grundmetalls nicht einfach trennen können. Insbesondere der unedle Aluminium-Mischschrott ist nur zu geringwertigen Legierungen rezyklierbar. Edelere Metalle wie z. B. Kupfer lassen sich durch Elektrolyse wieder in hochreine Form bringen. So wird heute insgesamt im Bereich der NE-Metalle typischerweise eine Recyclingquote von nur um die 50 % erreicht.

- Für Stähle gilt auch die generelle Aussage für Metalle, es ist jedoch zusätzlich zu beachten, dass Spezialstähle über eine exakte Zusammensetzung von Legierungselementen verfügen. Diese Legierungselemente lassen sich beim Einschmelzen kaum wieder trennen. Besonders problematisch sind hier die Legierungselemente Kupfer und Bor. Kupfer bewirkt bei höheren Anteilen eine Versprödung des Materials. Bor wird zunehmend für Warmumformbleche genutzt. Bor verändert die Umwandlungsgeschwindigkeit und führt zu sehr hohen Festigkeiten. Bei den Massenstählen werden heute trotz der o. a. Einschränkungen Recylingquoten von über 90 % erreicht, was insbesondere auf die leichte Trennbarkeit des ferromagnetischen Stahles von anderen Werkstoffen zurückzuführen ist.

Die **Verarbeitung** eines Materials hat einen entscheidenden Einfluss auf die Herstellkosten eines Produkts:

- Kunststoffe werden zu einem großen Teil spritzgegossen. Mit diesem Verfahren lassen sich in kurzer Zeit hohe Stückzahlen herstellen, weshalb Massenprodukte zunehmend aus Kunststoff sind. Kunststoffe lassen sich wegen ihres geringen Schmelzpunkts in sehr präzisen Stahlformen gießen. Der Gießvorgang ist wegen der geringen Wärmeleitfähigkeit der Kunststoffe mit moderaten Geschwindigkeiten sehr gut kontrollierbar. Damit lassen sich Bauteile in der Regel ohne Nacharbeit herstellen.
- Metalle werden auch gegossen, die überwiegende Herstellmethode metallischer Bauteile ist aber der Weg über die Umformtechnik. Dabei werden in der Regel zunächst relativ kostengünstig Standard-Halbzeuge durch Walzen oder Strangpressen erzeugt, die anschließend trennend (z. B. sägen, drehen, fräsen, schleifen, bohren), umformend (z. B. biegen, schmieden) und/oder fügend (z. B. schweißen, löten), zum Fertigteil weiterverarbeitet werden.
  - Das Gießen von Metallen ermöglicht eine komplexe Formgebung, erfordert aber in aller Regel einen großen Nacharbeitsaufwand im Vergleich zum Spritzgießen von Kunststoffen. Die Ursache liegt u. a. in der höheren Wärmeleitfähigkeit, weshalb beim Druckgießen von Aluminium oder Magnesium Grate am Bauteil kaum vermeidbar sind. Stähle werden aus entsprechenden Gusslegierungen überwiegend in Sandformen gegossen, die nur eine geringe Präzision haben, so dass exakte Endmaße nachträglich spanend hergestellt werden müssen.

- Eine Alternative zur Herstellung großer Stückzahlen komplexer Formen aus Metallen ist die Pulvermetallurgie, die in ihrer Weiterentwicklung Metallpulver-Spritzguss (MIM = metal injection molding) bereits wieder Elemente der kostengünstigen Kunststoffverarbeitung aufnimmt.

Insgesamt ist die Auswahl des geeigneten Fertigungsweges eines Produktes aus Metall ein Prozess, der den Rahmen dieses Lehrbuches sprengen würde.

14.1 Aufgaben, Abgrenzung

Das Fachgebiet der Werkstoffprüfung ist sehr umfangreich. Alle Werkstoffe müssen immer wieder geprüft werden – neben den metallischen Werkstoffen auch Kunststoffe, Gläser, keramische Stoffe, Halbleiter und Verbundwerkstoffe. Hauptaufgaben der Werkstoffprüfung sind:

- Sicherung der Qualität der Produkte in den Fertigungsgängen (Wareneingangs-, Produktionskontrolle)
- Untersuchung von Schäden in der Forschung
- Ermittlung von Kennwerten der Werkstoffeigenschaften zur Auswahl von Werkstoffen und Dimensionierung von Bauteilen in der Konstruktion
- Entwicklung geeigneter Prüfverfahren.

Die Prüfverfahren werden in unterschiedliche Gruppen eingeteilt (Tab. 14.1):

Tab. 14.1 Werkstoffprüfverfahren und Anwendungsbeispiele

Werkstoffprüfgruppe	Beispiele
Chemische Analysen	Analyse der mittleren Zusammensetzung von Werkstoffen (Spektralanalyse) oder einzelner Werkstoffbereiche (Mikrosonde)
Untersuchung von Gefügen und Schadstellen	Herstellung von Gefügebildern (Schliffbilder) mittels Lichtmikroskopie Untersuchung von Bruchflächen mittels Elektronenmikroskopie
Eigenschaftsprüfungen	Ermittlung von Werkstoffkennwerten und -linien zur Qualitätssicherung, z. B. Zugversuch, Härteprüfungen Prüfung von Verarbeitungseigenschaften (technologische Prüfungen), z. B. auf Schmiedbarkeit, Härtbarkeit
Fehlersuche	Aufspüren von Werkstofffehlern ohne Zerstörung des Bauteils mittels durchdringender Medien wie Strahlen, Ultraschall oder Magnetfeldern

© Springer Fachmedien Wiesbaden GmbH, ein Teil von Springer Nature 2018
W. Weißbach, M. Dahms, C. Jaroschek, *Werkstoffe und ihre Anwendungen*,
https://doi.org/10.1007/978-3-658-19892-3_14

Im Rahmen des Buches werden nur die Prüfverfahren näher behandelt, die zum Verständnis des behandelten Lehrstoffs wichtig sind oder für den Arbeitsbereich des Technikers oder der Ingenieurin im Maschinenbau bedeutsam sein könnten (Qualitätssicherung). Das ist nur ein kleiner Ausschnitt der o. a. Untersuchungen:

- Prüfung von mechanischen Werkstoffkennwerten (Abnahme und Gütekontrolle),
- Prüfung von Verarbeitungseigenschaften,
- Gefügeuntersuchungen,
- Prüfung von Roh- und Fertigteilen auf Fehler (zerstörungsfreie Prüfung, ZfP)
- Chemische Analyse.

14.2 Prüfung von Werkstoffkennwerten

Die Eigenschaften eines Werkstoffes lassen sich mit Kennwerten beschreiben. Teilweise genügt die Angabe eines einzigen Wertes. Speziell bei Kunststoffen sind häufig auch Kennlinien notwendig, die z. B. die Eigenschaft bei verschiedenen Temperaturen darstellen. Der Konstrukteur benötigt Kennwerte für die Werkstoffwahl. Die Fertigung nutzt sie für die Kontrollen des Rohmaterials und der Fertigungsgänge, aber auch, um Daten für die einzelnen Arbeitsgänge angeben zu können.

Werkstoffkennwerte werden meist an besonders hergestellten Probekörpern (kurz Probe) ermittelt. Bei mechanischen Eigenschaften belastet man die Probe bis zum Bruch oder bis zu einer bestimmten Verformung. Belastung, Verformung und die Zeit werden gemessen.

Die Belastung kann auf die Proben unterschiedlich wirken (Tab. 14.2):

Tab. 14.2 Arten der Belastung bei unterschiedlichen Prüfverfahren

Statische Verfahren	Beispiele
Belastung langsam bis zum Höchstwert	Härteprüfung
stetig gesteigert bis zum Versagen	Zugversuch
schnell aufgebracht und konstant gehalten.	Zeitstandversuch
Dynamische Verfahren	Beispiele
Belastung schlagartig aufgebracht	Kerbschlagbiegeversuch
Zyklische Verfahren	Beispiel
Belastung ändert sich zwischen Grenzwerten	
gleichförmig	Dauerschwingversuche Wöhlerversuch
unregelmäßig	Lebensdauerversuch
Thermische Verfahren	Beispiel
Belastung konstante Temperatur	Dauergebrauchstemperatur
Messung entlang Temperaturprofil	DSC, TGA, DMA

Tab. 14.3 Kennwerte und Normen unterschiedlicher Prüfverfahren

Werkstoffkennwert	Prüfung, Versuch	Normung DIN-Nr.
Statische Verfahren		
Härte	Härteprüfung	
HBW	Brinell	EN ISO 6506
HV	Vickers	EN ISO 6507
HRC	Rockwell	EN ISO 6508
Shore		EN ISO 686
Zugfestigkeit R_m	Zugversuch	EN ISO 6892
Streckgrenze R_e	Zugversuch	
0,2-% Dehngrenze $R_\mathrm{p0,2}$	Zugversuch	
Bruchdehnung A	Zugversuch	
Brucheinschnürung Z	Zugversuch	
Elastizitätsmodul E	Zugversuch	
Druckfestigkeit	Scherversuch	EN 3238
– an Keramik	Druckversuch	DIN 51104 (2010-08-00)
Biegefestigkeit		51104
– an Keramik	Biegeversuch	EN ISO 7438
Zeitstandfestigkeit		EN 843-1
Zeitdehngrenze	Zeitstandversuch	EN ISO 204
Dynamische Verfahren		
Härte nach Shore	Rücksprunghärte	
Zähigkeit (Kerbschlagarbeit KV)	Kerbschlagbiegeversuch	EN ISO 148
Zyklische Verfahren		
Dauerfestigkeiten	Umlaufbiegeversuch	50113
σ_w, σ_Sch	Dauerschwingversuch	50100

In Werkstücken ist der Werkstoff oft nicht homogen verteilt. Damit die Probe zu Durchschnittswerten des Werkstoffes führt, sind zahlreiche Normen[1] für die Entnahme und Bearbeitung der Proben aufgestellt worden (Tab. 14.3). Dabei darf das Werkstoffgefüge nicht durch Erwärmen oder Umformen verändert werden.

14.3 Mechanische Eigenschaften bei statischer Belastung

Die mechanischen Eigenschaften werden allgemein mit Festigkeit und Steifigkeit sehr ungenau bezeichnet.

Festigkeit ist der Widerstand eines Werkstoffs gegen plastische Verformung. Bei einer Belastung wird sich ein Werkstoff zunächst elastisch verformen. Nach Erreichen einer Grenzbelastung kann sich der Werkstoff entweder bleibend verformen oder zu Bruch gehen.

---

[1] DIN-Taschenbücher Materialprüfnormen Nr.: 19, 56, 205, 370, Beuth-Verlag, 2006/2011

Tab. 14.4 Kennwerte und Zuordnung zu den Belastungs- und Versagensarten

Verformungszustand	Festigkeits-, Steifigkeitsbegriff
Reine elastische Verformung	E-Modul
Beginn der plastische Verformung	Dehngrenzen, Streckgrenze
Beginnende Einschnürung	Zugfestigkeit

Steifigkeit ist der Widerstand eines Bauteils gegen elastische Verformung. Die Steifigkeit hängt ab von der Werkstoffeigenschaft E-Modul und der Geometrie.

Mit genormten Versuchen wird die Verformung definierter Probekörper bei bestimmten Lasten ermittelt. Daraus lassen sich Kennwerte zur Beschreibung von Festigkeit und Steifigkeit ableiten. Diese Kennwerte sind immer Spannungen, also auf einen Querschnitt bezogen. Damit kann man in der Konstruktion für vorgegebene Belastungskräfte die notwendigen Bauteilquerschnitte festlegen (Tab. 14.4). In den meisten Fällen sind diese Spannungen nicht die wirklich auftretenden, die wahren Spannungen, sondern Rechenwerte aus Prüfkraft und Querschnitt vor dem Versuch, die sog. Nennspannungen.

Zugversuch, Versuchsablauf

Ein Prüfkörper wird in die Einspannvorrichtungen der Zugprüfmaschine biegungsfrei eingesetzt und durch eine steigende Zugkraft so lange gedehnt, bis der Bruch eintritt. Eine unsaubere Einspannung (schräg) führt zu überlagerter Biegebelastung. Die rechnerische Nennspannung wäre dann höher, d. h. es würde eine niedrigere Zugfestigkeit ermittelt werden.

Die Dehngeschwindigkeit muss niedrig sein, damit das Ergebnis nicht verfälscht wird (kleiner als 10 % je min). Kraft und Verlängerung der Probe werden aufgezeichnet. Anfangs verlängert sich die Probe elastisch (federnd), die Messmarken würden nach einer Entlastung wieder den Abstand L_0 zeigen. Größere Kräfte bewirken eine zusätzliche plastische (bleibende) Verlängerung. Bei Entlastung würde nur der elastische Anteil rückfedern, der Abstand der Messmarken ist dann größer als L_0.

Nach weiterer Kraftzunahme kann je nach Werkstoff der Werkstoff brechen oder es beginnt eine Einschnürung etwa in der Mitte der Messlänge, das ist eine örtliche Verkleinerung des Querschnitts. An dieser Stelle tritt kurz darauf der Bruch ein.

Spannungs-Dehnungs-Diagramm

Beim Versuch werden Wertepaare von Kraft und Verlängerung aufgezeichnet. Diese Werte sind je nach Probengröße verschieden, also probenabhängig. Die Probenabhängigkeit der Ergebnisse wird durch Einführung von bezogenen Größen, hier Spannung und Dehnung, beseitigt.

$$\text{Spannung } \sigma = \frac{\text{Kraft } F}{\text{Probenquerschnitt } S_0}$$

$$\text{Dehnung } \varepsilon = \frac{\text{Probenverlängerung } \Delta L}{\text{Messlänge } L_0}$$

Abb. 14.1 Schematische Darstellung des Spannungs-Dehnungs-Diagramms von **a** Nennspannung, auf den Ausgangsquerschnitt S_0 bezogen, **b** Verlauf der wahren Spannung zu **a**, bezogen auf den tatsächlichen sich verjüngenden Querschnitt

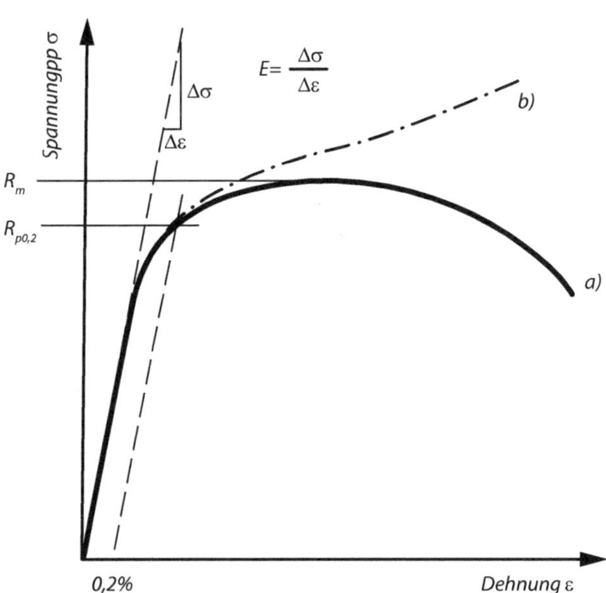

So entsteht aus dem Kraft-Verlängerungs-Diagramm das Spannungs-Dehnungs-Diagramm, probenunabhängig und werkstofftypisch (Abb. 14.1, Kurve a). Drei Bereiche sind hier wichtig:

- Anfangsbereich (Hooke'sche Gerade)
- Gekrümmter Bereich zwischen der Geraden und dem Maximalwert
- Gekrümmter Bereich nach dem Maximalwert.

Hooke'sche Gerade

Spannung und Dehnung sind im Rahmen der Messgenauigkeit proportional, d. h. eine Verdoppelung der Spannung würde auch die Dehnung verdoppeln. Es gilt das Hooke'sche Gesetz:

$$\sigma = \varepsilon \cdot E$$

Der Wert E ist der E-Modul, er kennzeichnet die Steifigkeit. In diesem Spannungsbereich liegt die Beanspruchung von Bauteilen während ihrer Funktion, denn alle Belastungen bewirken nur eine elastische Verformung. Nach einer Entlastung nimmt ein Bauteil seine ursprüngliche Form wieder an.

Bereich bis zum Maximum

Bis zum Erreichen der Zugfestigkeit wird die Probe im Bereich zwischen den Schultern gleichmäßig länger und dünner. Die Verformung setzt sich zusammen aus dem elastischen Anteil und einem plastischen Anteil. Bei gut verformbaren Werkstoffen ist dieser Bereich sehr ausgeprägt, harte und spröde Materialien haben hier nur einen sehr kleinen Bereich.

Die plastische Verformung entsteht durch Schubspannungen im Inneren des Werkstoffs, bei Metallen lässt sich das mit einem Abgleiten von Gitterebenen veranschaulichen. Eine Kraft in Richtung der Achse des Prüfkörpers bewirkt im Inneren Spannungen, also auf die Fläche bezogene Lasten. Normalspannungen wirken immer senkrecht zu einer Fläche, Schubspannungen sind flächenparallel. Die Normalspannungen sind bei einer axialen Kraft senkrecht zur Kraft am höchsten. Die Schubspannungen haben ihr Maximum unter einem Winkel von 45°.

Weil im Bereich zwischen den Schulter bei einem gleichen Querschnitt die Spannungen an jeder Stelle gleich groß sind, wird der Prüfkörper insgesamt länger und gleichzeitig dünner. In diesem Bereich spricht man daher auch von Gleichmaßdehnung.

Mit der plastischen Verformung tritt die Verformungsverfestigung (Kaltverfestigung) auf. Deshalb müssen jetzt für eine weitere Dehnung der Probe auch zunehmende Kräfte bzw. Spannungen aufgebracht werden: Die Kraftanzeige steigt.

Bereich nach dem Maximum

Bei Metallen bewirkt die plastische Verformung üblicherweise eine Kaltverfestigung. Irgendwann ist der Werkstoff soweit verfestigt, dass eine weitere plastische Verformung nicht mehr möglich ist. Dann versagt der Werkstoff. Die maximal mögliche Spannung ist somit die Zugfestigkeit.

Im Maximum der Kurve tritt bei verformbaren Werkstoffen eine örtliche Querschnittsverkleinerung auf. Sie wird Einschnürung genannt. Der schnell abnehmende Querschnitt im Einschnürbereich benötigt kleiner werdende Kräfte zu weiterer Dehnung, deshalb sinkt die Kraftanzeige bis zum Bruch. Beim Bruch geht die elastische Dehnung der Probe zurück, übrig bleibt die Bruchdehnung A.

Die weitere Längenänderung der Probe findet nur noch in diesem Bereich statt. Im Spannungs-Dehnungs-Diagramm fällt die Spannung mit Erreichen der Zugfestigkeit R_m ab. Hier beginnt das Werkstoffversagen mit einer Einschnürung des Prüfkörpers. Weil man aus praktischen Gründen den tatsächlichen Querschnitt während des Versuchs nicht messen kann, nimmt man für die Umrechnung in die Spannung den Ausgangsquerschnitt S_0. Die Zugkraft der Belastung ergibt somit nach Erreichen der Zugfestigkeit höhere Spannungen im Bereich der Einschnürung (Kurve b), wobei gleichzeitig die anderen Bereiche der Probe entlastet werden (Kurve a).

Kennwerte

Die Werkstoffkennwerte (Tab. 14.5) des Zugversuches dienen überwiegend als Grundlage für die Abnahme und Qualitätssicherung von Halbzeug und Rohteilen und für die Konstruktion. Aus der Kombination der Festigkeits- und Verformungskennwerte kann man die Sprödbruchneigung eines Stahles qualitativ abschätzen.

Die Beanspruchung von Maschinenteilen ist oft nicht statisch. Für die Auslegung von Bauteilen sind meist zusätzliche Werte wichtig (Dauerfestigkeiten, Zähigkeit).

Speziell für Kunststoffe sind diese Kennwerte mit Vorsicht zu verwenden, denn sie gelten nur für Normbedingungen. Damit ist besonders die Temperatur gemeint. Die Tem-

Tab. 14.5 Werkstoffkennwerte aus dem Zugversuch

Werkstoffkennwert	Formelzeichen		Einheit
	Metalle	Kunststoffe	
Elastizitätsmodul	E	E	MPa/GPa
0,2 %-Dehngrenze	$R_{p0,2}$	–	MPa
Streckgrenze	R_e	σ_Y	MPa
Zugfestigkeit	R_m		MPa
Bruchdehnung	A	ε_B	%
Brucheinschnürung	Z		%

$1\,\text{MPa} = 1\,\text{N/mm}^2;\ 1\,\text{GPa} = 1000\,\text{N/mm}^2$

peratur beeinflusst aber das mechanische Verhalten der Kunststoffe sehr. Alternativ zu den Zugversuchsdaten können auch DMA Ergebnisse verwendet werden (s. Abschn. 14.7.3).

14.3.1 Zugversuch für Metalle, DIN EN ISO 6892-1 (2017-02-00)

Prüfkörper

Abb. 14.2 zeigt schematisch eine Rundzugprobe. Wie alle Zugprobenformen besteht sie aus einem schlanken Teil mit konstantem Querschnitt (Versuchslänge), der mit Abrun-

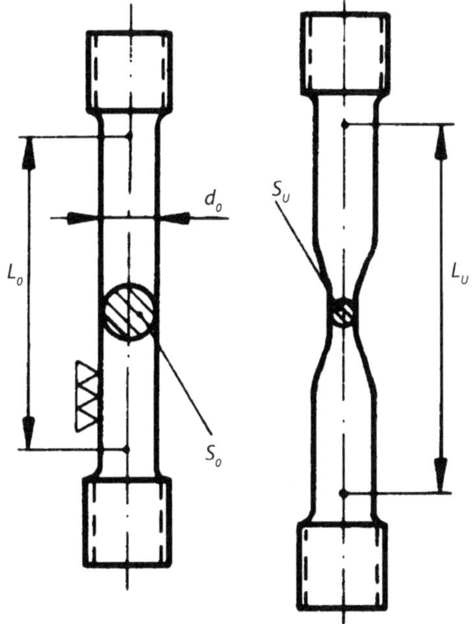

Abb. 14.2 Rundzugprobe (schematisch)

dungsradien in die verdickten Enden übergeht. Sie dienen zum Spannen und Krafteinleiten. Die wesentlichen Maße sind die Messlänge L_0 und der Durchmesser d_0. Zwischen beiden soll ein festes Verhältnis (Proportionalität) bestehen.

Messlänge L_0 ist der Abstand von zwei Markierungen, z. B. ein Lackstreifen. Nach Norm ist

$$L_0 = 5d_0$$

Zur Prüfung von Blechen können die Probekörper zwangsläufig nur flach sein. Daher wird für rechteckige Probenquerschnitte die Messlänge auf den Ausgangsquerschnitt S_0 bezogen

$$L_0 = 5{,}65\sqrt{S_0}$$

Das Normblatt DIN EN ISO 6892-1 enthält Maße und Richtlinien für die Herstellung der Proben. Es sind auch Proben mit Rechteckquerschnitt möglich. Daneben gibt es Normen für Probestäbe aus Gusseisensorten und Blechen. Die Norm unterscheidet die Versuchsarten mit konstanter Dehngeschwindigkeit (Typ A), wobei das Querhaupt der Messmaschine mit einer konstanten Geschwindigkeit langsam verfahren wird und dem Typ B, bei dem der Spannungszuwachs pro Zeit konstant gehalten wird. Üblich ist wegen des geringeren apparativen Aufwands der Versuch entsprechend Typ A.

Kennwerte Die sog. zulässigen Spannungen in einem Bauteil liegen stets auf der Hooke'schen Geraden. Bei höheren Belastungen wird die Spannungs-Dehnungs-Kurve zunehmend von der Hooke'schen Geraden abweichen (Abb. 14.1). Das ist die Regel z. B. bei Aluminium, Kupfer oder austenitischem Stahl.

Das effektive Ende der Hooke'schen Gerade wird als Dehngrenze bezeichnet und wird über eine bleibende Verformung der Zugprobe nach Entlastung festgelegt. Gebräuchlich ist die 0,2 %-Dehngrenze $R_{p0,2}$, also die Spannung, die nach Entlastung eine gut messbare plastische Dehnung von 0,2 % hervorruft (s. Abb. 14.1). (Bei einer Messlänge von 50 mm sind 0,2 % gerade 0,1 mm.)

Bei Baustahl und anderen C-armen Stählen steigt die Hooke'sche Gerade bis zu einem Maximum an, das Streckgrenze (obere Streckgrenze) R_{eH} genannt wird (Abb. 14.3). Es folgt ein abfallender Teil. Die Streckgrenze ist überschritten, die Probe wird sichtbar gestreckt, ihre glänzende Oberfläche wird matt. Diese stärkere plastische Verformung wird auch als Fließen bezeichnet. Während des Fließens kann die Spannung auch sinken. Das relative Minimum der Kurve ist die untere Streckgrenze R_{eL}.

Der Abfall der Kurve entsteht durch das schlagartige Losreißen der Versetzungen von Kohlenstoffatomansammlungen, den Cottrell-Wolken. Wenn Versetzungen an anderen Hindernissen gebremst werden, können sie von hinterher diffundierenden Kohlenstoffatomen wieder blockiert werden und müssen sich dann erneut losreißen. So kann eine wellige Spannungs-Dehnungs-Kurve im Bereich der Lüders-Dehnung entstehen.

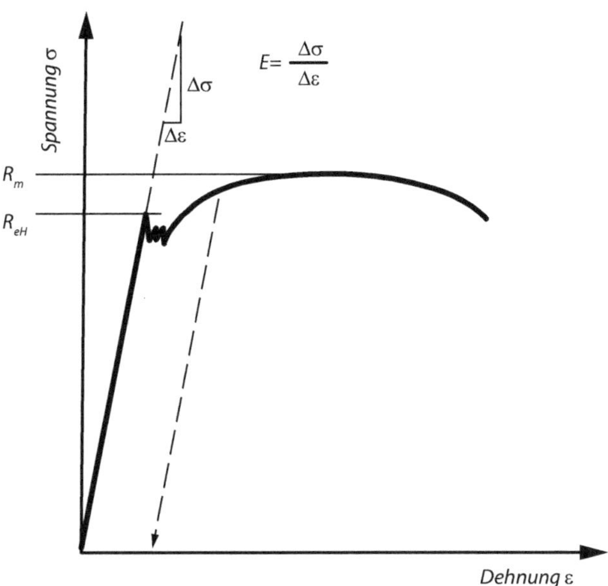

Abb. 14.3 Schematische Darstellung des Spannungs-Dehnungs-Diagramms von Baustahl

> **Hinweis** Der im Zusammenhang mit Festigkeitsbetrachtungen manchmal gebrauchte Begriff Fließgrenze ist der Oberbegriff für Spannungen, die eine erste größere plastische Verformung ergeben. Streckgrenze R_e und 0,2 %-Dehngrenze $R_{p0,2}$ sind in technischen Dokumenten gleichwertige Grenzspannungen.

Der Elastizitätsmodul (E-Modul) wird für die Berechnung der elastischen Verformung und von Dehn-, Schrumpf- und Wärmespannungen benötigt. Von zentraler Bedeutung ist der E-Modul bei der Berechnung von Knick- und Beulsteifigkeiten.

Zur Ermittlung des E-Moduls werden zwei zugeordnete Werte von Spannung σ und Dehnung ε im elastischen Bereich eingesetzt. Dabei muss die Dehnung mit Feinmessgeräten ermittelt werden, die auf 1 µm und weniger ansprechen.

Elastizitätsmodul $E = \frac{\Delta\sigma}{\Delta\varepsilon}$

Der E-Modul ist eine gedachte Spannung, die einen Probestab elastisch auf die doppelte Länge (also Dehnung $\varepsilon = 1$, d. h. 100 %) dehnen würde, sofern der Werkstoff diese hohe Spannung aushielte.

> **Hinweis** Beim Austausch des Werkstoffes Stahl durch andere Werkstoffe muss nicht nur die Festigkeit, sondern auch die Steifigkeit, d. h. der E-Modul beachtet werden.

Beispiel für die Bedeutung des E-Moduls

Ein Stahlträger wird durch einen AlCuMg-Träger mit gleichem Querschnitt und gleicher Festigkeit ersetzt. Wegen des kleineren E-Moduls (1/3 von Stahl) würde der

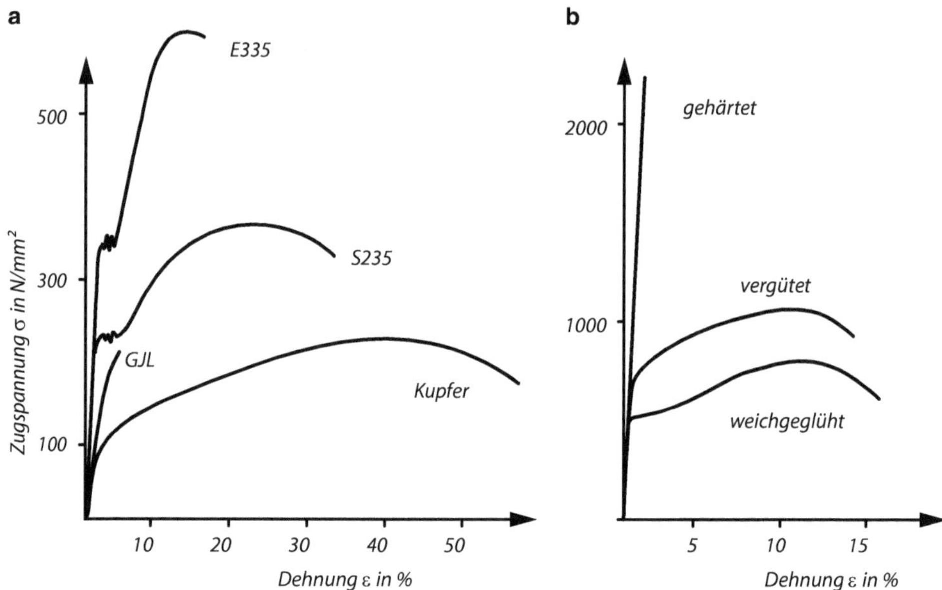

Abb. 14.4 Spannungs-Dehnungs-Diagramm **a** Metalle geglüht, **b** Stahl mit verschiedener Wärmebehandlung

Al-Träger die dreifache elastische Formänderung (Durchbiegung) aufweisen. Typische E-Moduln sind: $E_{\text{Stahl}} = 210\,\text{GPa}$, $E_{\text{Al}} = 70\,\text{GPa}$.

> **Hinweis** Bei Angaben des E-Moduls ist neben der Einheit MPa auch die Einheit GPa üblich (1 GPa = 1000 MPa).

Neben dem Elastizitätsmodul wird für manche Berechnungen auch der Schubmodul G benötigt, der den Widerstand gegen elastische Schubverformung (Scherung, Verdrehung) beschreibt. Sofern keine Tabellenwerte für den Schubmodul vorliegen, kann er aus dem Elastizitätsmodul abgeschätzt werden ($G = 0{,}3\,E$). Es gilt für jedes isotrope Metall die strenge Beziehung ($E = 2(\mu + 1)G$).

Die Querkontraktionszahl μ ist das Verhältnis von elastischer Längs- zu Querdehnung im Zugversuch. Ein typischer Wert für die Querkontraktionszahl eine metallischen Werkstoffes ist $\mu = 0{,}3$.

Die metallischen Werkstoffe weisen unterschiedliche Spannungs-Dehnungs-Diagramme auf. Eine Wärmebehandlung verändert die Form der Kurve stark (Abb. 14.4).

14.3.2 Zugversuch für Kunststoffe, EN ISO 527-1

Zur Erfassung von Festigkeitswerten für Kunststoffe wird der Zugversuch analog zur Prüfung der Metalle genutzt. Das ist zunächst praktisch und naheliegend. Die mechanischen

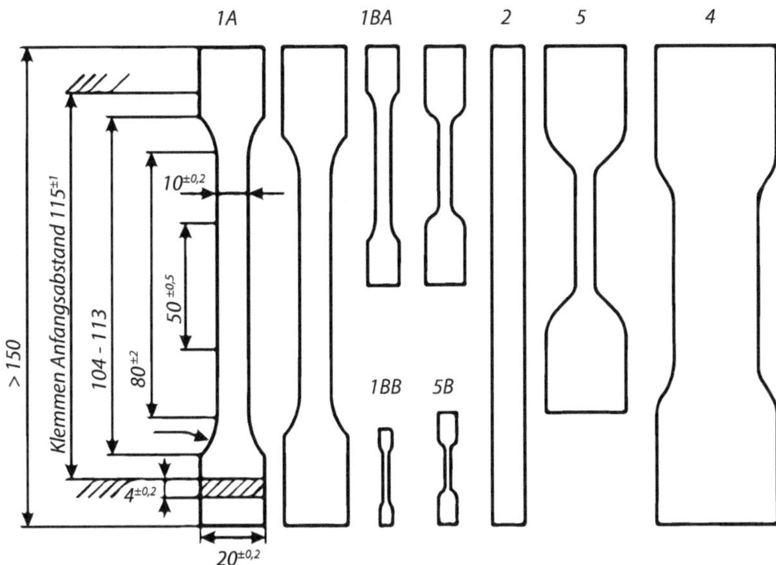

Abb. 14.5 In DIN EN ISO 527 [2] festgelegte Abmessungen für die Vielzweckprüfkörper Typ A und Typ B sowie weitere zulässige Prüfkörperformen (Abschn. 14.3.4 Allgemeines Bruchverhalten)

Eigenschaften der speziell thermoplastischen Kunststoffe sind jedoch stark abhängig von der Temperatur. Zusätzlich wird das plastische Verhalten von der Belastungsgeschwindigkeit und bei einigen Kunststoffen von der Feuchtigkeit beeinflusst.

Für eine Auswahl und Charakterisierung der Kunststoffe sind die Ergebnisdaten des Zugversuchs zweckmäßig. Für Berechnungen sind aber möglicherweise zusätzliche Angaben notwendig, z. B. wie sich die Daten bei höheren Temperaturen verhalten. Hier liefert die DMA (dynamisch mechanische Analyse) die Angaben.

Prüfkörper Für die Prüfung von Kunststoffen werden überwiegend Flachstäbe verwendet, die entweder spritzgegossen (Typ 1A) werden oder aus Platten oder Folien herausgeschnitten/gestanzt (Typ 1B) werden (Abb. 14.5).

Die Schulterstabform ergibt sich aus der Notwendigkeit einer ausreichenden Klemmbarkeit in den Einspannvorrichtungen der Festigkeitsprüfanlage und der Erzeugung eines gleichmäßigen Spannungszustandes in hinreichender Entfernung von den Einspannungen.

Für die Durchführung von Zugversuchen ist auch die Verwendung von proportional verkleinerten Prüfkörpern zulässig, was dann erforderlich ist, wenn nur sehr kleine Mengen Material zur Verfügung stehen bzw. die Entnahme aus Bauteilen zur Bauteilcharakterisierung erforderlich ist.

Abweichend von der Norm werden auch Prüfstäbe mit geringeren Dicken als 4 mm hergestellt. Durch das Herstellverfahren Spritzgießen kühlen dünnere Wanddicken schneller ab, wodurch sich für teilkristalline Materialien geringere Kristallisationsgrad ergeben.

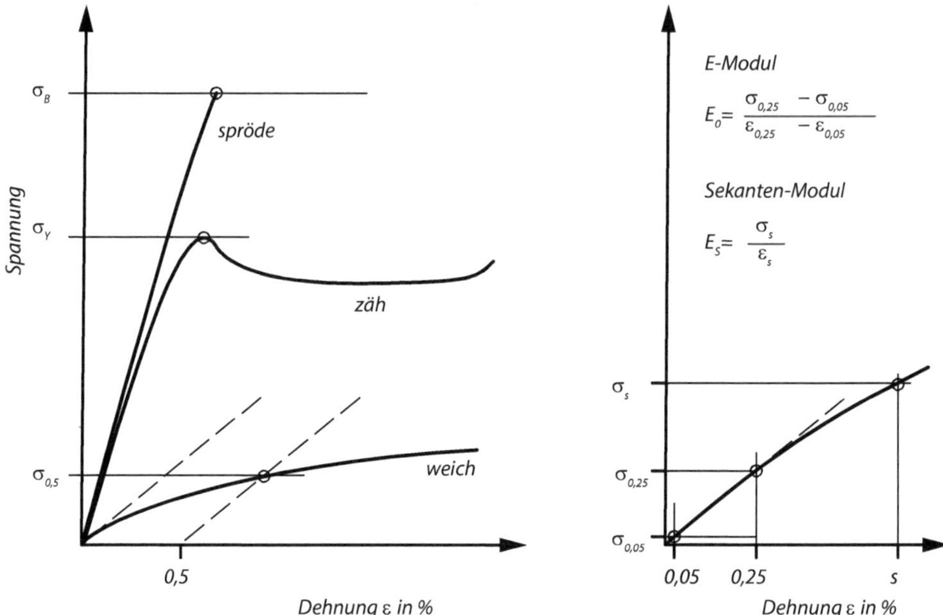

Abb. 14.6 Bemessungsgrenzen und E-Moduldefinitionen für Kunststoffe

Untersuchungen haben ergeben, dass die Festigkeits- und E-Modulwerte von 4 mm dicken Prüfkörpern, bis zu 30 % geringer sind im Vergleich zu 1 mm dicken Prüfkörpern.

Kennwerte

Die Kunststoffe können je nach Sorte und Einsatztemperatur spröde bis weich sein. Das spröde Verhalten liegt fast immer bei Temperaturen unterhalb der Glastemperatur vor und ist fast linear elastisch. Ähnlich wie bei den Metallen ist die Dehnung proportional zur Spannung, ab einer oberen Spannung kommt es zum Bruch. Diese Spannung wird Bruchspannung σ_B genannt und ist ein eindeutiger Grenzwert für die Dimensionierung (Abb. 14.6).

Speziell unverstärkte, teilkristalline Kunststoffe sind oberhalb der Glastemperatur zäh. Ab der Streckspannung σ_Y (Y steht für eng. Yield: Ausbeute) kommt es zu einer Halsbildung. Diese Streckspannung ist wegen der Verjüngung des Querschnitts vergleichbar mit der Zugfestigkeit der Metalle. Ab dieser Grenze versagt der Werkstoff. Es kann wohl sein, dass die im weiteren Verlauf des Spannungs-Dehnungs-Diagramm wieder ansteigt und einen noch höheren Wert annimmt. Derartige Maximalwerte haben aber für die Konstruktion keine Bedeutung.

Bei höheren Temperaturen oder auch bei Elastomeren kann eine ausgeprägte Streckgrenze nicht gemessen werden. In dem Fall wird eine 0,5 % Verformung als Grenzwert gewählt.

Für den E-Modul werden zwei Definitionen verwendet. Oft ist es nicht möglich eine Hooke'sche Gerade zu zeichnen, das ist eine Tangente durch den Ursprung an die Spannungskurve. Der Grund liegt in der Weichheit vieler Materialien. Für die Kunststoffe wird die Hooke'sche Gerade daher festgelegt durch die Schnittpunkte bei 0,05 und 0,25 % Dehnung. Diese Steigung der so definierten Hooke'schen Geraden ist der E-Modul E_0.

Viele Kunststoffe sind nichtlinear elastisch. Bei größeren Spannungen ist der Verlauf der Kurve nicht gerade. Nach einer Entlastung unmittelbar auf die Belastung geht die Verformung jedoch wieder vollständig zurück. Für die Dimensionierung ergäbe der E-Modul E_0 zu große Werte, speziell wenn die Belastungen oberhalb des Wertes $\sigma_{0,25}$ erwartet werden. Für diese Fälle wird der Sekanten-Modul E_S genutzt.

14.3.3 Wärmeformbeständigkeit DIN EN ISO 75-1,-2,-3

Die mechanischen Eigenschaften thermoplastischer Kunststoffe sind stark temperaturabhängig. Der mit dem Kurzzeit-Zugversuch gemessene E-Modul wird mit zunehmender Temperatur geringer. Für den Konstrukteur ist hier die Temperatur der Wärmeformbeständigkeit wichtig. In Datenblättern wird hierfür der Wert HDT angegeben (heat deflection test). Dieser Temperaturwert ist geeignet, das relative Verhalten verschiedener Werkstoffe bei erhöhter Temperatur abzuschätzen.

Die Messung erfolgt mit einem rechteckigen Prüfkörper, der flachkant auf zwei Auflagern liegt und mittig belastet wird (Abb. 14.7). Die Versuchsanordnung wird über eine Flüssigkeit geregelt aufgewärmt. Man geht davon aus, dass der Prüfkörper bei der geringen Aufheizgeschwindigkeit immer die gleiche Temperatur wie das Bad hat.

Die Belastung erfolgt entweder mit 1,8 MPa (HDT-A) oder 0,45 MPa (HDT-B). Die Belastung σ ergibt sich aus:

$$\sigma = \frac{F3L}{2bh^2}$$

Abb. 14.7 Messung der Wärmeformbeständigkeit

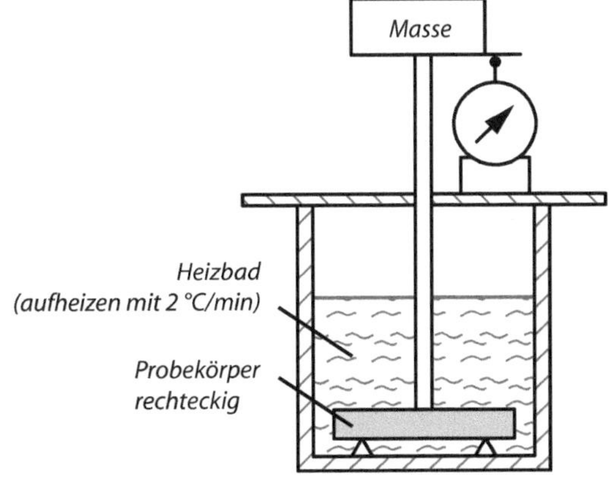

Hierin ist F die Last, L der Abstand der Auflager, b die Breite des Prüfkörpers und h dessen Höhe.

Der Ergebniswert ist die Temperatur, bei der der Prüfkörper aufgrund der Durchbiegung im Randbereich um 0,2 % gedehnt wird. Diese Verformung errechnet sich aus:

$$\Delta s = \frac{L^2}{3000\,h}$$

Hierin ist L das Maß zwischen den Auflagern in mm und h die Probekörperdicke im mm.

14.3.4 Allgemeines Bruchverhalten

Das Bruchverhalten eines Werkstoffes beim Zugversuch hängt von den Gleitmöglichkeiten seiner Versetzungen ab. Die inneren Schubspannungen erreichen in allen Ebenen, die unter 45° zur Achse der Zugkraft liegen, einen Höchstwert.

Trennbruch mit ebener Bruchfläche senkrecht zur Zugrichtung (Abb. 14.8a) tritt bei Werkstoffen ohne Gleitmöglichkeiten oder solchen mit hohem Verformungswiderstand ein. Dabei steigt die Kraft F, ohne dass die unter 45° wirkende maximale Schubspannung in der Lage ist, den hohen Verformungswiderstand zu überwinden. Bereits vorher wird in den Ebenen senkrecht zur Zugrichtung die Trennfestigkeit von der Normalspannung überschritten, und die Atome werden getrennt.

Verformungsbruch (Scherbruch) tritt bei Werkstoffen mit vielen Gleitmöglichkeiten bzw. starker Plastizität auf. Nach einer Einschnürung bricht die Probe unter Wirkung der Schubspannungen in einer 45°-Ebene (Abb. 14.8c).

Mischbruch als Kombination beider gegensätzlichen Arten tritt bei den meisten Stählen an Rundproben auf.

Infolge der Einschnürung scheren die Kraterränder unter den Schubspannungen im Winkel von 45° ab (Abb. 14.8b–d), während im Kratergrund eine relativ ebene Fläche als Trennbruch entsteht.

Beim Bruch von Proben (genauso bei Bauteilen in Betrieb) lassen sich zwei extreme Verhaltensweisen beobachten.

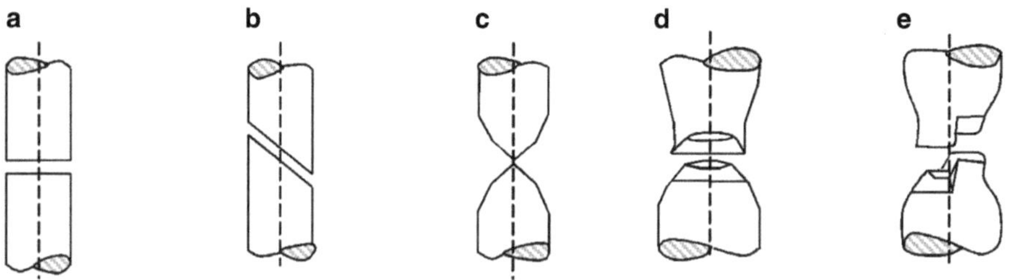

Abb. 14.8 Bruchformen beim Zugversuch, schematische Darstellung. **a** Trennbruch durch Normalspannungen, **b** Scherbruch, **c** Verformungsbruch durch Schubspannungen, **d, e** Mischbruch

Sprödbruch mit Spalt-   *Zäher Bruch mit Waben*   *Mischbruch*
flächen (G20Mo5)   *(Baustahl, S235J2)*

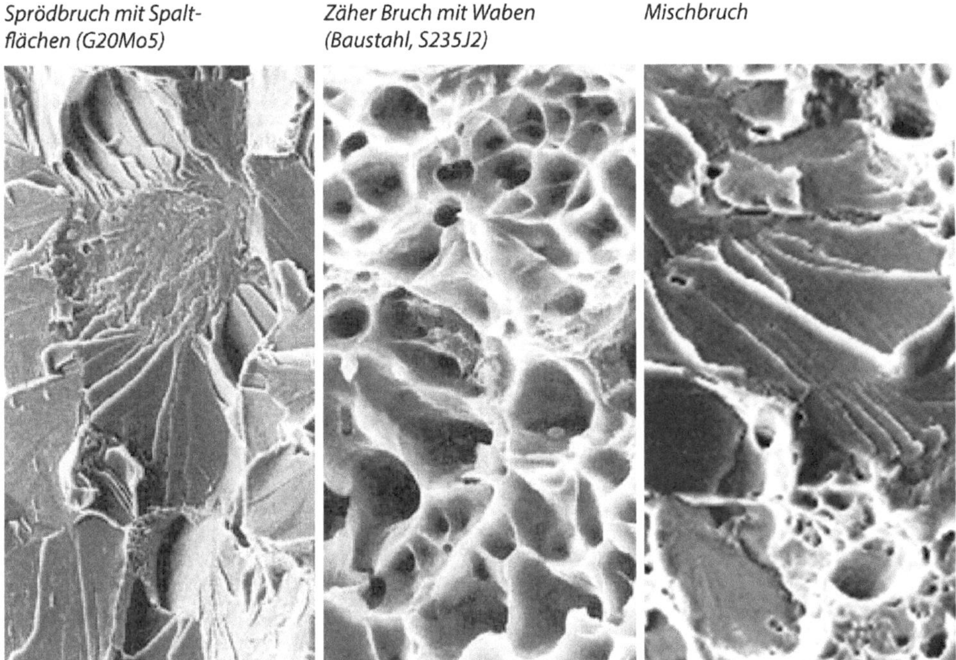

Abb. 14.9 REM-Aufnahmen von Bruchflächen

Bruchverhalten Metalle

Das Bruchbild nach einer Überbelastung gibt Aufschluss über das Verformungsverhalten eines Werkstoffs:

- Trennbruch → spröder Werkstoff
- Verformungsbruch → zäher Werkstoff

Ein Trennbruch liegt vor, wenn die Probe ohne sichtbare plastische Verformung plötzlich bricht. Die Bruchfläche ist wenig uneben und zeigt glatte Spaltflächen (Abb. 14.9).
Trennbrüche zeigen Metalle mit:

- stark verzerrtem Gitter (Martensit)
- unterschiedlichen Phasen (Bronze mit intermetallischen Phasen, oder Stahl mit hohem Anteil an Eutektikum)
- großer Korngröße und Kornform der spröden Phase.

Ein Verformungsbruch liegt vor, wenn die Probe nach starker plastischer Verformung bricht. Die Bruchfläche ist zerklüftet, sie zeigt Waben, deren Ränder erst in der letzten Phase des Bruches getrennt wurden.

Tab. 14.6 Ursachen für das unterschiedliche Bruchverhalten der Metalle

Ursache	Auswirkungen
Gefüge, feinkörnig	In feinkörnigen Gefügen werden Risse von den Korngrenzen angehalten → Verformungsbruch
Gefüge, heterogen, ungleichmäßig	Im Gegensatz zu homogenen Gefügen gibt es ausgeprägte Schwachstellen, die vorzeitiges Versagen auslösen → Mischbruch
Gefüge, heterogen mit spröder Kristallart	Die sprödere Kristallart lässt keine Verformung zu, Neigung zum Trennungsbruch. Beispiel: hoch Sn-haltige Bronzen mit spröden intermetallischen Phasen
Verformungsgeschwindigkeit	Bei langsamer Verformung haben die Versetzungen genügend Zeit, der Beanspruchung zu folgen, bei schlagartiger Belastung nicht, deshalb Neigung zum Sprödbruch
Temperatur	Bei tiefen Temperaturen werden in krz-Werkstoffen (z. B. Baustahl) die Versetzungen immer weniger beweglich, → Sprödbruch
Spannungszustand, Form des Bauteils	Kerben verändern das innere Spannungssystem, Gleitbehinderung durch dreiachsige Zugspannungen → Neigung zum Sprödbruch

Sehr viele Werkstoffe liegen im Bruchverhalten zwischen diesen Extremen. Dann enthält die Bruchfläche sowohl Spaltflächen als auch Waben. Man spricht dann von Mischbrüchen, hier sind Teile der Bruchfläche eben und andere Teile eher zerklüftet.

Welches Bruchverhalten vorliegt, hängt von der Belastungsart und dem inneren Gefüge ab – also vom Gitteraufbau und den Gitterfehlern (Tab. 14.6).

Bruchverhalten Kunststoffe

Temperatur und Belastungsgeschwindigkeit beeinflussen das Bruchverhalten der Kunststoffe (Abb. 14.10). Bei sehr niedrigen Temperaturen verhalten sich die meisten Kunststoffe überwiegend spröde. Das gleiche gilt für schlagartige Belastungen. Grundsätzlich gilt, je mehr Zeit und Temperatur vorliegen, desto eher können die Polymerketten der unvernetzten Materialien aneinander vorbeigleiten.

Sprödbruch

Wie bei den Metallen ist hier die Bruchfläche eben und senkrecht zur Kraftrichtung. Speziell bei glasklaren amorphen Kunststoffen, z. B. Polystyrol, kommt es unter der Wirkung der hohen Spannungen vor dem eigentlichen Bruch zu Crazes. Dies sind im Prinzip Mikrorisse, die jedoch lokal sind und nicht durch das gesamte Material hindurchgehen (Abb. 14.11).

Diese Crazes treten auch auf, wenn Lösungsmittel einwirken. Sie sind ein Anzeichen von inneren Spannungen. Durch das Lösungsmittel werden die Kunststoffmoleküle etwas

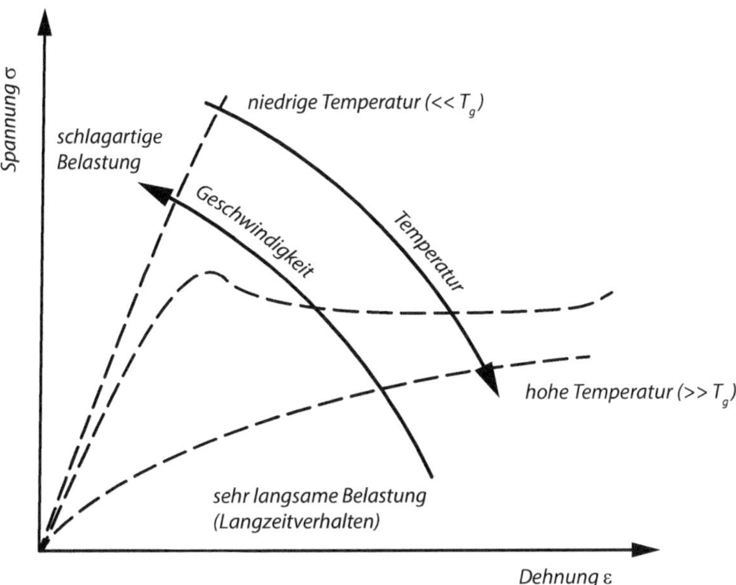

Abb. 14.10 Einflüsse auf das Bruchverhalten von Kunststoffen

Abb. 14.11 Crazes an einem
Zugprüfstab aus PS, die Schädigungen verlaufen quer zur
Kraftrichtung, d. h. Versagen
aufgrund von Normalspannungen

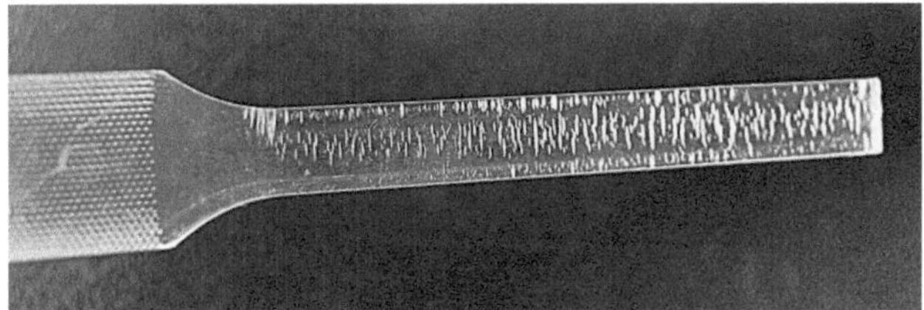

voneinander entfernt, sodass die Spannungen diese Mikrorisse auslösen können. Diese
Risse stellen noch keine mechanische Beeinträchtigung dar, sie sind aber oft ein optischer
Mangel.

Crazes treten auf, wenn keine plastische Verformung möglich ist, also fast immer nur
unterhalb der Glastemperatur.

Verformungsbruch
Oberhalb der Glastemperatur können Kunststoffmoleküle aneinander abgleiten. Das
Bruchbild zeigt oft stark verformte Bruchkanten. Eine Vorstufe des endgültigen Bruchs
ist der Weißbruch. Bei einer starken lokalen Überdehnung, z. B. bei einem Umklappen
eines Filmscharniers, werden die Kunststoffmoleküle lokal in Kraftrichtung gedehnt und
können sich etwas ausrichten. Tatsächlich wird hierbei die Festigkeit des Materials gesteigert, sodass Filmscharniere erst durch diese Überlastung einerseits ihre Beweglichkeit
und andererseits ihre Langlebigkeit erhalten.

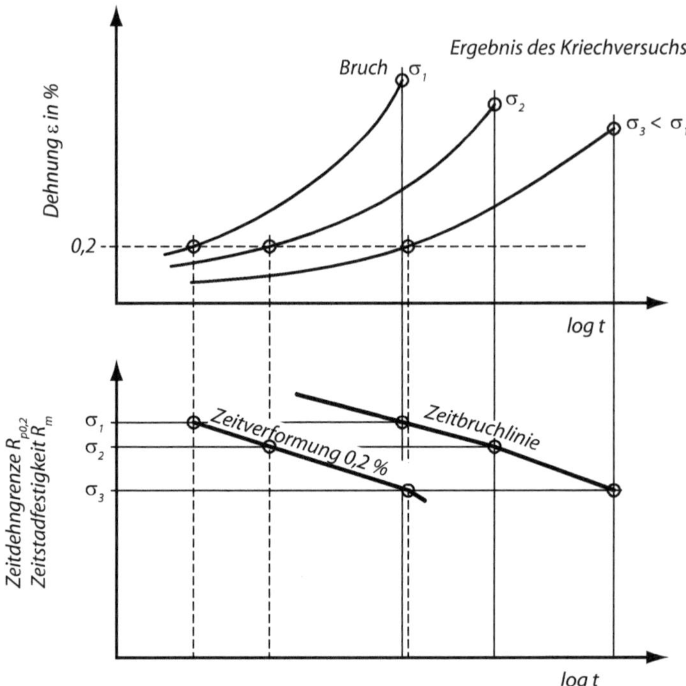

Abb. 14.12 Ermittlung der Zeitbruchlinie und der Zeitdehnlinie

14.3.5 Zeitfestigkeiten

Die mechanischen Eigenschaften werden im Zugversuch ermittelt. Hierbei wird die Belastung moderat langsam aufgebracht; ab der Belastungsgrenze $R_{p0,2}$ ist eine plastische Verformung messbar. Im Inneren des Materials sind Gleitbewegungen hierfür verantwortlich. Genau genommen beginnt die plastische Verformung bereits bei niedrigeren Spannungen.

Diese sehr geringe plastische Verformung bei Spannungen kleiner der im Zugversuch gemessenen Grenzspannung $R_{p0,2}$ ist sehr langsam und kann mit Langzeitversuchen ermittelt werden. Hierfür werden Prüfkörper mit unterschiedlichen Belastungen für sehr lange Zeit belastet (Abb. 14.12). Je geringer die Belastung einer Probe, desto später hat sich die Verformung auf 0,2 % aufsummiert und desto später kommt es zum Bruch.

Die Zeitdehngrenze $R_{p0,2,t}$ und die Zeitstandfestigkeit $R_{m,t}$ erhalten zusätzliche Angaben für die Zeit. Bei einer sehr kurzen Zeit ($t = 0\,\text{s}$) ist der Wert identisch mit der Dehngrenze $R_{p0,2}$ des Zugversuchs. Bei einer sehr langen statischen Belastung führen bereits geringere Lasten zu einer bleibenden Verformung von 0,2 %.

Zeitstandversuche mit Metallen werden gemäß DIN EN ISO 204/09 durchgeführt. Für Kunststoffe gilt EN ISO 899-2; hier wird nicht die Zeitbruchlinie ermittelt, sondern das Isochrone Spannungs-Dehnungs-Diagramm und der Kriechmodul (s. Kap. 9).

Abb. 14.13 Zeitfestigkeiten diverser warmfester Stähle, schematisch

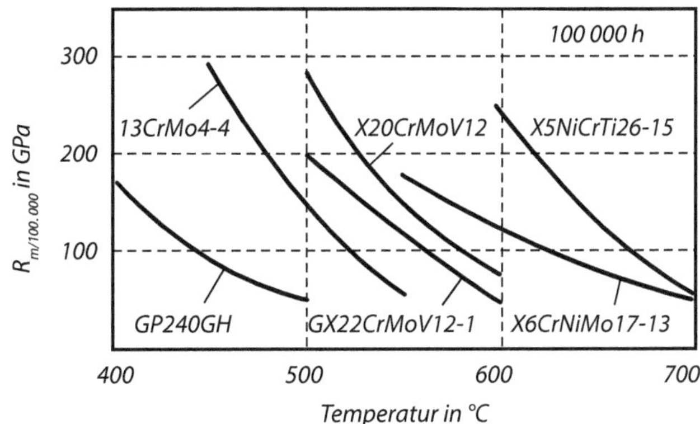

Speziell für Metalle, die erhöhter Temperatur eingesetzt werden, sind die Zeitfestigkeiten eines Werkstoffes wichtig. Bei höheren Temperaturen und Spannungen können die Atome günstigere Energiezustände anstreben, was mit minimalen plastischen Verformungen einhergeht.

Zur Messung der Warmdehngrenze werden die Kriechversuche bei unterschiedlich hohen Temperaturen durchgeführt. Die Zeitdehngrenze $R_{p0,2,t,T}$ erhält dann weiterhin Angaben über die Belastungstemperatur.

> **Beispiel für verschiedene Zeitdehngrenzen**
>
> $R_{p0,2/1000/350}$ → Spannung, die bei 350 °C nach 1000 h eine plastische Dehnung von 0,2 % hervorruft
>
> $R_{m/10.000/550}$ → Spannung, die bei 550 °C nach 10.000 h zum Bruch führt.

Für eine Belastungsdauer von 100.000 h sind die Zeitfestigkeiten unterschiedlicher warmfester Stähle in Abb. 14.13 dargestellt. Die Legierungselemente haben unterschiedliche Wirkung. Sie beeinflussen die Gitterart (krz oder kfz), verzögern Rekristallisation und bilden Karbide. Dadurch werden die Umordnungsvorgänge stark eingeschränkt, sodass auch bei hohen Temperaturen die Festigkeit nach langer Belastungszeit nicht verloren geht.

14.4 Dynamische Belastung

Im Unterschied zu den statischen, d. h. ruhenden Belastungen erfolgen dynamische Belastungen immer mit erhöhter Geschwindigkeit.

Zähigkeit ist eine Eigenschaft des Werkstoffes mechanische Energie aufzunehmen, bevor er bricht. Zäh ist ein Werkstoff, bei dem eine Probe oder ein Bauteil auch unter ungünstigen Bedingungen erst nach starker Verformung bricht. In der Umgangssprache wird diese Eigenschaft beschrieben mit: zäh wie Leder, spröde wie Glas. Leder lässt sich biegen und reißt erst sehr spät, bei Glasscheiben genügt ein Anritzen, und mit geringem Energieaufwand durch Klopfen mit dem Glasschneider tritt der Bruch ein.

Ein zähes Material kann Energie aufnehmen und verformt sich dabei elastisch oder plastisch. Die Energie für die Verformung eines Werkstoffs ist entweder:

- ein Moment, d. h. eine Kraft, die über einen Hebelarm wirkt: $W = F \cdot s$, oder
- eine Masse, die mit einer Geschwindigkeit auftrifft: $W = 1/2m \cdot v^2$.

Die Arbeit, die zum Zerbrechen einer Probe aufgebracht werden muss, ist ein Maß für die Zähigkeit eines Werkstoffs.

14.4.1 Bauteilversagen bei dynamischer Belastung

Bauteilversagen ist plastische Verformung oder Bruch. Bei Kraftaufwand von außen wirken im Bauteilinnern Schub- und Normalspannungen, die eine plastische Verformung bewirken. Wenn Gleitbewegungen nicht möglich sind, z. B. bei einem gehärteten Material, kommen die Normalspannungen zur Wirkung. Sie verursachen ein Trennen.

Eine Erklärung hierfür sind die Kräfte, die den Werkstoff zusammenhalten. Wie zwei Magnete, die man versucht auseinanderzuziehen, werden sie anfangs bei geringer Entfernung versuchen seitlich wegzurutschen und wieder zusammenzukommen. Bei größerer Entfernung schwindet die Anziehungskraft und der Widerstand gegen das Trennen wird klein.

Das Gleiten selbst wird mit zunehmender Geschwindigkeit schwieriger. Daher wird bei einer kleinen Belastungsgeschwindigkeit das Versagen eher plastisch sein und bei höherer Geschwindigkeit eher spröde (Abb. 14.14).

In ähnlicher Weise kann man den Einfluss der Temperatur betrachten (Abb. 14.15). Je höher die Temperatur ist, desto größer wird der Abstand zwischen den einzelnen Atomen und somit ihre Anziehungskraft. Damit wird das Gleiten erleichtert. Bei einer bestimmten Temperatur findet der Übergang zwischen dem spröden Verhalten bei kleinen Temperaturen und dem zähen Verhalten statt. Diese Temperatur wird Übergangstemperatur $T_{\ddot{U}}$ genannt.

Abb. 14.14 Einfluss der Geschwindigkeit auf das Versagen eines Bauteils, bei geringer Belastungsgeschwindigkeit ist eine plastische Verformung eher möglich

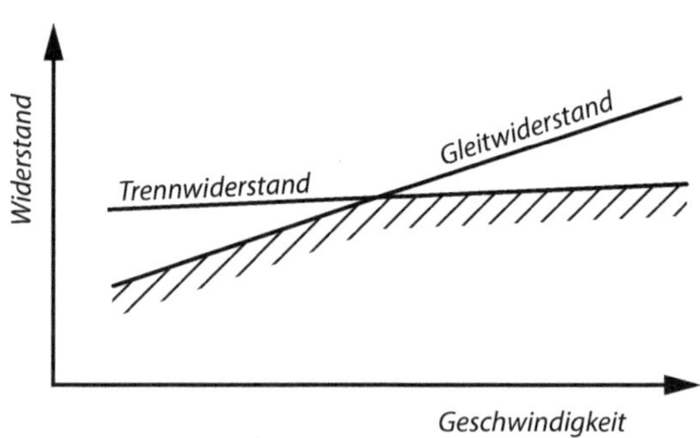

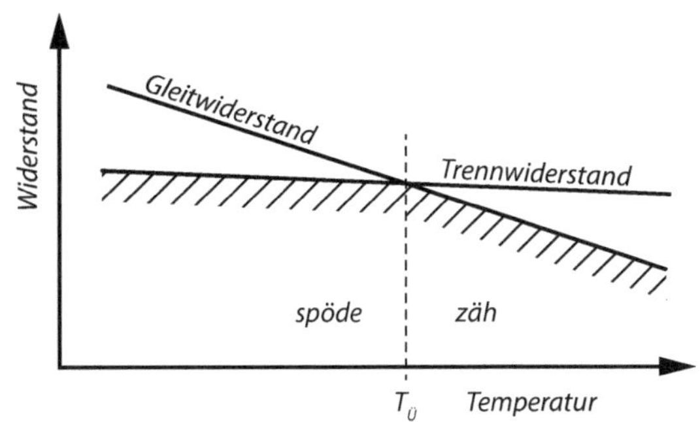

Abb. 14.15 Einfluss der Temperatur auf das Bauteilversagen; das Überschreiten des Widerstands führt zum Versagen

14.4.2 Spannungszustände

Die Zähigkeit ist keine reine Stoffeigenschaft, sondern wird von der Form des Bauteils und dem Kraftangriff stark beeinflusst, die den Spannungszustand bestimmen. Eine plastische Verformung wird erst durch innere Schubspannungen ausgelöst.

Abb. 14.16 zeigt, wie durch Kerben in einem biegebeanspruchten Balken Spannungen im Kerbgrund erzeugt werden. Durch das Umlenken der Kraftwirkungslinien entsteht am Kerbrand ein zweiachsiges Spannungssystem mit σ_x und σ_y.

Beim Schlagen der Probe kommt es zum Einschnüren im Kerbgrund. Dann behindern die spannungslosen Kerbränder den quer-schrumpfenden Kerbgrund und setzen ihn unter Zugspannungen σ_z.

Beim zweiachsigen Spannungszustand ist eine plastische Verformung in der x-z-Ebene nicht möglich (Tab. 14.7). Es steht nur eine Achse (y-Achse senkrecht zur Oberfläche) für ein unbehindertes Fließen zur Verfügung.

▶ **Hinweis** Unterschiedliche Spannungszustände bewirken, dass Proben des gleichen Stahles im Zugversuch brauchbare Bruchdehnung und -einschnürung zeigen, beim Kerbschlagbiegeversuch jedoch spröde brechen können.

Abb. 14.16 Spannungszustand in der Kerbschlagprobe. **a** Ansicht, **b** Querschnitt mit Bruchfläche

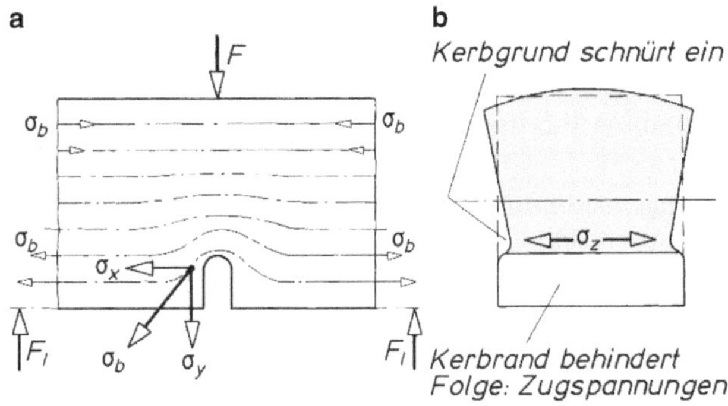

Tab. 14.7 Randbedingungen für den Kerbschlagbiegeversuch

Bedingung	Auswirkung
Schlagartige Belastung	Verformungszeit sehr kurz. Es kommt leichter zu inneren Trennungen als bei langsamen Abgleitvorgängen
Kerbe	Das verformte Volumen ist klein und nur auf die Umgebung der Kerbe beschränkt
Dreiachsiger Spannungszustand	Fließbehinderung in allen drei Achsen (Abb. 14.16)

Abb. 14.17 Normalprobe mit V-Kerb

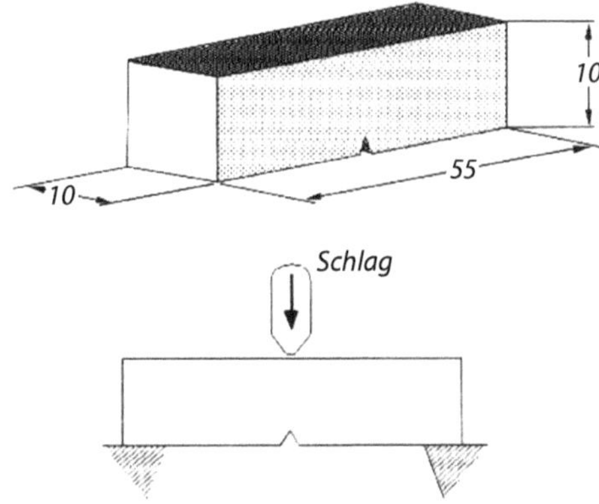

14.4.3   Kerbschlagbiegeversuch (DIN EN ISO 148/11)

Bei dieser Prüfung wird an einer Probe die Verformungsarbeit bis zum Bruch gemessen. Die Versuchsbedingungen sind so gewählt, dass die Verformung stark behindert wird.

Kerbschlagproben

Die Proben stellen einen Balken auf zwei Stützen dar, die durch eine mittig angreifende Kraft (Hammerfinne Abb. 14.17) schlagartig auf Biegung beansprucht werden. Im Kerbgrund tritt der mehrachsige Spannungszustand auf.

Scharfe Kerben behindern die Verformung mehr und ergeben kleinere Messwerte. Die Folge ist: Versuchsergebnisse sind nur dann vergleichbar, wenn sie an Proben gleicher Form ermittelt wurden. Neben der Kerbform wirken die Querschnittsmaße (Höhe/Breite) und die Auftreffgeschwindigkeit des Pendels auf die Messwerte ein.

Versuchsablauf

Als Prüfmaschinen werden Pendelschlagwerke verwendet, die in Baugrößen von 0,5… 300 J genormt sind. Die Probe wird am tiefsten Punkt der Pendelbahn in ein Widerlager eingelegt (Abb. 14.18) und das Pendel in die Ausgangslage (1) angehoben.

Es hat dann bei der Fallhöhe h die potentielle Energie E_{pot} (Lageenergie). Nach dem Ausklinken fällt es auf kreisförmiger Bahn nach unten. In der tiefsten Lage (2) ist seine potentielle Energie vollständig in kinetische umgewandelt (E_{kin}). Dort trifft die Hammer-

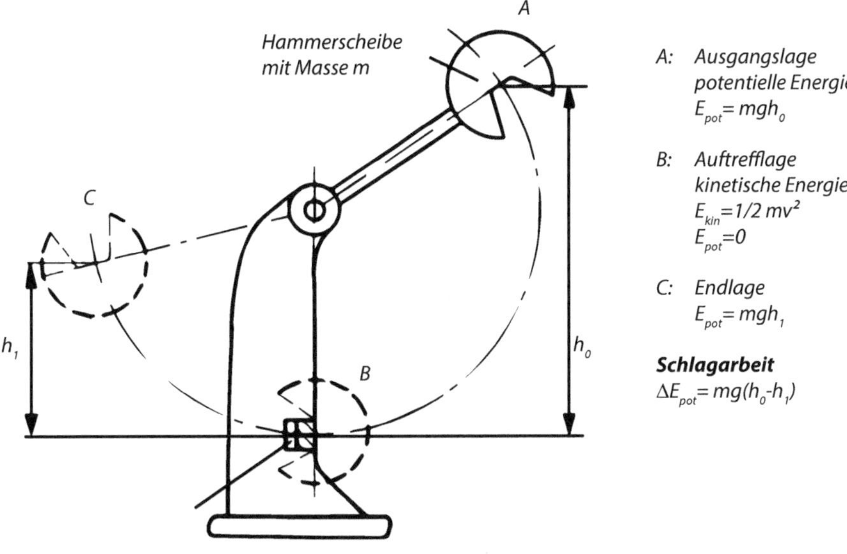

Abb. 14.18 Kerbschlagbiegeversuch mit dem Pendelhammer, schematisch dargestellt

scheibe auf die Probe und zerschlägt sie. Die zum Bruch erforderliche Schlagarbeit wird vom Pendel aufgebracht, wodurch dessen Energie abnimmt. Beim Weiterschwingen wird die verbleibende Energie wieder in potentielle Energie umgewandelt, das Pendel erreicht in der Endlage (3) nur die kleinere Steighöhe h_1.

Angaben der Schlagarbeit enthalten die Probenform und das Arbeitsvermögens des Hammers.

14.4.4 Kerbschlagarbeit-Temperatur-Kurve

Die Zähigkeit bzw. die Verformbarkeit und damit die Schlagarbeit werden beeinflusst durch den Gefügezustand (homogen/heterogen, kaltverformt, Korngröße, Ausscheidungen). Eine Auswirkung hat auch das Kristallgitter.

Die Metalle sind verschieden zäh, weil ihre Kristallgitter unterschiedliche Gleitmöglichkeiten besitzen (Tab. 14.8)

Tab. 14.8 Gitterformen und sich damit ergebende Verformungsfähigkeit

Kristall-Gitter	Gleitsysteme – Eigenschaft	Beispiele
kfz	12 – sehr zäh	Cu, Al, austenitische Stähle
krz	keine Hauptgleitebenen – spröde, mit zunehmender Temperatur zäh (Übergangstemperatur bei ca. 0 °C)	Baustähle
hdP	3 wenig zäh – keine, spröde	Mg, Zn, Karbide, Gläser, Diamant

Abb. 14.19 Kerbschlagarbeit-
Temperatur-Kurve

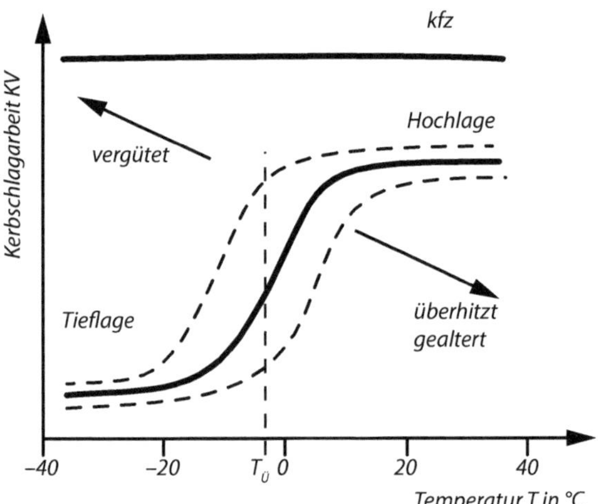

Untersucht man viele Proben des gleichen Werkstoffs bei verschiedenen Temperaturen und trägt die Kerbschlagarbeit über der Temperatur auf, so zeigen sich starke Unterschiede im Verhalten der kubisch-flächen- und der kubisch-raumzentrierten Metalle (Abb. 14.19).

Kubisch-flächenzentrierte Werkstoffe sind auch bei tiefen Temperaturen zäh (z. B. Kupfer, Nickel und austenitische Stähle).

Kubisch-raumzentrierte Werkstoffe, wie z. B. alle unlegierten, niedriglegierten und die hochlegierten Chromstähle, sind bei höheren Temperaturen zäh (Hochlage), bei tiefen Temperaturen sind sie spröde (Tieflage).

Dazwischen liegt der Steilabfall mit streuenden Messwerten. Die Lage des Steilabfalls wird durch die Übergangstemperatur $T_ü$ gekennzeichnet. Diese kann z. B. in der Mitte zwischen Hoch- und Tieflage liegen. Bei Stahl ist es auch üblich, diejenige Temperatur als Übergangstemperatur $T_{ü27}$ zu bezeichnen, bei der keine Probe weniger als 27 J Kerbschlagarbeit zeigt.

▶   **Beachte** Übergangstemperatur $T_ü$ ist vom Gefügezustand abhängig und lässt sich durch Wärmebehandlung beeinflussen.

Die Zähigkeit eines Werkstoffs kann auch ohne Messung allein an der Bruchfläche der Probe beurteilt werden. Es gibt zwei Grenzfälle:

Verformungsbruch (Abb. 14.20): Merkmal ist eine zerklüftete Bruchfläche, die Ränder haben Stauchungen und Einschnürungen, ein Zeichen für Zähigkeit.

Trennbruch: Merkmal ist eine fast ebene Bruchfläche mit unverformten und glatten Rändern, ein Zeichen für Sprödigkeit.

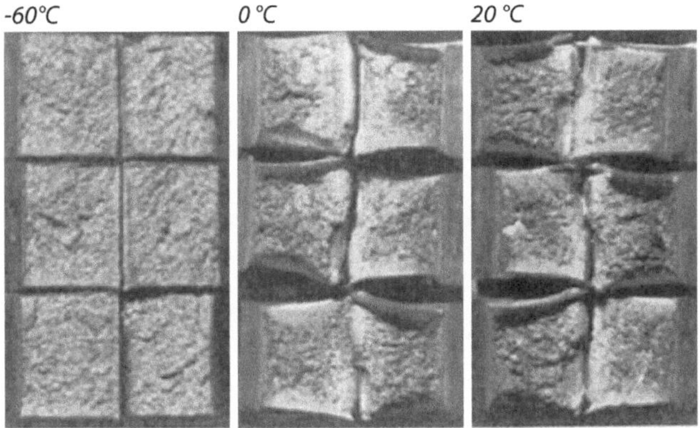

Abb. 14.20 Bruchflächen von Proben aus Stahl S235JR bei verschiedenen Temperaturen geschlagen

Anwendungen des Kerbschlagbiegeversuches:

- Kontrolle der Wärmebehandlung der Stähle. Bei Überhitzung oder Anlasssprödigkeit liegt die Kerbschlagarbeit niedrig.
- Kontrolle der Gütegruppen von Stählen nach z. B.: DIN EN 10025. Die Stahlsorten müssen die Kerbschlagarbeit bei verschiedenen Temperaturen – und damit die Sicherheit gegen Sprödbruch – nachweisen.
- Kontrolle der Alterungsneigung von Stählen. Hierzu wird die Probe künstlich gealtert d. h. um 10 % gereckt und auf 250…300 °C angelassen. Behält der Stahl seine Zähigkeit, so ist er alterungsbeständig.

Hochfeste Stähle haben eine hochliegende Streckgrenze und nur geringe Verformungsfähigkeit bis zum Bruch. Der Kerbschlagbiegeversuch ist für sie nicht geeignet. Bei ihnen wirken atomare Fehlstellen bereits als Kerben, die zum Rissauslöser werden.

Die Theorie des Sprödbruchverhaltens, die sog. Bruchmechanik, arbeitet mit Begriffen wie kritische Risslänge, die bei einer kritischen Zug- oder Biegespannung zu einer Rissausbreitung führt. Beide stehen im Zusammenhang mit dem sog. Spannungsintensitätsfaktor, der auch als Bruchzähigkeit K_{Ic} bezeichnet wird. Spröde keramische Stoffe werden ebenfalls damit beurteilt. Die Bruchzähigkeit nimmt bei gleichartigen Werkstoffen mit steigender 0,2 %-Dehngrenze ab.

Bruchzähigkeit K_{Ic}, (Risszähigkeit), Werkstoffkennwert, der durch aufwendige Versuche ermittelt wird (Tab. 14.9). In der Zugprobe wird durch Schwingungen ein Anriss erzeugt und die Spannung ermittelt, die zur Rissausbreitung benötigt wird. Der Zusammenhang ist

$$K_{\mathrm{Ic}} = \sigma \sqrt{\pi a_{\mathrm{c}}}$$

mit kritischer Risslänge a_{c}

Tab. 14.9 Zusammenhang zwischen Dehngrenze und Bruchzähigkeit

Werkstoff	0,2 %-Dehngrenze/MPa	K_{Ic}
Einfacher Vergütungsstahl	480…490	60…190
Höchstfeste Stähle	1300…1400	30…110

14.5 Zyklische Belastung

14.5.1 Allgemeines Verhalten

Beim Zugversuch erfolgt eine einmalige zügige Belastung bis zum Gewaltbruch. Viele Bau- und Maschinenteile sind dagegen einer periodisch schwankenden Belastung ausgesetzt (Tab. 14.10). Dabei können sie nach längerer oder kürzerer Zeit bei niedrigeren Spannungen brechen. Der Bruch erfolgt durch Ermüdung und heißt Dauerbruch oder Ermüdungsbruch.

Analogie Gewichtheber heben ihre Höchstlast nur einmal. Sollten sie dagegen eine Last mehrfach hintereinander heben und senken (mehrere Lastspiele), so würden sie das nur mit einer verkleinerten Last schaffen. Je kleiner die Last, umso mehr Lastspiele bis zur Ermüdung.

- Einmalige Belastung bis zum Bruch
    - erträgt höhere Spannungen
    - führt zu Gewaltbruch.
- Periodisch schwankende Belastung
    - nur bei niedrigeren Spannungen
    - führt zu Dauerbruch (Ermüdungsbruch).

Ursachen des Dauerbruches
Dauerbrüche erfolgen, obwohl die rechnerischen Spannungen (Nennspannungen) im Bauteil sich auf der Hooke'schen Geraden, also im elastischen Bereich befinden. Bei den meisten Bauteilen ist jedoch die Verteilung der Spannungen über dem Querschnitt nicht gleichmäßig, es entstehen Spannungsspitzen an besonderen Stellen.

Tab. 14.10 Vergleich von statischer und zyklischer Belastung

Belastung	Art der Verformung	Lage der Nennspannung	Bruchart und Zeitpunkt
Statisch, Zug-, Druck- und andere Versuche			
Einmalig bis zum Höchstwert	Elastisch, später plastisch	Über Streckgrenze R_e oder Dehngrenze $R_{p0,2}$	Gewaltbruch nach Überschreiten von R_m
Zyklisch, Dauerschwingversuche			
Periodisch ändernd	Elastisch	Im elastischen Bereich, $\sigma_{max} \ll R_{p0,01}$	Dauerbruch nach einiger Zeit, wenn $\sigma_{max} > \sigma_D$

Spannungsspitzen sind lokal und haben ihre Ursache im fehlerhaften Gitteraufbau. Korngrenze, feste Ausscheidungen und Versetzungen behindern die Gleitebenen. Durch Kerben entstehen dreiachsige Spannungszustände, sodass Zonen im Kerbgrund entstehen, in denen die effektive Spannung ein Mehrfaches der Nennspannung sein kann. Gefügefehler führen ebenfalls zu solchen Spannungsspitzen.

Entstehung des Dauerbruches

Die Spannungsspitzen sind klein genug, dass eine unmittelbare plastische Verformung örtlich sehr begrenzt und klein ist. Sie kann nicht gemessen werden. Diese mikroplastischen Verformungen führen zu einer Mikro-Kaltverfestigung und Versprödung. Sie beginnt an der Oberfläche, weil dort die Kristallite:

- meist höheren Spannungen unterliegen (bei Biegung und Torsion),
- leichter verformbar sind als im Innern liegende Kristalle,
- mit der Umgebung evtl. chemisch reagieren können.

Die örtliche plastische Verformung im Mikrobereich erzeugt bei wechselnder Belastung ein Heraustreten (Extrusion) oder Einsinken (Intrusion) von Material und erhöht dadurch die Rauigkeit, damit die Kerbwirkung und die Spannungen im Kerbgrund. Die Folge ist eine Rissausbreitung. Nach sehr vielen Lastwechseln kann die Verfestigung so groß sein, dass eine weitere Mikroverformung unmöglich wird und dann ähnlich wie im Zugversuch das Versagen eintritt.

Bruchfläche Typisch für ihr Aussehen sind zwei Teilflächen (Abb. 14.21) mit gegensätzlichem Charakter.

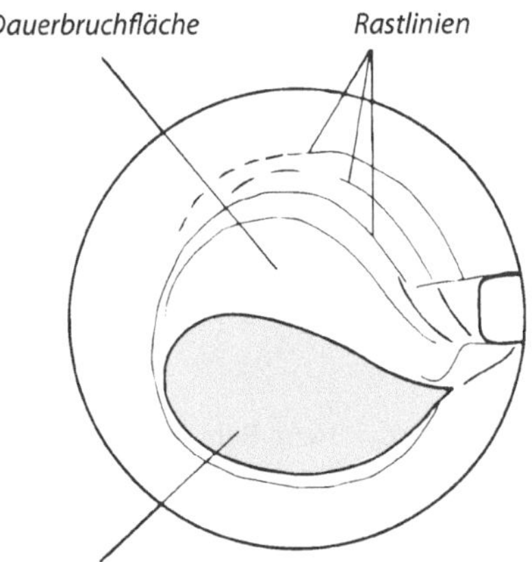

Abb. 14.21 Dauerbruch einer Ritzelwelle

Tab. 14.11 Mögliche Ausgangspunkte für Risse

Ausgangspunkt	Beispiele
Werkstofffehler	Schlackenteilchen, Randentkohlung
Oberflächenschäden	Kratzer, Bearbeitungsriefen
Kerben (konstruktiv)	Nuten, Wellenabsätze, Bohrungen
Flächenpressung durch Nachbarteile	Aufgepresste Naben, Auflagefläche von Federringen

Die Dauerbruchfläche entsteht über eine längere Zeit und ist durch das periodische Aufeinanderpressen der Ränder geglättet, sie kann auch Korrosionserscheinungen zeigen. Rastlinien entstehen durch zeitweilige Abnahme der Belastung.

Die Restbruchfläche entsteht durch Gewaltbruch, wenn der Restquerschnitt zu klein geworden ist. Sie zeigt teils sehnige Ausfransungen (Verformungen), meist aber körnige, wenig zerklüftete Flächen (Trennungen), weil durch den Riss eine starke Kerbwirkung entsteht (Tab. 14.11).

14.5.2 Belastungsformen bei zyklischer Belastung

Die rein statische Belastung ist selten. Häufiger tritt eine statische Grundbelastung auf (z. B. Gewichtskräfte), die von dynamisch wirkenden Kräften überlagert wird.

Zylinderkopfschrauben erhalten z. B. bei der Montage eine Vorspannung, welche die Dichtung anpresst. Nach dem Setzen der Dichtung wirkt in der Schraube eine Zugspannung σ_u (Abb. 14.22). Bei laufendem Motor entstehen durch den Gasdruck periodische Änderungen der Spannung. Die Spannungsausschläge σ_a pendeln um eine Mittelspannung σ_m (Tab. 14.12).

Abb. 14.22 Spannungsverlauf bei einer Zugbeanspruchung im Schwellbereich

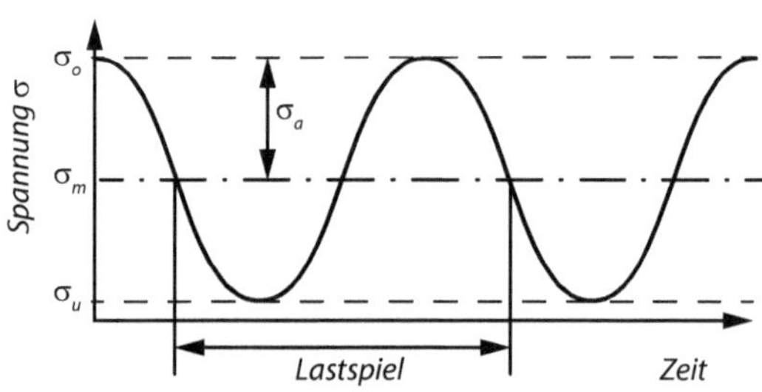

Tab. 14.12 Zyklische Belastungsfälle

Bel.-Fall	Merkmale
Schwellbereich	Oberspannung (σ_o) und Unterspannung(σ_u) haben die gleiche Richtung. Im Diagramm liegen die Schwingungen nur auf einer Seite zur Nullachse, ähnlich Abb. 14.22
Wechsel-bereich	Ober- und Unterspannung haben entgegengesetzte Richtungen. Im Diagramm liegen die Schwingungen auf beiden Seiten zur Nullachse, ähnlich Abb. 14.23

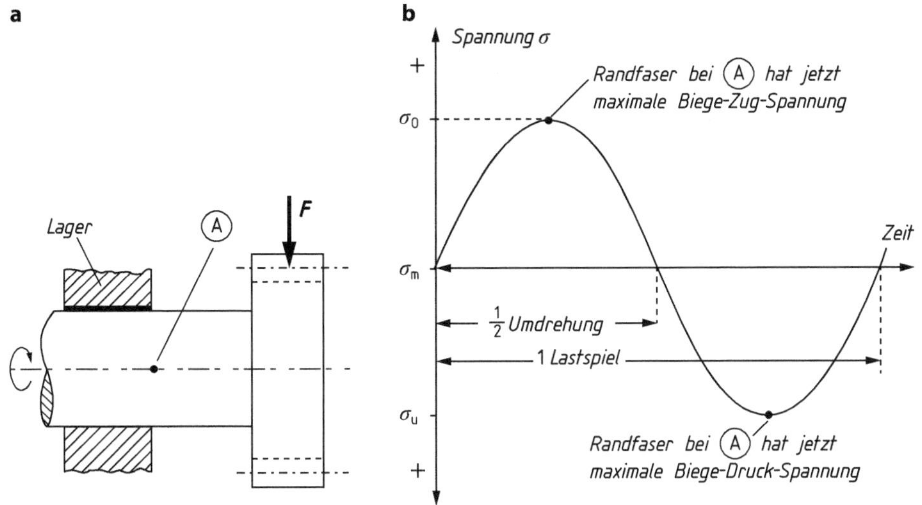

Abb. 14.23   Getriebewelle **a** schematisch, **b** Spannungsverlauf eines Randfaserteilchens

Lastspiel wird der Ablauf einer vollen Schwingung genannt, in Abb. 14.23 sinusförmig skizziert. Dieser Spannungsverlauf ist ein Beispiel für die Beanspruchung eines Bauteiles im sog. Schwellbereich.

Beispiel für die Beanspruchung eines Bauteiles im Schwellbereich

Getriebewelle (Abb. 14.23)

Die skizzierte Welle wird durch die Zahnkraft F belastet, sie soll als konstant betrachtet werden. Im Stillstand ist die an der Stelle A liegende Faser spannungslos. Nach einer Viertel-Umdrehung ist sie nach oben gelangt und wird durch die max. Biege-Zug-Spannung σ_o beansprucht.

Nach einer weiteren halben Umdrehung ist Faser A auf der Unterseite und wird durch die max. Biege-Druck-Spannung beansprucht. Nach einem vollen Lastspiel ist Faser A wieder spannungslos, das nächste Lastspiel beginnt.

Der skizzierte Spannungsverlauf ist ein Beispiel für die Beanspruchung eines Bauteiles im sog. Biegewechselbereich (die auftretenden Torsionsspannungen sind hier vernachlässigt). Grundsätzlich kann für alle Arten der Grundbeanspruchung, Zug, Druck, Biegung und Torsion, die Belastung entweder schwellend oder wechselnd sein.

Beobachtungen, die bereits von A. Wöhler im 19. Jahrhundert bei systematischen Versuchen gemacht wurden, zeigen, dass zyklisch belastete Teile nach einer bestimmten Anzahl von Lastspielen brechen, wenn der Spannungsausschlag σ_a zu hoch liegt.

Bei ausreichend niedrigen Spannungen ($\sigma_m + \sigma_a$) werden praktisch unendlich viele Lastspiele ertragen. Das Teil ist dauerfest, seine Beanspruchung liegt unterhalb der Dauerschwingfestigkeit.

Tab. 14.13 Dauerschwingversuche und Ziele

Versuche	Ziele
Versuche mit glatten, polierten Proben	Ermittlung der Dauerfestigkeit für die Hauptbeanspruchungsarten, Aufstellen von Wöhlerkurven
Versuche mit Proben, die Kerben, Bohrungen, Querschnittsänderungen oder andere Oberflächenmerkmale haben	Ermittlung der Gestaltfestigkeit, d. h. der Kerbwirkungszahl und des Einflusses der Oberflächengüte auf die Dauerfestigkeit
Versuche mit vollständigen Bauteilen oder ganzen Baugruppen	Ermittlung von Schwachstellen und ihre Beseitigung durch Konstruktions- oder Werkstoffänderung

Ziel der Dauerschwingversuche (Dauerversuche) ist es, diejenigen Mittelspannungen und Spannungsausschläge zu ermitteln, welche dauernd, d. h. unendlich viele Lastspiele lang, ohne Bruch ertragen werden können. Diese Spannungen ergeben die Dauerschwingfestigkeit.

14.5.3 Dauerschwingversuche (DIN 50 100/78)

Die zahlreichen Versuchsarten haben unterschiedliche Ziele (Tab. 14.13)

Für alle Dauerversuche ist der Zustand der Probenoberfläche von starkem Einfluss auf die Lebensdauer. Aussagekräftige Messwerte können deshalb nur bei gleichartiger Vorbereitung der Proben und gleichen Umweltbedingungen während des Versuches erzielt werden.

Als Beispiel für einen Versuch der ersten Gruppe (Tab. 14.13) wird der Umlaufbiegeversuch beschrieben, mit dem die Biegewechselfestigkeit σ_{bW} eines Werkstoffes ermittelt werden kann.

Umlaufbiegeversuch (DIN 50 113/82)

Dieser Versuch belastet die Probe durch die Anordnung der Kräfte mit einem konstanten Biegemoment (Abb. 14.24). Bei einer Drehung entstehen wechselnde Biegespannungen, die um die Mittelspannung null schwingen (ähnlich den Verhältnissen in Abb. 14.24).

Es werden mehrere Proben gleichen Werkstoffs und gleicher Vorbehandlung mit fallenden Spannungsausschlägen σ_a bis zum Bruch geprüft und die Lastspielzahl bis dahin festgehalten (Bruchlastspielzahl). Proben, welche die Grenzlastspielzahl NG erreichen, brechen i. Allg. nicht mehr, sodass sie aus dem Versuch genommen werden.

Die Versuchsdrehzahlen liegen bei Metallen zwischen 1000 und 10.000/min. Die Frequenz der Belastung, also die Schwingspiele pro Zeit, hat keinen Einfluss auf die Ergebnisse, solange die Probe sich nicht erwärmt.

Der Versuch wird solange gefahren, bis ein Bruch auftritt. Die Grenzlastspielzahlen sind werkstoff- und problemabhängige Größen (Stahl z. B. $10^6 \ldots 10^7$). Oberhalb dieser Zahl kommt es üblicherweise nicht mehr zum Versagen.

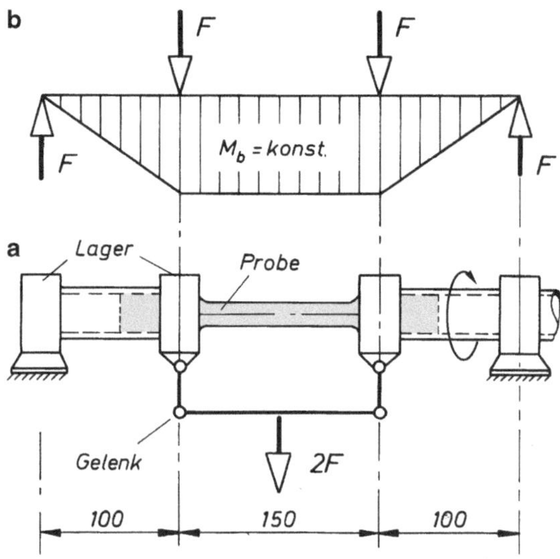

Abb. 14.24 Umlaufbiegeversuch, schematisch. **a** Probe mit Belastungskräften, **b** Momentenfläche

Wöhlerkurve

Aus den ermittelten Wertepaaren, Bruchlastspielzahl N_B und Spannungsausschlag σ_a, ergibt sich die Wöhlerkurve (Abb. 14.25). Bei nur einem Lastspiel ($N_B = 1$) nimmt ist der mögliche Spannungsausschlag so hoch wie die Zugfestigkeit R_m und fällt dann für zunehmende Lastspielzahlen flacher ab.

Wenn die Bruchlastspiele logarithmisch aufgetragen werden, ergibt sich eine S-Kurve, die über einen weiten Bereich gerade ist. Hier lässt sich die Lastspielzahl, die bei einer

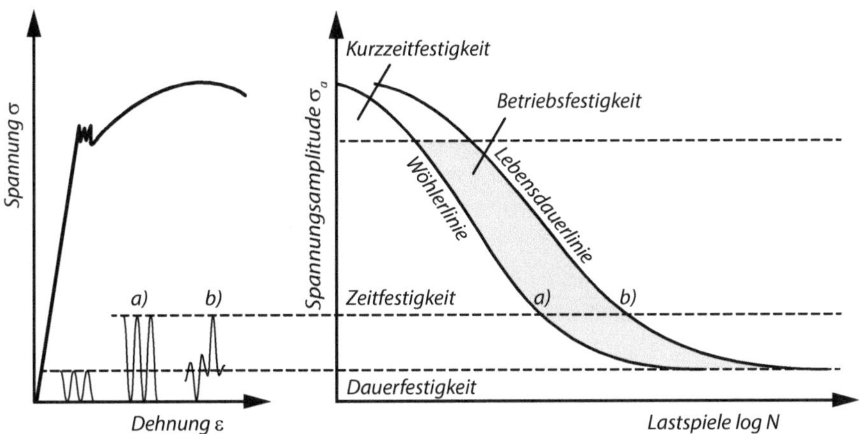

Abb. 14.25 Wöhlerkurve und Lebensdauerlinie (vergl. Haibach, Betriebsfestigkeit, Springer-Verlag)

Spannungsamplitude zum Bruch führt über die Geradengleichung gut abschätzen. Man spricht hier von der Zeitfestigkeit.

Bei genaueren Versuchen werden stets mehrere Proben mit gleicher Beanspruchung geprüft. Sie brechen bei verschiedenen Lastspielzahlen, die Werte streuen also. Für sichere Aussagen ist die Prüfung vieler Proben erforderlich, deren Daten mit statistischen Methoden ausgewertet werden. Im Bereich der Zeitfestigkeit sind Streuungen der Bruchlastspielzahl um den Faktor 25 völlig normal.

> **Hinweis** Zeitfestigkeiten sind interessant für Bauteile, die während ihres Einsatzes nur eine begrenzte Lastspielzahl durchlaufen.

Bei sehr geringen Spannungsamplituden wird die Wöhlerkurve sehr flach. Man kann annehmen, dass solche Spannungen unendlich ertragen werden. Diese Spannung wird Dauerfestigkeit σ_D bezeichnet.

> **Hinweis** Wöhlerkurven laufen nicht streng in eine Waagerechte aus, sondern können auch bis zu höchsten Lastspielzahlen stetig abfallen. Das tritt deutlich auf z. B. bei:
>
> - Metallen mit kfz-Kristallgitter,
> - bestimmten Konstruktionsfällen, wie z. B. Wälzlagern,
> - Dauerversuchen in Salzwasser. Beachte: Bauteile in korrosiver Umgebung sind nicht dauerfest, sie haben nur Zeitfestigkeiten. Je stärker der Korrosionsangriff, desto eher erfolgt der Dauerbruch.

Die Ergebnisse des Wöhlerversuchs haben immer Schwingspiele mit gleicher Spannungsamplitude zur Grundlage. In vielen Betriebszuständen gibt es jedoch immer kleinere und größere Spannungen. Mit modernen Prüfständen können solche unterschiedlichen Spannungen in statistischer Wahrscheinlichkeit gefahren werden. Die Bruchlastspiele sind zwangsläufig höher. Aus einer Vielzahl dieser Versuche ergibt sich dann die Lebensdauerlinie. Der Bereich der Geraden wird dann als Betriebsfestigkeit bezeichnet.

14.5.4 Dauerschwingfestigkeiten

Die Dauerschwingversuche werde klassisch mit einem konstanten Spannungsverhältnis: $R = \sigma_u/\sigma_o$ gefahren. Man unterscheidet hier:

- $R = -1 \rightarrow$ Zug/Druckschwellbereich ($\sigma_m = 0$)
- $R = 0 \rightarrow$ Schwellbereich ($\sigma_o = 2\sigma_m$).

Für die Schwellbelastung ($R = 0$) sind die ertragbaren Spannungsamplituden geringer, denn die Mittelspannung σ_m ist hier größer null (Abb. 14.26 Dauerfestigkeit in Abhängigkeit des Spannungsverhältnisses R). Bei nur einem ertragbaren Lastspiel wäre die mögliche Spannungsamplitude $R_m - \sigma_m$.

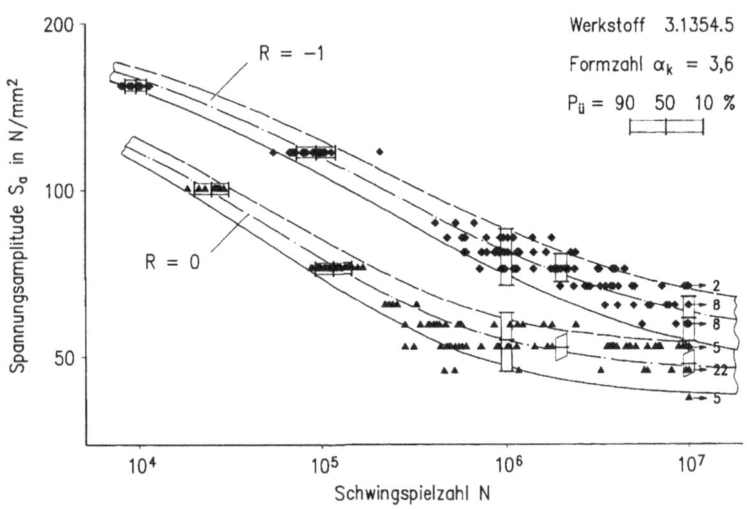

Abb. 14.26 Dauerfestigkeit in Abhängigkeit des Spannungsverhältnisses R (Bildquelle: Haibach, Betriebsfestigkeit, Springer-Verlag)

Für den Zug-Druck-Schwellbereich ergeben sich bei einer Mittelspannung $\sigma_m = 0$ automatisch höherer Spannungsamplituden.

14.5.5 Dauerfestigkeitsschaubild für Zug-Druck-Beanspruchung nach Smith

Einen Überblick über das Dauerschwingverhalten eines Werkstoffes bei verschiedenen Mittelspannungen geben die Dauerfestigkeitsschaubilder (DIN 50 100, Abb. 14.27). Es zeigt die ertragbaren Ober- und Unterspannungen (Ordinate) über der Mittelspannung (Abszisse) aufgetragen. Die Ordinatenwerte sind nach oben und unten nur bis zur Fließgrenze (Streckgrenze und Quetschgrenze) gültig. Die Verlängerungen der Ober- und Unterspannungen schneiden sich in einem Punkt, der statischen Festigkeit R_m.

Die ertragbaren Spannungsausschläge lassen sich für jede beliebige Mittelspannung als senkrechte Strecken nach oben und unten abgreifen. Bei Spannungen innerhalb des stark umrandeten Feldes treten keine Dauerbrüche auf.

Das Bild zeigt neben dem Dauerfestigkeitsschaubild (Teil a) einige dynamische Belastungsfälle mit seitlich herausprojizierten Spannungs-Zeit-Diagrammen. Die Spannungen erreichen jeweils die Dauerfestigkeiten.

a) Dauerfestigkeitsschaubild. Für vier verschiedene Mittelspannungen sind die Spannungsausschläge als Hilfslinien eingetragen und seitlich herausprojiziert.
b) Druckbeanspruchung im Wechselbereich, die Unterspannung reicht in den Druckbereich.

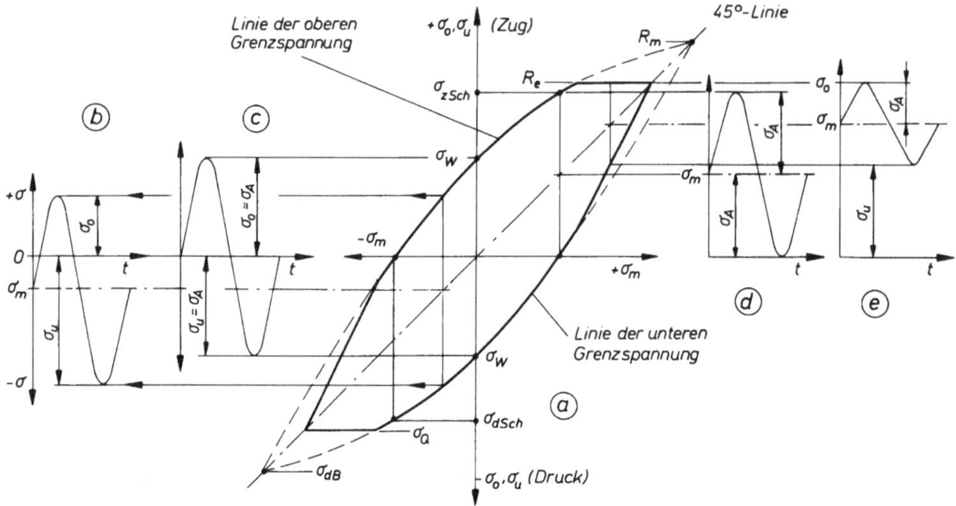

Abb. 14.27 Dauerfestigkeitsschaubild für Zug-Druck-Beanspruchung nach Smith

c) Zug-Druck-Wechselbeanspruchung. Die Mittelspannung ist null, die Spannungsausschläge sind gleich und erreichen die Dauerfestigkeit,

d) Zugschwellbeanspruchung, dabei ist die Unterspannung null, die Mittelspannung gleich dem Spannungsausschlag. Die Oberspannung ist hier gleich der Zugschwellfestigkeit.

e) Zugbeanspruchung im Schwellbereich mit hoher Mittelspannung. Die ertragbaren Spannungsausschläge sind klein. Ober- und Mittelspannung haben die gleiche Richtung.

14.5.6   Dauerfestigkeit und Einflussgrößen

Die Werte der Dauerfestigkeit von Proben und Bauteilen werden von zahlreichen Faktoren beeinflusst, wie die nachstehende Tab. 14.14 zeigt.

14.5.7   Wöhlerversuche mit Kunststoffen

Die Anwendung der Wöhlerversuche ist für Kunststoffe fragwürdig. Der Grund liegt in einem unterschiedlichen Schadensmechanismus. Bei Metallen wird der Schaden nach zyklischer Belastung mit einem Aufaddieren von mikroplastischen Verformungen und Mikroverfestigungen erklärt. Grundsätzlich ist das unabhängig von der Frequenz. Es spielt keine Rolle, in welcher Zeit die Belastungen sich aufaddieren solange sich der Werkstoff nicht durch die Belastung erwärmt.

Tab. 14.14 Einflussgrößen auf die Dauerfestigkeit

Einflussgröße	Wirkung auf die Dauerfestigkeit
Kerben	Je schärfer der Kerbradius und je tiefer die Kerbe ist, desto höher ist die Spannungskonzentration im Kerbgrund und desto niedriger ist also die Dauerfestigkeit
Oberflächenbeschaffenheit	Jede Abweichung vom glatten, polierten Zustand, wie er beim Probestab vorliegt, mindert die Lebensdauer, d. h. die Dauerfestigkeit. Druckeigenspannungen, wie sie durch Kaltumformen beim Walzen, Ziehen oder Kugelstrahlen entstehen. Randschichthärten erhöhen die Dauerfestigkeit
Korrosionsbeanspruchung	Bei Versuchen in Vakuum erbringen Proben höhere Bruchlastspielzahlen als im normalen Dauerversuch. Somit wirken schon geringste Gehalte an korrosiven Medien stark auf die Dauerfestigkeit ein. Bei Dauerversuchen in wässrigen Lösungen ergibt sich, dass die Wöhlerkurve tiefer liegt und auch bei 10^9 Lastspielen noch deutlich abfällt
Temperatur	Da die Dauerfestigkeit an die Festigkeit gekoppelt ist, nimmt grundsätzlich mit Zunehmen der Temperatur die Dauerfestigkeit jedes Werkstoffes ab
Frequenz	Bei Metallen tritt bis zu 104 Lastspielen/min keine Erwärmung auf, in diesem Bereich hat die Frequenz keinen Einfluss. Bei Kunststoffen beginnt bei 10 Hz die Erwärmung mit Erweichung und Abfall der Festigkeiten

Anders als Metalle können Kunststoffe sich bei wiederholter Belastung erwärmen. Bei Kunststoffen gibt es keine Verfestigungen. Insbesondere oberhalb der Glastemperatur können lokale Spannungsspitzen sehr gut aufgenommen werden.

Für Faserverstärkte Kunststoffe kann als Schadensmechanismus eine Schwächung der Ankopplung zwischen Kunststoff und Faser auftreten. Wegen der sehr unterschiedlichen Elastizität der beiden Materialien konzentrieren sich hier die Spannungen. Bei zahlreichen Wiederholungen kann es zu einem Herausreißen der Fasern kommen, womit langfristig ein Bauteilversagen ausgelöst wird.

14.6 Messung der Härte

Härte ist der Widerstand des Gefüges gegen das Eindringen eines härteren Prüfkörpers. Für Mineralien ist die Härteskala nach Mohs[2] eingeführt. Jedes Mineral ritzt das niedrigere und wird selbst vom höheren geritzt (Abb. 14.28). Die Methode ist für Metalle wenig aussagekräftig.

Bei Metallen, vor allen bei Stählen, lassen sich Härte und Festigkeit durch Kaltumformen und Wärmebehandlung in weiten Grenzen ändern. Umgekehrt kann aus Härtemessungen auf den Gefügezustand geschlossen werden.

---

[2] (Friedrich Mohs 1773–1839, Wien).

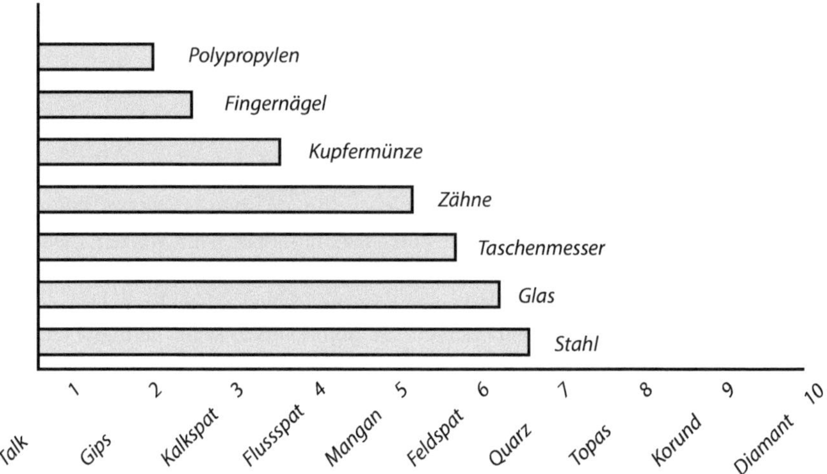

Abb. 14.28   Mohs-Härteskala, angegebene Stoffe lassen sich mit dem jeweils nächsthärteren Metall ritzen

Bei allen Verfahren wird ein Eindringkörper mit bestimmter Kraft in das Werkstück eingesenkt. Am entstehenden Eindruck wird ein Messwert abgelesen und daraus der Härtewert berechnet.

Deshalb wurden ab 1900 drei Verfahren der statischen Härtemessung entwickelt (Brinell, Vickers, Rockwell). Sie werden auch heute noch nebeneinander benutzt, da jedes von ihnen seine Anwendungsgrenzen besitzt.

Härteprüfungen werden sehr häufig zur Qualitätskontrolle angewandt. Die Gründe sind:

- die Messung erfolgt am Werkstück selbst, es ist keine Probe erforderlich,
- kurze Messzeit, eine Direktablesung der Härte ist möglich,
- eine empirisch ermittelte Beziehung zur Zugfestigkeit ermöglicht bei Stählen ihre Kontrolle durch eine Härteprüfung am Bauteil.

Die Verfahren unterscheiden sich in Eindringkörper, Prüfkraft und Messwert sowie der Art, wie der Härtewert bestimmt wird.

Abb. 14.29 zeigt ein Härteprüfgerät, das zur Messung nach mehreren Verfahren geeignet ist.

14.6.1   Härteprüfung nach Brinell

Eindringkörper   Als preisgünstige, unempfindliche Körper wurden früher geschliffene Kugeln aus Stahl verwandt (Abb. 14.30). Die Norm schreibt jetzt für alle Stoffe Kugeln aus Sinterhartmetall vor. Der Kugeldurchmesser D hängt ab von:

Abb. 14.29 Schematische Darstellung eines Universal-Härteprüfgerätes. Auf dem verstellbaren Tisch *1* liegt der Prüfling *2*, in den der Eindringkörper *3* mittels des Hebelsystems *4* durch die Gewichtskraft geeichter Scheiben *5* eingesenkt wird. Dabei bremst der Stoßdämpfer *6*, wenn durch den Handhebel *7* die Arretierung gelöst wird. Auf der Mattscheibe *8* kann der Eindruck vergrößert betrachtet und gemessen werden

Abb. 14.30 Brinellprüfung: Eindringkörper, Eindruck und Messwert

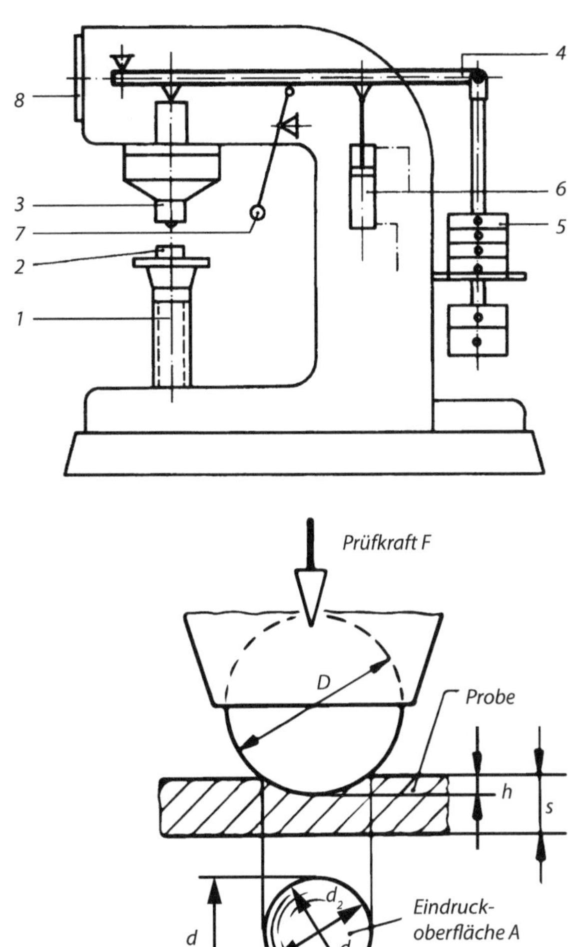

- der Dicke der Probe und
- der Härte des Werkstoffs.

Durch den Eindruck der Kugel wird der Werkstoff plastisch verformt und in einem Bereich neben und unterhalb der entstehenden Kalotte kaltverfestigt. Damit sich vergleichbare und reproduzierbare Härtewerte ergeben, sind bestimmte Prüfbedingungen festgelegt. Die Höhe h der Kalotte, das ist die Eindrucktiefe, soll höchstens 1/8 der Probendicke s betragen.

Der Kugel-Ø D soll so groß wie möglich gewählt werden. Danach muss nach der Härteprüfung mithilfe der Tab. 14.15 festgestellt werden, ob für den ermittelten Eindruck-Ø d die Mindestdicke kleiner ist als die Probendicke. Andernfalls ist die nächstkleinere Kugel zu verwenden.

Tab. 14.15 Mindestdicke der Proben in Abhängigkeit vom mittleren Eindruckdurchmesser

Eindruck-durchm. d	Mindestdicke der Proben für die Kugel-Ø:				
	$D = 1$	2	2,5	5	10 mm
0,2	0,08				
1		1,07	0,83		
1,5			2,00	0,92	
2				1,67	
3				4,00	1,84
4					3,34
5					5,36
6					8,00

Prüfbedingungen

a) Die Auflagefläche der Probe darf keine sichtbare Verformung zeigen, deshalb richtet sich der Durchmesser D der verwendeten Kugel nach der Probendicke s.

b) Der Kugeldurchmesser D ist in vier Stufen genormt.

c) Die entstehende Kalotte soll nicht zu flach sein (unscharfe Ränder), aber auch nicht zu tief (bei unterschiedlicher Eindrucktiefe kaum differenzierte Messwerte).

d) Messwerte sind nur bei gleichem Beanspruchungsgrad vergleichbar, damit ist das Verhältnis aus Prüfkraft und Kugeloberfläche gemeint. Der Beanspruchungsgrad ist für fünf Werkstoffgruppen genormt (Tab. 14.16).

Prüfkraft Die am Prüfgerät einzustellende Prüfkraft F wird aus Tabellen des Normblattes entnommen, oder über den Beanspruchungsgrad berechnet:

$$F = D^2 \ \text{Beanspruchungsgrad}/0{,}102$$

Die Kraft wird in N angegeben, der Faktor 0,102 rechnet die ursprüngliche ältere Kraftangabe Pond in Newton um. Somit sind aktuelle und ältere Messwerte vergleichbar.

Tab. 14.16 Brinellhärteprüfung, Werkstoffgruppen, Beanspruchungsgrad und erfassbarer Härtebereich

Werkstoffe	Brinellbereich HBW	Beanspruchungsgrad
St, Ni, Ti		30
Gusseisen 1)	< 140	10
	> 140	30
Cu und Legierungen	$35 \ldots 200$	10
	> 200	30
	< 35	2,5
Leichtmetalle	< 35	2,5
	$35 \ldots 80$	5/10/15
	> 80	10/15
Pb, Sn		1

Messwert An der Probe wird der Durchmesser d der entstandenen Kalotte ausgemessen. Hierzu ist eine Genauigkeit von ±0,5 % erforderlich, damit der Härtewert nicht mehr als ±1 % unsicher ist. Bei unrunden Eindrücken wird der Mittelwert aus zwei senkrecht aufeinander stehenden Durchmessern genommen. Das Abmessen erfolgt auf der Mattscheibe des Gerätes, wo ein vergrößertes Bild der Kalotte erscheint.

Härtewert Durch eine sogenannte Zahlenwertgleichung wird aus Prüfkraft F (in N), Kugeldurchmesser D (in mm) und Messwert d (in mm) die Brinellhärte HBW berechnet:

Härteangaben verschiedener Messungen an gleichen Werkstoffen sind nur dann vergleichbar, wenn sie mit gleichen Prüfbedingungen ermittelt wurden. Eine Härteangabe nach Norm muss deshalb die Prüfbedingungen enthalten. Die Kurzangabe der Prüfbedingungen erfolgt nach dem Härtewert in der Reihenfolge: Kugel-Ø, Prüfkraft (Einwirkdauer, wenn anders als im Regelfall).

350 HBW 10/3000: Brinellhärte von 350, gemessen mit Hartmetallkugel, $D = 10$ mm und $F = 3000/0{,}102 = 29.420$ N, (Standardmessung für Stahl und GJL).

Anwendungsbereiche

- **Werkstoffe mittlerer Härte** bis zu 650 HBW. Bei härteren Werkstoffen verformt sich die Kugel unter Belastung plastisch, sodass durch die Abplattung ein weicherer Werkstoff vorgetäuscht wird.
- **Werkstoffe mit Phasen von unterschiedlicher Härte:** Die große 10-mm-Kugel trifft mit Sicherheit viele Kristalle, sodass die Durchschnittshärte des gesamten Gefüges ermittelt wird (z. B. für Lagermetalle und Gusseisen).
- **Nachprüfung der Zugfestigkeit** von wärmebehandelten Teilen aus un- und niedriglegiertem Stahl. Aus vielen Versuchsreihen ist für un- und niedriglegierten Stahl eine angenäherte Beziehung zwischen der Brinellhärte HB und der Zugfestigkeit R_m (im Zugversuch ermittelt) festgestellt worden: Zugfestigkeit $R_\mathrm{m} \approx 10/3$ HBW. Dadurch ist es möglich, Wärmebehandlungen zu kontrollieren, z. B. die Festigkeit vergüteter Teile ohne wesentliche Beschädigung.

Nicht geeignet ist die Brinellprüfung für sehr harte Stoffe (ungenau) und dünne Oberflächenschichten, weil diese in den Grundwerkstoff eingedrückt werden. Dunkle Oberflächen sind ebenfalls ungeeignet, da man auf ihnen den Eindruck nicht erkennt.

In der Praxis wird die Brinellhärte nicht errechnet, sondern aus den Tabellen der Norm abgelesen. Prüfgeräte können die Brinellhärte auch direkt anzeigen.

14.6.2 Härteprüfung nach Vickers

Eindringkörper Stumpfe, quadratische Diamantpyramide, empfindlich gegen Stöße und Verkantungen beim Messen. Geeignet für härteste Stoffe und dünne Schichten.

Abb. 14.31 Härteprüfung
nach Vickers: Eindringkörper,
Eindruck und Messwert d

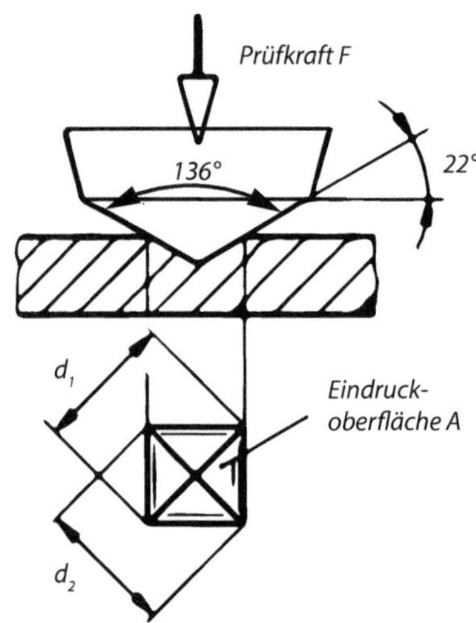

Prüfkraft Die Pyramide erzeugt geometrisch ähnliche Eindrücke. Deswegen ist die Prüfkraft zwischen 98 und 980 N ohne Einfluss auf den Härtewert. Bevorzugte Prüfkräfte sind:

$$F = 49/98/196/294/490/980\,\text{N}$$

Die Kraft F soll in ca. 5 s stoßfrei auf den Höchstwert ansteigen und 10 bis 15 s einwirken.

Für Proben, deren Prüffläche sehr klein ist, für dünne Schichten oder wenn die Oberfläche nur wenig beschädigt werden darf, sind kleinere Kräfte genormt. Sie betragen 1,96…49 N (DIN 50133 Bl.2) Die Messunsicherheit der Ableseeinrichtung soll $\pm 1\,\%$ betragen (Toleranzbereich der Härte von $\pm 2\,\%$).

Messwert An der Probe wird die Diagonale d des Eindrucks gemessen, evtl. als Mittelwert der beiden Diagonalen (Abb. 14.31).

Härtewert HV und HBW werden nach ähnlichen Formeln (Zahlenwertgleichungen) gebildet, dem Quotienten aus Prüfkraft durch Eindruckoberfläche. Die Kurzangabe der Prüfbedingungen erfolgt durch eine der Prüfkraft proportionale Zahl, zusätzlich durch die Einwirkdauer, wenn sie von der Norm abweicht.

$$\text{Vickershärte HV} = \frac{0{,}189F}{d^2}$$

640 HV 50   Vickershärte von 640 mit $F = 50/0{,}102 = 490\,\text{N}$ und normaler Einwirkdauer

180 HV 20/30 Vickershärte von 180 mit $F = 20/0{,}102 = 196\,\text{N}$ und erhöhter Einwirkdauer von 30 s ermittelt.

Anwendungsbereiche
Die Vickers-Härteprüfung ist die genaueste Messung und hat den breitesten Messbereich.

- Werkstoffe aller Härtegrade, auch härtester Stoffe wie Sinterhartstoffe. Hierbei ergeben sich sehr kleine Eindrücke, deren Diagonale wenige μm beträgt. Je kleiner der Eindruck, umso höher muss die Oberflächengüte sein.
- Dünne Randschichten: Hier ist die Prüfkraft im Kleinkraftbereich so zu wählen, dass die Schichtdicke mindestens das 1,5-fache der Eindruckdiagonalen beträgt.
- Einzelne Kristalle im Gefüge mit Kräften von $0{,}01\ldots 1\,\text{N}$ auf Mikrohärteprüfern, eine Kombination von Härteprüfgerät und Mikroskop.

14.6.3 Härteprüfung nach Rockwell

Im Gegensatz zum Brinell- und Vickers-Verfahren wird die Härte nicht als Quotient von Kraft durch Eindruckoberfläche errechnet, sondern direkt über die Eindringtiefe bestimmt. Eindringtiefe und Härtewert können an einem Tiefenmessgerät (Messuhr) abgelesen werden.

Eindringkörper Stumpfer Diamantkegel mit einem Spitzenwinkel von 120°. Die Spitze ist mit einem Radius von 0,2 mm gerundet. DIN EN 10109 enthält ein Schaubild, aus dem die Mindestprobendicke in Abhängigkeit von der Härte abgelesen werden kann.

Prüfkräfte Die Prüfgesamtkraft ist konstant und wird in zwei Stufen aufgebracht. Die Vorkraft F_0 beträgt 98 N (10 Pond), die anschließende Prüfkraft 1373 N (140 Pond).

Messverfahren Die Prüfung erfolgt in mehreren Phasen (Abb. 14.32).

1. Der Prüfling muss sicher auf der sauberen Auflage liegen, die Prüffläche senkrecht zur Kraftrichtung.
2. Der Eindringkörper wird mit der Prüfvorkraft F_0 auf den Prüfling gesetzt und die Messuhr auf null gestellt. Damit wird eine Messbasis geschaffen und der Einfluss von Auflage und Spiel im Gerät ausgeschaltet. Praktisch wird der Auflagetisch mit dem Prüfling hochgedreht, bis die Diamantspitze den Eindringkörper berührt und ihn so weit anhebt, bis die Messuhr auf null einspielt. Die Prüfgeräte sind so eingerichtet, dass dann auf den Eindringkörper die Prüfvorkraft F_0 wirkt.
3. Zuschalten der Prüfkraft F_1. Unter ihrer Wirkung, 2 bis 8 s lang, dringt der Diamant weiter in den Prüfling ein, was an der Messuhr beobachtet werden kann. Wenn der Zeiger zum Stillstand kommt, wird eine Eindringtiefe angezeigt, die für die Messung noch keine Bedeutung hat, weil sie sich aus plastischer und elastischer Verformung zusammensetzt.

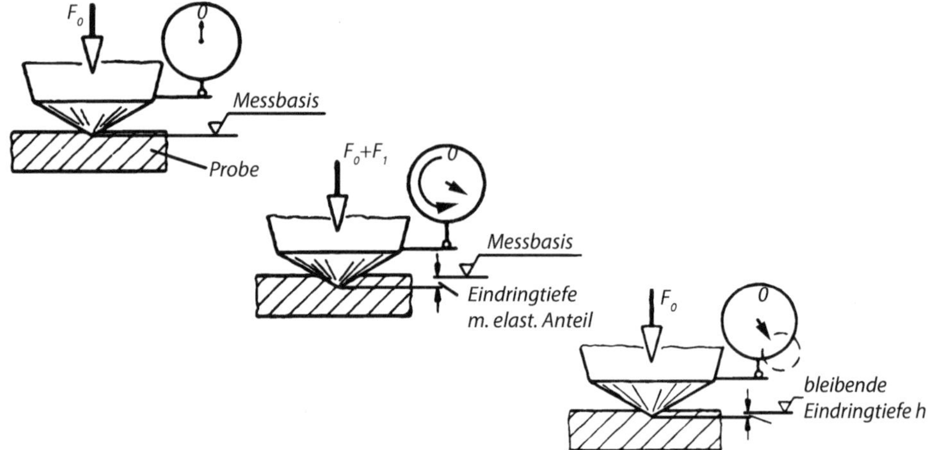

Abb. 14.32 Härteprüfung nach Rockwell

4. Wegnahme der Prüfkraft F_1. Der Eindringkörper bleibt unter Wirkung der Prüfvorkraft in Kontakt mit dem Prüfling. Die Messuhr zeigt, dass sich der Eindringkörper anhebt: Die elastischen Verformungen gehen zurück. Jetzt wird die bleibende Eindringtiefe h angezeigt. Die Skala der Messuhr weist zugeordnete Werte der Rockwellhärte auf, die jetzt abgelesen werden können.

Härtewert Die Rockwellhärte HRC berechnet sich aus der Differenz zwischen einer Referenz- und der tatsächlichen Eindrucktiefe.

Neben dem HRC-Verfahren sind weitere Varianten genormt, die den Anwendungsbereich auf andere Werkstoffe und kleinere Probendicken erweitern (Tab. 14.3).

Anwendungsbereiche
- **Werkstoffe mit Härten 20 < HRC < 70.** Das Messergebnis liegt schnell vor. Für weichere Werkstoffe gibt es das HRB-Verfahren. Dabei wird anstelle des Diamantkegels eine Hartmetallkugel von $d = 1/16\,\text{Zoll} = 1{,}59\,\text{mm}$ verwendet. Es ist in Deutschland wenig eingeführt.
- **Gehärtete Randschichten.** Schichtdicken sollen das 10-fache der Eindringtiefe h betragen. Deshalb müssen z. B. Einsatzschichten für die Messung dicker als 0,7 mm sein.

14.6.4 Vergleich der Härtewerte nach Brinell, Vickers und Rockwell

Wegen der unterschiedlichen physikalischen Vorgänge bei den einzelnen Messverfahren besteht keine lineare Beziehung unter den gemessenen Härtewerten. Umrechnungsformeln sind nicht bekannt. Mittels zahlreicher Versuchsreihen sind die Umrechnungstabel-

Abb. 14.33 Auswertung der Poldi-Härteprüfung

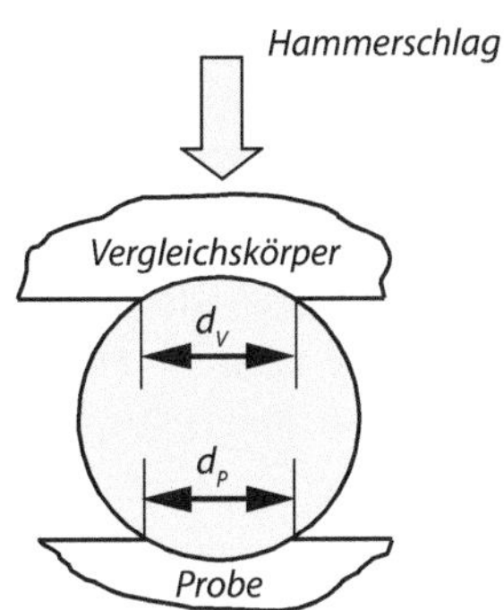

len nach DIN EN ISO 18265/03 aufgestellt worden. Sie vergleichen in kleinen Sprüngen die verschiedenen Härtewerte.

Zum schnellen Vergleich dienen die folgenden Näherungsformeln:

- Brinellhärte   HBW ca. 0,95 HV
- Rockwellhärte   HRC ca. 0,1 HV (im Bereich 200…400 HV).

Das Rockwell-Verfahren ist automatisierbar. Die Prüfzeit ist kurz. Gegenüber der Vickers-Pyramide mit vier Kanten und einer Spitze ist der Rockwell-Kegel unempfindlicher und das Verfahren für die Fertigungskontrolle besser geeignet. Gehärteter Stahl besitzt eine Rockwellhärte von etwa 47…67 HRC. Für Werkstoffe mit höherer Härte ist das Verfahren ungenau, da bei kleinsten Eindringtiefen der Einfluss der Abrundung groß ist.

14.6.5 Schlaghärteprüfung (Poldi-Hammer)

Messprinzip Die Größe eines Härteeindrucks einer unbekannten Probe wird mit der Größe des Härteeindrucks eines bekannten Vergleichskörpers ins Verhältnis gesetzt.

Messverfahren Der Poldihammer besteht aus einer Hülse, in der durch leichten Federdruck ein beweglicher Schlagbolzen gegen einen seitlich eingeschobenen Vergleichsstab quadratischen Querschnitts gedrückt wird. Dieser wird wiederum gegen eine lose gefasste, gehärtete Stahlkugel von $D = 10$ mm Durchmesser gedrückt, die am unteren Ende aus der Hülse heraussteht (Abb. 14.33).

Zur Härteprüfung wird das Gerät senkrecht auf die Prüffläche gestellt. Dann wird dem Schlagbolzen ein kräftiger Schlag mit einem Handhammer von ca. 1 kg Masse versetzt.

Dabei drückt sich die Kugel sowohl in die Probe als auch in den Vergleichsstab ein. Da die Härte HBW$_\mathrm{v}$ des Vergleichsstabes bekannt ist, lässt sich die Härte H_p der Probe errechnen:

$$H_\mathrm{p} = \mathrm{HBW_v}\sqrt{\frac{D^2 - d_\mathrm{p}^2}{D^2 - d_\mathrm{V}^2}}$$

Anwendungsbereich Der Poldihammer ist leicht, handlich, in jeder Lage benutzbar und preisgünstig. Er dient als Ersatz für die Brinellprüfung bei schweren Guss- und Schmiedestücken oder bei bereits eingebauten und nicht mehr ausbaubaren Teilen. Schnelle Warenkontrolle im Materiallager.

Die Poldihärte ist nicht mit der im Standardversuch ermittelten Brinellhärte identisch, denn die statische Druckbeanspruchung im Brinellhärteprüfer wirkt anders als die dynamische Schlagbeanspruchung mit dem Poldihammer. Bei letzterem sind außerdem bedingt durch Reibungsverluste die Druckkräfte auf Vergleichsstab und Probe nicht ganz gleich.

14.6.6   Härteprüfung nach Shore

Für sehr weiche Materialien, speziell für Elastomere und Schäume, wird die Härte nach dem Shore-Verfahren gemessen. Ein Stift wird hierbei in eine Oberfläche gedrückt (Abb. 14.34).

Härtewert Die Eindringtiefe gibt den Härtewert an. Die maximale Tiefe ist 2,5 mm und entspricht dann einer Härte von 0. Die maximale Härte ist bei einer Eindringtiefe von 0 mm auf den Wert 100 festgelegt. Die Angabe des Härtewerts erfordert immer die zusätzliche Angabe des Prüfkörpers. Für sehr weiche Materialien hat dieser eine stumpfe Kegelspitze (Shore A). Damit ein Eindringen in härtere Materialien möglich ist, wird beim Shore D Verfahren eine schlankere Spitze verwendet.

Typische Werte für Shore A sind

- Gummibärchen: 10
- Autoreifen: 50 bis 70
- Hartplastik: 100.

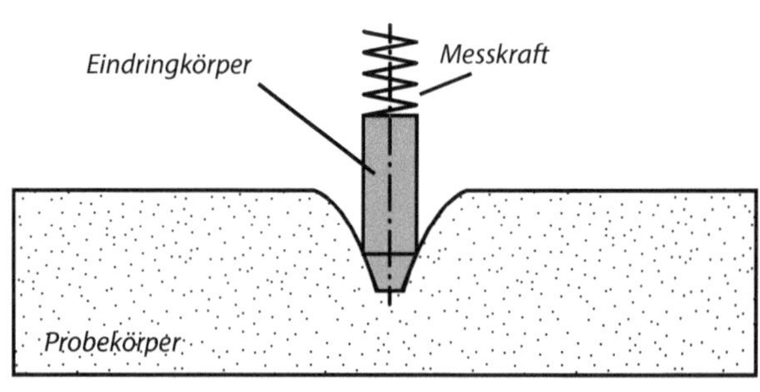

Eindringkörper	Shore-Härte A	Shore-Härte D
- Durchmesser 1,2 mm		
- Eindringweg 0 – 2,5 mm		
- Anpresskraft	(12,5 ± 0,5) N	(50 ± 0,5) N
	Kegelstumpf 35°	Kegelspitze 30°
	Stirnfläche 0,78 mm	Radius der Spitze 0,1 mm

Abb. 14.34 Shore-Härteprüfung

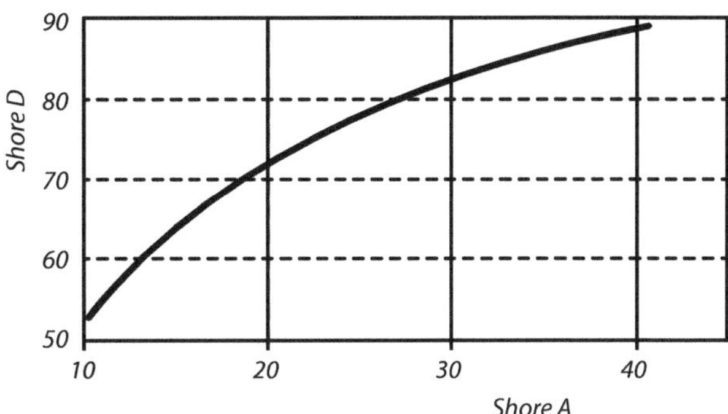

Abb. 14.35 Vergleich der Härtewerte nach Shore A und Shore D

Bei der Bestimmung der Shore-Härte spielt die Temperatur eine entscheidende Rolle, sodass die Messungen in einem eingeschränkten Temperaturintervall von 23 °C ±2 K normgerecht durchgeführt werden müssen. Die Dicke des Prüfkörpers sollte mindestens 6 mm betragen. Die Härte ist 3 s nach der Berührung zwischen der Auflagefläche des Härteprüfgerätes und des Prüfkörpers abzulesen. Bei Prüfkörpern mit deutlichen Fließeigenschaften kann die Härte auch nach 15 s abgelesen werden.

Ein direkter Zusammenhang zwischen Shore A und Shore D ist nicht linear (Abb. 14.35).

14.7 Thermische Verfahren

Die Eigenschaften von speziell thermoplastischen Kunststoffen sind stark temperaturabhängig. Zur Kennwertermittlung und zur Charakterisierung sind drei Verfahren notwendig[3] (Abb. 14.35).

14.7.1 TGA (Thermo-Gravimetrie-Analyse) DIN EN ISO 11358

Die Makromoleküle der Kunststoffe sind thermisch nicht stabil. Je nach Art des Kunststoffs und damit Aufbau der Moleküle findet die Zersetzung bei definierten Temperaturen statt. Dabei geht der Kunststoff in den gasförmigen Zustand über. Mit der Thermogravimetrie wird die Massenänderung einer sehr geringen Materialprobe während des Aufheizens mit einer konstanten Heizrate beobachtet. Notwendig ist ein Messsystem mit einem geregelten Ofen und einer integrierten Waage.

Massenänderung haben folgende mögliche Ursachen:

- physikalische Prozesse, z. B. Verdampfen, Sublimieren von Zusatzstoffen/Additiven
- chemischer Zerfall, d. h. thermische Zersetzung mit Bildung flüchtiger Produkte
- chemische Reaktion, z. B. Reduktion (d. h. Abgabe von Sauerstoffatomen) oder Oxidation (d. h. Aufnahme von Sauerstoffatomen)

---

[3] Weiterführende Literatur: Grellmann W., Seidler S., Kunststoffprüfung, C. Hanser Verlag; Ehrenstein G.W., Riedel G., Trawiel P., Praxis der thermischen Analyse von Kunststoffen, Hanser Verlag

Tab. 14.17 Übersicht über thermische Prüfverfahren und deren Anwendung

Verfahren	Anwendung
TGA (Thermo-Gravimetrie-Analyse)	Bestimmung von Füllstoffgehalten und Charakterisierung von Kunststoff
DSC (differential scanning calorimetry)	Bestimmung von Glastemperatur, Schmelztemperatur, Kristallisationsgrad
DMA (Dynamisch-mechanische Analyse)	E-Modul als Funktion der Temperatur

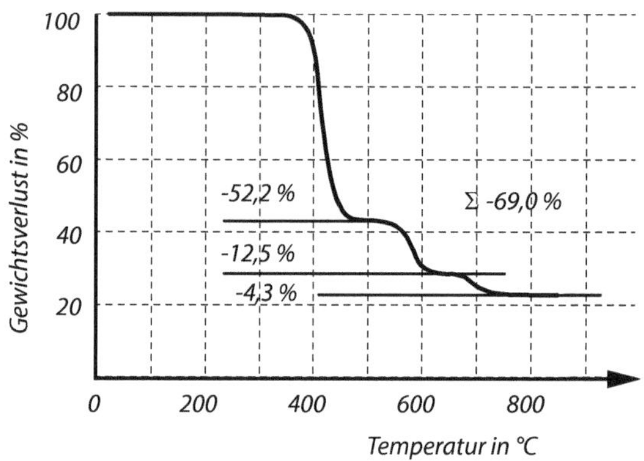

Abb. 14.36 TGA Messkurvevfür PBT GF30 mit Anteil PTFE zur Verbesserung der Gleiteigenschaften (Quelle vgl. http://wiki.polymerservice-merseburg.de/index.php/Veraschungsmethode). Zunächst erfolgt bei 420 °C ein Gewichtsverlust von 52,2 % (PBT), dann bei 587 °C ein Gewichtsverlust von 12,5 % (PTFE), bei 650 °C verbrennt der Pyrolyseruß mit 4,3 % und der Rest von 31 % entspricht dem Glasfasergehalt von 31 % (GF 30)

In Abb. 14.36 ist eine Messkurve eines glasfaserverstärkten PBT dargestellt, das mit PTFE zur Verbesserung der Gleiteigenschaften versehen ist. PBT zersetzt sich bei geringerer Temperatur als PTFE, sodass die Gewichtsanteile eindeutig zugeordnet werden können. Die Zersetzung erfolgt meist unter Ausschluss von Sauerstoff. Auf diese Weise kann man bei hoher Temperatur und nach Zugabe von Sauerstoff die Zersetzungsrückstände verbrennen. Da Kunststoffe zum größten Teil aus Kohlenstoff und Wasserstoff bestehen, ist der Zersetzungsrückstand fast ausschließlich Kohlenstoff. Die Reste, die dann noch gewogen werden, haben mineralischen Ursprung, in diesem Fall sind das die Glasfasern.

14.7.2 DSC (differential scanning calorimetry)

Mit Kalorimetrie wird die Messung von Wärmeströmen gemessen. Beim Aufheizen von Material kommt es zu Phasenänderungen. Bei Wasser gibt es z. B. bei 0 °C den Übergang von Eis zu flüssigem Wasser. Bei der Umwandlung schmelzen die Eiskristalle, wobei zusätzliche Wärme benötigt wird.

Abb. 14.37 Messprinzip einer DSC

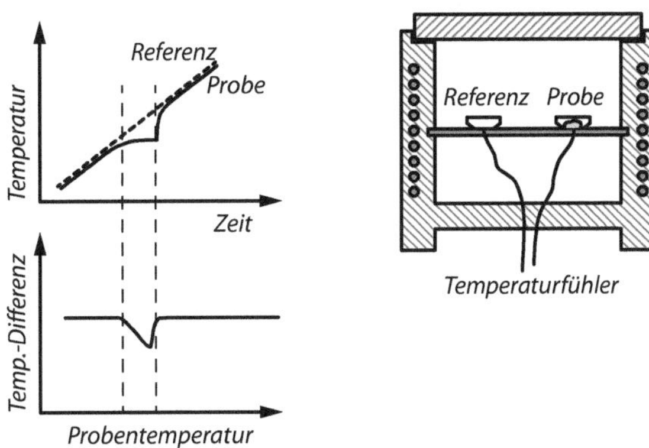

Für die Messung dieser Kristallisationswärme erwärmt man eine geringe Probenmenge mit einer geringen Aufheizgeschwindigkeit und vergleicht die Temperatur der Probe mit einer Referenzprobe (Abb. 14.37). Die Referenz ist üblicherweise ein leerer Probentiegel.

Während des Schmelzvorgangs ändert sich die Temperatur nicht, solange die zwei Phasen Kristalle und Schmelze gleichzeitig vorliegen. Die Messkurve kann bei konstanter Aufheizgeschwindigkeit einfach in eine Temperaturdifferenzkurve über der Probentemperatur umgewandelt werden.

Hier wird vereinfacht von Wärme gesprochen. Gemeint ist die Enthalpie H, die den Wärmeinhalt darstellt:

$$H = mc_{\mathrm{p}}T + pV$$

Hierin ist m die Masse, c_{p} die Wärmekapazität, T die Temperatur. Für weitgehend inkompressible Materialien und Messungen bei konstanten Drücken p kann bei Betrachtung der Enthalpiedifferenzen das Produkt aus Volumen V und Druck p vernachlässigt werden.

Damit spiegeln die gemessenen Temperaturdifferenzen die Wärme wieder. Die Änderungen der Wärme über einen Zeitraum hinweg sind Wärmeströme, diese können positiv oder negativ sein. Positive Messergebnisse bedeuten, dass Wärme zugeführt werden muss, also ein endothermer Vorgang. Negative Werte bedeuten exotherme Abläufe, bei denen Wärme frei gesetzt wird. Das ist der Fall, wenn man eine Probe abkühlt und sich Kristalle bilden, wobei die Kristallisationswärme frei wird. Aber auch wenn eine Reaktion stattfindet, z. B. wenn die Probe bei höheren Temperaturen und nach Zugabe von Sauerstoff verbrennt.

Interpretation von DSC-Kurven

Weil mit einer konstanten Aufheiz- und Abkühlgeschwindigkeit gearbeitet wird, kann zu einem bestimmten Zeitpunkt jeweils die Temperatur angegeben werden (Abb. 14.38). Zur Festlegung der Schmelztemperatur wird der Peak ausgewertet. Die einfachste Möglichkeit ist hier die Temperatur zu wählen, bei der die Wärmestromdifferenz am höchsten ist. Analog wird beim Abkühlen der Kristallisationsvorgang abgebildet.

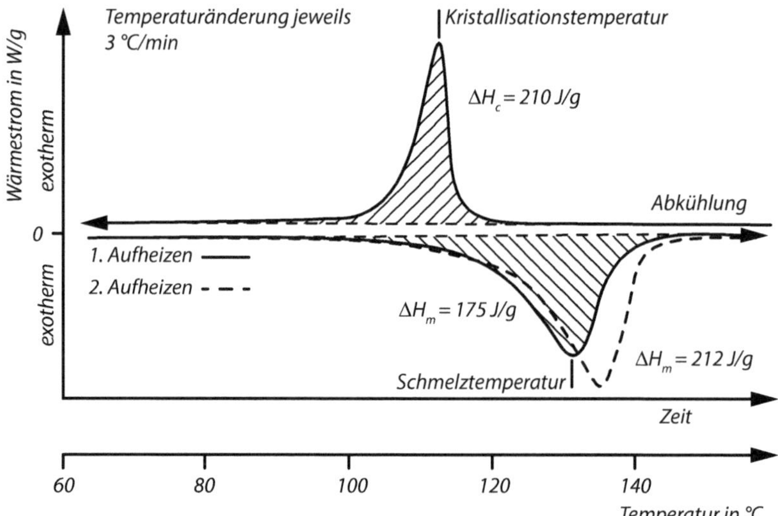

Abb. 14.38　DSC-Kurve für Aufheiz- und Abkühlvorgänge

Abb. 14.39　Schmelzpeak beim Aufheizen einer Kunststoffprobe

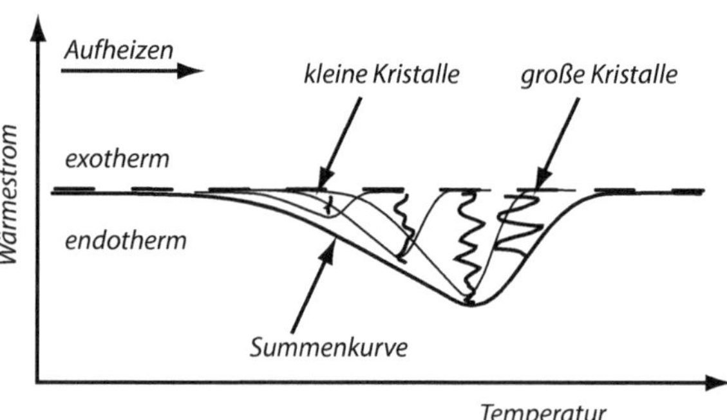

Die Form und die Temperaturlage des Peaks geben wichtige Informationen. Aus der Temperaturlage kann man auf die Sorte des Kunststoffs schließen, denn die Schmelztemperatur hängt direkt vom molekularen Aufbau ab.

Beim Aufschmelzen eines Kunststoffs können kleinere Kristalle leichter schmelzen als die größeren. Daher erstreckt sich der Aufschmelzvorgang über einen Temperaturbereich von einigen °C (Abb. 14.39).

Während des Aufheizens schmelzen die Kristalle. Der Wärmestrom wird während der gesamten Zeit gemessen und bildet einen charakteristischen Peak (Abb. 14.39). Dieser Peak ist die Summe vieler Einzelpeaks, denn ein thermoplastischer Kunststoff besteht meistens aus unterschiedlich langen Molekülketten, sodass kleinere und größere Kristalle entstehen. Ein schmaler Peak bedeutet, dass es sich um ein Material mit einer engen Molekulargewichtsverteilung handelt.

Die schraffierte Fläche innerhalb der Kurve (Abb. 14.38) ist die für das Schmelzen bzw. für das Kristallisieren notwendige Wärme. Bei einer Materialuntersuchung wird man die Probe zunächst aufheizen und schmelzen und anschließend wieder definiert abkühlen lassen. Hierbei kann die Schmelzwärme kleiner sein als die Kristallisationswärme. Die Ursache ist dann, dass die untersuchte Materialprobe zu einem Kunststoffbauteil gehört, das mit sehr hohen Abkühlgeschwindigkeiten hergestellt wurde. In diesem Fall steht für die Kristallisation nicht genug Zeit zur Verfügung. Damit erhält man Informationen über die Vorgeschichte, also die Produktionsbedingungen, eines Kunststoffbauteils.

Wird die Probe erneut aufgeheizt (2. Aufheizen), ist die Vorgeschichte „gelöscht", denn die DSC-Versuche erfolgen bei geringen Aufheiz- und Abkühlgeschwindigkeiten. Die Schmelzwärme ist dann so hoch wie die Kristallisationswärme.

▶ **Hinweis** Die Kristallisationstemperatur ist immer niedriger als die Schmelztemperatur. Das hat mit der Aufheiz- und Abkühlgeschwindigkeit zu tun. Bei einer Abkühlgeschwindigkeit von 0 °C/min wären beide Temperaturen gleich. Dann bilden sich Kristalle während gleichzeitig andere Kristalle schmelzen.

Kristallisationsgrad

Der Kristallisationsgrad gibt an, wieviel Prozent des Kunststoffs kristallisiert während der Rest noch amorph ist. Für die Angabe des Kristallisationsgrads wird das Verhältnis zu einer 100 % kristallisierten Probe gebildet.

$$K = \Delta H_\mathrm{m}/H_\mathrm{m}^0$$

Hierin ist ΔH_m die beim Aufheizen gemessene Schmelzwärme und ΔH_m^0 die Wärme des 100 % kristallinen Materials. ΔH_m^0 ist ein ziemlich theoretischer Wert, denn ein thermoplastischer Kunststoff kann nicht vollständig kristallisieren. Dieser Wert wird üblicherweise aus Tabellen entnommen.

Die ΔH_m^0 Werte lassen sich auf folgende Art ermitteln (Abb. 14.40):

1. Eine Materialprobe wird auf eine Zieltemperatur abgeschreckt und dort sehr lange gehalten. Je niedriger die Zieltemperatur ist, desto geringer ist der Kristallisationsgrad.
2. Die Probe wird wieder geschmolzen und die Kristallisationstemperatur und -wärme wird gemessen. Man stellt fest, dass die Kristallisationstemperatur (Schritt 1) kleiner ist als die Schmelztemperatur.
3. Aus mehreren Versuchen mit stetig steigenden Kristallisations- und Schmelztemperaturen lässt sich die Schmelztemperatur T_m^0 extrapolieren, das ist die Gleichgewichtstemperatur bei unendlicher Abkühlgeschwindigkeit T_c^0.
4. Die Kristallisationswärme bei unterschiedlichen Abkühlgeschwindigkeiten wird in einem Diagramm über der Schmelztemperatur aufgetragen. Hier kann schließlich der Wert ΔH_m^0 bei der Gleichgewichtstemperatur (Schritt 3) abgelesen werden.

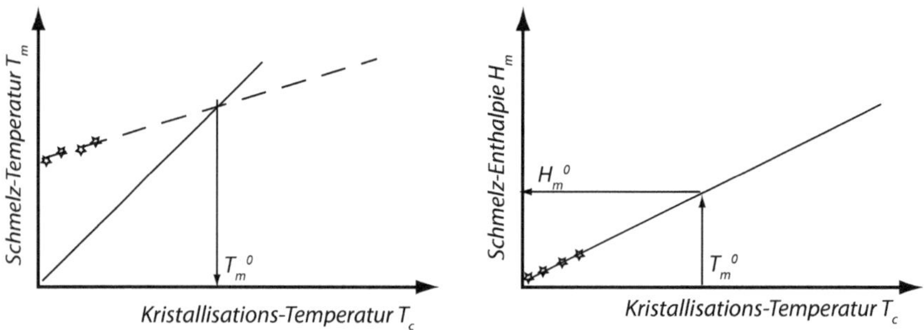

Abb. 14.40 Ermittlung der Schmelzenthalpie H_m^0

14.7.3 DMA (Dynamisch mechanische Analyse)

Das mechanische Verhalten der Kunststoffe ist stark temperaturabhängig. Von besonderer Bedeutung ist hier die Abhängigkeit des E-Modul von der Temperatur.

Bei der DMA wird ein Probekörper zyklisch belastet und gleichzeitig wird die Temperatur stetig angehoben. Die Belastung führt zu einer Verformung. Als Belastung werden oft Verdrehungen (Torsionen) vorgenommen, in dem Fall wäre die Verformung eine Scherung (Schubbelastung). Hier wird zum besseren Verständnis eine zyklische Zugbelastung verwendet (Abb. 14.41).

Bei einem elastischen Werkstoff, z. B. bei einem Metall erfolgt die Verformung ohne Verzögerung. Bei einem Kunststoff kann die Verformung zeitverzögert erfolgen, insbesondere bei Temperaturen oberhalb der Glastemperatur. Dann ist der Werkstoff viskoelastisch, d. h. einzelne Molekülgruppen können aneinander vorbeigleiten. Bei jedem Zyklus erwärmt sich der Kunststoff ein wenig.

Analog zu elektrischen Strömen, bei denen man in Abhängigkeit vom Phasenwinkel von Scheinleistung und Blindleistung spricht, unterteilt man bei einer um einen Phasenwinkel δ verschobenen Schwingung der „Antwort-Verformung ε" von einem Speichermodul E' und einem Verlustmodul E''. Beide Module stehen über den Verlustfaktor „tan δ"

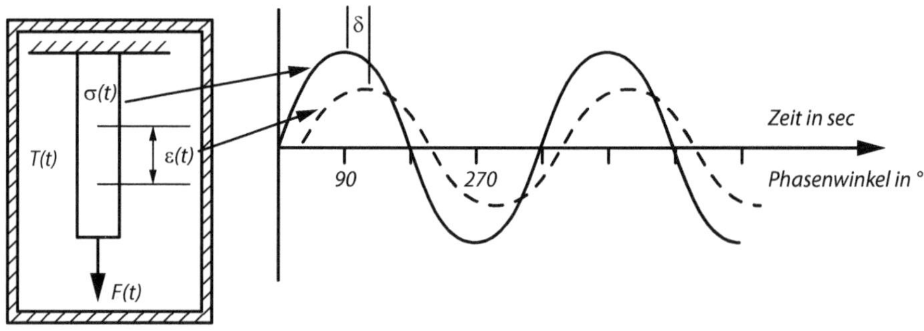

Abb. 14.41 Prinzip einer dynamisch-mechanischen Analyse (DMA)

Abb. 14.42 Auswertung einer DMA, der Speichermodul E' ist weitgehend der E-Modul, wie er im Zugversuch gemessen wird. Der Verlustmodul E'' kennzeichnet die aufgenommene Energie, tan δ ist das Verhältnis aus E' / E''

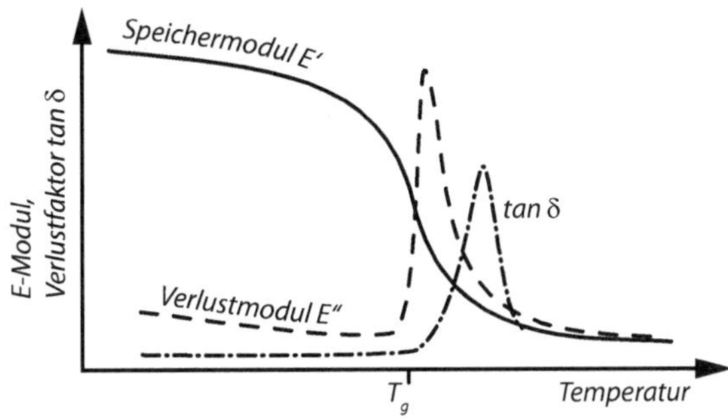

in einer Beziehung:

$$\tan\delta = \frac{E''}{E'}$$

Als Ergebnis der Schwingungen bei steigenden Temperaturen wird der Speichermodul stetig kleiner. Ab der Glastemperatur können die Moleküle immer besser abgleiten, weshalb hier der Verlustmodul steigt (Abb. 14.42). Mit weiterer Temperatur kann der Werkstoff nur noch sehr wenig Energie aufnehmen, weil die Ketten direkt abgleiten, daher sinkt der Verlustmodul wieder. Der Verlustfaktor tan δ ist bei Werkstoffen mit hohem nichtelastischen Verformungsanteil hoch.

Für den Anwender ist der Verlustmodul uninteressant. Eine Darstellung des Verlustfaktors gibt aber wichtige Hinweise über den Werkstoff. Einige Kunststoffe haben unterhalb der Glastemperatur ein weiteres Maximum, man spricht hier von Nebenerweichung (Abb. 14.43). Kleinere Molekülgruppen, z. B. Moleküle seitlich der Kette, werden beweglich.

Abb. 14.43 E-Modul als Funktion der Temperatur von PVC

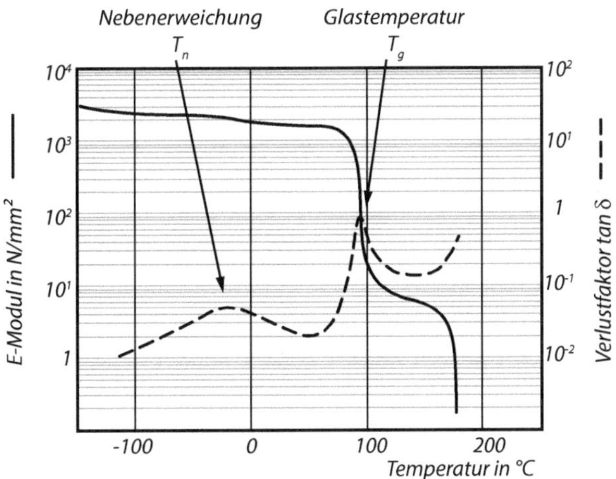

Die Nebenerweichung ist besonders bei Polycarbonat (PC) wichtig. Obwohl PC als amorpher Werkstoff mit einer Glastemperatur von 145 °C eigentlich bei Raumtemperatur spröde sein sollte, ist er wegen der Nebenerweichung bei -100 °C sehr zäh.

14.7.4   Dauergebrauchstemperatur

Kunststoffe können bei höheren Temperaturen merklich Ihre Eigenschaften verlieren. Die Ursache ist thermischer Abbau, der durch Sauerstoff in der Umgebung und UV-Lichteinfluss beschleunigt werden kann.

Eine eindeutige Temperaturgrenze ist nicht messbar, weil einerseits der Abbau bei niedrigen Temperaturen sehr langsam ist und andererseits ein beginnender Abbau nur einen Teil des Materials betrifft und kaum messbar ist. Nach EN ISO 2678 wird eine Methode beschrieben, mit der sich ein Grenzwert bestimmen lässt.

Die Grundüberlegung für diese Messung ist die Arrhenius-Funktion, diese beschreibt die Geschwindigkeit chemischer Reaktionen.

$$v_{\text{Reaktion}} = Ae^{\frac{-K}{T}}$$

Hierin sind A und K Konstanten, sodass die Reaktionsgeschwindigkeit einer e-Funktion folgt, und mit steigender Temperatur sich kaum noch beschleunigen kann. Wenn man diese Gleichung logarithmiert, erhält man eine Funktion, bei der die Reaktionsgeschwindigkeit in einem Diagramm linear über der Temperatur aufgetragen werden kann.

$$\ln v_{\text{Reaktion}} = \ln A - K/T$$

Die Messung erfolgt nun bei drei unterschiedlichen Temperaturen, wobei man möglichst Temperaturen wählt, bei denen man eine messbare Veränderung einer Eigenschaft in einer vertretbaren Zeit erwartet. Grundsätzlich ist die gewählte Eigenschaft frei, es kann also die Kerbschlagarbeit oder die Farbe sein. Wichtig ist, dass die Eigenschaft exakt gemessen werden kann.

Nach verschiedenen Zeiten werden Proben aus dem Temperatur Lagerbereich genommen und gemessen. Die Werte lassen sich in einem Diagramm auftragen (Abb. 14.44). Hierin sind die Zeitwerte entscheidend, bei denen die Eigenschaft nur noch 50 % des Anfangswerts der unbelasteten Probe ist (E_1, E_2, E_3).

Wenn der Eigenschaftsverlust sich tatsächlich auf einen chemischen Abbau zurückführen lässt, sollte die Arrhenius-Annahme gelten und die drei 50 % Werte werden in einem logarithmischen Diagramm mit der x-Achse $1/T$ auf einer Geraden liegen. Damit kann man auf einen längeren Zeitwert extrapolieren. Dieser Wert wird auch Temperaturindex genannt.

Im Diagramm wird die Achse $1/T$ in umgekehrter Richtung aufgetragen, also in absteigender Folge. Wenn man die Umrechnung auf Temperatur durchführt, sieht man eine nicht lineare Temperaturskala in aufsteigender Folge, wobei die Temperaturabstände zu höheren Temperaturen immer kleiner werden. Das hat seine Ursache in der Arrheniusfunktion.

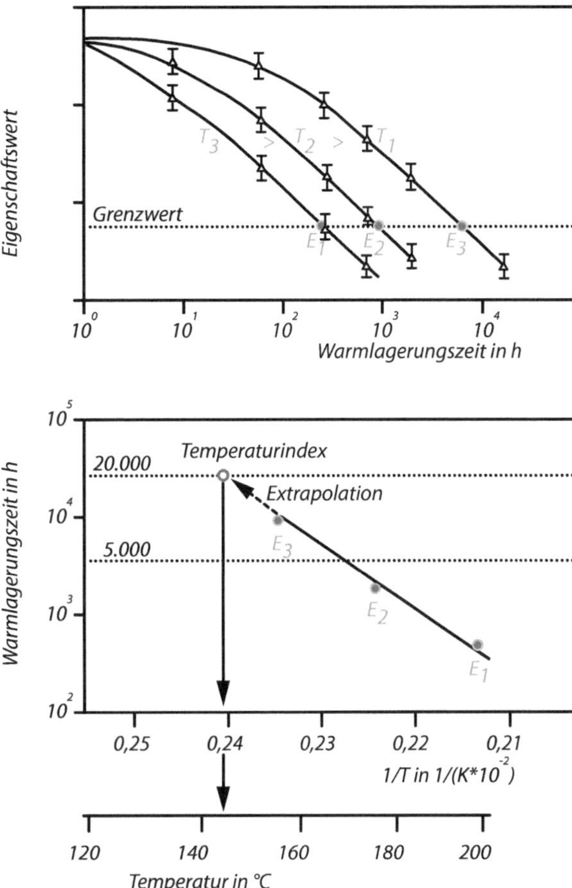

Abb. 14.44 Ermittlung der Dauergebrauchstemperatur

14.8   Prüfung von Verarbeitungseigenschaften (technologische Versuche)

Die Prüfungen sind den Verarbeitungsvorgängen nachgeahmt und stellen fest, ob der Werkstoff in der Probe oder im Halbzeug den Arbeitsgang rissfrei übersteht. Meist werden keine Messungen vorgenommen, evtl. Längenmessungen.

14.8.1   Biegeversuch (DIN EN ISO 7438/05)

Der Versuch soll zeigen, ob die Stahlsorte in kaltem Zustand rissfrei gebogen werden kann. Dabei wird ein Flachstahl von der Dicke a nach Abb. 14.45 durch einen Dorn von bestimmten Durchmesser D zwischen zwei gerundeten Kanten hindurchgedrückt. An der Probenunterseite entstehen Zugspannungen. Sie führen bei zu großem Biegewinkel α zu Rissen.

Abb. 14.45 Technologischer
Biegeversuch

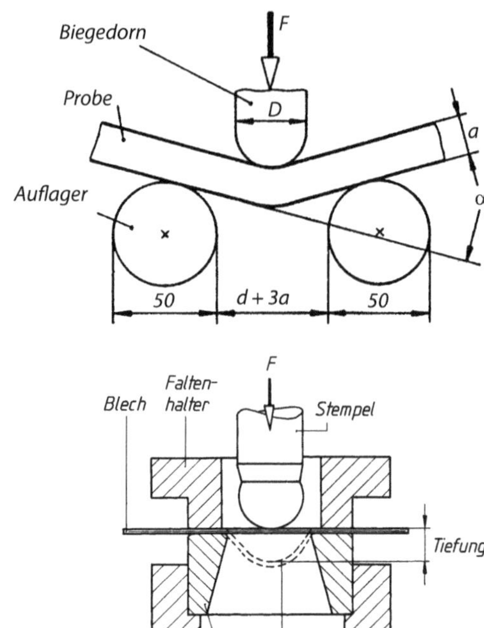

Abb. 14.46 Tiefungsversuch
nach Erichsen

Der Dorndurchmesser D in Abhängigkeit von der Dicke a regelt die Beanspruchung.
Je kleiner D, desto größer ist die Wahrscheinlichkeit, dass Zugrisse entstehen.

Der Biegeversuch nach ISO 178 beschreibt eine Möglichkeit, den E-Modul aus der
Verformung eines Prüfkörpers zu berechnen. Dieser Wert wird Biegemodul bezeichnet.
Diese Prüfung war notwendig, als es noch keine Prüfmaschinen mit geringeren Kräften
für die Messung mit Kunststoffen gab. Grundsätzlich ist der so gemessene E-Modul ähn-
lich dem aus dem Zugversuch. Nachteilig bei dieser Messung ist die nicht gleichmäßige
Belastung des Prüfkörpers über den Querschnitt.

14.8.2   Tiefungsversuch nach Erichsen (DIN EN ISO 20482/03)

Mit einem Werkzeug nach Abb. 14.46 wird das Tiefziehen nachgeahmt. In einen Blech-
streifen wird dreimal ein Näpfchen solange gezogen, bis an der Unterseite ein Anriss zu
sehen ist. Der Weg von der Berührung der Kugel mit dem unverformten Blech bis zum
Anriss ist die Tiefung. Sie hängt von der Blechdicke ab. Für die Blechqualitäten gibt es
unterschiedliche Tiefungswerte, die in Kurvenblättern zusammengefasst sind.

An der Unterseite des Näpfchens lässt sich noch die Korngröße des Werkstoffs beurteilen. Bei Grobkorn entsteht eine apfelsinenartige Oberfläche, bei Feinkorn ist die verformte
Oberfläche für das Auge glatt.

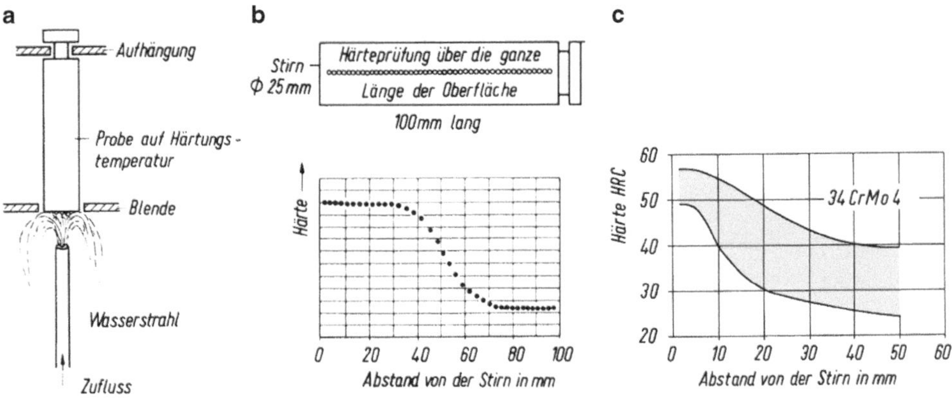

Abb. 14.47 Stirnabschreckversuch. **a** Versuchsanordnung; **b** Stirnabschreckprobe und -kurve; **c** Streuband des Vergütungsstrahles 34CrMo4

14.8.3 Stirnabschreckversuch nach Jominy (DIN EN ISO 642/00)

Mit dem Versuch kann die Einhärtung eines Stahles geprüft werden. Eine austenitisierte Probe wird nach Abb. 14.47 in eine Vorrichtung gehängt und nur von der Stirnseite her abgeschreckt. Durch Festlegung von Wasserdruck, Rohrquerschnitt und Abstand Rohrende-Blende (12,5 mm) werden konstante Abkühlbedingungen erreicht.

Nach dem Erkalten werden Härtewerte über die ganze Länge der Probe gemessen und über der Länge in ein Diagramm übertragen. Aus dieser Stirnabschreckkurve lassen sich Einhärtung oder Durchhärtung des Stahles erkennen.

Streubänder sind auch in zahlreichen Normen enthalten, z. B. in:

- Vergütungsstähle DIN EN 10083,
- Einsatzstähle DIN EN 10084,
- Werkstoffauswahl aufgrund der Härtbarkeit DIN 17021-1.

Infolge der Analysenstreuungen ergibt sich in der Praxis für eine Stahlsorte nicht eine Einzelkurve, sondern ein Streuband. Die Einhärtung ist auch noch vom Grad der Austenitisierung abhängig.

14.9 Untersuchung des Gefüges

14.9.1 Mikroskopische Untersuchungen

Untersucht werden Strukturelemente in der Größe zwischen 0,001 µm und 100 µm. Dazu müssen sie mikroskopisch vergrößert werden (Tab. 14.18). Zum Einsatz kommen hier

Tab. 14.18 Mikroskopische Verfahren

	LM, Lichtmikroskop	REM, Raster-Elektronen-mikroskop	TEM, Transmissions-Elektronenmikroskop
Vergrößerung	bis zu 1000	bis 200.000	bis 1.000.000
Auflösung, d. h. kleinster Abstand von 2 Punkten	0,3 µm	0,01 µm	0,001 µm = 1 nm
Schärfentiefe bei 1000-facher Vergrößerung	0,01 µm	35 µm	–
Gegenstände der Beobachtung	Gefüge	Bruchflächen, Gefüge	Gitterstörungen, Spannungsfelder in Gittern

Abb. 14.48 Geätzte Metallproben im Schnitt.
a Korngrenzenätzung – ferritisches Material,
b Kornflächenätzung, schematische Darstellung – ferritisch-perlitisches Material

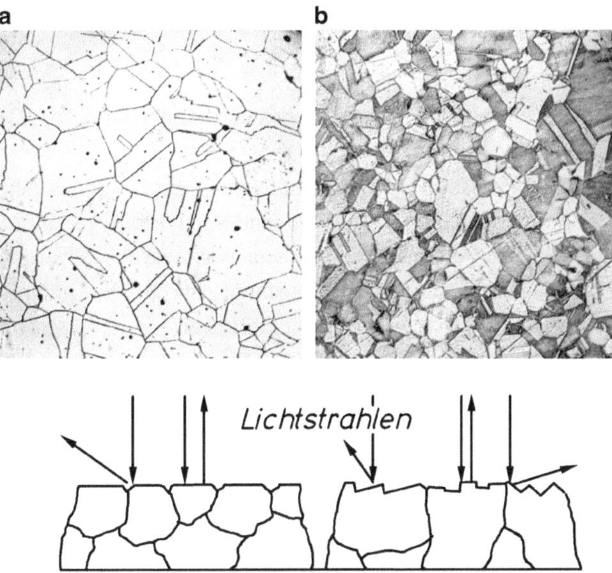

Lichtmikroskope, bei denen die Tiefenschärfe mit zunehmender Vergrößerung klein wird. Kleine Tiefenschärfe bedeutet, dass bei einer nicht ebenen Oberfläche nur ein geringer Bereich scharf gesehen wird. Das ist wie bei einer Landkarte, die in einem bergigen Bereich nur in einem bestimmten Höhenlinienbereich scharf gedruckt wäre.

Alle Proben müssen durch Schleifen und Polieren eingeebnet werden. Damit ist diese Art der Mikroskopie zur Untersuchung von Bruchflächen weniger geeignet.

Durch Ätzen mit Säuren werden Gefügestrukturen sichtbar. Säuren greifen Korngrenzen sowie Gefüge (Perlit, Ferrit) unterschiedlich stark an, wodurch die polierte Oberfläche das Licht unterschiedlich reflektiert und Strukturen sichtbar werden (Abb. 14.48). Die Ätzmittel müssen so beschaffen sein, dass sie mit dem Werkstoff reagieren können. Dabei muss der interessierende Gefügebestandteil optisch herausgestellt werden. Herstellung und Auswertung solcher Gefügebilder ist Gegenstand eines wissenschaftlichen Fachgebietes, der Metallographie.

Untersuchungen mit einem Rasterelektronenmikroskop haben systembedingt eine erheblich höhere Schärfentiefe. Ein Schleifen und Polieren der Probekörper ist nicht notwendig. Somit eignen sich diese Mikroskope eher zur Analyse von Bruchflächen.

14.9.2 Quantitative Gefügeanalyse

Neben qualitativen mikroskopischen Untersuchungen spielt in der Technik auch die quantitative Analyse der erhaltenen Gefügebilder eine immer größere Rolle.

Dabei stehen zwei wichtige Kenngrößen im Vordergrund: Korngröße und Phasenvolumenanteil.

Korngröße Sehr bedeutsam für die mechanischen Eigenschaften Festigkeit und Zähigkeit: Je kleiner die Korngröße, desto größer sind tendenziell Festigkeit und Zähigkeit eines Werkstoffes.

Bei der **Korngrößenbestimmung** (auch Porengrößen, Partikelgrößen) wird meist die mittlere Kornfläche im Gefügebild oder seltener die mittlere Sehnenlänge im Linienschnittverfahren ausgewertet. In allen Fällen ist für die Signifikanz des Ergebnisses wichtig, dass die untersuchte Probenstelle statistisch repräsentativ für das Werkstück ist.

Die mittlere Kornfläche ergibt sich einfach aus dem Verhältnis der Anzahl der Körner innerhalb des untersuchten Bereiches zur Größe des untersuchten Bereiches. In diesem Zusammenhang hat sich in der Praxis eine Korngrößenkennzahl G nach ASTM durchgesetzt. Es gilt $Z = 8 \cdot 2^G$.

Dabei ist Z die Anzahl der Körner pro Quadratmillimeter Probenoberfläche.

Zur Bestimmung des Phasenvolumenanteils (auch Porenvolumen) macht man sich die Erkenntnis zunutze, dass in einer Probe Volumen-, Flächen-, Linien- und Punktanteil einer Phase gleich sind. Für manuelle Auswertung kann man über ein Gefügebild einen Punkt oder ein Linienraster legen und dann im einfachsten Fall auszählen. Damit das Ergebnis verlässlich ist, werden einige Hundert oder Tausende Punkte bzw. Linienabschnitte benötigt. Es ist hilfreich, mehrere Bilder und Proben zu untersuchen.

Linienschnittverfahren Über ein Gefügebild in geeigneter Vergrößerung wird eine so große Anzahl von Linien gelegt, dass sich einige Hundert bis einige Tausend Schnittpunkte ergeben. Das kann anhand eines ausgedruckten Fotos oder im Computer automatisiert erfolgen. Im letzteren Fall muss aber ein geeignetes Bildanalyseprogramm vorausgesetzt werden, welches Korngrenzen zweifelsfrei analysiert. Die mittlere Sehnenlänge (= Korngröße) ist die Gesamtlinienlänge geteilt durch die Anzahl der Schnittpunkte. Bei diesem Verfahren ist es auch möglich, die Kornform quantitativ zu analysieren, wenn man die mittlere Sehnenlänge in bedeutsame Richtungen (z. B.: Walz-, Quer- und Blechnormaleinrichtung) misst.

Phasenvolumenanteil Beeinflussung der Eigenschaften eines Werkstoffes auf komplexere Art und Weise. In Sinterwerkstoffen wird eine möglichst niedrige Porosität angestrebt, wenn die Festigkeit hoch sein soll. In Schnellarbeitsstählen ist die Verschleißbeständigkeit davon abhängig, wie viele Karbide sich gebildet haben.

$$\frac{V_i}{V_\text{ges}} = \frac{A_i}{A_\text{ges}} = \frac{L_i}{L_\text{ges}} = \frac{N_i}{N_\text{ges}}$$

V_i: Volumen einer Phase

V_ges: Gesamtes untersuchtes Volumen

A_i: Fläche einer Phase im Gefügebild

A_ges: Gesamtfläche des Gefügebildes

L_i: Anteil einer Phase entlang einer Messlinie

L_ges: Gesamtlänge der Linien im Gefügebild

N_i: Punktanteil einer Phase

N_ges: Anzahl der Punkte im Gefügebild.

14.9.3 Makroskopische Untersuchungen

Bereiche mit hohen Schwefelkonzentrationen (Schwefelseigerungen) in Stahl sind in der Regel nicht schweißgeeignet. Schwefelseigerungen treten besonders häufig und stark in unberuhigt vergossenem Stahl auf, der gemäß der aktuellen europäischen Normung nicht mehr Stand der Technik ist. Bei schweißtechnischer Verarbeitung von Stahlhalbzeug ungeklärter Herkunft (z. B. Reparatur von alten Stahlbauten) ist die Kenntnis der Seigerungszonen unverzichtbar, denn in schwefelarmen Bereichen kann der Stahl in der Regel problemlos geschweißt werden.

Für den Baumann-Abdruck wird der interessierende Querschnitt durch Schleifen präpariert. Anschließend wird ein Baumann-Abdruck hergestellt (Abb. 14.49, Abb. 14.50):

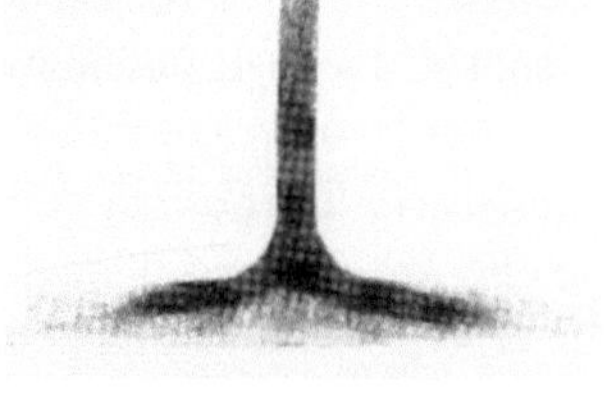

Abb. 14.49 Baumann-Abdruck: Seigerungszone in einem T-Profil

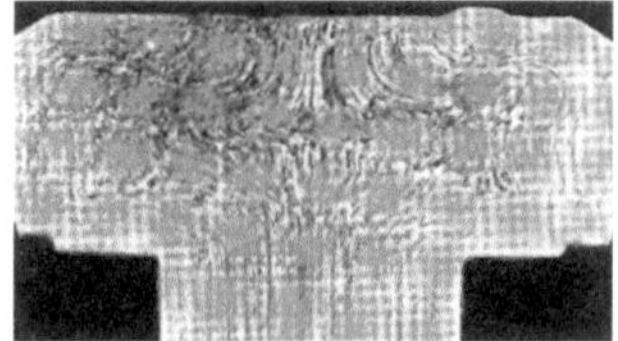

Abb. 14.50 Faserverlauf in einem kaltgestauchten Schraubenkopf

Hierzu wird Fotopapier in der Dunkelkammer in Schwefelsäure getränkt und auf die präparierte Fläche gedrückt. An Schwefelseigerungen wird das Papier durch den entstehenden Schwefelwasserstoff dunkel (Abb. 14.49).

14.10   Zerstörungsfreie Werkstoffprüfung und Qualitätskontrolle

Der allgemeine Trend zu Gewichtseinsparung, um Kosten und Energieverbrauch zu senken, führt zu immer kleineren Querschnitten, sodass sich innere Fehler stärker auswirken können. Für Bauteile, deren Bruch Menschenleben gefährdet oder große Folgeschäden nach sich ziehen kann (Sicherheitsbauteile), muss deshalb eine 100-%ige Stückprüfung auf verborgene Fehler erfolgen.

Sicherheitsbauteile sind z. B. Achsen und Lenkungsteile von Fahrzeugen, Druckbehälter, Hochdruckarmaturen, Schweißnähte.

Dabei sollen fehlerhafte Rohguss- oder Schmiedeteile und Halbfabrikate bereits vor der Weiterverarbeitung und ebensolche Fertigteile vor dem Einbau oder der Inbetriebnahme ausgesondert werden.

Daneben können noch auftreten: Materialverwechslung, falsche Einhärtetiefe oder Kernfestigkeit durch fehlerhafte Wärmebehandlung.

Grundsatz moderner Qualitätssicherung: Qualität der Bauteile wird produziert und nicht „herausgeprüft" (zerstörungsfreie Werkstoffprüfungen Terminologie DIN EN 1330, Teile 1–5/97-00).

Die Erkennbarkeit der Fehler mithilfe der einzelnen Verfahren ist unterschiedlich und hängt von Art, Größe und Lage des Fehlers im Prüfling ab. Prüfdauer und Kosten bestimmen daneben das Prüfverfahren für einen gegebenen Fall. So hat jedes Verfahren seine Anwendungsbereiche.

Tab. 14.19 Übersicht zu Fehlern und Ursachen bei der zerstörungsfreien Werkstoffprüfung

Übersicht: Fehler	
Risse an der Oberfläche und im Innern und Entstehung	Einschlüsse
• Schleifrisse durch örtliche Überhitzung beim Ausfall des Kühlschmierstoffes,	• Gasblasen
• Härterisse durch zu schroffes Abschrecken,	• Schlackenteilchen
• Warmrisse bei Gussteilen infolge behinderter Schrumpfung in der Form,	• Sandeinschlüsse, Lunker
• Schmiederisse durch zu schnelle Umformung heterogener Gefüge,	• Bindefehler in Schweißnähten.
• Schmiedefalten und Doppelungen,	
• Spannungsrisse durch zu schnelles Erwärmen von der Oberfläche her. Der Kern löst sich von der Randschicht oder reißt quer	

Tab. 14.20 Einsatzbereiche zerstörungsfreier Prüfverfahren

Verfahren	Physikalischer Effekt	Anwendbar zur Bestimmung/Ermittlung von				
		Fehler	Lage	Größe	Eigensch.	Messen
Eindringverfahren	Kapillar-wirkung	+	+	(+)	−	−
Magnetpulver-Prfg.	Streufluss	+	+	(+)	−	−
Magnetinduktion	Permeabilität	+	(+)	(+)	+	Schicht-Dicke
Wirbelstrom-prüfung	Elektr. Leitfähigkeit	+	+	+	+	(+)
Durchschallung	Absorption	(+)	−	(+)	+	−
Impuls-Echo-Verf.	Reflexion	+	+	(+)	+	Abstand, Prüfdicke
Klangprobe	Eigenresonanz	+	−	−	−	−
Röntgenstrahlen						
Grobstruktur	Absorption	+	(+)	(+)	(+)	(+)
Feinstruktur	Interferenz	−	−	−	+	−
Gammastrahlen	Absorption	+	(+)	(+)	−	(+)

+ geeignet   (+) bedingt geeignet   − nicht geeignet

14.10.1 Eindringverfahren (Penetrierverfahren, DIN EN 571/97)

Prüfprinzip Oberflächenrisse können durch die Kapillarwirkung (Kapillare = Haarröhrchen) benetzende Flüssigkeiten aufsaugen. Nach oberflächlichem Entfernen bleiben Reste im Spalt zurück. Einige Verfahren verwenden Flüssigkeiten, die unter UV-Licht hell aufleuchten (Met-L-Check und UV-Apenol-Verfahren).

Fehleranzeige Durch Aufbringen einer zweiten Entwicklerflüssigkeit oder eines -pulvers entstehen am Rissausgang farbige Markierungen.

Anwendung Eindringverfahren sind für alle Arten von Werkstoffen zur Ortung von Oberflächenrissen geeignet. Für Massenteile sind automatische Erkennungssysteme mit Kameras und Rechner entwickelt worden.

14.10.2 Magnetische Prüfungen (DIN EN ISO 9934/02)

Prüfprinzip Die ferromagnetischen Werkstoffe (Eisen-Triade im PSE: Fe, Ni, Co) lassen sich dauerhaft magnetisieren. Im fehlerfreien Werkstück verlaufen die Feldlinien ungestört (Abb. 14.51).

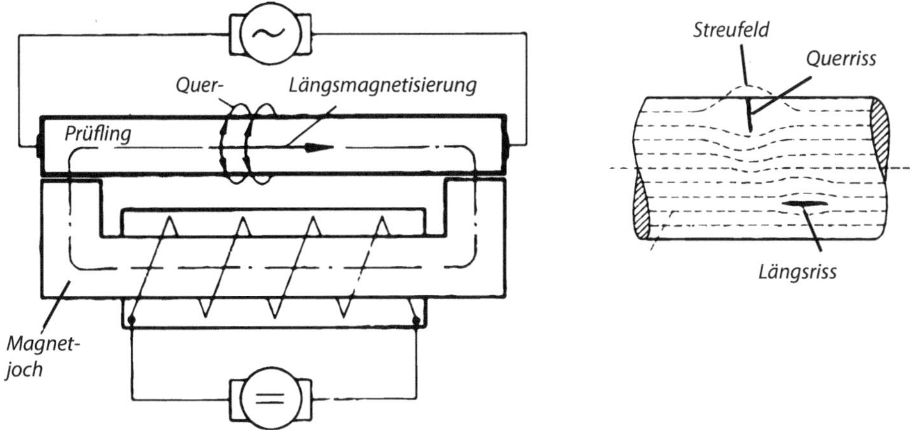

Abb. 14.51 Magnetische Rissprüfung. **a** Längs- und Quermagnetisierung kombiniert, **b** Prüfung mit Längsmagnetisierung

Querrisse stören den Verlauf und lenken die Feldlinien nach außen, wo sie ein Streufeld erzeugen. Längsrisse sind nicht nachweisbar, wenn die Feldlinien das Teil nur in Längsrichtung durchfluten. Um beide Fehlerarten zu erfassen, werden verschiedene Arten der Magnetisierung gleichzeitig angewandt.

Abb. 14.51 zeigt die Kombination von Jochmagnetisierung mit Stromdurchflutung. Der mit Gleichstrom gespeiste Magnet erzeugt im Prüfling ein längsgerichtetes Magnetfeld. Es erfasst Querfehler im ganzen Querschnitt. Gleichzeitig wird ein starker Wechselstrom durch den Prüfling selbst geschickt, der ein schraubenförmiges Wechselfeld erzeugt. Damit werden Längsfehler in der Randzone erfasst.

Fehleranzeige durch Magnetpulver (Fe_3O_4- oder Fe-Teilchen) in Öl aufgeschlämmt. Im Streufeld werden die Teilchen als Brücke über den Spalt festgehalten und bilden eine Raupe.

Induktive Anzeige Das Streufeld erzeugt in einer kleinen Spule, der Sonde, Induktionsströme, die den Fehler akustisch oder optisch am Oszilloskopbildschirm anzeigen.

14.10.3 Wirbelstromprüfung (DIN EN ISO 15549/10)

Prüfprinzip In einer vom Wechselstrom durchflossenen Spule befindet sich ein metallischer Werkstoff (der Prüfling). Durch Induktion entstehen in ihm elektrische Ströme. Sie werden als Wirbelströme bezeichnet, weil sie keine eindeutige Richtung wie in einem definierten Leiter (Draht) besitzen.

Die Wirbelströme erzeugen ein magnetisches Feld, das rückwirkend die Daten der Spule verändert. Nach dem Ohm'schen Gesetz hängt bei konstanter Spannung der Strom vom elektrischen Widerstand des Prüflings ab. Damit wirken sich alle Gefügeabweichungen, welche den elektrischen Widerstand verändern, auf die Wirbelströme aus.

Messverfahren Grundsätzlich wird der Prüfling mit einem fehlerfreien gleichen Teil verglichen. Von diesem Referenzteil werden die Daten festgehalten und mit denen des Prüflings verglichen.

Fehleranzeige Änderung im Ausschlag eines Messinstrumentes oder des Kurvenbildes am Oszillographen. Serienprüfung ist leicht automatisierbar.

Fehlerarten und Unterschiede, die magnetinduktiv erfasst werden können:

- Reinheitsgrad von Reinstmetallen
- Gehalt an Legierungselementen
- Wärmebehandlungszustand (Härte, Festigkeit, Einhärtungstiefe)
- Querschnittsminderung durch innere Fehler.

Anwendungen

- Fehlerprüfung an Halbzeugen mit zwei Durchlaufspulen und automatischer Aussortierung (Defektograph). Geschwindigkeit des Durchlaufmaterials bis zu 60 m/min.
- Fehlerprüfung an Einzelteilen mit einer Tastspule. Sie kann auch in Bohrungen eingeführt werden. Defektometer (Circograph, Dr. Förster).
- Sortierung von Teilen mit z. B. unterschiedlicher Härte, Zusammensetzung, Reinheitsgrad, Porosität u. a.
- Dickenmessung von Wanddicken, Folien, Isolier- und Plattierschichten von einer Seite mit Tastspulen, von beiden Seiten mit Gabelspulen.

14.10.4 Ultraschallprüfung (DIN EN 583, Teil 1–6/97–08)

Prüfprinzip Schallwellen pflanzen sich in Metallen als mechanische Schwingung geradlinig mit hoher Geschwindigkeit fort. Sie werden an Grenzflächen stark reflektiert, sodass der weiterlaufende Schall geschwächt wird.

Die Werkstoffprüfung benutzt Schallwellen, deren Frequenzen über dem Hörbereich liegen und darum Ultraschall genannt werden. Je kleiner der Fehler, desto höher die notwendige Prüffrequenz zur Entdeckung.

Frequenzbereiche:

- Hörbereich: 10...20.000 Hz
- Ultraschallbereich: 0,5...20 MHz.

Bei der Ultraschallprüfung vergleicht man die Schwächung oder die Reflexion des Schalls an inneren Fehlern mit den Daten eines fehlerfreien Werkstückes. Der Schall wird an Grenzflächen reflektiert, wenn die Dichteunterschiede sehr groß sind. Grenzflächen im Material sind z. B. Risse und Trennflächen zwischen Phasen wie z. B. Kristallen verschiedener Dichte, Schlackenteilchen und Gasblasen.

Ankoppelung   Wird der Prüfkopf trocken auf den Prüfling aufgesetzt, hindert der Luftspalt die Schallwellen. Darum wird die Luft durch einen Stoff höherer Dichte ersetzt (als Koppelungsmittel dienen Wasser, Glyzerin, Pasten).

Erzeugung des Ultraschalls

Piezoelektrischer Effekt (M. und P. Curie): Einige Kristalle, z. B. Quarz, laden sich bei elastischer Verformung (unter Einwirkung von Kräften) elektrisch auf, sodass eine Spannung gemessen werden kann (Piezoelektrizität: piezo = drücken). Umgekehrt werden beim Anlegen einer hochfrequenten Wechselspannung Schwingungen gleicher Frequenz erzeugt (200 kHz... 25 MHz). Sie sind als Sender und Empfänger geeignet.

Durchschallungsverfahren arbeiten mit getrennten Sende- und Empfangsköpfen, der Schall muss den dazwischenliegenden Prüfling durchdringen. Bei Innenfehlern wird der Schall stärker geschwächt als im fehlerfreien Werkstoff. Am Empfangskopf entsteht eine kleinere Spannung, die am Messgerät angezeigt wird.

Die Tiefenlage des Fehlers kann beim Durchschallungsverfahren nicht bestimmt werden.

Impuls-Echo-Verfahren   Der Prüfkopf enthält Empfänger und Sender in einem Bauelement vereinigt und sendet Ultraschallstöße (Impulse) von sehr kurzer Dauer (1... 10 µs) in kurzen Abständen aus. Zwischen den Impulsen ist der Quarz elektronisch als Empfänger für die schwächeren Reflexe von den Grenzflächen geschaltet.

Fehleranzeige   Auf dem Bildschirm sind die Spannungsimpulse als Zacken auf der x-Achse zu sehen (Abb. 14.52). Der Schall durchläuft den Prüfling mit der Dicke s, wird an der Rückwand reflektiert und trifft als Echo wieder auf den Prüfkopf. Während dieser Laufzeit wird der Weg s zweimal zurückgelegt.

Am Bildschirm ist das Eingangssignal und nach der Laufzeit Δt das Rückwandsignal (Echo) zu sehen. Wegen der konstanten Schallgeschwindigkeit kann die x-Achse in Längeneinheiten geeicht werden. Bei Fehlern im Werkstoff liegt das Fehlersignal (Fehlerecho) zwischen den beiden Zacken. Seine Tiefenlage kann abgelesen werden.

Beim Impuls-Echo-Verfahren kann die Tiefe des Fehlers bestimmt werden. Die Probenrückseite muss nicht zugänglich sein.

Anwendung der Ultraschallprüfungen: Günstige Kosten und große Tiefenwirkung führen zu einer breiten Anwendung für Metalle, Gummi und Polymere. Fehlerkontrolle an Schmiede- und Gussrohteilen, Rissprüfung an Schienen und Rädern von Schienenfahrzeugen, Prüfung von Schweißnähten und Klebverbindungen, Dickenmessung.

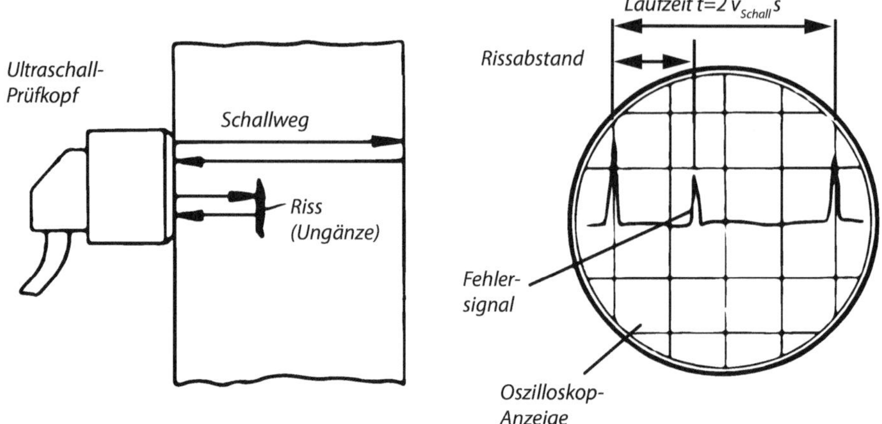

Abb. 14.52   Ultraschall-Prüfung: Prüfling mit Riss

Nachweisgrenzen   Fehler, die parallel zur Schallrichtung liegen, ergeben keine Reflexion. Zum Aufspüren werden Winkelköpfe eingesetzt, die den Schall schräg einleiten. Dabei sind Sender und Empfänger getrennt.

Die Prüfergebnisse unterliegen zahlreichen Einflüssen, die vom Prüfling, den Prüf- und Messgeräten und vom Beobachter ausgehen. Bei unsicheren Aussagen wird es durch andere Verfahren ergänzt.

14.10.5   Röntgen-/Gammastrahlen-Prüfung (DIN EN 444/94)

Röntgen- und Gammastrahlen gleichen physikalisch den Lang-, Mittel- und Kurzwellen der Nachrichtentechnik und dem Licht. Es sind elektromagnetische Schwingungen, die sich geradlinig fortpflanzen. Sie unterscheiden sich durch wesentlich kleinere Wellenlängen und dadurch höhere Frequenzen (Tab. 14.21).

Auf den kleinen Wellenlängen beruht ihre Fähigkeit, zwischen den Atomen in die Materie einzudringen und sie bei genügend hoher Energie (Frequenz) auch zu durchdringen. Je kleiner die Wellenlänge, desto größer ist die prüfbare Werkstoffdicke.

Tab. 14.21   Spektrum der elektromagnetischen Wellen

Frequenz f in Hz	Wellenlänge λ	Wellenart
50	$6 \cdot 10^3$ m	Technischer Wechselstrom
$10^6 \ldots 10^{10}$	$\ldots 3$ cm	Rundfunk und Fernsehen
10^{13}	$30\,\mu$m	Infrarot
	$0{,}4 \ldots 0{,}8\,\mu$m	Sichtbares Licht
$10^6 \ldots 10^{16}$	30 nm	Ultraviolett
$10^{18} \ldots 10^{22}$	$0{,}3$ nm $\ldots 3 \cdot 10^{-5}$ nm	Röntgen- und γ-Strahlen

Tab. 14.22 Wirkung von Röntgen- bzw. Gammastrahlung und deren Nutzung für die Bauteilprüfung

Reaktion	Ausnutzung
Absorption der Strahlen durch die Materie (Schwächung)	Röntgen-Grobstrukturprüfung, (Gefügeuntersuchung auf Fehler)
Beugung an Kristallgitterebenen	Röntgen-Feinstrukturanalyse, (Bestimmung von Kristallgittern und -fehlern)
Anregung der Atome zur Eigenstrahlung	Röntgen-Fluoreszenz, Bestimmung von Legierungsbestandteilen (Spektralanalyse), Anzeige von Strahlen auf Leuchtschirmen und Filmen

Diese Strahlen reagieren beim Durchgang durch Materie auf verschiedene Weise. Daraus ergeben sich wichtige Anwendungen zur Werkstoffuntersuchung (Tab. 14.22).

Zur zerstörungsfreien Fehlersuche wird vorwiegend der erste Effekt ausgenutzt. Bei Gegenwart von inneren Fehlern (Hohlräumen) werden die Strahlen weniger geschwächt als bei massivem Werkstoff. Die austretende Strahlung zeigt dadurch Intensitätsunterschiede. Sie werden:

- optisch betrachtet (Leuchtschirm, Monitor),
- fotografisch festgehalten (Dokumentation),
- durch Messgeräte angezeigt.

Erzeugung der Strahlen

Röntgenstrahlen bestehen aus einem Spektrum verschiedener Wellenlängen, Gammastrahler senden eine konstante Wellenlänge aus.

Röntgenstrahlen In einer Röntgenröhre (Abb. 14.53) werden von der glühenden Kathode Elektronen ausgesandt. Sie treffen, durch die angelegte Hochspannung beschleunigt, auf die Wolfram-Anode. Ihre hohe Geschwindigkeit wird dabei von der Elektronenhülle der W-Atome abgebremst. Die Bewegungsenergie wandelt sich größtenteils in Wärme

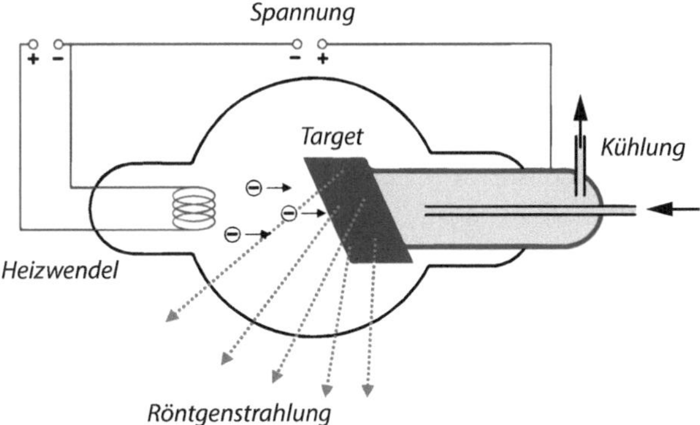

Abb. 14.53 Röntgenröhre (schematisch)

Tab. 14.23 Künstliche Gammastrahler

Isotop	Halbwertszeit (HWZ)	0,1-Wert Schicht (Blei)	Herstellung
Cobalt ^{60}Co	5,2 Jahre	42 mm	Neutronenbeschuss (59Co)
Cäsium ^{137}Cs	30 Jahre	24 mm	Uranspaltung
Iridium ^{192}Ir	74 Tage	11,5 mm	Neutronenbeschuss

um, ein kleiner Teil in eine Bremsstrahlung, in die sog. Röntgenstrahlung (C. W. Röntgen, 1895). Deren Frequenz steigt mit der Höhe der angelegten Hochspannung.

Die entstehende Wärme muss durch Öl- oder Wasserkühlung abgeführt werden. Zur besseren Handhabung und Erfüllung der Vorschriften für Hochspannung und Strahlenschutz ist die Röhre nebst Transformator in ein Gehäuse eingebaut (Eintankanlage).

Gammastrahlen entstehen durch Kernzerfall radioaktiver Elemente. Aus Kostengründen werden keine natürlichen Strahler (Radium, Thorium), sondern die instabilen Isotope einiger Elemente benutzt, die in Kernreaktoren entstehen (Tab. 14.23). Gammastrahlen sind kurzwelliger als Röntgenstrahlen (größere Eindringtiefe), benötigen aber längere Belichtungszeiten für Filme.

Strahlenquelle ist das eigentliche Isotop, etwa 0,5...3 mm, zylinderförmig. Sie ist gasdicht in die Strahlerkapsel mit Wolfram-Abschirmung eingeschlossen, damit die Strahlung nicht allseitig austreten kann.

Da Gammastrahler nicht „abgestellt" werden können, besteht das vollständige Isotopengerät aus einer massiven Abschirmung, die meist kugelförmig die Strahlerkapsel umschließt (außen Pb, innen W). Die Strahlerkapsel kann ohne Gefährdung des Personals, evtl. fernbedient, der Abschirmung entnommen werden.

Da sie wesentlich kleiner als eine Röntgenröhre ist, lässt sie sich auch dichter an den Prüfling heranbringen, wie z. B. beim Isotopenmolch, einem Gerät, das zur Schweißnahtprüfung auf Baustellen durch Rohre gezogen werden kann.

Anwendung Kontrolle von Schweißnähten und Gussteilen mit Dicken bis 100 mm bei Stahl, 400 mm bei Al; Lagerschalen für Verbrennungsmotoren, Revisionsuntersuchungen in Kessel-, Brücken- und Flugzeugbau.

Filmaufnahmen halten die geometrische Form des Fehlers dokumentarisch fest, ein Vorteil gegenüber den Ultraschallverfahren.

Die aus dem Prüfling austretenden Strahlen treffen auf eine doppeltbeschichtete Filmfolie. Intensitätsunterschiede setzen sich in Schwärzungsunterschiede des Films um. Um hohe Kontraste zu erzielen, werden Verstärkungsfolien beigelegt und die Filmrückseite mit Bleifolien abgedeckt, um Streustrahlen fernzuhalten.

▶ **Hinweis** Das Arbeiten mit Röntgen- oder Gammastrahlen kann zu gesundheitliche Schäden führen (Verbrennungen, Haarausfall, Veränderung von Erbfaktoren, Krebs).

Leuchtschirm Röntgenstrahlen regen bestimmte Kristalle zur Abgabe sichtbarer Strahlen (grüngelb) an. Diese Stoffe, auf einer Platte aufgetragen, bilden den Leuchtschirm. Auf ihm erscheint ein Schattenbild des Prüflings (Fehler hell), jedoch mit geringer Lichtstärke.

Röntgenbild-Verstärkerröhre: Mithilfe der Elektronik kann das Röntgen-Leuchtschirmbild verkleinert und verstärkt werden. Es erhält dann eine 103-fache Helligkeit auf dem Monitor und kann fernsehtechnisch übertragen werden. Beobachter können dann in einem strahlengeschützten Raum sitzen.

14.10.6 Computertomographie

Für die Tomographie werden aus einer Vielzahl von Röntgenbildern mit jeweils verschiedener Perspektive räumliche Darstellungen erzeugt. Auf diese Weise ist es möglich, zerstörungsfrei in das Innere eines Bauteils zu sehen und Hohlräume oder Risse aufzuspüren. Eine andere Möglichkeit ist, Baugruppen im zusammengebauten Zustand zu betrachten und auf diese Weise die Passgenauigkeit zu überprüfen.

Mit industrieller 3D-Computer-Tomographie lassen sich Dichteänderungen und Fehler nachweisen, sowie ihre Art, Geometrie und Lage im Bauteil charakterisieren. Beispielsweise ist Computer-Tomographie bei Turbinenschaufeln aus Ni-Basis-Superlegierungen für Strahltriebwerke üblich.

14.11 Überprüfung der chemischen Zusammensetzung

Die Überprüfung der chemischen Zusammensetzung eines metallischen Werkstückes ist von zentraler Bedeutung in der Wareneingangskontrolle, bei der Vorbereitung von Reparaturen und bei Schadensuntersuchungen. Dazu werden hauptsächlich zwei Verfahren verwendet, die Funkenspektrometrie und die energiedispersive Röntgenanalyse im Rasterelektronenmikroskop.

14.11.1 Funkenspektrometrie

Bei der Funkenspektroskopie wird zwischen Probe und einer Wolframelektrode ein Funken (Lichtbogen) gebildet. Dabei werden Atome aus der Probe gelöst (verdampft). Durch die hohe Temperatur der verdampften Atome werden die Elektronen angeregt, höhere Energiezustände als im Grundzustand anzunehmen. Von den angeregten Zuständen fallen die Elektronen in Zustände niedriger Energie zurück und senden dabei elektromagnetische Strahlung für das betreffende Element charakteristischer Wellenlängen aus. Die Wellenlänge der Strahlung ist umgekehrt proportional zur Energiedifferenz. Die entstehenden Spektren sind sehr komplex und befinden sich im Bereich des sichtbaren Lichtes.

Durch Prismen oder Gitter können die Spektren zerlegt und anschließend die Intensitäten einzelner Wellenlängen (Linien) bestimmt werden. Die Intensität einer Linie ist näherungsweise proportional zum Gehalt des zugehörigen Elementes.

Anwendungsbereiche Werkstoffherstellung, Wareneingangskontolle, Schadensanalyse

Analysevoraussetzungen Für ein Abfunken ist eine ebene Probenfläche von ca. 15 mm Durchmesser erforderlich.

Möglichkeiten und Grenzen Je nach Ausbaugrad eines Funkenspektrometers können unterschiedlich viele (ca. 20) Elemente gleichzeitig analysiert werden. Die Mindestgenauigkeit von heutigen Funkenspektrometern ist 0,01 Masseprozent, durch genaue Kalibration können aber Spurenelemente eine Größenordnung genauer bestimmt werden. Das Element mit dem geringsten Atomgewicht, das heute mit modernsten Geräten analysierbar ist, ist Bor. Elemente mit höherem Atomgewicht sind leichter analysierbar.

Aufgrund der großen Anzahl von Linien (> 1000) ist es zur quantitativen Analyse notwendig, Vergleichsproben mit bekannter Zusammensetzung zu untersuchen (kalibrieren).

14.11.2 Energiedispersive Röntgenanalyse (EDX) im Rasterelektronenmikroskop

Bei einem Raster-Elektronenmikroskop wird ein Elektronenstrahl auf die Oberfläche des Prüfkörpers gelenkt und tastet diese zeilenförmig ab. Der Elektronenstrahl regt ähnlich wie beim Billardspiel Elektronen an der Oberfläche an. Diese Elektronen der Oberfläche können einerseits von einem Detektor registriert werden und so Bildpunkt-Signale erzeugen, die ähnlich wie bei einem Fernsehgerät zu einem flächigen Bild zusammengesetzt werden.

Eine weitere Möglichkeit ist die eindeutige Elementanalyse. Die angeregten Elektronen der Oberfläche entwickeln je nach Element, zu dem sie gehören, eine Röntgenstrahlung. Die Wellenlänge der Strahlung ermöglicht eine Zuordnung der Strahlung zu einem chemischen Element.

Zur Analyse muss die emittierte Röntgenstrahlung spektral zerlegt werden, d. h. die Röntgenintensität in Abhängigkeit von der Wellenlänge ist zu bestimmen. Mit Halbleiterdetektoren kann direkt die Energie eines einzelnen Röntgenquants ermittelt werden. Man spricht dann von der energiedispersiven Röntgenanalyse (energy-dispersive x-ray analysis = EDX).

Bei der Elementanalyse im Rasterelektronenmikroskop (REM) wird durch den Elektronenstrahl die Emission von kurzwelliger Röntgenstrahlung angeregt – im Gegensatz zum langwelligen sichtbaren Licht bei der Funkenspektrometrie. Jedes einzelne Element hat auch hier ein charakteristisches Spektrum. Anhand des Spektrums kann ein chemisches

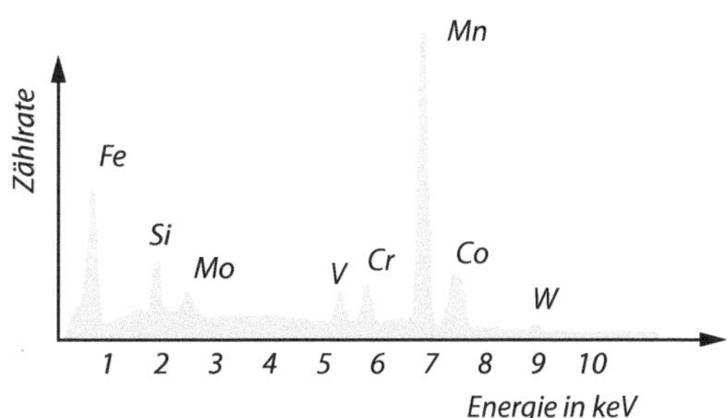

Abb. 14.54 EDX-Spektrum eines Einschlusses in einem Baustahl

Element eindeutig bestimmt werden. Die Intensität der Röntgenstrahlung einer bestimmten Wellenlänge und damit Energie ist in erster Näherung proportional zur Konzentration des jeweiligen Elementes.

Im Gegensatz zur Funkenspektrometrie sind Kalibrationsproben bei EDX nicht notwendig, weil die zu analysierenden Spektren nur wenige Linien enthalten. So können völlig unbekannte Werkstoffe untersucht werden.

Anwendungsbereiche Schadensanalyse, Kriminaltechnik, Wareneingangskontrolle für Kleinteile.

Analysevoraussetzungen Solange eine Probe optisch sichtbar und elektrisch leitfähig ist, kann sie analysiert werden. Elektrisch nicht leitfähige Proben laden sich im REM auf, was die Messung stört. Abhilfe: Bedampfen der Probe mit Kohlenstoff (Fehlerquelle!)

Möglichkeiten Ein Rasterelektronenmikroskop mit energiedispersiver Analyse ermöglicht die Kombination aus Abbildung mit gleichzeitiger Bestimmung der chemischen Zusammensetzung an jedem einzelnen Ort. So ist es beispielsweise möglich, die chemische Zusammensetzung von Einschlüssen in heterogenen Legierungen zu analysieren.

Grenzen Genauigkeiten bis zu 0,1 Masseprozent erreichbar, ungenauer als die Funkenspektrometrie.

Die Qualität eines Systems ist an der Untersuchbarkeit leichter Elemente ablesbar. Die Röntgenstrahlung leichter Elemente ist längerwellig und damit schwieriger detektierbar. Modernere Geräte gehen hinunter bis zum Sauerstoff, Stickstoff oder Kohlenstoff.

Anhang A: Die systematische Bezeichnung der Werkstoffe

A.1 Kennzeichnung der Stähle

Die Europäische Norm DIN EN 10027 hat ältere Normen (DIN 17006 und DIN 17007) abgelöst.

Viele DIN-Normen enthalten noch die alten Bezeichnungen, ebenso Lehrbücher und Literatur. Einen Vergleich einiger Kurznamen enthält Tab. A.1.

Tab. A.1 Vergleich alter und neuer Kurznamen für Stähle

DIN 17006 u. a.	DIN EN 10027-1/17
St 37-3	S235J2
StE 355	S355N
StE 355 TM	S355M
TStE 355	P355NL1
Ck 35, Cm 35	C35E, C35R
57 NiCrMoV 7 7	57NiCrMoV7-7
X 46 Cr 13	X46Cr13
X 10CrNiTi 18 10	X10CrNi18-10
S-6-5-2-5	HS6-5-2-5
GS-38	GE200
GS-17 CrMo 5 5	G17CrMo5-5
G-X 22 CrMoV 12 1	GXCrMoV12-1

A.1.1 Bezeichnungssystem für Stähle

Wie Tab. A.1 zeigt, sind die Kurznamen der *legierten* Stähle nur gering verändert worden. Dagegen gelten für die unlegierten Stähle völlig neue Kurznamen. Sie werden abhängig von der Verwendung des Stahles gebildet, weitere Symbole sind je nach Verwendungszweck unterschiedlich.

© Springer Fachmedien Wiesbaden GmbH, ein Teil von Springer Nature 2018
W. Weißbach, M. Dahms, C. Jaroschek, *Werkstoffe und ihre Anwendungen*,
https://doi.org/10.1007/978-3-658-19892-3

A.1.2 Aufbau des Kurznamens (DIN EN 10027-1/17)

Der Kurzname besteht aus einer Folge von Buchstaben und Ziffern auf vier Positionen:

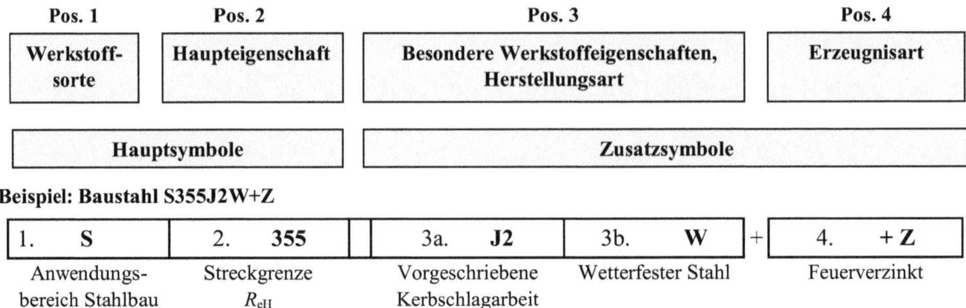

Tab. A.2 Symbole für den Anwendungsbereich auf Pos. 1; Zeichen (G): Wahlweise für Stahlguss vorgestellt

Symbol	Verwendungszweck	Symbol	Verwendungszweck
B	Betonstahl	M	Elektroblech und -band
(G) C	Unlegierte Stähle mit $< 1\%$ Mn	(G) P	Stähle für Druckbehälter
(G)–	Niedriglegierte Stähle mit $< 5\% \sum$ LE, unlegierte Stähle mit $> 1\%$ Mn, Automaten-stähle	R	Schienenstahl
D	Flacherzeugnisse zum Kaltumformen	(G) S	Stähle für den Stahlbau
(G) E	Stähle für den Maschinenbau	T	Feinst- und Weißblech
H	Kaltgewalzte Flacherzeugnisse aus höher-festen Stählen zum Kaltumformen	(G) X	Legierte Stähle mit mindestens einem LE $> 5\%$ (hochlegierte Stähle)
L	Stähle für Leitungsrohre	Y	Spannstahl

A.1.3   Stähle für den Stahlbau

Hauptsymbole		Zusatzsymbole			
1 Bereich	**2** Mech. Eigenschaften	**3a** Herstellungsart, zusätzliche mechanische Eigenschaften		**3b** Eignung für bestimmte Einsatzbereiche bzw. Verfahren		**4**

1 Bereich	**2** Mech. Eigenschaften	**3a** Herstellungsart, zusätzliche mechanische Eigenschaften	**3b** Eignung für bestimmte Einsatzbereiche bzw. Verfahren	**4**

G S
 	
z. B. Stähle nach DIN EN 10025-2/05
   -3/05
   -4/05
   -5/05
   -6/09
G wahlweise vorgestellt
	Mindeststreckgrenze $R_{e,\,min}$
	
	für den kleinsten Erzeugnisbereich
		Kerbschlagarbeit KV in J
		
		| | 27 | 40 | 60 |
		| Symbol | **J** | **K** | **L** |
		
		Schlagtemperatur in °C
		| Temp. | RT | 0 | -20 | -30 | -40 | -50 |
		| Symb. | **R** | **0** | **2** | **3** | **4** | **5** |
		
		A ausscheidungshärtend
		M thermomechanisch,
		N normalisierend gewalzt
		Q vergütet
		G andere Merkmale
		(evtl. 1 oder 2 Folgeziffern)
			C bes. Kaltformbarkeit
			D für Schmelztauchüberzüge
			E für Emaillierung
			F zum Schmieden
			H für Hohlprofile
			L für tiefe Temperaturen
			M thermomechanisch,
			N normalisierend gewalzt
			P für Spundwände
			Q zum Vergüten
			S Schiffbau
			T für Rohre
			W wetterfest
				Tab.
				A.11
				A.12
				A.13

Beispiele:

S235JRC: (S) Stahlbaustahl mit $R_e \geq 235$ MPa, $KV = 27$ J, bei (R) Raumtemperatur, (C) kaltumformbar

S355J2+CR: (S) Stahlbaustahl mit $R_e \geq 355$ MPa, (J) $KV = 27$ J bei (2) -20 °C, (+CR) kaltgewalzt ($\rightarrow$ A.12)

S460NLH: (S) Stahlbaustahl mit $R_e \geq 460$ MPa, (N) normalisierend gewalzt, (L) für tiefere Temperaturen, kaltzäh, (H) Hohlprofil

A.1.4   Stähle für Druckbehälter

Hauptsymbole		Zusatzsymbole			
Pos. 1	**2**	**3a**		**3b**		**4**

Pos. 1	**2**	**3a**	**3b**	**4**
G P z. B. Stähle DIN EN 10028/09 Stahlguss DIN EN 10213/16	$R_{e,\,min}$ für den kleinsten Erzeugnisbereich	**B** Gasflaschen **M** thermomechanisch, **N** normalisierend gewalzt **Q** vergütet **S** einfache Druckbehälter **T** Rohre **G** andere Merkmale (evtl. 1 oder 2 Folgeziffern)	**H** Hochtemperatur **L** Tieftemperatur **R** Raumtemperatur **X** Hoch- u. Tieftemp.	Tab. A.3 A.4 A.5

Beispiele:

P355M: (P) Druckbehälterstahl mit $R_e \geq 355$ MPa, (M) thermomechanisch gewalzt, KV bei -20 °C geprüft

P355ML1: desgl. für Tieftemperatur geeignet, kaltzäh, KV nach Tab. 4.22

P460QH: Druckbehälterstahl mit $R_e \geq 460$ MPa, (Q) vergütet, (H) für höhere Temperaturen. Nach Norm wird eine bestimmte 0,2-%-Dehngrenze bei 300 °C gewährleistet.

A.1.5 Stähle für den Maschinenbau

Hauptsymbole		Zusatzsymbole			
Pos. 1	**2**	**3a**		**3b**	**4**
G E	wie oben	**G** Andere Merkmale, evtl. mit 1 oder 2 Folgeziffern		**C** Eignung zum Kaltziehen	A.4
z. B. Stähle DIN EN 10025-2/05 Stahlguss DIN EN 10293/15	**Beispiele:** E295: Baustahl mit $R_e \geq 295$ MPa; GE200: Stahlguss mit $R_e \geq 200$ MPa				

A.1.6 Flacherzeugnisse (kaltgewalzt) aus höherfesten Stählen zum Kaltumformen

Pos. 1	**2**	**3a**				**3b**	**4**
H z. B. Bleche + Bänder DIN EN 10268/13	$R_{e,\,min}$ oder mit Zeichen T $R_{m,\,min}$	**B** **C** **I** **LA** **M**	Bake Hardening Komplexphase isotroper Stahl niedriglegiert thermomech. gewalzt	**P** **T** **X** **Y**	P-legiert TRIP-Stahl Dualphasen-stahl IF (interstitiell frei)	**D** für Schmelz-tauch-überzüge	Tab. A.5

Beispiel: H420M +Z: (H) Blech mit $R_e \geq 420$ MPa, (M) thermomechanisch gewalzt, (Z) feuerverzinkt

A.1.7 Flacherzeugnisse (kaltgewalzt) aus weichen Stählen zum Kaltumformen

Pos. 1	**2**			**3**		**4**
D	Cnn Dnn Xnn nn	kaltgewalzt warmgewalzt, für unmittelbare Kaltumformung Walzart (kalt/warm) nicht vorgeschrieben Kennzahl nach Norm	**D** **EK** **ED** **H** **T** **G**	für Schmelztauchüberzüge für konv. Emaillierung für Direktemaillierung für Hohlprofile für Rohre andere Merkmale		Tab. A.4 A.5
z. B. Bleche + Bänder DIN EN 10111/08, 10130/07, 10209/13	**Beispiele: DC04H:** (FeP04) (H) Blech für Hohlprofile **DC03+ZE:** (FeP03) (+ZE) Blech elektrolytisch verzinkt **DX51D+Z:** (FeP02G) (D), Blech für Schmelztauchüberzüge, (+Z) verzinkt					

A.1.8 Nach der chemischen Zusammensetzung bezeichnete Stähle

Bei Stählen, die für eine Wärmebehandlung vorgesehen sind, werden die Gehalte an C und anderen LE (für das Umwandlungsverhalten wichtig) im Kurznamen angegeben.

A.1.8.1   Unlegierte Stähle mit mittlerem Mn-Gehalt < 1 %

Pos. 1	2	3				4
G C z. B. Vergütungs- Stähle DIN EN 10083-1/06	nn Kennzahl = 100-facher C-Gehalt	**C** **D** **E** **R**	zum Kaltumformen zum Drahtziehen vorgeschriebener *max.* S-Gehalt % vorgeschriebener S-Bereich (%)	**S** **U** **W** **G**	für Federn für Werkzeuge für Schweißdraht andere Merkmale	Tab. A.4

Beispiele: **C60S:** Stahl mit 60/100 = 0,6 % C für (S) Federn
 C35E: Vergütungsstahl mit 35/100 = 0,35 % C, (E) max. S-Gehalt vorgeschrieben
 C35R: Vergütungsstahl wie vorstehend, Automatensorte

A.1.8.2   Niedriglegierte Stähle (mittlerer Gehalt der LE < 5 %) ohne Zeichen, auch unlegierte Stähle mit > 1 % Mn und Automatenstähle

Pos.1	2	2a	3	4
G — z. B. Einsatzstähle DIN EN 10084/08, Automatenstähle DIN EN 10087/99	nn Kennzahl =100-facher C-Gehalt	LE-Symbole nach fallenden Gehalten geordnet, danach *Kennzahlen* mit Bindestrich getrennt in gleicher Folge	—	Tab. A.3 A.4

Kennzahlen sind Vielfache der prozentualen Legierungsgehalte. Die Faktoren sind:			
1000	Bor	**10**	Al, Be, Cu, Mo, Nb, Pb, Ta, Ti, V, Zr
100	C, N, P, S	**4**	Cr, Co, Mn, Ni, Si, W

Beispiele zu niedriglegierten Stählen:

9SMn28: Automatenstahl mit 9/**100** = 0,09% C, (S28)/**100** = 0,28 % S, Mn nach Norm
25CrMo4+QT: Niedriglegierter Stahl mit 25/**100** % C, (Cr4)/**4** = 1 % Cr, Mo nach Norm, (QT) vergütet
GS20MnMoNi5-5: (G) Stahlguss, (20) = 0,2 % C, (Mn 5)/**4** = 1,25 % Mn, (Mo5)/**10** = 0,5 % Mo, Ni nach Norm

A.1.8.3   Nichtrostende Stähle und andere legierte Stähle (ausgenommen Schnellarbeitsstähle), sofern der mittlere Gehalt mindestens eines Legierungselementes ≥ 5 % ist

Pos.1	2	2a	3	4
G X z. B. Nichtrostende Stähle DIN EN 10088/14	nn Kennzahl = 100-facher C-Gehalt	LE-Symbole nach fallenden Gehalten geordnet, danach die %-Gehalte der Hauptlegierungsele- mente mit Bindestrich in gleicher Folge	—	Tab. A.3 A.4

Beispiele: X6CrNiMo18-9: hochlegiert, mit 6/**100** = 0,06 % C, (Cr18) = 18 % Cr, (Ni 9) = 9 % Ni, Mo nach Norm
GX3CrNi13-4: (G) hochlegierter Stahlguss, mit 3/**100** = 0,03 % C, (Cr13) = 13 % Cr und (4 Ni) = 4 % Ni

A.1.8.4 Schnellarbeitsstähle

Pos.1	2	2a	3	4
HS	**nn**	Prozentualer Gehalt der LE in der Folge W-Mo-V-Co (Bindestrich)	—	Tab. A.4

Beispiel: HS6-5-2: (HS) Schnellarbeitsstahl mit 6 % W, 5 % Mo, 2 % V und C-Gehalt nach Norm

Zusatzsymbole für Stahlerzeugnisse (Pos. 4)

Tab. A.3 Für besondere Anforderungen an das Erzeugnis

+C	Grobkornstahl	+H	mit besonderer Härtbarkeit
+F	Feinkornstahl	+Z15/25/35	Mindestbrucheinschnürung Z (senkrecht zur Oberfläche) in %

Tab. A.4 Zusatzsymbole für den Behandlungszustand (Pos. 4)

+A	weichgeglüht	+M	thermomechanisch umgeformt
+AC	auf kugelige Karbide geglüht	+N	normalgeglüht / normalisierend umgeformt
+AR	wie gewalzt (ohne bes. Bedingungen)	+NT	normalgeglüht und angelassen
+AT	lösungsgeglüht	+P	ausscheidungsgehärtet
+C	kaltverfestigt	+Q	abgeschreckt
+Cnnn	kaltverfestigt auf min. R_m = nnn MPa	+QA	luftgehärtet
+CPnnn	kaltverfestigt auf min. $R_\mathrm{p0,2}$ = nnn MPa	+QO	Ölgehärtet
+CR	kaltgewalzt	+QT	vergütet
+DC	Lieferzustd. dem Hersteller überlassen	+QW	wassergehärtet
+HC	warm-kalt-geformt	+RA	rekristallisationsgeglüht
+I	isothermisch behandelt	+S	behandelt auf Kaltscherbarkeit
+LC	leicht kalt nachgezogen / gewalzt	+SR	spannungsarmgeglüht
+T	angelassen	+U	unbehandelt
+TH	behandelt auf Härtespanne	+WW	warmverfestigt

Tab. A.5 Symbole für die Art des Überzuges (Pos. 4)

+A	feueraluminiert	+SE	elektrolytisch verzinnt
+AS	mit einer Al-Si-Legierung überzogen	+T	schmelztauchveredelt mit PbSN
+AZ	mit einer Al-Zn-Legierung (> 50 % Al) überzogen	+TE	elektrolytisch mit Pb-Sn überzogen (Terne)
+CE	elektrolytisch spezialverchromt (ECCS)	+Z	feuerverzinkt
+CU	Cu-Überzug	+ZA	mit einer Zn-Al-Legierung (> 50 % Zn) überzogen
+IC	anorganische Beschichtung	+ZE	elektrolytisch verzinkt
+OC	organische Beschichtung	+ZF	diffusionsgeglühte Zn-Überzüge (galvannealed)
+S	feuerverzinnt	+ZN	Zn-Ni-Überzug (elektrolytisch)

A.1.9   Nummernsystem (DIN EN 10027-2/15)

Werkstoff	Stahlgruppen-
Stahl	nummer
1.	**2080**
Hochlegierter	
Cr-Werkzeugstahl	**X210Cr12**

Stähle werden mit einer „Eins" mit Punkt und einer vierstelligen Ziffernfolge bezeichnet.

Die ersten beiden Ziffern der Ziffernfolge geben die **Stahlgruppe** an, in die der Stahl gehört (Tab. A.6), die beiden letzten sind **Zählziffern** innerhalb der Gruppe.

Das System unterscheidet unlegierte und legierte Stähle, die jeweils in Qualitäts- und Edelstähle unterteilt werden.

Unlegierte Stähle

Tab. A.6 Werkstoffnummern (Die Zählziffern sind mit **nn** bezeichnet)

Werkstoffnummer	Beschreibung
Qualitätsstähle	
1.01nn u. 1.91nn	Allgemeine Baustähle mit $R_\mathrm{m} < 500$ MPa
1.02nn u. 1.92nn	Sonstige, nicht für eine Wärmebehandlung bestimmte Baustähle mit $R_\mathrm{m} < 500$ MPa
1.03nn u. 1.93nn	Stähle mit im Mittel $< 0,12$ % C oder $R_\mathrm{m} < 400$ MPa
1.04nn u. 1.94nn	Stähle mit im Mittel $\geq 0,12 < 0,25$ % C oder $R_\mathrm{m} \geq 400 < 500$ MPa
1.05nn u. 1.95nn	Stähle mit im Mittel $\geq 0,25 < 0,55$ % C oder $R_\mathrm{m} \geq 500 < 700$ MPa
1.06nn u. 1.96nn	Stähle mit im Mittel $\geq 0,55$ % C $R_\mathrm{m} \geq 700$ MPa
1.07nn u. 1.97nn	Stähle mit höherem S- oder P-Gehalt
Edelstähle	
1.10nn	Stähle mit besonderen physikalischen Eigenschaften
1.11nn	Bau-, Maschinenbau- und Behälterstähle mit $< 0,50$ % C
1.12nn	Maschinenbaustähle mit $\geq 0,50$ % C
1.13nn	Bau-, Maschinenbau- und Behälterstähle mit besonderen Anforderungen
1.15nn bis 1.18nn	Werkzeugstähle

Legierte Stähle

Tab. A.7 Werkstoffnummern (Die Zählziffern sind mit **nn** bezeichnet)

1.08nn u. 1.98nn	Stähle mit besonderen physikalischen Eigenschaften
1.09nn u. 1.99nn	Stähle für verschiedene Anwendungszwecke

Edelstähle

Werkzeugstähle

1.20nn	1.21nn	1.22nn	1.23nn	1.24nn	1.25nn
Cr	Cr-Si, Cr-Mn, Cr-Mn-Si	Cr-V, Cr-V-Si, Cr-V-Mn, Cr-V-Mn-Si	Cr-Mo, Cr-Mo-V, Mo-V	W, Cr-W	W-V, Cr-W-V

1.26nn　Werkstoffe außer Klassen 24, 25, 27	1.27nn mit Ni	1.28nn Sonstige			

Verschiedene Stähle

1.32nn Schnellarbeitsstähle *ohne* Co	1.33nn Schnellarbeitsstähle *mit* Co	1.35nn Wälzlagerstähle	1.36nn Werkstoffe mit bes. magnetischen Eigenschaften *ohne* Co
1.37nn　Werkstoffe mit besonderen magnetischen Eigenschaften *mit* Co	1.38nn　Werkstoffe mit besonderen physikalischen Eigenschaften *ohne* Ni	1.39nn　Werkstoffe mit besonderen physikalischen Eigenschaften *mit* Ni	

Chemisch beständige Stähle

1.40nn Nichtrostende Stähle mit < 2,5 % Ni *ohne* Mo, Nb und Ti	1.41nn Nichtrostende Stähle mit < 2,5 % Ni *mit* Mo, *ohne* Nb und Ti	1.43nn Nichtrostende Stähle mit ≥ 2,5 % Ni *ohne* Mo, Nb und Ti	1.44nn Nichtrostende Stähle mit ≥ 2,5 % Ni *mit* Mo, *ohne* Nb und Ti	1.45nn / 1.46nn Nichtrostende Stähle mit Sonderzusätzen
Hitzebeständige Stähle und Hochwarmfeste Werkstoffe		1.47nn Hitzebeständige Stähle < 2,5 % Ni	1.48nn Hitzebeständige Stähle mit ≥ 2,5 % Ni	1.49nn Hochwarmfeste Werkstoffe

Bau-, Maschinenbau- und Behälterstähle

1.50nn	1.51nn	1.52nn	1.53nn	1.54nn	1.55nn	1.56nn	1.57nn	1.58nn	1.59nn
Mn, Si, Cu	Mn-Si Mn-Cr	Mn-Cu Mn-V Si-V Mn-Si-V	Mn-Ti Si-Ti	Mo, Nb,Ti,V W	B, Mn-B <1,65 % Mn	Ni	Cr-Ni mit <1 % Cr	Cr-Ni mit ≥1,0 % <1,5 % Cr	Cr-Ni mit ≥1,5 % <2,0 % Cr

1.60nn	1.62nn	1.63nn	1.65nn	1.66nn	1.67nn	1.68nn	1.69nn
Cr-Ni mit ≥ 2,0 % < 3% Cr	Ni-Si Ni-Mn Ni-Cu	Ni-Mo Ni-Mo-Mn Ni-Mo-Cu Ni-Mo-V Ni-Mn-V	Cr-Ni-Mo mit < 0,4 % Mo + < 2 % Ni	Cr-Ni-Mo mit < 0,4 % Mo +≥ 2,0 % < 3,5 % Ni	Cr-Ni-Mo mit < 0,4 % Mo +≥ 3,5 % < 5 % Ni oder ≥ 0,4 % Mo	Cr-Ni-V Cr-Ni-W Cr-Ni-V-W	Cr-Ni außer Klassen 57 bis 68

1.70nn	1.71nn	1.72nn	1.73nn	1.75nn	1.76nn	1.77nn	1.79nn
Cr Cr-B	Cr-Si Cr-Mn Cr-Mn-B Cr-Si-Mn	Cr-Mo mit < 0,35 % Mo Cr-Mo-B	Cr-Mo mit ≥ 0,35 % Mo	Cr-V mit < 2,0 % Cr	Cr-V mit > 2,0 % Cr	Cr-Mo-V	Cr-Mn-Mo Cr-Mn-V

1.80nn	1.81nn	1.82nn	1.84nn	1.85nn	1.87nn　1.88nn　1.89nn
Cr-Si-Mo Cr-Si-Mn-Mo Cr-Si-Mo-V Cr-Si-Mn-Mo-V	Cr-Si-V Cr-Mn-V Cr-Si-Mn-V	Cr-Mo-W Cr-Mo-W-V	Cr-Si-Ti Cr-Mn-Ti Cr-Si-Mn-Ti	Nitrierstähle	Nicht für eine Wärmebehandlung beim Verbraucher vorgesehene Stähle. Hochfeste, schweißgeeignete Stähle

A.2   Bezeichnung der Eisen-Guss-Werkstoffe

Nach **DIN EN 1560/11** (Gießereiwesen – Werkstoffkurzzeichen und -nummern) werden Kurzzeichen aus max. sechs Positionen gebildet:

Pos. 1. **EN** für Europäische Norm
Pos. 2. **GJ** für Gusseisen; J steht für I (iron), um Verwechslungen zu vermeiden.

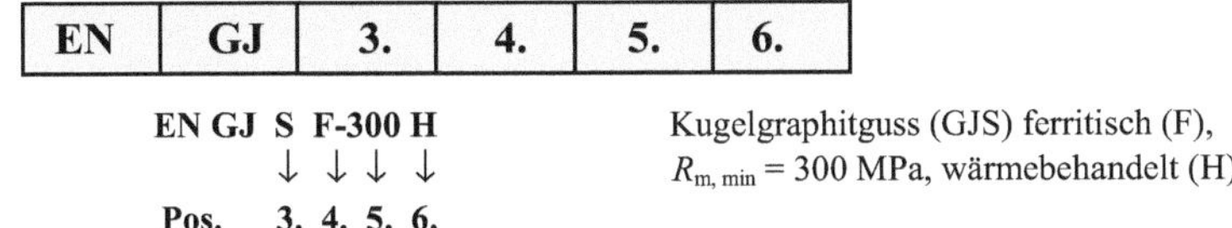

| EN | GJ | 3. | 4. | 5. | 6. |

EN GJ S F-300 H   Kugelgraphitguss (GJS) ferritisch (F),
   ↓ ↓ ↓ ↓ $R_{m,\,min}$ = 300 MPa, wärmebehandelt (H)
Pos.   3. 4. 5. 6.

Pos. 3. Zeichen für Grafitform

L-	Lamellar-	H-	graphitfrei
S-	Kugel-	X-	Sonderstruktur
V-	Vermicular-		
M-	Temperkohle		

Pos. 4. Zeichen für Mikro- oder Makrogefüge

A	Austenit
F	Ferrit
P	Perlit
M	Martensit
L	Ledeburit
Q	Abschreckgefüge
T	Vergütungsgefüge
B	nichtentkohlend geglüht
W	entkohlend geglüht
N	grafitfrei

Pos. 6. Zeichen für zusätzliche Anforderungen

D	Gussstück im Gusszustand
H	wärmebehandelt
W	Schweißeignung für Fertigungsschweißungen
Z	zusätzliche Anforderungen nach Bestellung

Pos. 5. Angabe der mechanischen Eigenschaften

Sorte	Eigenschaft [1] in MPa
GJL	Mindestzugfestigkeit[1] oder Härte HBW, HV
GJMB **GJMW**	Mindestzugfestigkeit[1] – Mindestbruchdehnung (%), zusätzlich angehängt - RT: Schlagzähigkeit bei Raumtemperatur, - LT bei Tieftemperatur gemessen
	Anhänge über Herkunft der Probestücke
....S	für *getrennt* gegossene
....C	für dem Gussstück *entnommene*
....U	für *angegossene* Probestücke

Bezeichnung nach der chemischen Zusammensetzung

Alle anderen Sorten	Bezeichnung wie bei den legierten Stählen mit C-Kennzahl, Symbole der LE, Multiplikatoren mit Bindestrich. Hochlegierte Sorten mit vorgestelltem X (wahre Prozente)

Beispiele:

EN-GJL-200U	Gusseisen mit Lamellengraphit (L) und R_m= 200 MPa, Probe angegossen
EN-GJL-HB150	Gusseisen mit Lamellengraphit und einer Härte von 150 HBW
EN-GJS-350-22-RT	Gusseisen mit Kugelgraphit (S), R_m = 350 MPa, A = 22 % bei RT gemessen
EN-GJMB-600-3	Temperguss (M), nichtentkohlend geglüht (B), R_m= 600 MPa, A = 3 %
EN-GJLA-XNiCuCr15-6-2	Gusseisen mit Lamellengraphit (L) in austenitischem Gefüge (A), hochlegiert (X) mit 15 % Ni, 6 % Cu und 2 % Cr

A.3 Bezeichnung der NE-Metalle

A.3.1 Allgemeines

Reinmetalle werden mit den chemischen Symbolen bezeichnet, dahinter folgt der Metallgehalt in Prozent.

Legierungen werden nach dem Basismetall und dem Hauptlegierungselement in nachstehender Reihenfolge benannt (Chemische Symbole der Metalle).

1. Symbol des Basiselementes
2. Symbol des Hauptlegierungselementes
3. Prozentzahl des Hauptlegierungselementes
Zur weiteren Klärung können angefügt werden:
4. Symbol des dritten Legierungselementes
5. Prozentzahl des dritten LE (wenn zur
Unterscheidung von ähnlichen Sorten nötig)
Beachte: Abweichungen von diesen Regeln sind evtl. in den Normen für die einzelnen NE-Metalle festgelegt.

Kurzzeichen	Beschreibung
CuCr	Cu-Legierung mit Cr nach Norm. Ohne weitere Angabe, nur eine Sorte!
CuAl10Ni	Cu-Legierung mit 10 % Al und Ni nach Norm
CuNi25Zn15	Cu-Legierung mit 25 % Ni und 15 % Zn
TiAl6V4	Ti-Legierung mit 6 % Al und 4 % V

A.3.2 Bezeichnung von Aluminium und -legierungen

DIN EN 573 Aluminium und Aluminiumlegierungen, Chemische Zusammensetzung und Form von Halbzeug

DIN EN 573-1/05 Numerisches Bezeichnungssystem

Normbezeichnung **EN AW - 1 2 3 4**   Vier Ziffern + Buchstabe für nationale Variante

1. Ziffer für Legierungsserie (Tab. A.8)
2. Ziffer für Legierungsvariante
3. + 4. sind Zählziffern

für Aluminium **A**
für Halbzeug **W**
(für Gusslegierungen **C**)

Tab. A.8 Aluminium-Legierungsserien nach DIN EN 573-3/13

Leg.-Serie	Legierungselemente	Leg.-Serie	Legierungselemente
1x x x	Al unlegiert	**5 x x x**	Al Mg + Mn, Cr, Zr
2 x x x	Al Cu + weitere	**6 x x x**	Al MgSi + Mn, Cu, PbMn
3 x x x	Al Mn + Mg	**7 x x x**	Al Zn + Mg, Cu, Zr
4 x x x	Al Si + Mg, Bi, Fe, MgCuNi	**8 x x x**	Sonstige; z. B. Fe, FeSi, FeSiCu

Tab. A.9 Bezeichnung der Werkstoffzustände durch Anhängesymbole aus Buchstaben und bis zu zwei Ziffern nach DIN EN 515/17 Al und Al-Legierungen, Halbzeug

Symbol	Basiszustand	Bedeutung der Ziffer	
F	Herstellungszustand	keine Grenzwerte für mechanische Eigenschaften	
O1 **O2** **O3**	weichgeglüht	1 hocherhitzt, langsam abgekühlt 2 thermomechanisch behandelt 3 homogenisiert	
Symbol	Zustand	Bedeutung der 1. Ziffer	Bedeutung der 2. Ziffer
H **H34**	kaltverfestigt	1 nur kaltverfestigt 2 kaltverfestigt + rückgeglüht 3 kaltverfestigt + stabilisiert 4 kaltverfestigt + einbrennlackiert	2: 1/4-hart 4: 1/2-hart 6: 3/4-hart 8: vollhart
T	wärmebehandelt	1: aus Warmformtemperatur abgeschreckt + kaltausgehärtet 2: aus Warmformtemperatur abgeschreckt + kaltverfestigt + kaltausgehärtet 3: lösungsgeglüht + kaltverfestigt + kaltausgehärtet 4: lösungsgeglüht + kaltausgehärtet (stabiler Zustand) 5: aus Warmformtemperatur abgeschreckt + warmausgehärtet 6: lösungsgeglüht + warmausgehärtet 7: lösungsgeglüht + überhärtet 8: lösungsgeglüht + kaltverfestigt + warmausgehärtet (stabiler Zustand) 9: lösungsgeglüht + warmausgehärtet + kaltverfestigt (stabiler Zustand)	

DIN EN 573-2/94 Bezeichnungssystem mit chemischen Symbolen

Beispiel für Normangabe: EN AW-6061 [Al Mg1SiCu] als Ausnahme auch EN AW-**ALMG1SiCu**

Tab. A.10 Erhöhung der Festigkeit um ΔR_m in MPa im Zustand Hx8 gegenüber dem weichgeglühten (O)

R_m weich (O)	ΔR_m hart Hx8	R_m weich (O)	ΔR_m hart Hx8
bis 40	55	165...200	100
45...60	65	205...240	105
65...80	75	245...280	110
85...100	85	285...320	115
105...120	90	≥ 325	120
125...160	95		

Beispiel:

H24: bedeutet: (2) kaltverfestigt + rückgeglüht; (4) auf ½-hart kaltverfestigt

H18: bedeutet: (H) kaltverfestigt, (8) vollhart

A.3.3 Bezeichnung von Kupfer und -legierungen

DIN EN 1412/17 Kupfer und Kupferlegierungen, Europäisches Nummernsystem. Die Normangabe besteht aus sechs Zeichen.

C	2.	3.	4.	5.	6.

Zeichen 1: C Zeichen für Kupfer
Zeichen 2: Buchstabe für die Erzeugnisform

B	Blockform zum Umschmelzen	M	Vorlegierung	S	Werkstoff in Form von Schrott
C	Gusserzeugnis	X	nicht genormte Werkstoffe		
F	Schweißzusatz, Hartlote	R	raffiniertes Cu in Rohform	W	Knetwerkstoffe

Zeichen 3. bis 5: Zählziffern für genormte Sorten 0…799 und für nichtgenormte 800… 999
Zeichen 6: Buchstabe(n) für Legierungssystem:

A oder B	Cu, unlegiert	G	CuAl	L oderM	CuZn Zweistofflegierung
C oder D	Cu, niedriglegiert, Σ LE < 5 %	H	CuNi	N oder P	CuZnPb
E, F	Legierungen Σ LE > 5 %	J	CuNiZn	R oder S	CuZn Mehrstofflegierung
		K	CuSn		

Beispiele für Kupferwerkstoffe
CC383H: (C) Gusserzeugnis aus einer (H) CuNi-Legierung
CW101C: (W) Knetwerkstoff aus (C) niedriglegiertem Cu (CuBe2)
CW508L: (W) Knetwerkstoff aus einer (L) CuZn-Legierung (Messing)

DIN EN 1173/08 Kupfer und Kupferlegierungen, Zustandsbezeichnungen

Tab. A.11 Anhängesymbole, bestehend aus einem Buchstaben und drei Ziffern für bestimmte Eigenschaftswerte

Buchstabe	Eigenschaft und Kennwert	Beispiel
A	Bruchdehnung in Prozent	A005: A = 5 %
B	Federbiegegrenze	B370: 370 MPa
D [a]	gezogen, ohne festgelegte mech. Eigenschaften	
G	Korngröße	
H	Härte HBW oder HV	H030: 30 HV
M [a]	wie gefertigt, ohne festgelegte mech. Eigenschaften	
R	Zugfestigkeit	R700: 700 MPa
Y	0,2%-Dehngrenze	Y350: 350 MPa

[a] Die Buchstaben D und M werden ohne weitere Bezeichnungen verwendet.

Beispiele

Normbezeichnung	Maßnorm	Werkstoff	Eigenschaften
Band EN 1652 CuBe2 R1200	EN 1652	CuBe2 ------	R1200 (Zugfestigkeit)
Stange EN 12164 CuZn39Pb M	EN 12164	CuZn39Pb3	M (ohne vorgegebene Eigenschaften)

A.4 Bezeichnung der Kunststoffe

Normung

DIN EN ISO 1043-1/02 Kennbuchstaben und Kurzzeichen, Basispolymere
DIN EN ISO 1043-2/12 Kennbuchstaben und Kurzzeichen, Kurzzeichen für Füll- und Verstärkungsstoffe
DIN EN 14598-1/05   Verstärkte härtbare Formmassen (SMC und BMC), Bezeichnung

Allgemeine Kurzzeichen

Der Buchstabe P für „poly" wird zur Kennzeichnung von Homopolymeren benutzt. Der Buchstabe P darf auch für Copolymere und andere Polymere benutzt werden, wenn sein Weglassen zu Verwechslungen führen könnte.

Für Copolymere werden die Kennbuchstaben für die monomeren Bestandteile verwendet, in der Reihenfolge, wie sie in der Bezeichnung des Materials auftreten, für das das Kurzzeichen gebildet werden soll. Die Kennbuchstaben für die Bestandteile erscheinen in der Regel von links nach rechts in der Reihenfolge der absteigenden Massengehalte (in Massenprozent) der monomeren Bestandteile des Copolymers.

Kurzzeichen für Polymergemische (blends) werden aus den Komponenten mit Pluszeichen gebildet, das Ganze in Klammern. Beispiel: (ABS+PC).

Tab. A.12 Kurzzeichen für Kunststoffe

Kurzzeichen	Chemische Bezeichnung	Art[a]
ABS	Acrylnitril-Butadien-Styrol	t
ASA	Acrylnitril-Styrol-Acrylester (Propfcopolymer)	t
BS	Butadien-Styrol	t
CA	Celluloseacetat	t
CAB	Celluloseacetobutyrat	t
CAP	Celluloseacetopropionat	t
CP	Cellulosepropionat	t
EP	Epoxidharz	d
EC	Ethylcellulose	t

[a] t: Thermoplast, d: Duromer, e: Elastomer, tpe: thermoplastisches Elastomer

Tab. A.12 (Fortsetzung)

Kurzzeichen	Chemische Bezeichnung	Art[a]
ETFE	Ethylen-Tetrafluorethylen	t
FF	Furanharze	d
UF	Harnstoff-Formaldehyd	d
LCP	Liquid Crystal Polymers	t
MP	Melamin-Phenolformaldehyd	d
MF	Melamin-Formaldehyd	d
AAS	Methacrylat-Acrylat-Styrol	t
NBR	Nitril-Butadien-Kautschuk	e
PAN	Polyacrylnitril	t
PA11	Polyamid	t
PA12	Polyamid	t
PA6	Polyamid	t
PA66	Polyamid	t
PAI	Polyamidimide	t
PAR	Polyarylat	t
PB	Polybuten	t
PBT(P)	Polybutylenterephthalat	t
PC	Polycarbonat	t
PCTFE	Polychlortrifluorethylen	t
PDAP	Polydiallylphthalat	t
PEEK	Polyetheretherketon	t
PEI	Polyetherimid	t
PES	Polyethersulfon	t
PE-HD	Polyethylen (hohe Dichte)	t
PE-LD	Polyethylen (niedrige Dichte)	t
PET(P)	Polyethylenterephthalat	t
PI	Polyimid	t
PMMA	Polymethylmethacrylat	t
POM	Polyoxymethylen, (Polyacetal, Polyformaldehyd)	t
PPO	Polyphenylenoxid	t
PPS	Polyphenylensulfid	t
PP	Polypropylen	t
PS	Polystyrol	t
PS-HI	Polystyrol high impact (schlag-zäh)	t
PSU	Polysulfon	t
PTP	Polytetephthalate	t

[a] t: Thermoplast, d: Duromer, e: Elastomer, tpe: thermoplastisches Elastomer

Tab. A.12 (Fortsetzung)

Kurzzeichen	Chemische Bezeichnung	Art[a]
PTFE	Polytetrafluorethylen	t
PFPFEP	Polytetrafluorethylen-Perfluorpropylen	t
PUR	Polyurethan	e/d
PVC-U	Polyvinylchlorid, hart	t
PVC-P	Polyvinylchlorid, weich	t
PVF	Polyvinylfluorid	t
PVDC	Polyvinylidenchlorid	t
PVDF	Polyvinylidenfluorid	t
SI	Silicon	e
SAN	Styrol-Acrylnitril	t
SB	Styrol-Butadien	t
SBR	Styrol-Butadien-Kautschuk	e
TPU	Thermoplastische Polyurethane	tpe
UP	Ungesättigter Polyester	d

[a] t: Thermoplast, d: Duromer, e: Elastomer, tpe: thermoplastisches Elastomer

Zusatzbezeichnungen

Tab. A.13 Zusatzzeichen für besondere Eigenschaften der Polymere (mit Bindestrich angehängt)

Symbol	Bedeutung	Symbol	Bedeutung	Symbol	Bedeutung
C	chloriert	D	Dichte	E	verschäumt, verschäumbar
F	flexibel	H	hoch	I	schlagzäh
L	linear	M	mittel, molekular	N	normal, Novolak
P	weichmacherhaltig	R	erhöht, Resol	U	ultra, weichmacherfrei
V	very, sehr	W	Gewicht	X	vernetzt, vernetzbar

Eigenschaften der sehr gebräuchlichen Standard-Thermoplaste

Kurz-zeichen	Erstar-rung[a]	T_{Glas}	T_{Eins} kurz	T_{Eins} Dauer	Dichte	Besondere Merkmale und Eigenschaften
ABS	a	−85 und 100[b]	ca. 90	ca. 80	1,03…1,07	schlagzäh, moderat kratzfest, wenig witterungsbeständig, galvanisierbar
PA11	tk	50	140	75	1,03…1,05	hochzäh, beständig gegen Öl/Fett/Kraftstoff, geringe Wasseraufnahme
PA12	tk	50	140	75	1,01…1,04	hochzäh, beständig gegen Öl/Fett/Kraftstoff, geringste Wasseraufnahme,
PA6	tk	30 (lf), −10 (tr)[d]	150	90	1,12…1,15	zähhart im luftfeuchten Zustand, verschleißfest, kann bis 7,5 % Wasser aufnehmen
PA66	tk	40 (lf), −6 (tr)[d]	150	90	1,13…1,16	zähhart im luftfeuchten Zustand, verschleißfest, kann bis 8,5 % Wasser aufnehmen
PBT(P)	tk	55	160	100	1,3…1,32	zähhart, Beständig gegen viele Lösemittel, möglicher Abbau bei langfristigem Wasserkontakt
PC	a	145	135	100	1,2…1,24	transparent, sehr zäh und bruchfest, beständig gegen verdünnte Säuren, viele Öle und Fette sowie gegen Ethanol, jedoch unbeständig gegen Basen, aromatische und halogenierte Kohlenwasserstoffe sowie Ketone und Ester
PE-HD	tk	−100	90	70	0,94…0,96	zäh, geringe Steifigkeit, geringe Kratzfestigkeit, chemikalienbeständig
PE-LD	tk	−100	85	65	0,91…0,93	zäh, geringe Steifigkeit, geringe Kratzfestigkeit, chemikalienbeständig, weicher/flexibler als PE-HD
PMMA	a	105…120	90	75	1,15…1,19	bekannt als Plexiglas, transparent, spröde, kratzfest, witterungsbeständig
POM	tk	−70	120	100	1,39…1,43	sehr schlagzäh, sehr gute Gleiteigenschaften

[a] a: amorph, tk: teilkristallin

[b] Bei zwei Phasen liegen zwei Glastemperaturen vor, die weiche/elastische Phase sorgt für Zähigkeit bei tiefen Temperaturen

[c] Die Glastemperatur kann durch den Weichmacheranteil in weiten Bereichen variiert werden

[d] Durch Feuchtigkeitsaufnahme ändern sich die Eigenschaften, tr: trocken, lf: luftfeucht

Kurz-zeichen	Erstar-rung[a]	T_{Glas}	T_{Eins} kurz	T_{Eins} dauer	Dichte	Besondere Merkmale und Eigenschaften
PP	tk	$0\ldots 20$	130	90	0,9	zäh, geringe Steifigkeit, gut chemikalienbeständig
PS	a	95	90	80	1,05	glasklar, spröde, kratzfest, alterungs- und witterungsempfindlich
PS-HI	a	-85 und 95^{b}	70	60	$1\ldots 1,05$	schlagzäh, milchig opak, alterungs- und witterungsempfindlich
PVC-U	a	80	70	60	$1,38\ldots 1,55$	sehr witterungsbeständig, bei Verbrennung chlorhaltige Gase – können mit Luftfeuchtigkeit Salzsäure bilden
PVC-P	a	-50^{c}	60	55	$1,16\ldots 1,35$	je nach Weichmacheranteil sehr weich, Versprödung durch Weichmacherverlust nach Lagerung, giftige Brandgase
SAN	a	100	95	85	1,08	transparent, steif, höhere Festigkeit und Kratzfester als PS

[a] a: amorph, tk: teilkristallin
[b] Bei zwei Phasen liegen zwei Glastemperaturen vor, die weiche/elastische Phase sorgt für Zähigkeit bei tiefen Temperaturen
[c] Die Glastemperatur kann durch den Weichmacheranteil in weiten Bereichen variiert werden
[d] Durch Feuchtigkeitsaufnahme ändern sich die Eigenschaften, tr: trocken, lf: luftfeucht